稀有金属冶金与材料工程丛书

钨钼冶金

张启修　赵秦生　主编
赵慕岳　赵宝华　主审

北　京
冶金工业出版社
2007

内容简介

本书是《稀有金属冶金与材料工程丛书》之一，共12章，系统地阐述了钨钼冶金的理论基础及生产实践。内容广泛，涉及钨钼及其化合物性质、钨钼资源、提取冶金、硬质合金、钨钼合金、致密金属及其制品生产及材料深加工、二次资源回收利用，钨钼经济等领域；收集了国内外最新的资料，钨钼内容并重；在内容上既注意成熟理论及生产技术的介绍，也注意了本领域的新技术发展动向的归纳。

本书可供冶金工程技术人员、科研人员及大专院校师生参考。

图书在版编目(CIP)数据

钨钼冶金/张启修，赵秦生主编. —北京：冶金工业出版社，2005.9(2007.9重印)

ISBN 978-7-5024-3772-5

Ⅰ.钨… Ⅱ.①张… ②赵… Ⅲ.①钨—有色金属冶金 ②钼—有色金属冶金 Ⅳ.TF841

中国版本图书馆CIP数据核字(2005)第064291号

出 版 人 曹胜利
地 址 北京北河沿大街嵩祝院北巷39号，邮编100009
电 话 (010)64027926 电子信箱 postmaster@cnmip.com.cn
责任编辑 谭学余 李 梅 美术编辑 王耀忠 版式设计 张 青
责任校对 王贺兰 责任印制 牛晓波
ISBN 978-7-5024-3772-5
北京建宏印刷有限公司；冶金工业出版社发行；各地新华书店经销
2005年9月第1版，2007年9月第2次印刷
169mm×239mm；37.25印张；725千字；574页；3001-6000册
79.00元

冶金工业出版社发行部 电话：(010)64044283 传真：(010)64027893
冶金书店 地址：北京东四西大街46号(100711) 电话：(010)65289081

鸣　　谢

本书的出版得到下列单位支持，特此鸣谢！

陕西金堆城钼业公司
中南大学冶金科学与工程学院
福建厦门钨业股份有限公司
湖南郴州钻石钨制品有限责任公司
江西崇义章源钨制品有限公司
四川自贡硬质合金有限公司
河南栾川钼业公司
安徽池州黄山岭铅锌矿旷达冶金化工厂
河北廊坊钨钼材料厂

编写单位及人员

中南大学冶金科学与工程学院

张启修教授 （主编，组稿、审稿，补写、改写或重写第 2、3、4、9、11、12 各章的部分内容）

赵秦生教授 （主编，全书初稿审查，编写第 1 章(1.1.2 节及 1.4.2 节除外)、第 5 章及 3.1.7 节、3.1.8.2 节）

肖连生教授 （编写第 3 章并提供 11.1.1.4 节初稿）

李青刚副教授 （编写第 4 章并提供 11.2.1 节、11.2.3 节初稿）

李庆奎博士 （编写 9.2 节，现在郑州大学任教）

夏文堂博士 （编写 11.3 节）

中南大学材料科学与工程学院

陈存中教授 （编写 6.3 节）

潘叶金教授 （提供第 9 章初稿及编写 8.2.5 节与 8.3 节）

王德志副教授 （编写第 10 章及 1.1.2 节、1.4.2 节与 8.4 节）

中南大学粉末冶金研究院

吴恩熙教授 （编写第 7 章）

贺跃辉教授 （编写 9.5 节）

熊湘君博士 （编写 8.1 节、8.2 节）

黄苏萍博士 （编写 6.2 节）

中南大学资源加工与生物工程学院

金华爱教授 （编写第 2 章 2.1 节、2.2 节）

北京安泰科信息开发有限公司

徐爱东教授 （编写第 12 章）

相召会工程师 （编写第 12 章）

审稿委员会

出版者的话

稀有金属作为具有优异特性和特殊功能的新型材料，广泛应用于工业、农业和第三产业，特别是在高新技术领域中的应用，如在信息技术、生物技术、新能源技术、新材料技术、空间技术、海洋工程技术和超导技术等领域，稀有金属都显示出不可替代的作用。稀有金属材料工业既是高科技产业形成和发展的基础，同时也是国民经济可持续发展的支撑行业。稀有金属材料的生产、储存和应用已经成为一个国家先进性和综合国力的标志。

当前，高技术正处于迅速发展时期，材料是现代社会三大支柱之一，稀有金属的提取冶金与开发利用，作为现代新材料的研发基础，越来越受到人们的关注。我国稀有稀土金属资源丰富，综合利用价值高。有关专家指出，国家将重点发展有自主知识产权的、有明显资源优势和技术优势的、有良好市场前景的新材料，其中稀有稀土材料的丰富资源和优异性能使它成为我国具有优势的战略物资，是国家今后重点发展的新材料。但是，稀有稀土金属材料的基础研究和应用研究还很薄弱，还需要广大冶金、材料工作者做大量的科研和开发工作，并不断进行总结和推广，以提高我国在稀有金属冶金和材料工程方面的科技水平。为此，我社计划出版《稀有金属冶金与材料工程丛书》，组织我国稀有金属冶金与材料专家、学者，有针对性、系统性地对稀有金属的提取制备与分离技术、加工技术与材料应用方面的最新科研进展以及国外相关技术成果进行归纳总结和评价，拟分别陆续出版《锆铪冶金》、《锆铪及其化合物应用》、《钨钼冶金》、《钽铌冶金》等图书。《稀有金属冶金与材料工程丛书》力求做到技术先进，有实用性和针对性，实例具有代表性，层次结构科学合理，语言通俗易懂。

本套丛书的组织出版工作，得到了北京有色金属研究总院、中南大学冶金科学与工程学院、中国有色金属学会稀有金属冶金学术委员会等单位的热情帮助，每一位参编人员及他们的同事和领导也给予了大力支持，在此表示衷心感谢。我们期望本丛书的出版发行能为广大读者提供高水平的技术和学术著作，同时也能进一步促进我国稀有金属冶金与材料科研水平的提高及其产业化进程。

前 言

稀有金属是发展高新技术、实现国家现代化、建设现代国防的重要基础材料。我国的稀有金属工业从无到有、从小到大，取得了显著的进步，积累了宝贵的经验。因此为总结经验、明确差距、提高水平，冶金工业出版社与中国有色金属学会稀有金属学术委员会等单位协商，决定组织出版《稀有金属冶金与材料工程丛书》。《钨钼冶金》是这套丛书中的一种。

当冶金工业出版社与中国有色金属学会稀有金属学术委员会将编写本书的任务交给我校时，我们正在为三年制钨钼专业班的学员编写《钨冶金学》与《钼冶金学》两本教材，为此立即按出版社的要求，将两本教材合并，内容扩大到选矿、材料及其加工。在正式整理成书之前、第1、3、4、5、6、9章的初稿曾在钨钼专业班试用过，本书就是在此基础上，经过增补与反复修改而成的，内容与原试用教材相比有了大幅度的变化。

与钽、铌、锆、铪这些稀有金属有关图书不同，近10～15年来国内外已经出版了多部有关钨钼方面的专著。具有代表性的专著有：E. Lassner 等人的 *Tungsten, Properties, Chemistry, Technology of the Element, Alloys, and Chemical Compounds*；L. Bartha 等人的 *The Chemistry of Non-Sag Tungsten, The Metallurgy of Doped/Non-Sag Tungsten*；C. K. Gupta 的 *Extractive Metallurgy of Molybdenum*；李洪桂等人的《有色金属提取冶金手册——稀有高熔点金属（上册）》；向铁根的《钼冶金》。本书在编写过程中除了从这些专著中吸取精华外，特别注意从近期国内外期刊及专利文献中收集一些新的信息与研究成果。另外为了与这些专著形成互补作用，本书在全书结构及内容取舍安排上作了调整。除了必不可少的内容外，尽量将侧重点与上述专著错开。在这些专著中论述很详尽的，本书可能比较简略，而这些专著中没有论述或不足的，则本书尽可能详尽一些。做到既反映成熟的理论及生产工艺、技术，也力求反映本领域的最新科技进展。而且与早期出版的钨钼冶金学书籍不同，本书在结构与内容方面注意钨钼并重。

参加本书编写工作的有中南大学冶金科学与工程学院、材料科学与工程学院、粉末冶金研究院、资源加工与生物工程学院，北京安泰科信息开发有限公司的16名教授及博士生。这些编写者中年龄最大的已逾80岁，最年轻的不到30岁，可以说本书是一部四代学者合作的成果。

中南大学材料科学与工程学院的潘叶金教授参与了本书编写提纲的讨论、制定工作，并亲自起草了部分书稿，遗憾的是在初稿修改时，他就重病住院，不幸于2004年6月谢世。因此只得根据修改要求由王德志重写了8.4节，张启修补写改编9.1节、9.3节、9.4节及9.5节，李庆奎重写了9.3节。借本书付梓之机，全体编者谨以此书告慰潘教授的亡魂，寄托我们的哀思。

在本书的编写过程中中南大学材料科学与工程学院彭志辉、王志华、李汉广三位教授，北京工业大学周美玲教授，加拿大泰科纳有限公司北京办事处郭家文首席代表，美国AMAX Extractive Research & Development Inc. 的P. B. Queneau先生，在美国工作的钟大龙博士和张晓岗博士，匈牙利前科学院技术物理研究所K. Vadasdi博士，陕西金堆城钼业公司技术中心，热情地为本书提供了一些资料、论文与照片。借此机会谨向他们表示衷心感谢！

以赵慕岳教授为首的审稿委员会的全体同仁及几位学生对书稿作了认真的审阅，在他们提出的宝贵意见基础上，编者又花了四个月的时间对全书的结构、内容作了最后一次的修改，其间还与田荣璋教授、李洪桂教授做了有益的讨论。赵慕岳教授还参与了本书的组稿工作，全体作者向他们表示由衷的谢意！

中南大学冶金科学与工程学院的腾明君书记及秦毅红副院长对编写的工作给予了极大的鼓励与支持，稀有金属冶金研究所的研究生夏文堂、曾理、王振堂、温俊杰及王娜同学参加了书稿的校对、排版、打印工作。他们细致、认真的工作，对保证书稿的出版质量非常有益。全部书稿输入计算机后由李青刚老师负责按出版社要求进行系统的整理，他也为此而付出了大量的心血。我们感谢各位领导、李老师和同学们为本书出版所做的贡献！

由于当前重点高校教师负担过重，绝大部分人均是业余时间笔耕，因此经历约两年多才完成本书的编写工作。由于参编人员多，全书在写作风格与文字表述技巧方面必然有些不同之处，加上主编学识水平与精力有限，本书难免会有不妥之处，恳望广大读者批评指正。

此时此刻，作为主编，我们从内心深处要向全体作者及他们的亲属道一声谢谢，作者们的友好合作态度，精益求精一丝不苟的作风，他们家属的理解与支持使我们深受鼓舞并感到欣慰。

特别要感谢的是，中南大学冶金科学与工程学院及国内八个大中型钨钼企业（其中池州旷达冶金化工厂生产钼化工制品）对我们工作的大力支持。为发展我国的钨钼工业，这些企业做出了重大贡献，我们衷心祝愿他们的事业欣欣向荣，我们也愿意与他们一起为发展我国的高科技技术，为我国的稀有金属材料工业的技术进步做出努力！

中南大学　张启修　赵秦生

2005年3月8日于岳麓山下

目　　录

1 钨、钼的性质与用途

1.1 金属钨的性质

1.1.1 钨的物理性质[1]

钨的主要物理性质见表1-1。钨的熔点和沸点在各种金属中是最高的，其蒸气压是所有金属中最低的。在高熔点金属的用途中，上述性质具有决定意义。钨的密度与金大致相等，是密度最高的金属之一。

表 1-1 钨的主要物理性质

原子序数	74
平均相对原子质量	183.85±0.03
电子结构	$[Xe]4f^{14}5d^{4}6s^{2}$
稳定同位素在天然钨中的含量/%	180(0.14)；182(26.41)；183(14.4)；184(31.64)；186(28.41)
晶体结构	α-W：稳定晶型，体心立方，a=(0.316524±0.000004)nm(25℃)；β-W：亚稳晶型，立方A 15晶格，加热至600～700℃时转变为α-W，a=0.5037～0.509nm(与制备方法有关)；γ-W：面心立方，仅发现在溅射最初期的薄层和无定形钨中，a=0.413nm，≥700℃时转变为α-W
密度/$g\cdot cm^{-3}$	α-W：19.246～19.256(25℃，晶格测定计算值)；β-W：18.9(晶格测定计算值)；γ-W：15.8(薄层X光衍射值)
熔点/K	3663～3696
沸点/K	5973±200
临界温度/K	13400±1400
临界压力/Pa	$(3.37\pm0.85)\times10^{8}$
蒸气压/kPa	$\log p=-45395T^{-1}+12.8767$(2600～3100K)
熔化潜热/$kJ\cdot mol^{-1}$	46±4
升华热/$kJ\cdot mol^{-1}$	858.9±4.6
线膨胀系数：	
293～1395K	$\alpha=4.266\times10^{-6}(T-293)+8.479\times10^{-10}(T-293)^{2}-1.974\times10^{-13}(T-293)^{3}$
1395～2495K	$\alpha=0.00548+5.416\times10^{-6}(T-1395)+1.952\times10^{-10}(T-1395)^{2}+4.422\times10^{-13}(T-1395)^{3}$
2495～3600K	$\alpha=0.01226+7.451\times10^{-6}(T-2495)+1.654\times10^{-9}(T-2495)^{2}+7.568\times10^{-14}(T-2495)^{3}$

续表 1-1

热容(C_p)/J·(mol·K)$^{-1}$	
298.15K	24.10～24.42
500K	24.33～25.44
1000K	27.10～27.60
1500K	29.23～29.86
2000K	31.37～32.13
2500K	34.67～36.00
3000K	39.25～41.80
3500K	46.49～50.85
3600K	48.11～54.68
热导率/W·(cm·K)$^{-1}$	
室温	1.75
1200～2800K	$\lambda=1.0834-1.052\times10^{-4}T+234.199T^{-1}$
电阻率/μΩ·cm	
273K	4.82
298K	5.40
400K	8.05
500K	10.70
600K	13.35
800K	18.85
1000K	24.75
1200K	30.90
1400K	37.20
电子逸出功(多晶钨)/eV	4.50～4.56
热中子俘获面/m²	18×10^{-28}

1.1.2 钨的力学性能[1~3]

1.1.2.1 弹性性能

钨的弹性在室温以下几乎是等同的，多晶钨 20℃的弹性常数如下：

杨氏模量 $E=390\sim410$GPa；

剪切模量 $G=156\sim177$GPa；

体积弹性模量 $K=305\sim310$GPa；

泊松比 $\nu=0.28\sim0.30$。

单晶钨的剪切模量、体积弹性模量、杨氏模量和泊松比与温度的关系示于图 1-1和图 1-2。

多晶钨的压缩模量 L 可从下式推出：

$$L=(5.2415\times10^{12})-(3.7399\times10^{8})T-(4.598\times10^{4})T^{2}$$

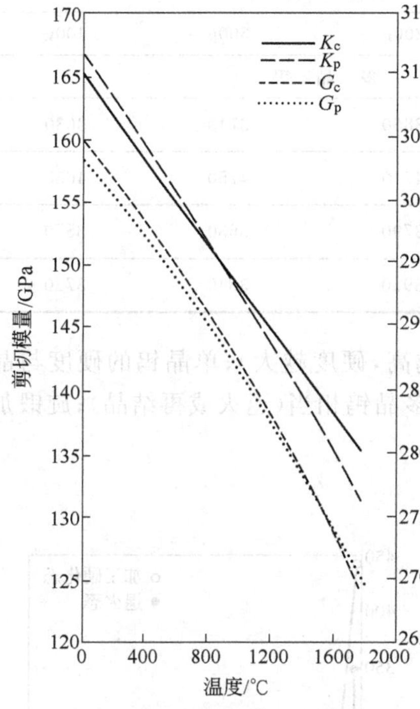

图 1-1 钨的剪切模量和体积弹性模量与温度的关系

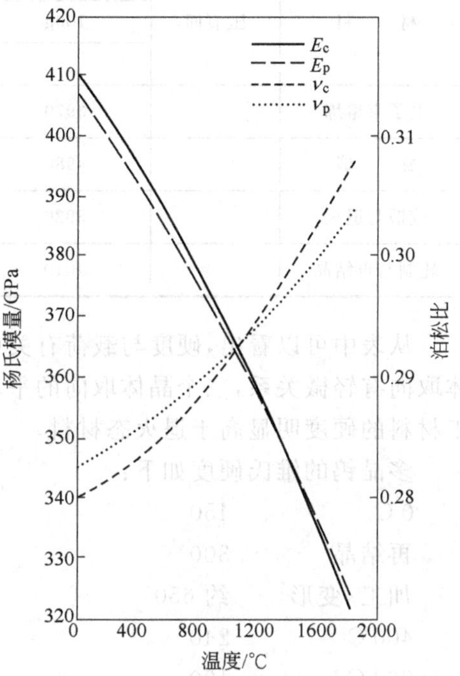

图 1-2 钨的杨氏模量和泊松比与温度的关系

1.1.2.2 硬度

表 1-2 列出了单晶钨和几种多晶钨的维氏硬度结果。

表 1-2 不同生产过程钨的显微硬度(MPa)

材料	压痕面	载荷			
		100g	200g	300g	400g
		单晶钨			
Pintch 丝上长大	(100)	3600	3620	3520	3500
	(110)	3950	3890	3850	3800
	(111)	4080	4100	3940	3800
	平均	3920	3790	3630	3570
熔化区	(100)	3610	3490	3500	3400
	(110)	4050	3900	3830	3730
	(111)	3960	3820	3930	3870
	平均	3870	3770	3790	3670

续表 1-2

材　料	压痕面	载　荷			
		100g	200g	300g	400g
		多　晶　钨			
电子束熔炼		3970	3860	3740	3630
旋　锻		4980	4740	4750	4630
旋锻与退火		3920	3790	3630	3570
轧制与再结晶		4010	3930	3840	3720

从表中可以看出，硬度与载荷有关（载荷越高，硬度越大）；单晶钨的硬度与晶体取向有轻微关系，三个晶体取向的平均值与多晶钨相当（退火或再结晶）；旋锻加工材料的硬度明显高于退火态材料。

多晶钨的维氏硬度如下：

0℃	450
再结晶	300
加工/变形	约 650
400℃	240
800℃	190

多晶钨的硬度随晶粒细化而增加，符合 Hall-Petch 公式：

$$H=H_0+K_H d^{-1/2}$$

式中，$H_0=3500\mathrm{MPa}$，$K_H=100\mathrm{N\cdot mm^{-3/2}}$。

温度与钨硬度的关系示于图 1-3。

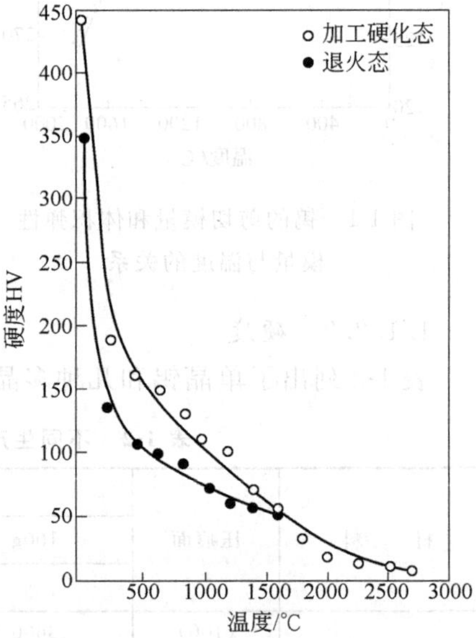

图 1-3　在 25～2700℃温度内钨的硬度与温度的函数关系

可以从以下公式：

$$H=K_n H_0 \exp(-\alpha_n T)$$

$$\sigma=M_n\sigma_0 \exp(-\beta_n T)$$

得出钨硬度与极限强度的如下关系：

$$\sigma=\frac{M_n\sigma_0}{K_n H_0}H\exp[(\alpha_n-\beta_n)T]$$

式中，H、H_0、σ 和 σ_0 分别是在试验温度和 0K 温度下的硬度和极限强度；α_n（α_1、α_2、α_3）和 β_n（β_1、β_2、β_3）分别是各切片的硬度温度系数和极限强度温度系数；K_n（K_1、K_2、K_3）和 M_n（M_1、M_2、M_3）是各切片的常数；T 是绝对温度。

1.1.2.3 低温脆性

表1-3列出了钨板进行四倍厚度弯曲时的塑性-脆性转变温度。

表 1-3 钨板进行四倍厚度弯曲时的塑性-脆性转变温度(*DBTT*)

1h 退火温度 /℃(℉)	平均晶粒直径 /mm(in)	填隙杂质/%			厚度 /mm(in)	*DBTT* /℃(℉)
		碳	氮	氧		
A. 粉末冶金材料						
1099(2010)	无数据		57×10^{-4}	46×10^{-4}	1.524(0.06)	77(170)
1199(2190)						121(250)
1293(2360)						349(660)
1393(2540)						435(815)
1800(3272)	0.046(0.0018)	38×10^{-4}	$<0.4\times10^{-4}$	6×10^{-4}	0.508(0.02)	420(788)
2600～2800 (4712～5072)	0.071(0.0028)					450(842)
1300(2372)	0.02～0.04(0.00079～0.0016)	4×10^{-4}	7×10^{-4}	14×10^{-4}	1.524(0.06)	—
2100(3812)		21×10^{-4}	$<5\times10^{-4}$	10×10^{-4}		235～280 (455～536)
2800(4172)		4×10^{-4}	$<5\times10^{-4}$	16×10^{-4}		
2500(4532)		15×10^{-4}	$<5\times10^{-4}$	10×10^{-4}		
B. 电弧熔炼材料						
1427(2600)	$1.8\times10^{-2}(0.07\times10^{-2})$	4×10^{-4}	9×10^{-4}	2×10^{-4}	1.27(0.05)	346(655)
1649(3000)	$5.02\times10^{-2}(0.20\times10^{-2})$					337(638)
1871(3400)	$1.08\times10^{-1}(0.043\times10^{-1})$					363(685)
2038(3700)	$2.74\times10^{-1}(0.11\times10^{-1})$					322(613)
2204(4000)	$7\times10^{-1}(0.28\times10^{-1})$					374(706)
1538(2800)	$2.36\times10^{-2}(0.093\times10^{-2})$	6×10^{-4}	10×10^{-4}	6×10^{-4}	1.016(0.04)	260(500)
1649(3000)	$2.68\times10^{-2}(0.11\times10^{-1})$					304(580)
1927(3500)	$4.55\times10^{-2}(0.18\times10^{-2})$					366(690)
2093(3800)	$7.64\times10^{-2}(0.3\times10^{-2})$					346(655)
2204(4000)	$15.7\times10^{-2}(0.62\times10^{-2})$					349(660)
2316(4200)	$32.7\times10^{-2}(1.3\times10^{-2})$					349(660)
1871～1982 (3400～3600)	$1.9\times10^{-2}(0.075\times10^{-2})$	14×10^{-4}	13×10^{-4}	3×10^{-4}	1.016(0.04)	349(660)

续表 1-3

1h退火温度 /℃(°F)	平均晶粒直径 /mm(in)	填隙杂质/% 碳	氮	氧	厚度 /mm(in)	*DBTT* /℃(°F)
	$11\times10^{-2}(0.43\times10^{-2})$	4×10^{-4}	9×10^{-4}	2×10^{-4}		363(685)
	$9\times10^{-2}(0.35\times10^{-2})$	4×10^{-4}	—	5×10^{-4}		299(570)
C. 电子束熔炼材料						
1204(2200)	$4.24\times10^{-2}(0.17\times10^{-2})$	1×10^{-4}	13×10^{-4}	2×10^{-4}	1.016(0.04)	273(525)
1649(3000)	$9.91\times10^{-2}(0.39\times10^{-2})$					346(655)
1927(3500)	$33.8\times10^{-2}(1.33\times10^{-2})$					399(750)
2093(3800)	$71.3\times10^{-2}(2.81\times10^{-2})$					374(705)
2204(4000)	$118\times10^{-2}(4.65\times10^{-2})$					368(695)
2316(4200)	$104\times10^{-2}(4.09\times10^{-2})$					332(630)
1871～1982 (3400～3600)	$38\times10^{-2}(1.49\times10^{-2})$	5×10^{-4}	24×10^{-4}	2×10^{-4}	1.016(0.04)	251(485)
D. 化学气相沉积材料						
1000(1832)	无数据	$<10\times10^{-4}$	$<5\times10^{-4}$	7×10^{-4}	1.016(0.04)	180(356)
1400(2552)						190(374)
1800(3272)						200(392)
2200(3992)						210(410)
2500(4532)						260(500)

图 1-4 绘出了粉末冶金、电弧熔炼、电子束熔炼和化学气相沉积材料的代表性数据。

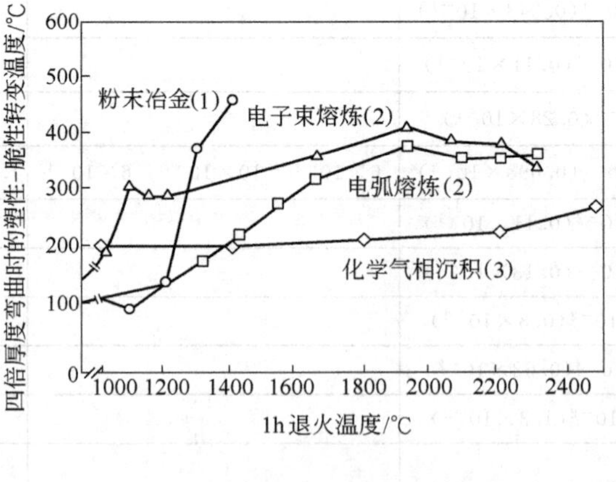

图 1-4　钨板的塑性-脆性转变温度(*DBTT*)
(四倍厚度弯曲)与 1h 退火温度的关系

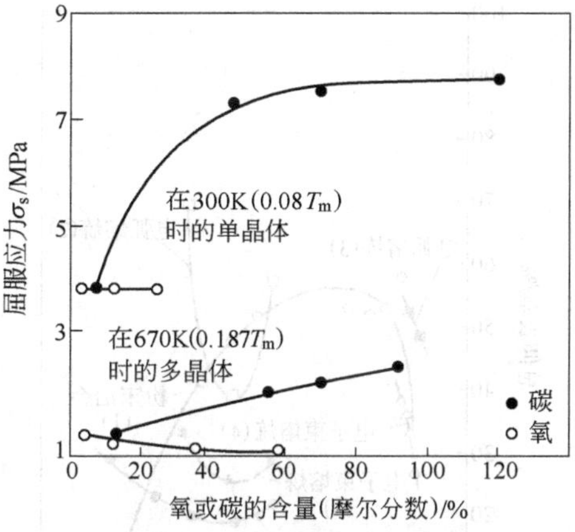

图 1-5 屈服应力与单晶和多晶钨杂质含量的关系

一般来说，粉末冶金和电弧熔炼材料的塑性-脆性转变温度比锻造状态材料的低；而就再结晶状态而言，在各类材料中粉末冶金材料的塑性-脆性转变温度最高，化学气相沉积材料的最低。

屈服应力 σ_s 随杂质含量的变化示于图 1-5，从图中可以看到，在单晶或多晶钨中，σ_s 与氧含量的关系不大，而碳则提高 σ_s。氧引起的脆化作用是由于氧在晶界上的偏析，降低了表面能，从而促使晶间破裂。碳引进的脆化作用主要是由于位错与碳化物颗粒之间的相互作用，导致屈服应力的提高。

1.1.2.4 抗拉性能

钨的极限抗拉强度、屈服强度、伸长率和断面收缩率与温度的关系分别示于图 1-6～图 1-9，电子束熔炼材料的强度最低而延性最好，其强度仅高于化学气相沉积材料，气相沉积钨的延性最差，粉末冶金钨和电弧熔炼钨的强度高但延性不好。

工业化生产的拉制钨丝，包括掺杂钨丝和掺氧化钍的钨丝以及 W-3Re 丝的极限抗拉强度示于图 1-10。在高温下，掺杂钨丝或掺氧化钍的钨丝强度有所提高，加工态（图 1-10）钨的强度比退火态（图 1-6）的高。

应变速率对钨抗拉性能的影响比对普通金属如铜、铝或铁大。在 525K 温度下应变速率对屈服应力影响的关系式为：

$$\ln\sigma_y = \tau\ln\dot{\varepsilon}$$

式中，τ 为应变速率指数；$\dot{\varepsilon}$ 为所施加的应变速率。屈服应力对应于应变速率的关系曲线示于图 1-11，并已发现 τ 值为 0.15。

钨的晶粒大小对屈服应力的影响，遵循 Hall-Petch 关系：

$$\sigma_y = \sigma_0 + k_y d^{-1/2}$$

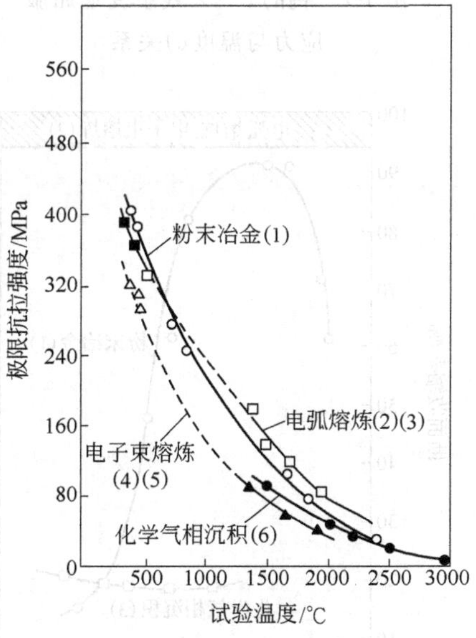

图 1-6 钨的极限抗拉强度与温度的关系

1—棒，直径 2.36mm，在 2400℃退火 0.5h；
2—棒，直径 4.06mm，在 1982℃退火 1h；
3—棒，直径 4.06mm，在 1648℃退火 1h；
4—棒，直径 4.06mm，在 1371℃退火 1h；
5—棒，直径 4.06mm，在 1982℃退火 1h；
6—棒，直径 4.06mm，在 2845℃退火 1h

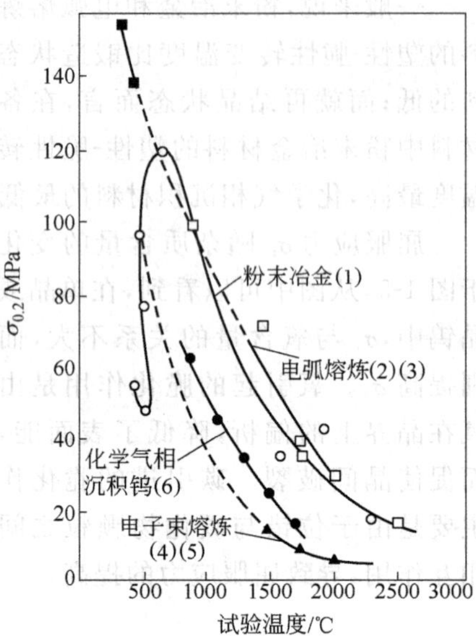

图 1-7　钨的 0.2%残余变形屈服应力与温度的关系

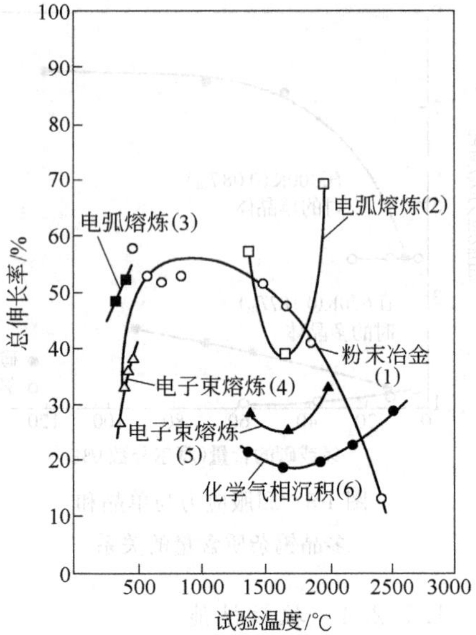

图 1-8　钨的总伸长率与试验温度的关系

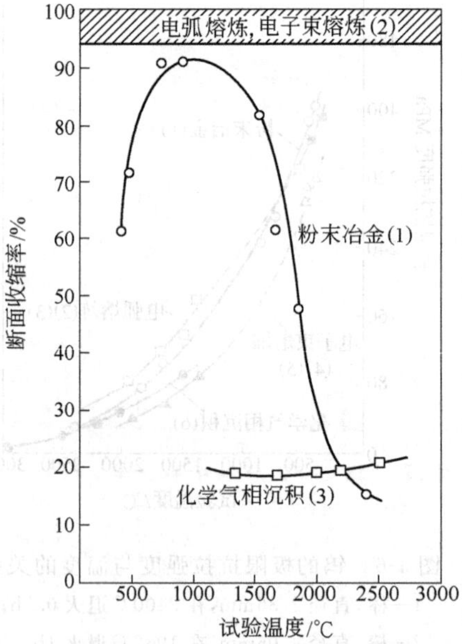

图 1-9　钨的断面收缩率与试验温度的关系

1—棒,直径 2.36mm,在 2400℃退火 1h;

2—棒,直径 4.06mm,在 1982℃退火 1h;

3—棒,直径 4.06mm,在 2845℃退火 1h

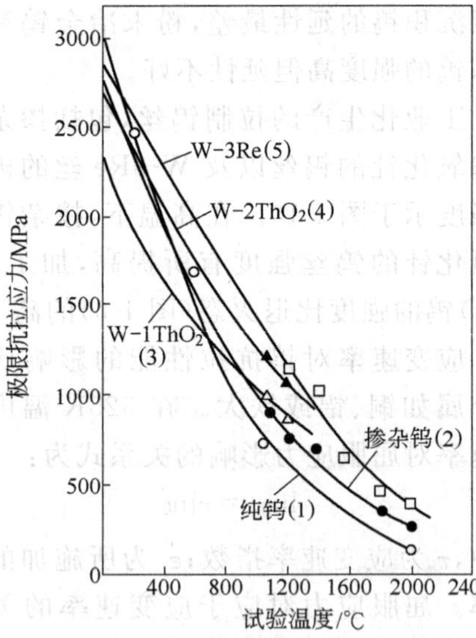

图 1-10　工业化生产的拉制钨丝极限抗拉强度与试验温度的关系

1—直径 0.71mm;2—直径 0.2mm;3—直径 0.2mm;

4—直径 0.38mm;5—直径 0.2mm

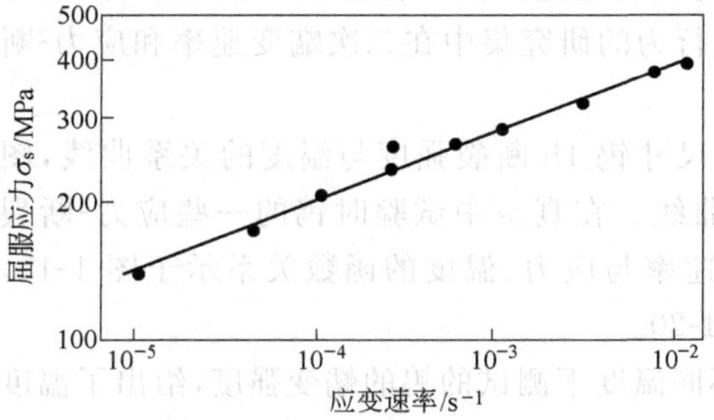

图 1-11 在 525K(0.14T_m)温度时应变速率对屈服应力的影响

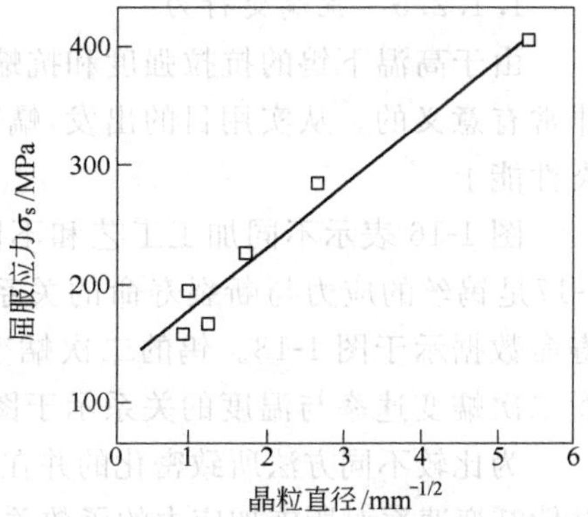

图 1-12 500K 温度时钨的屈服应力随晶粒大小的变化

式中，σ_0 为单晶体的屈服应力；d 为平均晶粒直径；k_y 为使屈服通过多晶材料进行传播的应力量度。500K 温度时钨的屈服应力随晶粒大小变化的关系示于图1-12。

钨中晶体的滑移与温度相关，在低温时，{110}〈111〉发生滑移，在室温下{112}〈111〉也开始滑移，而在 1371℃和 2760℃时，除上述两种形式外还有{123}〈111〉的滑移。

晶向对应力-应变曲线的影响示于图 1-13，由于上述滑移形式的施密特系数对两个方向都相同，所以比例极限 σ_p 对〈100〉或〈110〉晶向的晶体也相同。

图 1-14 表示出在三个晶向上位错密度 N 与应变的关系。根据〈110〉晶向晶体异常低的位错倍增率，可以认为，位错可在平行面上滑过长距离而不横切其他位错面和激活位错源。

温度对不同晶向的钨单晶体屈服应力 σ_s 的影响示于图 1-15。对所有三个晶向而言，除晶向关系外还可以注意到温度与 σ_s 存在明显的关系。

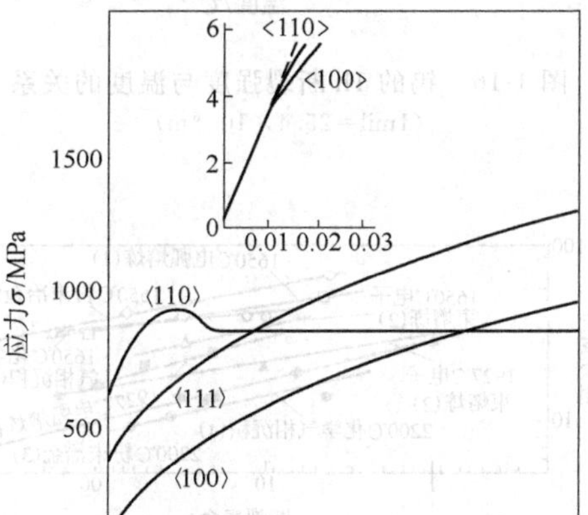

图 1-13 在 300K 温度时钨单晶的应力-应变曲线

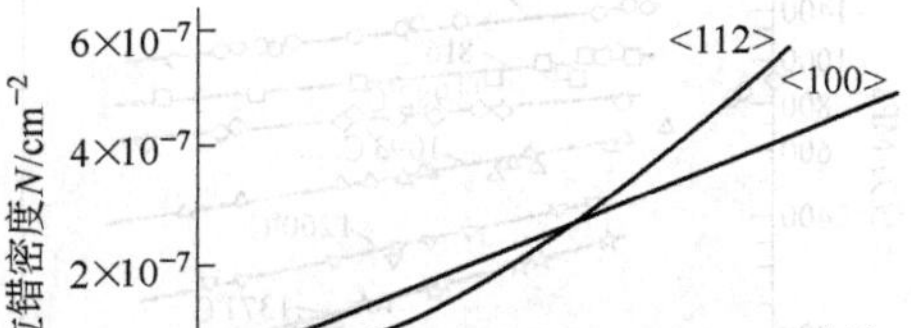

图 1-14 不同晶向的钨单晶位错密度随塑性应变而增大

1.1.2.5　抗蠕变行为

由于高温下钨的抗拉强度和抗蠕变强度超过任何其他金属，所以这些性能是非常有意义的。从实用目的出发，蠕变行为的研究集中在二次蠕变速率和应力-断裂性能上。

图 1-16 表示不同加工工艺和不同尺寸钨 1h 断裂强度与温度的关系曲线，图 1-17是钨丝的应力与断裂寿命的关系曲线。在真空中试验时钨的一些应力-断裂寿命数据示于图 1-18。钨的二次蠕变速率与应力、温度的函数关系示于图 1-19，而二次蠕变速率与温度的关系示于图 1-20。

为比较不同方法所致密化的并在不同温度下测试的钨的蠕变强度，给出了温度补偿蠕变速率对所施加应力的函数关系（示于图 1-21）。补偿蠕变速率由下式计算：

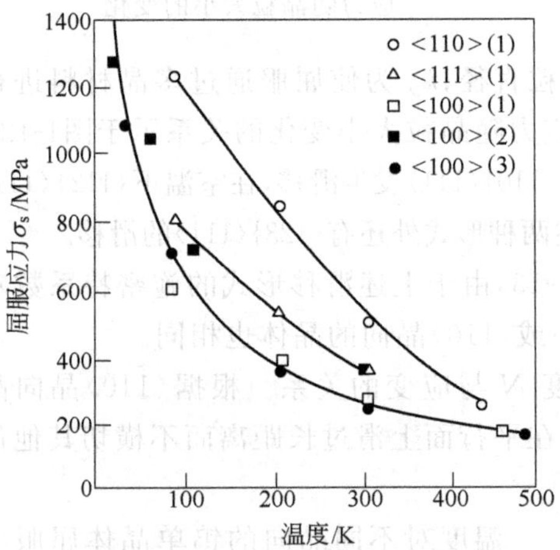

图 1-15　温度对不同晶向钨单晶的屈服强度的影响

1—Argon 和 Maloof；2—Oku 和 Galligan；3—Beardmore 和 Hull

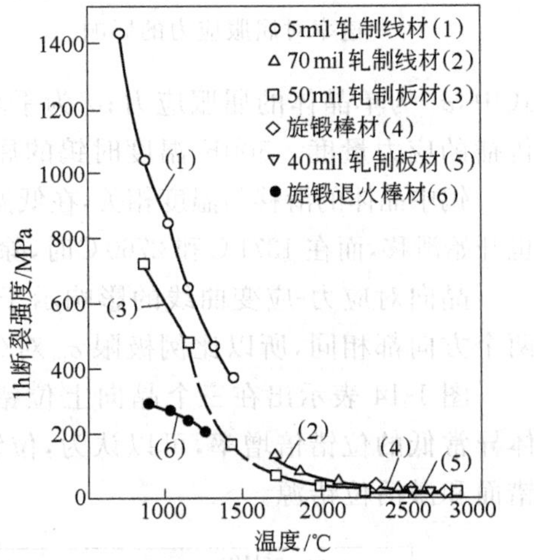

图 1-16　钨的 1h 断裂强度与温度的关系

（1mil＝25.4×10^{-6}m）

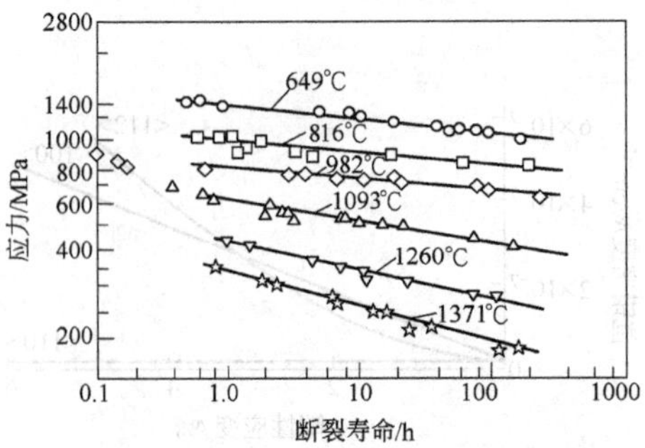

图 1-17　直径 0.127mm(0.005in)控制状态钨丝的应力与断裂寿命的关系

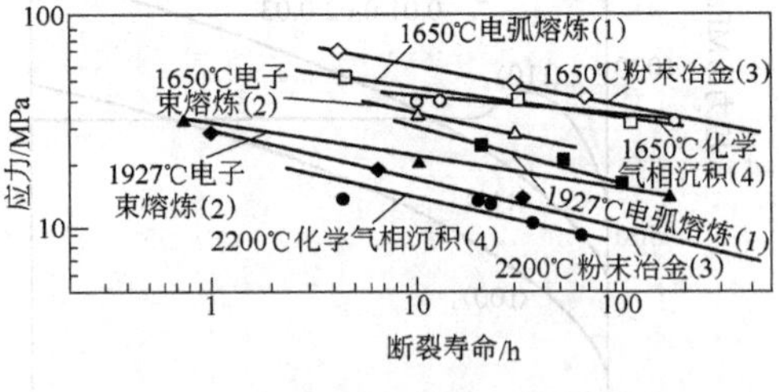

图 1-18　在真空中试验时钨的应力与断裂寿命的关系

1，2—Klopp 和 Witzke；3，4—McCoy

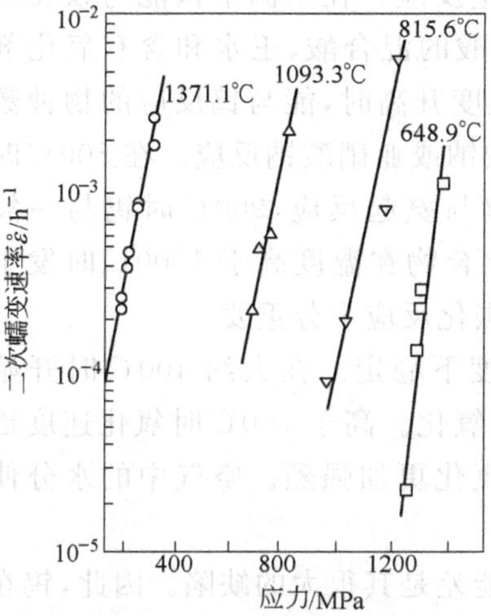

图 1-19 钨的二次蠕变速率与应力、温度的函数关系

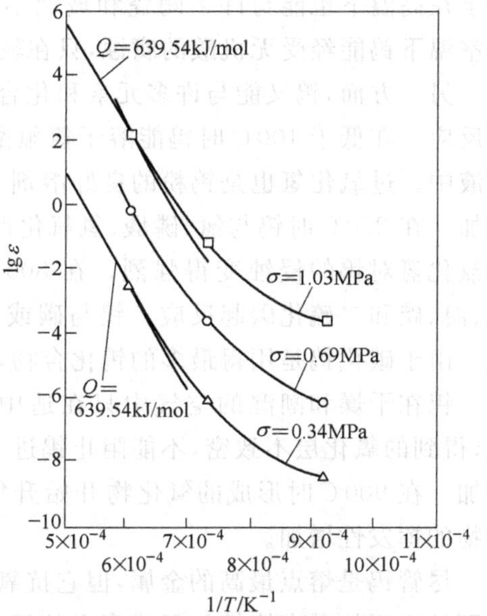

图 1-20 钨丝二次应变速率与温度的关系图

$$K=\mathring{\varepsilon}\exp(Q/RT)$$

式中，$\mathring{\varepsilon}$ 是稳态蠕变速率；Q 是体积自扩散激活能。Q 值随温度而变化，但对图中所示温度范围，取其平均值 647.9*kJ/mol*。

1.1.3 钨的化学性质[1,4,5]

在钨的化合物中，钨可以呈－2、－1、0、＋2、＋3、＋4、＋5、＋6 价，＋5 和＋6 价是其最常见的价态。钨的低氧化态化合物呈碱性，而高氧化态化合物呈酸性。

虽然钨的用途主要取决于其物理性能，如高熔点、高密度和低蒸气压等，但其化学性质也非常重要，因为它们决定和限制了钨在不同条件下的应用领域。

特别令人注意的是，钨的化学性质相当反常且相互矛盾。

一方面，钨常被看成是颇具惰性的金属，能承受许多元素和化合物的作用。钨

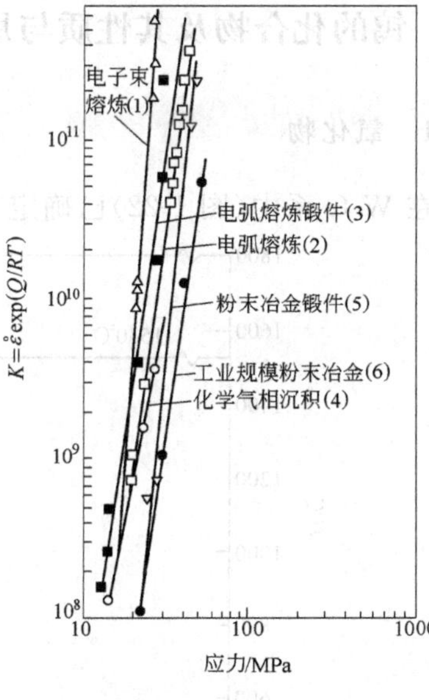

图 1-21 钨的温度补偿蠕变速率
(Q=647.9kJ/mol)

1—棒，在 1982℃退火 1h；2—棒，在 2204℃退火 1h；3—加工薄板，在试验温度下退火 2h；4—在试验温度下退火；5—加工薄板，在试验温度下退火；6—棒，在 2250～2800℃退火

甚至在高温下也能与许多陶瓷和玻璃不发生作用，并能耐许多熔融金属的侵蚀。在室温下钨能经受无机酸的腐蚀，只在较高温度时受到轻微的腐蚀。

另一方面，钨又能与许多元素和化合物发生反应。在室温下钨能与氟发生强烈反应。在低于100℃时钨能溶于氢氟酸和硝酸的混合酸、王水和含有氧化剂的碱液中。过氧化氢也是钨粉的良好溶剂。当温度升高时，能与钨反应的物种数量增加。在250℃时钨与氯、磷酸、氢氧化钾、硝酸钠或亚硝酸钠反应。在500℃时氧和氯化氢对钨的侵蚀变得强烈。在800℃时钨与氨起反应，900℃时钨与一氧化碳、溴、碘和二硫化碳起反应。钨与碳或含碳化合物在温度高于1000℃时发生反应。由于碳化钨是用得最多的钨化合物，钨的碳化反应十分重要。

钨在干燥和潮湿的空气中只在适中的温度下稳定。在大约400℃时开始氧化，得到的氧化层不致密，不能阻止钨进一步的氧化。高于700℃时氧化速度迅速增加。在900℃时形成的氧化物开始升华，使氧化更加强烈。空气中的水分使氧化物的挥发性增加。

尽管钨是熔点最高的金属，但它抗氧化性能差是其很大的缺陷。因此，钨在高温下的应用均需有惰性气氛或真空的保护。

块状钨与水不发生反应，但在高于600℃时会被水蒸气氧化。

1.2　钨的化合物及其性质与用途[1,4~6]

1.2.1　氧化物

在W-O系中(图1-22)已确定有四种氧化物存在：三氧化钨(WO_3)，β-氧化钨

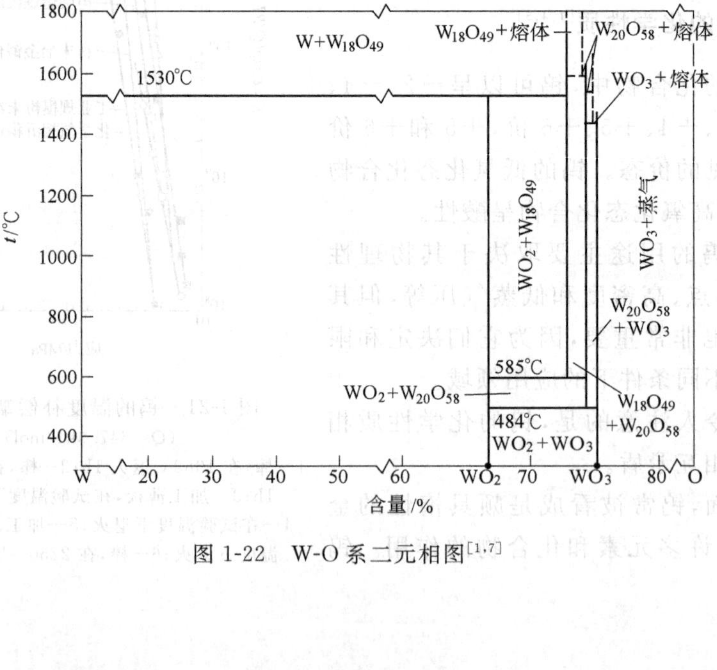

图1-22　W-O系二元相图[1,7]

($W_{20}O_{58}$),γ-氧化钨($W_{18}O_{49}$)和二氧化钨(WO_2)。

1.2.1.1 化学计量二元氧化物

A 三氧化钨(α-WO_3)

三氧化钨因呈黄色又名黄色氧化钨。在自然界中三氧化钨以钨华或钨赭石的矿物形态存在。在空气或氧气中煅烧钨酸或仲钨酸铵,可按下式得到三氧化钨:

$$H_2WO_4 \longrightarrow WO_3 + H_2O(750\sim800℃)$$

$$(NH_4)_{10}[H_2W_{12}O_{42}]\cdot 4H_2O \longrightarrow 12WO_3 + 10NH_3 + 10H_2O$$

WO_3 的实测密度为 7.21～7.30g/cm³,X 光密度为 7.27g/cm³。熔点为 1472℃,在大于 750℃时开始升华。在有水蒸气存在时其挥发性显著增加。沸点为 1837℃。

除 HF 酸外,WO_3 不溶于酸,但易溶于碱金属氢氧化物的水溶液中和碱金属氢氧化物及碳酸盐的熔体中。

对生产其他钨化合物和金属钨粉而言,WO_3 是一种最重要和高纯度的中间化合物。由于 WO_3 具有明亮的黄色,在油彩和水彩中被用作颜料。

B β-氧化钨($WO_{2.9}$ 或 $W_{20}O_{58}$)

β-氧化钨因呈蓝色又名蓝色氧化钨,但与第 3 章所述的工业蓝色氧化钨(TBO)不同,那是一种还原得到的多相中间产品。在用氢还原三氧化钨时,可以得到纯 β-氧化钨。$WO_{2.9}$ 的实测密度为 7.15g/cm³,X 光密度为 7.16g/cm³。匀相区范围为 $WO_{2.8975\sim2.9014}$(1000℃)。

$WO_{2.9}$ 部分存在于工业生产的蓝色氧化钨中。它与三氧化钨一样,在化学合成中常用作催化剂。

C γ-氧化钨($WO_{2.72}$ 或 $W_{18}O_{49}$)

γ-氧化钨因呈紫色又名紫色氧化钨。在一定的温度和潮湿氢气的条件下,用氢还原三氧化钨或蓝色氧化钨可制备纯净的紫色氧化钨。同时,将钨粉和三氧化钨按一定比例混合后密闭煅烧或在氩气保护下煅烧,也能合成紫色氧化钨。

$WO_{2.72}$ 的实测密度为 7.724～7.989g/cm³,X 光密度为 7.78g/cm³。$WO_{2.72}$ 的结晶呈针状或细柱状,针状或细柱状结晶体的直径通常小于 1μm。以其为前驱物易于获得极细的钨粉,所以近来在制取超细晶粒硬质合金时,往往先制备 $WO_{2.72}$。

D 二氧化钨(WO_2)

二氧化钨因呈褐色又名褐色氧化钨。在上述三种高价氧化钨的氢还原过程中,都能得到二氧化钨。二氧化钨是由氧化钨生产金属钨粉的重要中间产品,在从高价氧化钨用氢还原制备金属钨粉过程中,往往经过二氧化钨的制取阶段。由于二氧化钨的粒度在很大程度上决定了金属钨粉产品的粒度,所以在氧化钨氢还原过程中钨粉的粒度控制主要是通过控制二氧化钨的粒度来完成的。

WO_2 的实测密度为 10.82～11.05g/cm^3，X 光密度为 10.82g/cm^3。在室温时 WO_2 为准化学计量化合物。WO_2 在熔化之前已歧化为 W 和 $WO_{2.72}$。过去文献中给出的 WO_2 熔点数据均不可靠。

WO_2 可溶解于热的和浓的无机酸及沸腾的和浓的碱金属氢氧化物溶液中。它能迅速溶于稀的或浓的双氧水中。硝酸能将它氧化成 WO_3。

E　β-钨（W_3O）

有人曾把它看成是低价氧化物或金属钨的一种晶型。现在认为它是一种被少量氧所稳定的亚稳金属相。其他元素如钾、铍、磷、硼、砷、铈、钍和铝，可使 β-W 进一步稳定。

在生产抗下垂钨丝过程中用氢还原掺杂氧化钨时，会部分形成 β-W。另外，用干氢和薄粉末料层在 500～600℃下还原 $WO_{2.9}$ 时，能形成 X 光纯的 β-W。

β-W 的实测密度为 19.0～19.1g/cm^3，X 光密度为 18.94g/cm^3。β-W 变为 α-W 的转变温度为 530～800℃，与存在何种第三元素有关。

β-W 易溶于稀的或浓的双氧水中。

1.2.1.2　非化学计量二元氧化物

两个晶面间逆向平移形成的公用晶棱或晶面的结晶构造称之为结晶剪切结构，简称 CS 构造[8]。

当 WO_3 在密封管或氢气气氛下于 730℃左右轻度还原时，欠缺氧的情况可被 CS 构造所消除，这相当于 W^{6+} 部分被 W^{5+} 和 W^{4+} 离子所取代。

结晶剪切构造，特别是在其还原状态下，具有接纳异种金属离子的能力。这在抗下垂钨丝生产过程中蓝色氧化钨具有吸收掺杂剂的性能上，起了重要作用。

1.2.1.3　化学计量（氧化态）三元氧化物

A　三氧化钨一水合物

a　三氧化钨的水合物（$WO_3 \cdot H_2O$ 或 $WO_2(OH)_2$）

三氧化钨一水合物是一种单聚气态化合物，它由氧化钨与水蒸气在高于 600℃的条件下反应生成。它是在还原过程中钨发生化学气相输送（CVT）的载体，对最终形成的钨粉粒度起着决定作用。

b　钨酸类

与上述具有一定成分的化合物不同，钨酸类随着含水量不同成分发生变化：

$$WO_3 \cdot 2H_2O \qquad (n(W) : n(H_2O)=1:2)$$

$$WO_3 \cdot H_2O \qquad (n(W) : n(H_2O)=1:1)$$

$$2WO_3 \cdot H_2O \qquad (n(W) : n(H_2O)=2:1)$$

加热脱水可使钨酸的成分发生变化。当加热至约 500℃时会最终脱水，形成无水的三氧化钨结晶。

(1) 钨酸（H_2WO_4 或 $WO_3 \cdot H_2O$）。用无机酸，最好是盐酸，作用于碱金属钨酸盐的水溶液可制得钨酸。用仲钨酸铵与强酸(最好是盐酸)作用也能得到钨酸。由于仲钨酸铵纯度较高,得到的钨酸较纯。

钨酸为无定形黄色粉末,在水和酸性溶液中几乎不溶,但是新制的钨酸在用水处理时可形成胶体溶液。钨酸溶于强碱溶液、氨水和氢氟酸。钨酸在低于150℃时稳定。

钨酸从前是钨水冶中最重要的中间化合物。现在它的许多用途已被APT所取代。但是现在仍用钨酸作为生产亚微米钨粉和某些钨化合物的原料。在亮黄色釉中用钨酸作颜料。

(2) 白钨酸($WO_3 \cdot xH_2O, x\approx 2$)。在冷态下酸化钨酸盐溶液时得到白钨酸沉淀。将钨酸盐溶液加入1mol/L的硝酸中至pH为1也能得到白钨酸。沸腾时白钨酸转变为钨酸。

白钨酸为无定形白色粉末。在低于55℃时稳定,在55～75℃的温度区间失水。

(3) 双三氧化钨一水合物($2WO_3 \cdot H_2O$)。在不高于300℃下干燥钨酸可制得$2WO_3 \cdot H_2O$。

$2WO_3 \cdot H_2O$为无定形橘黄色固体。

B 单钨酸盐[9]

在钨酸盐中,钨以八面体或四面体配位出现。如以第三元离子的半径对其电负性作图(见图1-23),则可发现以下规律性:

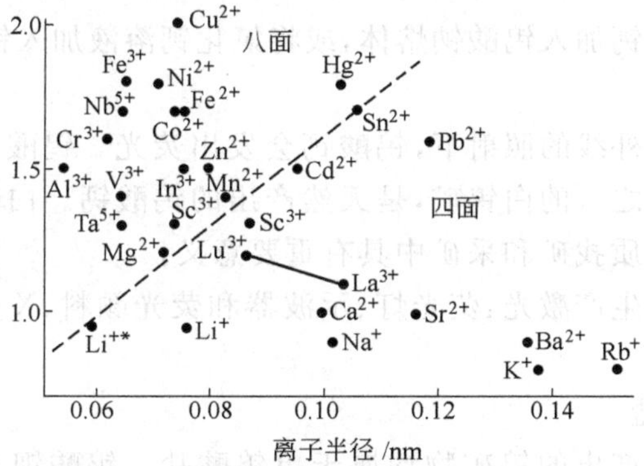

图1-23 完全氧化态的钨酸盐的八面体的离子半径与电负性的关系

(图中的虚线表示W以八面体配位或四面体配位结构出现的大致界限[9];*为另一作者所作)

当第三元离子的负电性高而离子半径小(0.07→0.095nm)时,八面体配位优先(黑钨矿组)。

当第三元离子的负电性低而离子半径大（0.07→0.095nm）时，四面体配位优先（白钨矿组）。

当第三元金属位于分界线上时，可能出现多种晶型。

碱金属的钨酸盐呈白色，具有吸水性，易溶于水，并以水合物形式从水溶液中结晶。其余的所有钨酸盐，除钨酸镁外，很少溶于水。在添加热的矿物酸（磷酸除外）时，钨酸盐分解为钨酸和相应的金属盐。

a　钨酸钠（Na_2WO_4）

无水钨酸钠可用下列熔合反应来制备：

$$WO_3 + 2NaOH \longrightarrow Na_2WO_4 + H_2O$$

$$WO_3 + Na_2CO_3 \longrightarrow Na_2WO_4 + CO_2$$

如果用从水溶液结晶的方法来制备，得到的总是二水合物 $Na_2WO_4 \cdot 2H_2O$。

用钨酸钠的水溶液与相应的可溶性金属盐作用，可制备难溶的（除镁外的二价金属离子和三价金属离子）钨酸盐。

b　钨酸钾（K_2WO_4）

钨酸钾制备与钨酸钠类似。

c　钨酸铵

用液氨与钨酸反应可获得无水钨酸铵。不存在钨酸铵的水合物，这就是说，只有多钨酸盐才能从含氨溶液中结晶出来。

d　钨酸钙

将过量的氯化钙加入钨酸钠熔体，或将氯化钙溶液加入钨酸钠溶液，都可以得到钨酸钙。

在波长短的紫外线的照射下，钨酸钙会发出荧光。钨酸钙难溶于水。最常见的两种重要钨矿物之一的白钨矿，是天然产出的钨酸钙。白钨矿在紫外线的照射下发出的荧光在地质找矿和采矿中具有重要意义。

钨酸钙可用于生产激光、荧光灯、示波器和荧光颜料、X 光屏发光涂料和闪烁计数器的荧光剂。

e　其他钨酸盐

几乎全部天然产出的钨矿物均属于单钨酸盐。钨酸钡和钨酸锌用作亮白色颜料。

C　同多钨酸盐和同多钨酸[1]

钨酸能相互聚合而生成比较复杂的同多钨酸。同多钨酸可看成是含有两个或更多酸酐的酸。它们的化学式可表示为 $xWO_3 \cdot yH_2O$，式中 $x > y$。其相应的盐类称同多酸盐。

湿法冶金中经常遇见的单钨酸及多钨酸列于表 1-4[16]。

表 1-4 单钨酸与多钨酸

形成酸度 $n(H^+)/n(WO_4^{2-})$	化学式	名称
0	WO_4^{2-}	单钨酸根
1.14	$[W_7O_{24}]^{6-}$	仲钨酸 A　曾经认为是 $[HW_6O_{21}]^{5-}$
1.17	$[W_{12}O_{42}H_2]^{10-}$	仲钨酸 B
1.48	α-$[(H_2)W_{12}O_{40}]^{6-}$	α-偏钨酸
1.50	β-$[(H_2)W_{12}O_{40}]^{6-}$	β-偏钨酸
2.00	WO_3H_2O	钨酸

钨酸钠溶液酸化至 pH 值接近 6，很快生成仲钨酸 A；仲钨酸 A 比仲钨酸 B 具有更大溶解度，仲钨酸 A 的溶液存放若干天或煮沸则变成仲钨酸 B。

稀溶液中（小于 0.02mol/L）仲钨酸盐转化为 WO_4^{2-} 和 α-$[(H_2)W_{12}O_{40}]^{6-}$ 。

酸化钨酸钠溶液至 $n(H^+)/n(WO_4^{2-})=1.5$ 时，最初形成介稳定态的 ϕ 偏钨酸盐阴离子，它不能以晶体析出，水溶液中 ϕ-阴离子渐渐变成 β-偏钨酸盐，最后才转变为真正的偏钨酸盐，即 α-偏钨酸盐，它是热力学稳定产物，其生成与溶液浓度和温度有关，一般 50℃、5mmol/L 的钨酸盐溶液完全转变成偏钨酸盐大约需要 15 天；80℃，pH＝3，ϕ 型转变为 β 型，β 型转变为 α 型的半衰期大约都是 70min。

此外，当 $n(H^+)/n(WO_4^{2-})>1.5$ 时，有十聚钨酸盐阴离子 $[W_{10}O_{32}]^{4-}$ 形成。与钼类似的六聚钨酸盐阴离子 $[W_6O_{19}]^{2-}$ 在一定条件下也可形成。

a　偏钨酸盐

偏钨酸及其大部分盐类都能很好地溶于水。偏钨酸离子在弱酸性溶液中（pH＝4）稳定。因此，当钨冶金生产中要求析出钨时，要注意避免在溶液中生成偏钨酸盐。为了分解偏钨酸盐，在生产中一般用加碱并长时间煮沸的办法来使之转化为单钨酸盐。以偏钨酸钠的转化为例，反应如下：

$$Na_6H_2W_{12}O_{40}+18NaOH \rightleftharpoons 12Na_2WO_4+10H_2O$$

（1）偏钨酸铵 $[(NH_4)_6(H_2W_{12}O_{40})\cdot 3H_2O]$。除中和法外，偏钨酸铵的制备可采用离子交换法或电渗析法。

偏钨酸铵（AMT）的优点是它在水中溶解度高，从而有可能制备高浓度的不含碱金属离子的钨酸盐溶液。

偏钨酸铵用于处理生产催化剂的基体（例如氧化铝球团）。另外，AMT 还用于核屏蔽上，作为腐蚀抑制剂。偏钨酸铵还用作制备其他钨化合物的前驱物。

（2）偏钨酸钠 $[Na_6(H_2W_{12}O_{40})\cdot 3H_2O]$。为制备偏钨酸钠，先制备单钨酸钠溶液，然后用离子交换法除去部分钠离子，得到偏钨酸钠的稀溶液，最后将溶液浓缩。

高浓度的偏钨酸钠溶液可达到高至 3.1g/cm^3 的密度。这种高浓度的溶液可用于石油钻孔，在杂多钨酸盐的制造中用作重要的中间产物，用作燃料电池的电极和用在香烟过滤嘴中。另外，还用于防火纺织品中。

(3) 偏钨酸锂[$Li_6(H_2W_{12}O_{40})\cdot 3H_2O$]

制法与偏钨酸钠类似。尽管锂是密度最小的碱金属,但偏钨酸锂溶液的密度超过偏钨酸钠,最高达到 $3.5g/cm^3$。

b 仲钨酸铵[$(NH_4)_{10}H_2W_{12}O_{42}$]·$4H_2O$

仲钨酸铵的制备方法将在 3.2 节(由含钨溶液制取纯钨化合物)中作详细介绍。

仲钨酸铵的实测密度为 $4.61g/cm^3$,X 光密度为 $4.639g/cm^3$。

对大多数钨制品而言,仲钨酸铵是当前最常见的高纯中间体。

D 杂多钨酸盐和杂多钨酸

a 杂多钨酸

WO_4^{2-} 离子除有形成同多钨酸阴离子的倾向外,还有形成杂多钨酸阴离子的倾向。钨酸盐溶液与作为中心原子(杂离子)的盐溶液混合时,通过加热和酸化,便形成杂多钨酸。例如:

$$SiO_4^{4-}+12WO_4^{2-}+28H^+ \rightleftharpoons H_4[SiW_{12}O_{40}]+12H_2O$$

杂多钨酸盐可按杂质原子与钨原子数目之比来分类。某些典型的例子示于表 1-5。

表 1-5 某些典型的杂多钨酸阴离子

原子比(杂质:W)	中心原子	典型化学式
1:12	P^{5+}, As^{5+}, Si^{4+}, Ge^{4+}, Ti^{4+}, Co^{3+}, Fe^{3+}, Al^{3+}, Cr^{3+}, Ga^{3+}, Te^{4+}, B^{3+}	$[X^{n+}(W_{12}O_{40})]^{(8-n)-}$
1:10	Si^{4+}, Pt^{4+}	$[X^{n+}(W_{10}O_x)]^{(2x-60-n)-}$
1:9	Be^{2+}	$[X^{2+}(W_9O_{31})]^{6-}$
1:6	系列 A, Te^{5+}, I^{7+}	$[X^{n+}(W_6O_{24})]^{(12-n)-}$
	系列 B, Ni^{2+}, Ga^{3+}	$[X^{n+}(W_6O_{24}H_6)]^{(6-n)-}$
2:18	P^{5+}, As^{5+}	$[X_2{}^{n+}(W_{18}O_{62})]^{(12-2n)-}$
2:17	P^{5+}, As^{5+}	$[X_2{}^{n+}(W_{17}O_x)]^{(2x-102-2n)-}$

1:12 的杂多钨酸阴离子最容易形成,这类熟知的杂多钨酸阴离子有 $[PW_{12}O_{40}]^{3-}$、$[AsW_{12}O_{40}]^{3-}$、$[SiW_{12}O_{40}]^{4-}$。杂多钨酸阴离子 $[PW_{12}O_{40}]^{3-}$、$[AsW_{12}O_{40}]^{3-}$ 与胺类萃取剂的络合会妨害工业萃取过程。特别是在用叔胺作萃取剂时,在溶剂中生成不溶的络合物,形成第三相。

b 杂多钨酸盐

杂多钨酸盐具有以下特点:

(1) 相对分子质量高(小于 3000);

(2) 水合度高;

(3) 通常在水中以及某些有机溶剂中溶解度高;

(4) 在水溶液中有强氧化性能；

(5) 以游离酸形式存在时具有强酸性；

(6) 在强碱性水溶液中可分解为单钨酸盐；

(7) 阴离子有色或能生成有色反应产物。

杂多钨酸盐主要用作油漆和调色剂用基性颜料的沉淀剂、催化剂和钢铁的钝化。

十二钨磷酸钠是杂多钨酸盐中非常重要的化合物，在许多领域中得到应用。如：

(1) 石油和有机化学工业(异构化、聚合、合成腈、芳香化、脱硫、脱水氯化、脱水、环闭合和合成酮)中用作催化剂；

(2) 有机颜料生产中用于合成染料原料的沉淀剂、高度耐热耐光耐湿亮色颜料的合成、印刷墨汁、纸张着色和染色、无毒涂料和石蜡着色等；

(3) 毛皮的表面处理；

(4) 处理丙烯酸基合成纤维用的抗静电剂；

(5) 其氧化性能使之能用于各种照相过程，制作光敏系统、图像生产和打印输出系统；

(6) 制革，塑料薄膜的不透水处理；

(7) 镀铬的添加剂；

(8) 赋予水泥和黏合剂以防水性。

E 过氧钨酸盐和过氧钨酸

将 WO_3 或金属钨粉溶于过氧化氢中可得到过氧钨酸。

将钨酸盐溶于过氧化氢中可得到过氧钨酸盐。过氧钨酸盐呈亮黄色。

在分析化学中用过氧化氢来溶解金属钨粉的试样。与其他溶剂相比，过氧化氢不会带来可能影响分析的别的阴离子(如氟离子)。在这里过氧化氢不仅是起溶剂的作用，同时还是阻止钨发生沉淀的络合剂。这一反应在生产高纯钨制品中也得到应用(参见第 5 章)。

1.2.1.4 非化学计量(还原态)三元氧化物

A 钨青铜[8,10]

钨青铜是具有下列化学式的非化学计量化合物：

$$M_x^{(z)}WO_{3-y+z\cdot x/2}$$

式中，y 可以小于或大于 $z\cdot x/2$；z 为青铜形成原子的原子价。

钨青铜的理想组成为 $y=z\cdot x/2$(“真”钨青铜，M_xWO_3)。

不仅是 y，x 也影响钨青铜的物理和化学性能。例如：

$x<0.3$ 时，钨青铜为半导体；

$x>0.3$ 时，钨青铜为导体(具有金属键)，因为 x 对费米能级有影响。

之所以称为青铜是因为它们具有金属光泽和强烈的色彩。钨青铜的稳定性与“M”的尺寸有关。随着 M 离子半径的减小，钨青铜的稳定性下降。像 Si 和 Ge 这样小的离子根本就不能形成钨青铜。钨青铜具有高的化学惰性，尤其是对非氧化性酸类（包括 HF）。

根据上述钨青铜的化学式，文献[10]给出了能描述下列化合物类别的相图（图 1-24）。

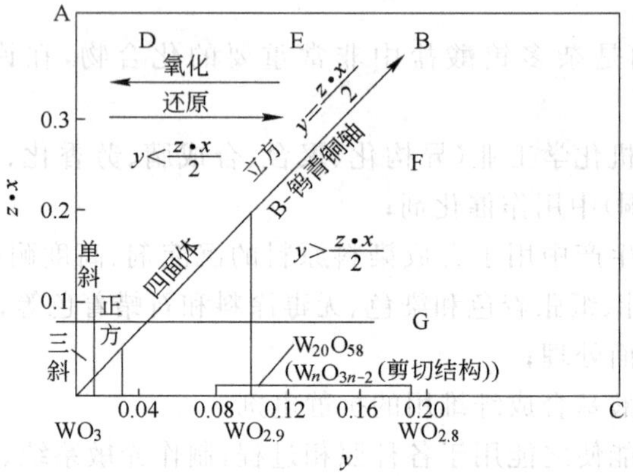

图 1-24　理想化的 M-W-O 三元相图

A—单钨酸盐和多钨酸盐；B—氧化物和理想组成的钨青铜；C—缺氧氧化物；D—还原态多钨酸盐；E—阳离子过剩的钨青铜；F—阳离子欠缺的钨青铜；G—有阳离子污染的缺氧氧化物

（1）单钨酸盐和多钨酸盐；

（2）氧化物和理想组成的钨青铜；

（3）缺氧氧化物；

（4）还原态多钨酸盐；

（5）阳离子过剩的钨青铜；

（6）阴离子过剩的钨青铜；

（7）有阳离子污染的缺氧氧化物。

钨青铜的制备方法有：

（1）酸性溶液中用汞齐或电化学还原，主要用于制造氢钨青铜；

（2）还原（包括固/固、熔体/熔体、固/气之间的反应）；

（3）熔融混合物的电化学还原。

B　钠钨青铜

钠钨青铜是研究得最多的钨青铜。它们可用电解还原、气相沉积、熔合和 500～850℃在真空中固态还原等方法制得。

钠钨青铜具有金属光泽。随钨青铜通式中 M(Na)的物质的量不同，其色彩由金黄色变为蓝黑色：

x	a/nm	颜色
0.93	0.3850	金黄
0.64	0.3834	红-黄
0.46	0.3825	红-紫
0.32	0.3813	蓝-紫

其温度电阻系数当 $x<0.3$ 时为负值；$x>0.3$ 时为正值。

钠钨青铜可用作 CO 和燃料电池发生气体的氧化催化剂。

C 铵钨青铜和氢钨青铜

除金属元素离子外，水合氢离子(H_3O^+)和铵离子也能形成钨青铜化合物。

铵钨青铜的 $x=0.06\sim0.33$，$y=0.030\sim0.165$。

除最低值的 x 和 y(即$(NH_4)_{0.06}WO_3\cdot(H_2O)_{0.11}$)呈四面体外，其余的铵钨青铜属于六方晶系。之所以大多数铵钨青铜以六方晶系结晶，铵离子尺寸大是其原因。铵钨青铜部分存在于工业蓝色氧化钨中，特别是当 APT 的分解温度低或还原时间短时。

氢钨青铜的 x 和 y 在 $0.03\sim0.53$ 和 $0.015\sim0.3$ 范围内变化。氢钨青铜有各种不同的结构(四面体、斜方晶系、单斜、六方和正方)，在工业蓝色氧化钨中也可发现有氢钨青铜存在。

1.2.2 钨与硫的化合物

W-S 二元系中有 WS_2 和 WS_3 两种化合物存在。

1.2.2.1 二硫化钨(WS_2)

二硫化钨可用以下方法制成：

(1) 在 800～900℃下和纯氮气氛中直接用 W 和 S 合成，得到 β-WS_2；

(2) 在 1400℃下将硫的蒸气通到 WO_3 之上：$2WO_3+4S\longrightarrow 2WS_2+3O_2$，得到 α-$WS_2$；

(3) 将 WS_3 热分解。

β-WS_2 具有六方 C_7，即 MoS_2(h)结构。$a=0.3145\sim0.3165$nm，$c=1.225\sim1.235$nm。

α-WS_2 具有斜方，即 MoS_2(r)结构。$a=0.3162$nm，$c=1.850$nm。

WS_2 具有层状结构，每个金属离子被一个呈三角菱形排列的 S 原子簇围绕。WS_2 是反磁性的半导体。

WS_2 不溶于水、稀硝酸和硫酸，它溶于 HF-王水混合物、熔融碱和碱金属碳酸盐。它在空气中加热时分解，但其热稳定性较 MoS_2 高 90℃。

WS_2 能在各种表面上形成有黏性的软性的连续性的薄膜。与 MoS_2 类似，WS_2 具有很好的润滑性能，是良好的固体润滑剂。

1.2.2.2　三硫化钨(WS_3)

三硫化钨可用硫代钨酸钠在热硫酸或盐酸中分解的方法来间接制得：

$$WS_4^{2-} + 2H^+ \longrightarrow WS_3 + H_2S$$

三硫化钨为红棕色无定形粉末，它也是反磁性的半导体。

三硫化钨微溶于冷水，在热水中成胶体。它溶于碱金属的碳酸盐和氢氧化物中。在170℃下分解为WS_2和W。

1.2.3　钨与氟的化合物

钨与氟形成二元化合物WF_6、WF_5和WF_4，同时还能形成三元的含氧氟化物WOF_4、WO_2F_4和WOF_2。

制取六氟化钨的方法有很多，但最常采用的是在350～400℃下以流动的氟直接氟化金属钨：

$$W + 3F_2 \longrightarrow WF_6$$

六氟化钨在不大于2.0℃时为白色固体，在2.0～19.9℃之间呈淡黄色液体。该液体在15℃时的密度为3.44g/cm³。六氟化钨在不小于17.5℃为无色气体，其密度相当于氢的149倍，相当于空气的12.9倍，是已知的最重的气体之一。

六氟化钨在潮湿气氛中不稳定：$WF_6 + 4H_2O \longrightarrow H_2WO_4 + 6HF$。

六氟化钨的反应性能很强，能侵蚀大多数金属，能缓慢地腐蚀玻璃，在有潮湿气氛存在时速度加快。

WF_6在半导体工业中得到广泛应用。在生产集成电路中用作金属源（通过化学气相沉积法沉积钨）。由于电子工业的迅猛发展，在近20年来对WF_6的增长很快，1994年前全世界的需求量已超过200t/a。这一数量相当于世界产钨总量的0.3%～0.4%。电子工业要求高纯度的WF_6，随用途不同纯度应在99.9995%～99.98%之间。

其他低价氟化钨和氟氧化钨用途不大，在此不作介绍。

1.2.4　钨与氯的化合物

钨与氯形成二元化合物WCl_6、WCl_5、WCl_4、WCl_3和WCl_2，同时还能形成三元的含氧氯化物$WOCl_4$、WO_2Cl_2、$WOCl_3$和$WOCl_2$。

1.2.4.1　六氯化钨(WCl_6)

在600℃下以流动的氯直接氯化金属钨可制得六氯化钨。在冷却时由于$\alpha_2 \longrightarrow \alpha_1$相变，在168～170℃之间六氯化钨固体发生类似于爆炸的强烈膨胀。

六氯化钨也可用S_2Cl_2、PCl_5、HCl、$COCl_2$或CCl_4之类的化合物与金属钨或三氧化钨反应而制得。

WCl_6的密度为3.52g/cm³。熔点为275℃，沸点为346.7℃，为蓝黑色固体。

当有杂质氧氯化钨存在时，WCl_6 呈紫红色。

WCl_6 在 CS_2、酒精、$CHCl_3$、CCl_4、醚、苯、丙酮和氨中能很好溶解。WCl_6 与水发生分解反应始于大于 60℃。气态的 WCl_6 可被氢分阶段还原成低价氯化物并最后到金属钨。

WCl_6 是市场上出售的产品，可用作化学气相沉积钨的原料。另外，还用来生产转位催化剂，该催化剂能使反应物与碳形成双键和三键。

1.2.4.2 五氯化钨(WCl_5)及其他低价氯化物(WCl_4、WCl_3 和 WCl_2)和氧氯化物($WOCl_4$、WO_2Cl_2、$WOCl_3$ 和 $WOCl_2$)

这些化合物的制备方法和性质参见文献[1]。

1.2.5 钨与碳的化合物

钨-碳二元系(图 1-25)具有重大工业意义[11]。此二元系含有 3 个中间化合物：$W_2C(\beta)$，$WC_{1-x}(\gamma)$和 $WC(\delta)$。$WC(\delta)$是大多数工业硬质合金的主要组分(参见第 7 章)。此外，还存在三元乃至更多元的复杂碳化物，它们对合金钢和硬质合金也有很大意义。六羰基钨是有机合成的重要前驱物。

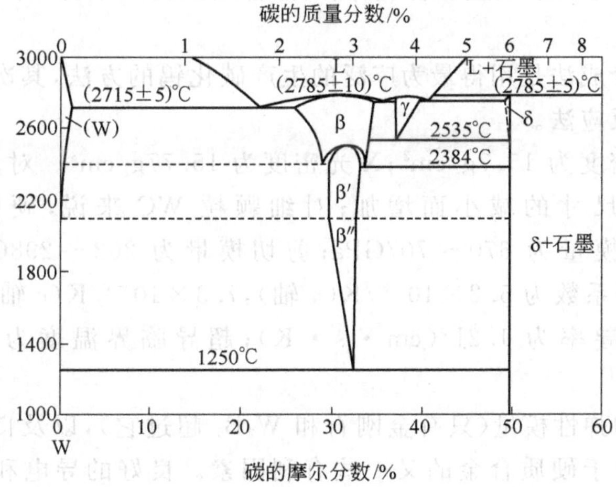

图 1-25 钨-碳二元系相图

1.2.5.1 碳化二钨：W_2C

碳化二钨的制备通常是将钨粉与相应数量的炭黑或石墨混合，然后在不低于 1600℃的温度下在氢气中加热。

碳化二钨的密度为 17.2g/cm^3；X 光密度为 17.34g/cm^3；熔点为(2785±10)℃；微观硬度为 19900MPa(50g)；弹性模量为 420GPa；线膨胀系数为 1.2×10^{-6}/K(a 轴)，1.14×10^{-6}/K(c 轴)；电阻为 76～80$\mu\Omega\cdot$cm(室温)和 125$\mu\Omega\cdot$cm

(2000℃)；电阻温度系数为 1.95×10^{-3}/K；超导临界温度为 2.74K；$-\Delta H^{\ominus}_{298}=$ 26.4kJ/mol。

W_2C 的晶体结构可看成是轻度歪曲的钨原子的六方密堆。碳原子占据八面体间隙的一半。

W_2C 在 1250℃时分解为 W 和 WC。W_2C 能抗许多酸的腐蚀，但会溶解于热的浓硝酸或 HNO_3 和 HF(1∶4)的混合物。氟在室温下能与 W_2C 作用，氯则要到 200℃时才与 W_2C 作用。空气中的氧在 500℃时能氧化 W_2C。

W_2C 是铸造碳化钨(W_2C-WC 混合物)的组分，铸造碳化钨是表面硬化合金。

1.2.5.2 WC_{1-x}

WC_{1-x} 具有立方体系的高温晶型，它在 2530～2535℃时发生共析分解，变成 $W_2C(\beta)+WC(\delta)$。在室温时仅能在液态锡中快速淬火才能得到 WC_{1-x}。WC_{1-x} 的晶型为面心立方 B1，NaCl 晶型，$a=0.4220$nm(含 C 38%(摩尔分数)时)。

1.2.5.3 碳化钨：WC

碳化钨是室温下唯一稳定的碳化钨。碳化钨可用下列方法制得：

(1) 令三氧化钨与碳在惰性气氛中反应；

(2) 元素钨与元素碳直接合成，其最低合成温度与原料的性状有关(参见第 7 章硬质合金)。

元素直接合成法是用得最为广泛的生产碳化钨的方法，其次是三氧化钨与碳在惰性气氛中反应法。

碳化钨的密度为 15.7g/cm³；X 光密度为 15.77g/cm³。对多晶碳化钨而言，其硬度随颗粒尺寸的减小而增加；对细颗粒 WC 来说，硬度在 24～28GPa (HV30)；弹性模量为 670～707GPa；剪切模量为 262～298GPa；压缩模量为 384GPa；线膨胀系数为 5.2×10^{-6}/K(a 轴)，7.3×10^{-6}/K(c 轴)；电阻率为 17～25$\mu\Omega\cdot$cm；热导率为 1.2J/(cm·s·K)；超导临界温度为 10K；$-\Delta H^{\ominus}_{298}=$ 40.5kJ/mol。

WC 极高的弹性模量(只有金刚石和 W_2B_5 超过它)，以及良好的导电和导热性能，是 WC 用于硬质合金的又一些有利因素。良好的导电和导热性能反映了 WC 中的混合共价金属键($W5d-C2p$)具有很强的金属成分。

WC 具有六方 Bh 晶型，即 WC 晶型：$a=0.2906\sim0.29066$nm，$c=0.28364\sim0.28374$nm。母体金属晶格的三面柱间隙被碳完全填充。WC 的匀相区很窄，实际上可视为是化学计量化合物。

WC 对许多酸有很强的耐蚀性，它与 W_2C 不同，在室温下不受 HNO_3 和 HF (1∶4)的混合物腐蚀，但加热时能溶解。WC 能耐氯的侵蚀到 400℃，但氟在室温下能与 WC 作用。细粒度 WC 在空气中或氧中在温度高于 300～500℃时即能迅速氧化，氧化温度的高低与其粒度有关。在湿氢中 WC 会脱碳。

从钨总耗量所占的比例上看,WC是最重要的钨化合物。目前60%以上的钨(20000~24000t/a)是以碳化钨形式用于生产硬质合金。碳化钨还可用作催化剂。

1.2.5.4 三元碳化物:η相

η相的化学式为Me_6W_6C,Me_2W_4C-Me_3W_3C(Me=Co,Fe,Ni)。在硬质合金的液相烧结过程中,当缺碳时,会生成含Co的三元碳化物。η相的出现会使硬质合金的强度下降,变脆,成为废品。

1.2.5.5 六羰基钨:$W(CO)_6$

六羰基钨的制备参见第9章。

六羰基钨的密度为2.65g/cm^3;白色晶体;蒸气压低(20℃时为13.3Pa,67℃时为160Pa);它在真空中于60~70℃时升华,并在约150℃时分解。

六羰基钨是零价的单体化合物。其价键可以理解为:在每个碳原子和中心钨原子之间有一个弱的σ键,该键由碳原子的一对自由电子捐献而成。另外,还有一个π键,由钨原子$5d$层的电子反捐献而成。这可以解释为什么W—C键的间距(0.206nm)较通常的单键短。六羰基钨微溶于有机溶剂(如CCl_4),不溶于水。它在空气、水和酸中稳定,但会被强碱分解和被卤素元素侵蚀。

六羰基钨在有机合成中用作催化剂,并在许多钨的络合物和金属有机化合物的合成中充当前驱物。其特殊的重要性在于可用它来合成低价和零价化合物。

1.3 金属钨的用途[1,4,7,12]

钨以纯金属和合金形式在现代科学技术中得到广泛应用,其中最重要的有用于钢铁的合金剂、碳化钨基硬质合金、耐磨、耐蚀和高温合金。

钨钢主要用作工具钢。其中最重要的是高速切削钢,其成分为(质量分数):W 8%~20%;Cr 2%~7%;V 0~2.5%;Co 1%~5%;C 0.5%~1.0%。除高速切削钢外,还有其他钨铬工具钢(含W 1%~6%,Cr 0.4%~2%)。此外,钨还是磁钢的成分。

很早得到广泛应用的耐磨、耐蚀和耐高温的司太立特合金,含W 13%~15%,Cr 23%~35%,Co 45%~65%,C 0.5%~2.7%。该合金用来堆焊航空发动机气门、气轮机的桨叶、挖掘机和犁铧等严重受磨损的机械部件表面。

钨在碳化钨基硬质合金方面的用量最大,60%以上的钨用来生产硬质合金。硬质合金有一系列优异性能,其中主要是具有很高的硬度和耐磨性,特别是在较高温度下仍有较高的硬度。

某些主要用来加工钢铁的硬质合金,除碳化钨外,还含有钛、钽和铌的碳化物。

硬质合金是用粉末冶金的方法生产的(参见本书第7章硬质合金部分)。硬质合金用来制造切削和钻探工具、拉丝模及其他要求在1000~1100℃仍具有高耐磨性能和硬度的器件。

除烧结硬质合金外，对某些用途（如钻探工具和拉丝模）还运用铸造碳化钨。

钨在触头合金和高比重❶合金上也有一定数量的运用。钨与铜（10%～40%）或银（20%～40%）用粉末冶金方法制造的合金，将铜和银的良好导热性和导电性与钨的耐磨性集于一身，适合于制作刀形开关和其他开关的工作部件，以及点焊用的电极等。高比重合金为含 W 90%～95%，Ni 1%～5%和 Cu 1%～4%的钨镍铜合金，或以铁代铜的钨镍铁合金。这些合金用于制造回转罗盘的转子、飞机和火箭方向舵的平衡锤、防辐射屏和保存放射性物质的容器等。

金属钨以棒材、丝材、板材和各种锻造件的形式用于电子管、无线电和 X 光技术中。钨是生产白炽灯丝的最好材料，钨丝的工作温度高，保证了高发光率，而其挥发速度小又为高使用寿命提供了条件。钨丝和钨棒还用作高温炉的加热元件。钨片用于电子管，钨坩埚用于玻璃工业，钨材亦用作飞船和人造卫星的某些零件。

1.4 金属钼的性质

1.4.1 钼的物理性质[13,14]

钼是一种具有高沸点及高熔点的难熔金属，处于元素周期表的第五周期第ⅥB族。它具有两个未被电子充满的外电子层（N 和 O 层）。在未充满电子的 N 层中的电子分布 为 $4s^2$，$4p^6$ 和 $4d^5$，在 O 层中为 $5s^1$。热中子捕获截面小是钼的重要性质，这使它能用作核反应堆中心的结构材料。钼的原子半径为 0.139nm，Mo^{4+} 和 Mo^{6+} 的离子半径分别为 0.068nm 和 0.065nm。

纯态的钼是具有灰色光泽的可锻性金属，可进行锉加工和抛光，车加工和碾磨也不困难。钼是重要的高熔点金属，其熔点为 2610℃，仅次于碳、钨、铼、钽和锇。钼的沸点为 5560℃，20℃时的密度为 10.22g/cm³。钼的线膨胀系数约为一般钢材的三分之一到二分之一。这种低的膨胀系数使得钼材在高温下尺寸稳定，减少了破裂的危险。钼的热导率数倍于许多高温合金，大约为铜的一半。高热导率与低热容的结合使钼能快速加温和冷却，较多数其他金属形成的热应力低。

钼的电导率较高（约为铜的三分之一），而且随温度的升高而下降。这使钼很适合于电气用途。

钼具有很高的弹性模量，是工业金属中弹性模量最高者之一。钼的弹性模量较少受温度的影响，甚至在 800℃下其数值仍高于普通钢在室温下的数值。

表 1-6 给出了钼的主要物理性质。

---

❶ 比重现称为密度，本书“高比重合金”一词由于行业习惯沿用俗称。

表 1-6 钼的主要物理性质

原子序数		42
电子结构		$1s^2 2s^2 2p^6 3s^2 3p^6 3d^{10} 4s^2 4p^6 4d^5 5s^1$
稳定同位素(及其所占比例/%)		92(14.84);94(9.25);95(15.92);96(16.67);97(9.55);98(24.14);100(9.63)
平均相对原子质量		95.95
晶体结构		体心立方
密度/g·cm^{-3}		10.2
熔点/K		2893±10
沸点/K		约 5073
蒸气压/kPa	与温度的关系式	$\log p = -34700T^{-1} - 0.236\log T - 0.145\times10^{-3}T + 10.80$ (0～2893K)
	2000K	2.40×10^{-8}
	2800K	1.54×10^{-3}
熔化潜热/kJ·mol^{-1}		27.6±2.9
热容(c_p)/J·mol^{-1}·K^{-1}	与温度的关系式	$22.92+5.44\times10^{-3}T$(298～1800K)
	298K	24.54
	1000K	28.36
	2000K	33.80
升华热/kJ·mol^{-1}	绝对零度	650±3.8
	298K	664.5
蒸发热(沸点时)/kJ·mol^{-1}		589.66±20.9
线膨胀系数/K^{-1}(293～373K)		4.98×10^{-6}
热导率(300K)/W·(m·K)$^{-1}$		138
电阻率/μΩ·cm(298K)		5.2
电子逸出功/eV		4.37
热中子俘获面/m^2		2.6×10^{-28}
辐射能/W·cm^{-2}	1003K	0.55
	1603K	6.3
	2003K	19.3
	2603K	70
硬度(HB)/MPa	烧结钼条	1470～1568
	经锻打钼条	1960～2254
	2mm 厚钼板	2352～2450
	退火态钼丝	1372～1813
抗拉强度极限/MPa		
钼丝(与直径有关,伸长率 2%～5%)		1372～1568
退火态钼丝(伸长率 20%～25%)		784～1176
单晶钼丝(伸长率 30%)		343
弹性模量/MPa (φ0.5～1mm 丝材)		$2.79\times10^5 \sim 2.94\times10^5$

1.4.2 钼的力学性能[13]

1.4.2.1 抗拉性能

抗拉性能受许多因素的影响，热处理对室温和高温抗拉性能的影响以及试验方向对室温抗拉性能的影响分别列于表 1-7 和表 1-8。

表 1-7 热处理对室温和高温抗拉性能的影响

热处理	试验温度/℃	抗拉强度/psi①	屈服强度/psi	伸长率/%	断面收缩率/%
加工态	27.2	102200	78800	40	61.1
	400	79300	53400	20	82.4
	650	69600	49800	18	84.2
	760	52000	37000	24	88.6
消除应力（980℃，1h）	27.2	97200	82900	42	69.0
	400	62400	57200	20	81.2
	650	65200	48100	22	86.1
	760	52400	33400	24	88.6
再结晶（1150℃，1h）	27.2	68200	55900	42	37.8
	400	39200	21000	60	84.7
	650	33600	11000	57	84.8
	760	25100	7600	60	84.6

① 1psi≈6.9kPa。

表 1-8 试验方向对室温抗拉性能的影响

试验方向相对于轧向	热处理	抗拉强度/psi	屈服强度/psi	伸长率/%
平　行	消除应力	91300～105500	79700～90800	20～27
垂　直	消除应力	91500～106200	82700～95800	16～24
平　行	再 结 晶	62200～66500	45500～61300	40～53
垂　直	再 结 晶	58200～66000	43700～58500	16～57

其他一些影响钼抗拉性能的因素见图 1-26～图 1-30，这些图分别表示 25℃ 时应变速率对未合金化的电弧熔炼钼强度的影响，温度和应变速率对未合金化的粉冶态钼韧性、屈服强度和脆性强度的影响，温度对钼抗拉强度的影响，温度对钼丝抗拉强度的影响以及温度对未合金化的电弧熔炼态钼短时抗拉强度的影响。

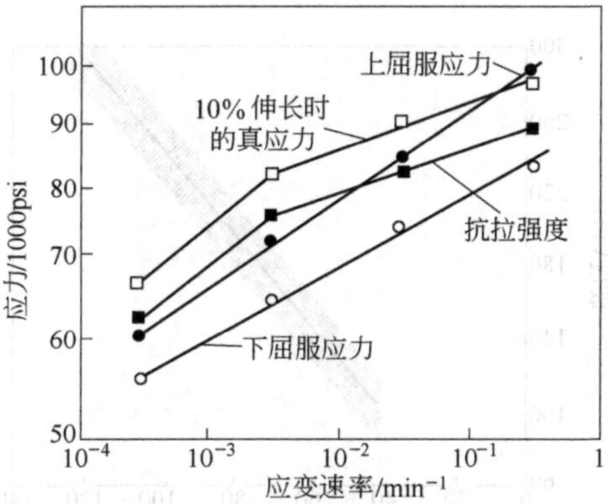

图 1-26 25℃时应变速率对未合金化的电弧熔炼钼强度的影响

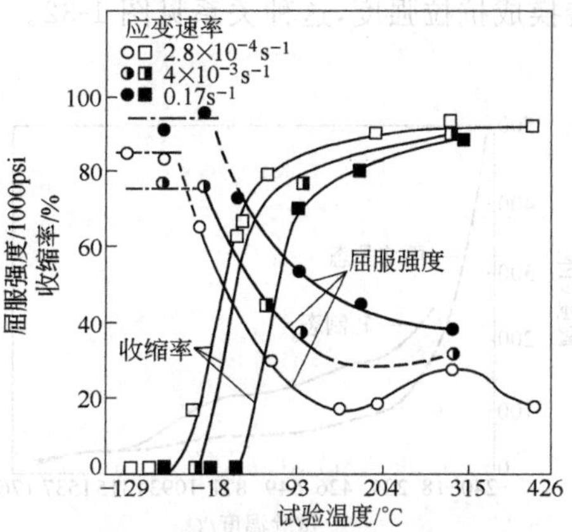

图 1-27 温度和应变速率对未合金化的粉冶态钼韧性、屈服强度和脆性强度的影响

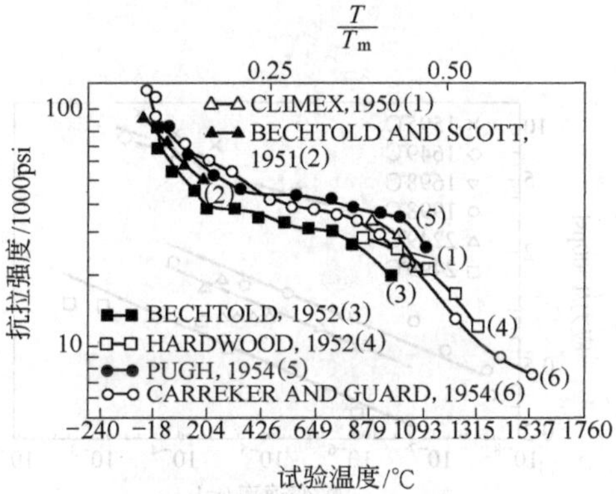

图 1-28 温度对钼抗拉强度的影响

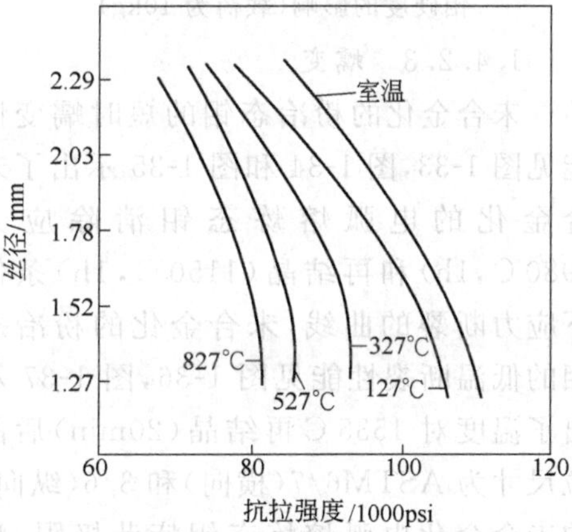

图 1-29 温度对钼丝抗拉强度的影响

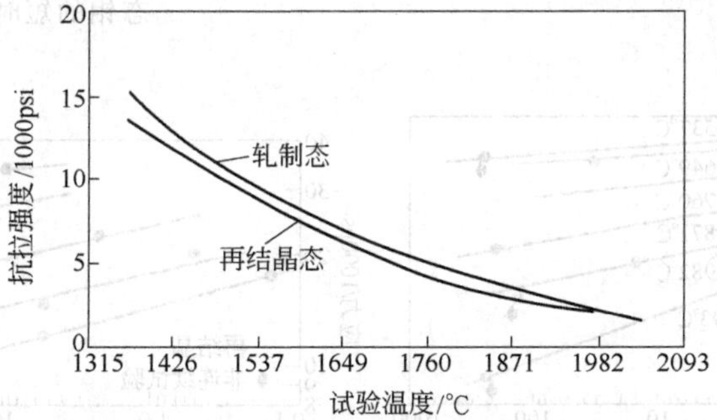

1-30 温度对未合金化的电弧熔炼态钼短时抗拉强度的影响

1.4.2.2 *硬度*

温度对钼硬度的影响示于图 1-31，不管是室温或高温，钼的硬度值都能大致

转换成抗拉强度，这种关系见图 1-32。

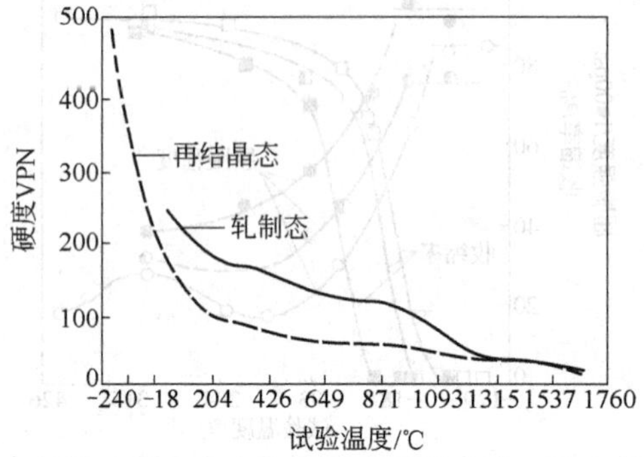

图 1-31　温度对未合金化的电弧熔炼钼硬度的影响（载荷为 10kg）

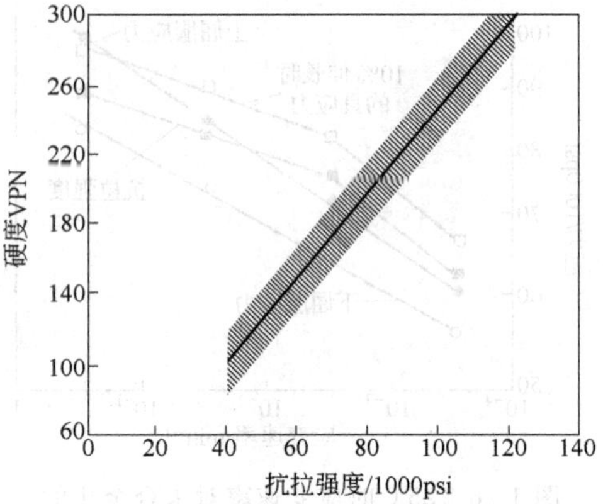

图 1-32　钼的维氏硬度与抗拉强度间的关系（基于室温和高温试验）

1.4.2.3　蠕变

未合金化的粉冶态钼的短时蠕变性能见图 1-33，图 1-34 和图 1-35 示出了未合金化的电弧熔炼态钼消除应力（980℃，1h）和再结晶（1150℃，1h）条件下应力断裂的曲线，未合金化的粉冶态钼的低温断裂性能见图 1-36，图 1-37 示出了温度对 1535℃ 再结晶（20min）后晶粒尺寸为 ASTM6/7（横向）和 3/6（纵向）的未合金化电弧熔炼态钼疲劳极限、疲劳比和抗拉强度的影响。

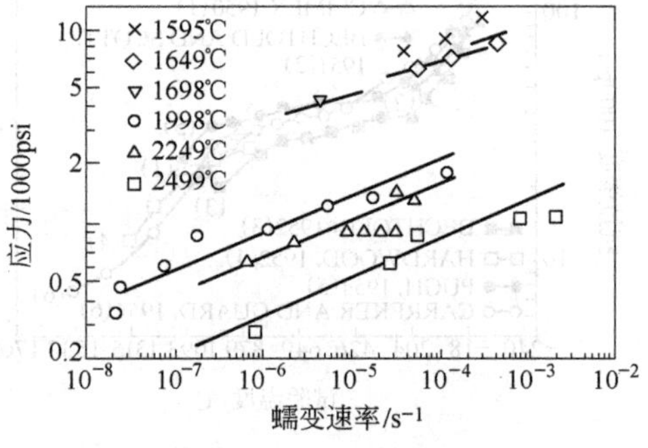

图 1-33　未合金化的粉冶态钼的短时蠕变性能

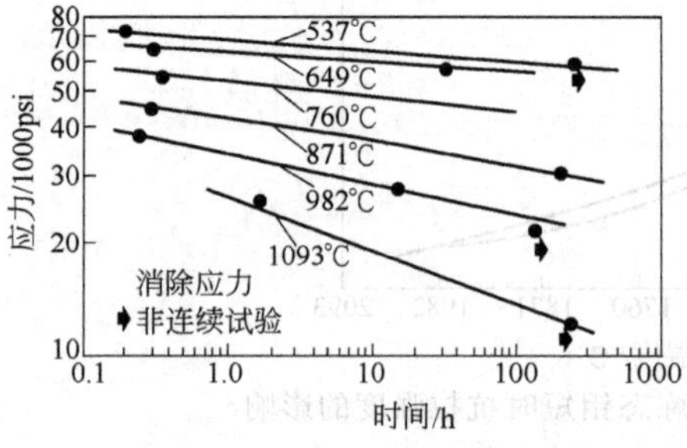

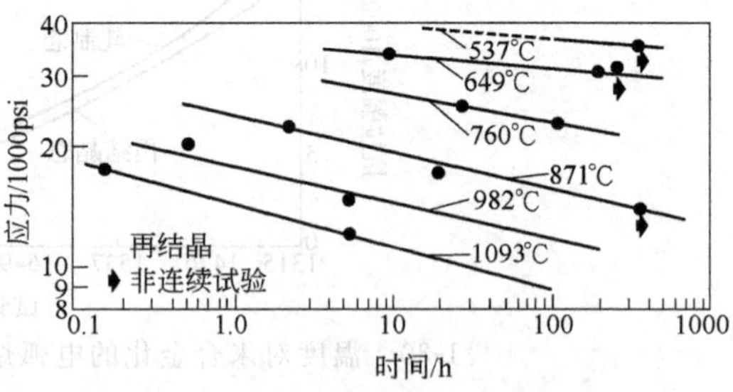

图 1-34　未合金化的电弧熔炼态钼消除应力（980℃，1h）条件下的应力断裂曲线

图 1-35　未合金化的电弧熔炼态钼再结晶（1150℃，1h）条件下的应力断裂曲线

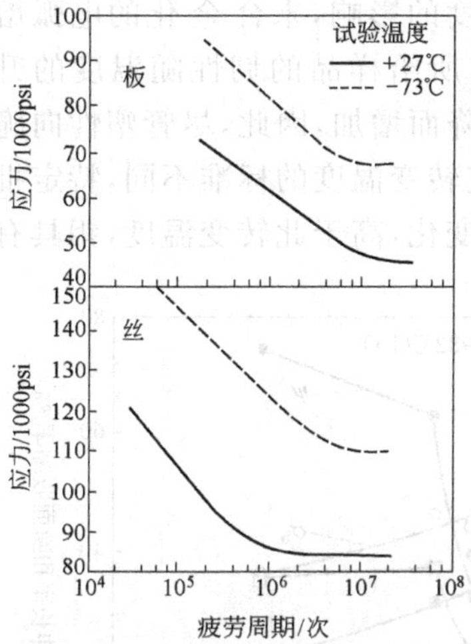

图 1-36 未合金化的粉冶态钼的低温断裂性能

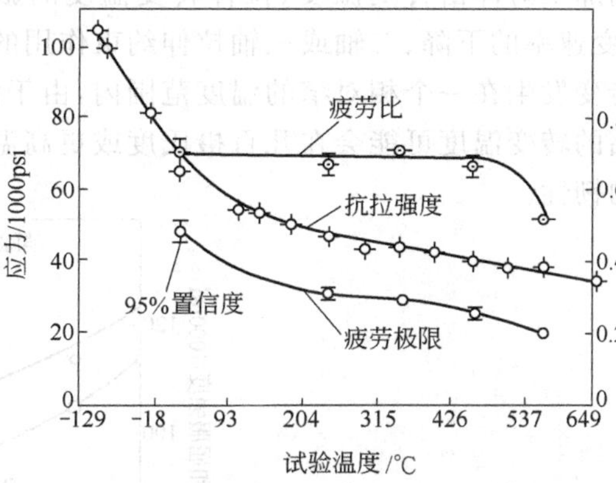

图 1-37 温度对疲劳极限、疲劳比和抗拉强度的影响

1.4.2.4 低温脆性

和大多数体心立方结构的金属一样，钼在一个窄的温度范围内随温度的降低发生韧性向脆性的转变，即具有塑性-脆性转变温度（*DBTT*），钼的室温力学性能在很大程度上受转变温度值的控制，而塑性-脆性转变温度又取决于组成、热力作用过程、应变速度和应力，组成、加工和试验方法的微小变化可能会极大地改变转变温度，以致“室温”试验显示出韧性或脆性行为。图 1-38～图 1-40 分别示出了未

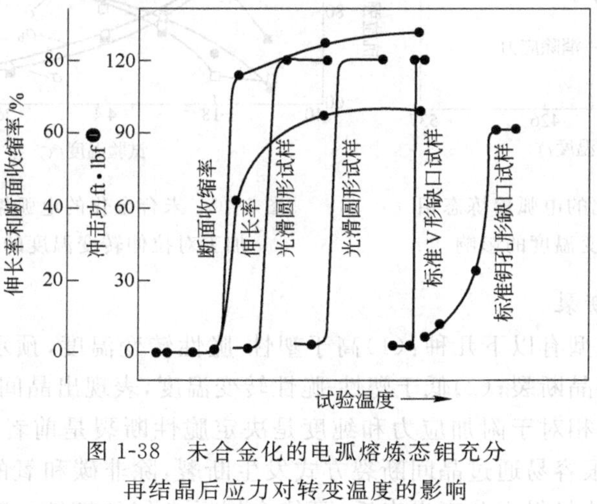

图 1-38 未合金化的电弧熔炼态钼充分再结晶后应力对转变温度的影响

❶ 1ft · lbf≈1.4J。

合金化的电弧熔炼态钼充分再结晶后应力对转变温度的影响，未合金化的电弧熔炼态钼加工对冲击转变温度、拉伸转变温度的影响，所给样品的韧性随温度的升高、应变速率的下降、二轴或三轴拉伸约束作用的下降而增加，因此，尽管塑性向脆性的转变发生在一个相对窄的温度范围内，由于测定转变温度的标准不同，特定批次样品的转变温度可能会在几百摄氏度或更高温度变化，高于此转变温度，钼具有足够的韧性。

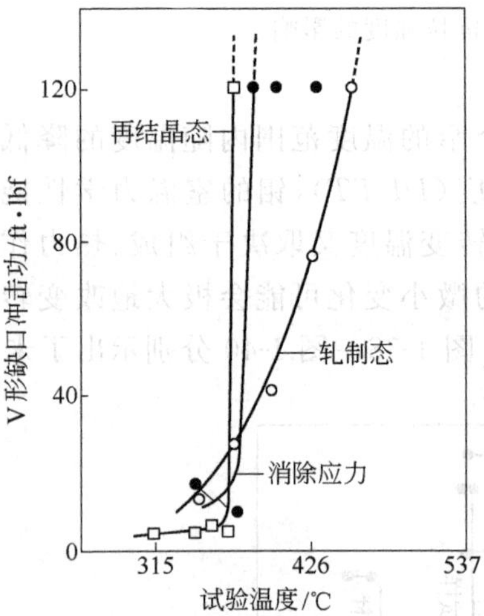

图 1-39　未合金化的电弧熔炼态钼加工对冲击转变温度的影响

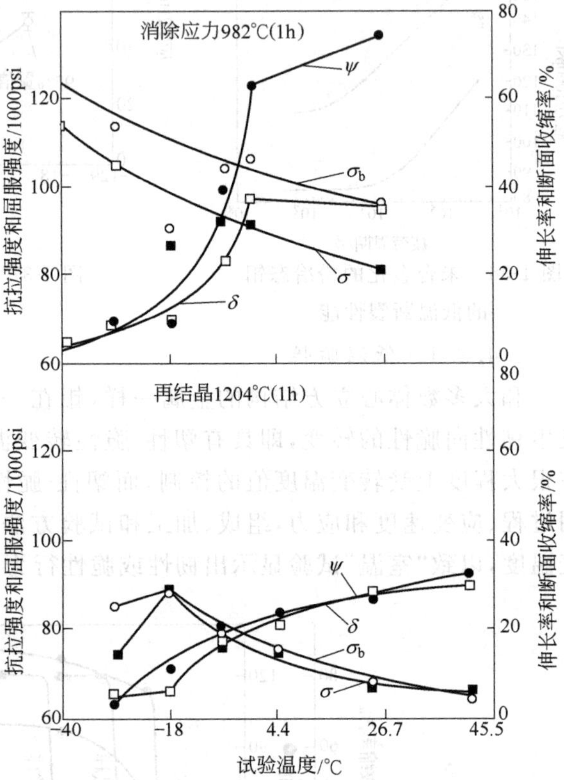

图 1-40　未合金化的电弧熔炼态钼加工对拉伸转变温度的影响

1.4.2.5　断裂

钼的断裂类型有以下几种：(1)高于塑性-脆性转变温度，预示着韧性条件，表现出不规则的穿晶断裂；(2)低于塑性-脆性转变温度，表现出晶间脆性断裂或解理断裂。晶体取向相对于附加应力和纯度是决定脆性断裂是前者或后者的两个因素，多晶铸态钼很容易通过晶间断裂方式发生断裂，除非碳和氧的含量异常低，然而，当个别晶体从材料中分离出来后，可能会展示良好的韧性。高纯铸态钼，在温度低于转变温度，附加应力的方向与正常晶轴方向倾斜大约 35°时，发生解理断裂，倾斜角度很大时，可能会发生部分晶间断裂和部分解理断裂的混合断裂。

金属断面的显微镜观察是研究铸态或再结晶钼断裂方式的常用技术，是检查电弧熔炼态去氧钼的标准方法。铸态或再结晶钼在室温下急速敲击会发生断裂，铸态材料通常拥有大晶组织，很容易通过肉眼或低倍显微镜观察到晶间断裂或穿晶断裂。

1.4.2.6 辐照对钼力学性能的影响

辐照一般会增加钼的屈服强度，提高其塑性-脆性转变温度，在很多情况下，辐照硬化是适度的，并且不会表现出明显的脆性，原则上，如果辐照不产生足够高的温度，也不会发生这些变化。辐照对钼性能的影响见图 1-41。

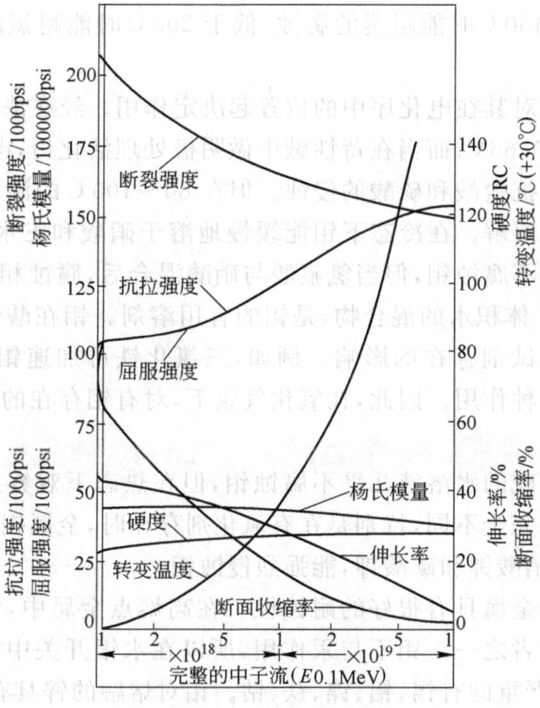

图 1-41 辐照对钼性能的影响

1.4.3 钼的化学性质[7,12,15]

在钼的化合物中，钼可以呈 0、+2、+3、+4、+5、+6 价。+5 和+6 价是其最常见的价态。与钨类似，钼的低氧化态化合物呈碱性，而高氧化态化合物呈酸性。钼的最稳定价态为+6，欠稳定的低价态为+5、+4、+3 和+2。

钼在干燥和潮湿的空气中只在适中的温度下稳定。未经保护的钼在高温下不能抗氧化是其主要弱点。钼在大约 400℃时开始轻微氧化。高于 600℃时钼在空气和氧化性气氛下氧化速度迅速增加，形成的三氧化物开始升华，使氧化更加强烈。这限制了钼在空气中和氧化性气氛下的应用。但在真空中则不一样，未被覆的钼使用寿命非常长。钼在纯氢、氩气和氦气中完全稳定。钼在许多电炉中的应用充分证明了这点。在高于700℃时，钼被水蒸气迅速氧化成二氧化钼（$Mo+2H_2O=MoO_2+2H_2$）。在二氧化碳、氨和氮气中，直至约1100℃钼仍具有相当的惰性。在更高的温度下，在氨和氮气中钼的表面可能形成氮化物薄膜。在高于1100℃时，能被含碳气体（如碳氢化合物和一氧化碳）碳化。在含硫气氛中，钼的行为取决于含硫气氛的性质。在还原气氛下，甚至在高温下钼也能耐硫化氢的侵蚀。这时候在钼的表面上会形成黏附性好的硫化物薄层。但是在氧化性气氛下，含硫气氛能迅速腐蚀钼。钼在暴露于卤素中时的行为也变化多端，在低于800℃时能耐碘的腐蚀，低于450℃时能耐溴的腐蚀，低于200℃时能耐氯的腐蚀。而氟可以在室温下腐蚀钼。

钼的表面状态对其在电化序中的位置起决定作用。经在浓铬酸溶液中钝化处理后，其电位值为0.66V；而当在苛性碱中做阴极处理活化后，电位值为－0.74V。

在室温下钼能抗盐酸和硫酸的侵蚀。但在80～100℃的温度下钼在盐酸和硫酸中有一定数量的溶解。在冷态下钼能缓慢地溶于硝酸和王水中，在高温时溶解迅速。氢氟酸本身不腐蚀钼，但当氢氟酸与硝酸混合后，腐蚀相当迅速。5体积硝酸、3体积硫酸和2体积水的混合物，是钼的有用溶剂。钼在酸性介质中的行为还受是否有其他化学试剂存在的影响。例如，三氯化铁可加速钼在盐酸中的溶解。二氯化铁却没有这种作用。因此，在氧化气氛下，对有钼存在的体系中使用含铁的组分是不当的。

在室温下苛性碱的水溶液几乎不腐蚀钼，但在热态下观察到某些腐蚀。在熔融的苛性碱中情况完全不同，特别是在有氧化剂存在时，金属钼迅速被腐蚀。熔融的氧化性盐类，如硝酸钾和碳酸钾，能强烈侵蚀钼。

钼对许多熔融金属具有很好的耐蚀性。在高熔点金属中，钼对熔融态的铋和钠的耐蚀性是最佳者之一。钼不与汞作用，所以在水银开关中得到应用。在熔融金属中，对钼腐蚀严重的有锡、铝、镍、铁、钴。钼对熔融的锌具有适度的耐蚀能力，与钨合金化有助于提高其耐蚀能力。

至于说到钼对其他介质的耐腐蚀能力，值得一提的是钼与许多类型的玻璃、有色金属炉渣，以及在惰性气氛下与氧化铝、氧化锆、氧化铍、氧化镁和氧化钍兼容。

钼的化学性质极其复杂，因而其化合物化学的内容也相当丰富。

1.5 钼的化合物及其性质

1.5.1 钼的氧化物

钼与氧形成一系列化合物，如MoO_3（斜方层状α相）、$MoO_{2.89}$（单斜的β′相和三斜的ξ相）、$MoO_{2.875}$（单斜的β相）、Mo_4O_{11}（$MoO_{2.75}$，单斜的η相）和MoO_2（单

斜的δ相)，其中最稳定且常见的是 MoO_3 和 MoO_2。MoO_3 是酸酐，而 MoO_2 是碱性氧化物。与钨和氧形成的氧化物有些类似，中间氧化物 $MoO_{2.89}$ 和 Mo_4O_{11}，与 $WO_{2.90}$ 和 $WO_{2.72}$ 有些相当，但 $MoO_{2.89}$ 和 Mo_4O_{11} 的稳定性不如 $WO_{2.90}$ 和 $WO_{2.72}$，很难制得它们的纯样品，对它们的研究和了解远不如 $WO_{2.90}$ 和 $WO_{2.72}$。钼-氧系二元相图如图 1-42 所示。

三氧化钼和二氧化钼的某些性质列于表 1-9 中。三氧化钼是钼冶金中最重要的中间体，大多数钼的化合物都是直接或间接地以它为原料制得的。它能与强酸，特别是浓硫酸反应，形成 MoO_2^{2+} 和 $Mo_2O_4^{4+}$ 复合阳离子，这些离子本身又能形成可溶性盐。碱的水溶液、碱的熔体和氨能够与三氧化钼迅速反应，形成钼酸盐。将钼或其化合物进行强烈氧化，得到的最终产物总是三氧化钼。在工业上 500℃以上的温度用氢气还原三氧化钼，是制取金属钼粉的方法。粗三氧化钼可用在空气中焙烧辉钼矿(MoS_2)的方法制得。由于三氧化钼在较低的温度下即具有显著的蒸气压，所以可用升华法对它进行净化。在升华作业的操作条件下，通常与之共生的杂质或不具有挥发性(如硅酸盐等)或不能冷凝而被除去。

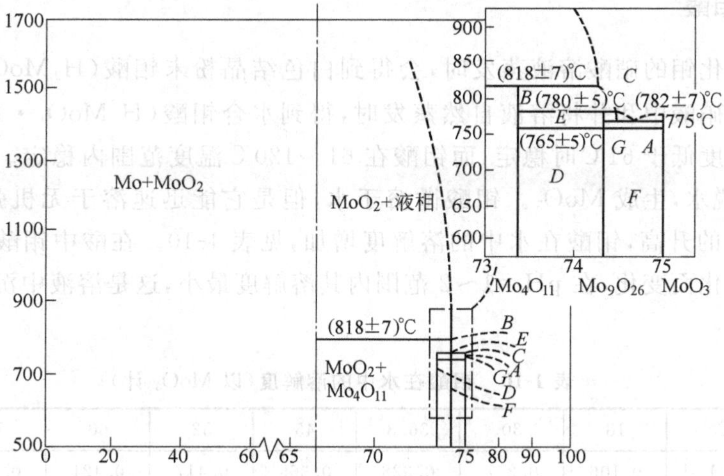

图 1-42 钼-氧系二元相图

表 1-9 三氧化钼与二氧化钼的某些性质

性 质	表 征	
	三 氧 化 钼	二 氧 化 钼
颜色	白色结晶粉末	深棕色粉末
熔点/℃	795	
沸点/℃	1155	
升华温度/℃	700	
生成热/kJ·mol⁻¹	744±6	589

续表 1-9

性　质	表　征	
	三氧化钼	二氧化钼
密度/$g \cdot cm^{-3}$	4.6	6.34
水中溶解度(20℃)/$g \cdot L^{-1}$	0.4～2	不溶于水
水溶液的 pH 值	4～4.5	
结晶类型	斜方晶系	单斜晶系

在约 1770℃和无空气存在的情况下，二氧化钼会歧化为挥发性的三氧化钼和金属钼：

$$3MoO_2 \longrightarrow 2MoO_3 + Mo$$

在有空气存在的情况下，二氧化钼在高温下会迅速氧化成三氧化钼。二氧化钼在碱金属氢氧化物水溶液、非氧化性酸和熔盐中稳定。硝酸能将二氧化钼氧化成三氧化钼。

1.5.2　钼酸

当氧化钼的硝酸溶液蒸发时，会得到白色结晶粉末钼酸(H_2MoO_4)。当钼酸铵溶液用硝酸中和并将溶液自然蒸发时，得到水合钼酸($H_2MoO_4 \cdot H_2O$)。水合钼酸在温度低于 61℃时稳定，而钼酸在 61～120℃温度范围内稳定。钼酸在高于 120℃时脱水，生成 MoO_3。钼酸微溶于水，但是它能迅速溶于无机强酸和碱中。随着温度的升高，钼酸在水中的溶解度增加，见表 1-10。在酸中钼酸的溶解度随酸度的变化而变化，在 pH＝1～2 范围内其溶解度最小，这是溶液中沉钼的重要理论依据。

表 1-10　钼酸在水中的溶解度(以 MoO_3 计)

温度/℃	18	30	36.8	45	52	60	70	80
溶解度/$g \cdot L^{-1}$	0.106	0.257	0.328	0.365	0.417	0.421	0.466	0.518

钼酸可与 MoO_3 结合生成同多酸。同多酸的通式为 $mH_2O \cdot nMoO_3$，式中 $m<n$。钼酸溶于酸和碱中，微溶于水。

1.5.3　钼酸盐

钼酸的盐类称为钼酸盐，而多钼酸的盐类称为多钼酸盐。单钼酸盐的分子式为 $M_2O \cdot MoO_3$ 或 M_2MoO_4，式中 M_2O 代表一价金属氧化物。在多钼酸盐中，$n(M_2O) : n(MoO_3)<1$，其数值变化范围相当宽。例如，已知的多钼酸盐有二钼酸盐($M_2O \cdot 2MoO_3$)、仲钼酸盐($3M_2O \cdot 7MoO_3$)、五钼酸盐($M_2O \cdot 5MoO_3$)、八

钼酸盐（也称 8/3 钼酸盐）（$3M_2O \cdot 8MoO_3 \cdot 3H_2O$）和四钼酸盐（$M_2O \cdot 4MoO_3$）等。

文献[12]介绍了 A. 琴纳德等人测得的 MoO_3-NH_3-H_2O 系在 25℃和 85℃的等温线(图 1-43 和图 1-44),相应的饱和溶液的具体成分见表 1-11。

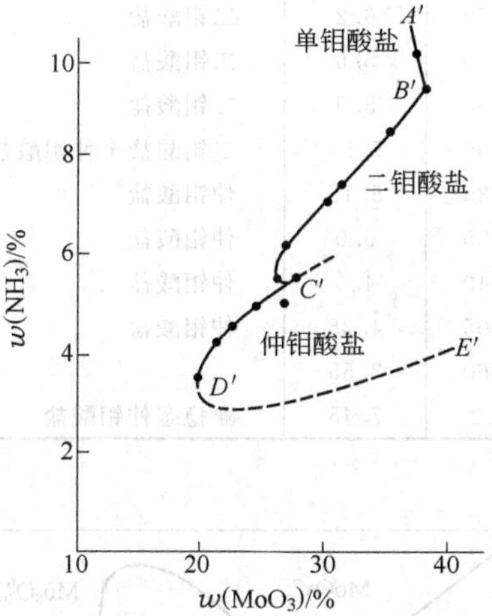

图 1-43　MoO_3-NH_3-H_2O 系在 25℃的等温线

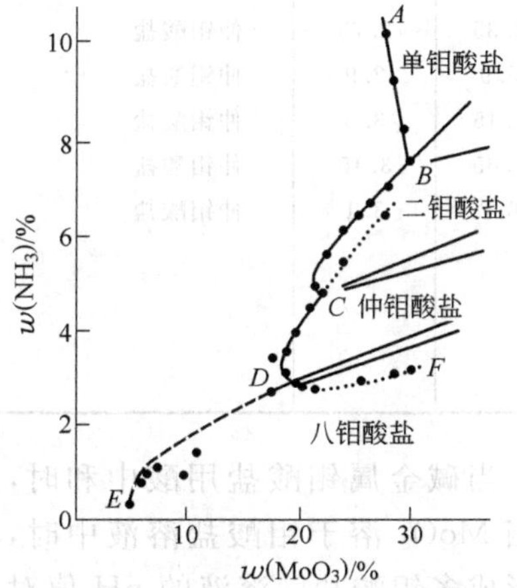

图 1-44　MoO_3-NH_3-H_2O 系在 85℃的等温线

表 1-11　MoO_3-NH_3-H_2O 系在 25℃和 85℃时平衡固相和饱和溶液的成分

25℃			85℃		
饱和溶液的成分/%		平衡固相	饱和溶液的成分/%		平衡固相
MoO_3	NH_3		MoO_3	NH_3	
25.0	15.4	单钼酸盐	17.9	2.65	8/3 钼酸盐
28.2	10.1	单钼酸盐	7.45	1.4	8/3 钼酸盐
29.9	8.1	单钼酸盐	6.1	1.15	8/3 钼酸盐
30.55	7.4	单钼酸盐＋二钼酸盐	7.45	1.2	8/3 钼酸盐
28.55	6.9	二钼酸盐	6.05	1.05	8/3 钼酸盐
25.85	6.3	二钼酸盐	11.1	1.45	8/3 钼酸盐
22.7	5.45	二钼酸盐	5.95	0.9	8/3 钼酸盐
21.65	4.85	二钼酸盐	4.9	0.45	8/3 钼酸盐
22.0	4.7	二钼酸盐＋仲钼酸盐	9.80	1.05	8/3 钼酸盐
28.1	6.3	仲钼酸盐	37.45	10.2	单钼酸盐
24.2	5.3	仲钼酸盐	38.2	9.4	单钼酸盐＋二钼酸盐
21.05	4.4	仲钼酸盐	35.15	8.6	二钼酸盐
19.05	3.55	仲钼酸盐	31.20	7.45	二钼酸盐

续表 1-11

25℃			85℃		
饱和溶液的成分/%		平衡固相	饱和溶液的成分/%		平衡固相
MoO_3	NH_3		MoO_3	NH_3	
18.95	3.0	仲钼酸盐	30.25	7.15	二钼酸盐
20.55	2.75	仲钼酸盐	26.70	6.2	二钼酸盐
21.35	2.75	仲钼酸盐	25.90	5.6	二钼酸盐
25.9	2.9	仲钼酸盐	25.85	5.5	二钼酸盐
28.15	3.0	仲钼酸盐	27.65	5.55	二钼酸盐＋仲钼酸盐
29.65	3.15	仲钼酸盐	26.35	5.15	仲钼酸盐
30.2	3.1	仲钼酸盐	24.25	5.0	仲钼酸盐
			22.40	4.6	仲钼酸盐
			21.05	4.25	仲钼酸盐
			19.60	3.55	
			73.2	7.45	亚稳态仲钼酸盐

当碱金属钼酸盐用酸中和时，或当 MoO_3 溶于钼酸盐溶液中时，会形成多钼酸盐。溶液的 pH 值对钼酸根的形态有很大影响。在 pH 值大于或等于 6.5 时，溶液中只有钼酸根阴离子存在。在 pH 值为 6.5～2.5的区间内，发生聚合反应，生成各种多钼酸根离子。在溶液的 pH 值小于 2.5 时，生成 MoO_2^{2+} 或更为复杂的阳离子。在 pH 值低于 1 时，阳离子是主要的存在形式。碱金属的单钼酸盐在水中的溶解度高，而碱土金属、铅、铁、铜、锌等的单钼酸盐的溶解度低。

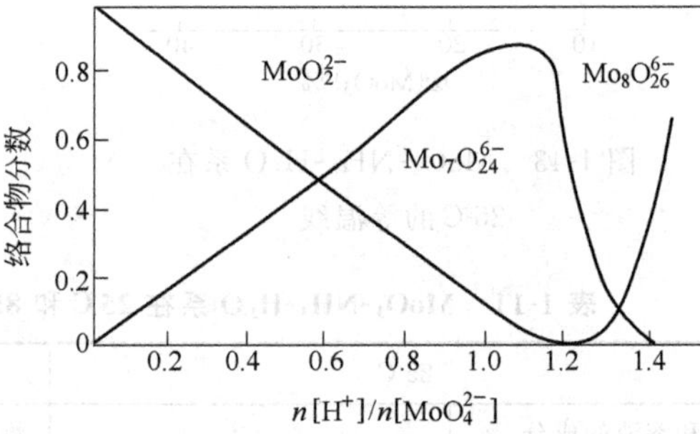

图 1-45　钼络合物组成随酸与钼的物质的量比的变化

徐志昌等[1,17]给出了钼酸铵溶液中各种络合物分布随酸与钼的物质的量比变化的关系(图 1-45)。

下面对某些单钼酸盐和多钼酸盐的性质及其制备过程作一些介绍。

1.5.3.1　单钼酸钠(Na_2MoO_4)

从 $n(Na_2O):n(MoO_3)$ 大于 1 的溶液中，可以结晶出单钼酸钠。在 10～100℃温度区间内结晶的是二水钼酸钠($Na_2MoO_4 \cdot 2H_2O$)，而在低于 10℃时生成的是十水合物。无水 Na_2MoO_4 的熔点是 627℃，密度为 3.28g/cm³。Na_2MoO_4 在 15℃时的溶解度为 39.27%，在 100℃时的溶解度为 45.27%。

1.5.3.2 单钼酸铵($(NH_4)_2MoO_4$)

单钼酸铵主要用在化学和催化剂工业。将工业级或纯 MoO_3 溶于氨水,经过滤和蒸发后可制得单钼酸铵。有人认为单钼酸铵是市场上出售的最纯的钼化合物。

1.5.3.3 钼酸钙($CaMoO_4$)

钼酸钙在自然界以钼酸钙矿形式产出。钼酸钙是白色晶体,向钼酸盐水溶液添加氯化钙可制得钼酸钙。密度为 3.28g/cm^3,在 1520℃时熔化。

1.5.3.4 钼酸铁

有两种钼酸铁,一种是三价铁的钼酸盐 $Fe_2(MoO_4)_3 \cdot nH_2O$,另一种是亚铁钼酸盐 $FeMoO_4$。当向钼酸盐水溶液添加氯化高铁或硫酸高铁时,沉淀出黄色的钼酸高铁。上述成分的钼酸高铁是在 pH 值约为 3.5 时沉淀得到的。在更高 pH 值下得到的沉淀物含有氢氧化铁,故呈棕色。在 pH 值低于 3.5 时,沉淀物含有钼酸。当加热至 600℃以上时,钼酸高铁分解为 Fe_2O_3 和 MoO_3。钼酸亚铁不能从钼酸盐水溶液中获得,因为亚铁离子能还原 MoO_4^{2-}。在隔绝空气下将 FeO 和 MoO_3 的混合物加热到 500~600℃,可得到钼酸亚铁。

1.5.3.5 钼酸铅($PbMoO_4$)

钼酸铅是一种白色微溶于水的钼酸盐,在自然界以钼酸铅矿形式产出。它既可以从碱金属钼酸盐的溶液中析出,也可以用将 PbO 和 MoO_3 的混合物加热到 500~600℃的方法来合成。钼酸铅的密度为 6.92g/cm^3,在 1065℃时熔化。

1.5.3.6 钼酸铜($CuMoO_4$)

无水钼酸铜是一种黄绿色的粉末,它可用将 CuO 和 MoO_3 的混合物加热到 500~700℃的方法来合成。钼酸铜在 820℃时熔化并分解。亮绿色的碱式钼酸铜可用向钼酸钠水溶液添加铜盐的方法来制备。随沉淀的条件不同,得到的沉淀物的分子式或为 $CuO \cdot CuMoO_4 \cdot 5H_2O$,或可能具有天然矿物 $2CuMoO_4 \cdot Cu(OH)_2$ 的组成。

1.5.3.7 仲钼酸钠($5Na_2O \cdot 12MoO_3 \cdot 38H_2O$)

仲钼酸钠是最有代表性的一种多钼酸钠盐。

将单钼酸钠溶液中和至 pH 值大约为 5 时,结晶出仲钼酸钠。这种水合物的溶解度在 30℃时为 157g/100g(H_2O)。仲钼酸钠的无水盐微溶于水。

1.5.3.8 仲钼酸铵($3(NH_4)_2O \cdot 7MoO_3 \cdot 4H_2O$)

仲钼酸铵可以从 NH_3 : MoO_3 物质的量比(原摩尔比或分子比)为 6 : 7 或稍高的氨性溶液中析出。为获得上述物质的量比(原摩尔比或分子比),可采用蒸发驱氨的方法或中和掉部分氨的方法。仲钼酸铵在空气中稳定,20℃时在水中的溶解度约为 300g/L,在 80~90℃时约为 500g/L。仲钼酸铵在 150℃时开始分解,放出氨并形成四钼酸铵 $(NH_4)_2O \cdot 4MoO_3$。在 350℃时失去全部氨而剩下 MoO_3。铵盐是工业上常见的钼化合物,是生产纯 MoO_3 和金属钼粉的中间品。

1.5.3.9　四钼酸铵($(NH_4)_2Mo_4O_{13}\cdot xH_2O$)

四钼酸铵是用含钼酸的氨性溶液通过酸沉法生产的，其分子式为$(NH_4)_2Mo_4O_{13}\cdot xH_2O$。无水四钼酸铵按其结晶形态，可分为四钼酸铵、α-四钼酸铵、β-四钼酸铵、微晶型四钼酸铵和无定形五种。常见的形态为四钼酸铵、α-四钼酸铵、β-四钼酸铵。由于用β-四钼酸铵做原料可获得高质量的钼粉，所以日益受到钼粉生产厂家的喜爱。β-四钼酸铵的制作方法请参见本书第4章。

1.5.3.10　二钼酸铵($(NH_4)_2Mo_2O_7\cdot xH_2O$)

当高浓度的钼酸铵溶液随着pH值降低时，将分别结晶出二钼酸铵、仲钼酸铵和四钼酸铵(或八钼酸铵)等晶体。将浓的钼酸铵溶液加热蒸发，使其中大部分的游离氨蒸发除去，同时使溶液得到进一步的浓缩，并使$NH_3:MoO_3$分子比为1∶1时，溶液中的钼将以二钼酸铵的形态结晶析出，它也是一种重要的多钼酸盐。

1.5.4　钼的杂多酸和杂多酸盐

在酸性溶液中，钼酸或其盐类能与中心原子P、As、Si、B、Se等形成杂多酸和杂多酸盐，如$H_3[P(Mo_3O_{10})_4]\cdot nH_2O$、$H_4Si(Mo_3O_{10})_4\cdot nH_2O$等，其杂多酸根离子可用以下通式表示：

$[X^{n+}\cdot Mo_6O_{24}]^{(12-n)-}$，$[X^{n+}\cdot Mo_{12}O_{42}]^{(12-n)-}$　(X表示P、As、Si等中心原子)

当有金属阳离子存在时，形成相应的杂多酸盐。

钼的杂多酸和杂多酸盐广泛用于制取催化剂、缓蚀剂等。

钼酸根也能与钨形成络合物。该络合物中W∶Mo分子比为1∶1，当溶液中W(Ⅵ)+Mo(Ⅵ)=0.01mol/L时，在25℃和60℃时络合物的稳定常数分别为59×10^4和4.5×10^4。

1.5.5　钼蓝

当用一种还原剂(如SO_2、H_2S、Zn、葡萄糖等)与钼酸或酸性钼酸盐溶液作用时，形成了所谓的“钼蓝”而使溶液带深蓝色。在氧化还原过程中容易出现钼蓝，特别是在生产中反应未精确控制时。在溶液的酸度或碱度过高时，蓝色根本不会出现。钼蓝是一种化合物，其成分大致相当于$Mo_5O_{14}\cdot xH_2O$或$Mo_8O_{23}\cdot xH_2O$。钼蓝在溶液中以胶体形式存在。钼蓝很容易被表面活性物质吸附(例如被植物和动物的组织)，并使后者呈蓝色。

1.5.6　钼的硫化物、硒化物和碲化物

钼能与硫、硒和碲形成一系列匀相化合物。二硫化钼MoS_2、二硒化钼$MoSe_2$和二碲化钼$MoTe_2$是异质同相化合物。这些化合物通常是令相应元素在密封的真空管子中在高温下直接化合而成。

钼能形成四种硫化物：MoS_3、Mo_2S_5、MoS_2 和 Mo_2S_3。其中只有 MoS_2 和 MoS_3 具有工业意义。MoS_2 在自然界以辉钼矿形式产出，它是钼的主要矿物。二硫化钼能用多种方法合成：

(1) 将高硫化钼在断绝空气的情况下加热；

(2) 令硫的蒸气与金属钼粉作用；

(3) 令 MoO_3、苏打和硫一起熔合。

向热的钼酸盐的酸性溶液通入 H_2S，可沉淀出高价硫化钼 MoS_3。MoS_3 可溶于硫化铵溶液，形成硫代钼酸盐：$MoS_3+(NH_4)_2S=(NH_4)_2MoS_4$。硫代钼酸盐易溶于水。当硫代钼酸盐溶液酸化时，分解析出 MoS_3：$(NH_4)_2MoS_4+H_2SO_4=MoS_3+(NH_4)_2SO_4+H_2S$。在钼的化学分析和工业上从溶液中提取钼时，都用到 MoS_3 的沉淀反应。

二硫化钼 MoS_2、二硒化钼 $MoSe_2$ 和二碲化钼 $MoTe_2$ 都是性能优良的固体润滑剂。

1.5.7 钼的卤化物

钼能与卤素生成数量众多的卤化物。将金属钼直接卤化能生成最高价的卤化物（MoF_6、$MoCl_5$、$MoBr_4$ 和 MoI_3）。在适度的温度下具有挥发性是许多钼的卤化物和氧卤化物的特性。通常用金属钼、氢和碳氢化合物还原高价卤化物，可得到低价卤化物。

1.5.7.1 钼的氯化物

在钼的卤化物中，钼的氯化物是最有工业意义的。蒸沸的六氯丙烷与 MoO_3 反应即可生成 $MoCl_5$，其他的方法还有：MoS_2 在 400～500℃时进行氯化反应；MoO_3 与 CCl_4、Cl_2、$COCl_2$ 等气体进行氯化反应等。还原 $MoCl_5$ 或低价氯化钼在高温下发生歧化反应都可制得 $MoCl_4$ 及 $MoCl_3$。钼的氯化物主要性质见表 1-12。

表 1-12 钼的氯化物的某些性质

化合物分子式	颜 色	生成热 /kJ·mol^{-1}	在不同温度下的性质
$MoCl_5$	紫 黑	528.8	熔点 194℃，沸点 268℃；在气相中分解生成 $MoCl_4$
$MoCl_4$	棕	479.0	在 330～1630℃加热时升华，但冷却时歧化为 $MoCl_3$（固体）和 $MoCl_5$（气体）；在 330～1630℃区间 $MoCl_4$ 是气相的主要成分
$MoCl_3$	红 棕	392.9	固态的 $MoCl_3$ 在 500℃和高于 500℃时分解为 $MoCl_2$（固体）和 $MoCl_4$（气体）
$MoCl_2$	黄	288.4	固态的 $MoCl_2$ 在 700℃和高于 700℃时分解为金属 Mo 和 $MoCl_4$（气体）
MoO_2Cl_2	黄白色	732.1	在 1.7×10^5 Pa 下在 170℃时熔化，在 156℃时固体 MoO_2Cl_2 的蒸气压为 1×10^5 Pa
$MoOCl_4$	绿	641.6	熔点 104℃，沸点约 180℃

钼的卤化物对空气中的湿气和氧具有极高的活性，所以必须在惰性气氛下进行操作。对不同的操作条件卤化物的行为也不相同。例如，在空气存在的情况下还原 $MoCl_5$，得到的是 $MoOCl_3$。$MoOCl_3$ 是热力学上最稳定的氧氯化物。$MoCl_4$ 加热时升华，但冷却时歧化为 $MoCl_3$（固体）和 $MoCl_5$（气体）。$MoCl_3$ 在干燥的氦/氩气氛中加热到 500℃时，分解为 $MoCl_2$（固体）和 $MoCl_4$（气体）。在 700℃时 $MoCl_2$ 歧化为金属 Mo 和 $MoCl_4$（气体）。

1.5.7.2 钼的氟化物

钼与氟反应可得到最高价态 Mo(Ⅵ)的化合物 MoF_6，这是一种非常不稳定的具有强氧化性的白色固体，其熔点为 7.5℃，沸点 35℃，立方晶系。在 300～400℃，用 Mo 还原 MoF_6 可制得 MoF_5 和 MoF_4。MoF_5 是一种黄色固体，在 165℃可歧化为 MoF_4 和 MoF_6；MoF_4 是一种非挥发性的绿色固体，也可在 350℃时由 MoS_2 与 SF_4 反应制得 MoF_4。MoF_3 是一种非挥发性的棕色固体，真空中在 600℃仍十分稳定，可在 400℃时用 Mo、H_2、SbF_3 等还原 MoF_5 制得。表 1-13 列出了钼的主要氟化合物及其性质。

表 1-13 钼的主要氟化合物及其性质

化合物	颜 色	熔点/℃	沸点(升华)/℃	制备方法和性质
MoF_6	白 色	7.5	35	钼与氟反应；易还原，易分解
MoF_5	黄	70	209.9	用 Mo 还原 MoF_6；四面体结晶，165℃左右歧化为 MoF_4 和 MoF_6
MoF_4	绿色固体			350℃时由 MoS_2 与 SF_4 反应制得，或由 MoF_5 在 165℃可歧化为 MoF_4 和 MoF_6 而制得；挥发性差
MoF_3	棕色固体			400℃时用 Mo、H_2、SbF_3 等还原 MoF_5 制得；挥发性差，真空中在 600℃仍十分稳定
$MoOF_4$	白色固体	97	186	Mo 与 HF 或 MoO_3 与 F_2、SeF_4、IF_5 反应等方法制得
MoO_2F_2	白色固体		(270)	MoO_2Cl_2 与 HF 或 MoO_3 与 F_2、SeF_4、IF_5 反应制得

1.6 钼的用途[12,13,16,18～22]

在钢铁工业、有色冶金、化工、农业等领域，钼及其化合物有着广泛的用途。钼的消费形式及所占的比重为：三氧化钼（70%以上）、钼铁（20%左右）、金属钼（5%）、钼的化合物等其他形式（5%）。

1.6.1 钢铁工业

钢铁工业消耗的钼占到钼产品总消耗量的 70%～80%，其中各种结构合金钢消耗的钼占到钼消耗总量的 43%～44%左右，不锈钢消耗的钼所占比例为 22%～

23%左右，工具钢及高速钢消耗的钼所占比例为8%左右，铸钢及轧辊消耗量占约6%。几乎所有的钢材中都含有钼，其含量一般在0.1%～10%，如工程钢、不锈钢、高温钢、工具钢(0.2%～10%)、高强度低合金钢和双相钢(0.1%～0.3%)。

钼作为添加剂，可以赋予钢材均匀的微晶结构，并改善钢铁的性能，如提高钢材的硬度、抗蠕变性能，特别是高温强度和韧性；提高钢材的耐腐蚀性能和耐磨性能；改善钢材的淬透性、焊接性和耐热性能等等。

1.6.2 有色冶金工业

有色冶金工业所消耗的钼约占钼总消耗量的8%以上，主要为钼基合金及特种性能的有色金属合金材料。常用的钼基合金包含有TZM钼基合金和钼钨合金。

TZM钼基合金(含锆0.06%～0.12%，钛0.40%～0.55%，其余成分为钼)，其强度、耐高温性能都优于金属钼。钼钨合金广泛用于高压电子工业和航空宇航，是各种高温条件下工作的电子元件、机械设备等生产的常用材料，也用于生产高温电炉的电阻丝、隔热屏。在现代电子工业中除使用纯钼外，钼铼合金可作电子管和特种灯泡的结构材料，Mo-50Re和TZM合金还可作高功率微波管和毫米波管中的热离子阴极结构元件，其工作温度可达1200℃，电流密度可达$10A/cm^2$。作为引出线的纯钼丝再结晶温度低，在高温下易出现脆化，影响使用寿命。添加Si、K和C等元素，可提高再结晶温度，生产出高温钼丝。采取在氧化钼生产过程中添加稀土元素钇、铈、镧等，更能有效地提高再结晶温度，克服材料高温脆化问题。含0.1%～0.3%锆、0.1%钪的钼丝，在1200℃氮化处理，使钪弥散到整个合金中去，这种钼丝在20℃时抗拉强度可达到1400MPa。

在一些铁基合金，特别是不锈钢不能适用的工作环境中，常用有色金属合金来代替，如稀土元素金属冶炼过程中，常用金属钼或钼基合金作为金属还原和精炼反应器。镍基合金是一种添加钼(钼添加量为6%～28%)的耐高温、耐腐蚀的有色金属材料，它具有在任何浓度、达到沸点温度的盐酸以及无氧化性稀酸中保持稳定的性能，是一种重要的耐腐蚀材料，但是因为经济原因限制了它的推广使用。

1.6.3 石油及化学工业

化学工业消耗的钼约占钼总消耗量的9%～15%，而且消耗量逐年上升，主要用于化工设备材料、催化剂、腐蚀抑制剂、实验室试剂、颜料、阻燃剂和消烟剂等方面。

在化工设备方面，由于钼具有优良的耐酸和耐其他金属腐蚀的性能以及相对适中的价格，金属钼常用于制作真空管、热交换器、重蒸锅、油罐衬里等化工设备材料。

MoO_3、MoS_2及有机钼等形式的钼化合物是石油化工和化学工业中一类非常重要的催化剂和催化剂的活化剂，常用于氧化-还原反应、有机合成、石油加氢精制、合成氨、有机裂解（石油的裂化和重整，丙酮分解为甲酮）等方面。特别是在石油加工工业，含钼催化剂具有重要的位置。

1.6.3.1　石油加氢精制

石油中常含有 H_2S 和含氮化合物成分，它们的存在对于石油加工过程及产品质量都是非常有害的，钴钼催化剂对 C—S 链的断裂活性较高，对 C═C 链饱和，对 C—N 链的断开也有一定的活性，但在石油化学加工，特别是油品精制时所不希望的 C—C 链的断开活性很低，且在正常操作温度下，几乎不促进聚合和缩合反应。此外，这类催化剂具有寿命长，热稳定性好，氢耗低，积炭慢等特点，故长期以来被广泛用于石油加工中加氢精制、脱硫和脱氮过程中。

1.6.3.2　煤加氢液化

在没有催化剂的情况下，煤加氢液化在 440～460℃、14～17MPa 的条件下才能实现，而且转化率极低。在仲钼酸铵催化下（氧化铝载体），在 450℃、7MPa 的条件下转化率即可由 33%提高到 95%，且人造石油成分可由 10%提高到 63%。

1.6.3.3　有机合成

钼基催化剂或钼化合物用于丙烯直接氨氧合成反应及环氧化反应的催化剂，在链烯聚合、一氧化碳加氢甲烷化及合成醇、异丁烷氧化脱氢、对甲苯气相选择氧化制取苯甲醛等有机合成过程中。由丙烯、空气和氨制取丙烯腈的索希尔工艺就是用钼的铋磷杂多酸盐做催化剂。

1.6.3.4　甲醛制备

以甲醇生产甲醛的过程中用钼酸铁作为催化剂，在丙烯醛和链烯的歧化反应过程中，也是用钼的化合物做催化剂。钼的杂多酸作为催化剂已经应用于异丁烯醛或异丁酸氧化制取异丁烯酸工业过程中。一些钼酸盐或杂多酸盐常用于有机化合物选择性氧化的催化剂。

1.6.3.5　其他化学工业

钼的一些化合物在颜料工业中也有着广泛的用途，钼酸铅是一种常用的颜料生产原料。其他的钼酸盐如钼酸锌、钼酸钙等也经常用于颜料生产。最近，还研制出可变色的三氧化钼，这种材料在强光照射下会改变颜色，且可轻易还原，可用于电子计算机光存储元件及可多次使用的复印材料。

钼化合物是一种应用非常广泛的化学试剂，虽然其用量有限，但应用种类繁多，如三氧化钼、钼酸铵、仲钼酸铵、磷钼酸和钼酸钠等。

1.6.4　其他领域的应用

二硫化钼是一种性能良好的固体润滑剂，在高温、高压、高旋转、超低温和高真空度条件下仍具有良好的性能，因而在气轮机等运转设备方面得到广泛的应用。

一些有机钼化合物作为润滑油抗磨添加剂、发动机燃料油添加剂具有比二硫化钼更优越的性能，也得到了广泛的研究和应用。

在电子电气方面，由于钼具有良好的导电性和高温性能，特别是与二氧化硅的线膨胀系数极其相近，广泛地用于制造灯泡中螺旋灯丝的芯线、引出线、挂钩、支架、边杆及其他部件；在电子管中作栅极和阳极支撑材料；在超大型集成电路中钼用作金属氧化物半导体栅极，把集成电路安装在钼上可消除“双金属效应”；超薄型无缝钼管（管壁厚约 15μm）可用作高清晰度电视机显像管的阳极支架，这种电视机的图像扫描线达 125 条，比一般的电视机提高两倍；钼圆片还可作功率晶体管隔热屏和硅整流器的基板和散热片。

由于金属钼及钼基合金具有优良的耐热性能和高强度，所以在导弹、航空航天器领域具有广泛的用途，如导弹、飞机等航空器发动机的火焰喷嘴、燃烧室，航天器的鼻锥，卫星和飞船的蒙皮、船翼、导向片及涂层材料等特殊设备元件的制造。

在核工业，由于具有良好的耐金属腐蚀性、较高的强度以及较小的热中子吸收截面，钼在核聚变反应堆中被用来作为转换器铠装元件的保护层。同时，钼铁合金也用于空间反应堆的热离子能量转换器包套材料、加热器及反射器等元件。

钼在农业方面的用量很小，主要以钼酸盐的形式添加到化肥中，可以提高农作物的产量。也用于豆类种子的处理，以防止病虫对种子的侵害。

参考文献

1 Lassner E, Schubert W-D. Tungsten, Properties, Chemistry, Technology of the Element, Alloys, and Chemical Compounds. New York: Kluwer Academic/Plenum Publishers, 1999

2 Yih S W H, Wang C T. Tungsten. New York: Plenum Press, 1979

3 Morniroli J P. Low temperature embrittlement of undoped and doped tungsten. In: Pink E, Bartha L ed. The Metallurgy of Doped/Non-sag Tungsten. London, Elsevier, 1989

4 莫似浩. 钨冶金的原理和工艺. 北京：轻工业出版社，1984

5 彭少方. 钨冶金学. 北京：冶金工业出版社，1981

6 Greenwood N N, Earnshaw A. Oxford: The Chemistry of the Elements. Pergamon Press, 1984: 1291

7 Зеликман А Н, Коршунов В Г. Металлиргия Редких Металлов. Москва, Металлиргия, 1991: 62

8 Tilley R J D. The crystal chemistry of the higher tungsten oxides. International J. Refract. Met. Hard Meter. 1995; (13): 93～109

9 Ekström T, Tilley R J D. Chem. Scr., 1980; (16): 1～23

10 Bartha L et al. Chemistry of tungsten oxide bronzes. Int. J. Refract. Met. Hard Mater. 1995; (13): 77～91

11 Massalski T B. Binary Alloy Phase Diagrams. 2nd edition. Vol. 1. ASM International, 1990: 896

12 《有色金属提取冶金手册》编辑委员会. 有色金属提取冶金手册：稀有高熔点金属（上）（W、Mo、Re、Ti）. 北京：冶金工业出版社，1999

13 Gupta C K. Extractive Metallurgy of Molybdenum. CRC Press, Inc., 1992

14 向铁根. 钼冶金. 长沙：中南大学出版社，2002

15 Kirk-Othmer. Molybdenum and Molybdenum Alloy. In: Encyclopaedia of Chemical Technology. 3rd ed.

Vol. 15. New York: Wiley-Interscience, 1981: 670
16 张青莲. 无机化学丛书. 第八卷. 北京: 科学出版社, 1978: 524
17 徐志昌, 张萍. 钼粉冶用四钼酸铵晶体的生产. 中国钼业, 2000; 24(3): 27
18 周云忠, 王顺昌, 2001 年钼市场回顾与展望. 中国钼业, 2002; 26(1): 50
19 杨敏陔. 我国钼冶炼产品发展浅析. 中国钼业, 1994; 18(2): 11
20 罗振中. 钼的应用及其发展, 中国钼业, 1998; 22(4): 17
21 张文朴. 钼在现代化学工业中的应用. 钼业经济技术, 1991; 2(35)
22 蔡显弟. 钼催化剂的发展及其前景. 钼业经济技术, 1991; (34)

2 钨、钼资源及加工

2.1 钨矿资源、钨矿石及其选矿加工方法

2.1.1 钨矿资源、钨矿床主要工业类型及钨矿物

2.1.1.1 钨矿资源

世界上有三十几个国家和地区生产钨。我国是世界上钨资源最丰富的国家，其储量、产量和产品销售量均居世界之首。最新资料表明[1]，截至2002年底，国土资源部公布的我国钨(WO_3)储量为144.9万t，基础储量292.5万t，资源量286.2万t，资源储量578.6万t。这些资源储量遍布于全国21个省市自治区，其中湖南、江西、河南三省的资源储量占全国的64.8%，福建、广东、河南、湖南、江西五省的基础储量占了全国的89.6%；特别是湖南、江西两省的基础储量占了全国的66.5%，我国钨(WO_3)储量分布见表2-1[1]。值得指出的是，在578.6万t钨资源储量中，黑钨矿为142.5万t，占24.6%；白钨矿为413.2万t，占71.4%；黑、白钨混合矿为22.9万t，占4%。另在基础储量中，黑钨矿为84.9万t、白钨矿为205.8万t，分别占29%和70.4%[1]。尽管白钨矿的基础储量占全国钨基础储量的比例如此之高(达70.4%)，但由于白钨矿品位(WO_3含量)低，组成复杂，并多与其他金属伴生、不易开发利用等原因，故自1907年以来我国开采的钨矿一直以黑钨为主。然而经过长时间的开采，迄今我国黑钨矿资源已面临枯竭。因此对难以采选、品位较低且组成复杂的白钨矿及黑、白钨混合矿的开发和利用已刻不容缓。

表2-1 我国钨(WO_3)储量分布

省 区	储量/t	基础储量/t	所占比例/%	资源量/t	资源储量/t	所占比例/%
湖 南	556862	1313647	44.9	726215	2039862	35.3
江 西	425167	630405	21.6	496632	1127037	19.5
河 南	165890	296219	10.1	280462	576681	10.0
广 东	12060	133419	4.6	239457	372876	6.4
广 西	5610	79056	2.7	270349	349405	6.0
福 建	146368	245489	8.4	58837	304326	5.3
云 南	21912	48784	1.7	200049	248833	4.3
甘 肃	3881	21444	0.7	216764	238208	4.1

续表 2-1

省　区	储量/t	基础储量/t	所占比例/%	资源量/t	资源储量/t	所占比例/%
黑龙江	35910	48830	1.7	147028	195858	3.4
内蒙古	21865	32101	1.1	123095	155196	2.7
湖　北	34917	48530	1.7	24827	73357	1.3
山　东	0	334	0.01	46761	47095	0.8
安　徽	7854	12071	0.4	12653	24724	0.4
浙　江	6099	7068	0.2	2670	9738	0.2
吉　林	3653	5490	0.2	3610	9100	0.2
贵　州	0	0		7890	7890	0.1
青　海	1356	1924	0.07	535	2459	0.04
北　京	0	0		1458	1458	0.03
四　川	0	0		1121	1121	0.02
河　北	0	0		816	816	0.01
辽　宁	0	0		397	397	0.007
合　计	1449404	2924811	基础储量 100	2861626	5786437	资源储量 100

国外[2]主要产钨国有加拿大、俄罗斯、韩国、玻利维亚、澳大利亚、美国和葡萄牙等国。其中加拿大和俄罗斯分别占世界钨储量的13%左右，美国约占7%，玻利维亚和韩国各占3%左右，其他有钨资源的国家还有泰国、希腊和奥地利等国。

2.1.1.2　*钨矿床主要工业类型及特征*

钨矿床的形成与岩浆活动或变质作用相关密切。根据矿床成因、产状等特征，钨矿床可分为四种主要工业类型[3]，即：石英脉型钨矿床，矽卡岩型钨矿床，斑岩型钨矿床，层控及层状型钨矿床。

(1) 石英脉型钨矿床。这是我国分布最广、储量最大、当前开采最主要的钨矿床。矿物组成非常复杂，所见到的矿物达 60 多种。主要金属矿物有黑钨矿、白钨矿；伴生有锡石、辉钼矿、辉铋矿、黄铜矿、黄铁矿、方铅矿、闪锌矿、黝锡矿、毒砂、自然铋、绿柱石等。脉石矿物主要有石英、长石、云母；其次为电气石、萤石、方解石、黄玉、磷灰石及氟碳酸铁锰矿等。在此类矿脉中钨及其共生金属矿物产生于石英脉内及脉壁，围岩一般不含有用矿物。矿脉与围岩接触界线十分明显，颜色清楚，易于识别。如我国大吉山钨矿、西华山钨矿、浒坑钨矿及石人嶂钨矿等；国外葡萄牙的帕拉斯奎拉钨矿，玻利维亚的乔季拉钨矿等均属此类。

(2) 矽卡岩型钨矿床。这是一种最具经济价值的钨矿床。钨大多呈白钨矿赋存于钙质硅酸盐的接触带或附近。根据有用矿物的组合特点又可分为两种矿化类型：1)硫化矿、白钨矿矽卡岩类型。主要特点是黄铜矿、黄铁矿、方铅矿、闪锌矿、辉钼矿等含量高，是综合回收的重要对象。2)白钨矿矽卡岩型。硫化矿物含量相对比前一类少，矿物成分较简单。主要工业矿物为白钨矿，硫化矿仅作副产综合回收。该类矿床国外较普遍，约占钨储量的一半以上。如加拿大的麦克通和坎通钨矿、俄罗斯的提尔内阿乌兹钨矿、澳大利亚的金岛钨矿和韩国的桑栋钨矿等；国内的柿竹园钨矿、瑶岗仙钨矿、荡坪宝山钨矿等均属此类。

(3) 斑岩型钨矿床。这种钨矿物呈细脉浸染状产于花岗岩、云英岩或斑岩体顶部或边缘，其地质特点与斑岩铜矿类似，有“斑岩钨矿”之称，矿床规模较大。这是一种含钨的多金属硫化物矿石；其中硫化物种类和数量比较复杂。主要金属矿有黑钨矿、白钨矿、锡石、绿柱石、辉钼矿、辉铋矿、黄铜矿、黄铁矿、毒砂、闪锌矿、方铅矿及含钽、铌矿物等。矿石品位一般中等到较贫。脉石矿物主要有白云母、石英、正长石、绢云母、石榴石、电气石、绿泥石、方解石等。如国内的行洛坑钨矿、莲花山钨矿等及国外的克莱麦克斯钨矿、普列曾特钨矿等均属此类。

(4) 层控及层状型钨矿床。该矿床矿体受地层层位和岩性控制，产状基本和地层产状一致，矿层由一层至几层，范围较宽，但工业矿体规模大小不一。主要成矿作用是沉积再造，矿体形态为层状或层间状，矿石构造为块状或浸染状。主要钨矿物是白钨矿，伴生矿物有自然金、辉锑矿、多金属硫化矿等。如湖南湘西金矿，白钨赋存于紫色含钙绢云母板岩层中；国外的奥地利米特西尔白钨矿赋存于火山沉积变质岩中。

2.1.1.3 *钨矿物*

自然界已发现的钨矿物有20多种，但具有工业价值的钨矿物仅有黑钨矿和白钨矿。

黑钨矿主要包括三种矿物即：钨锰矿（$MnWO_4$，含 WO_3 76.6%）；钨铁矿（$FeWO_4$，含 WO_3 76.3%）和钨锰铁矿（$(FeMn)WO_4$，含 WO_3 76.5%）。通常钨锰矿中含少量铁，钨铁矿中含少量锰。当矿物中 $w(FeWO_4)$ ∶ $w(MnWO_4) \leqslant 20:80$ 为钨锰矿，二者比值不小于 80∶20 为钨铁矿，而钨锰铁矿则是钨锰矿和钨铁矿在20%～80%之间的混合物。

白钨矿是钙钨酸盐，分子式为 $CaWO_4$、含 WO_3 80.6%。结晶呈正方晶系；钼常取代白钨矿中的钨，形成类质同象的钼酸钙（$CaMoO_4$）。白钨矿还常与石榴子石、辉石、石英、辉钼矿、辉铋矿和黄铁矿等伴生。

主要钨矿物的物理化学性质列于表2-2。

除上述钨矿物外，钨华 WO_3（79.3%W、密度 2.09～2.26g/cm^3、硬度 1～2）和白钨华（非晶质）也较常见。其他含钨矿物还有钨铅矿（$PbWO_4$）、钨铋矿（Bi_2WO_6）、钨钼铅矿[$Pb(MoW)O_4$]、钨锌矿（$ZnWO_4$）、铜钨矿（$CuWO_4$）、铜钨华[$Cu_2(WO_4)(OH)_2$]、高铁钨华[$Ca_2Fe_2(WO_4)_7 \cdot 9H_2O$]和辉钨矿（$WS_2$）等。这些矿物截至目前尚未发现可供工业开采价值的矿床。

值得指出的是，在钨矿床中常伴生有许多其他有价矿物，主要是钼、铋、铜等硫化矿物；它们在矿石中的含量虽然相当低（万分之几），但由于它们具有较高的密度；在钨重选过程中常伴随钨一同进入钨粗精矿。如若通过进一步处理可获得混合硫化矿产品。

表 2-2　主要钨矿物的物理和化学性质

性　质	黑钨矿			白钨矿($CaWO_4$)
	钨铁矿($FeWO_4$)	钨锰铁矿($(FeMn)WO_4$)	钨锰矿 $MnWO_4$	
$w(WO_3)/\%$	76.3	76.5	76.6	80.6
$w(Mn)/\%$	0～3.6	3.6～14.5	14.5～18.1	—
$w(Fe)/\%$	18.4～14.7	14.7～3.7	3.7～0	—
晶体结构	单斜晶系	单斜晶系	单斜晶系	正方晶系
解理	在一个方向完全解理	在一个方向完全解理	在一个方向完全解理	在 4 个方向良好
密度/$g\cdot cm^{-3}$	7.5	7.1～7.5	7.2～7.3	5.4～6.1
颜色	黑色	暗灰到黑色	红褐至黑色	淡黄、褐色、白色
韧性	极脆	极脆	极脆	极脆
光泽	半金属到金属光泽	半金属到金属光泽	半金属到金属光泽	玻璃到树脂光泽
硬度(莫氏)	5	5～5.5	5	4.5～5
磁性	微至弱磁性	微磁性	轻微磁性	非磁性

钨矿石中主要有害杂质为磷、硫、砷、锡、铜、钼等。实践中根据不同用途在钨精矿中对它们的允许含量均有严格要求。中国钨精矿质量标准见表 2-3[4]。

2.1.2　钨矿石主要选矿加工方法

国内外从钨矿床开采出来的钨矿石，原矿品位(WO_3 含量)都比较低。从国内看，我国钨矿原矿品位 20 世纪 50 年代约含 0.5%WO_3，个别较高的也仅达 0.7% WO_3。随着开采矿石的“贫、细、杂”，到 70 年代以后已下降至 0.25%～0.33% WO_3[5]。国外据统计[2]，钨矿石原矿品位除少数(如加拿大的坎通钨矿、澳大利亚的金岛钨矿等)达 1%WO_3 以上外，其余欧、美、非洲及亚太地区的一些钨矿山开采的钨矿石原矿平均品位为 0.66%WO_3(比中国高)。欲从含 WO_3 如此低的原矿中获得符合各种用途的高品质钨精矿必须进行选矿。根据不同类型矿石及用户对精矿质量的不同要求，应选择不同选矿方法和工艺流程。下面介绍黑钨矿和白钨矿的主要选矿方法。

2.1.2.1　*黑钨矿的选矿*

A　*原矿预选丢废*

黑钨矿采矿大都采用留矿法，贫化率高(废石达 80%以上)，无价的废石进入选矿厂必然会增加生产成本。因此在重选前应尽可能将粗而贫的废石丢弃。废石选出率高，合格矿石入选品位就高，从而可大大降低能源消耗，其经济效益是显而易见的。

表 2-3 钨精矿质量标准

品 种	WO_3 含量(不小于)/%	杂质含量(不大于)/%														用途举例
		S	P	As	Mo	Ca	Mn	Cu	Sn	SiO_2	Fe	Sb	Bi	Pb	Zn	
黑钨特Ⅰ-3	70	0.2	0.02	0.06	—	3.0	—	0.04	0.08	4	—	0.04	0.04	0.04	—	优质钨钢
黑钨特Ⅰ-2	70	0.4	0.03	0.08	—	4.0	—	0.05	0.10	5	—	0.05	0.05	0.05	—	
黑钨特Ⅰ-1	68	0.5	0.04	0.10	—	5.0	—	0.06	0.15	7	—	0.10	0.10	0.10	—	
黑钨特Ⅱ-3	70	0.4	0.03	0.05	0.01	0.3	—	0.15	0.10	3	—	—	—	—	—	优质钨制品、特纯钨材、三氧化钨等
黑钨特Ⅱ-2	70	0.5	0.05	0.07	0.015	0.4	—	0.2	0.15	3	—	—	—	—	—	
黑钨特Ⅱ-1	68	0.6	0.10	0.10	0.02	0.5	—	0.25	0.20	3	—	—	—	—	—	
白钨特Ⅰ-3	72	0.2	0.03	0.02	—	—	0.3	0.01	0.01	1	—	—	0.02	0.01	0.02	合金钢、优质钨铁等
白钨特Ⅰ-2	70	0.3	0.03	0.03	—	—	0.4	0.02	0.02	1.5	—	—	0.03	0.02	0.03	
白钨特Ⅰ-1	70	0.4	0.03	0.03	—	—	0.5	0.03	0.03	2	—	—	0.03	0.03	0.03	
白钨特Ⅱ-3	72	0.4	0.03	0.03	0.01	—	0.3	0.15	0.10	2	2	0.1	—	—	—	优质钨制品、特纯钨材、三氧化钨等
白钨特Ⅱ-2	70	0.5	0.05	0.05	0.015	—	0.4	0.20	0.15	3	2	0.1	—	—	—	
白钨特Ⅱ-1	70	0.6	0.10	0.10	0.01	—	0.5	0.25	0.20	3	3	0.2	—	—	—	
黑钨一级Ⅰ类	65	0.7	0.05	0.15	—	5	—	0.13	0.2	7.0	—	—	—	—	—	钨铁、硬质合金、触媒、钨材
黑钨一级Ⅱ类	65	0.7	0.10	0.10	0.05	3	—	0.25	0.2	5.0	—	—	—	—	—	
黑钨一级Ⅲ类	65	0.8	P+As=0.22		0.05	1	—	0.35	0.4	3.8	—	—	—	—	—	
黑钨二级	65	0.8	—	0.2	—	5	—	—	0.4	—	—	—	—	—	—	
白钨一级Ⅰ类	65	0.7	0.05	0.15	—	—	1.0	0.13	0.20	7.0	—	—	—	—	—	钨铁、硬质合金、触媒、钨材、钨丝
白钨一级Ⅱ类	65	0.7	0.10	0.10	0.05	—	1.0	0.25	0.20	5.0	—	—	—	—	—	
白钨一级Ⅲ类	65	0.8	0.05	0.20	0.05	—	1.0	0.20	0.20	5.0	—	—	—	—	—	
白钨二级	65	0.8	—	0.20	—	—	1.5	—	0.40	—	—	—	—	—	—	

人工手选是我国预选丢废的重要手段之一，这种方法是根据含矿脉石与围岩之间界线清晰、颜色分明、容易辨别的特点人为进行拣选。若拣出的是含钨矿物则称反手选；若拣出的为废石习惯称正手选。采用人工手选废石率一般可达50%左右；废石品位为0.015%～0.04%WO_3；作业回收率达97%～99%。近些年来，应用动筛跳汰加反手选作业，在降低预选丢废入选粒度和降低废石品位方面取得了良好成效。如荡坪钨矿采用动筛跳汰加手选，入选粒度为－20mm～＋10mm，废石选出率由47.8%提高到63%。大吉山钨矿采用反手选加动筛跳汰，入选粒度为－30mm～＋25mm，废石率由56%提高到60%。

重介质选矿作为一种预选方法在生产实践中有所应用。如湘东钨矿、红岭钨矿和洋塘钨矿等，利用黄铁矿作加重剂，分别在旋流器和涡流分选器中进行矿石分选，均获得较好技术经济指标[6]。如湘东钨矿采用手选与重介质选矿相结合，废石选出率由原来的43%提高到了57%，选矿成本下降5%～11%[7]。红岭钨矿选矿厂用涡流分选器，废石选出率为50%～59%，选矿成本下降2.3%[8]。国外[9]葡萄牙的帕拉斯奎拉钨矿对0.5～12mm黑钨矿原矿用球状硅铁重介质水力旋流器预选，丢弃的轻产品占给矿的95%，原矿品位由0.3%～0.4%WO_3提高到4%WO_3。英国的赫墨尔顿钨矿中间工厂采用丹纳慧尔涡流分选器（简称DWP）处理－9～＋1.7mm粒级原矿，可选出80%～90%的轻产品，大大降低了生产成本。

光电拣选也是一种预选丢废的方法。其实质是利用矿物反射、透射或折射可见光能力的差别将含矿脉石与围岩分开的方法。矿物的漫反射、颜色、透明度等光学性质，均可用来进行光电拣选。光电拣选常用的光源有白炽灯、荧光灯、石英卤素灯及激光等。赣州有色冶金研究所、瑶岗仙钨矿等单位于20世纪70年代便着手研究光电分选机，并应用于钨矿选矿厂的预选作业，在取代或部分取代人工手选方面取得良好效果。如赣州有色冶金研究所研制的GS-Ⅲ型光选机，在小龙钨矿分选30～50mm矿石获得满意结果，丢废率达90%[10]。瑶岗仙钨矿采用YG-40型激光光电分选机处理20～40mm矿石，获得较好效果，废石选出率90.94%，比手选高35%，废石品位0.023%WO_3，比手选低[11]。国外[9]澳大利亚芒特卡宾山钨矿，利用三台M-16型光电拣选机处理三种不同粒级（16～40mm，48～80mm，80～160mm）的矿石，使暗灰色的围岩与含黑钨和白钨的石英分开。拣选后的矿石品位由0.09%WO_3提高到0.9%WO_3，废石丢弃率为91%。

综上可见，尽管重介质选矿、光电分选等机械丢废方法在改善劳动生产条件和提高劳动生产率方面有其优越性，但因其经济原因和操作因素等影响，基本已暂停使用。人工拣选虽然是一种古老的、落后的方法，但因其成本低、指标可靠、对贫化率高的大块矿石仍是一种首选的有效方法。

B　重力选矿

重力选矿（简称重选）是黑钨矿选矿最主要的选矿方法，因为重选原理是根据矿物间不同密度差异，在一定的流体介质（通常为水，有时用空气或重介质）中进行分选的过程，它适于处理有用矿物与脉石间有较大密度差的物料。在黑钨矿石中常见的矿物按其密度（g/cm^3）大小排序为：黑钨矿 7.1～7.5，锡石 7.0，毒砂 6.0，白钨矿 5.4～6.1，黄铁矿 5，辉钼矿 4.8，磁黄铁矿 4.6，重晶石 4.5，黄铜矿 4.2，闪锌矿 4.0，菱铁矿 3.9，石榴子石 3.9～4.2，萤石 3.1，云母 2.8～3.1，长石 2.54～2.8，方解石 2.5～2.8。由上可见，黑钨矿密度最大，采用重选法能有效地使其与密度小于 3.5～4g/cm^3 的许多矿物分离。

跳汰选矿是重力选矿的主要方法之一，其分选过程在跳汰机中进行。该过程的工艺特点是：欲分选的物料连续给入跳汰机跳汰室的筛板上，形成厚的物料层（称作床层）。通过筛板周期性地鼓入上升水流，使床层升起松散，接着水流下降，在这一过程中，密度不同的矿粒发生相对转移，重矿物进入底层作为精矿，轻矿物转入上层成为尾矿。跳汰选矿几乎可以处理各种粒级的矿物原料（除微细物料外）。它工艺操作简单，设备处理能力大，并可在一次选别中获得最终精矿，因此在生产实践中应用很广泛。我国黑钨矿重选厂在选别粗、中粒嵌布的黑钨矿时，入选前常将物料分成粗、中、细三个粒级（如 10～4.5mm，4.5～2mm，2～0mm）分别进行跳汰（俗称三级跳汰）。通常粗、中粒级跳汰作业回收率为 65%～75%，细粒级为 35%～45%。整个跳汰作业回收的钨精矿一般占全部重选精矿的 50%以上[12]。

跳汰机类型很多，有隔膜跳汰机、水力鼓动跳汰机、无活塞跳汰机和动筛跳汰机等；分选金属矿主要采用隔膜跳汰机。动筛跳汰机由于跳汰室床层筛网的上下振动与水介质运动相结合，可获得比普通隔膜跳汰机更大的冲程，因而具有选别粒度大（上限可达 40mm），处理能力大，选别效率高，耗水量小等特点[5]，是一种粗、中粒矿石重选的优良设备，近年已在黑钨矿选厂推广使用。如荡坪钨矿半边山选厂用动筛跳汰机取代隔膜跳汰机选别粗、中粒合格钨矿石，作业回收率分别由 70%和 65%提高到 76%和 68%，节约用水 3.46m^3/t（合格矿）[13]。

在黑钨矿选厂摇床是分选中、细粒级矿石的通用设备，已在我国沿用了近 50 年。其选别原理是根据矿物在一倾斜床面上，借助机械的不对称往返运动和薄层斜面水流等的联合作用，使矿粒在床面上松散、分层从而达到矿物按密度不同分选的目的。在黑钨矿选厂按处理矿石粒度的不同，有矿砂摇床和矿泥摇床之分；矿砂摇床又可进一步分为粗砂摇床和细砂摇床。粗砂摇床处理的矿石粒度通常为 2～0.5mm；细砂摇床处理的矿石粒度为 0.5～0.2mm；矿泥摇床一般处理小于 0.2mm 的矿石。生产实践表明，为获得良好选别效果，物料在进入摇床选别作业前应严格分级。一般采用四室至六室水力分级机将物料分成多级，再分别进入矿砂或矿泥摇床处理。摇床的突出优点是富集比很高，经一次选别可获得高品位精矿和废弃尾矿，作业回收率为 70%～80%。而且看管容易，操作方便。主要缺点是设备占地面积大，单位厂房面积处理能力低等。

近年来，以螺旋溜槽代替摇床用于钨矿石重选，已在我国某些钨矿山进行了研究和生产实践；发现用螺旋溜槽粗选可丢弃大量低品位尾矿，所得粗精矿再用摇床精选可获得高品质精矿。如福建行洛坑钨矿，粗选用螺旋溜槽丢尾、精选采用螺旋溜槽——摇床联合工艺，当入选矿石粒度为 0.5～0.25mm，给矿品位为 0.383% WO_3 时，选别后精矿品位为 38.60% WO_3，作业回收率为 87.10%[5]。螺旋溜槽具有结构简单、处理量大、操作方便、生产费用低等优点；用于处理铁矿石、钨矿石、锡矿石、钽铌矿石及金矿石等方面有着广阔的应用前景。

C　钨细泥的处理

钨矿物性脆，在生产过程中容易产生细粒。细粒通常是指小于 0.074mm 矿泥。细泥主要来自两方面：(1)原生细泥——来自出窿原矿洗矿的溢流；(2)次生细泥——来自破碎磨矿作业产生的粉矿和分级溢流。据统计细泥的产出率约占原矿的 10%，WO_3 占有率大于 14%，矿泥品位通常比原矿高，属难选物料。我国黑钨矿选厂的细泥普遍采用集中归队，单独处理的方法，其工艺流程可归纳为四种：(1)强磁选—浮选流程；(2)离心选矿机—浮选流程；(3)分级—摇床—离心选矿机流程；(4)摇床重选流程等[14,15]。其中以(1)、(2)两种流程的选矿效果最好；(3)、(4)两种流程主要用于重选回收钨细泥，实践证明单用重选法回收，作业回收率只有 45%左右，其中小于 30μm 的细泥黑钨矿几乎全部损失。

强磁选—浮选流程是根据黑钨矿具有弱磁性而考虑的。细泥浓缩后用湿式强磁选机丢尾，强磁选精矿添加浮选硫化矿的药剂脱硫，接着再用浮选黑钨矿的药剂浮钨。湿式强磁选可有效回收小于 10μm 以上的钨矿物。如江西浒坑钨矿的钨细泥，采用强磁选—浮选流程，在原矿泥品位为 0.506% WO_3 时，选别后最终钨精矿品位为 45%～50% WO_3，作业回收率为 84.7%～83.2%[16]。

离心选矿机—浮选流程是利用离心机进行钨细泥粗选，丢弃大部分脉石；离心机精矿用浮选精选，精矿品位和回收率均可大幅度提高。如江西铁山垅钨矿，钨细泥品位为 0.3%～0.4% WO_3，矿泥经浓缩后进行硫化物浮选，浮硫尾矿进入离心机分选，离心机精矿再浮硫，最终获得精矿品位为 36.75% WO_3，作业回收率为 74.75%的好指标[17]。

国外处理钨细泥广泛采用巴特莱—莫兹利翻床作粗选和巴特莱横流皮带作精选。如葡萄牙帕拉斯奎拉钨矿，使用巴特莱翻床粗选，粗精矿再用横流皮带精选，获得钨精矿含 20% WO_3 以上，作业回收率为 70%。加拿大蒂明斯钨选厂，采用该种设备处理小于 0.1mm 黑钨矿，富集比为 4.1，作业回收率为 84.4%，其中小于 37μm 回收率达 81%[14]。

浮选法回收细泥黑钨矿，其核心是浮选药剂，而浮选药剂的关键是捕收剂。黑钨矿浮选常用捕收剂有：

(1) 脂肪酸及其皂类。主要为油酸、油酸钠及氧化石蜡皂等。由于该类药剂对含钙脉石矿物也有捕收作用，对黑钨矿选择性差，限制了它的应用。

(2) 胂酸类及膦酸类。包括甲苯胂酸、苄基胂酸及甲苄胂酸等；膦酸类有苯乙烯膦酸、烷基双膦酸等。它们都是黑钨矿有效捕收剂；苯乙烯膦酸的捕收能力优于胂酸，但选择性不如胂酸。

(3) 羟肟酸类螯合剂。包括8-羟基喹啉、环烷基羟肟酸和α-亚硝基-β-萘酚等。这类捕收剂对黑钨矿的捕收能力最强，且对萤石和石英无捕收作用。据报道[18,19]，用甲苄胂酸作捕收剂浮选浒坑钨矿细泥，当矿泥品位为0.33%WO_3，经浮选后精矿品位提高到39.5%WO_3，回收率为84.72%，分选指标达84.02%。又如用异羟肟酸作捕收剂，在pH值为5～6条件下，浮选含0.43%WO_3的钨矿泥，可获得钨精矿含24%WO_3，回收率为75%的结果。

黑钨矿浮选常用碳酸钠和硫酸等作介质调整剂；活化剂多用金属阳离子如Pb^{2+}、Fe^{3+}、Fe^{2+}、Mn^{2+}、Cu^{2+}等的金属盐；脉石抑制剂有水玻璃、氟硅酸钠、六偏磷酸钠及羧甲基纤维素等。

近年来为了更有效地处理微细粒黑钨矿推出了一些新工艺，诸如选择性絮凝-浮选、载体浮选、油团聚、剪切絮凝—浮选等[20]。

选择性絮凝—浮选是采用高分子絮凝剂使目的矿物选择性絮凝形成较大絮团，然后再添加捕收剂按常规浮选法实现絮团浮选[21]。据报道[22]用80万相对分子质量的聚丙烯酸处理微细粒黑钨矿，以油酸钠为捕收剂，在pH值为6.8条件下对小于20μm黑钨、石英(1∶1)人工混合矿进行分离，获得含68.64%WO_3，回收率91.31%，分选效率69.10%的精矿(比常规浮选提高17.83%)。

载体浮选实质是用一种粗粒物料作载体，使细粒在粗粒表面选择性黏附而进行分离。在黑钨矿分支粗选、分速精选工艺中，前支浮选泡沫精矿可作为后支细粒浮选载体[23]。进一步研究表明[24]，用25～38μm粗粒黑钨矿作小于5μm细粒的载体，浮选由小于5μm黑钨与小于20μm石英组成的人工混合矿；当混合矿含0.3%WO_3时，获得精矿品位为74.98%、回收率为79.47%的可喜指标(而用常规浮选精矿品位为53.97%，回收率为40.75%)。

油团聚是用中性油作桥联介质，使细粒形成粗大、坚实的油团，然后用筛分或淘洗法使油团与悬浮液分离。国内有人[25]研究黑钨矿油团聚行为，以中性油为团聚剂，Fe^{3+}能活化黑钨矿油团聚。国外[26]印度采用油团聚处理品位为0.04%WO_3贫白钨矿，得到的精矿含14%WO_3，回收率达90%。

剪切絮凝—浮选是根据在强力搅拌作用下，微细粒矿物由于捕收剂的疏水作用而相互团聚形成疏水絮团，然后达到浮选分离。对小于5μm黑钨细粒研究发现[27]，在pH值为9，油酸钠30mg/L，搅拌速度1650r/min条件下，对小于5μm黑钨与石英人工混合矿矿浆，搅拌45min后浮选，获得含39.38%WO_3，回收率为

82.5%的精矿；常规浮选指标为精矿品位30.14%WO_3，回收率58.92%(原矿品位为12.18%WO_3)。

应当指出，上述新工艺虽然对微细矿粒的处理和回收有着明显优势，但这些新工艺目前仅停留在实验研究阶段，与工业生产尚有较大距离，特别对工艺本身的诸多因素和条件还有待进一步研究和完善。

用磁选法处理黑钨矿细粒是根据黑钨矿具有弱磁性的特征，从而可用强磁场磁选机分选而实施的。自20世纪70年代以来我国自行研制的SHP型、立环型和SQC型湿式强磁选机已在我国钨矿山广为应用[28]。如广西大明山钨矿采用SHP-1000型磁选机，在磁场强度为87538A/m条件下，分选品位为0.16%WO_3、粒度为0.2mm的原矿，经一次粗选可得品位为3.59%WO_3的精矿，作业回收率为79.96%。该磁选精矿再用摇床精选，可获得品位为65.89%WO_3的最终精矿，对黑钨矿原矿的回收率为60.08%。另外高梯度磁选也在处理黑钨细泥中进行了研究；如瑶岗仙钨矿采用119.37万A/m的高梯度磁选机处理细泥，原矿含0.43%WO_3，经磁选后获得的精矿品位为21.89%WO_3，回收率为77.11%。其他如浒坑钨矿、大吉山钨矿、盘古山钨矿、漂圹钨矿及柿竹园钨矿等在生产实践中均不同程度地采用了湿式强磁选或高梯度磁选，取得了良好技术经济指标[29]。

D 黑钨精矿的精选及综合回收

从重选厂获得的黑钨精矿，由于其中不同程度地混入了一些密度较高的矿物，如：锡石、白钨矿和大多数硫化矿物等，使其质量达不到商品要求，常需进行精选。精选是黑钨矿选厂最复杂的工序，几乎应用了重选、浮选、磁选、电选及化学选矿等所有方法[12,29]。重选主要是用跳汰、摇床来进一步剔除脉石，提高钨精矿品质。从重选粗精矿中分出硫化矿采用枱浮(枱浮又称浮游重选，是一种浮选与重选相结合的方法，通常在摇床上进行)。黑钨矿与锡石、白钨分离大都采用磁选。电选主要用于分选锡石与白钨(或从黑钨矿中分选稀土磷钇矿)。对钨精矿中的磷(如磷灰石)、钙等可用化学选矿——酸浸处理，除去锡和砷可分别采用氯化焙烧和氧化焙烧。

硫化矿的综合回收是钨选厂的重要工序之一。搞好综合回收不仅可提高钨精矿质量，而且可增加企业经济效益。综合回收的原料主要是枱浮工艺分选出来的硫化矿物和脱硫浮选作业的硫化物；从其中可回收Sn、Mo、Bi、Cu、Pb、Zn、S及稀土等有价金属矿物。通常该物料经磨矿后，采用浮选或选—冶联合流程可分别得到各自的精矿。在此应特别强调铋的回收，迄今我国尚未发现和开采单独的铋矿床，铋精矿大多来自有色金属副产，而且从钨矿副产的铋精矿产量居第一位[30]。我国钨选厂综合回收铋主要采用浮选和选—冶联合工艺，其联合工艺指标较单一浮选优越。如盘古山钨矿将含铋0.144%的细泥尾矿和硫化矿尾矿通过浮选富集到含铋9.67%，再用低浓度$FeCl_3$浸出，用铁屑置换得海绵铋，精炼后得精铋，铋回收率达60%，接近国际水平[31]。另外大吉山钨矿、画眉坳钨矿等也都采用类似方法回收铋。漂塘钨矿、荡坪钨矿采用浮选法从重选尾矿中回收钼，铁山垅钨矿利用矿物浮选速度的差异，经调整工艺条件后将副产铜精矿中的砷含量由含 As 0.9%～1.4%降至 0.4%～0.6%，从而提高了铜精矿品位。国外[10]也重视钨矿的综合利用，如韩国桑栋钨矿，从硫化物中回收含铋 25%的铋精矿；瑞典伊克斯约贝格钨选厂，综合回收含铜 25%的铜精矿，回收率 80%；日本钟打钨矿综合回收含铜 9.94%的铜精矿和含锡 46.49%的锡精矿；前苏联的提尔内阿乌兹选厂综合回收含钼 47.65%的钼精矿和含铜 7%、含铋 0.8%的 Cu-Bi 精矿等。在我国目前开采的钨矿石日趋贫、细、杂形势下，一些矿山单靠钨矿难以维持正常运转，因此加强资源综合回收有着更重要的意义。

综上所述，重选是我国黑钨矿选矿的核心，其工艺包括预先富集、手选丢废，合格矿石分粗、中、细三个粒级跳汰，跳汰尾矿经分级进入多级摇床、摇床丢尾；细泥集中归队，采用多种工艺精选处理；重选粗精矿使用不同方法联合精选以及多种金属矿物综合回收等过程。其典型原则流程见图 2-1[12]。

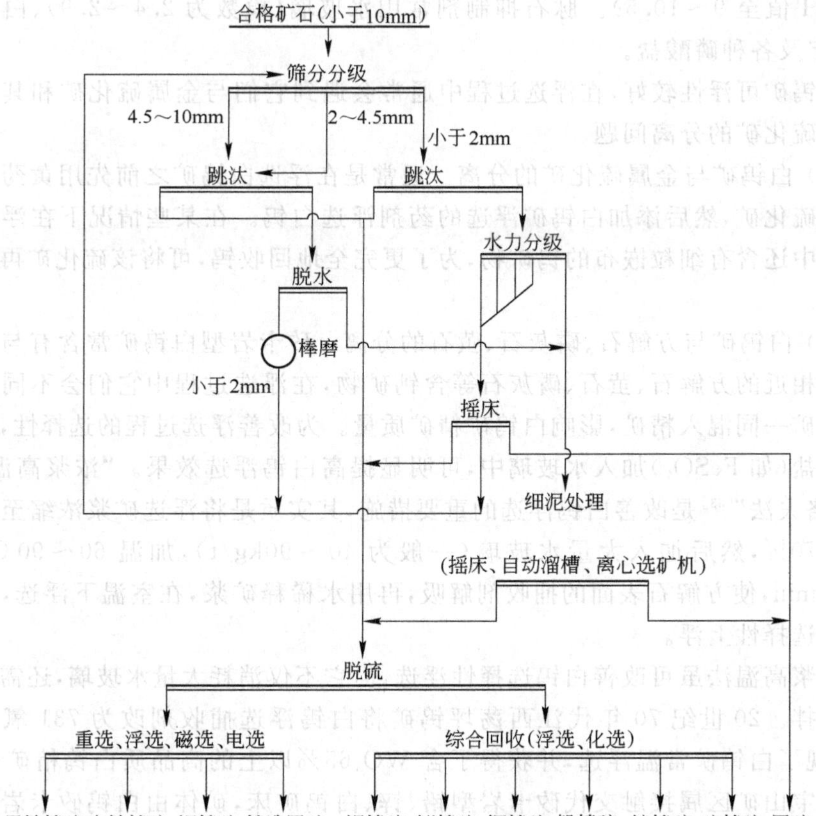

图 2-1　黑钨矿选矿原则流程图

2.1.2.2 *白钨矿的选矿*

白钨矿的选别方法有重选、浮选以及重选—浮选联合流程。白钨矿的密度高达 5.4～6.0g/cm^3,有利于用重选法从石英、方解石之类的脉石矿物以及其他比较轻的矿物中分离。国外[32]在 20 世纪 60 年代多用重选法回收白钨,70 年代后采用浮选为主的钨选厂愈来愈多,如美国坦佩犹特钨选厂、瑞典伊克斯约贝格钨选厂、奥地利米特西尔钨选厂以及韩国、日本都有生产实例。白钨矿具有很好的可浮性,一般应采用浮选法,但从经济观点出发,粗粒白钨宜用重选回收;细粒嵌布的白钨矿采用浮选是合理的。国外白钨矿床较普遍;国内目前开采的白钨矿床很少,在全国的钨选厂中白钨矿选厂仅 6 家,所处理的矿石量和所产精矿量约占全国钨矿山的 5%左右;而且主要采用浮选法回收白钨矿。

白钨矿浮选最常用的捕收剂是油酸和油酸钠,其代用品有妥尔油(及其皂)、环烷酸(及其皂)、氧化石蜡皂、癸酯等。阳离子捕收剂十二胺亦可用于浮选白钨矿。由于这些捕收剂均具起泡性,浮选时不需另加起泡剂。介质调整剂用碳酸钠(调整矿浆 pH 值至 9～10.5)。脉石抑制剂常用水玻璃(模数为 2.4～2.9)、白雀树皮汁、丹宁及各种磷酸盐。

白钨矿可浮性较好,在浮选过程中通常会遇到它们与金属硫化矿和其他含钙非金属硫化矿的分离问题。

(1) 白钨矿与金属硫化矿的分离。通常是在浮选白钨矿之前先用黄药类捕收剂浮出硫化矿,然后添加白钨矿浮选的药剂浮选白钨。在某些情况下在浮出的硫化矿物中还含有细粒嵌布的钨矿物,为了更完全地回收钨,可将该硫化矿再合并单独处理。

(2) 白钨矿与方解石、磷灰石、萤石的分离。矽卡岩型白钨矿常含有与白钨矿可浮性相近的方解石、萤石、磷灰石等含钙矿物,在浮选过程中它们会不同程度地与白钨矿一同混入精矿,影响白钨矿精矿质量。为改善浮选过程的选择性,常将多价金属盐(如 $FeSO_4$)加入水玻璃中,可明显提高白钨浮选效果。"浓浆高温法"即"彼得洛夫法"[33]是改善白钨浮选的重要措施,其实质是将浮选矿浆浓缩至含固体 60%～70%,然后加入大量水玻璃(一般为 40～90kg/t),加温 60～90℃,搅拌 30～60min,使方解石表面的捕收剂解吸,再用水稀释矿浆,在室温下浮选,白钨矿即获得选择性上浮。

浓浆高温法虽可改善白钨选择性浮选,但它不仅消耗大量水玻璃,还需长时间加温搅拌。20 世纪 70 年代江西荡坪钨矿将白钨浮选捕收剂改为 731 氧化石蜡皂,实现了白钨矿常温浮选,并获得了含 WO_3 65%以上的高品质白钨精矿[34]。荡坪钨矿宝山矿区属接触交代矽卡岩型铅、锌、白钨矿床,矿体由白钨矽卡岩矿石和硫化物矿石组成。他们采用先浮硫化矿物再浮白钨矿流程;浮硫尾矿加碳酸钠调矿浆 pH 值至 9,水玻璃作抑制剂,捕收剂为 731 氧化石蜡皂;通过一次粗选品位为

含 WO_3 15%～20%。在不浓缩矿浆情况下，加水玻璃 5～6kg/t，常温下搅拌40min，再精选 5～6 次即得上述可靠指标。与此同时美国碳化物公司的 L. A. 瓦奎兹等人提出了"石灰法"[35]。该法是首先用适量石灰搅拌矿浆，然后添加碳酸钠、水玻璃选择性抑制方解石、萤石、石英等脉石矿物，而白钨矿仍保持良好可浮性。这种方法不仅可在常温下进行，而且水玻璃用量可大大减少(一般为 2kg/t 左右)。特别在萤石存在下白钨矿有极好的选择性。该法对美国内华达州的坦皮特钨矿和巴西的白钨矿进行了研究，均取得良好效果。国内对湖南某白钨矿采用"石灰法"进行的试验表明，以氧化石蜡皂作捕收剂，在常温条件下，从含 WO_3 0.74% 的原矿中，经 1 次粗选、1 次扫选和 5 次精选，获得白钨精矿含 WO_3 68.51%，回收率为 70.46%的好指标[36]。"石灰法"还对广西某钨锡选厂的电选白钨中矿，湖南柿竹园黑、白钨混合矿进行了研究，均取得满意结果。

细粒白钨矿的处理已由瑞典人提出了"剪切絮凝浮选"法(其原理已在 2.1.2.1C 节中阐明)，并在伊克斯约贝格选厂实践中获得成功[37]。后又对澳大利亚白钨矿进行了半工业试验，结果显示，当原矿含 WO_3 0.83%、矿石磨至 40%～70%小于 15μm，用常规浮选回收率为 74%，而用"剪切絮凝浮选"回收率提高到 83%，精矿品位也由 5%提高到 6%。常用的絮凝剂有聚丙烯酰胺(即 3 号絮凝剂)、羧甲基纤维素、淀粉及腐植酸等。

通常对钨矿石选矿而言，当矿石组成复杂难选时，为获得高的钨回收率，在很多情况下只要求获得含 WO_3 15%～30%的低品位精矿，然后进行化学选矿处理，以制取合成白钨或仲钨酸铵，这在经济上是可取的。

2.2 钼矿资源、钼矿石及其选矿加工方法

2.2.1 钼矿资源、钼矿床主要工业类型及钼矿物

2.2.1.1 钼矿资源

自然界钼的含量很低，在地壳中钼的平均含量为 1.1×10^{-4}%。据统计[38]世界钼储量大约为 1470 万 t，其中 2/3 是可以回收的。尽管如此，它的分布却主要集中在美国、加拿大、智利、前苏联和中国。这 5 个国家总储量约占世界钼储量的 90%。表 2-4 为世界钼资源储量的统计数据[54]。

表 2-4 世界钼资源储量和基础储量[54]（万 t(钼)）

国家或地区	储量	所占比例/%	基础储量	所占比例/%
美 国	270	40.12	540	37.97
中 国	172	25.56	343	24.12
智 利	110	16.34	250	17.58
加拿大	45	6.69	91	4.60

续表 2-4

国家或地区	储量	所占比例/%	基础储量	所占比例/%
俄罗斯	24	3.56	36	2.53
秘鲁	14	2.08	23	1.62
哈萨克斯坦	13	1.93	20	1.41
墨西哥	9	1.34	23	1.62
其他	16	2.38	96	6.75
合计	673	100	1422	100

实际上我国钼储量相当丰富，全国有25个省、市、自治区已发现含钼矿山170多个，已查明保有储量855万t，钼金属量达500万t，可回收的钼约300万t[38]。虽然我国钼矿山分布广，储量却相当集中，仅栾川(206万t)、大黑山(109万t)、金堆城(97万t)和杨家杖子四个钼矿的储量已占了全国钼总储量的4/5。而前三个钼矿与美国的克莱麦克斯钼矿、亨德逊钼矿、石英山钼矿和前南斯拉夫的麦卡钼矿并列为世界七大钼矿[38]。

2.2.1.2 钼矿床主要工业类型

钼矿床按成因特征主要有三种工业类型[9]：

(1) 热液脉型钼矿床。其矿物成分较简单，含钼较高。除辉钼矿外常伴生有黑钨矿、辉铋矿、锡石和少量硫化物；脉石矿物有石英、萤石、白云母、绿柱石、黄玉等。广东白石嶂钼矿、辽宁兴城老虎沟钼矿等属此类。

(2) 斑岩型钼矿床。这是钼矿床和铜矿床中最主要的一种类型。矿石中铜钼共生；当钼含量较高时即为钼矿床，铜为副产品；铜含量较高时则钼成副产品。主要金属矿物有辉钼矿、黄铜矿、黄铁矿，且常含金、铼、镓等有价成分。该类矿石原矿品位虽然低，但矿床规模大。据报道世界钼的2/3来自此类矿床，如陕西金堆城钼矿、吉林大黑山钼矿、山西铜矿峪钼矿等，国外有美国的亨德森钼矿、克莱麦克斯钼矿等。

(3) 矽卡岩型钼矿床。此类型矿床辉钼矿常以小颗粒分散在矽卡岩内，或与黄铜矿、黄铁矿等一起分布在矽卡岩石英脉中，有时与矽卡岩中分散浸染的白钨共生，钼含量一般较高。此类矿石国外较少见，但在我国却有很大的工业价值，如栾川、杨家杖子钼矿等。

上述矿床中，斑岩型和矽卡岩型钼矿床是我国主要钼矿床，前者占总储量的77.3%，后者占16.4%。另一方面我国单一钼矿石的钼储量占全国总储量的29.7%，其余则为铜钼型、钼钨型、钼铁型等共生矿床。但总体来说，小于0.1%品位的储量约占总储量的65%，而大于0.3%品位的富矿仅占总储量的1%左右，我国钼矿床品位较低。比如金堆城钼矿床及大黑山钼矿床的平均含钼品位仅为0.1%左右，德兴铜钼矿床含钼品位为0.05%。这就使我国钼矿石的开采及选矿成本较高。但单一钼矿石由于其他有害杂质元素如 Cu、Pb、W 等含量较低，又相对易于获得品质较高的钼原料产品。

2.2.1.3 钼矿物及其可浮性

自然界已发现的钼矿物有 20 多种，但储量最大、最具工业价值的钼矿物是辉钼矿，其次是钼酸钙矿、彩钼铅矿、铁钼华和钼华等。

(1) 辉钼矿(MoS_2)。含60%Mo 和 40%S，密度为 4.7～5g/cm³，硬度 1～1.5，熔点 1185℃，银灰色光泽，不导电。辉钼矿中常含有类质同象的铼(Re)取代 Mo，其含量最高可达 0.33%，可作为稀有分散元素的来源。另外辉钼矿还常含锇、铂、钯、钌等铂族元素，亦可综合回收利用。辉钼矿是天然可浮性极强的矿物，表面被氧化则可浮性降低。辉钼矿质软，在破碎、磨矿过程容易造成过粉碎，从而降低其精矿质量。

(2) 钼酸钙矿($CaMoO_4$)。含 MoO_3 72%，含 CaO 28%，密度为 4.3～4.5g/cm³，莫氏硬度为 3.5，性脆，金刚光泽，易溶于酸碱溶液。钼酸钙矿石中常混入类质同象的钨。

(3) 彩钼铅矿($PbMoO_4$)。含 Mo 26.1%，含 Pb 56.4%，有时还含有少量 CaO、CuO、MgO、WO_3 等混合物。若钨以类质同象取代钼则形成钨钼铅矿[$Pb(MoW)O_4$]。彩钼铅矿密度为 6.5～7.0g/cm³，莫氏硬度为 2.75～3，熔点为 1065℃，呈红色、橙色、灰色、白色等，并有金刚光泽或树脂光泽。系次生钼矿物，分布较广，但不具工业开采价值。

(4) 铁钼华[$Fe_2(MoO_4)_3 \cdot 8H_2O$]。含 Mo 39.8%，密度为 2.99～4.5g/cm³，莫氏硬度为 1.5，性脆易成粉末，亮黄色，丝绢光泽，易溶于酸、碱及氨水。铁钼华是辉钼矿在矿床富含铁矿物的氧化带中被氧化的产物，是最主要、最常见的次生钼矿物(美国克莱麦克斯钼矿和我国栾川钼矿可见到)。

(5) 钼华(MoO_3)。含 Mo 66.7%、含 O 33.3%，密度为 4.5～4.74g/cm³，莫氏硬度为 1～2，熔点为 795℃，沸点 1155℃，稻草黄色、条痕白色，微溶于水，易溶于氨水或碱液。钼华是辉钼矿热液蚀变产物，为钼矿床最常见的钼矿物。

2.2.2 钼矿石的选矿方法

如上所述，在钼矿石中最具工业意义的是硫化钼矿石(即辉钼矿)。辉钼矿的天然可浮性极好，其选矿方法主要采用浮选。

根据选矿工艺特点，硫化钼矿石又可分为两大类：(1)单一硫化钼矿石；(2)硫化铜钼矿石。下面叙述两类矿石的选别方法。

2.2.2.1 单一硫化钼矿石浮选

单一硫化钼矿石的特点是钼原矿品位低(一般含 Mo 0.1%～0.2%)，可浮性好，硬度小，容易过粉碎。处理此类矿石宜采用优先浮选法。粗选产出钼粗精矿，从粗选扫选尾矿中回收伴生矿物(或废弃)。钼粗精矿分段再磨(一般磨 2～3 次),经多次精选(通常 6～8 次)获得最终钼精矿。

钼矿石浮选捕收剂常用非极性烃类油(包括煤油、柴油、变压器油等)、黄药;美国和加拿大用表面活性剂辛太克斯作油类乳化剂。近年来我国采用硫单甘酯(pf-100)浮钼取得较好效果[39]。硫单甘酯是一种兼起泡性能和捕收性能的辉钼矿浮选活化剂,能改善油类捕收剂的性能,强化粗粒辉钼矿的浮选。

用石灰或碳酸钠调整矿浆 pH 值,水玻璃分散矿泥和抑制脉石,六偏磷酸钠和羧甲基纤维素抑制炭质。脉石中 SiO_2 含量太高会影响钼精矿质量,可加活性炭吸附钼表面的油药,再加羧甲基纤维素抑制硅酸盐脉石,SiO_2 可降至标准要求以下。

伴生硫化矿物的抑制,常用硫化钠;氰化物抑制含铜、铁的硫化物;重铬酸盐和诺克斯药剂抑制硫化铅矿。由于氰化物、硫化钠及诺克斯药剂均有剧毒,从 20 世纪 70 年代开始研究低毒、低分子有机抑制剂[40],主要有巯基乙酸($HSCH_2COOH$)、巯基乙酸钠($HSCH_2COONa$);国外还报道有硫代丙三醇等,用它们可取代硫化钠、氰化物作非钼硫化矿的抑制剂,在消除 S^{2-}、CN^- 的污染方面有积极作用。

2.2.2.2 硫化铜钼矿石浮选

硫化铜钼矿石主要产于斑岩铜矿与矽卡岩铜矿床中。居世界铜储量首位的斑岩铜矿床几乎总或多或少伴生有辉钼矿。显然在回收硫化铜矿物的同时,应考虑钼的回收。据统计世界钼总产量的 40%来自铜选矿的副产回收。可见从铜矿石中综合回收辉钼矿有着相当重要的价值。

在硫化铜钼矿石中钼的含量很低(通常仅含 Mo 0.01%～0.03%)。尽管如此,由于铜钼矿山储量大,生产规模大,矿山数量多,分布广以及钼生产成本较低等,国内外均十分重视从硫化铜钼矿石中回收钼[38]。如智利和秘鲁的钼资源几乎全赋存在铜钼矿床中,前苏联也主要依赖副产回收钼。我国江西德兴铜矿是世界上罕见的大型硫化铜钼矿床;另外河北小寺沟铜矿、湖南桂阳宝山铜矿、江苏铜山铜矿等,除回收主产铜精矿外,也都综合回收了副产钼。

硫化铜钼矿石浮选通常有三种方案:(1)铜钼混合浮选得混合精矿,然后混合精矿分离得铜精矿和钼精矿;(2)先浮钼后浮铜的优先浮选;(3)先浮铜后浮钼的优先浮选。生产实践中最常采用的是方案(1);第(2)、(3)方案还未见有报道。

A 硫化铜钼矿石混合浮选

铜钼硫化矿石浮选包括下述过程:(1)破碎磨矿,使有用矿物和脉石解离。在斑岩铜矿中铜是主要回收对象,钼是副产品。因此矿石的磨矿细度应根据铜回收率来确定,一般 50%～70%小于 0.074mm。(2)混合浮选,将硫化矿物从脉石中分离出来,获得铜钼混合精矿。(3)从铜钼混合精矿中优先浮选辉钼矿,获得辉钼矿粗精矿。(4)粗精矿经多次精选(或水冶)得到合格产品。

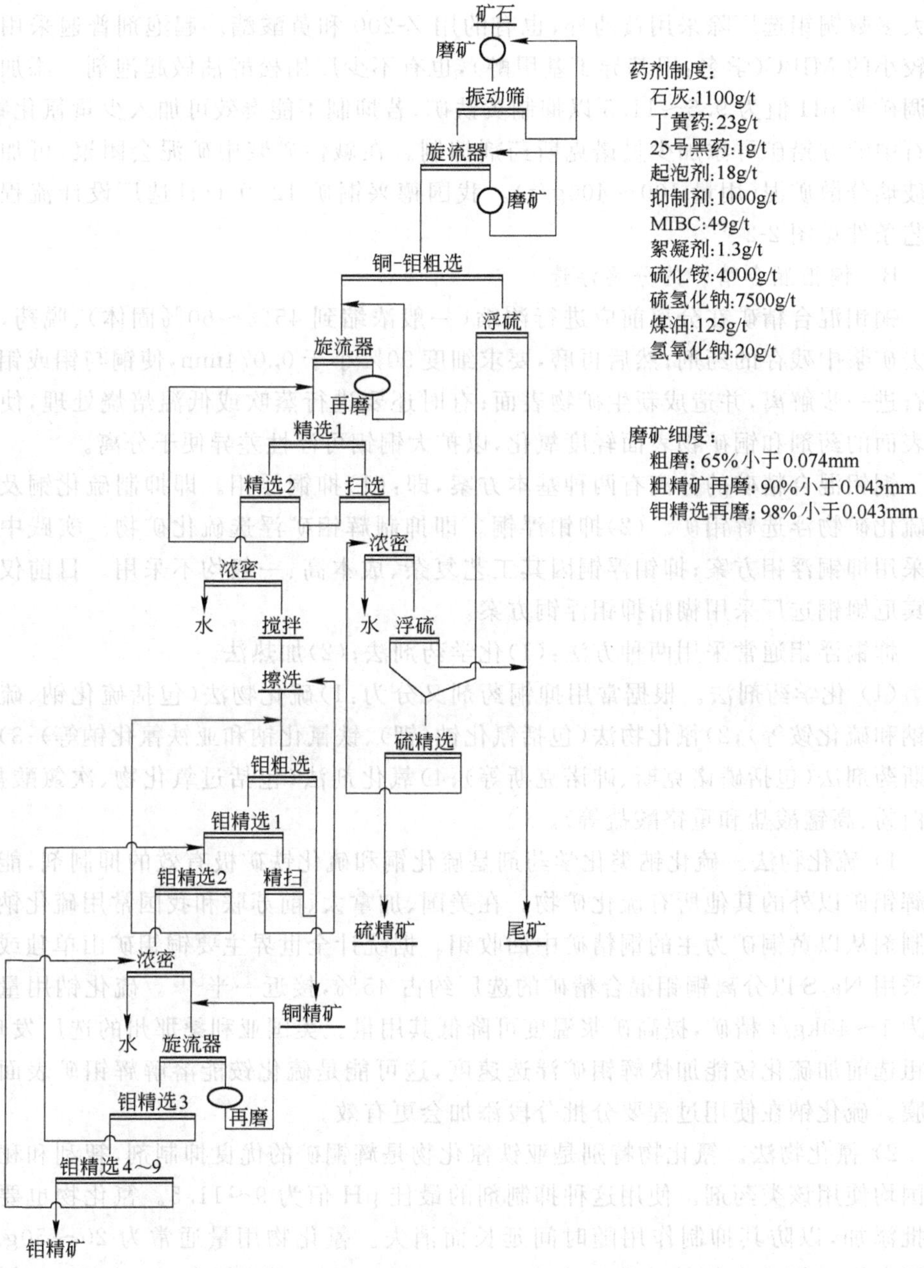

图 2-2 德兴铜矿 12 万 t/日选厂设计流程图

铜钼混合浮选的捕收剂应考虑以捕收铜为主,适当添加捕收钼的药剂。最常见的是黄药(其中50%的选厂用丁黄药),还有异丙黄药和戊黄药应用也较广。国外大多数铜钼选厂除采用黄药外,也有的用Z-200和黄酸酯。起泡剂普遍采用黏性较小的MIBC(学名:甲基异丁基甲醇),也有不少厂用松醇油做起泡剂。添加石灰调矿浆pH值为9.5～11.5以抑制黄铁矿,若抑制不能奏效可加入少量氰化物。矿石中的方铅矿可添加少量诺克斯药剂抑制。在碱性矿浆中矿泥会团聚,可加入水玻璃分散矿泥(用量100～400g/t)。我国德兴铜矿12万t/日选厂设计流程及工艺条件见图2-2[38]。

B　铜钼混合精矿的分离浮选

铜钼混合精矿在分离前应进行浓缩(一般浓缩到45%～60%固体)、脱药,以除去矿浆中残存的药剂;然后再磨,要求细度90%小于0.074mm,使铜与钼或钼与脉石进一步解离,并造成新生矿物表面;有时还要进行蒸吹或低温焙烧处理,使矿物表面的药剂和铜矿物表面轻度氧化,以扩大铜钼可浮性差异便于分离。

铜钼混合精矿的分离有两种基本方案,即:(1)抑铜浮钼。即抑制硫化铜及其他硫化矿物浮选辉钼矿。(2)抑钼浮铜。即抑制辉钼矿浮选硫化矿物。实践中普遍采用抑铜浮钼方案;抑钼浮铜因其工艺复杂、成本高、一般均不采用。目前仅美国宾厄姆铜选厂采用糊精抑钼浮铜方案。

抑铜浮钼通常采用两种方法:(1)化学药剂法;(2)加热法。

(1) 化学药剂法。根据常用抑铜药剂又分为:1)硫化物法(包括硫化钠、硫氢化钠和硫化铵等);2)氰化物法(包括氰化钠(钾)、铁氰化钠和亚铁氰化钠等);3)诺克斯药剂法(包括磷诺克斯、砷诺克斯等);4)氧化剂法(包括过氧化物、次氯酸盐、漂白粉、高锰酸盐和重铬酸盐等)。

1) 硫化物法。硫化钠类化学药剂是硫化铜和硫化铁矿极有效的抑制剂,能抑制辉钼矿以外的其他所有硫化矿物。在美国、加拿大、前苏联和我国常用硫化钠类抑制剂从以黄铜矿为主的铜精矿中回收钼。据统计全世界主要铜钼矿山单独或混合采用Na_2S以分离铜钼混合精矿的选厂约占45%,接近一半[41]。硫化钠用量通常为1～40kg/t精矿,提高矿浆温度可降低其用量。美国亚利桑那州的选厂发现,钼粗选前加硫化铵能加快辉钼矿浮选速度,这可能是硫化铵能溶解辉钼矿表面氧化膜。硫化钠在使用过程要分批分段添加会更有效。

2) 氰化物法。氰化物特别是亚铁氰化物是辉铜矿的优良抑制剂,智利和秘鲁等国均使用该类药剂。使用这种抑制剂的最佳pH值为9～11.5。氰化物也要求分批添加,以防其抑制作用随时间延长而消失。氰化物用量通常为20～50g/t。我国金堆城钼矿在钼精选段加入50～60g/t(NaCN),可获得含Cu小于0.5%的合格精矿。氰化钠还可与诺克斯药剂或Na_2S混用,强化对铜矿物的抑制(如杨家杖子和栾川钼矿的精选段)。

3）诺克斯药剂法。该类药剂能极有效地抑制铜、铁硫化矿物，而辉钼矿不受抑制。目前使用的诺克斯药剂有磷诺克斯（牌号 LR-744）和砷诺克斯（牌号 Anamol D）两种。磷诺克斯是五硫化二磷（P_2S_5）与烧碱（NaOH）反应的产物；砷诺克斯是砒霜（As_2O_3）与 Na_2S 的反应产物[42]。两种诺克斯药剂比较，前者更适宜抑制含铁的铜矿物（如黄铜矿等）；后者对次生铜矿物（如辉铜矿等）抑制更有效。这类药剂应在较高矿浆浓度下加药搅拌，用中性油做捕收剂，醇类做起泡剂，在 pH 值为 8.5～11.5 条件下浮选。诺克斯药剂用量一般为 1.5～4.5kg/t 精矿。它可以单独使用（如智利的丘基卡马塔、萨尔瓦多选厂；秘鲁的托克帕拉选厂等），若与氰化物合用效果更好。

4）氧化剂法。实质是采用次氯酸盐、过氧化物等氧化剂使硫化铜、黄铁矿表面已吸附的捕收剂受破坏从而实现铜钼分离的方法。实践中氧化剂常与氰化物组合使用，如美国的圣曼努埃尔、莫雷克，加拿大的加斯佩及秘鲁的托克帕拉等选厂[43]。

（2）加热法。对铜钼混合精矿通蒸汽加热（蒸吹）或焙烧降低铜、铁硫化物可浮性，浮选辉钼矿。加温或焙烧可分解硫化矿物表面的捕收剂、蒸发起泡剂，还可使铜矿物表面氧化到自然抑制状态，强化抑制效果。一般蒸吹到 100℃ 足以破坏矿物表面残存的药剂。如果蒸吹不足以奏效，可采用焙烧（温度约 300℃）表面，但需严格控制，既要使硫化铜、硫化铁表面氧化，又要避免辉钼矿表面过分氧化。

综上可见，铜钼混合精矿分离，如果是以黄铜矿为主的铜精矿，可采用硫化钠法或磷诺克斯法；如果铜精矿以辉铜矿为主，则可用氰化物或砷诺克斯法（或用加温、煮沸预处理）；当铜精矿是黄铜矿与辉铜矿的混合物料时，则需采用蒸吹、煮沸预处理，然后用诺克斯药剂法分选。

近年来在铜钼分离工艺方面有新发展[44]。用氮气代替空气做充气介质；在铜钼分离及钼精选作业应用浮选柱以及铜钼分离新药剂方面均有报道。秘鲁夸霍内选厂，用氮气作铜钼分离充气介质，使抑制剂砷诺克斯的用量减少 50%～70%；直布罗陀选厂节约 NaHS 76%；阿奈麦克斯节省诺克斯 75%等，大大降低了选厂生产成本。浮选柱一般用作粗选设备。加拿大对浮选柱进行改造（改用小直径大高度）用于较细粒级铜钼混合精矿的分离和钼精选作业。如加斯佩选厂采用 ϕ950mm 和 ϕ460mm 浮选柱代替浮选机的 8 次精选，钼的回收率明显提高。另外海芒特选厂、布伦达选厂和阿奈麦克斯选厂也都用浮选柱代替浮选机作精选设备。前苏联国立有色金属研究院推荐用 ϕ250～500mm 浮选柱处理铜钼矿石。实践表明，使用浮选柱能减少设备台数和厂房面积、降低能耗、提高钼回收率。

2.2.2.3 高质量钼精矿的制备

钼精矿质量主要是指钼的品位及杂质含量，对此国际上没有统一标准。通常是根据用户要求以及生产厂家的矿石性质与生产技术条件来制定。我国钼精矿质量标准及美国国家钼精矿储存规范见表 2-5 和表 2-6[45]，为生产高质量钼精矿，常见的生产工艺有以下几种。

表 2-5 我国钼精矿质量标准

品级	种类	钼含量（不小于）/%	杂质含量（不大于）/%						
			SiO_2	As	Sn	P	Cu	Pb	CaO
特级品	一 类	51	7.0	0.05	0.04	0.03	0.2	0.3	2.8
	二 类	51	8.5	0.03	0.02	0.02	0.2	0.15	1.4
	三 类	51	5.0	0.10	0.10	0.06	0.5	0.60	1.5
一级品	一 类	47	9.0	0.07	0.07	0.05	0.3	0.40	3.0
	二 类	47	11.0	0.05	0.05	0.03	0.3	0.20	2.0
	三 类	47	6.0	0.20	0.15	0.10	1.0	1.50	1.5
二级品	一 类	45	12.0	0.07	0.07	0.07	0.3	0.50	3.3
	二 类	45	3.0	0.06	0.06	0.04	0.3	0.30	2.0
	三 类	45	16.0	0.25	0.15	0.15	1.5	1.50	2.0

表 2-6 美国国家钼精矿储存规范

项 目	指 标/%	项 目	指 标/%
二硫化钼	最小 90.0	磷	最大 0.04
铜	最大 0.45	锡和砷	最大 0.15
铅	最大 0.15	自由水	最大 4.0

(1) 增加再磨及擦洗，强化精选。美国克莱麦克斯钼选矿厂在四段再磨四次精选后，再增加一次擦洗和一次精选，钼精矿含 Mo 由 53%提高到 54%以上。加拿大恩达科钼矿选厂，经强化精选获得了含 Mo 56.88%的优质钼精矿和含 Mo 51%的普通钼精矿。我国栾川钼业公司四道沟钼选厂，采用 TL 药剂强化精选，从含 Mo 47%的钼精矿中生产出含 Mo 57%～58%的优质钼精矿，钼回收率达 95%，还产出少量钼中矿。某钼矿从含 Mo 4%～5%的粗精矿精选高品位优质钼精矿，采用二段再磨再选，其与一段再磨再选工艺的结果对比列于表 2-7[51]。

表 2-7 二段再磨再选与一段再磨再选工艺对比

钼精矿化学分析/%	一段再磨再选	二段再磨再选
Mo	51.61	54.27
SiO_2	6.18	4.20
Pb	0.071	0.06
Cu	0.151	0.12
CaO	0.57	0.27
Na_2O	<0.4	<0.4
Bi	0.04	0.04
精选钼回收率	97.36	97.44

(2) 盐酸浸出。当浮选精矿中含 Pb 与 CaO 较高时采用此法。美国亨德森钼选厂浮选钼精矿含 90% MoS_2、0.8% FeS_2、0.2% Pb、0.05% Cu、0.5% CaO、6%酸不溶物(大部分为硅酸盐)。为降低 Pb 与 CaO 含量,该钼精矿采用 5% HCl 溶液加温至 80℃浸出 16h,洗涤过滤,$PbCl_3$ 进入滤液,冷却结晶出 $PbCl_2$,使钼精矿中铅含量降低到 0.03%,CaO 含量更低,获得了优质钼精矿。加拿大恩达科钼选厂精矿夹杂有方解石,采用在常温常压下 HCl 浸出,CaO 含量由 0.4%降至 0.03%。我国杨家杖子钼选厂,当钼精矿 CaO 过高时,在钼精矿过滤前的溜槽中滴加工业盐酸,降低了产品中 CaO 含量。应当指出对萤石和硅酸盐中的钙(如栾川钼矿钙铁石榴子石中的钙)用盐酸浸出是无效的。

(3) 氯盐浸出。氯盐浸出是利用高氧化性能的 $FeCl_3$ 和 $CuCl_2$ 氧化黄铜矿和方铅矿,以除去钼精矿中的 Cu、Pb 杂质。这种方法已在加拿大的布伦达铜钼矿实施[46]。布伦达铜钼矿原矿含铜 0.183%、含钼 0.049%,矿石中的铜矿物主要为黄铜矿。浮选钼精矿含钼 54.97%、铜 0.32%,铅 0.38%,显然铜、铅含量都较高。1974 年以来采用氯盐浸出工艺,精矿品位提高到含钼 55.89%、铜 0.054%和铅 0.033%,当时是世界上罕见的钼精矿。采用的浸出剂配方如下:30% $CuCl_2$ + 10% $FeCl_3$ + 30% HCl + 1% $CaCl_2$。浸出在常压下进行,温度为 100~110℃。另外智利安迪那、加拿大海蒙特、美国西雅地塔等钼选厂也采用类似工艺,使钼精矿含铜降至 0.1%以下。

(4) 氟化浸出。浮选钼精矿中往往含有少量石英或硅酸盐杂质,在制取 MoS_2 润滑剂时对其含量要求甚严。为除去该类杂质需用 HF 或 $(NH_4)HF_2$ 并加 H_2SO_4 或 HCl 浸出处理;浸出是在 pH 0~2,温度 50~90℃条件下进行。如上海某化工厂生产 1t 含 MoS_2 97%的产品,需消耗 50%盐酸 350kg,30%盐酸 2t,所得产品含 SiO_2 小于 0.5%。又如栾川钼业公司采用氟化浸出,浸出液中 HF 浓度 3%~5%,HCl 浓度 1%,反应固液比 1∶1,在温度 75~90℃下浸出 3~4h,最终产品含 SiO_2 小于 0.0275%[47]。

(5) 化学选矿-浮选联合法。最经典的代表是等外钼精矿制取高品位钼精矿的 ABLF 法(Acid Bake-Lenach-Flotation)[48],该法最早为美国 Kennecott 铜业公司的 Spedden 等人进行了详尽研究。该工艺处理的钼精矿是具有高铜等杂质的难处理辉钼矿,含有铜、铁、铅、磷、硫、锑、铋、脉石等杂质。图 2-3 为 Kennecott 铜业公司硫酸焙烧—浸出—浮选法工艺流程示意图,该工艺包括三个部分,即硫酸焙烧、浸出和浮选。

焙烧过程中,杂质金属硫化物被氧化为硫酸盐,见反应式 2-1~式 2-3,而硫化钼则不被氧化。反应程度取决于焙烧温度、搅拌强度、时间、硫酸用量及浓度等。

$$2CuFeS_2 + 10H_2SO_4 \longrightarrow 2CuSO_4 + Fe_2(SO_4)_3 + 4SO + 5SO_2 + 10H_2O \quad (2\text{-}1)$$

$$2FeS_2 + 6H_2SO_4 \longrightarrow Fe_2(SO_4)_3 + 4S + 3SO_2 + 6H_2O \quad (2\text{-}2)$$

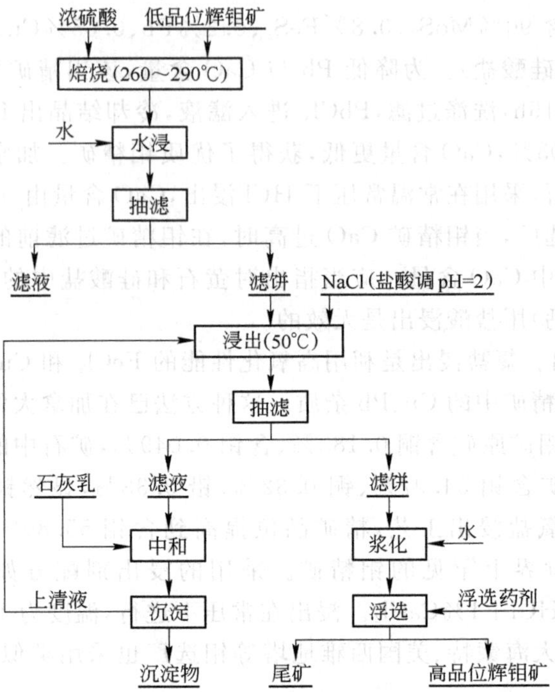

图 2-3　ABLF 法处理低品位钼精矿工艺流程示意图

$$PbS_2 + 2H_2SO_4 \longrightarrow PbSO_4 + S + SO_2 + 2H_2O \qquad (2\text{-}3)$$

工业生产技术条件为：温度为 260～290℃，硫酸浓度为 96%，酸矿比为 1/4，反应时间为 1h。在过程中应控制温度、酸量和焙烧时间适当，以避免辉钼矿的氧化，造成钼的损失。

焙烧产物进行水浸，终点 pH 值控制在 1.2。杂质元素铁、铜、锌、铋等的硫酸盐随溶液被除去。沉淀物洗涤后再用 pH 值为 2 的氯化钠溶液浸出，脱除其中的硫酸铅。滤饼经洗涤过滤后放入浮选槽中进行浮选，滤液经石灰乳沉淀除铅后返回使用。该过程的主要控制条件有：酸性氯化钠溶液的 pH 值不得高于 3.0；浸出剂盐浓度为 250g/L 左右；用量应过量，保证浸出液中铅浓度小于 10g/L；石灰乳沉淀时保证终点 pH 值高于 7，使溶液中的铅、铁完全以氢氧化物形态沉淀脱除。

经洗涤后的滤饼再加 15%(滤饼质量)的水进行浆化，料浆加入到搅拌槽中，首先加入石灰乳调节 pH 值至 11.5～12.0，再进行浮选。浮选在 8 个浮选槽中进行，通过添加 2 号燃料油、硅酸钠和 MIBC(甲基异丁基甲醇)浮选药剂。经浮选后辉钼矿品位得到大幅度提高，如浮选前滤饼成分为：63.2% MoS_2，2.69% Cu，7.6% Fe 和 0.63% Pb，浮选后得到的辉钼矿成分为：88.7% MoS_2，0.34% Cu，1.5% Fe 和小于 0.02% Pb。该工艺钼回收率为 89.9%。在水浸过程中，常常加入一些氧化剂，如氯化铁，以进一步降低精矿中的铜。

2.2.2.4　难选复杂钼矿物的利用

尽管辉钼矿是目前工业利用的主要钼矿物，而一些其他钼矿物，如钼铅矿、钼酸钙矿、钼铀矿、钼镍矿也是有提取利用价值的原料，但其选矿难度大，因而处理方法各异，有时也需选冶结合法。本节对目前备受关注的几种钼原料进行介绍。

A　彩钼铅矿的处理

钼铅矿目前常被作为炼铅矿物原料，钼未被回收利用。戴元宁[49]用硫化钠浸出含钼 2%～7%的钼铅矿，分别得到的人造铅精矿和不纯钼化合物送冶炼厂处理，其原则工艺流程如图 2-4 所示。

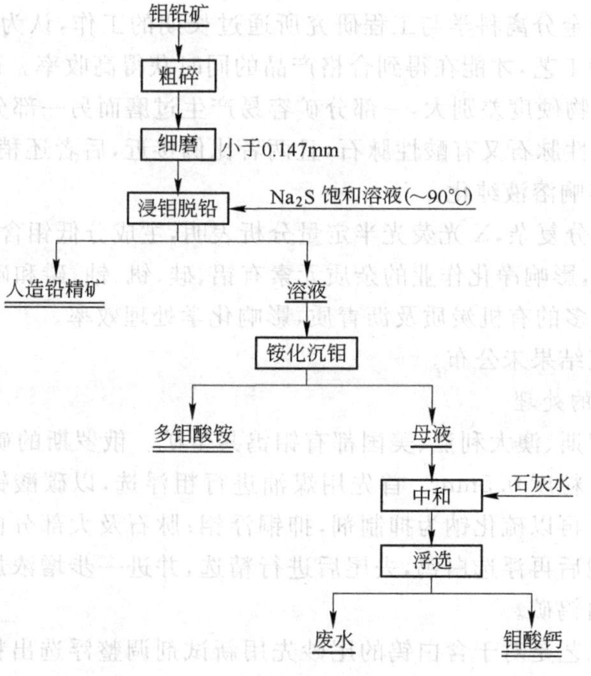

图 2-4　Na_2S 处理钼铅矿的原则工艺（对原文稍做修改）

本工艺钼的回收率约为 80%，铅的回收率可大于 90%。

B　钼镍矿的利用

在贵州遵义地区及湖南西北部发现的沉积型钼镍矿床是一种以钼镍为主并含有钒、铀及多种有回收价值的稀贵金属的共生矿。两地矿物的矿体形态，矿物组成及钼镍主元素含量基本相近。

对湘西北钼镍矿的研究表明[50]，该矿属沉积型矿床，矿体形态为层状、透镜状，赋矿围岩为下寒武纪黑色页岩。钼矿物主要为胶硫钼矿，其分子式为 MoS_2，它是一种非晶质的硫化钼矿物，稍经加温即转变成六方晶系的辉钼矿。镍矿物为二硫化镍，辉镍矿，辉砷镍矿，两者之富集形式有：

（1）紧贴在磷质结核或磷质小透镜体之上，形成一般为1～2cm（厚者达5～10cm）厚的金属富集层。

（2）在黑色炭质粉砂质页岩或白云质页岩中，呈似透镜状富集体。镍钼矿物主要富集成条带状、碎屑条纹状及碎屑状产出，局部因受动力影响形成褶皱条带。

（3）呈细分散状存在于含磷结核层或炭质白云质页岩及粉砂质页岩中。

用选矿的方法从此矿中选出钼精矿和镍精矿的努力均未获成功，为此民间分散地进行了一些直接冶炼的尝试，通过不同的化学处理分别得到钼与镍的粗化学品。因此本质上可以认为是一些化学选矿的探索。

中南大学冶金分离科学与工程研究所通过长期的工作，认为必须根据此矿物的特点设计处理工艺，才能在得到合格产品的同时获得高收率。这些特点是：

（1）各种矿物硬度差别大，一部分矿容易产生过磨而另一部分矿又难粉碎。

（2）既有碱性脉石又有酸性脉石，且两者比例接近，后者还稍高一些。脉石易发生副反应或影响溶液纯化。

（3）矿物成分复杂，X光荧光半定量分析表明，主成分低钼含量仅5%左右，镍含量2.5%左右，影响净化作业的杂质元素有铝、硅、钒、铀、磷和砷等。

（4）含有较多的有机炭质及沥青质，影响化学处理效率。

详尽的研究结果未公布。

C　钼钨矿的处理

我国及俄罗斯、澳大利亚、美国都有钼钨共生矿。俄罗斯的矿石含钼0.2%～0.3%，浮选给矿粒度0.5mm。首先用煤油进行粗浮选，以碳酸钠控制碱性条件，产出的粗硫化矿再以硫化钠为抑制剂，抑铜浮钼；脉石及大部分白钨矿进入尾砂。加入新的调整剂后再浮选白钨，去尾后进行精选，并进一步增浓加温，最后再次经过浮选才得到白钨矿。

而美国的工艺是对于含白钨的尾砂先用新试剂调整浮选出粗钨矿，经再次浮选后送摇床，摇床精矿经再磨分级即得到钨精矿。

从选钼铜尾砂中选别白钨精矿的上述工艺均未透露其详细的工艺条件[48]。

我国栾川钼矿是一个典型的难选钼钨矿床，钼金属储量206万t，伴生白钨62万t。由于辉钼矿与白钨矿共生关系密切，少数以类质同象存在，用机械破碎、磨矿方法很难使钨钼分离，给选矿工艺带来很大困难。

目前采用的选矿工艺是矿石经两段闭路破碎至小于20mm，再经一段闭路磨矿后分级机溢流进入浮选，与传统的浮钼尾矿再脱硫工艺不同，首先选出钼硫粗精矿再送钼硫分选得到钼精矿和硫精矿。浮钼尾矿加药进入白钨矿常温粗选，粗精矿脱药后进行加温精选，浮选精矿再经酸浸得最终精矿[53]。

原矿含 Mo 0.224%，含 WO_3 0.148%，含 S 1.87%，得到的 Mo、W、S 精矿回收率分别为 86.84%、71.82% 和 61.96%。钼精矿和白钨精矿的化学分析结果列入表 2-8。

表 2-8 钼、钨精矿化学分析(%)

含量	WO_3	Mo	S	P	As	Sn	Cu	Pb	SiO_2	CaO
白钨精矿	55.66	2.544	1.49	0.081	0.017	0.001	0.16	—	8.45	—
钼精矿	0.34	46.75	—	0.024	0.025	0.016	0.23	0.19	10.06	1.57

2.3 钨、钼的二次资源

2.3.1 概论

2.1 及 2.2 两节介绍的均为原生金属矿物资源，除此之外还有一种能循环利用的资源，我们称之为二次资源。世界总的金属资源为这两种资源之总和，尽管这两类资源的相对数量是变化的，但从全球范围而言，这两类可用于提取金属的资源的总和大体上保持恒定。随着原生资源量的减少，二次资源的量必然增加，甚至会成为主要的提取金属的资源，总的趋势如图 2-5 所示，会形成一个大体稳定的生产状态[52]。

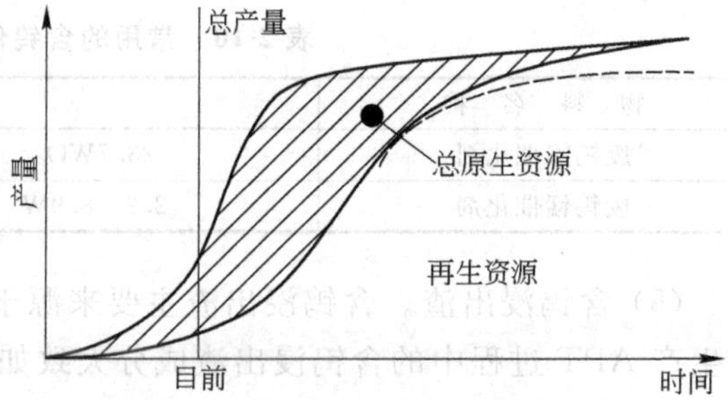

图 2-5 原生资源对总产量贡献降低的影响(1986 年)

受二次资源类型及分离提取技术影响，目前各类金属的二次资源利用率相差悬殊。据 Lassner 在 1988 年及 Kieffer 在 1983 年的报道，西方大约有三分之一的钨产量是从二次资源中获得的。本节列出了目前可利用的钨、钼二次资源情况，当然除所列之外，目前各矿山尾砂坝堆积的大量尾砂也是一种宝贵的二次资源。顺便指出，某些书刊将一些难处理原生矿也一概称之为二次资源是不恰当的。

2.3.2 钨的二次资源

钨的二次资源主要包括以下几类：

(1) 废钨制品及其加工废料。此类废料主要来自钨及其他含钨材料制品的生产加工过程，如钨棒、钨丝及钨块等生产的残料和机械切削碎片、磨屑废料及金属鳞皮。其含 W 成分一般较高，通常为 92%～99.5%。

(2) 钨中间制品生产过程废料。它主要来自钨中间制品生产现场的地面垃圾，及不合格粉末制品，由于还含有其他杂质成分，该类废料含钨量在80%以上。

(3) 合金废料。此类废料包括两大类，即废旧硬质合金和废旧合金钢。某些废旧合金废料的大致成分见表2-9。

表 2-9　废旧合金废料的成分

物料名称	大致成分/%
废旧硬质合金	钨钴类：80～90WC；3～20Co 钨钴钛类：66～85WC；5～30TiC；4～10Co 钨钴钛钽类：82～84WC；4TaC；6TiC；6～8Co
废旧合金钢	高速工具钢类：12～18W；4Cr；5～8Co；1～5V 热作模具钢类：9～8W；2～12Cr 钼热作模具钢类：1.5～6W；5～8Mo；4Cr；1～2V 铬热作模具钢类：1.5～7W；5～7Cr

(4) 含钨废催化剂。含钨废催化剂主要来自于石油化工行业，常用的含钨催化剂成分见表2-10。

表 2-10　常用的含钨催化剂成分

物料名称	大致成分/%	
废钨镍催化剂	23.7WO_3	2.0Ni
废钨锰催化剂	2.2～8.9W	0.5～3Mn

(5) 含钨浸出渣。含钨浸出渣主要来源于钨冶炼生产的副产品。我国不同地区生产APT过程中的含钨浸出渣成分大致如表2-11所示。

表 2-11　含钨废渣的成分

成分	Fe	Mn	CaO	Ta_2O_5	Nb_2O_5	MgO	WO_3	Sc_2O_3
含量/%	26.74	16.58	2.4	0.15	0.46	4.6	3.0	0.03

钨的二次资源除上述外，还有钨加工提取过程中的废液及净化渣等。

2.3.3　钼的二次资源

钼的二次资源主要包括以下几类：

(1) 钼制品及其加工废料。此类废料主要来自钼及其他含钼材料制品的生产加工过程，如钼棒、钼丝及钼块等的残料和机械切削碎片、磨屑废料及金属鳞皮。其含Mo成分一般较高，通常为92%～99.5%。

(2) 冶炼过程废料、废液。冶炼过程废料主要来自钼冶炼现场的地面垃圾、不合格粉末制品，以及生产过程中产生的含钼废渣、废液等。

(3) 合金废料。该类废料主要为废旧合金钢。某些废旧合金废料的大致成分见表2-8中的废旧合金钢。

（4）含钼废催化剂。含钼废催化剂主要来自于石油化工行业，常用的含钼催化剂成分见表2-12。

表 2-12 常用的含钼催化剂主要成分

物料名称	大致成分/%
废加氢精制及加氢脱硫催化剂	6～12Mo；1～20V；1～4Co；0.5～4Ni
废加氢催化剂	5～15Mo；20～38Al；1～5Co；1～5Ni
废加氢脱硫催化剂	1～10Mo；1～15V；2～12S；1～12Ni
废重油脱硫催化剂	3～12Mo；0.5～12V；0～3Co；0～3Ni

含Mo的废催化剂种类较多，在此不多叙述。

钼的二次资源除上述外，还有钼应用加工过程中的废渣及废液等。

参考文献

1 中国钨业协会秘书处.我国钨产业现状与发展前景.中国钨业，2004；19(5)：23
2 Mark Seddon.全球钨资源和未来供应.中国钨业，2001；16(5～6)：135
3 《中国有色金属矿山地质》编委会.中国有色金属矿山地质.北京：地质出版社，1991：41
4 《选矿设计手册》编委会.选矿厂设计手册.北京：冶金工业出版社，1988：31
5 林海清.近20年来我国钨选矿技术的进展.中国钨业，2001；16(5～6)：69
6 黄炎昆.钨重选流程改进展望.江西有色金属，1987；(2)：23
7 湘东钨矿.黑钨矿选矿生产实践.有色金属(季刊)，1980；32(3)：57
8 吴威孙等.《选矿手册》(第八卷)(二分册)：钨矿选矿.北京：冶金工业出版社，1990：154
9 胡熙庚等.有色金属硫化矿选矿.北京：冶金工业出版社，1987：350
10 严立德.国内外钨选矿动向.江西有色金属，1987；(1)：54
11 王东明.激光光电选矿机研制成功.有色金属(选矿部分)，1983；(1)：58
12 徐显坤等.中国钨矿山生产技术.江西有色金属，1997；11(1)：16
13 叶良忠.荡坪钨矿选矿工艺技术进展.中国钨业，2000；(2)：24
14 胡熙庚等.浮选理论与工艺.长沙：中南工业大学出版社，1991：439
15 黄炎昆.江西钨细泥选矿现状及改进方向.江西有色金属，1988；(1)：16
16 邵振尧.浒坑钨矿强磁选——浮选联合流程选别钨细泥.有色金属(选矿部分)，1982；(1)：11
17 江西有色冶金研究所等.铁山垅钨矿离心机——浮选处理钨细泥.江西冶金，1982；(4)：31
18 李柏淡等.黑钨矿细泥浮选研究.有色金属(季刊)，1980；32(1)：48
19 朱建光等.甲苄胂酸的合成及捕收性能.中南矿冶学院学报，1986；(1)：29
20 王晖，钟宏.钨浮选研究现状与展望.江西有色金属，1996；10(2)：16
21 Usoni L et al. Selective properties of flocculants and posibilities of their use in flotation of fine mineral, Ⅷ th. Inter. miner. process. congr. 1968：13
22 卢毅屏，钟宏等.细粒黑钨矿絮团浮选行为的研究.第二届中国青年选矿学术会议论文集，1991：11
23 王淀佐，胡为柏等.黑钨矿泥浮选实践和工艺改进.第十八届国际选矿会议论文集，1982
24 邱冠周等.微细粒黑钨矿的载体浮选.中南矿冶学院学报，1982；(3)：24
25 韦大为，邱继存等.细粒黑钨矿锡石油团聚的影响因素.有色金属，1988；(1)：25

26　Miner. Met. Process. 1990;(7):2
27　邵亚瑞,石大新.微细粒黑钨矿剪切絮凝浮选研究.有色金属(季刊),1985;38(2):40
28　林海清.湿式强磁场磁选工艺在我国黑钨选矿中的应用.有色金属(选矿部分),1987;(3):1
29　周开菊.我国黑钨矿选矿技术.有色金属(季刊),1980;32(1):56
30　赵玉凤.钨矿精选尾矿回收铋的研究.有色金属,1990;(4):20
31　徐家骥等.40年来钨选矿主要进展.中国钨业,1989;(10):1
32　冶金部长沙有色冶金设计研究院.国外钨选矿厂,1981;(4):39
33　胡为柏等.浮选.北京:冶金工业出版社,1983:320
34　叶良忠.荡坪钨矿钨选厂工艺技术进展.中国钨业,2000;(4):24
35　富尔斯坦纳 M C.浮选(纪念 A. M. 高登文集).北京:冶金工业出版社,1981;5:447
36　杨斌清.湖南某钨矿选矿试验研究.江西有色金属,1996;(3):21
37　吴威孙等.《选矿手册》(第八卷)(二分册):钨矿选矿.北京:冶金工业出版社,1990:163
38　刘世介等.钼矿石选矿技术.中国选矿科技情报网等,1989:9
39　朱建光等.浮选药剂的化学原理.长沙:中南工业大学出版社,1987:52
40　张文钲.巯基乙酸钠抑制黄铜矿的研究.第一届全国选矿学术讨论会论文集,1986:292
41　刘世介等.钼矿石选矿技术.中国选矿科技情报网等,1989:112
42　美国专利 U. S. 2,492,936
43　刘世介等.钼矿石选矿技术.中国选矿科技情报网等,1989:118
44　徐赞生.钼选矿年评.第五届选矿年评报告会文集,1989:84
45　刘广沁等.《选矿手册》(第八卷)(二分册):钼矿选矿.北京:冶金工业出版社,1990:307
46　胡熙庚等.有色金属硫化矿选矿.北京:冶金工业出版社,1987:143
47　刘世介等.钼矿石选矿技术.中国选矿科技情报网等,1989:126
48　Gupta C K. Extractive metallurgy of molybdenum. CRE Press. Inc. 1992:152,112
49　戴元宁.CN 1074486A,1993-07-7、21
50　姜胜章,罗仕微等.湖南金属矿物.长沙:中南工业大学出版社,1992:336
51　张文钲.钼精矿降铅方法.中国钼业,2003;(4):3
52　JACKSON E. Hydrometallurgical Extraction and Reclamation. New York Halsted Press,1996:22
53　张燕红,王选毅.栾川钼矿白钨回收工业试验研究.中国钨业,2002;17(5):34
54　中国有色金属工业协会.中国钼发展战略研究(2003)

3 纯钨化合物制备

3.1 钨矿物原料的分解[1]

3.1.1 工艺概述及矿物原料的预处理

3.1.1.1 工艺流程概述

从钨矿物原料制取致密金属钨一般要经过四个阶段：钨矿物原料分解、纯化合物制取、金属钨粉的制取和钨条（锭）的生产，本章介绍前两个过程。钨冶金的原则流程如图 3-1 所示。

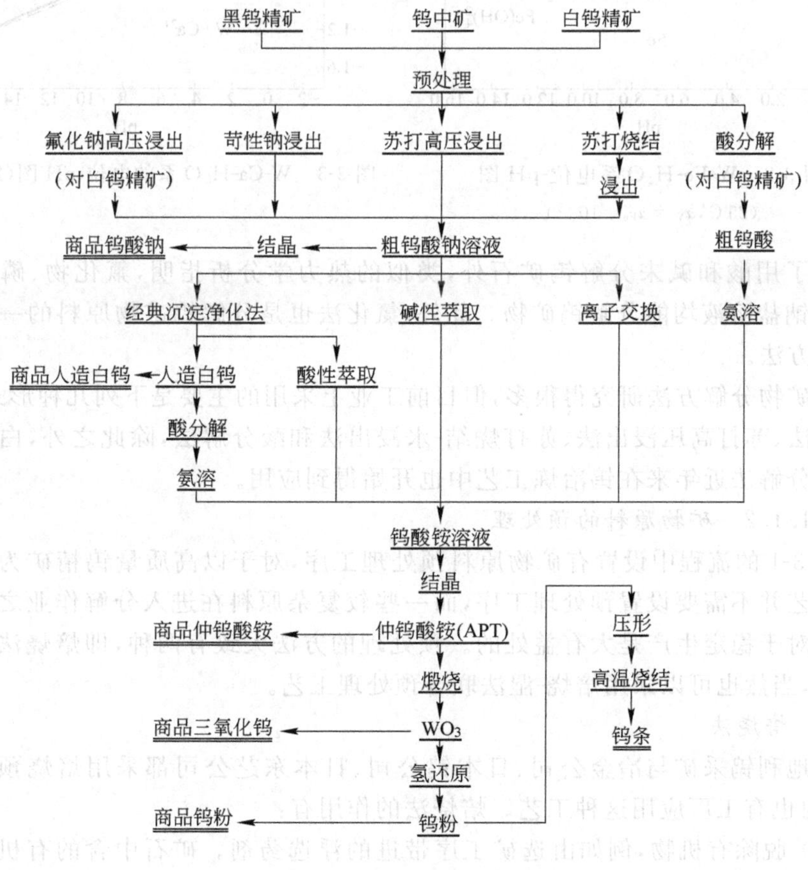

图 3-1 钨冶金工艺原则流程图

K. Osseo-Asare 和杨显万分别绘制了 W-Fe-H_2O 系和 W-Ca-H_2O 系的电位-pH 图(图 3-2、图 3-3)。从这些图中可以看出 $FeWO_4$ 和 $CaWO_4$ 无论在 pH 值较低的酸性条件下还是在碱性条件下均是不稳定的,从热力学方面推断,无机酸和碱均可分解钨矿物。

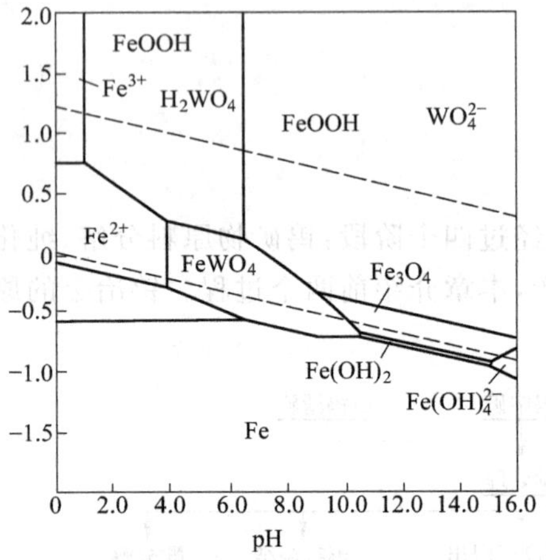

图 3-2　W-Fe-H_2O 系电位-pH 图
(25℃,$a_W=a_{Fe}=10^{-3}$)

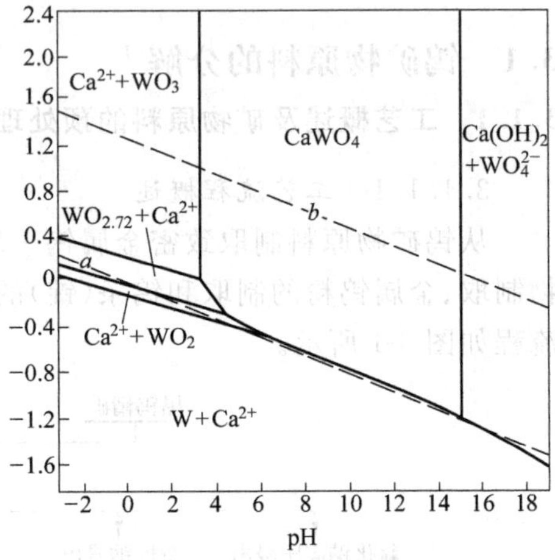

图 3-3　W-Ca-H_2O 系的电位-pH 图(200℃)

除了用酸和碱来分解钨矿石外,类似的热力学分析指明,氟化物、磷酸盐和 EDTA 钠盐溶液均能分解钨矿物。此外,氯化法也是分解钨矿物原料的一种很有前途的方法。

钨矿物分解方法研究得很多,但目前工业上采用的主要是下列几种形式:苛性钠浸出法、苏打高压浸出法、苏打烧结-水浸出法和酸分解法,除此之外,白钨矿的氟化物分解法近年来在钨冶炼工艺中也开始得到应用。

3.1.1.2　*矿物原料的预处理*

图 3-1 的流程中设置有矿物原料预处理工序,对于以高质量钨精矿为原料的生产工艺并不需要设置预处理工序,而一些较复杂原料在进入分解作业之前进行预处理对于稳定生产是大有益处的。预处理的方法大致有两种,即焙烧法和湿法预处理,当然也可以采用焙烧-湿法联合预处理工艺。

A　焙烧法

奥地利钨采矿与冶金公司、日本钨公司、日本东芝公司都采用焙烧预处理工艺,国内也有工厂应用这种工艺。焙烧法的作用有:

(1) 脱除有机物,例如由选矿工序带进的浮选药剂。矿石中含的有机物不但影响过滤速率,而且使渣含 WO_3 增加,钨的浸出率降低,表 3-1 为预处理脱除有机物的一个实例[2]。

表 3-1 预处理脱除有机物后浸出效果对比

项 目	不预处理直接浸出	400℃煅烧	650℃煅烧	CCl_4 洗至残余有机物为 0.045%后浸出
渣含 WO_3/%	1.80	1.43	0.213	1.42
渣率/%	73.97	73.90	72.8	73.58
浸出率/%	96.06	96.84	99.54	96.85
平均过滤速率/$mL \cdot min^{-1}$	69.9±4.2	104.03±17.1	184.45±31.0	—

(2) 除砷和硫。如果焙烧条件控制好，可除去全部的砷和硫，例如：

1) 含砷 1.08%，含硫 1.10%的黑钨精矿在 800℃焙烧 2～4h 能除去 94.25%的砷和 99%的硫[3]。

2) 含 WO_3 46.43%、砷 2.43%、硫 4.75%的低品位白钨矿，在 800℃氧化焙烧 2h，硫与砷的除去率分别达 99.6%及 80.1%，如果添加 10%的硫，在 850℃焙烧除砷效果与在 1000℃以下氧化焙烧一样有效，除砷率达 97.1%[4]。

3) 含硫分别为 1.15%和 1.10%，含砷分别为 0.36%和 1.08%的两种白钨精矿在空气中于 800℃焙烧 2h 后硫分别降为 0.02%和 0.011%，砷分别降为 0.043%和 0.062%。

4) 印度对含硫达 27.0%，含 WO_3 为 15.73%的高硫钨中矿采用氧化焙烧的方法除硫，经 2.5h 后硫降至 0.12%，WO_3 品位达 20.66%[13]。

(3) 降低锡的浸出率。采用氧化焙烧工艺，可使 SnS 转变为 SnO_2，而后者是难以用 NaOH 浸出的。

(4) 提高分解率。据报道在 600℃下经过焙烧过的白钨精矿，0.5h 内的浸出率由 82.1%提高到 99%。本研究所研究钨细泥焙烧时，发现分解率提高了 1%。

焙烧法的缺点是：

(1) 如焙烧不彻底，钼、砷浸出率反而升高。

(2) 需投资一套效果可靠的收尘装置，如收尘系统不好，则工艺过程的收率会受到影响。

B 湿法预处理

湿法预处理的方法基本可归结为用适当的酸或碱或盐的溶液对钨矿石洗涤，其目的主要是除去磷、砷和钼，例如含 WO_3 50%的白钨矿用盐酸洗可使磷小于 200×10^{-4}%，而用苏打溶液洗则可选择性浸出钼。美国专利[5]报道，用 pH 值小于 2.5 的 $FeCl_3$ 溶液在 60℃以上处理含砷矿物可使砷由 2.6%降至 620×10^{-4}%，湖南冶金研究所在处理湘东钨矿钨细泥时，用 10～12g/L 的 NaOH 溶液洗涤，固液比 1∶5，温度为 80～90℃，洗液呈黄色，含 WO_3 0.3g/L、Mo 0.017g/L，As 0.65g/L。其砷、钼、硫、磷的除去率分别为 15.44%、12.33%、6.21%、0.42%，WO_3 损失小于 0.3%。笔者所在研究所采用混合试剂洗涤高砷钨细泥，可除去

30%以上的砷[6]。

C 焙烧-湿法联合处理工艺

对于一种含 WO_3 50.28%、磷 0.27%、砷 0.84%、硫 2.88%的白钨精矿，在800℃焙烧 2h，再用盐酸浸出 2h，最后得到精矿含 WO_3 83.19%、磷 0.019%、砷 0.042%、硫 0.21%。

印度甚至采用氢氟酸酸洗除硅、再焙烧脱硫的办法处理一种黑钨精矿，精矿成分为 WO_3 66.2%、S 1.81%、SiO_2 2.2%，磨细至小于 0.104mm 后用氢氟酸洗使 SiO_2 降至 0.6%，WO_3 损失率约为 3.5%，再在 650℃ 氧化焙烧 2h，硫降至 0.17%～0.18%[13]。

3.1.2 苛性钠浸出法

苛性钠浸出法在我国钨冶炼厂被广泛采用，主要用于分解黑钨精矿。如果适当改变工艺条件，加入某些添加剂，苛性钠浸出法也能用于分解黑白钨混合矿甚至白钨精矿。

3.1.2.1 *主要矿物分解反应的热力学分析*

苛性钠溶液与 $FeWO_4$ 作用发生下列反应：

$$FeWO_4(s)+2NaOH(aq)═══Na_2WO_4(aq)+Fe(OH)_2(s)$$

$Fe(OH)_2$ 可进一步分解：

$$Fe(OH)_2(s)═══FeO(s)+H_2O$$

$Fe(OH)_2$ 的分解反应的标准吉布斯函数变量 $\Delta G^{\ominus}$ 值在 102℃时为零，反应温度低于 102℃时，$\Delta G^{\ominus}$ 为正值，生成物中的铁主要为 $Fe(OH)_2$，反应温度高于 102℃时，$\Delta G^{\ominus}$ 为负值，生成物中的铁主要为 FeO 形态存在。故黑钨矿苛性钠浸出过程的化学反应式又可表示为：

$$FeWO_4(s)+2NaOH(aq)═══Na_2WO_4(aq)+FeO(s)+H_2O(高于 102℃)$$

$$FeWO_4(s)+2NaOH(aq)═══Na_2WO_4(aq)+Fe(OH)_2(s)(低于 102℃) \quad (3-1)$$

$$MnWO_4(s)+2NaOH(aq)═══Na_2WO_4(aq)+Mn(OH)_2(s) \quad (3-2)$$

白钨矿 $CaWO_4$ 可与苛性钠溶液进行如下反应：

$$CaWO_4(s)+2NaOH(aq)═══Na_2WO_4(aq)+Ca(OH)_2(s) \quad (3-3)$$

上述反应在 25℃时的平衡常数 K_a 如表 3-2 所示。

表 3-2 25℃时钨矿物与 NaOH 反应热力学平衡常数

反应式	$\log K_a$	反应式	$\log K_a$
3-1	4.06	3-3	-3.6
3-2	5.23		

根据热力学计算结果，黑钨矿很容易被苛性钠分解，而白钨矿在一般的浸出条

件下难以被苛性钠分解。

苛性钠溶液分解黑钨矿的常压浸出，可采用空气搅拌和加氧化剂（硝石）来促进分解反应进行。空气中的氧和氧化剂的氧化作用可使溶液中的Fe^{2+}氧化为Fe^{3+}，而$Fe(OH)_3$的K_{sp}为3.8×10^{-38}，$Fe(OH)_2$的K_{sp}为2×10^{-12}，所以在氧化条件下更有利于$FeWO_4$分解形成WO_4^{2-}和$Fe(OH)_3$沉淀。

依据热力学分析，仅靠提高反应温度和增加NaOH用量尚不能使白钨矿完全分解，生产中常加入某种添加剂来促使白钨矿的分解：

$$CaWO_4+\frac{2}{n}A^{n-}=\!=\!=WO_4^{2-}+CaA_{\frac{2}{n}}\text{（}A^{n-}\text{为添加剂的阴离子）}$$

其平衡常数为：

$$K_a=\frac{K_{sp}(CaWO_4)}{K_{sp}(CaA_{\frac{2}{n}})}$$

只有当加入的添加剂能与Ca^{2+}形成比$CaWO_4$溶度积更小的难溶化合物，才会有利于白钨矿的分解[7]。一般选用碱金属氟化物、磷酸盐和碳酸盐作添加剂能使白钨矿容易分解。

添加磷酸钠、氟化钠时，白钨矿将分别按下列各式进行反应：

$$5CaWO_4+3PO_4^{3-}+OH^-=\!=\!=Ca_5(PO_4)_3OH+5WO_4^{2-}$$

$$3CaWO_4+2PO_4^{3-}=\!=\!=Ca_3(PO_4)_2+3WO_4^{2-}$$

$$CaWO_4+2F^-=\!=\!=CaF_2+WO_4^{2-}$$

上述反应在25℃时的平衡常数分别为3.32×10^{17}、3.29×10^4、3.22×10^2，故反应非常容易进行。生产中用NaOH分解含钙较高的黑钨精矿（或白钨矿）时，常要加入此类添加剂。

3.1.2.2 *矿石中杂质的行为*

钨精矿中所含的硅、磷、砷、氟、钼、锡等杂质，主要是以硅酸盐、臭葱石[$FeAsO_4$]、磷灰石[$Ca_5(PO_4)_3F$]、辉钼矿[MoS_2]、钼酸钙矿[$CaMoO_4$]、锡石[SnO_2]、黝锡矿[Cu_2FeSnS_4]等形态存在，在NaOH浸出过程中，磷灰石、萤石[CaF_2]等难以反应，大部分留在渣中被分离。其他杂质元素根据其形态和操作条件的不同，分别同NaOH发生不同程度的反应。

（1）非氧化条件下，砷酸盐和硅酸盐在不同程度上与NaOH反应生成可溶性的砷酸钠与硅酸钠：

$$FeAsO_4+3NaOH=\!=\!=Na_3AsO_4+\frac{1}{2}Fe_2O_3+\frac{3}{2}H_2O$$

$$CaSiO_3+2NaOH=\!=\!=Na_2SiO_3+Ca(OH)_2$$

生产规模下处理白钨精矿的数据表明，NaOH的起始浓度增加1倍，则砷的平均浸出率由2.71%增至11.8%，SiO_2浸出率由2.68%增至4.12%。可见提高浸出液碱浓度，会导致更多的杂质进入 Na_2WO_4 溶液中。

钼酸钙矿、黝锡矿能被 NaOH 分解，分别生成 Na_2MoO_4 和锡化合物进入溶液；而此条件下辉钼矿和锡石几乎不与 NaOH 反应。表 3-3 的试验数据证明了这一点。

表 3-3 不同温度和 NaOH 浓度下钼、锡矿物的浸出率(%)

矿物名称	NaOH 浓度/$g \cdot L^{-1}$			
	200	300	400	500
钼酸钙矿(80℃)	91.43	95.85	96.67	98.83
辉钼矿(160℃)	0.56	0.42	0.46	0.58
黝锡矿(80℃)	3.29	4.78	5.06	5.48
锡石(170℃)	0.35	0.40	0.42	0.46

注：浸出时间为 2h。

(2) 在有氧化剂(如 $NaNO_3$ 等)存在条件下，辉钼矿和硫化砷矿等硫化物能与 NaOH 反应生成相应的钠盐进入溶液：

$$MoS_2 + 4\frac{1}{2}O_2 + 6NaOH = Na_2MoO_4 + 2Na_2SO_4 + 3H_2O$$

$$As_2S_3 + 7O_2 + 12NaOH = 2Na_3AsO_4 + 3Na_2SO_4 + 6H_2O$$

3.1.2.3 浸出时添加剂的除杂效果

无论是采用 NaOH 浸出，还是采用下一节介绍的 Na_2CO_3 浸出得到的 Na_2WO_4 溶液质量，即溶液中杂质含量与三氧化钨含量的百分比对生产流程中工序的设置与组合、钨的总收率及中间制品的质量均有重要的影响。因此许多研究都集中在浸出配料时添加一些化合物，使其与杂质元素生成难溶化合物而留在浸出渣中，表 3-4 列出了一些研究者使用添加剂的效果[6]。

表 3-4 添加剂对杂质浸出率(%)的影响

添加剂	浸出方式	As	P	Si	Mo	WO_3 损失率/%	备注
添加 Al_2O_3 不加 Al_2O_3(对照)	Na_2CO_3 高压浸出	40 70	约 1.5 约 3.3	约 0.3 约 3			浸出率(%)
Al_2O_3	常压浸出	89.9	97.5	99.5			除杂率(%)
石灰	碱法热球磨	<2	12	<3	<2	<0.3	浸出率(%)
碱土氢氧化物 120℃ 160℃	碱法热球磨	13.27 77.86	96.94 98.89	90.71 95.21			除杂率(%)
菱苦土 菱苦土、活性炭 Al_2O_3	NaOH 与 Na_2CO_3 高压浸出白钨矿	21.15 18 23	48.1 49.8 74	12.8 7.8 20.5			除杂率(%)

生产经验表明，以添加氧化铝的效果较好，添加钙的化合物尽管有效果，但会影响钨的浸出率。

各企业在生产中使用的添加剂的效果并不一致，这与矿物成分、浸出工艺及添加剂的活性有关。黄蔚庄、张启修[8]应用X光衍射、电子显微镜、热重分析、粒度分析等手段考察了在不同温度下煅烧氢氧化铝得到的 Al_2O_3 的结构与性质，以及它们对钨细泥碱浸液的质量的影响，钨细泥含 WO_3 27.92%、As 4.16%、SiO_2 20.84%，结果表明，424℃煅烧所得 γ-Al_2O_3 结晶不完善，分散度大，比表面积大，活性大，因此 γ-Al_2O_3 做添加剂时的除杂效果最好，碱浸液中的砷、硅含量大约分别下降50%～60%和75%～90%。321℃煅烧 Al_2O_3 的除杂效果次之，522℃和726℃所得 Al_2O_3 效果就很差了。

一般认为氧化铝降低杂质浸出率的原因是生成了铝硅酸盐及砷酸铝，而碱土金属除杂的原因是生成了相应的难溶盐如硅酸盐、砷酸盐、磷酸盐等。

3.1.2.4 浸出过程机理及影响浸出率的因素

A 浸出过程机理

碱分解钨矿石反应的结果导致矿粒表面生成氢氧化物薄膜，李洪桂等人用扫描电镜对已与NaOH进行部分反应后的黑钨矿及白钨矿颗粒进行了观察研究，发现矿粒外层的铁和钙的氢氧化物层大部分自动脱落，即使存在氢氧化物层，也非常松散，因此不会成为反应的阻碍。研究还发现黑钨矿与NaOH反应的动力学方程符合颗粒收缩模型：

$$1-(1-x)^{\frac{1}{2.2}}=3.41\times10^{-4}\frac{t}{D_p}[\mathrm{NaOH}]^2\cdot\exp\left[-\frac{77370}{R}\left(\frac{1}{T}-\frac{1}{363}\right)\right]$$

式中 D_p——颗粒直径，cm；

t——反应时间，min；

R——气体常数，8.13kJ/mol；

[NaOH]——氢氧化钠浓度，mol/L；

T——温度，K；

x——在时间为 t 时的反应分数。

动力学方程说明反应过程属化学反应控制，反应速度与温度、碱浓度和矿石粒度有关。

B 影响浸出率的因素

影响浸出率的主要因素为温度、NaOH浓度及用量、精矿成分与粒度。

(1) 温度的升高，碱用量及碱浓度的增加，精矿粒度的减小都有利于提高浸出率（见图3-4、表3-5、表3-6）。

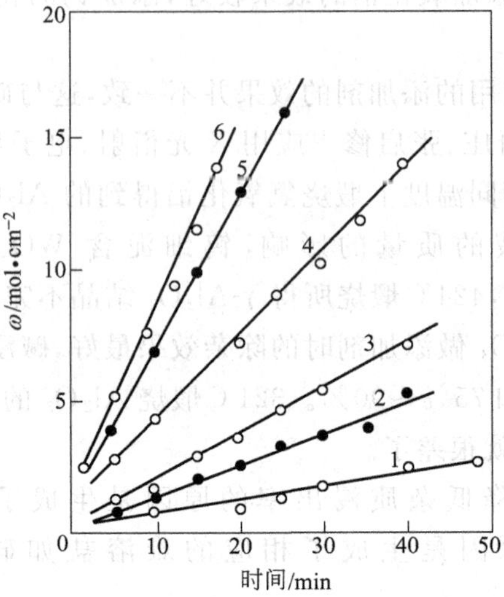

图 3-4 温度对白钨矿浸取速率的影响[7]

NaOH 浓度为 1.0mol/L，Na_3PO_4 浓度为 0.032mol/L，旋转圆盘法之圆盘转速 1350r/min，浸取温度(℃)：1—25；2—40；3—50；4—60；5—80；6—90

表 3-5 NaOH 浓度对浸出率的影响

NaOH 浓度/g·L^{-1}	210	280	320	410
浸出率/%	97.41	98.00	99.06	99.36

注：碱用量为理论量的 1.3 倍，浸出时间为 8h。

表 3-6 NaOH 用量(理论量倍数)对 WO_3 和杂质 SiO_2 浸出的影响

NaOH 用量(理论量倍数)	1.1	1.2	1.3	1.5	1.7	2.0	2.5
WO_3 浸出率/%	94.6	97.1	97.7	97.7	98.2	98.3	98.5
浸出率中 SiO_2 浓度/g·L^{-1}	0.16	0.25	0.55	1.59	1.53	1.91	1.90

注：温度 170℃，NaOH 浓度为 240g/L。

生产实践表明，对含 CaO 小于 1%的黑钨精矿，在温度为 100～110℃，碱用量为理论量的 1.6 倍左右，精矿粒度为 80%以上小于 0.043mm 的条件下，2h 内浸出率可达 98%。提高温度和增加碱用量，能缩短浸出时间和提高浸出率，但杂质的浸出率也随之升高。

(2) 精矿中钙含量对钨的浸出率影响很大。柯家骏[7]等人在 110℃，NaOH 浓度为 430g/L，碱用量为理论量 2 倍的条件下，对五种钙含量不同的黑钨精矿进行浸出对比实验(见表 3-7)，结果显示，随黑钨精矿中钙含量增加，钨的浸出率显著下降。

表 3-7 黑钨精矿钙含量对 WO_3 浸出率的影响

黑钨矿中钙含量/%	WO_3 浸出率/%	浸出渣中 WO_3 含量/%
0.32	98.4	3.45
0.72	90.2	13.6
0.84	90.0	14.7
2.59	85.5	17.8
3.56	84.6	18.7

应当指出，钨精矿中钙的影响程度与其赋存状态有关，矿石中萤石[CaF_2]，磷灰石[$Ca_5(PO_4)_3F$]和磷酸钙[$Ca_3(PO_4)_2$]等形态存在的钙对浸出率的影响不大，而以 $CaWO_4$、CaO、$CaSO_4$、$CaCO_3$、$CaSiO_3$ 等形态存在的钙则严重地影响浸出率(见表 3-8)。

表 3-8 不同钙化合物对黑钨精矿苛性钠浸出的影响

钙形态	不加	CaF_2	$Ca_3(PO_4)_2$	$CaWO_4$	CaO	$CaCO_3$	$CaSO_4$	$CaSiO_3$
Ca 含量/%	0.32	2.23	2.22	2.05	2.23	2.17	2.16	2.19
WO_3 浸出率/%	98.4	98.6	98.9	94.7	91.6	90.1	89.8	76.1

注：试验条件：110℃，5h，NaOH 浓度为 430g/L，碱用量为理论量的 2 倍。

(3) 添加剂的影响。如前所述，加入能与 Ca^{2+} 形成溶度积比 $CaWO_4$ 的溶度积小的化合物的阴离子，则有利于 $CaWO_4$ 的分解。目前工业上大多数采用的最有效的经济实用的添加剂为磷酸盐，试验数据表明，只要加入理论量 1 倍的 Na_3PO_4，高钙黑钨矿的浸出率可以从原来的 85%提高至 98%左右(见表 3-9)。

表 3-9 添加磷酸盐对苛性钠浸出高钙黑钨矿的影响

试验规模	黑钨精矿 Ca 含量/%	添加磷酸盐	WO_3 浸出率/%
实验室试验	3.56	不加	85.5
		添加	98.3
工业试验	2.78	不加	84.6
		添加	97.2

注：试验条件：105～135℃，NaOH250～450g/L，浸出时间为 3～5h，液固比为 1.0～2.0mL/g。

3.1.2.5 机械搅拌浸出工艺

A 工艺流程分析

目前工业上苛性钠分解钨精矿主要是采用机械搅拌浸出工艺，包括常压浸出和高压浸出，常压搅拌浸出与高压搅拌浸出工艺流程基本相同(见图 3-5)。

钨精矿可预先在 700～800℃下氧化焙烧除去大部分的磷、砷、硫和浮选剂。质量较好的精矿不必预处理可直接进行球磨，将精矿磨细至 90%以上小于

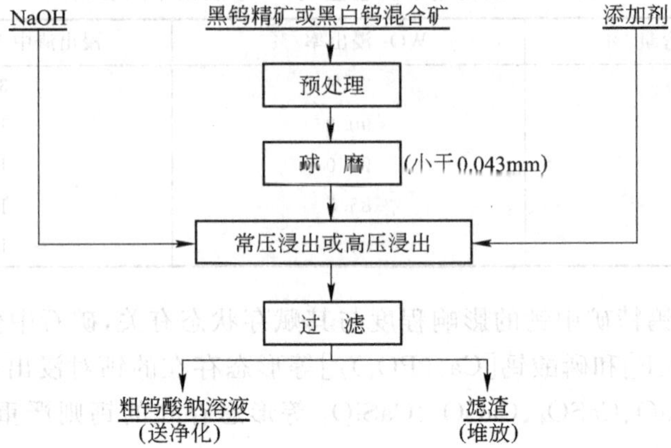

图 3-5　NaOH 浸出法处理钨精矿的原则流程

0.043mm(−325 目)，然后将矿浆与 NaOH 溶液一起加入浸出槽或高压釜中进行浸出，升温至指定的温度后，再保温一定时间即可卸料。

常压浸出只适宜处理钙含量小于 0.5%的黑钨精矿，设备结构简单，投资少，但操作环境差，易发生冒槽和浸出槽内碱与矿渣结壳现象，现已很少采用。目前工业上大多采用带压(0.2～0.3MPa)或高压(压力大于 0.8MPa)浸出工艺。此工艺具有碱用量低、浸出时间短、浸出率高、操作环境好、节能等优点。通过提高碱用量和碱浓度，加入添加剂，机械搅拌高压浸出还可以处理黑白钨混合精矿和低品位钨中矿，且能获得高的生产效率和高的浸出率。浸出的矿浆澄清后用压滤机过滤，滤渣再经软化水洗涤，卸出的渣中 WO_3 总含量一般少于 3%，其中可溶 WO_3 含量少于 0.5%，滤液密度在 1.15～1.25g/mL^3 之间，含 WO_3 可达 150g/L 以上。

B　工业设备

常压搅拌浸出槽体用普通钢板焊制，用夹套或蛇形盘管通蒸汽加热，采用锚式或框式搅拌桨搅拌，物料装填系数一般为 0.7～0.8。

高压搅拌浸出釜可采用高压蒸汽加热、电感应加热或远红外加热。浸出温度一般为 150～180℃，压力在 0.5～1MPa 之间，目前国内最大的高压搅拌浸出釜一次可处理 5t 钨精矿，工作压力可达 2.5MPa。

C　主要技术参数及指标

常压搅拌浸出工艺处理黑钨精矿时，碱用量取理论量的 1.6～2.0 倍，温度为浸出液的沸点，保温 4h 左右，WO_3 浸出率可达 98%左右，大约 20%～30%的硅，30%～45%的砷，30%～50%的磷，70%～90%的钼被浸出进入溶液。高压浸出则可在较低的碱用量和较短的时间内达到高的浸出率，表 3-10 为机械搅拌碱浸出的若干生产数据。

表 3-10 钨矿碱煮的主要技术指标

原料类型	原料成分/%					技术参数				分解率/%	杂质浸出率/%				备注
	WO_3	Ca	As	Mo	SiO_2	温度/℃	NaOH用量①	NaOH浓度/$g \cdot L^{-1}$	浸出时间/h		As	P	Mo	SiO_2	
黑钨精矿	70～72	约 0.5	0.3～0.5	0.07～0.08	0.7～0.9	130～135	1.3～1.5	200～250	4	98～98.5	35～75	30～40	约 40	约 25	工业规模
黑钨精矿	69.4	1.25	0.09	0.02	5.56	150～160	1.75	200～250	2	97.9	21.6		60	约 13.7	工业规模
难选钨中矿(黑钨/白钨比为 2∶1)	44.8	1.61	1.25			115～120	4	550	2	98.3	34.5				工业规模
难选钨中矿	24～27		2.4～3.6	0.04～0.08	22～24	>120	6～6.5	500～550	1.5	96～97	23～27			22～24	工业规模
钨细泥加 10% Al_2O_3	20～22	2.2～3.2	3～4	0.2～0.3	15～25	120～130	6.5～7.2	550～600	2.5	96～97	3.5～4.7	4～5	58	约 1	工业规模

① NaOH 用量为按 WO_3 量计算的理论量的倍数。

3.1.2.6 热球磨碱浸工艺

热球磨碱浸过程是将钨矿物原料不经预球磨而直接与 NaOH 溶液一起加入热磨反应器中进行浸出，它将矿物的磨细作用、对矿浆的强烈搅拌作用与浸出过程中的化学反应结合在一个设备中完成，同时可以不断去除包裹在矿物表面的固体反应物，因而使反应大大加速，能在较短时间内获得高的浸出率。该方法主要优点为：对原料适应性广，对于白钨矿或含钙高的体系，可添加 Na_3PO_4 提高分解率并防止可逆反应造成的钨损失，因此能有效处理包括黑钨精矿、低品位黑白钨混合矿在内的各种钨矿物原料；省去了单独的磨矿工序，且在较低的碱用量下能获得高的分解率，因而流程短。该方法能获得高的 WO_3 浸出率。

热球磨碱浸过程为分批间歇性操作。首先将矿砂和氢氧化钠及添加剂加入配料槽中制成料浆加入到热磨反应器中，关闭加料阀；在密闭状态下反应器内物料通过工频（或中频）电感应加热，并转动球磨反应器，进行热磨反应；通过插入反应器内的温度计检测温度，在温度达到预定值后保温一段时间。热球磨筒体转速大约为每分钟数十转。

此法大规模工业化的关键是需要解决制造球磨筒用的耐浓碱、高温与机械冲击的抗磨材料。

3.1.2.7 两段逆流浸出

两段逆流浸出可以提高钨的分解率及浸出液的质量，其基本原理如图 3-6 所示。

在高碱浸出阶段已经经过一次浸出的低碱浸出渣与新配的 NaOH 溶液反应，此时有最大的反应推动力，故可将原料中的 WO_3 最大限度提取出来，以得到最高

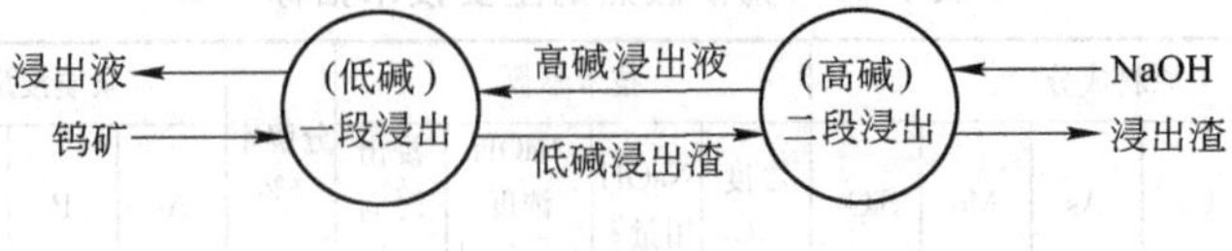

图 3-6　两段逆流浸出原理图

的钨的分解率。在低碱浸出阶段，含有较高游离碱的高碱浸出液与钨矿反应，使钨矿中约 70％的 WO_3 进入溶液，故浸出液的游离碱浓度很低，杂质含量也很低。在浸出时添加 Al_2O_3 等添加剂可使杂质浸出率大幅度降低。

张启修、黄芍英等人[9]在 20 世纪 80 年代中期就在研究钙、砷、锡、硅、锰含量很高的 WO_3 品位为 27％左右的钨细泥处理工艺中，采用了两段逆流浸出技术。在半工业试验规模得到的实验结果列入表 3-11。

表 3-11　钨细泥两段逆流浸出结果

编 号	低碱浸出液浓度/$g \cdot L^{-1}$		浸 出 率 /％				
	WO_3	OH^-	WO_3	As	Mo	Sn	SiO_2
1	270.63	4.8	98.62	7.18	20.14	0.21	0.27
2	220.60	19.6	99.02	7.32	20.74	0.60	0.25
3	180.60	22.2	98.93	11.40	19.62	0.70	0.30
4	165.00	22.8	98.78	7.12	21.39	—	—

显然由于高浸渣的碱含量高，洗涤的负担较重，故工艺中同样采用逆流洗涤工艺，用四批洗水洗涤后，排出之渣的可溶钨可小于 0.5g/L，第一批洗水返回补充碱后用于下批高碱浸出，其余 2～4 批洗水依次做下批浸出渣的 1～3 批洗水。

同一时期普崇恩研究了黑钨精矿 NaOH 高压浸出的两段逆流工艺[10]，在碱浓度 100～300g/L，温度 125～225℃，压力 0.1～0.2MPa，时间 1～5h 范围内对 6 种不同的钨矿的苛性钠浸出规律研究得出下列结论：

(1) 在所研究的条件范围内随温度、碱度、时间等工艺条件的变化，WO_3 浸出率改变的幅度较小。

(2) 随碱浓度与碱用量的降低，杂质浸出率成倍降低，例如锡的浸出率降低至原来的 1/6～1/8，而钨分解率下降甚微。

(3) 160℃以上随温度升高，各种杂质浸出率明显下降，其原因在于高温下发生降低杂质浸出率的副反应：

$$2Na_3AsO_4 + 3CaWO_4 = 3Na_2WO_4 + Ca_3(AsO_4)_2\downarrow$$

$$2Na_3PO_4 + 3CaWO_4 = 3Na_2WO_4 + Ca_3(PO_4)_2\downarrow$$

$$Na_2SiO_3 + CaWO_4 = Na_2WO_4 + CaSiO_3\downarrow$$

这些反应在 200℃以上进行得比较彻底。

与上述常压两段逆流浸出不同，普崇恩在高压碱煮基本规律研究的基础上，设计了高压低碱两段逆流浸出工艺，第一段浸出渣含 WO_3 7%～8%，其中白钨约占 50%～60%，用高压二段浸出，浸出液含一定量游离碱返回一段浸出，一段浸出液含 NaOH 4～7g/L，无需净化，直接酸化作萃取料液，全流程试验结果见表 3-12、表 3-13。

表 3-12 高压低碱两段逆流浸出结果

一次浸出液质量/$g \cdot L^{-1}$					分解率/%		
WO_3	P	As	SiO_2	NaOH	一次	二次	总分解率
165.7	0.0022	0.0048	0.016	4.7	91.89	93.09	99.45
153.8	0.0043	0.0068	0.020	4.2	89.83	89.82	98.96
161.3	0.0031	0.0042	0.028	6.3	89.19	88.55	99.21
176.0	0.0020	0.0072	0.025	3.8	89.45	90.14	99.22
186.4	0.0039	微	0.0015	6.8	93.14	96.18	99.62

表 3-13 一次浸出液不净化直接萃取得到的 APT 产品质量(%)

Fe	Si	Mg	Co	As	Sn	Sb	Cu	Ca	Mo	Cr	P	K	Na	S	结晶实际收得率/%
$<5\times10^{-4}$	$<5\times10^{-4}$	$<5\times10^{-4}$	$<10\times10^{-4}$	$<9\times10^{-4}$	$<0.5\times10^{-4}$	$<5\times10^{-4}$	$<1\times10^{-4}$	$<9\times10^{-4}$	32×10^{-4}	$<4\times10^{-4}$	7.6×10^{-4}	$<10\times10^{-4}$	$<10\times10^{-4}$	6.7×10^{-4}	95.94
$<9\times10^{-4}$	$<9\times10^{-4}$	$<6\times10^{-4}$	$<18\times10^{-4}$	$<10\times10^{-4}$	$<0.9\times10^{-4}$	$<9\times10^{-4}$	$<45\times10^{-4}$	$<9\times10^{-4}$	37×10^{-4}	$<10\times10^{-4}$	5.6×10^{-4}	$<10\times10^{-4}$	$<10\times10^{-4}$	8.6×10^{-4}	94.50

该工艺使用的压力不超过 1.8MPa，且碱性介质对设备无腐蚀，国内已具备生产条件。这一研究结果指明了提高反应压力(温度)，同时降低 NaOH 用量及浓度，是提高钨矿碱浸液质量及回收率，降低消耗与成本，缩短工艺的努力方向。

3.1.2.8 碱浸出液中 NaOH 的回收

苛性钠浸出法处理白钨矿或低品位钨中矿时，碱用量为理论量的 3～6 倍，浸出液中含有大量的游离 NaOH，应将此浸出液进行钨碱分离后才能送入净化工序。回收 NaOH 的方法有两种：浓缩结晶和膜法。浓缩结晶法是利用 Na_2WO_4 在碱液中溶解度小这一特性，将浸出液蒸发浓缩，Na_2WO_4 过饱和结晶析出，过滤得到的 Na_2WO_4 晶体再用水溶解后送净化工序，而结晶母液主要成分为 NaOH，可返回浸出使用。浓缩结晶可使 Na_2WO_4 的结晶率达 80%～90%，晶体中约夹带 5%的总碱量。结晶母液中残留 Na_2WO_4 的浓度随 NaOH 浓度的升高而降低。某些工厂 Na_2WO_4 浓缩结晶率见表 3-14。为提高 Na_2WO_4 结晶率，可在浓缩至一定程度后，加入粉碎后的 NaOH 使 Na_2WO_4 盐结晶析出。

表 3-14 Na_2WO_4 浓缩结晶率

原始液成分/g·L^{-1}						结晶率/%							
WO_3	NaOH	As	Sn	P	Mo	WO_3	NaOH	As	Sn	P	Mo	S	SiO_2
110～120	130～140	2.5～3.4	0.8～1.2			75～85	10～15	40～48	35～42			35～40	9～16
67.5	～77	1.53	0.14	0.002	0.014	95.0		49.3	37.3	—	71.5	23.7	19.7
140～150	110～120	0.17～0.21		0.01～0.02	0.35～0.45	90～92	3～5	3～7		20～40	40～50		4～7

应用离子交换膜技术可以回收 Na_2WO_4 溶液中的游离 NaOH（见 3.2.6 节）。

3.1.3 苏打高压浸出法

苏打高压浸出法广泛用于处理白钨矿和低品位黑白钨混合矿及黑钨矿。浸出过程在 180～230℃的高温下进行，利用苏打（Na_2CO_3）溶液与钨矿物原料进行反应，钨以 Na_2WO_4 形态进入溶液，而钙、铁、锰以碳酸盐（铁部分以氧化物）形态进入渣，过滤使钨与钙、铁、锰等主要杂质实现初步分离。

3.1.3.1 苏打高压浸出过程的热力学分析

A 钨矿物与苏打反应

白钨矿与苏打溶液的反应如下：

$$CaWO_4(s)+Na_2CO_3(aq)=\!=\!=Na_2WO_4(aq)+CaCO_3(s) \tag{3-4}$$

黑钨矿中的 $FeWO_4$ 和 $MnWO_4$ 分别与苏打溶液反应如下：

$$FeWO_4(s)+Na_2CO_3(aq)=\!=\!=Na_2WO_4(aq)+FeCO_3(s) \tag{3-5}$$

$$MnWO_4(s)+Na_2CO_3(aq)=\!=\!=Na_2WO_4(aq)+MnCO_3(s) \tag{3-6}$$

在工业生产条件下，$FeCO_3$ 几乎全部水解：

$$FeCO_3(s)+2H_2O=\!=\!=Fe(OH)_2+H_2CO_3 \tag{3-7}$$

$$H_2CO_3=\!=\!=H_2O+CO_2$$

而 $MnCO_3$ 水解量非常小，但当有氧化剂存在时，FeO 和 $MnCO_3$ 均可进一步氧化，最终进入渣中的是大量的 Fe_3O_4 和 Mn_3O_4：

$$3Fe(OH)_2+\frac{1}{2}O_2=\!=\!=Fe_3O_4+3H_2O$$

$$3MnCO_3+\frac{1}{2}O_2=\!=\!=Mn_3O_4+3CO_2$$

为了反映出工业条件下各种钨矿物与苏打溶液反应进行的程度，一般近似用上述反应平衡时 Na_2WO_4 的浓度[Na_2WO_4]与 Na_2CO_3 的浓度[Na_2CO_3]之比即“浓度商 K_c”来表示各反应进行的完全程度。

$$K_c=[Na_2WO_4]/[Na_2CO_3]$$

Т. Щ. 阿格诺柯夫用实验的方法测出了上述各反应的 K_c 值，如表 3-15 所示。

表 3-15 $CaWO_4$、$FeWO_4$、$MnWO_4$ 与 Na_2CO_3 反应的 K_c 值

温度/℃	200	225		250			275
苏打用量(理论用量的倍数)	1.0	1.0	2.0	1.0	1.5	2.0	1.0
$CaWO_4$	0.97	1.46	—	1.52	1.37	0.99	1.63
$FeWO_4$	1.10	1.51	0.8	2.25	—	—	3.00
$MnWO_4$	1.39	1.51	0.94	1.56	—	—	1.53

阿格诺柯夫对苏打的高压浸出研究结果表明，在 220～225℃范围内，在苏打过量系数为 1 时，合成的 $FeWO_4$ 与 $MnWO_4$ 的 K_c 值接近，较高的温度下，$FeWO_4$ 的 K_c 值比 $MnWO_4$ 高，225℃时合成的 $FeWO_4$ 与 $MnWO_4$ 固溶体的 K_c 值仅为 1.3，比单相 $FeWO_4$、$MnWO_4$ 的 K_c 值 1.5(表 3-15)小，而天然黑钨矿的 K_c 值仅为 1.1，机械活化 10min 后的天然黑钨矿的 K_c 值约为 1.0，但达到平衡的时间缩短。升高温度有利于 K_c 值的提高，由外推法求得 $FeWO_4$ 的 K_c 值在 300℃时可达到 4.1，高温有利于完全分解特殊难处理的黑钨矿[58]。

在阿格诺柯夫之前，Л. М. 佩尔洛夫也对白钨矿的苏打分解的 K_c 进行了测定，他测出的数值虽与阿格诺柯夫的存在一些差异，但反映出的规律却完全一致。

B 杂质行为

杂质磷和氟以磷灰石 $Ca_5(PO_4)_3F$ 形态存在，部分磷灰石与苏打反应生成磷酸钠进入溶液：

$$2Ca_5(PO_4)_3F + 7Na_2CO_3 + 6H_2O = 6Na_2HPO_4 + 2NaF + 7CaCO_3 + 3Ca(OH)_2$$

杂质砷主要以毒砂($FeAsS_2$)和臭葱石($FeAsO_4$)两种形态存在，不加氧化剂时，毒砂不与苏打反应而进入渣中，臭葱石则与苏打反应，砷进入溶液：

$$2FeAsO_4 + 2Na_2CO_3 + H_2O = 2Na_2HAsO_4 + Fe_2O_3 + 2CO_2$$

杂质硅主要以石英(SiO_2)和其他硅酸盐的形态存在于精矿中，后者能与苏打反应生成可溶性硅酸钠。如在物料中配入 Al_2O_3 或 $NaAlO_2$，则能使溶出的硅又以铝硅酸钠沉淀的形态进入渣中，实现在浸出过程中脱硅：

$$2Na_2SiO_3 + 2NaAlO_2 + (n+2)H_2O = Na_2O \cdot Al_2O_3 \cdot 2SiO_2 \cdot nH_2O + 4NaOH$$

以钼钙矿存在的钼也会浸出进入溶液：

$$CaMoO_4 + Na_2CO_3 = Na_2MoO_4 + CaCO_3$$

而精矿中的硫化矿，如辉钼矿 MoS_2、辉锑矿 Sb_2S_3，辉铋矿 Bi_2S_3 在非氧化条件下几乎不与苏打作用，浸出后留在渣中，锡石 SnO_2 也不与苏打反应。故浸出液中与钨酸钠共存的杂质主要是磷、砷、硅、钼、氟等。

3.1.3.2 苏打高压浸出过程的动力学分析

对白钨矿的苏打加压浸出动力学过程研究结果表明：苏打加压浸出法分解白

钨矿过程中，随着反应的进行，精矿表面会生成一层白色碳酸钙固体膜，温度对碳酸钙固体膜结构的影响非常大。在低于100℃温度下，由于反应速度比较慢，矿粒表面生成了一层不均匀的多孔的碳酸钙膜，分解速度与分解时间之间不服从固膜扩散控制的抛物线关系。

而在温度为100～155℃之间，生成的碳酸钙膜均匀而致密，较为牢固地黏附在矿粒表层，阻碍反应，分解速度与分解时间之间呈抛物线关系，符合内扩散（固膜）控制的特征方程：

$$v^2 = Rt$$

式中 v——分解速度；

R——反应速度常数；

t——反应时间。

但是，当反应温度高于155℃时，由于反应速度快，碳酸钙晶核生成速度大于其晶体长大速度，这时在矿粒表面生成了大量的碳酸钙晶核而导致生成的$CaCO_3$固膜层疏松多孔，因而分解速度与分解时间成直线关系而不是内扩散固膜控制的抛物线关系[11]（见图3-7）。当搅拌速度足够大以致外扩散也不成为控制步骤时，则高于155℃温度条件下白钨矿苏打高压浸出的动力学过程为化学反应速度所控制。

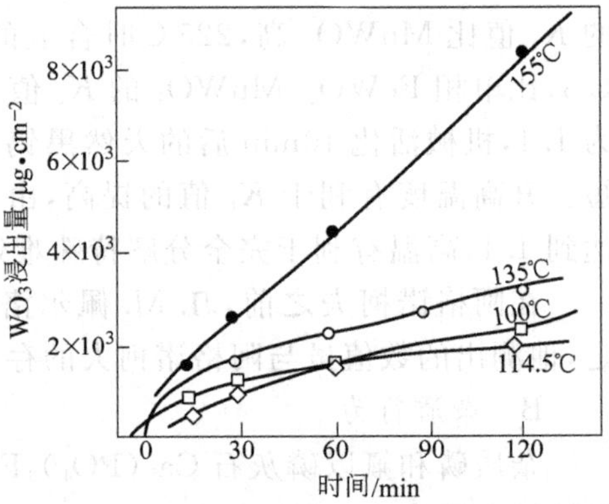

图3-7 不同温度下分解速度与分解时间之间的关系曲线

3.1.3.3 影响矿石分解率的因素[12,13]

Na_2CO_3的碱性比NaOH弱，反应生成物除钨酸钠外为钙、铁、锰的碳酸盐，因此分解过程的影响因素与NaOH体系既有相同之处，也有不同之处。表3-16列出了主要的影响因素并指明了与苛性钠体系的异同之处。

表3-16 苏打高压浸出过程的主要影响因素

因素	对过程的影响	与NaOH体系的比较
温度/℃	浸出率随温度的升高而增加，提高温度可缩短反应时间，降低碱的用量	基本规律相同，但苏打体系温度要高于苛性钠体系
碱浓度	在一定Na_2CO_3浓度范围内，提高Na_2CO_3浓度浸出率增加，但超过一定限度后，提高Na_2CO_3浓度，浸出率反而下降，这与生成$Na_2CO_3 \cdot CaCO_3$复盐有关	在NaOH体系中，碱浓度增加则浸出率增加，因此两体系有明显区别

续表 3-16

因素	对过程的影响	与 NaOH 体系的比较
碱用量	在允许的 Na_2CO_3 浓度范围内，增加 Na_2CO_3 用量，有利于分解率提高	在 NaOH 体系中，碱用量增加对浸出率的有利影响原则上不受浓度限制
浸出液的 WO_3 浓度	由于 WO_3 浓度增加，可逆反应向左进行，故浸出液中 WO_3 浓度不可能很高，一般小于 100g/L，借助物料由高压釜进入缓冲槽的蒸发作用可浓缩至约 120g/L	与 NaOH 体系明显不同，只要 Na_2WO_4 不结晶析出，NaOH 体系的浸出液 WO_3 浓度可以很高
矿石粒度	矿石粒度有重要影响，浸出前必须细磨，因此用热球磨不断使反应表面更新，可提高浸出率	与苛性钠体系相同

表 3-16～表 3-18 及图 3-8～图 3-11，通过分别整理汇集有关的试验资料，进一步说明了苏打高压浸出过程的影响因素。

表 3-17 Na_2CO_3 浓度对浸出过程影响

加拿大白钨矿：WO_3 29%，小于 0.053mm（－270 目）85%，230℃，2h		印度白钨矿：WO_3 4.6%，小于 0.147mm（－100 目），150℃，2h	
起始碱浓度/$g \cdot L^{-1}$	WO_3 浸出率/%	起始碱浓度/$g \cdot L^{-1}$	WO_3 浸出率/%
150	97.3	25	28.5
175	98.9	50	49.6
200	99.8	100	64.9
225	96.6	150	95.5
250	95.6	200	95.0

表 3-18 浸出温度对杂质浸出率影响①

温度/℃	$\rho_{Na_2CO_3}$ /$g \cdot L^{-1}$	$\frac{m(Na_2CO_3)}{m(WO_3)}$ /$kg \cdot kg^{-1}$	浸出液成分					WO_3 浸出率/%
			pH	ρ_{WO_3} /$g \cdot L^{-1}$	w_{SiO_2} /%	w_P /%	w_F /%	
180	225	1.8	11.1	125	39×10^{-4}	1×10^{-4}	3400×10^{-4}	99
200	188	1.5	10.7	125	36×10^{-4}	1×10^{-4}	3400×10^{-4}	99
230	150	1.2	10.5	125	37×10^{-4}	1×10^{-4}	3000×10^{-4}	99

① 白钨矿含 WO_3 13.9%。

苏打浸出的一个特殊问题是浸出液碱度的影响，由于 Na_2CO_3 与 CO_2 作用可生成 $NaHCO_3$，故使浸出体系之 pH 值下降。pH 值下降意味碳酸根离子浓度降低，所以反应式 3-4～反应式 3-6 向左移动，故钨的浸出率下降。添加适量的 NaOH，或者排出部分 CO_2 气均可使 $NaHCO_3$ 分解为 Na_2CO_3 以确保得到高钨浸出率。

温度升高，可用低浓度 Na_2CO_3 溶液分解钨矿物原料，并获得高的钨浸出率，而杂质浸出率不会增加。

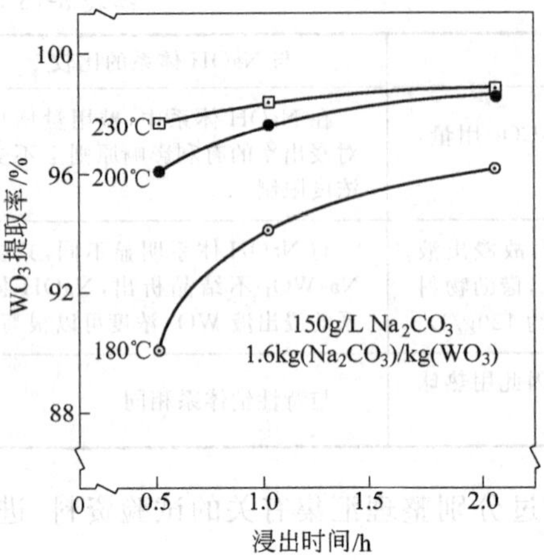

图 3-8　不同温度下浸出时间对苏打浸出率的影响

（白钨矿：WO_3 31.7%）

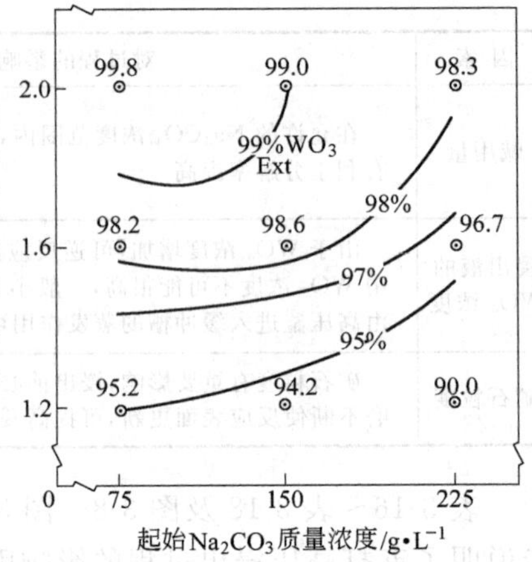

图 3-9　起始 Na_2CO_3 质量浓度与 Na_2CO_3/WO_3 质量比对浸出的影响

（白钨矿：WO_3 31.7%，200℃，2h）

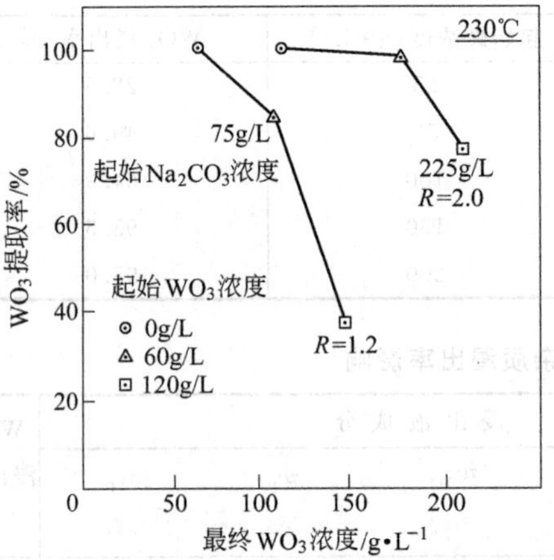

图 3-10　浸出液 WO_3 浓度对浸出率影响

（白钨矿：WO_3 15%，2h，在 Na_2CO_3 中添加 Na_2WO_4 进行浸出）

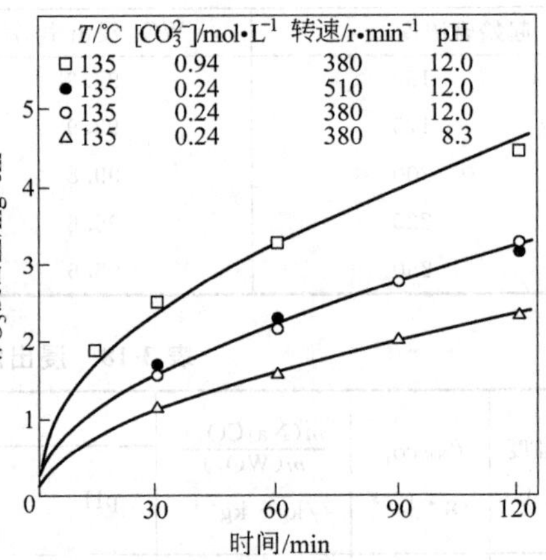

图 3-11　相同温度下不同碳酸钠浓度和不同的 pH 值对 WO_3 浸出率的影响

3.1.3.4　工业实践[12]

钨矿物原料送入浸出工序前需细磨，对有些矿物在磨矿前尚需进行预处理。

苏打高压浸出法处理低品位白钨矿已工业应用了 60 余年。经过不断研究、改进、完善，已成为一种非常成熟的技术。1941 年美国联合碳化物公司建设了世界上第一个间歇作业的水平旋转高压釜，筒体内置有钢球，其目的旨在清除反应产物引起的结垢。以后实践发现这种装置达不到此目的，其建设者 B. Burwell 又建设了一套连续竖式搅拌高压浸出系统(CSTR),它由 6 个立式反应釜建成一个系列,矿浆连续通过,温度从一个釜到另一个釜递增,直到达到要求的压力与温度,采用间接热交换方法且并没有发现明显的结垢现象,浸出槽以环状排列,燃气加热其外表面,燃气与料浆运行方向相反。浸出渣含 WO_3 0.6%。连续高压系统运行平稳,产量与 WO_3 提取率均比间歇作业高。

在韩国、澳大利亚、德国与美国也应用另一种分批作业的卧式旋转高压釜。A. H. 节里克曼介绍了一种利用蒸气直接加热的卧式高压釜,其系统见图3-12[14]。

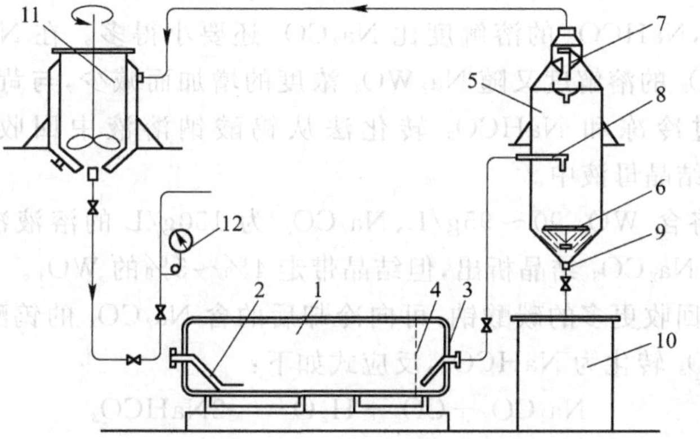

图 3-12 卧式高压釜结构示意图

1—釜体;2—进料管;3—排料管;4—筛板;5—蒸发器;6—挡板;7—气液分离器;8—料浆入口;9—卸料管;10—料浆槽;11—料浆制备槽;12—气压表

俄罗斯的科学家在这方面也做了大量卓有成效的研究工作,他们指出连续高压浸出具有有利于自动控制,产量比分批作业增加两倍,设备寿命比分批作业增加 10 倍的优点。

苏打高压浸出过程同样可以采取添加氧化铝等措施来降低杂质浸出率,一般其效果比 NaOH 体系更好。

苏打高压浸出也可采用两段逆流的方法来提高浸出率。例如处理 58% WO_3 的中矿,采用一段浸出,苏打用量为理论量 2.5 倍,浸出率为 96.7%,而采用两段逆流浸出,苏打用量降为 2~2.5 倍,而浸出率增加至 99.7%。

由于各地矿物的成分、品位、脉石种类及磨矿程度不一致,各冶炼厂的工艺技术参数并不相同,一般精矿细磨 44~90μm,反应温度 190~230℃,压力 1.2~2.6MPa。对低品位白钨矿、黑钨矿或者他们的混合物,取决于其品位,苏打用量为理论量的 2.5~4.5 倍,Na_2CO_3 的起始浓度不超过 230g/L。例如美国联合碳化物公司采用的白钨矿原料含 WO_3 10%~20%,Na_2CO_3 浓度为 110~210g/L,反应温度为190～225℃，反应时间为1～4h。而加拿大Can Tung钨矿的分解条件为矿细磨至70%以上－400目（小于0.038mm），1kg WO_3 配1.2kg Na_2CO_3，Na_2CO_3 浓度为120g/L，反应温度为230℃，时间为2h。结果分解率大于99%。

3.1.3.5 *苏打的回收*

苏打压煮法主要缺点是苏打耗量大，所得的钨酸钠溶液中还含有80～130g/L的残余 Na_2CO_3，在净化过程中将要消耗大量的酸去中和它，并由此产生大量氯化钠或硫酸钠废液，加重环境负担。为此可采用结晶法或离子膜电解法回收钨酸钠中的过量苏打。

(1) 结晶法。由于 Na_2CO_3 在水中的溶解度随温度的降低而大幅度减小，在同样的温度下，$NaHCO_3$ 的溶解度比 Na_2CO_3 还要小得多。在 Na_2CO_3-Na_2WO_4 体系中，Na_2CO_3 的溶解度又随 Na_2WO_4 浓度的增加而减少，与苛性钠体系不同，我们可以通过冷冻和 $NaHCO_3$ 转化法从钨酸钠溶液中回收 Na_2CO_3，而将 Na_2WO_4 留在结晶母液中。

据报道，将含 WO_3 90～95g/L、Na_2CO_3 为150g/L的溶液冷却至3～5℃，70%～72%的 Na_2CO_3 结晶析出，但结晶带走4%～5%的 WO_3。

如果期待回收更多的碳酸钠，可向冷却后的含 Na_2CO_3 的钨酸钠溶液中通入 CO_2，使 Na_2CO_3 转化为 $NaHCO_3$，反应式如下：

$$Na_2CO_3 + CO_2 + H_2O = 2NaHCO_3$$

析出的 $NaHCO_3$ 经苛化处理转变成 Na_2CO_3 后返回使用，反应式如下：

$$NaHCO_3 + NaOH = Na_2CO_3 + H_2O$$

采用 $NaHCO_3$ 结晶法，可在较高的温度下就能获得 Na_2CO_3 在很低温度下冷冻结晶才能达到的效果。

(2) 离子膜电解法（参见3.2.6节）。

3.1.4 苏打烧结-水浸法

苏打烧结-水浸法是一种经典的方法。它既可处理黑钨精矿，又可处理白钨精矿和黑钨白钨混合的低品位矿物。该法系统较复杂，需烟气处理，杂质浸出率高，在处理钨精矿时一些经济技术指标（如回收率）略低于各种湿法分解方法，在20世纪逐渐为苏打高压浸出或苛性钠高压浸出法所取代。但随着钨矿物资源日益复杂化和贫化，优质钨精矿的获得越来越困难，处理低品位复杂混合钨矿物成为现实需要。因而，在一些小型钨冶炼企业中仍有应用。

3.1.4.1 *主要反应及杂质行为*

对于黑钨矿，其主要反应如下：

当无氧化剂存在时，反应式为：

$$FeWO_4 + Na_2CO_3 = Na_2WO_4 + FeO + CO_2\uparrow \tag{3-8}$$

$$MnWO_4 + Na_2CO_3 \longrightarrow Na_2WO_4 + MnO + CO_2 \uparrow \quad (3\text{-}9)$$

当有氧或添加少量氧化剂(如硝石等)时,反应按下式进行:

$$FeWO_4 + Na_2CO_3 + \frac{1}{4}O_2 \longrightarrow Na_2WO_4 + \frac{1}{2}Fe_2O_3 + CO_2 \uparrow \quad (3\text{-}10)$$

$$MnWO_4 + Na_2CO_3 + \frac{1}{6}O_2 \longrightarrow Na_2WO_4 + \frac{1}{3}Mn_3O_4 + CO_2 \uparrow \quad (3\text{-}11)$$

对于白钨矿,一般在配料中加入石英砂,根据烧结原料中 SiO_2 的量不同,反应生成不同的硅酸钙盐:

$$CaWO_4 + Na_2CO_3 + SiO_2 \longrightarrow Na_2WO_4 + CaO \cdot SiO_2 + CO_2 \uparrow \quad (3\text{-}12)$$

$$3CaWO_4 + 3Na_2CO_3 + 2SiO_2 \longrightarrow 3Na_2WO_4 + 3CaO \cdot 2SiO_2 + 3CO_2 \uparrow \quad (3\text{-}13)$$

$$2CaWO_4 + 2Na_2CO_3 + SiO_2 \longrightarrow 2Na_2WO_4 + 2CaO \cdot SiO_2 + 2CO_2 \uparrow \quad (3\text{-}14)$$

烧结过程中,钙的硅酸盐又能与 Na_2WO_4 进行二次反应再生成 $CaWO_4$。硅酸钙中 CaO/SiO_2 比值不同,二次反应进行的程度不一样,表 3-19 列出了烧结过程中二次反应式及不同温度的 $\Delta G^{\ominus}$ 值。

表 3-19 烧结过程中二次反应式及其 $\Delta G^{\ominus}$ 值

反应	$\Delta G^{\ominus}$/J·mol^{-1}		
	1073K	1123K	1173K
$Na_2WO_4 + CaO \cdot SiO_2 = CaWO_4 + Na_2SiO_4$	−15967	−25540	−27295
$3Na_2WO_4 + 3CaO \cdot 2SiO_2 = 3CaWO_4 + 3Na_2O \cdot 2SiO_2$	+3344	+1546	+330
$2Na_2WO_4 + 2CaO \cdot SiO_2 = 2CaWO_4 + 2Na_2SiO_4$	+30180	+29427	+28633

根据热力学计算结果看,CaO/SiO_2 比值愈小,愈易进行二次反应。实测的 CaO/SiO_2 比值对钨回收率的影响也证实了这一点。一般烧结原料中 CaO/SiO_2 的摩尔比以 2.0 左右为宜。

钨矿物原料中存在的硅、磷、砷、钼、铝等杂质在烧结温度下也分别与苏打作用,生成可溶于水的钠盐。

过量的苏打能与部分锡石(SnO_2)和氧化铁反应(Fe_2O_3)生成锡酸盐和铁酸盐。

用水浸出烧结块时,磷、砷、硅、钼、铝的钠盐与钨酸钠一道进入溶液;锡的钠盐也部分溶入钨酸钠溶液中;铁酸钠和锰酸钠则水解沉淀析出;而 $NaAlO_2$ 会与 Na_2SiO_3 作用生成 $Na_2O \cdot Al_2O_3 \cdot 2SiO_2$ 沉淀;这些沉淀均可经过滤而除去。

$$2NaFeO_2 + 2H_2O \longrightarrow Fe_2O_3 \cdot H_2O \downarrow + 2NaOH$$

$$3Na_2MnO_4 + 3H_2O \longrightarrow 6NaOH + Mn_3O_4 \downarrow + \frac{5}{2}O_2 \uparrow$$

$$2NaAlO_2 + 2Na_2SiO_3 + 2H_2O \longrightarrow Na_2O \cdot Al_2O_3 \cdot 2SiO_2 \downarrow + 4NaOH$$

3.1.4.2 烧结块浸出动力学讨论[11]

用水浸出烧结块时，烧结块中的钨酸钠和其他杂质的可溶性盐进入溶液，氧化铁、氧化锰、硅酸钙、铝硅酸钠和未分解的矿石则留在渣中。

钨酸钠的浸出首先从固体颗粒表面开始，随着浸出过程进行，越靠近固体颗粒表面层的地方，钨酸钠浓度越高，离固体颗粒表面越远的地方，钨酸钠浓度越低。此时在固体颗粒表面形成了一层液膜，钨酸钠分子和水分子的扩散必须通过液膜层才能进行。浸出过程包括五个步骤：

(1) 水分子通过液膜层向固体颗粒表面扩散。

(2) 水分子被吸附在固体颗粒表面上。

(3) 水分子与溶质分子（钨酸钠）发生水化作用得到溶质水化分子。

(4) 溶质水化分子从固体颗粒表面解吸。

(5) 解吸后的溶质水化分子通过液膜层向外扩散。

烧结块中钨酸钠的浸出速度（溶解速度）主要取决于水分子和钨酸钠水化分子通过液膜层的扩散速度来控制，因而，浸出过程的速度可用菲克定律来表示：

$$v=\frac{dw}{dt}=\frac{DA}{\delta}(c_0-c)$$

式中 $\frac{dw}{dt}$——单位时间内浸出到溶液中的溶质数量；

D——扩散系数；

A——被浸出固体物质的比表面积；

c_0——固体颗粒表面上的溶质浓度；

c——溶液中溶质浓度；

δ——扩散层（液膜层）厚度。

可以看出，烧结块的浸出速度与被浸固体物质的表面积、扩散系数、液-固两相间溶质的浓度差（c_0-c）及液膜层厚度有关。而温度、搅拌强度和烧结块的物理性质又会影响到扩散系数和液膜层厚度。将烧结块磨细，提高浸出温度，增加搅拌强度，提高浸出的液固比均能提高浸出速度。

3.1.4.3 工业实践[1,16]

苏打烧结法处理黑钨精矿、白钨精矿和黑白钨混合矿的原则流程如图 3-13 所示。

A 矿石的粉碎

一般烧结法使用的矿石不必磨得太细，只要求 85%～90%通过 120 目（0.122mm）筛即可。

烧结法的矿石粉碎一般采用球磨风选法。连续式的球磨风选系统如图 3-14 所示。

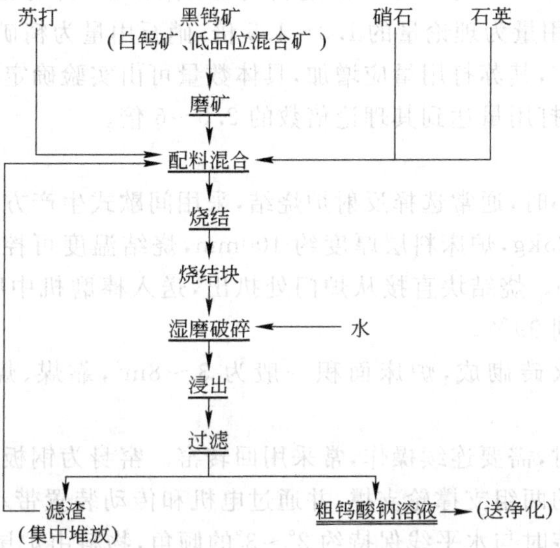

图 3-13 苏打烧结法处理钨矿物原料原则流程

球磨机内装有 ϕ10～50mm 大小不等的钢球，装球量为球磨筒体容积的 35%～40%，物料约占筒体容积的 30%～35%。只有磨细至一定程度的矿粉才有可能被气流带出球磨机进入收尘器中被收集起来。调节气流大小可以控制收尘器中矿粉的粒度。

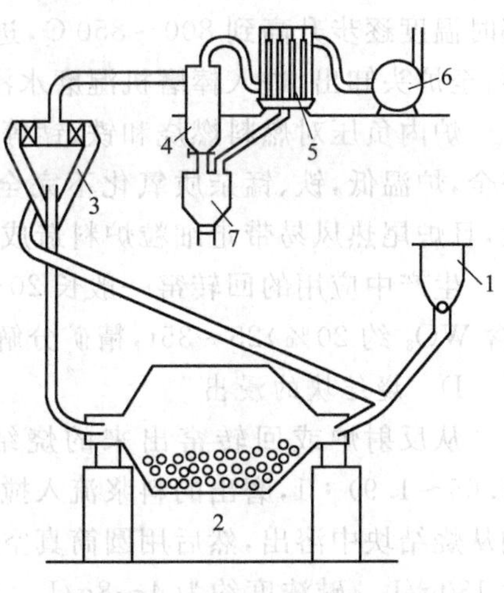

图 3-14 球磨风选系统示意图

1—料仓；2—球磨机；3—空气离析器；4—旋风收尘器；5—布袋过滤器；6—排风机；7—球磨后精矿料仓

B 配料

使用的烧结设备不同，烧结过程的状态不一样（熔合与烧结），烧结的物料配比不一样。

(1) 反射炉熔融法烧结配料。对黑钨矿而言，苏打加入量一般为精矿中 WO_3 理论需要量的 1.2～1.5 倍，硝石加入量为精矿量的 1%～4%，氯化钠加入量为精矿量的 5%～6%，对白钨矿，则苏打加入量要为理论量的 1.5～2.0 倍，还需加入石英粉，加量为 $n(CaO):n(SiO_2)=1.5:1$。

(2) 回转炉烧结法配料。为了防止烧结过程中物料熔化结炉，无论是处理白钨矿还是黑钨矿，炉料中 WO_3 品位要降至 20%左右，这也是此法的一个弊端，对于钨精矿(含 WO_3 不小于 65%)在配料时必须加入一部分返回滤渣来降低其 WO_3 品位。苏打用量为理论量的 1.3～1.5 倍,硝石用量为精矿量的 3%左右。对白钨矿和低品位矿,其苏打用量应增加,具体数量可由实验确定。实际生产中处理低品位白钨矿,苏打用量达到其理论倍数的 2.5～6 倍。

C　烧结过程

生产规模较小时,通常选择反射炉烧结,采用间歇式生产方式。每批每平方米炉床加料 100～125kg,炉床料层厚度约 100mm,烧结温度可控制在 850～950℃,烧结时间为 2～3h。烧结块直接从炉门处扒出,送入棒磨机中磨细后水浸。一般精矿分解率可达到 99%。

反射炉用耐火砖砌成,炉床面积一般为 3～8m^2,靠煤、煤气或重油燃烧来加热。

生产规模大时,需要连续操作,常采用回转窑。窑身为钢板焊接,内衬耐火砖,窑身靠炉头炉尾的两组支撑轮支撑,并通过电机和传动装置带动旋转,转速为 2～3r/min。窑身安装时与水平线保持约 2°～3°的倾角,物料由炉尾加入,在重力作用下,随着窑身的转动慢慢向窑头移动,窑头烧重油或粉煤,高温气流与物料逆向运动,窑身的中部温度最高,从炉尾加入的物料,经过炉尾气流的烘烤加热,至炉子中部时温度逐步升高到 800～850℃,进行烧结过程中的各种化学反应,然后缓慢降温,至炉头卸出,进入棒磨机湿磨水浸。物料在炉内停留时间约 2h。

炉内负压对燃料燃烧和铁、锰等杂质的氧化影响很大。负压太小,燃料燃烧不完全,炉温低,铁、锰杂质氧化不完全;负压太大,燃料燃烧的火力不集中,热损失大,且炉尾热风易带走细粒炉料造成物料损失,增加烟气含尘量。

生产中应用的回转窑一般长 20～30m,炉管内径约 1.8～2m,每天能处理炉料(含 WO_3 约 20%)25～35t,精矿分解率可达 99%。

D　烧结块的浸出

从反射炉或回转窑出来的烧结块先经棒磨机加入软化水湿磨,液固比为(1.65～1.9)∶1,磨出的料浆流入搅拌槽中用蒸汽间接加热煮沸 1.5～2h,使钨酸钠从烧结块中溶出,然后用圆筒真空过滤机或板框压滤机过滤,滤液 WO_3 含量可达 180g/L。碱浓度约为 4～8g/L。滤渣再经热的软化水洗涤两次,使渣中含可溶 WO_3 量不大于 0.5%,渣中 WO_3 总量不大于 1%。洗渣所得的稀钨酸钠溶液可返回棒磨机作浸取液用,也可与浓钨酸钠溶液合并进入净化工序,滤渣一部分返回与精矿配料,一部分集中堆放或填埋。

3.1.5　酸分解法

酸分解法处理钨精矿具有流程短、成本低等优点。如钨矿物原料含杂量高,单靠酸分解和氨水溶解净化难以获得高纯度产品。故酸分解法多用于处理杂质含量低的白钨精矿。如果将流程作适当的调整，对质量较差的白钨矿（含钨 40%～60%，含 $CaCO_3$ 等易被酸溶解的矿物少）也可用酸分解法处理。

盐酸、硝酸都能用来分解白钨精矿。目前工业上一般采用的是盐酸分解法。

3.1.5.1 盐酸分解法

A 酸分解反应的热力学分析

a 钨矿物与盐酸的化学反应

白钨矿与盐酸作用时，发生如下化学反应：

$$CaWO_4(s)+2HCl(aq)=\!=\!=H_2WO_4(s)+CaCl_2(aq) \tag{3-15}$$

黑钨矿与盐酸的反应为：

$$FeWO_4(s)+2HCl(aq)=\!=\!=H_2WO_4(s)+FeCl_2(aq) \tag{3-16}$$

$$MnWO_4(s)+2HCl(aq)=\!=\!=H_2WO_4(s)+MnCl_2(aq) \tag{3-17}$$

根据上述反应中各化合物的有关热力学数据计算出各反应热力学平衡常数，如表 3-20 所示。

表 3-20 盐酸与白钨矿、黑钨矿反应的热力学平衡常数（25℃）

反应矿物	K_a	反应矿物	K_a
白钨矿	1.0×10^7	钨酸锰	2.5×10^8
钨酸铁	6.3×10^4		

从热力学角度分析，即使盐酸过量很少，白钨矿、黑钨矿的分解都能进行得相当完全。

b 杂质行为

杂质行为如下：

（1）铁。元素铁在钨矿物中通常是以 $FeWO_4$、FeS_2、Fe_2O_3、Fe_3O_4 等形态存在。精矿球磨时，也可能带入部分金属铁。酸分解过程中，上述含铁物质均可与盐酸反应生成 Fe^{2+} 或 Fe^{3+} 进入废酸中。由于 $FeCl_3$ 在酸中溶解度比 $FeCl_2$ 大，在酸分解时加氧化剂（硝石）使 Fe^{2+} 氧化成 Fe^{3+}，有利于杂质铁离子在粗钨酸过滤洗涤时除去。在粗钨酸洗涤时 Fe^{3+} 易水解（pH 为 2.5～3）。洗涤起始阶段应使用 pH 小于 2 的洗水防止铁水解析出重新进入钨酸中。

（2）钼。矿石中的 Mo 主要以 $CaMoO_4$ 和辉钼矿（MoS_2）形式存在，钼酸钙与盐酸反应生成钼酸：

$$CaMoO_4+2HCl=\!=\!=H_2MoO_4+CaCl_2$$

MoS_2 不与盐酸作用，但在有氧化剂存在的条件下，也能反应生成钼酸：

$$MoS_2+2HCl+6NaNO_3=\!=\!=H_2MoO_4+2Na_2SO_4+2NaCl+6NO\uparrow$$

钼酸在盐酸中的溶解度比钨酸大得多，且随温度的提高和盐酸浓度的提高而增加（表 3-21），故提高酸浓度，可使大部分钼进入溶液而与钨实现分离。

表 3-21　H_2WO_4 和 H_2MoO_4 在盐酸中的溶解度(g/L)

HCl 浓度 /g·L^{-1}	20℃		50℃		70℃	
	H_2MoO_4	H_2WO_4	H_2MoO_4	H_2WO_4	H_2MoO_4	H_2WO_4
400	440	7.02	551.3	9.45	535.6	6.48
270	192.6	4.32	270.0	4.86	265.0	5.25
200	101.5	1.7	124.5	2.50	135.9	2.16
130	29.2	0.65	18.6	0.69	42.6	0.67
80	10.9	0.25	6.48	0.28	13.0	0.25
40	3.8	0.13	2.46	0.09	4.6	0.01

在酸分解过程中，还可以通过添加硅铁除钼。在酸性溶液中，Mo^{6+} 和 W^{6+} 的标准还原电位相差较大：$E^{\ominus}(Mo^{6+}/Mo^{5+})=0.52V$；$E^{\ominus}(W^{6+}/W^{5+})=0.26V$。硅铁(FeSi)作为还原剂，其中的硅不与盐酸发生作用，而铁会被氧化生成铁离子：$E^{\ominus}(Fe/Fe^{2+})=-0.41V$，当硅铁加入酸溶液中时，$Mo^{6+}$ 将优先被还原生成极易溶于盐酸的 $MoOCl_3$ 进入酸母液中：

$$2H_2MoO_4+FeSi+8HCl═══2MoOCl_3+FeCl_2+Si+6H_2O$$

控制合适的条件，可使除钼率达到 80%。

(3) 磷。矿石中的磷主要以磷灰石和磷酸钙的形式存在，它们均能与盐酸作用生成磷酸。

$$Ca_3(PO_4)_2+6HCl═══3CaCl_2+2H_3PO_4$$

$$2Ca_5(PO_4)_3F+18HCl═══6H_3PO_4+9CaCl_2+CaF_2(\text{或 }HF)$$

大部分 H_3PO_4 进入盐酸溶液中而被除去，少量被钨酸吸附，在钨酸氨溶时进入钨酸铵溶液。

溶解于盐酸溶液中的 H_3PO_4 易与 H_2WO_4 形成水溶性极强的杂多酸造成钨的损失。对含磷高的白钨矿在酸分解前需采取酸预处理(如稀盐酸冷浸法)才能减少磷对钨的直收率影响。

(4) 砷。以 As_2S_3 或 As_2S_5 形态存在的砷在中性或还原性条件下，不与盐酸反应，在粗钨酸氨溶时留在氨溶渣中，从而与钨分离。但在有氧化剂存在时，将发生下列反应：

$$3As_2S_3+28NaNO_3+10HCl+4H_2O═══6H_3AsO_4+9Na_2SO_4+10NaCl+28NO\uparrow$$

$$3As_2S_5+40NaNO_3+10HCl+4H_2O═══6H_3AsO_4+15Na_2SO_4+10NaCl+40NO\uparrow$$

矿石中以 $Ca_3(AsO_4)_2$ 形态存在的杂质砷，很容易与盐酸反应：

$$Ca_3(AsO_4)_2+6HCl═══2H_3AsO_4+3CaCl_2$$

上述反应生成的砷酸大部分进入溶液，其行为与 H_3PO_4 相似，会造成钨的损失。

为了防止砷生成砷钨杂多酸而引起钨的大量损失，可采取矿石氧化预焙烧和酸分解加还原剂除砷的办法。

利用 As_2O_3 的蒸气压高和沸点低的特性(表 3-22),将矿石在 800℃温度下预先氧化焙烧 1h,使硫化砷氧化为三氧化二砷在高温下挥发除去。

表 3-22 As_2O_3、$AsCl_3$ 各种温度下的蒸气压

蒸气压/mmHg		1	10	40	100	400	760
温度/℃	$AsCl_3$	−11.4	23.5	50.0	70.9	109.7	130.4
	As_2O_3	212.5	259.7	299.2	332.5	412.2	457.2

注:1mmHg=133.322Pa。

在酸分解时加还原剂($Na_2S_2O_3$),也可以使砷以气态 $AsCl_3$ 的形式除去:

$$Ca_3(AsO_4)_2+2Na_2S_2O_3+12HCl=2AsCl_3\uparrow+2Na_2SO_4+3CaCl_2+2S\downarrow+6H_2O$$

(5) 硅。矿石中以 SiO_2 形态存在的硅与盐酸的作用甚微,仍留在钨酸沉淀中,粗钨酸氨溶时 SiO_2 亦不溶出而保留在氨溶渣中,可与钨实现较彻底的分离。

(6) 硫化物。如前所述,As_2S_3、MoS_2 等硫化物在非氧化条件下不与盐酸作用,铁及某些重金属的硫化矿能与 HCl 作用,生成相应的氧化物并放出 H_2S,H_2S 对人体有害,且具还原性,可将钨酸局部还原为低价钨化合物,造成废酸中钨的损失增大和粗钨酸氨溶时不易过滤。为此,常在酸分解时加入精矿质量为 0.1%~0.2%的氧化剂 $NaNO_3$,使 H_2S 氧化。

(7) 其他杂质。精矿中的其他杂质如 $CaCO_3$、Al_2O_3 等化合物均可与盐酸作用,生成相应的盐进入酸溶液。

B 动力学分析

盐酸分解白钨矿时,在白钨矿表面生成一层钨酸薄膜,反应要继续进行,必须使 HCl 不断通过钨酸膜向内扩散,同时,反应产物 $CaCl_2$ 也要通过钨酸薄膜向外扩散。分解过程可以概括为下列七个步骤:

(1) 反应物 HCl 分子由主体溶液扩散通过边界层到达精矿表面(外扩散)。

(2) HCl 分子被吸附在固体粒子表面。

(3) 吸附的 HCl 分子扩散通过 H_2WO_4 膜(内扩散)与未分解矿物接触。

(4) HCl 与钨矿发生化学反应。

(5) 反应生成的 $CaCl_2$ 扩散通过 H_2WO_4 膜(内扩散),不溶性产物 H_2WO_4 使膜变厚。

(6) $CaCl_2$ 在固体粒子表面解吸。

(7) 解吸的 $CaCl_2$ 通过边界层扩散至主体溶液中。

根据球形粒子固膜扩散控制的数学模型,此类反应的分解时间 t 与反应分数 R 之间存在 $\left[1-\frac{2}{3}R-(1-R)^{2/3}\right]=kt$ 表示的直线关系,k 为反应速度常数。郑昌琼等人[17]进行了白钨矿盐酸分解的试验,测出了 20℃下在机械搅拌反应器中不同时间内盐酸对白钨矿分解的 R 值，将 R 值代入球形粒子固膜扩散控制的动力学方程，以 $\left[1-\frac{2}{3}R-(1-R)^{2/3}\right]$ 对分解时间作图得到一直线（如图 3-15 所示），由此说明盐酸分解白钨矿是属于固膜扩散控制。

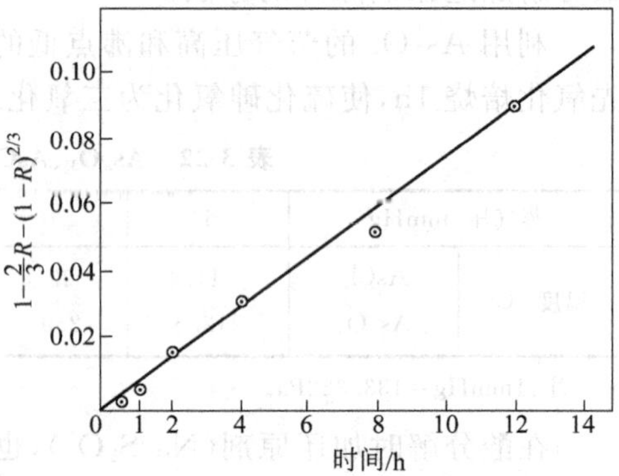

图 3-15 盐酸分解白钨精矿动力学图（20℃）

C 影响分解率的因素

根据热力学和动力学分析可知，凡能改善固膜内扩散过程的因素都能提高分解率。将矿预先磨细降低精矿粒度，可减少钨酸膜厚度，提高分解率。

升高反应温度可增大扩散系数和降低溶液黏度，有利于加快反应速度。增加盐酸用量和提高盐酸浓度会提高反应速度常数 k 值，有利于提高分解速度，还能使分解进行得更完全。此外，采用热球磨酸分解法更有利于脱除矿粒表面的钨酸膜，加快分解速度和提高分解率。

除工艺条件和浸出方式外，钨矿物原料的成分对分解率也有影响。从热力学上看，黑钨矿中的 $FeWO_4$ 与盐酸反应平衡常数比白钨矿低得多，且黑钨矿分解速度较白钨矿慢，因此，当原料中含黑钨矿（主要指含铁）高时，则分解率会降低，此种情况下加氧化剂有利于提高分解率，也有利于钨酸洗涤。但对于砷含量较高的矿，加氧化剂会使砷转为 H_3AsO_4 进入溶液，使钨与砷酸在酸液中结合为杂多酸造成钨的损失，反而降低钨的收率。

3.1.5.2 盐酸分解的工业实践

盐酸分解原则流程示意于图 3-16。

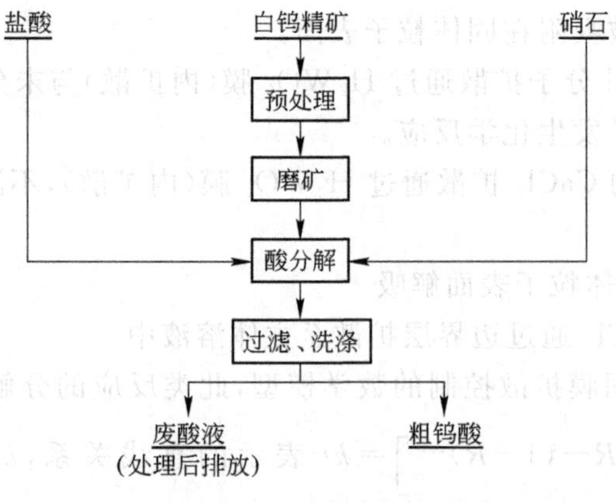

图 3-16 盐酸分解法处理白钨精矿原则流程

A 精矿的预处理

精矿的预处理方法要根据其杂质含量来选择。对于含磷高的白钨精矿，可采用 2% HCl 溶液在常温下将精矿浸泡 15～20min，再通过过滤和水洗除去精矿中的大部分磷。而对于砷、硫含量高的矿，则用焙烧法。

B 磨矿

磨矿的方法有干磨和湿磨两种。白钨矿酸分解工艺中矿的粉碎一般采用湿磨，在三筒振动球磨机内（图 3-17）进行。原矿通过螺旋给料器均匀并连续地送入球磨机内，在磨矿时还定量连续补充水，矿浆从球磨机的出口筛板中流出。磨矿过程是连续进行的，可使 90% 以上的矿粒通过 320 目标准筛（相当于粒度小于 0.043mm）。

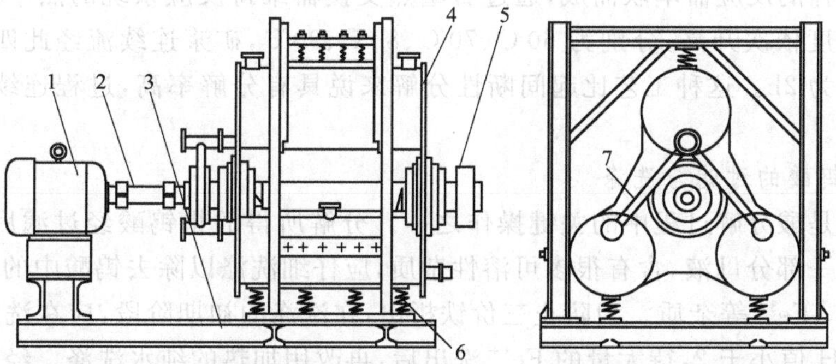

图 3-17 KZM-2 型三筒振动球磨机简图

1—电机；2—联轴软管；3—机架；4—筒体；5—偏心轮；6—弹簧；7—矿浆分配软管

C 酸分解过程

目前工业上酸分解操作采用间断作业搅拌分解法、热球磨法和连续分解法三种工艺。

(1) 间断作业搅拌分解。先将理论量 2～2.5 倍的工业盐酸（含 HCl 为 30% 左右）加入酸分解槽中，用蒸汽预热至 60～70℃，然后在搅拌的情况下放入矿浆，升温至沸腾，保温 0.5h，再加入矿量 0.1%～0.15% 的硝石，煮沸 1h，控制最终酸度为 90～100g/L（原料中含钼高，则要增加盐酸用量，控制最终酸度为 140g/L 左右），即可放料进行过滤洗涤。

酸分解反应如在常压下进行，约有 30% 以上的酸会变成酸雾排出。常压酸分解的盐酸用量一般要达到理论量的 3 倍，但分解率可大于 99%。

酸分解搅拌槽外壳用钢板焊制，内衬耐酸橡胶或耐酸砖、酚醛树脂浸渍石墨块等。槽内装有衬胶的搅拌桨，可用蒸汽直接或间接加热，酸分解也可采用带夹套蒸汽间接加热的搪瓷反应器（但含氟的白钨矿不宜采用）。

(2) 热球磨。从酸分解反应动力学分析可知，热球磨法非常有利于白钨矿酸分解过程的加速进行。瑞典可乐满厂采用热球磨分解白钨矿，是将预先加热的工业盐酸与白钨精矿同时装入热球磨机内加盖密封进行球磨分解，酸用量约为理论量的1.5倍，依靠盐酸与白钨矿的放热反应来维持分解温度在55～60℃之间，在不需外界补充热量的情况下，反应4～5h，白钨矿分解率可达99%。热球磨强化了白钨精矿酸分解过程，在较低的酸用量和温度下，能达到很高的分解率。

球磨机主体是钢制筒体，内衬耐酸橡胶和石英砖，作业时内装ϕ50～70mm的石英球，磨损至30mm以下后弃去，更换新的球。

(3) 连续分解法。这种分解法在法国尤金·卡邦公司应用过。其工艺是用定量泵将白钨精矿的矿浆和盐酸连续加入一个逆流式连续浸出系统中，这个系统由四个带搅拌的反应器串联而成，通过石墨热交换器维持反应系统的热平衡。各级的反应温度依次升高，分别为60℃、70℃、80℃、90℃，矿浆连续流经此四个槽，总停留时间为2h。这种工艺比起间断性分解来说具有分解率高，过程连续，易于控制等优点。

D 钨酸的过滤与洗涤

洗涤是酸分解过程中的关键操作之一。分解所得的粗钨酸经过滤后，其滤饼中还吸附一部分母液，含有很多可溶性杂质，应仔细洗涤以除去钨酸中的残液及所含的Ca^{2+}、Fe^{3+}等杂质。为防止三价铁析出，在洗涤的初期阶段，应在洗水中加入盐酸使pH值小于2，待大量的Fe^{3+}洗出后，再改用加热的纯水洗涤。经洗涤后的粗钨酸pH值不小于4，钙含量不大于0.01%，铁含量不大于0.01%。

过滤洗涤可采用连续带式过滤机或真空抽滤盘。设备材质采用耐盐酸材料。

E 酸解母液及洗水的处理

酸解母液及洗水中含有游离盐酸、可溶性钼、穿滤的细粒钨酸、氯化钙和氯化铁及磷、砷、硅的钨杂多酸盐。其中的钨、钼、氯化钙和游离酸均具有回收价值应加以回收，而砷、磷等有害元素应处理至达到国家规定的工业污水排放标准后才能排放。

酸母液和洗水的处理方法很多，目前工业上采用的多是石灰沉淀法，其工艺过程是：酸性母液和洗水先经过多级沉淀池，沉淀回收其中穿滤和夹带的细粒钨酸。澄清后的酸性母液泵入中和槽内，加热至80～90℃，用石灰中和至pH值为7～8。废酸液中的钨、钼、磷、砷、硅、铁都进入渣中，废渣集中堆放处理，经过滤后的清液可以蒸发浓缩回收氯化钙。

石灰沉淀法操作简单，试剂（石灰）来源充足经济，有价物质（钨及氯化钙）能得到回收利用。但所需设备多，厂房面积大，渣量大，含砷含钨的废渣处理仍有困难。

近年来已开始采用离子交换法来回收酸分解母液和洗水中钨。将含有钨杂多酸离子的废酸液流经装有弱碱性阴离子交换树脂的交换柱。钨和钼的杂多酸离子会被吸附和富集，利用 NaOH 溶液解吸负载树脂，便可得到 WO_3 浓度达 100g/L 以上的钨酸钠溶液，钨的富集倍数可达 10 倍以上。

3.1.6 钨矿物原料的其他分解方法

3.1.6.1 白钨矿的氟化物高压浸出法

A 基本原理

白钨矿可采用氟化钠或氟化铵来分解。氟化钠溶液与白钨矿按下式进行反应：

$$CaWO_4(s)+2NaF(aq)=\!=\!=Na_2WO_4(aq)+CaF_2(s)$$

而采用 NH_4F+NH_4OH 作浸出剂，则与白钨矿反应直接得到 $(NH_4)_2WO_4$ 溶液：

$$CaWO_4(s)+2NH_4F(aq)\xlongequal{NH_4OH}(NH_4)_2WO_4(aq)+CaF_2(s)$$

CaF_2 的溶度积（$K_{sp}(CaF_2)=2.7\times10^{-11}$）比 $CaWO_4$ 的溶度积（$K_{sp}(CaWO_4)=8.7\times10^{-9}$）小，由此计算可得上述反应在 20℃的平衡常数 K_a 值为：

$$K_a=\frac{a_{WO_4^{2-}}}{a_{F^-}^2}=\frac{K_{sp}(CaWO_4)}{K_{sp}(CaF_2)}=\frac{8.7\times10^{-9}}{2.7\times10^{-11}}=322$$

在 225℃时，测得的 NaF 分解白钨矿的 K_c 值达 24.5，而碳酸钠在相同的条件下分解白钨矿，测得的 K_c 值只有 1.52，因此，氟化钠和氟化铵是一种比碳酸钠更有效的分解白钨矿的试剂。

从动力学来看，用 F^- 浸出白钨的速度比 CO_3^{2-} 和 PO_4^{3-} 等要快（图 3-18）。

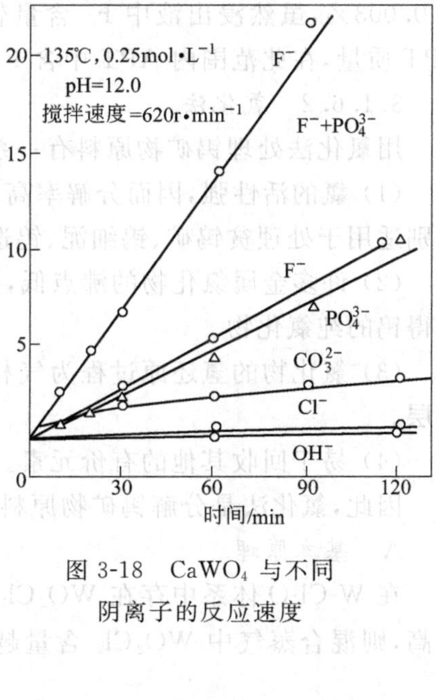

图 3-18 $CaWO_4$ 与不同阴离子的反应速度

NaF 分解白钨矿在低于 100℃时的条件下矿粒表面生成 CaF_2 薄膜，阻碍反应进一步进行；温度高于 100℃时，则 CaF_2 薄膜脱落，反应速度主要受化学反应速度的控制。

B 工艺过程及指标

姚珍刚[18]对白钨精矿进行了 NaF 浸出试验，当温度为 190℃，NaF 用量为理论量的 1.2 倍，加入少量的添加剂，压煮 1.5h，分解率稳定在 99%左右。得到的粗钨酸钠溶液含磷、砷、SiO_2 杂质很低（见表 3-23），基本上可达到净化后的技术要求。但 F^- 浓度一般在 2～4g/L 范围内。为了除氟，可在含 F^- 的 Na_2WO_4 溶液中加入 $MgSO_4$。试验表明，以 MgF_2 形式除氟，溶液中 F^- 浓度可除至 0.1g/L。对于含钼低的白钨矿，经 NaF 压煮的粗钨酸钠溶液脱氟后可直接采用加硫化剂调酸除钼。经萃取结晶得到的 APT 质量可达到国标零级品要求。

表 3-23　白钨矿 NaF 压煮溶液质量

粗钨酸钠溶液成分	WO_3	P	As	SiO_2	Mo
含量/g·L^{-1}	138.02	0.0032	0.045	0.050	0.052
杂质/WO_3 比值/%	—	0.0023	0.032	0.036	0.037

A. H. 节里克曼等在回转式压煮器中进行了白钨矿用 NH_4F 浸出的试验，原料先在离心式行星磨机中机械活化，再在 150℃ 下，NH_4F 用量为理论量的 2.5 倍，溶液另含 10%的游离 NH_3，固液比为 1/4，浸出 4h，分解率达到 99.3%。杂质的浸出率很低，原料成分及浸出液中杂质含量的对照如表 3-24 所示。

表 3-24　NH_4F+NH_4OH 浸出白钨矿的浸出液成分

成　分	WO_3	Mo	SiO_2	P	As	CaO	F^-
白钨矿/%	50.7	3.93	4.51	0.12	0.006	34.4	—
浸出液/g·L^{-1}	100～120	9～10	0.4～0.5	0.005～0.008	0.003～0.004	—	55～60

上述浸出液直接蒸发结晶，当结晶率为 80%左右时，产出的 APT 含 P、As、Mg 均小于 0.001%，Mo 含量不大于 0.04%，Si 含量不大于 0.006%，Fe 含量不大于 0.003%，虽然浸出液中 F^- 含量较高，但发现当 F^- 为 5～30g/L 时，并不影响 APT 质量，在此范围内 APT 中含 F 保持在 0.007%以内。

3.1.6.2　氯化法

用氯化法处理钨矿物原料有一系列优点，主要表现在：

(1) 氯的活性强，因而分解率高，金属回收率高，除可处理一般的钨精矿外，还特别适用于处理贫钨矿、钨细泥、钨选矿尾砂和多金属复合矿。

(2) 许多金属氯化物的沸点低，因而可利用蒸气压的不同进行分离提纯，容易获得钨的纯氯化物。

(3) 氯化物的氢还原过程为气相反应，易于从钨的氯化物中制取超细钨粉或镀层。

(4) 易于回收其他的有价元素。

因此，氯化法是分解钨矿物原料很有前途的方法之一。

A　基本原理

在 W-Cl-O 体系中存在 WO_2Cl_2、$WOCl_4$、WCl_4、WCl_2 等化合物，系统中氧位越高，则混合蒸气中 WO_2Cl_2 含量越高。要获得 WCl_4 或 WCl_2，必须要降低系统

的氧位，保证足够的还原气氛。因此，白钨矿或黑钨矿氯化时，往往加入碳作还原剂[1]。

对于黑钨矿（以 $FeWO_4$ 为例，$MnWO_4$ 与之大同小异）氯化的主要反应如下：

$$FeWO_4 + 5/2Cl_2 + C = FeCl_3(\text{或 } FeCl_2) + WO_2Cl_2 + CO_2(\text{或 } CO)$$

$$FeWO_4 + 7/2Cl_2 + 3/2C = FeCl_3(\text{或 } FeCl_2) + WOCl_4 + 3/2CO_2(\text{或 } CO)$$

$$FeWO_4 + 7/2Cl_2 + 2C = FeCl_3(\text{或 } FeCl_2) + WCl_4 + 2CO_2(\text{或 } CO)$$

$$FeWO_4 + 5/2Cl_2 + 2C = FeCl_3(\text{或 } FeCl_2) + WCl_2 + 2CO_2(\text{或 } CO)$$

对于白钨矿如采用二氧化硫作还原剂，则反应为：

$$CaWO_4(s) + Cl_2(g) + SO_2(g) = CaSO_4(s) + WO_2Cl_2(g)$$

白钨矿氯化分解如用碳作还原剂，加入一定量的氟化钙才能获得高的分解率：

$$CaWO_4(s) + 3C(s) + 2Cl_2(g) + CaF_2(s) = 2CaClF(s) + WOCl_2(g) + 3CO(g)$$

B 工艺指标

原料首先与碳和添加剂（CaF_2）及黏结剂混合制团；制团的目的是为了保证炉料良好的透气性，团块经充分干燥脱水后，再进行氯化，氯化过程通常是在竖式氯化炉中进行的，温度控制在 600～800℃（物料不同，氯化温度则不一样），氯化产生的混合氯化物蒸气进行冷凝，再通过分离提纯，得到的纯氯化钨可用氢气还原制得钨粉或镀层，也可将其水解制得钨酸。

黑钨矿用氯气氯化时，温度到 800～900℃时才能进行完全（图 3-19），但加入碳作还原剂，则 400℃反应就会开始，500℃下进行得较快，至 600℃已氯化得较完全（图 3-20）。

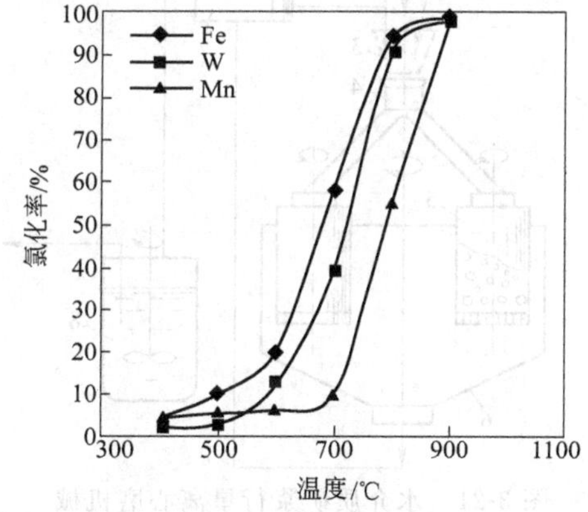

图 3-19 黑钨精矿的氯化

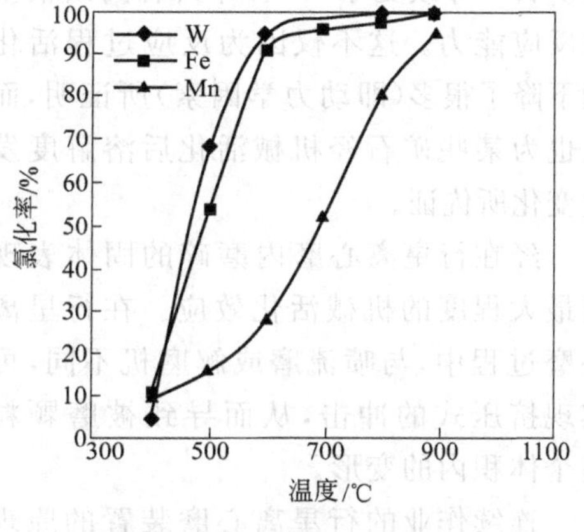

图 3-20 黑钨精矿加碳氯化

白钨矿加碳氯化，若不加添加剂 CaF_2，则在 600℃时，钨的氯化率只有 65%，若按理论量加入氟化钙，配料时碳与白钨矿之比为 0.075，600℃氯化时，钨的氯化率可达 99%[1]。

3.1.7　机械活化在钨精矿分解中的应用[19~22]

3.1.7.1　机械活化原理

强化化学反应的物理方法有多种，诸如机械活化、超声波活化、辐射活化和热活化等。但是，对钨精矿的浸出过程而言，机械活化具有较大意义。

在20世纪20年代，在研究结晶物质的反应性能时发现，经机械磨碎后并不是全部机械能转变为热能，而是有5％～10％的能量消耗于固体内能的增加，使固体的溶解速度增加。

在机械作用下固体内部发生的物理过程，既与机械作用的类型和强度有关，又与固体的性质，特别是固体的形变能力、是否存在晶格缺陷以及其晶格类型有关。因此，对不同的天然矿物而言，机械作用的结果是不一样的。在一些情况下机械作用可使矿物的化学性质发生巨大变化，而在另一些情况下却没有作用。例如，在机械活化后固体表面的吸附性能可能增加，而溶解速度却可能减小；或者与此正好相反。尽管如此，经机械处理之后，在固体物质的结构和反应能力之间存在一定的关系。

从现代观点看，破碎过程不仅仅是使固体表面增加的过程，同时也是吉布斯等压位增加的过程。从这层意义上讲，破碎是一种化学过程，它可能导致机械化学反应和与经预先机械活化的固体的反应走一条“与热力学相背离”的反应途径。正是结构的不规则性可以解释下列现象，矿石经在所谓的高能装置（如振动球磨、解磨机、喷流磨、搅拌球磨、旋流磨和行星离心磨）中破碎后，哪怕其比表面与常规球磨机中磨碎的矿石一样或更小一些，却具有高出很多的反应能力。这不仅因为反应过程活化能下降了很多（即动力学因素）所证明，而且也为某些矿石经机械活化后溶解度发生变化所佐证。

经在行星离心磨内磨碎的固体表现出最大程度的机械活化效应。在行星离心磨过程中，与喷流磨或解磨机不同，可实现挤压式的冲击，从而导致被磨颗粒整个体积内的变形。

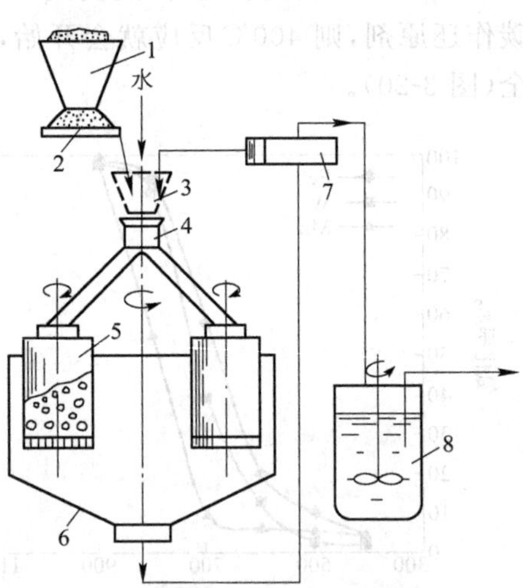

图3-21　水介质矿浆行星离心磨机械活化装置的示意图

1—料仓；2—圆盘给料机；3—漏斗；4—行星离心磨给料器；5—行星离心磨的磨筒（它们一方面绕公共轴公转，另一方面又绕自身的轴向相反方向自转）；6—卸料仓；7—水力旋流器；8—再浆化槽

连续作业的行星离心磨装置的原理示意图见图3-21，该装置用于在矿浆中对矿物原料进行机械活化。

目前已开发了按固体计算生产能力为1t/h的行星离心磨工业装置，并投入工业使用。尽管它在生产能力上小于振动球磨（2～5t/h）、喷流磨（约 5t/h）和解磨机（高达 50t/h），但已能将其用于许多湿法冶金生产，例如用于活化价值较高的含钨、钽、铌、钼、铍、锡、锆、金、铟等金属的精矿。令机械活化与化学反应同时进行效果最佳，但是由于单位产品的能耗过高和设备的腐蚀，这一方法在经济上可能不合适。因此，通常对原料采用“干式”或在“矿浆”中的预先机械活化。

通常认为，反应速度常数 k 在受动力学控制的反应中是一个“结构敏感参数”。这意味着固体中的缺陷仅在化学反应是反应过程的最慢阶段时才会有影响。事实并非完全如此，因为在热力学平衡常数数值小的化学过程中，固体机械活化后由于其热力学状态的改变及速度常数 k 的改变可能对整个过程动力学产生影响。

3.1.7.2 *机械活化强化钨精矿浸出过程*

纵观俄罗斯学者对液固多相反应体系进行机械活化研究的主要报道，其特征是采用高能输入磨矿；磨矿时间短；固体矿物的微观结构发生显著变化；从而导致反应活化能明显降低；反应速度明显增加。例如，他们开发的机械活化处理标准钨精矿的工艺。机械活化在以水为介质的矿浆中进行，行星离心磨的离心加速度为地心加速度的 40～60 倍。为使钨精矿在磨筒内获得超细磨的效果，仅需不到 15s（原文如此）的时间。与白钨精矿不同，黑钨精矿在行星离心磨磨矿后与分解剂（硫酸、碳酸钠等）的反应活性增加得特别明显。这可从相应浸出过程活化能的下降和矿石单位反应面积浸出速度（特别是在低温下）的增加来得到证明。在另外的论文[21]中列举的黑钨矿活化效果见表 3-25。

表 3-25 苏打浸出黑钨矿机械活化效果对比

精矿组成/%	活化时间/min	浸出率/%	渣含 WO_3/%
66.87WO_3，16.3MnO，7.23FeO，2.0SiO_2	0	88.4	15.12
	15	99.45	6.39
63.71WO_3，8.41MnO，8.87FeO，2.04SiO_2	0	58.44	37.18
	15	95.36	7.0
69.25WO_3，6.5MnO，8.87FeO，3.9SiO_2	0	62.38	41.33
	15	92.17	12.60

图 3-22 及图 3-23 为含 WO_3 70.94%的黑钨矿机械活化前后的 X 射线衍射图谱与红外谱图。X 衍射图谱的衍射线强度与峰形发生变化，红外吸收峰在 1000cm^{-1} 处向高波数方向移动 40cm^{-1}，这意味着矿物晶格中键能的削弱。

因此，俄罗斯的学者认为，白钨精矿在带钢球的旋转高压釜中与碳酸钠和与硝酸反应，以及钨精矿的球磨浸出时，转化率的升高是因为磨矿程度的增加，而并非机械活化的效应。

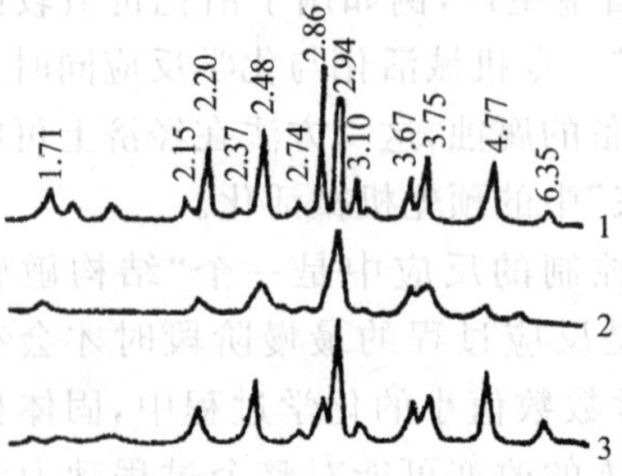

图 3-22　黑钨矿 X 衍射图
1—未活化；2—干活化 15min；
3—湿活化 15min

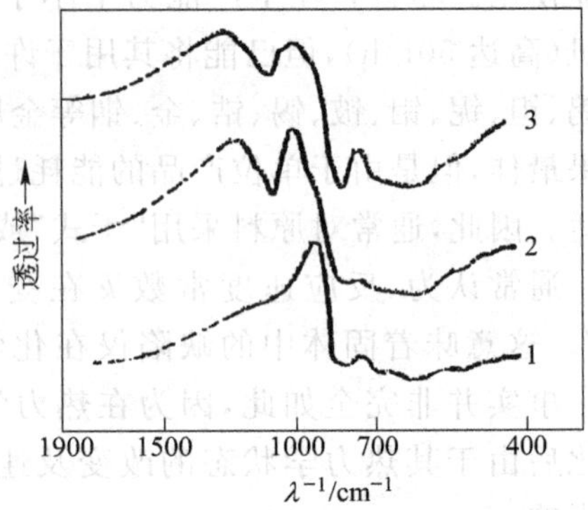

图 3-23　黑钨矿红外光谱图
1—未活化；2—干活化 15min；
3—湿活化 15min

3.1.7.3　黑钨精矿的机械活化转型及应用

黑钨精矿（66.5%WO_3）在行星离心磨中与钙盐作用转变为白钨矿的过程，是机械活化转型的范例。转型反应如下：

$$Fe(Mn)WO_4 + Ca(NO_3)_2 = CaWO_4 + Fe(Mn)(NO_3)_2$$

$$Fe(Mn)WO_4 + CaCl_2 = CaWO_4 + Fe(Mn)Cl_2$$

如果将黑钨精矿矿浆在行星离心磨中用钙盐处理，将得到对碳酸钠高压浸出活度比原矿高很多的产物。黑钨精矿机械活化转型的最佳试验条件如下：转筒中磨球质量 900g，被处理矿量 5g，水相体积 10mL，$CaCl_2$ 或 $Ca(NO_3)_2$ 耗量为相对于精矿中 WO_3 含量化学计量的 25%，处理时间 1min，磨球最大离心加速度为 45g（此处 g 表示重力加速度常数）。

对经钙盐机械活化处理的产物进行了红外光谱和 X 光衍射分析，结果示于图 3-24 和图 3-25。由图 3-24 看出，与黑钨矿的红外谱图比较，经钙盐中机械活化后，黑钨矿的特征峰值变弱，而白钨矿的特征峰值变强。谱线 3 和 4 含有位于 440cm^{-1}、860cm^{-1}和 960cm^{-1}的吸收带，这是纯白钨矿的特征带。位于 1100cm^{-1}处的吸收带可能是由于来自磨球的铁和因为反应产物的部分水解。

图 3-25 为黑钨精矿及其机械活化反应产物的 X 光衍射数据。衍射曲线 3 含有 d/h 为 0.3106nm，0.2610nm 和 0.2296nm 的衍射峰，这正是白钨矿的特征谱线（0.3100nm，0.2630nm 和 0.2300nm）。这证明黑钨矿在行星离心磨中用钙盐活化后，已部分地转变为白钨矿。与此同时，在产物中还能观察到某些结构上的变化（见表 3-26）。

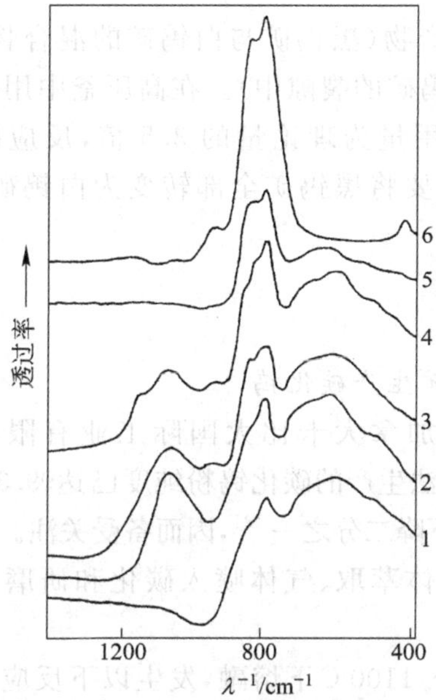

图 3-24 机械活化产物的红外光谱

1—黑钨矿原矿（俄罗斯奥尔罗夫矿）；
2—黑钨矿经在水介质中机械活化
（5min，固液比 1∶1，磨球离心加速度 45g）；
3—黑钨矿经在氯化钙溶液中机械活化
（氯化钙用量为对 WO_3 理论量的 25%）；
4—黑钨矿经在氯化钙溶液中机械活化
（氯化钙用量为对 WO_3 理论量的 125%）；
5—黑钨矿与白钨矿 1∶1 的混合物；
6—白钨矿

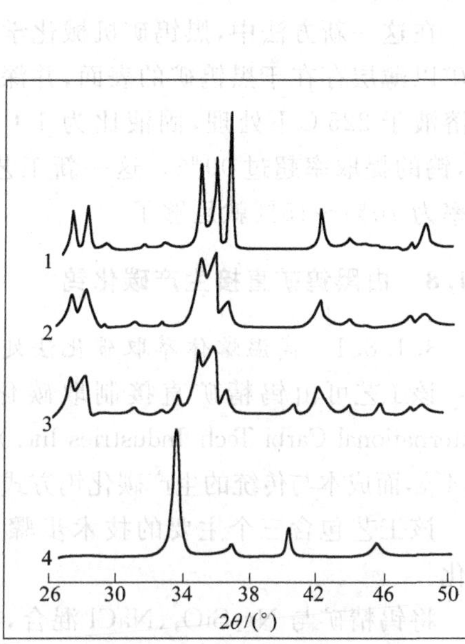

图 3-25 黑钨精矿及其机械活化反应产物的 X 光衍射数据

1—黑钨矿原矿（俄罗斯奥尔罗夫矿）；
2—黑钨矿经在水介质中机械活化
（5min，固液比 1∶1，磨球离心加速度 45g）；
3—黑钨矿经在氯化钙溶液中机械活化
（氯化钙用量为对 WO_3 理论量的 25%）；4—白钨矿

表 3-26 黑钨矿(130)晶面衍射线的物理宽化

黑钨矿样品	物理宽化/度
黑钨矿原矿	0
1min 水中活化	0.145
1min 在 $CaCl_2$ 溶液中活化	0.190
5min 水中活化	0.160
5min 在 $CaCl_2$ 溶液中活化	0.220

细磨的黑钨矿活化能为(137±5)kJ/mol；在水介质中活化后活化能为(80±5)kJ/mol；经转型机械活化的为(38±5)kJ/mol。实验证明，即使转变为白钨矿的转化率低时（比如 20%），黑钨矿的活性也明显增加。这一效应已成为处理

黑钨矿新方法的基础。

在这一新方法中，黑钨矿机械化学反应的产物（黑钨矿与白钨矿的混合物，白钨矿以薄层存在于黑钨矿的表面，并深入于黑钨矿的裂隙中）。在高压釜中用碳酸钠溶液于225℃下处理，固液比为1∶6，苏打用量为理论量的3.5倍，反应时间2h，钨的提取率超过99%。这一新工艺并不需要将黑钨矿全部转变为白钨矿，转化率为10%～15%就足够了。

3.1.8 由黑钨矿直接生产碳化钨

3.1.8.1 高温熔体萃取碳化法处理钨精矿生产碳化钨

该工艺可由钨精矿直接制取碳化钨。据加拿大卡比太国际工业有限公司(International Carbi Tech Industries Inc.)称：用此法生产的碳化钨粉纯度已达99.3%～99.4%，而成本与传统的生产碳化钨方式比较可下降二分之一[28]，因而备受关注。

该工艺包含三个主要的技术步骤：高温熔体萃取、气体喷入碳化和研磨浸滤净化。

将钨精矿与 Na_2SiO_3、NaCl 混合，在1050～1100℃下熔融，发生以下反应：

$$2(Fe,Mn)WO_4+3Na_2SiO_3+16NaCl=\!=\!=2(Na_2WO_4\cdot 8NaCl)+Na_2(Fe,Mn)_2Si_3O_9$$

所得的含钨 $Na_2WO_4\cdot 8NaCl$ 相与硅酸盐互不相溶，按密度分层，上层为硅酸盐相，下层为氯化物-钨酸盐相。将两相用倾析法分离后，98%～99%的 WO_3 及少量的铁锰杂质存在于钨酸盐相中。

以白钨矿为原料时，应加入 Al_2O_3 和 NaF 作熔剂。但如将白钨与黑钨按1∶3的比例搭配加入，则可免加上述熔剂。

将高温熔体萃取后的氯化物-钨酸盐相加 NaCl 调整比例后，再在1050～1070℃时通入天然气，则发生如下反应生成碳化钨：

$$Na_2WO_4+4CH_4=\!=\!=Na_2O+WC+3CO+8H_2$$

定期将碳化钨从熔盐炉中取出研磨分散后，先后用10%HCl和3%NaOH溶液浸出洗涤，再通过过滤除去杂质，即可得到较纯净的碳化钨粉。

工艺条件及指标如下。

加入物料配比为：m(黑钨精矿)∶m(NaCl)∶m(Na_2SiO_3)＝33∶47∶20；在1050～1100℃下熔融并保温2h，获得的氯化物-钨酸盐相大致成分为：WO_3 25%～30%；FeO 约为0.24%；MnO 约为0.3%；硅酸盐相含 WO_3 约为0.5%；此步骤 WO_3 收率可达98%～99%。

熔融分层得到的氯化物-钨酸盐相再在1050～1070℃下通入天然气，天然气中主要成分甲烷(CH_4)中碳的利用率约2.2%，90%的 WO_3 转化为 WC 得以回收，将 WC 磨细再酸浸过滤，能进一步除去杂质(见表3-27)，最终得到的 WC 能达到一般硬质合金用 WC 的要求。

表 3-27 高温熔融萃取酸浸后碳化钨中杂质含量(%)

杂质	起始材料	磨细和一次浸出	磨细和三次浸出	加压浸出
Al	0.02	0.01	0.005	0.005
Ca	0.2	0.01	0.01	0.002
Co	0.03	0.01	0.002	0.0005
Cr	0.2	0.06	0.03	0.01
Fe	0.1	0.03	0.01	0.01
Mo	0.08	0.07	0.07	0.05
Na	0.08	0.01	<0.008	<0.008
Ni	0.2	0.02	0.01	0.01
Zr	0.02	0.02	0.005	0.01
Ti	0.002	0.1	0.06	0.002

注:酸浸条件:65℃用 6mol/L HCl 搅拌浸出 1h;加压浸出条件:加压下用 6mol/L HCl 搅拌浸出 4h。

3.1.8.2 钨精矿铝热还原法生产粗颗粒优质碳化钨[59]

近年来,俄罗斯化学工艺研究院开发了钨精矿的“炉外”铝热还原法。可靠自热在高温下直接从精矿中还原钨并使其碳化。原料钨精矿含 55%~60% WO_3。

铝热还原在石墨、铜或钢质坩埚中进行。还原和碳化过程非常快,仅 3~5min。反应放出的热足够使反应产物全部熔化,并使含碳化钨的金属相与炉渣相得到良好分离。

“炉外”铝热还原法得到的金属相含碳化钨 55%~75%、铁 15%~20%、过剩的还原剂铝 1%~4%、其余的金属杂质(Mn、Ni、Cu 等)小于 2%以及少量炉渣夹杂。炉渣相为 $CaO \cdot 2Al_2O_3$ 和 $CaO \cdot Al_2O_3$ 的混合物。

将金属相破碎至 150μm,得到的粉末经盐酸浸出以除去可溶于酸的物质,即得到最终产品碳化钨(WC)。

X 光衍射分析证明,产品仅含 WC 一个相。碳化钨的化学成分符合俄罗斯的技术标准 TY48-19-265-91。产品 WC 的质量高于一般传统工艺的产品,碳化完全,游离碳含量减少至 0.01%(通常为小于 0.04%),晶格缺陷减少,无 W_2C、Mo_2C 和 Fe_3W_3C 产生。白钨矿中的钼进入了 WC 的晶格,不生成单独的 Mo_2C 相。这对制造硬质合金十分重要。产品 WC 的杂质含量(包括 Fe)符合要求,费氏平均粒径为 9μm。俄罗斯的经验证明,该产品可用于钻探工具和硬质合金的生产。

3.2 由含钨溶液制取纯钨化合物

3.2.1 概述

为了获得一定纯度的金属钨,应首先保证钨化合物的纯度。此外,纯钨化合物的粒度、粒度组成和晶形晶貌对钨粉的粒度及其粒度组成有影响，所以对纯钨化合物的粒度等物理指标也有一定的要求。

分解钨矿物原料所得到的粗钨酸钠溶液或粗钨酸中都含有某些杂质，特别是磷、砷、硅、钼。杂质的种类和含量取决于原料的成分和具体的分解方法及分解作业条件，对粗钨酸钠而言，其中 Si/WO_3 质量比约为 0.5%～2%，P/WO_3 质量比约为 0.01%～0.04%，As/WO_3 质量比约为 0.01%～1%，Mo/WO_3 质量比约为 0.1%～0.4%，此外用苏打高压浸出法分解含萤石的白钨矿或采用氟盐法分解白钨矿时，溶液中 F/WO_3 质量比达 1%～4%，而采用苛性钠高压浸出法分解含锑、锡高的黑钨矿时，少量锑和锡会以锑酸钠和锡酸钠的形态进入粗钨酸钠溶液中。这些杂质的存在会影响到钨最终产品的纯度，某些杂质对生产过程还会产生不利的影响（例如 F^- 的存在对除钼过程和萃取过程都不利）。

由净化粗钨酸钠溶液和粗钨酸可生产出钨的纯化合物仲钨酸铵（APT）或三氧化钨，这两种纯钨化合物是目前工业上生产钨粉最常用的原料。为了得到高质量的钨产品，对纯钨化合物的纯度要求越来越高。目前我国执行的 APT 国家标准如表 3-28 所示。

表 3-28 对 APT 化学成分的要求（GB 10116—88）

牌号			APT-0	APT-1	APT-2
化学成分/%	WO_3 含量不小于		88.5	88.5	88.5
	杂质含量（以 WO_3 为基准）不大于	Al	0.0005	0.001	0.001
		As	0.001	0.001	0.002
		Bi	0.0001	0.0001	0.0002
		Ca	0.001	0.001	0.002
		Co	0.001	0.001	0.001
		Cr	0.001	0.001	0.001
		Cu	0.0003	0.0005	0.001
		Fe	0.001	0.001	0.002
		K	0.001	0.0015	0.002
		Mn	0.001	0.001	0.001
		Mg	0.0007	0.001	0.002
		Mo	0.002	0.005	0.01
		Na	0.001	0.0015	0.002
		Ni	0.0007	0.001	0.001
		P	0.0007	0.001	0.002
		Pb	0.0001	0.0001	0.0002
		S	0.0007	0.001	0.001
		Sb	0.0008	0.001	0.002
		Si	0.001	0.001	0.003
		Sn	0.0001	0.0003	0.0005
		Ti	0.001	0.001	0.001
		V	0.001	0.001	0.001

生产纯三氧化钨或 APT 的原则流程如图 3-26 所示。

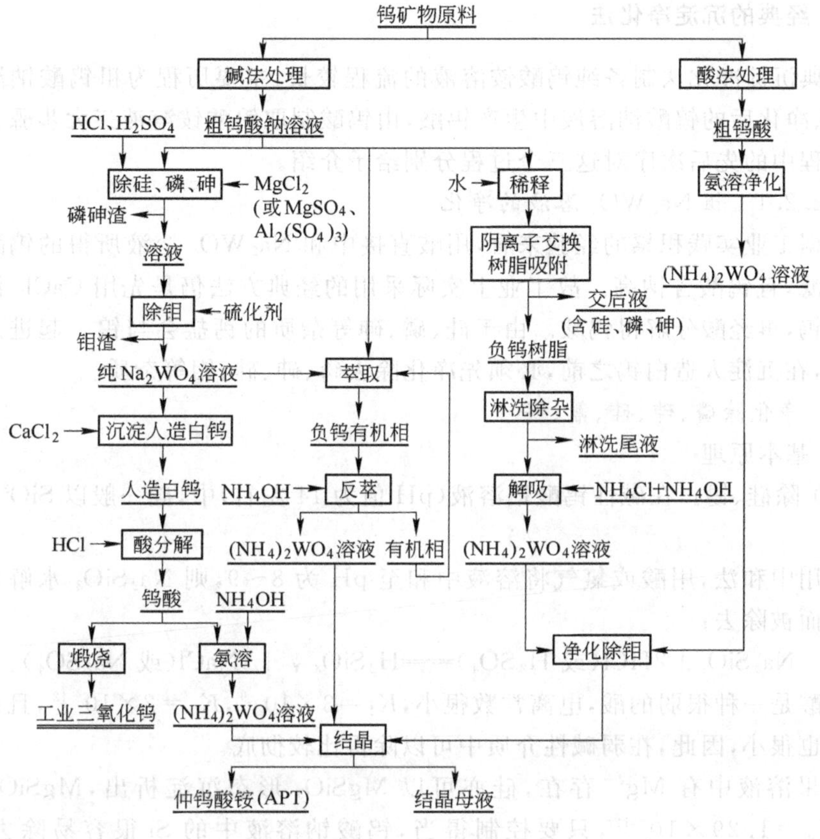

图 3-26　粗钨酸钠及粗钨酸净化工艺原则流程

可以将目前工业上采用的生产方法归结为以下四类，即经典沉淀净化法、溶剂萃取法、离子交换法和钨酸氨溶结晶法。

应当指出，上述方法不能截然分开，它们之中的某些单元操作过程可以相互借用。溶剂萃取法工艺中就利用了沉淀净化法来除杂质，离子交换法工艺中也可能采用人造白钨的方法来回收结晶母液中的 WO_3，而粗钨酸氨溶净化结晶法与经典沉淀净化法中人造白钨酸分解后制取 APT 的流程则大体相同。实际生产应根据原料的纯度，对产品的要求及参考矿物原料的分解方法，将各类工艺有机地组合成合理流程。此外，流程选择还必须考虑生产成本和环境保护等方面的因素。APT 或 WO_3 的生产成本与制造过程中的钨的收率和试剂消耗密切相关。一般情况下，流程越长，金属收率相对较低，试剂消耗较多，生产成本较高。为此，在保证产品质量、满足环境要求的条件下，应尽量缩短工艺流程。

3.2.2 经典的沉淀净化法

经典沉淀净化法制备纯钨酸铵溶液的流程较长，主要历程为粗钨酸钠溶液的净化，从净化后的钨酸钠溶液中生产钨酸，由钨酸制取钨酸铵溶液三大步骤。本节将按流程中的先后次序对这三个过程分别给予介绍。

3.2.2.1 粗 Na_2WO_4 溶液的净化

根据工业实践积累的经验来看，用酸直接中和 Na_2WO_4 溶液所得的钨酸难以洗涤过滤，且钨酸含钠高。故工业上实际采用的经典方法仍是先用 $CaCl_2$ 沉淀得人造白钨，再经酸分解得钨酸。由于硅、磷、砷等杂质的钙盐会与钨一起进入人造白钨中，在沉淀人造白钨之前，必须先净化除去磷、砷、硅、钼等杂质。

A 净化除磷、砷、硅、氟、锡

a 基本原理

(1) 除硅、锡。在碱性钨酸钠溶液(pH 值为 14 左右)中，硅一般以 SiO_3^{2-} 形态存在。

采用中和法，用酸或氯气将溶液中和至 pH 为 8～9，则 Na_2SiO_3 水解成偏硅酸沉淀而被除去：

$$Na_2SiO_3+2HCl(\text{或 } H_2SO_4)=\!=\!=H_2SiO_3\downarrow+2NaCl(\text{或 } Na_2SO_4)$$

硅酸是一种很弱的酸，电离常数很小，$K_1=3\times10^{-9}$，$K_2=2\times10^{-12}$，且硅酸的溶解度也很小，因此，在弱碱性介质中可以除得比较彻底。

如果溶液中有 Mg^{2+} 存在，硅亦可以 $MgSiO_3$ 形态沉淀析出，$MgSiO_3$ 的溶度积 $K_{sp}=1.29\times10^{-12}$，只要控制得当，钨酸钠溶液中的 Si 很容易除去 99% 以上。

应当指出，在中和过程中，硅极易形成胶体分散在溶液中，导致过滤困难。采用加热煮沸的办法，可加速其沉降。还可加入少量的动物胶、植物胶、聚丙烯酰胺等絮凝剂，增强除硅效果。

在中和除硅的同时，溶液中的 Na_2SnO_3 也会水解生成 $Sn(OH)_4$ 沉淀而被除去：

$$Na_2SnO_3+3H_2O=\!=\!=Sn(OH)_4\downarrow+2NaOH$$

$Sn(OH)_4$ 的溶度积为 1×10^{-56}，故在 pH 值为 8～9 时，锡的除去率非常高。为了彻底除锡，在水解前需添加适当的氧化剂将二价锡离子氧化为四价[60]。

(2) 除磷、砷、氟。在除磷、砷时，氟往往同时被除去，不必设定专门的工序来除氟。

钨酸钠溶液中的磷、砷存在形态与 pH 值有关，以磷为例，在不同的 pH 值下，可以 PO_4^{3-}、HPO_4^{2-}、$H_2PO_4^-$ 和 H_3PO_4 等离子和分子形态存在。

四种形态磷的摩尔分数与 pH 值的关系见图 3-27。

从图 3-27 中可知，四种形态磷的相对比例与溶液的 pH 有关，随着 pH 值的减小，H_3PO_4、$H_2PO_4^-$ 的相对含量增加，当 pH 值为 14 时，溶液中的磷几乎全是以 PO_4^{3-} 的形态存在，而在 pH 为 8～9 时，则主要呈 HPO_4^{2-} 形态。

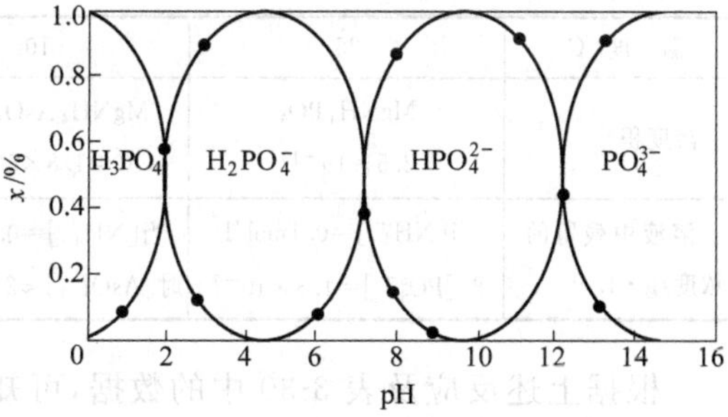

图 3-27 四种形态磷的摩尔分数与 pH 值的关系

溶液中的砷存在形态也有类似的规律性。

钨酸钠溶液中和至 pH 值为 9～10，往溶液中加入 Mg^{2+}（如 $MgCl_2$），溶液中的磷、砷、氟会生成镁盐沉淀而得以除去：

$$2Na_2HPO_4 + 3MgCl_2 = Mg_3(PO_4)_2\downarrow + 4NaCl + 2HCl$$

$$2Na_2HAsO_4 + 3MgCl_2 = Mg_3(AsO_4)_2\downarrow + 4NaCl + 2HCl$$

$$2NaF + MgCl_2 = MgF_2\downarrow + 2NaCl$$

水解不完全的硅会与 Mg^{2+} 生成溶度积更小的 $MgSiO_3$ 进一步沉淀析出；当 pH 值偏高时，$MgCl_2$ 也可能水解生成 $Mg(OH)_2$ 沉淀：

$$Na_2SiO_3 + MgCl_2 = MgSiO_3\downarrow + 2NaCl$$

$$MgCl_2 + 2NaOH = Mg(OH)_2\downarrow + 2NaCl$$

当溶液中含有 NH_4^+ 时，在 pH 为 9 左右加入 $MgCl_2$，则会生成磷(砷)酸铵镁沉淀：

$$Na_2HPO_4 + MgCl_2 + NH_4OH = MgNH_4PO_4\downarrow + 2NaCl + H_2O$$

$$Na_2HAsO_4 + MgCl_2 + NH_4OH = MgNH_4AsO_4\downarrow + 2NaCl + H_2O$$

很显然，上述所有沉淀反应的完全程度与有关镁盐的溶度积和溶液中 Mg^{2+} 浓度、NH_4^+ 浓度及 pH 值有关。在 pH 值为 10 时，根据 $Mg(OH)_2$ 的溶度积 5×10^{-12} 计算，相应的 Mg^{2+} 浓度为 $10^{-3.5}$ mol/L，根据此浓度值及有关化合物的溶度积，我们可以推算出溶液中残留的 PO_4^{3-}、AsO_4^{3-}、F^-、SiO_3^{2-}、HPO_4^{2-} 等离子的浓度（见表 3-29）。

表 3-29 磷、砷、硅、氟的某些镁盐的溶度积及$[Mg^{2+}]=10^{-3.5}$mol/L 时溶液中残留的 AsO_4^{3-}、$HAsO_4^{2-}$、HPO_4^{2-}、PO_4^{3-}、SiO_3^{2-}、F^- 浓度

温 度/℃	25	100	25	27
溶度积	$Mg_3(PO_4)_2$ 1.62×10^{-25}	$Mg_3(PO_4)_2$ 4.47×10^{-32}	$Mg_2(AsO_4)_2$ 2.04×10^{-20}	MgF_2 6.4×10^{-9}
溶液中残留的浓度/$g\cdot L^{-1}$	$[PO_4^{3-}]=6.78\times10^{-6}$， $[HPO_4^{2-}]=3.06\times10^{-3}$	$[PO_4^{3-}]=3.57\times10^{-9}$， $[HPO_4^{2-}]\approx1\times10^{-6}$	$[AsO_4^{3-}]=5.57\times10^{-3}$， $[HAsO_4^{2-}]=1.86\times10^{-1}$	$[F^-]=8\times10^{-2}$

续表 3-29

温　度/℃	25	100	25	27
溶度积	$MgNH_4PO_4$ 2.5×10^{-13}	$MgNH_4AsO_4$(20℃) $\approx1.8\times10^{-12}$	$MgSiO_3$ 1.29×10^{-12}	
溶液中残留的浓度/$g\cdot L^{-1}$	当$[NH_4^+]=0.1mol/L$时$[PO_4^{3-}]=1.8\times10^{-7}$	当$[NH_4^+]=0.04mol/L$时$[AsO_4^{3-}]\approx2\times10^{-5}$	$[SiO_3^{2-}]=3.75\times10^{-7}$	

根据上述反应及表 3-30 中的数据，可知影响净化效果的主要因素有：

表 3-30　不同温度下磷酸镁、硅酸镁的溶度积

盐 类	温度/K	$-\lg K_{sp}$	K_{sp}	盐 类	温度/K	$-\lg K_{sp}$	K_{sp}
磷酸镁	298	24.79	1.62×10^{-25}	硅酸镁	293	11.89	1.29×10^{-12}
	323	26.45	3.55×10^{-27}		333	12.03	9.33×10^{-13}
	348	28.92	1.20×10^{-29}		373	12.41	3.89×10^{-13}
	373	31.35	4.47×10^{-32}		423	13.01	9.77×10^{-14}
	398	33.72	1.90×10^{-34}		473	13.92	1.20×10^{-14}
	423	36.05	8.91×10^{-37}				

(1) 溶液的 pH 值。pH 降低，则以 $MgHPO_4$ 沉淀，其溶解度较大，在溶液中残留磷、砷量较高，净化效果降低，因此，pH 过低对除磷、砷是不利的。但 pH 过高，溶液中 OH^- 浓度增加，将使 $MgCl_2$ 水解生成 $Mg(OH)_2$ 沉淀，一方面导致渣量增加，使 WO_3 在渣中吸附造成的损失增大；另一方面使溶液中 Mg^{2+} 浓度降低，也不利于磷、砷的沉淀。

此外，局部过酸对净化过程影响也很大。当局部 pH 下降至 5～6 时，会生成溶解度很小的仲钨酸钠盐；溶液中有 NH_4^+ 存在时，更易形成溶解度极小的仲钨酸铵钠复盐，使钨进入渣中造成损失。

(2) 温度。$Mg_3(PO_4)_2$ 等溶度积随温度的升高而降低(见表 3-30)，提高温度有利于提高净化效果。同时温度升高有利于沉淀物颗粒的长大与沉降，有利于降低渣吸附钨造成的损失和改善其过滤性能，所以一般要求净化作业在高温下进行。生产中还有另一种做法，即在低温下沉淀磷、砷的镁盐，沉淀作业结束后，适当添加氨水，使沉淀转化为溶度积更小的铵镁盐沉淀。

(3) 溶液中 NH_4^+ 离子存在，可形成磷酸铵镁和砷酸铵镁等沉淀。NH_4^+ 离子浓度提高，则溶液中磷、砷杂质的含量会降低，除杂率提高。

(4) 氯化镁加入量。若加入量不足，则反应不完全，净化液中硅、磷、砷含量不符合要求，加入量过多，渣量增多，WO_3 损失增大，且可能导致溶液碱度过低，反而降低净化效果。除此之外，因开始加氯化镁时溶液碱度较高，为尽量避免 $Mg(OH)_2$ 生成，除应注意避免局部 Mg^{2+} 浓度过高外，应适当减慢开始加入氯化镁的速度。

b 工业实践

工业实践中采取如下净化方法：

(1) 磷(砷)酸镁盐法。该方法特点是：除磷、砷、硅一次进行，净化过程中不加氨和氯化铵。工艺过程为：首先将粗钨酸钠溶液加热煮沸，在不断搅拌下加入中和剂(HCl或H_2SO_4溶液)，使游离$NaOH$降至$(1\pm0.2)g/L$，这时溶液中一部分硅酸钠水解为偏硅酸(H_2SiO_3)析出。为防止局部过酸现象出现，宜采用稀盐酸(盐酸：水为1：3)或稀硫酸作中和剂，也有采用氯气作中和剂，它不易造成局部过酸，且具有氧化作用，能将AsO_3^{3-}氧化为AsO_4^{3-}，更有利于净化过程。

当中和至碱度为1g/L左右(pH值约为11)时，约50%的硅会水解析出，继续煮沸20～30min，在搅拌情况下缓慢加入密度为1.18～1.20g/cm^{3}的氯化镁溶液，磷、砷、氟和未水解的硅酸盐以镁盐的形态沉淀析出，锡也会水解析出。$MgCl_2$的加入量根据溶液中的砷含量而定，可按下面的经验公式计算：

$$Q_{MgCl_2}=(100\sim150)\rho_{As}$$

式中　Q_{MgCl_2}——1m^{3}钨酸钠溶液加入密度为1.16～1.18g/cm^{3}的$MgCl_2$溶液的量，L；

ρ_{As}——粗钨酸钠溶液中砷含量，g/L。

加入$MgCl_2$溶液后，由于形成$Mg_3(PO_4)_2$等沉淀的反应会产生HCl，故溶液的pH值会逐步降低，氯化镁加完后，控制游离碱为0.2～0.4g/L，再煮沸30min，停止搅拌，溶液澄清冷却至50℃以下，取样分析含量，合格后过滤。滤液pH值为9左右，杂质含量一般可达到下列要求：SiO_2含量不大于0.02g/L；As含量不大于0.015g/L；P含量不大于0.025g/L。

净化后滤液送入下道工序，滤渣(又叫磷砷渣)用$NaOH$溶液洗涤回收吸附的WO_3后，其成分大致为2%～9%WO_3，0.4%～1.4%As，0.3%～0.5%P，4%～16.7%SiO_2，30%～44%MgO，这种渣再集中处理回收WO_3。

(2) 磷(砷)酸铵镁盐法。该方法特点为：除硅与除磷砷分两步完成。第一步是在加热煮沸条件下中和除硅，第二步在不加热情况下除磷砷。过程中除了消耗酸和$MgCl_2$之外，还要加入NH_4Cl。具体操作过程如下：

第一步：往煮沸的粗钨酸钠溶液中在不断搅拌的情况下加入稀盐酸(或稀硫酸)中和至游离碱为4～5g/L(pH值约为13)，煮沸30min，然后停止加热，加入NH_4Cl溶液使pH值进一步下降：

$$NH_4Cl+NaOH═══NaCl+NH_4OH$$

NH_4Cl按反应式的理论量的2倍加入，加入速度应缓慢，以避免氨大量逸出。

用NH_4Cl中和至溶液pH值为8～9时，硅、锡水解析出，加少量的絮凝剂，冷却静置澄清，过滤除去硅渣。

在除硅阶段加入 NH_4Cl 既可中和游离碱，调低 pH 值，且可避免局部过酸，又为下步除磷、砷提供 NH_4^+。

第二步：除硅后的滤液在不加热的情况下先加氨水将 pH 值从 8～9 调至 10～11 左右，补加氨水的目的是为了补充铵镁盐沉淀反应要消耗的 NH_4OH 和防止加 $MgCl_2$ 后引起的 pH 值过低带来的影响。加氨后再按计算量加入 $MgCl_2$ 溶液，在 50℃左右，搅拌约 1h，再静置澄清，取样分析砷含量，只要砷含量合格，则磷、硅、氟的含量也将合格。最后过滤分离铵镁磷砷渣。

镁盐法和铵镁盐法除磷、砷、硅、氟、锡所使用的主要设备为钢制的蒸汽加热搅拌槽和压滤机，两种方法能达到的除杂效果为：除 Sn 99.9%，除 Si 99%～99.9%，除 P 95%～99%，除 As 87%～90%。故一般只需控制除砷合格，则其他的杂质除去率也能合格。

镁盐法与铵镁盐法各有其优缺点：镁盐法操作简单，只要一次沉淀过滤，不消耗 NH_4Cl 和氨水，但渣量较大，且过滤性能差，WO_3 损失较大。铵镁盐法渣量较少，沉淀物颗粒粗，过滤容易，渣中带走的钨损失少，且除杂效果比镁盐法更好，缺点是需二次沉淀过滤，操作烦琐，设备多，且要消耗 NH_4Cl 等试剂。

B 净化除钼

目前工业上应用的除钼方法很多，本节介绍与沉淀法理论体系相同的三硫化钼沉淀法和选择性沉淀法，其他除钼方法在萃取法和离子交换法中再分别予以介绍。

a 三硫化钼沉淀法除钼

(1) 基本原理。三硫化钼沉淀法除钼包括硫代化和 MoS_3 沉淀两个过程。含钼的粗钨酸钠溶液在 pH 值为 7.5～8.5 条件下加入硫化剂（$NaHS$、Na_2S、H_2S 等），MoO_4^{2-} 能优先与硫化剂作用生成硫代钼酸钠：

$$Na_2MoO_4 + 4NaHS = Na_2MoS_4 + 4NaOH$$

$$Na_2MoO_4 + 4Na_2S + 4H_2O = Na_2MoS_4 + 8NaOH$$

$$Na_2MoO_4 + 4H_2S = Na_2MoS_4 + 4H_2O$$

由于 WO_4^{2-} 与硫化剂作用生成 WS_4^{2-} 的平衡常数很小，故 MoO_4^{2-} 的硫代化反应优先进行，因此在硫化剂比理论量（按 MoO_4^{2-} 计）过量不多的情况下，很少形成 Na_2WS_4，不致造成 WS_3 的沉淀损失。

将硫化后的溶液用盐酸酸化至 pH 值为 2.5～3，硫代钼酸盐便分解析出三硫化钼沉淀：

$$Na_2MoS_4 + 2HCl = MoS_3\downarrow + 2NaCl + H_2S\uparrow$$

溶液酸化也可使用硫酸。

除钼过程中，溶液中的一些重金属杂质也能生成硫化物沉淀被除去。

除钼后的滤液中钨以偏钨酸钠的形态存在，对后道工序的白钨沉淀不利，为了破坏这种偏盐，需加 NaOH 将 pH 值调到 9 左右，煮沸使钨转化为正钨酸盐：

$$Na_6H_2W_{12}O_{40}+18NaOH = 12Na_2WO_4+10H_2O$$

如果用萃取法提取钨，则除钼后滤液可直接萃取，不必加碱煮沸。

(2) 工业实践。除钼是在耐酸搅拌槽中进行的，将待除钼的钨酸钠溶液加热至 80～90℃，再缓慢加入理论量（按 Mo 计）125%～150% 的硫化剂，硫化剂以 NaHS 为佳。硫化剂加完后，将溶液煮沸 2h，硫代化反应完成后，溶液显玫瑰红或紫红色，再继续搅拌，并加 3～5mol/L 的盐酸（也可用 H_2SO_4）将溶液 pH 值调到 2.5～3。继续煮沸 1.5～2h，煮沸过程中，pH 值会发生变化，需不断测定和加酸调整 pH 值。MoS_3 沉淀后的溶液应呈蓝黑色，并可观察到棕色的 MoS_3 沉淀。溶液稍冷后，过滤分离钼渣。

采用 MoS_3 沉淀除钼后的溶液中，Mo/W 约为 0.01%～0.05%，除钼率达到 98%～99%，钨的损失率少于 2%，产生的钼渣可集中处理回收钼和钨。

粗钨酸钠溶液经过上述方法除杂后得到的净化液中 WO_3 含量约为 150g/L 左右，杂质含量（质量浓度）要求达到如下标准：ρ(Mo)＜0.05～0.1g/L，ρ(As)＜0.01g/L，ρ(P)＜0.01g/L，ρ(Si)＜0.05g/L。此溶液送下道工序沉淀白钨和制取工业钨酸。

b 选择性沉淀法除钼

三硫化钼沉淀法除钼消耗酸碱较多，反应过程伴随有 H_2S 气体逸出，对环境影响大。为了克服这些缺点，李洪桂等人研究了选择性沉淀法除钼工艺[23]。该方法也是先往钨酸盐溶液中加硫化剂使 MoO_4^{2-} 转化为 MoS_4^{2-}，在不需煮沸和调 pH 值的情况下，加入铜盐为沉淀剂，使钼沉淀，再经过滤除去钼沉淀渣。该方法特别适合钨酸铵溶液中除钼，与 MoS_3 沉淀法比较，具有操作简单，酸碱试剂消耗小，操作环境好等优点，且在除钼的同时还可除去一部分砷、锑、锡等杂质。该技术已工业应用，除钼率为 96%～98%。因在铵盐溶液中，铜可生成铜铵络离子，故可避免 APT 结晶中铜超标。

3.2.2.2 从纯 Na_2WO_4 溶液中生产钨酸

从钨酸钠溶液中生产出钨酸的方法很多，但工业上应用多是间接沉淀法——先用 $CaCl_2$ 沉淀得人造白钨，再用酸分解得钨酸。此外还有络合均相沉淀法及铵钠复盐沉淀法等多种方法。本文主要介绍经典工艺的间接沉淀法。间接沉淀法由人造白钨沉淀和人造白钨酸分解两个过程组成。

A 人造白钨的沉淀

a 基本原理

将 $CaCl_2$ 加入净化后的 Na_2WO_4 溶液中，会立即生成白钨沉淀：

$$Na_2WO_4 + CaCl_2 \longequal CaWO_4 \downarrow + 2NaCl$$

$CaWO_4$ 溶度积 $K_{sp} = 8.7 \times 10^{-9}$，且 $CaWO_4$ 的溶解度随温度的升高而下降（表 3-31），所以在加热和保证有一定 Ca^{2+} 浓度情况下，钨可以较完全地从溶液中沉淀析出。

表 3-31　$CaWO_4$ 溶解度与温度的关系

温　度/℃	15	50	100
溶解度/g · L^{-1}	0.0064	0.0032	0.0012

溶液中存在的没有完全除去的杂质硅、磷、砷、钼以及阴离子 CO_3^{2-}、SO_4^{2-} 等，也会与 $CaCl_2$ 反应生成相应的钙盐，其中以 $CaSO_4$ 溶解度较大（30℃ 时为 2.09g/L），可用热水洗去一部分，其余钙盐进入人造白钨中。

影响人造白钨沉淀的主要因素有：

（1）钨酸钠溶液和氯化钙溶液的浓度。生产实践中采用的钨酸钠溶液密度为 1.16～1.18g/cm^3（WO_3 含量约 130～150g/L）。$CaCl_2$ 溶液密度控制在 1.20～1.25g/cm^3 范围内。如要制取细粒人造白钨，可将氯化钙溶液密度提高到 1.28～1.30g/cm^3。

（2）溶液的碱度。碱度过低，偏钨酸盐不能彻底转化为正钨酸盐，以偏盐存在的钨不能沉淀析出。碱度过高，OH^- 与 Ca^{2+} 会生成氢氧化钙胶体吸附在钨酸钙晶粒表面，影响其晶粒长大。沉淀过程中，控制 NaOH 在 0.3～0.7g/L 为宜。

（3）温度。沉淀温度高，反应速度快，钨沉淀愈完全，并有利于获得晶粒较粗、易于过滤的人造白钨。

（4）$CaCl_2$ 加入量。只要保证溶液中有少量的钙离子存在，钨便可以沉淀完全，加入过多的氯化钙是不必要的。实际加入量应使沉淀母液中 WO_3 含量在 0.03～0.1g/L 范围内，如 WO_3 含量高于 0.1g/L，则要继续加 $CaCl_2$ 并煮沸，直到沉淀完全。

b　人造白钨沉淀的工业实践

沉淀人造白钨的作业是在钢制蒸汽加热搅拌槽中进行的。将净化后的 $NaWO_4$溶液调整至 WO_3 浓度为 130～150g/L，pH 为 9～10，加热至 80℃以上，然后加入密度为 1.20～1.25g/cm^3 的氯化钙溶液。边加 $CaCl_2$ 边观察沉淀情况，当溶液表面有少量白色泡沫时应停止加 $CaCl_2$，然后煮沸并保温 0.5h 左右，澄清取样分析母液中 WO_3 含量，如低于 0.1g/L，即可将上清液虹吸出，底浆用真空过滤器或板框压滤机过滤洗涤即得人造白钨，此工序的钨回收率一般为 99%～99.5%，母液中 WO_3 含量在 0.03～0.07g/L 范围内。

B 人造白钨的酸分解

人造白钨酸分解过程的原理及工艺与白钨矿酸分解大体相同，只是分解时间、酸用量等比白钨矿分解少。

当人造白钨含钼较高(净化时没有除钼或除钼不彻底，溶液中 Mo/WO_3 约为 0.18%～0.4%之间)时，同样可采用提高酸度或加还原剂的方法除钼。为了防止还原剂污染钨酸，此处一般使用钨粉作还原剂，酸分解时会生成易溶于盐酸的 $MoOCl_3$ 而实现钼与钨的分离：

$$H_2MoO_4 + W + 3HCl \xlongequal{\quad} WO_2 + MoOCl_3 + H_2O + \frac{3}{2}H_2$$

钨粉用量视人造白钨中钼的含量而定，一般为白钨量的 1%～3%，为保证更多的钼进入酸母液，游离酸浓度应控制在 120～160g/L。

人造白钨酸分解过程是在衬耐酸石墨砖的钢制搅拌槽中进行的。先将用量为理论量 2 倍的含 HCl 28%～30%的工业盐酸直接用蒸汽加热至 70～80℃，再将人造白钨浆料慢慢加入到不断搅拌的热盐酸溶液中，为保证分解完全，最终酸度应控制在 90～110g/L 范围内，若需除钼，再按计量加入钨粉，并提高酸度。不除钼的情况下，若溶液呈黄绿色，说明有低价钨存在，应加入氧化剂(如硝石)使其氧化。氧化剂加入量为 WO_3 量的 0.2%～0.5%，它能防止 Cl^- 将钨酸还原为低价钨化合物，并使 Fe^{2+} 氧化为 Fe^{3+}，有利于提高钨的收率和降低钨酸中的铁含量。加入氧化剂后，溶液变黄色，再保温 0.5～1h，若要制取粗粒钨酸，则再加热煮沸 20min，浆料送入真空吸滤器或衬胶离心甩干机中过滤，滤饼钨酸用热的纯水洗涤至滤液的 pH≥4，将钨酸吸附的钙、铁、钠等杂质离子洗净。得到的钨酸经干燥煅烧后制得的三氧化钨可作普通硬质合金原料。但作为制备致密钨的原料，还须转入下道工序进一步提纯。

如要制取细颗粒钨酸(或 WO_3)时，可以将抽去上清液而未过滤的人造白钨浆料(含有大量氯化钠)，以较大的流速加入 70～80℃的浓盐酸中，由于杂质离子(Na^+)被吸附在晶粒活性区上，影响钨酸晶粒沉积长粗，最终可获得粒度较细的钨酸，煅烧后 WO_3 的松装密度为 0.6～0.7g/cm³，但这种钨酸要充分洗涤以除去氯化钠，否则氯化钠会使 WO_3 还原的钨粉粒度长粗。

3.2.2.3 由钨酸制取钨酸铵溶液

人造白钨酸分解所得的钨酸杂质含量大致为：$w(Mo)<0.1\%$，$w(As)<0.015\%$，$w(SiO_2)<0.02\%$，其他倍半氧化物(Fe_2O_3，Al_2O_3 等)小于 0.04%。由矿石分解所得的粗钨酸含杂质的量更高。这些钨酸有必要进一步提纯，才能作为生产致密钨材料用钨粉的原料。工业上采用氨溶-APT 结晶法来净化钨酸，制取纯 APT。本节介绍钨酸氨溶制取钨酸铵溶液；钨酸铵结晶生产 APT 则在 3.2.6 节专门介绍。

A 钨酸氨溶的基本原理

钨酸易溶于氨水中，在钨酸溶解过程中可使一些难溶于氨水的杂质与钨分离，氨溶过程的主要反应如下：

$$H_2WO_4 + 2NH_4OH = (NH_4)_2WO_4 + 2H_2O$$

$$FeCl_2 + 2NH_4OH = Fe(OH)_2 \downarrow + 2NH_4Cl$$

$$FeCl_3 + 3NH_4OH = Fe(OH)_3 \downarrow + 3NH_4Cl$$

$$MnCl_2 + 2NH_4OH = Mn(OH)_2 \downarrow + 2NH_4Cl$$

$$CaCl_2 + 2NH_4OH = Ca(OH)_2 \downarrow + 2NH_4Cl$$

$$CaCl_2 + (NH_4)_2WO_4 = CaWO_4 \downarrow + 2NH_4Cl$$

粗钨酸中未被分解的矿粒（少量的白钨、黑钨、毒砂、SiO_2 等）留在不溶渣中，偏硅酸在弱碱性介质中不溶，也进入渣中与钨分离。

但是当溶液的碱度较高和 NH_4^+ 浓度较高时，Fe^{3+}、Fe^{2+} 和 Mn^{2+} 有可能形成一系列络阳离子，使少部分铁残留在溶液中。图 3-28 绘出 25℃时有关金属离子浓度对数值与 pH 值的关系。可知为了彻底除去铁锰等杂质，溶液的 pH 值控制在 10～11 为宜，且预先将钨酸中的 Fe^{2+} 氧化为 Fe^{3+}，可减少钨酸铵溶液中的铁含量。

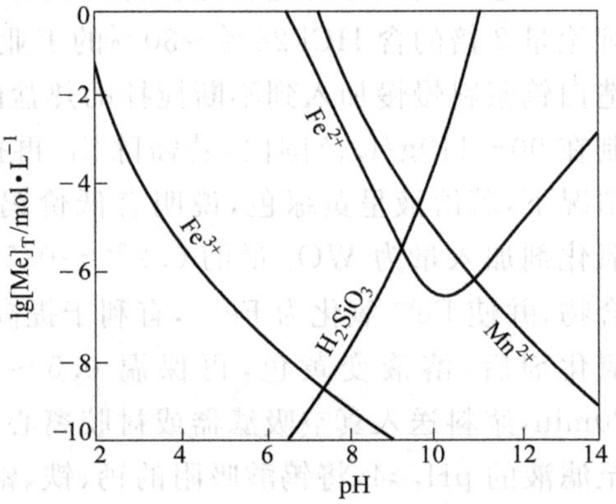

图 3-28 25℃时 $lg[Me]_T$-pH 图

氨溶过程中，钨酸中的 $CaCl_2$ 虽可生成沉淀物进入渣中，但由于 $CaCl_2$ 可与 $(NH_4)_2WO_4$ 反应生成白钨沉淀，造成钨损失，所以，在粗钨酸洗涤时一定要将其洗净。

钨酸中夹带的 H_2MoO_4、H_3AsO_4、H_3PO_4 等在氨溶时均以铵盐进入溶液，为了进一步除去磷、砷，可在氨溶时加入 $MgCl_2$ 或活性 MgO，使之以铵镁盐沉淀的形式除去。

B 氨溶的工业实践

氨溶过程通常在密闭的搪瓷反应釜中进行。为了防止因局部碱度过低产生仲钨酸铵沉淀，应先将钨酸按 1∶1.2 至 1∶1.5 的质量比加软化水制浆，并加热至 70～80℃，然后再缓慢地加入到激烈搅拌的氨水中（25%～28% NH_3）。1kg WO_3 需要浓氨水（28% NH_3）1～1.5L，氨溶温度为 50℃左右，搅拌 0.5h，取样分析铁、钙、磷、砷、SiO_2 等杂质含量。最终溶液中游离氨要求为 25～30g/L，WO_3 浓度为 300～350g/L。主要杂质含量要求为：$\rho(Fe) < 0.015g/L$，$\rho(Ca) < 0.01g/L$，$\rho(P) < 0.01g/L$，$\rho(SiO_2) < 0.2g/L$，$\rho(As) < 0.08g/L$。美国特立戴恩-华昌公司在氨溶

时，1kg WO_3 加 0.05kg MgO，最终产品 APT 中磷含量由(20～50)$\times10^{-4}$%降至 10×10^{-4}%。

在氨溶时加入少量活性炭(1kg WO_3 加入量为 0.02kg)，有利于过滤和除去氢氧化铁及硅酸等胶状物。氨用量对于氨溶除硅影响很大(见表 3-32)，提高氨用量，可以降低钨酸铵溶液中的杂质硅含量。

表 3-32 氨量对除硅的影响[12]

氨用量(理论用量的倍数)	钨酸铵溶液中硅钨质量比/%
1.07	0.40
1.72	0.17

钨酸氨溶后，溶液要澄清 8～12h 后过滤，滤液用于结晶 APT，滤渣(又叫氨溶渣)还含有 10%左右的 WO_3(见表 3-33)，且渣量相当于投入白钨精矿质量的 10%～18%，其中的 WO_3 应进一步回收。回收方法可采用苏打高压浸出法，苛性钠浸出法或二次酸分解法，一般渣中 80%～90%WO_3 可得到回收。

表 3-33 氨溶渣典型的化学成分组成

组分	WO_3	CaO	Si	Ti	P	As	Mo	Fe
白钨精矿	71.4	20.3	0.89	<0.02	0.016	0.012	1.15	0.17
氨溶渣	10.8	8.2	30.3	0.49	0.1	0.13	—	—

3.2.3 有机溶剂萃取法

萃取法应用于钨冶金工业始于 1959 年，最初在美国联合碳化物公司得到工业应用。我国于 20 世纪 70 年代开发了钨的萃取工艺并成功应用于生产。目前工业上应用萃取法主要是从纯钨酸钠溶液中制取$(NH_4)_2WO_4$。萃取过程起到一个转型的作用，代替经典工艺中的沉淀人造白钨、人造白钨酸分解和钨酸氨溶等工序。近年来，从碱性粗钨酸钠溶液直接萃钨除磷、砷、硅的技术开发取得进展，此外，萃取法从钨酸盐溶液中除钼的研究也获得成功。

3.2.3.1 从弱酸性纯 Na_2WO_4 溶液中萃钨制取$(NH_4)_2WO_4$

目前国内外工业上用萃取法将钨酸钠溶液转型为钨酸铵溶液基本上都是采用叔胺作萃取剂，如我国用 N_{235}，俄罗斯用三辛胺(TOA)，美国用阿拉明-336(Alamine-336)。有机相中还包括仲辛醇或 TBP 等改质剂[15]，煤油作稀释剂。此外，我国还有采用伯胺(N_{1923})及仲胺作萃取剂萃钨，美国亦有用季铵盐作萃取剂萃钨。

A 工艺概述

叔胺萃钨的工艺大同小异。

粗钨酸钠溶液用经典法除磷、砷、硅、钼后，将 pH 值调至约 2～3，将此溶液与已酸化的有机相混合进行萃取，分相后的萃余液含有大量的硫酸盐和少量有机物，钨转入有机相中。萃余液经处理后排放，负载钨的有机相经水洗后，用 NH_4OH 溶液反萃得到钨酸铵溶液，反萃后的有机相经水洗酸化后返回萃取过程。

B 基本原理

叔胺萃取剂萃钨过程属于阴离子交换过程，萃取过程包括有机相酸化、萃取、水洗和反萃几个阶段，各阶段有关的反应和原理简述如下。

(1) 有机相的酸化。采用叔胺(R_3N)萃取金属时，胺首先要与无机酸形成胺盐后，才能萃取金属络阴离子。所以在萃取之前，有机相必须进行酸化，叔胺在酸化过程中转化为胺盐：

$$2R_3N(o)+H_2SO_4(aq)=\!=\!=(R_3NH)_2SO_4(o)$$

在高酸度下，则会生成硫酸氢盐：

$$R_3N(o)+H_2SO_4(aq)=\!=\!=(R_3NH)HSO_4(o)$$

酸化时也可以使用盐酸或硝酸，但胺盐在有机溶剂中的溶解顺序为硫酸盐>氯盐>硝酸盐，且萃钨的分配比也以在硫酸介质中为最大，所以常用硫酸酸化。酸化用的硫酸浓度越高，有机相中胺类萃取剂形成的硫酸氢盐的比例越高。而实践经验表明，胺的中性硫酸盐和酸式硫酸盐的萃取容量无甚差别。

(2) 萃取。Na_2WO_4 溶液除杂后酸化至 pH 2～3 时，钨酸根离子聚合成 $(W_{12}O_{39})^{6-}$ 或 $(H_2W_{12}O_{40})^{6-}$。将此溶液与酸化后的有机相混合，会发生偏钨酸根与有机相中胺盐的 SO_4^{2-} 或 HSO_4^- 的交换反应，钨形成萃合物进入有机相：

$$4(R_3NH)HSO_4(o)+(W_{12}O_{39})^{6-}(aq)+2H^+(aq)$$
$$=\!=\!=(R_3NH)_4H_2W_{12}O_{39}(o)+4HSO_4^-(aq)$$
$$3(R_3NH)_2SO_4(o)+(H_2W_{12}O_{40})^{6-}(aq)$$
$$=\!=\!=(R_3NH)_6H_2W_{12}O_{40}(o)+3SO_4^{2-}(aq)$$
$$5(R_3NH)_2SO_4(o)+2(H_2W_{12}O_{40})^{6-}(aq)+2H^+$$
$$=\!=\!=2(R_3NH)_5H(H_2W_{12}O_{40})(o)+5SO_4^{2-}(aq)$$

从形成的萃合物看，钨与叔胺的物质的量比分别是 3∶1、2∶1 和 2.4∶1，萃取原料液 pH 值和钨浓度以及酸化形成的胺盐类型对萃合物的组成有影响。

一般是用煤油作稀释剂，再加入一些高碳醇类或磷酸三丁酯(TBP)作相调节剂。加入 TBP 不仅能起到相调节剂的作用，可消除第三相，而且还能发生“协萃效应”，使胺类萃取剂的萃钨能力提高。TBP 发生“协萃效应”可能是溶剂化作用的结果，胺萃取钨时，有部分水合分子也随偏钨酸胺盐进入有机相($(R_3NH)_4H_2W_{12}O_{40}\cdot xH_2O$)，中性溶剂 TBP 具有置换部分水的能力，从而减少了萃合物的水合作用，使其更容易进入有机相：

$$(R_3NH)_5H(H_2W_{12}O_{40})\cdot xH_2O+y\text{TBP}=\!=\!=$$

$$(R_3NH)_5H(H_2W_{12}O_{40})\cdot y\mathrm{TBP}+x\mathrm{H_2O}$$

叔胺萃取时，钨酸钠水溶液的pH约为2～3，杂质磷、砷、硅都与钨形成杂多酸阴离子而被萃入有机相，不仅会造成产品中这些杂质的含量高，而且杂多酸萃合物容易从有机相中析出，给萃取作业带来困难。杂质钼与钨的性质相近，也能被萃入有机相。因此，叔胺萃钨过程不能分离上述杂质，粗钨酸钠溶液应在萃取前进行净化。

(3) 水洗。将负载有机相与纯水混合后分相，使有机相夹带的 Na^+ 和 SO_4^{2-} 转入水相，此过程不发生化学反应。

(4) 反萃。为了直接获得 $(NH_4)_2WO_4$ 溶液，工业上一般用氨水来反萃钨。对于不同的萃合物，其反应分别为：

$$(R_3NH)_4H_2W_{12}O_{39}(o)+24NH_4OH(aq)=\!=\!=4R_3N(o)+12(NH_4)_2WO_4(aq)+15H_2O$$

$$(R_3NH)_6(H_2W_{12}O_{40})(o)+24NH_4OH(aq)=\!=\!=6R_3N(o)+12(NH_4)_2WO_4(aq)+16H_2O$$

$$(R_3NH)_5H(H_2W_{12}O_{40})(o)+24NH_4OH(aq)=\!=\!=5R_3N(o)+12(NH_4)_2WO_4(aq)+16H_2O$$

可见，尽管有机相中萃合物组成不同，但反萃时1mol钨都是消耗2mol的氨。氨水反萃平衡水相（钨酸铵溶液）的pH值一般在7.5～8.5之间，而有机相中的偏钨酸根离子要转化为正钨酸根离子，须经过从pH 2～3变到pH 8.5的过程，容易造成仲钨酸铵结晶析出。为此，应将反萃液回流以增大水相体积，并使反萃剂中预含部分 $(NH_4)_2WO_4$，加快搅拌速度，提高氨浓度使可能产生的APT晶核在水相中迅速溶解，从而使反萃顺利进行。

C　工业实践

我国现行叔胺萃钨过程是在箱式混合澄清器内进行的，萃钨的全过程如图3-29所示。

现行叔胺萃钨工艺采用的有机相组成为：10% N_{235} +10%仲辛醇+80%煤油，首先将其与0.2mol/L的 H_2SO_4 溶液按O/A=5混合进行一级酸化，混合时间为2～3min，

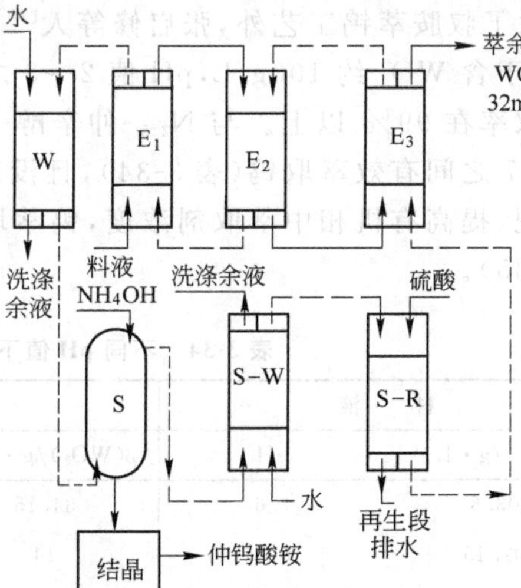

图3-29　钨连续萃取槽模型图

……有机相；——水相；

W—洗涤段；E—萃取段；S—反萃段；

S-W—反洗段；S-R—再生段

萃取料液调整到 pH=2～3，WO_3 含量为 90～100g/L。将酸化好的有机相与料液按 O/A=1 的相比进行 3～5 级逆流萃取，每级混合时间约 3min，最终流出的萃余液中 WO_3 含量一般小于 0.1g/L，钨萃取率大于 99%。负载钨的有机相再与纯水按 O/A=5 的相比进行 3 级逆流洗涤，混合时间约 3min，经洗涤后有机相与 3～4mol/L 的 NH_4OH 溶液按相比 O/A=3 进行 1 级反萃，反萃取的混合时间在 10min 以上，反萃液中 WO_3 浓度可达到 300g/L，反萃率约 99%。反萃得到的 $(NH_4)_2WO_4$ 溶液送结晶工序，有机相再用纯水经洗涤后酸化循环利用。

由于操作温度低，分相时间会延长，加之萃取效率低，国内厂家有时萃取、洗涤级数会多一些。

萃取和反萃取及洗涤过程均在 25～40℃ 的温度下进行。温度过低，分相困难，分相时间延长；温度太高，有机相挥发损失大。萃取过程中产生的萃余液和洗涤废水经石灰处理后澄清排放。

实现连续作业的关键是反萃。比较好的方法是用塔式接触器在密闭条件下反萃。塔的高径比为 4.5，而且用氨气将反萃剂稀氨水的 pH 值调到 11，并配合激烈的搅拌混合。考虑到塔式反萃器的加工难度，中南大学研究了一级多段并流混合澄清反萃槽。在此基础上，张启修等研究了水相连续法的基本条件[24]，通过回流控制实际相比为 1∶(4～5)，保证水相连续，同时维持 NH_3 和 WO_3 的物质的量比大于 1.1，并配合以激烈的搅拌可以避免反萃时产生结晶，过程能稳定连续运行。

除了叔胺萃钨工艺外，张启修等人[25]采用伯胺 N_{1923}-异辛醇-煤油作有机相，对于含 WO_3 约 100g/L，pH 值 2～3 之间的料液在室温下进行萃取，一级钨萃取率在 99% 以上。与 N_{235}-仲辛醇-煤油硫酸体系比较，本体系可在 pH 值 2～7 之间有效萃取钨(表 3-34)，且没有仲辛醇的臭味，劳动条件较好。实验发现，提高有机相中萃取剂浓度，钨萃取率也随之上升，但分相时间则延长(表3-35)。

表 3-34 不同 pH 值下 N_{1923} 的萃钨能力

料液		萃余液		萃取率/%
$\rho(WO_3)$/g·L^{-1}	pH	$\rho(WO_3)$/g·L^{-1}	pH	
103.6	7.6	34.15	6.45	67.04
102.45	6.6	14	5.6	86.33
103.75	5.4	0.335	2.9	99.68
101.1	3.2	0.22	2.0	99.78
101.1	2.1	0.011	1.7	99.99

表 3-35　不同浓度 N_{1923} 的萃钨能力

N_{1923}浓度(体积分数)/%	8	10	12	14	18	20	25
钨萃取率/%	35.24	42.46	48.39	57.32	68.33	76.55	96.37
分相时间/min	约 2	约 2	约 4	9	18	28	30

注:料液:275.55g/L WO_3,pH=2.0,O/A=1,混合 5min,室温。

3.2.3.2　从粗 Na_2WO_4 溶液中直接萃钨制取纯 $(NH_4)_2WO_4$

如前所述,现行的萃钨工艺仅起一个转型作用而不能分离杂质。人们一直试图实现从碱性介质中萃钨并分离杂质制取纯钨化合物。20 世纪 60 年代美国学者 A. L. Drobnick 等就开始了用季铵盐从苏打高压浸出的钨酸钠溶液中直接萃钨的研究,80 年代,前苏联学者在工业试验规模上成功地实现了季铵盐从钨矿苏打高压浸出液中萃钨制取 APT,我国也有许多学者进行了这方面的研究。90 年代,中南大学张贵清等人[26,27]采用季铵盐从钨矿苛性钠浸出液中直接萃钨并分离磷、砷、硅制取纯钨酸铵溶液获得成功,并获得了专利。

在钨矿苛性钠浸出液中直接萃钨选用的有机相组成为:N_{263}+仲辛醇+煤油;萃取前将萃取剂转化成 $(R_4N)_2CO_3$ 型,转型后的有机相与粗钨酸钠溶液混合分相,钨被萃入有机相:

$$(R_4N)_2CO_3(o)+Na_2WO_4(aq)═══(R_4N)_2WO_4(o)+Na_2CO_3(aq)$$

负载钨的有机相用碳酸氢铵反萃,得到钨酸铵溶液:

$$(R_4N)_2WO_4(o)+2NH_4HCO_3═══2(R_4N)HCO_3(o)+(NH_4)_2WO_4(aq)$$

反萃后的有机相经过 NaOH 溶液再生,才能返回萃取,再生过程的反应为:

$$2(R_4N)HCO_3(o)+2NaOH═══(R_4N)_2CO_3(o)+Na_2CO_3+2H_2O$$

在碱性介质中磷、砷、硅、钼不会形成杂多酸化合物,它们均以各自的含氧酸根阴离子存在。由于这些阴离子的离子势不同(见表 3-36),季铵盐对它们的萃取能力也具有显著差别。

表 3-36　有关阴离子的电荷数、离子半径和离子势

阴 离 子	WO_4^{2-}	MoO_4^{2-}	PO_4^{3-}	AsO_4^{3-}	SiO_4^{4-}
电荷数 Z	2	2	3	3	4
离子半径 R/nm	0.352	0.345	0.300	0.295	0.290
离子势 Z^2/R	1.14	1.16	3	3.05	5.52

根据离子水化理论,离子势越大,水化作用越强,也就是亲水性越强,不利于被季铵盐萃取,PO_4^{3-}、AsO_4^{3-}、SiO_4^{4-} 比 WO_4^{2-} 离子势要大,季铵盐萃取钨的能力大于萃取磷、砷、硅的能力,而 WO_4^{2-} 与 MoO_4^{2-} 的离子势相差很小,所以它们在季铵盐萃取时难以分离。用季铵盐从碱性钨酸钠溶液中萃钨,绝大部分的磷、砷、硅会留在萃余液中而与钨分离,钼与钨进入有机相。

萃取料液的 pH 值及其他阴离子对季铵盐萃钨的影响见图 3-30、图 3-31。料液 pH 值在 8.5～13 之间，钨的分配比基本不变，当料液 pH 值大于 13 之后才稍有下降，故季铵盐萃钨可以在较高的 pH 值和较宽的碱度范围内进行。料液中的 Cl^-、SO_4^{2-}、F^- 等阴离子对钨的萃取有影响，尤以 Cl^- 为甚。随着料液中 Cl^- 浓度增加，钨的萃取率会显著下降，而且 Cl^- 与季铵盐的结合能力特别强，难以反萃，在有机相中不断积累，使有机相萃钨能力下降。因此，萃取时应尽量避免将 Cl^-、SO_4^{2-} 离子引入料液，F^- 可生成氟氧钨络离子而使分配比减小。

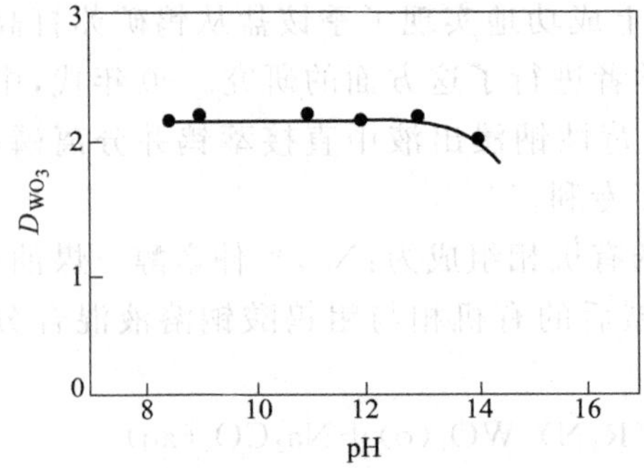

图 3-30 钨的分配比与料液 pH 值的关系

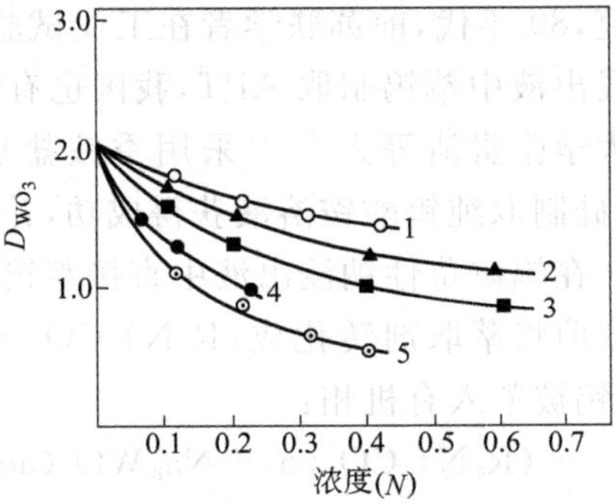

图 3-31 各种阴离子对钨萃取的影响

1—F^-；2—SO_4^{2-}；3—HCO_3^-；4—HS^-；5—Cl^-

采用组分为 30%N_{263} +20%仲辛醇+50%煤油的有机相对工业粗钨酸钠溶液进行 6 级逆流萃取，相比 O/A=2，萃取结果列于表 3-37。

表 3-37 串级逆流萃取结果

批 号	料液成分/g·L^{-1}					萃钨率/%	除磷率/%	除砷率/%	除硅率/%
	WO_3	P	As	Si	pH				
1	92.51	0.16	0.0149	0.030	12.45	99.8	100.0	97.3	约 100
2	103.20	0.17	0.0159	0.040	12.51	99.8	97.1	97.5	约 100

负载有机相用 2.5mol/L 的 NH_4HCO_3 溶液按 O/A=2 在室温下进行 10 级逆流串级反萃，WO_3 的反萃率为 99.2%，反萃得到的钨酸铵溶液含 WO_3 为 91.12g/L，P/WO_3、As/WO_3 和 Si/WO_3 的质量比分别为 23×10^{-6}、7.6×10^{-6} 和 13.2×10^{-6}，可见，钨酸铵纯度能满足制取高纯 APT 的要求。

前苏联采用季铵盐从钨矿的苏打浸出液中直接萃取钨和从反萃液中结晶 APT，并进行了工业试验[28]，萃取阶段钨的萃取率为 96%～97%，试剂消耗指标也优于现行的萃取工艺，具体数据见表 3-38。

表 3-38 碱性萃钨与现行萃钨工艺流程的试剂消耗、钨萃取率和外排物的比较

用于处理1t钨精矿的消耗量	碱性萃钨工艺	现行萃钨工艺
碳酸钠/kg	50	100～150
盐酸(30%)/kg	—	100～200
萃取剂/kg	0.05	0.05
电能/kW·h	150	200
WO_3 收率/%	94～96	93～96
外排溶液体积/m^3	0.05	0.7～1.0
外排溶液中 CaO 量/kg	0.05	—
外排溶液中 NaCl 量/kg	—	60～90

碱性萃钨工艺在萃取时还不能除钼，反萃得到的$(NH_4)_2WO_4$ 溶液 WO_3 浓度偏低，Cl^- 在有机相中积累造成萃钨效率降低。这些问题还需进一步研究加以解决。

3.2.3.3 萃取法从钨酸盐溶液中除钼

萃取法分离钨钼的研究已取得较大进展，有的已达到工业化水平。目前萃取除钼一般都是先使钼、钨生成性质差异较大的化合物或络离子，再萃取分离。现将几种研究的主要方法介绍如下。

A Mo^{6+}、W^{6+}/H_2O_2/TBP 体系

在弱酸性钨酸钠溶液中，有 H_2O_2 存在时，钨和钼分别生成过氧络阴离子。因钼的过氧络阴离子稳定性比钨大得多，故 TBP 优先萃取钼。过程的主要反应为：

$$2MoO_4^{2-} + 4H_2O_2 + 2H^+ = [Mo_2O_{11}(H_2O_2)_2]^{2-} + 3H_2O$$

$$3TBP(o) + H^+(aq) + 4H_2O = [H_3O(H_2O)_3 \cdot 3TBP]^+(a)$$

$$[Mo_2O_{11}(H_2O_2)_2]^{2-}(aq) + 2[H_3O(H_2O)_3 \cdot 3TBP]^+(a)$$

$$= [Mo_2O_{11}(H_2O)_2] \cdot 2[H_3O(H_2O)_3 \cdot 3TBP](o)$$

过程实际上分为两步，首先加双氧水使钼结合生成过氧络阴离子，再与酸化后的 TBP 混合进行萃取，钼与 TBP 生成离子缔合物进入有机相，而钨则留在水溶液中，钨钼分离系数可达 40。过程的最佳技术条件为：加入 H_2O_2 物质的量为钨、钼物质的量的 1.5～2 倍，在 pH 0.5～2.0 范围内萃取，钼的萃取率可达 96%～98%。此方法缺点是双氧水消耗过大，同时钼的分配比受钨酸钠溶液中碱金属盐浓度的影响，当碱金属盐浓度上升时，钼的分配比显著降低。

B Mo^{6+}、W^{6+}/NaHS/季铵盐体系

在弱碱性介质中，钼对 S^{2-} 的亲和力较钨大，加入一定量的 S^{2-} 会优先形成 MoS_4^{2-}，用季铵盐(N_{263})萃取 MoS_4^{2-}，负载有机相用 NaClO 溶液反萃钼，过程的主要反应为：

$$MoO_4^{2-} + 4HS^- = MoS_4^{2-} + 4OH^-$$

$$MoS_4^{2-}(aq)+2(R_4N)Cl(o) = (R_4N)_2MoS_4(o)+2Cl^-(aq)$$

由于钨仍以 WO_4^{2-} 的形态存在，很少被萃取。当被萃溶液 pH 值控制在 8.4～8.6，硫化剂加入量为按钼计算的理论量的 2～5 倍时，用含季铵盐为 1%～5% 的烷基苯作有机相进行萃取，钨钼分离系数达 1100～5000，单级萃取中钼的萃取率达 90%。龚柏凡等用 N_{263}-TPB-煤油作有机相[29]，对含 Mo/WO_3 质量比为 1.5% 的经过 NaHS 转化后的钨酸钠料液进行 8 级逆流萃取，萃余液中 Mo/WO_3 质量比小于 1×10^{-4}，钼萃取率大于 99%，随后的半工业试验完全验证了这一结果，作业钨损失小于 0.5%。

此方法也可用于钨酸铵溶液中除钼，但加入的硫化剂要改为 $(NH_4)_2S$。

C Mo^{6+}、W^{6+}/络合剂/D_2EHPA 体系

在络合剂 EDTA 或柠檬酸、酒石酸、硼酸存在下，用 D_2EHPA 从 pH<3 的弱酸性钨酸钠溶液萃取钼，而钨很少被萃取，可实现钨钼分离。

该体系萃钼是基于 pH<3 的情况下，钼部分转化为 MoO_2^{2+}，此时钨基本上保持为聚合阴离子，因此采用阳离子交换萃取剂进行萃取，可选择性地将 MoO_2^{2+} 萃入有机相。一般选用的萃取剂为二(乙-乙基已基磷酸)(D_2EHPA)。钼解聚过程进行缓慢，为加快反应速度，加入 EDTA 作解聚剂。EDTA 与钼的物质的量比为 2，在 40%D_2EHPA+10%仲辛醇+50%煤油体系中，经多级逆流萃取，钼的萃取率达 96%～98%，而钨的萃取率小于 1%[30]。

3.2.4 离子交换法

离子交换技术已在钨冶炼中得到广泛应用。其中在我国应用最广泛的工艺就是强碱性阴离子交换树脂处理粗钨酸钠溶液净化除杂并转型的钨离子交换新工艺，除此以外，离子交换法处理纯 Na_2WO_4 溶液转型制取 $(NH_4)_2WO_4$ 的工艺在国外也已成功应用；而采用离子交换法从钨酸盐溶液除钼的技术已进入工业应用；从各种含钨的废液和极稀溶液中用离子交换法富集提取钨的工艺也有广泛的报道，具有极好的工业应用前景。下面分别介绍上述几种方法的离子交换工艺。

3.2.4.1 强碱性阴离子交换树脂净化粗钨酸钠溶液并转型

该工艺是我国在 20 世纪 70 年代开发出来的钨离子交换工艺，现在我国约三分之二的钨冶炼厂采用该工艺生产仲钨酸铵。

A 原则流程

离子交换法处理粗钨酸钠溶液制取纯钨酸铵的过程原则上要经历稀释、吸附、淋洗和解吸这四大步骤（见图 3-32），但当处理标准黑钨精矿时，原料液中杂质较少，一般不需要淋洗除杂，只要用水和去离子水清洗负载钨的树脂后直接解析，便可获得纯钨酸铵溶液。

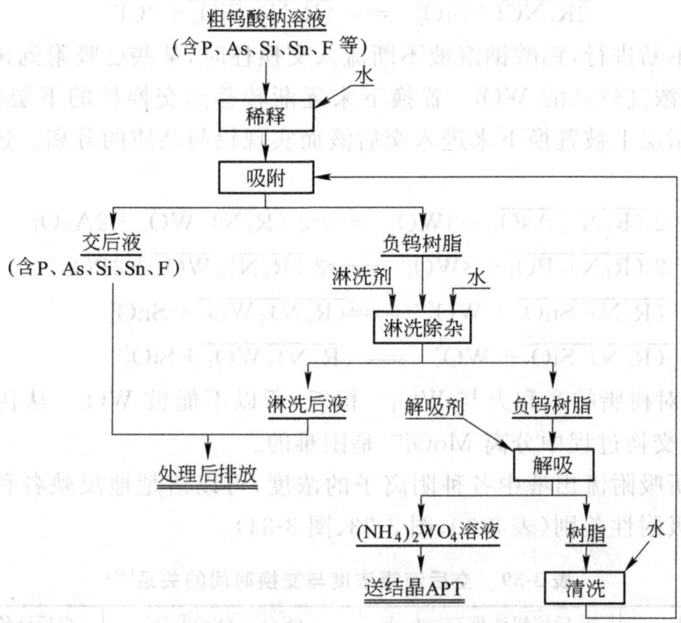

图 3-32 强碱性阴离子交换树脂净化粗钨酸钠溶液并转型的原则流程

B 基本原理

粗钨酸钠溶液净化并转型的离子交换工艺采用的树脂为强碱性阴离子交换树脂，工业应用的国产树脂牌号为 201×7 型、W_A 型、D201 型，这些树脂的交换原理和工艺过程的影响因素都是相同的，只是 W_A 树脂交换容量更高一些。

a 吸附

经稀释后的粗钨酸钠溶液一般含有 4g/L 以上的 NaOH，溶液 pH 值一般大于 13，存在于其中的阴离子除 WO_4^{2-} 外，主要有 MoO_4^{2-}、AsO_4^{3-}、PO_4^{3-}、SiO_3^{2-}、Cl^-、OH^-、F^-、SnO_3^{2-} 等。这些离子对强碱性阴离子交换树脂的亲和力的大小顺序大致为，$WO_4^{2-} \approx MoO_4^{2-} > AsO_4^{3-} > PO_4^{3-} > SnO_3^{2-} > SiO_3^{2-} > Cl^- > OH^- > F^-$。利用这些阴离子性质上的差别，可实现钨在树脂上的优先吸附和分离磷、砷、硅、锡、氟等杂质。

阴离子树脂在吸附开始前，一般先用盐酸溶液将其转化为 Cl^- 型树脂。当稀钨酸钠溶液流经 Cl^- 型强碱性阴离子树脂层时，会发生下列离子交换反应：

$$\overline{2R_4NCl} + WO_4^{2-} \rightleftharpoons \overline{(R_4N)_2WO_4} + 2Cl^-$$

$$\overline{2R_4NCl} + MoO_4^{2-} \rightleftharpoons \overline{(R_4N)_2MoO_4} + 2Cl^-$$

$$\overline{3R_4NCl} + AsO_4^{3-} \rightleftharpoons \overline{(R_4N)_3AsO_4} + 3Cl^-$$

$$\overline{3R_4NCl} + PO_4^{3-} \rightleftharpoons \overline{(R_4N)_3PO_4} + 3Cl^-$$

$$\overline{2R_4NCl} + SnO_3^{2-} \rightleftharpoons \overline{(R_4N)_2SnO_3} + 2Cl^-$$

$$\overline{2R_4NCl}+SiO_3^{2-} \rightleftharpoons \overline{(R_4N)_2SiO_3}+2Cl^-$$

当吸附不断进行，钨酸钠溶液不断流入交换柱时，某些已吸附到树脂上的杂质阴离子，会被浓度较高的 WO_4^{2-} 置换下来逐渐转移到交换柱的下层树脂层上，最终逐渐从树脂层上被置换下来进入交后液而实现钨与杂质的分离。这种置换反应可表示为：

$$2\overline{(R_4N)_3AsO_4}+3WO_4^{2-} \rightleftharpoons 3\overline{(R_4N)_2WO_4}+2AsO_4^{2-}$$

$$2\overline{(R_4N)_3PO_4}+3WO_4^{2-} \rightleftharpoons 3\overline{(R_4N)_2WO_4}+2PO_4^{2-}$$

$$\overline{(R_4N)_2SnO_3}+WO_4^{2-} \rightleftharpoons \overline{(R_4N)_2WO_4}+SnO_3^{2-}$$

$$\overline{(R_4N)_2SiO_3}+WO_4^{2-} \rightleftharpoons \overline{(R_4N)_2WO_4}+SiO_3^{2-}$$

MoO_4^{2-} 对树脂的亲和力与 WO_4^{2-} 相近，所以不能被 WO_4^{2-} 从树脂上置换下来，在钨离子交换过程中分离 MoO_4^{2-} 是困难的。

通过分析吸附流出液中各种阴离子的浓度，可以清楚地反映各种杂质离子对树脂的选择吸附性差别（表 3-39、图 3-33、图 3-34）。

表 3-39　交后液锡浓度与交换时间的关系[32]

交换时间/h	交后液锡浓度/g · L^{-1}	$\rho_o(Sn)/\rho_i(Sn)$①/%	交后液钨含量/g · L^{-1}
1	0.00017	12.14	0.02
2	0.00043	30.71	0.03
5	0.0012	85.71	0.03
9	0.0014	100.00	0.05
10	0.002	142.86	0.10
12	0.0025	178.57	1.68
12.5	0.0028	200.00	2.84
13.5	0.0037	264.29	3.11

① $\rho_o(Sn)$为锡的流出浓度，$\rho_i(Sn)$为锡的进柱浓度 0.000014g/L。

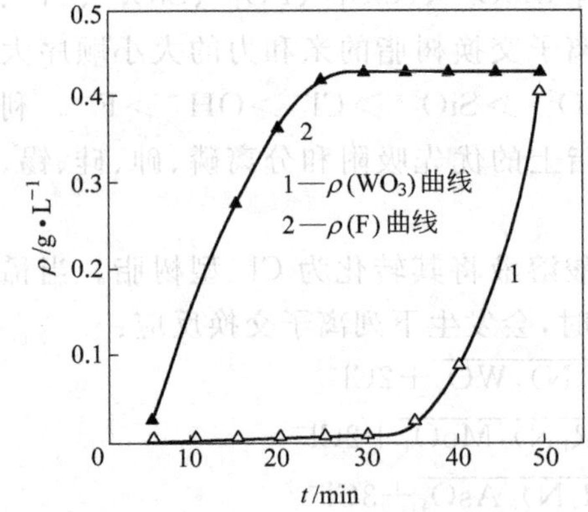

图 3-33　WO_3 与 F 的吸附曲线[31]

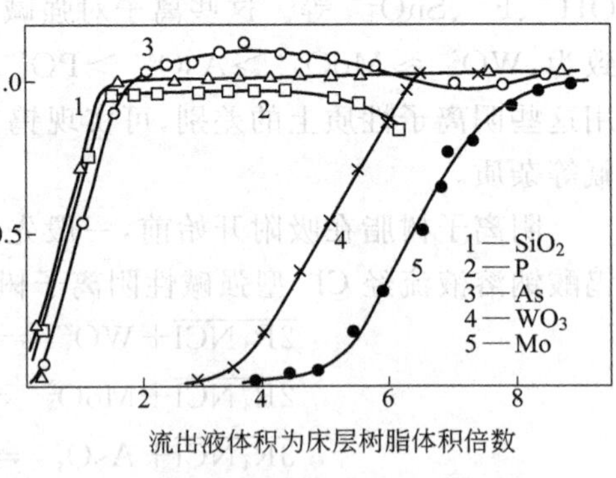

图 3-34　P、As、Si、WO_4^{2-} 对 201×7 树脂吸附流出曲线[33]

从这些流出曲线中可以看出，F^- 基本上不被树脂吸附，P、As、Si、Sn 在吸附过程中被 WO_4^{2-} 置换下来，树脂上钨的吸附量饱和度越大，这些杂质的除去率愈高。因此，采用钨的饱和吸附方式，能够获得很高的除杂效果。

交换过程中的除杂效果还与吸附料液中杂质与 WO_3 的比值及 OH^- 浓度有关（见表 3-40），一般情况下，杂质/WO_3 质量比升高，吸附过程的除杂率下降。为此，适当提高原料液中 WO_3 和 OH^- 浓度，有利于杂质的除去。

表 3-40　料液中杂质/WO_3 质量比对除杂效果的影响

$\rho(As)/\rho(WO_3)$	0.00066	0.0033	0.0066	0.01
除砷率/%	95.23	90.48	92.85	73.82
$\rho(SiO_2)/\rho(WO_3)$	0.013	0.02	0.027	0.033
除硅率/%	95.23	95.71	95.83	89.5

注：吸附原料液 WO_3 浓度为 15g/L，NaOH 浓度为 5g/L，吸附线速度 5cm/min。

吸附过程另一个重要的技术指标就是树脂对钨的交换容量，交换容量可以用全交换容量（饱和容量）或穿透容量来表示。全交换容量主要由树脂的本性所决定，而穿透容量则与料液中 WO_3 浓度、NaOH 浓度、Cl^- 浓度及交换线速度等多种因素有关（见图 3-35～图 3-38）。从图中可以看出，料液中 WO_3 浓度的提高和 Cl^- 浓度的上升，会显著降低树脂对钨吸附的穿透容量，造成流出液中 WO_3 过早穿透。而料液中游离碱含量提高和吸附速度加快，也会导致穿透容量的降低。

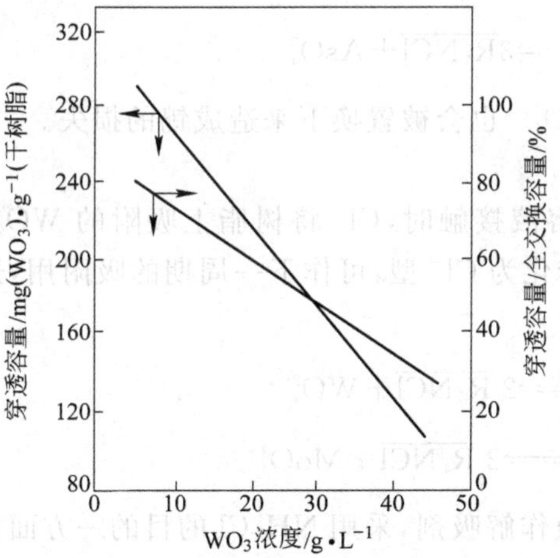

图 3-35　WO_3 浓度对交换容量的影响
（料液中含 NaOH 5g/L，线速度 5cm/min）

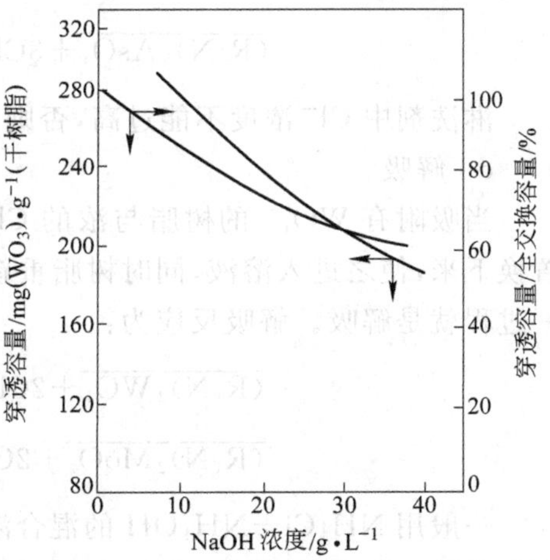

图 3-36　NaOH 浓度对交换容量的影响
（料液中含 WO_3 14.85g/L，线速度 5cm/min）

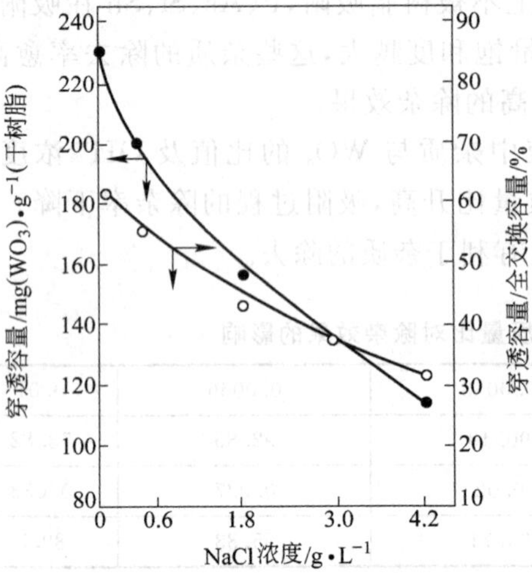

图 3-37　NaCl 浓度对交换容量的影响
（料液中含 WO_3 15g/L，NaOH 5g/L，线速度 7.5cm/min）

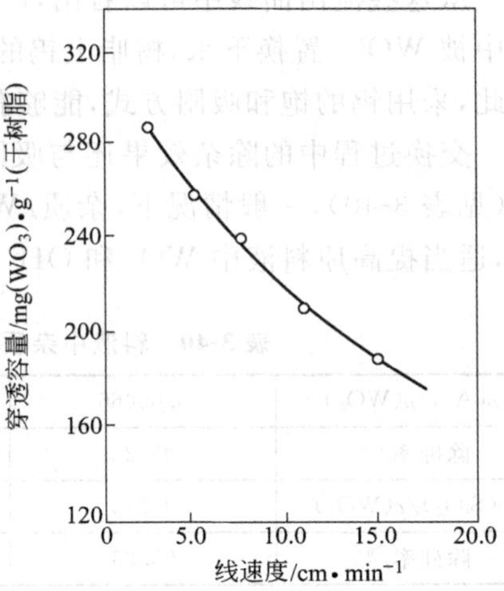

图 3-38　线速度对交换容量的影响
（料液中含 WO_3 14.85g/L，NaOH 5g/L）

b　淋洗

对于一些含杂质高的钨酸钠溶液，当流出液中有 WO_4^{2-} 穿透时，即停止吸附，此时树脂层上的杂质离子还没有完全被 WO_4^{2-} 置换下来，故需进行淋洗进一步除去吸附在树脂上的杂质。

淋洗是利用浓度较低的 NaCl 和 NaOH 溶液作淋洗剂，让其流过树脂层，其中的 Cl^- 和 OH^- 离子可将已吸附在树脂上的杂质离子置换下来，其反应为：

$$\overline{(R_4N)_3AsO_4}+3Cl^- \rightleftharpoons \overline{3R_4NCl}+AsO_4^{3-}$$

淋洗剂中 Cl^- 浓度不能过高，否则 WO_4^{2-} 也会被置换下来造成钨的损失。

c　解吸

当吸附有 WO_4^{2-} 的树脂与浓的 Cl^- 溶液接触时，Cl^- 将树脂上吸附的 WO_4^{2-} 置换下来，使之进入溶液，同时树脂重新转化为 Cl^- 型，可作下一周期的吸附用，这一过程就是解吸。解吸反应为：

$$\overline{(R_4N)_2WO_4}+2Cl^- \rightleftharpoons 2\,\overline{R_4NCl}+WO_4^{2-}$$

$$\overline{(R_4N)_2MoO_4}+2Cl^- \rightleftharpoons 2\,\overline{R_4NCl}+MoO_4^{2-}$$

一般用 NH_4Cl+NH_4OH 的混合溶液作解吸剂，采用 NH_4Cl 的目的一方面是利用其中 Cl^- 去解吸树脂上的 WO_4^{2-}，另一方面可使解吸得到的钨转型为 $(NH_4)_4WO_4$ 溶液，便于直接制取 APT，在解吸剂中加 NH_4OH，可使解吸流出液保持必需的碱度，防止 APT 在解吸过程中析出造成树脂层板结，确保解吸过程能顺利进行。

解吸效果取决于解吸剂的种类和浓度以及解吸剂的流速，用各种铵盐溶液来解吸负载钨树脂，发现 NH_4Cl+NH_4OH 作解吸剂的效果最好（见图 3-39）。

而采用高浓度的解吸剂，在较低的流速下进行解吸可获得高浓度的钨酸铵溶液。

解吸过程中，杂质在流出液中的分布不是均匀的（见图 3-40），与树脂亲和力小的杂质离子最先被解吸下来，为此可以将解吸流出液分段处理，含杂质高的前段流出液除杂质后返回主流程，中间段的溶液 WO_3 浓度高，杂质含量少，可直接结晶制取 APT，而后段的溶液中含 Cl^- 高，可收集返回作解吸剂用。

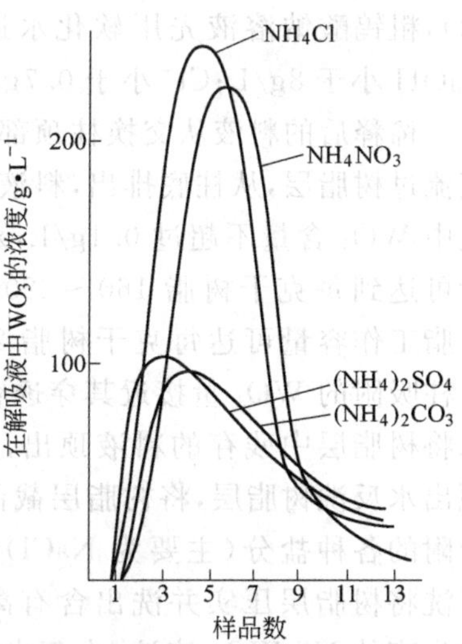

图 3-39　不同解吸剂对 201×7 负钨树脂解吸曲线[34]

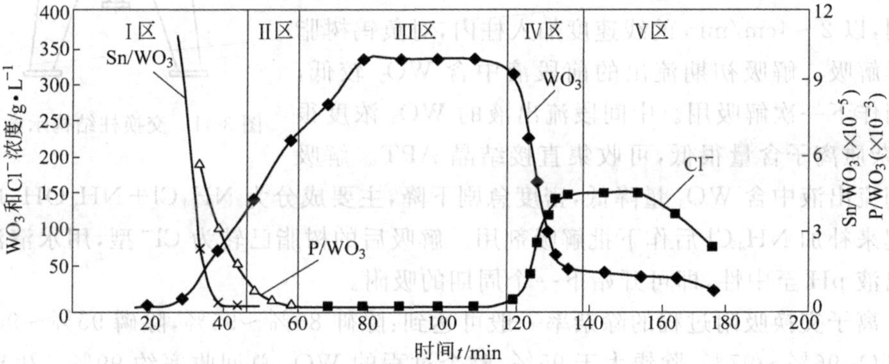

图 3-40　解吸液中 WO_3、Cl^- 的浓度以及 Sn/WO_3、P/WO_3 与解吸时间的关系[19]

离子交换的化学反应速度一般较快，故离子交换过程的速度取决于离子扩散速度。固定床离子交换的速度主要取决于温度、树脂颗粒的大小及溶胀性以及被交换离子的价数、大小和性质。在树脂能够承受的温度范围内，适当提高温度有利于交换速度的提高。大孔树脂（D_{201}）和 W_A 的交换速度相对快一些，吸附料液 pH 值对钨的交换吸附速度有显著影响，当 pH 值较高时，钨以 WO_4^{2-} 的形态存在，吸附速度快，但当 pH 值为 5 左右时，钨以 $W_{12}O_{39}^{6-}$ 等大的离子团存在时，吸附速度甚慢。关于钨离子交换动力学方面的研究较为复杂，要作这方面的定量描述尚有一些困难。

C　工业实践

我国现行的离子交换均是在钢制衬胶的离子交换柱中进行（设备如图 3-41 所

示),粗钨酸钠溶液先用软化水进行稀释,使其符合下列要求:WO_3 15～25g/L;NaOH 小于 8g/L;Cl^- 小于 0.7g/L。

稀释后的料液从交换柱顶部加入,按一定的线速度流过树脂层,从柱底排出,料液中的钨被吸附,交后液中 WO_3 含量不超过 0.1g/L,对于 717 树脂穿透容量可达到每克干树脂 160～220mgWO_3;而对于 W_A 树脂工作容量可达每克干树脂 280～340mgWO_3,当每柱吸附的 WO_3 量接近其穿透容量时,停止吸附,用水将树脂层中残存的料液顶出,然后从柱底进水,柱顶出水反洗树脂层,将树脂层截留的固体微粒和物理吸附的各种盐分(主要为 NaCl)清洗干净,再用纯水正洗将树脂层压实并洗出含有离子的水。对于用精矿生产的 Na_2WO_4 溶液,由于杂质含量不高,一般不需用淋洗剂淋洗除杂。经水洗后的树脂即可解吸。解吸剂按 5mol/L NH_4Cl＋2mol/L NH_4OH 的浓度配制,以 2～4cm/min 的线速度加入柱内,对负钨树脂进行解吸。解吸初期流出的前段液中含 WO_3 较低,返回作下一次解吸用。中间段流出液的 WO_3 浓度很高,杂质离子含量很低,可收集直接结晶 APT。解吸后期流出液中含 WO_3 量降低,密度急剧下降,主要成分为 NH_4Cl＋NH_4OH,应收集起来补加 NH_4Cl 后作下批解吸剂用。解吸后的树脂已转为 Cl^- 型,用水清洗至流出液 pH 至中性,即可开始下一个周期的吸附。

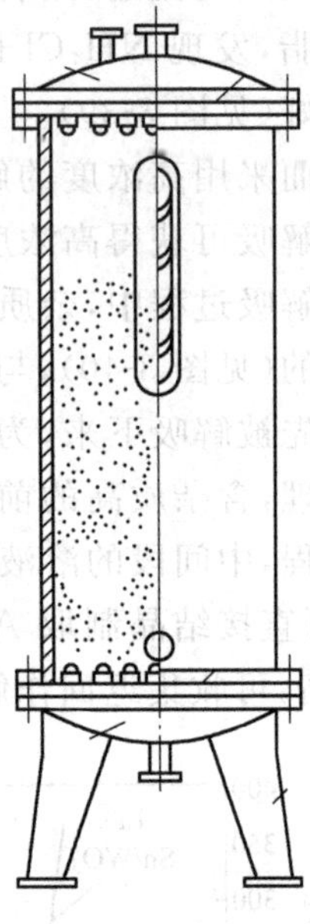

图 3-41 交换柱结构示意图

离子交换吸附过程的除杂率一般可达到:除砷 85%～95%,除磷 95%～96%,除 SiO_2 96%～97%,除锡大于 95%,整个过程的 WO_3 总回收率约 99%。生产 1t WO_3 消耗 NH_4Cl 约 650～800kg,液氨 80kg,树脂 1～1.5kg。

离子交换法处理粗钨酸钠溶液净化除杂并转型制取钨酸铵工艺具有流程短,钨的回收率高,除杂效果好,生产成本低,设备投资少,操作方便,工作环境好等优点,所以得到了广泛的工业应用,但该工艺也存在用水量大,排放的低浓度碱性废水量大等缺点,而且,此工艺过程中钨钼分离效果非常有限,对于含钼、含锡高的原料生产出的产品 APT 中钼、锡含量可能超标,NH_4Cl 中带来的钾和钠也可能造成 APT 中的钾与钠含量超标。这些不足之处还有待于在实践中进一步完善。

3.2.4.2 处理 Na_2WO_4 溶液的其他离子交换法

俄罗斯曾经试验采用 AH-80П 树脂将经典法净化所得的纯 Na_2WO_4 溶液转型为$(NH_4)_2WO_4$,并取得了成功,其原则流程如图 3-42 所示。

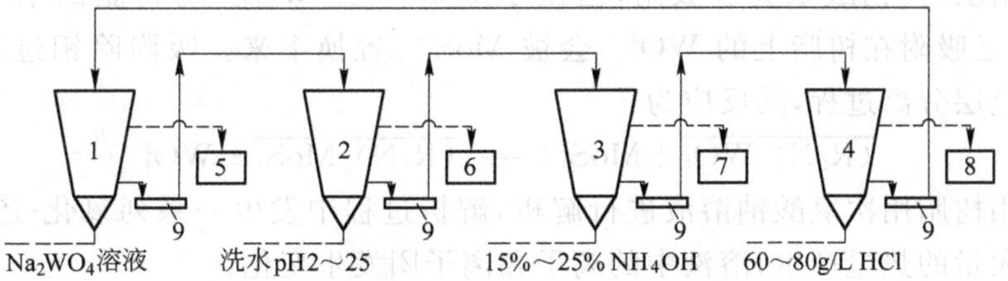

图 3-42 用 AH-80Π 将 Na_2WO_4 溶液转型的流程

——树脂运动路线；------各种溶液运动路线；

1—吸附柱；2—洗涤柱；3—解吸柱；4—再生柱；5—交后液贮槽；

6—中和槽；7—$(NH_4)_2WO_4$ 液贮槽；8—中和槽；9—过滤器

离子交换过程所用的 Na_2WO_4 溶液含 125g/L WO_3，0.01～0.08g/L 钼，不大于 0.05g/L 磷或砷，115～135g/L $NaCl+Na_2CO_3$，溶液的 pH 值约为 2.5～3.0，钨主要以偏钨酸根离子存在。

原料液从吸附柱 1 底部进入，树脂由上部加入，溶液与树脂在流化床内相对运动并进行离子交换，溶液与树脂的流量比为 4.2～5.0，接触时间达 8～12h，吸附柱处理能力为 0.2～0.45$m^3/(m^2 \cdot h)$，从吸附柱底部卸出的饱和树脂密度达 1.36～1.40g/cm^3。小于 1.36g/cm^3 的树脂则应返回吸附柱继续吸附。交后液含 WO_3 约 0.02g/L，钨的吸附率达 99.95%。饱和树脂送往洗涤柱内，用 pH=2 的水洗 Na^+ 后，再进入解吸柱用 15%～25%的氨水解吸。解吸液中高浓度的钨酸铵溶液（WO_3 大于 130g/L）送去结晶 APT，低浓度溶液返回继续解吸。解吸后树脂经 60～80g/L HCl溶液再生转为 Cl^- 型后，再返回吸附床。此离子交换法的 WO_3 回收率比经典的人造白钨酸分解氨溶工艺可提高 1.3%～1.5%，盐酸消耗降低 65%～75%，不需要 $CaCl_2$，电能消耗可降低 30%～40%，与经典工艺比较具有很大的优势。

加拿大能源采矿资源部用铵型 Dowex 50×8 阳离子树脂处理 Na_2WO_4 溶液，使溶液中的 Na^+ 与树脂上的 NH_4^+ 进行交换，得到 $(NH_4)_2WO_4$ 溶液。交换过程仅有转型作用，而不能除去阴离子杂质。

3.2.4.3 离子交换法分离钨钼

钨冶炼中离子交换除钼技术近年来发展很快，产生了许多成果，下面介绍的是肖连生与张启修等人[35]开发的已在工业上应用的密实移动床-流化床连续离子交换除钼技术。

A 基本原理

目前工业应用的离子交换钨钼分离技术都是基于硫代钼酸根离子与钨酸根离子对树脂亲和力的差异来实现钨钼分离[36]。经过硫化的含钼钨酸盐溶液流经阴离子树脂层时，钨酸根会被吸附，但由于 MoS_4^{2-} 比 WO_4^{2-} 对树脂的亲和力大得多，因此已吸附在树脂上的 WO_4^{2-} 会被 MoS_4^{2-} 置换下来。吸附除钼过程实际上是一个色层分离过程，其反应为：

$$\overline{(R_4N)_2WO_4} + MoS_4^{2-} \rightleftharpoons \overline{(R_4N)_2MoS_4} + WO_4^{2-}$$

负钼树脂用次氯酸钠溶液进行解析，解析过程中发生一系列氧化-还原反应，伴随着大量的热量产生，溶液中的离子和离子团发生变化：

$$\overline{(R_4N)_2MoS_4} + 16NaClO + 8NaOH = \overline{2R_4NCl} + Na_2MoO_4 + 4Na_2SO_4 + 14NaCl + 4H_2O$$

连续离子交换除钼过程是在如图 3-43 所示的一套装置中进行的。采用密实移动床吸附钼，满足钨钼色层分离的条件，采用流化床解析负钼树脂，解析时使树脂处于流态化状态，改善离子扩散和热扩散条件，能加快反应速度，大大缩短解析时间，保障树脂解析不会过热。解析剂循环使用，并且得到充分利用，节省试剂，且解析彻底，树脂回用性好。

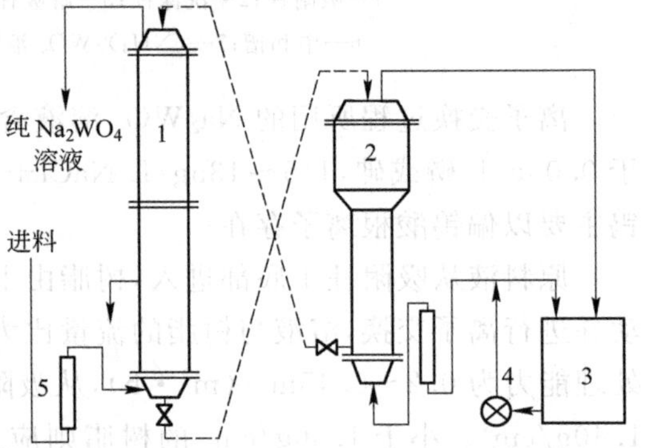

图 3-43　密实移动床-流化床除钼试验装置
1—密实移动床；2—流化床；3—解析剂循环槽；4—泵；5—流量计

B　工业实践

工业上采用的连续离子交换除钼装置形式上与图 3-43 的装置相同，在密实移动床中填装 D_{290} 大孔强碱阴离子树脂，硫化后的含钼钨酸盐溶液从床底部进入柱内，经树脂层吸附钼后，净化液从柱顶流出，负钼饱和树脂经树脂转移装置从床底部排入流化床中，与此同时，再生好的树脂从床顶部加入，树脂与溶液在柱内逆向移动，吸附除钼过程连续进行。负钼树脂在流化床中用 0.5mol/L NaClO 和 0.25mol/L NaOH 的混合溶液进行解析，当解吸剂中的 ClO^- 离子基本耗尽后更换新的解析剂继续解吸，直至树脂恢复原色泽。解析完毕，再用 1.5 倍树脂体积的 NaCl 溶液对树脂进行再生，再生后的树脂用水洗至中性后再由树脂转移装置输送到密实移动床用于吸附。

利用此技术处理 Mo/WO_3 比值高达 0.8%～2% 的钨酸铵溶液，净化液中 Mo/WO_3 质量比均可控制在 5×10^{-5} 以下，除钼率保持在 99% 以上。产品 APT 中的钼含量能稳定保持在 0.0018% 以下，树脂对钼的交换容量可达到每毫升湿树脂吸附 85mg 的 Mo，除钼工序 WO_3 损失在 0.5% 以下，钼的吸附过程连续进行，负钼树脂的解析再生分批进行，每批作业时间在 11h 内能完成，生产效率高。

3.2.4.4 离子交换法从稀溶液和废水中回收钨

俄罗斯采用 AB—17—8П 和 AB—17—10П 树脂回收白钨矿酸分解母液及洗水中的 WO_3。将含 WO_3 1.35～3.75g/L、$CaCl_2$ 110～135g/L、游离 HCl 108～170g/L 的酸分解母液以流速为 100～600cm/h 的速度流经树脂层，流出液中 WO_3 不大于 0.02g/L，WO_3 的吸附率大于 98%，负钨树脂再用 5%NaOH＋10%NaCl 解吸，可得到含 WO_3 约 58g/L 的钨酸钠溶液，WO_3 解吸率大于 99.5%。此工艺已工业应用。

美国矿务局中心实验室研究开发了一种牌号为 HERF 的树脂，从含 WO_3 0.07g/L 的西耳斯湖水中富集提取钨[16]。该树脂每周期可吸附处理体积为树脂体积 60 倍的湖水，钨的吸附率高达 95%～100%，负钨树脂用 6 倍于树脂体积的 0.5% Na_2CO_3 溶液解吸，WO_3 的解吸率大于 95%，解吸液再用 $FeCl_2$ 沉淀钨，控制 pH 在 3.5～4.5 之间，所得的沉淀物中含 45%～55%WO_3、17%Fe、1.7%B_4O_7、1.2%S、0.52%As 和 0.1%Mo，这种沉淀物可作钨精矿按钨冶炼工艺提取钨。

3.2.5 仲钨酸铵(APT)结晶

从钨酸铵溶液中结晶析出仲钨酸铵(APT)是整个钨冶炼过程中重要的工序之一。无论是采用经典的化学法还是离子交换法或萃取法来制取纯钨化合物，最后均要经过本工序以生产出合格 APT(APT 国家标准见表 3-28)。由于后续工序生产的钨氧化物、钨粉的形貌与粒度与 APT 有遗传关系，结晶工序不仅要进一步分离杂质，而且还要控制产品 APT 晶体的粒度。

3.2.5.1 结晶过程的基本原理

目前工业上应用的 APT 结晶方法主要有蒸发结晶法、中和结晶法，此外还有冷冻结晶法。

冷冻结晶法制取仲钨酸铵的基本原理可用图 3-44 来说明。

首先将钨酸铵溶液从状态 1 迅速冷冻至状态 2，则钨酸铵与水几乎同时结晶为固体，再将系统的气压降至四相平衡点 P 之下，使冷冻物处于状态 3，随后再将冷冻物稍稍加热至状态 4，使固态溶剂水和游离氨在真空下升华除去，最终得到多孔细粒的 APT。

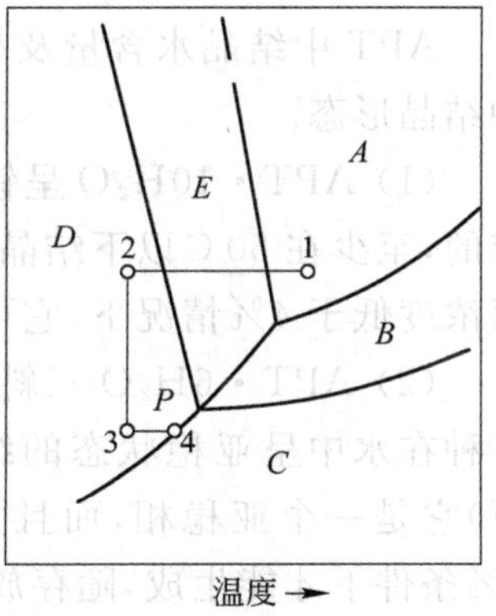

图 3-44 冷冻结晶示意图

A—均相溶液；*B*—蒸汽和溶液；*C*—蒸汽和固体盐；*D*—固体和固体盐；*E*—固体和溶液

20 世纪 50 年代 A. H. 节里克曼在他的《钨钼冶金学》一书中，以 $5(NH_4)_2O \cdot 12WO_3 \cdot nH_2O$ 描述 APT 的化学式，采用蒸发结晶工艺时得到 $n=5$ 的片状结晶，采用酸中和时得到 $n=11$ 的针状结晶，之后在我国出版的一系列著作中，均沿袭这一观点。

近代的研究，通过 X 光衍射，各种电子光谱以及 NMR，ESR 等手段，使人们有可能对钨酸溶液的聚合过程有进一步的认识[61]。目前已普遍承认，随着 NH_3 的减少，WO_4^{2-} 首先聚合生成仲钨酸根 A，它再进一步聚合为仲钨酸根 B，后者的铵盐溶解度很小。尽管对钟钨酸根 A 的结构还有六聚与七聚之说的差别，但目前一致认为仲钨酸根 B 的结构式为$(H_2W_{12}O_{42})^{10-}$。

John W. Van Put[37] 明确指出无论是蒸发法还是中和法随着 NH_3 的减少和溶液的浓缩形成仲钨酸 B 的铵盐结晶。结晶过程的第三阶段发生如下反应：

$$10NH_4^+ + H_2W_{12}O_{42}^{10-} + xH_2O \longrightarrow (NH_4)_{10} \cdot H_2W_{12}O_{42} \cdot xH_2O$$

工业条件下结晶的 APT 的 $x=4$。

E. Lassnar 在他的最新专著[62] 中更明确指出，$(NH_4)_2WO_4$ 反萃液通过蒸发得到$(NH_4)_{10}H_2W_{12}O_{42} \cdot 4H_2O$ 结晶。

仔细分析不难发现，四水与五水这两种 APT 的化学式中各元素的总摩尔数相同，因此如将沿袭了几十年的五水 APT 结晶生成反应式：

$$12(NH_4)_2WO_4 \xrightarrow{\triangle} 5(NH_4)_2O \cdot 12WO_3 \cdot 5H_2O + 14NH_3 + 2H_2O$$

改写为 $12(NH_4)_2WO_4 \xrightarrow{\triangle} (NH_4)_{10}[W_{12}O_{41}] \cdot 5H_2O + 14NH_3 + 2H_2O$ 的形式，与四水 APT 结晶生成反应式比较：

$$12(NH_4)_2WO_4 \xrightarrow{\triangle} (NH_4)_{10}[H_2W_{12}O_{42}] \cdot 4H_2O + 14NH_3 + 2H_2O$$

两者的区别在于络合物的内界组成不同，它反映了钨化学研究的新结论。

而$(W_{12}O_{41})^{10-}$ 并未得到近代物理测试结果的证实。

A　影响 APT 组成与晶形的因素[37]

APT 中结晶水含量及晶体形状取决于结晶条件。目前的研究认为 APT 有三种结晶形态。

(1) APT · $10H_2O$ 呈针状或条状斜方晶系结构，它在工业结晶条件下是不稳定的，至少在 50℃以下结晶才能得到这种晶体，有研究报道认为在(19±0.2)℃及氨浓度低于 4%情况下，它可稳定存在。

(2) APT · $6H_2O$ 三斜片状晶体，相对于 APT · $4H_2O$ 及 APT · $10H_2O$ 也是一种在水中呈亚稳状态的结晶，在工业结晶条件下(即在 $(NH_4)_2WO_4$ 溶液沸点下)它是一个亚稳相，而且只有当溶液中 WO_3 浓度大约为 30%，NH_3 浓度大于 5%条件下才能生成，随存放时间的延长，它会发生重结晶而转化为 APT · $4H_2O$。图 3-45 的 SEM 照片清楚地显示了 APT · $6H_2O$ 随着时间的延长而重结晶转变为 APT · $4H_2O$ 的情况。重结晶为水的活度降低所控制，结晶时添加微量的 APT · $4H_2O$ 晶种可以防止 APT · $6H_2O$ 的生成。

(3) APT · $4H_2O$ 为单斜立方晶系结构，它在工业结晶条件下总是稳定相，这

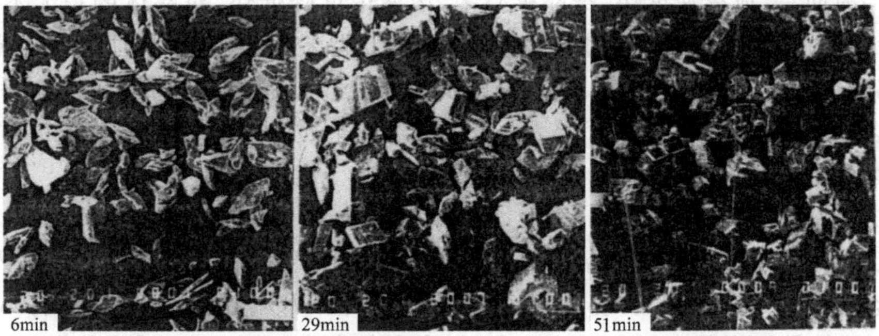

图 3-45 APT · $6H_2O$ 随时间延长而重结晶为 APT · $4H_2O$ 的电镜照片

意味着从 WO_3 浓度高于 30%，NH_3 浓度大于 5% 到 WO_3 浓度小于 10%，NH_3 大约为 1% 的溶液中，在温度 90～100℃稍高一点的范围内只要有 APT · $4H_2O$ 晶种存在，就可产生 APT · $4H_2O$ 结晶。

B APT 粒度的控制[16]

a 一般原理

形成晶核需要一个最小能量，即活化能。在一定温度下，过饱和度愈大，所需的活化能就愈小，晶核的生成速度就愈快，图 3-46 显示了成核速度 J 与过饱和度 S 之间的关系。J 表示单位时间在单位体积内形成的晶核数目。由图 3-46 中实线（由理论推导得来）可知，在过饱和度接近某一临界值后，随着 S 的增大，成核速度迅速增加，在一定的过饱和度情况下，实验结果与理论推导值是相符合的。

过饱和度也是晶核长大的必要条件，晶体成长速度 R 与过饱和度 S 的关系可用图 3-47 表示，由图可知，在低饱和度时，晶体长大速度与过饱和度呈近似于抛物线的关系，但随着过饱和度增加则变成直线上升关系。

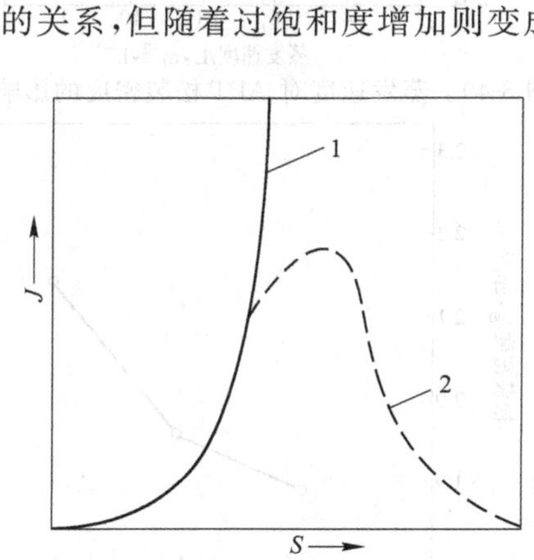

图 3-46 过饱和度 S 对成核速度 J 的影响

1—理论曲线；2—实验曲线

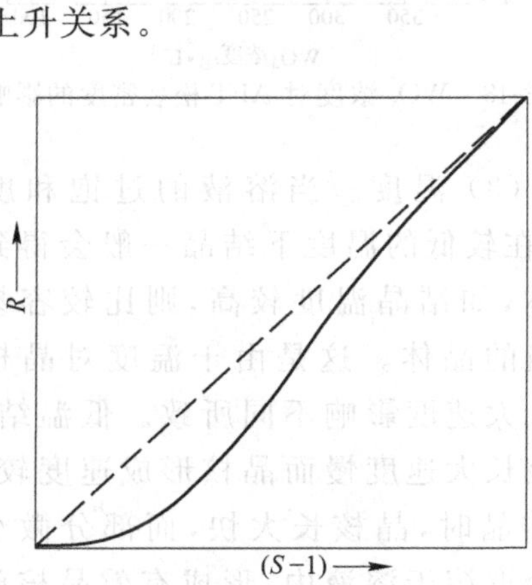

图 3-47 晶体成长速度 R 与过饱和度 S 的关系

一般而言，成核速度快，结晶核心多，溶液浓度降低快，对晶体的长大不利，易得到细颗粒产品。成核速度慢，晶核少，易得粗晶粒产品。可以通过控制蒸发速度、钨酸铵溶液的 WO_3 浓度、结晶温度及加晶种的方法来调节晶核的形成和长大速度以获得不同粒度的 APT 产品。此外，溶液杂质含量和结晶搅拌强度对 APT 晶体粒度也有影响。

b 粒度的影响因素

（1）钨酸铵溶液浓度。结晶原料钨酸铵溶液中 WO_3 浓度愈高，愈易进入过饱和状态，晶核形成速度大，易得到细颗粒的晶体，WO_3 起始浓度也影响 APT·$4H_2O$ 的结晶粒度分布，WO_3 浓度高，团聚现象也少。图 3-48 反映了实际工业生产中 APT 结晶时原始溶液 WO_3 浓度与 APT 松装密度的关系。

（2）蒸发速度与中和速度。采用蒸发结晶法或中和法制取 APT，蒸发速度和中和速度对 APT 的粒度影响很大，蒸发速度与中和速度愈大，在结晶初期形成的过饱和度愈大，形成的晶核数量多，最终得到的 APT 粒度较细，松装密度小，图 3-49显示了蒸发速度对 APT 松装密度的影响。

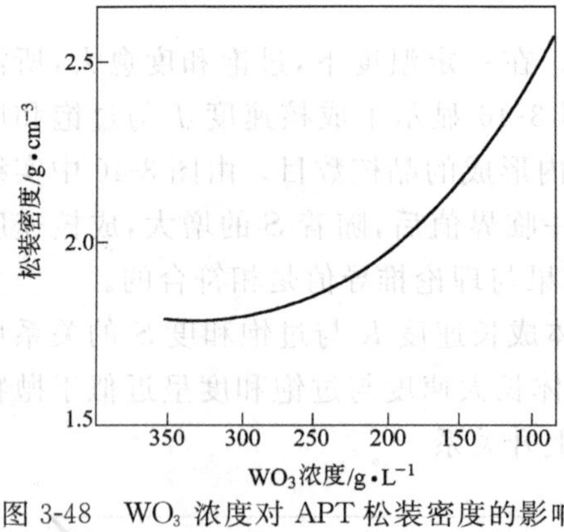

图 3-48 WO_3 浓度对 APT 松装密度的影响

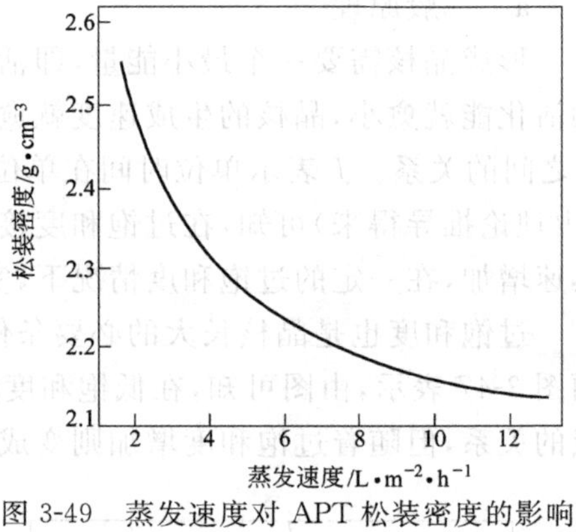

图 3-49 蒸发速度对 APT 松装密度的影响

（3）温度。当溶液的过饱和度一定时，在较低的温度下结晶一般会得到细粒晶体，如结晶温度较高，则比较容易得到较粗的晶体。这是由于温度对晶核形成和长大速度影响不同所致。低温结晶时，晶核长大速度慢而晶核形成速度较快；高温结晶时，晶核长大快，而部分微小的晶核会返溶于溶液中，形成有效晶核的数量少，故高温结晶易于得到粗的 APT（见图 3-50）。

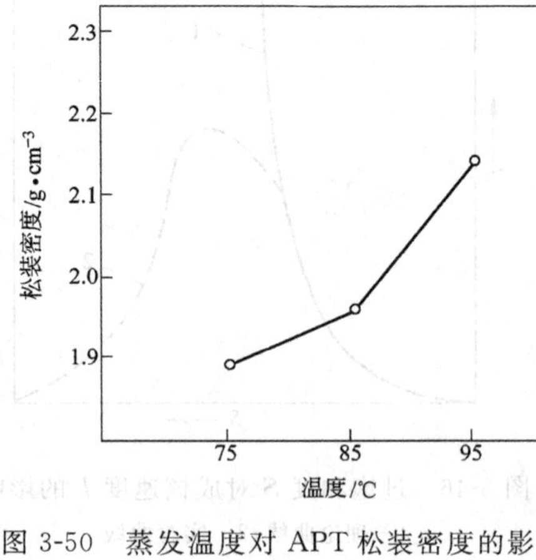

图 3-50 蒸发温度对 APT 松装密度的影响

(4) 溶液中的杂质。钨酸铵溶液中的杂质对 APT 粒度也有影响。结晶过程中，杂质往往被吸附在 APT 晶核表面上，抑制晶核的长大，使晶体变细，溶液中的固体杂质微粒在结晶过程中还起着凝聚核心作用，能促进晶核的形成。此外，杂质对每个晶面生长的影响可能不同，某些杂质被优先吸附在晶体的某一晶面上，抑制此晶面的生长，结果使晶体形状改变。

(5) 添加晶种[37]。在结晶开始前向钨酸铵溶液加入晶种，可以抑制新的晶核形成，如果加入的晶种量“合适”，获得的 APT 产品主要由晶种长大的晶粒所组成，粒度比不加晶种的产品粒度要粗。但加入的晶种数量超过一定值后，随着加入量的增加，产品 APT 粒度反而减小。Van Put 等人发现，添加晶种是获得粒度分布重复性好的产品的一种有效手段。而且晶种的大小、数量及晶粒形态对产品的晶粒形态有影响。其中以晶种形态的影响尤甚，加入破碎的 APT 晶粒晶种不能获得完好晶粒的产品，这些碎片会长成多晶粒团聚粒子。因此晶种应经过认真筛选或预处理，图 3-51 为添加晶种的量由 *a* 至 *c* 逐渐增加情况下，四水合 APT 的结晶 SEM 照片。而图 3-52 清楚显示了添加破碎的晶种对 APT · $4H_2O$ 结晶形貌的影响。

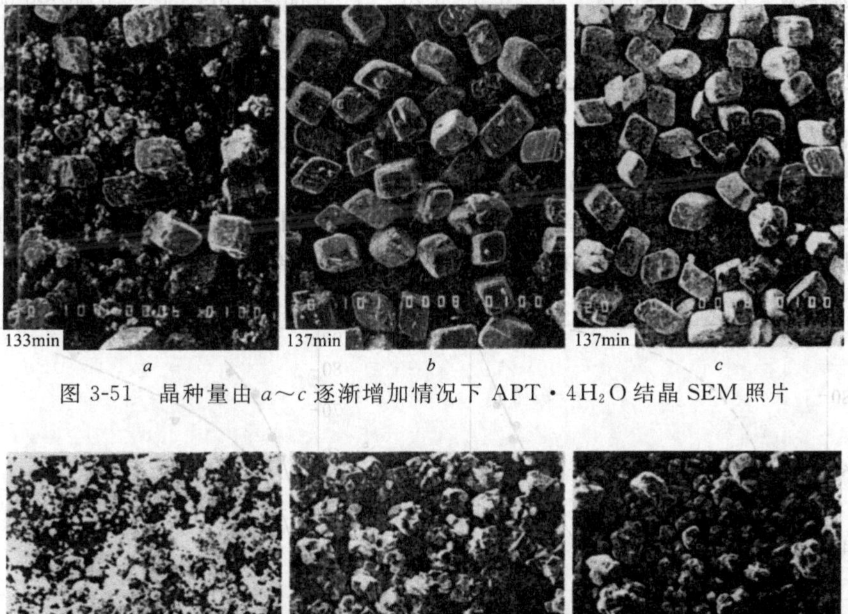

图 3-51 晶种量由 *a*～*c* 逐渐增加情况下 APT · $4H_2O$ 结晶 SEM 照片

图 3-52 添加破碎的晶种对 APT · $4H_2O$ 结晶影响的 SEM 照片

(6) 搅拌。搅拌影响晶核形成速度的情况是复杂的。一般情况下，搅拌会产生一种诱导和加速晶核生成的效果。搅拌能改善结晶过程中的传质传热，有利于溶质向晶核表面扩散，在一定搅拌速度范围内，提高搅拌速度，能增加晶核长大的速度，有利于得到粗颗粒 APT，但搅拌速度过大，反而会击碎已长大的晶粒，故需通过实践来确定不同设备的搅拌形式和搅拌速度。空气搅拌比机械搅拌更能保证晶粒的完好。

C　结晶过程中的杂质行为和影响纯度的因素

在蒸发结晶或中和结晶过程中，大部分杂质比 APT 难结晶，被富集在母液中，因而先析出的 APT 纯度往往比原始 $(NH_4)_2WO_4$ 溶液要高得多。表 3-41 列举结晶率为 90% 时的仲钨酸铵结晶及母液中的化学成分，APT 中杂质含量比原始 $(NH_4)_2WO_4$ 溶液中的杂质低得多，可见结晶过程具有净化作用。

表 3-41　APT 结晶及其母液的典型杂质含量（美国特立戴恩-华昌公司）

溶　液	杂质含量/%			
	Mo	Si	P	As
钨酸铵溶液	0.10～0.18	0.10～0.20	0.007～0.015	0.002～0.004
APT	0.03～0.07	<0.001	0.002～0.005	<0.001
母　液	1.10	0.70	0.020	0.025

结晶除杂率与钨的结晶率有关，随着钨结晶率的升高，杂质析出率迅速增加，以 Mo 的结晶析出为例：当钨的结晶率为 60% 时，钼结晶率仅 5%，当钨结晶率提高到 80% 时，则钼的析出率增加近 3 倍达 20%（见图 3-53，图 3-54）。实际生产中可根据原料的成分及对产品的要求来控制钨的结晶率。

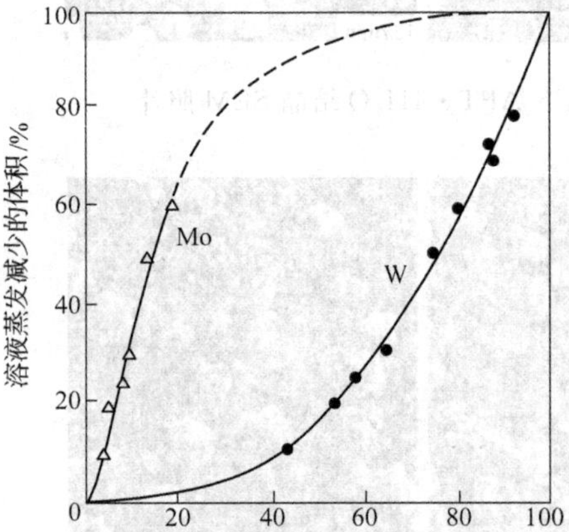

图 3-53　钨钼析出率与结晶蒸发程度的关系（美国华昌公司）

料液：250～260g/L WO_3；Mo/W 质量比为 0.14%

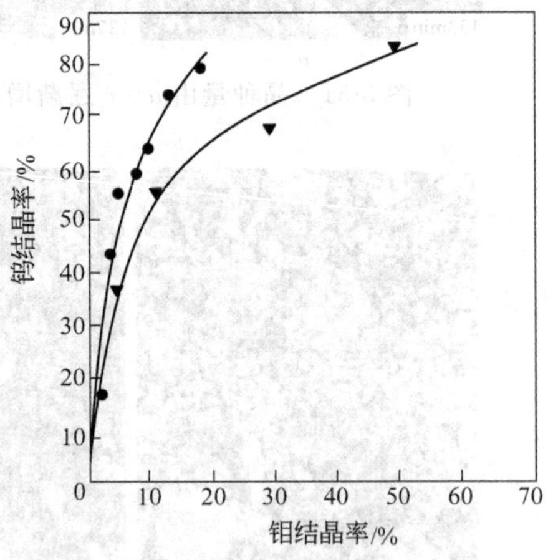

图 3-54　钨钼结晶率的比较

●—美国华昌公司数据；

▼—史密塞尔斯数据

在结晶过程中加入$(NH_4)_2S$使钼酸铵转变为水溶性很大的硫代钼酸铵($(NH_4)_2MoS_4$)能抑制钼的结晶析出。龚柏凡等人[38]试验了在含WO_3 284.4g/L,Mo 0.567g/L的钨酸铵溶液中加$(NH_4)_2S$,使溶液中S^{2-}浓度为8g/L,再进行蒸发结晶,钨结晶率达到94.8%时,结晶的APT产品中含钼量为0.0055%,钼的析出率仅为2.3%。

3.2.5.2 工业实践

A 蒸发结晶法

分批间断式作业是在夹套加热的带有搅拌装置的搪瓷(或衬钛)反应器中进行。将密度为1.16～1.28g/cm³的$(NH_4)_2WO_4$溶液(含180～300g/L WO_3)加入反应器内,搅拌加热至沸腾使氨挥发。反应器顶盖上一般安装有与真空系统相联结的管道,将氨及时排至反应器外进行冷却回收。溶液pH值降至7.0～7.7左右,APT析出。现场取样测得母液密度为1.06～1.02g/cm³时,则停止加热,冷却0.5h,将料排至真空抽滤器进行过滤洗涤,得到的湿APT在90～120℃温度下干燥后,过筛混合后包装得到APT商品。分批间断式作业的结晶率一般可达到90%～95%,若产品纯度要求高,则结晶率可控制低一些。

连续式结晶作业是在连续结晶器中进行。连续结晶器结构如图3-55所示,料液在外加热器1中加热到一定温度后送至蒸发室2,氨进行蒸发从而使溶液达到过饱和。蒸发室中过饱和度要控制在介稳定区内使其不自动产生晶核。过饱和溶液经中心管3进入结晶室4与其中已存在的晶体接触而进行结晶,晶体送连续过滤机过滤洗涤,结晶母液一部分返回与原始溶液混合循环,一部分送入分批作业的搅拌反应器内进行二次结晶。

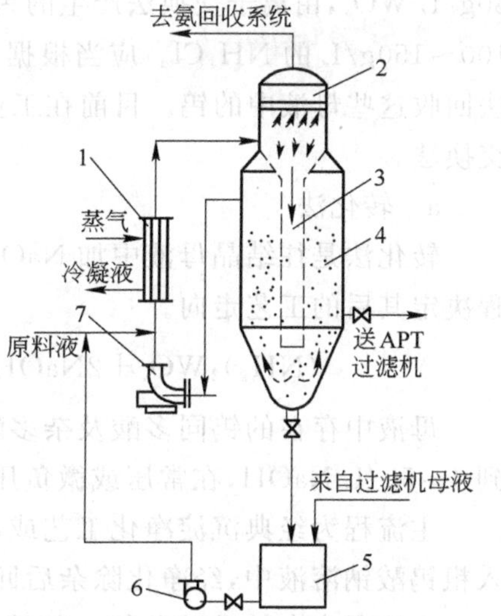

图3-55 APT连续结晶器示意图

1—外加热器;2—蒸发室;3—中心管;4—结晶室;5—母液槽;6—泵;7—循环泵

分批间断式结晶可通过控制不同的结晶条件得到不同纯度和粒度的APT,结晶率高,母液体积小,NH_3可回收,控制方便,操作简单,但APT的粒度分布范围较宽,批与批之间粒度分布的重现性不太好。连续结晶可获得成分和粒度均匀的APT产品,过程连续,质量稳定,产能大,NH_3可回收,但一次结晶率不高(80%～90%)。

B 中和法

中和结晶作业在带夹套加热的搪瓷反应器或衬橡胶的反应槽中进行。将

$(NH_4)_2WO_3$ 料液注入反应器中，升温至所要求的温度（按 APT 的粒度要求控制不同的温度：一般中颗粒在 70～75℃，粗颗粒在 90℃以上，细颗粒在 50℃以下），在激烈搅拌下，缓慢加入浓度为 10%～20%的盐酸，中和至 pH＝7～7.5，加酸结束，保温搅拌 0.5h，使 pH 值稳定，再静置 8～10h，溶液中 90%～95%的钨生成 APT 析出。过滤分离母液，晶体用 1% NH_4NO_3 溶液淋洗。

中和法与蒸发法比较，能耗小，结晶速度快，较易获得细颗粒 APT，但由盐酸带来的杂质会使 APT 脏化，而且母液体积较大，增加回收系统的负担。

C　冷冻结晶法

冷冻结晶法是在液氮冷却真空干燥器内进行的，将钨酸铵溶液喷在液氮冷却的金属器壁上，水和 APT 同时结晶。然后在真空下使水及游离氨升华除去，留下干燥的 APT。化学纯度与原料液没有变化，但可得到平均粒度（FSSS）在 0.6～1.3μm 的超微仲钨酸铵粉末。且粒度组成均匀，各种杂质或添加剂分布均匀，因而常用此法来制取 W-Re、W-Cu 等成分均匀的复合粉末。

美国爱德华兹高真空公司已用此法生产超细 APT，进而制取超细碳化钨粉，每年产量达 300t。

D　结晶母液的处理

除了冷冻结晶外，APT 结晶过程中都会产生结晶母液，这些母液中含有 30～80g/L WO_3，由离子交换法产生的钨酸铵结晶或盐酸中和法结晶的母液中还含有 100～150g/L 的 NH_4Cl。应当根据主工艺流程和母液的大致成分选取不同的方法回收这些母液中的钨。目前在工业上应用的方法有转化法、溶剂萃取法和离子交换法。

a　转化法

转化法是往结晶母液中加 NaOH 使钨转化为 Na_2WO_4 溶液，然后再根据主流程决定其后的工艺走向。

$$(NH_4)_2WO_4 + 2NaOH = Na_2WO_4 + 2H_2O + 2NH_3\uparrow$$

母液中存在的钨同多酸及杂多酸都可转化为正钨酸钠，转化后的溶液碱度达到 4～5g/L NaOH，在常压或微负压的条件下加热煮沸，将氨挥发掉。

主流程为经典沉淀净化工艺或萃取工艺，其结晶母液经碱转化后可以直接加入粗钨酸钠溶液中，经净化除杂后回收钨。

主流程为白钨矿酸分解—氨溶结晶工艺，其结晶母液经碱转化后，应浓缩至 WO_3 含量达到 150g/L 后，再按经典化学法进行净化，沉淀人造白钨，再将所得的人造白钨与白钨矿混合投入主流程进行处理。

主流程为离子交换工艺，其结晶母液经碱转化后，不宜返回主流程，可将其沉淀出人造白钨再集中处理回收钨。

b 溶剂萃取法

萃取法回收含有大量氯化铵的结晶母液中钨的生产过程为：将母液用盐酸调 pH 值至 3～4，加还原剂使 Fe^{3+} 还原成 Fe^{2+}，然后用 25%TOA＋35%TBP＋45%煤油作有机相进行萃取，萃取相比为 O/A＝1/(3.5～6)，经二级萃取，98%的钨被萃取，萃余液含有大量氯化铵，可浓缩结晶得氯化铵产品，负钨有机相用 2.5mol/L 的 NaOH 溶液进行反萃，反萃得到的钨酸钠返回主流程，有机相经酸化后可返回萃取使用。

c 离子交换法

对于含有大量 NH_4Cl 的结晶母液，可以采用离子交换法来回收浓缩钨并将其转化为 Na_2WO_4 返回主流程。APT 结晶母液加盐酸调 pH 值至 3～4，通过弱碱性阴离子交换树脂层后，其中的钨、钼与杂质 P、As、Si 以同多酸根或杂多酸络阴离子的形态被吸附，氯离子的存在不影响吸附效果。负载树脂经 NaOH 溶液解吸，可得到浓的钨酸钠溶液。

邓解德等人[39]在工业规模用此方法处理含 WO_3 为 8～15g/L 的结晶母液，在 pH 值为 3～4 的情况下用 D_{354} 弱碱性阴离子树脂进行吸附，吸附率在 98%以上，负载树脂用 2.5mol/L 的 NaOH 进行解析，得到的 Na_2WO_4 溶液含 WO_3 在 180～210g/L 之间，解吸率在 98%左右。在此过程中，钨被浓缩和转化为钠盐，但不能除杂，钼、磷、砷、硅仍存在于钨酸钠溶液中。

3.2.6 膜分离技术在钨湿法冶金中的应用前景

膜分离技术由于能耗低，易实现连续作业、易操作管理、过程易放大、设备紧凑占地面积小且容易与其他过程结合使用，故受到工业界的高度重视。在钨冶金领域中对膜过程应用的可行性已经进行了许多研究，有些过程已进入工业试运行阶段。本节作一简单介绍，更多的信息可参考文献[40]。

3.2.6.1 *离子膜电解法从钨矿碱浸液中回收游离碱*

离子膜电解法回收钨酸钠溶液中的 Na_2CO_3 的原理如图 3-56 所示。电解槽用阳离子交换膜分隔为阴极室和阳极室，在阳极室中加入含 Na_2CO_3 的浸出液，阴极室加入稀的 NaOH 溶液，在电场力作用下，阳离子会向阴极方向迁移，阴离子会向阳极

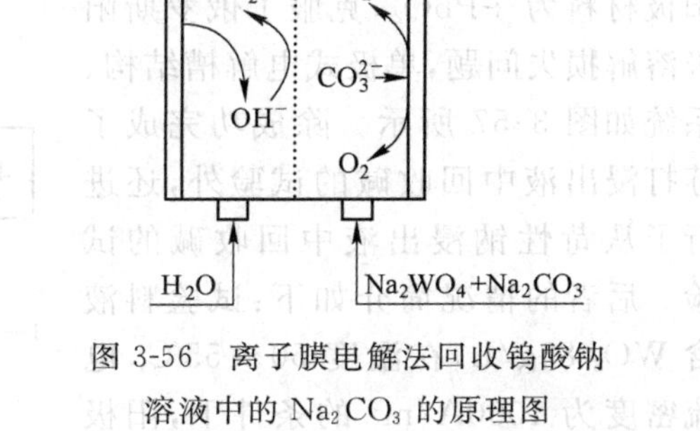

图 3-56 离子膜电解法回收钨酸钠溶液中的 Na_2CO_3 的原理图

方向迁移，但由于阳离子膜的选择透过性，阻止 OH^- 离子向阳极室的迁移，只让 Na^+ 通过膜而进入阴极室。同时，阴极和阳极上会发生反应：

阳极：

$$CO_3^{2-}+H_2O = HCO_3^-+OH^-$$

$$HCO_3^-+H_2O = H_2CO_3+OH^-$$

$$4OH^--4e = O_2\uparrow+2H_2O$$

$$H_2CO_3 = H_2O+CO_2\uparrow$$

阴极：

$$2H_2O+2e = H_2\uparrow+2OH^-$$

前苏联学者报道了他们从白钨矿苏打碱浸液中用离子膜电解法回收游离碱的实验室扩试情况[41]，采用的料液组成（$g \cdot L^{-1}$）为：WO_3 72.15～101.75，MoO_3 8.15～9.0，SiO_2 1.44～3.0，Na_2CO_3 48～53，F^- 2.7～3.0，Cl^- 2.0～4.0。采用1%的Pb-Ag合金板作阳极，镍作阴极板，电解槽为复极式，所用阳离子交换膜只能在50℃以下工作。电流密度较低，仅为400～500A/m^2，为提高电流效率，将阳极含 CO_2 气体通入NaOH溶液中使其变为 Na_2CO_3。故回收之碱可方便返回浸出作业。1000kg WO_3 约损失0.3～2kg阳极。阳极液终点pH值为7～8。试验持续时间308h，处理料液2768m^3。

阳极液pH值随电解的进行不断下降，若料液中硅含量大于0.3g/L，则当pH值降至9～10时有硅析出而造成堵膜，槽电压大幅上升，为此他们将含硅低于0.3g/L的阳极液电解至pH=7.5，此时阳极液中形成仲钨酸盐，利用此种阳极液中和含硅高的粗 Na_2WO_4 料液中的游离碱，使其pH值降至8～9而水解除硅，过滤后再进行电解。

据报道此工艺进行了工业试验[42]。由于他们采用的电极材料与形状、电解槽结构不理想，所用的离子交换膜的性能较差，故经济技术指标尚不够先进。

肖连生和同事开展了离子膜电解法回收钨酸钠溶液中游离碱的研究[43]，并进行了工业扩大试验。但全部电解系统完全与俄罗斯学者的研究不同，采用网状电极进行近极距电解，阳极材料为β-PbO_2，克服了俄罗斯阳极溶解损失问题，单极式电解槽结构、系统如图3-57所示。除成功完成了苏打浸出液中回收碱的试验外，还进行了从苛性钠浸出液中回收碱的试验。后者的情况简介如下：试验料液含 WO_3 85g/L，在温度50～55℃，电流密度为1000A/m^2 的条件下，阳极

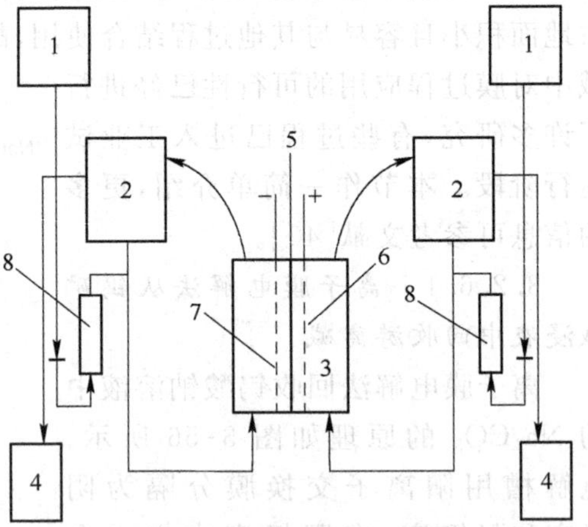

图3-57　膜电解装置示意图

1—高位槽；2—循环溢流槽；3—电解槽；4—产品液低位槽；5—阳离子交换膜；6—阳极；7—活性镍阴极；8—流量计

钨酸钠溶液中的 NaOH 可降至 8g/L 以下，阴极可得到 NaOH 浓度大于 150g/L 的碱液，电流效率达到 89%，每回收 1t NaOH 的电能消耗为 1854kW·h。如要提高碱的回收率，继续降低钨酸钠溶液中的 NaOH 的浓度，则浸出液中的一些杂质会水解析出，造成膜的堵塞，引起槽电压上升，电解能耗将大幅度提高。

3.2.6.2 离子膜电解法制备钨萃取料液

匈牙利前科学院技术物理研究所对净化后的 Na_2WO_4 溶液电解制取供萃取用的偏钨酸盐溶液进行了卓有成效的研究[44]。采用的阳极材料未公布，膜亦为全氟磺酸型膜。随阳极区 Na^+ 通过阳膜进入阴极室及阳极上水电解析出氧气而留下氢离子，在阳极区发生 WO_4^{2-} 离子缩合为 $H_2W_{12}O_{40}^{6-}$ 的反应。

随电解过程进行，阳极液 pH 值下降，可迁移 Na^+ 量减少，故电流效率下降，能耗增加，为此他们研究了多段电解工艺，三段电解之总能耗可降为 2740kW·h/t(W)。而中南大学冶金分离科学与工程研究所研究了两段逆流电解，各段采用电流密度不同的工艺，总能耗为 2315.3kW·h/t(NaOH)。

此工艺的优点为：不但全部回收了游离的 NaOH 而且回收了与钨酸根化合的绝大部分钠；制备萃取料液时不需用硫酸，故无硫酸钠废液产生；萃取料液 pH 值为 1.7～1.8 时，含 WO_3 达 252g/L 而含钠小于 10g/L。图 3-58 为工业试生产线上的电解装置照片。

图 3-58 膜电解制备萃取料液工业生产线设备

南非 B. Verbaan 在对这一体系的研究中作了创造性的发展[45]，采用的离子交换膜为美国 Ional 化学公司生产的 MC-3470 阳膜。极距约 5mm，电极与膜之间增加了湍流促进网。其创造性体现在他们发现电解进行到阳极液 pH 降至一定值时，阳极液中钨酸的过饱和度可以维持到很高的水平而不致析出固体钨酸，这种阳极液产品可不经萃取直接制取产品，具体有三个方案：(1)加入氨水后用常规方法生产 APT；(2)煮沸蒸发阳极液析出固体钨酸；(3)较长时间存放而沉淀产生固体钨酸。这种固体钨酸可不经处理而直接使用。

无独有偶，最近葡萄牙学者研究了用盐酸浸出人造白钨而不产生固体钨酸的机理[46]，认为在控制 pH 在 1.5～2.2(最好为 1.5～1.9)，温度在 70～80℃之间可以不产生黄色固体钨酸，为此葡萄牙学者提出一种改进的盐酸分解白钨矿或人造白钨的方法设想，并指出了这一方法的一系列优点。暂时撇开酸分解的问题不考虑，将这两种研究结论结合起来考虑，因为膜电解法实现 pH 值为 1.5～1.9，温度 70～80℃这一条件的控制是非常容易的。因此利用膜电解法而取消萃取作业发展一种直接制取钨中间制品的新工艺是有可能的。

3.2.6.3　扩散渗析法回收碱

离子膜扩散渗析法回收碱的原理示意于图 3-59。钠离子在浓度推动力作用下通过阳膜进入回收室，而只有一价 OH^- 离子能通过阳膜，二价 WO_4^{2-} 离子不能通过阳膜，此料液室中的 NaOH 进入回收室，而 Na_2WO_4 留在料液室中得以分离。过程的推动力为膜两侧之离子浓度差。实际的装置为将数百张阳膜与网状隔板间隔叠装压紧成一个类似压滤机的膜堆，料液室与回收室交替排列，通过隔板上的导流孔分别将脱碱 Na_2WO_4 溶液与 NaOH 溶液汇成两股液流从膜堆中引出，在膜堆中回收液与料液相向运动。

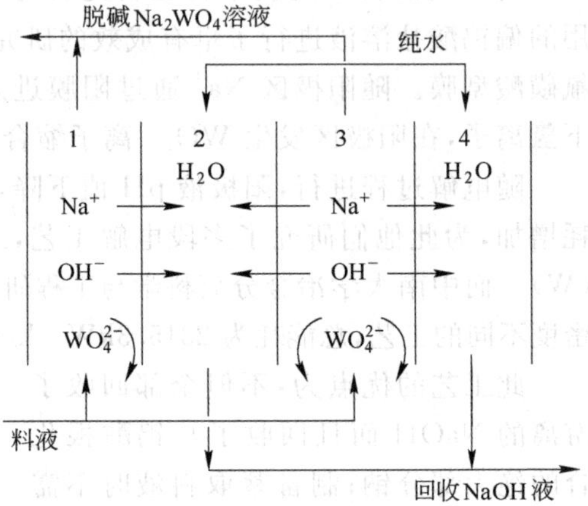

图 3-59　扩散渗析回收碱原理
1,3—奇数室为料液室；2,4—偶数室为回收室

由于不耗电，也无需专人操作，此法非常经济。由于水的渗透，部分水从回收室进入料液室使离开膜堆之料液被适当稀释，利用此原理在美国洛杉矶的圣地亚哥市已经有一个铝制品厂将此技术用于从废 NaOH 蚀刻液中实现了偏铝酸根与 NaOH 的分离回收。投产十余年运行情况正常，经济效益显著。

中南大学冶金分离科学与工程研究所用日本的 CMX-SB 扩散渗析阳膜进行过从 Na_2WO_4 溶液中分离回收 NaOH 的研究，以后又用国产膜进一步进行过对比研究，证明国产膜基本可以用于此目的[47]。

3.2.6.4　膜法劈裂 Na_2SO_4 回收 NaOH

现行萃钨工艺产生含大量 Na_2SO_4 的废水，而 Na_2SO_4 的价值较低，简单的用蒸发浓缩结晶回收芒硝产品的做法并不是一种经济合理的办法。恰当的办法是将它劈裂为硫酸和 NaOH 返回流程使用。

双极膜电解法是最先进、合理的劈裂盐为相应的酸和碱的方法，劈裂 Na_2SO_4 为 H_2SO_4 和 NaOH 为此法的代表性应用，遗憾的是国产双极膜技术尚未过关，故不作详述。利用电渗析进行复分解反应劈裂 Na_2SO_4 生产 NaOH 和 $(NH_4)_2SO_4$ 是适合目前我国膜技术水平的一种可行方法，其原理示意于图 3-60。如图所示，以 NY 代表 NH_4OH，MX 代表 Na_2SO_4，则借助电渗析器中离子膜的选择分隔作用可将在常规反应器中不能进行的复分解反应变成现实。NY和MX进入电渗析器后出来则变成NX与MY两种产品，即发生下列反应：

$$2NH_4OH+Na_2SO_4 = (NH_4)_2SO_4+2NaOH$$

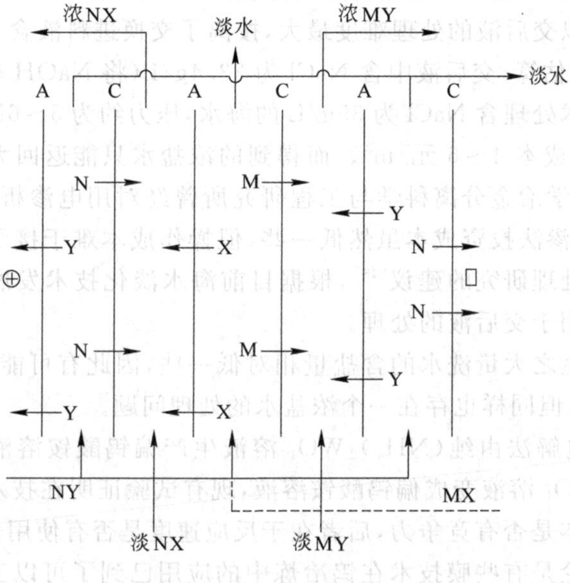

图 3-60 电渗析复分解反应原理

NY—NH_4OH；MX—Na_2SO_4；C—阳膜；A—阴模；

X、Y—阴离子；M、N—阳离子

用于此目的之电渗析器在结构上与常规电渗析器的唯一区别是它的隔板至少有8个进出水孔，形成4个进出水流道。

3.2.6.5 膜技术的其他应用的可行性

膜技术的其他应用如下：

(1) 交换法APT结晶母液的处理。离子交换法APT二次结晶母液含有大量NH_4Cl及少量仲钨酸根，以及杂质磷、砷、硅、钼。由于氯根量大不能直接返回主流程处理，但利用膜分离高价与一价离子、大离子与小离子的能力，很容易解决此问题。中南大学冶金分离科学与工程研究所开发了这一新工艺[40]，采用切割相对分子质量为150～1000D的膜，在压力为1～2MPa的情况下，直接使母液通过膜，此时NH_4Cl随渗透液排出，而钨被截留浓缩，浓缩比达4倍，浓缩液含WO_3 60g/L，含Cl 3～5g/L，直接返回主流程与浸出液合并，借助浸出液的过剩NaOH使多钨酸根解聚为单钨酸根，返回浓缩液的体积约为浸出液体积的1/10，故混合液含Cl^-小于0.7g/L，符合离子交换工艺的要求。膜工艺的生产周期不到现行工艺的1/5，WO_3收率大于98%。

(2) 离子交换法生产 APT 的废水回用问题。离子交换法生产 APT 工艺的除杂能力有限，耗水量特别大，产生的大量含有碱、磷、砷、硅的废水难于处理，在水成为人类赖以生存的最重要而又不富裕的资源及环境保护法规对低污染水采取更严厉措施的背景下，解决这些问题显得更为迫切。

这些废水中以交后液的处理难度最大，按离子交换进料液含 0.1mol/L WO_3，0.2mol/L NaOH 估算，交后液中含 NaCl 为 23.4g/L(将 NaOH 也折算为 NaCl)。目前用反渗透技术处理含 NaCl 为 35g/L 的海水，压力约为 5～6MPa，水回收率为 25%～35%，淡水成本 4～6 元/m^3。而得到的浓盐水只能返回大海，尚无妥当的处理办法，中南大学冶金分离科学与工程研究所曾经对用电渗析法处理交后液进行过研究，认为电渗法投资成本虽然低一些，但操作成本难于接受，提出在条件成熟时进行反渗透处理研究的建议[48]，根据目前海水淡化技术发展的现状，反渗透技术一时也很难用于交后液的处理。

而交换法产生之大量洗水的含盐量相对低一些，因此有可能用反渗透技术回收 70%左右的水，但同样也存在一个浓盐水的处理问题。

(3) 离子膜电解法由纯$(NH_4)_2WO_4$ 溶液生产偏钨酸铵溶液，或者用道南渗析法使$(NH_4)_2WO_4$ 溶液变成偏钨酸铵溶液，现有试验证明在技术上均是可行的，前者在于操作成本是否有竞争力，后者在于反应速度是否有使用价值。

因此总的结论是有些膜技术在钨冶炼中的应用已到了可以工业化的阶段，而有些技术尚期待于膜工业本身的发展。

3.2.7　三氧化钨和蓝色氧化钨的生产

3.2.7.1　三氧化钨的制取

J. W. Van Put 归纳总结了许多学者有关在空气中用热重分析法研究 APT · $4H_2O$ 热解过程的结果，认为 APT · $4H_2O$ 煅烧成 WO_3 的过程可以分为四个阶段[37]：

(1) 升温过程中物料干燥，至大约 100℃失去四个结晶水：

$$(NH_4)_{10}(H_2W_{12}O_{42})\cdot 4H_2O =\!=\!= (NH_4)_{10}(H_2W_{12}O_{42}) + 4H_2O\uparrow$$

相应于此反应，失重大约 2.3%。

(2) 在 100～220℃之间只有 NH_3 蒸发，生成无定形偏钨酸铵(AMT)：

$$(NH_4)_{10}(H_2W_{12}O_{42}) =\!=\!= (NH_4)_6(H_2W_{12}O_{40})\cdot 2H_2O + 4NH_3\uparrow$$

上述两阶段，相应于 APT · $4H_2O$ 总失重率达 4.47%。

(3) 在 220℃至大约 450℃之间，同时有 NH_3 及 H_2O 的挥发，此阶段内形成无定形铵钨青铜产品(AATB)，而且在较高温度下有结晶铵钨青铜产生$(NH_4)_xWO_3$(ATB)，后者随温度提高，逐步为 WO_3 所取代，如以下方程所示：

$$(NH_4)_6(H_2W_{12}O_{40})\cdot 2H_2O \longrightarrow \cdots AATB\cdots ATB\cdots$$
$$\longrightarrow 12WO_3 + 6NH_3 + 6H_2O$$

(4) 最终当温度达 450℃以上后，只有 WO_3 存在，最终失重率达 11.17%。

以上结果表明在 APT · $4H_2O$ 及 WO_3 之间存在不连续相。

在 APT · $4H_2O$ 变为 WO_3 的过程中，颜色的变化是非常突出的。到 240℃煅烧料呈白色或灰白色，270℃附近它由黄白色转变为黄色而且随分解程度的增加颜色变深。在 330℃附近开始变为橘黄并逐渐变为橘红，最后变为褐色。在冷却至室温后，WO_3 变为黄色。

研究表明，钨青铜相的形成，很大程度上取决于实验条件，同一组成的 ATB 可能是无定形也可能是结晶形，而且它们在氧化气氛下是热力学不稳定相。

陈绍衣等人[49]采用差热分析和 X 射线衍射方法对 APT 煅烧过程进行观察和分析，认为 APT 在空气中加热其物相变化历程为：在温度不小于 240℃时，APT 转化为偏钨酸铵(AMT)，继续升温至 300～350℃，则转化为非晶态物质(铵钨青铜 ATB)，温度升至 400℃，变成六方晶型的 WO_3，温度达到 500℃，得到三斜晶型的三氧化钨。

APT 的纯度决定三氧化钨的纯度，APT 的晶形对三氧化钨的晶形有遗传性，煅烧温度和热分解速度对产品三氧化钨的物化性质有明显的影响。

在不同温度下煅烧同一批 APT，产品的 WO_3 比表面积和粒度差别很大，煅烧温度愈高，得到的 WO_3 粒度越粗(见表 3-42)。

表 3-42 WO_3 粒度与 APT 煅烧温度的关系

煅烧温度/℃	400	650	850
WO_3 比表面积/$m^2 \cdot g^{-1}$	6.64	2.0	0.02
WO_3 平均粒径/μm	9.9	11.0	12.3
WO_3 晶型	六方	三斜、斜方	斜方

三氧化钨的物化性质，不仅取决于煅烧温度，而且与 APT 的热分解速度和高温下持续的时间有关。表 3-43 列出了同一批 APT 在不同温度下快速或慢速分解产出的 WO_3 的比表面积。表中数据说明：急剧升温，快速分解，产出的三氧化钨具有较多的宽深裂纹，比表面积较大。缓慢加热，慢速分解产出的三氧化钨晶形完整，只有较少的细浅裂纹，比表面积小。可见，由 APT 生产 WO_3，应根据 WO_3 的物化指标，确定合理的煅烧温度制度。

表 3-43 不同温度制度下产出的 WO_3 比表面积

APT 煅烧温度/℃	380	480	580	680	750
慢速分解产出 WO_3 的比表面积/$m^2 \cdot g^{-1}$	4.4	3.0	2.0	1.0	0.69
快速分解产出 WO_3 的比表面积/$m^2 \cdot g^{-1}$	7.7	6.7	3.7	2.1	0.93

3.2.7.2　蓝色氧化钨的制取

蓝色氧化钨(TBO)是制造钨粉的重要原料之一，由于从蓝色氧化钨还原钨粉比较容易控制粒度和粒度组成，有利于在钨粉还原过程中掺入其他元素，所以TBO已逐渐取代三氧化钨作为生产特殊钨材钨粉的原料。

制取蓝色氧化钨主要有三种方法：APT密闭煅烧法、APT氢气轻度还原法和内在还原法。目前在我国工业上应用较多的是前两种方法。

APT密闭煅烧法其实质就是在加热分解过程中，始终保持炉内(体系)有一定的正压，使空气不能进入炉内，APT分解产生的氨可以裂解出氢和氮，使炉内保持弱还原性气氛，最终产物为蓝色氧化钨，为了调节产物的相组成，还可以向炉内补充一点氨。

APT氢气轻度还原法一般在多管炉中进行，APT装舟后，置于炉管内加热分解，往炉管内送入氢气，使炉管内保持还原性气氛，分解的气体产物和废气排至炉管外点火烧掉。产出的蓝色氧化钨的相组成可以通过控制氢气流量、还原温度和推舟速度来调节。

A　TBO的组成

无论是密闭煅烧还是氢气轻度还原法，APT · $4H_2O$的热分解过程都是在还原气氛下进行。世界各国的学者在这一领域进行了广泛的研究工作，我国学者邹志强、吴恩照[50]、赵秦生、曾照明[51]、李树杰、赖和一[52]、薛鉴[53]、魏庆玉[54]等也都进行过这方面的研究。

J. W. Van Put等对这一领域包括上述我国学者在内的大量研究结果作了详尽而细致的总结[55~57]，认为在300～600℃之间，铵钨、水合氢钨和氢钨青铜是TBO的主成分；β-氧化钨($WO_{2.9}$)也会与青铜相共存，γ-氧化钨($WO_{2.72}$)、WO_2及β-W也可能存在，后者可能是无定形，也可能是结晶形，从600℃开始出现金属α-W。这些相的相对含量与被还原的粉末的量、还原温度及气氛的还原性质有关。根据文献中的这些数据，绘制了TBO的组成与温度的关系图(图3-61)，在钨青铜

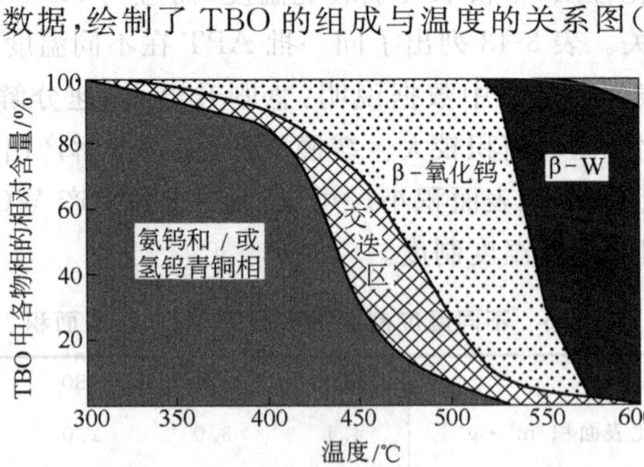

图3-61　TBO中各种物相的相对含量

与β-氧化钨的交界区几乎包括了报道的所有数据。图中没有γ-氧化钨，因为据报道，仅仅在500℃会有少量γ-氧化钨存在。就化合物的氧指数 OI（钨化合物中O/W物质的量比）而言，在低于450℃的情况下，所有报道的数据基本相同，而高于450℃时各个研究者得到的结果有很大差别，这归因于高温下反应速度很快，限于实验条件的差别，各个研究者的结论就很不一样了。

APT处理量增加，会影响还原反应向高温区移动，因此处理大批量APT产生的TBO比同样条件下处理小批量APT产生的TBO的铵含量与氧指数都要高一些。

B APT至TBO的生产路线[37]

还原APT产生TBO的路线可以归纳为四个主要阶段（OI为氧指数）：

$$\text{APT} \xrightarrow{\sim 220^\circ\text{C}} \text{无定形 APT 或无定形青铜} \xrightarrow{\sim 300^\circ\text{C}}$$

$$y(NH_4)_2O \cdot WO_3 \cdot zH_2O + \{(x/2)(NH_4)_2O\} \cdot WO_{3-x/2}\text{（还原青铜）}$$

$$0.25 < x < 0.33 \qquad 2.9 < OI < 3$$

$$\xrightarrow{\sim 420^\circ\text{C}} \{(x/2)(NH_4)_2O\} \cdot WO_{3-x/2} + W_{20}O_{58}$$

$$2.83 < OI < 2.9$$

$$\xrightarrow{480\sim 600^\circ\text{C}} \{x/2(NH_4)_2O\} \cdot WO_{3-x/2} + W_{20}O_{58} + \text{低价氧化物}$$

$$OI < 2.83$$

C TBO质量的控制

TBO质量的控制如下：

(1) 提高还原温度，延长还原时间均可使铵含量降低，但温度的影响更为显著。

(2) OI主要受炉温与还原时间影响，温度越高，时间越长，OI越低。氢气流速增加OI也会降低，但比温度与时间的影响要小。

(3) TBO的比表面积与舟皿中物料的位置有很大关系，在舟底部的TBO的比表面积大。还原时间长，比表面积小；还原温度高，比表面积大。还原时间与还原温度之间有一些交互的影响。

(4) 费氏粒度不受操作条件变化的控制，很可能TBO的费氏粒度与APT原来的物性有关。

顾翼东等人创立的内在还原法也是蓝色氧化钨的一种制备方法，该方法首先将钨酸溶于氨水中，加入适量的尿素，用草酸调整酸度制得中间体（IRT），而后将干燥的IRT在氮气流中热分解，利用分子内部的铵分解还原制得蓝色氧化钨。

3.2.7.3 三氧化钨和蓝色氧化钨生产的工业实践

利用APT煅烧制取三氧化钨或蓝色氧化钨都可以在回转式煅烧炉中进行。回转炉的尺寸大小根据产量要求来决定，一般炉管长6～8m，直径300～450mm，回转炉管由不锈钢管焊制而成；管内焊有挡板，使物料不会很快流出，能增加传热面积；管外的耐火砖中嵌有电热丝，用以加热管内物料。炉子进料端与排风机相连，分解反应产生的水汽和氨靠排风机抽出，排风带走的钨氧化物和APT微粒用泡沫收尘器或冲击式除尘器进行截留回收。回转炉的简单结构参见图5-20。

回转炉炉管安装与水平线成2°左右的倾角，使进料端高于出料端，原料APT靠给料螺旋均匀连续地加入炉管内，在管内加热分解，并依靠重力不断向出料端移动，物料在炉内停留时间约1h。为了促进物料流动，加热均匀，炉管以2r/min左右的速度转动。一般分两个温区来控制温度，出料端温区的温度要比进料端高。

利用回转炉煅烧APT制取WO_3时，一带温度控制在550℃左右，二带温度控制在650℃，炉内气体压力控制在小于大气压强49～98Pa之间，分解产物WO_3可以连续从出料端排出，让空气进入炉内。得到的WO_3为柠檬黄色。本工序WO_3实收率可达98%，有1%左右的WO_3在收尘系统中得到回收。

利用回转炉制取蓝色氧化钨，一带温度控制在550℃左右，二带温度控制在600℃，出料斗中的产品不能完全排出，必须保留一部分来密封出料螺旋，防止空气进入炉管，整个过程中炉管内气体压力控制在大于大气压力的49～98Pa之间，通过补充少量的氨和减少排风量来维持炉内正压和还原性气氛。产出的蓝色氧化钨为普鲁士蓝色。本工序钨的收率可达98.5%，随废气带出的钨氧化物也能在收尘系统中得到回收。

3.2.8　偏钨酸铵的生产

偏钨酸铵生产方法较多，大致可以分为固相转化法和液相转化法两大类型。固相转化法的典型工艺是以APT为原料的热降解法，此方法是目前工业上生产AMT的主流工艺。而液相转化法以钨酸铵溶液为原料，采用萃取、离子交换、膜电解或中和的方法将溶液的pH调节到合适范围内，获得偏钨酸铵溶液。液相转化法研究成果很多，正在向工业应用方向发展。

3.2.8.1　仲钨酸铵热降解法生产AMT

通过控制APT焙解温度和氨及水汽的分压，使APT热解生成水溶性大的偏钨酸铵非晶态物质，再经水化制成偏钨酸铵溶液，此溶液浓缩和冷却结晶可得AMT固体。

热焙解转化反应可用下列反应式表示：

$$(NH_4)_{10}[H_2W_{12}O_{42}]\cdot 4H_2O \xlongequal{\quad} (NH_4)_6[H_2W_{12}O_{40}]\cdot xH_2O+4NH_3\uparrow+nH_2O\uparrow$$

（x值为2～4，在工业条件下x一般为3或4，$n=4-x$）

APT热解转化率与温度有关，若热解温度过高，则生成不溶氧化钨，若温度过低，则APT中氨与水的脱除不足（按分子式计算，应脱除APT中4个NH_3和4个

H_2O)，不溶物增加。合适的温度是提高 APT 转化率的关键。用 APT 热解法制 AMT 的适宜温度范围应为 210～265℃之间。

实际工业生产中，各个厂控制的热解温度是不同的，有的为 230～250℃，有的高达 300℃。实际温度控制的高低与热解设备有关。在固定床设备中，APT 料层厚，传热速率低，控制温度要高一些；在回转炉设备中，APT 处于运动状态，传热效果好，温度均匀，控温范围可低一些。为了提高 APT 的转化率，应选用供热均匀的热解设备。

目前我国工业上采用的热解设备主要为回转煅烧炉。由于温度控制精度不高，热解转化率一般在 80％左右。美国许多专利对热解设备提出了重大改进，其中包括微波炉，板式多膛炉和管式多膛炉等。采用管式多膛炉，AMT 的直收率可达到 95％以上。

热解后的产物，用预先加热到 60～80℃的无离子水制浆，固体与液体的质量比为 1∶4 至 2∶3。若固液比过小，则得到的 AMT 溶液较稀，蒸发浓缩成本增加，固液比过大，则不利于 APT 转化率提高。浆状物加热至 90～100℃，水合时间为 4h，水合酸度可控制在 3～4.2 之间，由于水合过程中有部分 NH_3 损失，应适当添加氨水防止酸度增大。

水合后溶液经过滤除去不溶物，滤液再继续进行蒸发并浓缩到原体积的 1/3 左右。浓缩后的 AMT 溶液冷却结晶，最终获得 AMT 晶体。

3.2.8.2 离子交换法生产 AMT

离子交换法生产 AMT 以钨酸铵溶液为原料，利用强酸或弱酸性 H^+ 型阳离子树脂中的 H^+ 与溶液中的 NH_4^+ 进行离子交换，H^+ 进入溶液，溶液 pH 值降低。流出液酸度控制在 pH＝3.5 左右，再经 98℃下煮 5h，使钨酸铵转化为稳定的偏钨酸铵溶液，再蒸发浓缩，冷却结晶或喷雾干燥制得 AMT 晶体。被 NH_4^+ 饱和的树脂经过盐酸溶液再生转型后循环使用。

离子交换法由于工艺过程比较简单，控制方便，能避免 APT 的形成，不会带入新的污染物，过程能连续化，因而具有开发潜力。

萃取法原理与离子交换法类似，但在萃取过程中易产生固体物造成乳化，工业应用还有一定的困难。离子膜电解法(包括离子膜道南渗析)还处在开发阶段。

参考文献

1 李洪桂等. 钨冶金. 见：有色金属提取冶金手册编委会. 有色金属提取冶金手册. 稀有高熔点金属(上)第一篇. 北京：冶金工业出版社，1999

2 Агноков Т W И. т. д. О влиянии органических премесей на показатели гидрометалл ургической переработки шеелитовых концетратов цвет. Мет，1989；(8)：82

3 叶维洪等. 钨——资源，冶金，性质和应用. 北京：冶金工业出版社，1983

4 Jaji Nasu. The treatment of low grade scheelite ore Nippon Kôgyô Kaishi 72，511-15(1956). CA，Vol 51，

8600,1957
5 Jan P, Vant Sant, Arjen Nieuwhof. Process for the removal of arsenic compounds from tungsten of molybdenum concentrates. U. S. Pat 4420331, 1983
6 张启修,龚柏凡.我国钨湿法冶金技术进步鸟瞰.见:有色金属工业三十五年学术讨论会论文集(第一分册).1991;126
7 柯家骏.钨矿的碱浸,白钨矿碱浸动力学.见:湿法冶金的研究与发展.陈家镛等.北京:冶金工业出版社,1998;67,181
8 黄蔚庄,张启修.含钨原料碱浸过程中添加氧化铝对浸出液质量的影响.稀有金属与硬质合金,1993;(41)
9 张启修,黄芍英,周良益.低品位钨矿苛性钠两段逆流浸出研究.中南矿冶学院学报,1994;24(6)(钨专辑):6
10 普崇恩.提高钨冶炼金属回收率的研究.稀有金属,1988;7(3):178
11 彭少方.钨冶金学.北京:冶金工业出版社,1988
12 Queneau P B et al. Soda Ash Digestion of Scheelite Concentrates. In: Sohn H Y, Carlson O N, Smith J T. Extractive Metallurgy of Refractory Metals. The 110th Met. Soc of AIME, 1981: 237
13 Premchand. Processing of low grade tungsten ore concentrates by hydrometallurgical route with particular reference to lndia. Bulletin of Materials Science, 1996; 19(2): 295
14 Зеликман А Н. Металлургия редких металлов. Москва: Металлургия, 1980: 23
15 Bhosale S N, Mookherjee S, Pardeshi R M. Current Practices. In: Tungsten Extaction and Recovery. High Temperature Materials and Processes, 1990; 9(2～4): 147
16 莫似浩.钨冶炼的原理和工艺.北京:轻工业出版社,1984
17 郑昌琼,李自强,张正元.盐酸分解白钨精矿动力学初步研究.稀有金属;1980;(6):11
18 姚珍刚.氟化钠压煮分解白钨精矿工业研究.中国钨业,1999;(5～6):169
19 Медведев А С. Интенсификация гидрометаллургических процессов, физическими методами научные основы процессов получения редких металлов, их соединений и композитов, Московсий Институт Стади и Сплавов, 1990: 6～26
20 Медведев А С, Коршунов Б Г. Современные методы интенсификации гидрометаллургических процессов, Цветные металлы, 1993; (9): 10
21 Зеликман А Н, Медведев А С. Применение механического Активрования для ивтенсифкации разломния концентратов тугоплавких редких металлов. In: б г кошунов. Металлургия редких металлов. Порошковая металлургия. Москва: Металлуртия, 1987: 6
22 Лазаренко В В и т. д. Перпективы металлотермии в получении тугоплавких металлов и их соединий, Цветные металлы, 1999; (5): 81
23 李洪桂,孙培梅,李运蛟等.从钨酸盐溶液中沉淀除钼、砷、锑、锡的方法.中国专利,97108113.1991-12-30
24 张启修,黄蔚庄,龚柏凡.钨的常温反萃-水相连续法.中南矿冶学院学报(钨专辑),1994:115
25 张启修.N1923与N235萃钨体系的比较.中南矿冶学院学报(钨专辑),1994:106～109
26 张贵清,张启修.从钨矿苛性钠浸出液中直接萃取钨制取钨酸铵溶液的研究(Ⅰ)-萃取过程的基本参数研究.中南矿冶学院学报(钨专辑),1994:97～101
27 张贵清,张启修.从钨矿苛性钠浸出液中直接萃取钨制取钨酸铵溶液的研究(Ⅱ)-杂质磷,硅,砷,钼在萃取过程中的行为.中南矿冶学院学报(钨专辑),1994:97～101
28 张启修.再论钨冶炼技术的第二次革命.中南矿冶学院学报(钨专辑),1994:1～5

29 龚柏凡，黄蔚庄，张启修. N263萃取分离钨钼串级工艺研究. 中南矿冶学院学报(钨专辑)，1994；24

30 Zheng Qingyuan. Separation of molybdenum from tungsten by di-2-ethlyexyl phosphoric acid extractant. Hydrometallurgy, 1966; 16(3): 263

31 黄芍英，张启修，徐景惠. 用离子交换法从 Na_2WO_4 溶液中分离氟的研究. 中南矿冶学院学报(钨专辑)，1994：23～26

32 尹树普，赵晋. 湿冶离子交换法生产仲钨酸铵工艺中杂质锡的行为. 中国钨业，2000；(2)：28

33 Zhou Zhong hua, Chen Tingzhang, Na Rongjun et al. The recovery of Tungsten from alkaline leach liguors by strongly basic anion exhange resin YE 32. In: Ion Exchange For Industry. Michael Strealt ed. 1988: 371

34 Hu Zhaorui, Liu Yun. Application of ion exchange in tungsten hydrometallurgy. In: Ion exchange for industry. Michael Strealt ed. 1988: 385

35 Xiao Liansheng, Zhang Qixiu, Gong Bofan et al. Separation of Molybdenum from Tungstate Solution by a Combination of Moving Packed Bed and Fluid Bed Ion Exchange. Int. J of Refractory Metals and Hard Materials, 2001; 19: 145

36 龚柏凡，张启修. 基于硫代钼酸盐分离钨钼的研究小结. 中国钨业，1995：8～10

37 John W. Van Put Crystallisation and Processing of Ammonium Paaratungstate(APT). In: The Chemistry of Non-Sag Tungsten. L Bartha, E Lassner. W-D Schubert et al. 1995: 61

38 龚柏凡，黄蔚庄，张启修. 在APT结晶过程中抑制钼析出的研究. 钨钼科技，1986：3～7

39 邓解德. 离子交换回收仲钨酸铵结晶母液中的钨. 中国钨业，1999；(2)：29

40 张启修. 冶金分离科学与工程. 北京：科学出版社，2004

41 Погорелый А Д и. т. д. Регенерацая избыточной соды и растворов Автоклавносодвого выщелачивания волыфрамового сырья методом электродиализа. Известия высших учебных заведений. Цветная металлургия, 1982; (1): 16

42 Зеликман А Н. Металлургця тугоплавких редких металлов. Металлургия, 1986: 48

43 肖连生，张启修，张贵清等. 膜电解法回收钨酸钠溶液中游离碱工业试验研究. 膜科学与技术，2001; 21(2)

44 Vadasdi K. Effluenf-Free Manufacture of Ammonium Paratunstate(APT) by Recycling the Byproducts. In: Bartha L, Lassner E et al. The Chemistry of Non-sag Tungsten. Elsevier. 1995: 45

45 Verbaan B, Broun G A. 含碳酸钠和(或)钨酸钠溶液的离子交换膜电解. 见：英联邦第13届矿冶学会理事会学术会议译文集. 北京矿冶研究总院. 1986

46 Martins J I, Moreira A, Costa S C. Leaching of synthetic scheelite by hydrochloric acid without the formation of tungstic acid. Hydrometallurgy, 2003; (70): 131

47 罗爱平，张传富，张启修. 扩散渗析法脱除粗钨酸钠溶液中游离碱研究. 见：全国首届膜分离技术在冶金中应用研讨会论文集. 1999: 155

48 龚柏凡，罗爱平，张启修. 钨离子交换尾液电渗析脱盐研究. 中南矿冶学院学报(钨专辑)，1994；147

49 陈绍衣，钱崇梁. 从APT制备 WO_3 的研究. 中南矿冶学院学报(钨专辑)，1994：151～154

50 Zou Zhiqiang, Wu Enxi, Tan Aichun et al. Formation of tungsten blue oxides and its hydrogen reduction. In proc. 11th plansee seminar'85, Vol. 1. RM42, Reutte Austria, 1985: 337

51 Zhao Quinsheng, Zheng Zhaoming, He Jianbo et al. The stability of tungsten blue oxides and the influence of their oxygen index on particle size of tungsten powder proc. 11th plansee seminar'85, Vol. 2, RM39 Reutte, Austria, 1985

52　Li Shujie, Lai Ho-Yi. Control of tungsten blue oxide and their effects on the particle size of tungsten powder, Int J. Refr. Metals & Hard Mater, 1987; 6(1): 35

53　薛鉴，杨福生. 非氧化气氛下仲钨酸铵生成蓝色氧化钨过程的研究. 稀有金属与硬质合金，1987;(1～2): 55～61

54　魏庆玉. 热分解仲钨酸铵制取蓝色钨过程中有关机理的探讨. 稀有金属与硬质合金，1998;(3): 6

55　Van Put J W, Zegers T W. Hydrogen reduction of ammonium paratungstate into tungsten blue oxide-part 1: literature review, Int J. of Refractory Metals & Hard Mater, 1991;(10): 115

56　Van Put J W, Zegers T W, Liu H J. Hydrogen reduction of ammonium paratungstate into tungsten blue oxide-part2: experimental. Int. J. of Refractory Metals & Hard Mater, 1991;(10): 123

57　Van Put J W, de bruijn W. Simulation of reduction processes. Extraction Metallurgy'89(IMM) London. 1989: 409

58　Агноков Т Ш. Муртов Ю Ш. Зеликман А Н и. т. д. Равновесце и кинетика автоклавно-содвого выщелачивания вольфрамитовых концентратов. Цвет Мет, 1987;(9): 51

59　Лазаренко В В и. т. д. Перспктивы металлотермии в получении тугоплавких металлов и их соединений, Цветные металлы, 1999;(5): 81

60　黄芍英，张启修，黄蔚庄等. 从钨细泥苛性钠浸出液中除 Sn, Si, P, As 的研究. 中南矿冶学院学报(钨专辑), 1994: 61

61　顾翼东等. 无机化学丛书(第八卷): 铬分族. 北京: 科学出版社, 1998: 556

62　Erik Lassner, Wolf-Dieter Schubert. Tungsten, Properties, Chemistry, Technology of the Element, Alloys, and Chemical Compounds. New York: Kluwer Academic/Plenum Publishers, 1999

4 纯钼化合物生产与铼的回收[1,2]

提取钼的主要原料为辉钼矿，处理辉钼矿的方法有火法及湿法两大类。无论是火法还是湿法，其共同点是将硫化矿氧化为氧化物或其盐类，之后再将这种不纯的中间产品进一步提纯为纯的钼化合物。

氧化焙烧是火法处理辉钼矿的占统治地位的方法，但过程中释放的二氧化硫对环境构成了极大的威胁，因此研究开发固硫工艺或湿法处理工艺具有重要意义。

钼的提取冶金不如钨提取冶金成熟，很多方法及工艺尚处在研究之中。

4.1 辉钼矿的火法分解

4.1.1 辉钼矿氧化焙烧的基本原理[6,8]

4.1.1.1 热力学基础

辉钼矿焙烧过程是一个复杂的物理化学过程，整个氧化过程反应可分为四类：即 MoS_2 氧化生成 MoO_3 的反应；硫化钼、氧化钼和氧气之间发生的氧化还原反应；其他金属硫化物的氧化反应；MoO_3 与其他金属氧化物、硫酸盐及碳酸盐生成钼酸盐的反应。

A MoS_2 氧化生成 MoO_3

反应如下：

$$\frac{2}{7}MoS_2 + O_2 \longrightarrow \frac{2}{7}MoO_3 + \frac{4}{7}SO_2 \tag{4-1}$$

$\Delta H_o = -839464 + 10.31T - 8.57\times10^{-3}T^2 + 14.82/T$ （298～700K）

反应式 4-1 实质上是一个不可逆的强放热反应，在正常的焙烧条件下，MoO_3 是唯一稳定的氧化态，但在 SO_2 浓度较高、氧浓度很低的条件下，MoO_2 仍占有相当的比重。

如图 4-1 所示，在工业焙烧气氛下（$p_{SO_2}\approx 0.01$MPa），当 p_{O_2} 大于 10^{-10} MPa 时，MoO_3 是稳定的，生产过程中的 p_{O_2} 一般在 $10^3\sim10^4$Pa 范围内，所以产品中 MoO_3 是主要成分，提高氧浓度或空气量有利于降低焙砂中的 MoO_2 含量。

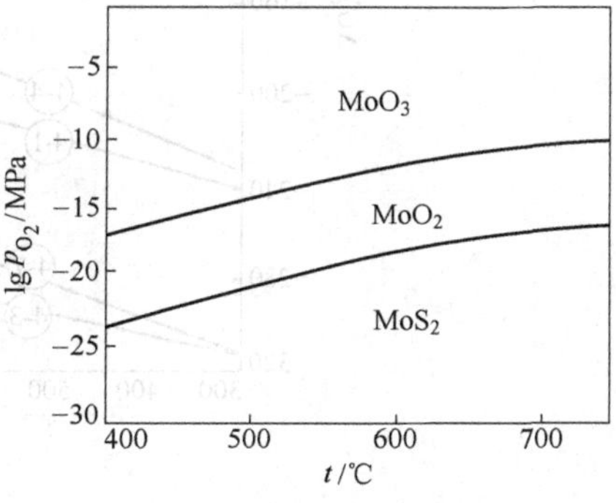

图 4-1 $p_{SO_2}=0.01$MPa 时 Mo-S-O 系平衡图

B　硫化钼、氧化钼和氧气之间的氧化还原反应

温度升高到600～700℃，在精矿粒子内部 MoS_2 和 MoO_3 将发生氧化还原反应（见反应式4-2），另外，MoS_2 也会被氧直接氧化为 MoO_2（见式4-3）。也可能在硫化钼、氧化钼和氧气之间发生其他反应，见反应式4-4～式4-13。一些反应的标准自由能随温度变化的趋势见图4-2。

$$MoS_2+6MoO_3 \longrightarrow 7MoO_2+2SO_2 \tag{4-2}$$

$$\frac{1}{3}MoS_2+O_2 \longrightarrow \frac{1}{3}MoO_2+\frac{2}{3}SO_2 \tag{4-3}$$

$$2MoO_2+O_2 \longrightarrow 2MoO_3 \tag{4-4}$$

$$MoS_2+SO_2 \longrightarrow MoO_2+1.5S_2 \tag{4-5}$$

$$2MoO_3+0.5S_2 \longrightarrow 2MoO_2+SO_2 \tag{4-6}$$

$$O_2+0.5S_2 \longrightarrow SO_2 \tag{4-7}$$

$$2MoS_2+O_2 \longrightarrow Mo_2S_3+SO_2 \tag{4-8}$$

$$Mo_2S_3+3O_2 \longrightarrow 2Mo+3SO_2 \tag{4-9}$$

$$Mo+O_2 \longrightarrow MoO_2 \tag{4-10}$$

$$Mo_2S_3+5O_2 \longrightarrow 2MoO_2+3SO_2 \tag{4-11}$$

$$5MoS_2+MoO_2 \longrightarrow 3Mo_2S_3+SO_2 \tag{4-12}$$

$$Mo_2S_3+3MoO_2 \longrightarrow 5Mo+3SO_2 \tag{4-13}$$

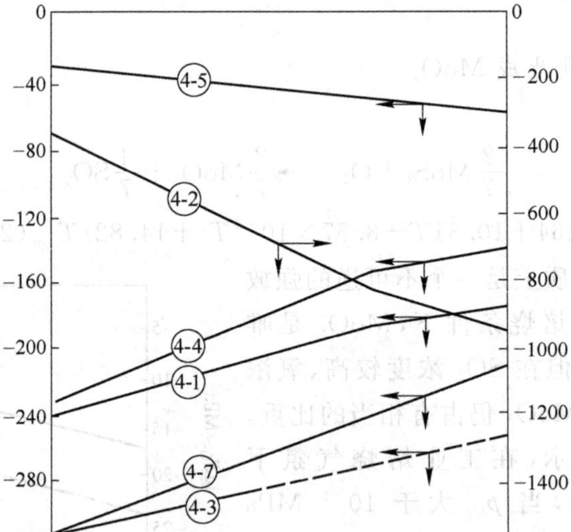

图4-2　一些钼化合物反应的标准自由能
（图中数字代表前述相应之反应）

C 其他金属硫化物的氧化反应

精矿中其他一些伴生元素的硫化物在焙烧过程中也会发生氧化反应，生成氧化物和硫酸盐，见反应式 4-14，反应式 4-15。

$$MeS + 1.5O_2 \longrightarrow MeO + SO_2 \quad (4\text{-}14)$$

$$MeO + SO_2 + 0.5O_2 \longrightarrow MeSO_4 \quad (4\text{-}15)$$

$$MeCO_3 + 0.5O_2 + SO_2 \longrightarrow MeSO_4 + CO_2 \quad (4\text{-}16)$$

（Me：Cu、Pb、Zn、Ca 等金属）

硫化铁的氧化反应随着气相中的氧分压升高，主要产物将由 FeO 转变为 Fe_2O_3，随着 SO_2 分压的升高，生成 $FeSO_4$ 或 $Fe_2(SO_4)_3$。矿物中的碳酸盐也会发生分解，生成硫酸盐并释放出二氧化碳气体（见反应式 4-16）。

D 生成钼酸盐的反应

焙烧过程中，钼的化合物会和一些金属的氧化物、硫酸盐及碳酸盐发生反应，生成钼酸盐 $MeMoO_4$，见反应式 4-17～式 4-19。

$$MeO + MoO_3 \longrightarrow MeMoO_4 \quad (4\text{-}17)$$

$$MeSO_4 + MoO_3 \longrightarrow MeMoO_4 + SO_3 \quad (4\text{-}18)$$

$$MeCO_3 + MoO_3 \longrightarrow MeMoO_4 + CO_2 \quad (4\text{-}19)$$

不同的钼酸盐对钼的提取有不同的影响，铁、铜、锌的钼酸盐可以溶解于氨水中，而钙和铅的钼酸盐很难溶解于氨水中，从而造成钼在后续焙砂氨浸工艺中的损失。另外，硫酸盐的生成会提高钼焙砂中的残硫量，而钢铁工业对钼焙砂残硫量的要求非常严格，国内钢铁厂家一般要求焙砂残硫量小于 0.07%，所以，焙烧过程中要严格控制硫酸盐的生成。

一些钼酸盐和 MoO_3 会生成低熔点共熔物，如 MoO_3 和 $CaMoO_4$ 可形成熔点为 727℃的低熔点共熔物；MoO_3 和 $PbMoO_4$ 可形成熔点为 672℃的低熔点共熔物；MoO_3 和 $MgMoO_4$ 可形成熔点为 745℃的低熔点共熔物；MoO_3 和 $CuMoO_4$ 可形成熔点为 560℃的低熔点共熔物；MoO_3 和 $FeMoO_4$ 可形成熔点为 705℃的低熔点共熔物；MoO_3 和 $Fe_2(MoO_4)_3$ 可形成熔点为 722℃的低熔点共熔物。低熔点共熔物的形成会使物料在焙烧过程中烧结结块，而块料难以彻底氧化脱硫，这对焙烧过程是不利的。

4.1.1.2 动力学基础

A 辉钼矿着火温度

辉钼矿的氧化焙烧过程是一个放热反应，当外界温度高于其着火温度时，矿物中的硫化钼及其他金属硫化物都可以在空气及氧气中燃烧，并放出大量的热量。辉钼矿的着火温度以及其他一些硫化矿的着火温度都随着矿物粒度的减小而降低，表 4-1 为辉钼矿及其他一些硫化矿的着火温度。

表 4-1　不同粒度的辉钼矿及其他一些硫化矿着火温度

硫化矿	着火温度/℃		
	0.1mm	0.1～0.2mm	>0.2mm
Sb_2S_3	290		340
FeS_2	325	405	472
HgS	338		420
Fe_nS_{n+1}	430	525	590
Cu_2S	430		679
MoS_2	465		510
PbS	554		847
ZnS	647		810

B　反应过程动力学机理

很多学者都对辉钼矿氧化焙烧的动力学过程进行了研究分析，结果不尽相同，归纳为以下几点：在 400～500℃，辉钼矿氧化速度很慢，氧化产物 MoO_3 会在精矿颗粒表面形成一层致密的薄膜，氧化过程主要受 O_2 经过膜进入膜内和产物 SO_2 扩散到膜外的速度控制；在 500～650℃范围内，MoO_3 薄膜变得比较疏松多孔，反应速度很快，氧化速度主要由化学反应控制；反应表观活化能约大于 100kJ/mol。

C　影响辉钼矿氧化速度的因素

影响辉钼矿氧化速度的主要因素有：温度、气流速度、氧浓度等。随着温度的升高，辉钼矿氧化焙烧速度急剧上升；焙烧过程中气流速度加大有利于提高辉钼矿氧化焙烧速度；在一定条件下，反应速度与氧浓度无关，但在辉钼矿流态化氧化焙烧过程中，提高气相中的氧浓度有利于提高辉钼矿氧化焙烧速度，特别是有利于降低钼焙砂中的残硫量。

4.1.2　多膛炉焙烧[3,4]

4.1.2.1　工艺及设备

图 4-3 为辉钼精矿多膛炉氧化焙烧工艺流程图。经过提升及皮带输送至螺旋给料器的精矿与多膛炉焙烧烟气中回收的烟尘及烟气洗涤泥浆混合配料，加入多膛炉中进行氧化焙烧。焙烧产物可直接包装成产品提供给钢铁工业作为钢铁冶金原料，也可作为制取钼化合物及金属钼的原料。焙烧炉烟尘回收钼铼，烟气回收一般采用三级收尘工艺，首先为旋风收尘器捕收烟气中的大颗粒尘渣，再进行干式(电)收尘俘获其中较细的颗粒，最后经过湿式收尘回收细颗粒的钼铼氧化物。一级、二级干式收尘回收的大颗粒烟尘及湿式收尘水(酸)不溶泥浆返回多膛炉焙烧，湿法收尘溶液或烟尘水(酸)浸液用于回收钼和铼。经三级收尘后的烟气吸收回收

其中的 SO_2 后排放。

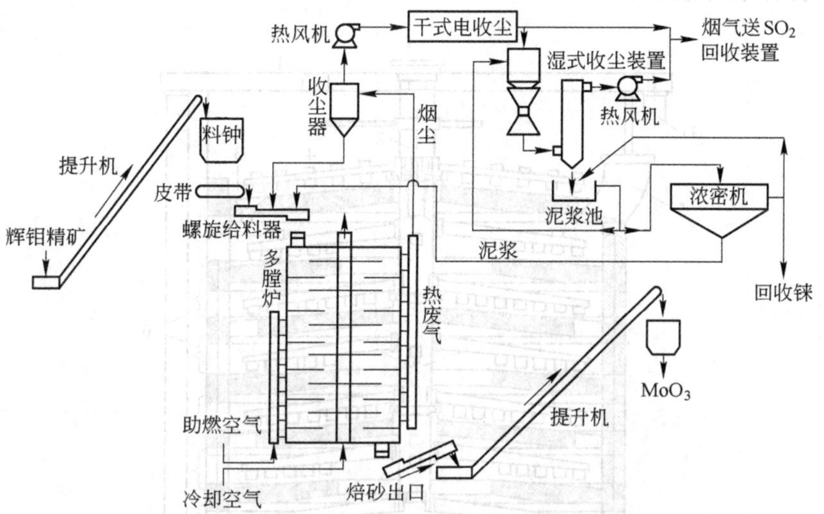

图 4-3 辉钼精矿多膛炉焙烧工艺流程图

工艺的主体设备为多膛炉，目前常用的多膛炉炉膛层数在 8～16 层范围内，炉径 3～7.2m，每层高度 0.75～0.86m。图 4-4 为一个八层多膛炉结构示意图，炉顶为用于物料干燥的干燥室，干燥室的四周靠近炉壁处设有下料口。炉内每层的下料口与上下两层的下料口相互错开，第一层氧化室下料口靠近旋转轴，处于较中心的位置，第二层氧化室的下料口又处于炉壁位置，依此类推，从而保证焙烧物料在每一层都可得到旋转的耙齿充分的搅动。耙齿安在耙臂上，每一层的耙臂一般为 2 或 4 个，固定在炉中心垂直的旋转中空轴上。旋转轴动力设备在炉底部，为了延长旋转轴及耙臂使用寿命，使用空气冷却旋转中空轴及耙臂。采用废气预热新鲜空气，并在下面几层每层安装有 4～6 个煤气(天然气)喷嘴。

精矿由多膛炉顶部加入，产品钼焙砂由最底层排出，辉钼精矿在炉膛内的氧化过程可分为四个反应带。首先，物料在干燥室进行干燥，并在干燥层耙齿旋转过程中均匀地经下料口流落到多膛炉第一层氧化炉膛，在 1～2 层(由上至下)，主要还是干燥过程，只有少量炉料与氧发生氧化反应生成三氧化钼，第二个反应带一般在 3～5 层，绝大部分的硫化物发生氧化反应生成三氧化钼，同时也伴随着硫化钼与三氧化钼的反应(见式 4-2)生成大量的二氧化钼。在第三个反应带(6～7 层)，硫化钼彻底氧化为三氧化钼，同时料中的二氧化钼被氧化为三氧化钼。在炉膛最底部(7～8 层)为第四个反应带，物料中的硫含量进一步降低，以保证氧化焙砂残硫量小于 0.1%。物料中的二氧化钼被完全氧化为三氧化钼之后，钼焙砂在底层下料口进入出料料斗，料斗及焙砂输送设备安装有水冷装置。

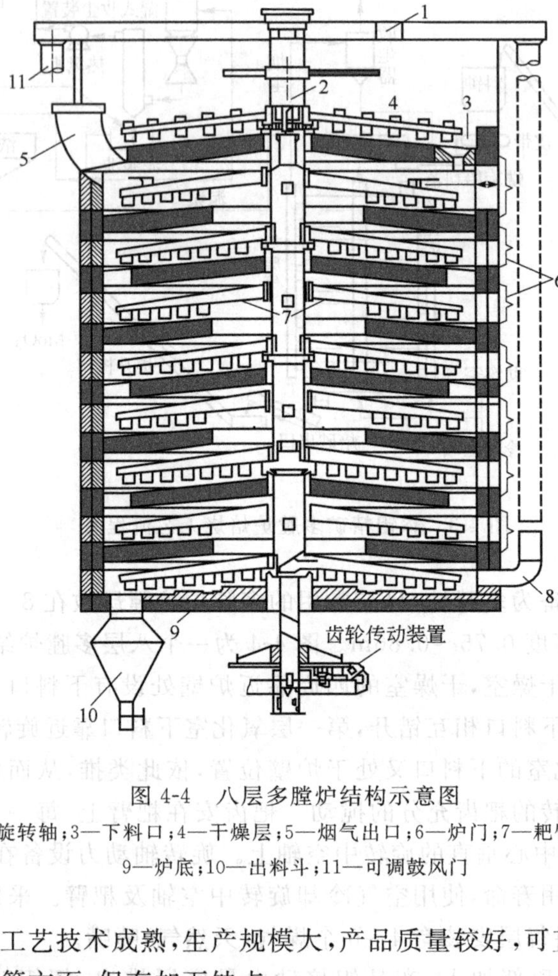

图 4-4　八层多膛炉结构示意图

—加料口；2—旋转轴；3—下料口；4—干燥层；5—烟气出口；6—炉门；7—耙臂；8—热空气进口；9—炉底；10—出料斗；11—可调鼓风门

多膛炉生产工艺技术成熟，生产规模大，产品质量较好，可直接用于钢铁工业、合金制造及化工等方面，但有如下缺点。

(1) 处理量有限。

(2) 可移动部件太多。

(3) 炉内轴向温差较大，温度难以控制，烟气中携带的三氧化钼多，物料在炉膛内容易烧结结块。

(4) 钼酸盐及三氧化钼烧结结成硬壳，引起运动部件腐蚀，炉膛需要经常清扫。

(5) 15%～20%的焙烧物料进入到烟尘中，需回收或返回炉内处理。

(6) 局部温度过高会造成大量的三氧化钼的挥发。

(7) 烟气中 SO_2 浓度低，增加制酸成本。

4.1.2.2 生产实践

Climax公司下属的Rotterdam钼冶炼生产工厂采用Nichols-Herreshoff型多膛炉进行辉钼矿的焙烧，多膛炉共12层，直径6.5m，炉外层为钢体结构，内衬耐火砖或由耐火材料和4%的不锈钢钢筋浇注而成，炉内旋转轴转速为0.29～0.87r/min，第2、4、6、8、9、10、11层安装有气体燃烧喷嘴。物料经直径为360mm的螺旋给料器加入炉中，加料速度为1.45t/h。进炉物料包括钼精矿(86%)和烟尘(14%)两部分，精矿成分为：71% MoS_2，3%油(浮选药剂)，5%水分，其他7%，烟尘中 MoS_2 占到50%左右，MoO_3 为35%左右，MoO_2 为15%左右。炉膛内各层温度分布及物料组成见图4-5和图4-6。产品钼焙砂杂质含量见表4-2。

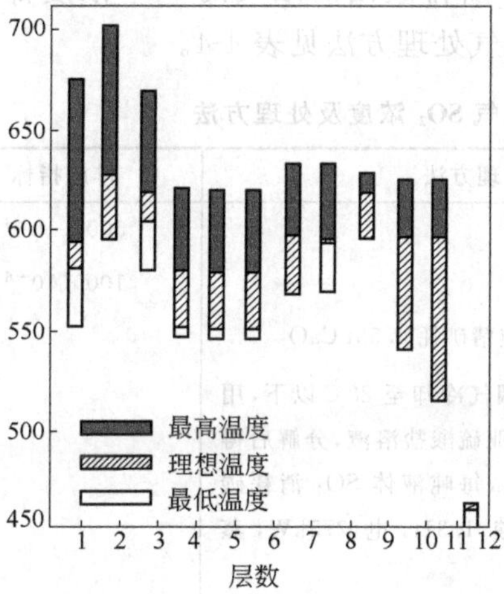

图4-5 多膛炉焙烧过程中各层温度分布

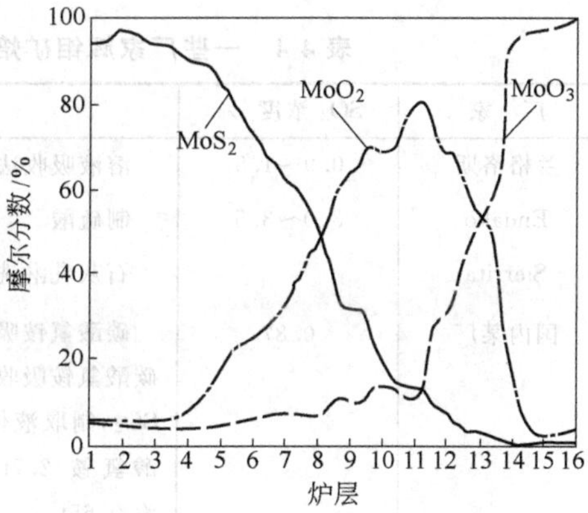

图4-6 多膛炉焙烧过程各层物料组成

表4-2 Climax's Rotterdam钼冶炼生产厂焙砂杂质含量

杂质元素	Cu	Pb	Fe	Sn	Bi	Ca	Mg	SiO_2	Al_2O_3
含量/%	0.04～0.1	0.03～0.06	0.2～0.8	0.02～0.04	0.01～0.016	0.1～0.15	0.03～0.04	2～5	0.05

多膛炉焙烧过程中，15%～20%的物料进入到烟气中，经过收尘后返回多膛炉，烟尘回收率一般在98.5%～99%。我国某厂采用烟气→沉降室→旋风收尘→电收尘→烟囱排放的收尘工艺，烟尘成分见表4-3。从表中可以看出，回收的烟尘含硫很高，说明烟尘中硫化钼占有很大的比重，这些烟尘可经水浸回收铼后，再干燥返回多膛炉或直接返回多膛炉进行焙烧。

表 4-3　某厂多膛炉烟尘成分[5]

编号	取样地点	成分含量/%				
		Mo	S	Fe	Cu	Pb
1	电收尘器进风口	49.8	13.03	2.0	0.11	0.19
2	电收尘器1号电场集灰斗	49.0	12.50	1.7	0.12	0.21
3	电收尘器2号电场集灰斗	52.3	16.00	1.5	0.10	0.21
4	电收尘器3号电场集灰斗	54.4	15.00	1.3	0.11	0.13
5	电收尘器4号电场集灰斗	42.2	12.10	6.13	0.10	0.22
6	电收尘器出风口	50.7	15.50	1.5	0.11	0.20

经收尘后的烟气中 SO_2 浓度一般在 0.8%～3.0%，对于 SO_2 浓度大于 3%的烟气可直接用来制取硫酸。但大部分的工厂所排放出的烟气的 SO_2 浓度都小于 3%，常采用吸收法处理后排放。一些工厂烟气处理方法见表 4-4。

表 4-4　一些厂家辉钼矿焙烧烟气 SO_2 浓度及处理方法

厂　家	SO_2 浓度/%	处理方法	排放指标
兰格洛斯	0.9～1.5	溶液吸收法	500×10^{-6}
Endako	3.0～3.5	制硫酸	100×10^{-6}
Sierrita		石灰乳淋洗，每吨精矿耗 0.55t CaO	
国内某厂	0.87	碳酸氢铵吸收，烟气冷却至 28℃以下，用碳酸氢铵吸收得到亚硫酸盐溶液，分解后得 SO_2，制取液体 SO_2，每吨液体 SO_2 消耗碳酸氢铵 2.7t，硫酸 1.31t，电 275kW，蒸汽 0.65t	

据报道[39]，俄罗斯已开发出去除有色金属冶炼厂硫酸车间排出废气中的 SO_2 的硫酸气溶胶方法，该方法系利用脉冲频率射流放电。净化处理过程的各阶段均在一个设备中进行，得到的净化产物为硫酸，可用于生产硫酸的主流程。

脉冲频率射流放电与其他类型放电不同之处，在于电极之间在电位差恒定的情况下，产生正极性的脉冲，空间充满低温等离子体。在此等离子体中 SO_2 转变为 H_2SO_4。化学变化和相变的结果产生了硫酸气溶胶形态的硫酸。此气溶胶形态的硫酸在设备中存在的电场下易于捕集，以液体形态流入收集槽内。SO_2 转变为 H_2SO_4 的效率在 90%以上，而硫酸气溶胶的捕集率不小于 99%，净化 $1000m^3$ 尾气的能耗为 3～4kW·h。

类似的装置还可用于净化含汞、硒、砷等的气体。将此种综合净化气体的方法用于其他工业，能使工业区内的有害气体排放量大为减少。

我国目前最大规模的多膛炉为金堆城钼业公司的12层四耙臂多膛炉，其炉膛采用铝酸盐混凝土及钢筋浇注而成，旋转中空轴直径1.1m，材质为2G3Cr24Ni7SiNRE耐高温特种合金钢，7～11层设有煤气燃烧喷嘴以补充热量，炉子寿命一般在6～8个月，造成炉子寿命短的原因主要为高温带的7～11层炉膛塌陷。

4.1.3 流态化焙烧[9]

流态化焙烧的实质是矿物颗粒在流化床（沸腾炉）中由于受到由下往上空气气流的冲击，就像"沸腾"一样悬浮在流化床的内部，从而达到快速氧化焙烧的目的。

图4-7为国外某工厂流态化焙烧工艺流程示意图。流态化焙烧的主体设备为沸腾炉。

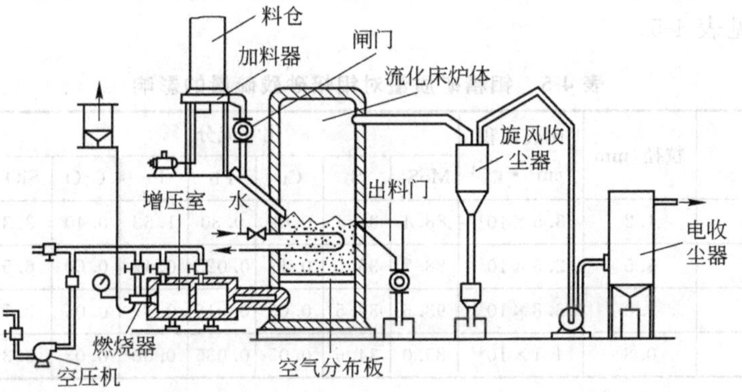

图4-7 辉钼精矿流态化焙烧工艺流程示意图

生产过程中，钼精矿从料仓中由螺旋给料器均匀地加入到沸腾炉内，在炉内受到上行空气流的支撑而悬浮在空中，其中的硫化物立即与空气中的氧发生氧化反应，反应产生大量的热量，足以保持炉内的温度在工艺需要的温度范围内。压缩空气由炉底进入，经过空气筛板使炉内横断面的空气分布均匀。炉内温度控制在550～560℃范围内，可通过调节物料和空气加入量调节温度，但是，这种调节往往会造成温度的大幅度波动，不利于生产组织，所以一般是通过调节水冷设备的进水量进行小幅度的温度调节。焙烧好的焙砂从排料口连续排出。燃烧器的作用有两点，一是开炉时给沸腾炉预升温，二是开炉加料时点燃辉钼矿。

在辉钼矿流态化焙烧过程中，焙烧温度、物料在流化床内的滞留时间、空气中烟气浓度及钼精矿质量等条件对产品钼焙砂质量及其他经济技术指标具有极大的影响，以下分别加以论述。

（1）温度。焙烧炉温度一般控制在550～560℃范围内，温度对氧化焙烧产品质量(钼焙砂含硫量)的影响非常大,温度的降低将会造成钼焙砂含硫量的升高。随着物料在炉内滞留时间的延长,温度的影响逐渐减小,当物料在炉内滞留时间高于一定值时,温度对钼焙砂含硫量几乎没有影响。当温度低于500℃时,焙烧反应的速度将非常缓慢,不能满足生产实践要求。当温度高于600℃时,由于MoO_3开始升华,随烟气带走的MnO_3升高,产出率下降。

(2) 物料在沸腾炉中的滞留时间。显然,滞留时间越长,钼焙砂中残硫量越低,但延长滞留时间会降低生产能力。

(3) 空气中含氧量的影响:研究表明,随着炉内气氛氧含量的升高,钼焙砂中的硫含量下降,而当鼓入空气中氧分压小于10kPa时,钼焙砂中的硫含量急剧升高。所以采用富氧空气对提高流态化焙烧产品钼焙砂的质量是非常有益的。

(4) 钼精矿质量。有关研究报告指出,钼精矿的粒度在一定的范围内波动对残硫量的影响并不显著,但精矿中钙、铁、铅和铜等成分的含量对焙砂含硫量有一定的影响,见表4-5。

表4-5 钼精矿质量对钼焙砂残硫量的影响

钼精矿	粒径/mm	比表面积/$cm^2 \cdot g^{-1}$	化学成分/%							残硫量/%
			MoS_2	S	Cu	Pb	Fe	CaO	SiO_2	
BC钼矿	1.2	3.5×10^4	88.4	36.4	0.09	0.30	1.63	0.40	3.3	0.4~0.5
Kennecott矿	3.5	2.5×10^4	88.7	35.6	0.17	0.025	0.47	0.60	6.5	0.4~0.5
Brenda矿	1.0	3.8×10^4	93.6	37.5	0.03	0.015	0.47	0.05	2.7	0.08~0.13
Endako矿	0.8	4.1×10^4	89.0	34.6	0.05	0.035	0.30	0.03	3.3	0.08~0.13

与其他焙烧方法相比,辉钼矿的流态化焙烧具有以下优点:

(1) 热效率高,焙烧过程可以实现能源自给,不需要外界提供能源;

(2) 炉内温度低,一般控制在550~560℃,且容易控制,可以控制在±2.5℃以内;

(3) 由于矿物颗粒剧烈上下翻动,很少出现低熔点共熔物的烧结现象,焙砂易经排料管排出;

(4) 气固两相充分接触,反应速度很快;

(5) 单位生产能力大,生产率是普通焙烧工艺的10~20倍,达1200~1300 kg/($m^2 \cdot d$);

(6) 焙砂在进一步的湿法提取钼的过程中具有很高的浸出率,焙砂氨浸浸出率较多膛炉焙砂浸出率高7%~10%;

(7) 焙烧过程中90%的铼进入到烟气中,有利于铼的回收;

(8) 焙烧尾气二氧化硫浓度高达2.5%~3.0%,有利于回收制取硫酸。

流态化焙烧的主要缺点是:工业过程中,钼焙砂残硫高达2.0%~2.5%,其中主要为硫酸根,不能直接用于钢铁工业;烟尘量巨大,为进入炉内物料的25%左右，烟尘含硫 8%～10%。

为了减少烟气中的烟尘量，M.M. 斯皮瓦克将辉钼矿以泥浆的形态喷入到炉内，在半工业试验过程中，烟尘损失减少了 7.4%，炉子产能提高了 0.3 倍。另外，节里克曼等曾进行过制粒流态化焙烧试验，效果并不是很明显。

钼精矿的流态化焙烧被认为是目前较为理想的焙烧方法。俄罗斯的两家工厂和哈萨克斯坦一家工厂一直采用流态化焙烧工艺，其产出的钼焙砂特别适合于仲钼酸铵的制取。俄罗斯科学院冶金研究院开发了从沸腾焙烧的钼焙砂制取钢铁工业用的工业 MoO_3 技术[32,33]。该技术是为了从沸腾焙烧的钼焙砂中较完全地除去杂质硫和铜，并同时回收铼。沸腾焙烧钼焙砂含有：1.3% S；0.4% Cu；55% Mo；0.9% Ca，以及 Si、P、Fe 等杂质。经过净化后，MoO_3 含有 0.05%～0.1% Cu 和 0.1%～0.2% S(总硫)。该净化过程曾在工业规模制备大批量 MoO_3（批量大于 10t）的作业中进行过验证。在年处理能力为 3000t MoO_3 的条件下对整个流程进行的初步技术经济评估和计算表明，主要设备的造价约 50 万美元。该工艺产品含硫 0.1%～0.2%的指标高于我国国标含硫 0.1%的要求，但合乎俄罗斯的黑色冶金行业标准。

4.1.4 回转窑焙烧[7]

我国于 1976 年试验成功了用回转窑焙烧辉钼矿的工艺。然而温度难控制，由于过热易引起物料结块，又易生成低价氧化物，钼难浸出，故国外很少用这种工艺。

工艺的主体设备为回转窑。回转窑炉筒一般都是由耐热钢板焊制而成的，炉筒安装倾角为 1°～3°，加热室内衬耐火砖和保温砖，加热方式有电加热、燃气（煤气、天然气）加热、重油加热和煤加热等方式。回转窑总体可分为加料系统、炉筒及支架、加热系统、出料系统、烟气收尘系统几部分。辉钼矿由加料系统加入到炉筒内，在炉内经过氧化焙烧后经出料系统放出，烟气则由窑头排出进入收尘系统分别进行收尘和 SO_2 的吸收制酸。

物料在回转窑内的焙烧分为预热干燥、氧化反应、烧结和深度氧化四个阶段，也有三阶段和五阶段的分法，现以四阶段法进行说明。

第一阶段：一般在炉头段，即物料加入端。物料在此预热，窑内温度 200～300℃，钼精矿中的油和水迅速地挥发和蒸发。物料不燃烧、不烧结、不黏结炉筒内壁。油和水的去除快慢与温度、气流速度、物料中油、水含量等因素有关。第一阶段的温度、气流速度相对稳定，因此，原料中油分、水含量决定着蒸发速度。生产中要求钼精矿中油、水含量不得高于 5%。

第二阶段：为转筒的中前段，随着窑内温度升高，精矿开始发生剧烈的自燃反应，放出大量的热量，炉料开始烧结并黏结于炉壁上，形成 10～50mm 左右的黏料层，大部分的物料在此阶段发生氧化焙烧反应。反应速度随操作负压的变化而变化，焙烧温度对反应速度的影响很小。在炉筒转动过程中其内壁上的黏结物料受重力作用不断掉落，从而使物料和氧气得以最充分接触，同时发生氧化反应，反应生成的 SO_2 气体得以及时扩散，使反应进程加快。事实上，大部分物料的氧化都是在这一过程中完成的。另外，由于物料与炉体内壁的黏结，还阻碍了氧气和炉体材料间的接触，减缓了炉体氧化腐蚀的速度，使炉龄延长。因而在生产作业中，一定要保证炉筒上黏料层的存在。

第三阶段：即烧结阶段，物料在此烧结结块，大量黏在筒壁上并不断增厚。物料成分发生质的变化，S 含量降到 1%～6%，MoO_2 含量约 40%，MoO_3 含量约 55%，此阶段为吸热反应，焙烧温度对反应速度的影响最敏感，温度高，反应速度快。当温度高于 720℃时，由于其他副反应使焙砂质量下降。同时，在高温下，炉筒氧化腐蚀加快，炉龄缩短。因此，在满足工艺要求的前提下，焙烧温度应保持在 700℃以下。

第四阶段：为深度氧化阶段，也称冷却阶段。物料在此迅速变冷，表现为一个强吸热过程。物料成分进一步变化，S 含量降至小于 0.1%。此阶段的主要反应为二氧化钼氧化为三氧化钼，焙砂中 MoO_2 含量小于 20%，MoO_3 含量大于 80%（受操作条件控制）。物料粒度分布不均匀，焙砂中有大量的烧结块。温度一般在 200～500℃。

目前，我国一些厂家使用的回转窑规格有 ϕ0.5m×9.6m，ϕ0.65m×12.5m，ϕ0.8m×14m，ϕ0.7m×15m，ϕ1.1m×18m 等。回转窑寿命一般为 2～4 个月，主要为转筒腐蚀烧损所致。操作过程中延长回转窑生产寿命的措施有：均匀加料，减小温度波动，保持炉内温度低于 700℃，焙烧过程保持炉管内壁 10～50mm 的黏料层。

回转窑焙烧工艺目前在我国钼冶炼行业使用非常广泛，与多膛炉相比，回转窑投资小，设备及工艺简单。回转窑焙烧工艺的主要缺点是生产能力小，炉体寿命短，生产率低，焙砂含 MoO_2 高，影响后续氨浸工序钼的提取率。

4.1.5　其他氧化焙烧方法

4.1.5.1　反射炉焙烧

辉钼矿的反射炉焙烧是一种古老落后的工艺方法，目前在我国仍有厂家使用。反射炉一般用煤、重油或煤气加热，辉钼矿物料平铺炉底，料层厚度 50～60mm，炉内温度 450～710℃，从炉头靠近燃烧室端到炉尾尾气排出端方向，温度依次降低。加料、焙烧过程物料的翻动以及钼焙砂放出等过程都是人工操作。

辉钼矿反射炉焙烧工艺主要技术指标为：回收率 94%～97%，耗煤 2.2～2.5t/t（焙砂），产品含硫小于 0.1%。该法由于能耗高、尾气含二氧化硫低，烟气不能处理造成钼的损失大和大气污染、矿物中的铼无法回收、劳动强度大以及生产率低等缺点，正逐渐被淘汰。

4.1.5.2　闪速炉焙烧

不少学者进行了辉钼矿闪速炉焙烧的试验研究，取得了满意的结果，但还未见工业化的报道。闪速炉焙烧根据焙烧温度归纳为中温焙烧和高温焙烧两类，中温焙烧温度控制在500～1000℃，高温焙烧温度为1600～1800℃，主要经济技术指标见表4-6。

表4-6 闪速炉焙烧试验经济技术指标

经济技术指标	中温焙烧	高温焙烧
温度/℃	500～1000	1600～1800
精矿粒度/mm	0.074～0.147	0.147～0.0589
焙烧时间/s	0.5～2	
钼焙砂含硫/%	1.58	≤0.05
钼焙砂中MoO_3含量/%		98～99.9
烟气SO_2浓度/%	10～12	5
其他	钼焙砂经稀酸浸和水氯化后，硫含量为0.008%	可处理低品位钼精矿

4.1.6 苏打熔合（烧结）法[10~13]

理论上，各种钼精矿都可以用碱烧结处理工艺，得到可溶性钼酸盐，大量的研究及试验也证实了这一点。

Wlodyka曾进行过辉钼矿碳酸钠熔合方面的研究，其试验工艺流程见图4-8。钼精矿和苏打按一定的比例混合加入到炉中，反应温度700℃，过程在熔融态下进行。混合物料中加入一些硝酸钠作为氧化剂，使矿物中的硫化钼被氧化为氧化物，与苏打反应生成钼酸钠，主要反应见反应式4-20～式4-22。

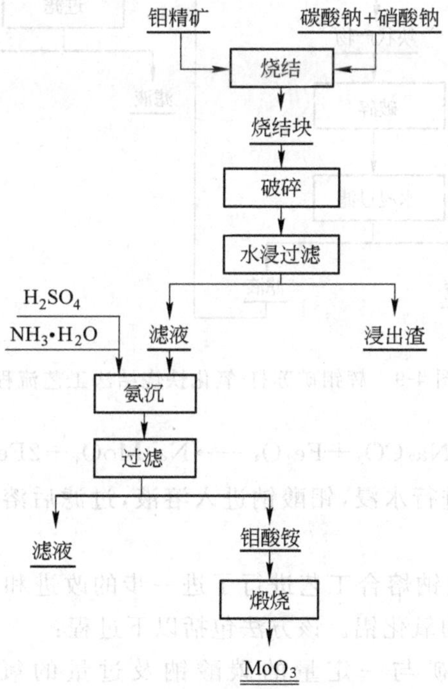

图4-8 辉钼矿苏打-硝酸钠烧结法流程示意图

$$2NaNO_3 \longrightarrow Na_2O + 2NO + 1.5O_2 \quad (4\text{-}20)$$

$$MoS_2 + 3.5O_2 \longrightarrow MoO_3 + 2SO_2 \quad (4\text{-}21)$$

$$MoO_3 + Na_2CO_3 \longrightarrow Na_2MoO_4 + CO_2 \quad (4\text{-}22)$$

达到反应温度后，过程能自动进行，反应产物以熔融态放出，冷却结块，破碎，再用水进行浸出。钼的浸出率为99%。浸出液经过滤后往其中添加矿物酸，并通入氨气或加氨水进行氨沉，氨沉过程pH值控制在2左右，产物钼酸铵再进行煅烧，即可得到三氧化钼产品。

Mehra等人对上面的工艺进行了改进，将氧化剂硝酸钠改为Fe_2O_3，并进行了工业试验，其工艺流程见图4-9。钼精矿成分为：45.5% Mo，0.48% Cu，0.39% Ni，30.0% S，7.9% SiO_2。首先将钼精矿和碳酸钠、三氧化二铁按2∶1.5∶1.95的比例（质量）混合，在钢制反应器中温度为920℃下反应2h，反应过程见反应式4-23。

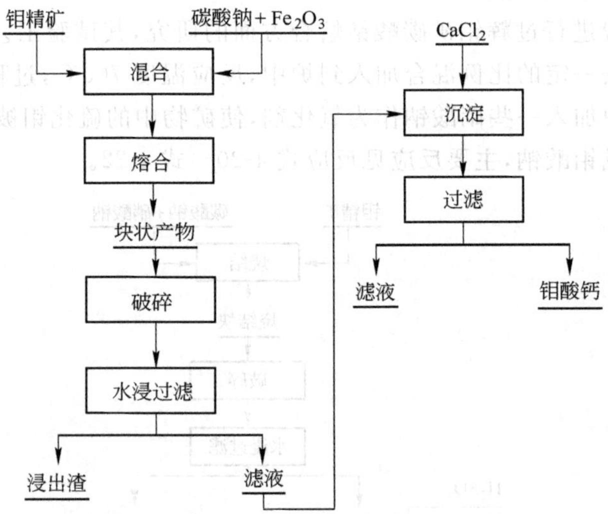

图4-9　辉钼矿苏打-氧化铁烧结法工艺流程

$$MoS_2 + Na_2CO_3 + Fe_2O_3 \longrightarrow Na_2MoO_4 + 2FeS + CO_2 \quad (4\text{-}23)$$

产物冷却破碎后进行水浸，钼酸钠进入溶液，过滤后溶液中加入$CaCl_2$沉钼，得到钼酸钙产品。

Alper等人对碳酸钠熔合工艺进行了进一步的改进和研究，其特点是在苏打熔合过程中加入过量的氧化铝。该方法包括以下过程：

（1）钼精矿或原矿与一定量的碳酸钠及过量的氧化铝进行反应，温度为800℃；

(2) 在 850℃鼓入空气进行氧化；
(3) 熔融产物冷却、破碎；
(4) 水浸、过滤；
(5) 用硫酸调节水浸液 pH 值至 8.5~9.0，进行沉淀除硅，过滤；
(6) 滤液中硅含量低于 8mg/L，通过其他冶金过程制取纯钼化合物或金属。

4.1.7 石灰氧化烧结法[8]

石灰烧结法最早出现于美国，它是针对低品位钼精矿中钼铼的提取而开发的方法，工艺流程见图 4-10。钼精矿与熟石灰混合，然后在 550℃下烧结，该过程主要反应见反应式 4-24 和式 4-25。

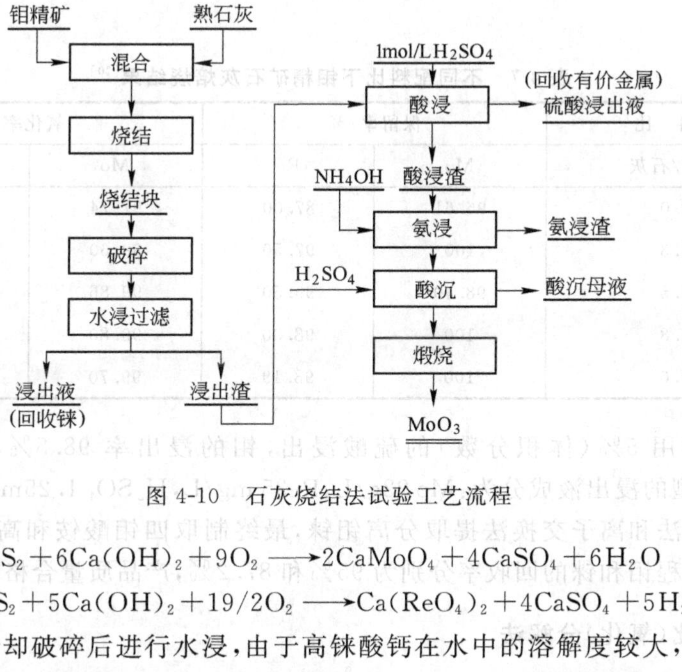

图 4-10 石灰烧结法试验工艺流程

$$2MoS_2 + 6Ca(OH)_2 + 9O_2 \longrightarrow 2CaMoO_4 + 4CaSO_4 + 6H_2O \quad (4\text{-}24)$$

$$2ReS_2 + 5Ca(OH)_2 + 19/2O_2 \longrightarrow Ca(ReO_4)_2 + 4CaSO_4 + 5H_2O \quad (4\text{-}25)$$

烧结块冷却破碎后进行水浸，由于高铼酸钙在水中的溶解度较大，烧结块中的铼几乎全部进入水浸液中，而钼则以钼酸钙的形态留在浸出渣中。用 1mol/L 的硫酸分解水浸渣中的钼酸钙，分解在 80~90℃下进行 2h，酸分解液中含有钙、铜、锌、铁、镍等杂质以及部分钼，可从其中回收有价金属。大部分的钼以钼酸形态留在酸分解渣中，用氨水浸出，氨浸液用矿物酸调节其 pH 值至 2.0，在 90℃下蒸煮 2h，钼以钼酸铵形态结晶析出。

石灰焙烧过程一般在回转窑中进行，该工艺具有以下特点：

(1) 设备投资少，适合于低品位钼精矿处理；
(2) 生产过程不排放 SO_2，烟尘量很小，减小了环保压力；

(3) 铼回收率高于氧化焙烧工艺。

我国某厂针对该铜矿山所产出的辉钼精矿，对上述工艺进行了改进，采用钼精矿石灰焙烧-硫酸浸出-N235 共萃取钼铼-酸沉制取钼酸铵-201 树脂从酸沉母液中回收铼工艺，从辉钼矿中提取钼铼，现已实现工业化[13]。该工艺所用钼精矿含钼45%，含铼0.05%，80%矿物颗粒小于0.05mm，石灰粒度小于1mm，石灰中CaO含量大于68%。焙烧设备为电加热式回转窑，炉筒直径400mm，长6000mm，安装倾角2°，转速400r/h。

该生产过程中主要操作条件为：焙烧温度700℃，时间2h，配料比(钼精矿/石灰)为1/1.5。单窑日处理200kg混合料，钼铼在焙烧产品钼酸钙中的保留率也大于98%，氧化率均大于98%。焙烧温度、物料在炉内的滞留时间和配料比是影响工艺经济技术指标的主要条件，表4-7为不同配料比下焙烧结果(温度为700℃，时间为2h)。

表 4-7　不同配料比下钼精矿石灰焙烧结果[20]

配　料　比	保留率/%		氧化率/%	
钼精矿/石灰	Mo	Re	Mo	残 MoS_2
1/1.0	96.61	87.00	97.74	0.26
1/1.3	100	97.50	99.60	0.40
1/1.5	98.40	99.50	99.86	0.14
1/1.8	100	98.30	99.80	0.20
1/2.0	100	98.19	99.70	0.30

钼焙砂用5%(体积分数)的硫酸浸出，钼的浸出率98.5%，铼的浸出率92.1%，典型的浸出液成分为：Mo 22g/L，Re35 mg/L，H_2SO_4 1.25mol/L。浸出液再采用萃取法和离子交换法提取分离钼铼，最终制取四钼酸铵和高铼酸铵产品。该工艺全流程钼和铼的回收率分别为95%和87.2%，产品质量合格。

4.1.8　氯化(氧化)分解法

4.1.8.1　氯气氯化

金属硫化物的氯化反应可表示为反应式4-26。但在实际上，由于氯的浓度较高，单质硫很少出现，一般得到的是二氯化二硫(S_2Cl_2)或二氯化硫(SCl_2)。辉钼矿氯化过程的主要反应为硫化钼与氯气反应生成氯化钼和二氯化二硫(式4-27)。钼精矿中其他的一些金属硫化物也会发生氯化反应，生成相应的氯化物，见反应式4-28～反应式4-31。在有氧参与的混合氯化过程中，反应产物将以氯氧化钼为主，见反应式4-32～反应式4-34。

$$MeS + Cl_2 \longrightarrow MeCl_2 + S \qquad (4\text{-}26)$$

$$MoS_2 + 3.5Cl_2 \longrightarrow MoCl_5 + 2S_2Cl_2 \quad (4\text{-}27)$$

$\Delta G^{\ominus}_{298} = -198.6\text{kJ/mol}$，表观活化能为 104.5kJ/mol。

$$CuFeS_2 + 3Cl_2 \longrightarrow CuCl_2 + FeCl_2 + S_2Cl_2 \quad (4\text{-}28)$$

$$NiS_2 + 2Cl_2 \longrightarrow NiCl_2 + S_2Cl_2 \quad (4\text{-}29)$$

$$ZnS_2 + 2Cl_2 \longrightarrow ZnCl_2 + S_2Cl_2 \quad (4\text{-}30)$$

$$FeCl_2 + 0.5Cl_2 \longrightarrow FeCl_3 \quad (4\text{-}31)$$

$$MoS_2 + Cl_2 + 3O_2 \longrightarrow MoO_2Cl_2 + 2SO_2 \quad (4\text{-}32)$$

$$\Delta G^{\ominus}_{298} = -1352.3\text{kJ/mol}$$

$$4CuFeS_2 + 2Cl_2 + 3O_2 \longrightarrow CuCl_2 + 2Fe_2O_3 + S_2Cl_2 \quad (4\text{-}33)$$

$$4FeCl_3 + 3O_2 \longrightarrow 2Fe_2O_3 + 6Cl_2 \quad (4\text{-}34)$$

氯化过程温度一般控制在 400～500℃范围内，温度升高，氯气浓度升高都有利于提高氯化速度和硫化钼的氯化率。

由于各种氯化物的沸点不同，因此用精馏法可以使五氯化钼、氯氧化钼与其他金属氯化物分离，达到提纯钼的目的，图 4-11 为各种氯化物的蒸气压与温度的关系。

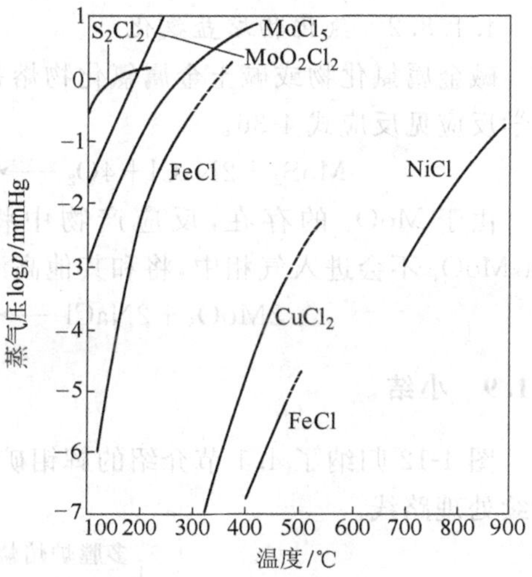

图 4-11 一些金属氯化物的蒸气压
(1mmHg=133.322Pa)

$MoCl_5$ 的沸点为 268℃，MoO_2Cl_2 的沸点为 136℃，S_2Cl_2 的沸点为 138℃，因此，$MoCl_5$ 或 MoO_2Cl_2 及 S_2Cl_2 等进入气相，与高沸点的氯化物如氯化镍、氯化铜和氯化亚铁及其他杂质分离，沸点较低的三氯化铁也会有少量进入到气相中，所以采用冷却回流，使气相中的高沸点杂质首先冷却返回反应器中，而 $MoCl_5$ 或 MoO_2Cl_2 等低沸点的物质在产品冷凝器中冷却下来。最后进一步降低温度，在下一级的冷凝器中得到 S_2Cl_2 液体。$MoCl_5$ 和 MoO_2Cl_2 进一步冶炼得到纯的钼化合物或金属钼，S_2Cl_2 可直接作为产品，也可与水反应，得到单质硫产品，见反应式 4-35。

$$2S_2Cl_2 + 3H_2O \longrightarrow 4HCl + H_2SO_3 + 3S \quad (4\text{-}35)$$

工艺上更倾向于采用有氧存在下的混合氯化氧化法，其原因在于产物 MoO_2Cl_2 较 $MoCl_5$ 具有更低的沸点，可以更好地和氯化铁分离，另外 MoO_2Cl_2 很容易溶入水中。

氯气氧化可在固定床中进行，也可在流化床中进行，表 4-8 为流态化氯化研究实验得到的产物成分。

表 4-8　流态化氯化产物成分(%)

成　分	钼精矿原料	冷却 MoO_2Cl_2	氯化残渣
Mo	24.4	99.9(MoO_2Cl_2)	痕量
Fe	12.0	0.048	26.09
Cu	7.3	0.002	17.55
Ni	4.7	0.002	11.22
Si	16.64	0	45.12
S	33.10	0	—

该工艺具有以下特点：

(1) 既可以处理低品位辉钼矿，也适用于处理钼精矿。

(2) 在氯化残渣中的 $FeCl_3$ 经过脱氯处理转化为 Fe_2O_3，氯气返回利用，以提高氯气利用率。

(3) 钼氯化率较固定床高，氯化残渣中钼含量很小。

4.1.8.2　氯化物熔盐氯化

碱金属氯化物或碱土金属氯化物熔盐是一种十分廉价的氯化剂，与辉钼矿的化学反应见反应式 4-36。

$$MoS_2 + 2NaCl + 4O_2 \longrightarrow MoO_2Cl_2 + Na_2SO_4 + SO_2 \qquad (4\text{-}36)$$

由于 MoO_3 的存在，反应产物中将含有部分 Na_2MoO_4，见反应式 4-37。Na_2MoO_4 不会进入气相中，将和其他高沸点物质留在氯化残留物中。

$$2MoO_3 + 2NaCl \longrightarrow MoO_2Cl_2 + Na_2MoO_4 \qquad (4\text{-}37)$$

4.1.9　小结

图 4-12 归纳了 4.1 节介绍的辉钼矿的各种火法分解工艺、它们的中间产品及后续处理路线。

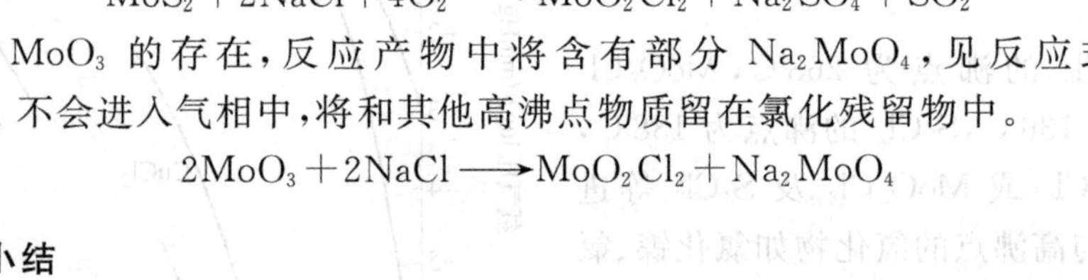

图 4-12　辉钼矿不同火法分解工艺的中间产品及后续处理路线

所有上述方法的共同点均是使 MoS_2 被氧化，钼变成 MoO_3(MoO_2)或钼酸盐、氯化物，硫变成 SO_2 或硫酸盐、亚硫酸盐。

这些方法之中以空气氧化焙烧法所用的氧化剂最便宜。氯化法由于氯气及二氧化硫气体的腐蚀及对环境的不利影响并未获得工业应用。空气氧化焙烧法中除闪速炉焙烧还是一个研究课题外,其他四种方法均有工业应用。最古老的反射炉焙烧法由于其固有的缺点,处于逐渐被淘汰的状况,回转窑由于炉管的寿命短,焙砂中 MoO_2 含量高,也不是一种理想的方法。

流态化焙烧处理能力最大,可利用反应热,焙砂质量好而被认为是目前较理想的方法,尽管焙砂含硫量稍高,但已可通过进一步加工使其硫含量降下来。

苏打熔合(烧结)及石灰氧化烧结在处理低品位矿,防止二氧化硫污染及回收铼方面显示了其优越性。

火法分解辉钼矿得到的各种不纯的中间产品,除特殊情况外,均采用湿法化学处理的技术路线制取纯钼化合物产品。由于原料成分的千差万别,湿法处理工艺种类繁多,从而形成了辉钼矿的众多工艺流程。

4.2 辉钼矿的湿法分解

4.2.1 辉钼矿湿法氧化的基本原理[3,14]

4.2.1.1 Mo-S-H_2O 系电位-pH 图

辉钼矿湿法分解的任务就是将矿物中的硫化钼氧化为可溶性的钼酸盐,以便进一步净化和制取纯钼化合物;或使杂质进入溶液,钼大部分以酸的形态留在固相中,经干燥煅烧制取三氧化钼。图 4-13、图 4-14、图 4-15 和图 4-16 分别为 25℃、100℃、150℃和 200℃时的 Mo-S-H_2O 系电位-pH 图。

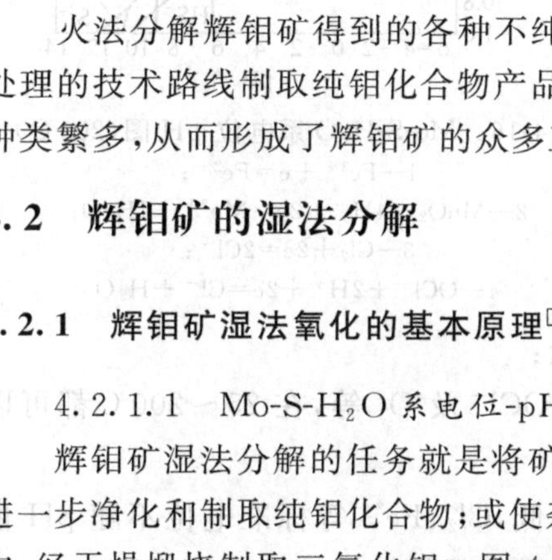

图 4-13 Mo-S-H_2O 系电位-pH 图(25℃)

1—$Fe^{3+}+e=Fe^{2+}$

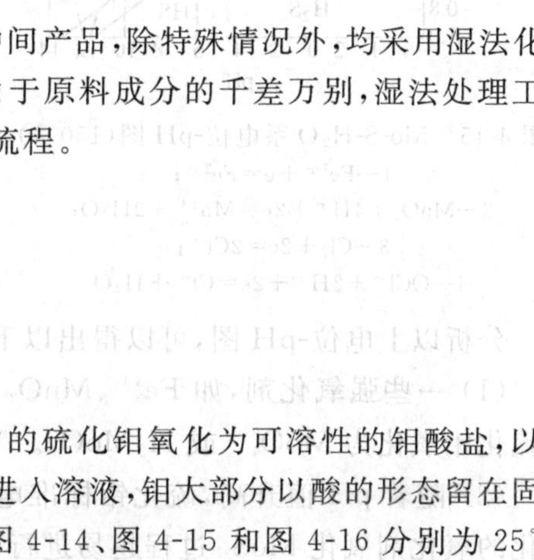

图 4-14 Mo-S-H_2O 系电位-pH 图(100℃)

1—$Fe^{3+}+e=Fe^{2+}$;2—$MnO_2+4H^++2e=Mn^{2+}+2H_2O$;

3—$Cl_2+2e=2Cl^-$;4—$OCl^-+2H^++2e=Cl^-+H_2O$

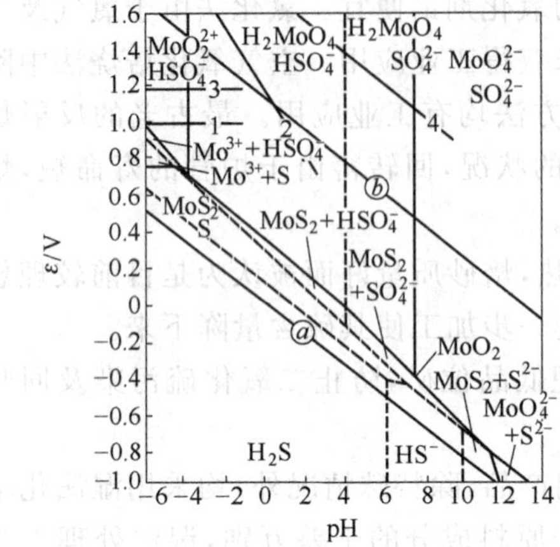

图 4-15 Mo-S-H_2O 系电位-pH 图(150℃)

1—$Fe^{3+}+e=Fe^{2+}$；

2—$MnO_2+4H^++2e=Mn^{2+}+2H_2O$；

3—$Cl_2+2e=2Cl^-$；

4—$OCl^-+2H^++2e=Cl^-+H_2O$

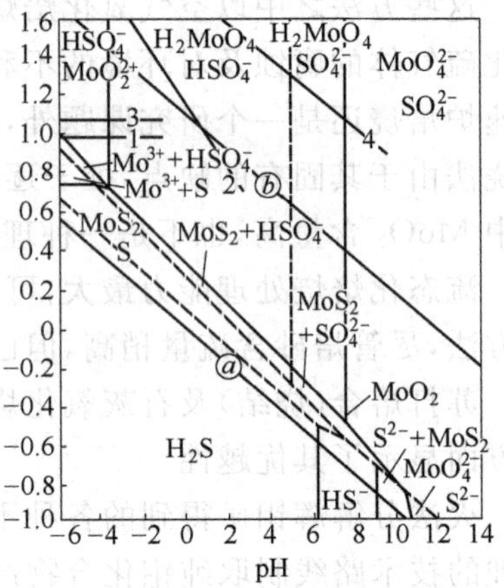

图 4-16 Mo-S-H_2O 系电位-pH 图(200℃)

1—$Fe^{3+}+e=Fe^{2+}$；

2—$MnO_2+4H^++2e=Mn^{2+}+2H_2O$；

3—$Cl_2+2e=2Cl^-$；

4—$OCl^-+2H^++2e=Cl^-+H_2O$

分析以上电位-pH 图,可以得出以下结论:

(1) 一些强氧化剂,如 Fe^{3+}、MnO_2、Cl_2、OCl^- 及 O_2 等,在 25～200℃都可以将硫化钼氧化为 MoO_4^{2-} 或 H_2MoO_4。

(2) 随着 pH 值升高,硫化钼标准电位降低,Cl_2、Fe^{3+} 等标准电位不随 pH 值变化的氧化剂氧化 MoS_2 过程越易进行,反应进行得越彻底。

(3) 温度变化对硫化钼标准电位影响很小,提高温度可以大大提高矿物分解速度,所以工业生产过程中,为提高生产能力,在设备及经济效益允许的条件下,通常更倾向于高温氧化分解辉钼矿。

(4) 不同 pH 值范围内,硫化钼氧化产物的形态不同。100℃以上在高酸度溶液中(pH≤−4),产物以 MoO^{2+} 阳离子存在于溶液中;在低酸度溶液中(−3≤pH≤7),产物主要以 H_2MoO_4 形态存在于溶液中;在中性及碱性溶液中(pH≥7),产物主要以 MoO_4^{2-} 阴离子存在于溶液中。

4.2.1.2 常用氧化剂

一些常用的氧化剂的标准电位及对硫化钼的氧化性能见表 4-9。

表 4-9 几种常见的氧化剂标准电位及对辉钼矿的氧化速度

氧 化 剂	介 质	还原电位/V	氧化速度(常温常压下)
Fe^{3+}	酸性溶液	0.77	速度几乎为零
O_3	碱性溶液	1.24	速度几乎为零
O_2	酸性溶液	1.23	很慢
MnO_2	酸性溶液	1.23	慢
HNO_3		0.95～1.0	慢

续表 4-9

氧 化 剂	介 质	还原电位/V	氧化速度(常温常压下)
$NaClO_3$	碱性溶液	0.35	一般
$KMnO_4$	酸性溶液	1.695	较快
Cl_2	酸性溶液	1.3595	较快
NaOCl	pH 在 8～10	0.89	快

4.2.2 酸性条件下的高压氧分解[15]

在硝酸介质中辉钼矿的高压氧浸过程的主要反应如下：

$$MoS_2+6HNO_3 \longrightarrow H_2MoO_4+2H_2SO_4+6NO \quad (4\text{-}38)$$

$$MoS_2+8HNO_3 \longrightarrow MoO_2^{2+}+2NO_3^-+4H^++2SO_4^{2-}+6NO+2H_2O \quad (4\text{-}39)$$

$$3ReS_2+19HNO_3 \longrightarrow 3HReO_4+6H_2SO_4+19NO+2H_2O \quad (4\text{-}40)$$

$$3MeS+8HNO_3 \longrightarrow 3MeSO_4+8NO+4H_2O \quad (4\text{-}41)$$

$$4NO+3O_2+2H_2O \longrightarrow 4HNO_3 \quad (4\text{-}42)$$

(Me：Cu、Ni、Fe、Zn 等金属)

分解过程产生的 NO 气体在高压釜内立即被氧气氧化，并生成硝酸，从而减少了硝酸的用量。

图 4-17 为硝酸介质中高压氧分解法处理辉钼矿工艺流程，也称塞浦路斯工艺。该流程包括高压氧分解、煅烧和分解母液及洗液中回收钼铼三个主要过程。

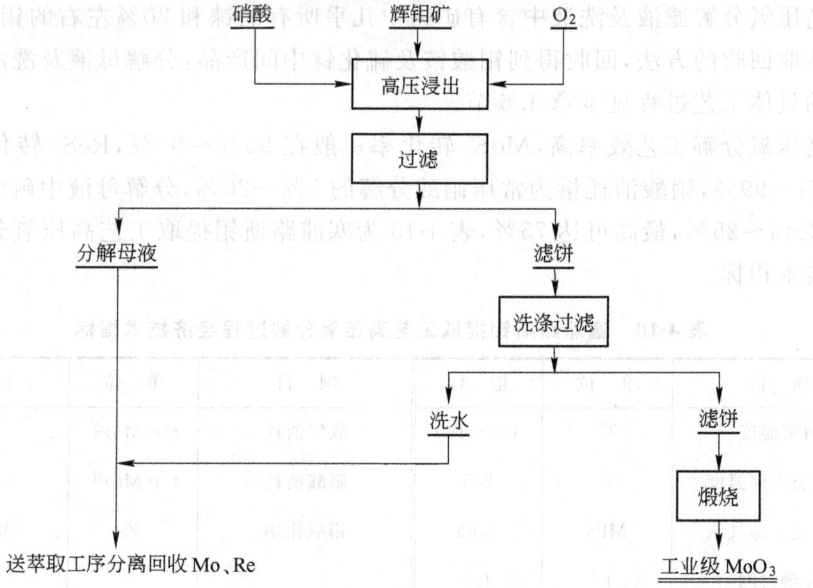

图 4-17 硝酸介质中高压氧化分解辉钼矿工艺流程图

A 高压氧分解

氧化过程在高压反应釜中进行，钼精矿和硝酸、水首先进行制浆，矿浆通过进料口进入到釜内，氧气由通氧管进入，在搅拌器激烈搅拌下，氧气通过进气孔被吸入矿浆中与之混合，并与硫化钼矿以及硝酸氧化所产生的 NO 气体发生氧化反应。

氧化过程温度一般控制在 150～200℃的范围内。反应过程中，硫化钼被氧化为钼酸，80％的钼酸保留在分解渣中，其余 20％进入溶液，矿石中几乎所有的铼都被氧化，生成高铼酸或高铼酸盐进入分解液中，大部分金属杂质如 Cu、Ni、Zn、Fe 等进入溶液。硝酸加入量为理论量的 20％左右，因此可以认为硝酸实质上起催化剂的作用，主要反应见反应式 4-38～式 4-42，氧气的主要作用是氧化反应过程中产生的 NO 气体，使之生成硝酸进入浆液循环使用，见反应式 4-42。硫化物的氧化反应都是放热反应，所以当反应釜温度达到反应需要的温度时，硫化物的氧化反应将快速进行，并放出大量的热，为了控制反应釜在规定的压力和温度范围内，应关闭外部加热热源，通过釜内的蛇形冷却管和釜外的冷却夹套调节反应温度。

B 煅烧

高压氧分解结束后，高压釜内的泥浆经过滤，滤饼洗涤数次后煅烧制取工业 MoO_3，煅烧温度 350℃。

C 分解母液及洗液中钼铼的回收

高压氧分解滤液及洗液中含有矿物中几乎所有的铼和 20％左右的钼，该工艺采用萃取回收的方法，回收得到钼酸铵及硫化铼中间产品，分解母液及洗液中回收钼铼的具体工艺过程见本章 4.6 节。

高压氧分解工艺效率高，MoS_2 转化率一般在 95％～99％，ReS_2 转化率一般在 98％～99％，硝酸消耗量为常压硝酸分解的 5％～20％，分解母液中硫酸浓度一般在 20％～25％，最高可达 75％，表 4-10 为塞浦路斯钼提取工艺高压氧分解过程经济技术指标。

表 4-10 塞浦路斯钼提取工艺高压氧分解过程经济技术指标

项 目	单 位	指 标	项 目	单 位	指 标
料浆温度	℃	150～160	氧气消耗	t/t(Mo)①	1.8
高压釜上部温度	℃	205	硝酸消耗	t/t(Mo)①	0.2
高压釜上部气压	MPa	0.65	钼氧化率	％	95～97
分解时间	h	1.5			

①每吨金属钼的消耗量。

酸性介质高压氧分解处理辉钼矿具有金属回收率高，不向大气排放含 SO_2 气体和烟尘等优点，但该工艺产出的硫酸浓度太低。另外，工艺消耗大量的氧气，高压釜设备需使用在高温下耐 H_2SO_4-HNO_3 腐蚀的材料也是其缺点。

用硝酸钠代替硝酸进行高压氧分解辉钼矿也是一种高压氧分解处理辉钼矿的方法，该工艺其他过程与硝酸介质中高压氧分解工艺基本相同，只是用硝酸钠代替硝酸作为分解剂。硝酸钠用量和用硝酸相比有所增加，但由于硝酸钠在运输、储存及价格等方面比硝酸有一定的优越性，因此，该技术也是一个值得关注的工艺方法。

表 4-11 为硝酸钠介质中高压氧分解工艺与焙烧工艺的消耗对比。

表 4-11 硝酸钠介质中高压氧浸工艺与焙烧-氨浸工艺指标对比

项目		单位	高压氧分解工艺	焙烧工艺
每吨仲钼酸铵消耗	钼精矿	t	1.25	1.38
	氧气	t	0.86	
	硝酸钠	t	0.3	
	重油	t		0.77
	盐酸	t	1.34	1.87
	氨水	t	2.85	3.50
	$(NH_4)_2S$	kg		40
	活性炭	kg	40	
相对成本		以焙烧工艺为 1 计	0.93	1
钼回收率①		%	94	85

① 精矿品位：含 Mo 47%。

4.2.3 碱性条件下高压氧分解[15]

A 主要反应

碱性条件高压氧分解过程的主要反应见反应式 4-43。

$$MoS_2 + 6NaOH + 4.5O_2 \longrightarrow Na_2MoO_4 + 2Na_2SO_4 + 3H_2O \quad (4\text{-}43)$$

反应过程主要工艺条件为：温度 130～200℃，总压力 2.0～2.5MPa，反应时间 3～7h，NaOH 用量为理论量的 1.0～1.03 倍。

与酸性条件下高压氧分解工艺相比，该工艺具有金属回收率高，钼铼回收率95%～99%，反应介质对设备的腐蚀性小，铼在分解过程中全部进入分解液中等优点。不足之处在于该工艺反应时间较长，使其生产率和能耗等经济技术指标受到影响。

B 工艺实践

我国某厂研究了碱性高压氧浸处理辉钼矿生产钼酸铵产品的工艺，高压釜采用不锈钢材质制造，容积 $3.7m^3$，加热方式为蒸汽盘管加热，盘管传热面积 $7.5m^2$，设计温度为 200℃，设计压力 2.6MPa。

该厂处理的钼精矿成分为(%)：Mo 45.47～46.27；Cu 0.162～0.188；Pb 0.103～0.170；CaO 1.13～1.22；SiO_2 10.43～11.16；P 0.01。工艺流程示意图见图 4-18，包括高压氧浸、萃取转型、净化和蒸发结晶等主要工序。

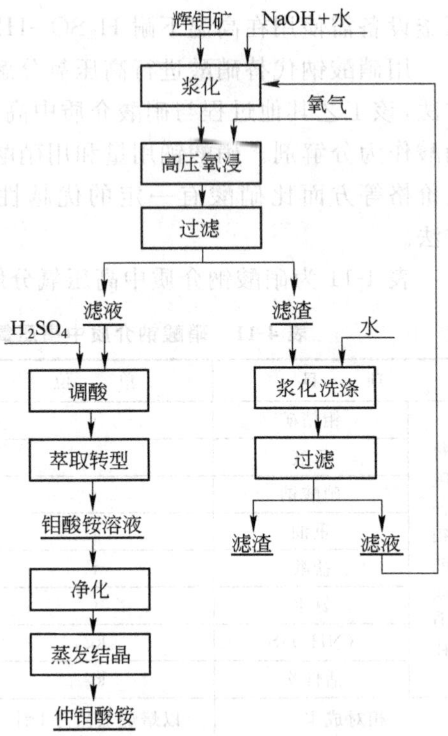

图 4-18　碱性条件下的高压氧分解工艺流程图

钼精矿、烧碱和水在制浆槽中按 200∶115∶1800(kg)的比例制浆后放入高压釜，通蒸汽加热至 85℃，缓缓往釜中供氧，浸出反应开始进行。由于反应是放热过程，随着蒸汽压力的升高，温度逐渐上升。至压力达到 1.6MPa 时，体系温度升至 160℃，此后随时补充氧气以维持温度和压力，保温 3h。反应结束后，通入自来水降温至 85℃，停止搅拌，排气放料，浸出矿浆在吸滤盘中过滤，滤饼在搅拌槽中再浆化过滤，以回收渣中的钼。钼浸出率最高达 99%，浸出液成分为(平均值)：Mo，55.33g/L；SiO_2，0.199g/L，渣含钼与每釜精矿处理量有关；每釜处理量升高，渣含钼也随之升高。每吨精矿耗氧(标态)590m^3，全流程钼的回收率最高可达到 95.54%。

C　工艺改进

针对碱性条件下高压氧分解时间较长这一不足之处，С. И. 索波里对该工艺进行了改进，因为当分解时间进行到总分解时间的 1/3 左右时，矿物中硫化钼的分解率已接近 80%，因此提出了分解—浮选工艺，即当分解过程进行到 80%左右时，结束分解过程，分解液用于制取钼产品，分解渣中未分解的硫化钼用浮选方法进行回收富集，再返回分解过程。结果表明，最终渣含钼小于 0.85%，钼铼回收率大于 99%，反应时间明显缩短。

4.2.4　硝酸常压分解法

4.2.4.1　基本原理

前苏联科学家对硝酸分解辉钼矿工艺进行了大量的理论及工艺研究，并成功地将这一工艺应用于工业生产过程中。其主要反应与高压硝酸氧浸相同。

硝酸分解过程中，钼的走向有两个方向，一是以水合氧化钼形态（钼酸和多钼酸）留在浸出渣中，一是以钼酸胶体、$MoO_2(SO_4)_n^{(2n-2)-}$ 或 $Mo_2O_5(SO_4)_n^{(2n-2)-}$ 离子态进入溶液中。进入溶液中的量主要取决于溶液成分、酸度、温度及浸出液固比等条件，降低温度、溶液中有一定量的硫酸根离子、提高液固比以及适当的酸度都有利于浸出过程中钼进入溶液。

有关硝酸分解辉钼矿动力学研究的结果，比较一致的观点是化学反应步骤和硝酸根离子经过产物膜向内扩散步骤为主要控制步骤。在反应开始时，控制步骤为化学反应步骤。随着反应的进行，产物在精矿粒子表面形成的固体产物膜逐渐加厚，硝酸根离子经过产物膜向内扩散步骤逐步转变为控制步骤。

4.2.4.2 工艺过程

莫利坎得公司采用硝酸分解法处理钼精矿，工艺流程见图 4-19。该工艺采用两段逆流硝酸分解技术，整个工艺流程包括辉钼矿一次分解、二次分解、煅烧三个过程，辅助工序有分解母液中钼铼的回收。

（1）一次分解。一次分解在带搅拌的密封不锈钢反应器中进行，温度 80℃以上，分解液为二次分解母液。矿物中 20%左右的钼以钼酸胶体、$MoO_2(SO_4)_n^{(2n-2)-}$ 或 $Mo_2O_5(SO_4)_n^{(2n-2)-}$ 离子态进入溶液中，80%左右以钼酸沉淀留在分解渣中。

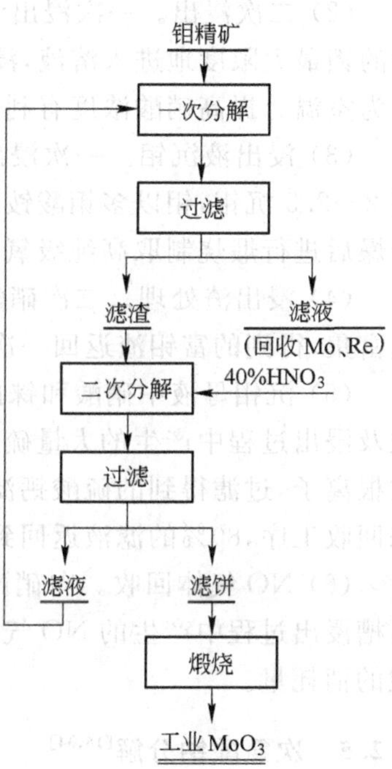

图 4-19 莫利坎得公司硝酸分解钼精矿工艺流程示意图

（2）二次分解。一次分解渣在密闭容器中用硝酸进行二次分解，分解母液返回一次分解槽，滤饼经洗涤过滤后进行煅烧，制取工业氧化钼。表4-12为莫利坎得公司硝酸分解钼精矿工艺指标。

表 4-12 莫利坎得公司硝酸分解钼精矿的原料及中间产品成分

物 料	Mo	Fe	Cu	Bi	Pb	Re	Mg	Si	Al	As	H_2SO_4
精矿含量/%	46	4	3	0.1	0.08	0.005					
母液浓度/$g \cdot L^{-1}$	23	10.6	8.1	0.02	0.03	0.01	0.5	0.03	0.4	0.01	312.5
MoO_3 含量/%	59.9	0.11	0.03	0.02	0.016	痕量	0.09	3.04	0.8		0.06

美国哥伦比亚大学的皮特等人也提出了在室温常压下硝酸氧化浸出辉钼矿的工艺流程。该流程包括辉钼矿一次浸出、二次浸出、浸出液沉钼、煅烧四个过程，辅

助工序包括浸出渣回收、沉钼母液中硝酸和铼的回收。该工艺的特点是硝酸分解过程中，钼全部进入分解液，另外，将反应所产生的NO气体回收，在硝酸再生槽中和氧气反应再生硝酸。

(1) 一次浸出。一次浸出在密封的反应器中进行，浸出温度为室温，浸出剂为二次浸出液，以提高浸出液中钼的浓度和钼的浸出率。矿物中的钼以阳离子形态进入强酸性的硝酸溶液中。

(2) 二次浸出。一次浸出渣在密闭容器中用硝酸进行二次浸出，以保证矿物中的钼最大限度地进入溶液，浸出过程主要条件为：硝酸浓度1～4mol/L，浸出温度为室温。提高硝酸浓度有利于提高钼的浸出率。

(3) 浸出液沉钼。一次浸出液中钼的浓度为100g/L左右，加入氨水调节pH值2～2.5沉钼，钼以多钼酸铵或钼酸的形态沉淀析出。钼酸沉淀经过滤、洗涤和干燥后进行煅烧制取高纯级氧化钼，煅烧温度为350℃。

(4) 浸出渣处理。二次硝酸浸出渣中仍含有少量的钼，经过选矿方法进行浮选富集，得到的富钼渣返回一次浸出槽，与精矿一块进行一次浸出。

(5) 沉钼母液中硝酸和铼的回收。酸沉母液中含有几乎所有的铼、过剩的硝酸及浸出过程中产生的大量硫酸根，回收方法为首先加入石灰乳液沉淀其中的硫酸根离子，过滤得到的硫酸钙滤饼用于制取石膏产品。滤液分流，20%的滤液进入铼回收工序，80%的滤液返回到硝酸再生槽，经硝酸再生后返回二次浸出槽。

(6) NO气体回收。向硝酸再生槽中通入氧气，以氧化一次浸出槽和二次浸出槽浸出过程中产生的NO气体，得到硝酸，以便减少NO气体对环境的污染和硝酸的消耗量。

4.2.5 次氯酸钠分解[16,34]

在处理低品位钼矿物原料时，次氯酸钠是一个很有效的氧化浸出剂，其分解反应见反应式4-44。

$$MoS_2 + 9OCl^- + 6OH^- \longrightarrow MoO_4^{2-} + 9Cl^- + 2SO_4^{2-} + 3H_2O \tag{4-44}$$

研究证明，反应式4-44按两步进行，反应首先得到$S_2O_3^{2-}$，$S_2O_3^{2-}$再被OCl^-氧化为SO_4^{2-}，见反应式4-45和式4-46。

$$MoS_2 + 5OCl^- + 4OH^- \longrightarrow MoO_4^{2-} + 5Cl^- + S_2O_3^{2-} + 2H_2O \tag{4-45}$$

$$S_2O_3^{2-} + 4OCl^- + 2OH^- \longrightarrow 2SO_4^{2-} + 4Cl^- + H_2O \tag{4-46}$$

在分解过程中，次氯酸钠本身也会缓慢分解析出氧。其他的一些金属硫化物也会被次氯酸钠分解，这些金属的离子或氢氧化物又会与钼酸根生成钼酸盐沉淀，使已被分解进入溶液的钼又返回到渣中，见反应式4-47～式4-49，控制适当的浸出条件，可以减少其他金属硫化物的氧化浸出。

$$2OCl^- \longrightarrow 2Cl^- + O_2 \tag{4-47}$$

$$MeS + 4OCl^{-} \longrightarrow Me^{2+} + 4Cl^{-} + SO_4^{2-} \quad (4\text{-}48)$$

$$MoO_4^{2-} + Me^{2+} \longrightarrow MeMoO_4\downarrow \quad (4\text{-}49)$$

研究证明，分解液中含有少量的 CO_3^{2-} 可以抑制金属钼酸盐沉淀的产生，这主要是因为一些金属碳酸盐的溶度积小于其钼酸盐的溶度积，从而以碳酸盐形态沉淀于渣中。

影响辉钼矿次氯酸钠分解浸出的主要因素有温度、次氯酸钠浓度和浸出液pH值等。随着温度的升高和次氯酸钠起始浓度的增大，辉钼矿分解的速度增大。pH值对辉钼矿分解速度的影响在不同范围内有不同的变化，在中性及酸性条件下，pH值升高会加快浸出速度，在碱性条件下（$pH>9$），随着pH值的升高，辉钼矿分解速度降低。

由于温度过高会加速次氯酸钠的分解速度以及增加能耗，所以在工业生产中，理想的浸出条件应该是：温度不大于40℃，NaOCl溶液的浓度20～40g/L，pH值为9左右，CO_3^{2-} 浓度为10g/L左右。在此条件下，对于钼含量在5%～23%的低品位钼矿的浸出率可达96%～98%。

前苏联学者曾以次氯酸钠分解法进行过堆浸试验，结果表明，当处理10～60mm的矿石时，用7～9g/L的NaOCl溶液浸出55天，浸出率为37%～59%；当处理10mm的矿石时，浸出150天，钼浸出率95%，浸出液钼含量大于0.5g/L，可用离子交换法进行回收。

虽然次氯酸钠分解法工艺具有选择性好以及浸出率高等优点，但由于次氯酸钠试剂用量太大，它仅适用于从总含硫量很低的原料中回收钼。

4.2.6 电氧化法

A 基本原理

将已经浆化的辉钼矿物料加入到装有氯化钠溶液的电解槽中，在电氧化过程中，电解槽两极电化学过程见反应式4-50和式4-51。

阳极电化学反应： $2Cl^{-} \longrightarrow Cl_2 + 2e$ (4-50)

阴极电化学反应： $2H_2O + 2e \longrightarrow 2OH^{-} + H_2$ (4-51)

阳极产物 Cl_2 又与水反应，生成次氯酸根 OCl^{-}，见反应式4-52。OCl^{-} 再分解矿物中的硫化钼，使钼以钼酸根形态进入溶液中，见反应式4-44。因此可以说，辉钼矿在氯化钠溶液中的电氧化工艺实质上是次氯酸钠分解工艺的一种改进形式。

$$Cl_2 + H_2O \longrightarrow OCl^{-} + Cl^{-} + 2H^{+} \quad (4\text{-}52)$$

B 电解氧化槽及生产实践

最简单的电解槽只有一对电极与电源相接，称之为单极槽，其槽电压低，电流大，占地面积大，导电排很大，投资高。目前，越来越多的电氧化过程采用复极槽，与单极槽相比，复极槽具有易工业化大生产、高电流效率和低能耗等优点。图4-

20 为一辉钼矿电氧化复极槽结构示意图。

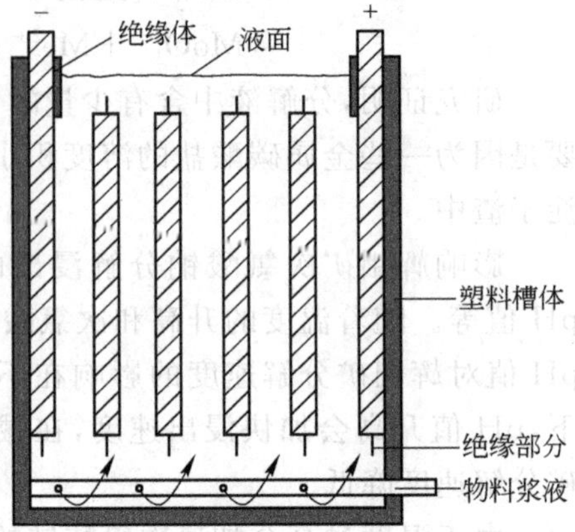

图 4-20 复极槽结构示意图

从图中可以看到，只有两槽端的两个电极直接与直流电源相接，而中间的电极并不直接和电源母线连接。电氧化过程中，在电场的作用下，中间电极的两侧分别荷有相反的电荷，成为一个双电极，每一个电极与相临的电极组成一个单极槽，整个电解槽就像由几个单极槽串联而成的一组单极电解槽一样。复极槽电压高，电流小，故导电排小，占地面积小，次氯酸钠的产率比单极槽增加了 $n-1$ 倍（n 为复极槽中的电极数）。料浆由槽底经带有小孔的料管喷入槽内，同时也起到了料浆的循环和搅拌作用，槽上部有料浆溢流口，流出的料浆进入转料槽中调节 pH 值，再用循环泵重新泵入槽内，当分解液中钼达到一定浓度时，可分流放出并补充等容量的新液，这样可以保持分解工艺的连续性。工艺过程中钼转化率及电解槽电流效率是辉钼矿电氧化工艺的两个主要技术指标。其影响因素很多，如温度、盐(NaCl)浓度、pH 值、OCl^- 浓度、矿浆固体含量、电流密度、电极材料及形状、电解槽结构、矿浆在槽内的流动状况等等。

温度的升高虽然可以提高硫化钼氧化速度，但随着温度的升高，次氯酸根变得不稳定，发生如下分解反应：

$$3OCl^- \longrightarrow ClO_3^- + 2Cl^- \quad (4\text{-}53)$$

$$OCl^- \longrightarrow 0.5O_2 + Cl^- \quad (4\text{-}54)$$

而在电解过程所要求的 pH 值范围内，料浆中的盐是产生 OCl^- 的原料，它的浓度太低会导致溶液电阻增大，溶液温度逐渐升高，而浓度过高又会造成 OCl^- 浓度过高，而 OCl^- 过高时在阳极会产生 OCl^- 放电反应，见反应式 4-55，也会降低电流效率。

$$6OCl^- + 3H_2O \longrightarrow 2ClO_3^- + 4Cl^- + 6H^+ + 1.5O_2 + 6e \quad (4\text{-}55)$$

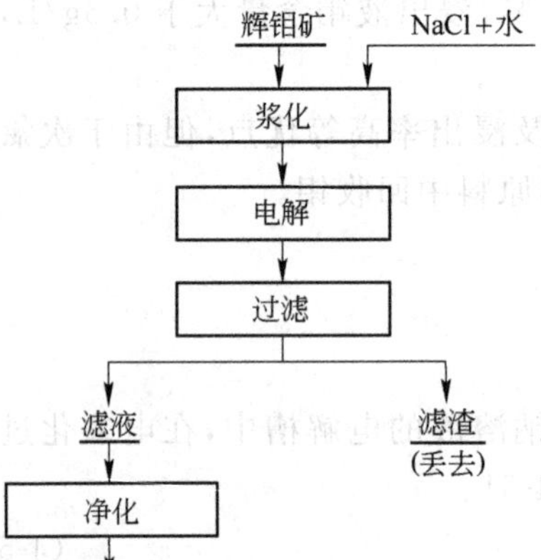

图 4-21 辉钼矿电氧化工业试验工艺流程示意图

图 4-21 为美国矿物局进行的辉钼矿电氧化工业试验工艺流程图。电解槽配备有 4～5

个转料槽，电解槽和转料槽相互串联，电解槽的主要任务是产生 OCl^- 离子，辉钼矿氧化反应过程和料浆 pH 值调节主要在几个转料槽中完成。钼精矿成分为(%)：Mo 30.56；Cu 0.58；Ni 0.31；Fe 5.1；SiO_2 4.15；S 22.6。主要操作条件为：料浆中固体矿物含量 5%～10%，盐浓度 10%，电流密度 5.5A/m^2，温度 35～40℃，pH 为 8.0～8.5，用碳酸钠调节 pH 值。结果表明，辉钼矿浸出率大于 95%，能耗 27～29kW·h/kg(Mo)，碳酸钠消耗 4.1～4.5kg/kg(Mo)。

4.2.7 小结

由于环境保护的需要，工业界及科技界对辉钼矿的湿法分解方法表现出极大的兴趣。与重金属硫化矿的湿法分解工艺一样，虽然研究的方法很多，但均存在这样或那样的问题，回顾以上介绍的各种方法，高压氧浸，特别是碱性高压氧浸应是给予特别关注、加强研究的一个领域。其次不断地对电氧化浸出工艺进行改进也是很必要的。

一个崭新的领域是细菌浸出，据报道[17]细菌就地堆浸辉钼矿历经 9 个月，钼的浸出率达 35%～55%，辉钼矿的细菌浸出的关键是驯化培养耐高温的嗜硫耐钼离子的细菌。尽管细菌浸出辉钼矿的工业道路还很长，但它是一个值得重视的研究领域。

辉钼矿湿法分解的产物基本上可分为两类，一类是固体钼酸，另一类为含钼溶液，主要为钼酸钠溶液，在酸性介质中可能有部分钼以胶体钼酸或阴离子络合物存在于溶液中，在酸度高的情况下钼以 MoO_2^{2+} 形态存在。

辉钼矿氧化时，硫要氧化成硫酸根，钼需由四价氧化为六价，因此理论上的氧化剂消耗量就很高，这是影响生产成本的主要因素。为此研究氧化过程中催化剂的作用具有重要现实意义。

4.3 钼焙砂及非硫化矿的处理

4.3.1 升华法制取纯三氧化钼

4.3.1.1 基本原理

升华法生产纯三氧化钼的主要原料为钼焙砂。焙砂中三氧化钼的熔点、沸点低，当温度低于其熔点(795℃)时三氧化钼就开始升华，以三聚合 MoO_3 形态进入气相，与之相比，大多数杂质化合物的熔点、沸点则高得多，仍留在固相中，从而使三氧化钼得到提纯。

在 600～700℃，三氧化钼蒸气压随温度的升高而升高，在温度超过其熔点时，蒸气压显著升高，1100～1150℃达到沸腾。生产过程温度一般为 1000～1100℃，在这个温度下，杂质元素铜、铁、硅等不会蒸发进入气相。钼酸钙在

1300℃以下是稳定的，不会进入气相中，钼酸铜分解生成氧化铜和三氧化钼，氧化铜不会进入气相中，钼酸铅在高于其熔点1050℃以上时开始微量挥发，因此，在使用含铅较高的钼焙砂时，操作温度一般控制在1000℃以下，以避免铅对产品三氧化钼的污染。

4.3.1.2　设备与工艺

图4-22及图4-23为两种工业上应用的升华炉，图4-22适合于规模较小的情况，其旋转电炉与水平面成25°～30°夹角，钼焙砂置于其中，可以增大蒸发面积，提高生产能力。图4-23整个电炉炉底可以旋转，炉底铺石英砂，在石英砂之上再加钼焙砂。

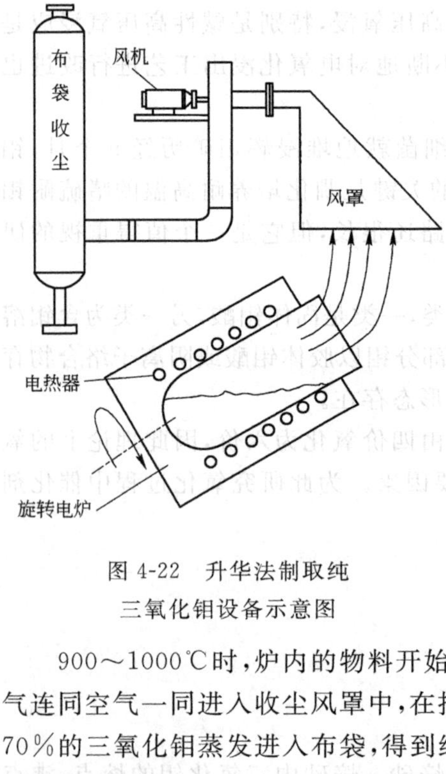

图4-22　升华法制取纯三氧化钼设备示意图

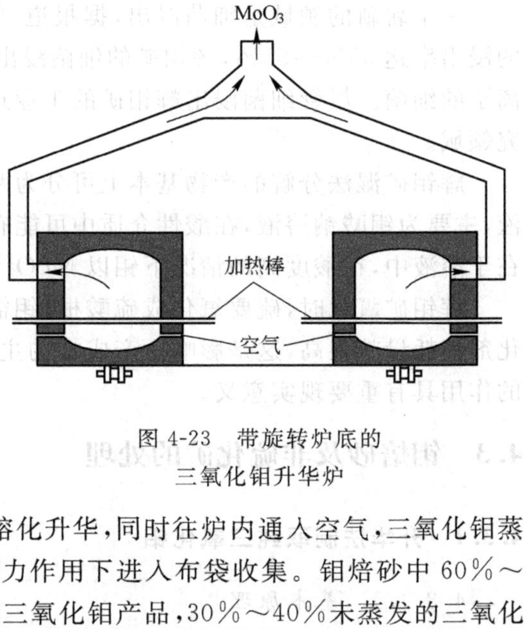

图4-23　带旋转炉底的三氧化钼升华炉

900～1000℃时，炉内的物料开始熔化升华，同时往炉内通入空气，三氧化钼蒸气连同空气一同进入收尘风罩中，在抽力作用下进入布袋收集。钼焙砂中60%～70%的三氧化钼蒸发进入布袋，得到纯三氧化钼产品，30%～40%未蒸发的三氧化钼残留在炉内，可通过湿法分解回收其中的钼。产品质量较经典化学法好，表4-13为升华法和经典化学法制取的三氧化钼产品质量比较。

表4-13　化学法和升华法生产 MoO_3 质量比较

成　分	化学法	升华法
三氧化钼含量/%	>99.5	>99.8
重金属含量/%	<0.005	<0.001

续表 4-13

成　　分	化学法	升华法
磷酸盐含量/%	<0.005	<0.005
氯化物含量/%	<0.005	<0.001
硝酸盐含量/%	<0.005	<0.01
硫酸盐含量/%	<0.005	<0.001
氨含量/%	<0.003	—
镁含量/%	<0.1	—
氨水不溶物含量/%	<0.01	<0.004
蒸发残留物含量/%	—	<0.006
松装密度/$g \cdot cm^{-3}$	0.8～1.2	0.25

影响升华过程及产品质量的主要因素有温度、熔融液面气流速度和焙砂质量。

(1) 温度。升华过程温度一般控制在900～1100℃，温度太低会降低生产效率，太高则会使产品三氧化钼中杂质含量升高，同时在高于沸点的温度下，对工艺设备要求也较高。

(2) 空气流速。升华过程中，熔融钼焙砂表面的气体流速对升华速度有着很大的影响，如在气体流速为0.2cm/s，温度为900℃时，纯MoO_3的挥发速度为12.3kg/($m^2 \cdot h$)；在气体流速为0.3cm/s，温度为1100℃时，纯MoO_3的挥发速度为110kg/($m^2 \cdot h$)。

(3) 焙砂质量。焙砂中杂质对升华过程的影响有两方面，一是MoO_3的挥发速度随着焙砂中钼含量的升高而增大，而杂质的存在会降低升华速度；二是杂质的含量会使产品中的杂质成分含量升高，特别是一些低熔点低沸点的杂质化合物影响更大。

4.3.2 钼焙砂及非硫化矿的湿法浸出

4.3.2.1 钼焙砂的氨浸出

A 钼焙砂酸洗预处理

钼焙砂一般用氨水浸出，但钼焙砂中除了三氧化钼外，还有二氧化钼、其他金属的化合物如铜、镍、锌、铁、钙等的钼酸盐和硫酸盐、残留的硫化钼精矿、氧化铁、碱金属硅酸盐等成分。氨浸前先进行酸预处理，可使焙砂中的碱金属、碱土金属及大部分的重金属杂质进入到酸洗预处理液中，从而减轻了氨浸出液净化负担，这一技术目前在我国钼冶炼工厂得到了广泛的应用。质量好的钼焙砂也可直接氨浸。酸洗的主要反应见反应式4-56～反应式4-58。

$$MeO + 2HNO_3 \longrightarrow H_2O + Me(NO_3)_2 \qquad (4\text{-}56)$$

$$Me \cdot MoO_4 + 2HNO_3 \longrightarrow H_2MoO_4 \downarrow + Me(NO_3)_2 \tag{4-57}$$

$$MeSO_4 \longrightarrow Me^{2+} + SO_4^{2-} \tag{4-58}$$

（Me:金属钙、镁、铜、镍、锌、铁等）

生产实践中，酸预处理过程一般在搪瓷反应锅中进行，常温下加30%左右的盐酸或硝酸溶液，控制终点pH值为0.5～1.5，尽可能降低酸预处理液中的钼浓度。由于酸洗液中还含有少量的钼，一般需用离子交换或钼酸钙沉淀法回收其中的钼。

B 钼焙砂氨浸

以8%～10%的氨水于密闭的钢制反应锅或搪瓷反应锅中在常温或50～80℃下进行。氨用量为理论量的1.15～1.40倍。浸出过程中钼将以钼酸铵的形态进入溶液，浸出率为80%～95%，浸出反应见反应式4-59。

$$H_2MoO_4 + 2NH_3 \cdot H_2O \longrightarrow (NH_4)_2MoO_4 + 4H_2O \tag{4-59}$$

在氨浸过程中，残留的辉钼矿以及$CaMoO_4$、MoO_2、Fe_2O_3等成分不溶于氨水中，而铜、镍、锌的钼酸盐和硫酸盐则很容易在氨水中浸出进入到溶液中。为提高钼的浸出率，浸出过程要添加少量的$(NH_4)_2CO_3$，以分解渣中的钼酸钙，使之进入溶液。

$$MeMoO_4 + 6NH_3 \cdot H_2O \longrightarrow (NH_4)_2MoO_4 + [Me(NH_3)_4](OH)_2 + 4H_2O \tag{4-60}$$

$$MeSO_4 + 6NH_3 \cdot H_2O \longrightarrow (NH_4)_2SO_4 + [Me(NH_3)_4](OH)_2 + 4H_2O \tag{4-61}$$

$$CaMoO_4 + CO_3^{2-} \longrightarrow MoO_4^{2-} + CaCO_3 \downarrow \tag{4-62}$$

（Me:金属铜、镍、锌等）

C 氨浸渣的处理

焙砂氨浸渣中一般含有1%～10%的钼，主要以钼酸钙、钼酸铁、二氧化钼、未氧化的MoS_2形态存在，尚有少量被渣表面吸附的MoO_4^{2-}阴离子，可以用苏打烧结熔合法和焙烧法进行回收，工艺流程见图4-24。

采用苏打烧结（熔合）法时，将氨浸渣与苏打混合后在700～750℃下进行烧结6～7h，主要反应见反应式4-63～反应式4-65，氨浸渣中的不溶钼在苏打烧结（熔合）过程中生成可溶性的钼酸钠。烧结后，以热水浸出，烧结渣中的钼酸钠进入水溶液。水浸得到的钼酸钠溶液调节pH值至3～4，可用离子交换法富集转型为钼酸铵溶液，返回主流程。也可用氯化铁沉淀其中的钼，使钼转化为钼酸铁沉淀，水洗后用氨浸得到纯净的钼酸铵溶液，返回主流程。

$$MeO \cdot MoO_3 + Na_2CO_3 \longrightarrow MeCO_3 + Na_2O \cdot MoO_3 \tag{4-63}$$

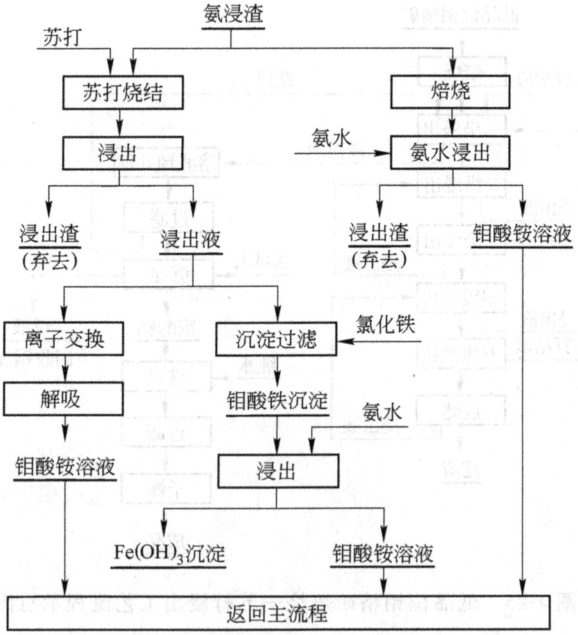

图 4-24 钼焙砂的氨浸渣回收钼工艺流程

$$MoO_2 + Na_2CO_3 + 1/2O_2 \longrightarrow Na_2O \cdot MoO_3 + CO_2 \uparrow \tag{4-64}$$

$$MoS_2 + 6Na_2CO_3 + 9O_2 \longrightarrow 2Na_2O \cdot MoO_3 + 4Na_2SO_4 + 6CO_2 \uparrow \tag{4-65}$$

如果氨浸渣中含有钨，则苏打烧结后用盐酸浸出，浸出过程中钼将以钼酸的形态进入溶液，铁、铜、镍、钙等杂质也会进入溶液中，而钨则以钨酸形态留在渣中。溶液过滤后再用氨水中和至 pH 值为 2.5～3.0，钼将以钼酸铁、钼酸和多钼酸铵的混合沉淀物从溶液中析出，铜、镍、钙及部分铁将留在溶液中。沉淀物在 600℃下煅烧制得 MoO_3，然后氨浸，氨浸液返回主流程。

4.3.2.2 钼焙砂苏打浸出

在一些钼矿物中，含有大量的铁、铜等金属杂质，如某一低品位钼精矿，其钼品位为 15%～20%，其他杂质成分(%)为：Cu 3～6；SiO_2 12～15；Fe 10～11.5；S 20～25。采用氨浸法会造成铜、镍等金属大量进入溶液，增加净化的负担，所以采用碱浸工艺处理其焙烧产物较为合理，其工艺流程见图 4-25。

该工艺包括焙烧、苏打浸出和钼酸钙沉淀三部分。浸出过程实行多级浸出(4～5 级)，浸出剂为 8%～10%的苏打溶液，浸出设备为带有搅拌和加热的铁质反应釜或搪瓷反应釜。部分硅、磷、砷等杂质随钼一块进入到溶液中。当浸出溶液的

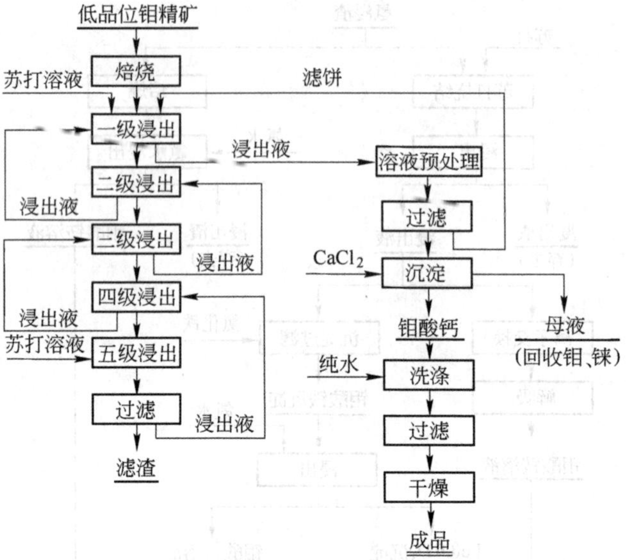

图 4-25　低品位钼精矿焙烧—苏打浸出工艺流程示意图

pH 值降低到 8～10 时，大部分的硅将以偏硅酸形态沉淀析出。过滤后溶液中钼浓度约在 50～70g/L，80～90℃条件下，在衬胶的反应釜中加入氯化钙溶液沉淀钼酸钙，溶液的 pH 值、氯化钙用量以及滤液中原始钼浓度对沉淀率都有一定的影响，在弱碱性及氯化钙过量 15%～19% 的条件下，钼的沉淀率可达 97%～98%。沉淀经水洗、过滤、干燥后即可得到钼酸钙产品。沉淀母液中仍含有 1g/L 左右的钼，可用离子交换法进行回收。

4.3.2.3　钼酸盐矿物的盐酸浸出

对于含有白钨矿或钼钨钙矿的钼矿物，盐酸浸出是一个非常成功的工艺方法，其工艺流程见图 4-26。包括一次酸浸、二次酸浸、沉钼和煅烧四部分。

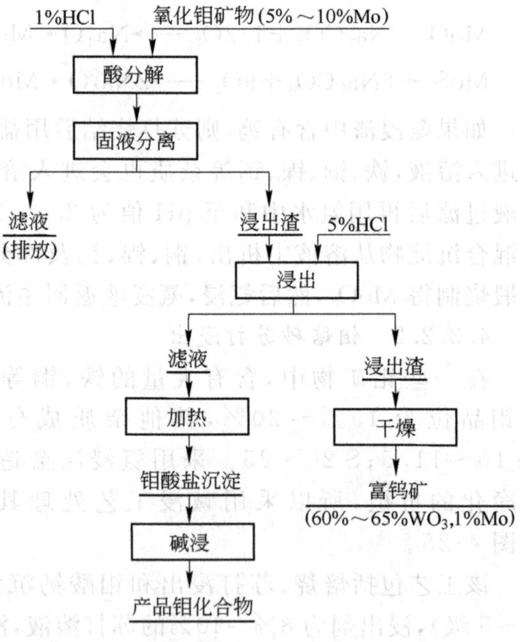

图 4-26　氧化钼矿的盐酸浸出工艺流程示意图

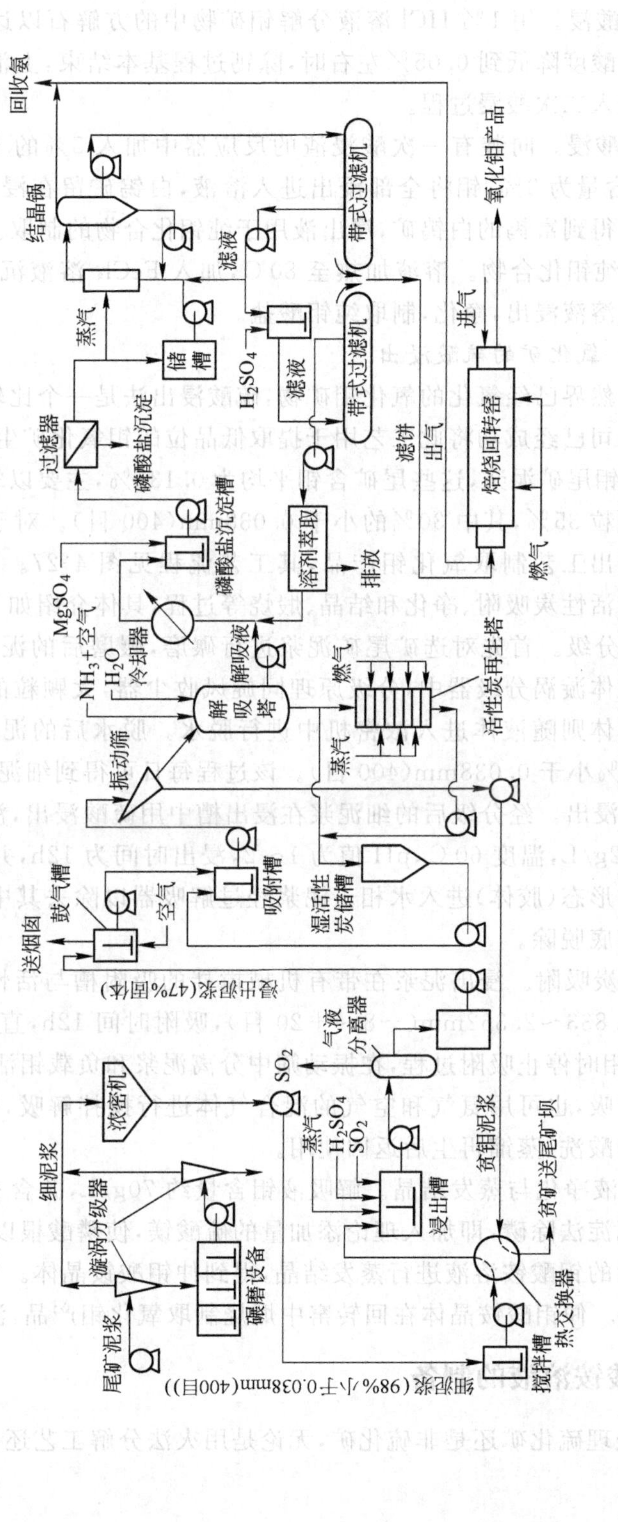

图 4-27 含氧化钼矿物尾矿的硫酸浸出工艺流程图

(1) 一次酸浸。用1% HCl溶液分解钼矿物中的方解石以达到钙钼分离，当溶液中的有效酸度降低到0.05%左右时，除钙过程基本结束，上清液倒出排放，一次酸浸渣再进入二次酸浸过程。

(2) 二次酸浸。向装有一次酸浸渣的反应器中加入5%的HCl进行二次浸出，终点盐酸含量为3%，钼将全部浸出进入溶液，白钨矿留在浸出渣中。浸出渣经干燥后即可得到富钨的白钨矿，浸出液用于纯钼化合物的制取。

(3) 制取纯钼化合物。溶液加热至80℃，加入$FeCl_3$溶液沉淀钼。钼酸铁沉淀再以碱或氨溶液浸出，净化，制取纯钼酸盐。

4.3.2.4　氧化矿的硫酸浸出

对于在自然界已经氧化的氧化钼矿物，硫酸浸出法是一个比较有特点的工艺。克来马克斯公司已经成功将此工艺用于提取低品位的钼氧化矿生产。该公司日产出5200t的选钼尾矿泥浆，这些尾矿含钼平均为0.134%，主要以氧化钼形态存在，泥浆含固体颗粒35%，其中30%的小于0.038mm(400目)。对于这种物料，该公司采用硫酸浸出工艺制取氧化钼产品，其工艺流程见图4-27。工艺包括泥浆分级、硫酸浸出、活性炭吸附、净化和结晶、煅烧等过程，具体介绍如下。

(1) 泥浆分级。首先对选矿尾矿泥浆进行碾磨，碾磨后的泥浆进入像旋风收尘器一样的液体漩涡分级器中，分级原理同旋风收尘器，大颗粒的固体沉于底层，而小颗粒的固体则随液体进入浓密机中进行脱水。脱水后的泥浆固体含量大于50%，其中98%小于0.038mm(400目)。该过程每日可得到细泥浆约1500t。

(2) 硫酸浸出。经分级后的细泥浆在浸出槽中用硫酸浸出，浸出条件为：硫酸浓度为10～12g/L，温度60℃，pH值为1～2，浸出时间为12h，并通入SO_2气体，钼将以钼蓝的形态(胶体)进入水相。泥浆经过解吸器以除去其中的SO_2气体，再经过鼓气槽彻底脱除。

(3) 活性炭吸附。浸出泥浆在带有机械搅拌的吸附槽与活性炭充分混合，活性炭颗粒为0.833～2.362mm(－8～＋20目)，吸附时间12h，直到活性炭中负荷8%～10%的钼时停止吸附过程，在振动筛中分离泥浆和负载钼活性炭。负载钼活性炭用氨水解吸，也可用氨气和空气的混合气体进行搅拌解吸，氨钼比为0.9/1，卸载活性炭经酸洗、蒸馏再生后返回使用。

(4) 解吸液净化与蒸发结晶。解吸液钼含量约70g/L，并含有磷酸根等杂质，采用磷酸镁沉淀法除磷，即加入理论添加量的硫酸镁，使磷酸根以磷酸镁沉淀形态除去。净化后的钼酸铵溶液进行蒸发结晶，得到仲钼酸铵晶体。

(5) 煅烧。仲钼酸铵晶体在回转窑中煅烧制取氧化钼产品，温度为580℃。

4.4　纯钼酸铵溶液的制备

无论是处理硫化矿还是非硫化矿，无论是用火法分解工艺还是湿法分解工艺，除了钼焙砂的升华法外，均需采用湿法处理得到各种含钼的溶液，再由这些溶液制取纯钼酸铵溶液。制取纯钼酸铵溶液的原料液，主要有不纯的钼酸铵溶液，钼酸钠溶液及含钼的酸性溶液，后者略为复杂一些，视用酸的种类及浓度不同，酸性溶液中存在的钼化合物形态有所差别。制取纯钼酸铵溶液的基本方法有经典沉淀法、离子交换法、萃取法及活性炭吸附法。实际上为了满足纯化要求，有时需结合应用两种或两种以上的方法。

由于铼以类质同象存在于辉钼矿中，因此在溶液净化时也常常碰到铼、钼分离的问题，为了方便读者查阅与理解，本书将铼的回收集中在4.6节中介绍，本节仅介绍粗$(NH_4)_2MoO_4$溶液中钼的富集、转型与净化。

4.4.1 经典沉淀法

粗钼酸铵溶液中的主要杂质为以氨络离子形态存在的重金属离子，如Cu、Fe(Ⅱ)、Zn、Ni等，除去这些杂质离子的有效方法为硫化铵沉淀法。表4-14为一些硫化物的溶度积数据。

表 4-14 一些金属硫化物的溶度积

硫化物	温度/℃	K_{SP}	$\lg K_{SP}$
CuS	25	8.9×10^{-36}	−35.05
FeS	25	4.9×10^{-18}	−17.31
PbS	25	9.3×10^{-28}	−27.03
ZnS(β)	25	8.9×10^{-25}	24.05
CoS(α)	25	1.8×10^{-22}	−21.74
NiS(α)	25	2.8×10^{-21}	−20.55
CdS	25	7.1×10^{-27}	−26.15
SnS	25	1×10^{-28}	−28
Bi_2S_3	18	1.6×10^{-72}	−71.8
As_2S_3	18	4×10^{-29}	−28.4
Sb_2S_3	18	1×10^{-30}	−30

显而易见，沉淀过程中，溶液中的铜、铁、铅以及砷、锑基本上可以完全除去，而镍和锌沉淀除去效果较差，这主要是因为ZnS和NiS溶度积较大所致。主要沉淀过程反应见反应式4-66：

$$Me(NH_3)_4(OH)_2+S^{2-}+4H_2O\longrightarrow MeS\downarrow+4NH_4OH+2OH^- \quad (4\text{-}66)$$

硫化铵加入过量会生成硫代钼酸盐，降低产品纯度：

$$(NH_4)_2MoO_4+n(NH_4)_2S+nH_2O\longrightarrow(NH_4)_2MoO_{(4-n)}S_n+2nNH_4OH \quad (4\text{-}67)$$

硫化沉淀的工业过程一般在不锈钢或搪瓷搅拌槽中进行，$(NH_4)_2S$加入量略高于硫化沉淀铜、铁的理论量，终点pH值控制在8～9，温度85～90℃，搅拌速度

80～110r/min，保温时间10～20min。过滤后钼酸铵溶液应为无色透明，铜铁含量小于0.003g/L，钼回收率大于99%。

4.4.2　离子交换法[19,20]

4.4.2.1　钼酸铵溶液的净化

采用铵型阳离子交换树脂，钼酸铵溶液流经离子交换柱时，溶液中的杂质金属离子取代铵吸附于树脂上，钼则以MoO_4^{2-}负离子形态留在溶液中得以净化。交换反应如下：

$$2RNH_4 + Me^{2+} \longrightarrow R_2Me + 2NH_4^+ \tag{4-68}$$

式中，R为树脂上的有机功能团；Me为Cu、Mg、Ca、Fe等金属离子。

文献[2]报道了以732型强酸性阳离子交换树脂净化钼酸铵溶液的半工业试验，试验用的钼酸铵溶液pH值为8.5～9.0，密度1.11～1.12g/cm³。钼酸铵溶液首先通过装有732型树脂的交换柱，流出液再经过活性炭吸附进行深度净化和脱色，负载树脂用氨水淋洗再生。溶液的线流速为5cm/min，温度控制在40℃以下。结果表明，树脂的交换容量随pH值升高而增大，钼的回收率大于99.5%，交换后的溶液可直接用于纯多钼酸铵结晶的制取。

由于树脂对溶液中不同阳离子的吸附能力不尽相同，所以采用单一的树脂很难使溶液中的金属杂质得到彻底脱除，因此我国某厂进行了不同树脂多柱串级交换法净化钼酸铵的半工业试验。钼酸铵溶液为钼焙砂氨浸液，密度为1.16g/cm³，pH值为8.0～8.5。溶液依次通过5个交换柱，其中1号和2号交换柱装122号阳离子交换树脂，3～5号装110号阳离子交换树脂。122号树脂能有效地吸附$Cu(NH_3)_4^{2+}$，而110号树脂则能有效吸附锰、镁等杂质离子。交换流出液可直接生产多钼酸铵等产品，产品钼酸铵含Fe小于8×10^{-6}，Si小于6×10^{-6}，Mg小于30×10^{-6}，Cu小于3×10^{-6}，负载树脂用1mol/L盐酸解吸再用1mol/L氨水溶液再生。与经典法相比，回收率由88.5%提高到92.4%，盐酸消耗降低了50%。

4.4.2.2　含钼溶液中钼的提取富集

不管溶液的种类如何，从含钼溶液中提取富集钼一律采用阴离子交换树脂，如果溶液中钼含量很低，则可从弱碱性溶液中进行交换，此时采用强碱性树脂为妥。如果溶液中钼含量较高，则需调pH值至弱酸性范围，此时钼以同多钼酸根形式存在，既可用强碱性树脂，也可用弱碱性树脂，最好用大孔树脂。在用交换法提取富集钼时，存在不同程度的净化作用，一般在弱碱性范围内交换的净化效果较好。负钼树脂柱用纯水洗净后用氨水或铵盐与氨水的混合溶液解吸，此时同时完成转型作用，钼以钼酸铵溶液形式被回收。国内在钼工业中应用的树脂主要为201×7、D296、D304A、W305-C、D314等。

前苏联用大孔弱碱阴离子交换树脂回收硝酸分解辉钼矿母液中的钼，母液成分为(g/L):Mo 15.6;Fe 14.2;SO_4^{2-} 65～67 ;HNO_3 205。首先将母液中和至弱酸性,再流经装有 NO_3^- 型的阴离子交换树脂,至流出液含钼大于 1.4g/L 时停止交换过程,此时树脂含钼 115～136g/L,钼的吸附率为 92.7%～92.8%。负载树脂先用 pH=2～3 的水淋洗去铁,再用 10%～15%的氨水解吸,得到含钼 60～155g/L 的钼酸铵溶液。解吸后的树脂用 50～60g/L HNO_3 转为 NO_3^- 型。含 Mo 1%～1.4%的交后液,用 NH_4OH 将其 pH 值回调至 7～8,使其中三价铁以氢氧化物形式沉淀,除铁后溶液再用同一树脂回收钼,最后弃掉的交后液含钼 30mg/L,过程总收率可达 99%以上。

4.4.3 溶剂萃取法[18,21～23]

4.4.3.1 萃取体系

溶剂萃取法与离子交换法一样也可用于含钼溶液的富集回收,转型及净化,表 4-15 汇集了文献报道的萃钼的各类有关体系。其中包括各种胺类萃取剂,它们视水相条件的不同可与钼的聚合阴离子发生交换反应或者加成反应生成离子缔合体而萃取钼,因而钼酸钠溶液必须先净化除去硅等杂质,再用酸将 pH 值调至酸性范围。其总的情况与钨的溶剂萃取极为类似。但是在酸性溶液中钼可以生成 MoO_2^+ 阳离子,它又可以与氯根、硫酸根配位生成逐级络阴离子甚至中性化合物。因此除胺类之外,阳离子交换类萃取剂如 P204、Kelex100、中性含磷萃取剂 TBP、中性含氧萃取剂酮类及醇类也可萃取钼。阳离子交换萃取剂一般萃取 MoO_2^+ 阳离子,但酸度更高时 P204 也可能以中性溶剂化机理萃取钼。取决于酸度及配位阴离子,含氧萃取剂及 TBP 可能以铎盐或中性溶剂化机理萃取钼。

至于钼铼萃取分离回收铼在 4.6 节介绍。

表 4-15 一些萃取剂萃取钼的性能

萃取剂及稀释剂	萃取料液	工艺参数	备注
0.01mol/L N_{7207} +200 号溶剂油	起始水相 pH 值为 2.3,钼浓度 0.32g/L	在相比为 O/A=1/1 下萃取 20min,萃取率 97.2%	用 0.5mol/L 的 NaOH 溶液反萃,一级反萃率可达 100%
0.1mol/L N_{7203}+6%TBP+煤油	次氯酸钠浸出液,成分: 3.7g/L Mo, 0.003g/L P,0.001g/L As,0.038g/L NaOCl	相比 O/A=1/6,经过 5 级逆流萃取,萃余液含钼 0.06g/L,钼萃取率大于 98%	用氨水反萃,可得到 100g/L 钼酸铵溶液
10% Alamine336 +2%乙基己醇+煤油	料液钼含量 10g/L, pH 值为 1～5	25℃,相比 O/A=1/1,萃取率随 pH 值升高而下降,pH=1 时,萃取率接近 100%;pH=2 时,萃取率 94.73%;pH=3 时,萃取率 38.88%;pH=4 时,萃取率 33.42%;pH=5 时,萃取率 18.72%	

续表 4-15

萃取剂及稀释剂	萃取料液	工艺参数	备　注
10% DEHPA＋2% 乙基己醇＋煤油	料液钼含量 1g/L，pH 值为 2.5	25℃，相比 O/A＝1/1，平衡 pH＝3 时，萃取率 92.3%；平衡 pH＝2 时，萃取率 95.9%	
0.1mol/L P204＋煤油	酸性溶液	在 pH＝2 左右，萃取分配比大于 100，pH 升高或酸度进一步增大，分配比下降	Fe^{3+} 将随钼一起被萃取
Kelex100＋煤油	含铜、钼酸性溶液	随着 pH 值的升高，钼的分配比下降，铜的分配比上升。在 pH＝0.5 时，$\beta_{Mo/Cu}>200$，pH＝2.5 时，$\beta_{Mo/Cu}\approx1$	负载有机相先用 150～200g/L 硫酸洗脱铜，再用 NaOH 反萃钼
0.16mol/L TBP＋苯	酸性溶液	20℃下，8mol/L HCl 溶液中，分配比达到最大值，大于 10；2～10mol/L HNO_3 溶液中，分配比均小于 1	
0.2mol/L TOPO＋苯	酸性溶液	20℃下，3mol/L HCl 溶液中，分配比为 81.1；5～6mol/L HCl 溶液中，分配比达到最大值。3mol/L H_2SO_4 溶液中，分配比为 1.00；在 2～10mol/L H_2SO_4 溶液中，分配比基本小于 1	
25% DBBP＋乙苯	含钼铼溶液：Mo 21.89g/L；Re 0.143g/L；H_2SO_4 210g/L	相比 O/A＝1/1，钼萃取率 4%	
10% TAF（三脂肪胺）＋15% TOA-2＋煤油	碱性高压氧浸液，含钼 35g/L，调酸后 pH＝2 左右	相比 1/1 左右，有机相含钼 30g/L，萃余液含钼 0.01g/L	15% 的氨水反萃，反萃液含钼 150g/L
二(2-乙基己基)亚砜	酸性含钼溶液，硫酸介质	30℃，相比 1/1，硫酸浓度为 2mol/L 时，萃取率 98%	

图 4-28 为 P204（DEHPA）及 TBP 从硫酸或硝酸溶液中萃钼时，溶液酸度或 pH 与萃取率的关系。图 4-29 为各类胺从氯化物溶液中萃取钼时盐酸浓度或氯离子浓度与钼的萃取率的关系[38]。

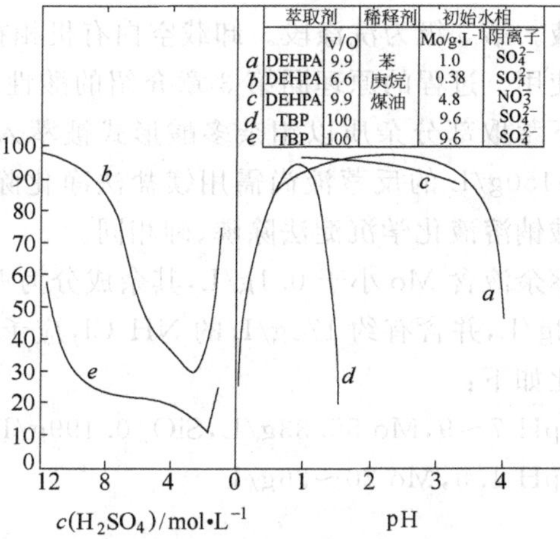

图 4-28 DEHPA 及 TBP 从酸溶液中萃钼

（V 为萃取剂体积，O 为总有机相体积）

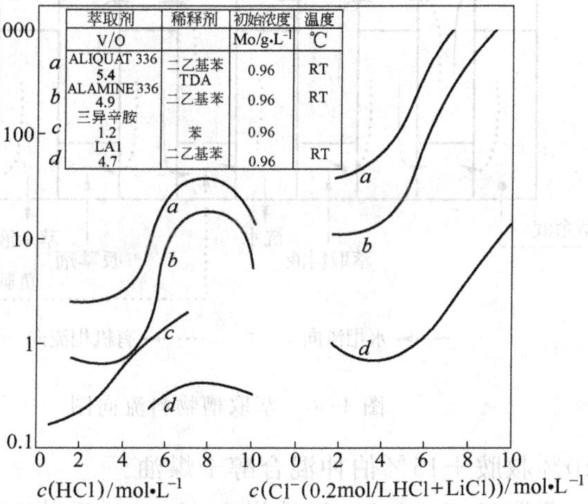

图 4-29 胺类从氯化物溶液中萃钼

lg*D* 与 Cl^- 浓度关系（RT 为室温）

4.4.3.2 应用实例

图 4-30 为应用叔胺从辉钼矿高压碱浸液中萃取富集钼的槽模型图[15]。此工艺的特征是连续萃取设备的两端均为萃取段，1～4 级的萃取料液为调酸至 pH 值为 1.5 的钼酸钠溶液，9～10 级的萃取料液为钼酸铵溶液经二次酸沉析出多钼酸

铵后的母液，这两部分负载有机相合并进入第 6 级在 6、7、8 三级经 15%的氨水反萃得到钼酸铵反萃液。第 5 级为洗涤段。卸载空白有机相在另外的槽中酸化转型后再回到萃取槽中使用。过程的原理同第 3 章介绍的酸性条件下钨的萃取过程。由于在弱酸性条件下萃取部分杂质以钼杂多酸形式被萃入有机相之后进入反萃液。故含钼达 130～150g/L 的反萃液尚需用镁盐法净化除磷、砷，其原理及过程与第 3 章介绍的钨酸钠溶液化学沉淀法除磷、砷相同。

第一级流出之萃余液含 Mo 小于 0.1g/L，其余成分为 Na_2SO_4，第九级排出之萃余液含钼小于 0.2g/L，并含有约 174g/L 的 NH_4Cl，应予以回收。料液组成、有机相组成及各段相比如下：

料液　调酸前：pH 7～9，Mo 55.33g/L，SiO_2 0.199g/L

调酸后：pH 1.5，Mo 20～26g/L

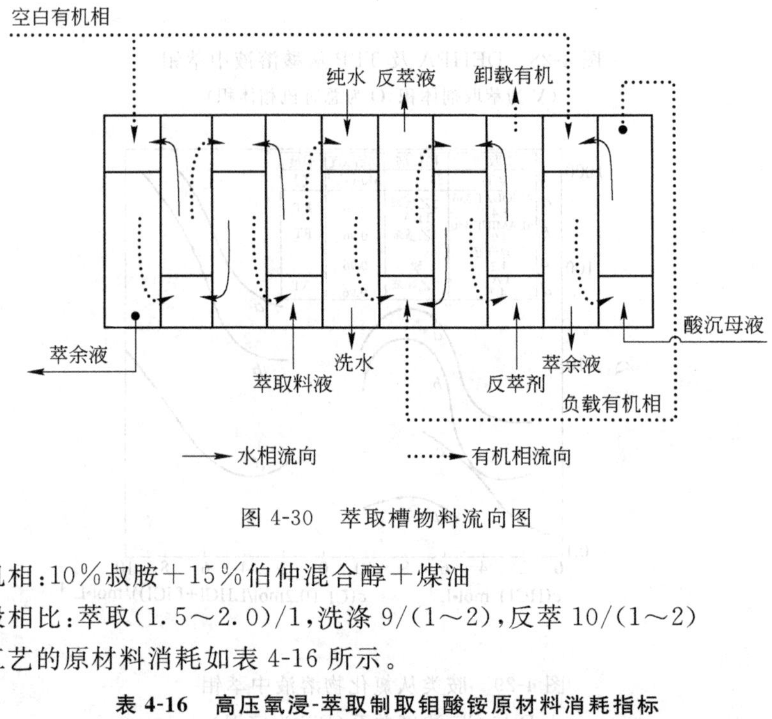

图 4-30　萃取槽物料流向图

有机相：10%叔胺＋15%伯仲混合醇＋煤油

各段相比：萃取(1.5～2.0)/1，洗涤 9/(1～2)，反萃 10/(1～2)

本工艺的原材料消耗如表 4-16 所示。

表 4-16　高压氧浸-萃取制取钼酸铵原材料消耗指标

名　称	规格/%	单耗/t·t^{-1}(产品)	名　称	规格/%	单耗/t·t^{-1}(产品)
钼精矿	45.911	1.36	盐酸	31	0.75
氢氧化钠	95	1.56	液氨	99	0.56
硫酸	95	0.68			

钼酸铵结晶产品成分见表 4-17。

表 4-17 钼酸铵结晶产品成分(%)

Mo	Si	Al	Fe	Cu	Mg	Ni
57.25	<0.0006	<0.0006	<0.0006	<0.0006	<0.0006	<0.0003

Mn	Ca	Pb	Sn	P	K	Na	W
<0.0003	<0.001	<0.0005	<0.0005	<0.0005	0.002	0.001	<0.020

4.4.4 活性炭吸附法

1962 年 Sigworth 公布了他利用活性炭吸附钼的研究结果，其结果表明，利用一种商标为核炭-190 的活性炭，在硫酸溶液中，pH 值为 2 时，100g 这种炭可吸附 16g 钼。

而后 Bhappu 等的研究表明，核炭-190 与另一种粗颗粒的皮兹堡活性炭的最佳吸附 pH 值并不一样，前者接近 pH 2.2，后者为 pH 1.75，相应于他们的最佳吸附 pH 值的钼的饱和吸附量却几乎相同，即每 100g 活性炭吸附 22～23g 钼。其吸附曲线示于图 4-31，由图可见，随 pH 值增加，吸附量下降。用少量的苛性碱或者氨水很容易将钼从炭上解吸下来。但是对于活性炭吸附钼的机理却未见详细报道。

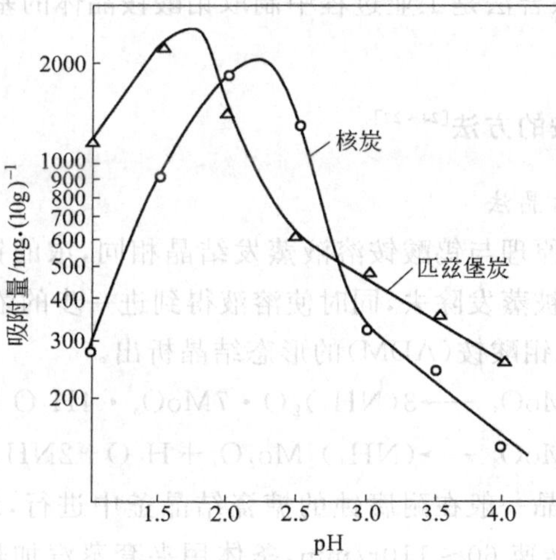

图 4-31 活性炭吸附钼的吸附曲线

活性炭吸附法可用于从低品位矿电氧化法浸出液中钼的回收，实验室扩试证明，用 12L 含 Mo 达 20g/L、pH 值为 2 的浸出液与 2.38kg 活性炭在搅拌槽中混合，钼的吸附率达 97%，负载炭洗涤后用含 0.75L 氨的氨水可以完全解吸。解吸速度比吸附速度快许多。

活性炭吸附法也可用于从废酸中回收钼，废酸含 5mol/L HNO_3 及 5.5mol/L

H_2SO_4，钼浓度为125g/L，因而需稀释10倍，以后再进行吸附，采用两级搅拌吸附法，每升稀释废液需100g活性炭，解吸剂为10%的氨水，与直接中和法相比，活性炭吸附法可节约70%的氨，吸附与解吸时间各2h，钼的吸附率与解吸率分别为96%及99%。过程钼的回收率为91%，得到的MoO_3产品纯度为(mg/kg)：Fe小于27，Ni小于20，Cr小于100，Ca小于20，Cu小于10，Al小于100，Mn小于10，Mg小于20，Pb小于10，Sn小于20。

尽管如此，用现在的观点剖析这一工艺，不难看出它的明显不足之处，既消耗了大量宝贵的水资源去稀释废酸，同时也浪费了酸，并给环保治理带来了困难，笔者建议应考虑先用扩散渗析法回收酸再中和沉钼或者直接萃钼回收酸的可能性。本章引用此例仅仅只是说明活性炭在钼冶金中的应用范围而已。除此之外，工业上利用活性炭脱除钼酸铵溶液的颜色已是一种非常成熟的技术。

4.5 从纯钼酸铵溶液中析出多钼酸铵盐

第1章已经介绍了溶液中钼离子形态与pH值的关系以及各种多钼酸铵盐结晶的组成。制取不同的钼酸铵晶体，应采取不同的方法和控制不同的工艺条件。蒸发结晶、酸沉法和联合法是工业过程中制取钼酸铵晶体的基本方法，下面将分别进行叙述。

4.5.1 析出多钼酸铵的方法[24~27]

4.5.1.1 *蒸发结晶法*

蒸发结晶的基本原理与钨酸铵溶液蒸发结晶相同，浓的钼酸铵溶液在加热过程中大部分的游离氨被蒸发除去，同时使溶液得到进一步的浓缩，溶液中的钼将以仲钼酸铵（APM）或二钼酸铵（ADM）的形态结晶析出。

$$7(NH_4)_2MoO_4 \longrightarrow 3(NH_4)_2O \cdot 7MoO_3 \cdot 4H_2O + 8NH_3\uparrow \quad (4\text{-}69)$$

$$2(NH_4)_2MoO_4 \longrightarrow (NH_4)_2Mo_2O_7 + H_2O + 2NH_3\uparrow \quad (4\text{-}70)$$

钼酸铵的蒸发结晶一般在耐腐蚀的搪瓷结晶釜中进行，结晶釜有效容积1～3m^3，锚式搅拌，搅拌转速60～110r/min，釜体用夹套蒸汽加热。纯钼酸铵溶液浓度一般为120～140g/L，密度1.09～1.12g/cm^3，加入量不得超过结晶釜有效容积的80%。加热时同时搅拌，直至釜内溶液密度上升到1.38～1.40g/cm^3，停止加热，冷却结晶，这时不能停止搅拌，以防大量的仲钼酸铵晶体沉积于釜底难以放料和产生极细、含铵少的钼酸铵晶体。冷却结晶结束后进行过滤，再用少量纯水进行洗涤，晶体经干燥后可包装为产品或进一步制取三氧化钼。结晶母液中仍含有占总量40%～50%的钼未结晶析出，须进行二次蒸发结晶，二次结晶所得到的仲钼酸铵粒度较细，杂质含量较高，应和一次结晶产品分开处理。

4.5.1.2 酸沉法

酸沉过程又称中和结晶，主要原理为用矿物酸调节钼酸铵溶液的 pH 值至 1.5～2.0，这时溶液中的绝大部分钼以多钼酸铵晶体析出，溶液中的一些杂质将主要分布在结晶母液中，所以，酸沉过程也是一个净化除杂过程。结晶出来的多钼酸铵晶体以四钼酸铵(AQM)为主，析出过程见反应式 4-71：

$$4(NH_4)_2MoO_4+6H^+ \longrightarrow (NH_4)_2O \cdot 4MoO_3 \cdot 2H_2O+6NH_4^+ +H_2O \quad (4\text{-}71)$$

目前工业酸沉过程所得到的钼酸铵是一种混合晶体，以水合四钼酸铵为主，其中还包含有三钼酸铵、八钼酸铵和十钼酸铵等多种晶体。酸沉过程的主要影响因素有酸的种类、温度、pH 值、钼酸铵溶液浓度等等。

(1) 酸的种类。硫酸、硝酸和盐酸都可以作为酸沉过程中的酸沉剂。因一般工业硫酸杂质含量较高和沉淀产出的钼酸铵晶体含硫高等原因，硫酸作为酸沉剂现在很少被工业采用。

(2) 温度。酸沉过程中，温度对钼酸铵晶体粒度的影响非常大。要制取粗颗粒的钼酸铵晶体，适当提高酸沉温度是有意义的。但温度过高会降低钼的析出率，另外还会造成过滤后的钼酸铵晶体结块，给以后钼粉的制备带来麻烦，所以工业上酸沉过程温度一般控制在 70℃以下。

(3) pH 值。pH 值是酸沉过程中的关键工艺条件，钼酸铵溶液的 pH 值、酸沉过程中 pH 下降速度以及终点 pH 值都会极大地影响到钼酸铵的相组成和析出率。钼酸铵溶液的 pH 值较高，反映出溶液中含有一定量的游离氨，这对粗颗粒水合四钼酸铵的制取是有利的，过高则造成氨和酸耗量的增加，工业上钼酸铵溶液 pH 值一般控制在 7.0～7.5。酸沉过程中 pH 值下降过快，容易造成局部过酸，生成大量的晶核，不利于粗颗粒晶体的制备，同时还会增加杂质在晶体中的夹杂现象，造成钼酸铵晶体质量下降，所以酸沉过程要控制好加酸速度，并充分搅拌，使 pH 值缓慢均匀下降。终点 pH 值对溶液中钼的析出率、钼酸铵晶体的相组成和溶液中杂质的行为都有着极大的影响，低的终点 pH 值有利于提高钼的析出率，但同时也会造成产品质量下降。一般酸沉过程终点 pH 值控制在 1.5～2.0，但对于含 W、P 高的钼酸铵溶液，应适当提高终点 pH 值。

(4) 浓度。高浓度的钼酸铵溶液对钼的析出率是有利的，但不利于粗颗粒的钼酸铵晶体的制取，酸沉前钼酸铵溶液密度一般控制在 1.20～1.24g/cm³。

(5) 时间。酸沉时间主要取决于加酸速度，加酸速度快，酸沉过程时间就短，不利于晶体长大和钼析出率的提高。酸沉结束后应立即过滤，使晶体和母液尽快分离。

(6) 搅拌。搅拌器的结构和搅拌强度都会对酸沉过程中钼酸铵晶体的成核和长大造成影响，充分搅拌有利于溶液体系在加酸过程中 pH 值缓慢均匀下降，防止局部过酸现象，也有利于晶体的长大，得到粗颗粒的四钼酸铵晶体。但过分的搅拌会使已经长大的晶体破裂成碎片，增加能耗等。

酸沉母液含有0.5～1.0g/L的钼以及原钼酸铵溶液中所含的绝大部分的Zn、Sn、Sb、As、P、S、Fe、Co等杂质，一般回收其中的钼后即可排放。

4.5.1.3　联合法

联合法就是将蒸发结晶法和酸沉法联合起来，从钼酸铵溶液中析出高质量的钼酸铵产品。该法包括钼酸铵溶液的浓缩、酸沉、氨溶和蒸发结晶四个过程。

(1) 钼酸铵溶液的浓缩。主要目的是将较低浓度的钼酸铵溶液浓缩为高浓度的溶液，通过沸腾蒸发，使钼酸铵溶液的浓度浓缩到密度为1.18～1.20g/cm^3。浓缩过程一般在不锈钢搅拌槽中进行，搅拌速度80～100r/min，终点pH值7.0，游离氨浓度15g/L左右。浓缩过程结束后进行过滤，滤去凝聚的$Fe(OH)_2$、$Fe(OH)_3$等。

(2) 酸沉。基本原理和过程与前面所叙述的酸沉过程相同，用HCl或HNO_3调节pH值，终点pH值控制在2～3，温度55～60℃。酸沉过程结束后立即过滤，得到白色颗粒状的多钼酸铵晶体，晶体含水小于8%。滤液含钼0.5～1.0g/L和少量的铁、镍、锌、镁等杂质。

(3) 氨溶。酸沉所得的钼酸铵晶体再进行氨溶，得到饱和的钼酸铵溶液，溶液密度一般在1.40g/cm^3以上。该过程一般在不锈钢搅拌槽中进行，加料比为钼酸铵晶体(kg)/纯水(L)/氨水(L)＝1/(1～1.1)/0.5，搅拌速度75～80r/min，温度70～80℃，终点pH值6.5～7.0。氨溶后进行过滤，一些杂质留在氨溶渣中得以分离。

(4) 蒸发结晶。过程与原理与前面所叙述的蒸发结晶过程基本相同，一般在蒸汽加热的搪瓷结晶釜中进行。蒸发过程保持4～6g/L的游离氨，母液密度1.20～1.24g/cm^3，冷却后进行过滤。结晶率可根据产品质量要求进行调节，对于一般质量要求的产品，可以控制85%～90%的结晶率，对于高质量的产品，结晶率一般控制在70%左右。

联合法制取的仲钼酸铵质量较单一的蒸发结晶法和酸沉法更好，产品中Fe、Al、S、Mn含量小于0.0006%，Ca、Mg、Ni、Cu含量小于0.0003%，Ti、V含量小于0.0015%，Pb、Bi、Sn、Cd含量小于0.0001%，W含量小于0.15%。

4.5.2　β-四钼酸铵的制取

酸沉法生产的四钼酸铵晶体在干燥前基本上都是以水合四钼酸铵形态存在，它是一种亚稳态结晶体，在结晶过程、过滤洗涤和干燥过程中随时都可能失去结晶水，转变为α型或β型四钼酸

图4-32　β-四钼酸铵电镜照片

铵，图4-32为中南大学冶金分离科学与工程研究所研制的β-四钼酸铵电镜照片。

β-四钼酸铵是一种比较理想的晶型。为得到β-四钼酸铵，首先在酸沉过程中要将加酸速度与料液中钼酸铵浓度之比控制在一定范围内，并遵循先快后慢的规律，使之保持一定的结晶温度和成长时间。同时要保持充分和均匀的搅拌，使钼酸铵晶粒在聚集速度小和升温缓慢的条件下结晶。最后，还要保证良好的烘干条件。

文献[28～30]报道了制备β-四钼酸铵的方法。根据尹周澜等人[30]的报道，将通常用酸沉法得到的四钼酸铵用氨水($V(NH_3 \cdot H_2O):V(H_2O)=1:2$)溶解至溶液澄清，将溶液分成两份，一份加 HNO_3(1∶4)至 pH＝1.2；另一份加 HNO_3(1∶4)至 pH＝3.4。然后将第二份逐步加入第一份溶液中，控制最终 pH 值为2.3左右，温度控制在(55±1)℃左右，反应15min，经过滤和干燥即得 β 型四钼酸铵。

尹周澜等人在文献[31]中报道了在超声波的作用下制备微粉型四钼酸铵的方法。先将原料仲钼酸铵溶于水中配制成浓度约为0.24mol/L的钼酸铵溶液。在(30±1)℃的恒温和超声波的作用下，缓慢地滴入1∶4的 HNO_3 至 pH＝1.5～1.8。从开始加入 HNO_3 至 pH＝1.5～1.8，约需40min。特别是在 pH＝5.0～1.5之间应逐滴缓慢而均匀地滴入 HNO_3，并始终如一地匀速搅拌。至 pH＝1.5～1.8后，停止搅拌，放置10min，然后过滤、洗涤，在60～70℃下烘干，即可得微粉型四钼酸铵。

大规模生产条件与实验室情况有很大的差别，我国钼冶炼工厂目前以酸沉法制取的四钼酸铵一般都是α-四钼酸铵和β-四钼酸铵的混合物，要么以β-四钼酸铵型为主，要么以α-四钼酸铵型为主，这给后面的钼材加工过程带来了很大的麻烦。实践证明，只要严格控制净化、酸沉、结晶等几个重要环节的工艺条件，尽量降低钼酸铵溶液中各种杂质的含量，将α-四钼酸铵含量控制到最低限度，可以得到纯度很高的β-四钼酸铵产品。生产过程中的主要措施有：

(1) 保证高纯度的钼酸铵溶液，控制合适的钼酸铵浓度、游离氨浓度和 pH 值。生产实践证明，游离氨的浓度一般控制在50g/L、pH 值8.5左右是比较合适的。

(2) 在酸沉过程中，控制适当加酸速度和酸沉温度，通过良好的搅拌条件达到溶液 pH 值均匀稳定下降，使之保持一定的结晶温度和成长时间。吴争平等人经过对四钼酸铵沉淀过程研究认为，将钼酸铵溶液开始成核的 pH 值控制在1.2左右，将晶核长大过程 pH 值控制在2.3左右，可以得到颗粒均匀粗大的水合四钼酸铵晶体。

(3) 搅拌要充分和均匀，使钼酸铵晶体在聚集速度小和温度缓升的情况下，边成核边进行较规则的晶格排列成长。

(4) 酸沉过程结束后，液固分离快速彻底，防止水合四钼酸铵脱水生成 α 型四钼酸铵。

(5) 保证良好的烘干和包装条件，防止在烘干过程中造成钼酸铵晶粒破碎和晶格错位,减少晶格缺陷。

4.5.3　二钼酸铵的制取

由于目前钼酸铵厂家生产的四钼酸铵并非单一晶粒的纯β-四钼酸铵,往往是多种多钼酸铵晶体的混合物,给后面的加工带来诸多不便,而二钼酸铵(ADM)由于其成分单一,粒度均匀以及良好的流动性受到了众多金属钼加工厂家的青睐,图4-33为金堆城钼业公司提供的二钼酸铵电镜照片。

图4-33　规则的二钼酸铵电镜照片

二钼酸铵的生产与仲钼酸铵相似,都是通过钼酸铵溶液蒸发结晶制取的,但控制条件不同。一般而言,生产二钼酸铵需要在较高的钼酸铵浓度,氨钼比(NH_3 : Mo)为1 : 1或更高的条件下才能得到。

二钼酸铵生产的主要影响因素有钼酸铵溶液浓度、pH值、搅拌速度、蒸发温度与时间等。唐军利等人[26]研究认为,在钼酸铵溶液密度在1.3~1.35g/cm^3、pH值8~9、较低的蒸发温度及较长的蒸发时间等条件下,可获得很纯的二钼酸铵晶体,该晶体颗粒粗大均匀。

杨金平[27]介绍了一种二钼酸铵的生产工艺,首先将四钼酸铵和氨水加入70℃的纯水中,得到含MoO_3 400g/L、pH值为5.5~6.5的钼酸铵溶液,加热至80~90℃,过滤,滤液再放入结晶釜中,搅拌,待溶液中出现少量二钼酸铵晶体时开始冷却,冷却至室温,即可析出二钼酸铵晶体。

4.5.4　钼酸铵晶体的干燥和煅烧

工业上钼酸铵晶体的干燥一般在干燥箱中进行,干燥温度一般在90~110℃,干燥后仲钼酸铵或四钼酸铵脱水得到无水钼酸铵,再在回转窑中煅烧制取MoO_3产品。干燥和煅烧过程中,随着温度的升高,仲钼酸铵的分解过程如下:

$$3(NH_4)_2O\cdot7MoO_3\cdot4H_2O\xrightarrow{90\sim110℃}3(NH_4)_2O\cdot7MoO_3\xrightarrow{\sim200℃}$$
$$(NH_4)_2O\cdot4MoO_3\xrightarrow{280\sim380℃}MoO_3$$

$$(NH_4)_2O\cdot4MoO_3\cdot2H_2O\xrightarrow{90\sim110℃}(NH_4)_2O\cdot4MoO_3\xrightarrow{280\sim380℃}MoO_3$$

回转窑温度一般控制在约600℃,所得MoO_3粉末为淡黄绿色,堆密度为1.20~1.60g/cm^3。

4.5.5 从辉钼矿生产钼酸铵结晶的流程

由于分解钼精矿方法繁多，净化钼酸盐的方法也很多，因此可以组合出许多生产钼酸铵结晶的工艺流程，但与钨的情况完全不同，溶剂萃取与离子交换技术并未大规模在钼冶炼主流程中获得应用，而分解辉钼矿的占统治地位的方法仍为氧化焙烧法。因此目前从辉钼矿精矿生产多钼酸铵的生产流程比较单一，如图 4-34 所示。对于质量较好的精矿，在有酸洗预处理前提下氨浸液的净化工序也可取消。

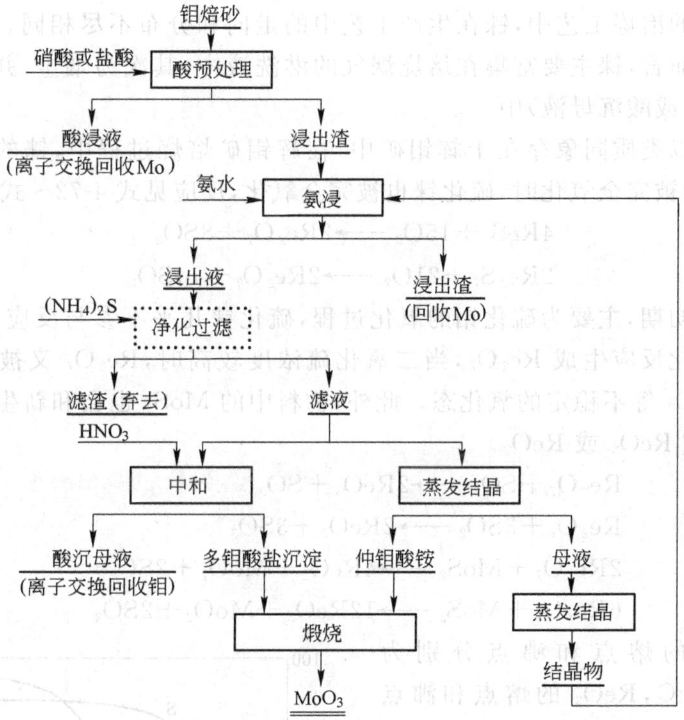

图 4-34 钼精矿焙砂的氨浸法生产三氧化钼的全流程

对于质量较差的原料，一般先制取钼酸钠溶液，视溶液中杂质种类及相对含量，采取适当净化措施除杂后，再转型为纯钼酸铵溶液，然后再生产钼酸铵的结晶产品，有关工艺流程可参考前述各节。

4.6 钼提取过程中铼的回收[40~53]

铼是一种稀散金属，在地壳中的含量约为 $1\times10^{-7}\%$左右，为钼的千分之一。自然界中含铼矿物非常稀少，至今除了已经查明的 ReS_2 和 $CuReS_4$ 以外，还未发现其他独立的铼矿物。由于铼和钼的离子半径相近，因此，铼主要以类质同象形态存在于辉钼矿中。

世界上80%以上的铼产品都是从辉钼矿的处理过程中回收制取的。虽然我国辉钼矿中铼含量和国外钼矿床相比比较低，但我国是一个钼资源大国，钼的储量和冶炼均居世界第二位，因此辉钼精矿处理过程中铼的回收利用仍是钼提取过程中一项重要的任务。

4.6.1 铼在钼冶炼过程中的行为[51~53]

4.6.1.1 辉钼矿氧化焙烧过程中铼的行为

在不同的冶炼工艺中，铼在生产工艺中的走向和分布不尽相同。对传统的氧化焙烧工艺而言，铼主要富集在焙烧烟气的淋洗液中，其次为烟尘，并有少量进入到结晶母液(或酸沉母液)中。

由于铼以类质同象存在于辉钼矿中，在辉钼矿焙烧过程中，铼的行为与钼相同，当硫化钼被完全氧化时，硫化铼也被完全氧化，反应见式4-72～式4-77。

$$4ReS_2 + 15O_2 \longrightarrow 2Re_2O_7 + 8SO_2 \quad (4\text{-}72)$$

$$2Re_2S_7 + 21O_2 \longrightarrow 2Re_2O_7 + 14SO_2 \quad (4\text{-}73)$$

在焙烧初期，主要为硫化钼的氧化过程，硫化铼几乎不参与反应，即使部分硫化铼发生氧化反应生成 Re_2O_7，当二氧化硫浓度较高时，Re_2O_7 又被 SO_2 还原为 ReO_3 或 ReO_2 等不稳定的氧化态。此外，物料中的 MoS_2 也会和新生的 Re_2O_7 发生反应，生成 ReO_3 或 ReO_2。

$$Re_2O_7 + SO_2 \longrightarrow 2ReO_3 + SO_3 \quad (4\text{-}74)$$

$$Re_2O_7 + 3SO_2 \longrightarrow 2ReO_2 + 3SO_3 \quad (4\text{-}75)$$

$$2Re_2O_7 + MoS_2 \longrightarrow 4ReO_2 + MoO_2 + 2SO_2 \quad (4\text{-}76)$$

$$6Re_2O_7 + MoS_2 \longrightarrow 12ReO_3 + MoO_2 + 2SO_2 \quad (4\text{-}77)$$

Re_2O_7 的熔点和沸点分别为297℃和361℃，ReO_3 的熔点和沸点分别为400℃和614℃，所以在焙烧最后阶段，温度为600～650℃时，Re_2O_7 和 ReO_3 几乎全部进入到焙烧烟气中，而高沸点的 ReO_2(1363℃)只有在焙烧最后阶段被氧化为 Re_2O_7 后才能进入到烟气中。图4-35所示为380℃时辉钼矿焙烧过程中，铼、硫、钼的挥发率随焙烧时间的变化关系。

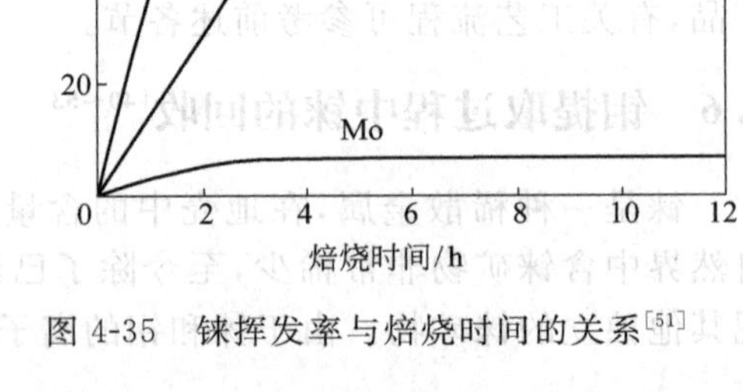

图4-35 铼挥发率与焙烧时间的关系[51]

从图4-35中可以看出，铼的挥发率随焙烧时间的延长而升高，同时，研究证明，铼的挥发率和辉钼矿焙烧脱硫率有着直接的关系，在两段焙烧法中，第一阶段采用低温焙烧（400～500℃），其目的是脱硫，这时焙烧烟气中几乎不含铼，第二阶段为高温焙烧（500～600℃），这时90%以上的铼进入到焙烧烟气中。

在一般焙烧条件下，烟气中的 Re_2O_7 的固体颗粒大小约为 10^{-1}～10^{-2} mm，所以在一般的重力收尘设备中，只有少量的铼（10%左右）进入到烟尘中，而大部分的铼（85%左右）在淋洗等湿法收尘设备中与水发生反应生成高铼酸进入到水溶液中。

$$Re_2O_7 + H_2O \longrightarrow 2HReO_4 \tag{4-78}$$

图 4-36 为国外工厂实际生产中所采用的工艺，该工艺铼回收率大于90%。从图 4-36 可以看出，在辉钼矿精矿焙烧过程中，大部分铼挥发并随烟气进入到回收装置。烟尘在沉降室及电收尘器内与烟气分离，有大部分的铼氧化物（Re_2O_7）仍留在经重力收尘和电收尘后的净化气体中，随后进入压力不同的二级文丘里型装置上用水进行洗涤，一级文丘里装置压力为 2.94kPa，二级文丘里装置压力为 14.7kPa。为了收集在文丘里装置中所形成的洗涤液尘雾，设有带喷管的吸收塔。

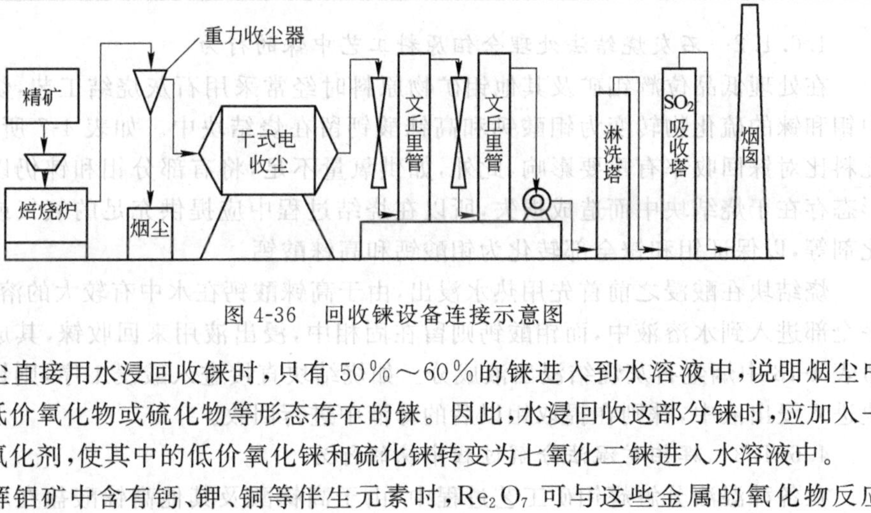

图 4-36 回收铼设备连接示意图

烟尘直接用水浸回收铼时，只有50%～60%的铼进入到水溶液中，说明烟尘中还有以低价氧化物或硫化物等形态存在的铼。因此，水浸回收这部分铼时，应加入一定量的氧化剂，使其中的低价氧化铼和硫化铼转变为七氧化二铼进入水溶液中。

当辉钼矿中含有钙、钾、铜等伴生元素时，Re_2O_7 可与这些金属的氧化物反应生成高铼酸盐。

$$Re_2O_7 + CuO \longrightarrow Cu(ReO_4)_2 \tag{4-79}$$

$$Re_2O_7 + CaO \longrightarrow Ca(ReO_4)_2 \tag{4-80}$$

$$Re_2O_7 + K_2O \longrightarrow 2KReO_4 \tag{4-81}$$

$$3Re_2O_7 + Fe_2O_3 \longrightarrow 2Fe(ReO_4)_3 \tag{4-82}$$

高铼酸铁和高铼酸铜的离解温度与 Re_2O_7 的沸点相近，所以对铼的逸出率几乎没有什么影响，而高铼酸钾、高铼酸钙等高铼酸盐则难挥发、难离解，这部分铼连同未蒸发进入烟气的铼将大部分残留在焙砂中，在随后的氨浸工序进入钼酸铵溶液，酸沉钼酸铵时仍留在酸沉母液中，或者蒸发结晶析出钼后，留在钼酸铵结晶母液中。

不同的焙烧工艺，铼的逸出率不尽相同。反射炉焙烧中，铼的逸出率一般为10%～55%；多膛炉焙烧过程中铼的逸出率根据多膛炉的层数及操作条件不同而波动，一般在 40%～80%；沸腾炉（流化态）焙烧过程中，铼的逸出率高达92%～97%。

在辉钼矿焙烧—酸分解工艺过程中，焙烧烟气淋洗液、烟尘水浸液以及酸沉母液的成分见表 4-18。

表 4-18　辉钼矿焙烧工艺过程中含铼溶液成分(g/L)

溶　液	Mo	Re	H_2SO_4	其　他
烟气淋洗液	2～15	0.2～1.0	50～100	Fe、Cu 的硫酸盐
烟尘水浸液	8～16	0.5～1.0	20～50	Fe、Cu 的硫酸盐
烟尘石灰烧结浸出液	0.1～0.2	0.1～0.5	40～60	
酸沉母液	0.5～3	0.015～0.03		

4.6.1.2　*石灰烧结法处理含钼原料工艺中铼的行为*

在处理低品位辉钼矿及其他钼矿物原料时经常采用石灰烧结工艺，烧结过程中钼和铼的硫化物转变为钼酸钙和高铼酸钙留在烧结块中。如表 4-7 所示，烧结配料比对铼回收率有重要影响，此外，如供氧量不足，将有部分钼和铼仍以硫化物形态存在于烧结块中而造成损失，所以在烧结过程中应提供充足的氧气或添加氧化剂等，以保证钼和铼全部转化为钼酸钙和高铼酸钙。

烧结块在酸浸之前首先用热水浸出，由于高铼酸钙在水中有较大的溶解度，几乎全部进入到水溶液中，而钼酸钙则留在固相中，浸出液用来回收铼，其成分可参考表 4-18 中烟尘石灰烧结浸出液成分。如烧结块直接进入酸浸工序，则铼和钼一块进入浸出液中，铼则在提取钼以后的母液中进行回收。

4.6.1.3　*辉钼矿湿法分解过程中铼的行为*

在各种湿法分解辉钼矿工艺过程中，由于高铼酸及其他高铼酸盐在水中具有较高的溶解度，矿物中的铼几乎全部以高铼酸根的形态进入到浸出液中。在辉钼矿硝酸(或硝酸钠)氧压煮处理工艺过程中，铼被硝酸根氧化生成高铼酸进入到压煮液中，反应过程见反应式 4-40 和式 4-83。在碱性高压氧分解过程中，硫化铼的氧化反应见反应式 4-84。在次氯酸钠分解过程中，硫化铼的氧化反应过程见反应式 4-85。

$$3ReS_2 + 19HNO_3 \longrightarrow 3HReO_4 + 6H_2SO_4 + 19NO + 2H_2O \tag{4-40}$$

$$3ReS_2 + 19NaNO_3 + 2H_2O \longrightarrow 3NaReO_4 + 6Na_2SO_4 + 19NO + 4NaOH \tag{4-83}$$

$$2ReS_2 + 10NaOH + 9.5O_2 \longrightarrow 2NaReO_4 + 4Na_2SO_4 + 5H_2O \quad (4\text{-}84)$$

$$2ReS_2 + 19OCl^- + 10OH^- \longrightarrow 2ReO_4^- + 19Cl^- + 4SO_4^{2-} + 5H_2O \quad (4\text{-}85)$$

因此在上述四种重要类型的辉钼矿湿法分解过程中，铼均以高铼酸根形式进入浸出液，为了提取铼，都存在钼铼分离的问题。

4.6.2 从含铼溶液中回收制取纯铼化合物

从含铼溶液中回收制取纯铼化合物的方法很多，如化学沉淀法、离子交换法、溶剂萃取法、活性炭吸附法、膜法等，但工业上回收制取铼一般并不是采用某种单一的分离方法，而是采用两种或两种以上的分离方法制取纯铼化合物。下面分别予以介绍。

4.6.2.1 化学沉淀法

A 基本原理

常用的沉淀法为高铼酸钾沉淀富集法，表 4-19 为高铼酸钾在水溶液中的溶解度。在常见的碱金属、碱土金属和铵的高铼酸盐中，以高铼酸钾的溶解度最小，且随水溶液温度的升高而升高。因而可以用钾盐沉淀析出铼。

表 4-19 $KReO_4$ 在水溶液中的溶解度

温度/℃	0	10.5	25	50	60	75	85	99
溶解度/%	0.34	0.62	1.19	3.19	4.38	6.95	8.98	12.20
密度/g·cm^{-3}	—	1.0028	1.0067	1.0128	1.0210	1.0303	1.0412	1.0600

B 生产工艺及实践

高铼酸钾沉淀法主要用于含铼较高的辉钼矿焙烧烟气的淋洗液和烟尘浸出液中回收铼，这部分溶液循环到一定的程度时，溶液中的铼含量可达到 0.1g/L 以上。由于溶液中含有 0.5～17g/L 的钼，在高铼酸钾沉淀法回收铼之前，可利用钼酸钙在水中的溶解度（20℃时钼酸钙的溶解度为 0.34g/L）小于高铼酸钙的溶解度（20℃时高铼酸钙的溶解度为 1.77g/L）的性质，加入氯化钙溶液使钼酸钙沉淀而除去溶液中的钼。回收钼后的含铼溶液蒸发浓缩至铼含量达到 10～30g/L 时，加入过量的氯化钾（按氯化钾和 $KReO_4$ 质量比 2∶1）沉淀铼，过滤后得到粗高铼酸钾。用热水（90～100℃）重溶，再冷却至 10℃左右使溶液中的高铼酸钾重新结晶，过滤，如此经过几次反复操作，即可得到较纯的高铼酸钾产品。

也有用高铼酸铵沉淀法、硫化物沉淀法、铁粉置换沉淀法、甲基紫沉淀法等回收铼的研究和应用，甲基紫（染料）沉淀铼虽然是一个在分析化学上早就应用的方法，但在工业过程中用来回收铼也具有很大的应用前景。其原则流程见图 4-37。

甲基紫可选择性地沉淀铼[35]，而钼则留在母液中得以分离。沉淀过程见反应式 4-86。

$$Z^+ + ReO_4^- = ZReO_4 \downarrow \quad (4\text{-}86)$$

Z^+ 为甲基紫染料的单电荷阳离子。沉淀物 $ZReO_4$ 用氨水浸出即可得到较纯的高铼酸铵溶液，溶液经过蒸发结晶即可得到高铼酸铵晶体，再用热水重溶，重结晶即可得到纯的高铼酸铵产品。该过程铼的回收率可达 90%以上，当含铼原料液中铼的浓度为 1.95g/L 时，铼的回收率可达 97%以上。

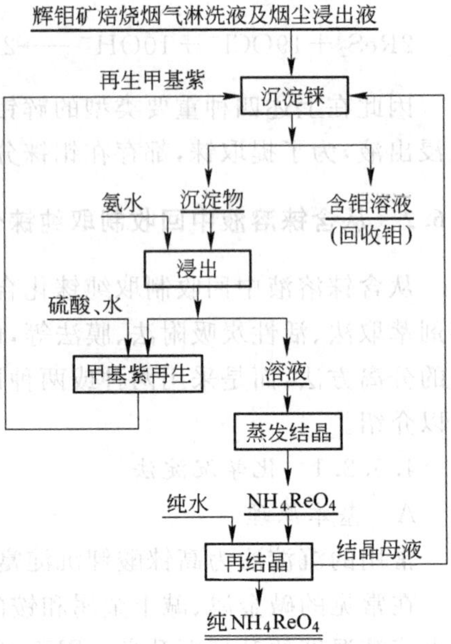

图 4-37　甲基紫沉淀法回收铼的原则流程

高铼酸铵沉淀法是基于盐析原理，将富铼洗涤回收液蒸发浓缩，然后加入过量的氯化铵溶液，铼以高铼酸铵的晶体析出，得到粗高铼酸铵产品。将高铼酸铵粗品在 100℃下溶解于纯水中，冷却至 5～7℃，使 NH_4ReO_4 重结晶(2～3 次)，得到纯高铼酸铵产品。

4.6.2.2　离子交换法

A　基本原理

在酸性介质和碱性介质中均可用阴离子交换树脂分离钼和铼。在酸性介质中，当 pH<2 时，MoO_4^{2-} 开始转化为阳离子形态的钼离子，而 ReO_4^- 必须在酸度(H^+ 浓度)大于 2mol/L 时才有阳离子生成，其反应方程式见式 4-87、式 4-88，因此在 0.5～2.0mol/L 的酸度范围内用阴离子交换树脂分离钼和铼是可能的。

$$MoO_4^{2-} + 4H^+ = MoO_2^{2+} + 2H_2O \quad (4\text{-}87)$$

$$ReO_4^- + 2H^+ = ReO_3^+ + H_2O \quad (4\text{-}88)$$

在碱性介质中，虽然钼和铼均以阴离子形式存在，但由于 ReO_4^- 与树脂的亲和能力远大于 MoO_4^{2-} 和 OH^- 离子，从而使钼和铼达到定量的分离。

前苏联学者用强碱性 AB-18、中等碱性 ЭДЭ-10П 和弱碱性的 AH-1 型树脂进行了分离钼铼的实验。结果见表 4-20。

表 4-20 钼、铼在阴离子交换树脂上的吸附性能

含铼溶液的酸、碱浓度 /mol·L^{-1}		溶液中铼钼的吸附率/%					
		强碱性 AB-18		中等碱性 ЭДЭ-10П		弱碱性的 AH-1	
		Re	Mo	Re	Mo	Re	Mo
HCl	0.0005	100	100	100	100	100	100
	0.005	100	100	100	100	100	100
	0.01	100	100	100	100	100	100
	0.05	100	100	100	100	100	100
	0.1	100	92.2	100	86.0	100	82.0
	0.5	100	10.2	98.6	68.2	100	51.9
	1.0	100	0	70.0	25.0	100	29.5
	1.5	100	0	63.3	15.1	100	6.0
NaOH	0.05	100	42.0	96.5	9.0	41.0	5.0
	0.1	100	12.0	86.2	6.2	14.6	1.8
	0.5	100	0	60.1	1.0	6.0	0.2
	1.0	100	0	20.4	0	0	0
	2.5	100	0	2.2	0	0	0
	5.0	100	0	0	0	0	0

B 应用

离子交换树脂的选择是离子交换法回收铼和制取纯铼化合物的一个重要问题，通常采用凝胶型强碱性阴离子交换树脂和凝胶型弱碱性阴离子交换树脂。研究表明，高交联度的凝胶型弱碱性阴离子交换树脂对铼的吸附效果比强碱性更好。前苏联的研究表明，交联度为10%的弱碱阴树脂 AH-17 的交换容量比强碱树脂为大。徐铜文等人对742树脂、NKA树脂、711树脂、717树脂和H-103树脂等几种树脂对Re的吸附能力进行了研究，结果发现对铼的吸附能力依次为：742>NKA>711>717>H-103，在高酸度溶液中742树脂具有较好的分离Re、Mo效果[48]。

前苏联以沸腾焙烧烟气淋洗塔得到的循环淋洗液为料液采用离子交换法从中提取铼，吸附前料液成分为铼0.1～3.4g/L，钼16g/L，硫酸300g/L。树脂采用强碱性AB-17×81阴离子交换树脂，吸附尾液含铼小于0.005g/L。吸附饱和后用3% NaOH + 10% NaCl 的溶液洗涤树脂除钼，然后用 1mol/L NH_4OH + 3% NH_4SCN溶液解吸，铼的解吸率高达90%～99%，解吸液铼浓度达20g/L，铼的回收率大于96%。铼解吸液经蒸发浓缩，冷却结晶得到产品NH_4ReO_4。实践过程证明了如下基本规律：

(1) 溶液的硫酸浓度在300～50g/L之间对铼的交换容量没有影响。

(2) 大孔阴离子树脂从硫酸溶液中分离钼铼的效果不如小孔树脂。

(3) 料液中不能存在钼蓝，否则铼的交换容量会下降。

而烟气中含有大量的二氧化硫，它会将溶液中的 MoO_4^{2-} 还原为钼蓝（$Mo_8O_{23}\cdot 8H_2O$、$Mo_4O_{11}\cdot H_2O$），钼蓝易成胶态吸附在树脂上，妨碍 ReO_4^- 被树脂吸附，使交换后溶液的铼含量难以降低到 0.06g/L 以下，所以首先要往焙烧烟尘的浸出液或淋洗液中加入氧化剂（H_2O_2，Cl_2，MnO_2 等），在 pH＝8.5～9 下使溶液中溶解的 SO_2 及已经形成的钼蓝等物质氧化，同时亚铁离子也被氧化为三价铁以 $Fe(OH)_3$ 的形态沉淀除去，溶液中一些残存的胶态钼蓝物质也会和 $Fe(OH)_3$ 共沉淀除去。

其基本反应为：

$$Mo_4O_{10}(OH)_2+4NH_4OH+H_2O_2+9O_2 = 4NH_4[Mo(O_2)_4]\downarrow +4H_2O \quad (4\text{-}89)$$

美国肯尼柯特研究中心采用氧化焙烧—离子交换法提铼，其工艺流程如图 4-38所示。

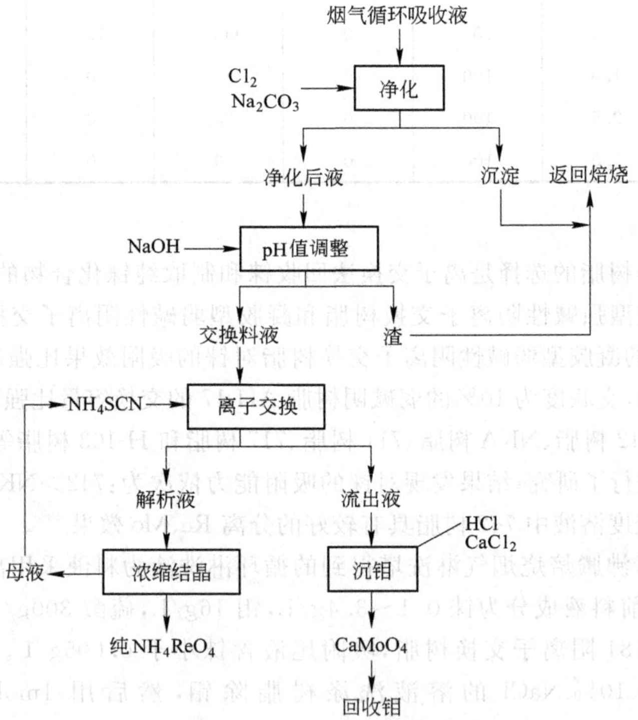

图 4-38　离子交换法从焙烧烟气循环吸收液中提铼工艺

烟气循环吸收液含铼 0.2～0.5g/L，通过氯气氧化，碳酸钠沉淀重金属及铁后的净化液用 NaOH 调 pH 至 10 后，再通过 ϕ460mm×3050mm 的交换柱，采用季胺型强碱阴离子交换树脂吸附铼,每立方米树脂饱和吸附 64.3kg 铼,先用 NaOH 洗涤除去残留的钼及其他阴离子杂质,之后再用含 3% NH_4SCN 的溶液解析铼。由于铼的选择性大于钼,故大部分钼从交后液中排出回收。以前曾用 $HClO_4$ 作解吸剂,但由于它的不安全性,而被逐渐淘汰。

我国某厂应用多膛炉氧化焙烧工艺,湿式电收尘循环吸收液成分为(g/L):铼 0.3～1.5,钼 3.6～11,硫酸 200～300,并含大量杂质铅、铁(Ⅱ)、SiO_2、Al_2O_3 及 CaO,应用离子交换法回收铼。溶液 pH 值与铼吸附率的关系见图 4-39,而解吸剂浓度对解吸率的影响见图 4-40[35]。

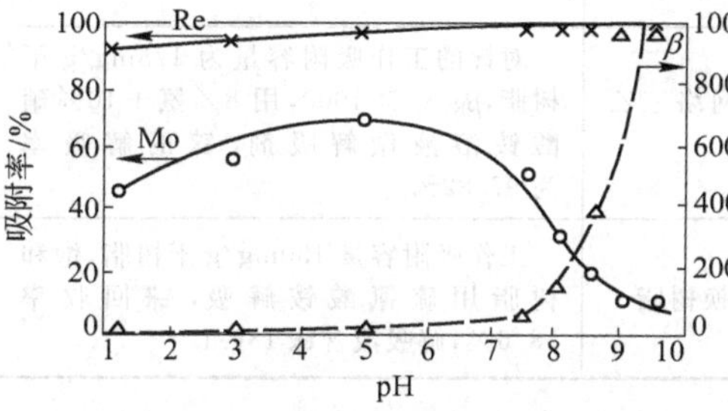

图 4-39 溶液 pH 值对铼吸附率及 $\beta_{Re/Mo}$ 的影响

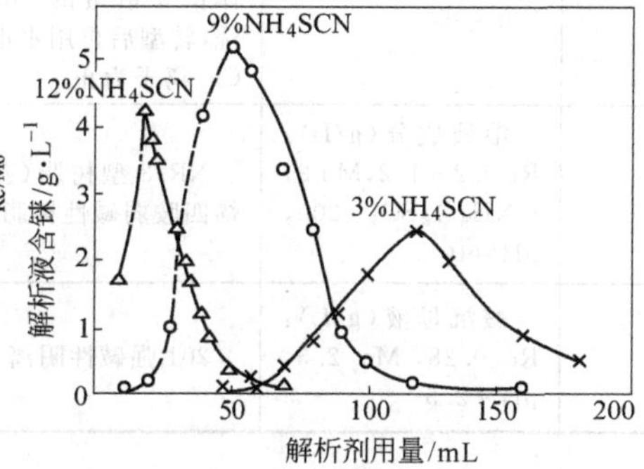

图 4-40 NH_4SCN 浓度对铼解吸率影响

因此先用 NH_4OH 调整吸收液碱度至 pH 值为 8.5～9,然后加入双氧水氧化分解钼蓝,铁由二价变为三价,并水解沉淀。净化液进入 ϕ500mm×1500mm 填充有强碱性阴树脂的交换柱。流出液含铼小于 0.005g/L,并含 $(NH_4)_2SO_4$ 及 $(NH_4)_2MoO_4$。树脂对铼吸附率为 97%～99%,饱和树脂用 pH=9 的洗水洗涤,再用温度为 40～60℃的 9%的 NH_4SCN 溶液解吸。解吸液铼浓度大于 8g/L,解吸率大于 97%。解吸液浓缩至铼浓度提高 2～3 倍后,冷却至 0℃左右结晶 3～4h,得到结晶物重溶后重结晶可得到纯 NH_4ReO_4。

表 4-21 为应用一些国产树脂回收及分离钼铼的实例,可供感兴趣的读者进一步参考。

表 4-21 离子交换法回收铼生产和研究实例

序号	料液性质	树脂及树脂预处理	操作及指标
1	含铼废液成分(g/L):Cu 2.435,Mo 0.143,Re 0.116,Fe 1.628, F 1.745, H_2SO_4 112	D296 大孔型强碱性苯乙烯阴离子交换树脂,先用纯水把树脂浸泡 24h 后,交替使用 4.5%盐酸、5%氢氧化钠溶液分别处理 2～4h,并不断搅拌(酸、碱溶液交替浸泡之前,每次均需用纯水洗涤近中性)	硫酸浓度在 1.0～2.0mol/L 之间时,铼的提取率在 99%以上,D296 树脂对铼的穿透吸附容量为 189.6mg/g,饱和吸附容量为 248.9mg/g。用 2.5mol/L 的硫氰酸铵溶液作为解吸剂。解吸后的树脂用 2mol/L 的 NaCl 和 0.1mol/L NaOH 混合溶液再生

续表 4-21

序号	料液性质	树脂及树脂预处理	操作及指标
2	废液成分(g/L)：Mo 16～20，Re 0.4～0.5，Fe 3.4，H_2SO_4 300～350	742 型大孔季铵盐型强碱阴离子交换树脂，先用纯水洗涤，再用 2mol/L 的 HCl 浸泡 2h，最后水洗至 pH=4，装柱	钼的吸附率小于 5%，铼的吸附率大于 97%，硫酸浓度的提高有利于钼、铼分离，用 1mol/L 的硫氰酸铵溶液作解吸剂
3	废液成为(g/L)：Mo 1.92，Re 5.91，Ni 33.20，H_2SO_4 300～350	717 强碱性苯乙烯型阴离子交换树脂，干树脂用水浸泡 24h，再用 6mol/L 硝酸浸泡 24h，水洗至中性装柱。用树脂体积 5 倍量的 6mol/L 盐酸淋洗，转型后再用水淋洗至检不出 Cl^- 离子为止	60%以上的 Mo 和几乎全部的 Re 被树脂吸附得以和镍分离，然后用 2.5mol/L NaOH 溶液淋洗 Mo。在用硝酸淋洗 Re 前，须用无离子水淋洗离子交换柱至流出液 pH=7，再用 6mol/L 的硝酸淋洗 Re
4	溶液成分(g/L)：Re 0.2～1.2，Mo 2，$(NH_4)_2SO_4$ 200，pH=10	NR-3 型树脂(互贯网络三乙烯四胺弱碱性树脂)	对铼的工作吸附容量为 175mg/g 干树脂，$\beta_{Re/Mo}$ >1000，用 8%氨+10%硝酸铵溶液做解吸剂，铼的解吸率为 97.82%
5	酸沉母液(g/L)：Re 0.28，Mo 2.5，pH=2.5	201 强碱性阴离子交换树脂	工作吸附容量 130mg/g 干树脂，饱和树脂用硫氰酸铵解吸，铼回收率 98.6%，解吸液含铼 18g/L

4.6.2.3 溶剂萃取法

A 萃取剂及其萃取性能

能用作铼的萃取剂的种类很多，例如含氧萃取剂、异戊醇(IAMA)、环己酮(CHN)、甲基异丁酮(MIBK)、乙酰丙酮。

胺类萃取剂包括各种伯、仲、叔、胺及季铵盐、酰胺，而实际工业中应用较多的为甲基三烷基季铵盐及 TOA、N235 酰胺。

中性含磷萃取剂包括磷酸三丁酯(TBP)、三辛基氧化膦(TOPO)。

在酸性溶液中铼以 ReO_4^- 形态存在，故上述各类萃取剂基本以离子缔合体形式萃取铼。

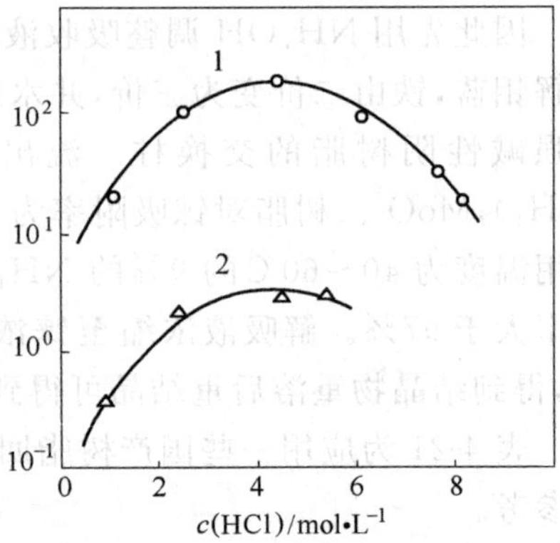

图 4-41 K_2ReCl_6-HCl-萃取剂
1—100% TBP；2—100% IAMA
$c^0_{Re(IV)}$ ❶ $=5\times10^{-3}$mol/L

各种常用萃取剂对铼的萃取性能见图 4-41～图 4-50[35～37]。

❶ c^0 表示原始水相中各物质的浓度。

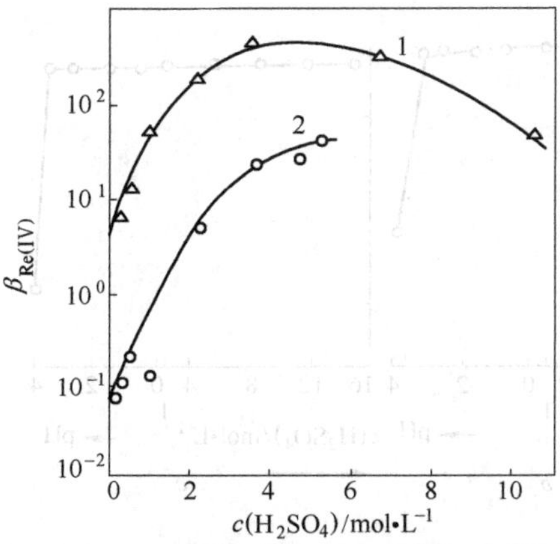

图 4-42 K_2ReCl_6-H_2SO_4 + HCl-萃取剂

1—100% TBP；2—100% IAMA

$c^0_{(HCl)}=0.1mol/L$；$c^0_{(Re(IV))}=5\times10^{-3}mol/L$

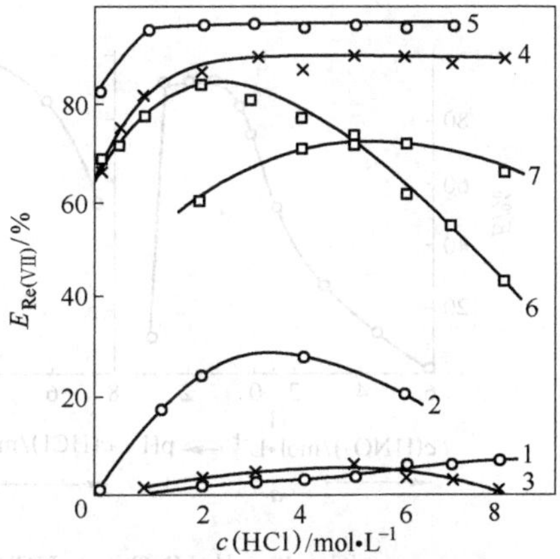

图 4-43 $KReO_4$-HCl-萃取剂

1—乙酸戊酯；2—乙酸乙酯；3—乙醚；4—IAMA；5—CHN；6—乙酰丙酮；7—MIBK，示踪量 Re(Ⅶ)

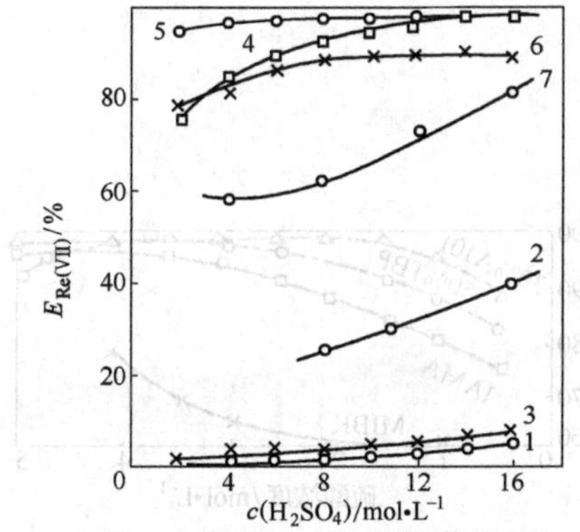

图 4-44 $KReO_4$-H_2SO_4-萃取剂

1—乙酸戊酯；2—乙酸乙酯；3—乙醚；4—IAMA；5—CHN；6—乙酰丙酮；7—MIBK，示踪量 Re(Ⅶ)

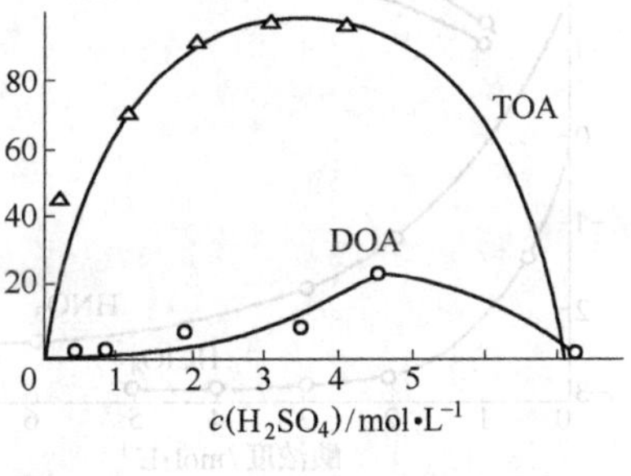

图 4-45 0.75% DOA 和 TOA 煤油溶液从 H_2SO_4 中萃取 ReO_4^-

(τ=15min，萃合物中胺分子数为 2，$D_{HReO_4}=2\times10^6$)

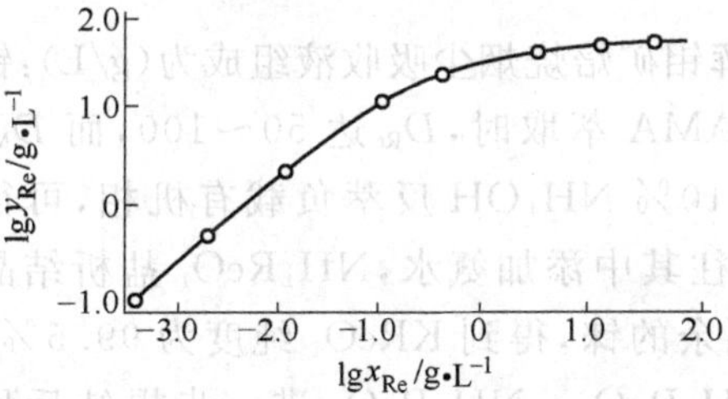

图 4-46 0.2mol/L TOA 硫酸盐从 3mol/L H_2SO_4 中萃取 Re(Ⅶ)

(萃合物中胺分子数为 2)

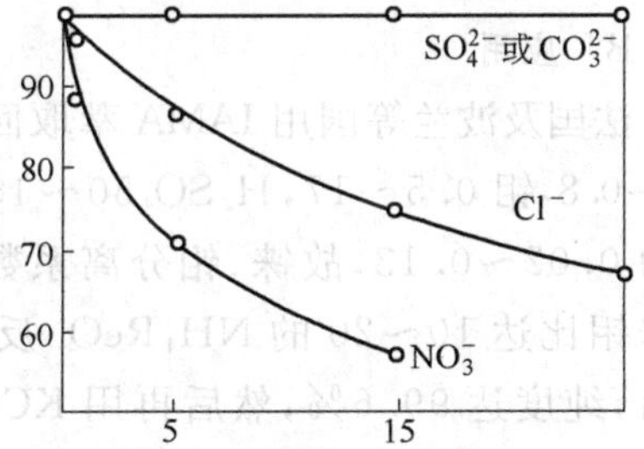

图 4-47 四戊胺硝酸盐(2×10^{-3}mol/L)从 0.1mol/L NaOH 溶液中萃取 Re(Ⅶ)时其他阴离子的影响

(稀释剂：80%苯，20%异戊醇；$C^0_{Re(VII)}$ = 18.6mg/L，τ=1min，萃合物中胺分子数为 2)

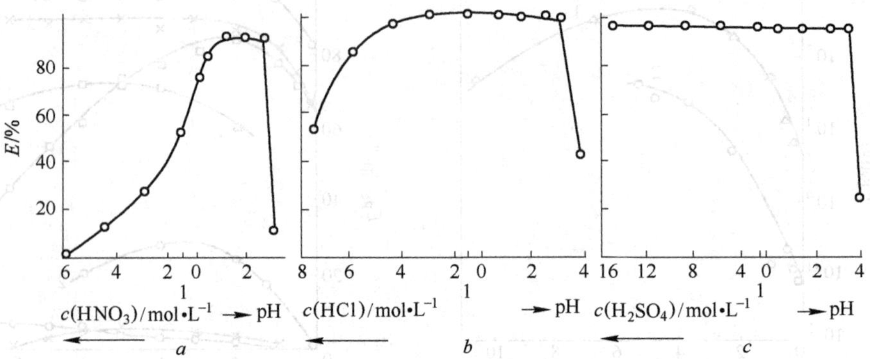

图 4-48　从 HNO_3(*a*)、HCl(*b*)和 H_2SO_4(*c*)中用 0.05mol/L TOA 相应盐的甲苯溶液 τ=2min 萃取 Re(Ⅶ)

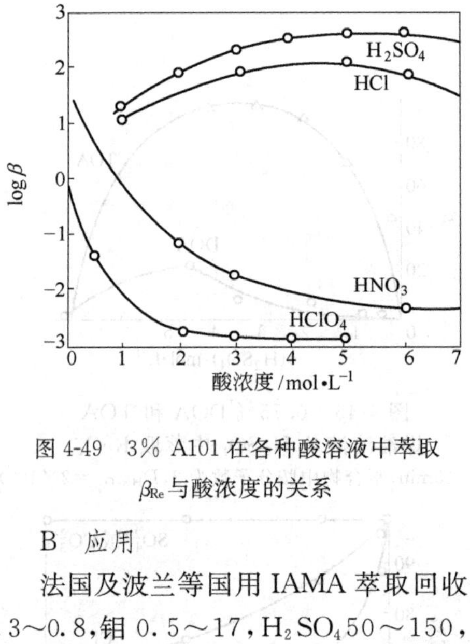

图 4-49　3% A101 在各种酸溶液中萃取 β_{Re} 与酸浓度的关系

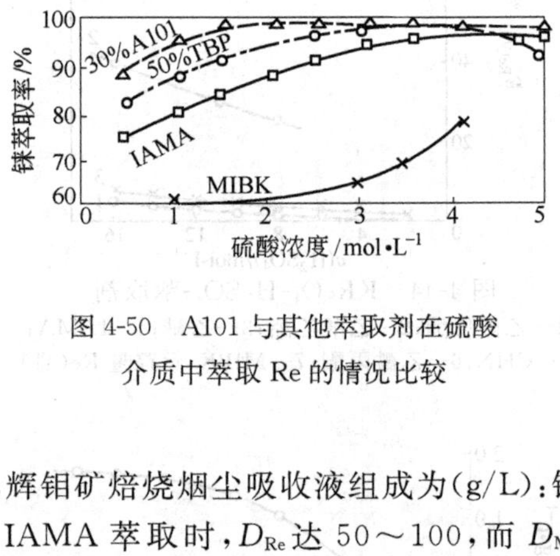

图 4-50　A101 与其他萃取剂在硫酸介质中萃取 Re 的情况比较

B　应用

法国及波兰等国用 IAMA 萃取回收铼，辉钼矿焙烧烟尘吸收液组成为(g/L)：铼 0.3～0.8，钼 0.5～17，H_2SO_4 50～150，用 IAMA 萃取时，D_{Re} 达 50～100，而 D_{Mo} 仅为 0.02～0.13，故铼、钼分离系数大，用 10% NH_4OH 反萃负载有机相，可得到铼钼比达 10～20 的 NH_4ReO_4 反萃液。往其中添加氨水，NH_4ReO_4 盐析结晶析出，纯度达 99.6%，然后再用 KCl 沉出剩余的铼，得到 $KReO_4$ 纯度为 99.5%，将其进行二次离子交换，得到 99.6%的 NH_4ReO_4。NH_4ReO_4 进一步提纯后用氢还原直接制取 99.9%的铼粉。IAMA 萃取容易产生三相，且由于萃取容量大，影响 Re、Mo 分离效果。

前苏联用 TOA 萃取铼，处理含(g/L)铼 0.3，钼 2.4，H_2SO_4 60 的料液时，pH

值调至2,以5% TOA+5% $C_8H_{17}OH$ 作有机相,用航空煤油作稀释剂,O/A=1/5时,铼萃取率大于99%,负载有机相先用 $Na_2C_2O_4$ 按O/A=1反萃钼,反萃率大于99%,获得的反钼水相含钼达12g/L,含铼0.006g/L,接着用10% NH_4OH 在O/A=10情况下反萃铼,反铼率大于99%,获得含铼达13.2g/L及钼0.5g/L的水相,以此进一步提铼,贫有机相用1%的盐酸再生。TOA对铼钼分离性能较差,为此在pH值1~6.5之内可用草酸隐蔽钼(Ⅲ)的条件下萃铼。也可采用萃取—交换联合工艺。

我国某厂在酸性高压氧化处理辉钼矿过程中,用N235萃取回收铼,其工艺如图4-51所示。高压氧分解过程中,铼进入分解液,浸出率为97.85%。由于溶液中的硅可在萃取过程中造成有机相乳化而难以分相,所以在萃取之前必须除硅,方法为加入 100×10^{-4}%的聚醚类有机物使大部分的硅以聚醚可桥连硅酸的形态沉淀析出,此过程中铼的损失约为5%左右。净化后的溶液先用低浓度的N235选择性萃取铼,有机相组成为2.5% N235+40%醇+煤油,相比(O/A)=1/(8~10),铼萃取率大于99%,萃取过程化学反应见式4-90。

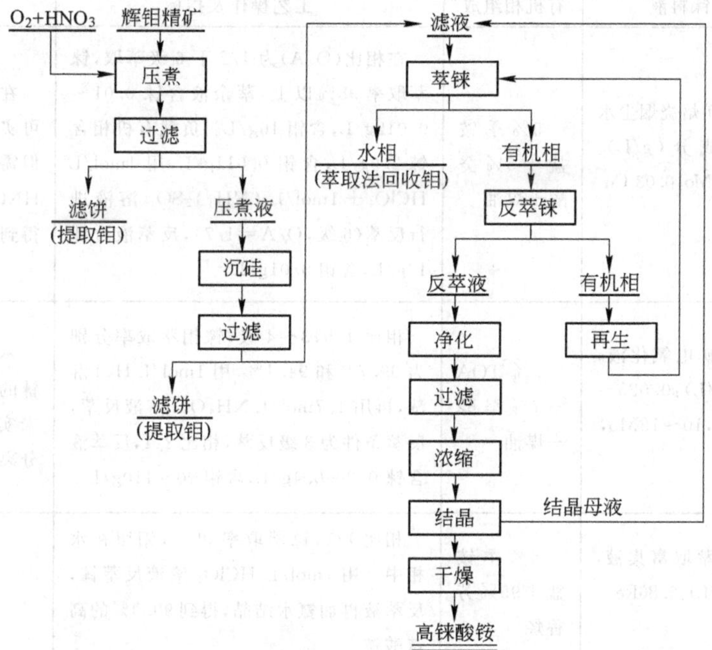

图4-51 萃取法回收氧压煮液中铼钼工艺流程图

$$(R_3NH)HSO_4(o)+ReO_4(aq)\longrightarrow(R_3NH)ReO_4(o)+HSO_4^-(aq) \quad (4\text{-}90)$$

负铼有机相用5mol/L氨水反萃,相比为10/1,反萃过程见反应式4-91。

$(R_3NH)ReO_4(o)+NH_3 \cdot H_2O(aq) \longrightarrow R_3N(o)+NH_4ReO_4(aq)+H_2O(aq)$ (4-91)

反萃后的有机相用硫酸溶液酸化后即可返回萃取。反萃液经净化、浓缩结晶和干燥即可得到纯的高铼酸铵，全流程铼的回收率为96.26%。

该流程的特点是萃铼余液仍以N235萃取回收钼，有机相组成为18% N235+10%醇+煤油，钼萃取率大于95%。负钼有机相用1.6～1.8mol/L的氨水将有机相洗涤到pH=4.5左右，相比(O/A)=(4～5)/1，然后再用9～10mol/L的氨水反萃钼，有机相再生方法与萃铼过程有机相再生相同。

季铵盐可在碱性条件下萃取分离钼铼，而当用NaOH将溶液pH值调至12时，钼的分配比由160降至0.03，而铼的分配比由480降到140，即$\beta_{Re/Mo}$可达到4.7×10^3水平。

如果将溶液pH值调至1～2，则可用P204先萃取MoO_2^{2+}阳离子，萃余液再用其他萃取剂萃铼。

表4-22汇集了一些从含铼钼溶液中萃取回收铼的实例。

表4-22 萃取法从含铼钼溶液中回收铼及制取纯铼化合物的实例

序号	含铼料液	有机相组成	工艺操作及指标	备 注
1	辉钼矿焙烧烟尘水浸液，成分(g/L)：1Re，16 Mo，0.03 Cu，0.03 Se	5%季铵盐+5%癸醇+煤油	在相比(O/A)为1/2下6级萃取，铼萃取率98%以上，萃余液含铼0.01～0.012g/L，含钼16g/L。负载有机相含铼2.0g/L，含钼0.011g/L，用1mol/L $HClO_4$+1mol/L $(NH_4)_2SO_4$溶液进行反萃(6级，O/A=1/7)，反萃液含铼13g/L，含钼0.01g/L	在萃取过程即可实现铼钼分离，但需用$HClO_4$或HNO_3溶液反萃，得到高铼酸溶液
2	辉钼矿电氧化液，成分(g/L)：0.025～0.04Re，10～18Mo，pH=1	7% TOA+7%癸醇+煤油	相比1/5，3～4级，铼钼萃取率分别为99.7%和94.4%，用1mol/L HCl淋洗，再用1.7mol/L NH_4OH溶液反萃，反萃条件为3级反萃，相比2/1，反萃液含铼0.2～0.4g/L，含钼90～110g/L	本过程是一个铼的富集过程，并未实现铼和钼的分离
3	铼钼萃取富集液，成分(g/L)：0.86Re，195Mo	5%季铵盐+95%芳香烃	相比1/1，铼萃取率99%，钼留在水相中。用1mol/L $HClO_4$溶液反萃铼，反萃液再加氨水结晶，得到99.9%的高铼酸铵	
4	辉钼矿高压氧浸液，成分(g/L)：0.118Re，24.5Mo，247H_2SO_4	5%叔胺+芳香烃	铼钼几乎全部进入到有机相中，用5mol/L NH_4OH溶液反萃，铼钼全部进入到水相中，反萃液含铼0.86g/L，含钼195g/L	

续表 4-22

序号	含铼料液	有机相组成	工艺操作及指标	备 注
5	料液成分(g/L):16.3Mo,2.0Re,pH=3	10%仲胺+5% TOPO	相比1/2,一级萃取,萃余液钼铼含量均低于0.01g/L。用水优先反萃钼(pH=7~8,相比4/1),反钼液含钼110g/L,含铼0.1g/L。再用氨水反萃铼(pH>9),含铼反萃液经循环富集后,可得到99.9%的高铼酸铵晶体	
6	辉钼矿焙烧烟气淋洗液,成分(g/L):0.3~0.5Re,9~9.5Mo,50~150H_2SO_4	30% A101+二乙苯(或煤油)	铼萃取率接近100%,萃余液含铼小于0.003g/L,在硫酸浓度为1.75mol/L时,铼钼分离系数可达667。负载有机相用NH_4OH反萃	
7	料液成分(g/L):1Mo,8Re,0.3Fe,73HCl,147H_2SO_4	28% TBP+煤油	负载有机相先后用1mol/L H_2SO_4和4mol/L HCl洗脱铁和钼,再用1mol/L HNO_3三级反萃铼,99%的铼进入水相	适用于铼的富集和提纯,不能用于钼铼分离
8	高铼酸铵结晶母液,成分(g/L):0.4~0.75Re	10% N263+10% TBP+煤油	pH=4~10,相比1/10,三级逆流萃取,铼萃取率达99.5%以上,以30% NH_4SCN为反萃剂,反萃率97.5%左右,铼浓缩30倍以上	
9	料液成分:34g/L Mo,0.24g/L Re,380g/L H_2SO_4	5% Alamine336+芳香族稀释剂	相比O/A=2/1,钼萃取率60.6%	铼萃取率大于99%
10	料液成分:34g/L Mo,0.24g/L Re,380g/L H_2SO_4	5% Alamine304+芳香族稀释剂	相比O/A=2/1,钼萃取率46.2%	铼萃取率大于99%
11	料液成分:34g/L Mo,0.24g/L Re,380g/L H_2SO_4	5% XLA(伯胺)+芳香族稀释剂	相比O/A=2/1,钼萃取率43.3%	铼萃取率大于99%
12	料液成分:8.0g/L Mo,0.05g/L Re	4% Alamine304+5%十三醇+煤油	相比O/A=4/1,萃取时间1min,钼的萃取率随硫酸浓度升高而降低,硫酸浓度为100g/L时,萃取率99.3%,硫酸浓度为300g/L时,萃取率89.0%,硫酸浓度为600g/L时,萃取率14.0%	铼的萃取率保持在98.3%

4.6.2.4　活性炭吸附法

与钼一样，活性炭同样也可吸附铼，Lee、Roynolds 及 Bhappu 详细研究了活性炭对钼、铼吸附性能的差别，在 pH6 以上活性炭不吸附钼，而对铼仍有良好的吸附能力，在此基础上他们提出了用活性炭分离钼铼的工艺路线，即在 pH2 共吸附钼铼，然后用 pH6～9 的缓冲溶液选择性解吸钼，随后用 0.5～1.0mol/L $HClO_4$ 溶液解吸铼。

美国矿务局雷诺冶金研究中心曾采用萃取-活性炭吸附法进行过处理辉钼矿电氧化浸出液的工业试验，其流程见图 4-52。电氧化浸出液先用 SO_2 将电氧化产生的氯酸根还原，并调整 pH 值，再用过硫酸盐使低价钼氧化，然后进行一次萃取，萃取有机相为叔胺加煤油。钼铼在一次萃取过程中全部进入有机相，负载有机相用氨水解吸，钼铼全部进入解吸液中。一次解吸液再经过活性炭吸附，在此 pH 值下铼被吸附，而钼随溶液流出，流出液经蒸发结晶制取仲钼酸铵。负铼活性炭首先用 25%氯化钠溶液来洗脱夹带的钼，洗液返回电氧化过程，洗涤后的负铼活性炭用甲醇-水混合溶液解吸，解吸液经蒸馏回收甲醇后进行二次萃取，卸载活性炭用纯水再生后返回使用。含铼解吸液经过调酸，使 pH 值降至 1～1.5 左右，再进行二次萃取铼，用氨水反萃，得到高铼酸铵溶液，蒸发结晶即可制得高铼酸铵晶体。

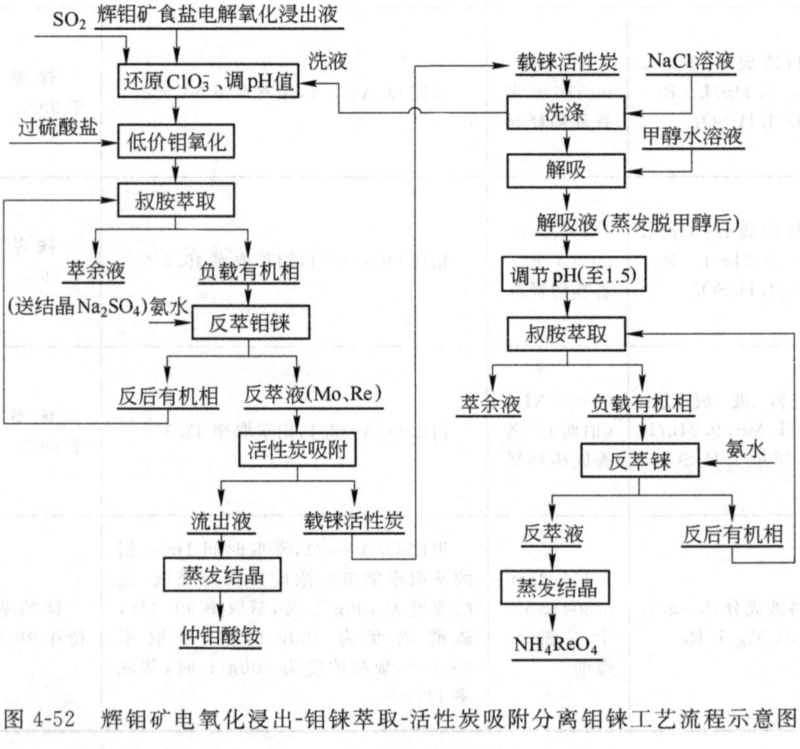

图 4-52　辉钼矿电氧化浸出-钼铼萃取-活性炭吸附分离钼铼工艺流程示意图

4.7 钼的有机化合物[54~60]

有机钼化合物也是一类重要的纯钼化合物，故本章以专节予以介绍。

早期金属有机化合物是指含有金属与碳（后者是烃基、官能化的烃基或配位有机分子）以各种键型相结合的化合物。按现代化学的定义，对非过渡金属而言，它们包含 M—C 键的化合物；对过渡金属而言，只要是有机配位的化合物（包括 O、S、P、N 等）都可算是金属有机化合物。

4.7.1 有机钼的应用

合成油脂添加剂的有机钼化合物的设想来源于美国克来马克斯公司的研究人员，当时，硫化钼作为润滑剂已广泛应用于石油、机械等工业，但由于硫化钼的非溶性，使其作用大大降低，因此，合成可溶于润滑油的有机钼化合物的设想随之产生。1965 年，该公司的研究人员 Rowan、Engene V 等人就研制出了 6 种二烷基（芳基）二硫代磷酸钼产品用于润滑油添加剂并取得了良好的效果。20 世纪 80 年代，日本的旭电化工株式会社也推出了 5 种二烷基二硫代磷酸钼油脂添加剂产品。同期，我国的一些厂家也相继推出了二丁基（二乙基己基）二硫代磷酸钼、T471 有机钼锌复合剂、T472 油溶性有机钼钨复合剂、T473 硫磷型钼钨复合剂等有机钼添加剂产品。

4.7.1.1 有机钼化合物在润滑油（脂）方面的应用

二硫化钼作为润滑剂早已应用于石油化工工业，而有机钼因其所具有的良好耐磨性、耐腐蚀性、耐氧化性以及二硫化钼所没有的油溶特性，在添加量很少的条件下即可使润滑剂，特别是发动机用油达到节约油耗、降低摩擦力、提高机器运转效率、减少油污排放等效能，因此被称为环保型润滑油添加剂，日益受到石油化工生产厂家的青睐。同时有机钼作为汽油添加剂可以改进汽油的燃烧性能，降低高稳定态下对辛烷值的较高要求。目前，添加有机钼的润滑油（脂）及燃料油已广泛应用于航天航空、机械运输等行业。作为润滑添加剂的有机钼主要有噻茂钼、二硫基噻唑钼、烷基胺钼、β-二酮钼、二烷基（芳基）二硫代磷酸钼系列产品、二烷基（芳基）二硫代氨基甲酸钼等系列产品，特别是二烷基二硫代磷酸钼、二烷基二硫代氨基甲酸钼两种系列产品已广泛出现在国内外市场。

4.7.1.2 有机钼化合物在石油化工反应催化方面的应用

由于钼原子特殊的电子结构，使钼的化合物在催化剂领域得到广泛的应用，特别是在有机合成与石油加氢等方面占有重要的地位。我们知道，石油化工中，有机物的裂解及重整是生产优质石油化工产品的必要途径，而过渡金属在有机催化反应中正好能引起有机分子的重排和降解反应，使复杂的分子变成较简单的小分子，使较小的分子降解为小的分子碎片，随即又可以使小的分子碎片重新排列，整合为较复杂的分子。钼由于其特殊的电子层结构及优良的物理化学性质，几乎任何结构的钼的化合物在石油化工方面都可以作为催化剂用于石油加氢精制等石油化工过程,在催化学方面占据有重要的地位。

催化过程按其反应物、催化剂形态可分为匀相催化和异相催化,一般的金属无机化合物都是以固体形式存在于催化剂中,在以流体为主要原料的合成、降解反应中,其催化过程属于异相催化(又称多相催化)。而金属有机化合物作为催化剂,它们常以液态存在,在有机合成与裂解反应过程中,可以与有机原料相溶,其催化过程属于匀相催化,这在工业生产和试验研究过程中都有非常重要的意义。目前,主要的含钼有机催化剂有:羰基钼($Mo(CO)_6$)及其衍生物、乙酰丙酮钼、环烷酸钼、磺原酸钼、二烷基二硫代胺基甲酸钼和二烷基二硫代氨基甲酸钼、乙二胺四乙酸二钼等。

4.7.1.3 有机钼化合物在橡胶黏合剂方面的应用

有机钼也是一种新的橡胶黏合剂添加剂。在汽车轮胎、输送带等高强度橡胶制品中,常使用镀铜钢丝作为增强物质,而钢丝与橡胶的黏合强度则是轮胎、输送带等橡胶制品质量的关键因素之一。通常使用的黏合剂为一种有机钴盐,但这种黏合剂存在着成本高及安全性差的问题,而有机钼(如二烷基二硫代磷酸钼)则是一种良好的有机钴代替品。日本株式会社普利司通的内修野等人研制了一种含辛癸酸钼的无钴复合黏合剂,其适用性能和经济性与目前使用的含有机钴橡胶黏合剂相比更具优越性。

4.7.1.4 有机钼化合物在生物技术方面的应用

钼是人类及植物生长所必需的微量元素。人体缺钼,会影响到人体的正常代谢功能,造成发育迟缓等各种疾病。生物缺钼也会严重影响其生长过程,造成农作物的减产,肥料中添加微量的钼已经是某些地区农作物提高产量的重要保障。姚奎毅等发明了一种新型的含钼有机复合肥,首次以有机钼的形式将钼添加到肥料中,经过十几年的田间试验证明,具有一系列的优点,特别是对豆类作物,其增产率可达15%以上。

4.7.2 主要有机钼化合物的合成方法[61~72]

目前已经合成的有机钼化合物种类很多,如烷(芳基)基磷酸钼(含烷基磷酸钼、烷基硫代磷酸钼和烷基二硫代磷酸钼等等)、二胺钼、磺酸钼、石碳酸钼、烷基酸钼(包括二烷基二硫代氨基甲酸钼)、烷基钼酸盐、胍基钼酸盐、磺原酸钼、羰基钼及其衍生物、二茂钼及其衍生物等等。根据有机钼中钼与有机官能团的键合方式,可分为含碳—钼键有机钼和无碳—钼键有机钼两大类。由于这两种有机钼在结构上有着较大的差异,因此在合成方法及物理化学性质上都有着较大的差异。下面我们将分别介绍几种有机钼的合成方法。

4.7.2.1 含碳—钼键有机钼化合物的合成

对于含碳—钼键有机钼化合物的合成，一般可通过以下几种反应进行实施：

(1) 无机钼盐与碱金属或碱土金属有机化合物进行反应。

(2) 钼的卤化物与环戊二烯的反应。

(3) 低价钼化合物与电负性较大的有机配位体(如卤代烃、炔烃等)的氧化加成或还原反应。

(4) 插入反应。

(5) 利用配位体的置换或交换反应。

下面分别介绍一些具有代表性的含碳—钼键有机钼化合物的合成方法。

A 六羰基钼的合成

六羰基钼是一种稳定的羰基化合物，为无色晶体，分子结构为正八面体，由于六羰基钼是一种制备特种合金的原材料及各种含碳—钼键有机钼合成的重要钼源，同时其本身也是一种石油化工中的有效催化剂(主要用于合成线状聚乙烯、某些热塑性或可凝固的高聚物、炔聚烃聚合物等过程)以及冶金工业中制取超细及纳米级钼粉的重要原料，因此在研究和应用方面都具有重要的意义。

以五氯化钼和一氧化碳、烷基铝在高压条件下即可合成六羰基钼。制备过程为：将五氯化钼和一氧化碳、烷基铝按一定的比例装入密闭容器中，在100～150℃、20MPa条件下进行合成反应，反应结束后用水洗涤反应产物，使其中的三氯化铝水解脱出。油水分离后，对有机相进行真空蒸馏，即可得到较纯的羰基钼产品，见式4-92。

$$2MoCl_5 + 12CO + Al(C_2H_5)_3 \xrightarrow[20MPa]{100^{\circ}C} 2Mo(CO)_6 + AlCl_3 + 2Cl_2 + 3C_2H_5Cl \tag{4-92}$$

六羰基钼是合成各种含碳—钼键有机钼的起源物质，图4-53归纳了六羰基钼合成其他有机钼化合物的基本反应过程。

B 三羰基(环戊二烯烃)氢化钼的合成

以六羰基钼为钼源物质，以环戊二烯、冰醋酸和金属钠为原料，合成反应见式4-93和式4-94。

$$Mo(CO)_6 + C_5H_5Na \longrightarrow Na[Mo(CO)_3(C_5H_5)] + 3CO \tag{4-93}$$

$$Na[Mo(CO)_3(C_5H_5)] + CH_3COOH \longrightarrow HMo(CO)_3(C_5H_5) + CH_3COONa \tag{4-94}$$

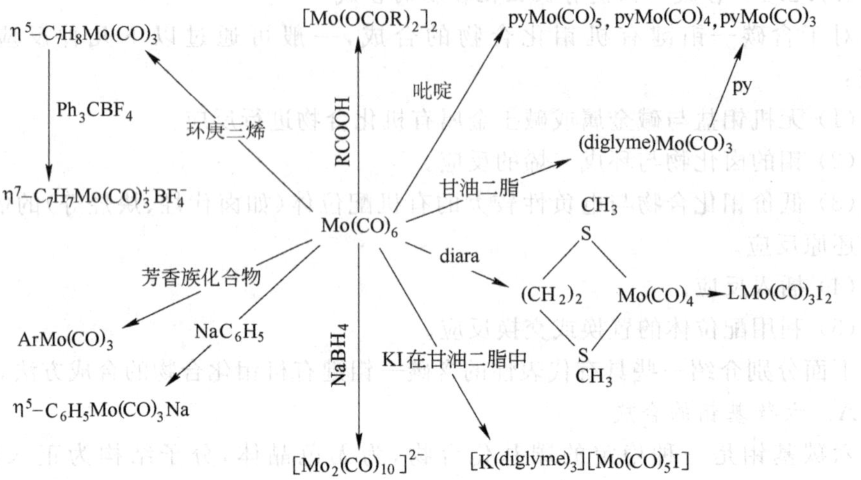

图 4-53　$Mo(CO)_6$ 及其衍生物的一些反应

(diglyme 为二乙二醇二甲醚)

在氮气保护下，在装有恒压滴液漏斗、搅拌器、氮气导管和回流冷凝管的500mL锥型瓶中，装入定量的金属钠和环戊二烯，以四氢呋喃做溶剂，首先制备好环戊二烯基钠溶液。之后，再向溶液中加入六羰基钼，加热回流 12h，即可得到黄色的 $Na[Mo(CO)_3(C_5H_5)]$ 溶液。将得到的黄色 $Na[Mo(CO)_3(C_5H_5)]$ 溶液冷却至室温，加入定量的冰醋酸，搅拌 2h，之后在室温下真空蒸馏除去其中的四氢呋喃。之后，将不蒸馏物装入升华器中，在 40～80℃和 13.3Pa 进行升华，回收升华物，即可得到暗黄色结晶状的三羰基(环戊二烯烃)氢化钼的合成产品。

C　六羰基双(环戊二烯基)二钼的合成

以 $Mo(CO)_6$ 和 $C_{10}H_{12}$ 为原料，生产六羰基双(环戊二烯基)二钼，反应过程见反应式 4-95。

$$2Mo(CO)_6 + C_{10}H_{12} \longrightarrow Mo_2(CO)_6(C_5H_5)_2 + 6CO + H_2 \qquad (4\text{-}95)$$

在氮气保护下，在装有气体导管、电磁搅拌器及回流冷凝管的 1L 烧瓶中放入 100g 六羰基钼及 500mL 二聚环戊二烯，缓慢加热并保温在 135～145℃，不断将升华至冷凝管中的六羰基钼剥落到烧瓶中，至无六羰基钼升华为止。将反应产物冷却至室温，析出紫红色结晶产物，过滤，用乙烷洗涤后得到粗产品。粗产品置入升华器中在 50℃、66.5Pa 条件下升华 12h，以完全除去六羰基钼，得到较纯的不升华产物即为六羰基双(环戊二烯基)二钼产品。

如需要进一步的提纯，则将该产品溶于1L氯仿中，精细过滤后加入200mL乙烷，减压浓缩至100mL，冷却后进行过滤，再用少量乙烷洗涤，风干后即可得到纯的六羰基双(环戊二烯基)二钼产品。

D 二茂钼($(C_2H_5)_2Mo$)的合成

二茂钼及其衍生物为石油化工过程中常用的一种催化剂。纯的二茂钼是一种红棕色固体，其合成反应见反应式4-96和式4-97。

$$MoCl_3 + NaC_2H_5 + 2NaBH_4 \longrightarrow (C_2H_5)_2MoH_2 + 1/2C_{10}H_{10} + B_2H_6 + 5NaCl \tag{4-96}$$

$$(C_2H_5)_2MoH_2 \xrightarrow{\triangle CHCl_3} (C_2H_5)_2MoCl_2 \xrightarrow{Na/Ag,THF} [(C_2H_5)_2Mo]_x \tag{4-97}$$

首先，以钼的氯化物为原料，在四氢呋喃溶剂中与环戊二烯基钠、$NaBH_4$反应制得双(环戊二烯基)氢化钼。双(环戊二烯基)氢化钼再与氯气或三氯甲烷直接反应制得双(环戊二烯基)二氯化钼，在四氢呋喃溶液中，Na/Ag催化剂催化下进行脱氯即可得到二茂钼产品。

E 二苯钼的合成

二苯钼的合成路线见反应式4-98和式4-99。

$$3MoCl_3 + 2Al + AlCl_3 + 6C_6H_6 \longrightarrow 3[Mo(C_6H_6)_2][AlCl_4] \tag{4-98}$$

$$6[Mo(C_6H_6)_2]^+ + 8OH^- \longrightarrow 5Mo(C_6H_6)_2 + 4H_2O + 2C_6H_6 + MoO_4^{2-} \tag{4-99}$$

在氮气流保护下，将定量的三氯化钼、氯化铝、铝粉依次置入带有支管的反应管中摇匀，注入一定量的苯，密封反应管。然后加热至125℃保持15h，自然冷却后再用液氨进一步进行冷却，开启封口，滤去过量的苯，产出的黑色固体($[Mo(C_6H_6)_2][AlCl_4]$)经洗涤后置于真空室温下干燥。然后在三口瓶反应器中加入定量的NaOH溶液，在氮气保护并强烈搅拌下，同时对反应器进行盐水冷却。将黑色固体缓慢加入到反应器中，搅拌3h，然后升至室温，继续搅拌4～5h后结束反应。反应产物二苯钼浮于液体上层，将上层二苯钼分离出来，再用含饱和氮气的水洗涤数次，过滤干燥即可得到绿色固体二苯钼产品。

4.7.2.2 无碳—钼键的有机钼化合物的合成

目前，无碳—钼键的有机钼化合物作为润滑油添加剂、石油化工过程中的催化剂、化肥中微量元素钼的载体等得到了更广泛的应用。它们主要是通过钼源物质与有机酸(盐)经过钼化反应制得的有机钼化合物，下面简要介绍一些主要的有机钼化合物合成方法。

A 二烷基(芳基)二硫代磷酸钼的合成

二烷基(芳基)二硫代磷酸钼(简称 MoDTP)是最重要的一类有机钼化合物,它在作为润滑油添加剂、石油化工过程中的催化剂等方面得到了广泛的应用和研究。二烷基二硫代磷酸钼作为一种油溶性润滑油添加剂,不溶于水,广泛用于发动机用的汽油、柴油及各种润滑脂中,具有减小摩擦、抵抗磨损、抗极压、抗氧化等性能,润滑效果优于石墨等固体颗粒添加剂。其分子式可表示为$[(RO)_2P\text{-}S]_2Mo_2S_2O_2$,结构可表示如图 4-54,其中 R 可以是碳原子数为 3～23 的直链烷基或支链烷基,也可以是碳原子数为 6～26 的芳基或芳烷基。

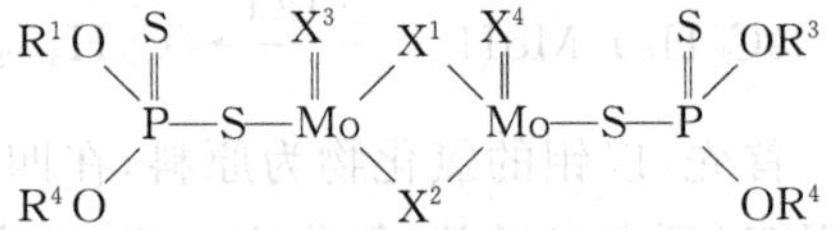

图 4-54 二烷基二硫代磷酸钼结构

($R^{1\sim4}$表示烃基或芳基;$X^{1\sim4}$为 S 或 O)

制备二烷基(芳基)二硫代磷酸钼的专利报道很多,归纳起来可分为还原法和直接法两种。还原法是在硫代磷酸和钼源物质反应合成过程中,加入还原剂如 H_2S、SO_2 等,或者在合成之前先将钼源中的钼由 Mo(Ⅵ)还原为 Mo(Ⅳ),然后再和硫代磷酸进行合成反应。直接法则是以钼源物质直接和硫代磷酸进行合成反应制取二烷基(芳基)二硫代磷酸钼的方法。不管是直接法还是还原法,在合成之前,都必须先用具有相应结构烷基(芳基)的醇类和五硫化二磷反应制得二烷基(芳基)二硫代磷酸,再将其与钼源物质进行反应制得二烷基(芳基)二硫代磷酸钼产品。钼源可为三氧化钼、仲钼酸铵或钼酸等。

现以二异辛基二硫代磷酸钼的生产工艺为例加以说明,合成工艺如图 4-55所示。工艺分为三个主要过程,首先是异辛醇和五硫化二磷、硫化氢在密闭容器中,85～115℃条件下进行合成反应(反应式 4-100),得到二异辛基硫代磷酸化合物;其次,在酸性介质(硫酸溶液)及 85～115℃条件下,加入三氧化钼粉末并保持一定的时间,反应生成二异辛基二硫代磷酸钼产品(反应式 4-101);然后以正己烷为萃取剂进行萃取分离,二异辛基二硫代磷酸钼进入萃取剂中,而未反应的反应物及其他反应产物等留在水相中得以分离;最后,负载二异辛基二硫代磷酸钼的正己烷进行蒸馏分离,脱除正己烷后即可得到较纯净的二异辛基二硫代磷酸钼产品。

$$P_2S_5+4ROH \longrightarrow 2[(RO)_2P\text{-}S]SH+H_2S \tag{4-100}$$

$$2[(RO)_2P\text{-}S]SH+2MoO_3+2H_2S \longrightarrow [(RO)_2P\text{-}S]_2Mo_2S_2O_2+2H_2+2SO_2 \tag{4-101}$$

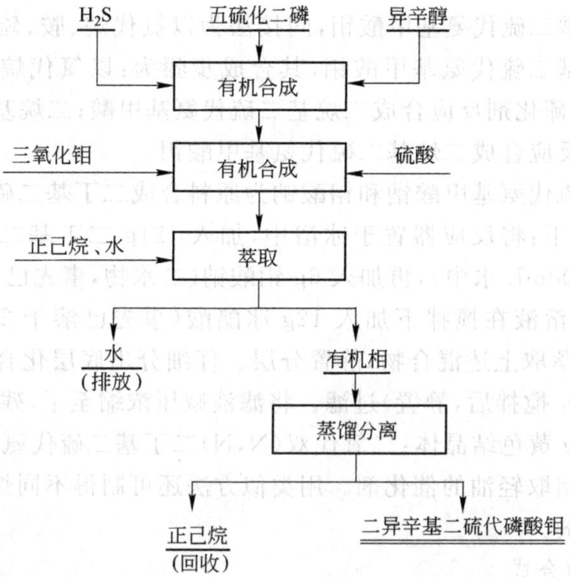

图 4-55 二异辛基二硫代磷酸钼的合成工艺流程

由于烷基(芳基)R 的大小对有机钼的热稳定性、抗磨性和油溶性能等都有一定的影响,所以有机功能团的选择也是制备二烷基二硫代磷酸钼添加剂方面一个热门的研究课题。目前,工业上广泛应用的 MoDTP,烷基一般碳为 6~10。

B 二烷基二硫代氨基甲酸钼的合成

二烷基二硫代氨基甲酸钼(MoDTC)分子结构如图 4-56 所示,广泛地用于硫化促进剂、润滑型油添加剂、石油化工反应工程催化剂、农药及杀菌剂等方面。由于该类化合物结构的特殊性,使其具有优良的抗磨抗氧性能,且不含磷元素,如作为机油的抗磨抗氧添加剂,可以符合环保对机油中磷含量的限制规定。又因其分解温度高,又可作为高温抗氧剂使用。因此,该有机钼化合物的研究方兴未艾。

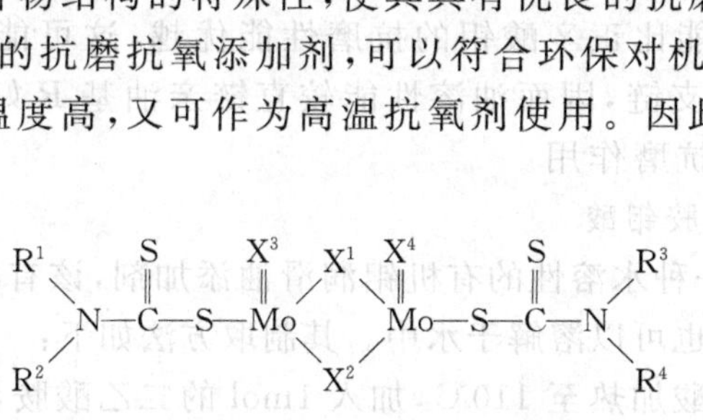

图 4-56 二烷基二硫代氨基甲酸钼结构

($R^{1\sim4}$表示烃基或芳基;$X^{1\sim4}$为 S 或 O)

二烷基二硫代氨基甲酸钼的制备方法包括直接合成法和间接合成法两种,直接合成法就是以钼源物质直接和碱金属或碱土金属的二烷基二硫代氨基甲酸盐进行反应得到二烷基二硫代氨基甲酸钼，间接法为以氯代烷、胺、硫化剂和钼源物质为原料合成二烷基二硫代氨基甲酸钼，其合成步骤为：以氯代烷和胺合成二烷基胺；用二烷基胺与硫化剂反应合成二烷基二硫代氨基甲酸；二烷基二硫代氨基甲酸与钼源物质进行反应合成二烷基二硫代氨基甲酸钼。

以二丁基二硫代氨基甲酸钠和钼酸钠为原料合成二丁基二硫代氨基甲酸钼为例，其合成过程如下：将反应器置于冰浴中，加入 121g 二丁基二硫代氨基甲酸钠（事先已全溶于 600mL 水中），再加入 6g 钼酸钠（二水物，事先已全溶于 200mL 水中）。将上述所得溶液在搅拌下加入 12g 冰醋酸（事先已溶于 200mL 水中）。用 250mL 二氯甲烷萃取上述混合物，静置分层。仔细分出底层化合物，经水洗、脱水（加入无水 $MgSO_4$ 搅拌后，静置）过滤。将滤液减压浓缩至干，残余物用甲苯-庚烷重结晶，可得 103g 黄色结晶体：二氧代双（N，N）二丁基二硫代氨基甲酸钼，它可用作重油加氢脱硫制取轻油的催化剂。用类似方法还可制得不同烷基取代的二硫代氨基甲酸钼催化剂。

C 辛酸钼的合成

由于常用的有机钼添加剂中所含有的硫、磷等有害物质带来的不利影响，无硫磷型有机钼添加剂的研究和应用成为该领域的一个新的研究课题，如辛酸钼、油酸钼等无硫磷有机钼用来作为含硫、磷润滑油添加剂的代替品的研究日益受到关注。余会成等人通过对羰基钼和脂肪羧酸合成方法的改进，发明了用三氧化钼合成辛酸钼的新方法，即在干燥的三颈圆底烧瓶中依次加入三氧化钼、辛酸和催化剂，三氧化钼与辛酸的物质的量比为 1∶4，常压下加热搅拌，至反应完毕后冷却，用丁酮萃取，蒸馏分离得到辛酸钼，再用氨水进行洗涤，得到褐色黏稠的纯辛酸钼产品。产品产率大于 90%。该工艺可在不同的工艺条件下分别制取正辛酸钼及 2-乙基已酸钼两种产品，试验证明，正辛酸钼及 2-乙基已酸钼呈现出较好的抗磨作用，摩擦温升也降低，并趋于稳定，2-乙基已酸钼的抗磨性能比正辛酸钼的抗磨性能优越，这可能是由于 2-乙基已酸钼的亲油基 R 带有支链，因而油溶性能较直链亲油基 R 好，其分散度也较大，因此显示出较好的抗磨作用。

D 油酸二乙醇胺钼酸

安成远发明了一种水溶性的有机钼润滑油添加剂，该有机钼添加剂不但可以溶解于有机油类中，也可以溶解于水中。其制取方法如下：

（1）将 1mol 油酸加热至 110℃，加入 1mol 的二乙酸胺，搅拌下升温至 150℃反应 3.5h 后，降温到 80℃再加入 1mol 二乙酸胺，恒温反应 2h，制得淡黄色黏稠状液体——油酸二乙醇胺。

（2）再加入 1mol 硫代磷酸酯，90℃下反应 2h，制得油酸二乙醇胺硫代磷酸酯。

(3) 将 0.3mol 的钼酸加入到反应产物中，90℃下反应 4h，即可制得含 30%的油酸二乙醇胺钼酸的棕黄色黏稠状混合物。

美国乙基公司的研究人员用长链酸/二胺/甘油酯/钼源物质合成了一种基本不含活性硫的润滑油添加剂，其合成方法是将长链酸、单取代烷撑二胺、甘油酯、钼源物质和水按 1∶(0.8～1.2)∶(0.25～0.75)∶(0.5～1.5)∶(0～100)(物质的量比)的比例混合，在氮气气氛下加热至 75～180℃进行反应，反应器装有回流管，反应时间 1～12h。反应结束后，将水分离脱出，混合物经过滤滤去未反应的钼源物质，即可得到黑色琥珀状的产品。该法所选用的长链酸是指 8～12 个碳原子的单羧酸，甘油酯为甘油和油酸的反应产物，钼源物质包括三氧化钼，钼酸铵和钼酸钠。这种添加剂的特点是其中的硫是非活性的，极少量的活性硫是反应合成过程中夹带进入产品中的，这样就减弱了硫在润滑剂或催化剂使用过程中的腐蚀性及毒性。

E　硫化廿二酸钼的合成

胡志孟等人利用长碳链不饱和脂肪酸廿二烯酸合成了硫化廿二酸钼，合成工艺见图 4-57。利用长碳链不饱和脂肪酸廿二烯酸为基体，用低温硫化剂将硫接到廿二烯酸的双键上，第一步制得了硫化廿二酸，第二步用复分解反应法，调节硫化廿二酸和钼酸钠反应的 pH 值，成功地制得了硫化廿二酸钼。产物无臭味，热分解温度高于 200℃，油溶性好，能在任意基础油中溶解，最大溶解量高达 50%，油样久置无沉淀析出。

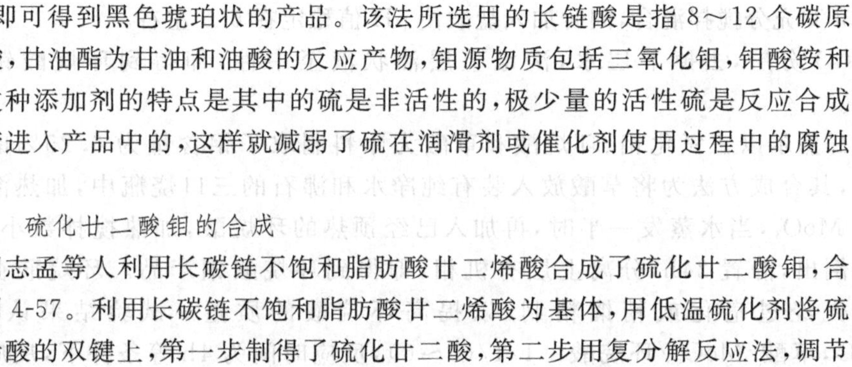

图 4-57　硫化廿二酸钼的合成路线

F　环烷酸钼的合成

陶德华发明了一种以环烷酸和三氧化钼为主要原料，经过复分解反应制取环烷酸钼的方法，并以环烷酸钼、二苄二硫、多硫化异丁烯类硫化物混合物制取润滑油抗磨添加剂。该润滑油特别适合于不适宜磷、锌存在的工作环境。环烷酸钼也是有机合成过程中一种有效的催化剂，如丁烷环氧化制取环氧丁烷过程中，环烷酸钼是一种优良的均相催化剂。环烷酸钼的合成过程如下：

(1) 按 1∶1(物质的量比)的比例将环烷酸加入到氢氧化钠水溶液中，在 35～45℃下进行皂化反应制得环烷酸钠溶液；

(2) 将三氧化钼和氢氧化钠按 1∶2(物质的量比)的比例在水溶液中反应制得钼酸钠溶液；

(3) 将环烷酸钠加入到钼酸钠溶液中，并加入一定量的石油醚、苯等溶剂，在 40～50℃充分搅拌混合，同时加入盐酸使 pH 值稳定在 6.5 左右。

(4) 分层，去掉下层水，洗涤上层油状液至中性，即得到环烷酸钼油状产品。

石慕尔以三氧化钼、环烷酸和草酸为原料制取了钼含量为 6.25% 的环烷酸钼，其合成方法为将草酸放入装有纯净水和沸石的三口烧瓶中，加热溶解后加入 MoO_3，当水蒸发一半时，再加入已经预热的环烷酸，加热搅拌数小时后，趁热倒出，静置 24h，分离上层有机相，即得到环烷酸钼产品。环烷酸在使用前首先经过皂化或精馏精制，以提高环烷酸的质量。试验结果认为，在 220℃，草酸/MoO_3/环烷酸＝1/1/(5～6)，反应时间为 4h 等条件下，反应取得最佳效果。

G　其他

MoDTC 虽然是一种良好的减摩剂，但其抗磨极压性能不太显著，且油溶性差，价格昂贵。MoDTP 与 ZDTP 一样易水解，分解温度也差不多，抗腐蚀性能差。因此，研制油溶性好、抗磨极压性优良、抗水解、耐高温和耐腐蚀的其他有机钼化合物、配合物或络合物在摩擦化学和催化学上具有十分重要的意义。

鲁正龙等开发出一种可溶性氨基乙酸钼有机络合物，用作直链烯“环氧化”过程的催化剂。该催化剂在环氧化过程中具有良好的选择性，制备方法是：将异丙醇胺与 MoO_3 的等量混合物在 80～85℃下进行反应，得到一种结构一致的产品氨基乙酸钼。应用这种有机钼络合物作催化剂时，丙烯“环氧”为甲基环氧乙烷，单程产率可达 80%以上。

Geiser. J. F. 研制一种羧酸钼络合物催化剂，它主要用来催化直链烯烃“环氧化”合成顺式-聚异戊间二烯-[1,4]。这种催化剂的制法是在氮气气氛中，将 $MoCl_5$ 与 $Me(CH_2)_nCOOH$ ($n=8\sim28$) 反应；$MoCl_5$ 与羧酸的物质的量比为 1∶(1～3)。它可望用来取代乙酰丙酮钼催化剂。

杨纪民等进行了双核羧酸钼合成的研究，其合成过程为将适量的六羰基钼放入盛有一定量的羧酸及羧酸酐混合溶液的三口烧瓶内。如羧酸是固体，可选择合适的溶剂。接上冷凝管，加热回流。反应结束后，在氮气氛下分离混合物中的晶体,真空干燥一昼夜。所有反应介质都需严格脱水脱氧,整个反应在氮气保护下进行。结果得到了含钼-钼四重键的双核羧酸钼,产率达到 57%。

参考文献

1 Gupta C K. Extactive metallurgy of molybdenum. CRE Press. Inc. ,1992

2《有色金属提取冶金手册》编辑委员会. 稀有高熔点金属(上). 北京:冶金工业出版社,1999

3 泽列克曼 A H 等. 稀有金属冶金学. 宋晨光等译. 北京:冶金工业出版社,1982

4 王守德,焦忠祥. 多膛焙烧炉炉体捣制材料的研究. 中国钼业,1995;19(4)

5 蒋竹筠. 钼精矿焙烧烟尘特性研究. 中国钼业,1996;20(1)

6 王守德,焦忠祥. 降低氧化钼生产能耗的探讨. 中国钼业,1994;18(5)

7 任宝江. 回转窑焙烧钼精矿的生产实践. 有色金属:冶炼部分,1999;(2)

8 Lindsay D G. Endako roasting practice. XVI Canadian Institute of Mining and Metallurgy Annu. Meeting, Vancouver, August 1977

9 Wilkomirsky I. Fluidized bed roasting of molybdenite concentrates. In: International Molybdenum Encyclopaedia 1778~1978, Vol. 2, Processing and Metallurgy. Sutulov A ed Internet Publications, Santiago, Chile. 1977:199

10 Nair K U et al. Studies on the Processing of Molysulfide Concentrate by Chlorination. Min. Eng., 1978;(3):291~296

11 Alper A M et al. U. S. Patent 4006212. 1977-01

12 Singh S et al. Studies on the processing of low grade molysulphide concentrate by lime sintering. Min. Eng. ,1988;1(4)

13 邹振球,周勤俭. 钼精矿石灰焙烧-N_(235)萃取工艺提取钼铼. 矿冶工程,2002;22(1)

14 赵中伟. 辉钼矿湿法浸出过程某些理论问题之浅见. 稀有金属与硬质合金,1995:6

15 程光荣等,用压热浸出和溶剂萃取技术生产钼酸铵. 中国钼业,1994;51(3)

16 黄宝茅,程光荣. 用萃取法从尾矿次氯酸钠浸出溶液中回收钼酸铵的研究. 湿法冶金,1995;(4)

17 吴爱祥. 用细菌从辉钼矿中浸出钼的探讨. 中国钼业,1996;20(1)

18 MacInnis M B, Kim T K. Commercial processes for Tungsten and molybdenum. In: Handbook of solvent extraction. Teh C. Lo, Malcolm H. I Baird Carl Hanson ed. New York. John Widely &Sons. Inc. 1983:693

19 李洪桂. 离子交换技术在钼冶金中的应用. 中国钼业,1994;18(3)

20 向铁根. 钼冶金. 长沙:中南大学出版社,2002:5

21 李循勋,文星照. 用萃取法从酸沉母液中回收钼. 中国钼业,1975;19(6)

22 Coca J,毛水和. 用 Alamine336 和 DEHPA 溶液萃取钼和钨. 国外稀有金属,1991;(2)

23 张邦劳等. 二(2-乙基己基)亚砜萃取钼的机理研究. 陕西师范大学学报(自然科学版),1995;23(2)

24 桂林等. 钼酸铵酸沉工艺条件控制. 中国钼业. 1999;23(2)

25 绪小鹏. 优质钼酸铵是钼条生产的质量保证. 中国钼业,1997;21(2,3)

26 唐军利等. 二钼酸铵蒸发结晶过程控制. 中国钼业,2002;26(4):26

27 杨金平. 重溶结晶法生产二钼酸铵. 有色金属:冶炼部分,2001;(6):22

28 齐应本等. 稀有金属,1986;10(3):207~210

29 荆春生等. β型四钼酸铵的研究及生产. 中国钼业，1998；22(4)：86～90

30 吴争平，尹周澜等. β型四钼酸铵的制备及结晶过程. 中南工业大学学报，2001；32(2)：135～138

31 吴争平，尹周澜等. 超声波对四钼酸铵结晶的影响. 中国有色金属学报，2002；12(1)：196～200

32 Tarasov A V. Status and Prospects for Development of Refractory Rare metals production in CIS countries Erzmetall. World of Metallurgy 2004；1：8～13

33 赵秦生. 俄罗斯钨钼冶金的新进展. 稀有金属与硬质合金，2004；4：59

34 Warren. I H，Mounsey D M. Factors Influencing the Selective Leaching of Molybdenum with Sodium Hypochlorite from Copper/Molybdenum Sulphide Minerals. *Hydrometallurgy*，1983；10(3)：343～357

35 周令治. 稀散金属冶金. 北京：冶金工业出版社. 1988：375

36 罗津 A M. 萃取手册. 第一卷. 袁承业等译. 北京：原子能出版社，1981：283

37 罗津 A M. 萃取手册. 第二卷. 袁承业等译. 北京：原子能出版社，1982：231

38 英 WSL Solvent extraction Data Base

39 Бессер др А Д. Основные направиения работ гинчветмета по решенцю зкологииеских проблем. чветные металлы，1998；12：16

40 沈华生. 稀散金属冶金学. 上海：上海人民出版社，1976

41 周令治. 稀散金属手册. 长沙：中南工业大学出版社，1993

42 成殿祥. 浅议氧化焙烧辉钼矿过程中铼的逸出率. 铁合金，1998：1

43 马荣骏. 溶剂萃取在湿法冶金中的应用. 北京：冶金工业出版社，1991

44 何焕杰等. 大孔径树脂从含钼硫酸溶液中提取铼. 离子交换与吸附，1989；5(6)

45 Жуковский П В等. 从含钼的硫酸溶液中萃取铼. 湿法冶金，1994；50(2)

46 胡家璜，关邑. 处理钼精矿时附带提取铼. 中国钼业，1993；(2)

47 徐志昌，张萍. 从辉钼矿焙烧烟尘中回收铼. 中国钼业，2000；24(1)

48 徐铜文. 离子交换法从冶炼废液中回收铼. 天津大学学报，1994；3(2)

49 秦玉楠. 从国产辉钼精矿中综合提取钼酸铵和铼酸铵新工艺，1992；(1)

50 秦玉楠. 离子交换法提取铼酸铵新工艺. 中国钼业，1998；22(5)

51 李玉萍，李莉芬，王献科. 液膜法提取高纯铼. 中国钼业，2001；25(6)

52 成光荣. 铼的回收方法. 中国钼业，1994；47(4)

53 Истрашкина М В. 提取铼工艺过程采用的膜技术. 中国钼业，1994；2

54 钱延龙，陈新滋主编. 金属有机化学与催化. 北京：化学工业出版社，1997

55 山本明夫. 有机金属化学. 陈惠麟，陆熙炎译. 北京：科学出版社，1997

56 黄耀曾，钱长涛等. 有机金属化合物在有机合成中的应用. 上海：上海科学技术出版社，1990

57 科顿 F A(美). 威尔金 G(英). 高等无机化学(下册). 北京：人民出版社，1980

58 张文征. 有机钼摩擦改进剂的生产和应用概况. 中国钼业，2002；26(1)

59 张文征. 有机钼研究与开发现状. 中国钼业，1996：8

60 王积涛. 有机金属化合物. 张青莲主编. 无机化学丛书(十五卷). 北京：科学出版社，1991：5，216

61 余会成，范健. 钼的有机酸及其它含硫有机化合物的研究进展. 中国钼业，1997；(2)

62 秦玉楠. 有机钼化合物的精细合成. 中国钼业，1994；(10)

63 徐建昌. 有机钼润滑油添加剂的合成与应用. 中国钼业，2000；(4)

64 秦玉楠. 含钼催化剂发展现状、市场与应用前景，中国钼业，1997；(6)

65 Rowan. US4889647

66 内修野. CN 1198181A,1998
67 加托 V J,迈克 C A,罗伯 J T 等. CN. 1317555A
68 安成元. CN. 1360013A
69 许彪. CN. 96115828. X
70 陶德华等. CN1077714A
71 胡志孟,刘麒荣. 硫化廿二酸钼的合成及其摩擦化学研究. 中国钼业,1997;21(4)
72 石慕尔. 均相催化剂环烷酸钼的制备. 化学与黏合,1999;(1)

5　金属粉末生产

5.1　金属钨粉的生产

5.1.1　钨粉[1]

5.1.1.1　概述

在钨的提取冶金中，金属钨粉的生产是金属钨和钨合金生产的关键步骤，因为钨粉的性能在很大程度上影响钨制品在后续作业（如压制、烧结和加工）中的性能。据统计，世界上约70%～80%的钨制品是用粉末冶金的方法生产的，因此大多数钨制品均采用上述粉末冶金作业制作。粉末冶金学科和工艺的发展，大大促进了钨和钨合金的生产，使其制品质量达到很高的水平。

钨粉的质量是对钨和钨合金优越性能的保证。钨粉工业面临极大的挑战，它必须满足市场对它愈来愈高的要求。欲提高钨制品的质量，必须首先提高钨粉的质量。

对钨粉不仅有化学纯度方面的要求，而且有物理性能和工艺性能方面的要求。在物理性能方面，对钨粉有颗粒尺寸、粒度分布、粒形和粒子积聚状态等要求；而流动性、压制密度和烧结性能等，则属于粉末的工艺性能。钨粉的物理性能和工艺性能受钨粉生产过程工艺参数的影响，可通过调整工艺参数来加以控制。

生产金属钨粉的方法主要有氢还原法、碳还原法和卤化物还原法。目前，碳还原法采用的较少，只在直接生产碳化钨时使用。卤化物还原法也只限于小规模生产。因此，生产金属钨粉的主要方法是高纯三氧化钨（WO_3）、蓝色氧化钨（WO_{3-x}）和紫色氧化钨（$WO_{2.7}$）的氢还原法。此外，有时也采用钨酸（H_2WO_4）的氢还原法。

钨粉的生产设备通常采用多管炉。原料氧化物粉末装在烧舟中通过有氢气流动的炉管。近年来回转式还原炉的使用也愈来愈多。还原炉通常有几个加温区，根据对钨粉性能要求不同，温度选择在600～1200℃之间。为保证钨粉的充分还原，通入炉管的氢气均有大量的过剩。过剩的氢气通过氢气净化系统脱尘和干燥后，与补充的氢气一道再返回还原作业。

改变氢还原炉的参数可调整钨粉的特性，如粉末的平均粒径和粒度分布等。温度和氢气的湿度是控制钨粉粒度的主要工艺参数。氢气湿度对钨粉粒度有重大影响的主要原因在于金属钨粉的成核速度与氢气湿度密切相关，同时由于在气相中存在挥发性钨化合物 $WO_2(OH)_2$，使钨的迁移性大大提高。在等温条件下，氢气的湿度愈小，成核速度愈快，钨粉的粒度就愈细。

在三氧化钨等离子氢还原过程中，由于三氧化钨在等离子中迅速气化，匀相地被等离子态氢还原成钨并匀相成核，所以粒度特别小，因此，等离子氢还原法是生产纳米钨粉的好方法。

5.1.1.2 钨粉的性能[2]

用氢还原方法生产的工业钨粉，其平均粒度在 0.1～100μm 之间。此粒度范围内的钨粉在硬质合金生产中均得到应用。约 80％的钨粉直接用于硬质合金生产。

用于生产纯钨和烧结钨合金的粉末冶金用钨粉，其粒度通常在 2～6μm 之间。大于和小于此粒度范围的钨粉很可能不适用。粉末粒度过小时其烧结活性过高，会使在烧结过程中痕量的杂质来不及挥发。而当粉末粒度过粗时，在通常的条件下可能导致烧结不完全。

经分级除去细粉与极粗粉末的钨粉，具有很好的流动性，适用于等离子喷涂。

A 钨粉的化学性质

在用粉末冶金方法生产金属钨时，钨粉的化学纯度特别重要，因为在随后的烧结过程中，只能在一定程度上通过蒸发达到净化目的。近三十余年来，对钨粉化学纯度的要求日益提高。湿法冶金的完善已将大多数杂质元素的含量降至 10μg/g 以下。

之所以对粉末纯度的要求愈来愈高，是因为在钨粉烧结之后残留的杂质对最终产品的加工性能（如晶界强度、再结晶温度等）和性质有很大影响。

在由钨精矿到致密金属钨的生产过程中，从杂质与钨的比值角度看，钨的纯度在到 APT 之前，一直在提高。在 APT 时纯度达到最高点。钨粉的纯度主要取决于 APT 的纯度。在加工 APT 成钨粉过程中，纯度又开始下降。污染来自物料与还原炉管和金属烧舟的接触，其结果是 Fe、Ni、Cr、Co 等杂质含量升高。这些杂质以异相形式存在，形成局部有高浓度杂质的小区。如果这些小区的尺寸足够大，则可成为烧结缺陷的源头。

此外，氢气中的挥发性元素或化合物，如碱金属元素，在还原过程中可能被钨粉吸附。

B 钨粉的物理性质

钨粉的物理性质有平均粒径、粒度分布、松装、摇实和压实密度（生坯密度）、比表面、聚集度和形貌。所有这些性质彼此紧密相关，并受氧化钨性质和还原条件的影响。对后续加工来说它们是重要的影响参数，影响到压制性能、烧结性能、液相烧结中的溶解反应和碳化反应。下面对钨粉的各种物理性质分别进行叙述。

(1) 平均粒径和粒度分布。生产直接供应("供应态")的钨粉通常总是多少有些团聚,团聚的程度与还原条件有关。因此,对此种样品测量得到的平均粒径并不总是与真实的粒度一致,甚至可能发生误导。例如,某些亚微钨粉"供应态"的粒径为1~2μm,但在解聚后的数值降至0.4~0.5μm。

粒度在1~10μm之间的钨粉,在大多数情况下测定"供应态"的粒径已能满足生产要求,因为恒定的生产条件总是控制在很窄的范围内。然而,对于亚微钨粉和较粗的钨粉,为了正确地表征它们须采用"实验室研磨"的样品。

通常,粒度分布是粒度的函数。粒度愈大,粒度分布愈宽。对某一给定的粒度,生产中采用通"湿"氢和向氧化钨中添加碱金属化合物的方法,可以将粒度分布做得窄一些。

粒度分布的测定也必须用"实验室研磨"的样品。粒度分布对粉末的压制性能、生坯密度和烧结性能有影响。

(2) 聚集。"供应态"和"实验室研磨"(解聚)样品粒度之差,是粉末聚集度的尺度。对生坯强度而言,粉末聚集度很重要,聚集是生产塑性钨制品的钨粉的必须具备的特性。

过去曾对钨粉的压制性能与平均粒径和粒度分布的关系作过不少研究。粒径小会因颗粒间的摩擦力高使生坯密度过小。粒度分布愈窄,颗粒的排列愈松。较宽的粒度分布,甚至将不同平均粒径的粉末混合,能获得较好的颗粒排列,得到较高的生坯强度。

(3) 形貌。钨粉的形貌对压制性能和生坯强度也有影响。较不规整的颗粒形状引起颗粒间的互锁,使生坯强度增加。

(4) 比表面积。钨粉的比表面积通常在0.01m²/g(粗粉)至12m²/g(非常细的钨粉)之间。比表面积是衡量钨粉的烧结活性(固态烧结)、溶解特性(液相烧结)以及在碳化过程中与气固态物质之间的反应能力的重要指标。

根据比表面积数值,可计算出一个平均粒度值。然而,必须注意颗粒的表面粗糙度。特别是对非常细的钨粉,其表面并不"平滑",而是"粗糙"表面,或甚至有一定程度的微孔。这可使比表面积数值高出2~4倍。

(5) 松装和摇实密度。松装和摇实密度均随粉末平均粒度的增加而增加,但它们还受粒度分布、颗粒形状和聚集度的影响。

(6) 压制性能。粉末的压制性能可用生坯密度与松装密度的比值来表征。此比值随压制压力增加,至某一极限值。对粉末压制和压模设计而言,粉末的压制性能是重要指标。

5.1.2 氧化钨氢还原的基本原理

氧化钨的氢还原过程,是一个相当复杂的物理化学过程。

5.1.2.1 概述

除化学转变、相变过程、固相扩散和化学气相迁移之外，钨的还原过程还是一个净化过程。通常存在于氧化钨中的痕量杂质，可能通过蒸发而除去。另一方面，在以上各过程中，也可能产生异相的嵌入，最终导致钨粉颗粒中产生夹杂物。这对生产白炽灯用“抗下垂”钨丝特别重要。

三氧化钨的氢还原反应可描述为下列方程：

$$WO_3 + 3H_2 \longrightarrow W + 3H_2O$$

这一看来可用简单反应方程描述的过程，在实际上却十分复杂。尽管氧化钨的氢还原过程在工业规模生产中已应用了80多年，但对其科学内涵的大部分理解却是近年的事。

过去曾试图运用温度、时间、扩散距离和氧化物的松装密度等参数，并基于扩散的理论方程对氢还原过程做定量描述[3]。但是，由于各参数间的相互作用十分复杂，这些基于扩散理论的模型未得到实际应用。直至今天，工业生产仍然立足于广泛的实践经验。这些经验性认识，虽然得到某些基础研究的支持，但在整体的理解上仍欠不足。

5.1.2.2 氧化钨氢还原过程的热力学

在W-O-H系统中有6个凝固相，它们是：WO_3、$WO_{2.9}$（$W_{20}O_{58}$）、$WO_{2.72}$（$W_{18}O_{49}$）、WO_2、α-W、β-W。β-W是介稳相，以前将它描述为W_3O。对W-O-H系统中物相之间的关系曾有不少作者进行过研究[4~12,14]。

F. E. Rizzo等人[10]对W-O系中的各种反应，给出了在700～1000℃温度区间的标准热焓方程：

$$20WO_{2.9}(s) + O_2(g) \rightleftharpoons 20WO_3(s)$$

$$\Delta G^{\ominus} = -558.689 + 223.9T$$

$$(2/0.18)WO_{2.72}(s) + O_2(g) \rightleftharpoons (2/0.18)WO_{2.9}(s)$$

$$\Delta G^{\ominus} = -567.852 + 202.6T$$

$$(2/0.72)WO_2(s) + O_2(g) \rightleftharpoons (2/0.72)WO_{2.72}(s)$$

$$\Delta G^{\ominus} = -499.067 + 125.6T$$

$$W(s) + O_2(g) \rightleftharpoons WO_2(s)$$

$$\Delta G^{\ominus} = -574.547 + 170.0T$$

根据标准热焓方程，可计算出三相点的温度：

对于$5WO_{2.7}(s) \rightleftharpoons 4WO_{2.9}(s) + WO_2(s)$反应平衡而言，其三相点的温度为620℃[11]/560℃[12]。

对于$10WO_{2.9}(s) \rightleftharpoons 9WO_3(s) + WO_2(s)$反应平衡而言，其三相点为280℃[11]/260℃[12]。

对于$WO_2(s) \rightleftharpoons (2/2.72)WO_{2.72}(s) + (0.72/2.72)W(s)$反应平衡而言，其

三相点为 1480℃[12]。

根据以上计算，可以绘出 W-O-H 体系的平衡相图。氧化物的稳定区由温度和 $p(H_2O)/p(H_2)$ 的比值决定。将金属钨及在相应的温度和氢气湿度条件下热处理，可以得到任何一种平衡氧化物。

由于对 W-O-H 体系的平衡各研究人员所取的热力学数据不同，结论也互有差别。赵秦生根据文献[4～12]中给出的数据，将这些研究结果汇总于图 5-1。

曾经认为在 W-O-H 体系的平衡相图中的低温低湿度区给出了 W_3O 的相区。然而，后来的研究工作[9～11]未证明有 W_3O 的存在。现在大家认为，W_3O 或 β-W 是一个介稳相，而不是稳定的平衡相。

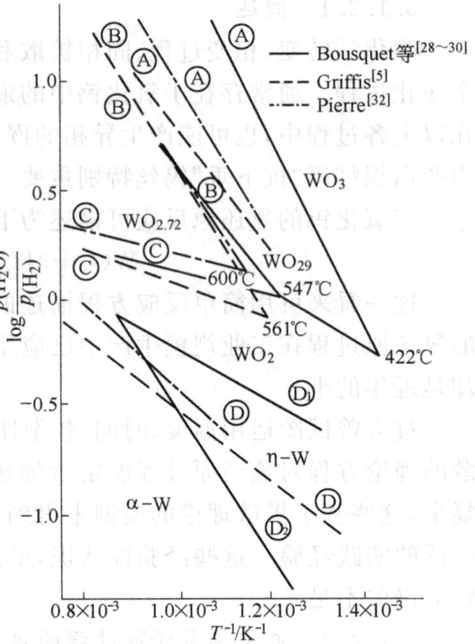

图 5-1　W-O-H 体系的平衡相图
（Ⓐ～Ⓓ表示不同的反应）

5.1.2.3　挥发性水合氧化钨（$WO_2(OH)_2$）的生成

氧化钨和金属钨在高温下和有水蒸气存在时，其蒸气压明显增加[5,14～17]。这一蒸气压的升高是由于各种氧化钨和金属钨与水蒸气发生反应，形成一种挥发性水合氧化钨。此类反应可用下列方程描述：

$$WO_3(s)+H_2O(g)\rightleftharpoons WO_2(OH)_2(g)$$

$$(1/2)W_{20}O_{58}(s)+11H_2O(g)\rightleftharpoons 10WO_2(OH)_2(g)+H_2(g)$$

$$W_{18}O_{49}(s)+23H_2O(g)\rightleftharpoons 18WO_2(OH)_2(g)+5H_2(g)$$

$$WO_2(s)+2H_2O(g)\rightleftharpoons WO_2(OH)_2(g)+H_2(g)$$

$$W(s)+4H_2O(g)\rightleftharpoons WO_2(OH)_2(g)+3H_2(g)$$

挥发性水合氧化钨（$WO_3 \cdot H_2O$ 或 $WO_2(OH)_2$）单分子的存在已为质谱分析所证明[14]。文献[15,18]给出了上述各平衡反应的热力学数据。基于这些热力学数据和相应固态氧化物的热力学数据[10]，可以计算出挥发性水合氧化钨的平衡分压与湿度的平衡关系。图 5-2 示出了在 1000℃下的计算结果[19]。此外，图 5-2 中还示出了其他挥发性氧化钨的平衡蒸气压。从这些计算可以明显看出，在 W-O-H 体系中，水合氧化钨的挥发性远高于其他挥发性钨的化合物。

国外的一些钨冶金专家，如文献[1]的主编 Lassner 和 Schubert，认为正是挥发性水合氧化钨引起了钨的化学气相迁移（CVT）过程。他们认为 CVT 过程贯穿于氧化钨氢还原的整个过程，它对产品钨粉的物理和化学性能起决定性的影响。

水合氧化钨在氢还原过程中的实际分压与还原温度和气氛的实际湿度有关。由于随着还原过程的进展，体系中氧的分压（湿度）不断下降，在还原过程接近结束时，水合氧化钨的分压愈来愈低。

他们还认为，钨的 CVT 过程在氧化钨与 H_2-H_2O 混合物（总体上非还原气氛）的平衡退火过程中也会发生。这一过程使小颗粒氧化物蒸发而大颗粒长大，最终使退火的氧化物显著变粗。

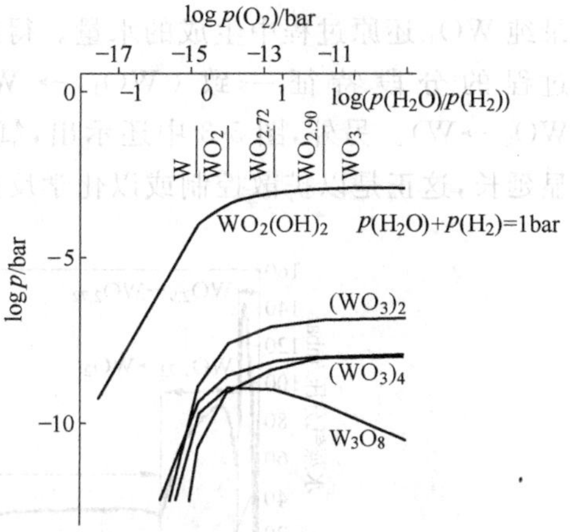

图 5-2　各种钨氧化物和水合氧化钨在 1000℃下的平衡分压（1bar＝0.1MPa）

5.1.2.4　氢还原的动力学

A　扩散控制的还原过程

氧化钨的氢还原在工业上或采用固定床（管式炉）还原，或采用流动床（回转窑）还原。在伴有水蒸气产生的还原过程中，粉末床对水蒸气从料层中逸出有相当大的扩散阻力。料层愈厚，扩散阻力愈大，反应生成的水蒸气逸出愈慢。纵使将氢气在粉末床之上的流动速度提高到很大的数值，也主要是影响到料层最上面部分水蒸气的脱除速度，而对料层内部水蒸气的脱除影响不大。料层内部的反应仍停留在扩散控制上。

粉末料层的高度及其空隙度对反应产生水蒸气停留的影响，对工业还原过程意义十分重大。料层的扩散阻力决定了料层中动态湿度的高低，从而也决定了各种形成相在还原过程中的成核和生长条件。它同时也决定了还原反应的历程。由于过程中的湿度条件不同，反应历程可能各不相同。最后，料层的湿度对还原过程中发生的各种含钨物质的 CVT 反应有重要贡献。CVT 反应对钨粉的最终性能有决定作用，因为气相中钨的总浓度（即各种挥发性钨化合物之总和），也即是气相迁移的能力，会因水蒸气的增加而明显强化。

B　还原反应的历程

在工业条件下，即当料层厚度在数毫米至数厘米之间，温度在 700～1100℃之间，水蒸气从料层中逸出是反应总速度的控制步骤。任何对扩散阻力的增加，如增加料层的高度，将导致还原时间的明显延长。在这种条件下，料层中的湿度总是较高的，足以防止还原过程的"短路"（即由 WO_3 直接还原为钨）。还原过程总是明显分阶段地进行，通过形成全部稳定氧化物，最后得到钨粉。

$$WO_3(黄)\rightarrow WO_{2.9}(蓝)\rightarrow WO_{2.72}(紫)\rightarrow WO_2(棕)\rightarrow W(灰)$$

图 5-3 示出了这一还原过程的例子。用对反应生成气体的连续热导测定来记录纯 WO_3 还原过程中生成的水量。得到的还原水曲线可分为 4 部分，正好与还原过程的分段特征一致（$WO_3 \rightarrow WO_{2.9}$，$WO_{2.9} \rightarrow WO_{2.72}$，$WO_{2.72} \rightarrow WO_2$，$WO_2 \rightarrow W$）。另外，图 5-3 中还示出，氧化物料层厚度的增加，导致还原时间的明显延长，这正是以扩散控制或以化学反应和扩散混合控制过程的特征[20]。

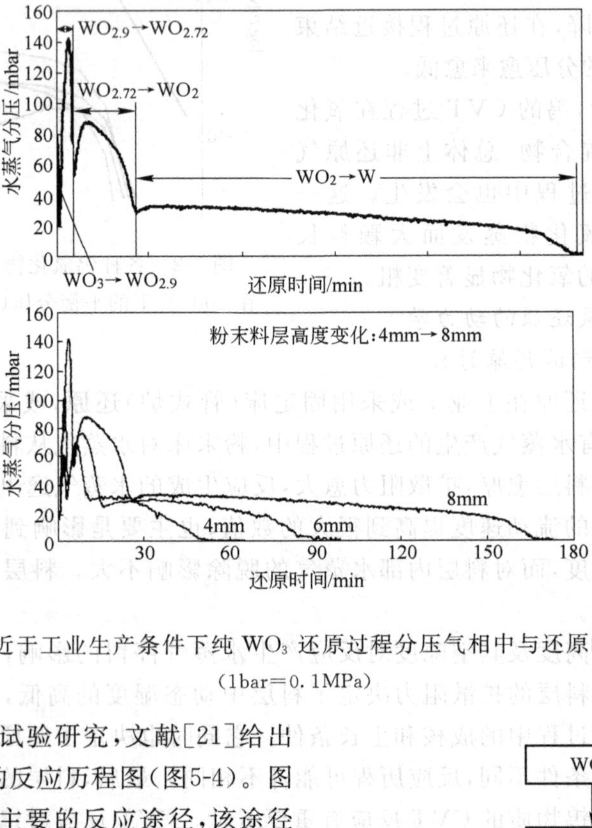

图 5-3　在近于工业生产条件下纯 WO_3 还原过程分压气相中与还原时间的关系
（1bar＝0.1MPa）

根据大量的试验研究，文献[21]给出了 WO_3 氢还原的反应历程图（图5-4）。图中的粗线条表示主要的反应途径，该途径是在接近工业还原条件下观察到的。

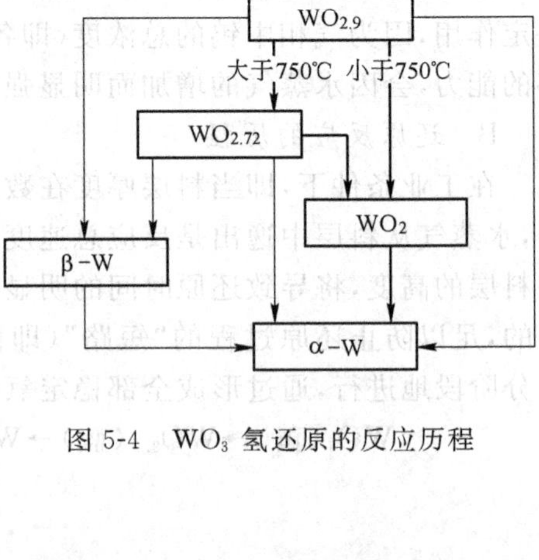

图 5-4　WO_3 氢还原的反应历程

陈绍衣和钱崇樑曾对氧化钨氢还原过程中的物相变化进行过研究[22]。他们用同一批 APT 原料，在 520℃空气中煅烧制得黄色氧化钨（黄钨）；在 420℃的氢气气氛中制得蓝色铵钨青铜（蓝钨）；在适当的温度和气氛下制得紫色氧化钨（紫钨）。另外，还选用了在转炉中于 700℃密闭煅烧 APT 制得的工业蓝钨进行检测对比。表 5-1 列出了对氧化钨的检测数据。

表 5-1 由 APT 制得的各种氧化钨的检测数据

氧化物名称	颜色	主相成分	费氏粒度/μm	松装密度/g·cm^{-3}	比表面积/m^2·g^{-1}
黄钨	黄	WO_3(单斜)	12.4	2.47	5.47
铵钨青铜	深蓝	ATB(六方)	11.9	2.42	2.90
转炉蓝钨	深蓝	WO_3(单斜),$W_{20}O_{58}$ 即 $WO_{2.9}$(单斜)	14.6	2.39	9.50
紫钨	紫	$W_{18}O_{49}$ 即 $WO_{2.72}$(单斜)	11.6	1.79	1.70

从表 5-1 中可以看出,同一厂家的 APT,甚至是同一批 APT,由于热分解条件不同,所得的氧化钨的成分、结构、性质均有明显的差别。

显然,氧化钨原料如此明显的差别,势必对氢还原钨粉的质量造成重大影响。因此,应根据对钨粉的要求,来确定和控制 APT 的分解条件,制取合适的氧化钨。

陈绍衣等对转炉蓝钨、铵钨青铜、黄钨、紫钨的氢还原过程进行了高温 X 光衍射研究,图 5-5～图 5-8 分别给出了这些还原过程的高温 X 光衍射图谱。

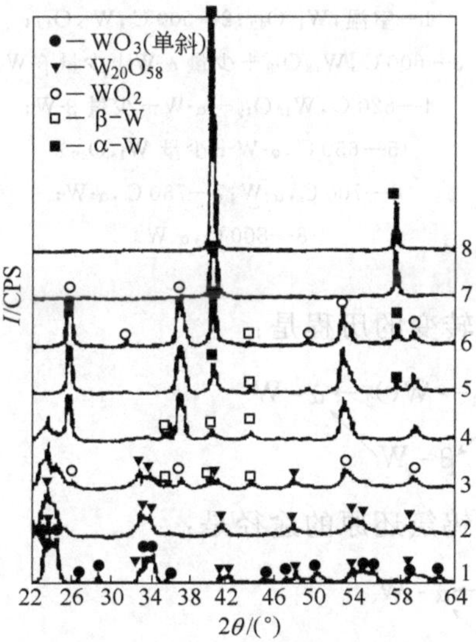

图 5-5 转炉蓝钨在氢还原过程中各个温度下的 X 射线衍射图谱

1—室温,WO_3(单斜)+$W_{20}O_{58}$;2—400℃,$W_{20}O_{58}$+微量 WO_3(单斜);3—575℃,$W_{20}O_{58}$+少量 WO_3(单斜)+少量 β-W;4—600℃,WO_2+较多 $W_{20}O_{58}$+较多 β-W;5—650℃,WO_2+少量 α-W+微量 β-W;6—700℃,WO_2+大量 α-W+微量 β-W;7—750℃,α-W+微量 WO_2;8—775℃,α-W

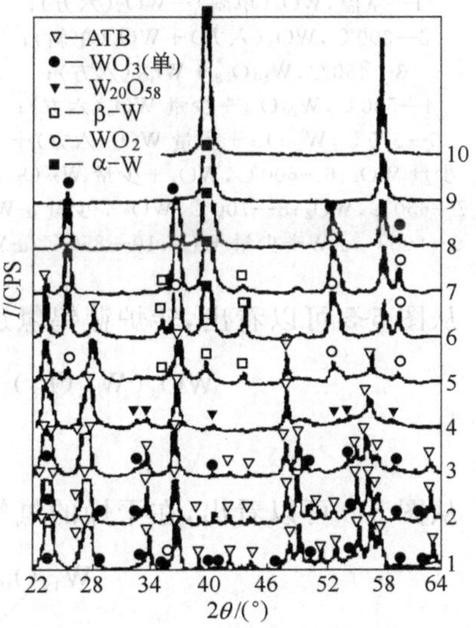

图 5-6 铵钨青铜在氢还原过程中各个温度下的 X 射线衍射图谱

1—室温,ATB(铵钨青铜)+少量 WO_3(单斜);2—400℃,ATB+少量 WO_3(单斜);3—500℃,ATB+少量 WO_3(单斜);4—550℃,ATB+少量 $W_{20}O_{58}$;5—600℃,ATB+少量 WO_2+较多 β-W;6—600℃,WO_2+α-W+少量 β-W+较多 ATB;7—650℃,α-W+WO_2+少量 β-W+微量 ATB;8—700℃,α-W+WO_2;9—750℃,α-W+微量 WO_2;10—775℃,α-W

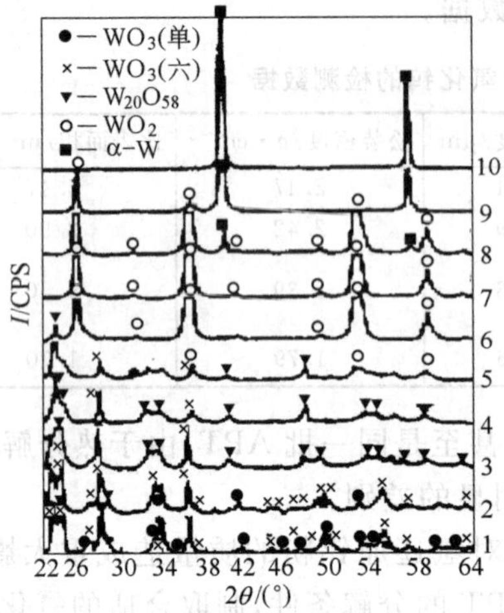

图 5-7 黄钨在氢还原过程中各个温度下的 X 射线衍射图谱

1—室温，WO_3（单斜）+WO_3（六方）；2—300℃，WO_3（六方）+WO_3（单斜）；3—450℃，$W_{20}O_{58}$+WO_3（六方）；4—550℃，$W_{20}O_{58}$+少量 WO_3（六方）；5—575℃，$W_{20}O_{58}$+少量 WO_3（六方）+少量 WO_2；6—600℃，WO_2+少量 $W_{20}O_{58}$；7—650℃，WO_2；8—700℃，WO_2+少量 α-W；9—800℃，α-W+少量 WO_2；10—850℃，α-W

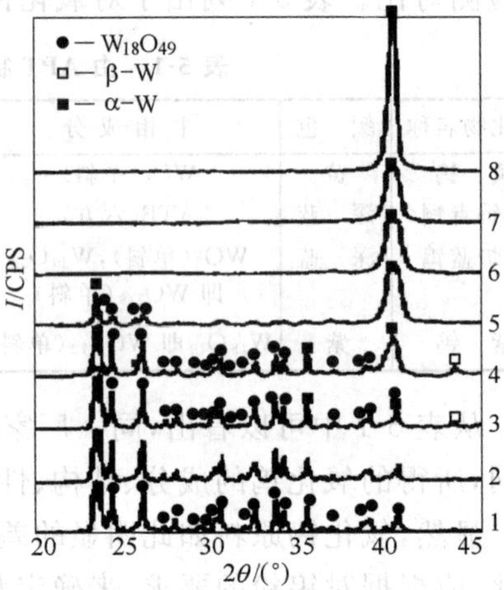

图 5-8 紫钨在氢还原过程中各个温度下的 X 射线衍射图谱

1—室温，$W_{18}O_{49}$；2—500℃，$W_{18}O_{49}$；3—600℃，$W_{18}O_{49}$+少量 α-W+少量 β-W；4—620℃，$W_{18}O_{49}$+α-W+少量 β-W；5—650℃，α-W+少量 $W_{18}O_{49}$；6—700℃，α-W；7—750℃，α-W；8—800℃，α-W

从图 5-5 可以看出，转炉蓝钨氢还原物相转变的历程是：

$$WO_3(W_{20}O_{58}) \rightarrow W_{20}O_{58} \rightarrow WO_2 \rightarrow \alpha\text{-}W$$

（$W_{20}O_{58}$ 亦经 β-W 转变为 α-W）

从图 5-8 可以看出，在干燥的氢气流中紫钨氢还原的途径是：

$$W_{18}O_{49} \rightarrow \alpha\text{-}W$$

（$W_{18}O_{49}$ 亦经 β-W 转变为 α-W）

对比上述几种氧化钨，从还原为 α-W 而言，活性减小的顺序是紫钨—铵钨青铜—转炉蓝钨—黄钨。总的说来，它们的还原历程基本上与图 5-4 所示的历程一致。

C 化学反应控制的还原过程

仅在低温还原时和氧化钨粉末料层极薄（小于 1mm）以及氢气流速高时，才能观察到氧化钨还原过程的反应速度受化学反应控制。在这种干氢还原的条件下，从高价氧化钨直接还原成钨粉（α-W 或 β-W）的反应成为可能（$WO_{2.9} \rightarrow W$，

$WO_{2.72}$→W)。

在低还原温度下(500～700℃),在粉末料层中可能发生各种不同的转变,这说明在料层中(甚至在一个颗粒中)各处氧分压(湿度)的差别,对不同相的成核和生长速度影响很大。

5.1.3 氧化钨氢还原的工业实践

5.1.3.1 工艺参数对钨粉性能的影响

A 主要工艺参数对钨粉性能的影响

主要工艺参数对钨粉性能的影响如下:

(1) 温度。温度对还原过程中发生的所有反应都有影响,因此也影响过程的动态湿度和挥发性钨化合物 $WO_2(OH)_2$ 的分压。还原温度愈高,形成的钨粉粒度愈粗,还原所需的时间愈短。

(2) 加料速度。含钨原料的加入速度决定了整个还原过程释放的水的总量。加料速度越大,得到的钨粉粒度越粗。

(3) 料层厚度。料层对氢还原过程中产生的水蒸气的向外扩散形成阻力。料层愈厚,扩散阻力愈大,水蒸气的脱除愈慢。料层底部的局部湿度较料层顶部的湿度大。正是此局部湿度决定了金属颗粒的成核和生长条件。料层愈厚,粉末的粒度愈粗。

(4) 料层的空隙度。料层的空隙度取决于氧化物颗粒之间的宏观空隙度和氧化物颗粒本身的微观空隙度。料层的空隙度大,有利于还原时产生的水蒸气的脱离,从而使钨粉颗粒生长缓慢,获得细粒度的钨粉。

(5) 氢气流速。高的氢气流速有助于水蒸气的快速脱除,从而强化物质交换。因此,氢气流速愈快,钨粉的粒度愈细。

(6) 通气方向。顺氢还原使氧化钨的前期还原在较干的氢气中进行,有利于产品钨粉的细化。逆氢还原是通常采用的通氢方法,它使还原过程的初期氢气的湿度较高,使还原钨粉的粒度变粗。

(7) 氢气露点。还原使用的氢气的露点对整个还原过程的总湿度有影响。露点较高的氢气促使钨粉颗粒长大。

必须了解,钨粉的最终平均粒度是上述各种因素综合作用的结果。总的规律是:

(1) 细粒度。其因素为低温、干氢、高氢气流速、低氢气露点、薄料层、高空隙度和低供料速度。

(2) 粗粒度。其因素为高温、湿氢、低氢气流速、高氢气露点、厚料层、低空隙度和高供料速度。

前驱物氧化钨的性状对还原钨粉的粒度也有相当影响。这对制备细颗粒钨粉特别显著，而对粗颗粒钨粉影响较小。

在工业生产中，还原条件的选择完全依赖于实际经验。除平均粒度外，还原条件对钨粉的粒度分布、颗粒的聚集、表观密度和颗粒的形貌也有影响。

B　粒度分布

粒度分布在很大程度上是料层厚度的影响结果。单个颗粒的生长条件取决于它们在料层中的位置，各不相同。在料层内部湿度较高，而接近料层表面处湿度较低。这一湿度梯度导致料层内部的颗粒较粗，而料层表面和接近表层区的颗粒较细。显然，对于高料层而言粒度分布会较宽，薄料层粒度分布会较窄。有时采用湿氢也有好处，它可改善粒度分布，使之变窄，因为在此种情况下料层内外水蒸气的浓度梯度下降。

C　颗粒的聚集

颗粒聚集类型可以分为 3 种。

(1) 在低温和干氢条件下还原会形成海绵状金属，颗粒聚集物具有前驱物氧化钨的外形。非常细小的晶体(十分之几微米或更小)以较紧密或较疏松的方式黏结在一起。通常，将这种聚集类型称为假晶(图 5-9)。晶粒的尺寸愈小，颗粒聚集的强度愈高。

(2) 通过化学气相迁移单独长大的颗粒较大(由 1μm 到几微米)的钨晶体被焊在一起。此种类型的颗粒聚集较上述假晶类型的聚集要疏松些，其聚集主要发生在还原过程中(图 5-10)。这种颗粒聚集可能受氢气露点的影响。露点高时较少聚集。这种聚集的强度随温度升高而变大。

图 5-9　聚集在 APT 假晶中的细钨粉(1000×)

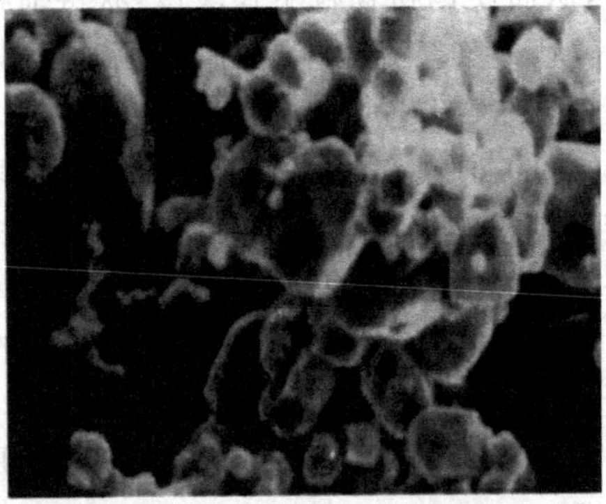

图 5-10　单独生长并松散聚集的钨晶体(6000×)

(3) 在湿氢和高温(气相中[$WO_2(OH)_2$]高浓度)下还原，得到强烈共生的粗晶体(见图 5-11)。

聚集与钨粉的表观密度(或松装密度)有明显的反比关系。氢气的露点在一定程度内可影响钨粉的表观密度。对钨粉的成形性而言，聚集是必备条件。

D 颗粒的形貌

随着还原条件的不同，在颗粒聚集类型变化的同时，颗粒的形貌也发生相应的变化。低温和干氢条件下形成的海绵态钨，其形貌为其前驱物 APT 或 H_2WO_4 的假晶。这些假晶是由很细小的、多晶面的和多晶的金属颗粒组成。随着温度和氢气湿度的增加，单个钨晶粒是靠较长距离的气相迁移形成的，它们具有多个晶面，晶粒通常呈立方金属的特征晶面(图 5-12)。当还原温度高和氢气湿度大时，则得到晶面发育完整的、显示出生成阶梯的、晶粒部分相互交联的粗大晶粒(图 5-11)。

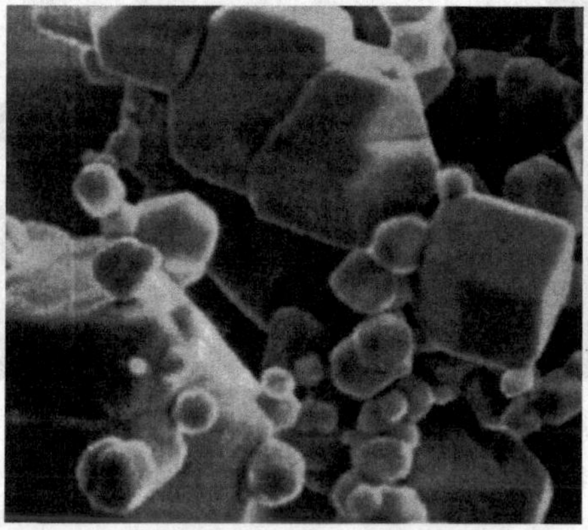

图 5-11 粗颗粒共生的钨晶体(6000×)

图 5-12 通过较长距离的化学气相迁移形成的细小钨晶体(6000×)

赵秦生等人[23]曾用奥地利贝尔格拉厂生产的仲钨酸铵(平均 FSSS 粒度 30.5μm)为原料，先在 440℃下用氢还原得到蓝色氧化钨，再在 740℃下用氮-氢混合物(在 18℃下为水蒸气所饱和)还原，得到了紫色氧化钨。图 5-13 示出放大 3000 倍的紫色氧化钨 $WO_{2.72}$ 的形貌。高放大倍数的扫描电镜照片(图 5-13)表明，每一个假晶均由大量杂乱排列的小柱状晶体组成。但是，整个由 $WO_{2.72}$ 小柱状晶组成的集合体仍具有原料仲钨酸铵的外形。小柱状晶的直径为 0.4～1.4μm，长度约在 1～12μm 之间。

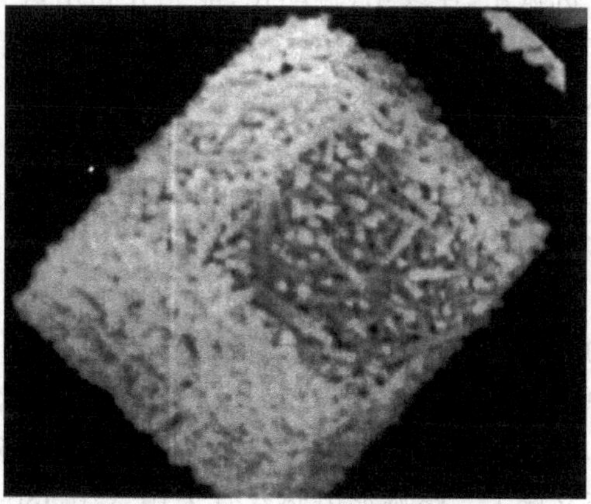

图 5-13 蓝钨氢还原制备的紫色氧化钨的扫描电镜照片(3000×)

根据 Haubner 等人[24]的报道，每个小柱状晶的形状和生长方式说明 $WO_{2.72}$ 的生成是通过气相输送机制来实现的，而实现这一输送的挥发性化合物是 $WO_2(OH)_2$。赵秦生等人[23]对这种过分强调气相输送机制的结论提出了相反的看法，认为如果 $WO_{2.72}$ 的生成是通过气相输送机制来实现的，那么 $WO_{2.72}$ 柱状晶应该迎着传质的方向生长，并且应与原料蓝色氧化钨的表面大致垂直。然而，从图 5-13 可以看到，大多数 $WO_{2.72}$ 柱状晶是在原料蓝色氧化钨表面大致平行的方向上杂乱排列，无任何优先取向。因此，Haubner 等人的观点值得怀疑。

为此赵秦生等人按反应：$(2.72/3)WO_3+(0.28/3)W=WO_{2.72}$ 的化学计量将 WO_3 和 W 粉混合，令混合物于 890℃ 下在流动的纯氩气氛中加热，制备了 $WO_{2.72}$。图 5-14 为通过这种固-固反应制得的 $WO_{2.72}$ 的形貌，它们与用氢还原仲钨酸铵或蓝色氧化钨得到的 $WO_{2.72}$ 完全相同。这说明了柱状晶乃是 $WO_{2.72}$ 的固有形态，与是否有气相迁移存在并无关系。

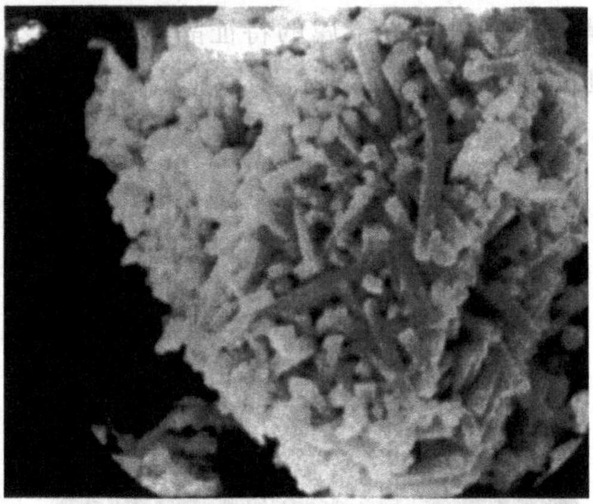
图 5-14 通过 WO_3 和 W 粉固-固反应制备的紫色氧化钨的扫描电镜照片（3000×）

5.1.3.2 还原设备与工艺条件

为了满足对产品钨粉性能，特别是物理性能的要求，氧化钨的氢还原设备应能提供过程所需要的高温和温度分布，并保证氢气在所需温度下与被还原的钨氧化物有充分的接触，以便于实现对产品钨粉的粒度控制。显然，还原设备还应满足生产机械化、连续化、自动化、能充分利用氢气和热能等方面的要求。现代工业生产常用的有管状还原炉（含钼丝炉、四管还原炉、十四管还原炉等）和回转式电炉等，以及用于生产纳米钨粉的等离子还原炉。

A 管状还原炉

在管状还原炉中，国内用得最多的是十三管还原炉和四管还原炉。国外比较多见的是十四～十八管炉。

十三管还原炉的主要结构见图 5-15。该炉采用手工装卸料。将装有氧化物的金属烧舟（装料高度为数毫米至数厘米）以一定的时间间隔分阶段地推入管状还原炉的耐热钢炉管。每送入一支新舟，炉料即向前推进一舟的长度。炉管用 X23H18 等牌号钢制成。炉管分两层，水平排列。上层 6 根，下层 7 根，分别支撑在支座上。螺旋形电热丝管采用 X20H80-H 合金材料。隔热层由超轻耐火砖、石棉水泥板、石棉板等组成。炉子外壳采用水冷，冷却水保持在 40～45℃，以满足操作环境降温的要求。炉腔内的异型耐火砖有槽沟，用来放置螺旋加热管。装料舟皿国内用镍钼合金(72%Ni、28%Mo)制成,国外在多数情况下用含 Ni 和 Cr 高的铁合金(Inconel 合金),较少用价格昂贵的 TZM 合金(含 Ti、Zr 和 C 的钼合金)。用铁合金做舟皿的最大缺点是其合金元素在还原时会扩散到与其接触的钨粉中。炉子分 5 个加热带。为记录各带的温度和调节各带的加热电流,设有相应的控制系统。

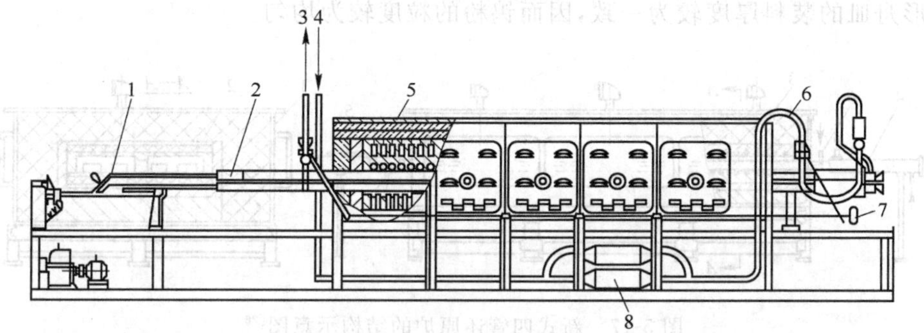

图 5-15 十三管还原炉的主要结构[25]

1—推杆;2—炉管;3—氢气出口;4—氢气进口;5—加热元件;6—氢气导管;7—氢气联锁阀;8—防爆器

四管马弗炉的炉壳用普通钢板焊接而成。老式四管马弗炉的四根炉管分上下两排对称地置于炉体中央,图 5-16 为该炉的结构示意图。

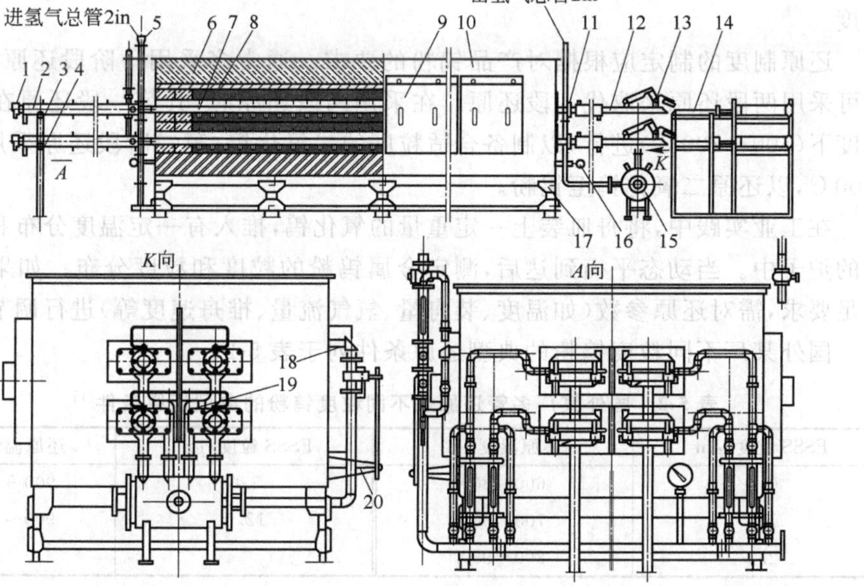

图 5-16 四管还原炉的结构示意图[25](1in=0.0254m)

1—卸料口开关装置;2—卸料冷却器;3—炉管上支架;4—炉管下支架;5—供氢系统(管道、阀门、仪表);6—砌体;7—炉管;8—发热体装置;9—防护罩;10—炉体;11—炉管方法兰垫;12—装料室;13—装料口炉门开关装置;14—推料装置;15—防爆器;16—拉环;17—炉架;18—热电偶;19—弯管;20—摆架新式四管还原炉的横断面见图 5-17。四管炉的炉管断面为长方形。四根炉管置于同一炉膛的同一水平上。与旧式四管炉四根炉管分置于四个独立炉膛相比，新式四管还原炉的温度均匀性要好得多。四管炉比较容易用机械和电子系统来解决装卸料的机械化和自动化问题。四管马弗炉的产能较大，电能单耗较低，其方形舟皿的装料厚度较为一致，因而钨粉的粒度较为均匀。

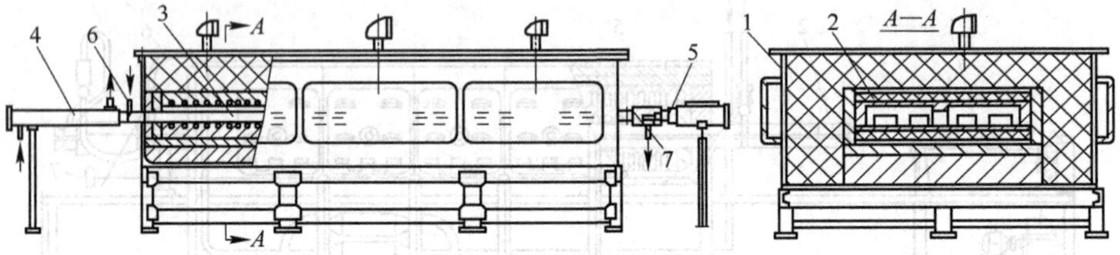

图 5-17 新式四管还原炉的结构示意图[26]

1—炉壳；2—加热元件；3—炉管；4—冷却套；5—推进器；6—氢气进口；7—氢气出口

在天然气供应充足的地方，管状还原炉常采用天然气加热。

管状还原炉的炉温在 600～1100℃之间。在制备细颗粒和中等颗粒的钨粉时，为了减少最后还原阶段（从 WO_2 到 W 阶段还原速度最慢）的时间，建议采用预先设定的温度制度。而对大于 6μm 的粗颗粒钨粉，可以采用等温还原制度。

还原制度的制定应根据对产品钨粉的要求。通常多采用一阶段还原。然而，也可采用两段还原来取代一段还原。在采用两段还原时，其第一段还原在较低的温度下（500～700℃）进行，以制备合适粒度的二氧化钨；第二阶段还原采用 600～1100℃，以还原二氧化钨至钨粉。

在工业实践中，将舟皿装上一定重量的氧化钨，推入有一定温度分布和氢气流量的炉子中。当动态平衡到达后，测定金属钨粉的粒度和粒度分布。如果钨粉不满足要求，需对还原参数（如温度、装舟量、氢气流量、推舟速度等）进行调节。

国外某厂不同粒度钨粉的典型还原条件列于表 5-2。

表 5-2 国外某厂多管还原炉不同粒度钨粉的典型还原条件[1]

FSSS 粒度/μm	还原温度/℃	FSSS 粒度/μm	还原温度/℃
0.7	600～800	5.0	900～1000
1.5	700～900	12.0	900～1000
2.5	800～950		

我国某厂在制造硬质合金用钨粉时，采用二段还原法。以生产中颗粒和细颗粒钨粉为例，其第一阶段还原采用四管炉，第二阶段还原采用十三管炉。其典型还原条件列于表 5-3 和表 5-4。

表 5-3 国内某厂用四管还原炉制备中、细粒度钨粉的第一阶段还原条件[27]

类别	装舟量 /kg·舟$^{-1}$	推舟速度 /min·舟$^{-1}$	氢气压力 /kPa	温度(±10)/℃			备注
				一带	二带	三带	
中颗粒	3.5～3.8	10	>3.3	720	780	800	用于制复式碳化物
中颗粒	3.5～4.0	10	>3.3	750	780	800	用于制 YG 硬质合金
中颗粒	4.0～4.5	10	>3.3	800	800	800	用于制 YT5 硬质合金
细颗粒	2.0～2.5	15	>4	600	630	650	用于制 YT15 硬质合金
细颗粒	<2.0	15	>4	580	600	620	用于制 YT30 硬质合金

表 5-4 国内某厂用十三管还原炉制备中、细粒度钨粉的第二阶段还原条件[27]

类别	装舟量 /kg·舟$^{-1}$	推舟速度 /min·舟$^{-1}$	氢气压力 /kPa	温度(±10)/℃					备注
				一带	二带	三带	四带	五带	
中颗粒	0.35～0.38	15	>3.3	860	860	860	860	860	用于制复式碳化物
中颗粒	0.40～0.45	15	>3.3	880	880	880	880	880	用于制 YG 硬质合金
中颗粒	0.45～0.55	15	>3.3	890	890	890	890	890	用于制 YT15 硬质合金
细颗粒	0.16～0.20	15	>4	780	780	880	880	880	用于制 YT15 硬质合金
细颗粒	0.10～0.13	15	>4	740	740	760	760	760	用于制 YT30 硬质合金

钨粉出炉之后，通常先在 60 目(0.246mm)的筛子上过筛，以去除由炉子或舟皿带来的杂物，然后合批混匀。此等作业不需要特殊的气氛，因为钨粉在出炉后，其表面已被氧和水蒸气所饱和。然而，当钨粉粒度小于 1μm 时，钨粉可能具有自燃性；特别是在粒度小于 0.5μm 时，需要小心操作。对避免细钨粉燃烧而言，顺氢还原是最有效的方法。当细钨粉尚处于冷却阶段时，它已与湿氢接触，在它离开还原炉前，其表面已被饱和。在采用逆氢还原时，出炉的细钨粉必须缓慢地被氧饱和。这可用惰性气氛(含少量氧的氮或氩)保存的方法或将粉末暴露于少量空气的方法来达到，以避免钨粉局部过热。也可以用将钨粉留在舟中约 30min 的方法。

显然，对于制取细钨粉，特别是亚微米钨粉而言，炉子的产能是很低的。为了防止颗粒长大，只能采用薄的料层。为了提高炉子的生产能力，在炉膛高的四管马弗炉中，建议采用两层舟或三层舟的还原技术。底层的还原舟上放置一个或两个上层舟，并使氢气能在舟皿之间流动，改善还原条件。这样可使细钨粉的产能得到相当的提高。

现代化的多管还原炉可以完全自动化，其所有的参数可预先设定并加以控制。装料、推舟和卸料都靠机器完成。

过量的氢气顺着或逆着钨料的运动方向通入管状还原炉。氢气的作用不仅是还原本身的需要，同时也是为了除去还原过程中产生的水蒸气和为了在炉子的冷却段保持还原气氛。被“弄湿”的氢气离开还原炉后，经干燥至所要求的露点后，返回还原炉使用(图 5-18)。在某些条件下，高露点的氢气也能用于还原炉。

还原用的氢气必须大量过量，以保证氢气能快速掠过粉末料层。氢气的过量程度，取决于钨粉的粒度。钨粉粗时氢气过量少，钨粉细时氢气过量多。氢气的过量范围在理论量的 2.5～40 倍之间。

据宁华介绍[2]，我国株洲硬质合金厂、厦门金鹭特种合金有限公司和成都硬质合金工具厂 3 家曾先后引进了德国 Elino 工业炉公司的十四管还原炉。该炉由于技术先进，使产品钨粉的质量有较大提高。该炉的数据如下：

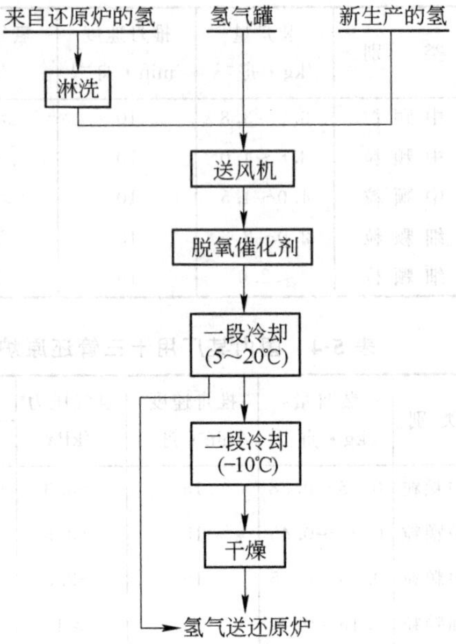

图 5-18　氢气净化再生系统的工作流程

炉管内径：约 124mm；

炉管外径：约 140mm；

加热区长度：约 7500mm；

冷却区长度：约 3500mm；

炉中舟皿数量：27×14＝378(个)；

舟皿尺寸(长×宽×高)：约 500mm×125mm×95mm；

氢气循环量：450m³/h(900m³/h)；

生产能力：1～15μm 的钨粉约 27～70kg/h；

加热方式：使用线圈加热元件；

加热功率：约 400kW；

炉子的安装功率：约 408kW(其中炉子传动功率为 8kW)；

炉内的最高工作温度：1050℃；

工作电源：380V，三相，50Hz；

控制电源：220V，单相，50Hz；

炉子重量：约 27t。

炉子由炉体、推舟机构及辅助装置、装卸料车三大部分组成。外形尺寸约为 16500mm×2700mm×1900mm。炉体用钢板及型钢焊制而成，内衬高效硅酸铝耐火保温材料。炉顶为活动式炉顶，炉体装有手动提升装置，可将炉顶提升，便于对加热元件及炉管进行维护。炉管采用镍、铬钢管(加热带含 60％镍和 15％铬；冷却带含 30％镍和 15％铬)，加热元件用镍、铬电阻丝(80％镍和 20％铬)。

炉子设 3 个加热区，每区均单独进行自动温度控制。炉温的波动可控制在 ±5℃内。

加料炉门为机械密封门，卸料门为气动密封门。炉门开启时间约 2～3s，装卸料均采用移动式料车。炉子设有自动机械推舟装置。

炉子设有安全报警系统。当参数和条件与设定值发生偏差和氢气泄漏时，能发出声响和视觉报警。

设有与十四管炉配套的氢气净化装置，氢气处理能力为 900m^3/h，净化后的氢气露点为－60℃，净化装置的外形尺寸为 9500mm×2900mm×3400mm。

十四管炉的示意图见图 5-19[25]。

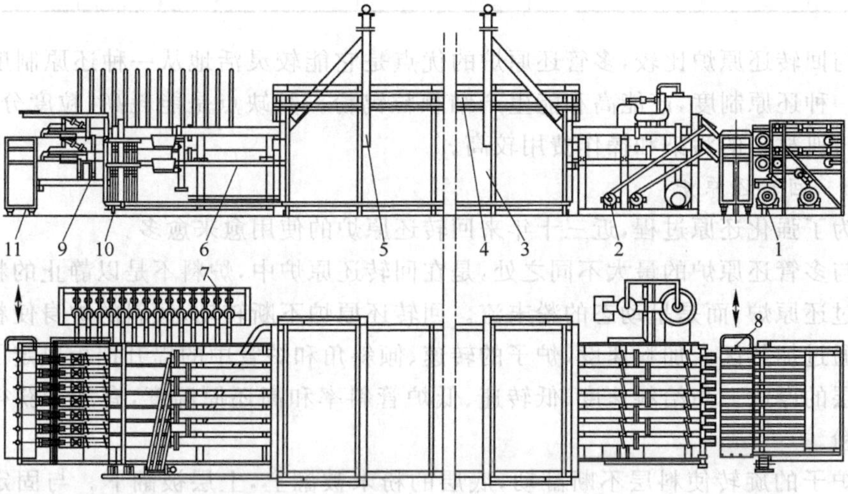

图 5-19 十四管还原电炉的示意图[25]

1—自动推舟装置；2—炉头；3—炉体；4—炉盖；5—炉盖吊起装置；6—炉尾；7—供气系统；8—装料车；9—炉管；10—供水管；11—卸料车

采用十四管炉以蓝色氧化钨为原料，生产钨粉的工艺条件如表 5-5 所示。

表 5-5 采用十四管炉以蓝色氧化钨为原料生产钨粉的工艺条件

钨粉类别	加温带/℃			氢气压力 /kPa	氢气流量 /$m^3 \cdot h^{-1}$	氢气量(理论量倍数)	装舟量 /g·舟$^{-1}$	推舟速度 /舟·min^{-1}
	一 带	二 带	三 带					
亚微钨粉	550～650	650～750	700～800	4～6	≥400	≥48	498～611	2/30
细 钨 粉	600～700	700～800	750～850	4～6	300	23	611～792	2/30
中 钨 粉	650～800	800～900	850～950	4～6	250	13	792～1471	2/30
粗 钨 粉	780～850	850～960	950～1050	4～6	150～200	5～8	1471～1584	2/30

对还原产品钨粉的质量要求见表 5-6。

表 5-6　钨粉产品质量

类别	品级	FSSS平均粒度/μm	氧含量(不大于)/%	化学成分	
				元素	含量/%
亚微钨粉	W-1,2	0.5～0.99	0.4～0.3	W	≥99.95
细钨粉	W-3,4	1.0～1.79	0.15	Al,Co,Cu,Ca,Si,Mn,Mg,	各$<10\times10^{-4}$
中钨粉	W-5～9	1.8～6.99	0.12	Pb,Bi,K,Na,P,As,Sn	各$<10\times10^{-4}$
粗钨粉	W-10,11	7.00～15.00	0.05	Cr,Ni,Mo	各$<30\times10^{-4}$
				Fe	$<80\times10^{-4}$

与回转还原炉比较，多管还原炉的优点是它能较灵活地从一种还原制度切换到另一种还原制度，产能高和能生产细颗粒钨粉。其缺点是能耗高、粒度分布宽、易受舟皿材料的污染和操作费用较高。

B　回转还原炉

为了强化还原过程，近三十年来回转还原炉的使用愈来愈多。

与多管还原炉的最大不同之处，是在回转还原炉中，炉料不是以静止的料层状态通过还原炉，而是呈动态的粉末流。回转还原炉不断转动，倾斜的炉身使粉末连续地通过加热区。加料速度、炉子的转速、倾斜角和炉管中的提升挡板决定了动态粉末层的厚度。高给料速度、低转速、低炉管斜率和高还原温度，有利于获得粗颗粒钨粉。

炉子的旋转使料层不断翻动，底层的粉末被翻上，上层被翻下。与固定床层相比，水蒸气较难留在料层中，从而强化了氢自外向内和水自内向外的扩散。回转还原炉料层中的湿度因而较低，与多管还原炉相比还原过程在较干的条件下进行。

为了维持对颗粒长大所需的湿度，回转还原炉只需要少量氢过剩(2～3倍于化学计量)。这只相当于多管还原炉最低的氢气过量系数，这样的氢气过量系数在多管还原炉中仅用于生产很粗的钨粉。此外，在回转还原炉中，氢气过量系数对粒度长大的影响也较少。

还原了的氢气离开炉子后，经净化、干燥和预热后重新返回炉内。

经分级的粗颗粒蓝色氧化钨，具有良好的流动特性，有助于避免粉末在炉壁上的黏结。由于是处于干氢还原条件，回转还原炉生产的钨粉具有高聚集度、低表观密度和较窄的粒度分布。最大粒径的上限约为6μm。

回转还原炉的结构如图5-20所示。工业使用的炉子有不同的尺寸，内径在300～750mm之间，转筒的加热长度为3000～8000mm。国外最常见的炉子的内径为600mm，加热长度为6500mm。炉子由大圆形外管和较长的内管组成。德国Elino厂生产的回转还原炉的还原条件和不同粒度钨粉的产能见表5-7。

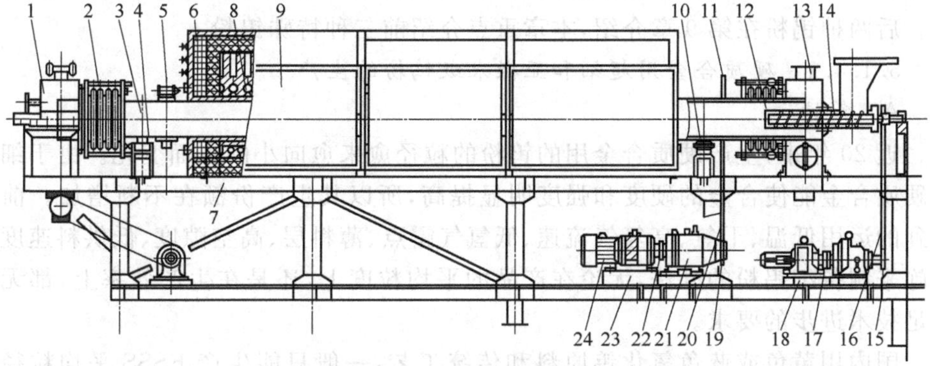

图 5-20 回转还原炉的结构[25]

1—卸料斗;2—炉尾密封装置;3—炉管;4—后托轮装置;5—振打器;6—保温层;7—炉架;
8—发热体装置;9—炉壳;10—前托轮装置;11—链轮;12—炉头密封装置;13—除尘气箱;
14—送料装置;15,19—链轮;16,20—套筒滚子链;17,22—弹性连接口;18—机座;
21—摆线针齿减速机;23—机座;24—电磁调速电动机

表 5-7 回转还原炉的还原条件和不同粒度钨粉的产能

FSSS粒度/μm	温度/℃	产能/kg(W)·h^{-1}	FSSS粒度/μm	温度/℃	产能/kg(W)·h^{-1}
0.7	600～800	18	4.0	800～920	58
1.3	600～850	27			

生产实践证明,此种炉型有如下一些优点:

(1) 大大提高了生产率;

(2) 装卸料密封,生产连续化;

(3) 对中等粒度的钨粉而言,单位能耗较多管还原炉低;

(4) 较易实现自动化,故操作费用较低;

(5) 产品的均匀性较好,不像多管还原炉那样易受舟皿材料的污染。

不足之处是:

(1) 传动机构较复杂,故障较多,对管理要求高;

(2) 由于粉末料层的不断翻动,细小的颗粒会被氢气吹走,所以必须用过滤收尘的方法加以回收;

(3) 在高温下粉末较易黏附炉壁。

5.1.4 特殊钨粉的生产

随着科学技术的发展,对原料钨粉不断提出新的特殊要求,例如电子材料与过滤材料要求提供球形钨粉;高质量硬质合金要求超细钨粉;钨丝生产要求提供掺杂钨粉。本书指的特殊钨粉包括超细钨粉、粗粒钨粉、高纯钨粉、球形钨粉及掺杂钨粉。后两种钨粉在第9章介绍，本章重点介绍前三种特殊钨粉。

5.1.4.1 *硬质合金用超细和亚微米级钨粉的生产*

A 简述

近20年来，生产硬质合金用的钨粉的粒径愈来愈向小的方面变化。由于细颗粒硬质合金能使合金的硬度和强度明显提高，所以其生产份额在不断增加。前面提到的运用低温、干氢、高氢气流速、低氢气露点、薄料层、高空隙度、低供料速度等措施来制备细钨粉的办法，无论在产品的平均粒度上，还是在生产效率上，都无法满足技术进步的要求。

国内用黄色或蓝色氧化钨原料和传统工艺，一般只能生产FSSS平均粒径为0.6～0.8μm的钨粉和碳化钨粉，而且普遍存在粒度分布宽的问题，因此严重影响了硬质合金的质量。

开发超细钨粉和碳化钨粉的生产技术一直是钨冶炼领域的重要课题。国内外已研究出多种生产超细钨粉的技术，有的已实现工业化[29]。

日本住友电气工业公司和东京钨公司采用氧化钨连续直接碳化法生产超细碳化钨[1]。该法的优点是避免了$WO_2(OH)_2$化学气相迁移作用导致粉末粒度长大，可制得细而均匀的碳化钨粉。最细粒级碳化钨的BET粒径为0.11～0.22μm，处于世界先进水平。但该法还是受到设备和原材料的限制而影响到碳化钨的质量和生产能力。

我国厦门、株洲、自贡和上海等地已能工业化生产平均粒度为0.4μm以上任何级别的亚微米级钨粉和碳化钨粉，并开始向国外大批量出口。

目前国内生产超细和亚微米级钨粉的方法也多种多样。赵秦生等[32]用六氯化钨氢还原法最先制得了纳米钨粉(电镜粒度10～40nm)，经碳化可得粒径为0.27μm的碳化钨粉。唐新和[33]、邹志强等[34]用联氨钨酸盐或胺钨盐为原料制得了亚微米级或超细钨粉。该法在细度上有明显进步，但存在着成本较高、工序较多、金属回收率低和废液需要处理等问题，限制了该法的实际应用。上海工业大学陈世琯采用有机胺钨酸盐热分解制取蓝钨，再氢还原得到0.02μm的钨粉，经碳化可得粒径小于0.3μm的碳化钨粉。中科院舒代萱和株洲钨钼材料厂的刘辉采用新型胺类钨酸盐(ART)，也在工业规模上制取了超细钨粉。中南大学和株洲硬质合金厂[35]用APT为原料，在特定的工艺条件下先制取紫色氧化钨，然后在较低的还原温度下生产出细而均匀的钨粉。这项技术已工业化，能生产出BET粒径为0.08μm的钨粉和0.16μm的碳化钨粉。

此外，自贡硬质合金厂梁平用蓝钨直接碳化制取了平均粒度小于0.5μm的碳化钨粉。武汉工业大学王柱采用分步热解-热化学转化工艺成功地制得了平均粒度小于0.2μm的碳化钨钴复合粉。

本书重点介绍下列三种编者认为最为经济实用的方法：

(1) 以紫色氧化钨为前驱物的氢还原制取纳米钨粉法；

(2) 三氧化钨(或仲钨酸铵)等离子氢还原法；

(3) 氧化钨连续直接碳化法。

B 以紫色氧化钨为前驱物的氢还原制取纳米钨粉的方法

紫色氧化钨是以仲钨酸铵假晶外形聚集的细长条柱状微晶，紫色氧化钨的 X 光衍射图谱见图5-21。

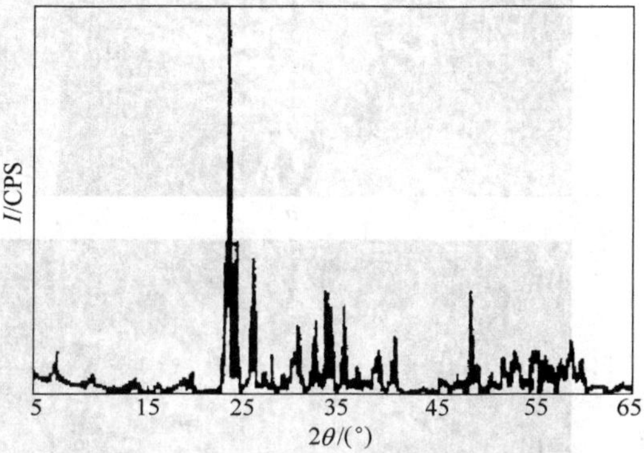

图 5-21 紫色氧化钨的 X 光衍射图谱

赵秦生曾在设有加热装置的扫描电镜中[36]，对氧化钨的氢还原作过动态观察。发现在以氢为残余气体的真空中和 700℃的温度下，仅经过 5s 就形成了紫色氧化钨。该紫色氧化钨主要呈类似于“炒米糕”式的由细长条柱状微晶集合而成的外形与仲钨酸铵无异的二次粉体，但在个别二次粉体的表面，特别是位于大孔穴中的细小二次粉体的表面，有放射状的细长晶须形成。这些晶须具有由化学气相迁移而形成的特征。因此，我们在认识氧化钨氢还原过程时，不应一味地只考虑化学气相迁移机制，也要同时考虑固相扩散的作用。化学气相迁移机制只在高温还原时才具有重要意义。图5-22*a*,*b*,*c*,*d*,*e*,*f*,*g*,*h* 示出有晶须生成的一个氧化钨颗粒的还原历程。随着还原时间的延续和还原气体浓度的增加，被观察颗粒的形貌不断发生变化。晶须渐渐弯曲、变细、变短，最后成为由细小金属钨晶粒组成的钨晶须。这说明由一个 $WO_{2.72}$ 的晶须，可以制得比该晶须直径更小的钨粉。这些晶须在还原过程中并未通过化学气相迁移机制而消失或转移(还原温度最后高达 1100℃)。这说明在相应的实验条件下，在 $WO_{2.72} \rightarrow WO_2 \rightarrow W$ 的还原过程中，化学气相迁移并不明显。与此同时，没有晶须的由 $WO_{2.72}$ 固有柱状晶组成的图左下方的二次晶粒，也逐渐变为海绵状的由细钨粉组成的多晶钨团粒。

J. O. Hougen 等人将 WO_3 压成致密的片状试样进行氢还原研究，发现 WO_3 的还原出现如图 5-23 所示的进程。赵秦生等[23]对这一广为人们接受的氧化钨氢还原反应核收缩模型提出了置疑。他认为，紫钨细条晶的聚合体是疏松多孔的，在氢还原时有利于氢的渗入和水蒸气的逸出，因此在紫钨还原时，反应可以在多孔的紫钨聚合体中的任何活性点发生。他们将轻度氢还原的紫钨嵌样磨样后在 1500 倍的光学显微镜下观察。图 5-24 是一种 $WO_{2.72}$ 和百分之几的 WO_2 的混合物的光学剖面照片。相片中的灰色是 $WO_{2.72}$ 相，白色为 WO_2 相。图 5-25 示出了一个已

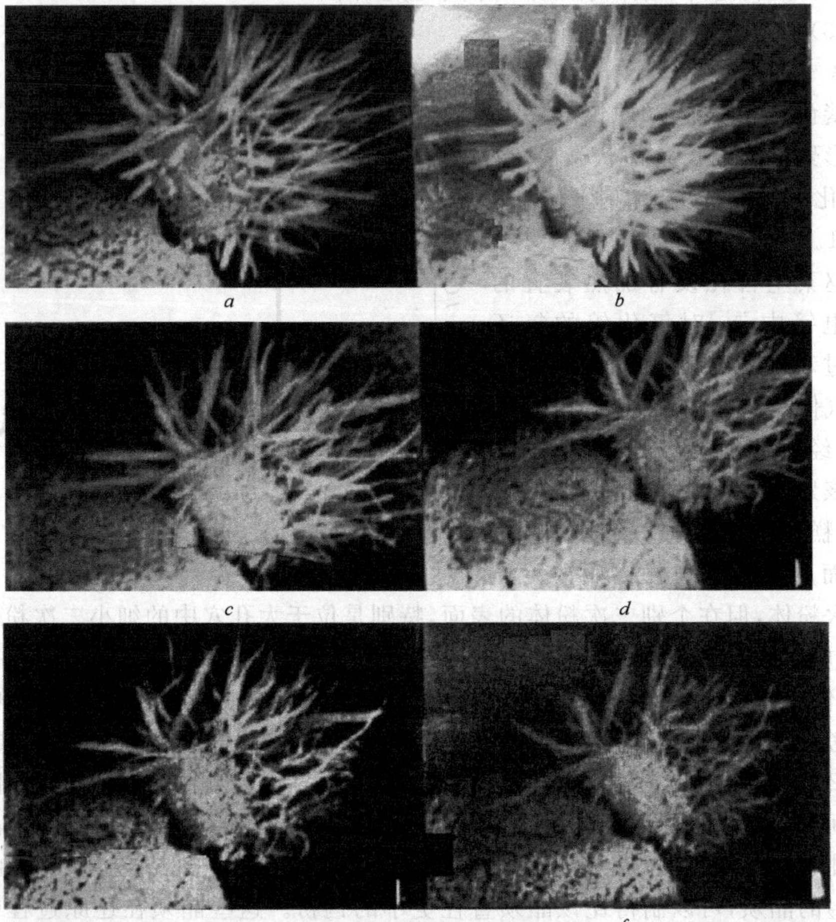

图 5-22　有 $WO_{2.72}$ 晶须的氧化钨颗粒在氢还原过程中(a～h)的形貌变化

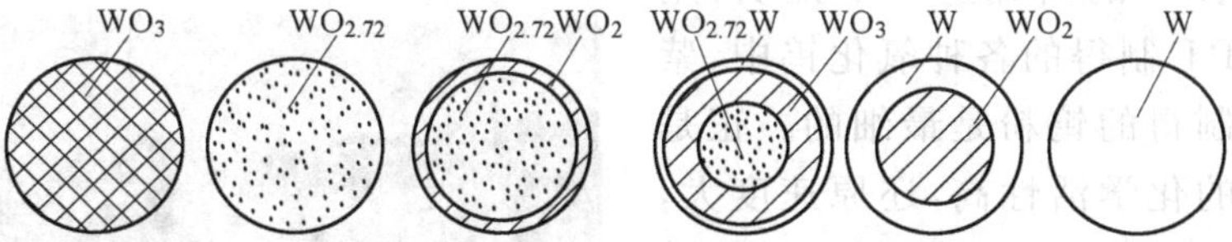

图 5-23 J. O. Hougen 提出的 WO_3 氢还原反应发展过程示意图[1]

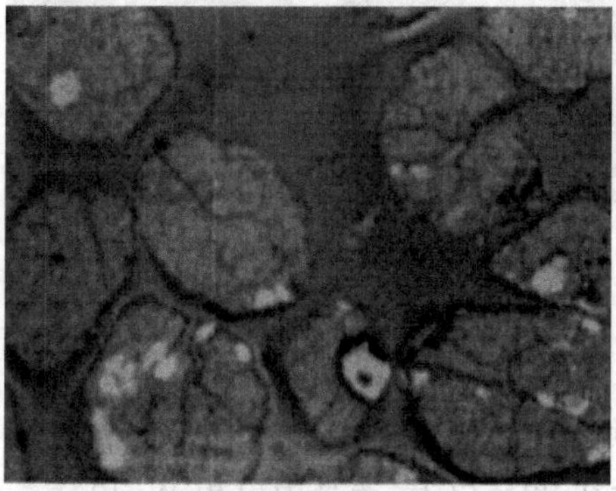

图 5-24 以 $WO_{2.72}$ 为主的 $WO_{2.72}+WO_2$ 混合物的金相照片(500×)

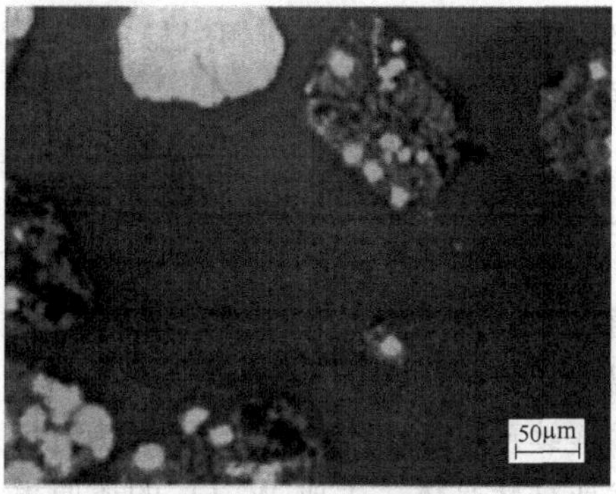

图 5-25 $WO_{2.72}+WO_2$ 混合物的金相照片(其中左上方的颗粒已转变为 WO_2)

经完全还原为 WO_2 的二次颗粒。从图 5-24 和图 5-25 可以清楚地看到，紫钨的氢还原不仅始于 $W_{18}O_{49}$ 聚合体表面的活性中心，而且也始于聚合体内部的活性中心。所以，其氢还原时生成二氧化钨和钨粉的速度快、晶核多、粒度细。这充分证明，在生产条件下，氧化钨氢还原反应并不遵循反应核收缩模型。

图 5-26 示出了以 WO_2 为主的含 $WO_{2.72}$ 百分之几的 $WO_{2.72}+WO_2$ 混合物的扫描电镜照片。这种混合物由两种类型的晶粒组成。一种是不规则的长柱体。显然，在 740℃ 的还原温度下，不规则的长柱体是由柱状晶通过还原形成的，其总体形貌与 $WO_{2.72}$ 非常相似。另一种是已再结晶的 WO_2，由较粗壮的柱状晶组成。在上述混合物中，也可以见到某些已长大的 WO_2 晶体(图 5-27)。

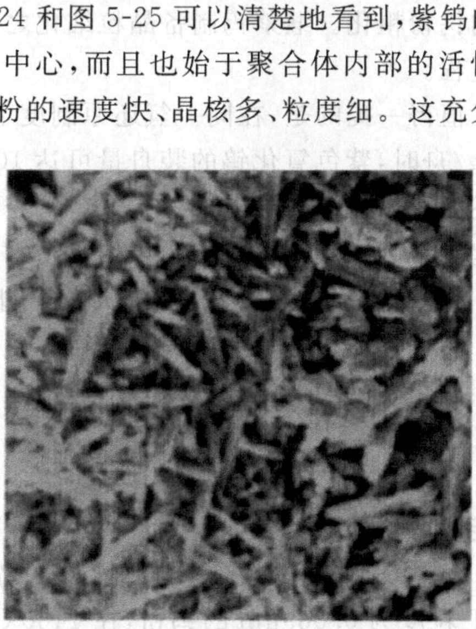

图 5-26 以 WO_2 为主的含 $WO_{2.72}$ 百分之几的 $WO_{2.72}+WO_2$ 混合物的扫描电镜照片(5000×)

陈绍衣[35]的研究进一步证明，用同一批 APT 制得的各种氧化钨中，紫钨氢还原制得的钨粉是最细的。正是因为紫钨的化学活性高，还原速度大，所以在用紫钨为原料制取钨粉时，可以加快推舟速度和加大装舟量，从而显著提高钨粉的生产效率。与此同时，产品钨粉的粒度和粒度分布相当稳定，受紫钨装舟量的影响小。

图 5-27　$WO_{2.72}+WO_2$ 混合物中的粗壮 WO_2 晶粒的扫描电镜照片（5000×）

紫钨为前驱物生产超细钨粉的工艺过程如下：

先介绍紫钨的制备。将原料 APT 通过给料装置加入到回转炉内，在一定温度和弱还原气氛下令 APT 热分解，并连续预还原为 $W_{18}O_{49}$。通过热分解和预还原，一颗 APT 晶体变为由无数个针状或杆状晶体。生成 $W_{18}O_{49}$ 的还原率一般在 99%以上，产品为单相 $W_{18}O_{49}$。

$W_{18}O_{49}$ 的氢还原在电热四管炉中进行。还原过程中，在 $W_{18}O_{49}$ 的针状或杆状晶体上滋生出无数个细小均匀的球状二氧化钨颗粒，后者再转变成类似于串珠的金属钨粒。这说明 $W_{18}O_{49}$ 在适当的氢还原条件下，可以避免因化学气相迁移而导致的钨粉粗化。继紫钨制备晶粒细化之后，$W_{18}O_{49}$ 还原成钨粉又是一个粒度细化的过程。

值得一提的是，在同一氢还原制度下，当黄色氧化钨和蓝色氧化钨的装舟量为 700g/舟时，紫色氧化钨的装舟量可达 1000g/舟。工业生产实践证明，依次将装有上述三种氧化钨的烧舟推入同一炉管进行还原，用 $W_{18}O_{49}$ 制得的钨粉比用黄色氧化钨制得的或蓝色氧化钨制得的钨粉细，粒度分布窄。

用紫钨得到超细钨粉后，为制备超细碳化钨，可采用现行细粒级碳化钨制造工艺。碳化作业在中频感应炉中进行。超细钨粉的碳化一般都能一次合格，产品中总碳和化合碳均可达到预期要求。从超细钨粉的碳化的生产实践，可以总结出以下几点结论：

（1）超细碳化钨的粒度主要取决于超细钨粉的粒度。只有细小均匀的钨粉，才能制得均匀的碳化钨；

（2）以 $W_{18}O_{49}$ 前驱物制得的碳化钨，具有超细均匀、不易长大的特点。例如，BET 粒度为 0.089μm 的钨粉，在 1460℃的温度下碳化 2h，生成碳化钨的 BET 粒度为 0.214μm。这表明由 $W_{18}O_{49}$ 制得的超细钨粉在碳化过程中粒度增加很小。

（3）在从 APT 制得的各种氧化钨中，$W_{18}O_{49}$ 最适合于制取超细碳化钨。

C 氧化钨等离子氢还原法[38]

氧化钨等离子氢还原法是前苏联的一项重大科学成果。该项技术是由前苏联科学院拜可夫冶金研究院、全苏硬质合金研究院、全苏电加热设备研究院等单位联合研制的，并用于乌兹别克硬质合金和高熔点金属公司的工业生产。

三氧化钨等离子氢还原的设备示意图见图 5-28。

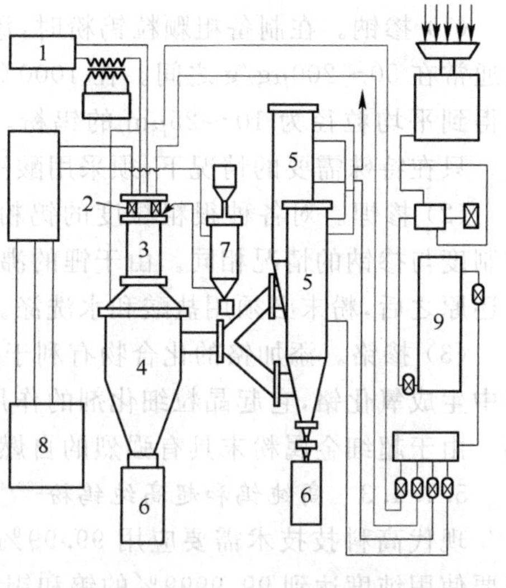

图 5-28 三氧化钨等离子氢还原的设备示意图
1—电源；2—气体电弧加热器；3—等离子反应器；4—沉淀室；5—过滤器；6—收粉器；7—原料三氧化钨给料器；8—供气系统；9—供水系统

该等离子氢还原的设备的型号为 PUV-300，PUV 是俄文“等离子还原装置”的缩写，300 可能是指该装置的电功率为 300kW。据该装置的发明者之一介绍，装置生产超细钨粉的能力为 1t/d，年产能为 300t。产品超细钨粉中的金属杂质含量如下（μg/g）：Al 20，Fe 60，As 50，Mo 600，Si 60，Ca 60，Na 40，C 300，Mn 10，Cr 10，Ni 30，V 10，Mg 10，Cu 10，Cd 20。

生产实践证明，与传统的氢还原工艺相比较，在该装置上的劳动力消耗仅为 38.46%。等离子还原装置与传统的三氧化钨氢还原工艺参数的比较见表 5-8。

表 5-8 三氧化钨等离子还原装置与传统的氢还原工艺参数的比较

工艺名称	单位消耗			
	电能/$kW \cdot h \cdot kg^{-1}$	H_2(标态)/$m^3 \cdot kg^{-1}$	N_2(标态)/$m^3 \cdot kg^{-1}$	水(标态)/$m^3 \cdot kg^{-1}$
等离子还原	3.21	0.60	0.002	0.35
传统氢还原	6.83	3.50	0.002	0.50

以此超细钨粉进行压型和烧结，可以得到高密度和高强度的坯料和制件。超细粉的高活性使生产致密制件的能耗大为降低。用此超细钨粉为原料，可制得超细碳化钨和具有超细结构的硬质合金。

5.1.4.2 以掺杂控制粒度的方法生产粗粒和细粒钨粉

粉末的性能可因添加第三元素而受到严重影响，可利用这种特性来生产某些特殊品种的钨制品。

加入第三元素的作业称为掺杂。掺杂时是将氧化钨与掺入元素化合物的水溶液作用。近30年来的研究和生产证明，向蓝色氧化钨掺杂的效果优于向黄色氧化钨掺杂，所以现在多采用蓝色氧化钨掺杂[28]。

(1) 掺钠。在制备粗颗粒钨粉时，添加钠的化合物是常用的方法。钠的添加量通常在50～200μg/g之间。在1000℃和湿氢的条件下，根据料层厚度不同，可以得到平均粒径为10～25μm的钨粉。高温可保证钠在还原过程的末期强烈挥发。只在特殊需要的情况下，须采用酸浸或水浸的方法来降低残余的钠含量。

(2) 掺锂。对各种很粗粒度的钨粉(50～100μm)，使用掺锂比掺钠更好。还原制度与掺钠的情况相同。由于锂的沸点高，它在还原过程中不会像钠那样挥发。在还原之后，粉末必须用盐酸和水洗涤。细颗粒部分用筛子分离除去。

(3) 掺铬。添加铬的化合物有利于生产很细的钨粉(小于0.5μm)。在还原过程中生成氧化铬，它起晶粒细化剂的作用。这种细钨粉随后用来碳化成超细碳化钨。由于超细金属粉末具有强烈的自燃性，在生产过程中必须小心谨慎。

5.1.4.3 高纯钨和超高纯钨粉[39,40]

现代高科技技术需要应用99.99%以上的钨粉。例如，高质量的微电子元件需要使用纯度达到99.9999%的钨和钼，对钨和钼中的杂质控制极严，碱金属和碱土金属含量要求小于0.05mg/kg(即小于$0.05\times10^{-4}\%$)，而且还特别要求其中的铀和钍的含量小于0.0005mg/kg(小于$0.5\times10^{-7}\%$)，因为放射性可能引起所谓的"软误差"。只有应用这种所谓的超高纯的材料才能制造出具有杰出质量和溅射性质的钨靶。

德国赫尔曼·斯塔克公司在新的生产装置中采用最优化的多阶段液体提取技术，在洁净度达到10级的无尘实验室中生产出了这种超高纯钨粉、钼粉和硅化钨、硅化钼。生产这种超高纯材料必须使用最先进的仪器分析手段——辉光放电质谱(GDMS)，并用二次离子质谱(SIMS)、同位素稀释质谱(IDMS)及用于痕量杂质分离监测的感应耦合等离子质谱(TMS-ICP-MS)进行配合。

用粉末冶金的方法加工这种材料为致密钨靶，要求致密程度达到近乎100%的理论密度，因而对粉末形貌与粒度分布有一定要求。而常用的费氏仪并不能满足这一要求。由于粒度小于1μm的粉末对致密性有显著影响，而典型的激光散射技术只能保证大于1μm颗粒有较准确的结果，故斯塔克公司又发展了一种新的称之为PIDS的分析系统，能够增加粒度从0.1～1μm区间的分辨率。用费氏仪测量粒度分别为2.9μm与1.1μm，差别仅1.8μm的两种粉，用PIDS系统测量，实际上两种粉的粒度相差一个数量级。前苏联科学院固体物理所声称，通过2～3次真空熔炼(电子束区域熔炼、磁力悬浮熔炼和一些化学方法)获得了作磁溅射靶用的超高纯钨。31个杂质元素总量不超过$17\times10^{-4}\%$，其中C $1\times10^{-4}\%$，O $0.5\times10^{-4}\%$，N $0.5\times10^{-4}\%$，K+Na $2\times10^{-4}\%$，Ta $1\times10^{-4}\%$。

文献[41]的作者采用国产APT-1为原料，经氨溶、活性炭吸附、过滤和中和再结晶等作业，制得高纯APT，再经还原制粉、坯块烧结、高真空脱气和轧制，得到了纯度不小于99.99%的高纯钨靶材。

孙宝莲等人[42]采用高浓度盐酸并加入双氧水、硝酸处理仲钨酸铵，制得高纯三氧化钨，用其作原料产出的高纯钨粉，含钼4μg/kg，铁小于1μg/kg，含钨99.995%，其质量远高于常规钨粉，可取代进口钨粉，用于电子工业。

5.2 金属钼粉的生产

5.2.1 概述

在钼的提取冶金中，金属钼粉生产的重要性是显然的，钼粉的性能在很大程度上影响钼制品的性能。

钼粉的质量是对钼和钼合金优越性能的保证。钼粉工业面临极大的挑战，它必须满足市场对它愈来愈高的要求。

与生产钨粉一样，对钼粉不仅有化学纯度方面的要求，而且也有物理性能和工艺性能方面的要求。在物理性能方面，钼粉的颗粒尺寸、粒度分布、粒形和粒子集聚状态都十分重要；而流动性、压制密度和烧结性能等，则属于粉末的工艺性能。钼粉的物理性能和工艺性能受钼粉生产过程工艺参数的影响，可通过调整工艺参数来加以控制。

氧化钼的氢还原在原理和工艺上与氧化钨氢还原相当类似，但在对氧化钼氢还原的研究上，不如氧化钨氢还原那样深入。因此，为了加强对氧化钼氢还原的理解，建议读者参阅本章中有关氧化钨氢还原的论述，以获得一些具有共性的知识。

与氧化钨氢还原明显不同之处，是氧化钼的氢还原通常采用二阶段还原，而且二阶段还原的温度有较大的差别。这是因为在三氧化钼还原成二氧化钼的过程中，会形成低价氧化钼Mo_4O_{11}。不少研究表明，在一定温度下，Mo_4O_{11}会与MoO_3生成某种低熔点共晶体，其熔点在550～600℃之间。所以在三氧化钼一阶段还原为二氧化钼时，温度不宜过高，以免MoO_3和Mo_4O_{11}还未来得及完全转变为MoO_2时，温度已升至550℃以上，引起低熔点共晶体熔化，导致粉末板结，使第二阶段还原得到的钼粉颗粒粗大和粒度分布过宽。

生产金属钼粉的主要原料是钼酸铵。与生产金属钨粉不同，生产金属钨粉用的初始原料主要是相组成十分单一的仲钨酸铵，因此同一氢还原工艺可以适用于不同厂家生产的仲钨酸铵，而在生产金属钼粉时，使用的初始原料工业钼酸铵的相组成却相当复杂，不同厂家和不同工艺生产的工业钼酸铵要求有适合于原料本身的氢还原制度。

了解氧化钼与氧化钨氢还原的共性，有助于我们掌握氢还原的一般规律；而了解氧化钼与氧化钨氢还原的特殊性，将有助于我们精确地确定和控制氧化钼氢还原的工艺条件，生产出高质量的还原钼粉。为节约篇幅，在本节中我们将主要讨论氧化钼氢还原不同于氧化钨氢还原的特殊性。

由于氧化钼氢还原使用的设备与氧化钨氢还原雷同，请读者参阅本章第 5.1 节中有关氧化钨氢还原的设备叙述。

钼制品的质量与性能和加工过程的工艺条件和生产环境紧密相关，但钼酸铵是影响加工质量的关键。

近年来，鉴于用常规方法生产的金属钼粉必须通过粉末压制、烧结等一系列工序才能得到致密金属钼，生产过程十分复杂，国外开发了以钼的氧化物为原料，通过铝热还原直接制备可用于电子束精炼的粗金属钼的方法。

5.2.2 钼粉生产对原料钼酸铵的要求

我国工业上使用的钼酸铵有仲钼酸铵（七钼酸铵）、四钼酸铵和二钼酸铵，加之几乎这些钼酸铵往往是几种晶型的混合物，这使得原料钼酸铵对钼粉生产的影响变得十分复杂。

由于还原钼粉的纯度取决于钼酸铵的化学成分，而钼酸铵的晶型和物理性状又对钼粉的粒度、粒度分布、粒形等物理和加工性能有决定性影响，因此制备和选择适当的钼酸铵原料，对生产高质量的钼粉至关重要。生产实践证明，对原料钼酸铵的选择和不同原料的搭配，是保证还原钼粉质量的先决条件。如原料来源有变动，则必须通过试验对氢还原制度做相应调整，才能生产出适合的钼粉。

赵秦生及其同事曾对国内数家有代表性厂家生产的钼酸铵作过物相分析。分析结果证明，除某厂提供的两个样品分别为 X 光纯 α 型四钼酸铵和 β 型四钼酸铵外，其余的样品都是多种晶型钼酸铵的混合物。由于不同晶型的钼酸铵的热分解历程不同，加之其原始晶形的“遗传性”影响，其产物的粒度和形貌也不一样。这必然会使分解产物氧化钼的粒度分布变宽，从而影响到还原钼粉的质量。

例如，我们曾取国内三家钼酸铵厂生产的钼酸铵[44]，分别取名为 AM-1、AM-2 和 AM-3。X 光衍射物相分析表明，AM-1 由 $(NH_4)_6Mo_7O_{24}\cdot 4H_2O$（少量）+ $(NH_4)_4Mo_5O_{17}$ + $(NH_4)_2Mo_4O_{13}$（少量）+ β-$(NH_4)_2Mo_4O_{13}$ 构成；AM-2 由 $(NH_4)_2Mo_4O_{13}$ + β-$(NH_4)_2Mo_4O_{13}$ + $(NH_4)_2Mo_4O_{13}\cdot 2H_2O$（少量）构成；AM-3 由 $(NH_4)_2Mo_4O_{13}$ + β-$(NH_4)_2Mo_4O_{13}$ + $(NH_4)_2Mo_4O_{13}\cdot 2H_2O$ 构成。

据文献[45]介绍，在氢还原制备金属钼粉时，在为数众多的钼酸铵中，通常采用四钼酸铵、二钼酸铵和七钼酸铵。从成本上说，一般四钼酸铵较低，二钼酸铵次之，七钼酸铵最高。由于用四钼酸铵做原料可获得高质量的钼粉，所以日益受到钼粉生产厂家的喜爱。

据文献[43]报道，α 型四钼酸铵晶粒粗细不均，热稳定性差，易风化结块。形成这种晶型的主要原因是酸沉过程中溶液浓度过高，加酸速度过快且无规律性，致使热量分布不均匀，局部区域成核快，晶核聚集成团。加之烘干条件差等因素，使得晶体中产生位错、缺陷、裂纹等不完整性。用这种四钼酸铵来生产钼粉，经焙解和还原后筛上物多，制得的钼粉粒度分布范围大，压制和垂熔的钼条成品合格率在70％以下。

文献[43]的作者认为，β 型四钼酸铵是我们需要的理想晶型。这种钼酸铵晶粒粗大均匀，热稳定性好。β 型四钼酸铵经焙解后，三氧化钼的色泽好，粒度均匀，还原后筛上物少，制得的钼粉粒度分布范围狭小，压制和垂熔各工序表现出良好的加工性能，钼条成品合格率达 95％以上。

微粉型四钼酸铵是一种新型的四钼酸铵，可制造高纯氧化钼和高质量钼粉，生产的钼粉适合轧制薄片[46]。

5.2.3 钼酸铵的热分解

以钼酸铵为原料制取钼粉，通常有两种工艺[45]：

(1) 热分解-分段还原法，其工艺流程如下：

钼酸铵→热分解→三氧化钼→筛分→一次还原→二氧化钼→筛分→二次还原→钼粉→筛分→合批。

(2) 钼酸铵两段还原法，其工艺流程如下：

钼酸铵一次还原→二氧化钼→筛分→二次还原→钼粉→筛分→合批。

在第一种工艺中，第一步就是将钼酸铵进行热分解。钼酸铵的热分解，是指钼酸铵在空气中的加热分解过程。无论用何种钼酸铵作原料，在加热时都会发生脱氨和脱水过程，得到三氧化钼。

文献[47]报道，仲钼酸铵在高温下发生热分解：

$$5(NH_4)_6Mo_7O_{24}\cdot 4H_2O \longrightarrow 7(NH_4)_4Mo_5O_{17}+2NH_3+5H_2O$$

按上述反应，尹周澜等人[48]将仲钼酸铵研磨成粉末，通过在 120℃下两次保温(7h 和 2h)的方法制得了单相的五钼酸铵。对得到的$(NH_4)_4Mo_5O_{17}$进行差热分析，表明五钼酸铵在加热过程中出现两个差热峰，分别在 220℃和 290℃，说明五钼酸铵的热分解分两步进行。第一步是在 200～240℃范围内分解为四钼酸铵，第二步是在 290～320℃范围内分解为最终产物三氧化钼。五钼酸铵分两步热分解的反应方程如下：

$$4(NH_4)_4Mo_5O_{17} \longrightarrow 5(NH_4)_2Mo_4O_{13}+6NH_3+3H_2O \qquad (5\text{-}1)$$

$$5(NH_4)_2Mo_4O_{13} \longrightarrow 20MoO_3+10NH_3+5H_2O \qquad (5\text{-}2)$$

尹周澜、赵秦生等人[49]对多相四钼酸铵在空气中和在密闭气氛中的热分解进行了研究。被研究的多相四钼酸铵由$(NH_4)_2Mo_4O_{13}$＋β-$(NH_4)_2Mo_4O_{13}$＋$(NH_4)_2Mo_4O_{13}\cdot 2H_2O$(少量)构成。将四钼酸铵原料细磨后置于高温X射线衍射仪的样品架上,分别在直接连通大气和保持101325Pa的密闭条件下加热样品,升温速度为10℃/min,至某待测温度时恒温2min,使样品达到热平衡。然后启动3014X射线衍射仪,在衍射角2θ的扫描速度为4°/min下对样品进行X射线衍射。测得两种不同焙烧条件下四钼酸铵的高温X射线衍射图谱如图5-29和图5-30所示。图5-29和图5-30反映了在两种不同焙烧条件下四钼酸铵样品在升温过程中的物相变化,其中出现的新相和残留的少量四钼酸铵相均用相应的标号示于图中。标号1,2,3,4,5,6和7分别表示$(NH_4)_2Mo_4O_{13}\cdot 2H_2O$,$(NH_4)_2Mo_4O_{13}$,β-$(NH_4)_2Mo_4O_{13}$,$(NH_4)_2Mo_{14}O_{43}$,$(NH_4)_2Mo_{22}O_{67}$,$MoO_3$和$MoO_2$。

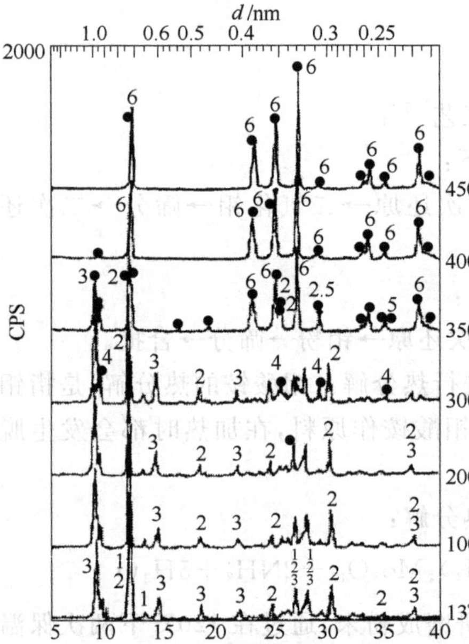

图5-29　空气气氛中四钼酸铵的X射线衍射图

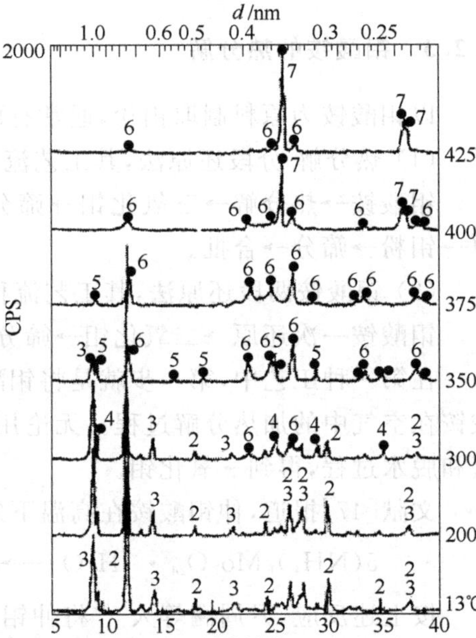

图5-30　密闭气氛中四钼酸铵的X射线衍射图

由图5-29可见,四钼酸铵在空气中焙烧时,温度升至200℃未见发生热分解反应,无任何化学变化和物相变化。温度升至300℃时,出现少量$(NH_4)_2Mo_{14}O_{43}$和MoO_3新相。由图5-29四钼酸铵的高温X射线衍射图谱,分析得到不同温度下该多相样品的物相组成(见表5-9)。根据主要衍射峰的相对强度,可以判断各种相的相对含量。

表 5-9 空气气氛中四钼酸铵焙烧过程的物相变化

t/℃	13	100	200	300	350	400	450
$(NH_4)_2Mo_4O_{13}\cdot 2H_2O$	S	S	S	S			
$(NH_4)_2Mo_4O_{13}$	L	L	L	L	T		
β-$(NH_4)_2Mo_4O_{13}$	L	L	L	L	T		
$(NH_4)_2Mo_{14}O_{43}$				S			
$(NH_4)_2Mo_{22}O_{67}$					L	T	
MoO_3				S	L	L	L

注：L、S、T 分别表示混合物中存在大量、少量和微量的某种物相。

由表 5-9 可见，在 300℃时，多相四钼酸铵中的$(NH_4)_2Mo_4O_{13}\cdot 2H_2O$开始发生脱水和热分解反应式 5-3 和式 5-4，$(NH_4)_2Mo_4O_{13}$和 β-$(NH_4)_2Mo_4O_{13}$也开始发生热分解反应式 5-5 和式 5-6，生成$(NH_4)_2Mo_{14}O_{43}$中间相和 MoO_3。

$$(NH_4)_2Mo_4O_{13}\cdot 2H_2O \longrightarrow (NH_4)_2Mo_4O_{13} + 2H_2O \tag{5-3}$$

$$(NH_4)_2Mo_4O_{13} \longrightarrow 4MoO_3 + 2NH_3 + H_2O \tag{5-4}$$

$$7(NH_4)_2Mo_4O_{13}\text{或}7\beta\text{-}(NH_4)_2Mo_4O_{13} \longrightarrow 2(NH_4)_2Mo_{14}O_{43} + 10NH_3 + 5H_2O \tag{5-5}$$

$$7(NH_4)_2Mo_4O_{13}\text{或}7\beta\text{-}(NH_4)_2Mo_4O_{13} \longrightarrow 14MoO_3 + 2NH_3 + H_2O \tag{5-6}$$

当温度升高到 350℃时，$(NH_4)_2Mo_4O_{13}$消失，另一中间相$(NH_4)_2Mo_{22}O_{67}$出现，表明$(NH_4)_2Mo_4O_{13}\cdot 2H_2O$、$(NH_4)_2Mo_4O_{13}$和 β-$(NH_4)_2Mo_4O_{13}$按以下步骤发生脱水和热分解反应：

$$(NH_4)_2Mo_4O_{13}, \beta\text{-}(NH_4)_2Mo_4O_{13}\text{和}$$

$$(NH_4)_2Mo_4O_{13}\cdot 2H_2O \longrightarrow (NH_4)_2Mo_{14}O_{43} + NH_3 + H_2O \tag{5-7}$$

$$(NH_4)_2Mo_{14}O_{43} \longrightarrow (NH_4)_2Mo_{22}O_{67} + NH_3 + H_2O \tag{5-8}$$

$$(NH_4)_2Mo_{22}O_{67} \longrightarrow MoO_3 + NH_3 + H_2O \tag{5-9}$$

上述结果与 Kiss[50] 及尹周澜、赵秦生[51] 研究$(NH_4)_6Mo_7O_{24}\cdot 4H_2O$和$(NH_4)_4Mo_5O_{17}$的热分解过程时所得结论一致。

由表 5-9 还可以看到，在空气气氛中加热三种不同晶型的四钼酸铵混合物时，$(NH_4)_2Mo_4O_{13}\cdot 2H_2O$ 的脱水和热分解最先完成，350℃时该相就消失了。$(NH_4)_2Mo_4O_{13}$和 β-$(NH_4)_2Mo_4O_{13}$的热分解 400℃才反应完全。

按同样的方法对密闭气氛条件下四钼酸铵的高温 X 射线衍射图进行了分析（图 5-30），得到该多相样品在不同温度下的物相组成（表 5-10）。表 5-10 中符号的意义同表 5-9。

表 5-10 密闭气氛中四钼酸铵焙烧过程的物相变化

t/℃	13	200	300	350	375	400	425
$(NH_4)_2Mo_4O_{13}\cdot 2H_2O$	S	S	S				
$(NH_4)_2Mo_4O_{13}$	L	L	L				
β-$(NH_4)_2Mo_4O_{13}$	L	L	L	T			
$(NH_4)_2Mo_{14}O_{43}$			S				
$(NH_4)_2Mo_{22}O_{67}$				L	T		
MoO_3			S	L	L	S	T
MoO_2						L	L

由表 5-10 可见，密闭气氛中四钼酸铵在加热至 200℃时也未见发生任何化学变化和物相变化。温度升至 300℃时，出现少量$(NH_4)_2Mo_{14}O_{43}$中间相和 MoO_3 新相。当温度升高到 350℃时，$(NH_4)_2Mo_4O_{13}$和$(NH_4)_2Mo_4O_{13}\cdot 2H_2O$ 的热分解反应进行完全，仅剩微量的 β-$(NH_4)_2Mo_4O_{13}$。当温度达到 375℃时，除剩微量$(NH_4)_2Mo_{22}O_{67}$外，其余全部为 MoO_3。

与在空气气氛中热分解不同的是，在密闭气氛中热分解反应生成的氨会发生如下的气相化学平衡：

$$2NH_3 = 3H_2 + N_2 \tag{5-10}$$

生成具有还原性的气体 H_2，H_2 可以将 MoO_3 还原成 MoO_2：

$$MoO_3 + H_2 = MoO_2 + H_2O \tag{5-11}$$

因此在高温下会发生如下 MoO_3 的还原反应：

$$3MoO_3 + 2NH_3 = 3MoO_2 + 3H_2O + N_2 \tag{5-12}$$

对在密闭气氛中自行还原得到的 MoO_2 是否适合于制备高质量的钼粉，有待进一步探索。

5.2.4 三氧化钼的氢还原

5.2.4.1 氢还原过程中的相组成变化

钼酸铵在空气中焙烧得到中间产品三氧化钼，如前所述，一般要通过两次氢还原才能得到合格的金属钼粉。例如，彭金剑等[13]采用钼酸铵在 430℃下分解，然后将得到的三氧化钼在 540℃下进行一次还原，接着在 940℃下进行二次还原，得到 FSSS 粒度为 3.3～3.8μm 的钼粉。工业实践证明，这种粒度的钼粉在垂熔和拉丝中性能表现颇佳。

第一阶段的反应为：

$$MoO_3 + H_2 = MoO_2 + H_2O$$

第二阶段的反应为：

$$MoO_2 + 2H_2 = Mo + 2H_2O$$

其实，第一阶段的反应并不如反应式 5-11 所表示的那样简单。

尹周澜、赵秦生等[49]对三氧化钼的氢还原作过较细致的研究。依据他们的研究结果，三氧化钼在氢气中于不同还原温度下的物相组成如表 5-11 所示。

表 5-11 三氧化钼在氢气中于不同还原温度下的物相组成

温度 t/℃	400	450	500	550	600	650	700	750	800
MoO_3	L	L	L						
Mo_4O_{11}	T	T	T						
MoO_2	T	S	L	L	L	L	L	L	
Mo							T	L	L

三氧化钼在还原过程中，首先形成 $MoO_{2.89}$（表中未示出）和 Mo_4O_{11} 两个中间相。其中 Mo_4O_{11} 的含量较高，稳定存在的温度范围较宽。这表明 Mo_4O_{11} 比 $MoO_{2.89}$ 的稳定性强。由于在 500℃时只存在 Mo_4O_{11} 和 MoO_2 两个相，而在 550℃时全部为 MoO_2，表明温度高于 550℃时存在如下反应：

$$Mo_4O_{11}+3H_2 = 4MoO_2+3H_2O$$

因此，MoO_3 还原成 MoO_2 的过程不仅存在 MoO_3 的还原反应，同时还存在中间相 $MoO_{2.89}$ 和 Mo_4O_{11} 的还原反应。

在第二阶段氢还原中，MoO_2 约在高于 650℃时就被部分还原成金属钼粉，800℃时就有可能完全还原为钼粉。

5.2.4.2 MoO_3 氢还原机理

尽管对由 MoO_3 到 MoO_2 的相变过程和还原动力学曾有过不少研究，但对在形成结晶产物之前 MoO_3 的还原初期仍知之甚少。

波兰学者 Sloczynski 曾对 MoO_3 的还原动力学和机理进行过研究[30]。他发现 MoO_3 在氢还原时，MoO_3 的形貌和添加 MoO_2，对还原速度有影响。实验证明，早些时候提出的连续自催化反应(CAR)模型是正确的。根据该模型，MoO_3 还原成 MoO_2 是一连续反应，中间产物是 Mo_4O_{11}。还原剂的离解吸附生成原子态氢是决定反应速度的阶段。反应过程受反应产物 MoO_2 的自催化。

T. Ressler 等[31]用 X 射线原位衍射法和原位 X 射线吸附细结构法对 MoO_3 在还原温度程序化的氢还原过程中的变化进行了研究。

在程序化的氢还原的温度为 300～773K，还原气氛为 50％H_2＋50％He，以不同的加温速度(0.1K/min、0.2K/min 和 5K/min)对 MoO_3 进行了 X 射线原位衍射法和原位 X 射线吸附细结构法研究。当加温速度为 0.1K/min 和 0.2K/min 时，X 射线原位衍射法观测到在 MoO_3 还原初期有钼青铜相 $H_{0.34}MoO_3$ 形成。在加温速度为 5K/min 时，用原位 X 射线吸附细结构法观测到在发现产品相 MoO_2 之前，有较为无序的青铜相(H_xMoO_3，x 大约为 0.07)生成。在上述两种方法的研究中，青铜相的消失均早于 MoO_3 的完全还原。T. Ressler 等建议可用下列简化

机制来描述 MoO_3 的程序化氢还原：

(1) H_2 被嵌入 MoO_3 体内，形成较有序或较无序的钼青铜；

(2) 钼青铜消失和 MoO_2 晶核生长点的形成；

(3) 形成 MoO_2 晶核和长大。

上述过程可用图 5-31 来描述。

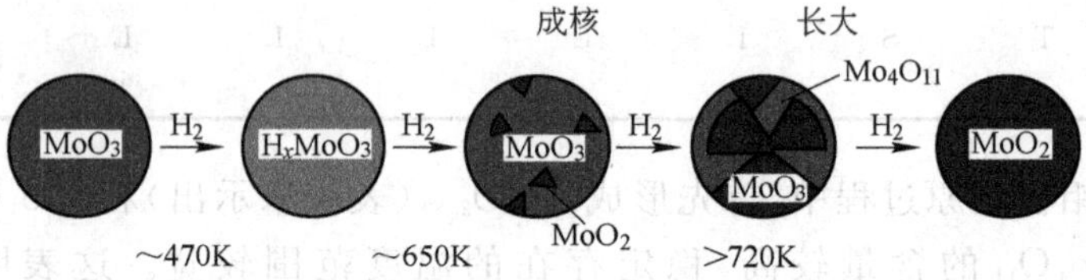

图 5-31　在反应温度升高时 MoO_3 晶体氢还原过程的相变示意图

奥地利普兰西公司的 Schulmeyer 和德国 Darmstadt 工业大学的 Ortner[37] 曾对氧化钼两段氢还原的机理进行了深入研究。

A　气-固反应的机理

一般可用核收缩模型(SCM)或爆裂核模型(CCM)来解释气固反应的机理，后者认为固体反应物原为致密的，气体反应剂迫使它爆裂，变成具有很多裂纹的多颗粒物质。随后多孔颗粒按 SCM 模型反应，直至得到最终产品。

核收缩模型过程如图 5-32 所示。

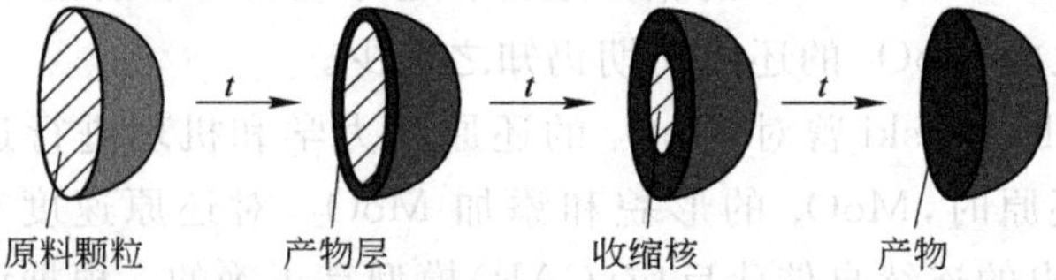

图 5-32　未反应核收缩模型示意图

根据未反应核收缩模型的“经典”理论，被还原颗粒的相变是通过“假晶相变”过程进行的。但从原理上讲，颗粒的相变可能有下列两种机理：

(1) 假晶相变机理。在反应过程中，反应界面由原料颗粒的表面逐渐向假晶的内部迁移。通常得到的反应产物有孔洞和孔洞隧道。

(2) 化学气相迁移机理。原料颗粒的分解是通过生成中间气态迁移相来完成的。此中间气态迁移相在反应产物的晶核上沉积。在此种情况下，生成物的形貌与原料完全不同。产物的粒度分布取决于从气相沉积的条件(多相/匀相成核和晶核的生长)。化学气相迁移模型如图 5-33 所示。

B　三氧化钼第一阶段氢还原($MoO_3 \longrightarrow MoO_2$)的反应机理

文献[37]认为，三氧化钼第一阶段氢还原是按 CCM 的两个阶段来实现的：

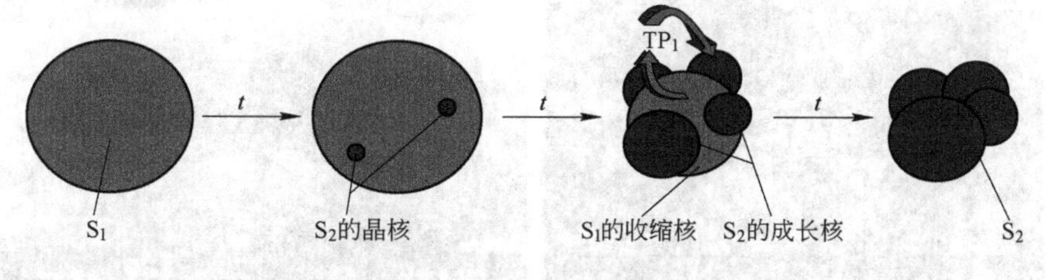

图 5-33 化学气相迁移模型示意图

S_1—原料(固体);TP_1—迁移相(固体);S_2—产物(固体)

$$MoO_{3无孔聚合物}\xrightarrow{H_2}Mo_4O_{11多颗粒聚集物}\xrightarrow{H_2}MoO_{2多颗粒聚集物}$$

$$\alpha=0 \qquad \alpha_1=0.25 \qquad \alpha_2=1$$

式中,α 为以脱除的氧原子数来表示的反应率。

无疑,反应均是靠生成某一种气态迁移相通过化学气相迁移途径来完成的:

$$MoO_3\xrightarrow{k_1}TP_1\xrightarrow{k_2}Mo_4O_{11}\xrightarrow{k_3}TP_2\xrightarrow{k_4}MoO_2$$

在其他条件不变的情况下,高露点的氢气使反应速度降低,使气体迁移相稳定,与 MoO_3 聚集及粒度大小和及还原温度无关,得到的 Mo_4O_{11} 和 MoO_2 晶粒的晶形是恒定的。Mo_4O_{11} 相互以较粗的桥梁连接,形成"花菜"形貌的聚集体。在 MoO_3 转变为 Mo_4O_{11} 过程中,"花菜"状聚集物向原料 MoO_3 聚集物的中心生长。

第二步是在 Mo_4O_{11} 晶粒的表面上形成 MoO_2 的晶核,接着是 MoO_2 的晶核生长成 MoO_2 晶体。形成的 MoO_2 晶体呈片状,其厚度为 0.1～0.2μm,直径为 1～2μm。

每一次向下一个氧化物相的转变,均是由聚集物的表面向中心进行的。视反应进行的程度和还原条件的不同,几种氧化物可能同时存在,形成类似于洋葱式的多层结构。因此,在第一阶段氢还原过程中,聚集物的外形和尺寸被保留下来。

上述过程中样品形貌的变化,可由图5-34～图 5-36 的扫描电镜照片中得到证实。

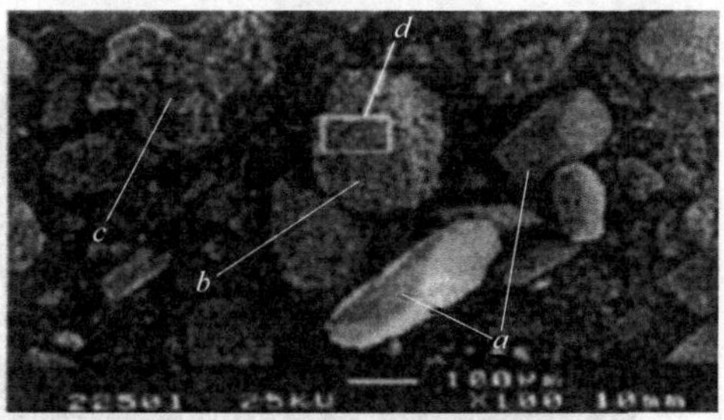

图 5-34 部分还原的 MoO_3 样品的不同还原阶段(一)

a—原始无孔的 MoO_3;b—在 MoO_3 收缩核上形成的多孔 Mo_4O_{11};c—多孔 Mo_4O_{11} 晶体;d—图 5-35 中被放大的区域

C 从 MoO_2 到 Mo 的第二阶段氢还原机理

在多孔 MoO_2 聚集体内部的扩散速度相当高,故第二阶段氢还原的动力学

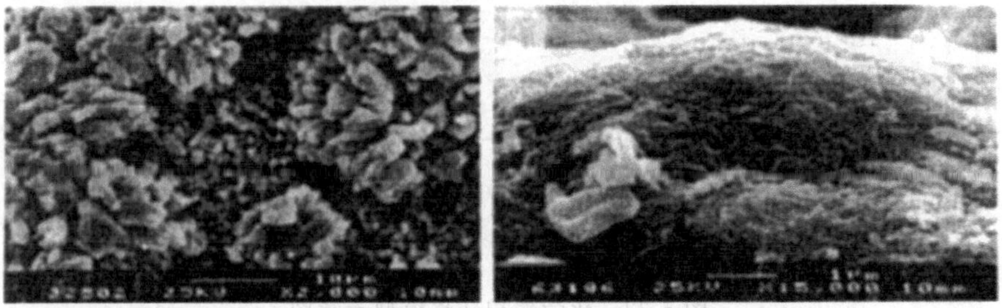

a　　　　　　　　　　b

图 5-35　部分还原的 MoO_3 样品的不同还原阶段(二)

a—图 5-34 中 d 区的放大照片,显示 Mo_4O_{11} 晶体是长在 MoO_3 收缩核上;
b—长在 MoO_3 聚集物表面上的 Mo_4O_{11} 晶核

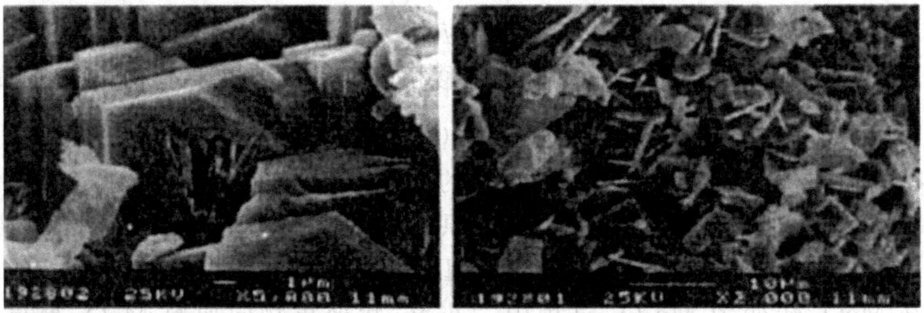

a　　　　　　　　　　b

图 5-36　部分还原的 MoO_3 样品的不同还原阶段(三)

a—在 Mo_4O_{11} 晶粒上形成的 MoO_2 晶核;
b—在 Mo_4O_{11} 聚集物上片状 MoO_2 晶体的生长

可用核收缩模型进行描述。

考查了极端氢气露点(−40℃或+20℃)下的还原,图 5-37 和图 5-38 示出了 $MoO_2 \longrightarrow Mo$ 反应的假晶转变过程。在最低露点下观察到的还原机理均为完全

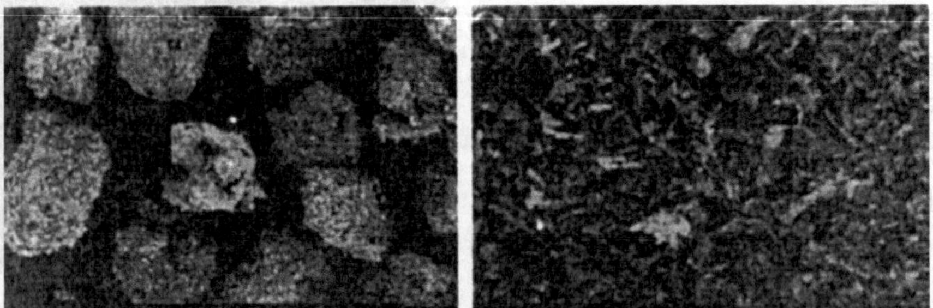

a　　　　　　　　　　b

图 5-37　在最低露点情况下 MoO_2 还原的假晶转变

a—由片状 MoO_2 组成的多孔聚集物;b—完全还原成钼后的聚集物表面,
晶粒的转变遵循假晶路线,钼粉的片状与原料 MoO_2 的片状相同

的假晶转变，得到的钼粉保持了 MoO_2 的原始颗粒形状。且具有自燃性。由于在 MoO_2 到钼粉的转变中，产物密度增加，大颗粒会经受拉应力，这使在颗粒的表面形成弹坑式的裂纹。但是，颗粒和聚集物的外形和尺寸被保留下来。方程 $MoO_2+2H_2 \longrightarrow Mo+2H_2O$ 符合假晶转变机理。

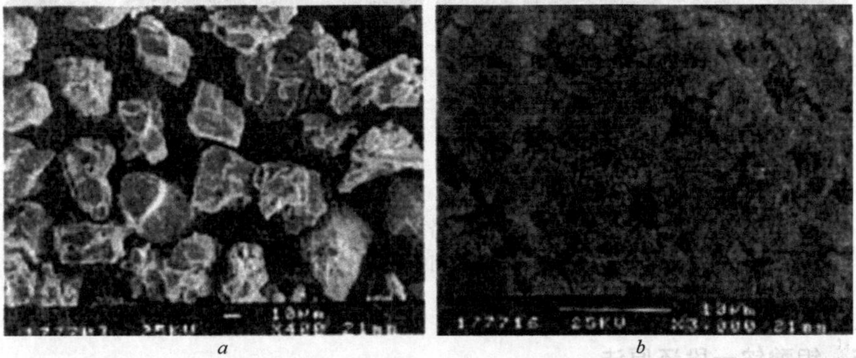

图 5-38 在最低露点情况下 MoO_2 还原的假晶转变

a—第一阶段过热还原得到的致密 MoO_2 颗粒的形貌；*b*—第二阶段还原后的钼粉颗粒表面，表面裂纹和弹坑源于还原时体积收缩产生的拉应力

在不使水蒸气向外逸出的还原条件下，可获得高露点。在这种条件下，观察到完全的化学气相迁移机制。其还原历程可表示为：

$$MoO_2 \xrightarrow{k_5} TP_3(g) \xrightarrow{k_6} Mo$$

与第一阶段还原相反，微区内的氢气露点对钼粉相的成核和晶粒生长具有决定意义。低露点能产生大量的晶核和细颗粒的钼粉。高露点使晶核数减少，生成大晶粒（图 5-39，图 5-40）。

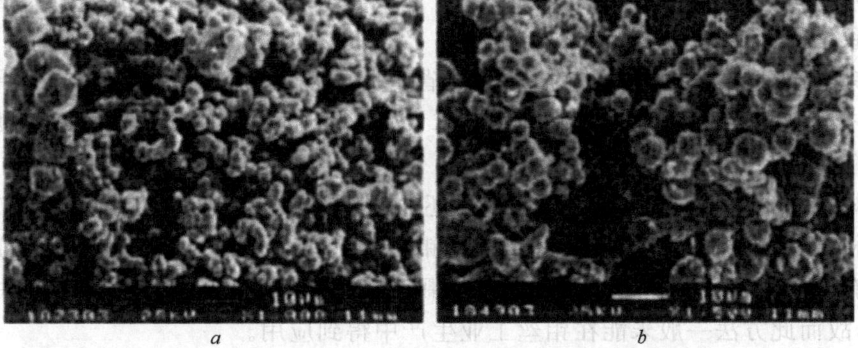

图 5-39 氢气露点对钼粉成核及晶粒生长的影响

a—在超高露点条件下氢还原 MoO_2 时通过化学气相迁移得到的完全还原的钼粉形貌，说明原来片状的 MoO_2 已成为八面体或球形颗粒；*b*—由化学气相迁移形成的钼粉

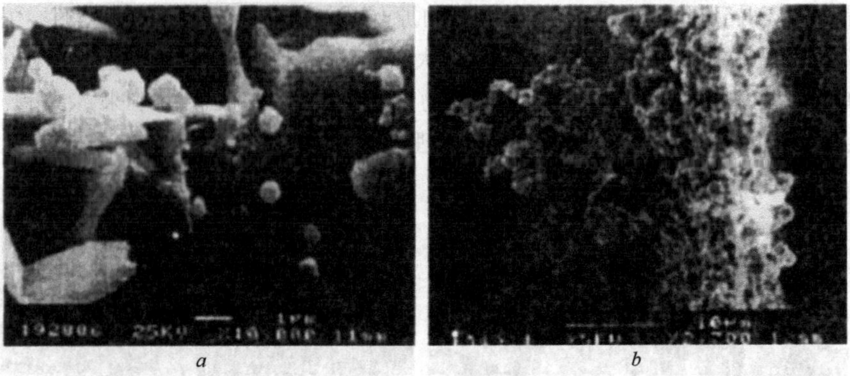

图 5-40　通过气相迁移路线的成核作用和晶粒生长

a—晶核(白点)和去片状 MnO_2 后的 Mo 的小晶粒;*b*—在气相迁移路线中的 Mo 晶粒骨架

5.2.5　钼酸铵一段还原法

魏勇、刘心宇等[52]也对钼还原过程相变化进行了研究。根据他们的研究,认为钼酸铵直接氢还原法实质上可以看作是钼酸铵焙解-分段还原法的各阶段直接迭加在一起,不过是在焙解阶段中就通入了氢气进行轻度还原而已。

然而,对于钼酸铵直接通氢还原工艺来说,Mo_4O_{11} 的形成及消失温度分别为 450℃和 550℃,比钼酸铵焙解-分段还原法中该相的形成和消失温度低了 50℃。为了研究 Mo_4O_{11} 相对氢还原的影响,魏勇、刘心宇等专门进行了快速升温和慢速升温的还原试验。一是还原时将原料缓慢升温到 650℃以上再冷却下来;另一是还原时将原料迅速升温至 650℃以上,然后冷却下来。对比两组试验的还原产品发现,虽然产品均为金属钼粉,但采用慢速升温所得的粉末颗粒细小、疏松;而采用快速升温所得粉末不但颗粒粗大,而且有严重板结现象。这充分说明了快速升温会导致某种低熔点共晶物的形成。

钼酸铵直接还原具有工艺简单和节省时间的优点,但由于将焙解与还原阶段结为一体,使各个阶段的温度不易按要求设置,得到的产品钼粉的粒度和粒度分布难以精确控制。

林小芹、贺跃辉等[53]对钼酸铵一段还原法作了如下评述。认为该法与二次还原法相比,可以部分简化生产工艺,所得钼粉的纯度与二次还原法相当,颗粒形状也没有大的变化,但是,得到的金属钼粉颗粒较粗,造成由其制备的烧结坯块密度较低,故而此方法一般未能在钼丝工业生产中得到应用。

5.2.6　钼酸铵二段还原法[44,54]

某厂的二段钼粉生产工艺如图 5-41 所示。

这一工艺是将钼酸铵煅烧和一次还原合并在一个工序中完成。钼酸铵的一段还原在回转管电炉中进行。把松装密度为 0.6～1.2g/cm³、含水分不大于 2%的钼酸铵以 30～40kg/h 的加料速度加入回转炉，在 500～550℃的温度下，使钼酸铵氢还原成二氧化钼：

$$3(NH_4)_2O\cdot 7MoO_3\cdot 4H_2O+7H_2 = 7MoO_2+6NH_3+14H_2O$$

一段还原得到的二氧化钼，应为均匀的棕褐色粉末，颗粒松散，无其他氧化物、针状结晶和结块。松装密度为 0.85～1.25g/cm³，平均粒度为 2～6μm。

第二阶段还原在十一管炉中进行。第一段还原得到的二氧化钼经过筛后，装在舟皿中，在 850～940℃的温度下，令其转化成钼粉：

$$MoO_2+2H_2 = Mo+2H_2O-105.34kJ/mol$$

二次还原得到的钼粉，应呈纯灰色，不含结块和机械杂质，氧含量不超过 0.2%。经合批后氧含量不超过 0.25%，否则需返回重新还原。产品钼粉的松装密度为 0.8～1.2g/cm³，平均粒度为 2～3.5μm。

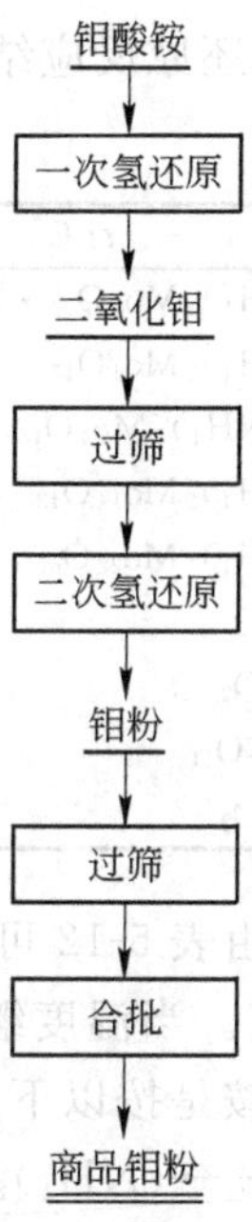

图 5-41 钼酸铵二段还原法生产工艺

还原用氢气的湿度（或露点）、流量和氧含量，对钼粉质量的影响较大。在氢气含水量高时，在高温还原条件下使钼粉氧化-还原反应反复进行，从而使钼粉的粒度和氧含量增大。

实践表明，第一阶段回转炉还原时氢气（标态）宜采用小流量，一般控制在 20～30m³/h 之间。第二阶段还原应用较大的氢气（标态）流量，通常控制每根炉管的流量为 1～2.5m³/h 之间。氢气露点一般低于－45℃，氧含量不大于 0.0015%。

物料在炉内的还原时间，也必须选择适当。时间过长，会使钼粉粒度长大；时间过短又会造成还原不彻底。实践表明，第一阶段回转炉还原时，物料在炉中的停留时间一般应在 1.5h 以上。第二阶段十一管炉还原时，物料停留时间通常应在 5h 以上，就能保证物料充分还原。

为了弄清钼酸铵二段还原法的物理化学过程，尹周澜、赵秦生等[44]曾对钼酸铵在氢气气氛中的还原行为进行了较细致的研究。以由 $(NH_4)_2Mo_4O_{13}$ + β-$(NH_4)_2Mo_4O_{13}$ + $(NH_4)_2Mo_4O_{13}\cdot 2H_2O$ 构成的工业四钼酸铵（AM-3）为试料，进行了氢还原研究。发现当 AM-3 加热至 300℃时，首先发生热分解反应，生成 MoO_3。热分解过程中形成中间相 $(NH_4)_2Mo_{14}O_{43}$ 和 $(NH_4)_2Mo_{22}O_{67}$，此时混合物的物相组成与在相同温度下空气气氛中得到的物相组成相同。400℃时，中间相 $(NH_4)_2Mo_{22}O_{67}$ 分解完全，MoO_3 量增多。同时，MoO_3 开始发生还原反应生成 MoO_2，并有

$MoO_{2.89}$和Mo_4O_{11}两个中间相形成。450℃时，仍有大量Mo_4O_{11}中间相存在。至550℃还原反应结束，得到MoO_2。这一系列物理化学变化的历程示于表5-12中。

表5-12　氢气气氛中不同温度下AM-3的物相组成

t/℃	300	350	400	450	500	550
$(NH_4)_2Mo_4O_{13}\cdot 2H_2O$	S					
$(NH_4)_2Mo_4O_{13}$	L	T				
β-$(NH_4)_2Mo_4O_{13}$	L	T				
$(NH_4)_2Mo_{14}O_{43}$	L					
$(NH_4)_2Mo_{22}O_{67}$		L	T			
MoO_3	S	S	L	T		
$MoO_{2.89}$			S			
Mo_4O_{11}			L	L	S	
MoO_2			L	L	L	L

由表5-12可见，在氢气气氛中加热钼酸铵时，钼酸铵首先发生热分解，生成MoO_3。当温度继续升高时MoO_3才开始发生还原反应，生成MoO_2。这就是说，钼酸铵是按以下步骤发生热分解反应和还原反应：

$$AM\text{-}3 \rightarrow (NH_4)_2Mo_{14}O_{43} \rightarrow (NH_4)_2Mo_{22}O_{67} \rightarrow MoO_3 \rightarrow MoO_{2.89} \rightarrow Mo_4O_{11} \rightarrow MoO_2$$

应该指出，不同的钼酸铵在氢气气氛中的反应性能是有差别的，因为不同来源的钼酸铵不仅在相组成上有差别，而且其物理化学性能也不相同。在生产过程中可以观察到，在同一回转窑中，投入不同来源的钼酸铵时，有的使窑内的温度波动较大，有的却使窑内的温度波动较小。这也是有时在生产中必须对不同原料进行合理搭配的原因。

以钼酸铵为原料生产金属钼粉的第二阶段氢还原，与用三氧化钼为原料生产金属钼粉的第二阶段氢还原，在工艺和原理上没有区别，这里不再赘述。

潘叶金和郑贤英基于对MoO_2氢还原得到的数据[55]，经计算机处理，获得了钼粉平均粒度、钼粉氧含量与还原工艺参数关系的回归方程。经F检验和t检验，证明回归方程是实用的。之所以能获得简单实用的回归方程，是因为MoO_2的性状已基本上规范了产品钼粉的性质。

5.2.7　单相四钼酸铵的二段氢还原

在5.2.3节～5.2.6节中，我们分别对钼酸铵的热分解、三氧化钼的氢还原、钼酸铵一段还原法和钼酸铵二段还原法进行了讨论。从这些讨论可以看出，氢还原制取金属钼粉的工艺可以有以下各种组合：

(1) 钼酸铵热分解＋一段还原；

(2) 钼酸铵热分解＋二段还原；

(3) 钼酸铵一段还原法；

(4) 钼酸铵二段还原法。当然，为了得到高质量低氧含量的钼粉，还可以有三段还原法。从还原制度控制的精确度来看，工序多比较好。但这样做必然会增加生产成本。钼酸铵一段还原法工艺最简单，但还原制度难以控制，钼粉质量会受到影响。看来钼酸铵二段还原法比较适中，既考虑了还原制度的精确控制和钼粉质量，又兼顾了生产成本的降低。

考虑到目前工业上多用相组成复杂的钼酸铵作原料，这势必会给钼粉质量带来不良影响，而以单相四钼酸铵为原料的第二阶段氢还原工艺，可以克服这些不良影响。

赵秦生等人曾对单相 α-四钼酸铵和 β-四钼酸铵的二段氢还原进行了研究。图 5-42 和图 5-43 分别给出了单相 α-四钼酸铵和单相 β-四钼酸铵的扫描电镜照片。比较图 5-42 和图 5-43 可以看到，两种四钼酸铵在形貌上差别不大。

图 5-42 单相 α-四钼酸铵的扫描电镜照片

图 5-43 单相 β-四钼酸铵的扫描电镜照片

将上述两种四钼酸铵在 540℃的温度下进行氢还原，分别得到了中间产物二氧化钼。X 光衍射图谱证明，由这两种四钼酸铵还原得到的二氧化钼，具有相同的结构。图 5-44 和图 5-45 分别给出了上述两种二氧化钼的扫描电镜照片。

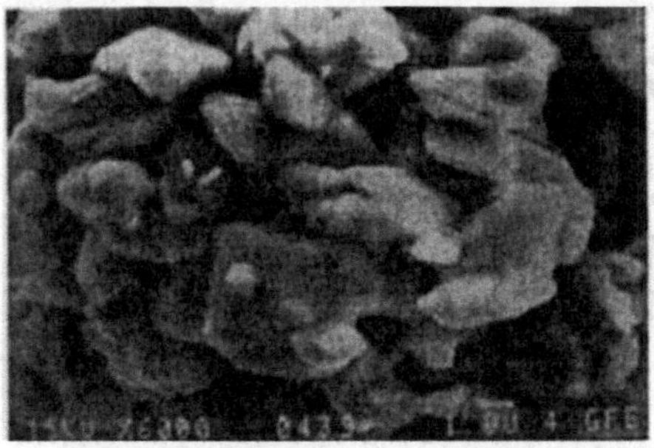

图 5-44 由 α-四钼酸铵得到的二氧化钼的扫描电镜照片

图 5-45 由 β-四钼酸铵得到的二氧化钼的扫描电镜照片

比较图 5-44 和图 5-45 可以看到，两种二氧化钼在形貌上差别不大。但仔细辨别可以看出，由 β-四钼酸铵得到的二氧化钼，颗粒的棱角比较分明，结晶完整；而由 α-四钼酸铵得到的二氧化钼，颗粒的棱角比较圆滑，颗粒稍微粗大一些，结晶的完整性也稍差。另外，由 β-四钼酸铵得到的二氧化钼颗粒的表面上，有一些在照片上显示为白色的小点，这也不同于由 α-四钼酸铵得到的二氧化钼。

对上述两种中间产物二氧化钼在 930℃ 的温度下进行了二次氢还原，分别得到了产物金属钼粉。X 光衍射图谱证明，两种金属钼粉的衍射线条雷同，具有相同的晶体结构。图 5-46 和图 5-47 分别给出了两种金属钼粉的扫描电镜照片。比较图 5-46 和图 5-47 可以看到，两种钼粉在形貌上差别很大。以 α-四钼酸铵为前驱物得到的还原钼粉，具有"拐枣状"或"肉馅状"形貌；而以 β-四钼酸铵为前驱物得到的还原钼粉，具有"藕片状"形貌。显然，由于两者的颗粒形状的巨大差别，可以期待用这两种还原钼粉制得的钼制品，在性能上会有明显的差异。

由图 5-46 和图 5-47 可以得出结论，以单相钼酸铵为前驱物，可以得到粒度均匀和形貌一致的还原钼粉。从不同的单相钼酸铵，能得到不同形貌的钼粉，它们可望用在不同的钼制品上，获得优良的制品性能。

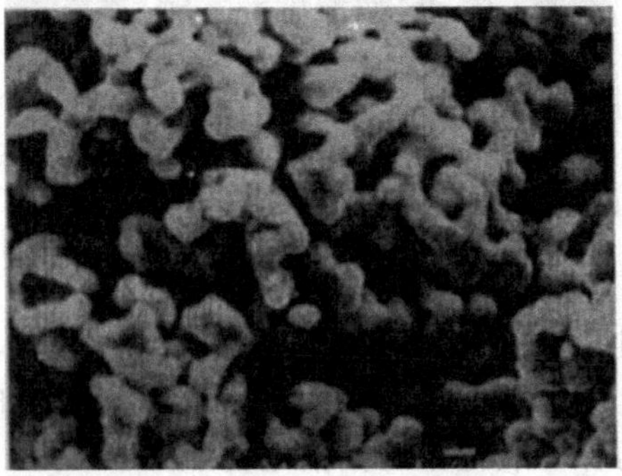

图 5-46　由 α-四钼酸铵得到的金属钼粉的扫描电镜照片

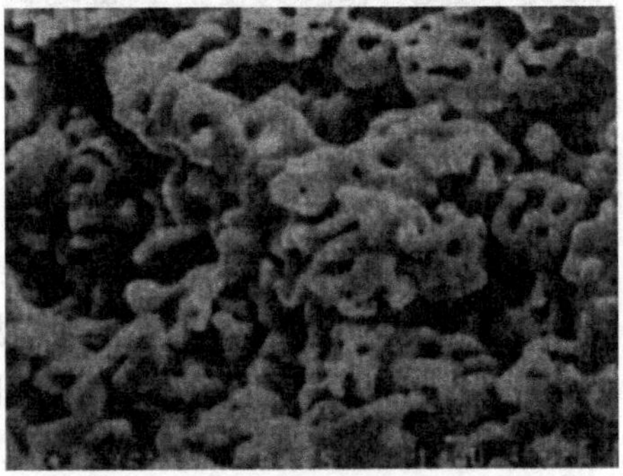

图 5-47　由 β-四钼酸铵得到的金属钼粉的扫描电镜照片

5.2.8　喷雾干燥钼粉的制备

由于通常氢还原法制得的钼粉粒度过细和比表面积很大，其流动性差，松装密度太小，不适合于自动模压成形。为了改善其填充性能和压制性能，文献[62]建议采用喷雾干燥法制粒。为此，首先将钼粉与聚乙烯醇和去离子水混合，然后用热空气将混合浆料进行喷雾干燥。表 5-13 和图 5-48 示出未经喷雾干燥的氢还原法钼粉的技术参数和形貌。表 5-14 和图 5-49 则分别示出在喷雾干燥后的氢还原钼粉技术参数和形貌。

表 5-13 未经喷雾干燥的氢还原法钼粉的技术参数

钼 粉	技术参数
D_{50}(激光散射法)/μm	3.45
比表面积(BET法)/$m^2 \cdot g^{-1}$	0.414
密度计测的密度/$g \cdot cm^{-3}$	10.18
松装密度/$g \cdot cm^{-3}$	4.16
化学分析,Mo质量分数/%	>99.8

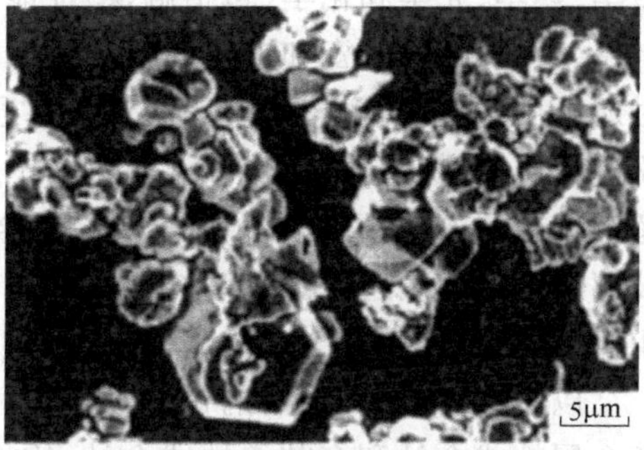

图 5-48 未经喷雾干燥的氢还原法钼粉的形貌

表 5-14 经喷雾干燥后氢还原钼粉的技术参数

钼 粉	技术参数	
	粒度/目数(mm)	质量分数/%
粒度(目数)与质量分数对应关系	+100(>0.147)	0.5
	+140(>0.113)	29.0
	+170(>0.088)	23.5
	+200(>0.074)	17.0
	+230(>0.066)	13.0
	+270(>0.053)	4.5
	+325(>0.043)	8.5
	−325(<0.043)	4.0
密度计测的密度/$g \cdot cm^{-3}$	9.28	
表观密度/$g \cdot cm^{-3}$	2.1	
流动速度/$s \cdot (50g)^{-1}$	27.9	
化学分析(质量分数)/%		
Mo	>98.5	
C	0.88	

5.2.9 高纯、超细钼粉

5.2.9.1 概述

与高纯钨一样,高纯钼也是半导体相关材料,用作钼靶和硅化钼靶材、半导体和配线材料,以及其他高新技术用材,还用于火箭喷嘴、催化剂、化学试剂等。

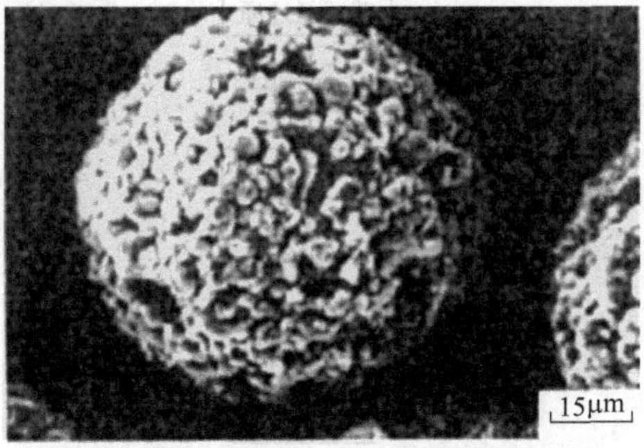

图 5-49 喷雾干燥钼粉的形貌

超细钼粉通常由 5~100nm 的颗粒组成。它们具有特殊的机械、电学、磁学、热学、光学和化学(包括触媒)性能。超细粉通常用于粉末冶金和金属陶瓷压制件、合金、特殊陶瓷和电气元件的生产。它们是很好的填料、磨料、颜料、触媒,同时还可用于耐蚀、耐磨和耐热涂层。在通常粒度的钼粉中加入3%~5%的超细钼粉进行压型、烧结,可使烧结温度大为下降,并能得到致密度高的钼和钼合金制品。超细钼粉与40%锰的混合物,是陶瓷-金属最常用的一种接点。日本东芝公司在玻璃熔窑中使用超低碳的高纯钼棒作电极材料,也是因为其性能优于常规纯度的钼棒。

以日本为例,其主要的钼制品生产厂家,如东芝公司的横滨金属制品厂、日本新金属株式会社和东芝钨株式会社,均将高纯、超细钨粉和钼粉的生产和开发作为企业的重要生产领域和开发方向。原德国的 Herman C. Starck 公司和奥地利的 Plansee 公司在这方面的开发也卓有成效。

5.2.9.2　*超纯、超细钼粉的生产方法*

生产超纯、超细钼粉的生产工艺很多,但主要的生产工艺可大致划分为以高纯 MoO_3 为前驱物的高纯钼粉的生产工艺(图 5-50)和以高纯氯化物为前驱物的高纯、超细钼粉的生产工艺(图 5-51)。此外,以钼金属废料、钼酸钙铝热还原或硫化钼铝热还原得到的粗金属钼作可溶性阳极的氯化物熔盐电解精炼法,对除去非金

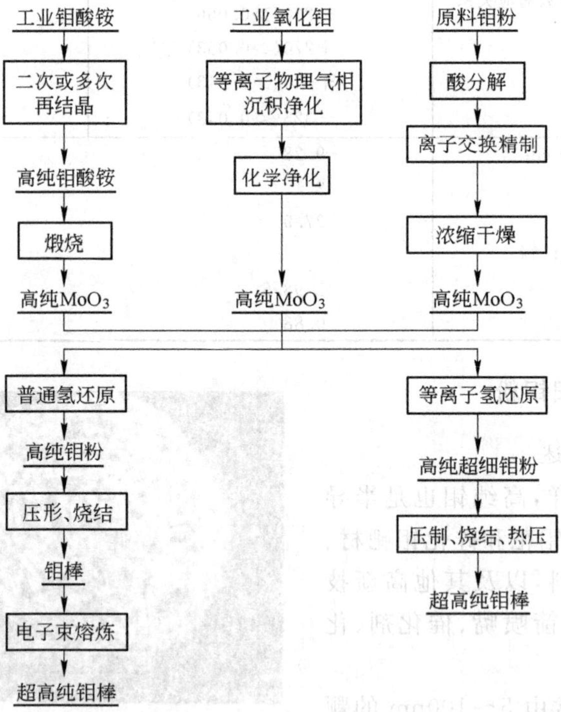

图 5-50　以高纯 MoO_3 为前驱物生产超高纯钼粉和钼棒的原则流程图

属杂质和大多数金属杂质有相当效果。产品为树枝状的钼粉，粉末纯度可达到99.95％以上。

从图5-50、图5-51及上面的叙述可以看出，与高纯、超细钼粉制造关系重大的技术可归纳如下：

(1) 化学净化法，主要为重结晶法制取高纯仲钼酸铵；

(2) 氧化钼等离子物理气相沉积法；

(3) 离子交换精制法；

(4) 高纯氧化钼等离子氢还原法；

(5) 五氯化钼分馏精制法；

(6) 高纯五氯化钼的气相氢还原法；

(7) 金属钼的熔盐电解精炼法。

下面，我们将对其中某些方法作进一步的讨论。

A　氧化钼等离子物理气相沉积法制取高纯 MoO_3

根据赵秦生的经验，以空气等离子处理工业纯的氧化钼，利用 MoO_3 的沸点比大多数杂质低的特点，令其在空气等离子焰中迅速挥发，然后在等离子焰外引入大量冷空气令气态 MoO_3 骤冷，可形成粒度在100nm以下的超细高纯氧化钼粉末。空气等离子体法制取超细高纯三氧化钼的工艺流程图如图5-52所示。生产设备主要由送粉器、等离子体发生器-反应器、气-固分离器以及供电、供水、供气等六个部分组成。

从图5-52可以看出，此工艺简单易行，主要生产设备由三部分组成。

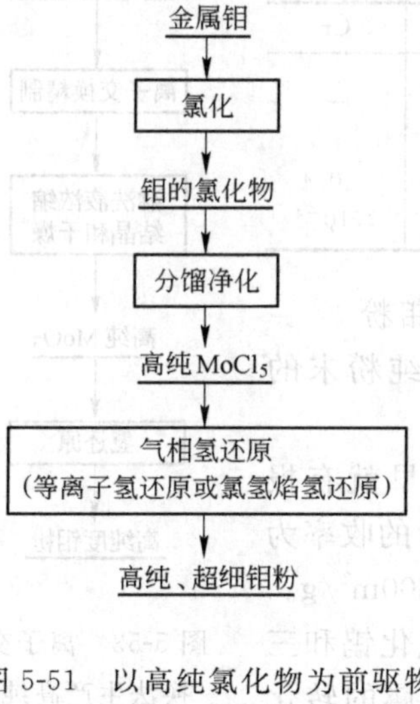

图5-51　以高纯氯化物为前驱物生产高纯、超细钼粉的工艺流程图

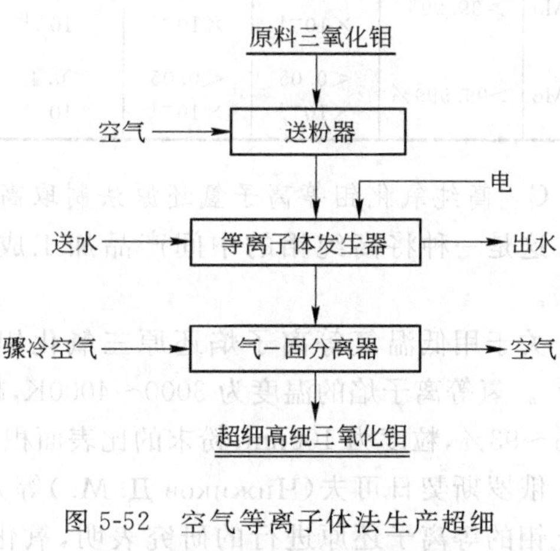

图5-52　空气等离子体法生产超细高纯三氧化钼工艺流程示意图

（1）送粉器。它能连续、稳定地向等离子反应器中供应原料 MoO_3 粉末，这是保证产品质量稳定的一个重要因素，这一供粉的问题看似简单，但由于原料 MoO_3 粉末的流动性较差和较大的自然堆角，加之等离子体对加入料有排斥作用，使这一问题变得颇为困难。已设计出一种结构简单、操作容易、送粉效果可靠、调节范围较宽的送粉器，以保证工艺顺利进行。

（2）等离子体发生器-反应器。它是完成 MoO_3 粗粉气化、成核、生长过程的核心部分，关系到产品的产量、质量以及生产工艺的成败。它的设计涉及到等离子体、流体力学和物理化学等多方面的学科知识。在这方面我国已有一定的经验，已有这种等离子体发生器用于其他低沸点氧化物超微超纯产品的工业生产，有经验可资借鉴。

（3）气-固分离器。它由重力沉降、旋风与内收式布袋三级收尘器组成。重力沉降部分主要是收集高熔点杂质熔渣。旋风收尘部分收集少量（小于 8%）粗颗粒的杂质或 MoO_3。内收式布袋收尘器对产品具有大于 99% 的收集率，这部分产品的成品率可达到 100%。

该装置等离子发生器的输入功率为 84kW，输出功率为 58.8kW，空气等离子体焓值 $\Delta H = 9.3$MJ/kg（空气），等离子平均温度 T 为 4600K。这一装置估计日产超纯超细三氧化钼 0.7～1.0t，年产 210～300t。

B　离子交换精制 MoO_3-氢还原制取高纯钼粉

日本东芝公司横滨金属和制品厂采用图 5-53 的工艺，成功生产了高纯度的钼粉（表 5-15）[56]。

表 5-15　日本东芝公司横滨金属和制品厂高纯度金属钼粉的化学组成（%）

品 名	纯　度	Na	K	Fe	Ni	Cr
4N-Mo	>99.99%	$<20\times10^{-4}$	$<20\times10^{-4}$	$<20\times10^{-4}$	$<20\times10^{-4}$	—
5N-Mo	>99.999%	$<0.05\times10^{-4}$	$<0.05\times10^{-4}$	$<0.4\times10^{-4}$	$<0.4\times10^{-4}$	$<0.4\times10^{-4}$

图 5-53　离子交换法生产高纯度钼粉流程图

C　高纯氧化钼等离子氢还原法制取高纯超细钼粉

这是一种将高纯钼的中间产品加工成超细高纯粉末的方法。

关于用低温氢等离子焰还原三氧化钼的研究早就有报道[57]。氢等离子焰的温度为 3000～4000K，超细钼粉的收率为 90%～93%，粒度为 100nm，粉末的比表面积可高至 $300m^2/g$。

俄罗斯契日可夫（Чижиков Д. М.）等人对三氧化钨和三氧化钼的等离子还原进行的研究表明，氧化物到金属的转化率是由氧化物的气相转变速度决定的。这也是保加利亚

Vissokov G. P. 等人实验中超细钼粉的收率为 90%～93%的原因。

产品超细钼粉中的金属杂质含量如下(%)：Al 10×10^{-4}，Fe 50×10^{-4}，As 50×10^{-4}，W 400×10^{-4}，Si 40×10^{-4}，Ca 60×10^{-4}，Na 40×10^{-4}，C 1200×10^{-4}，Mn 10×10^{-4}，Cr 30×10^{-4}，Ni 30×10^{-4}，Co 50×10^{-4}，Mg 10×10^{-4}，Cu 20×10^{-4}，Cd 20×10^{-4}，S 220×10^{-4}，Sn 30×10^{-4}。

等离子还原装置与传统的三氧化钼氢还原工艺参数的比较见表 5-16。

表 5-16 三氧化钼等离子还原装置与传统的氢还原工艺参数的比较

工艺名称	单位消耗			
	电能 /kW·h·kg^{-1}	H_2(标态) /$m^3\cdot kg^{-1}$	N_2(标态) /$m^3\cdot kg^{-1}$	水(标态) /$m^3\cdot kg^{-1}$
等离子还原	8.00	1.13	0.003	0.87
传统氢还原	10.8	4.62	0.003	1.23

D 五氯化钼分馏精制及气相氢还原制取高纯钼粉

分馏法是提纯金属氯化物常用的方法，纯度不够的五氯化钼，可以通过分馏法得到深度净化。

以各种金属钼废料(如钼垂熔条的夹头部分、废钼材边角料、废钼丝、钼还原桌面料等)或硫化钼精矿为原料，均可在约 600℃的温度下用氯气氯化成粗 $MoCl_5$。例如，以美国 Bemol 公司生产的纯 MoS_2 为原料，经氯化后可得到下列组成的粗 $MoCl_5$(%)：Fe 520×10^{-4}，Si 20×10^{-4}，Cu 200×10^{-4}，Mg 2×10^{-4}，Ag 2×10^{-4}，Ca 痕量，Al 130×10^{-4}，Pb 痕量，Zn 痕量，Sn 未检出。利用五氯化钼与各种杂质氯化物蒸气压的差别(见图 5-54)，令粗 $MoCl_5$ 在 190℃下在氯气流中升华，即可得到下列组成的提纯物(%)：Fe 500×10^{-4}，Si 10×10^{-4}，Cu 3×10^{-4}，Mg 小于 1×10^{-4}，Ag 小于 1×10^{-4}，Ca 痕量，Al、Pb、Zn 未检出。为了除去能与 $MoCl_5$ 生成共

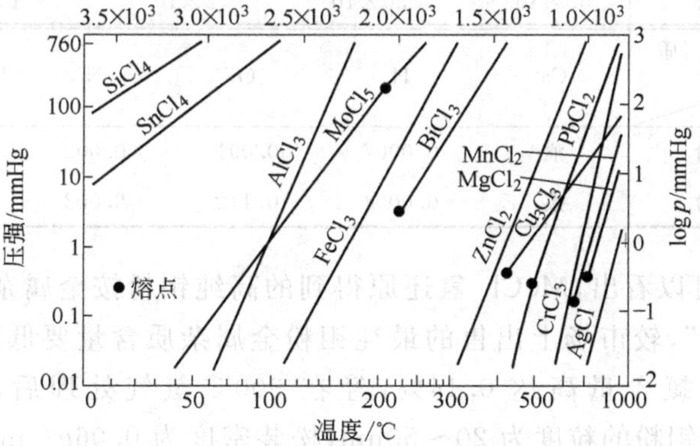

图 5-54 金属氯化物的蒸气压(1mmHg＝133.322Pa)

晶而不易除去的 $FeCl_3$，可将在 190℃在氯气流中升华的气态粗 $MoCl_5$ 通过一加热至 300℃的 NaCl 盐层，此时气体中的 $FeCl_3$ 与 NaCl 形成蒸气压低的 $NaFeCl_4$ 而被除去。以前述 MoS_2 氯化得到的粗 $MoCl_5$ 为原料，用设有 NaCl 吸附床层的分馏法，经二次升华处理得到高纯 $MoCl_5$ 的化学分析如表 5-17 所示。

表 5-17　高纯 $MoCl_5$ 化学分析

样品 \ 杂质/%	Fe	Si	Cu	Mg	Ca	Ag	Al	Pb	Zn
原料 $MoCl_5$	520×10^{-4}	20×10^{-4}	200×10^{-4}	2×10^{-4}	2×10^{-4}	痕	130×10^{-4}	痕	痕
1 次升华后	10×10^{-4}	$<10\times10^{-4}$	$<1\times10^{-4}$	$<1\times10^{-4}$	$<1\times10^{-4}$	痕	—	—	—
2 次升华后	5×10^{-4}	$<3\times10^{-4}$	$<1\times10^{-4}$	$<1\times10^{-4}$	$<1\times10^{-4}$	痕	—	—	—

从表 5-17 可以看到，通过五氯化钼的分馏净化，很容易将其纯度提高到约 5 个"9"的水平。得到的高纯 $MoCl_5$ 或氧氯化钼 MoO_2Cl_2，可用作气相氢还原法制备超细金属钼粉和钼涂层的原料。这两种化合物氢还原反应的标准等压位变化分别为 −84.02kJ/mol(Mo)和 −67.47kJ/mol(Mo)。从热力学角度来说极易进行。还原反应通常在氢氯焰或氢等离子焰中进行，反应温度通常在 800～1000℃或更高。

日本学者佐伯雄造等人[58]报道了在 800～1000℃下氢还原高纯 $MoCl_5$ 的研究。他们得到的超细超纯钼粉的化学成分与当时市场上出售的最纯的钼粉的比较如表 5-18 所示。

表 5-18　$MoCl_5$ 氢还原得高纯钼粉的化学分析(%)

样品 \ 杂质	Fe	Si	Cu	Mg	Ag
高纯钼粉	$<2\times10^{-4}$	$<3\times10^{-4}$	$<1\times10^{-4}$	$<1\times10^{-4}$	$<1\times10^{-4}$
市场钼粉	60×10^{-4}	20×10^{-4}	2×10^{-4}	$<1\times10^{-4}$	$<1\times10^{-4}$
样品 \ 杂质	**Ca**	**H**	**O**	**N**	**C**	**Cl**
高纯钼粉	痕	0.0007	0.091	0.002	<0.01	0.14
市场钼粉	痕	0.0004	0.112	0.002	0.012	—

从表 5-18 可以看出，$MoCl_5$ 氢还原得到的高纯钼粉按金属杂质含量计算，纯度不低于 5 个"9"，较市场上出售的最纯钼粉金属杂质含量要低两个数量级。但是，此高纯钼粉氯含量高达 0.14%，经在 300℃氢气处理后，含氯量可降至 0.04%。此高纯钼粉的粒度为 20～50nm，松装密度为 0.06g/cm^3，较市售钼粉松装密度 2.37g/cm^3 低很多，仅为金属钼理论密度的 0.59%。

文献[59]报道了 $MoCl_5$ 与 MoO_2Cl_2 的混合物等离子氢还原的结果，等离子电流的参数为200A和120V，温度为3200℃，氯化物耗量为100g/min，氢耗量为74L/min，超细金属钼粉产率为90%，其比表面积为 $9.6m^2/g$，氧含量为0.6%。

从以上叙述可以看到，五氯化钼氢还原法是一种简单易行，投资不大，产品纯度高，可获得超细钼粉的方法。五氯化钼的制备、提纯和氢还原均使用了氯气，应注意消除氯气的泄漏，以免引起对大气的污染和对人畜和植物的危害。

E 金属钼的熔盐电解精炼法[60,61]

熔盐电解精炼法是高熔点金属提纯和制取粉末的有效方法。对金属态的钼来说，不论它是金属钼的废料，还是铝热还原钼酸钙或硫化钼得到的粗钼，均可用熔盐电解精炼法加以精炼。

对钼电解精炼比较有影响的研究文献有[60,61]。前一文献[60]研究了7种不同的熔盐电解质，认为最好的电解质为 $KCl\text{-}K_3MoCl_6$ 系熔体，钼在电解液中的浓度为6.8%～9.6%，电解温度为870℃。在以钼板废料作可溶性阳极时，电流效率为34%～92%。得到的阴极产物为树枝状高纯钼粉。估计此钼粉的纯度在4个“9”左右，其纯度高低在很大程度上取决于阳极原料的纯度。后一文献认为，从电解精炼的角度，可将阳极钼中的杂质分为三类：

(1) 气体杂质，如氧和氮；

(2) 较钼负电性的杂质；

(3) 较钼正电性的杂质。

氧和氮这样的气体杂质在钼中以氧化物和氮化物形式存在，它们不溶于电解质中而留在阳极残料中，不会进入精制的阴极产品。较钼负电性的杂质很容易阳极溶解于电解质中，但它们与钼在阴极上的共沉积却取决于它们在电解质中的活度和阴极电位。较钼正电性的杂质不溶于电解质，因而可较好的除去。在铝热还原的金属钼中，比钼正电性的杂质并不多，但含有相当多的负电性的杂质。这些负电性金属很快被氧化而进入电解液。钼中的铝很快被阳极氧化为氯化铝。由于氯化铝具有较高的蒸气压，它在电解液中的浓度不会积累到能与钼共沉积的程度。表5-19列出了由钼酸钙铝热还原的粗钼及经电解精炼后纯钼的化学分析。

表 5-19 铝热法粗钼和电解精炼后纯钼的化学分析(%)

元 素	铝热法粗钼	电解精炼钼
Al	3.15	10×10^{-4}
C	100×10^{-4}	10×10^{-4}
Cr	45×10^{-4}	10×10^{-4}
Cu	60×10^{-4}	$<10\times10^{-4}$
Fe	0.18	20×10^{-4}
Mg	530×10^{-4}	$<10\times10^{-4}$

续表 5-19

元　素	铝热法粗钼	电解精炼钼
N	200×10^{-4}	20×10^{-4}
Ni	540×10^{-4}	$<60\times10^{-4}$
Pb	50×10^{-4}	$<10\times10^{-4}$
O	1000×10^{-4}	50×10^{-4}
Si	1500×10^{-4}	70×10^{-4}
硬度 DPH(经熔化样)	$(400\sim450)\times10^{-4}$	$(150\sim155)\times10^{-4}$

综上所述，熔盐电解精炼法对除去气体杂质和正电性杂质有良好的效果，对某些负电性杂质（如铝）也有相当的效果，是一种比较简单的方法。电解精炼必须在密封的、有惰性气体保护的气氛下进行。这是一种实验室规模的方法，适用于小数量高纯钼的生产，但距工业大规模生产还有一定的距离。

参考文献

1　Lassner E, Schubert W-D. Tungsten, Properties, Chemistry, Technology of the Element, Alloys, and Chemical Compounds. New York: Kluwer Academic/Plenum Publishers, 1999

2　宁华．德国 Elino 工业炉公司多管还原炉简述．中国钨业，1997；(3)：11～14

3　Bartha L et al. The Chemitry of Non-Sag Tungsten, Elsevier Science Ltd., Oxford, 1995

4　Chaoin C, Marion F. Oxidation-reduction equilibrium of the oxides of tungsten, Compt. Rend., 1961; (252): 3258～3260

5　有色金属提取冶金手册编委会．有色金属提取手册：稀有高熔点金属(上)．北京：冶金工业出版社，1999：173，182

6　Ackermann R J, Rauh E G. A thermodynamic study of the tungsten-oxygen system at high temperatures. J. Phys. Chem., 1963; (67): 2596～2601

7　Bousquet J, Perachon G. Reduction of the tungsten oxide WO_3 by hydrogen. Evidence for the existence of a W_3O phase., Compt. Rend., 1964; (8): 934～936

8　Bousquet J, Perachon G. The tungsten-oxygen system between tungstic anhydride WO_3 and the oxide WO_2. Compt. Rend., 1964; (258): 3869～3871

9　Phillips B, Chang L. High-temperature stability of tungsten oxide structures. Trans. TMS-AIME, 1964; (230): 1203～1206

10　Rizzo F E et al. Thermodynamics of the tungsten-oxygen system. Trans. TMS-AIME. 1967; (39): 1901～1905

11　Chang L L Y, Phillips B. Phase relations in refractory metal-oxygen system. J. Am. Ceram., 1969; (52): 527～533

12　Taskinen P et al. On the reduction of tungsten oxides, Part Ⅱ. Kinetics., Scand. J. Met., 1977; (6): 228～232

13　彭金剑，崔千红．生产工艺对钼粉平均粒径及其加工性能的影响．中国钼业，1997；(1)：35～36

14　Glemser O, Ackerman H. Gaseous hydroxides, Ⅵ. Supplementary research concerning gaseous $WO_2(OH)_2$., Z. Anorg. Allg. Chem. 1963; (325): 281～286

15 Glemser O, Voltz H G. Gaseous hydroxides, Ⅰ. Gaseous $WO_2(OH)_2$. , Naturwissenschaften,1956;(43):33

16 Glemser O, Haeseler R Z. Gaseous hydroxides,Ⅳ. Gaseous hydroxides of molybdenum and tungsten. Anorg. Allg. Chem. ,1962;(316):168

17 Neugebauer J. The increase in volatility of oxides by water vapor. Acta Chim. ,Acad. Sci. Hung. ,1963:247～249

18 Belton G R,McCarron R L. The volatilization of tungsten in the presence of water vapor. J. Phys. Chem. ,1964;(68):1852～1856

19 Sahle W,Berglund S. The morphology of slightly reduced tungsten trioxide equilibrated with carbon monoxide-carbon dioxide gaseous buffers with and without water addition. J. Less-Common Met. ,1981;(79):271～280

20 Hellmer H et al. In:Proc. 11th Int. Plansee Seminar. Bildstein H,Ortner H ed. . Meallwerk Plansee GhmbH,Reutte,Austria,1985;3:43～86

21 Schubert W D. Kinetics of the hydrogen reduction of tungsten oxides. J. Refract. Met. Hard Mater. ,1990;(4):178～191

22 陈绍衣,钱崇樑. 氧化钨氢还原过程中的物相转变. 中南工业大学学报,1995;26(5):605～609

23 赵秦生等. 氧化钨氢还原过程中产物形貌的变化. 稀有金属,1987;11(1):1～6

24 Haubner et al. Refractory and Hard Metals,1983;(12):156～163

25 向铁根. 钼冶金. 长沙:中南大学出版社,2002

26 杨碧华. 四管还原炉的结构改进. 稀有金属与硬质合金,1997;(130):35

27 莫似浩. 钨冶炼的原理和工艺. 北京:轻工业出版社,1984

28 Pink E,Bartha L. The Metallurgy of Doped/Non-Sag Tungsten. Elsevier,New York,1989

29 肖连生,张启修等. 我国钨冶炼技术的新进展. 稀有金属,2003;27(1):18～22

30 Sloczynski J. Kinetics and mechanism of molybdenum (Ⅵ) oxide reduction. Journal of Solid State Chemistry,1995;118:84～92

31 Ressler T et al. Formation of bronzes during temperature-programmed reduction of MoO_3 with hydrogen——an in situ XRD and XAFS study. Solid State Ionics,2001;(141,142):243～251

32 赵秦生等. 六氯化钨氢还原制备超细钨粉. 中南矿冶学院学报,1977;(2):48～51

33 Tang Xinhe et al. Tungsten oxide and superfine tungsten powder. In:W-Ti-RE-Sb'88 International Conference Proceedings. Changsha,China,1988;1:162～167

34 邹志强等. 胺钨盐的性质及在制取亚微米级钨粉方面的应用. 中南矿冶学院学报,1990;21(6):622～631

35 陈绍衣. 不同氧化钨氢还原制取超细钨粉. 中南工业大学学报,2000;(1):51

36 赵秦生等. 氧化钨氢还原中产物形貌的动态研究. 稀有金属 ,1987;11(2):81～86

37 Schulmeyer W V, Ortner H M. Mechanisms of the hydrogen reduction of molybdenum oxides. International Journal of Refractory Metals & Hard Materials,2002;(20):261～269

38 Каламазов Р Y и др. Высокодисперсные порошки вольфрама и молибдена. Москва,Металлургия,1988

39 殷维宏,郑汉. 我国钨加工业的发展和展望. 稀有金属材料与工程,1999;(3):2～11

40 Huenert R,Winter,G, Kiliani W et al. High-purify refractory metals and sili cides for microelectronic applications. In:Proceedings of the 13th Int. plansee seminar. Ldstein H B et al ed. 1993;1:1

41 郭让民. 高纯钨溅射靶材制取工艺研究. 中国钼业,1997;21(A00):39～41

42 孙宝莲,王芳秀. 化学法制备高纯三氧化钨. 中国钼业,1997;21(4):42～44,51

43 绪小鹏．优质钼酸铵是钼条生产的质量保证．中国钼业，1997；21(2,3)
44 尹周澜，赵秦生等．钼酸铵在氢气气氛中的还原行为．中国有色金属学报，1995；5(1)：42～44
45 王九维，韩强．浅析钼粉工艺原理与生产实践．中国钼业，2003；27(1)：43～45
46 齐应本等．四钼酸铵晶型的研究．稀有金属．1986；10(3)：207～210
47 吴争平，尹周澜等．β型四钼酸铵的制备及结晶过程．中南工业大学学报，2001；32(2)：135～138
48 岳伟，尹周澜等．单相五钼酸铵的制备及其化学性质．中南工业大学学报，1997；28(2)：198～200
49 尹周澜，赵秦生等．钼酸铵和三氧化钼氢还原性质的研究．稀有金属，1997；21(5)：326～329
50 Kiss A et al. New results concerning the thermal decomposition of ammonium hepta-molybdate tetrahydrate. Acta Chim. (Budapest)，1970；66(3)：235
51 Yin Z L，Zhao Q S. The thermal decomposition of ammonium molybdate. J. Cent. South Inst. Min. Metall.，1993；24(4)：541
52 魏勇，刘心宇等．钼还原过程相变化研究．稀有金属与硬质合金，1996；(3)：13～18
53 林小芹，贺跃辉等．钼粉的制备技术及其进展．中国钼业，2003；27(1)：39～42
54 易永鹏．钼粉生产过程质量控制．中国钼业，1995；19(3)：11～12
55 潘叶金，郑贤英．钼粉质量控制的回归方程．中国钼业，1993；(4)：12～15
56 山口悟，伊藤正美．Tungsten refining at Toshiba Yokohama Metal & Components Works. 资源と素材，1993；109：1146～1149
57 Vissokov G，Prilozhna plasmohimia. Prilozhenie na nisko——temperaturnata plasma v organitchnata himitchna tehnologya i metalurgijata. Pt. 2，Technika，Sofia，1987
58 佐伯雄造等．Preparation of high-purity molybdenum powder by hydrogen reduction of molybdenum penta-chloride. 电气化学，1969；37：412～417
59 CIBA Ltd.，Neth. Patent 6，608，844. 1966
60 Gumings R E et al. U. S. Bur. Mines Rep. Invest. №6850. 1966
61 Mehra O K et al. Molybdenum metal by the aluminothermic reduction of calcium molybdate. Metall，Trans，1973；(4)：693
62 Huang H S et al. Effect of lubricant addition on the powder properties and compacting performance of spray-dried molybdenum powders. International Journal of Refractory metals & Hard Materials，2002；(20)：175～180

6 钨、钼金属及其合金致密化方法与原理

6.1 概述

用还原法从钨或钼的中间化合物生产的金属均以粉末状态存在，为了生产钨、钼的板、带、丝材及其合金还必须经过一个致密化过程。生产致密化金属的方法主要有两类：

（1）粉末冶金法。首先将金属粉末在压模中成形，再在真空或保护气氛下进行高温烧结。钨、钼的烧结过程均在氢气保护气氛下进行。

（2）真空熔炼法。真空熔炼法是在高温真空炉内使物料在高温下熔化成金属熔体，然后铸成致密金属锭的方法。一般需先用粉末冶金方法将钨、钼粉末制成电极式料棒，再进行熔炼。

粉末冶金法与真空熔铸法相比有下列优点：

（1）粉末烧结法所得的坯锭中晶粒细小均匀，杂质在晶界的偏析不严重，杂质的危害较小，有利于后续加工。

（2）粉末冶金法将金属粉末直接加工成各种形状的制件，金属的实收率高。

（3）对于小批量、小规格的产品，粉末冶金法具有更大的灵活性。

（4）某些制品，如硬质合金，原则上均用粉末冶金法生产。

高温烧结或熔炼过程对金属均有一定的提纯作用，熔炼法的提纯效果一般比烧结法好。

6.2 粉末冶金法原理

6.2.1 压制过程

在粉末冶金过程中，成形是主要工序之一，随着粉末冶金产品应用范围的不断扩大，材质和形状不断增加，粉末冶金成形技术也在不断地发展。目前成形方法主要有模压成形、等静压成形、挤压成形、轧制成形、喷射成形、粉浆浇注、注射成形和爆炸成形等，但在钨、钼材料成形中多采用模压成形、挤压成形与等静压成形。

6.2.1.1 模压成形

模压成形是指将粉末混合料装在压模内，通过模冲对粉末加压，卸压后，压坯从阴模内压出。模压成形工艺包括：原料预处理、装粉、压制和脱模。

A　原料预处理

粉末原料由于产品最终性能的需要或者成形过程的要求，在成形之前都要经过一些预处理。预处理包括：粉末退火、筛分、混合、添加成形剂、制粒等。

（1）退火。对粉末进行退火处理，可使氧化物还原，降低碳和其他杂质的含量，提高粉末的纯度；同时，还能消除粉末的加工硬化，稳定粉末的晶体结构。用还原法、机械研磨法、电解法、喷雾法以及羰基法所制得的粉末通常都要退火处理。此外，在某些特殊情况下，例如，为了防止某些超细金属粉末的自燃，还需要将其表面钝化，这时也要退火处理。

退火温度根据金属粉末的种类而不同，通常为该金属熔点的$(0.5\sim0.6)T_m$，有时为了进一步提高粉末的化学纯度，退火温度也可超过此值。但在选用退火（预处理）温度时，还应该考虑粉末的粒度，超细粉末退火温度应远低于$0.5T_m$，否则高的退火温度会使粉末烧结成块。

退火一般用还原性气氛，有时也可用惰性气氛或真空。在要求清除杂质和氧化物，即进一步提高粉末化学纯度时，要采用还原性气氛（氢、分解氨、转化天然气或煤气等）或真空退火；为了消除粉末的加工硬化或者使细粉末粗化防止自燃时，可以采用惰性气体作为退火气氛。

（2）混合。混合一般是指将两种或两种以上不同成分的粉末混合均匀的过程。有时候，为了需要也将成分相同而粒度不同的粉末进行混合，这种过程称为合批。

混合有机械法和化学法两种。其中用得最广泛的是机械法，即用各种混合机如球磨机、V形混合器、锥形混合器、酒桶式混合器或螺旋混合器等将粉末或混合料机械地掺和均匀而不发生化学反应。机械法混料又可分为干混和湿混。干混在铁基制品生产和钨粉、碳化钨粉末的生产中广泛采用。湿混在制备硬质合金混合料时经常采用。湿混时使用的液体介质常为酒精、汽油、丙酮、水等。机械混合的均匀程度取决于混合组元的颗粒大小和形状、组元的密度、混合时所用介质的特性、混合设备的种类和混合工艺（装料量、球料比、时间和转速等）等因素。

化学法混料是将金属或化合物粉末与添加金属的盐溶液均匀混合，或者是各组元全部以某种盐的溶液形式混合，然后经沉淀、干燥、还原等处理而得到均匀分布的混合物。与机械法相比较，化学法能使物料中的各组元分布得更加均匀，从而更有利于烧结的均匀化。而且，由于化学混料的结果，基体组元的每一颗粉末表面都包覆上了一层金属添加剂，这有利于烧结过程中的合金化。因此，所得的最终产品组织结构较理想，综合性能更优良。

（3）筛分。筛分的目的在于把颗粒大小不同的原始粉末进行分级。通常用标准筛网制成的筛子以手工或机械振动方式筛分，而对于钨、钼等难熔金属的细粉或超细粉末则使用空气分级的方法。在硬质合金生产中，筛分（擦筛）也可以用来制粒。

（4）制粒。制粒是将小颗粒的粉末制成大颗粒或团粒的工序，常用来改善粉末的流动性。在硬质合金生产中，为了便于自动成形，使粉末能顺利充填模腔必须先制粒。制粒设备主要有圆筒制粒机、圆盘制粒机和擦筛机等，有时，也用振动筛来制粒。目前，较先进的工艺是喷雾干燥制粒。

（5）成形剂。粉末在压制时由于模壁和粉末之间，粉末和粉末之间产生摩擦出现压力损失，造成压力和密度分布不均匀。为了提高压坯强度或为了防止粉末混合料离析，降低粉末颗粒之间以及颗粒与模壁、模冲之间的摩擦、改善密度分布、减少压模磨损和有利于脱模，因此，在成形前常添加成形剂或润滑剂来改善压制过程和提高压坯的质量。

粉末冶金用的成形剂一般应满足下列要求：

1）具有适当的黏性和良好的润滑性，且易于和粉末料均匀混合。

2）与粉末物料不发生化学反应，预烧和烧结时易于排除且不残留有害杂质，所放出的气体对操作人员、炉子的发热元件和筑炉材料等没有损害作用。

3）对混合后的粉末松装密度和流动性影响不大，除特殊情况（如挤压等）外，其软化点应当高，以防止由于混料过程中温度升高而熔化。

4）烧结后对产品性能和外观等没有不良影响。

5）混合粉末中不因添加这些物质而使其松装密度和流动性明显变差。

6）来源广泛，价廉。

在硬质合金生产中成形剂一般采用橡胶、石蜡或汽油溶液，近年也有采用石蜡加橡胶的混合型成形剂的研究报道，并已在工业生产中成功地应用。在钨钼高比重合金的生产中常采用硬脂酸作成形剂。

B 粉末压制过程

粉末在压模中的压制如图 6-1 所示。粉末颗粒在压力作用下将发生如图 6-2 所示的各种不同的运动形式。粉末在松装堆积时，由于表面不规则，彼此之间有摩擦，颗粒相互搭架而形成拱桥的现象，叫做拱桥。粉末在压模内受压后，粉末体内的拱桥效应遭到破坏，粉末颗粒彼此发生位移和变形（包括弹性变形、塑性变形、脆性变形）、填充孔隙、重新排列位置，彼此的接触显著增加，从而使压坯密度增加且具有一定的形状和强度。

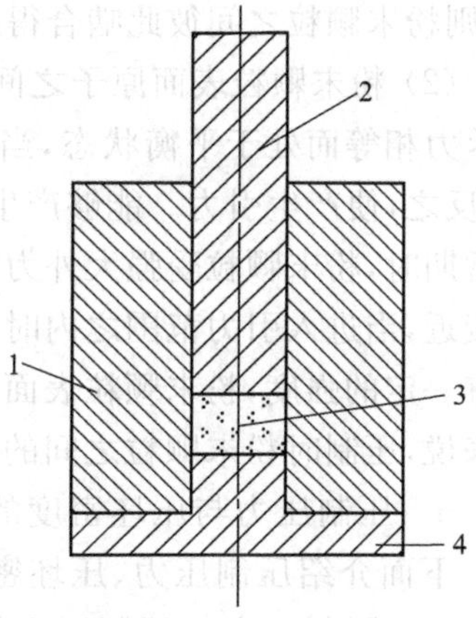

图 6-1 压制示意图

1—阴模；2—上模冲；3—粉末；4—下模冲

在压制过程中，当除去压制压力并把压坯脱出压模之后，由于内应力的作用，压坯发生弹性膨胀，这种现象称为弹性后效。弹性后效产生的原因是：粉末体在压制过程中受到压力作用后，粉末颗粒发生弹塑性变形，从而在压坯内

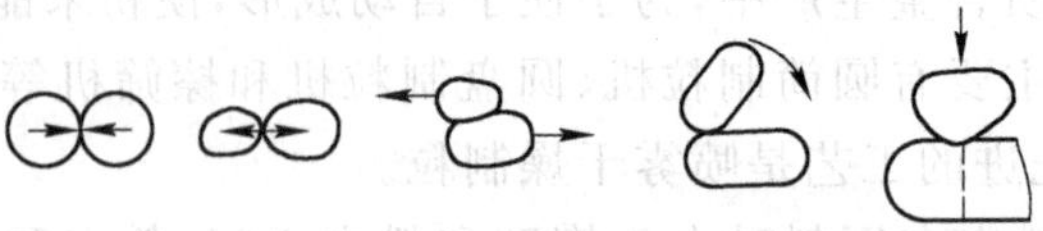

a　　*b*　　*c*　　*d*　　*e*

图 6-2　粉末位移的形式

—粉末颗粒的接近；*b*—粉末颗粒的分离；*c*—粉末颗粒的滑动；
d—粉末颗粒的转动；*e*—粉末颗粒因粉碎而产生的移动

部聚集很大的内应力——弹性内应力，其方向与颗粒所受的外力方向相反，力图阻止颗粒变形。当压制压力消除之后，弹性内应力便要松弛，改变颗粒的外形和颗粒间的接触状态，这就使粉末压坯发生了膨胀。压坯及压模的弹性应变是产生压坯裂纹的主要原因之一。由于压坯内部弹性后效不均匀，所以脱模时在薄弱部分或应力集中部分就可能出现裂纹。因此在压制过程中应根据粉末种类及其粉末特性——粉末粒度及粒度组成、粉末颗粒形状、硬度、压模材质或结构、成形剂等，选择合适的压制压力大小及加压速度，以防止压坯裂纹的出现。

a　粉末的压坯强度

压坯强度是指压坯反抗外力作用保持其几何形状和尺寸不变的能力，是反映粉末质量优劣的重要标志之一。

压坯强度取决于粉末颗粒间的联结力，联结力增加，则压坯强度增大。粉末颗粒间的联结力大致分为两种：

(1) 粉末颗粒之间的机械啮合力。即外表面呈凹凸不平的不规则形状的粉末，通过压制，颗粒之间由于位移和变形可以互相楔住和勾连，从而形成粉末颗粒之间的机械啮合，这是使压坯具有强度的主要原因之一。粉末颗粒形状越复杂，表面越粗糙，则粉末颗粒之间彼此啮合得越紧密，压坯的强度越高。

(2) 粉末颗粒表面原子之间的引力。在金属晶格结构中，金属原子之间因引力和斥力相等而处于平衡状态，当原子间距小于平衡时的常数值时，原子之间产生斥力；反之，便产生引力。能够产生这种引力的区间称为引力范围。在金属粉末处于压制后期时，粉末颗粒受强大外力作用而发生位移和变形，粉末颗粒表面上的原子就彼此接近，当进入引力范围之内时，粉末颗粒便由于引力作用而联结起来，于是，压坯便具有一定的强度，粉末颗粒表面的接触区域越大其压坯强度越高。对于任何金属粉末来说，压制时粉末颗粒之间的机械啮合力是使压坯具有强度的主要联结力。

b　压制压力与压坯密度的关系

下面介绍压制压力、压坯密度及其关系。

(1) 压制压力。压制压力作用在粉末体上之后分为两部分，一部分力用来使粉末产生位移、变形和克服粉末的内摩擦，这部分力称为净压力，通常以 p_1 表示；另一部分力用来克服粉末颗粒与模壁之间外摩擦的力，这部分力称为压力损失，通

常以 p_2 表示。因此，压制时所用的总压力为净压力与压力损失之和，即

$$p = p_1 + p_2$$

压模内各部分的压力是不相等的。由于存在压力损失，上部压力比底部压力大。在接近模冲的上部同一断面，边缘的压力比中心部位的大。而在远离模冲的底部，中心部位的压力比边缘应力大。粉末体在压模内除受轴向压力之外，还受到侧压力、摩擦力、弹性内应力、脱模压力等的作用，这些力对压坯都将起到不同的作用。

(2) 压坯密度。压坯的密度分布，在高度方向和横断面上也是不均匀的。在与模冲相接触的压坯上层，密度和硬度都是从中心向边缘逐步增大的，顶部的边缘部分密度和硬度最大；在压坯的纵向层中，密度和硬度沿着压坯高度从上而下降低。但是在靠近模壁的层中，由于外摩擦的作用，轴向应力的降低比压坯中心大得多，以致在压坯底部的边缘密度比中心的密度低。因此，压坯下层的密度和硬度的分布状况和上层相反。人们曾测定 Ni 粉压块的密度分布，其结果如图 6-3 所示。

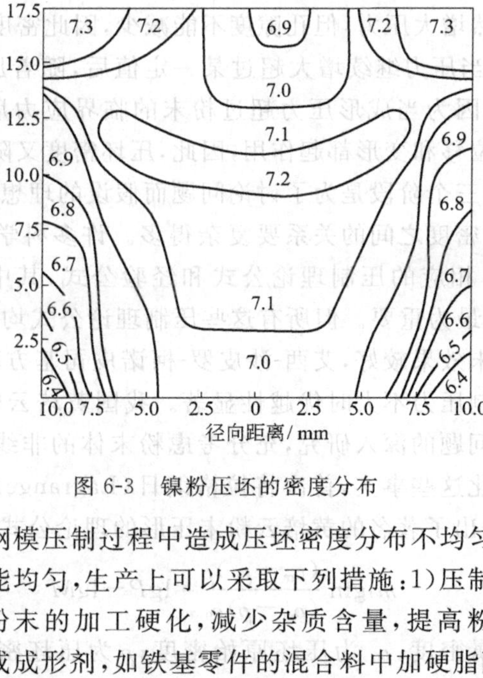

图 6-3 镍粉压坯的密度分布

压力损失是普通钢模压制过程中造成压坯密度分布不均匀的主要原因。为了使压坯密度分布尽可能均匀，生产上可以采取下列措施：1)压制前对粉末进行还原退火等预处理，消除粉末的加工硬化，减少杂质含量，提高粉末体的压制性能。2)加入适当的润滑剂或成形剂，如铁基零件的混合料中加硬脂酸锌、机油、硫等，硬质合金混合料中加橡胶(石蜡)汽油溶液或聚乙烯醇等。3)改进加压方式，根据压坯高度、直径或厚度的比值而设计不同类型的压模，当 $H/D \leqslant 1$ 而 $H/\delta \leqslant 3$ 时(H 为压坯高度；D 为压坯直径；δ 为压坯厚度)，可采用单向压制；当 $H/D > 1$ 而 $H/\delta > 3$ 时，则需采用双向压制；当 $H/D > 4 \sim 10$ 时，需要采用带摩擦芯杆的压模或双向浮动压模、引下式压模等。当对压坯密度的均匀性要求很高时，则需采用等静压制。对于很长的制品，则可以采用挤压或等静挤压成形。4)改进模具构造或

者适当变更压坯形状，使不同横截面的连接部位不出现急剧的转折；模具的硬度一般需要达到 HRC58～63；在粉末运动部位，模具的表面粗糙度应达到 $R_a 0.2\mu m$ 以下，以便降低粉末与模壁的摩擦系数，减少压力损失，提高压坯的密度均匀性。

(3) 压力与密度的关系。粉末受压后发生位移和变形，在压制过程中随着压力的增加，压坯的相对密度出现有规律的变化，通常将这种变化假设为如图 6-4 所示的三个阶段。

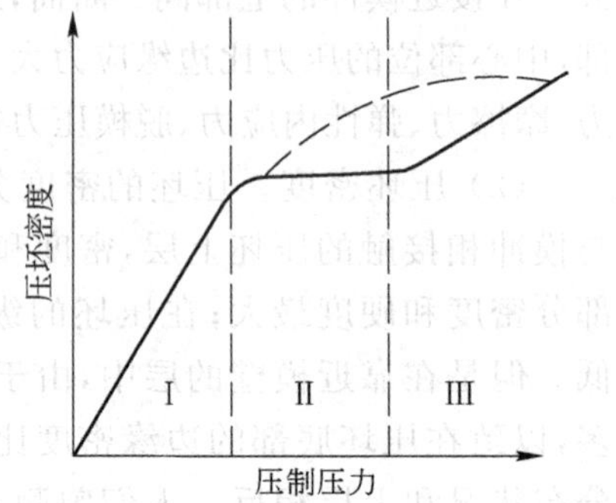

图 6-4　压坯密度与成形压力的关系

1) 第Ⅰ阶段。在这阶段内，由于粉末颗粒发生位移，填充孔隙，因此当压力稍有增加时，压坯的密度增加很快，所以，此阶段又称为滑动阶段。

2) 第Ⅱ阶段。压力继第Ⅰ阶段压缩后其密度已达到一定值，粉末体出现一定的压缩阻力，在此阶段内，虽然增大压力，但孔隙度不能减少，因此密度也就变化不大。

3) 第Ⅲ阶段。当压力继续增大超过某一定值后，随着压力的升高，压坯的相对密度又继续增加，因为当成形压力超过粉末的临界应力后，粉末颗粒开始发生弹、塑性变形，由于位移和变形都起作用，因此，压坯密度又随之增加。

应当指出，上述三个阶段是为了讨论问题而假设的理想状态，在实际压制过程中，压制压力与压坯密度之间的关系要复杂得多。许多科学家对其进行了一系列深入研究，并提出了相应的压制理论公式和经验公式，其中尤以巴尔申、川北公夫[1]、艾西[2]方程式最为重要。但所有这些压制理论公式均存在一定的局限性，巴尔申方程用于硬粉末效果较好，艾西-沙皮罗-柯诺皮司基方程只适用于一般粉末，川北公夫方程在压制压力不大时优越性显著。我国黄培云院士，通过对粉末体在动压状态下的成形问题的深入研究，充分考虑粉末体的非线性弹滞体的特征与压形时应变大幅度变化这些事实，首次将拉格朗日（Lagrange）方程成功地应用在粉末的动压成形上，提出了著名的黄培云粉末压形的理论公式[3]：

$$m\lg\ln\frac{(\rho_m-\rho_0)\rho}{(\rho_m-\rho)\rho_0}=\lg P-\lg M$$

式中，ρ_m 为致密金属密度；ρ_0 为压坯原始密度；ρ 为压坯密度；P 为压坯强度；M 为压制模数；m 为硬化指数。与国际上其他压制理论方程相比，由黄培云院士提出的压制理论，不论对软粉末还是硬粉末适用效果都比较好，具有较高的使用价值。

C　影响压制过程的因素

影响压制过程的因素很多，如粉末性能、润滑剂和成形剂的类型和用量、压制方式等。

a 粉末性能对压制过程的影响

粉末性能对压制过程的影响如下。

(1) 粉末物理性能的影响。就金属粉末本身的硬度和可塑性而言,软金属粉末比硬金属粉末易于压制,软金属粉末在压缩时变形大,粉末之间的接触面积增加,压坯密度易于提高。塑性差的硬金属粉末在压制时必须利用成形剂,否则很容易产生裂纹等压制缺陷。金属粉末的摩擦性能对压模的磨损也影响很大,一般说来,压制硬金属粉末时压模的寿命短。为了保证得到合格压坯和降低压模损耗,在压制时通常要添加成形剂。

(2) 粉末纯度(化学成分)的影响。粉末纯度越高越容易压制。因为杂质多以氧化物形态存在,而金属氧化物粉末多是硬而脆的,且存在于金属粉末表面,压制时使得粉末的压制阻力增加,压制性能变坏;并且使压坯的弹性后效增加,如果不使用成形剂来改善其压制性,结果必然降低压坯密度和强度。因此,为了保证获得合格的压坯,一般要求粉末的氧含量在规定的范围内。例如在压形前预先将粉末进行还原退火处理,有时进行真空退火也可得到很好的效果。

(3) 粉末粒度及粒度组成的影响。一般来说,粉末越细,流动性越差,在充填狭窄而深长的模腔时越困难,越容易形成拱桥。由于粉末细,其松装密度就低,在压模中的充填容积大,此时必须有较大的模腔尺寸。这样在压制过程中模冲的运动距离和粉末之间的内摩擦力都会增加,压力损失随之加大,影响压坯密度的均匀分布。与形状相同的粗粉末相比较,细粉末的压缩性较差,而成形性较好,这是由于细粉末颗粒间的接触点较多,接触面积增加之故。对于球形粉末,在中等或大压力范围内,粉末颗粒大小对密度几乎没有什么影响。生产实践表明,非单一粒度组成的粉末压制性较好,因为这时小颗粒容易填充到大颗粒之间的孔隙中去,因此,在压制非单一粒度组成的粉末时,压坯密度和强度增加,弹性后效减少,易于得到高密度的合格压坯。

(4) 粉末形状的影响。粉末形状对装填性能、压制性等有一定的影响。表面平滑规则的接近球形的粉末流动性好,易于充填模腔,使压坯的密度分布均匀。而形状复杂的粉末充填困难,容易产生拱桥现象,使得压坯由于装粉不均匀而出现密度不均匀。为了改善粉末混合料的流动性,往往需要进行制粒处理。粉末的形状对压制性能也有影响,不规则形状的粉末在压制过程中其接触面积比规则形状粉末大,压坯强度高,所以成形性好,粉末形状对模具的磨损没有特别的影响关系。

(5) 粉末松装密度的影响。松装密度小时,模具的高度及模冲的长度必须大,在压制高密度压坯时,如果压坯尺寸大、密度分布容易不均匀。但是,当松装密度小时,压制过程中粉末接触面积增大,压坯的强度高却是其优点。松装密度大时,模具的高度及模冲的长度可以缩短,在压模的制作上较方便,亦可节省原材料,并且,对于制造高密度压坯或长而大的制品有利。

b 成形剂对压制过程的影响

润滑剂和成形剂对压制过程的影响如下。

(1) 成形剂种类。不同的金属粉末必须选用不同的物质作成形剂。对于钨钼粉末来说，常选用硬脂酸作为成形剂。

(2) 成形剂用量。成形剂的加入量与粉末种类及粒度大小、压制压力和摩擦表面值有关，也与它们本身的材质有关。一般说来，细粉末所需的添加量比粗粉末的要多一些。生产实践表明，压制钨钼粉时，硬脂酸的最佳含量为0.5%～1.5%；成形剂加入量还随压坯形状因素而变(形状因素为摩擦表面积与横断面积之比)，成形剂加入量大约与形状因素成正比，即当横截面一定时，压坯的高度越高所需的用量越多。

c 压制方式对压制过程的影响

压制方式对压制过程的影响如下：

(1) 加压方式。在压制过程中的加压方式不同，对压坯质量的影响也是不同的。在压制过程中由于有压力损失，压坯密度出现不均匀现象。为了减少这种现象，可以采用双向压制及等静压制或者改变压模结构等，特别是当压坯的高径比比较大的情况下，采用单向压制是不能保证产品的密度要求的，必须采用双向压制。对于形状比较复杂的(带有台阶的)零件，压形时为了使各处的密度分布均匀，可采用组合模冲。对于某些难熔金属化合物(如B_4C)的压制，有时为了保证密度要求，还需采用换向压制的办法。振动、磁场压制等均对成形过程会产生一定的影响，在生产实践中可根据需要加以利用。

(2) 保压时间。保压可改善压坯质量，因为对压坯进行保压可以使压力传递得充分，有利于压坯中各部分的密度分布，使粉末体孔隙中的空气有足够的时间通过模壁和模冲或者模冲和芯棒之间的缝隙逸出，给粉末之间的机械啮合和变形以时间，有利于应变弛豫的进行。压制时是否要保压，要保压多久，应根据具体情况确定。形状较简单、体积小的制品没必要保压。而在压制2kg以上的硬质合金顶锤等大型制品时，为了使孔隙中的空气尽量逸出，保证压坯不出现裂纹等缺陷，保压时间有时长达2min以上。对于形状较复杂或体积较大的制品来说保压尤其重要。

6.2.1.2 等静压制

A 等静压制的基本原理

等静压制是伴随现代粉末冶金技术兴起而发展起来的一种新的成形方法。对于一些大尺寸的钨、钼或硬质合金制品，采用等静压制可以得到密度均匀的制品。而对于一些对密度要求很高的制品(如生产人造金刚石工艺中用的顶锤)，采用热等静压制可以得到性能优异的产品。等静压成形按其特性分为冷等静压和热等静压。前者常用水或油作压力介质，故有液静压、水静压或油水静压之称；后者常用气体(如氩气)作压力介质，故有气体热等静压之称。

等静压制法比一般的钢模压制法有下列优点：(1)能够压制具有凹形、空心等复杂形状的压件。(2)压制时，粉末体与弹性模具的相对移动很小，所以摩擦损耗也很小。单位压制压力较钢模压制法低。(3)能够压制各种金属粉末及非金属粉末。压制坯件密度分布均匀，对难熔金属粉末及其化合物尤为有效。(4)压坯强度较高，便于加工和运输。(5)模具材料是橡胶和塑料，成本较低廉。(6)能在较低温度下制得很高致密度的压坯。

等静压制法的缺点是：(1)对压坯尺寸精度的控制和压坯表面的粗糙度都比钢模压制法差。(2)尽管采用干袋式或湿袋式的等静压制，生产效率有所提高，但一般地说，生产率仍低于自动钢模压制法。(3)所用橡胶或塑料模具的使用寿命比金属模具要短得多。

B 冷等静压制

冷等静压制是借助于高压泵的作用把流体介质(气体或液体)压入耐高压的钢质密封容器内，高压流体的静压力直接作用在弹性模套内的粉末上；粉末体在同一时间内在各个方向上均衡地受压而获得密度分布均匀和强度较高的压坯。

冷等静压制工艺过程有：模具材料的选择及模具的制作；粉末料的准备以及粉料装袋；密封、压制和脱模。

a 模具材料的选择及模具的制作

不同的粉末体在等静压成形时需要不同的压力，因此，对于模具的材料也要求不同。等静压模具材料必须满足下列要求：(1)应有一定的强度和弹性，装粉时能保持原来的几何形状；(2)应具有较高的抗磨损性能，且易于加工；(3)不与压力介质发生物理化学作用；(4)模具材料不易粘附在压坯上，使用寿命长，价格便宜。

b 粉末料的准备

粉末料的工艺性能如流动性、松装密度、摇实密度、粒度分布等都直接影响压制过程和压坯的质量，其中以粉末料的流动性影响最大，因为流动性好的粉末料装填入模袋内能均匀地填充，在压力的作用下粉末被均匀压缩，制品的尺寸形状易控制，密度均匀。多角形或不规则形的粉末容易压出强度较高的压块。粉末料的适当湿度有助于压块有较高的密度；但湿度过大(超过 4%)，容易造成压块分层和在烧结时开裂。

c 装料和密封抽气

模袋内粉末装入均匀程度直接影响压块的质量。因此，模袋应放置在电磁振动台上装料，通过振动器的振动使粉末摇实并均匀地分布。

装料时伴随粉料带入的空气，在压制过程中一般很难从模袋内逸跑出来，只能随粉料一起被压缩，阻碍粉末被压紧。所以，在压制密度高的压坯时，通常应先排除粉料中的空气，一般采用注射器针插入橡皮塞内用真空泵抽去其中的空气。

d 压制和脱模

等静压制过程为：将密封（抽空）装料模袋套上多孔金属管，放置在等静压机的高压容器内，开动压力泵把液体介质压入容器直至充满并从放气孔冒出为止；随即开动高压泵使压力直升到所需要的成形压力为止。压制过程中，升压的速度要掌握适当，升压太快，压坯易出现软心。保压只对某些粉末料才有作用。卸压也不宜太快，否则残留在压坯中受压缩的气体，由于外压迅速降低，会使压缩的气体迅速膨胀，容易造成压坯开裂。特别是大型制件降压时更要缓慢，通常卸压速度以5MPa/min为宜。

冷等静压按粉料装填及其受压形式可分为湿袋模具和干袋模具压制。湿袋模具压制是使模袋浸泡在液体压力介质中经受高压泵注入的高压液体压制。其优点是能在同一压力容器内同时压制各种形状的压件，模具寿命长、成本低。主要缺点是：装模脱模过程中消耗时间较多，较难实现装袋脱模过程的自动化。干袋式模具压制是指：粉末装入模袋内靠上层封盖密封，高压泵将液体介质输入容器内产生压力使软模内粉末均匀受压。压力除去之后即从模袋中取出压块，模袋仍留在容器内供下次装料用，其优点是：生产率高，易于实现自动化，模具寿命较长。

C 热等静压制

把粉末压坯或把装入特制容器内的粉末体（称粉末包套）置入高压容器中，施以高温和高压，使这些粉末体被压制、烧结成致密的零件或材料的过程称为粉末热等静压制。粉末体（粉末压坯或包套内的粉末）在高压容器内同时受高温和高压的联合作用，强化了压制与烧结过程，降低了制品的烧结温度，改善了制品的晶粒结构，消除了材料内部颗粒间的缺陷和孔隙，从而提高了材料的致密度和强度。

热等静压是消除制品内部残存微量孔隙和提高制品相对密度的有效方法。与热压法相比，热等静压制品的致密度高，压制温度低。因此，热等静压在制取金属陶瓷硬质合金、难熔金属制品及其化合物、粉末金属制品、有毒物质及放射性废料的处理方面都得到了广泛的应用。热等静压技术已成为提高粉末冶金制品性能及压制大型复杂形状零件的先进技术之一。

6.2.1.3 挤压成形

挤压成形是指粉末体或者粉末压坯在压力作用下，通过规定的挤压嘴挤成坯块或制品的一种成形方法。在钨、钼条棒等制品的生产，特别是硬质合金轧辊、打印针及其他棒条状产品的生产中，挤压成形具有十分特殊的地位。按照挤压条件的不同，挤压成形可分为冷挤法和热挤法。粉末冷挤压首先是将粉末与增塑剂在一定的温度下（一般为40～200℃）通过混捏而得到增塑挤压料，然后在高温或较低温度下进行挤压。所以，通常又将粉末冷挤法称为增塑粉末挤压成形。挤压坯料经过预烧和烧结便制成粉末冶金制品。粉末热挤是指粉末压坯或粉末装入包套内加热在较高温度下挤压。热挤法能够制取形状复杂、性能优良的制品和材料。

粉末挤压成形法的特点是：(1)能挤压出壁很薄、直径很小的微型小管（如壁厚仅0.01mm直径1mm的挤压管）；(2)能挤压物理力学性能优良的致密粉末材料

(如烧结铝合金及高温合金);(3)在挤压过程中压坯横断面不变,因此在一定的挤压速度下制品纵向密度均匀,在合理地控制挤压比时制品的横向密度也是均匀的;(4)挤压制品的长度几乎不受挤压设备的限制,生产过程具有高度的连续性;(5)挤压不同形状的异形制品有较大的灵活性,在挤压比不变的情况下可以更换挤压嘴;(6)增塑粉末混合料的挤压返料可以继续使用。

影响挤压过程的主要因素如下。

A 增塑剂的选择及用量

增塑剂的物理化学性质对挤压过程以及最终制品的性能影响是十分明显的。增塑剂应具有:(1)较佳的可塑性质;(2)具有较强的黏结能力;(3)不与粉末料起化学作用;(4)在制品的预烧或烧结温度下能全部挥发除去;(5)无毒,不污染环境;(6)来源广泛,价廉。

增塑剂的加入量明显地影响挤压压力和颗粒间的结合力。增塑剂加入量过多可降低挤压压力,但粉末颗粒之间的结合力减弱,致使压坯强度下降,同时也使后续处理如预烧和烧结发生困难。增塑剂加入量过少,粉末颗粒表面包覆一层薄的增塑剂膜,甚至一些粉末颗粒还处于直接接触状态,挤压时颗粒间产生相对运动,表面膜被破坏,粉末颗粒间的接触面扩大,粉末与模壁直接接触,结果产生较大的摩擦阻力,从而增大挤压压力,随着挤压压力的增加,附加内应力也增加,结果使压坯产生横向裂纹和分层。

B 预压压力

预压的作用在于尽可能除去挤压前的混合料中的气体,扩大粉末表面与增塑剂的接触,使混合料组分分布均匀,使物料初步致密化。

C 挤压温度

挤压物料的塑性受温度的影响。一般说,挤压物料温度高,塑性变好,但其强度显著降低。因此,挤压温度不宜过高,否则增塑剂的强度和黏结能力大幅度下降,导致挤压压力急剧下降,压坯软化,难于保持挤压坯的形状。相反,挤压温度太低,物料塑性差,结果需要增加挤压压力,又导致压坯分层和产生横向裂纹。

D 挤压速度

挤压速度是指单位时间内挤出坯料的长度,一般用 mm/min 表示。挤压速度过快,压坯易发生断裂,其原因有两种解释:一种认为中心部位的混合料与外层混合料由于流速差过大而引起料层间剧烈的摩擦,由摩擦产生的热造成局部增塑剂的熔化,减弱颗粒间的黏结而造成断裂;另一种则认为,由于挤压速度过快,中心部位混合料流动的超前现象变得更严重,造成较大的剪切应力而使压坯断裂。

挤压速度受挤压压力的影响。挤压初期,挤压压力大部分用于克服物料间的相互位移阻力,这时不能挤出压坯;当挤压压力达到某定值后,除了消耗于克服物料本身的内摩擦及变形阻力和挤压嘴之间的摩擦力外,尚有部分压力推动物料向外挤出,才能挤出压坯，随着压力的增加，挤压速度相应增加。当挤压压力增大到某一临界值后，继续增加的压力几乎全部用于推动物料向外挤压，故挤压速度急剧增加。

6.2.1.4　粉末注射成形

粉末注射成形是粉末冶金技术同塑料注射成形技术相结合的一项新工艺，其过程是将粉末与热塑性材料（如聚苯乙烯）均匀混合使其成为具有良好流动性能（在一定温度条件下）的流态物质，而后把这种流态物质在注射成形机上经一定的温度和压力，注入模具内成形。这种工艺能够制出形状复杂的坯块。所得到的坯块经溶剂处理或专门脱除黏结剂的热分解炉后，再进行烧结。通常粉末注射成形零件经一次烧结后，制品的相对密度可达95%以上，线收缩率达15%～25%，而后根据需要对烧结制品进行少量加工及表面强化处理等工序，最后得到产品。

注射成形常用的粉末粒度一般在20μm以下，粉末形状多为球形。在工业生产中也采用30～100μm的合金粉末。

粉末冶金注射成形零件截面尺寸为25～50mm，长度可达150mm，单重一般在0.10～150g之间，实际上最经济的零件单重为1～25g。研究结果表明，对于外形40.4mm×2.5mm×1.3mm的小产品，在经济上最合算。所以，粉末冶金注射成形最适宜于生产批量大、形状复杂、尺寸小的零件，在钨基高比重合金的手表环、手机震子等零配件的生产中已经得到成功的应用。在硬质合金的手表壳、链等产品的生产中，也宜采用注射成形技术。

6.2.2　烧结过程

6.2.2.1　烧结过程的宏观描述

烧结是指粉末压坯在适当温度和气氛条件下加热所发生的现象和过程。烧结使粉末颗粒之间和晶体内部发生一系列物理和化学变化，其结果是烧结体强度增加，而且多数情况下密度也显著提高。烧结过程按时间大致可以划分为三个界限不十分明显的阶段：

（1）黏结阶段。烧结初期，颗粒间的原始接触点的原子由于温度升高，原子的振幅加大，发生扩散，使颗粒间的接触由点扩展到面接触。在这一阶段中，颗粒内的晶粒不发生变化，颗粒外形也基本未变，整个烧结体不发生明显的收缩，密度增加也极微。但是烧结体的强度和导电性由于颗粒结合面增大而有明显增加。

（2）烧结颈胀大及产生黏塑性流动阶段。原子向颗粒结合面的大量迁移使烧结颈扩大，颗粒间距离缩小，形成连续的孔隙网络；同时由于晶粒长大，晶界越过孔隙移动，而被晶界扫过的地方，孔隙大量消失。特别是随着烧结温度的升高，当某些烧结物料中产生液相时（如烧结硬质合金），由于在粉末颗粒间产生黏塑性流动而大大加速致密化过程。因此，烧结体收缩，密度和强度显著增加是这个阶段的主要特征。

（3）闭孔隙球化和缩小阶段。当烧结体密度达到90%以后，多数孔隙被完全分隔，闭孔数量大为增加，孔隙形状趋近球形并不断缩小。在这个阶段，整个烧结体仍可缓慢收缩，但主要是靠小孔的消失和孔隙数量的减少来实现。这一阶段可以延续很长时间，但是仍残留少量的隔离小孔隙不能消除。

烧结三个阶段的相对长短主要由烧结温度决定：温度低，可能仅出现第一阶段。在生产条件下，至少要保证第二阶段接近完成。温度愈高，出现第二甚至第三阶段就愈早。在连续烧结时，第一阶段可能在升温过程中就完成。在生产实践中，这三个阶段是不能截然分开的，例如在第2、第3阶段中仍然会有扩散发生。

6.2.2.2　烧结机制

烧结过程中，颗粒黏结面上发生的量与质的变化，以及烧结体内孔隙的球化与收缩等过程，都是以物质的迁移为前提的。烧结机制就是研究烧结过程中各种可能的物质迁移方式及速率。根据烧结时物质的迁移方式，烧结机制可分为扩散机制、流动机制和蒸发-凝聚机制。

A　扩散机制

在固相烧结中，物质的迁移主要是通过扩散实现的。按照扩散途径的不同，扩散机制又可分为表面扩散、体积扩散和晶界扩散。

(1) 表面扩散。烧结初期，由于表面扩散起始温度比体积扩散温度低得多，因此，在烧结初期主要以表面扩散为主。它主要是通过表面原子的扩散，颗粒黏结面扩大，颗粒表面的凹处逐渐被填平，从而使烧结体致密。表面扩散的主要作用是使颈部填充，改变粉料表面的形状，促使气孔闭合、球化。但由于表面扩散不能导致颗粒中心距离缩短，因此，在烧结初期气孔难以消失，烧结体的收缩也不明显，表现为坯体的气孔率大，收缩大约在1%左右。表面扩散在较低和中等烧结温度下十分显著，而在更高温度时，表面扩散逐渐被体积扩散所取代。烧结早期，有大量的连通孔存在，表面扩散除使表面的小孔消失外，还将使压坯内的小孔不断缩小与消失，而大孔隙增大，其结果好似小孔隙被大孔隙所吸收，所以总的孔隙数量减少。形成隔离闭孔后，表面扩散只能促进孔隙表面光滑，孔隙球化，而对孔隙的消失和烧结体的收缩不产生显著影响。

(2) 体积扩散。由于颗粒不同部位空位浓度差的存在，使原子不断向烧结颈迁移，从而使烧结颈扩大。颈部的生长使球形颗粒逐渐变成多面体，气孔由开始的不规则形状逐渐变成由三个或多个颗粒所包围形成近似圆筒状互相连通的管道，并随着表面空位的扩散逐渐变小或最后消失。因此体积扩散的作用也使烧结颈长大和闭孔收缩，而导致烧结体的显著收缩。

(3) 晶界扩散。烧结时，在颗粒接触面上容易形成稳定的晶界，特别是细粉末烧结后形成许多的网状晶界与孔隙互相交错，使烧结颈边缘和细孔隙表面的过剩空位容易通过邻接的晶界进行扩散或被它吸收，结果使颗粒间距缩短，发生收缩。因此晶界扩散的作用是使烧结颈胀大和烧结体收缩。

B 流动机制

流动机制主要描述的是处于应力状态的烧结体的物质流动规律。在粉末体烧结过程中，当系统中出现液相并产生流动时，将导致烧结坯块的大量收缩，其线收缩率可达15%～25%，这是液相烧结的重要特征。流动包括黏性流动和塑性流动两种。在固-液两相系统中，液相量占多数且液相黏度较低时，烧结的致密化以黏性流动为主，而当固相量占多数或黏度较高时则以塑性流动为主。

(1) 黏性流动。在液相含量高时，液相具有牛顿型液体的流动性质，这使粉末体的烧结比较容易通过黏性流动而达到平衡。除有液相存在的烧结出现黏性流动外，在高温下晶体颗粒也具有流动性质，它与非晶体在高温下的黏性流动机理相同。在高温下物质的黏性流动可以分为两个阶段：1)物质在高温下形成黏性流体，在表面张力和毛细管力的作用下将产生黏性流动，导致颗粒的重排，而大大加速致密化过程。相邻颗粒中心相互逼近，增加接触面积，接着发生颗粒间的黏合作用和形成一些封闭气孔。2)封闭气孔的黏性压紧，即小气孔在玻璃相包围压力作用下，由于黏性流动而密实化。决定烧结致密化速率主要有三个参数：颗粒原始粒径、黏度、表面张力。为了使液相和固相颗粒结合得更好，液相黏度不能太高，但黏度也不能太低，以免颗粒直径较大时，重力过大而产生重力流动变形。所以在液相烧结中，必须采用细颗粒原料且原料粒度必须合理分布。

(2) 塑性流动。液相烧结中，在高温下坯体中液相含量降低，而固相含量增加，这时烧结传质不能看成是牛顿型流体，而是属于塑性流动的流体，过程的推动力是表面能。为了尽可能达到致密烧结，应选择尽可能小的颗粒、黏度及较大的表面能。在热压的高温下，当固体所受的外力增加到一定数值时，一方面细微的粉末颗粒会在高温高压下发生塑性流动使烧结坯致密化；另一方面，由于高温高压的作用，会使固体形变超过一定范围，固体中质点的排列规律被破坏而产生位错或塑性变形，晶面产生相对移动，这种通过晶面的滑移来实现的流动称为塑性流动。塑性流动传质是研究烧结后期形成闭孔的收缩和热压致密化过程的理论基础。

C 蒸发-凝聚机制

在烧结过程中，由于颗粒之间表面曲率的差异，造成各部分蒸气压不同，物质从蒸气压较高的凸曲面蒸发，通过气相传递，在蒸气压较低的凹曲面处(两颗粒间的颈部)凝聚，这样就使颗粒间的接触面积增加，颗粒和气孔的形状改变，导致坯体逐步致密化，这种烧结机构称为蒸发-凝聚机制。烧结初期，由于蒸气压差最大，颈部增长比较显著，此时质点从颗粒表面通过气相迁移到颈部，很快使颈部填充。随着颈部不断被填充，蒸气压差随之下降，传质会很快减慢，甚至停止。因此对于蒸发-凝聚这类传质过程用延长时间不能达到促进烧结的效果，而减小粉料的颗粒半径可以提高烧结速率。蒸发-凝聚过程中，气孔的形状随着颈部的扩大而发生改变，球形颗粒逐渐变为椭圆形，但颗粒间的中心距离不变，即蒸发-凝聚过程不引起坯体显著的收缩和气孔率降低，因此不影响坯体的密度。

D 综合作用烧结机制

烧结是一个复杂的物理、化学变化过程，具有科学的抽象化和典型化的特点。烧结机制经过长期研究，提出了黏性流动、塑性流动、表面扩散、晶界扩散和蒸发-凝聚传质等烧结机制。但实践证明，用任何一种单一机制去全面解释某一种具体烧结过程都是困难的。在实际的烧结过程中，上述烧结机制可能同时或交替地出现。我国学者黄培云院士，经过长期对烧结过程的研究与实践，总结和回顾了关于烧结机制的各种学派的论点和争论后，认为烧结过程从致密化机理上看是一个包含扩散、流动和化学反应的综合过程，而从唯象上看是粉末体中孔隙(或称空穴)迁移出体外的过程。基于这种空穴迁移过程中的物质(或空穴)守恒，同时考虑扩散、流动和物理化学反应(蒸发-凝聚、溶解沉积、吸附解吸、化学反应等)的作用，建立了综合作用烧结机理[4]，由这种综合作用，烧结体内的空穴浓度随着位置和时间而变化，并提出：

$$\frac{\partial C}{\partial t}=\alpha\frac{\partial^2 C}{\partial x^2}-v\frac{\partial C}{\partial x}-K(C-C_\infty)$$

式中 C——烧结体内空穴浓度；

x——x 轴上距离；

K——化学反应速率常数；

t——时间；

α——空穴扩散系数；

C_∞——烧结终点时空穴浓度。

令 $\theta=\frac{C-C_\infty}{C_0-C_\infty}$，则上式可转化为($C_0$ 为烧结开始时空穴浓度)：

$$\frac{\partial\theta}{\partial t}=\alpha\frac{\partial^2\theta}{\partial x^2}-v\frac{\partial\theta}{\partial x}-K\theta$$

在适当边界和初始条件下解上面偏微分方程，可得解的通式为：

$$\theta=\left[(1-y)e^{\frac{vl}{\alpha}}+ye^{-\frac{vl}{2\alpha}(1-y)}\right]e^{-\left(\frac{v^2}{4\alpha}+K\right)t}$$

式中，$y=\frac{x}{l}$；l 为烧结试样在 x 方向的长度。

(1) 当 $v^2-4(\lambda-K)\alpha<0$ 时

$$\theta=\frac{4}{\pi}e^{\frac{vl}{2\alpha}y}\{\sin\pi y\}e^{-\left(\frac{v^2}{4\alpha}+K+\frac{\pi^2}{l^2}\alpha\right)t}$$

式中 v——空穴流动速度；

λ——烧结体内空穴浓度。

(2) 当 $v^2-4(\lambda-K)\alpha=0$ 时

$$\theta=\left[(1-y)e^{\frac{vl}{2\alpha}}+ye^{-\frac{vl}{2\alpha}(1-y)}\right]e^{-\left(\frac{v^2}{4\alpha}+K\right)t}$$

(3) 当 $v^2-4(\lambda-K)\alpha>0$ 时

$$\theta=\frac{e^{\frac{vl}{2\alpha}}\sin h(1-y)+e^{-\frac{vl}{2\alpha}(1-y)}\sin hqy^{-\left(\frac{v^2}{4\alpha}+K-\frac{q^2}{l^2}\alpha\right)t}}{\sin Kq}$$

式中 $q=\frac{\sqrt{v^2-4(\lambda-K)\alpha}}{2\alpha}l$。

实验证明,将黄培云院士提出的综合作用烧结的理论方程式运用到金属 Ni、Co、Cu、Mo、Ta 的粉末烧结以及 W 粉的活化烧结,Cu、BeO 粉的热压实验,其实验结果与理论计算均符合得很好。

6.2.2.3　固相烧结

固相烧结是指将粉末压坯放置于不超过其熔点的设定温度中,在一定的气氛保护下,保温一段时间的操作过程。按烧结系统的组成,固相烧结可分为单元系烧结和多元系固相烧结。

A　单元系烧结

单元系烧结是指纯金属或有固定化学成分的化合物或均匀固溶体的粉末在固态下的烧结,过程中不出现新的组成物或新相,也不发生凝聚状态的变化(不出现液相),故也称为单相烧结。单元系烧结过程,除黏结、致密化及纯金属的组织变化之外,不存在组元间的溶解,也不形成化合物。

单元系烧结一般分为三个温度阶段:

第一阶段为低温预烧阶段($\alpha\leqslant0.25$,α 为烧结的绝对温度与材料熔点之比),主要发生金属的回复、吸附气体和水分的挥发,压坯内成形剂的分解和排除。由于回复消除了压制时的残余弹性应力,颗粒接触反而相对减少,加上挥发物的排除,故压坯体积收缩不明显。在这阶段,密度基本维持不变,但因颗粒间金属接触增加,导电性有所改善。

第二阶段为中温升温烧结阶段($\alpha\leqslant0.4\sim0.55$),开始出现再结晶,首先在颗粒内,变形的晶粒得以恢复,同时颗粒表面氧化物被还原,颗粒界面形成烧结颈,故烧结体强度迅速提高,相对而言密度增加较缓慢。

第三阶段为高温保温阶段($\alpha=0.5\sim0.85$),烧结的主要过程充分进行并接近完成,形成大量闭孔,并继续缩小,使得孔隙尺寸和孔隙总数均有减少,烧结体密度明显增加。保温足够长时间后,所有性能均达到稳定值而不再变化。长时间烧结使聚晶得以长大,这对强度影响不大,但可能降低韧性和伸长率。

烧结体显微组织会发生变化。在烧结过程中,多数情况下压坯总是收缩的,压制产品的收缩,在垂直或平行于压制方向上是不等的。一般说,垂直方向的收缩较大,但是也有相反的情况,压制件也会膨胀,主要取决于颗粒形状、压制压力、粉末形状、压件高径比等。造成膨胀和密度降低的原因有:(1)低温烧结时压制内应力的消除,抵消一部分收缩,因此,当压力过高时,烧结后烧结坯会胀大。(2)气体与润滑剂的挥发阻碍产品的收缩,因此升温过快,往往使产品鼓泡胀大。(3)与烧结气氛反应生成气体妨碍产品收缩。当产品收缩时,闭孔中气体的压力可增至很大,甚至超过引起孔隙收缩的表面张应力,这时孔隙收缩就停止。(4)烧结时间过长或温度偏高,造成聚晶长大会使密度略为降低。(5)同素异晶转变可能引起质量体积改变而导致体积胀大。

尽管在某些情况下,烧结后材料的密度和尺寸变化不大,但是孔隙的形状、大小和数量的改变总是十分明显的。烧结过程中,孔隙网络逐渐形成隔离的闭孔,孔隙球化收缩,少数闭孔长大。因为粉末表面吸附的气体或其他非金属杂质对表面扩散和蒸发凝聚过程阻碍极大,使闭孔的球化进行缓慢,所以在一般的烧结粉末制品中,多数孔隙仍为不规则状。只有极细粉末的烧结和某些化学活化烧结才能加快孔隙的球化过程。提高烧结温度有利于孔隙球化。

粉末冷压成形后烧结,发生回复、再结晶及晶粒长大等组织变化。回复主要发生在颗粒接触面上,不受孔隙的影响。在烧结保温阶段之前,回复就已基本完成。再结晶与烧结的主要阶段即致密化过程同时发生,这时原子重新排列,形成新晶核并长大,或者借助晶界移动使晶粒合并,总之是以新的晶粒代替旧的,并常伴随晶粒长大的现象。晶粒长大或晶界移动很容易受阻而停止,这些障碍包括第二相、杂质的粒子、孔隙和晶界等。烧结的回复、再结晶与晶粒长大的动力同烧结过程本身的动力是完全一致的,因为内应力和晶界的界面能与孔隙表面能一样,构成烧结系统的过剩自由能,因而回复使内应力消除,再结晶与晶粒长大使界面及界面能减小也使系统自由能降低。但是晶粒长大的动力一般要低于烧结过程的动力。

粉末烧结材料的再结晶同一般致密材料的再结晶过程相比较有以下特点:

(1) 粉末烧结材料中如有较多的氧化物、孔隙及其他杂质,则聚晶长大受阻碍,故其晶粒较细;相反,粉末纯度愈高,晶粒长大趋势也愈大。

(2) 烧结材料中晶粒显著长大的温度较高,仅当粉末压制采用极高压力时,才明显降低。例如钨粉压坯,当单位压制压力为120MPa时,用金相方法测定的晶粒长大温度为1227℃,而在单位压制压力提高到500MPa时,降为927℃[5]。

(3) 粉末粒度影响聚晶长大。因为孔隙尺寸随粉末粒度增大而增大,对晶界移动的阻力也增加,故聚晶长大趋势减小。例如烧结细铁粉压坯,金相观察颗粒外形消失(表示聚集再结晶发生)的温度为800℃;而粗铁粉,甚至在1200℃还能清晰地分辨颗粒的轮廓[6]。

(4) 烧结金属在临界变形程度下,再结晶后晶粒显著长大的现象不明显,而且晶粒没有明显的取向性,因为粉末压制时颗粒内的塑性变形是不均匀的。

B 多元系固相烧结

由几种组分(元素或化合物)组成的粉末在固态下烧结,烧结过程不出现液相,称为多元系固相烧结。多元系固相烧结包括组分间不互溶和互溶的两类。

a　互溶多元系固相烧结

组分互溶的多元系固相烧结有三种情况：(1)均匀(单相)固溶体粉末的烧结；(2)混合粉末的烧结；(3)烧结过程固溶体分解。第一种情况属于单元系烧结，第三种情况不常有，所以一般只讨论混合粉末的烧结。

混合粉末烧结是在不同组分的颗粒间发生的扩散与合金均匀化过程，取决于合金热力学和扩散动力学。如果组元间能生成合金，则烧结完成后，其平衡相的成分和数量大致可根据相应的相图确定。但由于烧结组织不可能在理想的热力学平衡条件下获得，要受固态下扩散动力学的限制，而且粉末烧结的合金化还取决于粉末的形态、粒度、接触状态以及晶体缺陷、结晶取向等因素。

扩散是决定合金化的主要动力学因素，因而凡是促进扩散的一切条件，均有利于烧结过程及获得最好的性能。影响混合粉末压坯的合金化过程的因素有：

(1) 烧结温度。这是影响合金化最重要的因素，因为原子互扩散系数是随温度的升高而显著增大。

(2) 烧结时间。在相同温度下，烧结时间越长，扩散越充分，合金化程度就越高，但时间的影响没有温度的影响大。

(3) 粉末粒度。合金化的速度随着粒度减小而增加。

(4) 压坯密度。增大压制压力，将使粉末颗粒间接触面增大，扩散界面增大，加快合金化进程，但作用并不十分显著，如压力提高 20 倍，F 值仅增加 40%（F 为合金均匀化程度，F 值在 0～1 之间变化；当 $F=1$ 时，表示完全均匀化）。

(5) 粉末原料。采用一定数量的预合金粉或复合粉与完全使用混合粉比较，达到相同的均匀化程度所需的时间将缩短，因为这时扩散路程缩短，并可减少要迁移的原子数量。

(6) 杂质。因为存在于粉末表面或在烧结过程形成的杂质会阻碍颗粒间的扩散进行。

b　互不溶系固相烧结

互不溶系固相烧结几乎包括了用粉末冶金方法制造的一切典型的复合材料——基体强化(弥散强化或纤维强化)材料和利用组合效果的金属陶瓷材料(某些电触头合金、金属-塑料)。它们是以熔点低、塑性(韧性)好、导热(电)性强而烧结性好的成分(纯金属和单相合金)为黏结相，同熔点和硬度高、高温性能好的成分(难熔金属或化合物)组成的一种机械混合物，因而兼有两种不同成分的性质，常常具有良好的综合性能。

互不溶系的烧结温度由黏结相的熔点决定。它能够制造熔铸法所不能得到的“假合金”，即组元间不互溶且无反应的合金。粉末固相烧结或液相烧结可以获得的假合金包括金属-金属、金属-非金属、金属-氧化物、金属-化合物等，复合材料及假合金通常要求在接近致密状态下使用，因此在固相烧结后，一般需要采用复压、热压、烧结锻造等补充致密化或热成形工艺，或采用烧结-冷挤、烧结-熔浸以及热等静压、热轧、热挤等复合工艺以进一步提高密度和性能。

当复合材料接近完全致密时，许多性能与组分的体积含量之间存在线性关系，称为“加和”规律，即在相当宽的成分范围内，物理与力学性能随组分含量的变化成线性关系。根据“加和”规律可以由组分含量近似地确定合金的性能，或者由性能估计合金所需的组分含量。

当难熔组分含量很高，粉末混合均匀有困难时，可采用复合粉或化学混料方法。制备复合粉的方法有共沉淀法、金属盐共还原法、置换法、电沉积法等，这些方法在制造电触头合金已得到实际应用。

C 烧结气氛

烧结气氛的作用是控制压坯与环境之间的化学反应和清除成形剂的分解产物，具体说有三个方面：(1)防止或减少周围环境对烧结产品的有害反应，如氧化、脱碳等，从而保证烧结顺利进行和产品质量稳定。(2)排除有害杂质，如吸附气体、表面氧化物或内部夹杂。净化后通常可提高烧结的动力，加快烧结速度，而且能改善烧结制品的性能。(3)维持或改变烧结材料中的有用成分，这些成分常常能与烧结金属生成合金或活化烧结过程，例如烧结钢的碳控制、渗氮和预氧化烧结等。

烧结气氛，按其功能可分为五种基本类型：氧化气氛、还原气氛、惰性或中性气氛、渗碳气氛和氮化气氛。目前工业使用的烧结气氛主要有氢气、分解氨气、吸热型或放热型气体以及真空。近年来，氮气和氮基气体的使用也日渐广泛。

(1) 氧化气氛。包括纯氧、空气和水蒸气。可用于贵金属的烧结、氧化物弥散强化材料的内氧化烧结、铁或铜基零件的预氧化活化烧结。

(2) 还原气氛。纯氢、分解氨(氢-氮混合气体)、煤气、碳氢化合物的转化气(H_2、CO混合气体)等还原性或保护性气体，对大多数金属在高温下均具有还原性。作为还原性气体，氢气的还原区比一氧化碳的宽得多。氢的还原能力与气氛中的水蒸气含量直接有关。通常用露点描述气氛的干湿程度：露点愈低，水蒸气含量愈少。由于还原反应不断生成水蒸气，使气氛的露点升高，因此，测量和控制气氛的露点是必要的。对于活性高的金属 Be、Al、Si、Ti、Zr、V、Cr、Mn 来说，气氛中哪怕有极微量的氧或水蒸气都是不允许的，因为这些金属极易生成难还原的氧化膜而阻碍烧结过程。烧结上述金属或含有这些元素的合金，如不锈钢、高速钢、钢结硬质合金、钛合金等，要用经过严格脱水和净化的氢气，而最好是采用真空或惰性气氛。烧结 Fe、Cu、Ni、W、Mo 等金属时，对气氛的氧含量与露点的要求可放宽一些。纯一氧化碳因为有剧毒且制造成本高，不适于单独用作还原性气氛。甲烷等碳氢化合物由于具有渗碳性也不直接用作烧结气氛，但可以用空气或水蒸气加以高温转化，得到以 H_2、CO、N_2 为主要成分的混合气，可用于一般铁、铜基粉末零件的烧结。

(3) 中性气氛。活性金属、高纯金属烧结用的惰性气体有 N_2、Ar、He；转化气对某些金属(Cu)也可作为中性烧结气氛；CO_2 或水蒸气对 Cu 合金的烧结也属于中性气氛。

(4) 渗碳气氛。粉末冶金碳钢或合金钢中的碳含量对其力学性能影响很大，而烧结气氛对于控制和调整烧结钢零件的碳成分显得很重要。只有处于中性气氛，即气氛与烧结体中的某一定碳浓度平衡时，才不会出现脱碳和渗碳现象。因此在烧结碳钢或合金钢时要严格控制烧结气氛的碳含量，可通过调节其中的 CO_2、H_2O 或 CH_4 中的任一成分来控制。

(5) 氮化气氛。氮化气氛包括 NH_3 和用于烧结不锈钢及其他含 Cr 钢的 N_2。它们适用于大多数粉末零件的烧结，如 Fe、Cu、Ni 和 Al 基材料等。

6.2.2.4 液相烧结

液相烧结是指在烧结温度下，低熔组元熔化或形成低熔共晶物，那么由液相引起的物质迁移比固相扩散快，而且最终液相将填满烧结体内的孔隙，因此可获得密度高、性能好的烧结产品。

液相烧结可得到具有多相组织的合金或复合材料，即由烧结过程中一直保持固相的难熔组分的颗粒和提供液相(一般体积占 13%～15%)的黏结相所构成。液相烧结过程大致上可划分为三个界线不十分明显的阶段：

A 液相流动与颗粒重排阶段

固相烧结时，一般不可能发生颗粒的相对移动，但在有液相存在时，颗粒在液相内近似悬浮状态，受液相表面张力的推动发生位移，因而液相对固相颗粒润湿和有足够的液相存在是颗粒移动的重要前提。颗粒间由于有大小和表面形态上的差异，以及固相颗粒毛细管内液相凹面的曲率半径不相同，使作用于每一颗粒各方向上的毛细管力及其分力不相等，使颗粒在液相内移动，颗粒发生重排，以达到最紧密的排布，在这阶段，烧结体密度迅速增大。

B 固相溶解和再析出阶段

固相颗粒表面的原子逐渐溶解于液相，溶解度随温度和颗粒的形状、大小而变。颗粒因大小不同、表面形状不规整，各部位的曲率不相同造成饱和溶解度不相等，引起颗粒之间或颗粒不同部位之间的物质通过液相迁移时，小颗粒或颗粒表面曲率大的部位溶解较多；相反，溶解物质又在大颗粒表面或具有负曲率的部位析出。因而小颗粒先于大颗粒溶解。溶解和再析出过程使得颗粒外形逐渐趋于球形，小颗粒减小或消失，大颗粒更加长大，这就是固相溶解和再析出过程。同时，颗粒依靠形状适应而达到更紧密堆积，促进烧结体收缩。与第一阶段相比，致密化过程已明显减慢，因为这时气孔已基本上消失，而颗粒间距离更缩小，使液相流进孔隙变得更加困难。

C 固相烧结阶段

经过前面两个阶段，颗粒之间靠拢，在颗粒接触表面同时产生固相烧结，使颗粒彼此结合，形成坚固的固相骨架，剩余液相填充于骨架的间隙。这阶段以固相烧结为主，致密化已显著减慢，颗粒互相接触、黏结并形成连续骨架。骨架形成的烧结过程与固相烧结相似。

液相烧结合金的组织，即固相颗粒的形状以及分布状态，取决于固相物质的结晶学特征、液相的润湿性或二面角的大小。当固相在液相中有较大的溶解度时，液相烧结合金通过溶解和再析出，固相颗粒发生重结晶长大，冷却后的颗粒多呈卵形，紧密地排列在黏结相内。但对 WC-Co 硬质合金，由于 WC 的非等轴晶特征和溶解度较小，故烧结后的合金组织中 WC 一般保持多边形状。

固相界面张力 γ_{ss} 取决于液相对固相的润湿。平衡时 $\gamma_{ss}=2\gamma_{sl}\cos(\psi/2)$，其中，$\psi$ 为二面角（$\psi=2\theta$），γ_{sl} 为固液界面张力，可见，二面角愈小时，液相渗进固相界面愈深。(1)$\psi=0°$时，烧结初期液相浸入固相颗粒间隙，引起晶粒细化，再经过溶解-析出颗粒长大阶段，固相连成大的颗粒，被液相分割成孤立的小岛；(2)$0<\psi<120°$时，液相不能充分润湿固相晶界，固相颗粒黏结成骨架，成为不被液相完全分隔的状态；(3)$\psi>120°$时，固相充分长大，使液相被分割成孤立的小块嵌镶在骨架的间隙内。

液相烧结过程中颗粒合并长大的动力学对合金组织也有影响，如果颗粒合并的速度小，就形成彼此隔离的分布；相反，当颗粒互相合并的速度较高，则形成连续的骨架。同时，固相的体积比愈大，则愈容易生成隔离组织；固相数量减少，趋向于形成连续骨架。

液相烧结的三个基本影响因素是润湿性、溶解度和液相数量，这三个因素也是液相烧结能否顺利进行的三个基本条件。

(1) 润湿性。液相对固相颗粒的表面润湿性对致密化、合金组织与性能的影响极大。当润湿角 $\theta>90°$时，即使出现液相，也会很快跑出烧结体外，称为渗出。这样，烧结合金中的低熔组分将大部分损失掉，使烧结致密化过程不能顺利完成。液相只有具备完全或部分润湿的条件（润湿角 $\theta<90°$），才能渗入颗粒的微孔和裂缝甚至晶粒间界。

(2) 溶解度。固相在液相中有一定溶解度是液相烧结的又一条件，因为：1)固相有限溶解于液相可改善润湿性；2)固相溶于液相后，液相数量相对增加；3)固相溶于液相，可借助液相进行物质迁移；4)溶在液相中的组分，冷却时如能再析出，可填补固相颗粒表面的缺陷和颗粒间隙，从而增大固相颗粒分布的均匀性。但是，溶解度过大会使液相数量太多，也对烧结过程不利。例如形成无限互溶固溶体的合金，液相烧结因烧结体解体而根本无法进行。另外，如果固相溶解对液相冷却后的性能有不好影响（如变脆）时，也不宜采用液相烧结。

(3) 液相数量。液相烧结应以液相填满固相颗粒的孔隙为限度。烧结开始，颗粒间孔隙较多，经过一段液相烧结后，颗粒重新排列并且有一部分小颗粒溶解，使孔隙被增加的液相填充，孔隙相对减小。一般认为，液相量以不超过烧结体体积的35%为宜。超过时不能保证产品的形状和尺寸；过少时烧结体内将残留一部分不被液相填充的小孔，而且固相颗粒也将因直接接触而过分烧结长大。

除润湿性、溶解度和液相数量三个基本影响因素外，压坯密度、粉末颗粒大小、粉末混合的均匀程度、烧结温度、时间、气氛、外力等也是影响烧结过程能否充分进行的重要因素。

6.2.2.5　真空烧结

真空烧结实际上是低(减)压烧结，真空度愈高，愈接近中性气氛，即与材料不发生任何化学反应。真空度通常为$1.3\times10\sim1.3\times10^{-3}$Pa。

真空烧结的主要优点是：(1)减少气氛中有害成分(H_2O、O_2、N_2)对产品沾污；(2)当不宜用其他还原性或惰性气体时(如活性金属的烧结)，或者对容易出现脱碳、渗碳的材料均可采用真空烧结；(3)真空可改善液相烧结的润湿性，有利于收缩和改善合金的组织；(4)真空有助于Si、Al、Mg、Ca等杂质或其氧化物的排除，起到提纯材料的作用；(5)真空有利于排除吸附气体(孔隙中残留气体以及反应气体产物)，对促进烧结后期的收缩作用明显。

但在真空下的液相烧结，若黏结金属的挥发损失非常严重，则它不仅改变和影响合金的最终成分和组织，而且对烧结过程本身也起阻碍作用。真空烧结时黏结金属的挥发损失，主要发生在烧结保温阶段，因此在可能条件下，应缩短烧结时间或在烧结后期关闭真空泵，使炉内压力适当回升或充入惰性气体或氢气提高炉压。

真空烧结含碳材料的脱碳问题也非常值得重视。脱碳主要发生在升温阶段，这时炉内残留的空气、吸附的含氧气体(CO_2)以及粉末内的氧化杂质及水分等与碳化物中的化合碳或材料中的游离碳发生反应，生成CO随炉气排出，同时炉压明显升高，合金的总碳减少。因此真空烧结含碳材料虽有补充还原作用，但也造成合金脱碳。碳含量的变化取决于原料粉末中的氧含量以及烧结时的真空度。两者愈高时，生成CO的反应愈容易进行，脱碳也愈严重。所以，根据原料中的氧含量，要控制混合料中的碳含量比在氢气烧结时更高。

6.2.2.6　熔浸

将粉末坯块与液体金属接触或坯块部分浸在液体金属内(见图6-5)，让坯块内孔隙为金属液填充，冷却下来就得到致密材料或零件，这种工艺称为熔浸。在粉末冶金零件生产中，熔浸也可作为一种烧结后处理。

熔浸过程依靠外部金属液体润湿粉末多孔体，在毛细管力作用下，液体金属沿着颗粒间孔隙或颗粒内孔隙流动，直到完全填充孔隙为止。因此，从本质上来说，它是液相烧结的另一种形式。所不同的，只是致密化主要靠易熔成分从外面去填

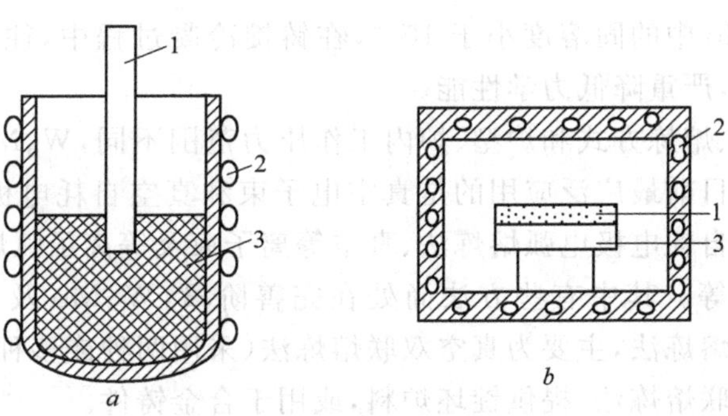

图 6-5 熔浸方式
a—部分熔浸法；b—接触熔浸法
1—多孔体；2—加热体；3—熔浸金属

满孔隙，因此，熔浸的零件，基本上不产生收缩，熔浸所需时间也短。

熔浸所必须具备的基本条件是：(1)骨架材料与熔浸金属的熔点相差较大，不致造成零件变形；(2)熔浸金属应能很好润湿骨架材料，同液相烧结一样，应满足 $\gamma_s-\gamma_{sl}>0$ 或 $\gamma_l\cos\theta>0$，由于 γ_l 总是大于零，故 $\cos\theta>0$，即 $\theta<90°$；(3)骨架与熔浸金属之间不互溶或溶解度不大，因为如果反应生成熔点高的化合物或固溶体，液相将消失；(4)熔浸金属的量应以填满孔隙为限度，过少或过多均不利。

熔浸有两种工艺：部分熔浸法和接触法。其中接触法是最简便的，它只需将金属粉末压坯或碎块放在被浸零件的上面或下面，送入高温炉就可以了。

熔浸技术的运用，另一个十分重要的环节是如何准确控制多孔坯中的孔隙度和保证孔隙的连通性，这是保证获得一定成分含量和具有较高综合性能的关键所在。

6.3 真空熔炼法原理

6.3.1 真空熔炼方法及钨、钼熔炼特性[7,8]

W、Mo 熔化温度高，化学活性强，间隙元素（N、O、H）对其性能影响明显。在大气下熔铸时会急剧氧化和氮化，形成大量夹渣，得不到满意的金属锭坯，因而必须采用真空熔炼法来制取锭坯或铸件。

在熔炼温度下，由于熔体温度高，难熔金属易与坩埚或结晶器表层材料相互作用，形成难熔或难溶性质点，或吸收某些可溶性杂质或间隙元素，污染金属，造成内部和表面气孔、夹渣等缺陷。在真空或保护性气体中熔铸 W、Mo 时，采用水冷铜坩埚或结晶器，既能减少来自大气及坩埚材料对熔体的污染，又为金属提纯提供了有利的热力学和动力学条件。

由于 W、Mo 的弹性模量高，热导率好，固液相温差大，收缩率虽较小，但易产生热应力（金属在冷却或升温过程中收缩或膨胀受阻所产生的应力）和裂纹。C、

O、N、H在W、Mo中的固溶度小于10^{-5}，在铸锭冷凝过程中，往往以化合物析出在晶界和枝晶间，严重降低力学性能。

因加热介质、熔炼方式和炉型、炉内工作压力范围不同，W、Mo及其合金的熔铸方法有多种。目前最广泛应用的是真空电子束和真空自耗电极电弧炉熔炼法。其他还有真空非自耗电极电弧熔炼法、真空等离子束及等离子弧熔炼法、惰性气体保护电渣熔炼法等。其中有些方法尚处在完善阶段，W、Mo及其合金生产很少用。真空感应炉熔炼法，主要为真空双联熔炼法（采用两种或多种熔炼方法相继熔炼的方法均称双联熔炼法）提供锭坯炉料，或用于合金铸件。

不同熔炼方法对所熔铸金属合金性能的影响有所不同。这与熔炼金属性质及原料品位，熔铸方式及熔铸次数、熔炼工艺等有关。真空感应炉熔铸对金属强度无明显提高作用，但经真空电弧或电子束双联法重熔后，能进一步提高其加工性能和强度。

早期的真空熔炼实践表明，采用两种真空熔炼法（如真空感应炉和真空电子束炉双联法）重熔，对于除去杂质和改善性能，确有不少好处。真空电弧炉熔炼的W锭，晶粒粗大，脆性大，直径较大的锭坯，易生晶界微裂纹，以致不能进行变形加工。用电子束炉重熔后，其纯度更高，晶粒特别粗大，但可以用挤压法进行塑性变形。粉末压制W料棒中含O、C、N、H量分别为0.055%、0.030%、0.006%、0.001%；真空电弧熔炼后，分别为0.001%、0.002%、0.003%、0.0001%；电子束重熔后，分别为0.0001%、0.0002%、0.0001%、0.0001%。此外，也可用真空感应炉熔炼后再真空电弧炉或电子束炉熔炼双联法，等离子炉和电子束炉熔炼双联法。

几种真空熔炼方法的比较列于表6-1[7]。

下面简单介绍几种主要熔炼法工作原理及特性。

6.3.1.1　电子束熔炼法

电子束熔炼是在较高真空下（10^{-2}～10^{-6} Pa）用一个或多个电子枪阴极发射的高速电子束轰击W、Mo阳极炉料，由电子束动能转变为热能来加热熔化它，金属液滴落入水冷结晶器或铸锭的铸模内，聚集成熔池随后被冷凝成锭坯，如图6-6所示[8]。

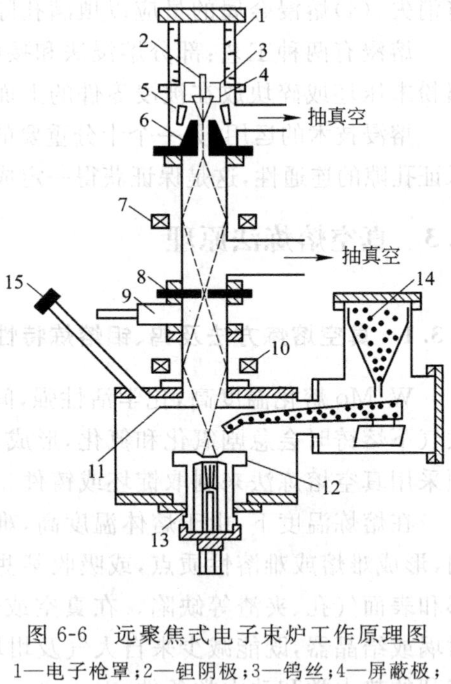

图6-6　远聚焦式电子束炉工作原理图

1—电子枪罩；2—钽阴极；3—钨丝；4—屏蔽极；5—聚焦极；6—加速阳极；7，10—聚焦线圈；8—拦孔板；9—阀门；11—隔板；12—结晶器；13—铸锭；14—料仓；15—观察孔

表 6-1 稀有金属的真空熔炼法比较

项目		真空自耗电弧熔炼	真空非自耗电弧熔炼	电子束熔炼	真空-充气电渣熔炼	真空等离子束熔炼	真空等离子弧熔炼
使用原材料状态		需要制备自耗电极	海绵状、颗粒、屑等散状料	散状料，棒料均可	需要制备自耗电极	散状料，棒料均可	形状不限
铸锭规格		大型锭易于实现	较小	小	大型锭易于实现	可制取大规格异型锭	较大
比电能消耗		最小	较大	大	小	较大	较小
熔炼室压力/Pa		1.33～0.013	充氩 2666～3999	0.13～0.0013	充惰性气体 33325～50654	充氩 13.33～0.13	充氩 1.33
精炼效果	脱除气体	有限	稍好	最优	有限	良好	有限
	去除挥发杂质	有限	稍好	最优	有限	良好	有限
	去除金属杂质	良好	良好	最优	良好	良好	良好
电极材料污染		无	有	无	无	用钽管做阴极，极少	极少
坩埚材料污染		无	无	无	无，但受电渣纯度影响	无	无
铸锭晶粒度		粗大	粗大	极粗	粗大	粗大	粗大
挥发损失		少量	较大	最大	最少	较大	较大
铸锭表面质量		一般	一般	较好	最好	一般	一般
铸锭断面形状		一般只限圆形	一般只限圆形	一般只限圆形	圆形，异形	圆形，异形	一般为圆形
合金成分控制		调整电极成分，易于控制	良好	较困难	调整电极成分，易于控制	良好	良好
熔炼速度控制		可调范围很大	范围较大	范围宽广	范围小	范围大	一般不调节
熔炼周期		最短	较长	最长	较短	较长	短
残料返回使用		很有限	良好	良好	有限	可用 100%返回料	良好
炉子效率		高	较低	最低	较高	较低	较高
设备投资		低	较低	最高	低	较高	较低
最宜应用领域		Ti、Zr 及其合金	某些钛合金、残料回收及试验	W、Mo、Ta、Nb、Hf 等纯难熔金属	在钛及钛合金锭有应用	Ti、Zr 回收及熔炼	在钛及钛合金中有应用

电子束熔炼特点是真空度高，熔体维持时间长，过热度大，利于脱气和挥发杂质。结晶器内熔体的温度梯度大，利于轴向由下而上顺序凝固，补缩（结晶器内熔体在冷却过程中因体积收缩，在锭坯中部和头部最后冷凝处会形成缩孔或缩管，及时使熔体补充其中，可消除缩孔，此称为补缩）作用好，致密度高，塑性好，锭坯纵横向力学性能基本一致。但金属挥发损失较大。目前工业上应用的电子束炉功率达1200kW，适用于熔铸高纯度 W、Mo、Nb 等难熔金属。

影响电子束熔铸坯质量的因素，有比电能，熔化速率，电极及结晶器尺寸，熔池形状，真空度及漏气率等。精炼效果主要取决于熔化速率、熔池温度和真空度。进料速度快和熔化速率高，影响熔池温度。熔炼功率、比电能和进料速度不同时，熔化速率、熔池温度均会改变，提纯效果、夹杂分布和结晶组织也随之改变。在真空度和熔炼金属一定时，熔炼功率、比电能和熔化速率，决定着锭坯质量、提纯效果及技术经济指标。熔炼室真空度主要取决于炉料的排放气量、熔化速率及漏气率。电子束熔炼时真空度要求在0.013～0.0013Pa 内。真空度和熔池温度高时，W、Mo 中的 Co、V、Fe、Si、Al、Ni、Cu、Cr 等杂质均可挥发除去，其含量比精炼前可降低两个数量级，得到晶界无氧化物的锭坯。但真空度和温度过高，有用组元的熔损率也高。因此炉料须清洁无氧化皮等，最好是先经真空电弧熔炼或真空等离子弧熔炼，再用电子束重熔，可进一步提高锭坯质量。

6.3.1.2　*真空自耗电极电弧熔炼法*

真空自耗电极电弧熔炼的工作原理图示于图 6-7[8]。W、Mo、电极在电弧高温下熔化成液滴，下落通过 5000K 电弧区时，杂质会产生挥发、电离、化合作用形成气体产物而逸出，使熔体得到提纯，并在水冷结晶器中被冷凝成锭坯。由于弧区距离短，一次提纯作用有限，锭坯质量不及电子束熔炼的好。该法自 20 世纪 50 年代开始应用以来，设备及工艺条件逐步趋于完善，到 60 年代又开发出重熔双联法。

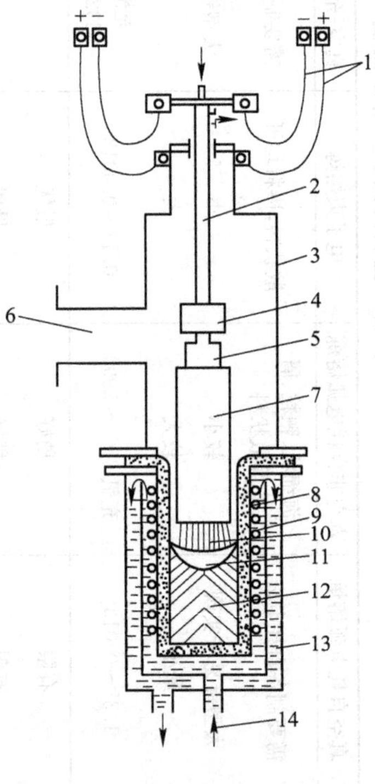

图 6-7　真空自耗电极电弧炉工作原理图

1—电缆；2—水冷电杆；3—炉壳；4—夹头；5—过渡极；6—真空管道；7—自耗电极；8—结晶器；9—稳弧线圈；10—电弧；11—熔池；12—锭坯；13—冷却水；14—进水口

在正常情况下，真空电弧呈钟形，见图6-8[8]。电弧分为阴极区、弧柱区及阳极区。

电极端面发射电子的小块面积为阴极斑点，其面积大小与周围气压有关。随着真空度提高，阴极斑点面积不仅会扩大，且会由电极端面移向侧边。由于电极表面的氧化物、活性物质、裂缝、焊接瘤子及其他突出物等缺陷处电子逸出功较低，最易发射电子并熔化，使阴极斑点漂移，电弧不稳，其移动速度与稳弧磁场强度、电极密度、弯曲度及原材料纯度等有关；弧区气压低于 1.33Pa 时，阴极斑点也易扩展到电极侧面去，产生爬弧、边弧及聚弧（见图 6-8 中由短线束所示的小电弧 7、6、5 号图注），降低温度，影响气体和杂质挥发，恶化锭坯表面质量，甚至引起辉光放电。此时充入少量惰性气体，降低电极，便可恢复正常熔炼。

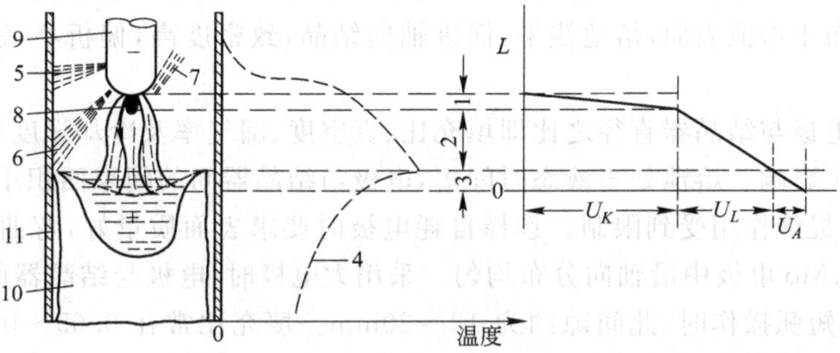

图 6-8 电弧、电压及温度的分布情况

1—阴极区；2—弧柱区；3—阳极区；4—温度；5—聚弧；6—边弧；7—爬弧；8—阴极斑点；9—自耗电极；10—锭坯；11—结晶器

弧柱区是由电子和离子组成的等离子体，亮度和温度最高，随电流密度增大而增高。弧柱周围气压过低时，其断面会急剧膨胀，电流密度降低，使电弧不稳定，甚至造成主电弧熄灭，由弧光放电转变为辉光放电，使熔炼停顿，且给安全操作带来威胁。弧柱还会因外加磁场强度的压缩作用，使熔池周边温度降低，恶化锭坯表面质量。弧柱过长，易产生聚弧或边弧，甚至熄弧而中断熔炼。

为使电弧聚敛和能量集中，避免边弧，在结晶器外常设置稳弧线圈。线圈所产生磁场要与电弧纵向磁场平行，使两极间运动的外逸电子、离子聚敛集中并旋转，弧柱变细，阴极斑点沿电极端面旋转，阳极斑点保持在熔池中部，因而不产生侧弧，提高电弧的稳定性。电弧旋转带动熔池旋转，利于均匀成分，改善锭坯表面质量。磁场强度要求既能稳定电弧，又可使熔池轻微地旋动，不宜过大或过小。生产上多采用直流稳弧线圈。

电流大小对熔化率、熔池温度、深度及形状有直接影响。电流大，熔池温度高，熔化率高，锭坯表面质量好，熔池深，有利于柱状晶径向发展和粗化，促进缩松（分散性小缩孔称为缩松，即分散在枝晶间最后凝固处的分散性小缩孔）和夹杂物偏聚锭坯中部。电流小，熔化率低，熔池浅平，促进轴向柱状晶，减少疏松（分散在锭坯断面的分散性显微小缩孔、针孔、小气孔、小渣孔等的总称）和夹杂物偏聚中部，致密度高。电流密度要根据金属熔炼特性和电极直径来选定。熔点高，熔化潜热大的金属，直径较小电极，宜用较大电流密度；反之亦然。

电压对电弧稳定性也有影响。W、Mo电极的熔炼电压一般为60V左右。压制电极比烧结或铸造电极的电压宜稍高，充Ar熔炼和起弧时要稍高。用直流电源时电压较低，电弧较稳定。用交流电时，电压较高可提高电弧稳定性，但易生侧弧。为此电源须有压降特性，电弧长度变化时，电压、电流不会变化太大。弧长过短，易产生周期性短路，熔池温度忽高忽低，恶化锭坯结构的均匀性和表面质量。目前多用大直径电极和短弧操作（弧长度短时称为短弧操作，此时不产生短路），利于热能均布于熔池表面，熔池浅平，促进轴向结晶，致密度高，偏析小，锭坯加工性能良好。

自耗电极与结晶器直径之比即填充比、真空度、漏气率及冷却强度等对锭坯质量均有一定影响。熔池处于液态时间短，电极与结晶器间的间隙面积小，熔池上真空度不高，提纯作用受到限制。选择自耗电极时要求表面质量好，弯曲度小，中间合金在W、Mo电极中沿轴向分布均匀。采用大电极时，电极与结晶器间的间隙要大于弧长；短弧操作时，此间隙约为18～20mm。填充比常在0.65～0.85内。选用大填充比，锭坯表面质量好。

为使脱氧、挥发和分解反应更完全，真空度宜高。但为保持稳弧操作，防止因大量放气而骤然降低真空度，最好在1.33～0.013Pa下进行熔炼。真空系统的漏气率大时，会形成更多的氧化物和氮化物夹渣。

自耗电极电弧熔炼法广泛采用直流电。以熔池为阳极，2/3电弧热量分布于熔池，温度高，锭坯表面质量好。但熔炼W、Mo等难熔金属时，宜用反极性操作（以熔池为阴极，自耗电极为阳极进行熔炼），此时电极温度高易熔化，熔池温度较低，锭坯表面质量较差。

熔化率低时熔滴数目少而粗；熔滴尺寸过大，易短路而熄弧。熔滴细小利于脱气和挥发。反极性操作时，电弧较长，磁场强度大，电极含气量高，均促进熔滴变细，在电弧及气流作用下，熔滴易溅于结晶器壁上造成锭冠（在自耗电极含气量高，磁场搅拌强度大，电压低，电流大且填充比小时，结晶器壁温度低，溅于结晶器壁上的液体金属冷凝成类似帽子状凝壳，称之为锭冠）等缺陷。

锭坯的冷却强度受其尺寸及水压等限制。结晶器水冷的要求是水层薄，流量大，温差大，要求进出结晶器口水温差不小于20℃，出口水温不大于50℃。

6.3.1.3 真空等离子炉熔炼法

真空等离子炉熔炼工作原理见图6-9[8]。

等离子炉熔炼法是用直流电加热非自耗电极或中空阴极产生电子束，将通向阴极附近的惰性气体离解成等离子体，再以高度稳定的等离子弧从枪口喷到阳极炉料上使之熔化。等离子弧是一种电离度较高的电弧，属压缩电弧，弧柱细长，能

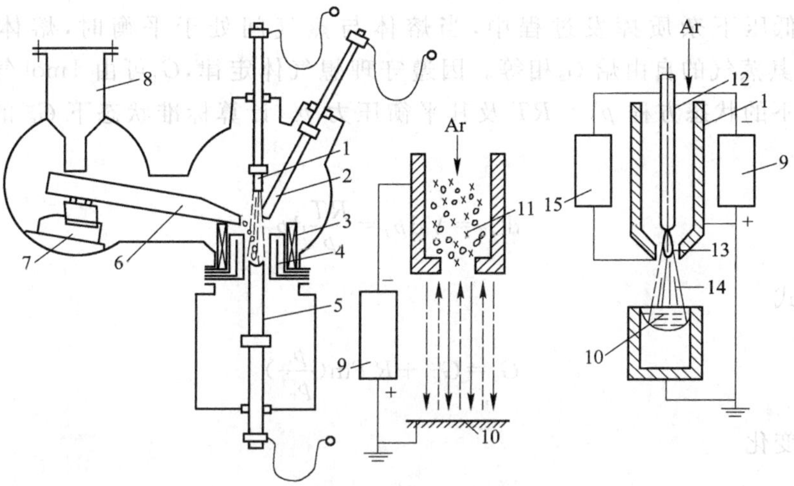

图 6-9 等离子炉工作原理图

1—等离子枪；2—棒料；3—搅拌线圈；4—结晶器；5—铸锭；6—料槽；7—振动器；8—料仓；9—电源；10—熔池；11—等离子体；12—钍钨电极；13—非转移弧；14—转移弧；15—高频电源

量集中，温度高，弧芯温度高达 24000～26000K，可熔化任何金属和非金属炉料，可在真空中、大气下和保护性气氛中进行无渣熔炼。自 20 世纪 60 年代初开发以来，目前已发展成系列新型熔炉，其最大容量达 220t 钢。单支等离子枪功率高达 3000kW。它的工作条件介于自耗电极电弧炉和电子束炉熔炼之间，其精炼效果比真空自耗电极电弧熔炼的好，而挥发损失比电子束熔炼的小。炉料可用散装碎料，不必预制成自耗电极，可熔铸异型锭坯，适于废料回收重熔。

等离子弧炉大都在充入保护性气体下进行熔炼。因弧温和熔化率高，熔损率小，金属收得率高于所有其他真空熔炼法，适于熔炼含挥发性元素的合金。用品位较低炉料时，通过造渣精炼，可得到杂质量低的活性金属及其合金。可用交流电，其设备投资低于其他真空熔炼炉。

6.3.2 真空熔炼热力学[7~9]

真空熔炼的特点是提纯作用强，表现在杂质易挥发，脱氧能力强，脱气效率高，部分氧化物和氮化物可热解，甚至在大气下不能进行的化学反应过程也可进行，尤其是有气态产物生成的冶金反应。在低压条件下，气体分子密度低，在热力学上遵守理想气体定律，各种反应焓与压力的关系可忽略不计，焓等于热容，反应驱动力用自由焓度量。由于真空熔炼过程中，反应是在不断抽气的低压下进行的，气态产物可被随时抽走，使反应过程不能达到平衡状态。故熔体表面杂质的挥发、氢气的析出和一切有气态产物的反应都能顺利进行。

6.3.2.1　挥发

在低压下杂质挥发过程中，当熔体与蒸气间处于平衡时，熔体的自由焓 G_l 和其蒸气的自由焓 G_g 相等。因遵守理想气体定律，G_g 可由 1mol 气体在一定温度下的状态方程 $pV=RT$ 及其平衡压力 p_e，计算标准状态下 $G_g^{\ominus}$ 的增减来得到：

$$dG_T=Vdp_T=\frac{RT}{p}dp_T \tag{6-1}$$

积分上式

$$G_g=G_g^{\ominus}+RT\ln(\frac{p_e}{p_e^{\ominus}}) \tag{6-2}$$

自由焓变化

$$\Delta G=G_g^{\ominus}-G_g=-RT\ln(\frac{p_e}{p_e^{\ominus}}) \tag{6-3}$$

式中，p 为气体压力；V 为气体体积；T 为绝对温度；R 为气体常数。$p_e^{\ominus}=101325\text{Pa}(1\text{atm})$，上式变为

$$\Delta G^{\ominus}=-RT\ln p_e^n \tag{6-4}$$

式中，指数 n 为同 1mol 初始物质进行反应的气体物质的量。在给定温度下，上列关系式可用质量作用定律表示

$$\Delta G^{\ominus}=-RT\ln K$$

式中，K 为平衡常数。由标准状态自由焓 $\Delta G^{\ominus}$ 可知，真空度越高，与之平衡的 p_e 越小，反应的自由焓值越负，该反应越易进行。

在熔炼温度一定时，杂质和金属的挥发，主要取决于它们的饱和蒸气压和炉膛的真空度。一些纯金属的饱和蒸气压与温度的关系如图 6-10 所示[10]。

由图 6-10 可知，位于 W、Mo 前面所有金属的饱和蒸气压都比 W、Mo 高，在热力学上几乎都能挥发除去。在真空熔炼过程中，由于不断抽气提高熔池上部的真空度，故饱和蒸气压较高的杂质蒸气不断地被抽出去。与此同时，基体金属和合金组元的挥发损失也在所难免。

6.3.2.2　脱气

金属中常含有 N_2、H_2 及 O_2 等气体。氮、氧多以氮化物及氧化物存在，氢则多固溶于金属。一般脱气主要是指除去金属熔体中的氢气。

由平方根定律可知，双原子气体在金属中的溶解度，与其分压的平方根成正比，还与金属性质、温度等有关。氢在金属中的溶解反应是 $H_2=2[H]$，其平衡常

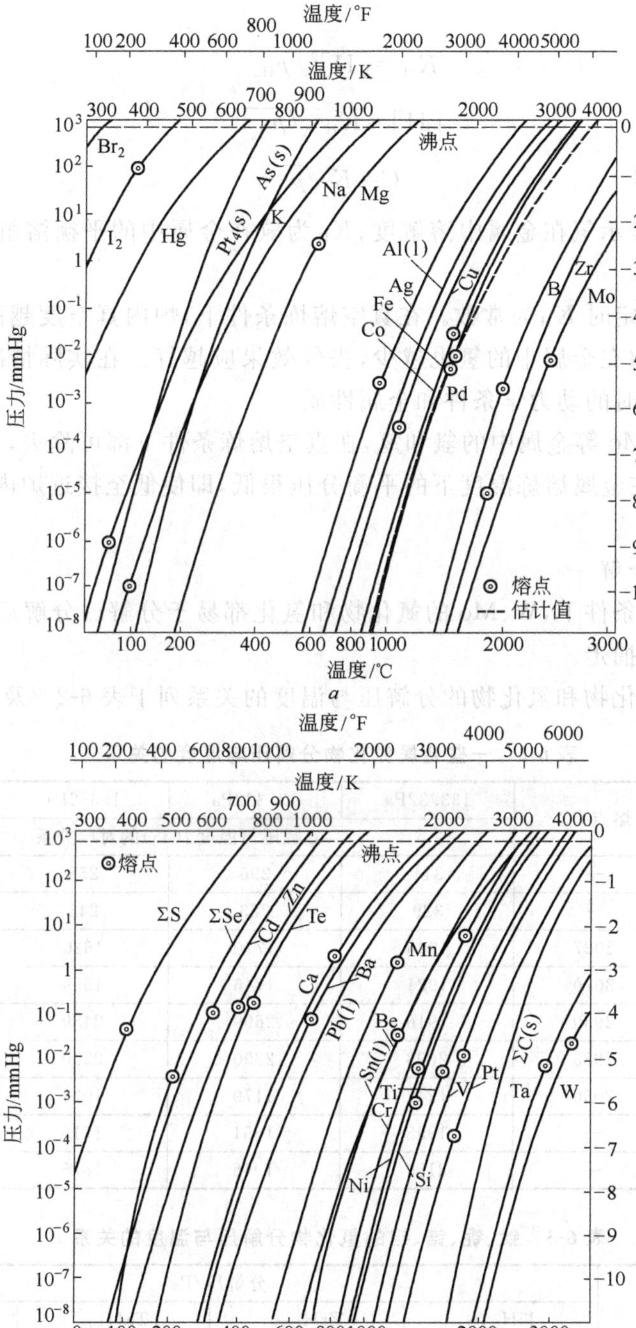

图 6-10 纯金属饱和蒸气压与温度的关系(1atm=101325Pa=760mm Hg)

数为

$$K_H = [H]^2 / p_{H_2} \tag{6-5}$$

即

$$[H] = K_H \sqrt{p_{H_2}} \tag{6-6}$$

其通式为

$$C = K\sqrt{p} \tag{6-7}$$

式中，[H]或 C 表示氢在金属中溶解度；K_H 为氢在金属中的平衡溶解度：p_{H_2} 为氢在气相中的分压。

金属温度一定时 K_H 为常数。在真空熔炼条件下，炉内真空度越高，氢的分压值也越低，则残留在金属中的氢也越少，去气效果应越好。在实际情况下，去气效果还须考虑去氢时的动力学条件和金属性质。

溶解在 W、Mo 等金属中的氢和氮，在真空熔炼条件下都可除去。非冷凝性气体如 H_2 及 N_2，在金属熔炼温度下的平衡分压很低，即使低至接近炉内的真空度也可以除去。

6.3.2.3 分解

在真空熔炼条件下，W、Mo 的氮化物和氢化都易于分解。分解后的气体产物随即被真空机组抽走。

一些金属氮化物和氢化物的分解压与温度的关系列于表 6-2[7] 及表 6-3[7]。

表 6-2 一些金属氮化物分解压与温度的关系

氮化物	熔点/℃	133.32Pa	13.332Pa	1.332Pa	0.13332Pa
		分解压与温度 t(℃)的对应关系			
WN	—	344	296	256	221
MoN	—	329	283	243	209
NbN	2027	1946	1770	1620	1491
TaN	3070	1921	1746	1599	1460
TiN	2950	2916	2699	2489	2331
ZrN	2985	2603	2390	2250	2046
VN	2050	1242	1170	1024	933
LaN	—	1998	1851	1716	1608
CeN	—	2180	1946	1875	1758

表 6-3 钛、铌、锆、钽的氢化物分解压与温度的关系

温　度/℃	分解压/Pa			
	$TiH_{1.957}$	$ZrH_{1.95}$	$TaH_{0.74}$	$NbH_{0.95}$
50	～0	～0	～0	～0
100	146.7	373.3	～0	～0
200	506.6	559.9	～0	～0

续表 6-3

温 度/℃	分解压/Pa			
	$TiH_{1.957}$	$ZrH_{1.95}$	$TaH_{0.74}$	$NbH_{0.95}$
300	1453.2	1239.9	4879.5	759.9
400	2026.5	940.2	14211.9	126120.7
450	—	35156.5	—	161317.2
500	30743.6	73179.3	26944.0	205046.2
550	95257.1	118081.5	—	—
600	235203.1	—	53941.3	—
700	—	—	86484.7	—
800	—	—	120188.0	—

由表 6-2 及表 6-3 可知，氢化物的分解压比氮化物高得多，故氢化物一般更易分解和除去。同理，W、Mo 氢化物的分解压会更高，其分解也会更容易。

6.3.2.4 脱氧

在真空熔炼时金属中的氧是利用碳等脱氧剂与氧反应生成气态产物和挥发性低价氧化物而除去。用 C 脱氧时的反应如下：

$$[O]+[C]=\!=\!=CO \tag{6-8}$$

反应平衡时的平衡常数 $K=\dfrac{p_{CO}}{a_C+a_O}=p_{CO}/(f_C[C]f_O[O])$，当[C]、[O]在液相中的活度系数 $f_{[C]}=f_{[O]}=1$ 时，

$$K=p_{CO}/([C][O]) \tag{6-9}$$

式中，a_C、a_O 分别为 C、O 在液相中的活度；[C]、[O]分别为 C、O 在液相中的浓度，%；p_{CO} 为 CO 在气相中的分压，atm(1atm=101325Pa)。

平衡常数 K 值随温度升高而增大，温度一定时 K 为定值。

气相中 CO 的分压 $p_{CO}=10^{-5}$ atm 时，W、Mo 中 C 与 O 的平衡浓度列于表 6-4[7,9]。由表 6-4 可见，气相中 CO 分压为 10^{-5} atm 时，用C脱氧可使 W、Mo 中的氧含量降到 0.0001%以下。

表 6-4 当 CO 分压为 10^{-5} atm 时金属中碳和氧的平衡浓度

金 属	氧和碳的平衡含量/%	温度/℃	金 属	氧和碳的平衡含量/%	温度/℃
Ti	>10	2050	Nb	0.006	2870
Zr	>10	2300	Ta	<0.0001	3300
Hf	>10	2800	Mo	<0.0001	2800
Be	0.07	1650	W	<0.0001	3500
V	0.03	2290	Fe	<0.0001	2000
Mn	0.025	2000	Co	<0.0001	2000
Cr	0.007	2400	Ni	<0.0001	2000

在一定温度下，金属一氧化物的蒸气压高于其纯金属蒸气压时，则可利用该一氧化物进行脱氧。表6-5列出了W、Mo等金属一氧化物与其纯金属的蒸气压比值[9]。可见利用W、Mo金属一氧化物在真空熔炼条件下脱氧是可行的。对Mo而言，还可利用较高活性金属如Zr来脱氧。在Mo中加入0.1% Zr，使Zr与Mo中的氧生成ZrO来脱氧。这种脱氧在真空度和温度较高时，可使Mo的脱氧效果提高，但Mo的挥发损失也较大。

表6-5 金属的一氧化物与金属的饱和蒸气压比值

能够脱氧	不能脱氧	能够脱氧	不能脱氧
$\frac{p_{MoO}}{p_{Mo}}=10^{0.5}$	$\frac{p_{TiO}}{p_{Ti}}=1$	$\frac{p_{ZrO}}{p_{Zr}}=10^2$	$\frac{p_{MnO}}{p_{Mn}}=10^{-5}$
$\frac{p_{NbO}}{p_{Nb}}=10$	$\frac{p_{VO}}{p_{V}}=10^{-2}$	$\frac{p_{ThO}}{p_{Th}}=10^3$	$\frac{p_{FeO}}{p_{Fe}}=10^{-6}$
$\frac{p_{BO}}{p_{B}}=10^2$	$\frac{p_{BeO}}{p_{Be}}=10^{-3}$	$\frac{p_{HfO}}{p_{Hf}}=10^4$	$\frac{p_{NiO}}{p_{Ni}}=10^{-7}$
$\frac{p_{WO}}{p_{W}}=10^2$	$\frac{p_{CrO}}{p_{Cr}}=10^{-4}$	$\frac{p_{TaO}}{p_{Ta}}=10^5$	

6.3.3 真空熔炼动力学[8,9]

6.3.3.1 挥发

真空熔炼时不仅饱和蒸气压高的元素易挥发，而蒸气压较低的杂质及一些一氧化物也能挥发除去。值得关注的是其挥发速率及损失如何。这里主要考虑动力学因素的影响问题。

元素的挥发速率，一般与其饱和蒸气压及活度成正比。损失大小则随熔炼温度升高和时间延长、熔池面积增大而加大。W、Hf及Ta等金属的一氧化物，其蒸气压比金属蒸气压高几个数量级(见表6-5)，故真空熔炼时的挥发损失较大。当真空炉内的气压低于熔炼金属三相点(固相、液相和气相之交点)蒸发分压时，或在0.13～0.013Pa真空炉内缓慢加热时，固体金属会因升华而挥发损失更大。在挥发表面有气流流动时，挥发速率随金属蒸气压在气相中的传质速率增大而加大；在抽气速率大，能把金属蒸气及时带离蒸发空间时，则金属的挥发过程可一直进行到金属消失。但只要在升温时加热速率大于升华速率，金属仍可在0.013Pa下熔炼，且挥发损失不很大。

外压即炉内气压对金属蒸气压影响很小，但对挥发过程动力学有明显影响。金属在低于其饱和蒸气压很多的真空炉内熔炼时，在较低温度下可达到较高的挥发速率。因为

$$U_{max}=(p^{\circ}-p)\sqrt{\frac{M}{2\pi RT}} \tag{6-10}$$

式中，U_{max}为最大挥发速率；T为挥发表面蒸气的温度；M及R分别表示金属的相对原子质量和气体常数；p°及p分别为金属饱和蒸气压及实际分压。

某些金属在升温时的蒸气压和挥发速率列于表6-6[8]。

表 6-6　某些元素在加热时的蒸气压和挥发速率

元素	T/℃ U_v③ /g·cm^{-2}·s^{-1}	p°_{Me}② /Pa						T_M① /℃	T_M时的 p°_{Me}② (Pa)及 U_v(g/(cm^2·s))
		133.32×10^{-5}	133.32×10^{-4}	133.32×10^{-3}	133.32×10^{-2}	133.32×10^{-1}	133.32×10^{0}		
Al	T	724	808	889	996	1123	1279	660	—
	U_v	9.60×10^{-8}	9.21×10^{-7}	8.88×10^{-6}	8.51×10^{-5}	8.11×10^{-4}	7.69×10^{-3}		1.20×10^{-6}
Be	T	942	1092	1130	1246	1395	1582	1289	—
	U_v	5.03×10^{-8}	4.86×10^{-7}	4.64×10^{-6}	4.49×10^{-5}	—	—		1.95×10^{-2}
C	T	2129	2288	2471	2681	2926	3214	3836	—
	U_v	4.13×10^{-8}	4.00×10^{-7}	3.86×10^{-6}	3.72×10^{-5}	3.58×10^{-4}	3.42×10^{-3}		—
Cd	T	148	180	220	264	321	—	321	—
	U_v	3.01×10^{-7}	2.91×10^{-6}	2.79×10^{-5}	2.67×10^{-4}	3.42×10^{-3}	—		1.0×10^{-1}
Co	T	1249	1362	1494	1649	1833	2056	1494	—
	U_v	1.15×10^{-7}	1.11×10^{-6}	1.06×10^{-5}	1.02×10^{-4}	9.76×10^{-4}	9.28×10^{-3}		7.6×10^{-1}
Cr	T	907	992	1096	1205	1342	1504	1863	—
	U_v	1.22×10^{-7}	1.18×10^{-6}	1.14×10^{-5}	1.09×10^{-4}	1.05×10^{-3}	1.00×10^{-2}		6.35×10^{1}
Cu	T	946	1035	1141	1273	1432	1628	1084	—
	U_v	1.33×10^{-7}	1.29×10^{-6}	1.24×10^{-5}	1.18×10^{-4}	1.13×10^{-3}	1.07×10^{-2}		3.1×10^{-1}
Fe	T	1094	1195	1310	1447	1602	1783	1538	—
	U_v	1.29×10^{-7}	1.20×10^{-6}	1.10×10^{-5}	1.02×10^{-4}	1.01×10^{-3}	9.60×10^{-3}		3.72×10^{-2}
Mg	T	287	331	383	443	515	605	649	—
	U_v	1.21×10^{-7}	1.17×10^{-6}	1.12×10^{-5}	1.08×10^{-4}	1.02×10^{-3}	9.71×10^{-3}		2.20
Mn	T	717	781	878	980	1103	1251	1246	—
	U_v	1.38×10^{-7}	1.32×10^{-6}	1.27×10^{-5}	1.22×10^{-4}	1.17×10^{-3}	1.11×10^{-2}		9.04×10^{-2}

续表 6-6

元素	T/℃ U_v③ /g·cm^{-2}·s^{-1}	p°_{Me}② /Pa						T_M① /℃	T_M时的 p°_{Me}② (Pa)及 U_v(g/(cm^2·s))
		133.32×10^{-5}	133.32×10^{-4}	133.32×10^{-3}	133.32×10^{-2}	133.32×10^{-1}	133.32×10^{0}		
Mo	T U_v	1923 1.29×10^{-7}	2095 1.18×10^{-6}	2295 1.12×10^{-5}	2535 1.05×10^{-4}	— —	— —	2623	390.63 2.20×10^{-2}
Ni	T U_v	1157 1.18×10^{-7}	1257 1.14×10^{-6}	1371 1.10×10^{-5}	1510 1.06×10^{-4}	1679 1.01×10^{-3}	1884 9.62×10^{-3}	1455	— 4.37×10^{-3}
Si	T U_v	1024 8.58×10^{-7}	1116 8.29×10^{-7}	1223 7.99×10^{-6}	1348 7.68×10^{-5}	1485 7.37×10^{-4}	1670 7.01×10^{-3}	1414	— 3.16×10^{-2}
Sn	T U_v	823 1.92×10^{-7}	992 1.84×10^{-6}	1042 1.75×10^{-5}	1189 1.66×10^{-4}	1373 1.57×10^{-3}	1609 1.47×10^{-2}	232	— —
Ti	T U_v	1134 1.08×10^{-7}	1249 1.04×10^{-6}	1384 9.92×10^{-6}	1546 9.47×10^{-4}	1742 9.00×10^{-4}	1965 8.53×10^{-3}	1672	213.3 8.43×10^{-2}
W	T U_v	2554 1.47×10^{-7}	2767 1.46×10^{-6}	3016 1.45×10^{-5}	3309 1.43×10^{-4}	— —	— —	3387	310.64 1.75×10^{-4}
Zn	T U_v	211 215×10^{-7}	248 2.07×10^{-6}	292 1.98×10^{-5}	343 1.9×10^{-4}	405 1.81×10^{-3}	— —	419	— 1.60×10^{-1}
Zr	T U_v	1527 1.31×10^{-7}	1660 1.27×10^{-6}	1816 1.22×10^{-5}	2212 1.17×10^{-4}	2212 1.12×10^{-3}	2459 1.07×10^{-2}	1865	0.30 4.07×10^{-3}

①T_M为熔点；②p°_{Me}为金属的饱和蒸气压；③为金属的挥发率。

真空下某些金属的挥发速率与温度的关系如图 6-11 所示[7,8]。

在真空熔炼时，因金属蒸气原子或分子与炉气分子间碰撞而返回熔体的回凝现象少，且其平均自由路程增大，质点间碰撞几率减少，金属的挥发速率随炉内气压降低而增大。因而向真空炉内充以惰性气体，可降低挥发速率和挥发损失。这对真空熔炼具有重要意义。

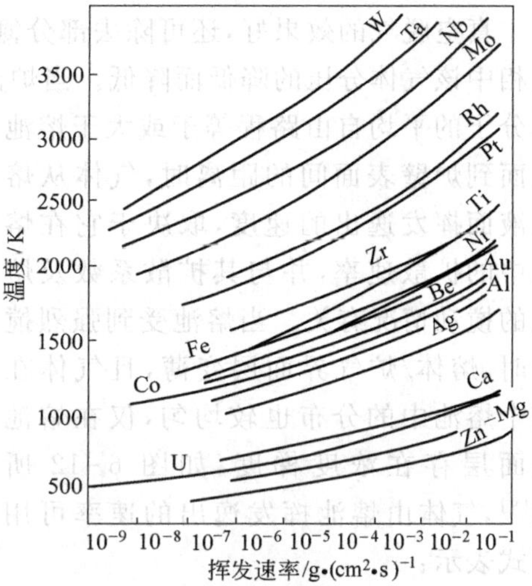

图 6-11 真空下某些金属的挥发速率与温度的关系

金属的挥发过程是由原子从熔体内向边界迁移，再由液相扩散到液汽界面，并由原子转变成气体分子，最后脱离界面扩散到气相中去。在真空条件下(气压 1.33Pa)，金属的挥发以原子转变成分子为主要限制环节时，其挥发速率可近似地由下式计算：

$$u=58.33\times10^{-3}\,p^{\circ}\sqrt{\frac{M}{T}} \tag{6-11}$$

基体金属中某一组元 i 的挥发速率为

$$u_i=58.33\times10^{-3}a_i f_i p^{\circ}_i N_i\sqrt{\frac{M_i}{T}} \tag{6-12}$$

式中，u 及 u_i 分别为基体金属及组元 i 的挥发速率，g/(cm².s)；p° 及 p°_i 分别为基体金属及组元 i 的饱和蒸气压，Pa；M 及 M_i 分别为相对原子质量；T 为温度，K；a_i、f_i、N_i，分别为 i 组元的挥发系数，活度系数及摩尔浓度。以单原子挥发的组元 $a_i=1$。

在一定温度下由液相边界层扩散控制的挥发过程，i 组元的挥发速率为

$$u_i=K\frac{A}{V}(C_i^0-C_i) \tag{6-13}$$

式中，C_i^0 及 C_i 分别为熔体中及界面处 i 组元浓度；K 为传质系数，在 $10\sim10^2\text{cm}^2/\text{s}$ 内，也称为速率常数，随温度升高和压力降低而增大，在充气熔炼时随时间延长而减小；A 及 V 分别为熔池面积和体积。可见，熔池面积大，熔炼温度高和时间长，挥发损失便大。在熔炼后期加入 p°_i 高的元素，或充入惰性气体，均可降低挥发损失。

6.3.3.2　脱气

真空脱气的效果好，还可除去部分氮。按平方根定律，金属中气体的溶解度随气相中该气体分压的降低而降低。当炉内的真空度足够高，气体分压或浓度低，气体分子的平均自由路程等于或大于熔池液面到炉壁表面间的距离时，气体从熔池液面挥发逸出的速度，取决于它在熔池中的扩散速率，并与其扩散系数及熔池的搅动情况有关。当熔池受到强烈搅拌时，熔体/炉气界面层变薄，且气体在整个熔池中的分布也较均匀，仅在熔池表面层存在浓度梯度，如图 6-12 所示[9]，气体由熔池挥发逸出的速率可用下式表示：

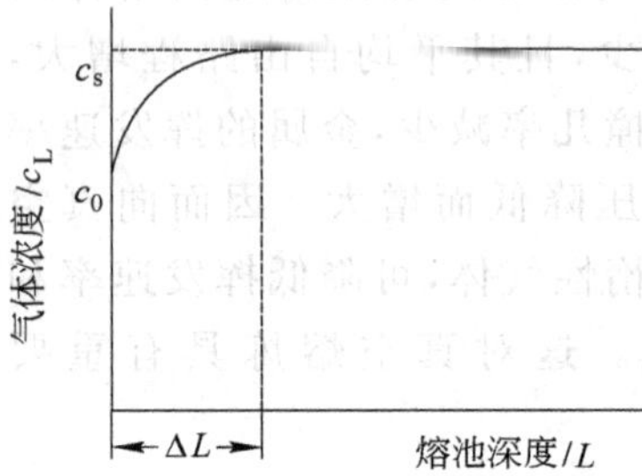

图 6-12　熔池表面层中杂质的浓度梯度

$$-\frac{dc}{dt}=\frac{D}{\Delta L}\frac{A}{V}(c_l-c_s) \tag{6-14}$$

其浓度由 c_l 降到 c_s 时所需时间 t，可近似地由下式求出：

$$t=2.303\frac{V\Delta L}{DA}\left(\frac{c_l-c_0}{c_s-c_0}\right) \tag{6-15}$$

式中，V 为熔池体积 cm^3；A 为熔池面积，cm^2；ΔL 为扩散层厚度，cm；D 为气体在熔池中的扩散系数；c_l 及 c_s 分别为熔炼开始 $t=0$ 及经 t 时间后熔池中气体的浓度；c_0 为熔池表面气体的浓度。

由上式可见，熔池的表面积和气体的扩散系数大，脱气速率也大。在有电磁搅拌熔池和温度较高时，脱气效果会更好。在熔池中加入能产生气泡的物质，显然会除去更多的气体，脱气速率比挥发脱气要快得多，此时脱气效果主要取决于气泡内外的气体分压差。可见此时动力学因素比热力学因素起更大的作用。

氮的除去主要取决于界面处氮化物的分解压。多数氮化物的分解压约在 0.13～0.013Pa 内。真空电弧炉熔池附近的气压约 13.3～0.13Pa，仅部分氮化物可分解，去氮效果有限。提高真空度对去氮有利，对去氢影响不大。实践表明，去氢所需真空度并不高。

6.3.3.3　脱氧

氧化物的分解压比氮化物低得多，一般在 1.33×10^{-5}～1.33×10^{-7} Pa 以下。在生产条件下要达到这样高的真空度是不现实的。因此，只能靠加入还原剂来脱氧。一切形成气态产物的反应在真空下均能顺利进行，故用炭作还原剂较为合适。用炭脱氧时脱氧反应可在较低温度下实现，且脱氧能力强，可达到大气下脱氧能力的 100 倍左右，几乎能还原一切氧化物。实践表明，在真空炉内气压达到 133Pa 左右时，便可得到较好的脱氧效果。

从动力学角度看，炭脱氧产物 CO 气体在熔体中形成气泡时，会受到炉气压力、液柱静压力及熔体表面张力的影响。真空炉内气压很小，对 CO 气泡形核和长大有利，液柱静压力随气泡在熔体内所处位置而变，由于熔池较浅平，故液柱静压力不很大。当 CO 气泡半径很小时，克服熔体表面张力就成为限制因素。在炉内气压比液柱静压力及表面张力小得多时，用提高真空度来增大形成气泡反应能力是有限的。因此用炭及其他脱氧剂时，还得注意下列几点：

(1) 易与炭形成稳定碳化物的金属用炭脱氧时，锭坯中易形成闭合气孔，且易形成碳化物夹杂，宜慎用炭作脱氧剂。

(2) 用 $p^{\circ}_{MeO}/p^{\circ}_{Me}>1$ 的金属脱氧时，应注意该金属的熔损，其残留量对基体金属的影响程度。

(3) 用耐火材料作坩埚或锭模时，脱氧剂与坩埚或锭模间的相互作用产物，会使熔体增铝、增硅，缩短坩埚寿命，且残留熔体中的脱氧剂会污染金属。

6.3.4 铸锭结晶组织及缺陷[7,8]

金属由液态转变为固态的相变过程称为结晶或称为凝固。该过程包括形核和晶体长大，动量、热量和物质传输过程，铸锭结构和缺陷形成过程。可见铸锭的凝固过程是个较为复杂的物理化学过程。

6.3.4.1 铸锭的结晶组织

在真空自耗电极电弧熔炼时，从自耗电极被加热熔化起，结晶器内金属熔体受水冷器壁的强烈冷却，温度很快就降至熔点以下，此时主要以器壁作晶核而开始结晶。由于熔体过冷度大，晶核多，很快沿器壁形成一薄层细等轴晶壳。其后由于熔池中部及上部温度高，器壁及晶壳温度低，器壁和熔体间的温度梯度大，晶壳前缘固/液界面部分晶体尖端被熔化而停止生长，仅部分有利于散热的柱状晶向过冷区内生长，形成轴向发展的粗柱状晶区。随着凝固过程的进行，固体晶壳的体积收缩而形成气隙，热传导减慢，温度梯度降低，在锭坯达到一定长度时，柱状晶逐渐改变方向，与锭坯径向的夹角逐渐减小，其后铸锭散热条件和温度梯度缓慢下降，柱状晶几乎与径向平行，见图 6-13[9]。与此同时，在结晶器水冷底座上，熔体主要沿底座面垂直方向散热，故多形成沿锭轴向上生长的柱状晶体，并与侧面径向生长的柱状晶相遇，从而出现呈锥形的轴向柱状晶区。

在电弧稳定燃烧的自耗电极连续熔化过程中，始终存在电极、熔池和锭坯三者的动态平衡，铸锭凝固过程与大气下锭模铸锭稍有不同。在真空条件下铸锭的冷却强度，主要受水冷结晶器的限制，在正常熔炼工艺条件下，铸锭断面的温度梯度比锭模铸锭时大且基本稳定，对柱状晶顺序凝固更有利，因而锭坯中柱状晶长得粗大，多从锭坯边部或底部沿轴向伸展。在真空电子束炉熔炼时，熔池温度高，过热

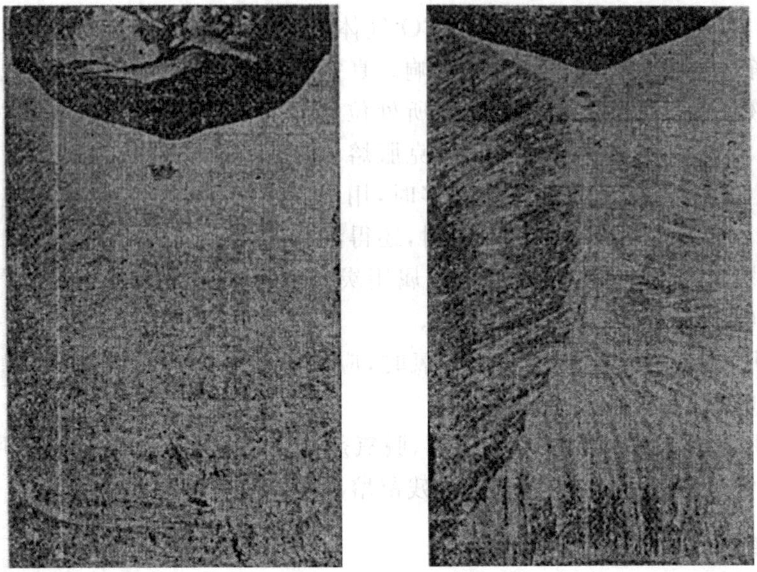

图 6-13　真空自耗电极电弧熔铸 Mo 锭坯的宏观结晶组织（包括夹渣和气孔）照片

度和温度梯度更大，熔体维持液态时间比真空自耗电极电弧熔炼时更长，故锭坯内的柱状晶结构发达，晶粒特别粗大，纯 W、Mo 锭坯断面的结晶组织，基本上是由粗大柱状晶体组成，如图 6-14 所示[9]。W、Mo 锭坯中柱状晶体生长方向和结构状态，与熔炼方法及其工艺条件有关。这种柱状晶结构往往有少量杂质偏聚于晶界或枝晶臂之间，对随后的热开坯加工不利，一般仅能用挤压法进行开坯。这种粗大

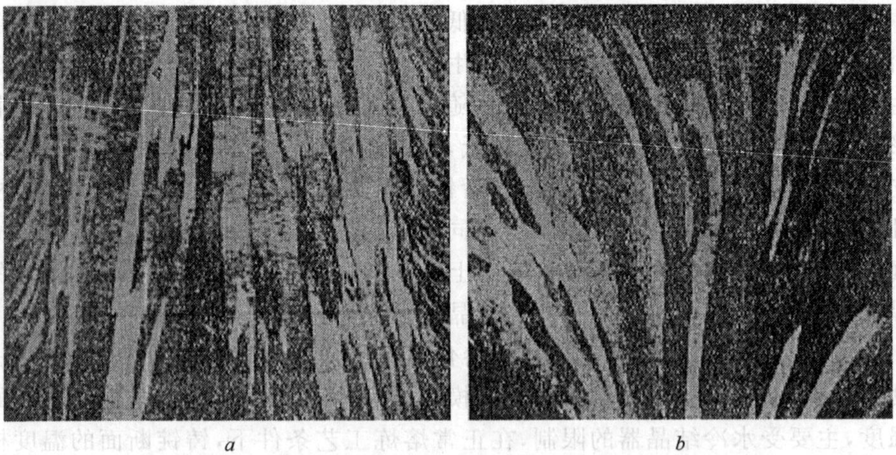

图 6-14　W、Mo 锭坯低倍结晶组织照片

a—电子束熔炼 Mo 锭纵断面；*b*—自耗电极熔炼 W 锭底部纵断面

结晶组织，通过加入少量B、Co等晶粒细化剂，或对熔池施以超声波振荡，利用装置在结晶器外的线圈产生电磁场搅拌熔池，并适当调整熔铸工艺参数，均有一定的细化作用[8,10]。

6.3.4.2 缺陷及杂质[7,8]

锭坯在开坯加工之前须经过表面和内部组织缺陷和杂质或成分检验，扒皮除去表面缺陷，切除顶部锭冠、缩孔及夹渣等。W、Mo锭坯中常见的缺陷有十多种。电子束及自耗电极电弧熔炼锭坯常见缺陷分别列于表6-7及表6-8[7]。其产生原因及防止措施也分别列在表6-7和表6-8中。锭坯中的杂质元素及合金锭坯中合金元素的含量及分布不匀等问题均未列出。

表6-7 电子束熔铸锭坯中常见缺陷

缺陷名称	现　象	产生原因	防止措施
表面横裂纹	一般宽1～2mm，深1～3mm，严重者甚至断裂	(1) 拉锭速度过快或一次拉锭距离太长； (2) 熔池温度分布不均； (3) 结晶器内表面不光滑	(1) 采用勤拉、小拉和顶拉的拉锭操作方式； (2) 调整电子束聚焦和扫描，均热熔池； (3) 注意清理结晶器内表面
生料夹杂	未熔化的料棒成块地嵌在锭中	(1) 料棒捆扎、焊接不牢； (2) 进料速度过快； (3) 功率过小	(1) 提高料棒质量； (2) 控制进料速度； (3) 合理提高功率
表面缺陷	铸锭表面有规律性的凸凹、呈螺线状分布，或一侧有冷隔①和气孔	(1) 功率小、熔池不到锭坯边缘； (2) 拉锭速度不均； (3) 阴影效应②	(1) 适当提高功率； (2) 改进拉锭操作； (3) 旋转拉锭
顶部缩孔	顶部以下存在缩孔及缩松	熔池凝固时的体收缩	在熔炼完毕前逐渐降低功率并补缩

① 在锭表面自外而内自上而下凝固过程中，因受到少量氧化物的阻隔和熔池表面的波动，以致形成横向折叠式表面皱纹，称之为冷隔。

② 阴影效应见本节的最后一段。

表6-8 真空自耗电极电弧熔铸锭坯内常见缺陷

缺陷名称	现　象	产生原因	防止措施
皮下及内部气孔	形状为圆滑孔，多分布于铸锭表皮里层或分散于内部	(1) 原料含气量或挥发性杂质多； (2) 冷却过于强烈； (3) 电流小，熔池温度过低； (4) 结晶器下部渗水	(1) 严格控制原料质量； (2) 控制冷却水流量； (3) 适当提高电流(对纯钼尤其重要)； (4) 加强检漏

续表 6-8

缺陷名称	现　象	产生原因	防止措施
夹　杂	不熔块或氧化物被嵌入锭中	(1) 高熔点组元料未熔化； (2) 较大块的氧化物； (3) 熔炼中电极掉块； (4) 电极混入不熔杂物	(1) 采用中间合金配料，原料颗粒要细密； (2) 加强电极焊接时的防护； (3) 提高电极质量； (4) 加强原料管理
锭冠过高、过厚	一次锭冠未经平整处理时焊接困难	(1) 填充比小； (2) 电流大，电压低喷溅严重； (3) 电磁搅拌过强； (4) 原料含气量大，粉末料电极密度低	(1) 适当提高填充比； (2) 适当调整电流、电压值； (3) 选定合理的搅拌参数； (4) 控制原料品级，粉末料须预制成电极，并经脱气处理
表面夹层	在铸锭表面覆有一层金属和挥发物覆盖层	(1) 电弧过长； (2) 填充比过小； (3) 电流小	(1) 短弧操作； (2) 合理选用填充比； (3) 适当提高电流
表面结疤及冷隔	常有夹渣或氧化皮	(1) 电流小； (2) 电磁搅拌太强； (3) 填充比过小，熔池不到结晶器边缘； (4) 熔炼中断	(1) 适当提高电流； (2) 合理选取磁场强度； (3) 提高填充比； (4) 提高真空度和加强监视，防止爬弧和辉光放电产生
缩孔部位过深	缩孔部位至顶端距离大	(1) 没进行补缩或补缩不好； (2) 补缩中电极掉入熔池	(1) 改进补缩工艺； (2) 改进电极与辅助电极的焊接质量
底部孔洞和冷隔	锭底部的表面或皮下气孔，冷隔多见于锭底表面	(1) 起弧料过多或含气量过大； (2) 起弧后电流提升慢； (3) 电极末端偏离结晶器中心	(1) 起弧料不宜过多，保证干燥洁净； (2) 改进起弧后的熔炼工艺； (3) 保证电极安装质量
黏　铜①	锭底边部可见黏着铜或铜色痕迹	(1) 熔炼难熔金属时填充比过大； (2) 熔炼时未放底垫①； (3) 结晶器壁沉积水垢，导热不良； (4) 边弧熔损结晶器壁	(1) 适当降低难熔金属的填充比； (2) 熔炼 W、Ta、Mo、Nb 时应放置底垫①； (3) 定期清除水垢，控制冷却水硬度； (4) 保证电极安装质量

① 由于结晶器是紫铜或铜合金做的，熔炼开始起弧时，一般宜在结晶器底部放置少许与电极原料相同的废屑作为起弧料，并用于防止锭坯底面黏铜。

在真空自耗电极电弧熔炼时，除氢以外，其他气体和杂质元素的除去一般较差。如混料不匀或焊接电极时保护不好，会使氧含量及氧化物夹渣增加。控制杂质含量的主要措施，是严格选料，混料均匀，严控炉子漏气率。

用真空电子束熔铸合金锭坯时，合金成分控制是个主要问题。由于熔炼温度、组元的蒸气压和熔池维持液态时间不同，常有较大波动。保证合金成分含量且分布均一的措施是：须先根据各组元在该熔炼条件下挥发损失率不同确定配料成分，在熔炼中要严格按预定熔炼工艺参数进行操作，在低配料比能满足对合金元素含量的要求时，就不必采用高配料比。

真空熔铸的合金锭坯上，常出现组元的偏析。易挥发组元的偏析如 Mn，其挥发物一部分被真空机组抽走，大部分常富集在锭坯周边和顶端，经两次重熔的锭坯表层，含 Mn 量高可达中部的十多倍。含有蒸气压高熔点低元素 Sn 的 Mo 合金锭坯，如 Mo-0.5 Ti-0.1Zr，会出现一种无规律的局部 Sn 偏析（是指合金元素含量在锭坯上下横纵断面分布不均匀的现象，此种成分分布不均匀现象出现在锭坯的局部便称之为区域偏析）。在棒料或电极中含有高熔点和比重大合金元素时，有时部分棒料掉入熔池，使熔池的过热度降低甚至不能全熔化，不能充分进行合金化，以致造成沿锭轴线附近富集，以不熔金属夹杂出现。含 W、Mo 量较高的 Ti 合金，曾出现此类夹杂缺陷，与采用高熔点纯金属直接配料有关。消除此类金属夹杂的主要措施，是采用细粒度中间合金配料，混料均匀。

区域偏析也常出现在真空熔铸的锭坯中，其分布规律与组元的分配系数有关。分配系数小于 1 且降低合金熔点的组元，在锭坯底部横断面的平均含量低于配料量，而在锭坯不同高度横断面上的分布有所不同：在锭坯顶端横断面上的平均含量高于配料量，但其周边的含量接近计算值。分配系数大于 1 且熔点高的组元，在 Ti 合金锭坯不同高度横断面上含量的分布规律完全相反。不同分配系数的组元在锭坯上的分布情况不全相同，还与组元本性及真空下的熔铸工艺条件有关。

在电子束熔炼中，当棒料处于结晶器口上方时，棒料会挡住部分电子束，使其下面的熔池不能直接接受电子束的轰击能量，该处熔池的温度较低，用单枪横向进料的炉子时尤为明显。这对提纯、合金化及组元的分布、锭坯质量会造成不良影响，称之为阴影效应。在拉锭机械中设置旋转装置及结晶器外有电磁搅拌熔池时，可在一定程度上改善此种状况。

参 考 文 献

1 川北公夫．粉体および粉末冶金，1956；3，(6)：236～246

2 若村隆夫．粉体および粉末冶金，1963；10(3)：83～87

3 黄培云．粉末冶金原理．北京：冶金工业出版社，1997：173～195

4 黄培云，金展鹏，陈振华．粉末冶金基础理论及新技术．长沙：中南工业大学出版社，1995：67～68

5 Goetzel G G. Treatise on Powder Metallurgy. Interscience Publishers，1949；1

6 费多尔钦科 И М 等．粉末冶金原理(中译本)．北京：冶金工业出版社，1974

7　《稀有金属材料加工手册》编写组．稀有金属材料加工手册．北京：冶金工业出版社，1984
8　陈存中．有色金属熔炼与铸锭．北京：冶金工业出版社，2003
9　戴永年等．有色金属材料的真空冶金．北京：冶金工业出版社，2000
10　《有色金属提取冶金手册》编委会．有色金属提取冶金手册：稀有高熔点金属．北京：冶金工业出版社，1999

7 硬质合金

7.1 概述

7.1.1 硬质合金的发展史

硬质合金是指元素周期表中Ⅳ、Ⅴ、Ⅵ族中的过渡元素（钛、锆、铪、钒、铌、钽、铬、钨、钼）的碳化物和铁族元素（铁、钴、镍）及其他微量元素粉末采用粉末冶金技术烧结而成的硬质材料。

1914 年德国人 Schroter 为解决钨丝拉丝模具的质量问题，经过长期的探索研究后发现，将碳化钨渗入低熔点金属中就可制得硬度较高且具有一定韧性的产品。1923 年他提出了采用 WC 粉末与少量铁族金属（铁、钴、镍）粉末混合，经压制后在氢气中 1300℃以上的温度下烧结新工艺，并获得了专利。按这种工艺生产的拉丝模具有很高的硬度和足够的强度，模具使用寿命比高速钢高十几倍。这一工艺是世界上最早的硬质合金生产工艺，并且为当今硬质合金生产的发展奠定了基础。1923 年德国克虏伯（Krupp）公司购买了该专利进行硬质合金工业规模的生产，并以“维迪亚”（Widia）的商标将产品投放市场。与此同时，美国、奥地利、英国、前苏联、日本也相继研制和生产了硬质合金。1929 年，一些国家为了解决钢材的加工问题，研制出了 WC-TiC-Co 硬质合金，成功地改善了合金加工钢材的性能，并推动了这类合金的迅速发展[1]。

第二次世界大战期间，战争刺激了硬质合金工业的大发展。由于硬质合金具有高硬度、高耐磨性、耐高温等性能，它不仅适合制造武器（硬质合金穿甲弹头），而且对制造生产武器的工具也是极为重要的材料。为了加速军火生产，各国政府大量购买硬质合金，使硬质合金工业得到了极大的发展，世界硬质合金产量从战前的 100 多吨提高到 3000t，同时开发出了含钽（铌）的硬质合金、无钨硬质合金，开辟了硬质合金应用新领域。20 世纪 50 年代初，冶金、机械、电力和铁路等基础工业出现了大发展的局面，特别是世界钢和有色金属的产量急剧增长，钢和有色金属的加工都需要硬质合金。同时，世界汽车工业的迅速发展也需要大量的硬质合金，因此，硬质合金的应用领域迅速扩大，如矿山工业中使用的硬质合金钎头、钻头、截煤机齿；化工行业中的密封环、喷嘴等耐磨件；粉末冶金工业中的冲压模等。随着科学技术的不断发展，特别是电子、航空、军事工业中高新技术的迅猛发展，难加工材料不断出现，对硬质合金产品也提出了更高的要求。硬质合金工业已不仅仅只生产 WC-Co 和 WC-TiC-Co 合金，而且其中很大部分已经被 WC-TaC(NbC)-Co 硬质合金取代，与此同时还开发出了 TiC-Ni-Mo 无钨硬质合金、各类钢为黏结剂的钢结硬质合金、TiC 基金属陶瓷等。进入 20 世纪 70 年代后，现代机械加工业对切削刀具用的硬质合金切削刀片的尺寸精度要求明显提高，同时对硬质合金模具尺寸精度要求达到微米级。为了适应难加工材料的加工及精密模具的制造，世界各主要生产厂都推出了超细硬质合金及涂层硬质合金新牌号，涂层硬质合金的出现很好地解决了硬质合金强度与硬度之间的矛盾，提高了硬质合金的强度和硬度，并使其切削速度成倍增长，明显提高工件的加工效率和生产率，因而在世界范围内得到了飞速发展。与此同时，硬质合金工业已延伸到非金属陶瓷和超硬材料领域。90 年代后，硬质合金研究、生产领域对纳米、超细 WC 粉末、WC-Co 复合粉的生产技术进行了大量的研究，并取得了显著的成绩。这一切都标志着硬质合金产品已成为工业中不可缺少的高技术产品。

7.1.2 硬质合金的基本性能

硬质合金是由难熔金属的碳化物及铁族金属组成。硬质合金常用碳化物的性能列入表 7-1 中。碳化物的共同特点是：熔点高、硬度高、化学稳定性好、热稳定性好，在常温下与黏结金属的相互作用小。硬质合金具有一系列的优良性能[2,3]：

(1) 很高的硬度(HRA93)和耐磨性，600℃时的硬度超过高速钢的常温硬度，1000℃时高于碳钢的常温硬度；

(2) 弹性模量高，通常为$(40\sim70)\times10^4$MPa，常温下刚性好，无明显的塑性变形；

(3) 抗压强度高(6000MPa)；

(4) 膨胀系数较小，但导热系数与导电系数与铁及其合金相近；

(5) 化学稳定性好，耐酸，耐碱，在 600～800℃下无明显氧化。

由于硬质合金具有上述的诸多优良特性，使它在现代工具材料、耐磨材料、耐高温及耐腐蚀材料中占据重要地位，特别是它具有极高的高温硬度及优良的综合性能，在金属切削加工业中显示出极大的优越性。硬质合金工具与合金钢工具比较，主要优点为：

(1) 大大提高工具使用寿命，切削刀具寿命提高 5～80 倍，量具寿命提高 29～150 倍，模具寿命提高 50～100 倍。

(2) 成倍甚至成几十倍地提高金属切削速度，大大地提高了劳动生产率。

(3) 提高被加工零件的尺寸精度和降低表面粗糙度，符合机械化和自动化生产的要求。

(4) 可以加工高速钢难以加工的耐热合金、高温合金、钛合金、特硬铸铁等难加工材料。可以制作某些耐腐蚀、耐高温的耐磨零件，提高了机械和仪器的使用寿命和精度。

表 7-1　硬质合金用各类碳化物的性质

性质 \ 碳化物		TiC	ZrC	HfC	VC	NbC	TaC	Cr_3C_2	Mo_2C	WC
相对分子质量		59.9	103.2	190.6	63.0	104.9	192.9	180.1	203.9	195.9
化合碳含量/%		20.05	11.64					13.33		6.12
晶　形		NaCl	NaCl	NaCl	NaCl	NaCl	NaCl	斜方型	六方	六方
晶格常数/nm		0.432	0.4669～0.4689	0.464	0.416	0.4461	0.4455～0.4456	a=0.228 b=0.553 c=1.147	a=0.3002 c=0.4724	a=0.2900 c=0.2831
熔点/℃		3200～3250	3200～3250	3890	2800	3500～3800	3800	1750～1900	2500	2900
密度/g·cm^{-3}	理论	4.938	6.44～6.51	12.7	5.81	8.20	14.53	—	9.2	15.5～15.7
	测定	4.90～4.93	6.9	12.6	5.36	7.76	14.49	6.68	8.2～8.9	15.6
比电阻/μΩ·cm		180～200	70～75	109	150	74	30	—	97.5	53
热导率/J·(cm·s·℃)$^{-1}$		0.17	0.20	0.06	0.04	0.14	0.22	—	0.07	0.29
显微硬度		3000～3200	2600	2900	2100	2400～2470	1800	1300	1800	1780
弹性模量/MPa		321000	260000	290000	273000	346000	290000	—	226000	72000
抗氧化温度上限/℃		1100～1200	1100～1200	1100～1200	800～900	1000～1100	1000～1100	1100～1200	500～800	500～800

7.1.3 硬质合金的分类

根据硬质合金的成分，可以将硬质合金分为五大类，下面分别介绍[2,3]。

7.1.3.1 WC-Co(碳化钨基)类硬质合金

这类合金的主要成分为碳化钨和钴，当合金作为切削工具和拉伸模具使用时亦可加入2%以下的其他碳化物(碳化钽、碳化铌、碳化钒)，但并没有改变合金使用性能，故仍属于WC-Co硬质合金。这类合金与钴含量相同的其他硬质合金相比具有更高的抗弯强度、抗压强度、冲击韧性和弹性模量，较小的膨胀系数，但是合金耐磨性比较差。这类合金按钴含量的高低又可分为低钴、中钴、高钴合金。低钴合金钴含量通常为3%～8%，制造的刀具可加工铸铁、有色金属、非金属和部分耐热合金、钛合金、不锈钢等难加工材料。同时亦可以制造各种拉丝模具、耐磨零件、高压容器，地质、石油工业中的钻头和截煤齿。中钴合金钴含量通常为10%～15%，主要用于中硬及硬岩石的冲击钻头和冲击负荷不高的冲压模具。高钴合金钴含量通常为20%～30%，主要用于冲击负荷较大的冷锻模和冲压模。

7.1.3.2 WC-TiC-Co(钨钴钛基)硬质合金

与WC-Co硬质合金比较，这类合金具有较高的抗氧化性能，切削工具在使用过程中形成"月牙洼"的倾向小。因此，在高速切削难加工材料时刀具使用寿命较长，但该类合金的强度比WC-Co合金低。

这类合金按碳化钛的含量可分为低钛、中钛和高钛合金。低钛合金碳化钛含量为4%～6%、钴含量为9%～15%，合金强度高，用于碳钢和合金钢的粗切削加工(钢锭剥皮，有冲击负荷的切削等)。中钛合金碳化钛含量为10%～20%、钴含量为6%～8%，用于冲击负荷很小的碳钢和合金钢的切削加工。高钛合金碳化钛含量为25%～40%、钴含量为4%～6%，该合金强度最低，用于无冲击负荷的碳钢和合金钢精切削。

7.1.3.3 WC-TiC-TaC(NbC)-Co硬质合金

这类合金通常含碳化钛5%～15%，碳化钽(碳化铌)2%～10%，钴含量为5%～15%，其余为碳化钨。这类合金与钨钴钛基合金一样，主要用于钢材的切削加工，但有更好的高温抗氧化性和较好的抗热振性，因此刀具寿命较长。TiC＋TaC(NbC)含量小于10%的此类合金既可以加工钢材，又可以加工铸铁，但在加工钢材时刀具的耐磨性高于WC-Co合金。

7.1.3.4 TiC-Ni(碳化钛基)硬质合金

这类合金由碳化钛、金属镍和金属钼或碳化二钼组成。镍和钼的总含量通常为20%～30%。主要用于钢材的精切削加工，甚至可以用于钢材的断续精加工切削，并且在切削速度变化较大时刀具仍具有较长的寿命。

7.1.3.5 钢结硬质合金

这类合金由碳化钨或碳化钛、碳素钢或合金钢组成。合金突出的特点是：由于该合金是以钢作为黏结金属，而钢可以通过热处理改变其组织结构，从而获得不同的性能，因此，可以通过对钢结硬质合金进行热处理来改变合金的力学性能。退火后的钢结硬质合金硬度与高钴碳化钨基硬质合金的相同，但抗弯强度较低。退火后的钢结硬质合金可以进行各种切削加工，可制造成形状复杂的各类制品，在耐磨零件、耐腐蚀零件以及特殊刀具方面获得了很好的应用。

7.1.3.6 涂层硬质合金

在硬质合金基体表面通过物理、化学、等离子体等气相沉积法涂覆单层或多层碳化物、氮化物、氧化物等难熔硬质化合物，可大幅度提高硬质合金工具的性能和使用寿命。涂层硬质合金具有很高的室温和高温硬度，很好的抗氧化性、抗月牙洼磨损性能，较小的摩擦系数，被加工件表面粗糙度低，工具使用寿命长等一系列独特的优点。因此，这类合金发展极其迅速，合金品种、产量不断增加，应用范围不断扩大。

7.2 碳化钨粉末的生产

碳化钨粉末是难熔金属碳化物粉末的一种，是生产硬质合金的重要原材料。碳化钨能溶解于多种难熔金属碳化物中，尤其在碳化钛中的溶解度很大，形成TiC-WC固溶体。碳化钨的生产方法有多种，传统的碳化钨生产方法是用固体炭碳化金属钨粉而制得，此方法可生产粉末粒度为 1～30μm 的碳化钨粉末，钨粉的粒度直接影响着碳化钨粉末的粒度。采用不同粒径的钨粉和不同的工艺条件可以生产出细、中、粗三种不同粒径的碳化钨粉末。日本住友电气公司和日本东京钨公司研制成功用三氧化钨直接碳化法生产超细碳化钨粉，并研制了相应的设备——连续碳化回转炉，目前，此种方法已成功地用于工业规模生产优质超细碳化钨和复合碳化物粉末[3]。美国新泽西州的 NANODYNE 公司通过研究，现已实现了纳米WC-Co复合粉末的工业化生产，商标为 Nanocarb，尽管此粉末已经为纳米复合粉末，但是目前仍然无法利用此粉末生产 WC 晶粒度小于 100nm 的纳米硬质合金。此外，世界各国硬质合金研究、生产单位采用不同的新工艺对生产纳米、超细 WC 及 WC-Co 复合粉末进行了广泛的研究，如喷雾热转换法、共沉淀法、气相渗碳法、高能球磨法、机械合金化法、等离子体法。

7.2.1 固体碳碳化法

7.2.1.1 碳化过程的基本原理

W-C 系二元相图如图 7-1 所示。从图中可以看出，钨与碳可以生成 WC 及 W_2C 两种碳化物，WC 比较接近正常的化合物。在实际生产中，由于种种原因，大多数碳化钨的碳含量偏离理论碳含量 6.12%，因此，在工业生产的碳化钨中或含有 W_2C，或含有游离碳。碳化钨有两种晶体结构，β-WC 是面心立方结构，在 2785℃下由包晶反应形成的，但只在高温下稳定；α-WC 是常见的碳化钨，其晶体结构为六方晶系，是标准的间隙相，晶格常数为 $a=0.2900\text{nm}$，$c=0.2831\text{nm}$，理论密度为 15.77g/cm^3。W_2C 为密排六方结构（见图 7-2），晶格常数为 $a=0.298\text{nm}$，$c=0.471\text{nm}$，理论密度为 17.3g/cm^3，W_2C 熔点为 2760℃，在相图上有均相区。钨粉碳化过程的总反应式为：

$$W+C=\!=\!=WC \qquad (7\text{-}1)$$

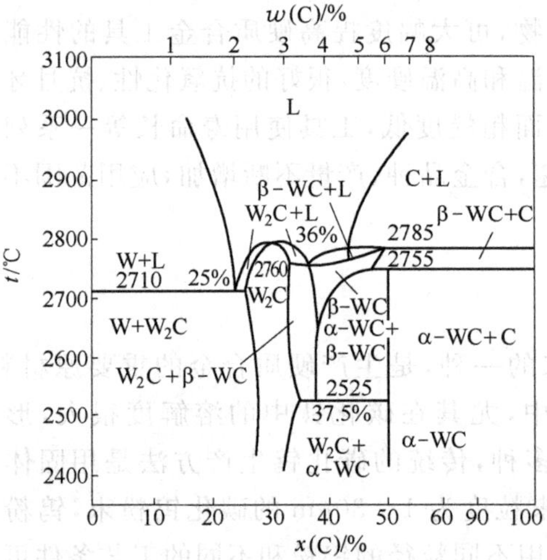

图 7-1　W-C 系二元相图

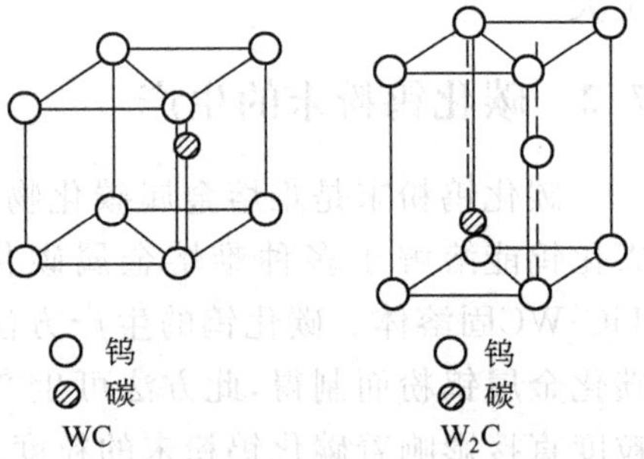

图 7-2　WC 的晶体结构

钨粉碳化过程是通过与含碳的气相反应进行的。通氢碳化时，氢气首先与物料中的炭发生反应，当温度较低时形成碳氢化合物，主要成分为甲烷（CH_4），甲烷在高温下很不稳定，1400℃时全部裂解为碳和氢。此时，裂解出的活性较高的炭沉积在钨颗粒上，并不断向钨颗粒内部扩散从而使整个颗粒逐步碳化。与此同时。裂解出的氢又与物料中的炭反应生成甲烷，如此循环往复使物料中的炭和钨逐步减少，碳化钨不断增加，直至钨粉碳化完成。因此，通氢碳化时，其实际反应为：

$$C+2H_2=\!=\!=CH_4\text{（低温）} \qquad (7\text{-}2)$$

$$CH_4 \longrightarrow C+2H_2\text{（高温）} \qquad (7\text{-}3)$$

$$W+CH_4=\!=\!=WC+2H_2 \qquad (7\text{-}4)$$

从以上反应式可以看出，在通氢碳化时，氢气只起着载体的作用，实践表明，钨粉碳化过程在 830℃左右就已开始进行，当温度高于 1300℃时碳化过程加速，通常碳化温度为 1300～2000℃。

不通氢气的碳化过程与通氢碳化过程相似。当温度达 400℃时，物料中的炭开始与炉内空气中的氧发生反应而生成二氧化碳，生成的二氧化碳与物料中的炭反应生成一氧化碳，钨粉碳化过程在一氧化碳气氛中完成，此时二氧化碳和氢气一样只起着载体的作用。总反应式为：

$$C+O_2 = CO_2 \tag{7-5}$$

$$CO_2+C = 2CO \tag{7-6}$$

$$W+2CO = WC+CO_2 \tag{7-7}$$

7.2.1.2 碳化钨生产工艺

A 配料计算

碳化钨生产工艺流程如图 7-3 所示。由于钨粉中含有少量的氧，因此在计算时除考虑钨粉碳化所需要的碳外，还必须考虑粉末中碳氧反应所需要的碳。因此，物料中炭黑配量应按下式计算：

$$Q_C=\left(\frac{w(C)}{100-w(C)}+\frac{0.75\times w(O)}{100}\right)\times Q_W \tag{7-8}$$

式中 Q_C——炭黑配量，kg；

$w(C)$——碳化钨中需要的碳含量，%；

$w(O)$——钨粉中氧含量，%；

Q_W——钨粉质量，kg；

0.75——系数，碳与氧相对原子质量比值。

如果因特殊情况，炭黑计算、配量发生偏差，生产出的碳化钨粉末的碳含量不合格时，必须重新补加钨粉末或炭黑，并再次碳化。当碳化钨粉末碳含量低时，应补加炭黑，计算公式如下：

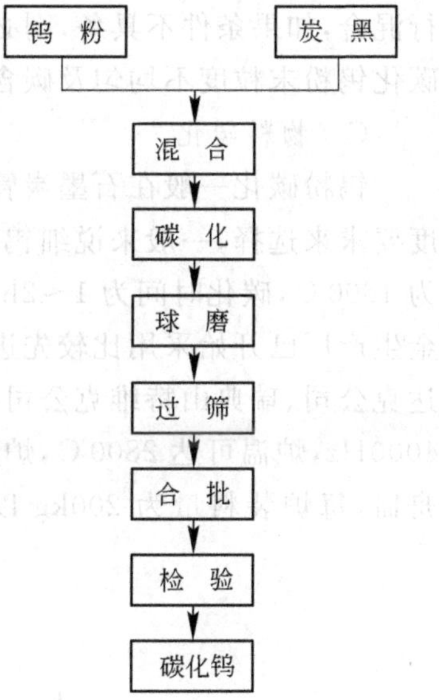

图 7-3 碳化钨生产工艺流程图

$$W(C_X)=Q\left(\frac{100-w(C_B)}{100-w(C_A)}-1\right) \tag{7-9}$$

式中 $W(C_X)$——炭黑补加量，kg；

$w(C_A)$——碳化钨中需要的碳含量，%；

$w(C_B)$——碳化钨中的实际碳含量，%；

Q——碳化钨粉质量，kg。

当碳化钨粉中碳含量高时，粉末中含有游离碳，此时应补加钨粉，计算公式如下：

$$W_X=Q\left(\frac{w(C_B)}{w(C_A)}-1\right) \tag{7-10}$$

式中　W_X——钨粉补加量，kg；

$w(C_A)$——碳化钨中需要的碳含量，%；

$w(C_B)$——碳化钨中实际碳含量，%。

B　物料混合

碳化钨粉末质量决定于钨粉与炭黑混合的均匀程度，如果物料混合不均匀，碳化钨粉末将出现黑心和分层现象。在硬质合金生产工艺中，一般将钨粉与炭黑在球磨机内进行混合（球料比为 1∶1，钢球直径为 35～50mm），球磨时间为 2～4h，用肉眼观察物料无分层现象即算混合均匀。为了避免炭黑的损失，在装物料时应先装入钨粉后再装炭黑。在生产中，为保证物料的混合质量，混合时间、球料比不能经常变动。混合粒度不同、碳含量不同的钨粉时，最好分别使用固定的球磨机进行混合，如果条件不具备，则必须将球磨机内的残余物料清除干净，否则容易出现碳化钨粉末粒度不均匀及碳含量不准确等现象。

C　物料碳化

钨粉碳化一般在石墨炭管炉中进行，碳化工艺根据钨粉的粒度及碳化钨的粒度要求来选择，一般来说细钨粉碳化的温度为 1300～1350℃，粗钨粉碳化的温度为 1600℃，碳化时间为 1～2h。近年来，钨粉碳化工艺得到不断发展，一些硬质合金生产厂已开始采用比较先进的中频感应炉进行真空碳化和通氢碳化，如德国斯达克公司、瑞典山特维克公司，美国的李钨公司采用中频感应真空碳化，其频率为 4000Hz，炉温可达 2800℃，炉膛内可安放三个尺寸为 ϕ750mm×600mm 大型石墨舟皿，每炉装料量为 200kg 以上[2]。石墨炭管炉及中频感应炉其结构如图 7-4、

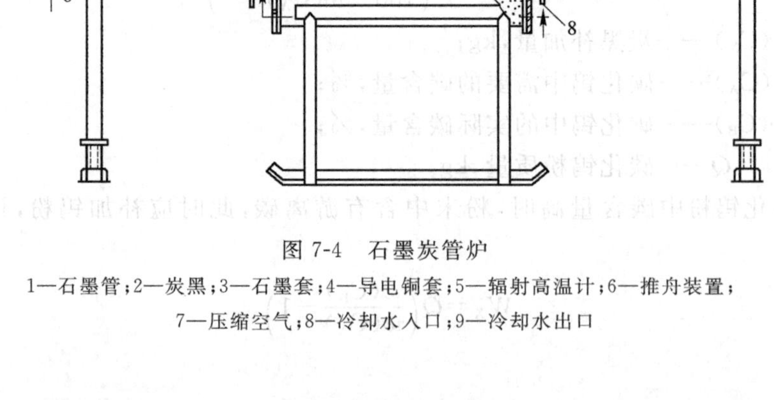

图 7-4　石墨炭管炉

1—石墨管；2—炭黑；3—石墨套；4—导电铜套；5—辐射高温计；6—推舟装置；7—压缩空气；8—冷却水入口；9—冷却水出口

图 7-5所示。

在石墨炭管炉中石墨管既是发热体，又是炉膛。炉子最高温度可达 2500℃，功率为 50kW 左右，通常由输入电压为 220～230V，输出电压为 10～20V 的变压器供电。此设备的优点是结构简单，升温快，工作温度高；缺点是炉管易氧化，寿命短，经常需要维修。中频感应炉主要由坩埚（相当于炉膛）、感应器、冷却系统、隔热层等组成。其工作原理是，根据电磁感应原理，当线圈中通入交变电流时，产生交变磁场，使导体（石墨坩埚）内部产生涡流而使物料加热。该设备主要优点是物料受热均匀，炉子升温、冷却较快，不需要经常维修，工作条件好；缺点是功率消耗大，并只能间歇工作。采用石墨炭管炉进行钨粉碳化的工艺见表 7-2 和表 7-3。

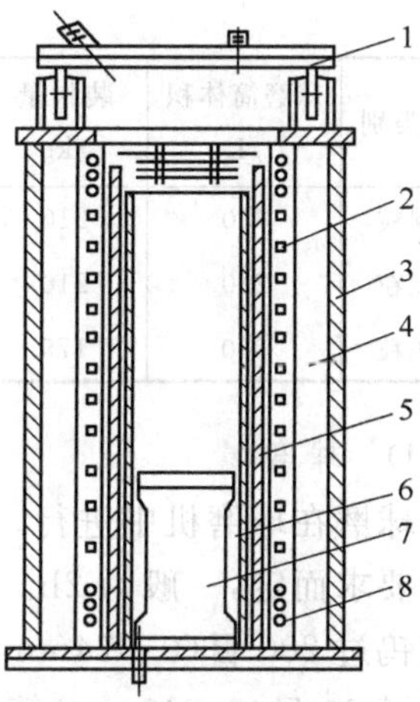

图 7-5　中频感应碳化炉

1—装料盖；2—水冷感应线圈；3—炉壳；4—耐火材料；5—耐火管；6—石墨发热体；7—支座；8—冷却水管道

表 7-2　钨粉碳化工艺

产品类别	装舟量/kg · 舟$^{-1}$	碳化温度/℃	推舟速度(舟/min)
用于生产(TiW)C 的 WC	6.5～7.0	1400±50	1/20
中颗粒 WC	7.5～8.0	1400±50	1/20
细颗粒 WC	5.0～5.5	1350±50	1/20
粗颗粒 WC	7.5～8.0	1800±50	1/40
特粗颗粒 WC	7.5～8.0	1900±50	1/60

注：1. 舟皿尺寸为 ϕ120mm×93mm×360mm。

2. 碳化时不通氢。

表 7-3　重新碳化工艺

类　别	装 舟 量	碳化温度/℃	推舟速度(舟/min)
中颗粒 WC	松装、半舟	1250～1350	1/15
细颗粒 WC	松装、半舟	1200～1250	1/15
粗颗粒 WC	松装、半舟	1400～1500	1/15

在生产中严格控制碳化温度与推舟速度是十分重要的，碳化后的料块应疏松易碎，断面呈灰色。碳化后的物料必须经过球磨、过筛以除去夹杂及未破碎的料块，并将过筛后的碳化钨粉末进行粒度测定和化学分析。工业生产中，为了使碳化钨粉末的粒度和化学成分均匀，须将性能接近的批次进行混合合批。

表 7-4　碳化钨球磨过筛工艺

粉末类别	球磨筒体积/L	装料量/kg	转速/r·min^{-1}	球磨时间/h	过筛网目/目(mm)	备　注
中颗粒	390	210	30	2	250(0.061)	各种尺寸的球按一定比例配合
细颗粒	220	210	30	3～4	200(0.074)	
粗颗粒	390	175	30	3	60(0.246)	

D　球磨

球磨在球磨机中进行。球料比为 1∶1，钢球直径为 10～45mm，球磨时间根据工艺要求而定，一般为 2h。为了防止粉末飞扬，过筛应在封闭情况下进行，细颗粒碳化钨过 200 目(0.074mm)筛，中颗粒碳化钨过 250 目(0.061mm)筛，粗颗粒碳化钨过 60 目(0.246mm)筛。碳化钨球磨、过筛工艺见表 7-4。

7.2.1.3　碳化钨粉末的质量控制

A　碳化物粉末成分的控制

影响碳化钨粉末成分的主要因素为配炭量的准确程度、碳化温度的高低、碳化时间的长短以及碳化气氛。

(1) 配炭量的影响。炭黑加入量通过计算后，称量时力求准确，以免造成碳化钨碳含量不合格。虽然碳化钨的理论碳含量为 6.12%，但是实际炭黑配入量低于理论值。硬质合金生产中，根据不同牌号合金的要求，在配炭计算时，可按碳化钨粉末技术条件取中间值。当钨粉氧含量较高时，要适当增加配炭量。

(2) 碳化温度的影响。钨粉碳化过程中的化合碳含量总是随着温度的升高而增加，直到饱和为止。如果炭黑加入量准确时，碳化钨中游离碳高，则主要原因是碳化温度过低，或者装舟量太多，推舟速度过快。表 7-5 示出碳化温度对碳化钨化合碳的影响规律，从表中看出，1000℃左右渗碳反应开始，随着温度的升高化合碳量迅速增加，1400℃前增加速度最快，1600℃时化合碳接近理论值。研究各碳化温度下的粉末颗粒断面，发现 1400～1450℃碳化时，能观察到有 W、W_2C、WC 三个相同时存在，而 1500℃碳化时，只有 W_2C 和 WC 相。

表 7-5　碳化钨粉化合碳与碳化温度的关系

碳化温度/℃	总碳/%	游离碳/%	化合碳/%
1000	6.21	6.13	0.08
1200	6.04	4.78	1.26
1300	6.22	2.84	3.38
1400	6.24	1.10	5.14
1500	6.24	0.31	5.93
1600	6.25	0.13	6.12

注：钨粉粒度为 15μm，1000～1600℃在石墨炭管炉中通氢碳化 20min。

(3) 碳化时间的影响。碳化时间视碳化温度、钨粉粒度、碳化钨粉末粒度要求而定。高温碳化时,时间过长容易造成碳化钨颗粒变粗,甚至部分脱碳。

(4) 碳化气氛的影响。通氢碳化与无氢碳化的反应机理是不相同的。通氢碳化时,低温时碳与氢形成的碳氢化合物在高温下裂解出来的碳具有很强的化学活性,它有利于钨粉的碳化。

B 碳化钨粉末中杂质的控制

碳化钨粉末中杂质含量的控制有利于硬质合金产品质量的提高。碳化钨粉末中的杂质含量取决于钨粉的质量。由于钨精矿的成分非常复杂,钨酸或三氧化钨中往往存在各种杂质,如 Na、Mg、Ca、Si、Al_2O_3、Fe_2O_3、As、S、P 等。将钨酸中的杂质降低到 0.1%~0.5%并不困难,但要再进一步降低就不容易了。三氧化钨氢还原成钨粉的过程中,杂质含量很少变化。而在钨粉碳化时,Mg、Si、Ca 的含量均有减少,这是因为高温下,钨粉中这些杂质的氧化物被碳还原并挥发逸出,当遇到炉气中微量水分和氧时又被氧化成氧化物而沉积在炉门、炉管上,也可能沉积在已碳化好的碳化钨粉末表面上。因此,卸物料时应仔细将白色沉积物清除。

C 碳化钨粉末粒度的控制

硬质合金中的 WC 晶粒大小除取决于碳化钨粉末粒度外,与粉末中碳化钨晶粒度有关。一般来说,碳化工艺条件相同时,钨粉原始粒度细,则碳化后所得的碳化钨粉末颗粒亦细,反之亦然。当碳化温度过高、碳化时间太长时,由于碳化钨颗粒之间的烧结或聚集,会引起碳化钨颗粒的长大,其长大速度随钨粉粒度的增大而下降。在工业生产条件下钨粉碳化前后的粒度变化如表 7-6 所示。

表 7-6 钨粉碳化前后粒度的变化

类别	平均松装密度/$g\cdot cm^{-3}$		平均粒度/μm	
	钨粉	碳化钨粉	钨粉	碳化钨粉
细颗粒	1.80~2.50	<2.5	0.30~0.80	0.4~1.2
中颗粒	3.2~4.00	4.00~5.20	1.50~2.50	3.00~5.00
粗颗粒	10.50~11.50	7.50~8.50	40.00~50.00	20.00~30.00

在钨粉颗粒碳化成为碳化钨颗粒时,由于其体积膨胀,导致单个颗粒的尺寸增大,而密度由钨的 19.3g/cm^3 变为碳化钨的 15.6g/cm^3。细颗粒钨粉碳化温度较低,颗粒长大不很明显;中颗粒钨粉碳化后,颗粒显著长大;而粗颗粒碳化时,由于颗粒内存在较多的缺陷,颗粒体积膨胀产生的内应力使粉末颗粒产生破碎,并有细化现象。由于碳化过程主要是靠钨粉颗粒表面与含碳气氛反应以及固体炭黑向钨粉内部扩散来实现的,因此,碳化温度、碳化时间、物料碳含量等对碳化钨粉末粒度

的影响相对较小。

7.2.2　三氧化钨直接碳化法

日本东京钨公司和住友电气工业公司研究开发了三氧化钨直接还原/碳化法制备优质超细碳化钨粉末[1,3]，并已成功应用于工业规模生产，该工艺流程如图7-6所示，生产过程所需的设备由混料器、制粒机、干燥器及两台回转炉组成。

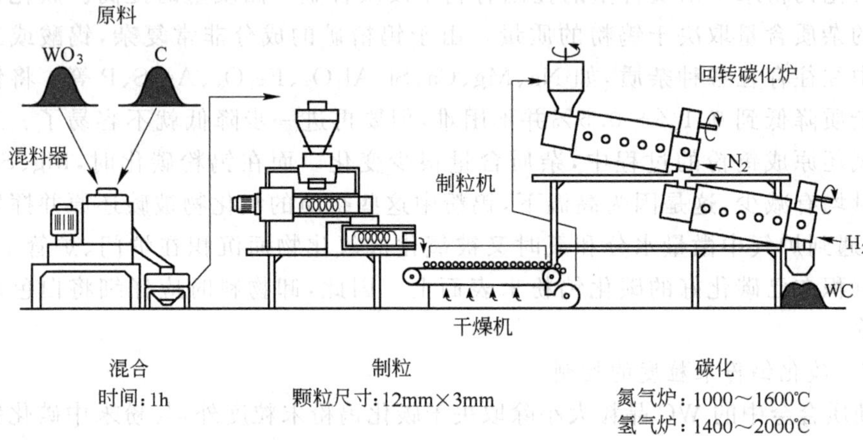

图 7-6　直接碳化法生产碳化钨工艺流程图

首先将三氧化钨(84 份质量)粉末与炭黑(16 份质量)的混合料制成直径为3mm的球粒，然后在两台回转炉中连续进行还原/碳化。反应过程连续经过一系列中间产物：

$$WO_3 \rightarrow (WO_{2.9}) \rightarrow WO_{2.72} \rightarrow WO_{2.0} \rightarrow W \rightarrow W_2C \rightarrow WC$$

WO_3 在第一台回转炉内于 1247℃、N_2 气氛中加热，反应产物为 $WO_{2.72}$、WO_2 和 W 的混合物，超细晶粒形核发生在中间产物 $WC_{2.72}$ 向 WO_2 的转变过程中，这是由于 $WO_{2.72}$ 本身晶粒极细以及 $WO_{2.72}$ 向 WO_2 转变时的体积急剧收缩及密度显著增加而引起。在物料中含有炭黑的情况下，不会形成促使晶粒长大的 $WO_2(OH)_2$ 化合物，从而避免了 $WO_2(OH)_2$ 的气相迁移而发生晶粒长大。细小 WO_2 转变为超细 W 晶粒时粒度不会变粗。在第二台回转炉内于 1500℃、氢气气氛中超细 W 直接被碳化成超细 WC 晶粒。采用不同粒度的 WO_3 和在不同温度下直接碳化时，一般都添加少量晶粒生长抑制剂，以防止超细硬质合金中的晶粒长大。日本东京钨公司工业生产的超细碳化钨牌号、性能如表 7-7 所示。

表 7-7 直接碳化工艺生产的超细碳化钨粉末的性能

类型	WC07NR	WC06NR	WC05N	WC05NR	WC04N	WC04NR	WC02N	WC02NR
抑制剂	无	无	Cr_3C_2	无	Cr_3C_2	无	Cr_3C_2	
FSSS/μm	0.55～0.70	0.56～0.65	0.50～0.55	0.50～0.55	0.45～0.49	0.45～0.49	—	—
BET/$m^2 \cdot g^{-1}$	1.20～1.60	1.40～1.80	1.60～1.90	1.80～2.10	1.90～2.20	1.90～2.70	3.00～4.00	2.70～4.00
粒度/μm	0.24～0.32	0.21～0.27	0.20～0.24	0.18～0.21	0.17～0.20	0.14～0.20	0.10～0.13	0.10～0.14
w(O)/%	≤0.30	≤0.50	≤0.50	≤0.50	≤0.50	≤0.50	≤0.60	≤0.60
w(TC)/%	6.10～6.20	6.10～6.20	6.10～6.20	6.10～6.20	6.15～6.25	6.10～6.20	6.15～6.25	6.10～6.25
w(FC)/%	≤0.15	≤0.15	≤0.15	≤0.15	≤0.15	≤0.15	≤0.20	≤0.25
w(Cr)/%	≤0.007	≤0.007	0.80～0.90	≤0.007	0.80～0.90	≤0.007	0.80～0.90	≤0.007
w(Al)/%	$\leqslant 20\times10^{-4}$	$\leqslant 20\times10^{-4}$	$\leqslant 20\times10^{-4}$	$\leqslant 20\times10^{-4}$	$\leqslant 20\times10^{-4}$	$\leqslant 20\times10^{-4}$	$\leqslant 20\times10^{-4}$	$\leqslant 20\times10^{-4}$
w(Ca)/%	$\leqslant 30\times10^{-4}$	$\leqslant 30\times10^{-4}$	$\leqslant 30\times10^{-4}$	$\leqslant 30\times10^{-4}$	$\leqslant 30\times10^{-4}$	$\leqslant 30\times10^{-4}$	$\leqslant 30\times10^{-4}$	$\leqslant 30\times10^{-4}$
w(Cu)/%	$\leqslant 20\times10^{-4}$	$\leqslant 20\times10^{-4}$	$\leqslant 20\times10^{-4}$	$\leqslant 20\times10^{-4}$	$\leqslant 20\times10^{-4}$	$\leqslant 20\times10^{-4}$	$\leqslant 20\times10^{-4}$	$\leqslant 20\times10^{-4}$
w(Fe)/%	$\leqslant 200\times10^{-4}$	$\leqslant 200\times10^{-4}$	$\leqslant 200\times10^{-4}$	$\leqslant 200\times10^{-4}$	$\leqslant 200\times10^{-4}$	$\leqslant 200\times10^{-4}$	$\leqslant 200\times10^{-4}$	$\leqslant 200\times10^{-4}$
w(Mg)/%	$\leqslant 20\times10^{-4}$	$\leqslant 20\times10^{-4}$	$\leqslant 20\times10^{-4}$	$\leqslant 20\times10^{-4}$	$\leqslant 20\times10^{-4}$	$\leqslant 20\times10^{-4}$	$\leqslant 20\times10^{-4}$	$\leqslant 20\times10^{-4}$
w(Mn)/%	$\leqslant 20\times10^{-4}$	$\leqslant 20\times10^{-4}$	$\leqslant 20\times10^{-4}$	$\leqslant 20\times10^{-4}$	$\leqslant 20\times10^{-4}$	$\leqslant 20\times10^{-4}$	$\leqslant 20\times10^{-4}$	$\leqslant 20\times10^{-4}$
w(Mo)/%	$\leqslant 200\times10^{-4}$	$\leqslant 200\times10^{-4}$	$\leqslant 200\times10^{-4}$	$\leqslant 200\times10^{-4}$	$\leqslant 200\times10^{-4}$	$\leqslant 200\times10^{-4}$	$\leqslant 200\times10^{-4}$	$\leqslant 200\times10^{-4}$
w(Ni)/%	$\leqslant 30\times10^{-4}$	$\leqslant 30\times10^{-4}$	$\leqslant 30\times10^{-4}$	$\leqslant 30\times10^{-4}$	$\leqslant 30\times10^{-4}$	$\leqslant 30\times10^{-4}$	$\leqslant 30\times10^{-4}$	$\leqslant 30\times10^{-4}$
w(Si)/%	$\leqslant 30\times10^{-4}$	$\leqslant 30\times10^{-4}$	$\leqslant 30\times10^{-4}$	$\leqslant 30\times10^{-4}$	$\leqslant 30\times10^{-4}$	$\leqslant 30\times10^{-4}$	$\leqslant 30\times10^{-4}$	$\leqslant 30\times10^{-4}$
w(Sn)/%	$\leqslant 20\times10^{-4}$	$\leqslant 20\times10^{-4}$	$\leqslant 20\times10^{-4}$	$\leqslant 20\times10^{-4}$	$\leqslant 20\times10^{-4}$	$\leqslant 20\times10^{-4}$	$\leqslant 20\times10^{-4}$	$\leqslant 20\times10^{-4}$

注：粒度值为比表面值换算结果。

表 7-8 直接碳化时氧化钨、炭黑对碳化钨特性的影响

三氧化钨粒度/μm	炭粉类型	碳化钨粉末特性			
		FSSS/μm	总碳/%	游离碳/%	化合碳/%
1.0	A	0.36	6.19	0.10	6.09
1.8	A	0.50	6.19	0.08	6.11
	B	0.52	6.17	0.05	6.12
	C	0.53	6.20	0.08	6.12
2.6	A	0.50	6.17	0.07	6.10
	B	0.53	6.18	0.07	6.11
	C	0.53	6.19	0.09	6.10

在直接碳化过程中，原始三氧化钨和炭黑对碳化钨特性的影响如表 7-8 所示。表中炭黑颗粒大小按 C→B→A 次序减小。从表中可以看出，当原始氧化钨粒度为 2.60μm 和 1.80μm 时，碳化钨粒度几乎不受炭黑粒度的影响，此时碳化钨粉末粒度均为 0.50μm 左右。采用粒度为 1.00μm 的三氧化钨和细颗粒炭黑(A)碳化时，所制备的碳化钨粒度为 0.36μm，此时碳化钨粒度大小取决于原始三氧化钨粒度，碳化钨粉末与所制备的 WC-Co 合金具有细而均匀的结构。

日本住友电气公司还成功地将直接碳化法制备 WC-TiC 复式碳化物的新工艺应用于工业规模生产[1]，其过程的总反应式如下：

$$WO_3 + TiO_2 + 7C \longrightarrow WC + TiC + 5CO$$

第一阶段中 WO_3、TiO_2 与 C 的混合料在 1400℃下于氮气中加热，此时 WO_3 被 C 还原并碳化成细颗粒的碳化钨粉，而 TiO_2 也变成含大量 N_2 的 Ti(NCO)化合物。第二阶段中，物料在 1900℃下于氢气中进行反应。此时，随着 WC 与 TiC 反应转化为 WC-TiC 固溶体的同时，物料中的 N_2、O_2 和 H_2 被完全排除。碳化产物经过 1900℃、真空处理 60min 后，可制备优质 WC-TiC 固溶体，此固溶体不仅粒度细，而且粒度分布均匀。用这种粉末制备的硬质合金具有优异的力学性能。

7.2.3 纳米晶 WC-Co 复合粉末制备方法

7.2.3.1 喷雾转换-碳热工艺

制备纳米硬质合金的关键是制备纳米 WC 粉末，而传统的碳化钨制造方法不能满足这一要求。美国新泽西州 Rutgers 大学的 B. H. Kear & L. E. Mecondlish 和美国 Nanodyne 公司联合开发的喷雾转换—还原碳化法(SCP，Spray Conversion Process)生产纳米晶 WC-Co 复合粉，被认为是最有发展前途的工艺。采用此工艺，Nanodyne 公司已形成 100t/a 纳米 WC-Co 复合粉末的生产能力[6~10]。该方

法与传统方法相比，无需经过复杂的 WC-Co 混合粉制备过程，而直接制备出 WC-Co 复合粉。这种方法通过调节碳化温度、碳化时间及气相中碳活度可在纳米至微米尺寸范围内直接进行粉末粒度的控制，同时该方法使用的是仲钨酸铵、偏钨酸铵以及氯化钴、硝酸钴等廉价原材料，因而成为低成本生产超细（纳米）WC-Co 复合粉的有效工艺。工艺包括原始溶液制备、溶液喷雾干燥及前驱体粉末流态化转化三个阶段，其工艺装置如图 7-7 所示。

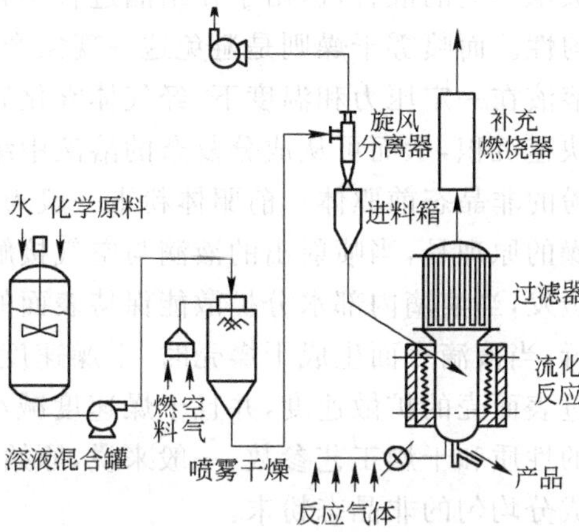

图 7-7 喷雾转换—碳热工艺流程图

A 原始溶液的制备

制备纳米 WC-Co 复合粉末，通常采用钨酸三（乙二胺）钴［$Co(EN)_3WO_4$］为原材料。若单独使用钨、钴原材料，可采用钨酸乙二胺、偏钨酸铵［$(NH_4)_6(H_2W_{12}O_{40})\cdot 4H_2O$］、钨酸［$H_2WO_4$］及氯化钴［$CoCl_6\cdot H_2O$］、硝酸钴［$Co(NO_3)_2\cdot 6H_2O$］作为原材料，水或 1,2-乙二胺［$NH_2CH_2CH_2NH_2$］作为溶剂。化合物钨酸三（乙二胺）钴是一种容易购买到的化学试剂，它可在较低的温度下被还原热解。同时，该化合物也很容易由钨酸、氯化钴及乙二胺来制备。但是，氯化钴水溶液和钨酸乙二胺溶液混合时极易沉淀出化合物的前驱体。因此，为制备各种成分的 WC-Co 复合粉，一般应制备三种成分的溶液即：钨酸三（乙二胺）钴水溶液、钨酸与氢氧化胺的水溶液、偏钨酸胺与氯化钴（或硝酸钴）的水溶液。然后，可根据硬质合金成分要求选择或混合相应的上述溶液。在制备溶液时，溶液浓度对粉末的晶形有明显的影响，浓度低时生成的粉末晶形为六角棱柱体，浓度高时生成的粉末晶形为片状体。

硬质合金通常含有质量分数为 3%～25% 的钴。按照这一成分范围，制备原始溶液时，应将 Co/W 物质的比固定在 0.102～1.000 范围内。当制备钴含量为 23%、15%、6% 和 3% 成分的复合粉时，Co/W 比例相应控制在 1.00、0.63、0.21 及 0.10 的范围，根据此比例合理选择或混合上述三种溶液。例如，钨酸三（乙二胺）钴水溶液中，Co/W 比例为 1 时，可制备成分为 WC-23%Co 的复合粉；偏钨酸胺与氯化钴的水溶液中，Co/W 比例为 0.37 时，可制备成分为 WC-10%Co 复合粉。

B 溶液喷雾干燥

制备含 W-Co 成分复合粉的传统方法是共沉淀法，经过此方法实现了 W、Co

分子级水平上的混合,但由于在结晶过程中常常会产生相分离而造成微观结构的不均匀性。而喷雾干燥则是避免这一现象产生的最有效的方法。喷雾干燥是原始混合溶液在一定压力和温度下,经气体雾化后生成细小液滴,同时溶剂快速蒸发和溶质快速沉积,从而可从成分复杂的溶液中结晶出化学成分均匀的含 W、Co 成分复合粉的非晶态前驱体。前驱体粉末一般为粒度 10～50μm 的空心球形壳体。喷雾干燥的原理是,当喷射出的液滴与空气接触时,液滴表面生成的饱和蒸汽膜得到快速蒸发,当液滴内部水分扩散能保持表面的饱和蒸汽压时,则蒸发会以恒定的速度进行;当液滴表面生成干燥壳时,干燥速度达到临界点,此时蒸发速度取决于水分通过表面壳的扩散速度,并且干燥速度减小。喷雾干燥粉末的性能取决于原始溶液的性质和干燥工艺参数,一般来说,原始溶液成分越复杂、干燥速度越快,越易生成成分均匀的非晶态粉末。

C　流态化还原—碳化前驱体粉末

前驱体粉末的流化床还原-碳化是热化学合成纳米结构 WC-Co 复合粉的关键阶段。粉末颗粒在流化床中的气流中悬浮、翻动,为前驱体粉末的还原—碳化创造了均匀的环境。经喷雾干燥的前驱体粉末钨酸三(乙二胺)钴粉末在 Ar/H_2 混合气体中还原成多孔、纳米结构的 W-Co 复合粉末,然后这种比表面大($40m^2/g$)、活性大的中间产物在 CO/CO_2 气流中(碳活度为 0.9),通过气相碳化转化为纳米结构的 WC-Co 复合粉末。钨酸三(乙二胺)钴前驱体粉末在 Ar/H_2 混合气体中加热时的质量损失如图 7-8 所示。

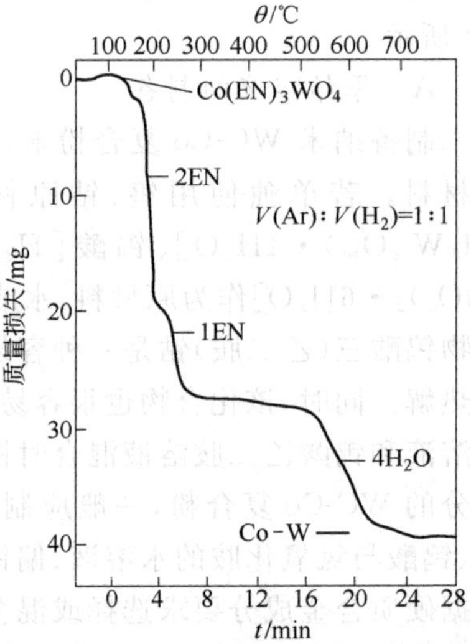

图 7-8　$Co(EN)_3WO_4$ 热解还原时的质量损失

从图中可以看出,EN(乙二胺)配位体在温度低于 200℃时失重明显,此时的产物为 $CoWO_4$,该氧化物在 500～700℃范围内被还原成 Co-W 中间产物。由于 EN 和 H_2 快速脱除,使前驱体粉末成为孔隙度高、尺寸很细小的复合粉末,其颗粒形状呈现出与前驱体粉末颗粒相同的伪同晶。流化床热解还原工艺应根据前驱体粉末种类而制定。表 7-9 列出了不同种类前驱体粉末的热解工艺。

热解后的产物(W-Co 复合粉末)比表面大、颗粒细小、化学活性高,在 CO/CO_2 混合气体中,于 1000℃转换为纳米结构的 WC-Co 复合粉末时,碳活度应控制在 0.3～0.99 范围内。如果碳活度太低(小于 0.3),则会产生 η 相(M_6O);碳活度太高(大于 0.99),则会产生游离碳。另外,碳化反应也可以在 CO/Ar 或 CO/H_2

混合气体中进行。使用 CO/H_2 混合气体时，不仅碳化速度快而且可严格控制游离碳的产生。WC-Co 复合粉末粒度可通过碳化温度、时间及碳活度进行控制，WC 晶粒尺寸大约为 20～50nm。

表 7-9　前驱体粉末热解工艺

前驱体种类	钨酸三（乙二胺）钴	钨酸三（乙二胺）钴＋钨酸＋氢氧化钴	偏钨酸胺＋氯化钴
复合粉成分	WC-23％Co	WC-3％～25％Co	WC-10％Co
气　　氛	Ar/10％H_2	Ar/10％H_2	Ar/10％H_2
流化速度/m·min^{-1}	30	30	30
还原温度/℃	800	700	700
还原时间/h	—	2	2

7.2.3.2　机械活化—还原/碳化法

美国 Z. G. Ban 等人对机械活化—还原/碳化方法制备纳米晶粒 WC-Co 复合粉进行了研究[10]。该方法采用 CoO、WO_3 和 C 为原料，WO_3/C/CoO 质量比为 1∶2.4∶0.7，将混合料放入球磨机中进行球磨，球/料比为 60∶1，硬质合金球直径为 4.70mm。球磨前抽真空至 1.33Pa 后充纯度为 99.95％氩气，压力为 1.5×10^5Pa；球磨机用流量为 770mL/min 水进行冷却，并用热电偶测量温度，球磨机转速为 600r/min。球磨后得到的氧化物混合粉末可先在 H_2（$p_{H_2}=0.5\times10^5$Pa）和 Ar_2（$p_{Ar_2}=0.5\times10^5$Pa）的混合气体中还原，还原产物再在 1000℃、氩气中进行碳化，亦可以直接在 1000℃、氩气中进行还原/碳化，碳化产物为纳米晶 WC-Co 复合粉。从 X 射线衍射分析图（图 7-9）中可见，随球磨时间的增加，石墨已成非晶态，其衍射峰消失；WO_3 衍射峰除一部分消失外，剩余的衍射峰明显宽化，WO_3 的晶粒尺寸分别为 21nm(3h)、12nm(6h) 和 12nm(21h)；同时 CoO 粉末衍射峰消失。这都归因于高能球磨使粉末颗粒细化和内应力的增加。

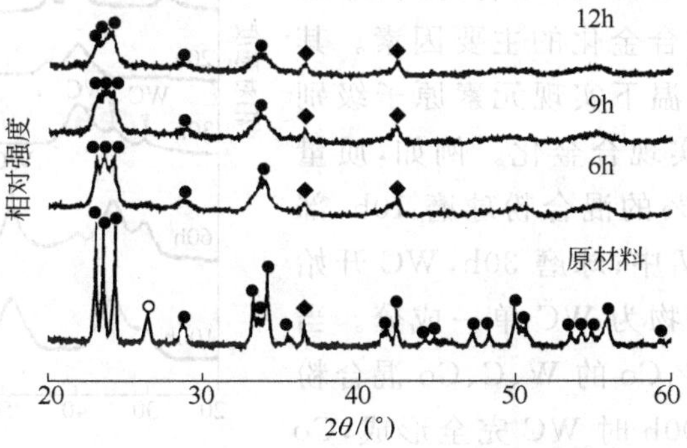

图 7-9　混合料球磨不同时间后的 X 射线衍射图

●—WO_3；◆—CoO；○—石墨

成分相同的混合粉末球磨 12h 后与未经球磨的粉末同时在 1000℃、Ar 中碳化 2h，碳化后产物的 X 射线衍射图如图 7-10 所示。显然经球磨后的混合粉末，由于晶粒尺寸减小、比表面及粉末表面自由能大，内应力增大使反应驱动力增加、碳与钨的扩散路程大大缩短。因此，明显缩短了碳化时间，从而避免了长时间碳化引起的粉末颗粒长大，从图中所生成的碳化钨粉末的衍射峰的宽度计算出 WC 晶粒为 32nm，此结果与电镜照片显示的粒度相近；未经球磨的混合粉末在相同条件下碳化时却仍然有大量的 W_2C 存在。

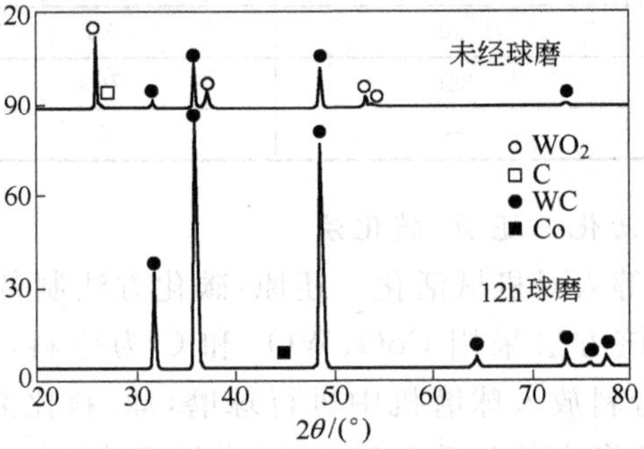

7-10 混合粉碳化后的 X 射线衍射图（1000℃，Ar_2，2h）

7.2.3.3 机械合金化法

机械合金化（Mechanical Alloying）与高能球磨从表面上看似乎相似，但本质上存在很大的区别[11,23]。该方法是利用高能球磨的研磨、破碎、冷焊作用和机械力作用下的低温固相反应，化学合成纳米 WC 粉末。通常将钨粉与炭黑以 1∶1 的比例混合，在行星高能球磨机中球磨，并利用外部磁场调节能量。球磨时一般在真空或氩气保护中进行。球料比、球磨时间、球磨机转速是影响粉末合金化的主要因素。其主要优点是能在室温下实现元素原子级别的结合，即固态下实现合金化。例如，质量配比 W、C 各占 50% 的混合粉球磨 10h，部分 C 开始固溶在 W 中；球磨 30h，WC 开始形成；球磨 100h 产物为 WC 单一成分。当球磨成分为 WC-6%Co 的 W、C、Co 混合粉时，同样，球磨至 100h 时 WC 完全形成，Co 则固溶于 WC 中或分布在纳米 WC 的晶界上，WC 晶粒为 11.3nm。图 7-11 为球磨粉

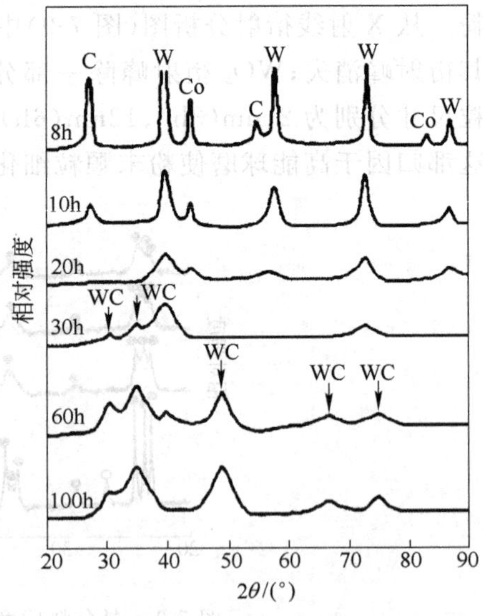

图 7-11 成分为 WC-6%Co 的混合粉球磨后的 X 射线衍射

末的 X 射线衍射分析。

影响机械合金化效果的因素除球磨时间、球料比及球配比等外，钴含量对球磨效率亦有一定的影响。Payne 等人[26]根据 Mashl 等人提出的公式：$E \backsim [d^{-2.0} - d_0^{-2.0}]$（$E$ 为球磨时的能量大小，d、d_0 分别为 WC 粉球磨前、后的晶粒大小），并研究了钴的加入量对球磨效率的影响。当球磨条件相同时，在 W、C 混合粉中加入 0～24%（质量分数）的钴时，发现其研磨效率随钴含量的增加而提高，并建立了如下公式：

$$E = (0.1 + 0.04 w_{Co}^{0.5}) \times (S^{1.34} - S_0^{1.34}) \tag{7-11}$$

式中，S 和 S_0 分别为球磨前、后碳化钨的比表面积，m^2/g；w_{Co} 为钴的质量分数，%；E 为球磨能量，kW · h/kg。

此外，由于粉末在能量较高的球磨机中球磨时，除粉末变细外，晶格畸变形成大量缺陷，粉末表面活性大大增加，吸附的 N_2、O_2 量增加。吸附氧通过还原可以消除，但溶解在钨中的氧难以脱除，若在界面上形成脆性相时将严重影响合金性能。因此，严格控制球磨粉末中杂质含量是机械合金化工艺必须解决的主要问题。机械合金化工艺简单，成本低，在工业制备纳米 WC-Co 复合粉方面具有良好的应用前景。

7.2.3.4 其他方法

等离子体化学气相沉积法制备纳米 WC 是一种广泛采用的方法[24]，其原理是利用等离子发生器（100kW）产生热源，甲烷（CH_4）或乙炔（C_2H_2）作为碳源，W 或 WO_3 作原料，在温度 2700～3500K 下进行化学气相合成。例如：尺寸为 60μm 的 WO_3 粉末，进料速度在 0.5～10kg/h 范围内，选择不同的工艺条件可制备出平均尺寸为 0.01～0.08μm 的 WC 粉末。主要化学反应式为：

$$CH_4(g) = C(g) + 2H_2(g) \tag{7-12}$$

$$C(s) + 2W(l) = W_2C(l) \tag{7-13}$$

$$W_2C(g) + C(s) = 2WC(s) \tag{7-14}$$

Y. T. Zhu 等人采用聚合物（聚苯烯氰）为碳源，WO_3＋CoO（少量）为原料，通过化学反应和碳化后得到纳米 WC-Co 复合粉[12]。工艺流程为：将钨酸溶解在氢氧化胺中（pH＞12），在真空中除 NH_3，得到钨酸胺溶液（pH＞8），在此溶液中加入硝酸，经离心脱水后得到 WO_3 胶体，再添加少量的硝酸钴并加热分解成 WO_3 凝胶和 CoO，此时加入经清洗后的聚苯烯氰，经加热分散后得到黑色产物。黑色产物先在 275～475℃下空气中煅烧，再于 900～985℃下 Ar_2/H_2 气氛中煅烧，得到纳米 WC 粉末。影响粉末质量的主要因素是：在 Ar_2/H_2 气氛中的煅烧温度、微量钴的添加量以及工艺中每一步骤的控制。

此外，还有原位渗碳还原法、二步合成法、紫色氧化钨还原碳化法、快速碳热还原法等。这些方法都可以制备纳米、超细碳化钨（碳化钨-钴）粉末。但是，除紫色氧化钨还原碳化法外，其他新工艺要实现工业规模的生产，尚需进行大量的工作。

7.3 WC-Co、WC-TiC-Co 硬质合金的生产

7.3.1 混合料制备工艺

要生产出质量优良的硬质合金，混合料的制备是十分重要的。此工艺的目的是将各种碳化物和粘结金属粉末按合金牌号需要配制成不同成分、不同粒度的均匀混合粉末，达到这一目的的主要手段是球磨。根据球磨介质不同（气体或者液体），分为干磨和湿磨。一般干磨无法使碳化物与黏结金属混合均匀，烧结后硬质合金的孔隙度超过 0.6%，因此合金力学性能差。目前，硬质合金混合料的制备均采用湿磨-干燥（制粒）工艺。湿磨时的液体介质必须具备如下条件：(1)与混合料各组元不产生化学反应；(2)沸点相对较低，100℃下完全挥发；(3)表面张力较小，避免粉末产生团聚现象；(4)无毒、价格低廉等。

硬质合金生产中使用较多的球磨介质是酒精和汽油。四氯化碳、苯及丙酮由于沸点太低，挥发性极强，且价格昂贵，特别是苯为剧毒物品，所以生产上很少采用。采用汽油作球磨介质时，混合料中不含水，料浆干燥时不易产生氧化料硬块，同时混合料的碳含量容易得到控制。但是，汽油料浆容易沉淀，球磨筒不易清洗干净。采用酒精作球磨介质比较适宜，所得的混合料松散；制备超细晶硬质合金混合料时，由于球磨时间较长（72～96h），可采用无水酒精。湿磨碳化钨、碳化钛、钴及其他微量添加元素混合料时，碳化钨粒度减小的同时黏结金属与碳化物混合均匀。因此，通过调节湿磨时的各工艺参数，可控制粉末粒度及合金的晶粒度。一般情况下，碳化钨、钴混合料球磨 24～48h；混合料球磨 12～24h 以后，经化学分析和合金金相观察均未发现合金成分不均匀现象。但要达到完全混合均匀（经电子显微镜观察无单独存在的组元）及合金具有良好的力学性能，通常需要球磨更长的时间。因此，严格控制混合料球磨工艺是十分必要的。

7.3.1.1 混合料滚动球磨工艺

目前，硬质合金混合料的制备仍然普遍采用滚动球磨机，而较为先进的滚动球磨机是可倾斜式的，这种球磨机的球磨筒可向上或向下倾斜 45°，而工作时保持水平，使用十分方便。球磨筒内壁沿轴向焊有 8 根对称分布的角钢，以防止研磨体沿筒体内壁滑动。为了保证混合料的质量，该球磨机外套应通入冷冻水（10～20℃）进行冷却。影响混合料球磨质量的因素如下。

A 球磨筒转速

球磨筒内的球体在转动时产生离心力，同时球体与筒壁的摩擦作用将球带到一定的高度后，由于自身的重量作用而落下。球磨筒转速越高，球体被带到的高度也越高，此时，球体落下时产生的动量越大，对粉末的研磨效果越强。但是，速度超过一定的值后，球体的离心力大于自重，使球体与筒壁处于相对静止的状态，因而

球体不会落下，此时的转速称为“临界速度”。可用下式表示：

$$n_{临界}=\frac{42.4}{\sqrt{D}} \tag{7-15}$$

式中 $n_{临界}$——球磨筒的临界速度，r/min；

D——球磨筒内径，cm。

球磨筒速度太低时，只有球体与筒壁之间的摩擦作用，故研磨效果较低。实践表明，球磨筒转速采用临界速度的 0.60～0.75 时，混合料研磨效果较好。球体和物料在球磨筒中的运动状态如图 7-12 所示。

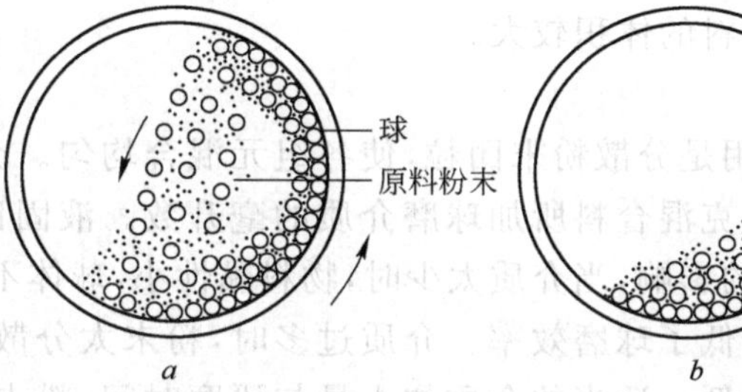

图 7-12 球体和物料在球磨筒中的运动状态

a—通过球的摩擦和冲撞破碎、混合；b—只有球的摩擦来破碎、混合

B 装球量

装球体积与球磨筒容积之比称为充填系数。球体在筒内的运动状态除筒体转速外，还取决于装球量。若装球量太少，即充填系数小于 30%时，则球体易处于滑动状态，此时研磨效果差。当充填系数大于 50%时，则位于旋转中心附近的球体转动惯量太小，反而使研磨效率降低。尽管理论上可推导出极限装球量的公式，但由于无法测定摩擦系数，因此通常由生产经验来确定装球量。经验表明，充填系数取 40%～50%较合理，此时的研磨效率最大。在容积为 180L 的球磨机中球磨 WC-Co 混合料时，通常装球量为 740～750kg；球磨 WC-TiC-Co 时，装球量为 550～600kg。

C 球体大小和形状

在球磨筒转动过程中，由于球体表面与粉末接触而发生研磨作用。因此，球体直径越小，比表面积越大，其研磨效果越好。生产实践证明，采用直径为 5mm 的球体研磨效率较高，但是，直径小的球体磨损太快，同时卸料困难。因此，在生产中经常将大小直径的球按一定的比例进行混合使用，例如，球磨 WC-Co 混合料时采用直径为 5～10mm 的球；球磨 WC-TiC-Co 混合料时采用直径为 12～18mm 的球，亦可用小圆柱体代替球体。在球磨过程中，由于硬质合金球体的磨损需要经常补加新球。表 7-10 列出了球体大小对合金性能的影响。

表 7-10 球体直径对 YT15 合金性能的影响

球体直径/mm	密度/$g\cdot cm^{-3}$	矫顽力/$kA\cdot m^{-1}$	抗弯强度/MPa	硬度(HRA)	切削寿命系数
15～18	11.10	154	1270	90.9	1.60
8～10	11.15	164	1240	90.9	1.82

D 球料比

在球磨工艺中通常用球料比来表示装料量。球料比大时，研磨效率高。当充填系数一定时增大球料比，使装料量减少，设备生产能力降低，而且合金性能也降低。因此，合适的球料比在2∶1到5∶1之间。球磨 TiC 基硬质合金时，使用大球料比，这是因为此时混合料的体积较大。

E 球磨介质

球磨介质的主要作用是分散粉末团粒，使各组元混合均匀。介质的加入量常用液固比来表示，即每千克混合料所加球磨介质的毫升数。液固比的大小对球磨后混合料的质量有很大的影响，当介质太少时，物料黏性小，球体不易滚动，并与筒体发生黏结作用，因而降低了球磨效率。介质过多时，粉末太分散，减少了研磨的机会，同样使研磨效率降低。适当的介质加入量与研磨时间、粉末的比表面积、粉末的总体积有关。例如，当球料比为3∶1时，球磨 WC-Co 混合料时，每千克混合料加入介质量为 200mL；球磨 TiC-Co 混合料时，介质加入量为 240mL 以上。

F 球磨时间

混合料开始球磨的一段时间内，成分尚未完全混合均匀，此时，粉末粒度随球磨时间的延长而减小的同时合金性能也不断提高。当各组元混合均匀后，延长球磨时间粉末粒度继续细化，而合金的硬度和强度并无大的变化。相反，使碳化钨粉末在烧结过程中产生不均匀的长大，合金性能变坏。图 7-13 为球磨时间对 WC-TiC-Co 合金性能的影响，可以看出该类合金的性能与球磨时间有明显的依赖关系。因此每种牌号的硬质合金，其混合料最佳球磨时间必须根据合金的使用要求，

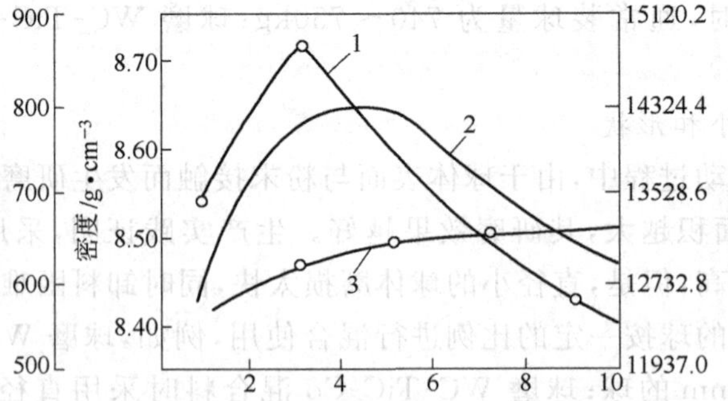

图 7-13 球磨时间对 WC-TiC-Co 合金性能的影响

1—抗弯强度；2—矫顽磁力；3—密度

通过试验确定。

7.3.1.2 混合料搅拌球磨工艺

国外很多硬质合金生产厂广泛采用搅拌球磨制备硬质合金混合料，并与喷雾干燥一起形成搅拌球磨—喷雾干燥生产工艺。图 7-14 是搅拌球磨机的示意图。

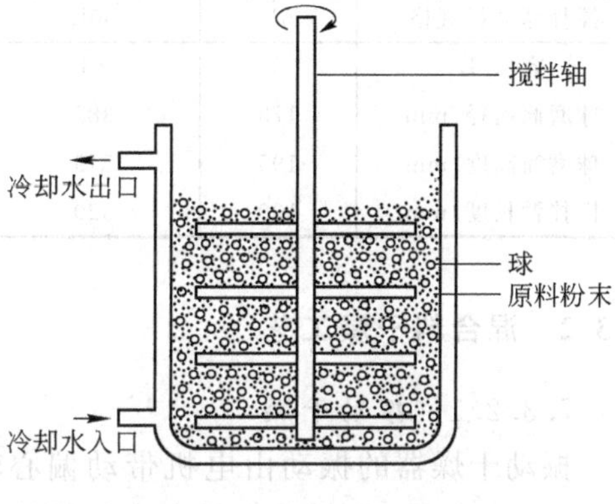

图 7-14 搅拌球磨机的示意图

搅拌球磨与滚动球磨的主要区别是球体运动的驱动方法不同。在搅拌球磨时，球体的运动是靠搅拌轴驱动。当搅拌轴转动时，产生沿轴方向上的分力和离心力，离心力使球体和物料沿筒体径向移动；球体、物料与筒体壁间的摩擦力与轴向分力使球体与物料产生螺旋式的上升，当上升的高度达到液面的高度时，由于受螺旋上升时产生的拉力作用而向下作螺旋运动，从而使球体与物料作连续的、复杂的循环运动而产生高效的研磨作用。最低的离心加速度与球体装入量、物料量、物料的黏度以及球磨筒高度和直径的比例等因素有关。R. Goodson 等人认为[14,15]，如果用粉末粒度分布的中位径来表示粉末颗粒度，Charles 方程式将以下列形式表示：

$$E=A(d_p^{\alpha}-d_f^{\alpha}) \tag{7-16}$$

式中 d_p——球磨后粉末的中位径，μm；

d_f——球磨前粉末的中位径，μm；

α、A——常数；

E——输入球磨机的能量，$J \cdot kg^{-1}$。

可以看出，搅拌球磨时，产品粒度大小与球磨时的能量大小有关。显然，转轴的速度越高，搅拌臂上各处的加速度就越大，因此，球体和物料的运动加速、研磨效率提高。例如，60L 的搅拌球磨机工作时，若其产生的离心加速度为重力加速度的 4.5 倍时，研磨效率比滚动球磨提高 10 倍左右。在硬质合金生产中使用的搅拌球磨机大多数为循环式，物料通过一台隔膜泵进行循环。与间歇式搅拌球磨机相比，达到同样粒度的研磨效果时，研磨时间可减少三分之二，同时，混合料粒度分布范围很窄。为了改善 WC-Co 的混合效果，也可以将间歇式搅拌球磨机与循环式搅拌球磨机联合，组成搅拌球磨机组，其特点是利用间歇式搅拌球磨机的良好混合能力备料，而循环式搅拌球磨机为主机，从而可快速、高效地生产优质硬质合金混合料。搅拌球磨机的主要工艺参数如表 7-11 所示。所采用的工艺参数如下，硬质合金球体直径(mm)：4～8；单位体积装球量(kg/L)：YG8—9.0，YT15—7.0；球料比:2.0～4.0;酒精加入量(L/kg):0.3～0.55;离心加速度/重力加速度(g):3～7。

表 7-11 搅拌球磨机的主要参数

搅拌球磨机规格	5L	60L	搅拌球磨机规格	5L	60L
容积/L	5	63	搅拌臂数量/(根)	5	7
球磨筒内径/mm	178	385	搅拌臂间角度/(°)	50-15-50-15	50-15-450-15
球磨筒高度/mm	195	549	搅拌轴转速/r·min^{-1}	150,225,300	79,158
搅拌臂长度/mm	130	320			

7.3.2 混合料干燥工艺

7.3.2.1 振动干燥

振动干燥器的振动由电机带动偏心轴而产生。振动频率为 1400 次/min,振幅为 5～10mm。物料装入带夹套的圆筒体内,并进行密封。当夹套内通入蒸气加热物料时,物料中的酒精蒸气沿管道进入酒精冷凝装置并回收,干燥温度为 120～140℃。由于干燥在充满了酒精蒸气的正压条件下进行,因此,可防止物料在加热过程中被空气氧化。

7.3.2.2 真空干燥

真空干燥是硬质合金混合料干燥工艺中比较先进的方法之一。目前,使用较广泛的设备是双圆锥真空干燥器(图 7-15)。该设备配备了真空泵和介质回收系统,它能作回转运动并能按工艺要求调整其回转速度。由于物料在负压下进行干燥,料浆容易沸腾,因此,当物料较稀时,干燥温度应低于 80℃,然后再逐步升高,最高干燥温度为 140℃。该工艺的优点是,物料在真空条件下进行干燥,避免了混合料在干燥过程中与空气接触,从而使混合料的氧含量降低。

图 7-15 双圆锥真空干燥器

7.3.3 混合料掺胶(蜡)-制粒工艺

制备好的混合料在压制前必须掺入一些成形剂,其目的是改善混合料粉末之间的结合状态使混合料有良好的流动性;另一方面成形剂可以改善粉末颗粒之间以及粉末颗粒与模壁之间的摩擦性能,因此可以提高压坯密度的均匀性与强度。此外,当加入一定数量的特殊有机物(成形剂)后,可以大大提高压坯的塑性与强度，并可以进行机械加工，可生产复杂形状的硬质合金产品。作为硬质合金混合料的成形剂必须具有一定的黏性、良好的润滑性、常温下为液体或能溶解于溶剂中及烧结后残留物少等性能。因此，在硬质合金生产中应用较为广泛的成形剂是：石蜡、合成橡胶、高分子聚合物、聚乙二醇等。混合料中加入一定数量成形剂后，并制成尺寸很小、流动性好的团粒（制粒），可以大大改善混合料的压制性能，特别是采用自动压机进行粉末压制时，粒料不仅改善了混合料的流动性，重要的是提高了压坯的质量，保证了压坯的单重与尺寸的精确控制。目前，生产中常用的制粒方法有如下几种。

7.3.3.1 滚动制粒

滚动制粒是一种常用的制粒方法，不需要贵重设备，但制备的粒料质量较差。滚动制粒包括掺成形剂和制粒两个工序。干燥后的混合料与成形剂（橡胶汽油溶液或者石蜡汽油溶液）在螺旋搅拌机中进行混合（图 7-16），成形剂加入量为0.6%～2.0%，橡胶汽油溶液浓度为8%～13%，石蜡汽油溶液浓度为 20%～30%。混合均匀的物料经 100℃ 干燥后，在擦筛机上进行擦筛。筛网目数决定于成形工序的要求，一般来说，在自动压力机上压制的粒料需用 30～40 目（0.542～0.370mm）的筛网擦筛，擦筛后在制粒机中进行制粒。采用较慢的转速，粒料在筒中沿筒壁滚动，使粒子慢慢变为球形，混合料的松装密度增加，流动性变好。粒料质量的好坏决定于干燥温度、时间及擦筛的网目。

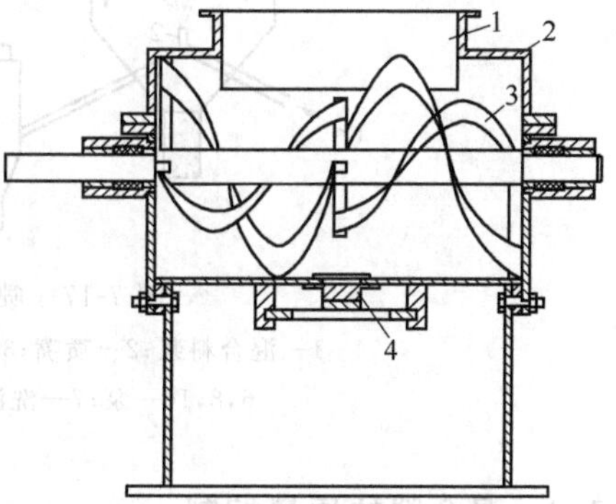

图 7-16 螺旋搅拌机
1—装料口；2—料；3—螺旋叶片；4—卸料口

7.3.3.2 喷雾干燥制粒

硬质合金混合料的喷雾干燥制粒工艺是硬质合金生产的一种先进技术（图 7-17）。其基本原理是将料浆通过喷嘴喷入干燥塔内，喷出的料浆压力为 100MPa，料浆在喷雾塔内经过喷雾后形成细小球形颗粒，尺寸在 0.05～0.30mm 范围内。小球形颗粒在塔内下落的过程中与温度为 200℃ 的氮气流接触而逐步被干燥，干燥后的粉末颗粒自由下降并沿塔底部的圆锥壁下滑，95%的经干燥后的粒料经卸料口进入料筒。喷雾干燥时，喷雾嘴的参数选择十分重要，其喷雾锥角是主要参数。喷雾时，粉末的质量取决于喷雾锥角、液滴大小及其轨迹长度、料浆黏度和表面张力；料浆黏度增大，喷射出的液滴变粗，喷雾锥变窄；喷射压力增加，喷雾出的液滴变细，喷射锥角变宽。因此，为了获得所需要的物料质量，必须严格控制这些参数。硬质合金混合料喷雾干燥工艺的特点是可减少物料的污染，干燥后的物料呈空心圆形壳体并且均匀，流动性好。此类混合料压制性能好，压制品不易分层，密度均匀，单重稳定。与其他干燥方法相比，其生产流程短、机械化程度高。因此，采用这种工艺进行干燥的硬质合金生产厂家日益增多。但该工艺的缺点是设备复杂、庞大、投资多。

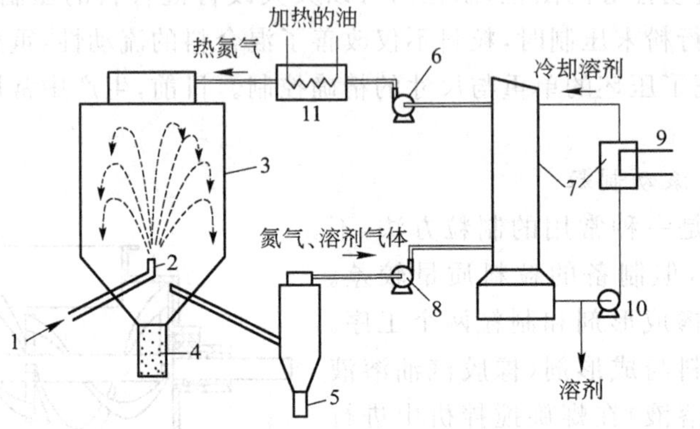

图 7-17　喷雾干燥系统示意图

1—混合料浆；2—喷嘴；3—干燥塔；4—物料筒；5—收尘器；6,8,10—泵；7—洗涤冷凝器；9—水；11—加热器

7.3.4　混合料的质量控制

制备优质硬质合金的关键之一是保证混合料的质量。混合料的质量控制主要通过化学分析和鉴定块烧结试验来实现。

7.3.4.1　化学分析

由于生产每一种牌号的合金时，都规定了各组分的波动范围，此范围与合金的力学性能紧密相关。因此，混合料中通常需分析的元素为 Co、C、O、Fe 和 Ti。若 Co、Ti 含量不合格，通常是由于配料不准确而引起的，必须改配并重新进行球磨。当总碳含量不合格时，会影响合金的组织，使合金出现不应该有的脱碳相或石墨，这都将导致合金性能下降。当碳含量与规定的范围相差不大时，可通过成形剂的加入量及烧结工艺进行调整；若相差很大时，必须重新加入炭黑或钨粉并重新进行球磨，允许总碳含量偏离值的大小与合金牌号中的钴含量高低、碳化钨粒度的大小有关。同时，混合料的氧含量必须严格控制，这是由于在合金烧结过程中，脱除氧一定要消耗物料中的碳，从而使混合料中的碳含量得不到有效的控制。

7.3.4.2　混合料性能检测

在每批混合料中取出一定数量的粉末掺入成形剂后，压制成标准试样(5mm×5mm×30mm)，经脱脂、烧结后进行各项力学性能的检测和合金组织的观察。每批试样应取 5 块试样在实体显微镜下进行断面观察。合金组织结构应均匀，无脏化、黑心等缺陷。YG6、YG8 牌号的切削工具和拉伸模不允许有游离石墨，而地质与矿山用工具和 WC-TiC-Co 合金允许有少量游离石墨。在 100 倍显微镜下观察合金孔隙度、碳化钨晶粒大小（1500 倍）及黏结相的分布。除此以外，必须进行矫顽磁力（H_c）、磁饱和、密度、抗弯强度、硬度的检测。所检测的各项性能必须符合各牌号合金所要求的性能，方可判断混合料质量是否合格。

硬质合金产品各项性能指标中，密度是合金最基本、最重要的性能，每一牌号的合金的密度应按与标准中的最高值之差不大于 0.2g/cm^3 进行控制。烧结温度太低、烧结时间过短、合金中有游离碳或者缺碳、钴或钛含量偏离标准值等原因均会造成合金密度偏低。若合金化学成分、密度正常，而合金硬度偏低，主要原因是烧结温度高、时间长造成碳化钨晶粒粗大或者碳化钨从过饱和固溶体中析出（WC-TiC-Co 合金）造成晶粒粗大而使合金硬度下降。若合金其他性能合格，而合金抗弯强度低，主要原因是合金孔隙度高（尺寸小于 5μm 的孔隙）、杂质含量高等。当合金性能达不到标准值时，应将混合料进行重磨，并调整好各项参数。

7.3.5 混合料成形方法

WC-Co、WC-TiC-Co 硬质合金制品的成形方法有多种，根据产品的尺寸、形状来确定所采用的成形方法。生产中一般常用的成形方法有模压成形、冷等静压成形、粉末增塑挤压成形、粉末注射成形。混合料经压制成一定尺寸的压坯后，不仅要保证其烧结产品的尺寸，而且更重要的是防止合金产品中出现各类缺陷，从而确保产品的质量。

7.3.5.1 模压成形

通常硬质合金混合料模压成形所用的压力机分为液压机（自动、非自动）、机械压力机和手动压力机。一般来说，形状复杂、尺寸精度高、生产批量大的产品采用自动液压机压制；形状简单、尺寸较大的产品采用机械压力机压制；薄片长条等产品采用带侧压的液压机压制；手动压力机适宜压制批量小的小型产品。德国 Dorst 公司生产的 TPA 型自动压力机已成为世界上硬质合金生产厂普遍使用的压制设备。此压力机实现了高精度、高速度和高度自动化，设备装有机械手和自动监控装置，可随时调整制品的尺寸、压制压力及单重超差；单工位压力机的压制速度可达 60 件/min，多工位回转压力机的压制速度可达 1000 件/min。

A 压制工艺

硬质合金混合料在压制过程中，影响压坯质量的因素较多，如模具的合理设计、压制工艺的选择、混合料质量控制等。压制工艺包括压坯收缩系数的确定、压坯单重的计算、压坯高度的控制。

(1) 压坯收缩系数。收缩系数是压坯尺寸与合金产品尺寸之比，通常用产品各个方向上的线收缩系数表示。但在压制过程中，压坯密度不可能非常均匀一致，造成烧结后产品不同方向上的收缩系数不完全一致。采用如下公式计算收缩系数 C：

$$C=\sqrt{\frac{a_1b_1h_1}{abh}} \tag{7-17}$$

式中 a_1、b_1、h_1——压坯三个方向的线尺寸；

a、b、h——合金产品相应的线尺寸。

收缩系数的确定，通常以压坯不出现分层的最大密度为原则。自动压制时收缩系数取1.17～1.20，手动压制时收缩系数取1.20～1.30。WC-Co、WC-TiC-Co合金中钴含量的高低对收缩系数影响较小，成形剂的加入量可影响收缩系数。

(2) 压坯单重。压坯的单重大多数是通过试压来精确测定的。但为了能使压制顺利进行，都应进行单重计算，计算方法如下。

1) 按合金产品的体积计算：

$$W=Vdk \tag{7-18}$$

式中 W——压坯单重，g；

V——烧结后产品体积，cm^3；

d——合金密度，g/cm^3；

k——系数，一般取1.01～1.02。

2) 按比例法计算：

$$W_1=\frac{d_1}{d_2}\times W_2k \tag{7-19}$$

式中 W_1——需计算的压坯单重，g；

d_1——需计算压坯单重的合金密度，g/cm^3；

d_2——已知合金的密度，g/cm^3；

W_2——已知合金压坯单重，g；

k——系数，一般取1.01～1.02。

在生产中，对经常生产的合金牌号，其各型号的合金密度和单重都列入企业自制的表格中。

B 模具设计

硬质合金压制模具的设计基本参数如下。

(1) 混合料的压缩比。随混合料粒度变细，松装密度越小，此类粉末进行压制时的压缩比越大，通常为2.5～4.0。

(2) 产品线收缩系数。线收缩系数与压坯相对密度有关，相对密度增大时，线收缩系数减小；未制粒的混合料收缩系数大于制粒料。此外，还与成形剂类型和加入量有关，如以石蜡作成形剂时，其加入量在压坯中所占体积分数较大，此时线收缩系数相应增大，一般为1.18～1.30。

（3）单位压制压力。在模具设计中，必须了解压坯单位压制压力，以便进行模具强度计算。WC-Co 类硬质合金的压制压力大约为 1.0～1.5t/cm^2，钢结硬质合金的单位压制压力为 1.6t/cm^2 左右。但对于横截面积很大的产品，单位压制压力相反可以小很多。

（4）侧压力。一般取 0.3～0.4P（单位压制压力）。

除以上基本参数外，必须了解模具材料允许的最大应力范围等数据。由于硬质合金混合料的压力很小，其侧压力也低，因此，常用 T10 碳素钢作模具，其模具壁厚为 10～20mm 就能满足使用要求。制作模具时，工作面粗糙度要求比较严格（R_a0.16）、上下模冲与模壁间的配合间隙合理（0.03～0.05mm）。制作整体模具时，还需考虑脱模锥度（0.5°～1°）。

C　模具结构

根据所生产的产品类型设计模具结构，一般可分为组合模具、整体模具、双向压制模具、自动压机用模具等。组合模具（图 7-18）只能在带侧压的压力机上进行压制，一般用来生产 WC-Co 长条、薄片类产品，如木工刀具。此类模具制作简单，装料、脱模方便，可保证产品的尺寸精度及密度均匀。整体模具（图 7-19）结构简单，由上下模冲、阴模、垫块及限制器组成，可用来生产一般简单形状产品。双向压制模具（图 7-20）在压制时实现了上、下模冲同时对粉末施加压力，保证压坯沿高度方向的密度均匀，可用来生产长径比较大的硬质合金实心棒及硬质合金管。虽然，此类模具结构较为复杂，但操作简单，生产效率高。自动压机用模具（图 7-21）一般采用硬质合金（6%～15%Co）制作模具的阴模，并将冷阴模压入热钢套中，以保证硬质合金阴模与钢套的紧密配合。由于采用了硬质合金材料，不仅阴模内壁粗糙度低，而且提高了模具的使用寿命，使产品尺寸精度得到保证。

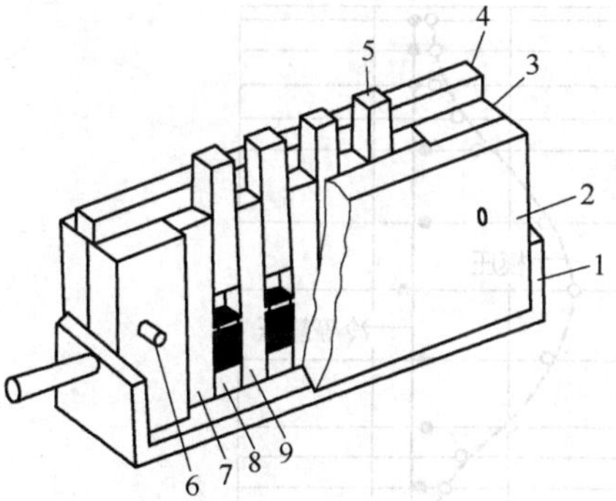

图 7-18　可拆卸式模具

1—托板；2—夹板；3—侧板；
4—限制器；5—冲头；6—销子；
7—侧衬；8—底垫；9—中衬

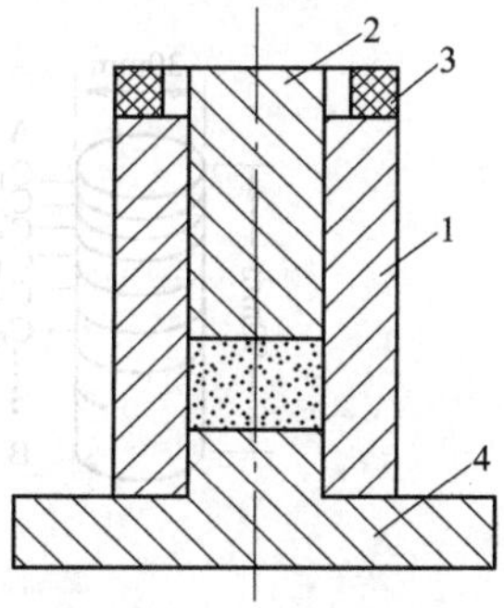

图 7-19　整体圆形模具

1—阴模；2—冲头；
3—限制器；4—底垫

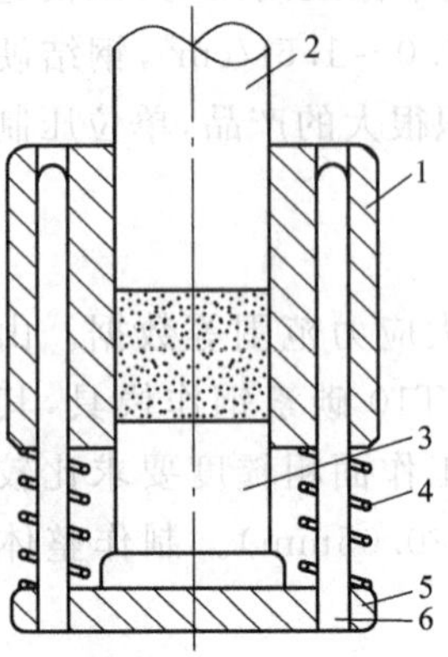

图 7-20　带弹簧的双向加压压模
1—阴模；2—上冲头；3—下冲头；
4—弹簧；5—底垫；6—销子

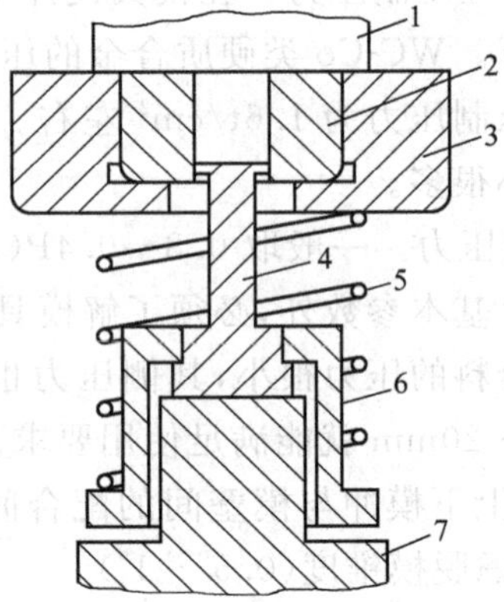

图 7-21　自动压制用压模
1—上冲头；2—硬质合金阴模；3—钢套；4—下冲头；
5—弹簧；6—定向器；7—砧座

7.3.5.2　冷等静压成形

A　冷等静压成形原理

冷等静压成形是将硬质合金混合料装入采用天然橡胶、聚苯乙烯等高分子材料制作的软包套内，密封后放入高压容器中，利用高压液体产生的均衡静压力直接作用于包套内的粉末体上，使粉末在各个方向上均衡受力而压制成形。该方法制品成形率高，成形过程中无粉末与模壁的摩擦力产生，且各方向上的压力均等，因此，可用于制备形状复杂、特别是细长的和特大的制品。等静压制的坯块强度高、密度均匀，图 7-22 为金属钼粉模压和冷等静压成形制品的密度分布[3]。可以看

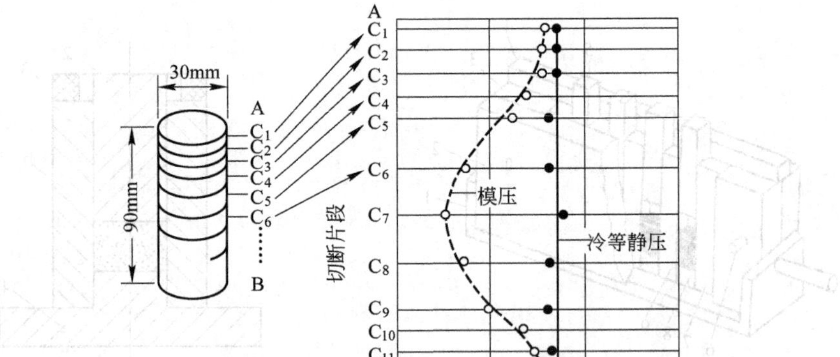

图 7-22　金属钼粉模压和冷等静压成形制品的密度分布

出，冷等静压制品沿高度方向的密度十分均匀，所以，冷等静压成形广泛应用于大直径棒材、管材、顶锤及难成形的异型产品的生产。根据粉末装填和受压形式可分湿式（wet bag）和干式（dry bag）两种类型。图 7-23 和图 7-24 分别是湿式和干式等静压的示意图。

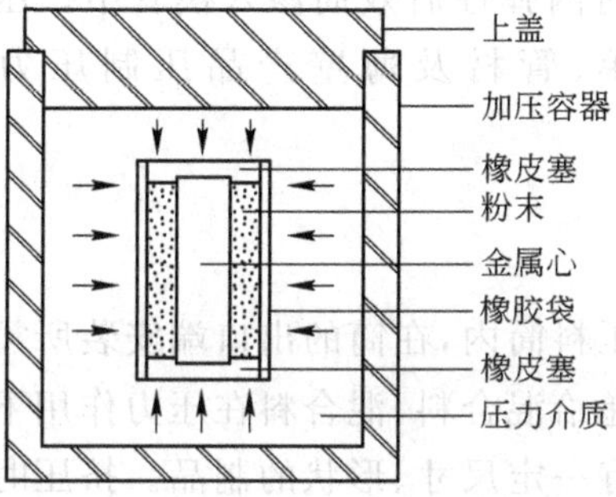

图 7-23　湿式冷等静压示意图

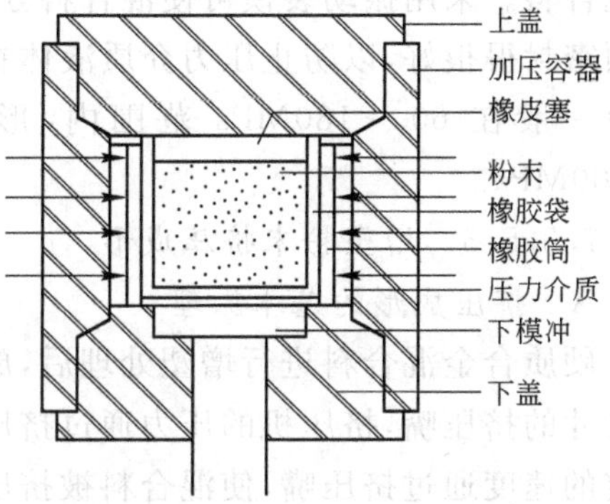

图 7-24　干式冷等静压示意图

用湿式（wet bag）等静压压制时，将装入粉末并密封好的软模袋浸泡在液体压力介质中，高压液体直接作用在软模袋内的粉末上而压制成形。此方法可压制大尺寸制品，如硬质合金压缸，长径比大的大尺寸棒材等，但装模、脱模过程复杂，且模具寿命短，压制品尺寸精度和表面粗糙度高。

干式（dry bag）等静压与湿式等静压的区别是软模袋无须浸泡在液体压力介质中，软模袋外衬有多孔金属护套板，软模套固定在压力容器中，压制品可从上面或下面取出。这种方法的优点是装模、脱模过程简单，可实现自动化操作，生产效率高（10～15 个/min），制品尺寸精度高，模具寿命长。

B　冷等静压成形工艺

a　模具制作

使用的软模套材料应有较高的弹性和强度，工作时的变形量不宜太大，所选择的材料不能与压力介质有作用，且不能粘附粉末。热塑性软树脂是目前制作模套的主要材料，其主要成分是：聚氯乙烯树脂、邻苯二甲酸二丁酯、三盐基硫酸铅及硬脂酸。将上述原料按一定比例混合均匀后，在 160～180℃下进行搅拌塑化，塑化后的塑料注入准备好的模套中（模套和型心加热到 130～140℃），冷却后就得到所需要的软模套。制作软模套时，模芯尺寸的确定必须考虑粉末压制收缩系数和烧结收缩系数，其放大系数视硬质合金牌号和产品尺寸、形状而确定。例如，YG8 合金的放大系数为 1.5，YT15 合金的放大系数为 1.6。压制有内孔的产品时，由于内孔无压制收缩系数，因此，YG8 合金的放大系数为 1.21，YT15 合金的放大系数为 1.24 左右。

b 成形工艺

冷等静压成形前的混合料质量将影响压制坯块的质量，流动性好的混合料在装填模套时能使粉末充填均匀，压制时能收缩均匀，从而保证压制品的尺寸和密度。形状简单的产品可以采用模压产品使用的成形剂，形状复杂的产品需使用制粒混合料。采用振动装模可使混合料分布均匀且较密实。特别要注意的是软模套必须密封得很好，以防止压力介质液体在卸压时因弹性后效而渗入模套中。压制压力一般在 60～180MPa 范围内，形状简单、管材及薄壁产品压制压力小于 100MPa。

7.3.5.3 增塑粉末挤压成形

A 挤压成形的基本原理

硬质合金混合料进行增塑处理后，放入挤压料筒内，在筒的出口端安装所需产品尺寸的挤压嘴，挤压机的压力通过挤压杆传递给混合料，混合料在压力作用下以一定的速度通过挤压嘴，使混合料被挤压成具有一定尺寸、形状的制品。挤压时混合料所受应力状态和流动状态如图 7-25、图 7-26 所示。由于混合料与模壁之间的摩擦力的作用，靠近模壁的物料（V_2）先向上流动，然后再向下流动进入挤压嘴的定径带，中心部位混合料不受摩擦力的影响，流动速度比外层快（超前流动），因此，经常出现挤压制品中心部位的密度比外层低的现象。

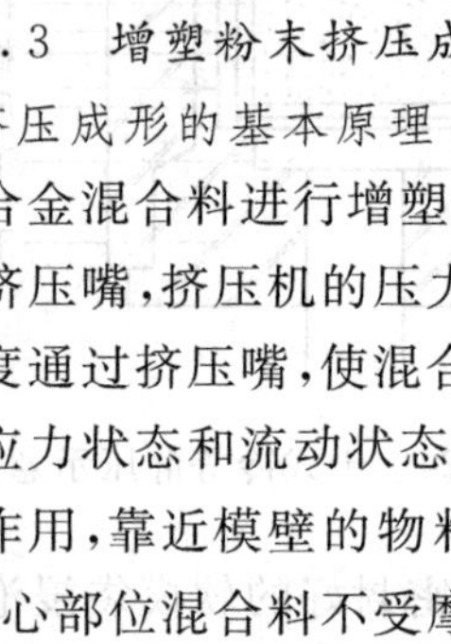

图 7-25 挤压时混合料的应力状态

（1～4 表示不同方向）

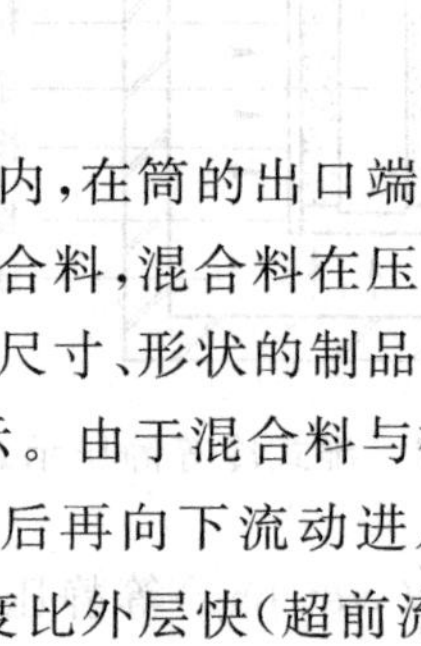

图 7-26 挤压时混合料的流动状态

B 挤压成形工艺

硬质合金混合料挤压成形的关键技术是增塑剂的选择。早期主要使用单一石蜡为增塑剂，但是随硬质合金特大、特小及特殊功能挤压制品的出现，石蜡成形剂已不能满足工艺要求，目前，则采用高分子聚合物、塑料及改性橡胶为成形剂主要成分，同时，大多数生产厂都采用多组元成分的增塑剂，以满足挤压过程及后续工序的要求。例如，美国通用电气公司使用淀粉、阿拉伯橡胶和树脂；德国硬质合金生产厂家采用地蜡、硬石蜡和石蜡油的混合物；英国使用水溶性纤维和聚丙烯酰胺。与此同时，还要加入某些表面活性剂。若增塑剂成分选择合理的话，其加入量亦可以大大减少（由原来的8%减少到6%），且挤压出的棒材具有较高强度，同时有很好的韧性。

硬质合金混合料挤压过程的每一步工艺控制都十分重要。因增塑剂种类和挤压制品直径大小的不同，应选择合适的挤压温度和挤压速度。一般来说，挤压温度为30～50℃，挤压速度为50～180mm/min；当成形剂加入量较多、挤压温度过高时，由于粉末颗粒表面增塑剂厚度增加，使挤压力急剧下降，造成挤压坯密度、强度过低；挤压速度太慢时制品容易出现“竹节”状，挤压速度太快时制品易出现密度不高且不均匀，严重时会发生断裂。

C 挤压嘴的设计

硬质合金挤压成形时，要保证制品的质量，除挤压过程的工艺参数要控制得当外，模具的合理设计相当重要。最简单的挤压嘴结构如图7-27所示。设计时，定径带的长度(l)、定颈区的内径(d)以及挤压角(α)是关键参数。挤压制品的压缩率可用下式进行计算：

$$K=\frac{D^2-d^2}{D^2}\times 100\% \qquad (7\text{-}20)$$

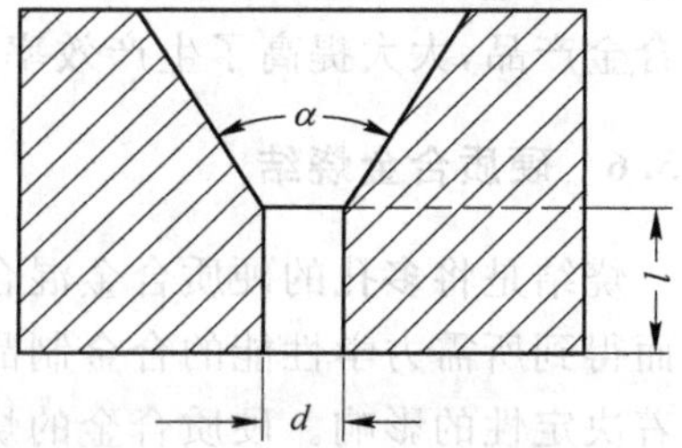

图7-27 挤压嘴结构

l—定径带长度；α—挤压角；d—定颈带直径

生产实践表明，当压缩率小于90%时，制品密度低，易出现裂纹，通常设计模具时$K\geqslant 95\%$。定径带长度可按$l=(3\sim5)d$进行设计，定径带短时，制品的弹性后效大，制品容易出现裂纹，过长的定径带又会出现由于内应力的增加而使制品产生纵向裂纹。挤压角一般为40°～75°，60°最为合适。锥角太小，混合料超前流动现象严重，制品中心密度低；锥角太大，挤压力增加，制品易产生横向裂纹。

D 挤压设备

近年来硬质合金挤压成形技术，无论在挤压工艺或者挤压设备方面都取得了很大的进展。目前已能生产直径为0.5～34.0mm、长度为3m的棒材和外径为0.45mm、内径为0.02mm的管材等，产品品种日益增多，如整体铣刀、螺旋铣刀、微型钻头、带2～3个内螺旋冷却液孔的整体钻头。挤压设备也已经从单模挤压机发展到多模挤压机（同时挤压出18根产品）。挤压设备通常采用两种方式，即柱塞式和螺杆式真空挤压机，前者是间歇式工作，但具有压力大、真空好、易清洗的优点；后者可连续工作，生产效率高，挤压力稳定的优点，但清洗比较复杂。日本、德国、意大利、美国、瑞士等国家都能生产真空粉末挤压机。德国 Dorst 公司生产的螺杆式真空粉末挤压机是目前世界上较为先进的挤压机（图 7-28）。挤压机采用计算机控制挤压速度和挤压温度，并且安装了应力测试装置，对硬质合金混合料挤压过程的应力变化可进行跟踪。此外，各生产厂家根据自己生产的需要对挤压机进行了改造，以便适用于新产品的开发和提高生产效率，如德国 Konrad Fridris 公司对德国 Dorst 公司的真空粉末挤压机进行了改造，现已能同时挤压出 18 根硬质合金产品，大大提高了生产效率。

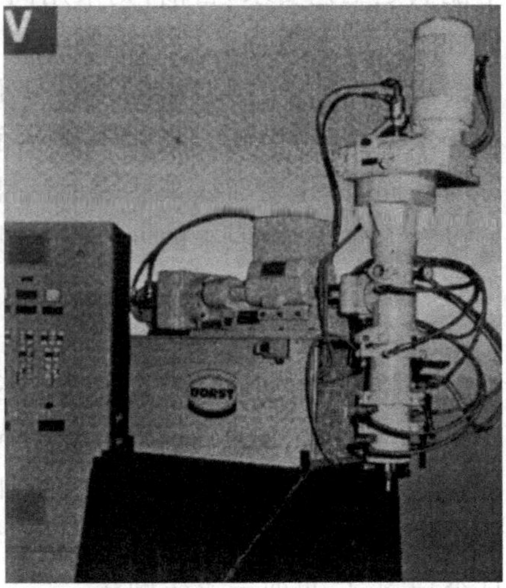

图 7-28　Dorst 真空粉末挤压机

7.3.6　硬质合金烧结

烧结是将多孔的硬质合金混合料压坯加热到一定的温度并保持足够的时间，从而得到所需力学性能的合金制品。烧结工艺对硬质合金产品的性能和显微组织有着决定性的影响。硬质合金的烧结过程属多元系液相烧结，烧结方法有：氢气烧结、真空烧结、热压、真空-压力烧结、热等静压。近年来，为制备超细晶粒硬质合金，微波烧结、放电等离子烧结等工艺得到了研究和利用。

7.3.6.1　硬质合金烧结过程

WC-Co 及 WC-TiC-Co 合金的烧结过程基本上包括四个阶段：脱除成形剂及预烧结（≤800℃）；固相烧结（800℃～合金共晶温度）；液相烧结（合金共晶温度～最高烧结温度）；冷却（烧结温度～室温）。

硬质合金压坯脱除成形剂时，由于温度不断升高，成形剂开始分解或者汽化，并且由压坯中心不断向外层渗透、扩散，直至从压坯表面排出。与此同时，压坯中钴的氧化物被还原，粉末颗粒间的应力逐步消除，黏结相金属粉末发生回复和再结晶，粉末颗粒间开始发生表面扩散。随着温度的升高，烧结体中开始出现共晶液相。在出现液相前，固相反应随温度的升高而加剧，此时扩散速度增加，烧结体发生一定的收缩。出现液相后烧结体急剧收缩，WC 晶粒长大并形成骨架。

从 WC-Co 伪二元系相图（图 7-29）中可看出，工业生产的 WC-Co 合金均属过共晶合金，如图中Ⅰ、Ⅱ、Ⅲ所示成分的合金。由于硬质合金混合料很难达到理想中的均匀状态，同时烧结过程的升温速度较快，实际烧结过程是不平衡烧结过程。

因此，当压坯达到共晶温度前固溶体成分不符合 $a''a'$ 线，常滞后于 $a''a'$ 线的变化。同时，在实际烧结过程中，压坯在共晶温度下并不保温，γ-固溶体的成分也达不到 a' 点，此时压坯中不会出现液相，只有继续升高温度时，碳化钨在 γ-固溶体中的溶解度不断增加，当固溶体中 WC 含量达到 a'' 点时，烧结体内才会出现共晶体液相，液相成分如 d 点，继续升高温度时，液相成分沿 dc 线变化。实际上，此时烧结体内仍然有大量的 WC 含量低于 a'' 点的 γ-固溶体。当烧结温度升高时（1400℃），WC 继续向固溶体中溶解，并不断进入液相中，液相成分沿 abc 直线变化，直到 b 点时，才完全进入液相。此时，液相成分为 bc 线上的各点成分，若在此烧结温度下有足够的保温时间，即液相成分达到 c 点时，烧结体就能处于平衡状态。因此，硬质合金不平衡的烧结过程有如下特点：(1)由于升温过程中严重的热滞后，烧结温度达到共晶温度以上时才会出现液相；(2)烧结体内各小区域里出现液相的时间是不相同的；(3)当烧结过程中保温时间足够时，烧结体内各部位的液相成分才会相同。

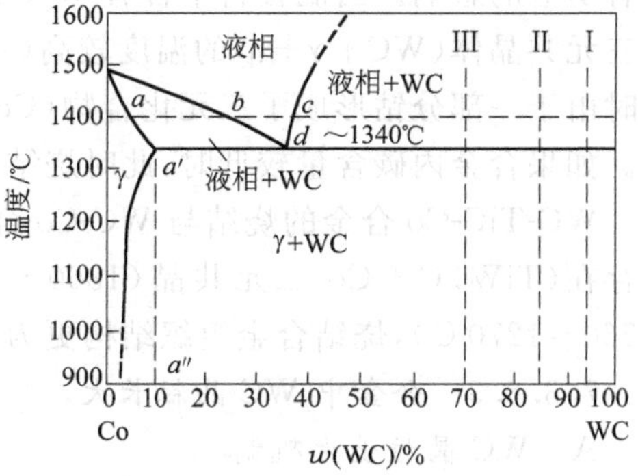

图 7-29　WC-Co 相图

7.3.6.2　硬质合金烧结过程组织结构的变化

在硬质合金生产中，由于混合料中成分达不到理想的均匀状态及升温速度较快等因素造成不平衡外，同时混合料中总有游离碳或碳化二钨存在，从而使烧结过程中合金组织结构发生复杂的变化。

若混合料中含有游离石墨时（WC＋Co＋C），当烧结温度为 1280～1300℃时，烧结体内出现 WC＋γ＋C 三元共晶体，在 1320℃时还会出现 Co＋C 二元共晶体。此时，烧结体内出现液相的温度要低一些，液相量也将增加（钴含量相同）。当烧结体内游离碳很高时，烧结体在冷却过程中出现 WC＋Co＋C 三元共晶，合金组织中出现游离石墨。图 7-30 为 WC-16%Co 合金的 WC-Co 伪二元系合金相图的垂直截面图，从图中可以看出混合料中碳含量对烧结合金的组织结

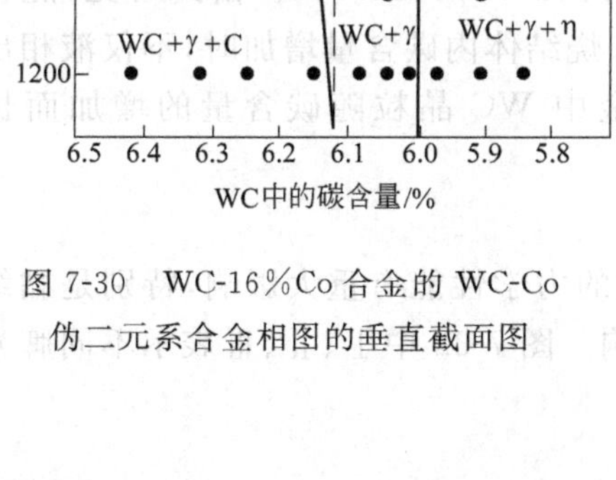

图 7-30　WC-16%Co 合金的 WC-Co 伪二元系合金相图的垂直截面图

构有明显的影响。当混合料中含有 W_2C 或者碳含量过低时（WC+Co+W_2C），此时三元共晶体（WC+γ+η）的温度较高（1370℃），烧结体内出现液相的温度较高，此时由于一部分钴形成了三元化合物（$Co_xW_yC_z$），从而使烧结体内液相量相对减少。如果合金内碳含量较低时，此时烧结合金的组织为 WC+γ+η。

WC-TiC-Co 合金的烧结与 WC-Co 合金的烧结过程类似，但是，该合金体系中还存在（TiW）C＋Co 二元共晶（1360～1380℃）和（TiW）C＋Co＋C 三元共晶（1260～1270℃），烧结合金组织结构更为复杂。

7.3.6.3 合金中 WC 晶粒长大

A WC 晶粒长大机制

混合料经高温烧结后，合金中 WC 平均晶粒尺寸大于混合料中 WC 的平均晶粒尺寸，一般都将这一现象称为晶粒长大。在硬质合金烧结过程中 WC 晶粒长大主要是 WC 粉末颗粒聚集再结晶和液相重结晶两种形式。聚集再结晶发生在固相烧结阶段，这阶段中，随着 WC 颗粒间接触面的增加，扩散作用加强，大尺寸颗粒中的晶界消失，从而形成粗大 WC 晶粒。温度越高、烧结时间越长，聚集再结晶的程度就越大。除此之外，制备混合料时球磨时间越长，WC 晶格畸变严重，晶格缺陷增多，聚集再结晶现象越明显。当烧结温度不断升高，烧结体内出现液相后，一些 WC 晶粒开始溶解在液相中，并又在另一些 WC 晶粒上析出，这一过程称为 WC 的溶解-析出过程。这是因为 WC 在钴中有较大的溶解度，同时，经过球磨后的混合料中 WC 粉末的粒度分布是不均匀的，颗粒尺寸小、形状复杂的 WC 颗粒具有较高的表面能，因此，当烧结体内有液相存在时，细小的、高能量的 WC 颗粒首先溶解于液相。在保温阶段，WC 的溶解-析出形成动态平衡时，尺寸小的晶粒消失，而尺寸较大的 WC 晶粒不断长大。

B 影响 WC 晶粒长大的因素

烧结体内液相量是影响 WC 晶粒长大的重要因素。成分一定的烧结体内的液相量随温度的升高而增加，以 WC-15%Co 合金为例，当温度为 1340℃、1400℃、1500℃时，液相量分别为 23.8%、24.1%、25.6%。同时，由于 WC 在液相中的溶解度和溶解速度也随温度的升高而增大，故稍微提高一些烧结温度，WC 晶粒就会明显长大。合金中的钴和碳含量明显影响合金液相量，例如，1400℃时，钴含量为 6%、15%、20%的合金，液相量分别为 9.7%、24.1%、31.9%。由此可见，随合金中钴含量的增加，WC 晶粒长大趋势越大。烧结体内碳含量增加时，不仅液相出现的温度降低，同时液相量增加，因此，合金中 WC 晶粒随碳含量的增加而长大（图7-31）。

7.3.6.4 黏结相成分与结构的变化

硬质合金黏结相的成分和结构对合金的力学性能有重大影响，特别是黏结相中 W 含量的高低对合金性能有明显的影响。图 7-32 中Ⅰ、Ⅱ、Ⅲ表示不同牌号合金中黏结相中的 W 含量的范围。从图中可以看出，高钴合金（1-WC-20%Co）黏结相中 W 含量增加时（图中的Ⅲ区），W 固溶强化黏结相的效果增强，合金的塑性变形抗力增加，从而使合金强度得到提高。而低钴合金（2-WC-6%Co）随 W 含量的增加，强度下降。对相同成分的硬质合金，影响黏结相成分的主要因素是碳含量与合金烧结后的冷却速度。合金中碳含量越高，黏结相中 W 含量就越低；当合金中碳含量增加到要出现游离碳时，此时黏结相中 W 含量仅为 1%～2%。与此相反，当合金中碳含量低至出现 η 相时，W 含量则增加到 9%～11%。烧结后冷却速度亦明显影响黏结相中的 W 含量，冷却速度较快时，WC 来不及从液相中析出或者析出数量较少，因而使黏结相中 W 含量增加（表 7-12）。

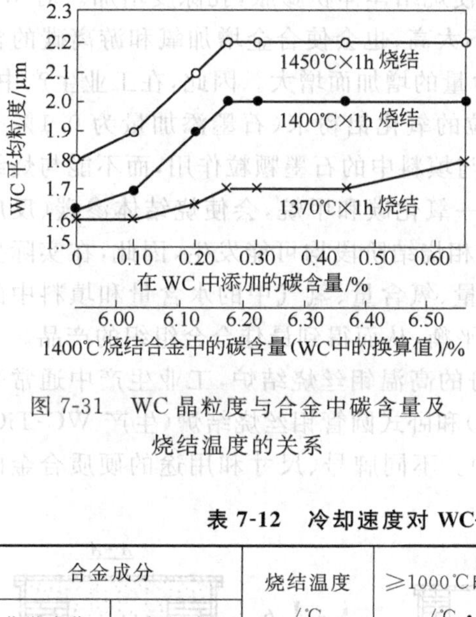

图 7-31 WC 晶粒度与合金中碳含量及烧结温度的关系

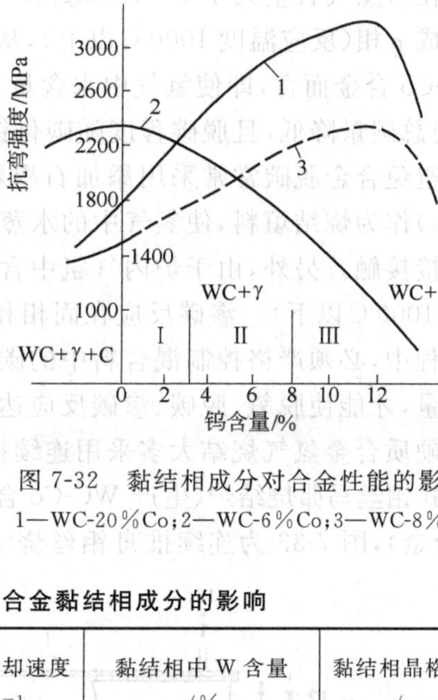

图 7-32 黏结相成分对合金性能的影响
1—WC-20%Co；2—WC-6%Co；3—WC-8%Co

表 7-12 冷却速度对 WC-Co 合金黏结相成分的影响

合金成分		烧结温度/℃	≥1000℃时冷却速度/℃·min^{-1}	黏结相中 W 含量/%	黏结相晶格常数/nm
化学成分	相组成				
WC-3%Co	WC+γ	1500	100	3.3	—
			10	2.19	—
WC-6%Co	WC+γ	1470	100	1.92	0.3578
			10	0.7～1.0	0.3561
WC-8%Co	WC+γ	1470	100	1.28～1.13	0.3558
			10	1.08	0.3556
WC-15%Co	WC+γ	1460	100	1.41～1.50	0.3565
			10	0.89	0.3554

7.3.6.5　硬质合金烧结工艺

普通牌号硬质合金的烧结方式一般可分为：氢气烧结、真空烧结、热压、真空-压力烧结及热等静压。

A　氢气烧结工艺

氢气烧结时炉内气体成分较为复杂，炉气中各主要成分与烧结体组分可发生以下化学反应：金属氧化物的脱氧反应，碳化钨的脱碳反应，成形剂裂解时的增碳反应，碳化钛、碳化钽的增氧反应。

在硬质合金氢气烧结实践中，黏结金属钴表面形成的氧化物薄膜可以完全被氢和碳还原。当混合料中含有游离碳时，CoO 被碳还原的温度为 500℃。若硬质合金在水蒸气含量大于 7～100mg/m^3 的氢气中烧结时，会发生碳化钨的脱碳反应而生成 η 相（反应温度 1000℃以上），从而使烧结体体积膨胀，孔隙度增加。对 WC-TiC-Co 合金而言，即使氢气中水含量并不太高，也会使合金增加氧和游离碳的含量，使总碳量降低，且脱碳程度随碳化钛含量的增加而增大。因此，在工业生产中，为了避免合金脱碳常常采用添加石墨颗粒的氧化铝粉末（石墨添加量为 0.1%～0.7%）作为烧结填料，使氢气中的水蒸气与填料中的石墨颗粒作用，而不能与烧结体直接接触。另外，由于炉内气氛中含有一氧化碳和甲烷，会使烧结体渗碳（反应温度 1000℃以下）。渗碳反应在固相和液相烧结阶段均可能发生，因此，在实际生产过程中，必须严格控制混合料中的碳含量、氧含量、氢气中的水含量和填料中的碳含量，才能使脱氧、脱碳、渗碳反应达到平衡，从而得到最佳合金组织的产品。

硬质合金氢气烧结大多采用连续推舟的高温钼丝烧结炉，工业生产中通常采用卧式钼丝马弗烧结炉（生产 WC-Co 合金）和卧式圆管钼丝烧结炉（生产 WC-TiC-Co 合金），图 7-33 为连续推舟钼丝烧结炉。不同牌号、尺寸和用途的硬质合金的

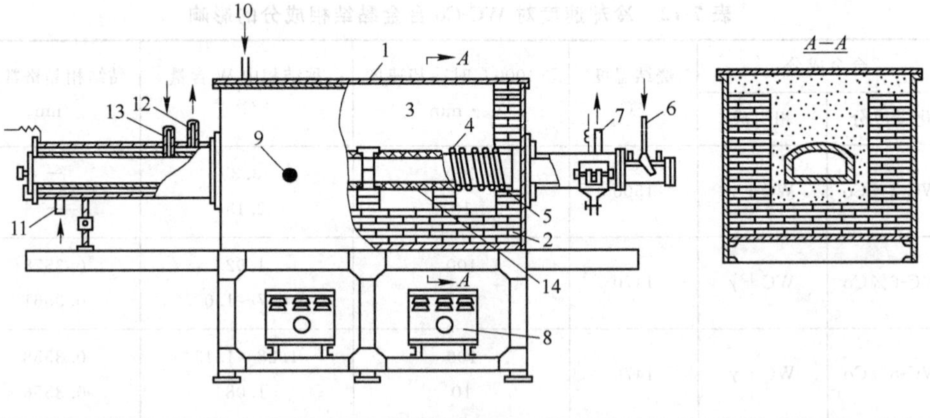

图 7-33　连续推舟钼丝烧结炉

1—炉壳；2—轻质砖；3—氧化铝；4—钼丝；5—炉管；6—压缩空气进口；7—氢气出口；8—调压器；9—辐射高温计；10—炉壳氢气入口；11—冷却水入口；12—冷却水出口；13—氢气入口；14—耐火材料

氢气烧结工艺是不相同的，最佳烧结温度、烧结时间、填料种类、升温速度的选择常常需要通过多次生产试验和长期实践才能确定下来。通常使用露点较低（－40～－70℃）的氢气才能得到组织合格的硬质合金产品。表 7-13 为工业生产硬质合金氢气烧结的工艺。

表 7-13 WC-Co 合金氢气烧结制度

合金牌号	填料碳含量 /%	装舟量 /kg	氢气流量 /格	推舟速度 (舟/min)	烧结温度/℃		
					一带	二带	三带
YG_3、YG_6、YG_{8N}	0.1～0.2	7～8	0.7～0.8	1/50	400～500	1430～1440	
YG_{15}	0.1～0.2	8～10	0.7～0.8	1/25	450～550	1390～1400	1400～1410
YG_4C、YG_8C	0.1～0.2	8～10	0.7～0.8	1/50	400～500	1450～1460	
$YG_{12}C$、$YG_{13}C$	0.1～0.2	8～10	0.7～0.8	1/25	450～550	1430～1440	1450～1460
$YG_{20}C$	0.1～0.2	8～10	0.7～0.8	1/50	400～500	1250～1270	1450～1460
YG_8	0.1～0.15	7.5	0.7～0.8	1/80	400～500	1410～1420	
YG6X	0.1～0.15	7～8	0.7～0.8	1/50	400～500	1360～1370	

B 真空烧结工艺

烧结体在负压的气体介质中进行烧结的过程称为真空烧结。真空烧结硬质合金时，炉内压力一般为 100Pa 左右。目前，真空烧结工艺不只局限于 TiC 基硬质合金，在 WC-Co 硬质合金烧结中也得到广泛应用，一些先进的硬质合金生产厂甚至淘汰了氢气烧结。

真空烧结时，随着温度的升高，比表面较大的混合料所吸附的大量气体（物理吸附和化学吸附）在负压作用下能迅速被解吸，混合料粉末表面得到净化和活化，使固相烧结阶段时黏结金属与碳化物之间的扩散过程加快。因此，黏结金属（Co、Ni、Fe）对硬质相（WC、TiC）的润湿性得到明显的改善，特别是 TiC 含量较高的 WC-TiC-Co 硬质合金及 TiC 基硬质合金效果更为明显。例如，1500℃、氢气烧结时，钴对 TiC 的润湿角为 36°，而真空中仅为 5°，从而降低了烧结体中液相出现的温度，使合金烧结温度降低。由于炉内气氛纯度提高，使气-固之间的增氧、氮反应难以实现，避免了烧结气氛中氧、氮对混合料的影响，同时亦避免了水蒸气使 WC 的脱碳反应。与此同时，烧结体内的 Si、Mg、Ca 等杂质元素在真空下较易还原或挥发，降低了合金内的杂质含量。例如，真空烧结 WC-Co 合金中的孔隙度由氢气烧结的 A_{06} 降低到 A_{04}～A_{02}，WC-10%Co 合金黏结相中溶解的钨含量由 5.8% 提高到 7%，黏结相得到强化使合金的力学性能得到不同程度的提高。但是，硬质合金真空烧结时应该注意如下两个问题：

a 液相烧结过程中黏结相金属蒸气的蒸发

钴的蒸气压可按下式进行计算：

$$\log p = 11.928 - \frac{19.968}{T} \tag{7-21}$$

式中 p——金属在给定温度下的蒸气压力，Pa；

T——蒸发时的绝对温度，K。

钴的蒸发与实际温度、炉内压力、液相烧结时间有关。烧结温度越高，钴的蒸气压越高，因而钴蒸发损失愈大。温度一定时，炉内压力越高，钴蒸气压愈小，钴蒸发损失愈小；钴含量越高、烧结时间越长，钴蒸发损失增大。例如，温度为1400℃时，经计算钴的蒸气压为133.3Pa，1460℃时为166.5Pa。YT15烧结体在1550℃保温1h的试验结果表明，炉内压力13.3Pa时，钴含量损失2%左右；炉内压力133.3Pa时，钴含量损失1%；炉内压力为1333.2Pa时，钴含量不发生明显的变化。因此，真空烧结时为了补偿黏结金属的蒸发损失，只需将黏结金属含量提高0.2%～0.5%左右就可保证合金的成分。

b 烧结体的碳含量降低

真空烧结时，当烧结体进入固相烧结后，烧结体内金属氧化物和游离碳必然按下列反应式进行反应：

$$MeO + C = CO\uparrow + Me \tag{7-22}$$

$$MeO + 2C = CO\uparrow + MeC \tag{7-23}$$

试验表明，烧结体内的铁、钴、镍、钼的氧化物按反应式7-22被还原；钨、钼、钛的氧化物按反应式7-25被碳化而生成碳化物。此时，烧结体内氧含量降低的同时，合金内的游离碳与总碳都将会下降，脱碳反应主要发生在1000℃以下，且碳的损失随炉内真空度的提高而增大。例如，真空度为13.3～133.3Pa时进行烧结时，混合料的碳含量比正常量高0.2%左右，即可保证合金的正常组织。特别应该指出的是，采用氢气烧结TiC基硬质合金时，总含有少量的TiO，而采用真空烧结时，有利于TiO与C的碳氧反应向生成CO的方向进行，增加了TiC-WC的碳含量，改善了合金的质量。

c 真空烧结工艺的选择

真空烧结时，由于碳量的损失，一般需提高混合料的含碳量，其途径是提高WC或TiC-WC固溶体的碳含量。同时，碳含量提高的数量与所采用的成形剂种类、脱除成形剂的方式、合金牌号及选择的烧结工艺有关。例如，采用石蜡为成形剂，氢气脱蜡及氢气预烧，1440℃真空烧结YT14合金时，经批量生产后确定，选用6.10%～6.18%碳含量的碳化钨和配碳比为理论配比的99%～100%的复式碳化物即可满足正常生产合金的需要。

由于真空烧结改善了烧结体内的黏结金属对硬质相的润湿性，促进了烧结过程的进行，因而能降低烧结温度或者缩短烧结时间。但是，具体烧结温度和烧结时间的选择视合金牌号而制定。例如，YT30合金氢气烧结工艺是在1510℃下烧结

2h。而真空烧结工艺在1480℃下烧结0.5h就可以获得很好的烧结效果。

真空烧结时，为保证烧结后合金中的黏结金属成分与合金牌号所规定成分的一致性，炉内真空度必须进行严格控制。当真空度为0.13Pa时，钴、铁、镍的沸点分别为1494℃、1321℃、1240℃；而真空度为1.33Pa时，钴、铁、镍的沸点分别提高到1694℃、1470℃、1400℃。此时，合金液相沸点提高，黏结金属损失量显著减少。因此，真空烧结的液相烧结阶段真空度控制在13.3～1.33Pa是较为适宜的，而在固相烧结阶段则应将真空度提高到0.13Pa以上，以便使烧结体内的碳氧反应进行完全。

C 热等静压工艺

采用氢气烧结或真空烧结制备的硬质合金组织结构中存在一定数量的残留孔隙及缺陷，这些残留孔隙及缺陷直接影响着合金的力学性能和使用性能。因此，降低硬质合金孔隙度和减少合金内部组织缺陷是制备高性能硬质合金的关键。1967年美国肯纳公司首先将热等静压技术应用于硬质合金生产中。

热等静压实质上是将烧结硬质合金或硬质合金粉末压坯在高温下进行等静压制的一种工艺。硬质合金经热等静压后可大幅度降低合金的孔隙度，抑制晶粒长大，使合金具有良好的组织结构，从而提高了合金强度、改善了合金的疲劳强度和冲击韧性，延长了合金的使用寿命。由于热等静压具有一系列的优越性，已成为硬质合金生产中的重要工艺技术，在该技术推广使用过程中，热等静压技术本身也得到了迅速的发展。

a 普通热等静压(100～200MPa)

将烧结后的硬质合金制品装入热等静压设备中，于高温、高压下使合金中残余孔隙封闭，达到理论密度。其机理是：制品在热等静压过程中，高温和三维压力作用下液态黏结金属具有较高的流动性，原子迁移速度加快，更容易充填孔隙，使合金致密化程度提高。在硬质合金传统的烧结工艺中，合金孔隙度一般为0.1%～1.0%，而经过热等静压的合金孔隙度可降低到0.00001%以下，甚至可使合金完全致密化。同时，传统烧结工艺制备的硬质合金中通常残留有游离石墨或脏化孔洞，热等静压后的合金中游离石墨全部扩散消失、脏化孔洞得到封闭。

硬质合金热等静压过程中的压力、温度和时间是消除孔隙、缺陷和控制晶粒长大的关键参数。如果这些参数的选择或配合不当，则合金中仅部分孔隙被充填而WC晶粒聚集形成粗大的WC晶粒。对WC-Co硬质合金而言，预烧后的合金进行热等静压的工艺是：1300～1500℃，压力100～150MPa，加压时间1～3h，预烧结的合金密度严格控制在理论密度的92%以上，并且应当消除合金中的连通孔隙，以保证压力气体有效地封闭孔隙。实际生产中，根据合金的牌号(钴含量)的不同选择工艺参数，钴含量越高，温度及压力越低。例如，1450℃真空烧结1h的WC-Co硬质合金制品，在1350℃、100MPa压力下热等静压1h后所得合金的强度及孔隙造成的断裂频率如图 7-34、图 7-35 所示。表 7-14 为日本富士模具公司真空烧结标准牌号(D20、D40、D60)产品与经热等静压后产品的性能比较。由此可见,热等静压处理可显著提高硬质合金制品的强度,提高合金组织的均匀性和使用时的可靠性。

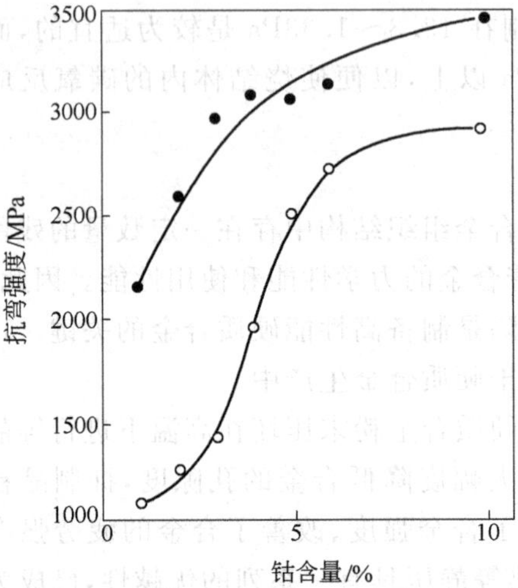

图 7-34 真空烧结和热等静压处理的合金抗弯强度对比

—○—真空烧结合金(1450℃×60min,6.67Pa);
—●—热等静压合金(1350℃×60min,100MPa)

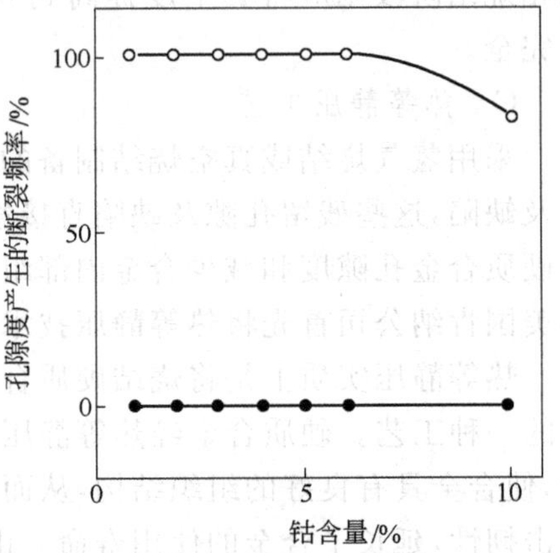

图 7-35 真空烧结和热等静压处理的合金孔隙造成的断裂频率对比

—○—真空烧结合金(1450℃×60min,6.67Pa);
—●—热等静压合金(1350℃×60min,100MPa)

表 7-14 热等静压对 WC-Co 合金性能的影响

合金牌号	烧结方式	抗弯强度/MPa	标准偏差/MPa	波动系数/%
D20(WC-6%Co)	真空烧结	2280	296	13.0
	热等静压	3050	192	6.3
D40(WC-8%Co)	真空烧结	2720	293	10.8
	热等静压	3500	179	5.1
D60(WC-10%Co)	真空烧结	3250	226	7.0
	热等静压	3700	159	4.3

b 低压(10MPa)热等静压

尽管热等静压能显著降低合金孔隙度,使合金力学性能得到明显提高,但这种方法采用的压力很高,因此设备价格昂贵,将使生产成本增加。同时,由于热等静压过程中温度难以精确控制,易造成 WC 晶粒的不均匀长大及出现“钴池”(钴聚集)等现象。为了克服热等静压的上述缺点,20 世纪 80 年代初,人们开始研究在低压下进行硬质合金热等静压的工艺，1984年美国超高温公司研制出第一台低压热等静压设备。低压热等静压(或称为压力烧结)工艺是将硬质合金压坯的脱脂、烧结、热等静压三道工序合在一台设备中完成。在脱脂-烧结-热等静压工艺过程中，首先在450～550℃、真空或低压下进行脱脂，脱脂后的压坯继续在1400～1500℃进行真空烧结，真空烧结时为了保证合金中的碳平衡，采用H_2/CH_4混合气体进行调节，在较高温度时采用氩气控制分压可防止钴的损失。真空烧结后期引入一定压力的气体(氩气、6MPa以下)对烧结体进行热等静压，典型的低压烧结工艺曲线如图7-36所示。试验证明，在硬质合金烧结温度下直接对烧结体加压，较低的压力就能封闭合金内的孔隙，而且使合金内"钴池"减少，甚至完全消除。例如，压力为1.4MPa时就能使WC-10%Co合金完全致密化；经压力为2.7MPa的低压热等静压烧结，产品的力学性能就能达到真空烧结＋高压热等静压产品的性能水平(见表7-15)。

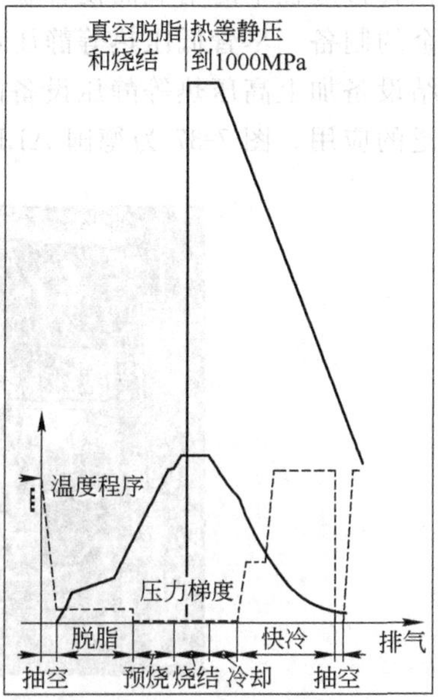

图7-36 典型的低压烧结工艺曲线

表7-15 WC-Co合金低压热等静压试验结果

合金成分	工艺条件	合金抗弯强度/MPa
WC-6%Co(中颗粒)	真空烧结	3395
	低压热等静压(1MPa,1420℃)	3539
	低压热等静压(6.9MPa,1420℃)	3886
	低压热等静压(21MPa,1420℃)	3915
	真空烧结＋热等静压(103MPa,1420℃)	3082
WC-11%Co(粗颗粒)	低压热等静压(1MPa)	3496
	低压热等静压(6.9MPa)	3482
	真空烧结＋热等静压(103MPa,1380℃)	3221

低压热等静压对钴含量不同的合金性能影响不同，一般来说，低钴合金中微孔尺寸较大、数量较多，因此采用低压热等静压工艺烧结低钴合金，对消除合金中的孔隙和提高合金密度及抗弯强度的效果更为明显；同样，低压热等静压对提高超细硬质合金性能的效果十分明显，而对粗晶粒硬质合金性能的影响不大。由于低压热等静压将硬质合金生产的三个基本工艺集中在一台设备中完成，避免了由于产

品在转移过程中的增氧而使合金中碳平衡破坏的现象，因此特别适用于超细硬质合金的制备。尽管低压热等静压设备价格高出真空烧结设备的50%，但却比真空烧结设备加上高压热等静压设备的价格低得多，因此，它在硬质合金生产中得到了广泛的应用。图7-37为德国ALD公司生产的低压热等静压设备(压力烧结炉)。

图7-37　德国ALD公司生产的低压热等静压设备

7.3.7　WC-Co、WC-TiC-Co合金的性能

7.3.7.1　合金密度

密度是评定硬质合金性能的基本指标，生产实践证明，采用加和法计算合金的理论密度与烧结合金的测定密度是基本相符合的。合金成分一定时，密度的大小可反映出硬质合金的组织结构。当合金中孔隙度较大或者有游离石墨出现时，合金密度低于理论值；而合金中出现脱碳相(η)时，合金密度高于理论值，WC-Co合金的密度随钴含量的增加而减小，WC-Ti-Co合金的密度随碳化钛和钴含量的增加而减小。

7.3.7.2　矫顽磁力

硬质合金中的黏结金属为铁磁性物质，因此使合金具有一定的磁性。生产实践中，常用矫顽磁力鉴定合金组织。合金的矫顽磁力与钴含量及其分散程度有关，即随钴含量降低而升高。相同牌号合金的矫顽磁力与碳化钨晶粒大小有关，即随WC晶粒的减小而升高。当合金中出现非磁性相时(η_1-$Co_x Y_y C_z$)，此时合金中黏结金属含量相应减少，WC晶粒细化，合金的矫顽磁力增加。

7.3.7.3　磁饱和

合金磁饱和值只与合金钴含量有关，与WC晶粒大小无关，因此，磁饱和值可以用来鉴定合金成分及合金中是否存在非磁性相。由于合金磁饱和值与碳含量有关，实际生产中，应根据合金所需的使用性能来具体制定合金磁饱和的最佳范围。

7.3.7.4 硬度

硬度是硬质合金的一项主要力学性能指标，一般在 HRA83.0～94.0之间。合金中钴含量增加或者 WC 晶粒增大时合金硬度下降，碳化物晶粒越细，合金硬度越高。例如，YG6X 合金的硬度比 YG6 合金高 1.5～2.0 度。合金中出现脱碳相(η)时，硬度升高；合金中出现游离石墨时，硬度下降。由于碳化钛的硬度比碳化钨高，因此，WC-TiC-Co 合金的硬度普遍高于 WC-Co 合金，并且随碳化钛含量的增加合金硬度升高。当合金使用温度提高时，合金的硬度急剧下降，如 800℃时的硬度值只有常温下的 50%。而 WC-TiC-Co 合金中含有 TiC-WC 固溶体，使合金得到强化，减小了高温下的软化速度，因此高温强度高于 WC-Co 合金。

7.3.7.5 抗弯强度

抗弯强度与硬度一样是衡量硬质合金质量的一项重要指标，一般在 1300～4000MPa 之间。影响合金抗弯强度的因素非常复杂，如合金碳含量、合金组织结构、WC 晶粒大小等对合金抗弯强度均有明显的影响。当合金中钴含量在3%～25%之间时，抗弯强度随钴含量的增加而升高；低钴(10%以下)、粗晶粒合金的抗弯强度高于细晶粒合金的抗弯强度；而高钴(15%以上)细晶粒合金的抗弯强度大于粗晶合金；中钴合金(10%～15%)的抗弯强度对合金钴含量、WC 晶粒大小及合金的碳含量的影响十分敏感，因此要制备高强度的中钴合金，必须根据生产工艺进行各项参数的最佳配合。超细合金(碳化钨晶粒小于 0.6μm)的抗弯强度远远高于钴含量相同的普通合金，并且实现了合金强度与硬度的双高特性。与 WC-Co 合金相比，WC-TiC-Co 合金的抗弯强度较低，但高温强度大于 WC-Co 合金。

7.3.7.6 抗压强度

抗压强度是表示合金抵抗压缩载荷的能力。WC-Co 合金的抗压强度随钴含量的增加及 WC 晶粒的增大而减小。WC-TiC-Co 合金的抗压强度低于 WC-Co 合金。

7.3.7.7 冲击韧性

冲击韧性是衡量矿用硬质合金及苛刻条件下断续切削刀具的一项重要指标，WC-Co 合金的冲击韧性随钴含量的增加和 WC 晶粒的增大而增加。

7.4 钢结硬质合金的生产

钢结硬质合金是以硬质化合物(碳化物、氮化物、硼化物等)为硬质相、以钢为黏结金属的硬质合金，它是 20 世纪 60 年代初期出现的一种新型工程材料[1,2,13]。由于钢结硬质合金既具有碳化物的硬度和耐磨性，又具有钢的良好力学性能，使用范围处于高速钢和硬质合金之间。在某些情况下，钢结硬质合金的耐磨性及塑性优于硬质合金。特别是钢结硬质合金含有大量的钢基体(合金体积的 50%以上)，因此合金可进行热处理和机械加工，这使其应用范围扩大并不断开拓新的应用领域。与此同时，钢结硬质合金在应用过程中又得到不断的发展。主要表现在如下几方面：

（1）钢结硬质合金的硬质相向多元化发展，如 WC、TiC、TiN、TiCN、TiC-Al_2O_3、TiB、TiB-TiN 等多种新型硬质相，特别是 TiB_2 具有高硬度、高杨氏模量、良好的高温强度及稳定的化学特性，是耐磨零件、切削工具的首选材料。

（2）钢结硬质合金黏结相的钢种不断扩大，如各种成分碳素钢、合金钢、工具钢、高速钢、高锰钢、耐热钢以及不锈钢。因此钢结硬质合金的品种也逐渐发展为多个系列的产品。

（3）钢结硬质合金生产方法已由常规粉末冶金法、浸渍法、热压法发展为热等静压法（HIP）、烧结等静压法（Sinter-HIP）等。

7.4.1　钢结硬质合金的生产工艺

钢结硬质合金生产工艺如图 7-38 所示。

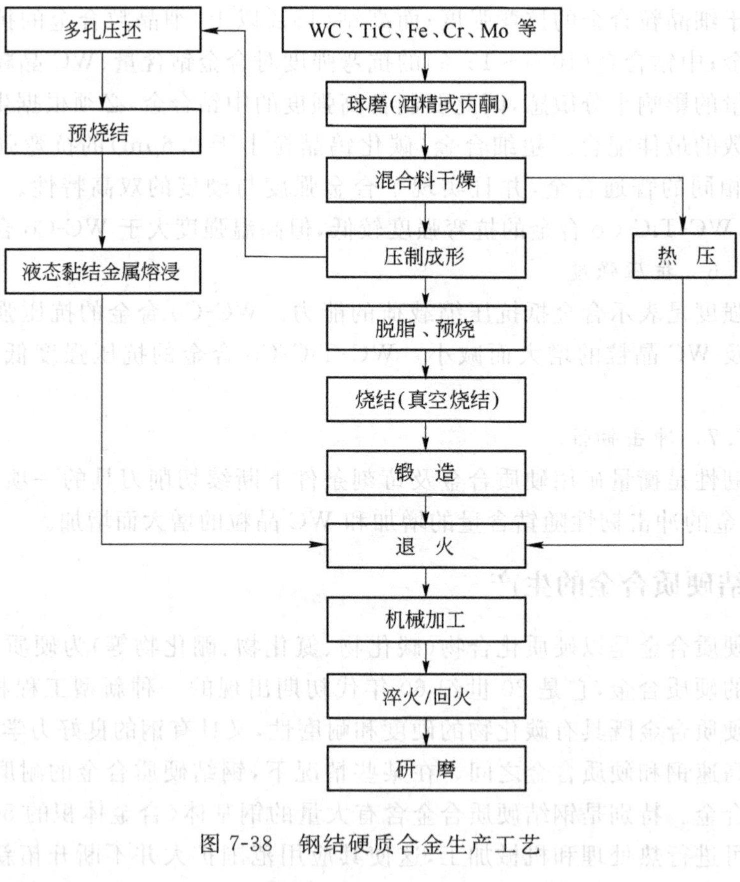

图 7-38　钢结硬质合金生产工艺

7.4.1.1 混合料的制备

根据所设计的成分按硬质合金生产中常用的球磨方法制备钢结硬质合金混合料，通常采用酒精、丙酮、环己烷作球磨介质，硬质合金球作研磨体。钢基体通常采用铁粉、钼粉、铬粉、镍粉等元素粉末或中间合金粉末，很少采用制备好的钢粉，也可以采用铬铁粉取代昂贵的铬粉，为了防止铁粉氧化常加入少量油酸。

为保证混合料的质量，对各组元元素的技术要求如下：碳化钨、碳化钛可采用硬质合金生产中使用的粉末；铁粉和钼粉的纯度为98%以上、氧含量应小于0.5%；铬粉以铬含量大于60%、杂质含量低于4%的高碳铬铁粉形式加入；碳是钢中的重要成分，其含量和在合金中的均匀性对钢结合金组织结构与性能有重要的影响。为保证合金中的碳含量，通常采用高碳铁粉，也可单独加入炭黑，但加入炭黑时，必须使其在混合料中分布均匀，否则混合料在烧结时由于碳的偏析而产生粗大的 Fe_3C，并局部形成 TiC-Fe_3C-TiC 的桥接现象，会降低合金的性能。由于铁粉容易氧化，混合料浆的干燥温度应低于80℃。试验证明，混合料的球磨工艺对合金性能有明显的影响。各种成分的钢结硬质合金的抗弯强度随球/料比的增大而增加，达最大值后再继续增大将导致合金抗弯强度下降。例如，TiC-Fe-10%Cr 混合料球磨时，球/料比增大到 10∶1 时，混合料压坯甚至不能完全烧结。球磨30%～40%TiC 的钢结硬质合金时，最佳的球/料比为(4～5)∶1，球磨时间为48h。近年来，在钢结硬质合金生产中也开始采用搅拌球磨机进行混合料的球磨，球磨时间可减少到3～4h，可制备 TiC 晶粒为1.48μm、晶粒间距为2.32μm、合金显微组织均匀的钢结硬质合金。制备的混合料经过干燥、成形、脱脂和预烧后进行最终烧结。

7.4.1.2 烧结工艺

A 真空烧结

碳化钛基、氮化钛基、碳氮化钛基的钢结硬质合金采用真空烧结工艺。众所周知，采用粉末冶金方法制备钢结硬质合金时，与其他材料一样，烧结是最为重要的工序，这是因为钢结硬质合金中的孔隙、碳化物晶粒的大小、金属组元分布的均匀程度对合金的使用性能有重要影响。钢结硬质合金的结构和性能是在液相烧结时形成的，因此，金属组元对碳化物的润湿性是十分重要的，钢对碳化钛的润湿角取决于钢的成分、烧结时间、烧结温度及烧结气氛。采用氢气烧结时，氢气中少量水极易使 TiC 氧化成 TiO，并析出游离碳，恶化了液相金属对碳化物的润湿性，因而使烧结合金断口粗糙、无金属光泽。而真空烧结时，粉末表面吸附的氧和氮被迅速排除，粉末表面得到净化和活化，改善了钢对 TiC 等硬质相的润湿性，加快了烧结过程。

真空烧结时，真空度取0.1～1.0Pa，烧结温度通常控制在1320～1500℃之间。钢基体中碳、铬、钼含量增加，烧结温度降低，烧结温度过高易造成钢的某些成分挥发、烧蚀、合金孔隙度升高、钢基体显微硬度不均匀等现象发生。由于 TiC 等硬质相的导热性比 WC 差，因此升温速度需缓慢些，2～3 小时内升到烧结温度，保温时间为 1～3h。钢结硬质合金真空烧结设备通常有真空石墨管炉、真空中频感应炉及连续式真空钼丝炉。

B 氢气烧结

由于铁对碳化钨有良好的润湿性，因此，碳化钨基钢结硬质合金亦可采用氢气烧结。表 7-16 中列出了各类碳化钨基钢结硬质合金氢气烧结的工艺。从表中可以看出，根据合金黏结金属的成分和含量不同，烧结工艺也不同，烧结温度必须严格控制，而烧结时间视产品尺寸大小而定。

表 7-16 碳化钨基钢结硬质合金氢气烧结工艺

序 号	合金成分/%		烧结温度/℃	烧结时间/min	填 料
	WC	钢			
1	35	65(铬钼钢)	1280	60～120	Al_2O_3+C
2	40	60(铬钼钢)	1280	60～120	Al_2O_3+C
3	50	50(铬钼钢)	1280	60～120	Al_2O_3+C
4	50	50(T_{10}钢)	1300	60～120	Al_2O_3+C
5	40	60(铬钼钢)	1280	60～120	Al_2O_3+C

C 热等静压

近年来，在钢结硬质合金生产中开始推广应用等静压技术，这是钢结硬质合金生产技术的重大进展。与普通硬质合金一样，合金中孔隙度对其力学性能有重要的影响。尽管采用真空烧结可制备高质量的钢结硬质合金，但合金中孔隙度仍然较高，因此采用热等静压技术生产钢结硬质合金可最大限度地消除合金中的残余孔隙，使合金强度得到不同程度的提高。例如，用等静压方法生产了 TiC-60%高铬合金钢(13.5%～14.5%Cr)钢结硬质合金，其力学性能如下：密度 6.43g/cm^3，退火态合金硬度为 HRC51～53，淬火并回火态合金硬度 69～71，抗弯强度 1150MPa。因此，淬火态合金具有很高的耐磨性、良好的耐腐蚀性和红硬性，可应用于耐磨、耐腐蚀零件的制造。

钢结硬质合金热等静压与常规烧结方法相比，具有如下优点：只需一道工序就可以在较低的温度下(低于固相线温度)使 TiC 基钢结硬质合金制品完全致密化；可制备接近于最终尺寸的制品，并可取消精加工；可制备尺寸较大的制品(最大工件尺寸可达 ϕ600mm×1300mm)；可用热等静压扩散方法制备具有钢结硬质合金耐磨层的复合材料。

7.4.2　钢结硬质合金的热处理

钢结硬质合金与合金钢一样，具有可热处理性。热处理是形成材料最终组织结构并赋予材料所要求性能的最重要的阶段。钢结硬质合金的热处理包括退火、淬火和回火，其热处理工艺的制定取决于钢黏结剂的成分及最终所需要的性能，一般来说，与原始钢种的热处理工艺相似。

7.4.2.1　退火

高速钢为黏结剂的钢结硬质合金烧结后其中的钢黏结相组织通常为细珠光体，硬度较高（HRC55～60），难以进行机械加工。因此必需经过退火处理，退火后的钢黏结相组织为球状珠光体，使其组织均匀化的同时消除了合金的内应力。机械加工后的钢结硬质合金，再进行淬火和回火处理，此时，合金中的钢黏结相组织转变成马氏体和少量残余奥氏体等。钢结硬质合金热处理过程中组织的变化如图 7-39 中的"C"曲线所示。经退火后的钢结硬质合金硬度与所得到的钢黏结相的组织有关，一般为HRC35～45。表 7-17 为碳化钛-铬钼钢结硬质合金各相成分的显微硬度。

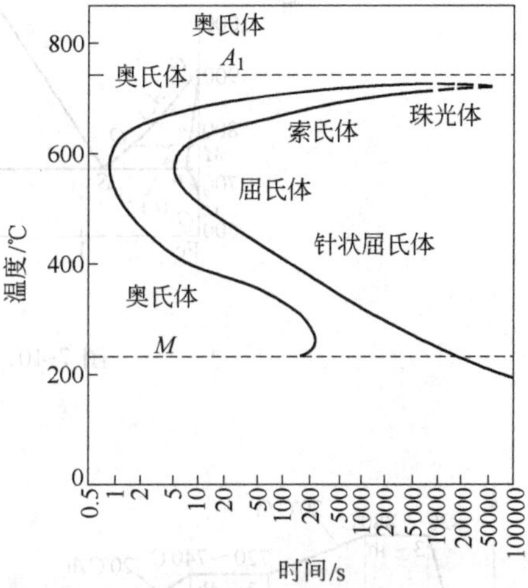

图 7-39　共析钢等温转化图（"C"曲线）

表 7-17　碳化钛-铬钼钢结硬质合金各相显微硬度

相成分 / 硬度	碳化钛	钢基体				
		烧结贝氏体（细珠光体）	退火球状珠光体	淬火马氏体	低温回火马氏体	高温回火索氏体
显微硬度/MPa	2500～2800	500	230	1030	840	500
相当于 HRC		48	23		62	48

测定碳化钛钢结硬质合金转变点表明，合金的奥氏体转变温度 A_{c1} 为 740℃、A_{C3} 为 770℃，在此温度范围内合金的高温硬度显著降低。合金的退火工艺取决于钢黏结相的成分，退火温度取决于钢黏结相中的碳含量，低碳合金（碳含量小于 0.8%）退火温度应比 A_{c3} 线（图 7-40 中的 *GS* 线）高 30～50℃，高碳合金退火温度应在 A_{c1} 和 A_{cm} 之间（图 7-40 中的 *SK* 和 *SE* 线）。为了得到较低的退火硬度，应采用较慢的冷却速度。图 7-41 及图 7-42 分别为碳化钛、碳化钨-铬钼钢结硬质合金

的退火工艺曲线示意图。

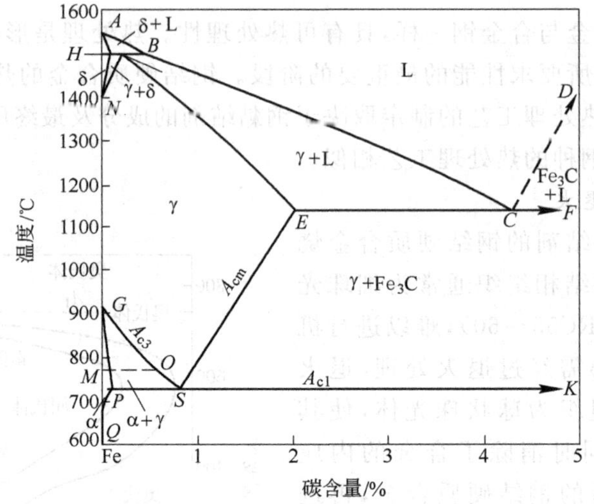

图 7-40　铁碳平衡相图

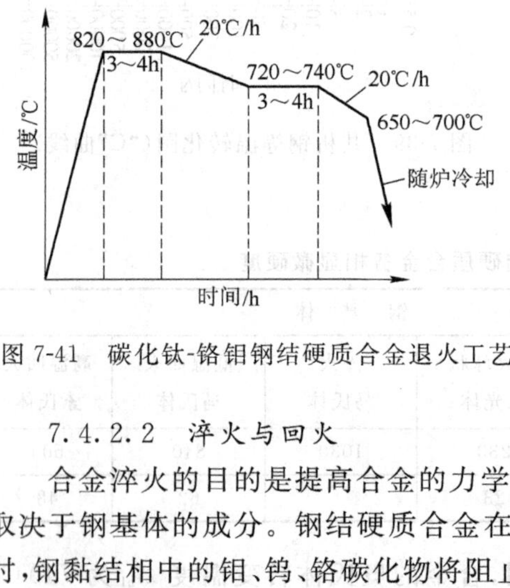

图 7-41　碳化钛-铬钼钢结硬质合金退火工艺

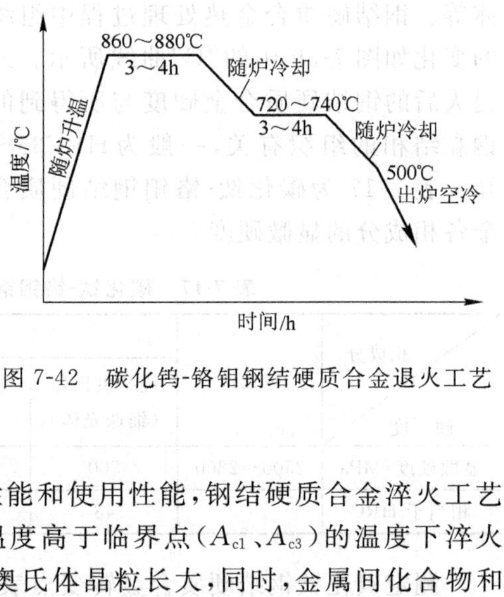

图 7-42　碳化钨-铬钼钢结硬质合金退火工艺

7.4.2.2　淬火与回火

合金淬火的目的是提高合金的力学性能和使用性能，钢结硬质合金淬火工艺取决于钢基体的成分。钢结硬质合金在温度高于临界点(A_{c1}、A_{c3})的温度下淬火时，钢黏结相中的钼、钨、铬碳化物将阻止奥氏体晶粒长大，同时，金属间化合物和碳化物溶解在奥氏体中，使合金强度得到提高，因此可在较高的温度下进行淬火。当淬火温度升高到 950℃以上时，由于产生聚集再结晶和残余奥氏体含量增加而使合金硬度下降。由此可见，钢结硬质合金的淬火温度与钢基体的成分、碳含量及合金元素含量有密切的关系，因此，对不同成分的钢结硬质合金应选择不同的淬火温度。图 7-43、图 7-44 为不同类型钢结硬质合金淬火温度与硬度的关系图。钢结硬质合金对淬火介质无特殊要求，淬火时介质温度控制在 30～80℃较为适宜。为了保持合金淬火后的高硬度并消除淬火时产生的应力，合金应进行回火处理，一般回火温度不超过 200℃，回火时间为 2～3h。图 7-45 为钢结硬质合金回火温度与力学性能的关系。

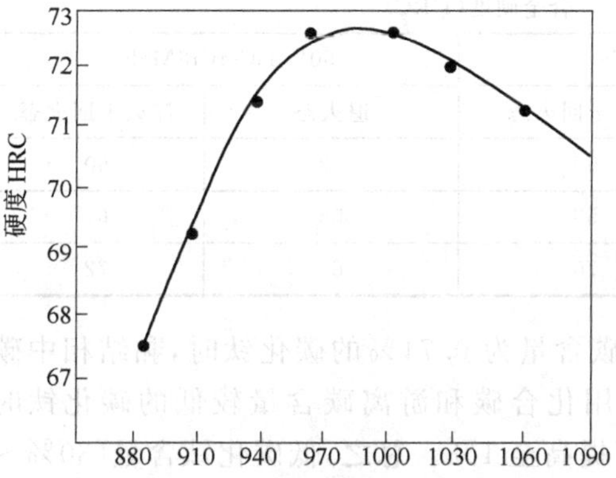

图 7-43 碳化钛-铬钼钢结硬质合金硬度与淬火温度的关系

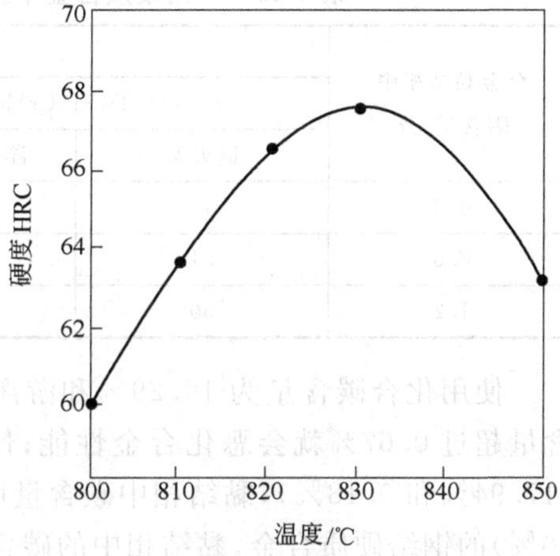

图 7-44 碳化钨-铬钼钢结硬质合金硬度与淬火温度的关系

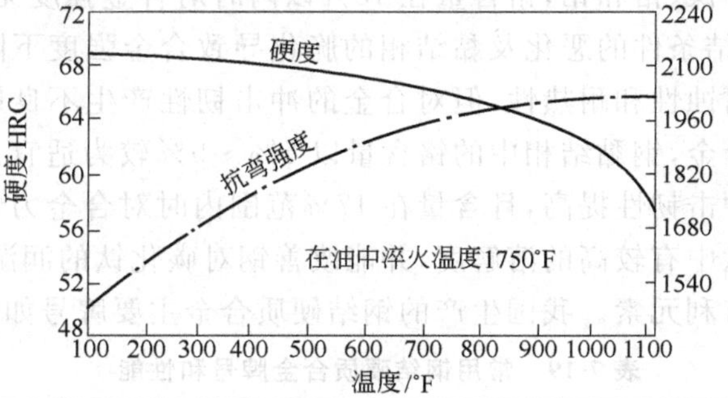

图 7-45 碳化钛-铬钼钢结硬质合金回火温度与力学性能的关系

7.4.3 钢结硬质合金的成分和性能

7.4.3.1 碳化钛基钢结硬质合金

碳化钛基钢结硬质合金中的碳化钛与钢组分的比例对合金退火后的可加工性有重要的影响，合金硬度随碳化钛含量的增加而升高，碳化钛应该具有最高的化合碳含量，游离碳应限制在合金规定的碳含量范围内。无论是碳化钛中的碳含量，还是钢黏结相中的碳含量都会对合金的性能产生明显的影响。当黏结相中碳含量增大到0.8%时，由于四方晶形的马氏体晶格畸变增大而造成合金硬度增加；进一步增加碳含量，黏结相中渗碳体含量增加，导致合金硬度亦提高，但此时合金强度下降。表7-18为钢结硬质合金黏结相中碳含量对合金热处理后性能的影响。

表7-18　钢结硬质合金中黏结相碳含量对合金性能的影响

合金黏结相中碳含量/%	合金硬度(HRC)			
	50%TiC-12CrMoFe		50%TiC-4Cr8MoFe	
	退火态	淬火＋回火态	退火态	淬火＋回火态
0.5	48	55	52	60
0.6	51	58	55	67
1.2	50	70	60	72

使用化合碳含量为19.29%和游离碳含量为0.71%的碳化钛时，黏结相中碳含量超过0.67%就会恶化合金性能；使用化合碳和游离碳含量较低的碳化钛时(17.94%和0.18%)，黏结相中碳含量可提高至1%。总之，低碳化钛含量(30%～40%)的钢结硬质合金，黏结相中的碳含量不宜太高，随碳化钛含量的增加，合金性能对碳含量的敏感性下降。

选择钢黏结剂最佳成分是一较为复杂的问题。一般来说，对黏结剂组分的要求是：有利于合金的脱氧过程，并对碳化钛具有良好的润湿性。钢结合金黏结相中常用的添加元素有镍、铬和钼，铬含量在10%以内时对合金强度无影响，但随铬含量的增加，由于烧结条件的恶化及黏结相的脆化导致合金强度下降。添加铬可大大提高合金的耐腐蚀性和耐热性，但对合金的冲击韧性产生不良影响。若要制备综合性能优良的合金，钢黏结相中的铬含量以5%～9%较为适宜。钢结硬质合金中添加镍使合金冲击韧性提高，且含量在17%范围内时对合金力学性能的影响不明显。钼在碳化钛中有较高的溶解度，并能改善钢对碳化钛的润湿性，因此是改善钢结合金性能的有利元素。我国生产的钢结硬质合金主要牌号如表7-19所示。

表7-19　常用钢结硬质合金牌号和性能

序 号	合金成分/%	合金密度/$g\cdot cm^{-3}$	硬度(HRC)		抗弯强度/MPa	冲击韧性/$J\cdot cm^{-2}$
			退火态	淬火态		
GT35	35TiC，2.0Cr，2.0Mo，0.5C，余Fe	6.40～6.60	39～43	68～72	1500～2000	0.6
R5	30～40TiC，6.0～13.0Cr，0.5～3.0Mo，0.1～0.5V，0.6～0.8C，余Fe	6.40～6.60	39～45	68～72	1600～2000	0.3
TLMW50	35WC，0.8Cr，0.8Mo，0.52C，余Fe	10.20～10.37	35～40	66～68	2000	0.8
GJW50	50WC，0.5Cr，0.25Mo，0.25C，余Fe	10.20～10.30	35～38	65～66	1520～2200	0.7

7.4.3.2 氮化钛基钢结硬质合金

近年来研制开发了新型的以 TiN 取代 TiC 的钢结硬质合金，这是钢结硬质合金中的一个重要发展。日本日立公司采用水雾化法制备高钼、高钨、高碳含量的钢粉，并用粉末冶金方法制备 TiN 基钢结硬质合金。制备混合料时添加炭黑以调节合金碳含量，同时加入 10%粉末粒度为 15μm 的 TiN 粉，湿磨 24h，制得的混合料经冷等静压压制成棒材后进行烧结。该公司生产的 H34A 氮化钛钢结硬质合金淬火并回火后的硬度大于 73HRC，抗弯强度为 1500～3000MPa，合金具有细而均匀的显微结构。由于 H34A 系列氮化钛钢结硬质合金具有很高的回火硬度，因此在切削加工钢材时显示出优良的切削性能，大大提高了刀具的使用寿命。表 7-20 列出了不同成分的 TiN 钢结硬质合金的烧结温度。

表 7-20 TiN 钢结硬质合金成分与烧结温度

合金代号	化学成分①/%							烧结温度
	C	Cr	W	Mo	V	Co	Ti	/℃
5-4-5TiN	1.6	3.5	4.3	4.3	4.9	8.9	7.9	HIP+ 锻造
9-6-8TiN	2.67	4.2	6.3	6.3	7.8	7.2	6.3	1240
10-7-7TiN	2.62	3.6	7.0	7.0	7.1	9.6	7.4	1230
2.4C-TiN	2.41	3.8	6.2	6.2	7.5	7.0	6.1	1240
2.8C-TiN	2.83	3.9	6.3	6.3	7.8	7.2	6.1	1240

① 余为 Fe。

7.4.3.3 碳氮化钛基钢结硬质合金

日本三菱金属公司生产了一种在高速钢基体中含有均匀弥散的碳化钛和氮化钛的新型硬质合金，并称为"Chotaigokin"合金。这种新型硬质合金具有高耐磨性和高韧性，填补了普通硬质合金和高速钢之间的空白。这种新型钢结合金是采用高速钢粉与碳氮化钛粉末混合、成形、烧结，然后经过热等静压、热处理和精加工的方法生产的。该合金具有均匀的显微组织、无偏析，合金化程度高，并可调节碳氮化钛弥散的均匀性及合金的晶粒度来改变合金的硬度和韧性。经热处理后的合金可进行机械加工，并已在热、冷轧辊，热、冷锻模，铝挤压模及各种切削工具中得到应用。表 7-21 为该新型钢结硬质合金与 WC-Co 硬质合金、高速钢性能的对比。

表 7-21 Chotaigokin 合金、高速钢、硬质合金性能比较

合金性能	Chotaigokin 合金		高速钢	硬质合金
	ZY302	ZY303	SKH57	WC-24%Co
密度/$g \cdot cm^{-3}$	7.4	7.2	8.2	13.2
硬度 HRC	66	68	64	—
抗弯强度/MPa	2700	2600	2100	2600
线膨胀系数/℃	9.8×10^{-6}	9.7×10^{-6}	11.8×10^{-6}	7.0×10^{-6}
抗拉强度/MPa	190	180	180	170

7.5　涂层硬质合金的生产

7.5.1　化学气相沉积涂层法(CVD)

化学气相沉积是最早应用于硬质合金刀片涂层的方法，也是目前涂层硬质合金生产中普遍应用的一种方法[1]。目前，硬质合金涂层技术发展迅速，开发出中温化学气相沉积、等离子体化学气相涂层及离子溅射化学气相沉积等方法。

7.5.1.1　高温化学气相沉积

化学气相沉积的基本原理是：将需涂层的硬质合金产品装入高温化学气相沉积炉，通入化合物蒸气及反应气体，在1000℃以上的高温下发生化学反应并沉积在产品表面。以沉积TiC、TiN、TiCN和Al_2O_3为例，其生成过程反应如下：

$$TiCl_4(g)+CH_4(g)\xrightarrow{\sim 1000℃, H_2}TiC(s)+4HCl(g) \tag{7-24}$$

$$TiCl_4(g)+1/2N_2(g)+2H_2(g)\xrightarrow{\sim 1000℃}TiN(s)+4HCl(g) \tag{7-25}$$

$$TiCl_4(g)+CH_4(g)+N_2(g)\xrightarrow{\sim 1000℃}TiC_xN_y(s)+4HCl(g) \tag{7-26}$$

$$Al_2Cl_6(g)+3H_2(g)+3CO_2(g)\xrightarrow{\sim 1000℃}Al_2O_3(s)+6HCl(g)+3CO(g) \tag{7-27}$$

在高温涂层炉中于1atm(101325Pa)下进行涂层。涂层炉由一带或多带加热器、反应室、供气与排气系统、气体净化系统、气体流量控制系统等组成。硬质合金化学气相沉积涂层初期产品是单层碳化钛涂层，碳化钛涂层刀片的切削速度提高了20%～30%，切削力降低10%～15%，刀具寿命提高3～5倍，切削温度显著下降。但是由于高温气相沉积容易在硬质合金基体和涂层之间形成3～5μm的脆性脱碳相(η相)过渡层，使硬质合金基体的韧性下降。而不易产生η相过渡层的氮化钛涂层，虽然硬度比碳化钛低，但它抗月牙洼磨损的性能特别优异。

近年来，由于涂层工艺得到完善和发展，开发了功能不同的多层涂层结构的硬质合金刀具，如TiC-TiCN-TiN、TiC-Al_2O_3-TiC等三层复合涂层的WC基硬质合金刀片。TiC的热膨胀系数与基体硬质合金相近，因而涂层与基体结合强度高；最外层为抗月洼磨损性能优异的TiC涂层；中间层为性能介于二者之间的TiCN涂层。因此，保证了涂层刀片具有优异的使用性能和较长的使用寿命。

美国肯纳金属公司生产的多层(8～10层)涂层硬质合金由外层、中间活性层和底层组成。外层TiC涂层减少了刀瘤的产生；交替组合的0.5～0.7μm的Al_2O_3(3～4层)/0.2～0.5μm的TiN(2～3层)中间活性层，主要功能是抗月洼磨损、减少崩刃并增大层间黏结强度；底层则为TiN和TiCN(或TiC)层组成，从而保证了整个涂层与基体及中间活性层平滑地黏结。图7-46为多层涂层硬质合金显微硬度的分布图，此类刀具在加工钢材和铸铁时具有较高的使用寿命。

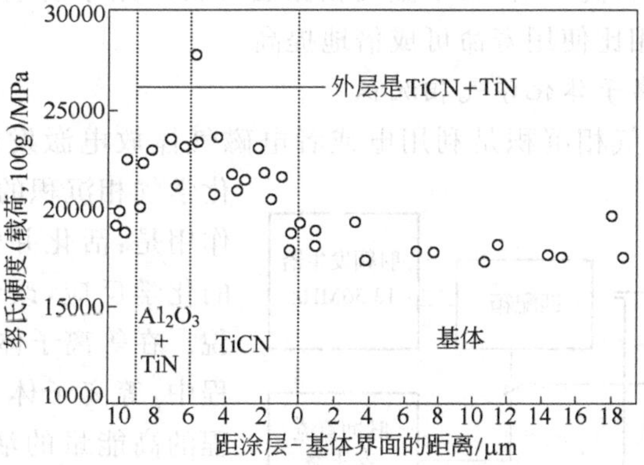

图 7-46 多层涂层硬质合金刀片显微硬度的分布

采用化学气相沉积法进行刀片涂层时，硬质合金基体一般都会发生脱碳，使合金生成 η 相($W_xCo_yC_z$)，如果在涂层与基体间生成了较厚的脆性脱碳层，则硬质合金强度将明显下降，合金的断裂在 η 相-基体界面周围迅速扩展。在升温或沉积过程中，氢气与硬质合金中的碳反应生成脱碳相，脱碳层的厚度随温度的升高急剧增大(特别在900～1000℃范围内)，超细晶粒硬质合金的脱碳层厚度的增加比粗晶粒硬质合金的快。脱碳层厚度一般为1～6μm。沉积非化学计量的 TiC 涂层时亦会产生脱碳层，并随着化学计量差值的增大而加剧。为了减少脱碳层的厚度应采取以下措施：

(1) 升温阶段采用氮气作保护气氛；

(2) H_2、N_2、CH_4 气体分压比的选择应使涂层成分接近化学计量值；

(3) 提高硬质合金的碳含量；

(4) 选择含有碳化钛或复式碳化物的中、粗晶硬质合金为基体；

(5) 涂层后的产品在1200℃下进行退火处理。

7.5.1.2 中温化学气相沉积

采用有机腈(CH_3CN)类的有机化合物取代甲烷和氮气可使涂层温度降低到700～900℃。在以有机腈为碳和氮源时，TiCN 涂层生成反应如下：

$$2TiCl_4+CH_3CN+2H_2 \xrightarrow{700\sim900℃} TiC_xN_y+CH_4+8HCl \quad (7\text{-}28)$$

金属氯化物和碳氮化物在离涂层反应室最短的距离时进行混合，并保持一定的真空度。加热基体和涂层后的冷却均在氢气中进行。沉积速率取决于反应室内的压力、沉积温度和 $TiCl_4$ 与 H_2 的比例。沉积速度随压力、温度的升高而加快，但当压力增大到19995Pa(150Torr)时，涂层中开始出现孔洞，同时黏结性能变差。中温气相沉积的 TiCN 涂层硬质合金显示出优异的使用性能，与“高温”气相沉积涂层的 TiC-TiN 硬质合金相比有类似的耐磨性，但由于避免了脱碳相的生成，这类涂层刀具的韧性较高。所以，中温气相涂层刀具应用于切削、倒棱、切槽的加工时，与未涂层刀具相比使用寿命可成倍地提高。

7.5.1.3　等离子体化学气相沉积

等离子体化学气相沉积是利用电或者电磁气体放电激发的等离子体来进行化学气相沉积的涂层方法。其主要作用是：活化并强化化合物沉积时的化学反应，改善涂层的结构和形貌。在等离子体化学气相沉积的过程中，等离子体可产生强化化学过程的高能量的活化气体和离子，因此，可在温度较低的基体表面进行沉积涂层。射频或直流放电等离子体化学气相沉积装置示意图见图7-47。用射频等离子体化学气相TiN涂层时，沉积可在放电功率2000～2500W、压力$(2 \sim 3.5) \times 10^{-2}$ Pa、温度500℃左右下进行。涂层为面心立方结构的TiN，横断面显示出致密的细晶或纤维状组织，涂层硬度为HV2500～3000（载荷200g），化学成分符合化学计量值（$n(N)/n(Ti)=1$）。

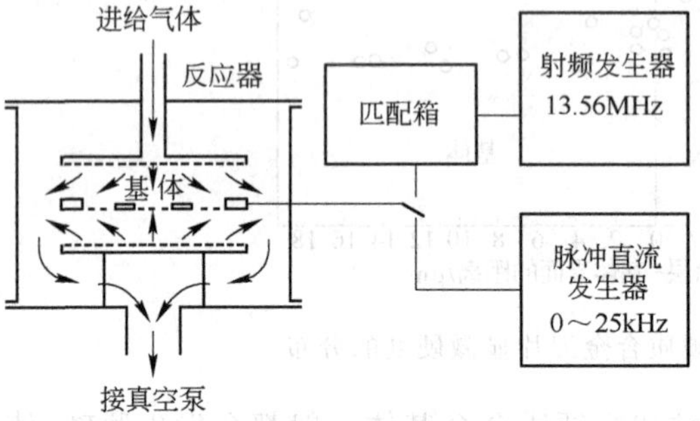

图7-47　等离子体化学气相沉积装置示意图

7.5.2　物理气相沉积涂层（PVD）

利用真空中蒸发、溅射、等离子体离子化等物理方法使金属（Ti、Zr）由熔融体或者固体转入气相并与气态非金属组元发生化学反应，所生成的化合物沉积在被加热到500℃左右的硬质合金基体上的过程称为物理气相沉积涂层。物理气相沉积涂层尽管有多种方法，但基本原理都包括三个阶段：气源发射；蒸汽在真空中迁移；在待涂层基体上固结。典型的物理气相沉积系统原理如图7-48所示。

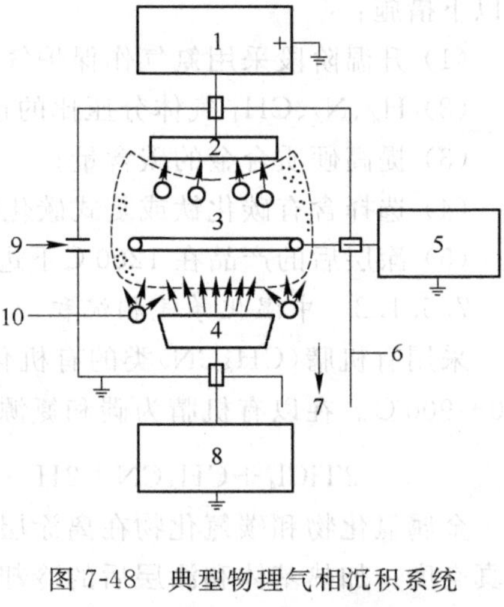

图7-48　典型物理气相沉积系统

1—基体偏压电源；2—基体；3—等离子体；4—蒸发源；5—辅助放电电源；6—真空室；7—抽空；8—蒸发源供电电源；9—惰性气体；10—反应气体

物理气相沉积涂层法可分为三大类，蒸镀法、溅射法和离子镀法。目前应用最广泛的是真空电弧蒸镀法、电子束蒸镀法和高速磁控溅射法。物理气相沉积与化学气相沉积相比具有如下优点：

(1) 由于物理气相沉积温度一般为500℃左右，在此温度下涂层与基体不产生扩散层，因而使基体强度不变。

(2) 涂层具有细微型结构，在涂层中产生压应力，涂层韧性较高，抗裂纹扩展能力强。

(3) 涂层表面光滑，能有效阻止横向裂纹的扩展。

因此，物理气相沉积涂层特别适用于切削刀片的涂层。为了保证涂层与基体牢固黏结，基体表面的粗糙度是十分重要的，如果基体表面有缺陷存在，则会造成涂层脱落。因此，涂层前基体表面需经过超声波、离子侵蚀等方法进行处理。

7.5.2.1　离子镀法

离子镀(IP)法是一种等离子体激发物理气相沉积方法，即采用离子和具有能量的中性原子轰击溅射净化后的基体(沉积前)并在沉积过程中控制涂层成核和生长过程。其主要优点为：能在膨胀系数不相同的基体上沉积金属、合金和陶瓷涂层，在沉积过程中由于离子诱发和反冲注入所形成的过渡界面具有优异的结合强度，并且形状复杂的基体在沉积过程中无需旋转；在较低的温度下将可生成完全致密的等轴细晶结构的涂层。在离子镀过程中，由带负偏压(−2000～−5000V)基体的辉光放电的氩离子加热并净化基体，热蒸发源的分子通过辉光放电射向基体进行沉积。离子镀法沉积的TiC和TiCN层具有致密的无孔隙结构，其性能见表7-22。

表7-22　离子镀沉积的TiC和TiCN涂层的性能

涂层类型	涂层厚度/μm	维氏硬度(载荷50g)/MPa	擦痕试验临界载荷/kg	压痕试验临界载荷/kg	涂层内的残余应力/MPa
TiC	3.6～4.5	24100	3.5～5.0	≥45	−4310±440
TiCN	4～6	28400	≥9.0	≥45	—

7.5.2.2　真空电弧蒸镀法

真空电弧蒸镀法是使金属、合金或化合物在真空中电弧蒸发、离子化、溅射并沉积在基体上的一种涂层方法，其特点是，蒸发源保持固态，大部分金属蒸气被离子化(离子化率高达60%)，从而可有效地保证涂层与基体的牢固结合，而且还可在低温(200℃左右)下获得满意的涂层。在真空电弧蒸镀涂层的过程中，当真空度为1.3×10^{-3}Pa时，通过单弧源或多弧源产生的金属离子轰击基体而被加热，同时溅射的离子通过溅射、扩散也使基体的表面状态得到改善。当反应气体达到一定的条件时，启动电源便可在偏压为−75～−400V的基体上发生金属、合金或化合物的沉积。真空电弧蒸镀设备如图 7-49 所示。由于沉积温度可以通过改变电弧的电流密度来进行控制，因此沉积可在较宽的温度范围内进行，例如真空电弧蒸镀沉积 TiCN 涂层的温度为 400～600℃，而直流电弧等离子体的沉积温度为 500℃。用此方法沉积的 TiCN 涂层硬质合金，由于涂层内的残余压应力较高，涂层厚度为 10μm 时其抗弯强度仍然与基体相当，显示出比化学气相沉积、普通离子镀涂层和未涂层硬质合金刀片更优异的切削性能。

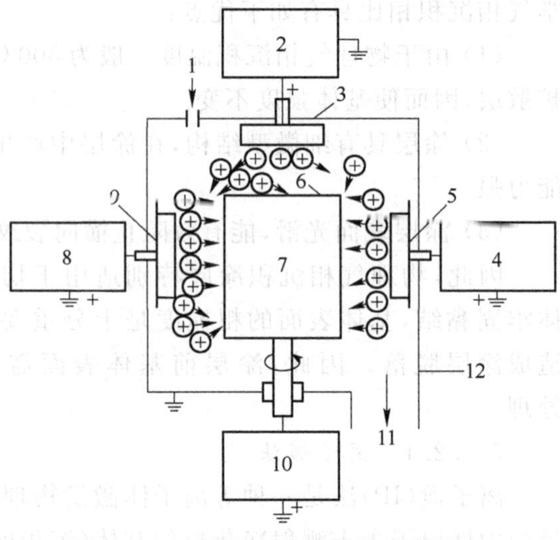

图 7-49　真空电弧蒸镀系统示意图
1—反应器；2，4，8—弧源电源；3，5，9—弧源；6—等离子体；7—基体；10—基体偏压电源；11—抽空；12—真空室

7.6　超细硬质合金的生产

硬质合金原料粉末粒度越细、粉末晶体缺陷就少，当粉末粒度小于 0.1μm 或为纳米级时，粉末晶体几乎无缺陷。理论研究和生产实践表明，当硬质合金中 WC 晶粒尺寸小于 0.5μm 时，晶粒越细，其缺陷越少，Co 黏结相的平均自由程减小，抗弯强度和硬度值能同时升高。例如，Co 含量为 10％以下的超细硬质合金的耐磨性是普通硬质合金的 3～10 倍，用于加工印刷线路板的超细硬质合金微型钻，其使用寿命为不锈钢的 50 倍。生产中一般将 WC 晶粒尺寸小于 0.6μm 的硬质合金称为超细硬质合金[18,19]。生产超细硬质合金时除需采用超细 WC 粉末外，一般都需添加不同成分的晶粒生长抑制剂，方可制备出 WC 晶粒细小的超细硬质合金。但超细硬质合金的生产过程难度大，混合料的制备、成形方法及最佳烧结工艺的组合对合金的性能都有着至关重要的影响。

7.6.1　晶粒生长抑制剂的抑制机理

制取超细硬质合金所用的碳化钨粉粒度比一般的碳化钨粉要细得多，这种碳化钨粉末活性高，在烧结过程中极易长大，同时合金中的碳含量及杂质含量，晶粒生长抑制剂种类和加入量均对碳化钨晶粒大小的影响非常明显。因此，控制合金中碳化钨晶粒的长大是生产超细硬质合金的关键技术。晶粒生长抑制剂一般为过渡金属碳化物（V_8C_7、Cr_3C_2、TaC、NbC、ZrC）。

关于晶粒生长抑制剂的作用机理，有三种比较一致的说法：一是吸附说，认为抑制剂吸附在碳化钨颗粒的表面，降低了碳化钨的表面能，从而降低了碳化钨在液相中的溶解速度；二是溶解度说，认为抑制剂在液相 Co 中的溶解会减缓 WC 通过液相重结晶的长大；三是抑制剂沿 WC/WC 界面偏聚，阻碍了碳化钨界面的迁移，防止碳化钨颗粒发生聚集长大[16]。不同抑制剂的作用机理亦不相同。V_8C_7 和 Cr_3C_2 作为晶粒生长抑制剂，在合金中的含量一般不会超过 1%，在烧结温度下，完全溶解于黏结相中，在冷却过程中，V_8C_7 以纳米颗粒（W，V）C 析出，Cr_3C_2 则仍然固溶在黏结相中，并在 WC/Co 界面处偏聚。在添加 V_8C_7 的硬质合金中，WC 颗粒出现许多小台阶面，这些面被证实为(0001)和{1010}面，在普通硬质合金中，不出现这种台阶面。

抑制剂作用效果主要取决于它在黏结相中的溶解度。通常，化学稳定性愈低的抑制剂，在黏结相中的溶解度愈高，抑制晶粒长大的效果愈明显，各种碳化物在黏结相中的溶解度见表 7-23。另外，抑制剂与 Co 的共晶温度也是影响抑制剂细化效果的因素。V_8C_7 和 Cr_3C_2 与 Co 的共晶温度最低，同时在黏结相中溶解度最高，因此，V_8C_7 和 Cr_3C_2 抑制 WC 晶粒长大的效果最明显。

表 7-23 Me_xC_y-Co 系统的共晶温度和 Me_xC_y 在 Co 中的溶解度（Me_xC_y 表示碳化物抑制剂）

Me_xC_y 种类	TiC	ZrC	HfC	V_8C_7	NbC	TaC	Cr_3C_2
系统的共晶温度/℃	1360	1360	1370	1330	1380	1370	1245
溶解度(摩尔分数，1400℃)/%	1.5	6	3	10	6	3	12

添加 Cr_3C_2 和 TaC 都可以使 WC 在黏结相中溶解析出过程减缓，从而阻止 WC 的长大，但是，它们对 W 在黏结相中的溶解度影响不一样。Cr_3C_2 可使 W 在合金 γ 相中的固溶度明显提高，同时 γ 相中 W 和 C 的原子浓度为 $[W]\times[C]=6.2\times10^{-4}$。由此可以看出 W 固溶度的提高，必然使得 γ 相中 C 浓度的下降，多余的碳原子将从合金中逸出，导致合金碳含量降低，在烧结过程中，易发生 η 型化合物的分解，造成 WC 颗粒的不连续长大。而 TaC 对 W 在黏结相中固溶度的影响正好与 Cr_3C_2 的作用相反，不会造成 WC 晶粒的异常长大。为了得到理想的、均匀的合金组织，通常考虑同时添加这两种碳化物作为抑制剂，试验证明，采用两种抑制剂组合是有效的。

添加 V_8C_7 作为抑制剂时，其细化晶粒的机理是：V_8C_7 在大约 1200℃时溶解于 Co 相中，当 Co 在 WC 表面扩散时，一部分溶解的 V 优先在 WC 的某些表面上偏析，使 WC 的表面能降低，阻碍 WC 向 Co 相中的溶解，使得 WC 颗粒溶解速度减慢；此外，偏析的 V 能抑制黏结相中的 W 向 WC 表面析出，使碳化钨颗粒的长大速度减慢。通过分析，发现 WC/WC 界面上也有 V 的偏聚，阻碍了 WC/WC 界面的迁移，防止了 WC 颗粒的聚集长大。TEM 和 EDS 分析 WC/WC、WC/Co 界面时，发现不同取向的界面上有整齐排列的（W，V）C 析出相粒子，且 V 的浓度不同，表明 V 可以优先在表面能高的结晶面偏析。以 WC 粉末粒度为 0.6μm、合金成分为 WC-20%Co 的硬质合金为例，不同种类的晶粒生长抑制剂其添加量对碳化钨晶粒尺寸的影响如图 7-50 所示。从图中可以看出，晶粒抑制剂抑制 WC 晶粒长大的效果依次为：$V_8C_7>Mo_2C>Cr_3C_2>NbC>TaC>TiC$。

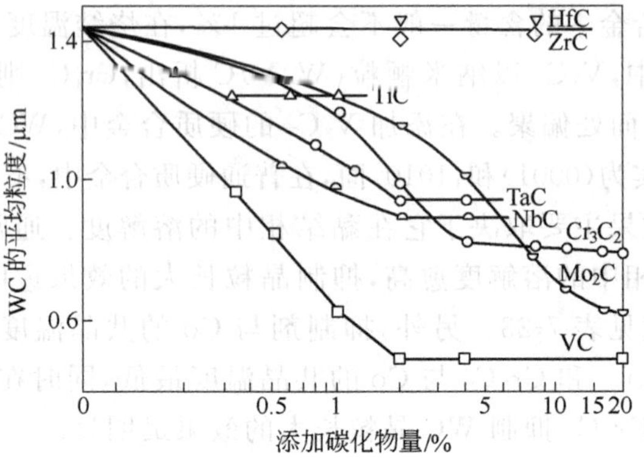

图 7-50　WC-20%Co 合金晶粒尺寸与晶粒抑制剂的关系

7.6.2　晶粒抑制剂对合金性能的影响

生产超细硬质合金时晶粒抑制剂的加入方式有三种：(1)在混合料制备时与 WC 粉、Co 粉同时加入；(2)在超细 WC 粉或 WC-Co 复合粉制备过程中加入；(3)在超细 W 粉制备过程中加入。比较以上三种方法，第一种方法简单易行，也是目前广泛使用的加入方法，但由于晶粒生长抑制剂的加入量很少(小于 1.2%)，因而在湿磨时难以混合均匀，极易造成抑制效果差，使合金强度、硬度达不到期望值。因此，为获得晶粒细小、合金组织均匀的超细硬质合金，晶粒生长抑制剂的理想加入方式为第三种，此时，在钨粉还原、碳化阶段对 WC 晶粒长大亦有很好的抑制效果，且元素 Cr 或 V 富集在 WC 亚晶界上。抑制剂种类对 WC 晶粒细化作用明显并对合金性能有显著的影响(表 7-24)。

表 7-24　晶粒抑制剂对 WC-10%Co 超细合金性能的影响

抑制剂种类	加入量/%	硬度 HV10	耐磨性/$km\cdot mm^{-3}$	抗弯强度/MPa	帕尔斯特奎裂纹长度/μm
Cr_3C_2	0.5	1590	20	3700±200	586
	0.7	1560	21	3900±200	612
	1.0	1710	36	3300±300	604
VC	0.3	1590	22	3400±100	638
	0.5	1750	41	3600±100	688
	0.7	1620	17	2800±300	638

续表 7-24

抑制剂种类	加入量 /%	硬度 HV10	耐磨性 /km · mm^{-3}	抗弯强度 /MPa	帕尔斯特奎裂纹长度/μm
(TaNb)C	1.0	1650	16	2600±300	648
	1.5	1650	18	2800±300	648
	2.0	1560	14	3000±300	608

从表 7-24 中看出，VC 和 Cr_3C_2 加入量相同时，加入 VC 的合金比加入 Cr_3C 的合金有更高的硬度，但强度有不同程度的降低；加入 Cr_3C_2 的超细合金，虽然抑制 WC 晶粒长大效果不如 VC，但由于 Cr_3C_2 固溶在黏结相中的相对含量增加，合金中的平均自由程增加，此时，合金有较高的断裂韧性。在低钴合金中（钴含量小于 10%），合金的抗弯强度随 VC 的增加而降低，这是由于钴含量低的合金中因 WC 晶粒的细化造成液相流动困难，残余孔隙较高所造成。在热等静压的情况下，VC 加入量小于 3%（相对于黏结相量）时，合金抗弯强度随 VC 含量的增加显著提高，若继续增加 VC 含量，合金抗弯强度则下降，这是由于 VC 含量过高时，在 WC 晶界析出粗大的(W,V)C 相，这对合金抗弯强度产生不利的影响（图7-51）。Cr_3C_2 的加入能有效提高合金的抗弯强度，当加入量为 0.7% 时，合金抗弯强度可达 3900MPa，同时含 Cr_3C_2 的超细硬质合金的抗腐蚀性明显优于加入其他晶粒抑制剂的合金。(TaNb)C的加入对合金的硬度、抗弯强度、耐磨性等性能无明显的影响。由于各种抑制剂对性能影响的效果不同，通常采取同时加入两种或多种抑制剂，如同时加入 VC 和 Cr_3C_2 的超细硬质合金获得了硬度、抗弯强度都较高的性能。

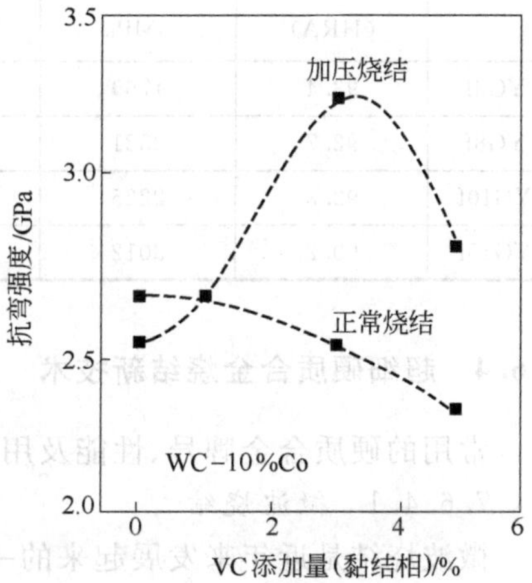

图 7-51 VC 加入量对超细合金抗弯强度的影响

7.6.3 超细硬质合金的制备工艺

超细硬质合金的制备工艺一般为真空烧结＋热等静压或真空-低压烧结[19,20,25]。与普通硬质合金不同的是，由于 WC 粉末粒度较细（小于 0.6μm），比表面积大且化学活性高，烧结驱动力大。因此在烧结温度为 1000℃左右时就开始收缩，共晶温度（1280℃）下收缩达到最大，1350℃时基本收缩完毕。温度继续升高或者延长烧结时间时合金密度基本不变化，而矫顽磁力却下降，即意味着 WC 晶粒开始长大。因此，为控制 WC 细小的组织，均先采用低温真空烧结。待合金内部孔隙球化并形成封闭孔隙时，对烧结体进行气压烧结(低压热等静压)，此时可迅速、有效地消除合金内的残余孔隙，增加合金致密度，得到均匀而无孔隙的组织结构，大大提高超细硬质合金的性能。另外，亦可采取先真空预烧结(合金相对密度为 90%～95%)，然后进行热等静压，合金强度也得到提高。表 7-25 为不同烧结工艺所制备的超细硬质合金的性能。

表 7-25　真空烧结、气压烧结超细合金性能

合金牌号	真空烧结		气压烧结		热等静压	
	硬　度 (HRA)	抗弯强度 /MPa	硬　度 (HRA)	抗弯强度 /MPa	硬　度 (HRA)	抗弯强度 /MPa
YG6f	93.4	1769	93.5	2687	93.5	3108
YG8f	92.7	2321	92.7	3255	92.9	3499
YG10f	92.3	2225	92.4	3404	92.4	3703
YG15f	90.2	3012	90.6	3615	90.7	3705

7.6.4　超细硬质合金烧结新技术

常用的硬质合金牌号、性能及用途见表 7-26。

7.6.4.1　微波烧结

微波烧结是近年来发展起来的一种新型烧结技术，其主要特点是依靠材料本身将吸收的微波能转化为分子的动能和势能，此时被烧结的产品内外同时加热，大大减小了材料内部的热应力[17,22]。另外，材料在微波电磁能的作用下增加了分子或离子的动能，使活化能降低，原子扩散系数提高，使烧结可在低温下快速进行，粉末晶粒来不及长大。常规烧结产品依靠热量的传导、辐射、对流方式由外向里缓慢加热，因此，达到某一烧结温度所需时间长，很难得到细晶材料。微波烧结超细 WC-Co 合金粉、纳米 WC-Co 复合粉末时，无需添加任何晶粒抑制剂，就可制备晶粒细小、粒度分布均匀的超细硬质合金。微波烧结的典型工艺比传统真空烧结工艺缩短 3～4h，而能耗却只有普通工艺的几分之一。目前，国内外对硬质合金的微波烧结技术的研究十分活跃，并已经向产业化过渡。

7.6.4.2　放电等离子体烧结

等离子体烧结分两类：一类是在真空中利用等离子火焰无压烧结；另一类是利用瞬间、断续放电压力烧结(Spark Plasma Sintering，SPS)[21,24]。其基本原理是：采用直流脉冲电源，将强脉冲电流加在粉末烧结体上，可产生很多有利于粉末快速烧结的效应，例如，由于脉冲放电产生的放电冲击波可使粉末表面所吸附的气体解吸，粉末表面的氧化薄膜击穿，粉末得到净化、活化。另外，瞬间、断续、高频率发生

表 7-26 常用的硬质合金牌号、性能及用途(YB 849—75)

1. 性能与用途

牌号	化学成分/%				相当于国际标准 ISO	密度 /g·cm^{-3}	洛氏硬度 HRA ≥	抗弯强度(σ_{bb})≥		性能	用途
	碳化钨	碳化钛	碳化钽(铌)	钴				MPa	kgf·mm^{-2}		
YG3X	96.5	—	<0.5	3	K01	15.0~15.3	91.5	1078	110	细晶粒合金在 YG 类合金中耐磨性最佳,但抗冲击韧性较差	用于铸铁、有色金属及其合金的精车刀片,及合金钢、淬火钢的精加工刀片
YN10						6.3	92	1078	110	具有较高的耐磨性和红硬性,但冲击韧性较差	适于碳素钢、合金钢、工具钢和淬火钢等的连续切削的精加工和半精加工
YG6A	92	—	2	6	K10	14.6~15.0	91.5	1372	140	属细晶粒碳化钨合金,由于加入 TaC 合金,耐磨性和使用强度较高	用于铸铁、有色金属及其合金的半精加工刀片,及高锰钢、淬火钢、合金钢的半精加工和精加工用的刀片
YG6X	93.5	—	—	6	K10	14.6~15.0	91	1372	140	属细晶粒碳化钨合金,耐磨性较高,使用强度接近 YG6	用于冷硬铸铁、球墨铸铁、耐热合金加工刀片,亦用于普通铸铁的精加工用的刀片
YG6	94	—	—	6	K15	14.6~15.0	89.5	1421	145	耐磨性较高,对冲击和振动不很敏感,可采用比 YG8 稍高的切削速度	用于铸铁、有色金属及其合金和非合金材料连续面的粗车,间断切削的半精车和精车,小断面的精车,粗车螺纹,旋风车丝,连续断面半精铣和精铣,孔的粗扩与精扩等用的刀片
YG8	92	—	—	8	K30	14.5~14.9	89	1470	150	使用强度高,抗冲击、抗振动性能较 YG6 好,耐磨性较低	用于铸铁、有色金属及其合金和非合金材料不平整断面及间断切削粗加工、钻扩孔等用的刀片
YG8N	91	—	1	8	K20	14.5~14.9	89.5	1470	150	合金中加入 NbC,使用强度和韧性较好	用于制作硬铸铁、球墨铸铁、白口铁及有色金属的粗加工和不锈钢的粗加工、半精加工的刀片

续表 7-26

1. 性能与用途

牌号	化学成分/%				相当于国际标准 ISO	密度 /g·cm^{-3}	洛氏硬度 HRA ≥	抗弯强度(σ_{bb})≥		性能	用途
	碳化钨	碳化钛	碳化钽(铌)	钴				MPa	kgf·mm^{-2}		
YG4C	96	—	—	4	—	14.9～15.2	90	1373	140	属粗颗粒碳化钨合金，耐磨性高于 YG8 合金，使用强度近于 YG8 合金	用于煤炭采掘工业中镶制电钻及风钻砂钻头，钻进煤层和无烟煤层、无硅化页岩、钾盐、岩盐的其他均质岩石。适于在中硬砂岩(Ⅴ～Ⅵ级，部分Ⅶ级)、灰岩及软硬交互频繁的岩层中使用
YG8C	92	—	—	8	—	14.4～14.8	88	1716	175	属粗颗粒碳化钨合金，其使用性能近于 YG15 合金，而耐磨性较 YG15 高	用于冲击回转凿岩机用的钎头，凿中硬和坚硬岩石，亦适于作切割含有坚硬夹石的切煤机齿、油井钻头、坚硬石材加工钻头和压缩率大的钢棒钢管拉伸模具以及制造车刀、刨刀等
YG11C	89	—	—	11	—	14.0～13.4	87	1961	200	属粗颗粒碳化钨合金，使用强度较 YG15 合金稍好，而耐磨性较优于 YG15	适于镶制重型的凿岩机用的钻头，例如深孔钻进和凿岩石车等用的钎头，在部分矿山推广使用，已获良好效果
YG15	85	—	—	15	—	13.9～14.1	87	1961	200	使用强度较上述合金均高，但耐磨性较上述合金低	用于冲击回转凿岩机凿坚硬和极坚硬岩层用的钻头、压缩率大的钢棒和钢管拉伸以及冲压工具等
YT5	85	5	—	10	P30	12.5～13.2	89.5	1372	140	在 YT 类合金中它的韧性最高，抗冲击性和抗振动性最好，不易崩刀，但耐磨性较差	适于制作碳钢、合金钢、钢铸件的表面加工和不平整断面的粗车、粗刨、半粗刨、粗铣、钻孔等用刀具
YT14	78	14	—	8	P20	11.2～12.7	90.5	1177	120	硬度、耐磨性高，抗冲击性和抗振动性较好，使用强度较高	适于制作对碳钢和合金钢，进行连续车削的粗车、粗铣和不平整断面粗车，以及间断切削时半精车、精车、铸孔的钻扩等用的刀片

续表 7-26

1. 性能与用途

牌号	化学成分/%				相当于国际标准ISO	密度/g·cm^{-3}	洛氏硬度HRA ≥	抗弯强度(σ_{bb})≥		性能	用途
	碳化钨	碳化钛	碳化钽(铌)	钴				MPa	kgf·mm^{-2}		
YT15	(78)	15	—	(8)	P10	11.0～11.7	91	1127	115	硬度、耐磨性高，能承受轻的冲击和振动	适用制作对碳钢、合金钢进行连续车削的精车、半精车、旋风车丝、间断车削时的小截面精车和孔的粗扩与精扩用的刀片
YT30	66	30	—	4	P01	9.3～9.7	92.5	882	90	耐磨性高，抗冲击及振动性差，要求按正确的工艺焊接和刀磨	用于碳钢、合金钢的精加工，如小切削截面精车、精镗、精扩等用的刀片
YW1	84～85	6	3～4	6	M10	12.6～13.5	91.5	1176	120	红硬性较好，能承受一定的冲击负荷，通用性较强	用于耐热钢、高锰钢、不锈钢等的精加工和普通钢材、铸铁及有色金属的精加工等用的刀片
YW2	82～83	6	3～4	8	M20	12.4～13.5	90.5	1323	135	耐磨性稍低于YW1，使用强度较高，能承受较大的冲击负荷	用于耐热钢、高锰钢、不锈钢及普通钢材、铸铁及有色金属的半精加工用的刀片

2. 合金的组织结构

牌号	YG3X	YG6X	YG6A	YG6	YG8N	YG8	YG4C	YG8C	YG11C	YG15	YW1	YW2	YT5	YT14	YT30	YN10
孔隙度(体积,≤)/%	0.4	0.4	0.4	0.2	0.2	0.2	0.2	0.2	0.2	0.2	0.2	0.2	0.2	0.2	0.4	0.4
石墨夹杂(体积,≤)/%	0.2	0.2	0.2	0.2	0.2	0.2	1.0	1.0	1.0	1.0	1.5	1.5	1.5	1.5	1.5	1.5
污垢总长度(≤)/μm	200	200	200	200	200	200	200	200	200	200	200	200	200	200	200	200
碳化钨晶粒度等级(≤1μm的百分含量)	≥51	≥57	≥62				≤32	≤34	≤32							

注：表中化学成分带(　)内数值为参考数。
1. 硬质合金拉伸模具石墨夹杂允许不大于0.2%(体积分数)。
2. 硬质合金挤压制品孔隙度不大于0.6%(体积分数)。
3. 矿山地质工具、拉伸模具、冲压模具用硬质合金不允许η相，切削工具及其他硬质合金制品允许显微轻度η相。
4. YG6、YG8牌号做矿山、地质工具时，石墨夹杂允许不大于0.5%(体积分数)。
5. 细颗粒合金(YG3X、YG6X、YG6A)中碳化钨晶粒最大不大于5μm。
6. 1kgf·mm^{-2}=10MPa。

的脉冲使粉末产生放电，大大加快了原子的扩散，扩散系数大于传统热压工艺，从而使粉末烧结快速进行，短时间内合金可致密化。此方法是制备纳米材料的有效途径，并可用于金属、陶瓷（氧化物、碳化物、氮化物等）、金属陶瓷及金属化合物材料的制备。采用SPS烧结方法能制备轴向的梯度硬质合金材料，而且，还能制备径向圆筒形状的硬质合金/钢梯度材料，此材料用于制作超细硬质合金拉丝模具。如里层成分为WC-6%Co、中间层成分为WC-20%Co、外层为钢的拉丝模，满足了模具材料要求外韧内硬的要求。因此，SPS烧结技术的用途是十分广泛的。

参考文献

1 李沐山. 80年代世界硬质合金技术进展.（硬质合金）编辑部，1991；(9)

2 株洲硬质合金厂. 硬质合金生产. 北京：冶金工业出版社，1974

3 铃木寿. 硬质合金と硬质合金材料. 丸善株式会社，昭和61年

4 Asada N et al. Particle Size of Fine Grain WC by the "Continuous Direct Carburizing Process". Metal Powder Report. 1990；45(1)：60～64

5 Cao L et al . Synthesis of Nanophase WC Powder by a Displacement Reaction Process . Nanostructed Materials，1997；(9)：205

6 McCandish L E et al . Processing and Properties of Nanostructured WC-Co. Nanostructed Materials , 1991；1(2)：119

7 McCandish L E et al . Chemical Processing of Nanophase WC-Co Composite Powders. Materials Seience and Technology，1990；(6)952

8 Kear B H et al . Synthesis of Nanostructured Materials by Mechanical Milling：Problems and opportunities. Nanostructed Materials，1993；3(1)：19

9 McCandish L E et al . 世界专利，WO 91/07244，1991. 05－30

10 Ban Z G ，Shaw L L . On the reaction sequence of WC-Co formation using an integrated mechanical and thermal activation process . Acta Materialia，2001；(49)：2933～2939

11 Koch C C . Synthesis of nanostructured materials by mechanical milling；problems and opportunities. Nanostructed Materials，1997；(9)：13

12 Zhu Y Z et al. Influence of processing parameters on the formation of WC-Co nanocomposite powder using a polymer as carbon source. Composites：Part B， 27B，1996：407～413

13 王国栋. 硬质合金生产原理. 北京：冶金工业出版社， 1990

14 Goodson R，Sheehan L et al . Correlating WC Grain Size Analysis Techniques with Attritor Mill Monitoring in Cemented Carbides. Refractory & Hard Metals，1985 ；4(3)：14

15 Szegvari A et al. Processing of Tungsten Carbide Powder with the Q(Circulation) Attritor . Metal Powder Report，1986；41(12)：877～881

16 Silana Luyckx et al. Comparison between V_8C_7 and Cr_3C_2 as grain refiners for WC-Co. Materials and Design，2001；(22)：507～510

17 周健，陈吉平等. 微波烧结WC-Co细晶硬质合金的工艺与性能. 中国有色金属学报，1999；9(3)：465～468

18 黎樵桑等. 纳米硬质合金粉末压制过程的研究. 粉末冶金技术，1999；17(2)：94

19 黄忠耿等. 研制和生产粒度小于0.6μm碳化钨粉的工艺技术发展动态. 稀有金属与硬质合金，1998；

(4):51

20 邬荫芳."双高"超细合金的研制.硬质合金,2000;17(4):215

21 罗锡裕.放电等离子烧结材料的最新进展.粉末冶金工业,2001;11(6);7～16

22 李学芳.微波技术在硬质合金工具材料工业中的新应用.硬质合金,2000;17(4):196～199

23 Xueming M, Gang J I et al. Structure and properties of bulk nano-structured WC-Co ally by mechanical alloying. Journal of alloys and compounds, 1998;(264):267～270

24 Falkovsky V, Blagoveschenski Yu et al. Nanocrystalline WC-Co hartmetals produced by plasmochemical method, Proc. 15th plansee seminar' 2001, 2001; 2: 91～96

25 邵刚勤,吴伯麟等.超细晶粒 WC 硬质合金的研制动态.武汉工业大学学报,1999;21(6):19～20

26 Payne J A et al. Influence of Cobalt on the Attritor Milling Efficiency of WC-Co Powder Blends. Metal Powder Report, 1990; 45(12): 847～849

8 钨合金及钼合金

随着现代科学技术的迅猛发展，对材料的要求也越来越高，而钨基合金由于其具有各种优良性质，如高密度、高强度、耐磨蚀、抗高温氧化性和较好的机加工性能等，因而被广泛应用于高科技领域中，是航空、航天、电子、电气、机械、医疗器件、兵器、舰艇、科学器材等领域中的重要部件材料[1]，如利用钨基合金比重大、强度高等特点，而被用做陀螺外缘转子及飞机上的配重和减震材料；在军事工业中用作穿甲弹弹芯和子母弹[2]等；利用其吸收射线能力强的特点，在医疗行业中作防 X 射线屏蔽材料和 γ 射线刀；在民用工业中用作 BP 机上的高比重合金振子、电热镦粗砧块和电极触头材料[3]等。大量资料表明，钨基高比重合金是除硬质合金、含钨钢铁及钨丝材以外用钨量最大的领域。在国民经济各部门及现代科技领域中占有日益重要的地位，对国民经济的发展和国防建设有着十分重要的意义。钨基合金在工业发达国家中约占钨总消耗量的 10%，而我国仅为 5%左右，美国是世界上钨合金的最大生产国和消费国。我国虽然是钨资源大国，但是从事钨基合金的研究、试制与生产起步较晚，在品种和产量上与美国相比差距很大，钨基高比重合金年产量仅为 1000t 左右，但生产能力远远超过 1000t[4]。

同样，现代高新技术的迅猛发展为钼的新应用也开辟了广阔前景，高科技对钼性能提出的要求在许多方面已经超出了已有的或传统用途中所需的性能要求。一方面要求承受的温度越来越高，另一方面要求在室温下延展性和可焊性要好。由于纯钼的塑-脆转变温度和再结晶温度不太高，严重制约了其使用的范围。因此，发展高性能的钼合金，成为钼业可持续发展的关键。

钼作为一种高效多能的合金化元素，不仅在钢中添加时显示出独特的作用，也能与多种有色金属生成性能优良的合金。目前，工业上大批量生产的钼合金主要有 TZM 合金、钼铼合金及其他含钼材料，如钼-铜假合金、二硅化钼等。

8.1 钨基高比重合金

8.1.1 概述

钨基高比重合金是一种以钨为基（质量分数为 80%～98%）加入少量的镍、铜、铁、钼、铬等元素作为黏结剂组成的合金，其密度可高达 16.5～18.8g/cm³。因这类合金一个十分突出的特点是密度大，所以国际上习惯称之为钨基高比重合金/重合金或钨基高密度合金，主要有 W-Ni-Cu、W-Ni-Fe 两大系列以及 W-Ni-Cr、W-

Ni-Mo、W-Ni-Co 等合金[3]。

高比重钨合金的研究迄今已有 60 多年发展历史，早在 1938 年 G. H. Price 等学者便对 W-Ni-Cu 系钨合金进行过较详细的研究[5,6]，由于该合金具有密度高、强度好、膨胀系数低、良好的机加工性等优异的物理力学性能，而得到快速发展与广泛的应用[2,3]，后来又发现 W-Ni-Fe 系合金的强度和塑性均优于 W-Ni-Cu 系。因此，自 20 世纪 50 年代以后，美、英、苏、法、德、日等国家不仅研究和开发了多个系列的钨合金，尤其是 W-Ni-Fe 系合金，而且在理论方面也进行了大量的研究。20 世纪末，不少第三世界国家，开始引进或研究钨合金制品，如巴基斯坦等。我国于 20 世纪 60 年代初开始研制钨合金，1965 年初首次成功地研制出一种 W-Ni-Cu 合金，随后又相继研制出 W-Ni-Fe、W-Ni-Cr、W-Ni-Co、W-Ni-Mo、W-Ni-Fe-Mo 等多个系列的钨基合金，并广泛地在我国高科技领域以及国防军事工业得到应用。

8.1.2 W-Ni-Cu 系高比重合金

8.1.2.1 合金组元及作用

该系合金主要由钨、镍、铜粉末经混合压制烧结而成。其中，钨含量一般是 80%～98%，加入镍、铜黏结剂，在液相烧结后形成两相合金，密度接近理论密度。Price[7] 等首先指出，发生液相烧结应具有三个条件：(1)两组分的熔点差要大；(2)低熔点组分微溶或不溶于高熔点组分中；(3)高熔点组分在低熔点组分中有适当的溶解度。这就是钨基高比重合金设计的基本思想。镍是液相烧结工艺的必要元素，一般含量为 0.5%～12%，如果大于 12%，则合金耐热性和耐腐蚀性均将降低。该合金中，除钨、镍外剩余含量就是铜的含量。铜在合金中可提高钨合金的强度和塑性，另一重要特点是 W-Ni-Cu 合金无磁性，可作特殊应用。

8.1.2.2 合金性质

W-Ni-Cu 系合金具有优异的物理力学性能，包括高密度、高强度、膨胀系数低、耐磨蚀、抗高温氧化性和良好的机加工性等，因而得到快速发展与广泛的应用[7,8]。

8.1.2.3 合金坯块制备

W-Ni-Cu 系高比重合金制备主要采用粉末冶金方法来实现，包括原料粉末准备、混合料制备、压制成形、烧结、后处理等几方面。其工艺流程如图 8-1 所示[9]。

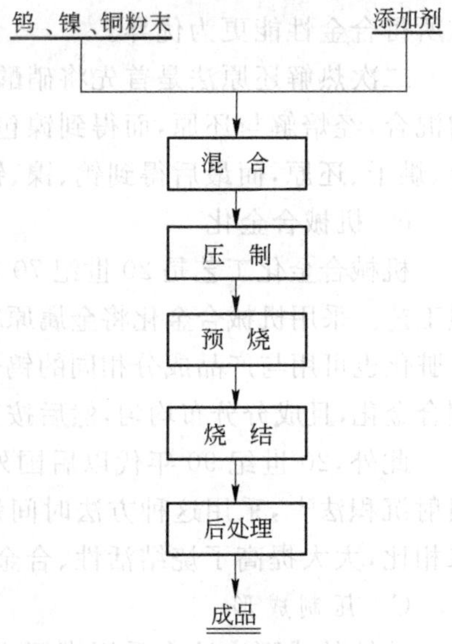

图 8-1 W-Ni-Cu 系高比重合金制备工艺流程

A　原料粉末准备

原料粉末一般是钨、镍、铜粉，也可以加入少量其他元素粉末，视需要而定。粉末纯度要高，同时应避免潮湿氧化，钨粉的纯度应大于99.7%。杂质含量对钨合金的塑性和冲击韧性影响很大。特别是非金属杂质微量元素会引起W-黏结相界面出现杂质偏析，造成合金脆化。由于钨基高比重合金的烧结密度和金属粉末的粒度及组成有密切关系，一般要求粉末粒度细，平均FSSS粒度应小于4～5μm，而且粒度组成要适当，不然会降低合金的烧结密度，影响合金的力学性能。一般用还原钨粉、羰基镍粉、铁粉和电解铜粉[7]。

B　混合料制备

混合料制备有如下方法。

a　球磨混料法

一般来说生产高比重钨合金，混合料制备多数都采用原料粉末的干混法，即机械混合法。这种方法特点是制备工艺简便。一般用圆筒球磨机或V形和锥形的混料机。由于钨、镍、铜各种金属粉末的密度不同，为了达到混合料的均匀性，一般将镍、铜、钨粉，混合8～12h。

b　二次热解还原法

为了获得W-Ni-Cu各成分高度均匀混合，并使混合料具有极高的烧结活性，人们研制出一种被命名为"二次热解还原法"的新工艺。所得的具有一定包覆性能的W-Ni-Cu混合料的烧结温度较一般同成分的球磨混合料降低约100～130℃，而且所得合金性能更为优异。

二次热解还原法是首先将硝酸镍溶解于蒸馏水中，再将钨粉与硝酸镍溶液均匀混合，经焙解与还原，而得到镍包钨的复合粉末。然后将复合粉与氯化铜溶液混合、烘干、还原，而最后得到钨、镍、铜复合粉末。

c　机械合金化

机械合金化工艺是20世纪70年代以后发展起来的一种制取特殊合金材料的成熟工艺。采用机械合金化将金属原料粉末按比例装入鼓形球磨机中，加入钢球，为防止脏化也可用与产品成分相同的钨合金球。机械合金化时间达到60h后混合粉末达到合金化，且成分分布均匀，然后按工序成形和烧结。其烧结温度可大大降低[8]。

此外，20世纪90年代以后国外研究发展起来的又一种新工艺——RSU反应喷射沉积法[1]，采用这种方法时间短，见效快，生产的钨基合金粉末与机械混合粉末相比，大大提高了烧结活性、合金显微结构的均匀性和合金的力学性能。

C　压制成形

传统的成形方法多采用模压成形。只要模具设计适当，可以压制成形状简单、特别是尺寸较小的生坯。采用双向压制比单向压制成形的生坯密度要均匀。随着粉末冶金新工艺、新技术的不断涌现，相继出现了等静压成形、挤压成形、注射成形等新技术。挤压成形主要适合于生产长径比大的管材、棒材，例如曾用此法生产ϕ4mm×(80～100)mm的细条形高比重合金产品，材料利用率几乎达到100%，这是模压成形无法达到的。注射成形则主要适合于形状十分复杂的近净成形零部件，生产具有连续性，成本低，例如在生产高比重合金手机振子、深海捕鱼用高比重合金坠子等异形产品时，注射成形法便有独到的优势。成形方法的选择应根据产品要求来考虑决定。

D 烧结

W-Ni-Cu系高比重合金烧结是一类典型的液相烧结[7]。液相烧结的目的是使材料最终尽量接近理论密度，应具备下列条件：(1)钨合金组元中有足够的液相；(2)固体在液体中有相当大的溶解度；(3)固相(W颗粒)完全被液相所润湿。

关于重合金烧结机理，Kingery提出了溶解-沉淀型液相烧结理论，把液相烧结过程分为三个阶段：(1)W颗粒重新排列。在最初形成液相时，通过毛细管力的作用，使W颗粒重新排列及相互滑动，促进合金致密化。(2)溶解-沉淀。在液相产生以后，钨的小颗粒和高能区的钨颗粒边角优先溶解，并沉淀在大颗粒钨的光滑表面上，使合金进一步致密化和钨颗粒长大。这是由于钨颗粒表面能差所致。(3)晶粒长大。烧结时间延长，导致了钨颗粒进一步长大，形成固相骨架，此时合金的致密化达到稳定。20世纪70年代Zukas等深入地研究液相烧结机制，提出了并吞型液相烧结机理的观点。认为在黏结相区域的钨颗粒形核和长大是由于两个以上的钨颗粒接触而并吞形成大的钨颗粒。

高比重合金烧结包括预烧结和液相烧结。在烧结过程中，烧结温度、时间、烧结气氛和冷却速度是主要的工艺参数，它们对合金的密度、组织结构和力学性能影响显著。烧结气氛一般指氢气、氮气和真空。在最初加热阶段$t<1000$℃，是使粉末中氧化物得到还原，称为预还原，这对合金的力学性能有直接影响。

下面对烧结工艺参数做进一步说明。

a 烧结温度和时间

液相烧结温度是根据合金成分(含黏结相)来确定[7]。钨含量高，烧结温度要高；钨含量低，烧结温度则应降低。时间以形成液相烧结而定，过长过短都不利于烧结，影响合金性能。研究表明，烧结温度和时间对W-Ni-Cu高比重合金力学性能影响规律如表8-1所示。

表8-1 工艺参数对W-Ni-Cu高比重合金力学性能影响

合金成分/%	工艺参数		密度/g·cm^{-3}	σ_b/MPa	δ/%
	温度/℃	时间/min			
90W-6Ni-4Cu	1400	60	≥17.0	700	11.0
90W-6.66Ni-3.33Cu	1410	60	≥17.6	798	17.9
90W-7.5Ni-2.5Cu	1300	6	15.4	312	0.4
		60	15.9	617	0.7
		300	16.6	715	0.7

续表 8-1

合金成分/%	工艺参数		密度/g·cm⁻³	σ_b/MPa	δ/%
	温度/℃	时间/min			
90W-7.5Ni-2.5Cu	1350	6	16.4	696	1.4
		60	16.7	755	2.3
		300	16.7	735	1.5
	1400	6	17.1	774	5.3
		60	17.15	804	6.0
	1450	6	17.15	784	5.5
		60	17.17	823	8.0

b　烧结气氛

烧结气氛主要包括还原气氛氢气、惰性气氛氮气、氩气及真空，目的是保证烧结的顺利进行和产品质量。在还原性气氛氢气中高温烧结，对 W-Ni-Fe 系合金而言，易产生氢脆；惰性气氛氮气、氩气虽不与合金反应，却有少量气体残留其中；真空烧结有利于气体排除和孔隙收缩，致密化程度高。目前，在钨基高比重合金的制造过程中氢气仍是典型的烧结气氛。German[11] 研究认为，气氛对合金的性能影响是很大的，真空烧结使合金在钨含量较低时具有较高的强度，但其塑性比在湿氢下烧结低一些。同时指出，先在氢气氛中烧结，然后再将气氛换成氩气或真空，烧结后合金性能比仅在氢气氛中烧结要好。

据报道[1]，20 世纪 90 年代中后期，有研究表明：采用一种综合性的气氛即干-湿氢工艺可以取得很好的效果。这一工艺是先在干氢（露点为－44℃）条件下，缓慢升温到 1300℃，然后通入湿氢（露点为＋18℃），在上升到最终烧结温度时保持 1/3 的烧结时间后，再通入干氩气（露点为－60℃）进行烧结。这种工艺流程所得到的钨基高比重合金的拉伸强度和伸长率均比氢气＋氩气及氢气＋真空烧结工艺所得到的合金性能有一定提高，其结果如图 8-2 所示。

c　冷却速度

近年来，人们对烧结后冷却速度进行了大量的研究。结果表明：对 W-Ni-Cu 系合金而言，冷却速度对合金的性能影响十分明显。如对 90W-6Ni-4Cu、90W-7Ni-3Cu、90W-7.5Ni-2.5Cu 等合金烧结后实行快冷，合金的性能得到显著提高，不仅晶粒细而均匀，更重要的是与随炉冷却的钨合金相比，其抗拉强度可以提高 30%～50%。这主要是在快速冷却过程中，一方面使合金的晶粒得到细化，更重要的是使钨在 Cu-Ni 固溶体中的固溶度得到提高，使黏结相被固溶强化而提高了黏结相与钨颗粒之间的结合强度，且黏结相本身因过饱和固溶强化而提高了强度性能。故使合金的整体抗拉强度得到大幅提高。但对 W-Ni-Fe 系合金快冷的影响却不显著，总的来说冷却速度应视具体情况来考虑。

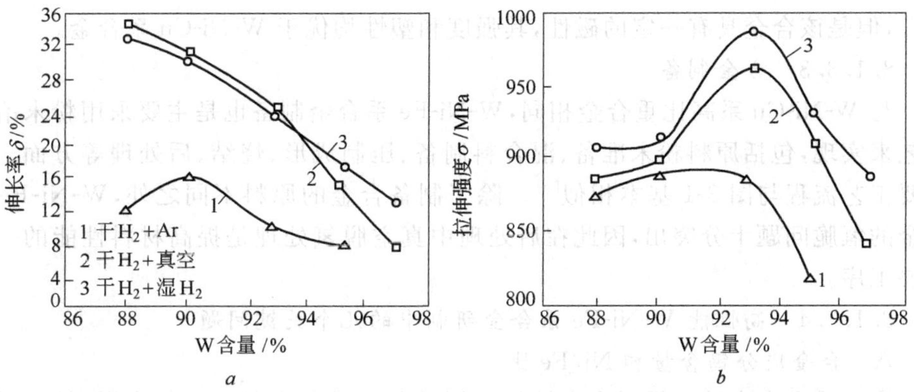

图 8-2 三种典型工艺流程对 W-Ni-Cu 合金伸长率(*a*)和拉伸强度(*b*)的影响

E 钨合金的后处理

钨合金的后处理是指对烧结态钨合金进行处理,包括热处理和变形加工(旋锻)等,主要目的是改善合金性能,提高合金质量。

热处理是调节改善合金性能的有效手段。German[11] 研究认为,热处理不会明显影响烧结后的显微组织,但能够通过改变合金内部的杂质含量和分布来影响合金的力学性能。主要有烧结后热处理、真空热处理和热等静压处理等方式。

烧结后的变形加工(旋锻)可大大提高合金的强度,但塑性却有所降低。应根据实际要求来决定采取何种后处理手段。

8.1.2.4 检测、应用

无论在合金制备过程中还是制备完成后,都需要对合金进行检验、测试,以确保合金的性能和质量。检测内容主要包括组织结构及物理力学性能如密度、粒度、纯度、强度、硬度、伸长率、冲击韧性等。这是钨合金制备中很重要的方面,须高度重视。

8.1.3 W-Ni-Fe 系高比重合金

8.1.3.1 合金组元及作用

该系合金主要由钨、镍、铁粉末经混合压制烧结而成。其中,钨含量一般是80%～98%,加入 Ni-Fe 黏结剂,在液相烧结后形成两相合金,密度接近理论密度。在 W-Ni-Fe 系合金中镍一般含量为 0.5%～12%。该合金中,铁的含量一般在 0.5%～8%,如果大于 8%则合金脆性升高。铁在合金中可提高钨合金的强度和塑性,这类合金具有一定的磁性,可用作穿甲弹弹芯材料、子母弹等高动量杀伤碎片、配重及其他工业领域等。

8.1.3.2 合金性质

W-Ni-Fe 系合金同样具有优异的物理力学性能,包括高密度、高强度、膨胀系数低、耐磨蚀、抗高温氧化性和良好的机加工性等，而得到快速发展与广泛的应用[1]，但是该合金具有一定的磁性，其强度和塑性均优于 W-Ni-Cu 系合金。

8.1.3.3 合金制备

与 W-Ni-Cu 系高比重合金相同，W-Ni-Fe 系合金制备也是主要采用粉末冶金工艺来实现，包括原料粉末准备、混合料制备、压制成形、烧结、后处理等方面。其简要工艺流程与图 8-1 基本相似[9]。除了制备合金的原料不同之外，W-Ni-Fe 系合金的氢脆问题十分突出，因此在后处理中真空脱氢处理是提高材料性能的一个重要工序。

8.1.3.4 高性能 W-Ni-Fe 系合金研制中的几个关键问题

A 合金成分钨含量和 Ni/Fe 比

高比重合金中钨含量对合金性能的影响是比较复杂的。一般来说，钨含量小于 90%时，因黏结相量过多，合金的综合性能较低；钨含量大于 90%时，钨颗粒间直接接触增多，拉伸强度和延性明显下降；钨含量等于 90%时，合金具有较好的力学性能[10,11]。作为高比重合金中的主要组分和黏结相，镍、铁含量和 Ni/Fe 比对合金性能具有重大影响。早期人们认为，Ni/Fe 等于 7∶3 时，可避免黏结相出现“晶内偏析”，20 世纪 70 年代后，Churn 认为 Ni/Fe 等于 1∶1 是最佳比值。Bose[12]等人则认为：Ni/Fe 比在 2～4 之间时，合金的强度和延性呈现最佳值；当 Ni/Fe 比超出此范围时，就有可能形成脆性金属间化合物，并提出：合金中随 Ni/Fe 比的增大，钨在黏结相中的固溶度和钨晶粒度稍高一些，合金的塑性提高，强度降低。

经过研究，一直到 20 世纪 80 年代，人们认为最合理的 Ni/Fe 比为 1～4，最好为 7∶3。因为当 Ni/Fe 比小于 1 时，合金中析出脆性 μ 相金属间化合物 Fe_7W_6；当 Ni/Fe 比大于 4 时，合金中将形成脆性金属间化合物 Ni_4W。Ni_4W 不同于 Fe_7W_6，它在高温时溶解于基体相，当淬火时继续保持溶解而强化基体相。Ni/Fe 比对合金性能的影响见表 8-2，人们对含 93%钨的合金进行了系统研究，试验结果证实了上述观点[13]。

表 8-2 Ni/Fe 比对 93%钨合金性能的影响

合金成分/%			Ni/Fe 比	真空退火态		退火+淬火态	
W	Ni	Fe		抗拉强度/MPa	伸长率/%	抗拉强度/MPa	伸长率/%
93	2.33	4.67	0.5	脆	断	脆	断
93	3.50	3.50	1	897	18.7	916	19.6
93	4.20	2.80	1.5	918	25.3	924	27.5
93	4.67	2.33	2	927	23.8	936	30.9
93	4.90	2.10	2.3	936	29.5	940	31.8
93	5.25	1.75	3	922	29.3	934	31.4
93	5.60	1.40	4	942	27.4	958	34.0
93	5.83	1.17	5	943	31.8	955	33.5
93	6.00	1.00	6	936	15.8	951	35.5

B 烧结参数(烧结温度和时间)对合金性能的影响[1]

钨基高比重合金在烧结过程中需要形成液相以达到致密化的目的。W-Ni-Fe系相图表明,黏结相的最低熔化温度约为1435℃,但其混合粉末压坯在1465℃形成初始液相,故大多数W-Ni-Fe系高比重合金需要在1480℃附近或更高一点温度下进行烧结。L. L. Bourguignon以93W-4.9Ni-2.1Fe合金为对象进行研究,结果也体现了这一点(见图8-3)。他认为,烧结温度的变化将改变烧结期间钨在黏结相中的溶解度和扩散,表现为液相量的增加和钨晶粒长大速率的提高。当烧结温度升高时合金中的液相量增多,二面角减小,合金延性提高,强度降低。German等人研究了烧结温度为1500℃下烧结时间对93W-4.9Ni-2.1Fe合金性能的影响(见图8-4)。从图可知,当时间超过1h时,合金密度不断提高,最终趋于某一稳定值。同时发现,随着烧结温度和烧结时间的升高或延长,合金性能均出现下降趋势,这主要是烧结工艺致使钨基高比重合金的显微结构发生变化,从而影响合金的力学性能。

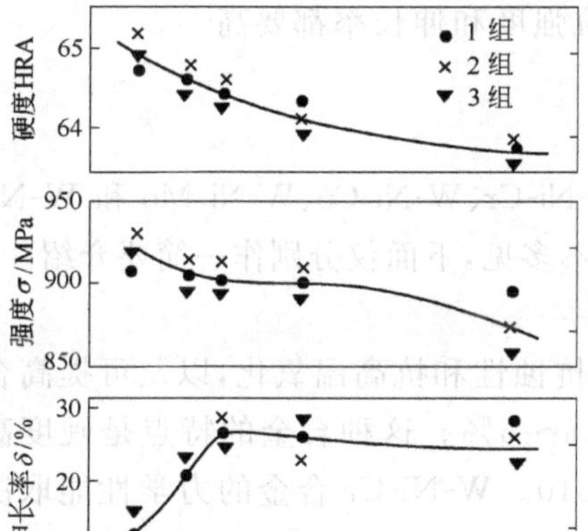

图8-3 烧结温度对93W-4.9Ni-2.1Fe合金性能的影响

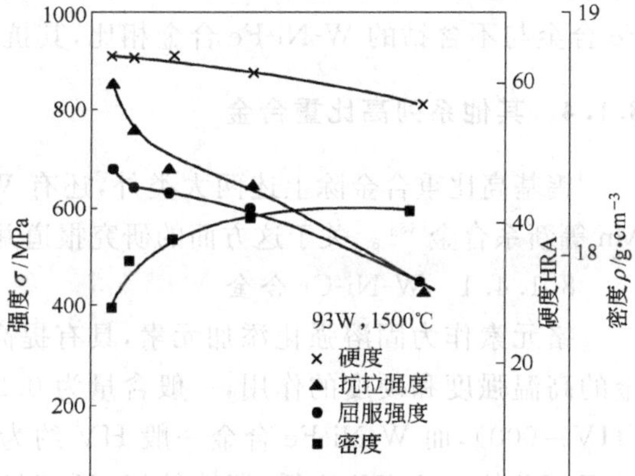

图8-4 烧结时间对93W-4.9Ni-2.1Fe合金性能的影响

C 合金(强)化研究[1,6,13]

W-Ni-Fe系基高比重合金的一个重要用途是代替贫化铀合金作为穿甲弹弹芯材料。作为穿甲弹弹芯材料,既要求高的密度以获得高的动能,又要求有尽量高的强度和相当的塑性。因此,它的强化一直是材料研究的重要课题。20世纪80年代前,合金的强化主要围绕材料的制取工艺、形变加工和热处理进行。80年代后,则开展了更广泛的合金化研究,以达到提高合金性能的目的。在高比重合金中,镍是活化烧结的元素,可降低烧结温度,铁(或铜)的加入可有效控制钨在镍中溶解度，避免金属间化合物的生成，同时提高合金的强度和塑性。它的强化机理是典型的固溶强化，即通过形成固溶体来达到强化的目的。目前，许多研究都致力于通过在合金中添加少量或微量元素来提高钨合金的强度、硬度及韧性等力学性能。作为钨合金的添加元素大致有：镍、铁、铜、锰、钒、钛、铝、钽、锆、铬、钴、钼、铼、铌、硼、硅、锡及稀土等。根据这些元素对合金的作用及强化机理，可分为固溶强化、弥散强化、协同强化等添加元素。一般而言，钼、铼、钽、铌、铬等元素都是用作固溶强化的添加元素，具有与钨相同的体心立方晶格，它们可以固溶于钨，也可以一定程度固溶于Ni-Fe基体相，使基体晶粒显著细化，钨合金得到固溶强化，从而达到改善强度和硬度的目的。钛、铝、钒、锆、硼、硅及稀土等都是可作弥散强化的添加元素。钛、铝的加入能够产生一种 γ 沉淀相（$NiAl_3$）析出，该相是细化的、连贯的，且分布均匀，从而提高合金的强度（又称沉淀硬化）。其他添加元素则通过微合金化方式细化晶粒、净化脱氧和弥散分布来提高合金的性能。由于钴与钨具有良好的浸润性和很高的互溶度，因此成为一种良好的协同强化元素。它的加入使得合金同时具有固相烧结和液相烧结的显微结构，因而具有最佳的力学性能。含钴的 W-Ni-Fe 合金与不含钴的 W-Ni-Fe 合金相比，其抗拉强度和伸长率都要高[1]。

8.1.4　其他系列高比重合金

钨基高比重合金除上述两大类外，还有 W-Ni-Cr、W-Ni-Co、W-Ni-Mo 和 W-Ni-Mn 等新系合金[13]。关于这方面的研究报道并不多见，下面仅分别作一简要介绍。

8.1.4.1　W-Ni-Cr 合金

铬元素作为固溶强化添加元素，具有提高抗蚀性和抗高温氧化，以及可提高合金的高温强度和硬度的作用，一般含量为 0.2%～5%。这种合金的特点是硬度高（HV=600），而 W-Ni-Fe 合金一般 HV 约为 310。W-Ni-Cr 合金的力学性能取决于 Cr/Ni 比。Cr/Ni 比低，塑性较好，硬度较高；Cr/Ni 比高，则硬度高，抗拉强度低，几乎没有塑性。

8.1.4.2　W-Ni-Co 合金

钴元素作为协同强化添加元素，可改善合金高温性能，特别是强化黏结相，避免生成金属间化合物，明显提高合金的高温强度和硬度，一般含量为 0.5%～5%。研究表明，当使用温度小于 500℃时，W-Ni-Co 合金与 W-Ni-Fe 合金相比，性能相差不大；当使用温度大于 500℃时，前者的强度和塑性明显高于后者[13]。

8.1.4.3　W-Ni-Mo 合金

钼元素作为固溶强化添加元素，一般含量为 0～25%。在液相烧结时可溶于黏结相中，从而起到固溶强化、细化晶粒的作用，有效地改善合金的力学性能，提高高温强度和抗热冲击阻力。研究表明，随着钼含量的增加，合金的屈服强度、极限拉伸强度和硬度都在提高，而延性和烧结密度则下降[1]。

8.1.4.4 W-Ni-Mn合金

锰元素作为固溶强化添加元素，活性大，易氧化，可改善W-Ni-Fe-Mo合金的延性。一般含量为4%～8%。该类合金一个最大优点是具有很好的穿甲自锐性。其烧结温度比W-Ni-Fe系合金低，但是通过烧结＋淬火，合金将具有好的强度和相当的塑性[13]。

8.2 电工用钨基合金

8.2.1 概述

钨基合金的另一个重要的应用领域是用作电工电子材料——即电触头材料、电极材料、电热加工材料、电子封装材料等。但量大而广的主要是电触头材料，在这一节将重点介绍电触头合金材料的基本性能、应用及制备工艺。

电触头材料主要是采用粉末冶金方法制造，因此，又称为烧结电触头材料[14]。电触头亦称触点或接点，是高、低压电器中的关键元件，担负着接通与分断电流的任务，它直接影响开关、电器运行的可靠性及使用寿命，所以人们将电触头称为电器的"心脏"。世界各发达工业国家如美国、德国、日本、英国等国都十分重视电触头材料的研究。我国从20世纪50年代开始研究与小批量生产电触头，五十多年来已形成一定生产能力，基本能满足我国高低压电器发展的一般需要。

在使用过程中电触头材料经常会发生起弧、氧化、熔焊和桥接而遭到破坏，因此理想的电触头材料必须满足下述要求，即有尽可能好的综合性能，包括：(1)物理性能。电阻率低，热导率高，熔点和沸点高，熔化热和升华热高，热稳定性好，热容量大，蒸气压低，起弧最低电流与电压高，电子逸出功高等。(2)力学性能。室温及高温强度高、硬度高、塑性与韧性好。(3)电接触性能。耐电弧烧损，接触电阻低且稳定，熔焊和桥接的倾向小。(4)化学性能。在较宽的温度范围内于不同介质中的耐腐蚀性好，大气中不易氧化、碳化及形成不易导电的化合物等。(5)加工制造性能。触头材料应能被焊接、钎接或用其他方法固定到触座、触桥上。

事实上，没有一种材料能完全符合上述所有要求。例如，Ag虽然有良好的导电、导热性和抗氧化性，但其耐电弧烧蚀性和耐机械磨损性差；钨虽然耐电弧烧蚀和耐机械磨损，但其导电、导热性差。因此，只有通过合金化或粉末冶金方法将几种金属(或金属与非金属)按性能要求组合起来，才能得到较为理想的触头材料。

目前，可用作触头材料的基本组成元素主要在元素周期表的中部，包括第五周期中原子序号为42～47的钼～银，和第六周期中原子序号为74～79的钨～金。它们都是晶格常数小、密度高、熔点高和相对原子质量较大的重元素。而铜、银、金则是电导率、热导率最高的金属，且延展性好。

钨基合金电触头材料制备方法主要有：(1)传统的制造方法[15]。包括压制—

烧结法、压制—烧结—复压—复烧或退火、压制—烧结—挤压、压制—烧结—轧制、压制—烧结—锻造、共沉淀法、熔浸法、热压法、活化烧结。(2)新技术、新工艺方法。包括快速定向凝固技术(雾化法、雾化沉积法)[16]、原位反应铸造法[17]、金属注射成形(MIM)[18]、功能梯度法(FGM)[19]等等。上述新技术虽为提高材料的性能和开发新型合金提供了新途径,但普遍研究不够深入,加上所需设备都很昂贵,工艺较复杂,难以适应工业化生产。目前,常用的比较成熟的制备方法仍然是压制—烧结法和熔浸法。

8.2.2　W-Cu 系列电触头合金

8.2.2.1　概述

W-Cu 系列电触头是钨基合金电触头材料中常见的一大类,属高、中压触头材料。它是由导电性高的铜和难熔金属钨组成。金属钨和铜之间既不互相溶解也不形成金属间化合物,只能形成假合金,因此,W-Cu 合金呈现出钨的耐高温、高硬度、低膨胀系数和铜的高导热、导电性、好的塑性等综合优异性能[20]。由于这类合金耐电弧烧蚀、耐熔焊、耐冲击、机械强度高[16],因此,在电力工业中高压和中压范围内被广泛用作油、SF_6 开关装置的电触头材料[21]。

高铜含量的合金(Cu 含量不小于 20%)大多采用混粉—烧结工艺制取,低铜含量的合金(Cu 含量不大于 20%)一般采用熔浸(渗)法制取。

HIP(热等静压)处理对于改善高铜含量的 W-Cu 合金性能起着良好的作用。一般情况下,高铜含量合金的相对密度为 96%~98%,其内通常有 2%~4%的残余孔隙,通过合适的 HIP 处理,内部疏松和缩孔基本上全可消除,相对密度达 99.5%以上。

8.2.2.2　合金成分及性能

W-Cu 合金是由金属铜和难熔金属钨组成的。一般而言,铜和钨可以按任意比例组合,铜钨比例常见有 70/30~10/90 不等。W-Cu 系列电触头合金的性能见表 8-3[14]。

表 8-3　常见 W-Cu 系列电触头合金的性能

型　号	密　度 /g·cm⁻³	硬　度				电阻率 /μΩ·cm	电导率 (IACS)①/%	热导率 /W·(m·K)⁻¹
		HB		HV				
		软态	硬态	软态	硬态			
Cu-W30	10.6~10.8	100				2.1	80	316
Cu-W50	12.0~12.5	105	130	109	136	2.5~3.0	67~56	
Cu-W60	12.8~13.0	120	160	125	167	3.5	48	
Cu-W70	14.0~14.4	145	185	152	193	4.1	41	
Cu-W75	14.6~15.0	160	200	167	209	3.5~4.5	48~37	
Cu-W80	15.2~15.5	180	220	188	230	4.5~5.5	37~32	
Cu-W90	17.1	240				4.6~5.5	36~30	

① IACS 为国际退火紫铜标准。

8.2.2.3 制备方法[8,14,15,22,23]

A 压制—烧结法

这是一种制备 W-Cu 系列电触头合金的传统粉末冶金方法，但一般所得合金的性能较差。首先将所需的钨粉和铜粉按一定比例配料，然后进行混合（同时加入润滑剂）。混合后进行压制成形，再进行烧结，经过或不经过辅助加工制得成品。烧结一般有两种方法，一种是固相烧结，压块在低于铜的熔点下烧结，在烧结过程中没有液相产生；一种是液相烧结，即烧结温度高于铜的熔点，烧结过程中有液相产生。后者较前者可获得较好的性能，但应该严格控制烧结温度，否则容易造成铜的渗出。除此之外，高钨的 W-Cu、W-Ag、WC-Cu 等触头也常采用压制—液相烧结法制造，而低钨的 W-Cu、W-Ag 等触头可采用压制—固相烧结法制造，但由于不能很好地消除孔隙，故产品性能较低。

后来，人们多采用后处理如复压、复烧（退火）、挤压、锻造等手段来提高产品性能。由于制粉技术的改进，超细粉、纳米粉的应用，通过该法可获得密度高的烧结产品。

B 熔浸（渗）法

熔浸（渗）法是目前制造 W-Cu 系列电触头常用的方法。可以制得几乎无孔的触头，适于制造高钨的 W-Cu、W-Ag、Mo-Ag 以及 WC-Ag、WC-Cu 等高压触头材料。

首先，将所需的钨粉或添加有少量铜粉的混合钨粉压制成坯，并将熔渗用金属铜与压坯叠置在一起。然后在还原气氛（如 H_2）或真空中，在高于铜的熔点的温度下进行熔渗。在熔渗过程中，依靠毛细管力的作用，使熔融的铜渗入钨骨架。预烧结和熔渗可分开进行，也可合为一个工序。但预先烧结骨架再熔渗的方式可获得较高强度的骨架使触头更耐电弧烧蚀。熔渗所得合金的密度一般为理论密度的97%～98%，因为，烧结骨架中总存在极少量的封闭孔隙不能被熔渗金属填充，因此，熔浸制品不可能完全致密，熔浸后还可经冷、热加工，进一步提高密度。钨含量小于60%的材料塑性较好，可以冷加工，钨含量大于60%的材料的加工温度应为600～800℃。熔浸温度一般超过铜熔点50～100℃。熔浸时，易熔金属可置于骨架的上部或下部，但置于下部对骨架内部气体的排出较有利，并可控制冷凝方向获得密度较高的制品。

此外，采用熔浸（渗）法制备 W-Cu 系列电触头时应注意以下几点：

(1) 为了保证熔渗的效果，钨粉的粒度组成十分重要，这是制取良好钨骨架的关键。研究表明，选择粒度分布符合“高斯”曲线规律的中颗粒（FSSS7～10μm）钨粉是比较合适的，因为由这种粉制得的钨骨架的烧结温度不高（小于2000℃），所得的骨架本身具有良好的强度，渗铜效果很好，合金相对密度可达99.5%以上，触头在运行过程中，耐电弧烧蚀性能好。

(2) 为了改善熔渗效果，一般在钨粉中加入少量铜（2%～5%）做诱导金属，即将钨与少量做诱导金属的铜粉进行均匀混合，然后压制、熔渗，可以得到较好的熔渗效果。人们在研究中还发现若在钨粉中加入少量镍将得到更好的熔渗效果。

(3) 熔渗用压坯的压制是十分关键的一环。为了达到理想的熔渗效果，必须根据有关经验公式计算出压坯的高度，即保证压坯中有足够的连通孔隙。因此，在压制时首先要试制出特定的限制器，以保证压块的高度。

(4) 在 H_2 气保护下进行熔渗时，还应特别注意碳的影响，即混合料中不能含有石墨粉，在熔渗过程中产品尽可能不与石墨舟接触等。

熔浸(渗)法工艺流程参见图 8-5。

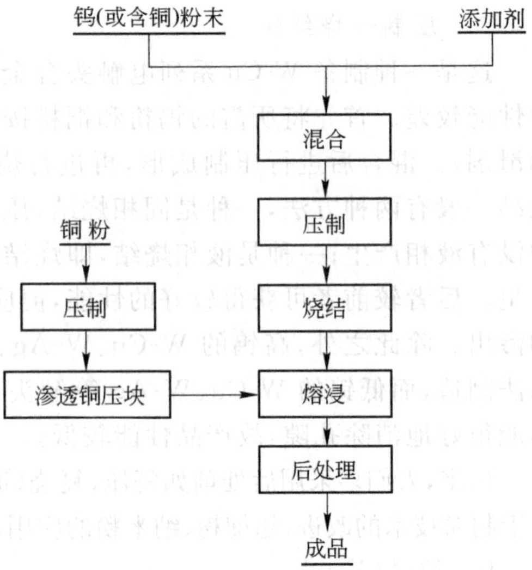

图 8-5 熔浸(渗)法制备 W-Cu 系电触头合金工艺流程

8.2.2.4 W-Cu 合金致密化问题

如前所述，残余孔隙的存在对合金某些物理力学性能有着致命的影响。在许多应用场合，要求全致密的 W-Cu 复合材料[24]。因此，W-Cu 合金致密化问题是一个很重要的问题。而在常规熔渗、烧结条件下，复合材料的致密化过程受两种金属间互不溶解和低浸润特性影响。所以，其致密化速度和程度、组织结构和成分及尺寸的控制是该复合材料致密化过程的关键问题。采用活化烧结，氧化物共还原法制取复合粉末，选择超细弥散粉末体系，采用高能球磨处理粉末等方法均可有效地加速致密化过程，提高致密化程度，获得弥散分布的两相分别连续的结构，并且在较低温度下烧结，使成分和尺寸获得有效的控制。但是杂质的加入，对导电、导热特性是有害的。采用复压复烧、HIP 技术以及锻造或冷、热轧制方法，已被证实为提高材料密度的有效方法，但必须有足够的铜含量才可进行有效的延展性加工。

8.2.3 W-Ag 系列电触头合金

8.2.3.1 概述

据资料报道[25]，全世界生产的银有 25% 用于电子和电工，其中大部分用于制造 W-Ag 电触头。W-Ag 电触头合金是由导电性高的银和难熔金属钨组成。金属钨和银之间只能形成假合金，因此，W-Ag 合金呈现出钨的耐高温、高硬度、低膨胀系数和银的高导热导电性、好的塑性等综合优异性能。W-Ag 假合金主要是用作电器行业中的交、直流接触器，断路器，继电器，启动器以及开关装置中的电触头材料。W-Ag 系列电触头是钨基电触头材料中常见的另一大类。属高、低压触头材料，耐电弧烧损、抗熔焊性好。其主要缺点是接触电阻不稳定。因此，近年来国外对银钨的研究，较多地放在改善其接触电阻方面。近期的研究表明[26]，银钨触头接触电阻不稳定是由于触头在开断过程中，表面生成 WO_3、Ag_2WO_4 及其他一些非导电性的化合物，以及银钨触头表面的钨逐渐增高等原因所致。解决途径可从两个方面进行。其一是材料成分组成，通过在银钨触头材料中添加金属镉、锌、镁、氧化铝及铁族元素来改善，其中以添加钴对改善银钨接触电阻的效果较显著，接触电阻值比原来的银钨合金低 1/3～1/2，但磨损率增大，耐电弧腐蚀性能有所降低。另一方面是从制造工艺方法着手。银钨组分，钨粉粒度，制造方法对银钨触头性能都有影响。在高银含量的银钨合金中，钨含量越高，接触电阻越大，钨颗粒越粗，硬度越低，耐电弧腐蚀性越差。

对低钨银触头材料而言，不能仅靠提高压制压力来使产品致密，提高密度，因为当压制压力增大到一定程度后，制品烧结时易出现膨胀。这是由于在高的压制压力下存在于银粉内的气体在高温下膨胀，要排出体外，而孔隙却由于烧结而封闭，堵塞了气体出路，于是产生膨胀，烧结密度甚至低于压坯密度。成形压力愈高，膨胀现象愈严重。银粉的烧结膨胀从 400℃开始，在 700℃附近出现一次高峰，当温度升至熔点附近时又发生显著的膨胀。因此，必须选择适当的压制压力和烧结温度来保证烧结产品的性能。如采用压制—烧结—复压—复烧（退火）法进行 W-Ag60 复合材料烧结，其工艺参数一般选择压制压力为 250～300MPa，烧结温度为 850～900℃，复压压力为 1000MPa。对高钨的银合金也是采用熔浸（渗）法。

8.2.3.2 合金成分及合金性能

W-Ag 合金是由金属银和难熔金属钨组成。一般而言，银和钨可以按任意比例组合，银钨比例常见有 70/30～20/80 不等。W-Ag 系列电触头合金的性能见表 8-4[14]。

8.2.3.3 制备方法[14,27]

其制备方法与 W-Cu 系列电触头合金基本一致，也是采用粉末冶金工艺来实现[27]。一般来说低银（高钨）的 W-Ag 系列电触头，常采用压制-液相烧结法和熔渗法，特别是熔渗法，其工艺流程参见图 8-5；高银（低钨）（银含量大于 60%）的 W-Ag 系列电触头，常采用压制—固相烧结—复压—复烧（退火）法。

表 8-4 常见 W-Ag 系列电触头合金的性能

型号	密度 /g·cm⁻³	硬度 HB 软态	硬度 HB 硬态	硬度 HV 软态	硬度 HV 硬态	电阻率 /μΩ·cm	电导率 (IACS)/%	热导率 /W·(m·K)⁻¹
Ag-W30	11.8～12.2	55	80	55	83	2.3	73	339
Ag-W40	12.5～12.8	60	90	63	94	2.6	64	
Ag-W50	13.2～13.5	75	110	78	115	2.3～3.0	73～56	286

续表 8-4

型　号	密　度 /g·cm⁻³	硬　度				电阻率 /μΩ·cm	电导率 (IACS)/%	热导率 /W·(m·K)⁻¹
		HB		HV				
		软态	硬态	软态	硬态			
Ag-W60	14.0～14.4	95	135	99	141	2.8～3.3	60～50	
Ag-W65	14.5～14.9	110	155	115	161	3.4	50	
Ag-W70	14.7～15.1	120	175	125	183	3.5	48	
Ag-W75	15.4～15.8	137	195	140	200	3.2～3.7	52～45	222
Ag-W80	16.1～16.5	155	195	162	203	4.5	37	

此外，为了提高触头材料性能，近年来相继涌现出一些新工艺技术，如纤维强化法、等静压法、离子注入法、电弧熔炼法等[25]。

8.2.4 WC-Cu 系列电触头合金

钨基合金电触头材料最常见的是前面已介绍的两大类，即 W-Cu 系列电触头合金和 W-Ag 系列电触头合金，而 WC-Cu 系列电触头合金则少用。后者主要用于小电流、高电压场合，作空气（真空）自动开关。这类材料综合了铜的良好导电、导热性和 WC 的高熔点、高硬度和高耐磨性，而且抗熔焊性好，能经受强电弧腐蚀和分断大电流[14]。其主要成分由 WC 和铜组成，常用成分为 WC56-Cu44[28]。WC 与 Cu 的物理力学性能见表 8-5[28]。

表 8-5　WC 与 Cu 的物理力学性能

材　料	密　度 /g·cm⁻³	熔点/℃	线膨胀系数 /×10⁻⁶K⁻¹	电导率 /S·m⁻¹	硬　度	抗拉强度 /MPa
Cu	8.96	1083	16.6	58×10⁻⁶	35～45HB	216
WC	15.80	2600～2800	5.1～7.2	5.21×10⁻⁶	2400HV	350～560

其制备方法与 W-Cu 系列电触头合金基本一致，只是将钨用 WC 代替，也是采用粉末冶金工艺来实现[28]。多用熔渗法制造。将 WC 粉压制成骨架，在真空或纯氢中于 1500℃左右预烧，然后在真空或纯氢中渗铜。由于 WC 性脆且电阻率高，加入铜可大大改善材料机械强度和导电率。但 WC-Cu 系列电触头合金存在一些缺点，在使用时与上述两者一样，触头表面氧化生成氧化钨或钨酸盐膜，使接触电阻增高和温度升高。然而因 WC 比钨稳定，氧化速度较慢，故比含钨触头的抗氧化性好。由于 WC 的硬度比钨高，因此，WC 含量高的触头较难加工，该材料较少

时间,增加了单班轧钢产量。

(5) 提高了产品质量和精度。用 HWR_1 合金导卫生产的产品尺寸稳定,表面质量好,能更好地保证产品尺寸公差,提高了产品的质量和精度。

(6) HWR_1 合金不仅适用于复二重线材轧机精轧系列导卫,也可用于高速线材轧机。HWR_1 高温耐磨合金的成功应用,解决了长期困扰轧钢生产中导卫材质的难题,在轧钢行业中得到了迅速推广应用。HWR_1 合金制作的轧钢导卫的照片如图 8-7 所示。

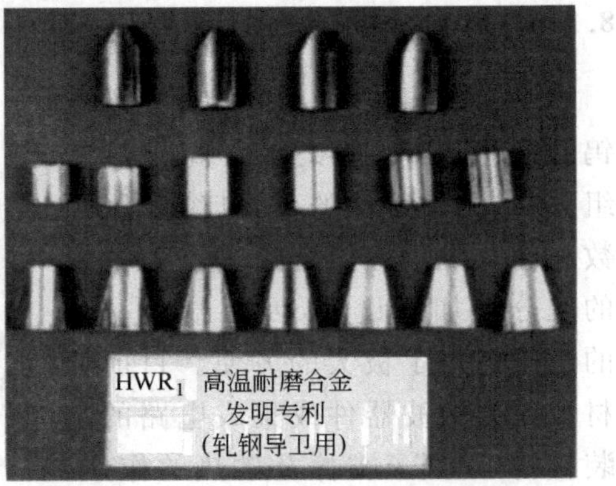

图 8-7 轧钢导卫用高温耐磨合金

8.4 钼合金

8.4.1 TZM 合金[30~32]

8.4.1.1 合金成分与性能

工业生产中最早的钼合金为钛锆钼合金,它是在 Mo-0.5Ti(Mo-0.5Ti-0.01～0.04C)合金的基础上通过加入锆而形成的。在难熔金属合金中以强度高、良好的导热导电性及膨胀系数低、再结晶温度高,同时又比较容易加工而著名,尤其是 TZM 合金,在钼合金中更是佼佼者。

TZM 合金的成分是:钛 0.4%～0.55%,锆 0.06%～0.08%,碳 0.01%～0.04%,余量为钼,合金元素总量不超过 1%。加入锆不仅使合金进一步强化和提高再结晶温度,而且扩大了碳在钼中的溶解度,并使合金具有热处理敏感作用。此合金的组织结构,通常是在钼的 α 固溶体的基体上明显分布有块状 Mo-C 和少量弥散的 TiC、ZrC。就是这些少量的元素,使钼的力学性能不论是室温还是高温都大为提高,再结晶温度比纯钼高 300℃左右,与钨相比,钨的强度虽然要比钼合金高一些,但由于钨的密度 $19.3g/cm^3$ 是 TZM 钼合金($10.2g/cm^3$)的 1.87 倍,因此 TZM 合金的比强度比纯钨高。

TZM 合金的生产方法有熔炼法及粉末冶金法两种。采用粉末冶金法可以节省真空自耗电弧炉、大型挤压机和锻锤以及相应的高温加热炉等大型设备,使工序简化,生产周期缩短,能耗降低,生产能力及成品率成倍提高,因此成本大大降低。表 8-6 为这两种生产方法生产的钼合金板材的性能比较。

用作触头。

8.2.5 W-Cu 电子封装材料[29]

W-Cu 是一种复合材料，它既有钨的低膨胀特性，又含有高导热的组元铜，尤其可贵的是，其线膨胀系数和导电导热性能可通过调整材料的成分而加以设计，因而给该材料的应用带来了极大的方便。目前该材料作为微波器件或集成电路的封装材料，起到了支撑及散热的作用。这种材料含钨 80%～90%，余为铜。以钨、铜粉为原料，经粉末冶金制成封装材料，图 8-6 是微波管用W-Cu封装零件的照片。

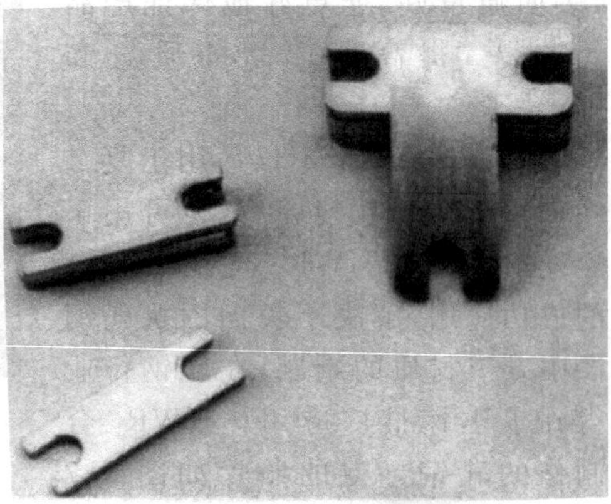

图 8-6 微波管用 W-Cu 封装材料

8.3 WC-W 硬质相高温耐磨材料[29]

高温耐磨材料（HWR_1）是以 WC、钨、镍、铜、钴等金属粉末为原材料，控制不同的原料配比和合理的烧结工艺，可以制备不同硬度、适用于不同服役条件下的高温耐磨复合材料。这类材料在高温下具有优异的耐磨性能和耐急冷急热性能，而且强度高，抗冲击，在轧钢导卫上得到了广泛应用，使用寿命比传统的 YG8、YG15 合金提高 7～8 倍。

HWR_1 合金是以 WC 与钨为硬质相，以镍、钴、铜为黏结相的复合材料，这类材料具有较高的硬度和较好的强度，特别适用于高温、急冷急热的服役环境。用于轧钢导卫，具有如下优点：

(1) HWR_1 合金精轧系列导卫板在高温下具有优良的耐磨性、耐急热急冷性，不开裂、不黏钢、磨损均匀、不需补焊、除渣容易。

(2) 使用寿命长。每副精轧系列导卫板平均可轧 $\phi 6.5$mm、$\phi 8$mm 钢材 850～1000t，最高的可轧钢材 1200t，因为 HWR_1 材料的 K_1 导卫磨损后，加以修磨还可继续用于 K_3，K_3 磨损后可用于 K_5……，一直到磨损完为止，从而大大地提高了材料的利用率和使用寿命。

(3) 降低生产成本。同等轧钢产量情况下比 YG 15合金导卫可减少 75%的用量，而价格仅为 YG 15的 2 倍左右，可降低生产成本 50%以上（单项消耗）。

(4) 提高生产效率。轧钢过程中减少了调整和更换导卫的频率，大大减少了补焊、研磨工时，节约了人工及工资、降低了工人的劳动强度，大大提高了有效轧钢

表 8-6 粉末冶金 TZM、粉末冶金纯钼、熔炼 TZM 以及熔炼 Mo-0.5Ti 板材的性能

性 能	粉末冶金 TZM 板 (0.5mm)	粉末冶金纯钼板 (1.0mm)	熔炼 TZM 板 (0.5mm)	熔炼 Mo-0.5Ti 板 (1.5mm)
室温抗拉强度/MPa	1140～1210	980～1110	1080	900
室温伸长率/%	7.5～13.0	12.0～14.0	10.0	14.0～16.5
1000℃抗拉强度/MPa	700～720	290	630	320
1000℃伸长率/%	5.2	5.5	—	16.0
1200℃抗拉强度/MPa	320～360	～99	500	180
1200℃伸长率/%	9.0	10.0	11.0	25.0
1300℃抗拉强度/MPa	190～210	88	370	93
1300℃伸长率/%	11.5～13.5	—	8.0	50
1400℃抗拉强度/MPa	140～170	—	190	80
1400℃伸长率/%	11.0～16.0	—	21.5	23.5
1200℃持久性能/MPa	59(7h30min)	34(15h30min)	130(98h)	34(120h)
弯曲塑-脆转变温度/℃	−95	−45～−70	—	−60
再结晶温度/℃				
开始	1200	950～1000	1300	～1000
终了	1600	～1300	1600	1300

8.4.1.2 TZM 合金棒材的生产

A 合金锭坯的制备

粉末冶金TZM 粉是在高纯钼粉中加入 0.55%氢化钛粉，0.12%氢化锆粉及 0.05%碳粉，于 V 形混料桶内，混料 24h 而成，合金元素在钼粉中分布均匀。

氢化钛、氢化锆和碳粉的纯度在 99.5%以上，混合均匀的粉在 196MPa 压力下等静压成形，压坯密度为 7.2g/cm^3。然后在感应加热炉中通氢烧结，烧结后的密度一般都在 9.5g/cm^3 以上。

B 合金棒的加工

TZM 钼合金热变形加工比较困难，尤其圆棒，若不经过热挤压变形而直接锻造，合金的成品率则相当低。因此烧结后的合金锭，首先应进行热挤压开坯，然后再锻造。如果能合理地控制好加热温度及热挤压和锻打时的变形量，便可以使 TZM 合金的力学性能达到理想状态。

由于 TZM 合金是属于脆性材料，锻打时易产生裂纹，在锻造时必须采用大变形量并快速锻打，否则锻坏的可能性较大。

8.4.1.3 TZM 合金板材的生产

A 板坯的制备

TZM 板坯，是用高纯钼粉与氢化钛粉、氢化锆粉及石墨粉按比例混合 6h，经冷等静压(压力为 150MPa)成形，在氢气保护下于 2100℃保温 4h 烧结而成。钼粉的平均粒度为 5.75μm，松装密度为 0.72g/cm^3，比表面积为 168.3cm^2/g。板坯尺

寸约为 300mm×170mm×30mm，相对密度为 97%左右，硬度 HV 为 240～243。

B　板材的轧制

将 30mm 厚的板坯经 1350℃热轧（变形量为 83%）至 4.5mm，换向在 700～750℃轧至 1.2mm，总变形量为 95%。经 900℃退火消除应力后，在 600～700℃纵轧至 0.7mm，再经 850℃退火消除应力后在 200～300℃纵向冷轧成 0.5mm 的成品板材，总变形为 98%。板材最大规格为(1000～1300)mm×(420～430)mm×0.5mm。

8.4.1.4　TZM 合金顶头的生产

TZM 合金顶头按其生产方法可分为铸造顶头、粉末冶金顶头和加工变形态顶头 3 种。其工艺流程为：

(1) 铸造 TZM 顶头，将含碳钼条、纯钛片、纯锆片组成电极经真空自耗电弧炉熔炼成锭。真空度为 133～400Pa，电压为 30～32V，电流密度为 0.40～0.45A/mm²，熔炼速度为 0.8～0.9kg/min。该顶头平均使用寿命为 100 次。

(2) 粉末冶金 TZM 顶头，是将高纯钼粉、氢化钛粉、氢化锆粉、碳粉经过混合后装入橡胶模中用 150～200MPa 压力进行压制，然后将压坯在氢气或真空条件下于钼 75%～80% 熔点的温度下，保温 3～5h 进行烧结，产品密度为 9.3～9.6g/cm³。该顶头平均使用寿命为 300 次。

(3) 加工变形态 TZM 顶头，是将铸造合金锭或粉末冶金锭加热到 1300℃进行锻造或挤压变形，称为加工变形态 TZM 顶头，该顶头平均寿命为 400 次。

TZM 顶头的生产工艺流程如图 8-8 所示。

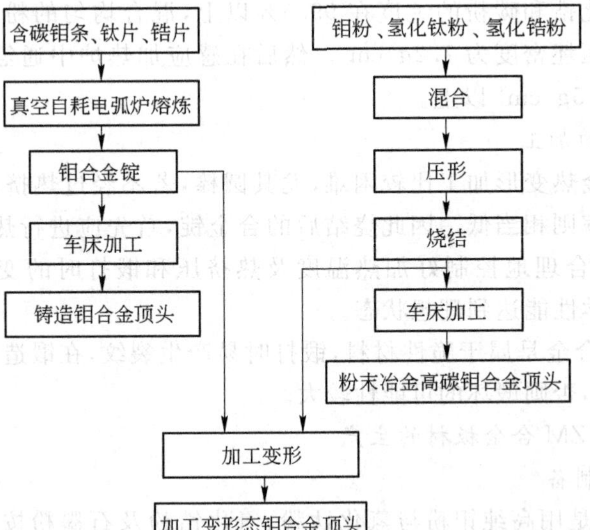

图 8-8　TZM 顶头的生产工艺流程图

8.4.1.5 应用

TZM合金由于具有优良的高温强度，较高的再结晶温度，良好的导热性，在航天、航空等领域得到广泛应用，如用来作喷管材料、喷嘴材料、配气阀体、燃气管管道材料、电子管中的栅极材料，还可作X射线旋转阳极零件、压铸模具和挤压模具、高温炉中的发热体及隔热屏等，原子能反应堆中用作包套材料及各种阀门；用于挤压铜基合金时，其操作温度可在870～1200℃。TZM合金还非常适合作不锈钢热穿孔顶头，穿孔钢管内壁质量好，使用寿命长。加入少量稀土元素的TZM合金有较高的再结晶温度，再结晶时的延性较普通钼材高5倍。

此外，其他钼合金如TZC合金，是一种源于TZM而成分有较大改变的合金，具有高合金含量、高性能，对时效硬化热处理起反应。用添加元素铪代替钛，发展成两个系统的高温高强的钼合金：MHC（Mo-Hf-C系）和ZHM（Mo-Hf-Zr-C系）。以铪代替钛，用形成双相组织的方法强化钼时，碳化物相对钼的高温行为影响很大，其中尤以HfC最有效，ZrC次之。TiC由于熔点较低，可能很快地聚集，组织粗化，因而强化效果差些。研究表明，ZHM比MHC具有更佳的性能。

在MHC系中，Mo-1Hf-0.05C是代表性的合金，现已进入工业规模生产，用粉末冶金法制得的锭子重量达5t，直径为1300mm。这种合金经过锻造变形量达60%时，在950～1250℃温度下的拉伸强度比TZM的要高出20%，各方向的伸长率约为10%。

8.4.2 钼铼合金[32,33]

8.4.2.1 性能

铼具有高的熔点（3170℃），高的密度（21.02g/cm^3），高的强度，良好的塑性，其纯金属为密排六方（*hcp*）晶体结构；没有塑-脆转变温度，且还具有非常高的弹性模量，在过渡族金属中有较高的溶解度，这些特性在Mo-Re合金的开发中显示了它的优势，由此而获得了一系列性能优良的合金，被称为“铼效应”，从而使合金的强度、塑性以及焊接性能同时得到改善，并使合金具有较低的塑-脆性转变温度，降低了再结晶脆性。部分钼铼合金的性质如表8-7所示。

表8-7 部分钼铼合金的性质

性 能	Mo	Re	Mo-43Re	Mo-50Re	W-35Re-18Mo
晶体结构	*bcc*	*hcp*	*bcc*	*bcc*	—
熔点/K	2893	3453	2768	2832	3088
密度/g·cm^{-3}	10.2	21.02	13.4	13.7	17.0
弹性模量/GPa	329.5	460	347	373	407
再结晶温度/K	1223	1773	1480～1510	1550～1600	1650
塑-脆转变温度/K		0	93	100	170～450

铼对钼合金力学性能的影响如图 8-9 所示。

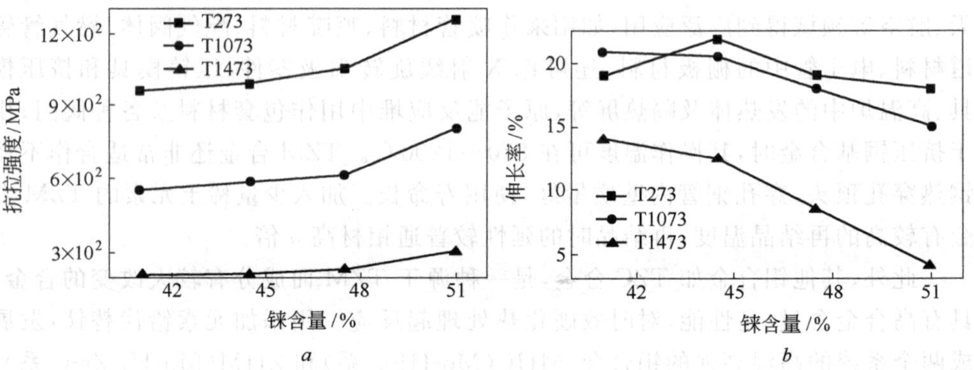

图 8-9　铼对钼合金力学性能的影响

a—铼对钼合金抗拉强度的影响；*b*—铼对钼合金伸长率的影响

纯钼在常温的抗拉强度为 650MPa 左右，而添加高铼的钼铼合金其抗拉强度可以达到 1000MPa 以上；纯钼在常温时的伸长率为 0，而钼铼合金的伸长率可达到 20%以上。在 1473K 时，Mo-47.5Re 的抗拉强度 230MPa，伸长率为 8%，而纯钼此时的抗拉强度只有 100MPa。

8.4.2.2　*生产方法*

钼铼合金的生产工艺大致包括两大部分：(1)钼铼合金坯锭的制备；(2)钼铼合金坯锭的压力加工。

A　钼铼合金坯锭的制备

粉末冶金方法是制备钼铼合金坯锭最常用的方法，其常用的制备工艺流程如图 8-10 所示。首先将钼粉和铼粉混合均匀，再进行模压或者等静压，然后经过预烧结和高于 2000℃的高温烧结就可以制出相对密度为 90%左右的钼铼合金。制备钼铼合金所用的钼粉纯度一般不小于 99.95%，铼粉纯度一般不小于 99.98%，这两种粉末的平均粒度一般应小于 5μm。另一种制备钼铼合金的粉末冶金方法是中温烧结，此方法所用的原材料为 Mo_2O_3 和 NH_4ReO_4，经过混合后，共还原制备出钼铼合金粉末，然后经过压制、预烧结和 1700℃的中温烧结而制备出钼铼合金锭。用粉末冶金方法制备钼铼合金工艺简单、成本低，但是锭子的杂

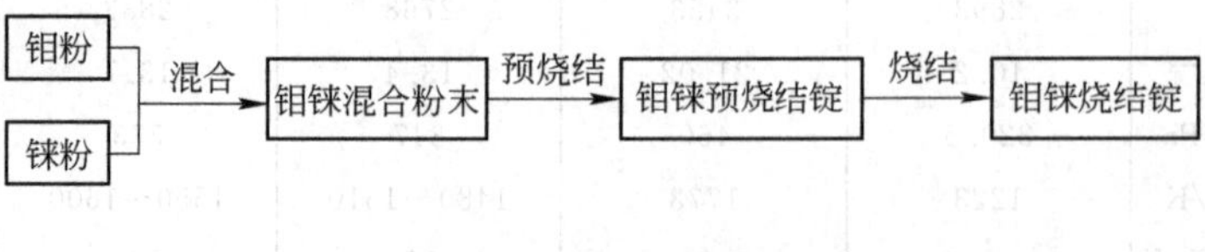

图 8-10　钼铼合金的粉末冶金制备工艺

质含量往往偏高，当铼含量较高时，合金锭也容易形成脆性的σ相。为了克服以上的缺点，将真空熔炼提纯技术应用于钼铼合金的制备，钼铼合金锭杂质含量低，特别是气体元素降低非常明显，并且第二相也不容易析出，这些都有利于钼铼合金的后续加工。

B 钼铼合金坯锭的压力加工

压制和烧结好的坯料经旋锻和拉拔制成棒材和丝材，也可通过多道冷轧(或挤压)成薄板或箔片，通常当铼含量在5%以上，随着铼含量的增加其硬度要增加；Mo-41Re合金的硬度比纯钼增大了60%，强度提高75%；同时其伸长率可达17%。所有钼铼合金经再结晶退火后都有微细均匀的显微组织结构，对于有害的σ相的产生，可利用适当的塑性变形和热处理工艺加以消除。

8.4.2.3 应用

A 航空航天及高温领域

Mo-47Re合金具有高的抗拉强度和较好的延性，这对生产微米尺寸截面的箔带和极细丝材的弹性元件很重要，此合金弹性元件在塑性变形超过80%达到最大强化，而加铪、锆或钒的合金变形45%～50%时即可达到明显强化。由于钼铼合金比其他过渡金属合金有相对高一些的电阻率，且伸长率可达15%～20%，把它用作电阻炉的热元件具有潜在的应用价值。它们在真空、氢气或惰性气体的环境中，在工作期间不致产生脆化。Mo-50Re合金丝和薄板所做的元件可用于温度高达2400K的加热器、反射器和工作站当中，况且这些元件可以通过焊接来制造、装配。此外，Mo-41Re，Mo-47.5Re，Mo-50Re，W-5Re-18Mo，Mo-5Re-0.5HfC等也都可用作火箭推进器的结构材料。

B 高温测量

在2000K温度以上，用铂族金属来进行测温，它们通常在不需要任何气体保护条件下就能适用和准确测量，Mo-Re合金热电偶(如Mo-20Re/Mo-40Re，Mo-20Re/Mo-50Re)也可用在非氧化性环境如氢气炉中温度的测量，因钼的碳化速度比钨要慢，钼铼合金热电偶在温度高达2000K的富碳环境中比W-Re热电偶更加耐用；Mo-50Re合金无缝管是极好的高温热电偶保护管材料，不但具有良好的加工性和焊接性能，其高温强度也十分优良。

C 电子学领域

钼铼合金具有良好的导电性、耐磨性和抗电弧烧蚀性，接触电阻变化较小，使用寿命长。钼铼合金用作电子管和特种灯泡的结构材料，在各种气体中不但具有高热稳定性和热离子特性，高电子逸出、高电阻，并且在热处理后仍保持着较好的塑性、较高的再结晶温度、良好的热电性能和抗机械冲击性能，因此，在电子学领域应用前景十分广阔。

8.4.3 钼-铜合金[34~36]

8.4.3.1 性能

钼-铜合金具有优良的导热导电性能、可设计的膨胀系数，因而常用作电触头材料、大功率电子器件、散热器件、热沉材料和封装材料。由于钼和铜之间的不互溶特性，因而，一般采用粉末冶金法来制备钼-铜合金。目前，随着高新技术的不断发展，对钼-铜材料的性能要求越来越高。这些性能要求主要表现在：(1)高度致密化(大于98%)和低气体含量；(2)严格控制材料的成分和结构形态；(3)严格控制材料制品的尺寸及变形。

钼-铜合金与钨-铜合金比较，质量轻、加工较容易，其膨胀系数、热导率及一些主要力学性能与钨-铜相当；其耐热性能虽不及钨-铜合金，但比目前一些耐热材料要好，因此有应用的前景。

钼-铜合金的力学性能与其组成有关，同时也受残余孔隙度的影响。一般说来，它的强度和硬度介于钼和铜之间，随着铜含量的增加而下降，但韧性增加，其力学性能如表8-8所示。

表8-8 钼-铜合金的抗拉强度、硬度和弹性模量

成分/%	σ_b/MPa				HV/MPa	E/MPa
	室 温	800℃	1000℃	1200℃		
12～15Cu	400～540	245～255	130～150	100～120		
18～22Cu	400～500				1700～1800	$(20\sim22)\times10^4$

8.4.3.2 生产

A 粉末烧结法

将钼粉和铜粉按比例混合，压制，然后烧结成钼-铜坯料，根据不同成分采用不同的烧结温度，一般烧结温度为1300～1500℃。此法很难制得高密度坯料，带有较大的孔隙，使导热系数及其他性能降低。

B 粉末烧结后再熔渗法

在钼粉中加一定比例的铜粉(没有达到成品要求的比例)混合，压制、烧结，然后渗铜，以达到完全致密化和合金最终所需铜的比例。一般对铜含量大于25%的合金产品适用，可获得较高的相对密度。

C 烧结钼骨架熔渗法

先将钼粉压制成形，并烧结成有一定孔隙度的钼骨架，然后渗铜。这种方法对低铜含量的产品适用，一般制取含5%～25%铜的钼铜合金产品采用。可获得高的密度和低膨胀系数，对高温条件下应用及膨胀系数低的产品宜采用此方法生产。根据要求的钼骨架密度、所用的钼粉粒度应采用不同的烧结温度，然后熔渗铜。

D 液相烧结方法

添加活化元素(主要是镍)烧结，一般按比例镍/铜等于 1/4～1/5 加入，可获得烧结相对密度不小于 98%的产品，其膨胀系数相当稳定且完全能与 95% Al_2O_3 匹配。但镍的加入会降低钼铜合金的导热系数，对于既要求膨胀系数匹配，又要求高导热系数的场合，最好不要加入镍或其他会降低导热系数的元素。钼铜合金是无磁性的，钼铜镍合金的剩磁也很微小，可作为无磁定膨胀合金使用。

E 其他制取方法

其他制取方法如下：

(1) 制取薄片和板材，可采用粉末冶金烧结坯进行轧制，一般初轧温度选为 550～750℃为宜，中间退火。再在 250～400℃温轧，对于含铜大于 30%的钼铜合金可能轧制成薄片和板材。

(2) 用电镀方法，可制成铜包钼的复合材料。

(3) 采用爆炸成形法，可制成铜-钼-铜或钼-铜-钼的复合板材。

8.4.3.3 应用

A 在电子工业方面的应用

在电真空器件中，作为与各种陶瓷、玻璃及其他介电材料匹配封接的低膨胀合金，封接部分无应力存在。由于钼-铜是无磁性的，对于既要求膨胀系数匹配又要求无磁的器件，如在振弦式压力传感器、磁控管、低噪声行波管中得到一些应用。

在要求高导热的器件，如超高频金属陶瓷管、大功率晶体管等要求导热性好的封接部位以及作为大功率硅片的下电极和基片，可减小热阻，提高工作稳定性和寿命。

Mo-Cu 和 Mo-Cu_2Ni 对 Ag_2Cu 钎焊料的浸润性很好，封接质量很高。但这种材料的缺点是不能够氩弧焊，因此，应用受到限制。

如果能够制成片材(厚度小于 1.2mm)，则有可能用于器件框架引线，因为钼-铜合金有较好的耐热性能(受热后不会软化)以及满足要求的导热导电性能。

B 散热器

钼铜板材、铜钼铜复合板材可用作散热器。钼-15%～18%铜合金的导热系数可达 160W/(m·K)；5%/90%/5%的铜钼铜复合板的垂直方向导热系数比纯钼提高 7%，在水平方向提高的幅度更大。

C 在航天领域方面的应用

钼铜合金除上述优点外，还具有较好的耐热性能和较高的高温强度。其抗燃气烧蚀性及再回大气层的耐热性能虽不及钨铜合金，但仍比现有的某些材料要好，因此可替代这些材料而获得新的应用。

8.4.4 二硅化钼[37,38]

8.4.4.1 性能

$MoSi_2$ 是钼、硅二元合金系中硅含量最高的一种中间相，它具有金属和陶瓷的双重特性：很高的熔点(2030℃)，但略低于单质金属钼的熔点(2610℃)；极好的高温抗氧化性，几乎是所有难熔金属硅化物中最好的，其抗氧化温度可达1600℃以上，与SiC等硅基陶瓷相当；适中的密度(6.24g/cm³)；较低的线膨胀系数($8.1\times10^{-6}K^{-1}$)；良好的电热传导性(电阻率为$21.50\times10^{-6}\Omega\cdot cm$，热导率为25W/(m·K))。被认为是继镍、钛超合金(使用温度800～1000℃)和结构陶瓷(使用温度大于1000℃)之后出现的极具竞争力的高温结构材料。

8.4.4.2 合成方法

关于 $MoSi_2$ 的合成，传统的方法有电弧熔炼、铸造或粉末压制/烧结等，至少需要考虑两个重要的因素：首先，传统的熔炼方法被 $MoSi_2$ 的高熔点所阻碍；其次，在材料合成过程中氧会与硅反应形成 SiO_2 第二相存在于 $MoSi_2$ 基体中，降低材料的力学性能。因此，近年来又研究和发展了几种新的合成方法。

A 机械合金化(MA)

机械合金化(MA)是一种通过机械—化学的作用，使纯元素的混合物经高能球磨而合成新材料的方法。用MA技术合成的 $MoSi_2$ 和 $MoSi_2$ 基高温结构材料具有较高的热压密度，较低的热压固结温度(比普通烧结低400℃左右)，相当好的化学均匀性和良好的室温硬度。

B 自蔓延高温合成(SHS)

自蔓延高温合成(SHS)是利用反应物间的化学反应完成新材料合成的技术。采用SHS技术合成 $MoSi_2$ 和 Mo_5Si_3 基高温结构材料时，是在一定的气氛中点燃粉末压坯，使其发生化学反应，所放出的生成热使邻近物料温度骤然升高而引发新的化学反应，并以燃烧波形式蔓延通过整个反应物，使合成反应在体系中自发完成。

C 低真空等离子喷涂沉积(LVPD)

低真空等离子喷涂沉积(LVPD)是在低真空环境内，使其内的惰性气体(氮气或氖气)形成高速等离子体，将喷涂材料粉末熔化并随等离子流撞击基体而沉积，形成晶粒尺寸非常小、化学均匀性好、不平衡溶解性强和接近产品最终形状的材料。采用LVPD法合成的 $MoSi_2$ 和 $MoSi_2$ 基高温结构材料，其相对密度达95%～98%，并呈现出高度细化的显微组织，其硬度和断裂韧性大大提高。

D 固态置换反应

$MoSi_2$ 可以通过固态置换反应合成。利用该技术原位合成 $Si/MoSi_2$ 复合材料时，发生反应，所形成的SiC长时间在高温下可导致球化，使复合材料的裂纹扩展并不伴随传统的脆性行为，而是呈现出裂纹的偏转和分支。

E 放热扩散(XD)

放热扩散(XD)是将两种高温相的元素粉末在有第三种相存在的情况下进行加热，在一定温度下发生放热反应，并在基体内形成微米尺寸的粒子。利用XD技术合成$MoSi_2$基高温结构材料时，所用的增强剂材料有TiB_2、ZrB_2、HfB_2和SiC等。而$SiC/MoSi_2$显示出最高的抗氧化能力。

从以上对材料合成方法的分析可以看到，要使材料获得较好的性能并投入实际应用，可采用几种方法的合理组合，如在低真空等离子体喷涂沉积技术中引入固态置换反应就可大大加速其反应，并形成均匀分布的弥散体。

8.4.4.3 应用

A 电炉发热元件

$MoSi_2$最先是作为电炉发热元件材料而被开发应用的。目前，$MoSi_2$发热元件已实现了工业化生产，其中尤以瑞典Kanthal公司的产品最为著名，我国上海电炉研究所和嵩山高温元器件集团有限公司也有较好的$MoSi_2$发热体产品。这种发热体与SiC发热体相比，不仅具有使用温度高的优点，而且不会随使用时间的延长发生“老化”问题。但是，纯$MoSi_2$发热体在使用过程中存在着强度低、安装困难等缺点。因此，目前常用的解决办法是加入SiC、Al_2O_3和Mo_5Si_3等第二相进行改性或制成复合发热体。其中$MoSi_2/SiC$复合发热体不仅具有比纯$MoSi_2$还好的高温抗氧化性，同时SiC颗粒构成骨架结构并承受荷重，使$MoSi_2/SiC$复合发热体在高温时不易发生软化变形。因此，可以同SiC发热体一样采用水平安装，大大简化了安装方法。另外，对$MoSi_2$采用WSi_2进行合金化，用部分钨取代钼制成$(Mo,W)Si_2$合金型发热体，不仅可使发热体的强度有所提高，而且可使最高使用温度从1700℃提高到1900℃。

B 高温抗氧化涂层

$MoSi_2$作为优良的难熔金属和石墨材料的高温抗氧化涂层如同作为发热元件材料一样，也是$MoSi_2$得到实际应用的最早例证。特别是对钼及其合金材料，在所有涂层中$MoSi_2$基涂层处于最先进的发展水平。高质量、可靠的涂层可用大批生产的方法涂到大的复杂形状的装配件上。

但是传统方法制得的$Mo/MoSi_2$涂层系统的抗氧化性能受涂层中的缺陷所控制，特别在低压环境中使用时涂层的寿命不高。为此改善$MoSi_2$涂层寿命的主要方法包括两个方面：(1)改进涂覆工艺，从而控制和减少涂层中的缺陷。(2)在$MoSi_2$中添加第三种组元进行合金化，使$MoSi_2$显著改性，从而达到以下目的：1)使保护膜成为复合氧化膜以提高保护膜的抗氧化性能；2)使膨胀系数尽量接近基体材料的热(膨)胀系数，以防止冷却时保护膜开裂；3)改善$MoSi_2$的低温形变能力；4)制得与SiO_2形成共晶的氧化膜，降低保护膜的熔点，以便在更低温度(小于

1200℃)下发挥裂纹自修补的功能。

C　集成电路薄膜

金属硅化物因具有类似于金属的低电阻以及高温下的稳定性，更由于可直接在多晶硅上沉积，当电阻减小时能保持住基本的MOS电路多晶硅栅，而受到人们高度的重视。如果仅考虑比电阻小这一方面，则钼、钨、钽、钴、钛等过渡金属的硅化物均可采用。然而，在大规模集成电路(LSI)制造过程中，由于要经受1000℃以上的高温处理和高温氧化，这些材料均必须进行耐高温处理。因此，如果同时考虑这些因素，那就只剩下钼、钽和钨等少数几种硅化物。近几年用于LSI栅极互连线的难溶金属硅化物最受人注目的是$TiSi_2$、$TaSi_2$、$MoSi_2$和WSi_2等四种。研究证明，化学气相沉积(CVD)以及阴极元素靶共溅射是制备上述难熔金属硅化物薄膜最好的选择。对于$MoSi_2$薄膜，一般是在高温下先获得无定形结构，然后再经800～1000℃的退火处理，使其转化为稳定的四方$MoSi_2$相，从而得到高的电导率。随着集成电路集成度的进一步提高，可以肯定难溶金属硅化物的需求一定会增长。当然，为了能够更好的实用化，必须在尽量不改变目前集成电路制造工艺、耐氧化处理、又与硅和SiO_2有良好的结合性等方面进行深入细致的研究。

D　高温结构

a　作为高温结构用复合材料的基体相

由于$MoSi_2$具有很高的熔点、极好的抗氧化性和适中的密度，特别是它具有可贵的R′特性，即在温度升高时其强度并不下降，这是它可作为高温结构材料应用的主要原因之一。近十年来，$MoSi_2$已成为与硅基陶瓷材料相竞争的金属间化合物高温结构材料研究的最新热点。

但是$MoSi_2$的室温硬脆性以及高温(大于1400℃)软塑性是$MoSi_2$作为高温结构材料应用的最大障碍。因此，室温增韧与高温补强是结构$MoSi_2$实用化的关键。这方面主要的改进方法是合金化、复合化以及两者的结合。

b　作为复合材料的增强剂

由于$MoSi_2$在塑-脆转变温度以上是一种韧性相，它可以对脆性陶瓷产生韧化效应。$MoSi_2$作为增强剂对热压SiC、Si_3N_4和Sialon等硅基陶瓷材料的韧化很有效果，$MoSi_2$的加入不仅会提高陶瓷材料的断裂韧性，特别对高温强度有良好的贡献。利用熔体反应浸渗法生产的SiC/$MoSi_2$复合材料具有生产简便、速度快、净近成形以及制备温度低于材料极限使用温度等独到的优点。

此外，$MoSi_2$还在如下几方面已经或即将得到实际应用：

(1) 热工与化学工业。$MoSi_2$已作为良好的电炉发热元件得到了工业化应用，另外可作为高温热交换器、气体燃烧器以及高温热电偶及其保护管和用于熔炼与之不起化学作用的钠、锂、铅、铋和锡等金属的各种器皿。

(2) 微电子工业。$MoSi_2$与其他一些难熔金属硅化物，如$TiSi_2$、WSi_2、$TaSi_2$

等是大规模集成电路栅极及互连线薄膜等重要候选材料。

（3）航空航天工业。$MoSi_2$ 已作为难熔金属钼及其合金良好的高温抗氧化涂层材料得到了广泛而深入的研究和应用。特别是有可能作为涡轮发动机构件，如叶片、叶轮、燃烧器、尾喷管以及密封装置的候选材料。

（4）汽车工业。汽车用涡轮发动机增压器转子、气门阀体、火花塞以及其他先进发动机的零部件将可能用 $MoSi_2$ 及其复合材料制造。

参考文献

1 周吉峰，殷为宏. 钨基高密度合金的研究进展. 稀有金属材料与工程，1998；27(增)：109～112

2 王伏生，赵慕岳. 高密度钨合金及其在军事工业中的应用. 粉末冶金材料科学与工程，1997；2(2)：114～120

3 王伏生，梁容海，赵慕岳. 高密度钨合金在民用工业中的应用与开发. 粉末冶金材料科学与工程，1997；2(4)：279～284

4 中国钨业协会秘书处. 我国钨产业现状与发展前景. 中国钨业，2004；19(5)：23～32

5 赵慕岳，王伏生. 高比重合金的研究(一). 粉末冶金，1973；(2)：12

6 Jerry P Wittenauer et al. Tungsten and Its Alloys. Advanced Materials & Processes，1992；142(3)：28～37

7 朱桂森. 高比重钨合金(一). 稀有金属材料与工程，1988；(2)：34～41

8 Williams D J，Clyens S et al. Production of Tungsten-Iron-Nickel Alloys by Mechanical Alloying Technique. Powder Metallurgy，1980；23(2)：92～94

9 黄培云. 粉末冶金原理. 北京：冶金工业出版社，1982

10 Posthill J B et al. Precipitation at Tungsten/Tungsten Interfaces in Tungsten-Nickel-Iron Heavy Alloys. Powder Metallurgy，1986；(29)：45～50

11 German R M. 高钨重合金微观结构的限制. 见：中南工业大学粉末冶金研究所编. 第11届国际普兰西难熔金属和硬质合金译文集. 长沙：中南工业大学出版社，1985：77

12 Bose A，German R M. Matrix Composition Effects on the Tensile Properties of Tungsten Molybdenum Heavy Alloys. Metallurgical Transactions，1990；21A(5)：1325～1327

13 吕大铭. 钨基高密度合金强化研究的动向和发展. 稀有金属材料与工程，1998；27(增)：16

14 曾德麟. 粉末冶金材料. 北京：冶金工业出版社，1982

15 陈文革，丁秉均. 钨铜基复合材料的研究及进展. 粉末冶金工业，2001；11(3)：46

16 杨森，黄卫东等. 定向凝固技术的研究进展. 兵器材料科学与工程，2000；23(2)：44～49

17 林涛，殷声等. 原位反应在铸造法制备复合材料中的应用. 材料导报，2000；14(1)：30～31

18 李益民，黄伯云等. 当代金属注射成形技术. 粉末冶金工业，2000；10(1)：14～19

19 周张键，葛昌纯等. 热压法制备 W/Cu 功能梯度材料. 材料科学与工艺，2000；8(1)：50～54

20 贾成厂，金雪华等. 用机械活化与化学活化方法制备 W-Cu 合金. 粉末冶金技术，2001；19(3)：149

21 殷为宏，郑汉等. 钨和钨合金的新发展(Ⅱ)——钨合金和高纯钨. 稀有金属材料与工程，1990；(3)：9

22 吕大铭. 真空开关和电子器件用钨铜材料. 粉末冶金工业，1998；8(6)：32～35

23 Eui-Sik Yoon，Jai-Sung Lee，Sung-Tag Oh，Byoung-Kee Kim. Microstructure and Sintering Behavior of W-Cu Nanocomposite Powder Produced by Thermo-Chemical Process. International Journal of Refractory Metals & Hard Materials，2002；(20)：201～206

24 蔡一湘，刘伯武. 钨铜复合材料致密化问题和方法. 粉末冶金技术，1999；17(2)：138～144

25　史久熙.电触头材料的技术发展和节银回顾.粉末冶金工业，1999；9(3)：37～39

26　陈文革，谷臣清.电触头材料的制造、应用与研究前景.上海电器技术，1997；(2)：12～17

27　吕大铭.我国钨基高压触头材料的生产现状和对今后发展的看法.粉末冶金技术，1987；5(3)：164～165

28　陈民芳.WC/Cu复合材料粉末冶金烧结工艺研究.机械工程材料，1998；22(3)：28～30

29　彭志辉.稀有金属材料加工工艺学.长沙：中南大学出版社，2003

30　蔡宗玉.金建民，陈桦.高性能TZM钼合金棒研制.上海钢研，1993；3：9

31　王慧芳.俞淑延.粉末冶金TZM合金板材的性能及其影响因素.粉末冶金技术，1990；8(2)：75

32　吕忠.钼合金顶头.中国钼业，1993；(2)：38

33　谭拴斌，郭让民.杨升红，张廷杰，钼铼合金的结构和性能.稀有金属，2003；27(6)：788

34　谭强.钼铼合金的制造及应用.中国钼业，1998；22(1)：27

35　吕大铭.钼铜材料的开发和应用.粉末冶金工业，2000；10(6)：30

36　牟科强，邝用庚.Mo-Cu材料的性能和应用.金属功能材料，2002；9(3)：26

37　张德尧，吴晓惠.Mo-Cu材料的制作.中国钼业，2001；25(4)：38

38　王德志，左铁镛，刘心宇.$MoSi_2$基高温结构材料的研究现状和发展趋势.材料导报，1997；11(4)：53

39　马勤，杨延清，康沫狂.二硅化钼——用途广泛的金属间化合物.材料开发应用，1997；12(6)：27

9 致密、高纯及特殊钨、钼金属与化合物制品

还原工序得到的金属粉末，除金属钨粉可直接用于生产硬质合金用的碳化钨外，若用作金属材料或作合金的添加剂，均须进一步处理，才能满足用户在纯度和结构上的要求，例如制成条状或块状的致密金属，这样才便于使用或进一步加工成棒、丝、板、带材等。而一些特殊的应用领域甚至还需要高纯乃至超高纯的钨、钼金属[1]。

9.1 粉末冶金法生产钨条[2~4]

9.1.1 纯钨条生产

9.1.1.1 粉末压制成形

A 钨粉特性

第5章对钨粉的性质已经作了详细的介绍，归纳起来，下列性质对钨条生产质量关系密切：

(1) 化学成分。粉末的化学成分包括主金属的含量和杂质含量。

(2) 物理性能。粉末的物理性能，主要指颗粒形状与结构、颗粒大小和粒度组成、比表面积、颗粒密度、显微硬度、光学和化学性质、熔点、热容、蒸气压等热学性能。

(3) 工艺性质。粉末的工艺性能，一般指松装密度、摇实密度、流动性、压缩性与成形性，它主要取决于粉末的生产方法及处理工艺（球磨、退火、加润滑剂、制粒等）。

B 钨坯的成形工艺及设备

工业生产通常用钢模压制及等静压成形方法。

a 钢模压制成形

钢模压制成形所需压力由液压机提供，常用的一种液压机及其所用的压模分别示于图9-1及图9-2。压制压坯的截面为(10mm×10mm)～(40mm×40mm)，长度为500～650mm。截面小的多用于生产丝材，截面大的用于生产片、带及异型制品。成形工艺制度随产品牌号而异，将在掺杂钨条生产中介绍，参见表9-10。

模压成形的优点是操作过程简单，产品尺寸精确，表面质量较好，并能压制异型零件，但往往由于粉末与钢模之间的外摩擦而使钨坯密度不均匀，且只能压制小型钨坯。

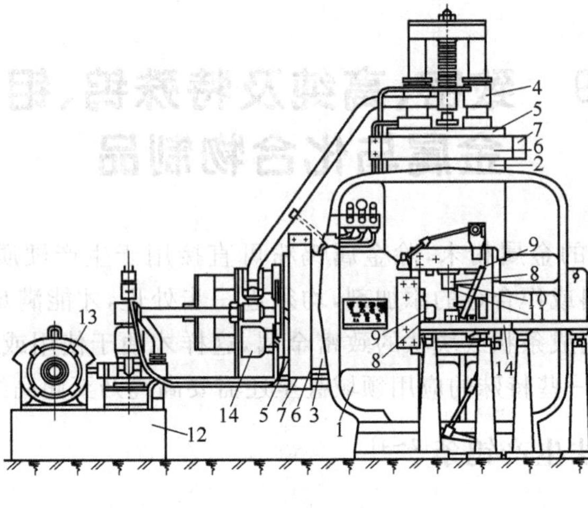

图 9-1　520t 框架式液压机

1—机座；2—垂直液缸；3—侧压缸；4—返程液缸；5—顶盖；6—开口半环；7—螺栓；8—活塞杆；9—楔座；10—垫板；11—平板；12—油槽；13—电动机；14—工作台

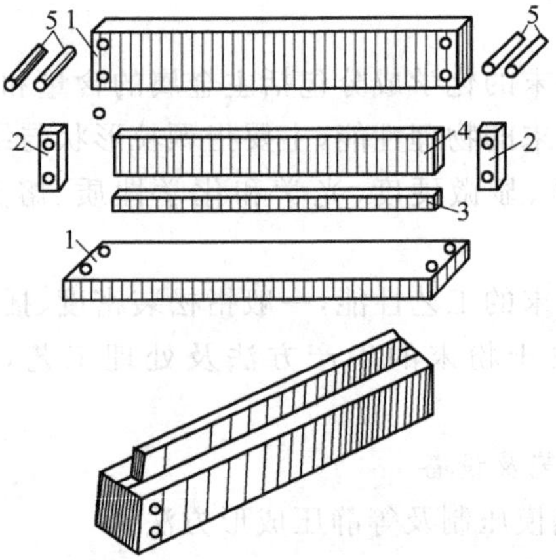

图 9-2　压制钨条用可拆卸钢模

1—侧板；2—模板；3—模底；4—模冲；5—联结销钉

b　等静压成形

对于大断面的钨坯宜用液等静压成形，它是获得密度均匀分布的钨坯的重要成形方法，粉末体的压缩是各方向同时发生的（参见图 7-23），因而可得到整个体积密度均匀、保持烧结时均匀收缩及完全保持其几何形状（沿高度及直径的收缩差别不大于 0.2%）的钨坯。钨粉等静压成形工艺条件实例列于表 9-1。

表 9-1 钨粉油等静压成形工艺条件

工 艺 参 数	W1 板坯	W1 棒坯
油缸尺寸/mm×mm	D400×1400	D100×1000
松装尺寸/mm(×mm×mm)	40×130×700	D86
单重/kg	30～35	35～38
单位压力/MPa	200～250	300
保压时间/min	2	3～5
压后尺寸/mm×mm(×mm)	(32～34)×(105～110)×600	D71×740

两种成形方法的基本特点与应用范围见表 9-2。

表 9-2 两种成形方法的特点及应用范围

方 法	特 点	应 用 范 围
钢模液压	压坯形状尺寸准确，表面质量好。压坯密度分布不均，相对密度为 56.7%(压力 300MPa)，易出现裂纹、分层等缺陷	丝材坯料和规格较小的板材坯料
等静压制	压坯密度高且均匀，相对密度为 65%(压力 300MPa)，无分层、裂纹等缺陷	管材、大型板材和棒材坯料，形状较复杂的压件

c 压坯质量

脱模后的压坯要进行检查，合格品送烧结工序。钢模成形压坯的常见缺陷和原因如下：

(1) 分层。分层有纵向大分层和部分分层，其产生的原因可能有粉末粒度细，表面氧化，压力过大，粉末潮湿，成形剂未混匀，压模装配不好或上冲头不平。

(2) 裂纹。产生原因可能是压力过大，压机侧压不足或侧压先退，粉末压制性能不好。

(3) 断条。产生原因可能是压力过小使压坯强度低，布粉不均使压坯局部强度过低，操作方法不对。

(4) 黏模、掉边掉角。其产生原因可能是粉末太湿，成形剂未混匀，模壁粗糙不干净，取、放坯条方法不对。

(5) 尺寸超差。尺寸超差有尺寸忽大忽小和锥度超差两种情况，其产生原因可能是模具结构不严密，漏粉严重，布粉不均，模具发热黏粉，模具上冲头不平或放置不正确。

9.1.1.2 钨坯烧结

粉末压制的钨坯必须进行烧结，使之致密化、增加强度及改变内部结构(晶粒形状和大小、孔隙度、孔隙形状及大小)等一系列变化，从而使钨坯变为致密钨——钨条。一般采用直接烧结法及间接烧结法。

A　直接烧结法

钨坯的直接烧结是在氢气气氛中分两阶段进行：即预烧（低温烧结）及垂熔（高温烧结）两阶段。垂熔是钨坯致密化及得到合适的内部结构的关键过程。

a　预烧

钨坯预烧的目的是为了提高其强度及电导率，以利于下阶段的垂熔，同时除去一些易挥发的物质，如润滑剂等。预烧通常在氢气气氛中进行，有利于除去颗粒表面的氧化膜，并进而提高电导率。预烧温度为1100～1200℃，时间为40min。预烧通常在钼丝炉（图7-33）中进行，4种相关钼丝炉的主要技术指标列于表9-3。

表9-3　钼丝炉的主要技术指标

指　标		炉型			
		Ⅰ	Ⅱ	Ⅲ	Ⅳ
最高工作温度/℃		1500	1500	1350	1200(1400)
功率/kW		25	30	60	52
供电电压/V		380/220	380	380	380
氢耗/$m^3 \cdot h^{-1}$		1.5	1.0	2.0	3.0
水耗/$m^3 \cdot h^{-1}$		0.5	0.7	1.0	4.0
推舟速度/$m \cdot h^{-1}$	最小	1.5	1.8	0.6	0.3
	最大	2.5	2.0	3.6	2.4
炉管断面/mm×mm		250×140	250×140	250×140	250×140
加热带长度/mm		1000	1000	2400	1500
炉管总长/mm		2400	2100	2400	2200
舟皿外形尺寸/mm×mm×mm		330×220×90	330×220×90	330×220×90	700×220×190

预烧通常是将钨坯放在底部撒有一层钨粉的镍舟中或钼板上，将其连续或逐渐推入钼丝炉的高温带。预烧工艺将在9.1.2节掺杂钨条生产中介绍（参见表9-11）。

b　垂熔

下面介绍垂熔。

(1) 垂熔炉。垂熔过程在水冷却罩式垂熔炉（图9-3）内，氢气气氛中直接通电进行。预烧的钨坯被垂直夹紧在2根铜导电管之间，夹板为钨杆，铜管是空心的，可通水循环冷却，钟罩内通入干燥氢气。

垂熔过程耗电较多，主要耗在热辐射损失上，据统计，坯条表面热辐射损失占总热量损失70%以上，单位表面的辐射强度与绝对温度（T）的关系如下：

$$E=K\left(\frac{T}{100}\right)^4$$

式中，E 为辐射强度，W/cm^2；K 为波茨曼常数。

由于钨坯的剖面相对比较大，长度短，故电阻不大，把钨坯加热到 3000℃，采用低电压大电流方式加热更经济，例如加热 10mm×10mm 钨坯需 2500A 的电流；更大一些的，例如 40mm×40mm 钨坯就需 10000～12000A 的电流，钨坯两端的电压一般约为 10～20V。

为降低电能消耗，可用钼片作成隔热同心圆筒，从而降低能耗约 20%～30%，但由于氢气的对流作用而降低了其隔热效率。

(2) 垂熔工艺。垂熔工艺将在掺杂钨生产中介绍。

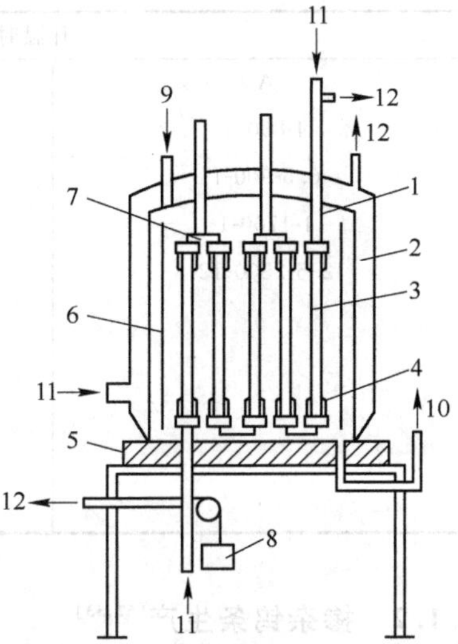

图 9-3 罩式垂熔炉示意图

1—上电极；2—水冷钟罩；3—钨条；4—钨夹头；5—绝缘底座；6—钼隔热屏；7—钨连接片；8—平衡锤；9—氢气进口；10—氢气出口；11—冷却水进口；12—冷却水出口

B 间接烧结法

对于大型钨坯则采用间接烧结法。D127mm×203mm 坯料采用电阻烧结炉烧结（图 9-4），工艺条件见表 9-4，烧结坯条密度为 18g/cm³，大于 D127mm 坯料则采用感应加热炉烧结（图 9-5）。

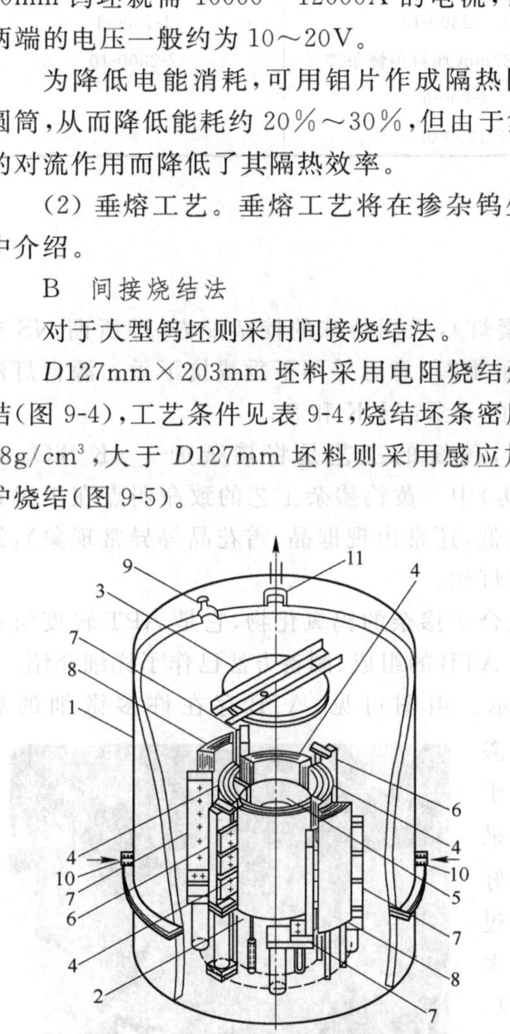

图 9-4 一种间接电阻烧结炉的示意图

1—炉罩；2—底隔热板；3—隔热盖板；4—热屏蔽板；5—加热元件；6—支撑柱；7—夹持柱；8—热屏蔽板；9—高温计窗口；10—冷却水入口；11—冷却水出口

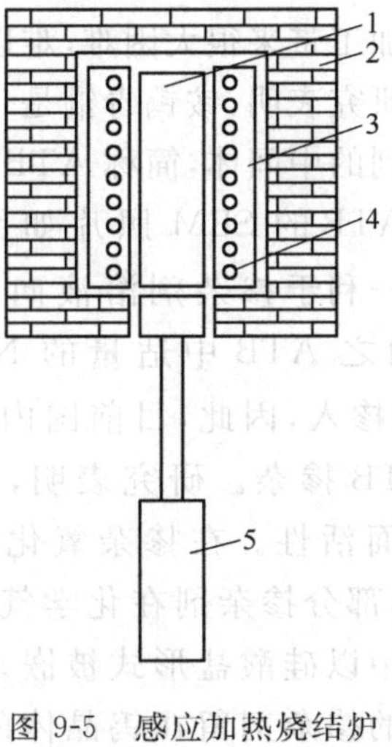

图 9-5 感应加热烧结炉

1—钨坯块；2—绝缘砖；3—陶瓷支柱；4—感应线圈；5—升降台

表 9-4　钨坯间接烧结的工艺条件

升温时间(h)-温度(℃)-保温时间(h)		
A	B	C
4-800-6	4-800-6	4-800-6
0.5-900-1	0.5-900-1	1-1100-2
1-1700-1	1-1200-2	1.5-1500-1
2.5-2300-12	0.5-1500-0.5	2-1800-2
	0.5-1800-1	炉子冷却并翻转坯块
	1.5-2300-10	1-1500-1
	大于 *D*127mm 坯料预烧条件	2-2300-10
	4-800-6	
	2-1250-0.5	

9.1.2　掺杂钨条生产[52,53]

9.1.2.1　掺硅、铝、钾的作用

为了生产灯泡用丝(白炽灯或卤素灯)，采用特殊的掺杂配方，即所谓 NS 或 AKS 掺杂配方。NS 是英文 Non-Sag 的缩写，意思是不下垂或抗下垂。源自灯泡钨丝的抗下垂特性。AKS 表示掺杂用的元素：Al、K 和 Si。

AKS 钨条即 WAl 条，在生产中，传统的工艺是将掺杂剂——K_2SiO_3 和 $Al(NO_3)_3$ 或 $AlCl_3$ 溶液加到黄钨(WO_3)中。黄钨掺杂工艺的致命弱点在于钨条品质很不稳定(其密度和钾含量时高时低，还常出现框晶、雪花晶等异常现象)，给后续加工带来很大困难，难以得到优质灯丝。

研究表明，铵钨青铜是一种比较适合于掺杂的钨氧化物，它是 APT 轻度氢还原得到的中间体，简称 ATB，第 3 章对 ATB 的组成、制备方法已作了详细介绍。

ATB 的 SEM 照片如图 9-6 所示。由图可见，ATB 存在许多微细的裂纹——利于掺杂剂溶液向内部深处渗透，加之 ATB 中适量的 NH_4^+ 也利于 K^+ 的掺入，因此，目前国内外均普遍采用 ATB 掺杂。研究表明，它具有很好的表面活性。在掺杂氧化物的还原过程中，部分掺杂剂在化学气相迁移长大过程中以硅酸盐形式被嵌入金属颗粒。过剩的掺杂剂留在钨晶体的表面，随后用 HCl 酸或 HF 酸酸洗钨粉时被除去，而嵌在晶体内部的掺杂剂仍留在钨晶

图 9-6　ATB 的 SEM 照片

体内。掺杂剂嵌入数量、夹杂物的尺寸和其化学成分在一定限度内受还原条件的影响。通常经酸洗后，留在钨粉中的钾量为 50～100μg/g，铝量为 60～100μg/g，硅量为 200～300μg/g。

当 NS 掺杂钨粉烧结时，硅酸盐发生热分解。尺寸小的 Al、Si 和 O 原子通过扩散从钨晶格中逸出，而尺寸大的 K 原子以钾泡形式留在烧结钨中。在烧结条中残留的 50～100μg/g 钾促使在钨丝加工过程中形成一列列的细小钾泡(直径小于 0.1μm，并且只有通过高于 1900℃退火粗化后才看得见，见图 9-7)，这是导致特别拉长和搭接的再结晶晶粒(图 9-8)的主要原因，也正是 AKS 钨丝耐高温、抗下垂的关键所在。

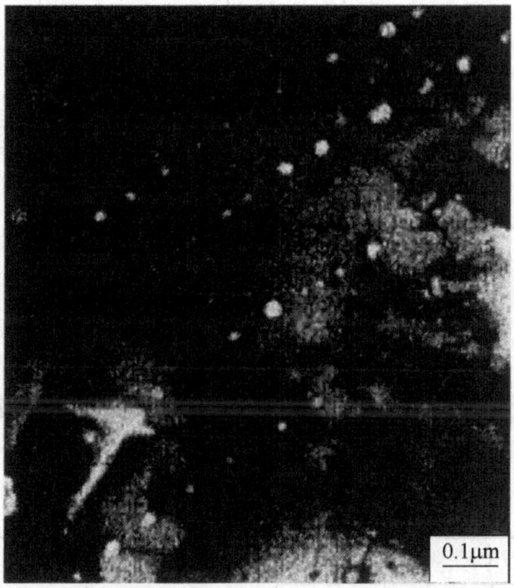

图 9-7 AKS-钨棒中钾泡的 SEM 照片

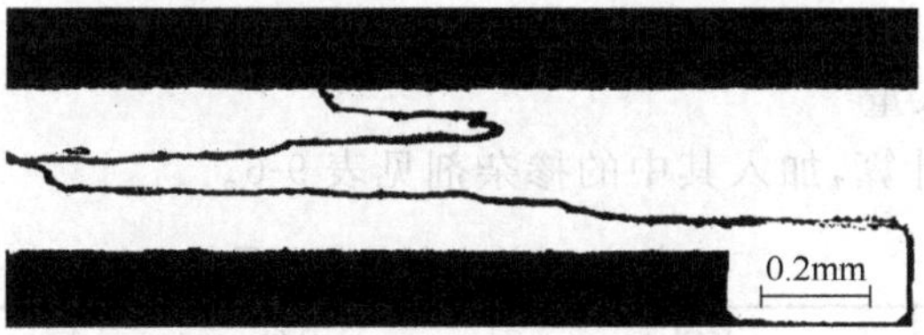

图 9-8 AKS-钨丝的显微组织

9.1.2.2 钨铝条生产工艺

ATB 掺杂生产致密钨的流程见图 9-9。

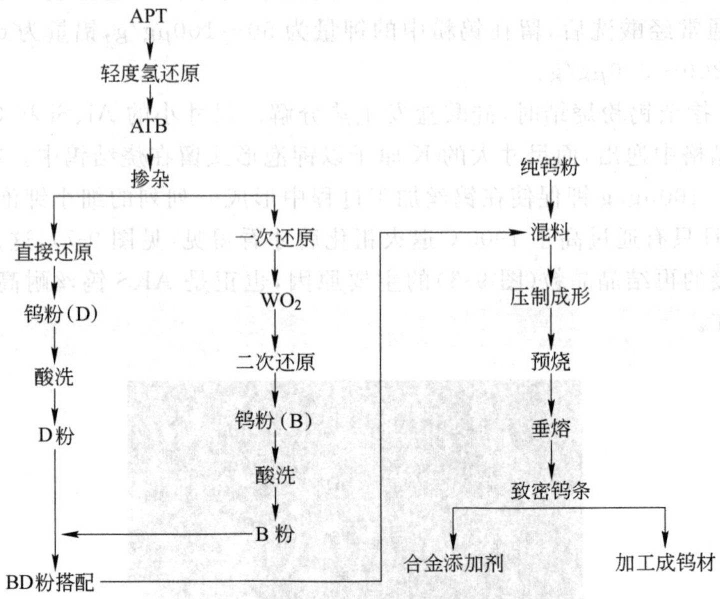

图 9-9　ATB 掺杂生产致密钨的流程

A　APT 轻度氢还原生产 ATB

APT 氢还原生产 ATB 及 B 粉、D 粉用 13 管还原炉设备(参阅第 5 章),工艺条件见表 9-5。

表 9-5　APT 轻度氢还原的工艺条件

还原温度/℃					舟装料量/g(APT)·舟$^{-1}$	推舟速度/舟·h^{-1}	氢　气	
一带	二带	三带	四带	五带			流量/L·h^{-1}	露点/℃
不送电	390～400	400～450	390～400	不送电	550～650	2	500±50	−30

B　ATB 掺杂

a　掺杂剂加入量

按 ATB 重量计算,加入其中的掺杂剂见表 9-6。

表 9-6　掺杂剂的加入量

掺 杂 剂	KCl	SiO_2	Al_2O_3
加入量/%	0.3～0.6	0.2～0.4	0.02～0.04

b　设备

采用国内自行设计制造的双锥回转掺杂锅,其容积有 500L、1000L 及 1500L 等,以 1000L 为例,装料系数为 0.5,一次可掺杂并干燥 1.2～1.5t ATB。该设备外形参见图 7-15。

C 掺杂 ATB 氢还原

钨化合物氢还原生产钨粉的过程控制类似于一“黑箱”，输入的是各段还原温度(x_1)、舟装料量(x_2)、氢气流量(x_3)……，输出的是待优化的目标(y)，如钨粉品质、耗电量等，如图9-10所示。据此建立掺杂钨粉粒度控制模型及还原炉电耗模型，并经某厂生产应用初步实现离线优化控制。

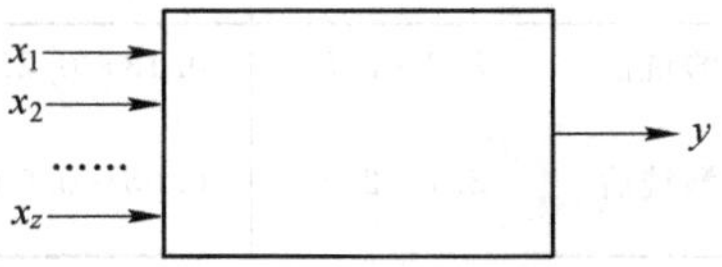

图 9-10 “黑箱”示意图

为保证钨丝品质及提高加工成品率，钨条的比重及晶粒度适当，显得尤为重要，为此，必须生产两种不同钾含量及不同平均粒度的钨粉，以便进行优化搭配。

a 掺杂 ATB 的两次还原

掺杂 ATB 经一次还原产出 WO_2，将其经二次还原产出钨粉(B 粉)。两次还原的工艺条件见表 9-7。

表 9-7 ATB 两次还原的工艺条件

工艺	还原温度/℃					舟装料量/g(ATB)·舟$^{-1}$	推舟速度/舟·(40min)$^{-1}$	氢气	
	一带	二带	三带	四带	五带			流量/m^3·h^{-1}	露点/℃
一次	530	610	640	650	400	200～220	2	2.5～2.8	−50
二次	650	720	780	820	700	170～190	2	3.2	−50

b 掺杂 ATB 的直接还原

ATB 直接还原生产 D 粉的工艺条件见表 9-8。

表 9-8 ATB 直接还原的工艺条件

还原温度/℃					舟装料量/g(ATB)·舟$^{-1}$	推舟速度/舟·(40min)$^{-1}$	氢气	
一带	二带	三带	四带	五带			流量/m^3·h^{-1}	露点/℃
720	770	810	860	700	150～170	2	3	−50

D 掺杂钨粉酸洗

掺杂钨粉生产阶段，首先是控制钨粉钾含量及氧含量，其次是钨粉的平均粒度(FSSS)及粒度分布，这两者的控制，一是取决于还原工艺参数尤其是还原温度的控制；二是取决于酸洗工艺；三是取决于 B、D 两种粉末配比的优化。

如前所述，为降低钨粉中多余的掺杂剂(Al、Si、K)及某些金属杂质(如 Fe、Ni 等)以及进一步降低氧含量，用盐酸和氢氟酸对钨粉进行酸洗。酸浓度为 5%，钨粉酸洗后于 80～90℃，在 8000Pa 的真空度烘干，时间为 15～20h。钨粉酸洗前后的相关性能见表 9-9。

表 9-9　钨粉酸洗前后比较

工艺	B粉			D粉		
	FSSS粒度/μm	$w(O_2)/\%$	$w(K)/\%$	FSSS粒度/μm	$w(O_2)/\%$	$w(K)/\%$
酸洗前	2.2～2.5	0.13～0.25	—	3.4～3.8	0.20	—
酸洗后	2.1～2.4	0.05～0.09	$(90～110)\times10^{-4}$	3.3～3.7	0.02～0.1	$(80～100)\times10^{-4}$

E　配粉优化

为产出优质钨条，酸洗后的B粉、D粉需进行配比优化。配比优化要求为：混合粉末的FSSS粒度为2.2～3.2μm，钾含量为$(80～110)\times10^{-4}\%$，以此为目标，经计算机求解二元一次联立方程，程序见图9-11。混粉量通常为500kg/批（有的厂家达1.5t/批），这利于钨条品质的稳定及其后续加工。

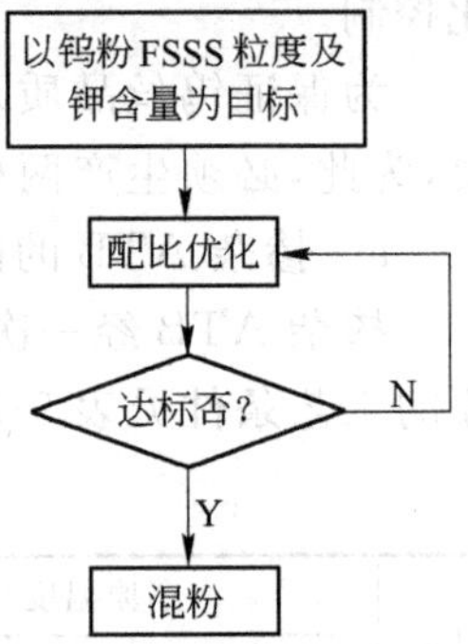

图9-11　钨粉配比优化程序

F　压制成形

钨粉经V形混料机混合后压制成形。钨粉钢模压制成形条件见表9-10。

压制过程也可采用等静压制技术，酸洗钨粉的工业生产实践表明[5]，等静压生产的坯条沿纵向断面的密度分布均匀（图9-12），由于受粉末颗粒间内摩擦力的影响，压坯密度从外向内出现由高到低的变化（图9-13）。

表 9-10　钢模压制成形的工艺条件

牌号		W1，W2	WAl
润滑剂	甘油/酒精	2/1～2	1/1
	加入量/%	0.3～0.5	0.2～0.4
混合	数量/kg·批$^{-1}$	500	500
	时间/min	20	20
坯条	规格/mm	12×12×400	14×14×610
	单重/g	700	1200
单位压力/MPa		$(3～4)\times10^2$	$(2～4)\times10^2$

图9-14、图9-15分别为等静压制单位压力与保压时间对压坯密度的影响，尽管增加压力可使压坯密度增加，但脱模的难度也增加，适当延长保压时间对增加坯条密度是有利的，但这种增加的趋势逐渐减缓，故过长的保压时间也没有必要。

钨粉粒度对坯条密度有重要影响（参见图9-19）。

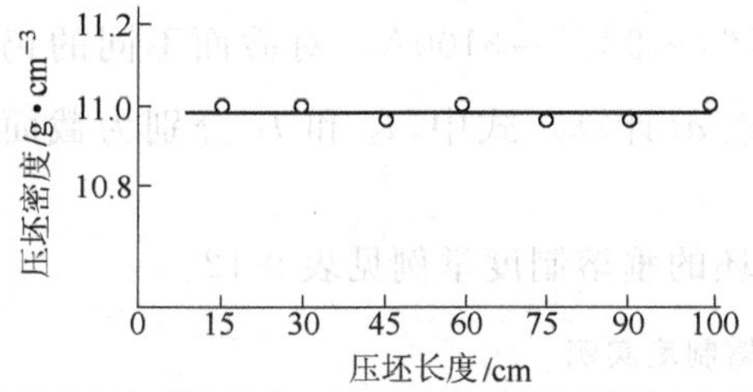

图 9-12 压坯沿纵向断面的密度分布

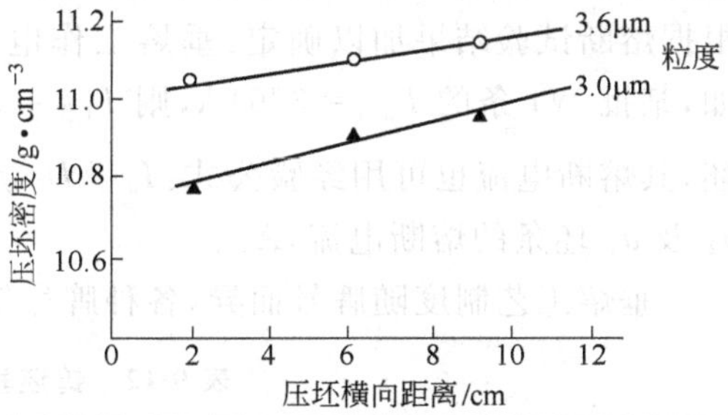

图 9-13 压坯沿横向断面的密度分布

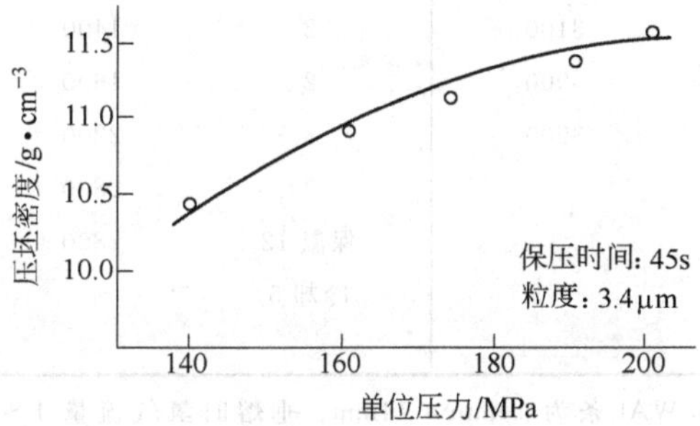

图 9-14 单位压力对压坯密度的影响

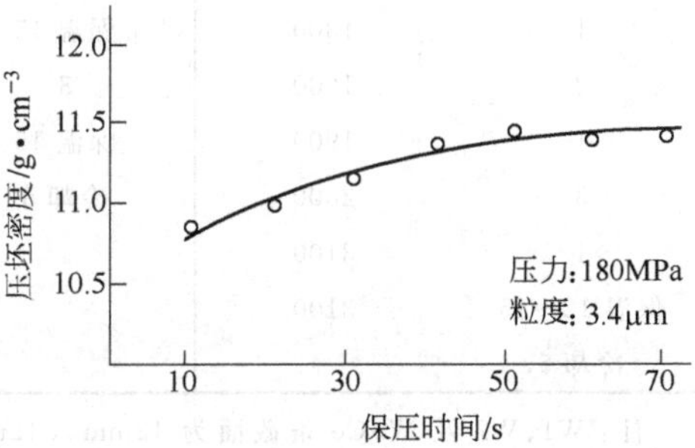

图 9-15 保压时间对压坯密度的影响

G 预烧

传统工艺的预烧在人工间歇推舟的钼丝炉内氢气氛中进行。为保证预烧钨条品质及提高生产率，目前已逐步改用自动连续推舟的钼丝炉。预烧工艺见表 9-11。

表 9-11 钨坯预烧工艺条件

牌号和名称	规格/mm×mm(×mm)	温度/℃	保温时间/min
W1、W2 丝坯	12×12×400	1200	40
W1、W2 棒坯	ϕ(56～64)×(138～179)	1500	120
W1、W2 板坯	(33～34)×(105～110)	1200	120
WAl 坯	14×14×610	1150	40

H 垂熔

垂熔工艺对垂熔条品质有重要影响。对用于生产钨丝的钨条，通常对其纯度要求高，晶粒细而均匀，有一定的密度范围，机械加工性能及高温蠕变性能良好。

垂熔工艺的关键在于温度控制。所以在钨坯的电阻一定(尺寸、密度一定及原始粉末粒度一定)时，垂熔工艺的温度控制实际就是电流的控制。为此，在每批钨坯垂熔前，用一、二根钨坯来作熔断试验，以确定其熔断电流，该批料的垂熔制度就根据熔断试验结果加以确定：垂熔工作电流（$I_{工作}$）为熔断电流的 88%～93%，例如，某批 W1 条的 $I_{熔断}=3764A$，则 $I_{工作}=3764\times93\%=3100A$。对截面不同的钨坯，其熔断电流也可用经验公式：$I_2=I_1\sqrt{a_2^3/a_1^3}$ 计算。式中，I_2 和 I_1 分别为截面 a_2 及 a_1 坯条的熔断电流，A。

垂熔工艺制度随牌号而异，各种牌号钨坯的垂熔制度举例见表 9-12。

表 9-12 钨坯垂熔制度实例

W1，W2		WAl		W-Ce	
升温时间/min	电流/A	升温时间/min	电流/A	升温时间/min	电流/A
1	1000	15	3100	1	1000
1	1300	保温 15	3100	2	1400
2	1600	3	3900	2	1600
1	1900	保温 15	3900	3	2200
3	2800	冷却 5		2	2800
1	3100			保温 12	2800
保温 12～15	3100			冷却 5	
冷却 5					

注：W1、W2 及 W-Ce 条截面为 12mm×12mm，WAl 条为 14mm×14mm。垂熔时氢气流量 1～1.5m^3/h，氢气露点为－50℃。

垂熔工艺制度，以往由人工调控，现在改用计算机程序自动控制，实践表明，其优点如下：可消除电流和时间的人为误差，利于保证与稳定产品品质，并可节约劳动力 50%以上。

9.1.2.3 其他掺杂钨条生产

为提高钨的发射性能，曾用 W-Th 丝作电子管及气体放电管的阴极等，也用 W-Th 材料作惰性气体焊接电极，但由于钍的放射性污染，所以 W-Th 材料已被淘汰，取而代之的是添加稀土氧化物（如 CeO_2、La_2O_3 及 Y_2O_3 等）的绿色无公害的 W-RE 材料：W-Ce 材料用作惰性气体焊接电极，W-La、W-Y 用作电子管及气体放电管的阴极等。

一般采用稀土硝酸盐溶液加到氧化钨中的湿-干掺杂工艺，加入量（%）如下：CeO_2 为 0.6～0.8（W-Ce7）、0.81～1.30（W-Ce10）、1.31～1.80（W-Ce15）；La_2O_3 为 0.9%～1.1%；Y_2O_3 为 2.5%～3.0%。掺杂所用设备与 WAl 条相同。添加稀土钨条的生产工艺及设备与 WAl 条生产类似，只不过添加稀土的钨粉不需酸洗。

在 ATB 掺 AKS 的同时再添加适量的铼、钴、锡、稀土等元素，例如 W-Re 合金（如 W-(3～5)Re）掺 AKS，使之再结晶后形成一种拉长的晶粒结构，由于其优良的耐冲击性而开创新的应用领域。例如作汽车抗震灯泡丝使用时，掺 AKS 的 W-Re 丝寿命达到3000h，而未掺的则仅有 1000h。

9.1.3 钨条的品质控制

9.1.3.1 影响钨条品质的因素

影响钨条品质的因素较多较复杂，以下就主要影响因素做一简单分析。

A 垂熔温度制度影响

垂熔温度是影响垂熔条质量的重要因素，温度对钨条密度与钨条长度的变化的影响见图 9-16、图 9-17。

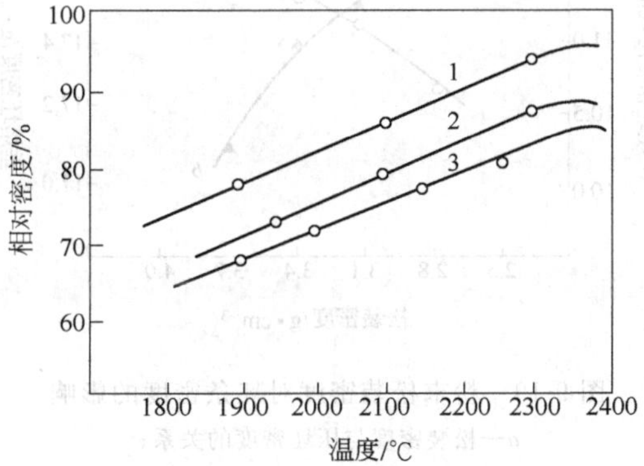

图 9-16 钨条密度与烧结温度和钨粉粒度的关系

钨粉粒度(FSSS)：1—1.7μm；2—3.4μm；3—4.4μm

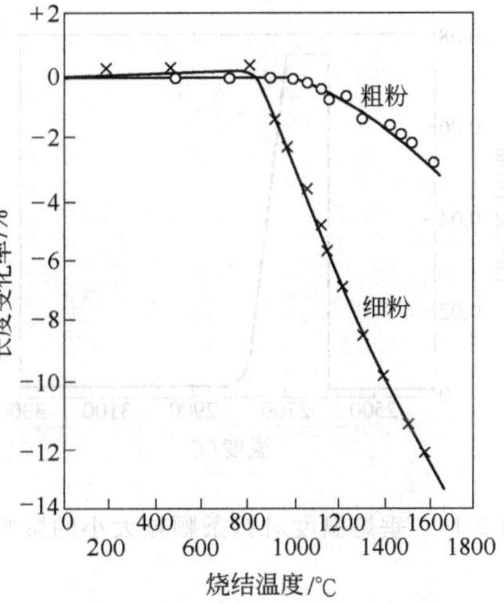

图 9-17 烧结前期钨条长度变化与烧结温度的关系

粗粉 $d_{平均}=3.5\mu m$，细粉 $d_{平均}=0.6\mu m$

垂熔烧结过程可分为四个连续而又有所重叠的阶段：

(1) 低温烧结阶段。吸附气体解吸，成形剂挥发，氧化膜开始还原，发生初步烧结作用。

(2) 烧结颈长大阶段。氧化物继续还原，颗粒间烧结颈长大。

(3) 快速致密阶段。压坯显著收缩，密度和强度迅速增大。

(4) 高温烧结结束阶段。残余孔隙率减小，抗冲击韧性和伸长率增加，晶粒显著长大。

实践表明，存在一个晶粒迅速长大的温度区域(对 12mm×12mm 钨坯而言，约 2600～2800℃，相应的电流为 3400～3600A)，见图 9-18。在该温度范围内，需要较长时间才能形成晶核，由于晶核少，故晶粒较粗。在高于2800℃时，单位时间内形成的晶核多，故钨条晶粒细。可见，若迅速升温，仍能得到较细晶粒的钨条。

B　原始粉末性能的影响

烧结过程是一个粉末体从高能位向低能位转换的过程，粉末颗粒越细，表面结构越复杂，粉末的晶体缺陷越严重，则其能位越高，越有利于烧结，图 9-17 说明了细粉（平均粒度 0.6μm）约从 820℃开始收缩，而粒度稍大的钨粉（平均粒度大于 3.5μm）在 1000℃才开始收缩。

钨粉粒度和松装密度显著影响钨条的最终密度，如图 9-16、图 9-19 所示，尽管粗钨粉流动性好，松装密度大，压坯密度大，但烧结性能差，故最终垂熔条的密度仍是细钨粉的烧结条密度大于粗钨粉的烧结条密度。

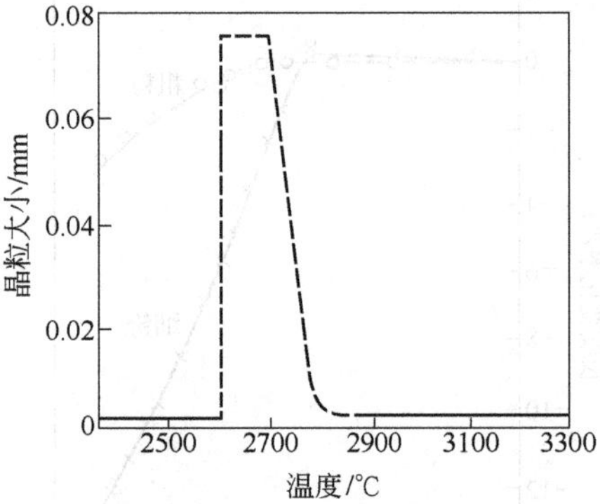

图 9-18　垂熔温度对钨条颗粒大小的影响

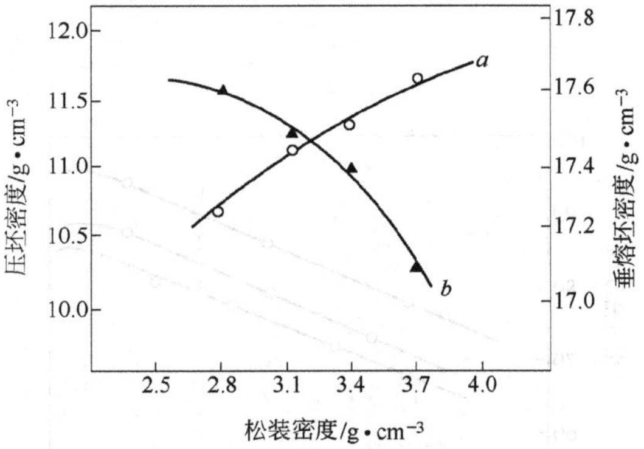

图 9-19　粉末松装密度对坯条密度的影响

a—松装密度与压坯密度的关系；

b—松装密度与垂熔坯密度的关系

C　垂熔气氛的影响

氢气保护下烧结，有利于氧化膜还原，促进致密化速度，钨坯在湿氢中垂熔时其表面会形成粗晶，并向坯条中心方向长大。WAl 坯在氢中垂熔时，其显微组织明显地受氢气湿度的影响，湿度大会使钨丝再结晶组织变差，降低钨丝的耐热性，而且钨条的纯度也不如干氢中垂熔的钨条。

D　成形压力的影响

成形压力对钨条晶粒度的影响，一般表现为成形压力大，晶粒小。但对细粉而言却不然，例如，有人曾用 0.6μm 的细粉做试验，发现晶粒长大是随成形压力增加而增加，而用 5～20μm 的钨粉做试验，则未观察到此种情况，究其原因主要是细粉含氧较高所致。

E　添加剂的影响

起弥散强化作用的添加剂可细化晶粒，而起合金化作用的添加剂则粗化晶粒。

例如，WAl 和 W-RE 条的显微组织比纯钨条细得多，而 W-Re 条的显微组织则比纯钨条粗。

9.1.3.2　烧结过程中掺杂钨条结构与质量的变化

如前所述垂熔温度对钨条品质有重要影响，某公司曾对垂熔钨铝条的结构与杂质含量变化作过系统的观察和分析。他们采用蓝钨为原料，掺杂还原后酸洗的钨粉，其钾、硅、铝含量分别为(120±40)×10^{-4}%、(250±80)×10^{-4}%、(15±10)×10^{-4}%，然后压条若干根，分别在 30%～95%熔断电流(*FC*)下垂熔 15min，垂熔时夹头张力为 2～4.5kg，氢气露点为－60℃，流量为(3000±100)L/h。然后对垂熔条横断面断口做电镜观察，取断面对角线上的 3 个点做观察点，其一即为对角线的中点，另两个观察点在对角线中点与端点的二分之一位置处。因在放大 3000 倍的情况下，3 个点所反映的组织结构基本相同，故仅取中点的照片进行剖析。

图 9-20*a*～*h* 即为各垂熔温度下烧结条断口放大 3000 倍的电镜照片。

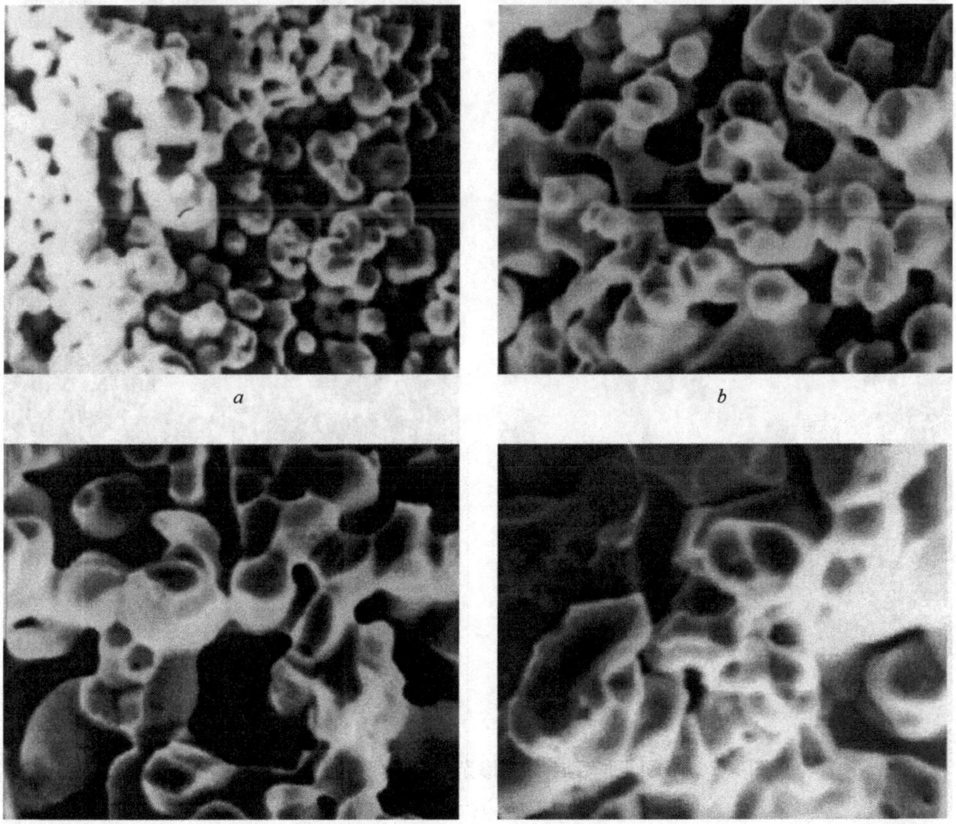

a　*b*

c　*d*

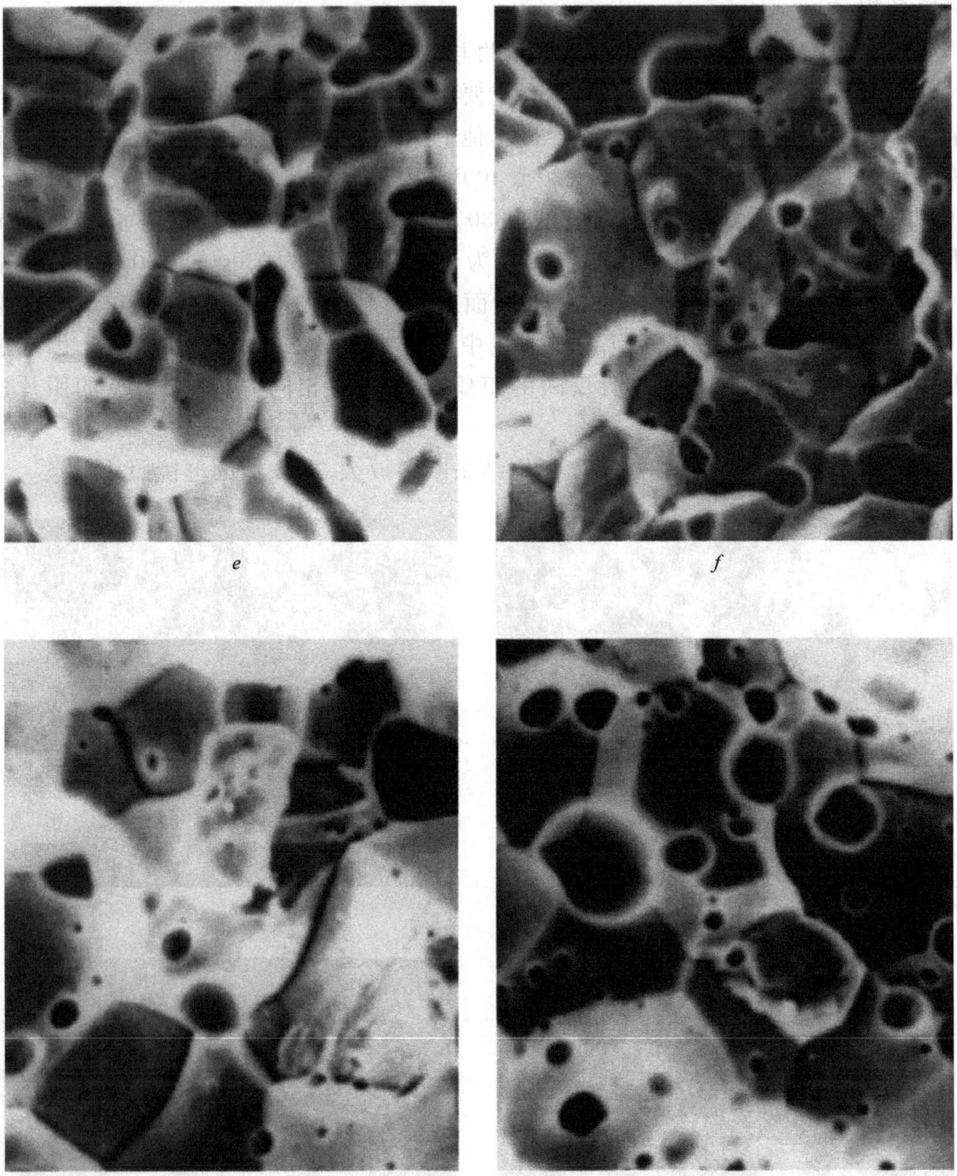

图 9-20　不同垂熔温度下掺杂钨条的断口组织(3000×)

a—30%*FC*；*b*—40%*FC*；*c*—50%*FC*；*d*—60%*FC*；

e—70%*FC*；*f*—80%*FC*；*g*—90%*FC*；*h*—95%*FC*

图 9-20a(30%FC)中似乎粉末颗粒仍处于机械结合状态，粒度在放大 3000 倍后为 3～7mm，故实际大小为 1～2μm。

图 9-20b(40%FC)中颗粒间明显生成烧结颈(表面扩散使颗粒表面变平，颗粒间界面消失，并发生相互“熔结”现象)，颗粒长大到 8～10mm(放大 3000 倍)，颗粒间有很多很大的空隙。

图 9-20c(50%FC)中颗粒长大不多，但其棱角已明显弱化，某些颗粒已烧成一体，空隙相互连通如网络状包围着烧成一体的颗粒。

图 9-20d(60%FC)中颗粒烧成一体，空隙空间已经缩小并呈管状，局部有极细的闭孔出现(钾泡)，断口呈现为典型的沿晶断裂，晶面趋平，晶棱趋直，且三晶面交角趋向 120°，表明晶粒已局部开始趋向稳定。

图 9-20e(70%FC)中空隙空间进一步缩小，并完全呈现为孤立的圆形孔洞(烧结孔)或条形孔洞(管道状孔洞的残余)，在晶面上的小孔洞长大到 1mm(放大 3000 倍)左右。

图 9-20f(80%FC)中放大 3000 倍观察，烧结孔基本相同，约为 5mm，而钾泡进一步长大到 2mm，晶粒长大到 20～40mm。

图 9-20g(90%FC)与 h(95%FC)中晶粒长大到 35～45mm(放大 3000 倍)，即实际大小为 10～15μm，相当于 ASTM6～7 级晶粒度。烧结孔位于晶角和晶棱处，而钾泡大多处在晶面上并长大到 2～3mm(放大 3000 倍)，即 1μm 左右。

由图 9-21 及图 9-22 可见，随烧结温度的升高各杂质的含量降低，最终钾、铝、

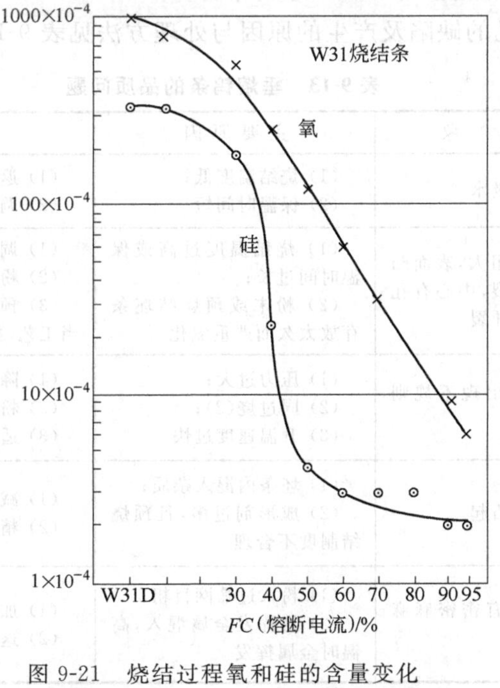

图 9-21 烧结过程氧和硅的含量变化

硅含量分别降至($\mu g/g$)65、8～10、2～3左右，而且铁、铝、钙在50%～60%*FC*，硅在40%*FC*时它们的含量有一急剧降低的现象出现，通过90%～95%*FC*烧结后的垂熔钨条符合该公司关于钾含量为(60～100)×10^{-4}%、密度为(17.8±0.2)g/cm^3和晶粒细小的质量规范。

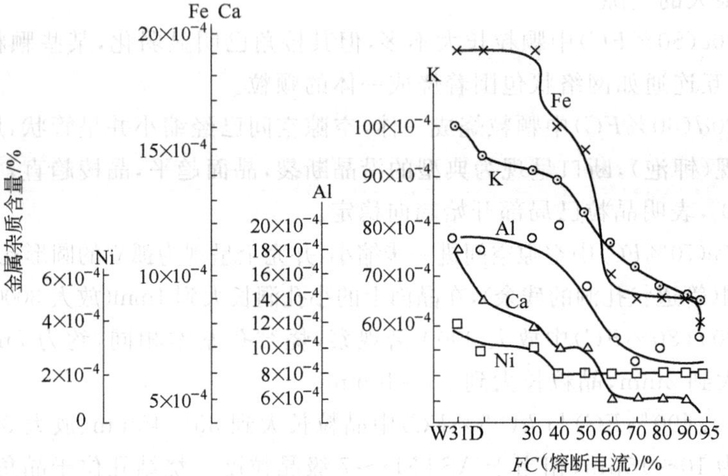

图 9-22　烧结过程金属杂质含量变化

9.1.3.3　垂熔钨条的缺陷及原因分析

垂熔钨条常见的缺陷及产生的原因与处理方法见表9-13。

表 9-13　垂熔钨条的品质问题

缺　陷	现　　象	主 要 原 因	处 理 方 法
欠　烧	表面吸水	(1) 烧结温度低； (2) 保温时间短	(1) 返烧； (2) 调整烧结工艺
过　烧	晶粒粗大，表面凸起或开裂，中心有孔或熔化开裂	(1) 烧结温度过高或保温时间过长； (2) 粉末或预烧结坯条存放太久而严重氧化	(1) 调整烧结工艺； (2) 粉末返炉还原； (3) 预烧结坯条氧化时，可选择适当工艺(如慢升温或返炉预烧)
龟　裂	表面出现不规则裂纹	(1) 压力过大； (2) 同过烧(2)； (3) 升温速度过快	(1) 降低成形压力； (2) 粉末返炉还原； (3) 适当降低升温速度
鼓　泡	表面凸起	(1) 坯条内混入杂质； (2) 成形剂过多，且预烧结制度不合理	(1) 减少成形剂加入量； (2) 精心操作，防止杂质混入
麻　斑	表面有密密麻麻的小坑	(1) 粉末过筛网目粗； (2) 易挥发金属混入，高温时金属挥发	(1) 加强粉末过筛； (2) 这种坯条可加工

续表 9-13

缺　陷	现　　象	主要原因	处理方法
脏　化	表面附有脏物或由于脏物作用产生的腐蚀斑	烧结炉内不干净，脏物掉落坯条表面	(1) 脏化处用砂轮打磨干净后可进行加工；(2) 经常清理炉子，保持炉内干净
内部缺陷	内部分层或形成内部槽沟	(1) 成形时装模不当或松模太快 (2) 垂熔时中心温度过高	(1) 精心操作；(2) 严格控制垂熔温度

9.2 粉末冶金法生产钼条(坯)

用来生产各种规格的钼杆、钼丝、钼板、钼箔及各种钼的异型制品的钼条(坯)通常采用粉末冶金法生产，包括成形和烧结两个工序。以上不同钼产品通常所采用的压制、烧结方法见表 9-14。

表 9-14　钼粉末冶金产品压制、烧结方法

产　品	压　制	型坯尺寸/mm	烧　结	备　注
杆、丝	钢　模	$(14\sim20)^2\times600$ 方条	H_2 中垂熔或间接烧结	旋锻、拉丝
特灯用箔带			H_2 中垂熔	钼丝精密轧制
硅整流用圆片	钢　模	$(15\sim18)\times80\times120$	H_2 或真空中间接烧结	轧制、冲圆、磨光
板、带、箔	冷等静压	$(14\sim18)\times(40\sim60)\times(150\sim250)$	H_2 或真空中间接烧结	轧　制
大钼棒	冷等静压	$\phi(20\sim300)\times(200\sim700)$	H_2 或真空中间接烧结	气锤锻造
异型制品	冷等静压 钢　模	根据产品形状、尺寸 $16\times(18\sim25)\times600$ 方条	H_2 或真空中间接烧结	机加工

还原钼粉的生产与性能、钼条(坯)压制与烧结原理已分别在第 5 章、第 6 章讲述。本节主要介绍纯钼条的压制与垂熔工艺、钼坯的冷等静压成形工艺及间接烧结工艺、设备与特点以及掺杂钼生产工艺、作用机理、性能、用途与发展概况。

9.2.1 纯钼条、坯的生产

9.2.1.1 纯钼条的生产工艺

工艺流程见图 9-23。

A 钼粉的配制

用甘油酒精溶液将钼粉湿润，以减少压制过程中的摩擦力，提高钼粉的成形性能和钼生坯的质量。一般每次取 30kg 钼粉在铜(或不锈钢)盘中手工充分混合后

(1kg 钼粉加入 1∶1 甘油酒精溶液 4mL)，放入瓷球磨机中混合 1h，过 80 目(0.175mm)筛，放置 1h 以上即可压制。

B　钼坯的压制

压制钼方条采用钢模压制，所用 500t 液压机和模具示意图见图 9-1 和图 9-2，压制工艺规范见表 9-15。

压制前先用铁块试压，调整好所需压力。将称量的钼粉装入模具，用钢针、刮刀把模腔内的粉末均平，再进行压制。用千分尺检查坯条工作面尺寸，并适当改变粉重使尺寸合格，之后按此粉重进行压制。

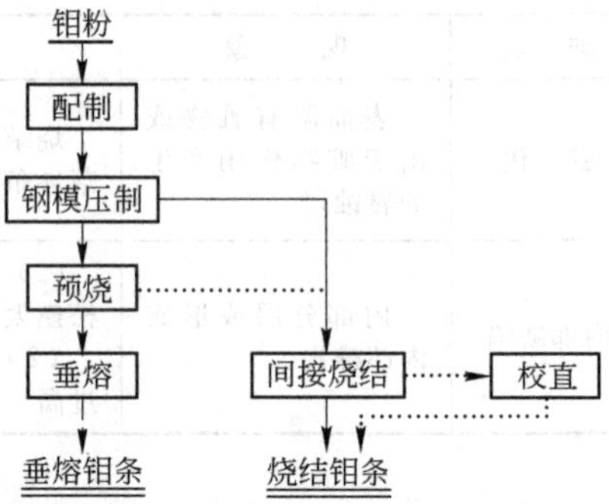

图 9-23　纯钼条生产工艺流程

表 9-15　压制工艺规范

牌　号	生坯规格/mm×mm×mm	粉重/g·根$^{-1}$	单位面积压力/MPa	表压力/MPa
Mo1、Mo2	14×14×600	700～750	250～300	13～16
	16×16×600	920～980		15～18
	18×18×600	1150～1250		16.5～20.5
	18×20×600	1300～1400		18.5～22.5
	20×20×600	1400～1500		18.5～22.5

一般较细、颗粒形貌较复杂的钼粉由于比表面积较大，容易形成较高的生坯强度，但同时压制时摩擦力大，生坯密度均匀性差，容易产生裂纹和分层，所以宜采用较低的压制压力。通常具有一定粒度分布的粗细搭配的钼粉，易获得较高密度和强度的生坯。

坯条表面应光滑、没有分层、裂纹、掉边、掉角和脏化。锥度、重量和尺寸偏差应符合要求。

C　钼坯预烧

钼坯的预烧同钨坯预烧一样在以钼丝为加热体的马弗炉中进行。预烧的目的是使压制时加入的甘油酒精和部分杂质挥发，并使其具有一定的强度和导电性。预烧时将钼条放入镍合金烧结盘中，每盘不超过 15kg，并用氢作为保护气氛。工艺规范见表 9-16。预烧后的钼条应为淡灰色，表面光滑，无分层、氧化、断裂及杂质斑点等缺陷。

表 9-16　钼坯预烧工艺规范(Mo1、Mo2)

规格/mm×mm×mm	14×14×600	16×16×600	18×18×600	18×16×600	20×20×600
温度/℃	1100～1150				
时间/min	45	50	60	60	70

D 钼条垂熔

钼条的垂熔同钨垂熔一样，也是在净化 H_2(露点 -40℃以下)气氛中进行，所用设备、操作方法、烧结原理也与钨条垂熔相同。根据吸水试验、线收缩(要求大于9%)和金属光泽，垂熔工作电流为其熔断电流的85%～90%。表9-17是钼条垂熔工艺实例。

表 9-17 钼条垂熔工艺实例

规格 /mm	14×14×600				16×16×600				18×20×600			
牌号	Mo1		Mo2		Mo1		Mo2		Mo1		Mo2	
参数	电流 /A	时间 /min	电流 /A	时间 /min	电流 /A	时间 /min	电流 /A	时间 /min	电流 /A	时间 /min	电流 /A	时间 /min
升温制度	0～1000	1	0～1000	1	0～1000	1	0～1000	1	0～1000	1	0～1000	1
	1200	2	1200	1	1300	2	1300	1	1300	2	1300	1
	1400	1	1400	1	1600	1	1600	1	1600	1	1600	1
	1600	2	1600	1	1900	2	1900	1	1900	2	1900	1
	1800	1	1800	1	2200	1	2200	1	2200	1	2200	1
	2000	2	2000	1	2500	2	2500	1	2500	2	2500	1
	2200	1	2200	1	2800	1	2800	1	2800	1	2800	1
	2400	1	2400	1	3100	1	3100	1	3100	1	3100	1
	至工作电流	1	至工作电流	1	3300	1	3300	1	3400	1	3400	1
	保温	12	保温	10	至工作电流	1	至工作电流	1	3700	1	3700	1
	冷却	5	冷却	5	保温	15	保温	15	4000	1	4000	1
					冷却	7	冷却	7	至工作电流	1	至工作电流	1
									保温	15	保温	15
									冷却	7	冷却	7

钼的电阻率低于钨，但其熔点远低于钨，所以钼条垂熔的工作电流远低于同截面钨条的垂熔工作电流。但是，钼条的断面尺寸往往远大于钨，所以其垂熔装置需要更大的额定电流，而垂熔钨又需要更大的额定电压。因此，用于钨、钼的垂熔机应单独设计，分别选用额定电流、额定电压匹配的调压器。否则，功率因数低，功率损耗大，投资和设备体积大。

目前垂熔机大多采用了磁性调压器，升温制度采用数码显示微机控制代替手动调温，并向多罩串联垂熔大规格钼条发展。

E　钼条的间接烧结

为了提高生产效率和降低成本，钼条的烧结可采用间接法。间接烧结法即通过烧结炉发热体所产生的热量将钼条间接加热（垂熔为通过钼条本身发出的焦耳热使自身受热）。

a　烧结设备

常用的烧结设备有卧式钨丝（或钨棒）炉、立式钨棒（或钨网）炉与中频感应炉。

卧式钨丝（或钨棒炉）的结构与钨钼坯预烧炉相似，但除加热体不同外，一般做成多带炉，炉体用锆砖（内）、铝砖（外）两层耐火材料砌成，采用手工或机械手推料；立式钨棒（或钨网）炉的结构参见图 9-5，一般带有炉料的升降装置；中频感应炉（参见图 9-24）炉腔中央的感应线圈内放有钨坩埚，烧结时钼条放入底部铺垫有废钨钼条（板）的钨坩埚内，钼条的烧结依靠钨坩埚感应间接加热和钼条自身感应发热共同完成。铜感应圈、炉盖和炉壳采用循环水冷却，炉壳内设有保温耐火材料。

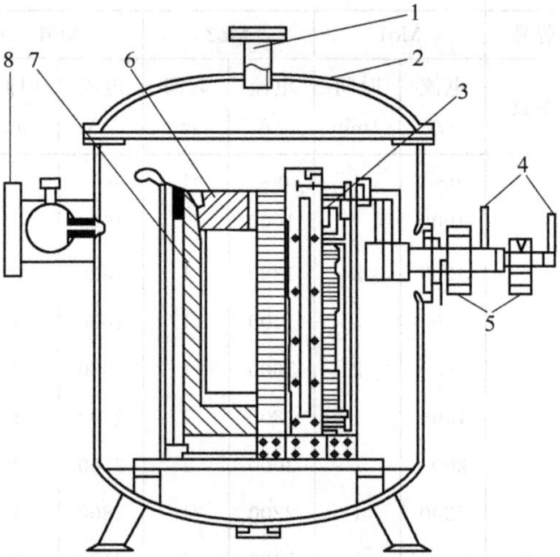

图 9-24　真空中频感应烧结炉示意图
1—观察孔；2—炉盖；3—线圈；4—冷却水进出口；5—电极；6—坩埚盖；7—坩埚；8—泵孔

图 9-25 是前苏联研制的一种用石墨棒加热的钼条高温真空连续烧结炉。钼条装入石墨容器中，石墨容器内壁涂以钼粉和酚醛树脂混合物以防止钼被碳化。石墨容器和钼条的装出炉都经过密封闸门。该炉功率为 380kW，高温区长，为连续烧结，具有很高的生产效率，每 24h 可烧结 1t 钼条[6,7]。

b　烧结工艺

卧式炉又称连续烧结炉，将钼条放在装料舟内，每舟放入钼条 12～18kg（放料太多高温区容易塌陷），钼条之间均匀撒上少量氧化锆粉末，以防烧结后的钼条相互黏结。在连续（或间断）推舟的过程中，逐舟钼条依次经低温区、高温区和冷却端，最后从出料端取出。合理设计加热带温度曲线和控制推舟速度可以保证钼条正确的烧结制度。其烧结工艺曲线如图 9-26*a* 所示。

控制合理的烧结升温速度，是为了使钼条中的杂质在致密前充分挥发，防止烧结钼条的开裂，以得到高质量的钼条。

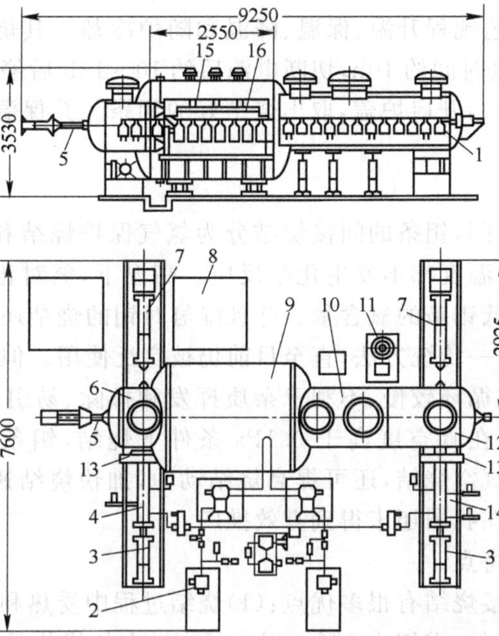

图 9-25 钼坯烧结用连续真空烧结炉

1—石墨舟列；2—真空系统；3—外盖板液压缸；4—预热室；
5—主液压缸推杆；6—装料室；7—装料(左)和卸料(右)；
8—变压器；9—加热室；10—冷却室；11—油压装置；
12—卸料室；13—真空阀；14—卸料端；
15—石墨加热器；16—热绝缘

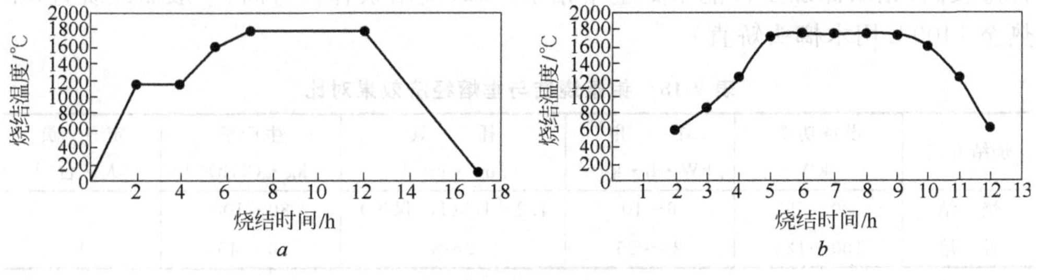

图 9-26 钼条烧结工艺曲线

a—卧式炉；*b*—立式钨棒炉

根据钼条规格和钼粉粒度等，高温区烧结温度为 1700～1850℃，烧结时间 3～5h。国内采用的卧式钨丝(或钨棒)马弗炉一般每昼夜可烧结钼条 80～100kg。

立式钨棒(或钨网)炉与中频感应炉属间歇式烧结炉，在冷炉状态下装入钼条，一般每炉 70～120kg，为了减轻烧结弯曲可用钼丝将数根钼条捆绑在一起(特别是感应炉烧结只能竖直装料，很易弯曲）。盖好炉盖后通 H_2（或抽真空），调整炉子供电功率，按一定的工艺规程升温、保温、降温和随炉冷却。其烧结工艺曲线参见图9-26*b*。整个炉期供电时间约10h，切断电源后约10～12h后停氢、停水（或3h后停真空泵再通 H_2 7～8h），开启炉盖，取出烧结好的钼条。其保温温度和时间与卧式烧结法相同。

c　烧结气氛

按烧结气氛的不同，钼条的间接烧结分为氢气保护烧结和真空烧结。金属钼与氢一直到钼的熔化温度都不发生化学反应。高温下，氢对钼的氧化物有很强的还原作用，有利于降低钼条的氧含量。并且湿氢对钼的烧结还具有活化作用，所以氢气保护烧结已成为一传统方法，直至目前仍被广泛使用。但与真空烧结相比，氢气保护烧结存在气体循环较慢、不利于杂质挥发和排除、易引起表面污染的问题。理论和实践都证明，在真空度高于0.1Pa条件下烧结，钼条中的氧含量可降至0.002%以下。采用真空烧结，还可提高烧结动力，加快烧结速度[6]。但由于种种原因，真空烧结目前在我国还未得到有效推广。

d　间接烧结的特点

与垂熔相比，间接烧结有很多优点：(1)烧结过程中受热和所得钼条密度均匀。垂熔条两端烧结温度低，需切头2%～4%。(2)最大的优势是生产效率高，烧结成本低。表9-18是它们的经济效果对比情况。(3)垂熔受设备额定电流的限制，只能生产小规格钼条。间接烧结不受电流的限制，可采用冷等静压，压制密度均匀、大规格圆形钼棒进行烧结，有利于钼的进一步加工。(4)合理控制升温过程可不经预烧直接进行高温烧结。

氢气保护间接烧结的不利方面主要表现在：(1)由于烧结温度较低，一般杂质含量较高，钼条深加工性能不如垂熔钼条。(2)烧结条容易弯曲，一般需经矫直（加热至1400℃用木榔头矫直）。

表9-18　钼条烧结与垂熔经济效果对比

烧结方式	设备功率 /kW	耗电 /kW·h·kg^{-1}	耗氢 /m^3·kg^{-1}	生产率 /kg·(24h)$^{-1}$	定员 /人·台$^{-1}$
烧结	30～55	6～10	1.2～1.5(H_2 保护)	80～100	2
垂熔	100～125	20～25	2～3	35～45	1

钼条的真空间接烧结不仅可大幅度降低烧结成本及显著提高生产效率，而且可得到较垂熔条杂质含量更低的钼条。图9-25所示的烧结炉烧结的钼条平均碳含量为0.001%，N、H、O总含量仅为0.001%，是一种较为理想的深加工钼坯烧结设备。在我国进行钼条真空烧结的研究和推广具有很大的现实意义。

F　钼条质量及控制

钼条表面应呈银灰色或灰色金属光泽，不得有吸水、氧化（Mo2允许有轻微氧化)、沾污、过熔、鼓泡、麻点(Mo2 允许有直径和深度分别小于 1mm 和 0.5mm 的小麻点)、分层、裂纹和弯曲度过大等现象。垂熔钼条密度为 9.2～9.80g/cm³,晶粒度 Mo1 为 2500～10000 个/mm²,Mo2 为 1500～10000 个/mm²。烧结钼条的密度为 9.5 ～10.0g/cm³,由于烧结温度低,可得到较细的晶粒组织,晶粒度一般在 4000～15000 个/mm² 的范围。Mo1、Mo2 条的化学成分见表 9-19。钼条的质量控制及分析参考钨条的品质控制。

表 9-19　钼条化学成分(%,不大于)

牌　号	Fe	Ni	Al	Si	Ca	Mg	P	C	O	N
Mo1	0.006	0.003	0.002	0.003	0.002	0.002	0.001	0.01	0.003	0.003
Mo2	0.01	0.005	0.005	0.01	0.004	0.004	0.005	0.02	0.005	—

9.2.1.2　大钼板、钼棒和钼异型制品的生产

受钢模形状、压制受力方式和液压机额定压力的限制,大钼板、钼棒和钼异型制品一般采用油等静压成形,其设备和成形原理见钨坯的等静压制。将钼粉装入聚氯乙烯树脂制成的弹性胶袋内,用铁丝扎紧胶塞,并捣实均匀,装入钢制套筒内置于等静压机工作室内压制。根据烧结成品尺寸、烧结收缩系数 $k_{烧}$、压制收缩系数 $k_{压}$ 和机加工余量 b 确定压坯和装粉尺寸。

$$\phi_{压}(L_{压})=\phi(L)\times k_{烧}+b$$

$$\phi_{装}(L_{装})=\phi_{压}(L_{压})\times k_{压}$$

式中,ϕ、L 为成品直径和长度;$\phi_{压}$、$L_{压}$ 为压坯直径与长度;$\phi_{装}$、$L_{装}$ 为装粉直径与长度。对于钼,$k_{烧}=1.16\sim1.17$;$k_{压}=1.35\sim1.36$。表 9-20 列出了大钼棒生产中各阶段尺寸。

表 9-20　大钼棒生产中各阶段直径(mm)

成　品	机加工毛坯	压制毛坯	橡胶模	套　筒
22	26	29	39	44
25	30	35	47	52
28	33	38	51	56
30	35	40	54	59
35	41	46	62	67
45	53	58	78	83
50	59	64	86	91
65	76	81	109	114
≥250	≥295	≥300	≥420	≥400
≥300	≥351	≥355	≥500	≥480

压制过程中,升压 4min,保压 3～5min(根据坯料尺寸选择),降压 2～3min。等静压制容易得到密度较大的生坯,压制压力一般取 200MPa 即可。

烧结后直接使用的异型制品,压制所得的生坯一般要在预烧(1100～1200℃、

120min)后经机加工整形再高温烧结。用于轧制、锻造的板坯和棒坯可不经预烧与机加工直接进行高温烧结。

大钼板、钼棒和钼异型制品的烧结宜采用间接烧结法。所用烧结设备和方法同钼条间接烧结,但由于其坯料尺寸大,应采用较高的烧结温度(1800~2150℃)和较长的保温时间(4~6h),烧结坯密度不小于$9.8g/cm^3$。

9.2.2 掺杂钼的生产

纯金属钼具有一系列优异性能,在电光源、电子、高温结构件及发热元件等领域得到了广泛应用。但随着现代工业的发展,对钼的使用性能提出了更高的要求。特别是纯钼在高温性能和室温韧性等方面的不足,严重影响了其使用效果,限制了其应用范围。如用作特灯引出线的纯钼丝就常因承受高温后的脆断造成很大浪费。而选择性地添加掺杂元素制得的掺杂钼不仅可大幅度提高钼的使用性能而且还可使其具有某些功能性。

掺杂钼的种类很多,如人们很早就发现在钼中添加 Ti、Zr、Hf 可提高钼的高温强度、硬度和再结晶温度,研制出 TZM、ZHM 等钼合金[7,8];电子管栅极用钼丝要求有较高的伸长率,通常采用掺钴的方法来提高钼丝的延性[9];钼铼合金具有优异的力学性能、良好的耐腐蚀性和可加工性能以及与液态金属或合金良好的相容性,是电子、冶金、仪表、航空、航天与反应堆等领域的理想材料等等[10,11]。但目前研究最多、应用最广泛的是掺杂 Si、Al、K(或 K、Si)的高温钼(ASK-Mo)与掺杂稀土氧化物的稀土钼(ODS-Mo),本小节只讲述此两种掺杂钼的制备工艺、性能、作用机理、应用和研究进展。

9.2.2.1 ASK-Mo 的生产

20 世纪 60 年代末奥地利普兰西金属加工公司首先采用掺杂钨的工艺研制出掺杂 Si、Al、K 的高温钼材。我国 70 年代末至 80 年代初由上海钢铁研究所首先研制成功,目前多个钨钼厂家已能批量生产,并得到了实际应用。

A 生产工艺

ASK-Mo生产工艺流程见图 9-27。

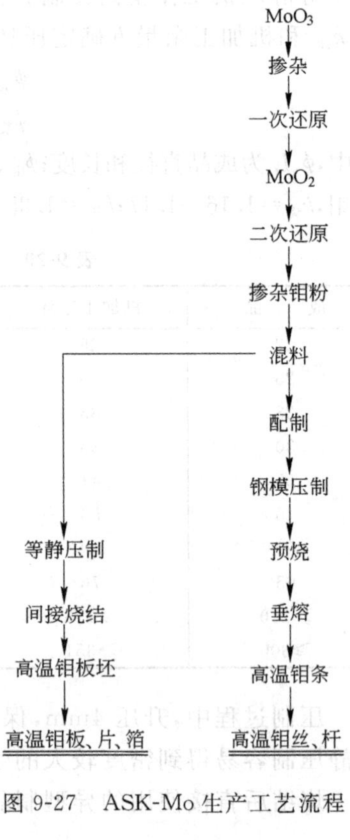

图 9-27 ASK-Mo 生产工艺流程

普遍采用的掺杂方法是将 Si、Al、K 或(Si、K)以 K_2SiO_3、KCl 和 $Al(NO_3)_3$(可不加)水溶

液的形式在不断搅拌的条件下依次加入 MoO_3 悬浮液中[12]，经蒸发、干燥、过筛得到掺杂 MoO_3。所用设备与操作方法、添加剂的要求和配制、去离子水的电导率要求等同 AKS 钨条生产中 WO_3 的掺杂。表 9-21 是掺杂 MoO_3 的特征化学成分，其松装密度应控制在 0.8～1.2g/cm^{3}之间。

为了进一步提高掺杂的均匀性，徐志昌等研究了 Si、Al、K 的液-液掺杂工艺，即将掺杂溶液与钼酸盐混合，然后经过喷雾干燥和热解得到掺杂 MoO_3[12]。

掺杂 MoO_3 经一、二次还原得到掺杂钼粉，其还原工艺方法基本同纯钼粉的还原，只是为了提高高温钼粉的粒度，使低熔点杂质有效挥发和减少氧气、水分的吸附以保证其成形性能，往往适当提高还原温度。高温钼粉的氧含量应小于 0.5%，费氏平均粒度为 3～5μm。

表 9-21 掺杂 MoO_3 的化学成分(%，以 MoO_3 质量计)

SiO_2	K_2O	Al_2O_3	CaO	NH_3
0.15～0.25	0.15～0.25	≤0.03	≤0.002	≤0.5

考虑到 ASK-Mo 在烧结过程中有较多的杂质挥发，高温钼条一般采用两次垂熔(表 9-22 是 16mm×16mm×600mm 高温钼条垂熔工艺实例)，高温钼板坯间接烧结要延长 1000～1700℃间的升温时间。

表 9-22 16mm×16mm×600mm 高温钼条垂熔工艺实例

一次垂熔		二次垂熔	
电流/A	保温时间/min	电流/A	保温时间/min
500	1	1000	1
700	2	1400	1
900	1	1800	1
1000	2	2000	2
1200	2	2300	1
1400	1	2500	2
1500	5	2800	1
1800	3	3100	1
冷却	5	3200	15
		冷却	7

在垂熔(烧结)过程中，添加剂部分挥发，少量的 Si、K、Al 以在加工时可变形的 K-Si-Al-O 化合物的形式残留在条(坯)中。根据加入量、还原烧结工艺不同，一般残留(150～300)×10^{-4}%的 K、(500～900)×10^{-4}%的 Si、不大于200×10^{-4}%的 Al 和(300～500)×10^{-4}%的 O。图 9-28 为 ASK-Mo 钼条的 SEM 照片。从图

9-28 可以看出，钼条中存在着较多的呈弥散分布的细小掺杂微孔。

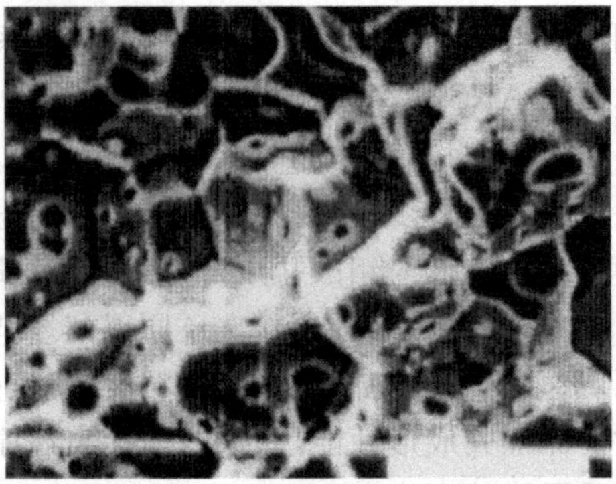

图 9-28　ASK-Mo 钼条的 SEM 照片

生产 ASK-Mo 丝材的工艺与纯钼丝的生产工艺基本相同，但由于其加工硬化速率较纯钼稍高，所以要适当提高各道工序的加工温度，并合理调整退火点和退火工艺。板带材生产工艺中除提高开坯轧制温度（大于 1450℃）外，为了生产成卷薄带，在 2.0～0.5mm 阶段宜采用有电加热装置的温轧工艺，并在轧制过程中安排适当的退火处理。采用较大的道次压缩量有利于掺杂元素的分布均匀，更大程度地发挥它们的作用（参见第 10 章）。

B　ASK 高温钼的组织、性能及掺杂机理[13～17]

a　退火组织

与纯钼丝相同，加工态高温钼丝的组织为细小均匀的纤维组织。但高温退火后两者表现出了很大的差别。

纯钼丝退火温度达到 1050℃时，显微组织开始发生明显变化，纤维边界出现微小的晶粒，使纤维边界呈现齿状（图 9-29*a*），温度进一步升高，首先在丝材边部形成等轴状再结晶晶粒，并逐步向丝材心部发展，至 1250～1300℃再结晶完成，形成等轴状再结晶组织（图 9-29*b*）。

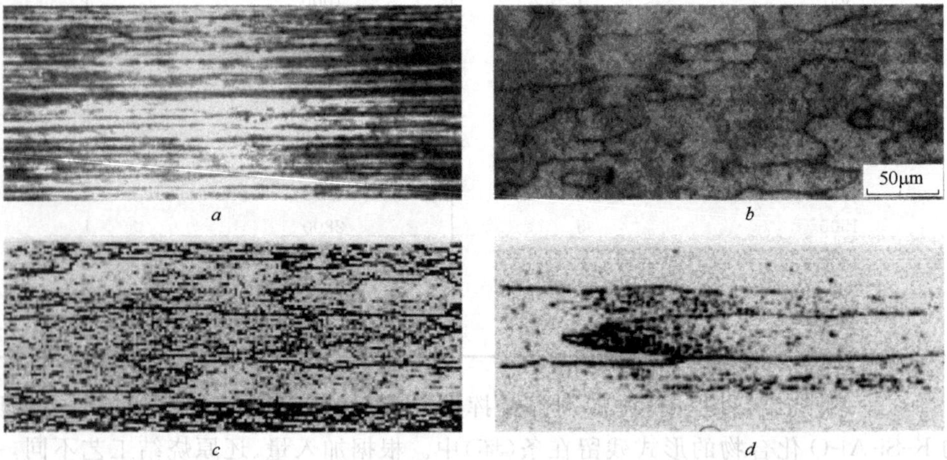

图 9-29　钼丝热处理后的显微组织

退火温度：*a*—1050℃；*b*—1250～1300℃；*c*—1300～1700℃；*d*—1700～1800℃

高温钼丝同样在1300℃左右在纤维边界形成细小再结晶晶粒，但和纯钼丝不同的是再结晶从心部开始，随退火温度的升高再结晶晶粒长大并向边部发展，并且晶粒长大的速度在加工方向远大于横向，在1300～1700℃相当宽的温度范围内保持心部为长大再结晶组织、边部为纤维组织的复杂结构(图 9-29*c*)。1700～1800℃后，形成一种燕尾搭接、晶粒长宽比很大的再结晶组织(图 9-29*d*)。即高温钼丝的再结晶温度较纯钼丝提高 400～500℃，而且晶粒形状与纯钼丝截然不同。

高温钼板的再结晶组织和再结晶温度与高温钼丝大致相同。采用交叉轧制生产的高温钼板再结晶后形成长宽比不大但晶界曲折的细均晶粒组织。

b 性能

纯钼材在1250～1300℃再结晶后即严重脆化，几乎不能承受弯折，伸长率也急剧下降。而高温钼材(包括交叉轧制的板材)在1000℃以上的各种退火温度直到再结晶后都保持很高的室温韧性和延性，再结晶后仍能承受5～12次的弯折。高温钼材还具有优良的抗蠕变性能，在90%*FC*电流保温5min，高温钼丝"V"型下垂试验蠕变值一般在2.5mm以下。

加工态和退火态的高温钼材的抗拉强度远高于同等变形量的纯钼材，并且其 σ_b-T 曲线在1300～1700℃有一平台。图9-30是 ϕ0.6mm 纯钼丝与高温钼丝抗拉强度随退火温度变化实例。

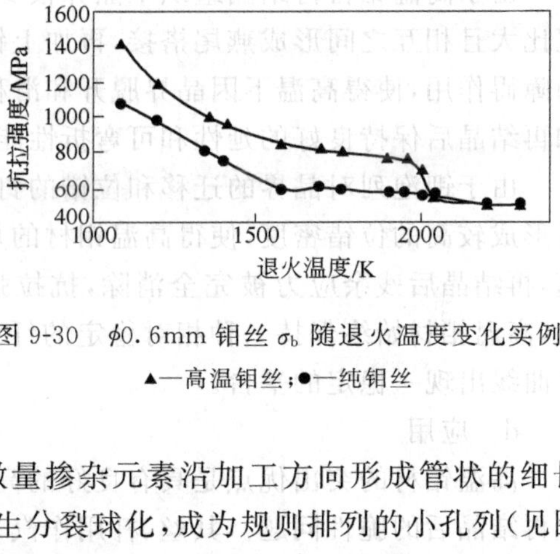

图 9-30 ϕ0.6mm 钼丝 σ_b 随退火温度变化实例

▲—高温钼丝；●—纯钼丝

c 掺杂机理

高温钼材的组织和性能与纯钼相比之所以有如此大的差异，其本质在于掺杂元素的影响。高温钼条(坯)经过某个方向的大变形量后，其中残留的微量掺杂元素沿加工方向形成管状的细长孔洞，随着退火温度的升高，管状孔洞发生分裂球化，成为规则排列的小孔列(见图9-31*a*)，能谱分析可以证明，孔洞中含有微量元素钾，即为与在掺杂钨中观察到的相类似的钾泡列(交叉轧制的钼板、箔中形成纵横交错的钾泡列网络)。由于钾泡列的存在对晶界的运动产生强烈的钉扎作用，而变形金属的再结晶要通过大角度的晶界迁移来实现，所以晶粒易于沿着加工方向无钾泡列的区域生长(图 9-31*b*)，使高温钼再结晶后形成图 9-29*d* 那样燕尾搭接的长大晶粒组织，并使其再结晶温度显著提高。钾泡列形成的先决条件是高温钼坯必须经过大的变形量，且变形量越大，钾泡的尺寸越小，密度越高，其产生的影响越大。加工过程中丝材边部的变形量大于中心部，再结晶晶粒的形成和长大更加困难，导致高温钼丝的再结晶从心部开始。正是基于这个原因，高温钼材的尺寸范围只能限于丝、杆、板和箔，如普兰西公司生产的高温钼杆最粗的为 ϕ7mm，高温钼板最厚的为 1.0mm。一般要求变形量在 95%以上，且变形量越大，掺杂元素对钼材组织与性能的影响越大。

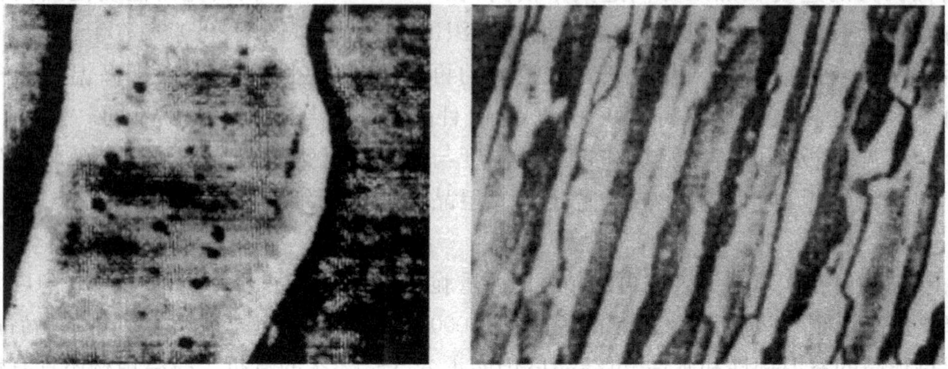

a　　　　　　　　　　b

图 9-31　高温钼丝中的钾泡列（*a*）和纤维边界的钾泡列阻止晶粒横向长大（*b*）

由于高温钼材再结晶组织中晶界很少，特别是与丝轴正交的部分更少，晶粒长宽比大且相互之间形成燕尾搭接，再加上钾泡列对位错的运动和晶界的滑移产生的障碍作用，使得高温下因晶界脱开和滑移而造成的蠕变量大大降低，并在高温下和再结晶后保持良好的延性和可弯折性能。

由于钾泡列对晶界的迁移和位错的钉扎作用，造成高温钼在加工和高温退火后形成较高的位错密度，使得高温钼材的加工态和退火态抗拉强度较纯钼明显提高，再结晶后残余应力被完全消除，抗拉强度大幅度下降。1300～1700℃之间退火，高温钼材始终保持一种相对稳定的纤维与长大晶粒组成的混合结构，使其 σ_b-T 曲线出现一稳定的平台。

d　应用

高温钼材的突出优点是具有良好的高温性能和室温韧性，特别是解决了纯钼丝再结晶后的脆性问题。其丝、杆用作汽车、摩托车车头灯等特种灯泡（特别是碘钨灯、石英玻璃泡壳的特种灯泡）的支架和引出线，可大大提高成品合格率，并可使用更细的高温钼丝代替原较粗的纯钼丝；用作电子管的阴极支撑材料、高温炉的发热体和线切割丝较纯钼材的使用寿命大大提高。其薄板是栅极材料、高温炉中的发热体、隔热屏和其他高温结构件的理想材料。采用交叉轧制的片材用于真空镀膜用料舟，使用寿命长。厚度为 0.03～0.04mm 的箔材主要用作真空器件或特灯的封接材料。它们还可望用作飞机发动机和火箭喷嘴材料。对于那些需要抗冲击、抗振动及在高温使用和焊接后仍不失去韧性或仍要保持良好变形能力的结构件，高温钼都是极佳的选材。

9.2.2.2 稀土钼的生产

20世纪80年代开始，国内外对掺杂不同种类和含量稀土氧化物的钼合金进行了系统研究和开发，这类钼合金被称为稀土钼，是目前研究较多、应用较为广泛的一种掺杂钼。其最大的特点是，能够通过对稀土氧化物种类与含量的选择和成分设计，使之既可作为高温结构材料(综合性能优于ASK与TZM)，又可作为一种新型的热电子发射材料(取代W-ThO_2)。左铁镛等人率先在此方面进行了大量的研究工作。国外较领先的研究和生产单位主要有日本东京钨业有限公司、日本东芝公司与奥地利普兰西金属加工厂等。

A 生产工艺特点

稀土钼材的生产工艺流程与ASK高温钼大致相同，其工艺上的不同主要有以下几点：

(1) 稀土氧化物的掺杂一般是以稀土元素硝酸盐水溶液的形式加入MoO_2悬浮液中。掺入的稀土氧化物主要有La_2O_3、Y_2O_3、Sc_2O_3、Sm_2O_3、Nd_2O_3、Gd_2O_3等。单一掺杂的氧化物一般为La_2O_3，为了进一步提高稀土钼材的性能，也可将La_2O_3同其他一种或多种氧化物同时掺入。用作高温结构材料的稀土钼，氧化物的掺入量(质量分数，以钼计)为0.2%～2%，称低稀土钼合金；用作热电子发射材料的稀土钼，氧化物的掺入量不小于3%，称高稀土钼合金。

(2) 为了提高稀土钼粉的粒度，以利于压制，应采用粗颗粒的MoO_2作原料。

(3) 为了保证压制性能，一般将稀土钼粉与适量的粒度适宜的纯钼粉混合后进行压制。

(4) 稀土钼在高温烧结过程中的杂质挥发少于ASK高温钼，所以不需要两次垂熔。由于其烧结致密化速度较快，应适当减慢升温速度和降低烧结温度。

(5) 低稀土钼合金塑性加工性能较好，高稀土钼合金塑性加工性能相对较差。因此应根据稀土氧化物含量合理调整加工工艺。

B 稀土元素在生产过程的行为、影响及其机理[7,18~27]

掺杂MoO_2在还原过程中，稀土硝酸盐发生分解。钼粉中的稀土元素以氧化物和稀土钼氧化物(如$La_2Mo_3O_{12}$)的形态存在，经复合掺杂的还原钼粉中，还有可能存在复合稀土氧化物(如$LaYO_3$)。

图9-32可见，稀土氧化物的加入对钼粉具有明显的细化作用，造成粉末颗粒大小不均，并使粉末颗粒形貌从近球形变为较规则的多面体。随着加入量的增加，还原钼粉的粒度减小。这是因为在钼的还原过程中，钼粉颗粒大小遵循化学气相迁移长大机理。在稀土掺杂的MoO_2还原过程中，钼晶体表面可形成稀土氧化物薄膜，从而妨碍了气相水合氧化物在钼颗粒表面的沉积，进而抑制了钼颗粒的长大，并不可避免地形成一些新的细颗粒钼粉，使钼粉细化而不均。同时，稀土氧化物的存在，改变了其中某些晶面的能量状态，使晶粒沿某些方向生长快，而另一些

方向生长受到抑制，从而使钼粉形成了较规则多面体。

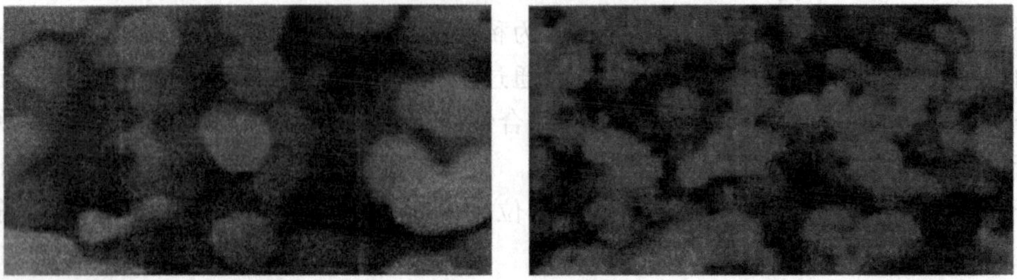

a　　　　b

图 9-32　纯钼粉(*a*)与稀土掺杂钼粉(*b*)的形貌

在掺杂 $La(NO_3)_3$ 的 MoO_2 还原阶段，还可发生 La_2O_3 与 MoO_2 间的固溶和 La_2O_3 的脱溶，从而在金属 Mo 的表面及周围生成少量纳米 La_2O_3，减小了 Mo 与大气的接触面积，使钼粉的抗氧化能力增强。

稀土钼粉的粒度、颗粒形貌，以及表面氧化物薄膜的存在，使得压制性能较差，一般需与适量的纯钼粉混合以提高其压制性能。

垂熔(高温烧结)后，稀土元素以球状氧化物的形式弥散分布在晶界和晶内孔隙。这些弥散的稀土氧化物质点在烧结过程中阻碍了晶界的迁移，使晶粒细化。并且，细化的晶粒增加了烧结过程中钼晶粒间的接触面积，加强了钼的扩散，起到了活化烧结的作用，从而导致烧结条(坯)密度的提高。其条(坯)的晶粒度一般为 5000～18000 个/mm^2，密度为 9.7～9.9g/cm^3。从图 9-33 可看到，其组织细小均匀，晶界面上分布着很多球形第二相颗粒(稀土氧化物粒子)。

稀土氧化物的掺杂还使得烧结态条(坯)的室温强度和韧性比纯钼大幅度提高。室温下三点弯曲断裂后，稀土钼条会产生明显的弯曲(见图 9-34)，其断裂韧性较纯钼高 2.5 倍以上，抗弯强度提高 15%～25%。

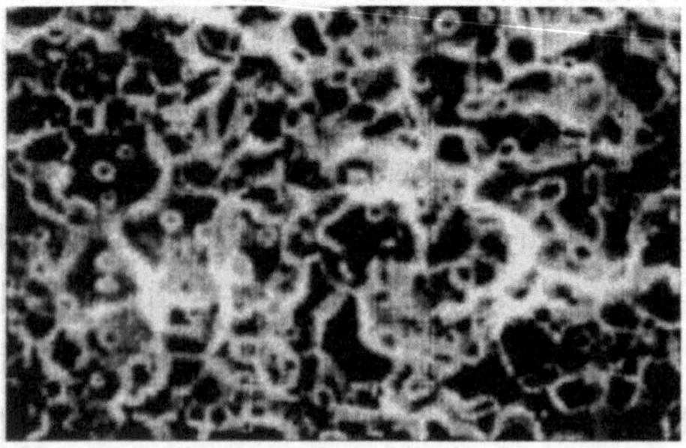

图 9-33　稀土钼垂熔条断口实例

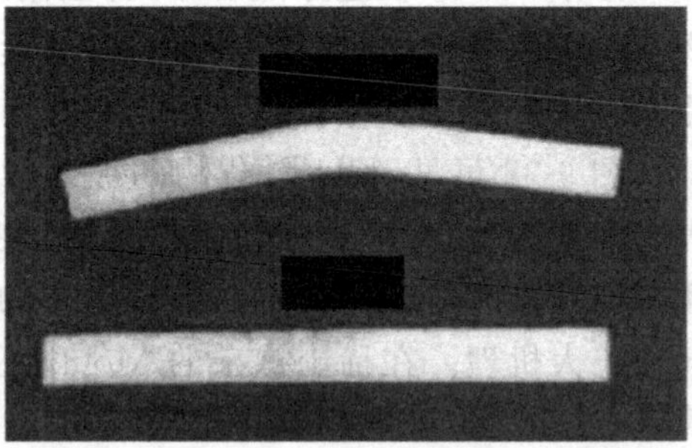

图 9-34　三点弯曲试验后钼条照片

稀土掺杂使烧结态钼强韧性提高的原因，除了其高密度、细晶粒外，还与间隙杂质原子(C、N、O)在稀土氧化物颗粒表面的吸附有关。垂熔(或高温烧结)后，间隙杂质原子优先集中在晶界和稀土氧化物粒子表面，而稀土氧化物粒子既分布于晶界，又分布于晶内，引起界面表面积的增大，使晶界上间隙杂质密度大大降低，从而使烧结态钼得以强韧化。

C　稀土钼材的组织、性能与掺杂机理[7,13,24～46]

a　退火组织与形成机理

经深加工变形的稀土钼材，退火过程中的组织变化与 ASK 高温钼材不同。低稀土钼材在 1800℃以下进行热处理时，始终保持纤维组织，达 1800℃时，才出现纤维边部的齿状化和纤维的宽化(图 9-35*a*)，在 2000℃以上形成与 ASK 高温钼材相似的长宽比大的燕尾搭接组织(9-35*b*)；而高稀土钼材在 1800℃纤维条带内出现细小再结晶晶粒，但在低于 2000℃时组织始终保持纤维状，达 2200℃后，形成的是细等轴晶再结晶组织。即稀土钼材较 ASK 高温钼材具有更高的再结晶开始和完成温度，再结晶温度较纯钼丝提高 600℃以上。

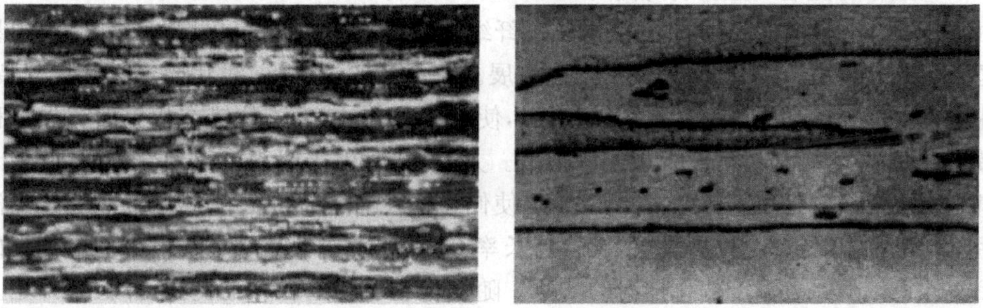

a　　　　　　　　　　*b*

图 9-35　低稀土钼丝退火组织实例

a—1800℃退火；*b*—2000℃退火

稀土氧化物的掺杂对钼材热处理组织的影响，归因于稀土氧化物粒子的影响。稀土钼条(坯)中弥散的稀土氧化物粒子在加工过程中发生变形，沿加工方向呈线状分布，退火温度达 1600℃时开始分裂、球化，1800℃球化完成，沿加工方向成串排列(图 9-35*a*)，阻碍晶界的运动。对于低稀土钼材，稀土氧化物粒子相对较少，再结晶晶粒边界沿纵向迁移所受阻力比横向小得多，晶界沿纵向迅速迁移，而沿横向迁移缓慢，最终形成了大长宽比的搭接组织。而对于高稀土钼材，弥散的稀土氧化物粒子很多，且不局限于仅仅在晶界，使得晶粒长大非常困难，再结晶后形成细等轴晶。

交叉轧制时的稀土高温钼板中，形成纵横交错的弥散质点网络，它同时阻碍高温下晶界沿纵向及横向的移动，在约 1800～2000℃热处理后，形成长宽比不大，晶界曲折的细小均匀晶粒组成的再结晶组织。

b　性能与掺杂机理

低稀土钼材作为结构件在强度、高温抗蠕变性能及高温塑性、韧性方面具有较ASK高温钼更加优异的性能；而高稀土钼材再结晶后仍保持较好的室温韧性，并且具有很好的电子发射性能。

由于稀土氧化物质点与位错发生强烈的交互作用，起到弥散强化、亚结构强化和对晶界迁移的阻碍作用，随着退火温度的升高，稀土钼材的室温抗拉强度下降幅度缓慢，使稀土钼材在加工态和较宽的温度范围内退火后，都具有较纯钼材和ASK高温钼丝更高的抗拉强度(图9-36)。而高稀土钼材的高温退火后的抗拉强度又较低稀土钼丝大幅度提高(图9-37)。

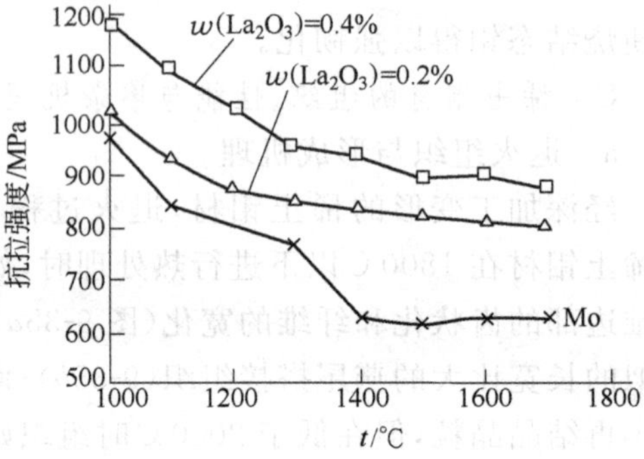

图9-36　钼丝抗拉强度随退火温度变化实例

稀土钼材随退火温度的升高，在1000～1500℃伸长率很小，为脆性断裂。这主要是由于在这个退火温度范围内，仍为加工态纤维组织，硬脆的稀土氧化物在拉伸过程中易脆断而形成裂纹源，并且在基体中迅速扩展。在更高的温度下，线状稀土氧化物分裂、球化，使运动位错可从分裂的粒子间滑过，使位错均匀，减少了位错在相界面和强滑移带附近的塞积，有利于延缓微裂纹的形成。并且，此时由于组织已得到部分回复，稀土氧化物被拉断成为裂纹源的可能性减小，使伸长率大幅度提高而超过纯钼和ASK高温钼材。退火温度继续升高，晶粒长大，伸长率开始下降。图9-38是同规格不同种类的钼丝伸长率随退火温度变化情况的实例。随着稀土氧化物含量的提高，伸长率开始上升和下降的温度提高。即稀土钼材高温退火后的延性高于纯钼材和ASK高温钼材。其高温退火后的抗弯折性能与ASK高温钼材相近。

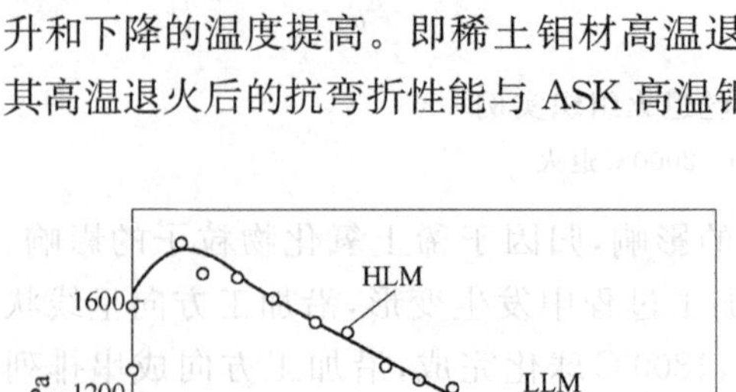

图9-37　高、低稀土钼丝抗拉强度比较实例

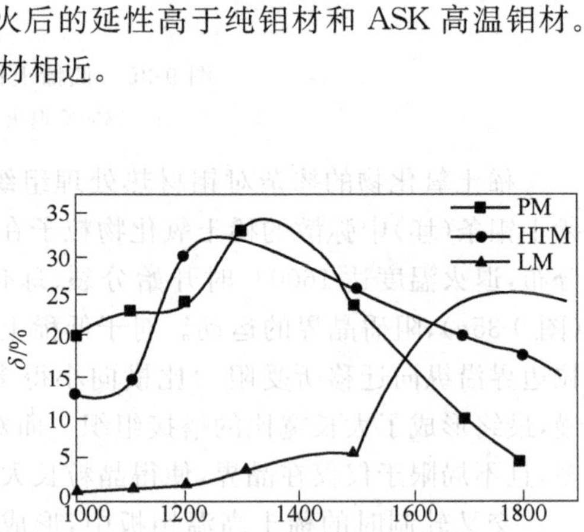

图9-38　不同钼丝退火后伸长率比较实例

轧制稀土钼板材的塑脆转变温度降至−60℃以下(纯钼板材为+20℃左右),高温退火后的冲击韧性为纯钼板的4.5倍以上。交叉轧制的稀土钼板,高温退火后形成晶界曲折的细小均匀晶粒组织,同样具有优异的室温塑韧性。

低稀土钼材具有较ASK高温钼更加优异的高温抗蠕变性能(表9-23),这主要与其形成的长宽比较ASK高温钼更大的燕尾搭接的长大再结晶组织有关。高稀土钼材的高温抗蠕变性能差,是由于其在高温下形成了细的等轴晶,造成了严重的晶界滑移。

表 9-23 钼材高温抗蠕变性能实例

材料	试验温度/℃	蠕变应力/MPa	蠕变速率/m·h^{-1}
纯钼	1750	14	4×10^{-2}
ASK高温钼	1750	14	8×10^{-5}
低稀土钼	1800	30	2×10^{-5}

两种或两种以上稀土氧化物复合掺杂的钼材与同含量的单元稀土钼材相比,一般可获得更优异的性能。不仅可使再结晶温度进一步提高,而且高温退火后强度下降幅度更小,在相同退火温度下伸长率更大,表现出更好的成形性和可加工性能。

已有试验证明,稀土氧化物与Si、Al、K(或K、Si)复合掺杂,再结晶温度可较低镧钼提高100~150℃,表现出更好的高温性能。

高稀土钼材具有良好的热电子发射性能,是一种工作温度低的新型阴极材料。其最大次级发射系数可达2.6以上(纯钼为1.25),远高于使用要求的2.0。在低于钍钨的工作电压条件下,可达到钍钨的电子发射能力,饱和电流高于钍钨。由稀土钼作为阴极的电子管,发射性能与寿命均可达到或超过同类型Th-W阴极电子管。

稀土元素提高钼的次级发射性能的原因是:在激活和阴极工作过程中,偏聚于晶界处的稀土原子易沿着晶界向表面扩散。分布在表面上的稀土原子一方面降低了发射体的表面功函数,利于被激发的二次电子逸出表面,提高二次发射系数;另一方面因稀土元素在阴极体内及表面以氧化物的形式存在,其中的导电电子少,激发的电子向表面扩散的过程中,与导电电子的碰撞少,因而损失的能量少,使得更多的次级电子有足够的能量克服表面势垒向外逸出,从而提高阴极的次级发射系数。稀土元素的细化晶粒作用对提高发射体的次级发射性能也有着积极的影响。这主要是由于晶粒越细小,二次电子从体内向表面逸出的通道越多,与阴极固体内部晶粒相碰撞的机会就越少,损失的能量也越少,使逸出的二次电子的数目增加。

高稀土钼的电子发射稳定性一般不如钍钨。通过控制材料制备工艺,使材料中形成较多的纳米稀土氧化物粒子,可提高其发射稳定性和使用寿命。合理添加多种稀土氧化物,不仅可提高其加工性能,同时可提高其发射稳定性和次级发射系数。

采用等离子体烧结，可使钼阴极材料的晶粒明显细化，这样在激活发射过程中能快速在阴极表面形成高比例的稀土氧化物膜，从而提高其次级发射系数。

D　优越性

稀土掺杂钼与ASK掺杂钼相比，不仅烧结态材料的强韧性好，通过调整稀土氧化物的成分和含量，使其既具有更好的高温性能又具有良好的热电子发生性能，而且还具有优良的工艺性能：

(1) 稀土氧化物添加既简单又经济，只添加单一的稀土氧化物就可以达到或超过K、Si、Al三种或K、Si两种氧化物同时掺杂的效果；

(2) 稀土氧化物在烧结过程中挥发少，成分易于控制，产品一致性好；

(3) 稀土氧化物具有活化烧结和阻碍晶粒长大的作用，坯条烧结温度低、范围宽、晶粒细小均匀、坯条密度高；

(4) 加工性能明显优于ASK高温钼。

E　应用

低稀土钼材具有较ASK高温钼更加优异的高温性能、室温强韧性和可加工性能，可作为结构件，使用于ASK高温钼使用的所有领域，而且其可使用温度更高，有取代ASK高温钼的趋势，并可在某些领域以烧结态或初加工态直接使用。

高稀土钼是一种新型的热电子次级发射阴极材料。不仅其发射能力达到或超过现行的W-ThO_2材料，而且具有工作温度低(可使电真空器件工作温度下降150～200℃)、能耗小的优点。应用于广播、通信、国防以及工业高频感应加热的大功率磁控管阴极，可以代替Ba-W阴极，克服其制作工艺复杂、耐轰击性能差的缺点；部分取代W-ThO_2阴极，克服其放射性污染和易脆断问题。

9.3　高纯钨、钼金属的制取[1,47～49]

9.3.1　概述[1]

制取纯或高纯钨、钼的方法可归纳为：高温真空处理，熔盐电解精炼，区域精炼，固态电传输过程。

高温真空处理方法包括真空电弧熔炼，真空电子束熔炼，对钼而言，真空烧结也是一种有效的方法，已在9.2.1.1节中作了介绍。真空熔炼的作用是：(1)除去气体杂质；(2)挥发除去低价金属氧化物；(3)借助碳与氧的反应除去碳；(4)残存的反应剂、副产品、溶解的金属的挥发；(5)某些非金属杂质的除去。其详细的热力学、动力学原理已在6.3.3节介绍。

熔盐电解精炼是一种有效的提纯方法，特别是对于除去钼中的钨或钨中的钼非常有效。据报道通过两次熔盐电解可将钼中的钨降至$1\times10^{-4}\%$。熔盐电解的阴极沉积物一般再通过电子束悬浮区熔制取纯金属锭，故目前的趋势是利用熔盐电解法直接在基体材料上制备钼涂层或衬里。第 5 章对金属钼粉的熔盐电解精炼已作了较详尽的叙述。

悬浮区域精炼是制取高纯钨、钼的方法，在此基础上发展的电子束悬浮区域精炼法，使其熔区更窄、提纯效果得到进一步的改善，也可将它们视为高温真空熔炼法，但其熔区很窄，其提纯原理为分配定律，故单独划作一类。

固态电传输过程，是利用高电流密度的直流电在较高温度下通过一个金属锭，借助高温下扩散速度增加使杂质迁移至锭的两端而得到提纯，它对于除去间隙性杂质特别有效，其净化过程在一个固体金属相内进行，与区域精炼杂质在两相之间分配的情况完全不同。此法处理的金属锭尺寸受限制，一般金属锭直径 2.5～8.0mm，长度 60～160mm，操作时间范围 70～240h，电场强度为 0.2V/cm，电流密度 200～2000A/cm^2。

高纯金属中杂质含量的分析必须采用一系列现代分析方法，在第 5 章中已提及过此问题。也可用测量主体金属电阻率（RR）对它的纯度作综合判断。据报道得到的钼锭的 RR 值在 30000～300000 之间，而钨金属锭的 RR 值在 30000～100000 之间。制取超高纯钨、钼往往需几种方法的配合，或经过多次精炼提纯。

9.3.2 电弧熔炼

9.3.2.1 钨

为生产用于轧制、拉管用的大型钨锭（重约 200～300kg）以及用熔铸法生产钨制件，通常采用电弧熔炼。熔炼以烧结钨条为原料。电弧熔炼所用的真空电弧炉参见第 6 章。钨的电弧熔炼一般使用自耗电极，即以钨的烧结条焊接成束——待熔化的电极。

钨及钨基合金（钨含量不小于 92%）的熔炼速度可用下列经验公式求得：

$$R=\frac{4.88(P-100)}{\rho(0.8D_e^2+0.2D_i^2)}$$

式中，R 为熔炼速度，g/s；P 为功率，kW；ρ 为电极密度分数，%（即为占理论密度的分数）；D_e 为电极直径，mm；D_i 为钨锭直径，mm。

坩埚直径不同的条件下，钨的熔炼工艺见表 9-24。

表 9-24 钨的熔炼工艺

坩埚直径/mm	电压/V	电流/A	熔炼速度/g·s^{-1}
95～115	38～42	4500～6000	33～42
140～160	30～50	12000～13000	33～50
250～300	60～70	13000～17000	50

电弧熔炼铸锭的杂质含量通常小于粉末冶金材料中的含量，碳、氧、氢等这样

一些杂质尤其如此，见表 9-25。

表 9-25 熔炼前后某些杂质含量(μg/g)

杂质名称	O	C	N	H
原料中杂质含量	540	260	60	10
铸锭中杂质含量	10	20	3	1

9.3.2.2 钼

电弧熔炼法可制取更大的金属钼锭，以钼条或铝热还原的钼锭为原料。熔炼所用的设备与钨相同或相似。电弧熔炼，特别是真空电弧熔炼时，镁、铜、铅等杂质含量明显下降，见表 9-26。钼中的氧、氮、碳均能降至 0.001%以下。

表 9-26 钼粉、钼条及熔炼钼锭杂质含量

产品	杂质含量/μg·g⁻¹				
	Mg	Cu	Pb	Sn	Zn
钼粉	10	70	1	1	4
钼条	10	14	0.7	1	4
钼锭	5	6	0.6	<1	4

9.3.3 电子束熔炼

9.3.3.1 钨

A 电子束熔炼炉

电子束熔炼炉由电子枪、真空系统、熔炼室(水冷铜坩埚、拉锭及进料装置)及供电系统等部分组成。一种用于难熔金属及其合金熔炼的工业电子束炉参见第 6 章。

B 电子束熔炼钨的工艺

钨熔炼的工艺参数实例及熔炼结果见表 9-27 及表 9-28。

表 9-27 钨电子束熔炼工艺参数

坩埚直径/mm	功率/kW	真空度/Pa	熔炼速度/kg·h⁻¹
80	200	133×10^{-4}	8
85	200	$(66.5\sim133)\times10^{-4}$	13.3～16.7

表 9-28 钨熔炼结果

项目	杂质含量/μg·g⁻¹			
	O	N	C	H
钨棒	540	30	260	10
一次熔炼	115	11	45	1
二次熔炼	5	2	30	1

钨经电子束熔炼后纯度高，但其缺点是晶粒粗大，给后续加工带来困难。故生产中亦有经一次电子束熔炼后，再经电弧熔炼的做法。

9.3.3.2 钼

钼的电子束熔炼在2900～3000℃及真空度为2.67×10^{-2}Pa的条件下进行。表9-29列出的分析结果显示电子束熔炼钼具有高度的净化作用。然而，电子束熔炼的钼锭比电弧熔炼的具有更粗的晶粒结构，粗晶粒相应的晶粒总表面小，因此，甚至少量的杂质也能在晶粒边界上生成密实的薄膜，从而大大损害钼锭的加工性能。氧杂质特别有害，因此，在熔炼时需往电极中加入碳或铝等脱氧剂。

表9-29 钼粉及钼锭的分析结果

项目	杂质含量/$\mu g\cdot g^{-1}$							
	Fe	SiO_2	Al_2O_3	Ca	O	N	C	H
钼粉	100～200	50	50	90	80～120	10	140	—
钼锭	10	10	10	20	13～18	8～10	60	5
二次熔炼					6	3	25	1

9.3.4 区域熔炼

9.3.4.1 钨

钨区域熔炼通常采用电子束加热悬浮区域熔炼的方法。区域熔炼法能制得$R_{298K}/R_{4.2K}$达68000的高纯钨。钨区域熔炼的工艺及结果见表9-30。

钨的电子束区域熔炼可以生长不产生晶界的单晶，而且在所有熔炼设备中电子束区域熔炼设备能达到最高的真空（1.33×10^{-8}Pa），这就得以除去大部分杂质，表9-31为区域熔炼钨的金属杂质除去效果（GDMS法分析）。

表9-30 钨区域熔炼的工艺条件及结果

试样尺寸$(D\times l)$/mm(×mm)	熔区移速/$mm\cdot h^{-1}$	行程次数	真空度/Pa	$R_{298K}/R_{4.2K}$
D 3.5～6	22	5	1.33×10^{-4}	68000
D 2×l(70～110)	1.5	1	6.67×10^{-4}	31000
D 0.5×l250	30	1	1.33×10^{-3}	15000
D 0.5×l250	30	5	1.33×10^{-3}	40000

表9-31 区域熔炼从钨中除去杂质的效果（$\mu g/g$）

Ag	Al	As	Au	Bi	Ca	Cd	Cl	Co	Cr	Cu	Fe	Ga	Ge
<0.12	<0.07	<0.005	<0.3	<0.02	0.02	<0.025	0.2	0.1	<0.001	0.005	0.01	<0.01	<0.04
Hf	**In**	**Ir**	**K**	**Li**	**Mg**	**Mn**	**Mo**	**Na**	**Nb**	**Ni**	**P**	**Pb**	**Pd**
<0.04	<0.03	<0.15	<0.02	<0.001	0.15	0.03	<0.1	<0.01	<1	<0.02	<0.05	<0.25	<0.25
Pt	**Re**	**Rh**	**Ru**	**S**	**Sb**	**Si**	**Sn**	**Ta**	**Ti**	**V**	**Zn**	**Zr**	
<0.5	<1	<0.06	<0.2	0.07	<0.03	0.3	<0.02	5	<0.01	<0.01	<0.02	0.2	

电子束区熔炉设备包括真空系统、供电、阳极（钨试样棒）支撑及可移动阴极

(由发射电子的钨丝及把电子束引到阳极工作的钼聚能器组成)。示意图如图 9-39所示。

9.3.4.2　钼

与钨一样,采用区域熔炼法也可制得高纯度的钼,表 9-32 为区域熔炼除去钼中的金属杂质的效果(GDMS 法分析)。

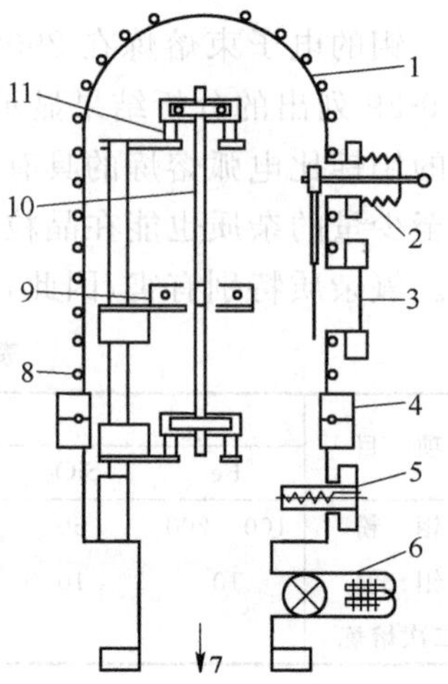

图 9-39　电子束区熔设备示意图

1—不锈钢罩;2—光闸;3—玻璃观察孔;4—轮圈密封;5—裸离子规;6—离子源;7—接真空系统;8—冷却蛇形管;9—电子枪;10—试样棒;11—绝缘子

9.3.5　等离子体熔炼

9.3.5.1　等离子体熔炼法生产球形 W、Mo、WC 粉末

等离子体技术除了可以用于还原制取超细粉末之外,也可以用于将普通的不规则粉末通过熔炼变成球形粉末,对于钨、钼这一类难熔金属,等离子体技术在制取它们的球形粉末方面的优势尤为突出。

W. A. Johnson[50] 介绍了两种制取球形 W-Ni-Fe 高密度合金粉末的方法:

(1) 等离子熔炼-迅速固化法,简称 PMRS 法。该法的基本作业是加入黏结剂,例如聚乙烯醇将金

表 9-32　区域熔炼从钼中的除杂效果(μg/g)

Ag	Al	As	Au	Bi	Ca	Cd	Cl	Co	Cr	Cu	Fe	Ga	Ge
<0.7	0.03	<0.01	<0.02	<0.12	0.04	<0.1	0.4	<0.06	0.1	<0.02	12	<0.02	<0.02
Hf	In	Ir	K	Li	Mg	Mn	Na	Nb	Ni	P	Pb	Pd	Pt
<0.03	<1	<0.03	<1	<0.02	<0.25	0.06	<0.1	1	0.1	<0.03	<0.03	<1	<0.06
Re	Rh	Ru	S	Sb	Si	Sn	Ta	Ti	V	W	Zn	Zr	
<0.4	<0.1	<0.3	1	<0.2	0.08	<0.4	2	<1	<0.02	20	<0.02	<0.04	

属粉末制粒,金属原始粉末粒度通常小于 5μm,团粒与原始粉末的粒径比至少为 5∶1。制粒的方法有流化床法及喷雾干燥法。而后经过脱蜡与烧结工序除去黏结剂使团粒有一定的强度,脱蜡和烧结在真空或惰性气体中进行。烧结好的团粒筛分后即可进行等离子体熔炼。等离子体喷焰部件主要由钍钨阴极、水冷却的铜阳极和团粒喷射口三部分组成。产生等离子体的气体可用氢气、氮气或氦气。等离子体中心部分温度为 10000~50000K,团粒夹杂在运载气体里一起喷入等离子体流进行等离子熔炼,在如此高的温度下,团粒迅速熔化,液体的表面张力促使其球化,液滴内的湍流又使合金均匀化。从等离子体流出来的液滴穿过充有气体介质的反应室速度减弱,释放大量的热并在自由降落时固化,最后从反应室底部放出。

通过这一过程，团粒从理论密度的50%～70%变为理论密度的100%，球形粉末的表面光滑，无其他附着物或冠状物的产物。熔化后的粉末大体上有下列四种形态，即很小的未熔化的团粒、局部熔化的团粒、高尔夫球形态粉末和球形粉末。

(2) 水冶-等离子体熔炼法，其实质是在水溶液中以共沉淀的方法制备均匀的W-Ni-Fe混合物，经干燥、氢还原后再经等离子体熔炼制成球形粉末。

刘志春、王志法[51]尝试了一种改进的等离子体球化工艺，将FSSS粒度为15μm的工业钨粉用H_2送入等离子体炉中熔化，熔融的钨颗粒直接导入水中冷却，得到的球形钨粉表面为H_2O氧化生成W_3O，将其在氢气中于950℃下经1h还原，W_3O全部还原为W，粉末的球形保持完好，无团粒、粘连等现象发生。

加拿大TEKNA PLASMA SYSTEMS公司，开发了从30kW到600kW的直流工业等离子体系统，将不规则的工业粉末通过等离子体熔炼成均匀的球形粉末，以球化WC为例，一般常规WC粉末松装密度是7.5g/cm^3，而球化后为10g/cm^3，显微硬度由20000～25000MPa达到40000MPa。而且球化处理后粉末的纯度得到提高，特别是氧含量降低。图9-40、图9-41分别为球化前后Mo、W及WC的电镜照片。

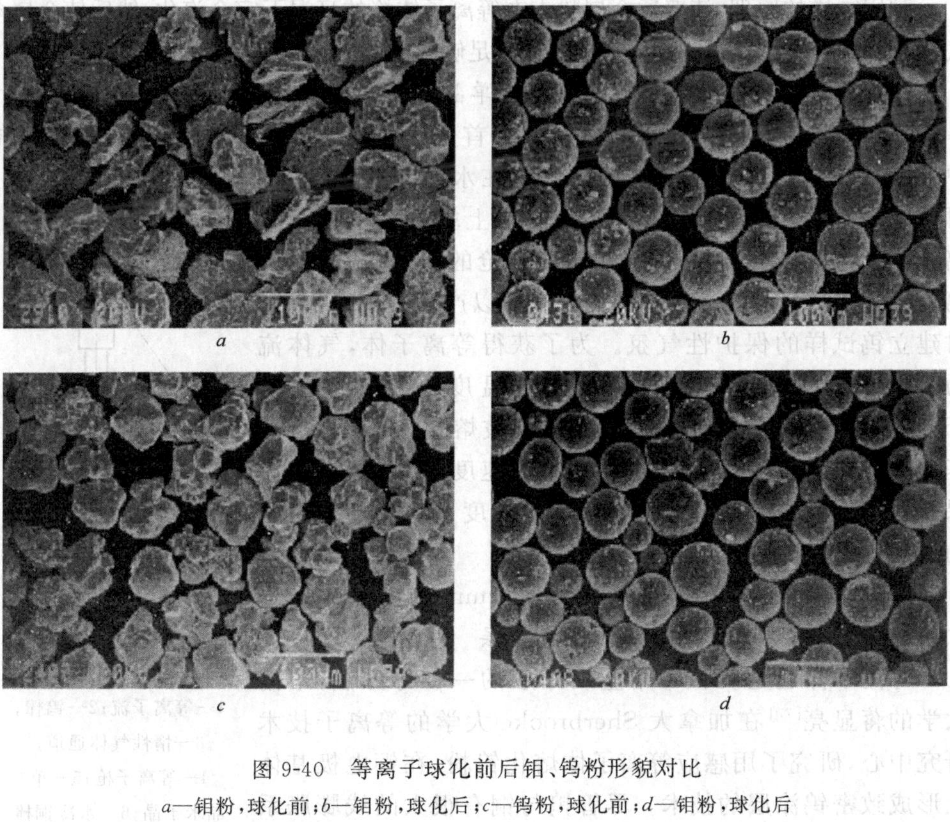

图 9-40 等离子球化前后钼、钨粉形貌对比

a—钼粉，球化前；*b*—钼粉，球化后；*c*—钨粉，球化前；*d*—钼粉，球化后

a　　　　　　　　　　b

图 9-41　球化前后的 WC 粉末

a—球化前；b—球化后

利用同样的原理，使普通金属粉末在等离子体焰的高温下完全汽化，然后使金属蒸气急速淬冷，气相物质在冷凝成核后，没有足够时间长大，就形成相应的纳米颗粒。

9.3.5.2　ИМЕТ 法制备大尺寸钨单晶

该法由原苏联冶金研究所(ИМЕТ)首先提出的大型钨单晶制取方法，装置的原理图见图 9-42。原始单晶籽晶固定在水冷铜棒上，它以可调控的速度向下移动。在工作室的上端法兰上装有等离子枪。籽晶作为阳极，阴极是等离子枪的钨电极，通过等离子枪通入 Ar 或 Ar 和 H_2 的混合气体以产生等离子流，同时建立钨试样的保护性气氛。为了获得等离子体，气体流为电弧放电所电离。等离子流的温度高达 10000～15000℃。钨棒送入等离子流，其末端被熔化，金属滴落在基体的液体金属表面。籽晶以一定的速度下降，结晶前沿保持在一定的水平上。此过程在一定程度上与从连续给料的熔体中拉单晶的方法相似。

用这种方法曾经制得 D45mm×300mm 的钨单晶。

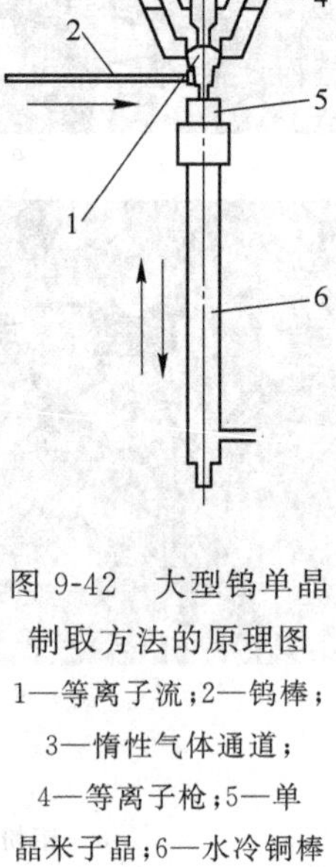

图 9-42　大型钨单晶制取方法的原理图

1—等离子流；2—钨棒；3—惰性气体通道；4—等离子枪；5—单晶米子晶；6—水冷铜棒

9.3.5.3　等离子喷涂法制备钨涂层

等离子体也是沉积难熔金属涂层的一种好方法，中南大学的蒋显亮[77]在加拿大 Sherbrooke 大学的等离子技术研究中心，研究了用感应等离子体熔化钨粉，在铜电极基体上形成致密钨涂层的技术。尽管钨与铜有很大的线膨胀系数差别($4.5\times10^{-6}K^{-1}$—W,$16.6\times10^{-6}K^{-1}$—Cu),但采用球形粗钨粉为原料得到的涂层横截面如图 9-43 所示,可见涂层由大的嵌锁式层状结构构成,非常致密,几乎无任何孔穴,对涂层的 X 光衍射分析表明,涂层不存在任何钨颗粒氧化现象及任何杂质夹带,图 9-44 为 W 涂层与 Cu 基体之间界面的形貌,大的层状涂层完全与铜基体表面结合,界面上铜、钨互相嵌合,因此使涂层与基体表面结合非常牢固。

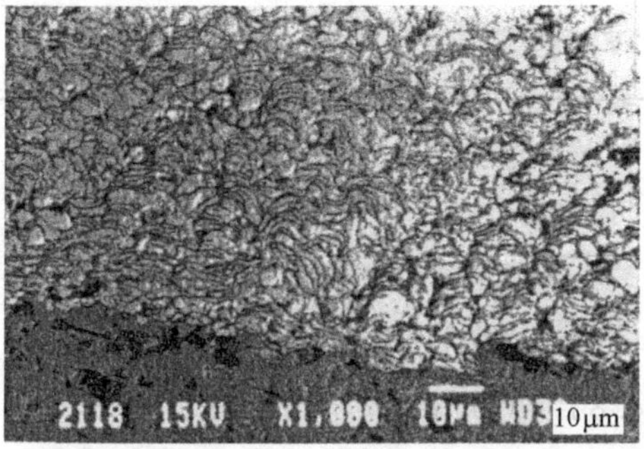

图 9-43 涂层横截面形貌

图 9-44 Cu 基体与 W 涂层界面形貌

这种涂层不仅有好的黏结强度,而且有很好的韧性,低的电阻,不存在任何裂纹及剥离现象,涂层表面光滑,接合界面清晰,是一种非常理想的复合材料。

9.4 气相沉积法制取致密涂层及特殊制品[4,47~49]

气相沉积法可分为化学气相沉积(CVD)及物理气相沉积(PVD),两者的共同点均是由气相反应物制取固体产物——粉末或涂层,其本质区别在于 CVD 法的产物中出现新的物质。本书介绍钨钼领域的几种生产致密金属的 CVD 方法。

用 CVD 法直接生产致密金属钨品有三种类型:

(1) 表面涂层。在器件或零件表面沉积钨薄层,起抗腐蚀或某种功能作用。

(2) 复合材料。开发具有优异性能的新型材料。

(3) 特殊制品。管状、盘状坩埚等复杂形状的制品。

从生产难易、操作繁简、毒性大小、成本高低及品质优劣等考虑,目前进入工业生产阶段且应用最广的是氯化钨氢还原制取钨涂层及复合材料,氟化钨氢还原制取异型致密金属制品。

9.4.1 气相还原法

钨、钼氯化物、氟化物的氢还原为典型的气相还原法,这种方法既能制取粉末也能制备涂层,关键在于温度的控制。氢还原 WCl_6 实验发现,低温时还原产物钨呈镀膜状，随着温度的升高，粉末状钨逐渐增多，900℃以上时得到的全是钨粉。同时，反应温度越高，钨粉的粒度越细，反应体系中氢含量越高钨粉亦越细。还原氯化物制取钨、钼粉末的条件列入表 9-33，以供制取涂层时对比参考。

表 9-33 氯化物氢还原制取 W、Mo 粉末条件

沉积物	金属源	生成粉末温度/℃	气氛
W	WCl_6	约 1000	H_2
Mo	$MoCl_5$	500～1100	H_2
Mo-W	$MoCl_5+WCl_6$	1100～1500	H_2
Ni-Mo	$NiCl_2+MoCl_5$	约 1000	H_2

9.4.1.1 用氢还原 WCl_6 制取钨涂层

A 基本原理

WCl_6 氢还原的总反应式为：

$$WCl_6(g)+3H_2 = W+6HCl(g)$$

$$\Delta G^{\ominus}=33472-364.8T \quad (J/mol)$$

$$\Delta G^{\ominus}_{800}=-258.6kJ/mol$$

图 9-45 示出 723～1500K 范围内不同氯-钨总物质的量比（$c=n_{Cl}/n_W$）时钨氯化物的高温平衡气相组成与温度的关系。

表 9-34 列出氯化钨氢还原反应的平衡常数值。

表 9-34 氯化钨氢还原反应的平衡常数值

反应	K_p/MPa			
	723K	900K	1223K	1400K
$\frac{1}{3}WCl_6(g)+H_2 = \frac{1}{3}W(s)+2HCl(g)$	3.39×10^4	3.22×10^4	2.49×10^4	2.13×10^4
$\frac{2}{5}WCl_5(g)+H_2 = \frac{2}{5}W(s)+2HCl(g)$	4.29×10^2	4.79×10^2	4.46×10^2	4.12×10^2
$\frac{1}{2}WCl_4(g)+H_2 = \frac{1}{2}W(s)+2HCl(g)$	5.07×10	5.47×10	5.04×10	4.63×10
$2WCl_6(g)+H_2 = 2WCl_5(g)+2HCl(g)$	1.00×10^{14}	4.33×10^{13}	1.33×10^{13}	7.93×10^{12}
$2WCl_5(g)+H_2 = 2WCl_4(g)+2HCl(g)$	2.17×10^6	2.80×10^6	2.81×10^6	2.54×10^6

B 制取钨涂层

19 世纪末 A. N. Lodygin 首次实现了用氢还原六氯化钨从气相中沉积钨，用钨镀覆碳丝以得到较坚固的灯泡的炽热体。随后（1925 年起）一系列的工作表明有可能在大气压及减压的情况下用氢还原六氯化钨在铜、钼、镍和石墨上面得到钨的均匀的致密沉积层。当压力为0.101MPa时，在550～650℃时获得均匀的致密沉积层。随着温度的升高，因为在容器中被还原的氯化物分量（均相反应）增加，所以沉积速度下降。WCl_6蒸气的输入速度由改变蒸发器中的温度（165～230℃）来控制。

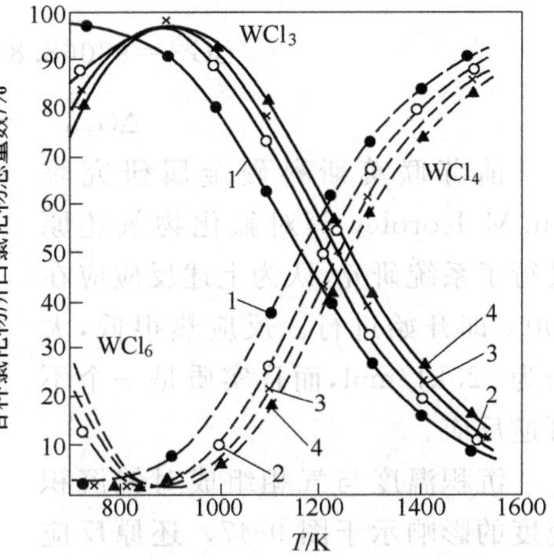

图 9-45 钨氯化物的高温平衡气相组成与温度的关系

1—$c=5$；2—$c=6$；3—$c=10$；4—$c=50$

建议在$n(H_2):n(WCl_6)=20:1$时进行还原过程。随着这个比例的增加沉积速度降低。当杂质氯氧化物存在时，得到多孔的粗颗粒脆性的沉积物。所以，氯化钨应当预先净化除去氯氧化物。

在低的总压（约666Pa）和温度为700～900℃时进行WCl_6的氢还原，能较好地进行钨的均匀镀覆。氯化钨氢还原制取涂层和复合材料的装置见图 9-46。

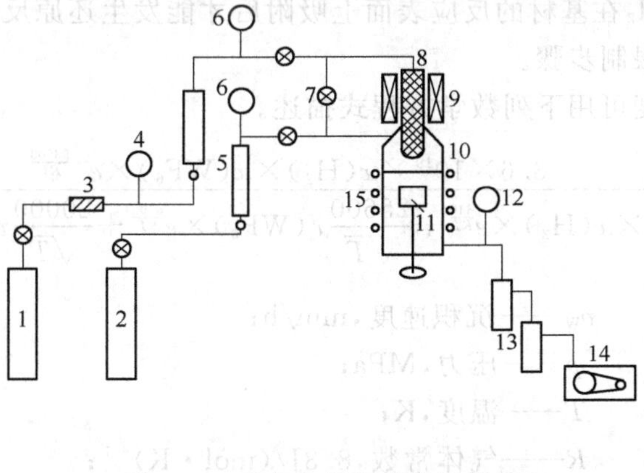

图 9-46 化学气相沉积装置简图

1—氯气瓶；2—氢气瓶；3—氯气干燥系统；4—氯气压力计；5—流量计；6—压力计；7—控制阀；8—钨屑；9—炉子；10—气体混合室；11—试样；12—真空计；13—冷阱；14—机械泵；15—感应线圈

9.4.1.2 WF_6氢还原法[54]

A 基本原理

氟化钨氢还原总反应式如下：

$$WF_6 + 3H_2 = W(s) + 6HF$$

$$\Delta G^{\ominus} = 97068.8 - 328.9T \quad (J/mol)$$

$$\Delta G^{\ominus}_{800} = -165.7kJ/mol$$

前苏联莫斯科硬金属研究院 Yu. M. Korolev 等对氟化物氢还原进行了系统研究，认为上述反应应在 300℃即开始进行。反应热很低，大约为 125kJ/mol，而且实质是一个不可逆反应。

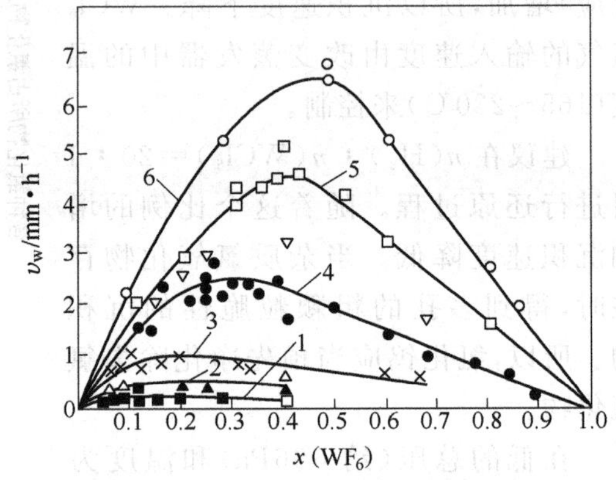

图 9-47 钨沉积速度的影响因素
1—400℃；2—450℃；3—500℃；
4—600℃；5—700℃；6—800℃

沉积温度与气相组成对钨沉积速度的影响示于图 9-47。还原反应实际分两阶段进行。

第一步：$WF_6(g) + H_2(g) \rightarrow WF_5(WF_4)$

第二步：$WF_5(WF_4) \rightarrow W(s) + WF_6(g)$

实际上低价氟化物的分解很迅速，而且 WF_6 与 H_2 在基材的反应表面上吸附后才能发生还原反应，因此生成低价氟化物的反应为限制步骤。

钨的沉积速度可用下列数学方程式描述。

$$v_W = \frac{3.6\times 10^{19}\times x(H_2)\times x(WF_6)\times e^{-\frac{58500}{RT}}}{\left(\frac{1}{p} + \frac{21500}{\sqrt{T}}\times x(H_2)\times e^{\frac{840}{RT}} + \frac{25600}{\sqrt{T}}x(WF_6)\times e^{\frac{6700}{RT}} + \frac{20000}{\sqrt{T}}x(HF)\times e^{\frac{4180}{RT}}\right)^2 T^3}$$

式中 v_W——沉积速度，mm/h；

p——压力，MPa；

T——温度，K；

R——气体常数，8.3J/(mol·K)$^{-1}$；

$x(H_2)$，$x(WF_6)$，$x(HF)$——H_2、WF_6、HF 在气相中的摩尔分数。

反应活化能为 606kJ/mol，WF_6、HF、H_2 的吸附热分别为 6.7kJ/mol、4.18kJ/mol 及 0.84kJ/mol。很低的反应热数据表明分子反应处于一个动态吸附状态。分子之间的化学反应发生在基材表面的活化中心，活化中心密度大约为 10^9/cm^2。

控制不同的沉积条件可得到不同形貌的沉积钨。在低温和气相中 WF_6 摩尔分数较高，即反应在动力学区，化学反应控制占优势的条件下形成致密的沉积层，在这种沉积层中有顶部是多面体形的柱状结晶;在气相中 WF_6 浓度相对较低的条件下,沉积过程过渡到扩散控制区,沉积层是相互间联系较弱的枝晶集合体。在这两种情况之间,即反应动力学介于动力学控制与扩散控制并存的中间条件下,得到的 W 沉积层表面观察到球形结晶。

图 9-48 显示沉积的 W 晶粒平均大小(在结晶生长方向)与沉积参数的关系。

恒温下在扩散区随气相中 WF_6 浓度增加,晶粒变粗,而在动力学区 WF_6 浓度对晶粒大小影响不大,而随温度增加,晶粒变粗。

图 9-49 显示沉积的钨的显微硬度与沉积参数的关系。在动力学区得到的沉积钨的显微硬度实际是与温度无关的常数。然而对每一个温度曲线有一个峰值,它们处于扩散区向动力学区转变的过渡区域内,反映了 WF_6 浓度对显微硬度的影响。显微硬度越高表示内应力越大,随着温度的升高内应力降低,为了使沉积钨的内应力小于 20MPa 需要在 1300℃退火 0.5h。

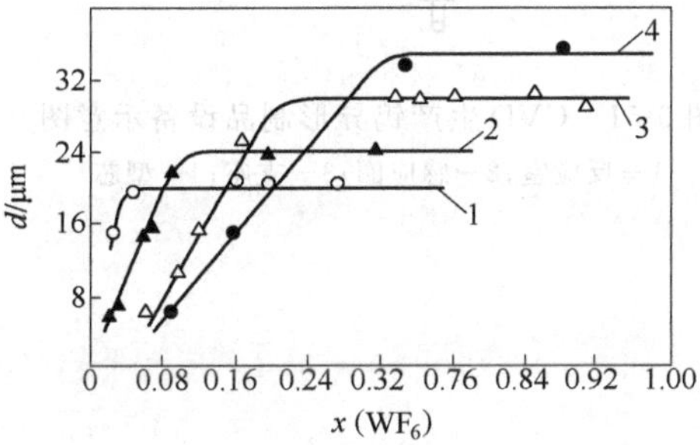

图 9-48 不同温度下沉积钨颗粒大小与气相中 WF_6 浓度的关系

1—400℃;2—500℃;3—600℃;4—700℃

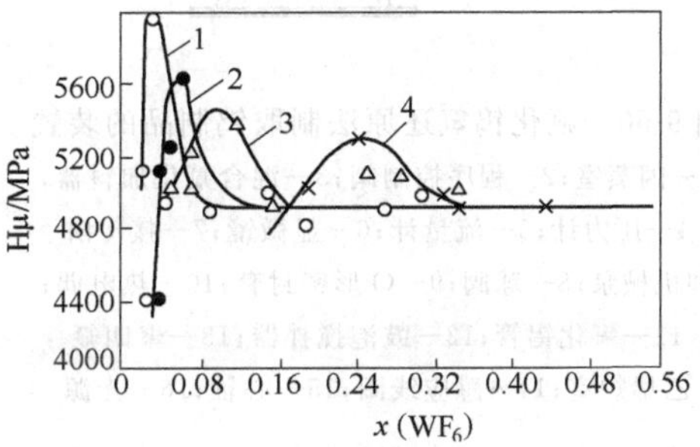

图 9-49 不同沉积层温度下钨的显微硬度 Hμ 与 WF_6 浓度的关系

1—400℃;2—500℃;3—600℃;4—700℃

强度测试结果表示沉积钨的强度大于普通再结晶钨的强度,如果采用周期沉淀工艺,可以避免形成柱状晶结构,则强度还会增加或者采用变形加工也可使强度增加。

B WF_6 氢还原生产钨制品

此法生产钨制品工艺是将 WF_6 与 H_2 的混合物流过被加热的基材的表面,使钨沉积在基材上。对铜、黄铜、钢、钼做的基材,在沉积完成后可用酸溶办法除去,对钢、陶瓷基材达到要求后也可用机加工办法除去。

也可在钨或钼棒为基材上进行沉积,然后对沉积了钨的棒进行压制、锻打、轧制或拉拔加工以生产一些半成品。

此法也可用于在其他基体材料,大部分情况为在塑料上镀上钨涂层。

此法生产钨制品的装置分别示于图 9-50、图 9-51。

以下各例代表了此法生产钨制品的部分领域。

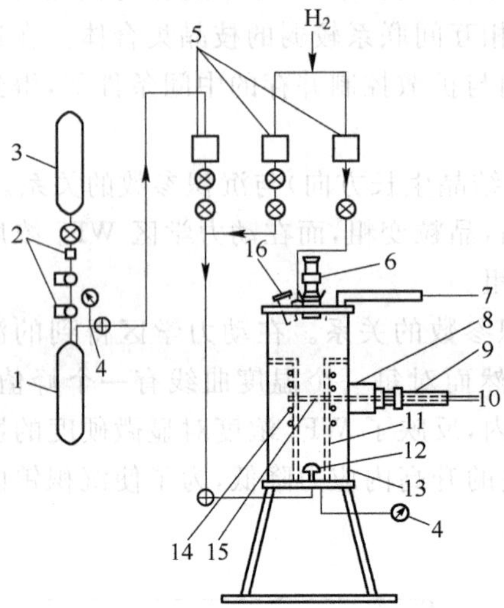

图 9-50　氟化钨氢还原法制取钨制品的装置

1—闪蒸室；2—程序控制阀；3—混合氟化加料器；4—压力计；5—流量计；6—显微镜；7—接冷阱和机械泵；8—球阀；9—O 形密封套；10—热电偶；11—氧化铝管；12—鼓泡搅拌器；13—聚四氟乙烯炉室；14—感应线圈；15—心轴；16—光源

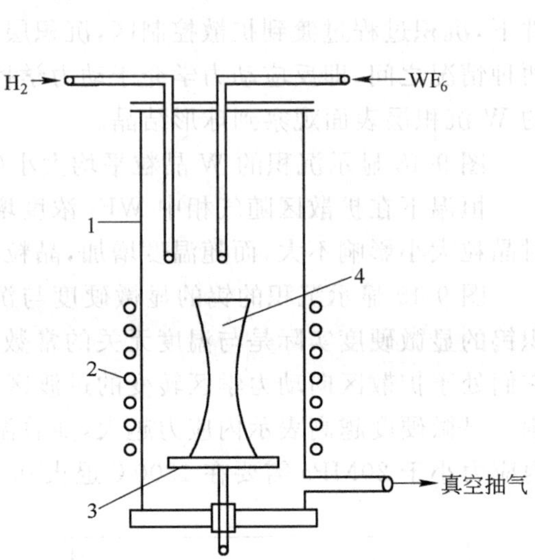

图 9-51　CVD 生产钨异形制品设备示意图

1—反应室；2—感应圈；3—支座；4—型芯

(1) 美国 Ultramet 公司采用氟化钨氢还原的方法制造了一个用于熔融反应堆燃料容器的特大型无缝钨坩埚。它的直径 330mm，高 553mm，壁厚 1.52～2.03mm，重达 20kg，这是旋压、引伸工艺难以加工出来的。型芯金属用钼，将其放入图 9-51 的 CVD 设备中进行钨的沉积。型芯被加热到 700℃，并不停地旋转以制得轴对称的坩埚。用酸液腐蚀掉型芯后，便得到钨坩埚。化学气相沉积是当前能够制造这样大尺寸致密制件的唯一方法。

(2) 目前已用 CVD 法在钼或石墨基体上沉积钨或钨铼，以生产 X 射线旋转及固定钨靶以及火箭喷嘴等复杂产品。

(3) 用这个方法可在加热的钨基体上，例如钨丝上沉积钨，由此获得适于塑性加工的钨坯。用这个方法还可制取高纯度高强度（例如 $UTS = 21090 \sim 28120$MPa）的钨晶须。

(4) WF_6 氢还原法生产薄壁钨管。把薄壁不锈钢管的外径拉拔到所需钨管的内径尺寸，用薄壁不锈钢作型芯，通电加热钢管，用电流控制沉积温度（管内置热电偶测温）。钨沉积少处，电流密度增大，促使该处局部温度升高，而加快了沉积速度并提高了均匀性。在温度 650℃下及 1333Pa 压力下沉积内径 56mm 的管材，通

入 $100cm^3/min$ WF_6 及 $2100cm^3/min$ H_2，钨沿钢管进行沉积，24h 可生产长度为 1016mm，内径为 5.6mm，壁厚为 0.76mm 的管材。冷却后由于不锈钢管与沉积的钨层膨胀系数不同，钨管易于与芯管分离。

(5) WF_6 氢还原法生产厚壁钨管。

1) 在 550～600℃及 12～20mol/h WF_6 耗量的情况下，用 H_2 还原 WF_6，使钨在铜管上沉积制取 D60mm×10mm 的厚壁管坯，冷却后，用硝酸蚀去铜管芯，将沉积钨管进行三次挤压及四道轧制，产品为 D14mm×0.4mm 的钨管，管的合格率可达 70%～80%。

2) 以 TZM 钼合金挤压坯套为型芯，在其内表面或在钼套管的外表面沉积钨，厚度达 70mm。将复合的管坯进行挤压及拉伸，经挤压的管材部分呈再结晶状态，拉伸后的管材具有加工态的纤维组织。

9.4.2 羰基化合物热分解法

钨、钼能与一氧化碳生成羰基化合物，其制取方法与镍、铁羰基化合物不同，它们不能用金属粉末直接与一氧化碳合成，即使在高温高压下，其反应速率也很慢，产率相当低。制取钨钼羰基化合物可采用下述方法[55～57]：

(1) 在一氧化碳气氛下用活性金属还原金属卤化物制备。

例如：$MoCl_3 \xrightarrow{Na+CO} Mo(CO)_6$

$$WCl_6 + 2Al + 6CO \xrightarrow{\text{约 1MPa,293K,无水乙醚}} W(CO)_6 + 2AlCl_3$$

(2) 利用其他羰基化合物制备。

例如：$MCl_5 \xrightarrow{Fe(CO)_5} M(CO)_6$ （M 为 Mo、W）

$$WCl_6 + 3Fe(CO)_5 \xrightarrow{373K} W(CO)_6 + 3FeCl_2 + 9CO$$

羰基钨和羰基钼为白色固体，易升华，在一定温度下气体化合物能分解为金属与一氧化碳，故也可用于 CVD 法制取致密金属涂层或制品。钨钼羰基化合物的性质列入表 9-35。

羰基化合物一般难溶于水，易溶于非极性溶剂中，且有毒，故操作时应注意安全。因为在化合物中有 M—C 键，故一般将其归并为有机金属化合物范畴。

表 9-35 钨钼羰基化合物物理化学性质

羰 化 物	$Mo(CO)_6$	$W(CO)_6$
常温状态	白色晶体	白色晶体
密度/$g \cdot cm^{-3}$	1.96	2.65
分解温度/℃	150～180	150～180
IRv(CO)①/cm^{-1}	1984	1960
分子构型	八面体	八面体

续表 9-35

羰　化　物		$Mo(CO)_6$	$W(CO)_6$
键长/nm	M—C	0.208±0.004	0.206±0.004
	C—O	0.115±0.005	0.113±0.005
M—C 键平均离解能/kJ · cm^{-1}		151	176
蒸气压/mmHg②			$\lg p=11.523-3872/T$
其他性质		易升华,在空气中稳定	易升华,在空气中稳定

① IRv(CO)为该羰基中 CO 键的红外光谱伸缩频率。

② 1mmHg＝133.332Pa。

利用羰基化合物易升华,分解温度低的性质可以在基体材料上制备致密钨或钼涂层。依分解条件不同,可能按均相机理(在气相中形成钨晶核)或多相机理(在固体表面沉积)进行。从热力学上推测,由于金属碳化物更稳定,羰基化合物热分解产物不应是金属与一氧化碳,实际上纯羰基钨或羰基钼分解时,正常产物是碳化物,只是在气相中添加适量的湿氢或降低反应压力,才可能生成纯金属。

例如有羰基钨热离解沉积钨,可在 $133\times(10^{-3}\sim10^{-4})$Pa 真空下,在 300～800℃范围内在加热的钨基体(如钨丝)上沉积钨制备致密钨涂层,获得致密的适于压力加工的毛坯。

如果分解器不加热,则热分解产物为粉末。

同样气体组成、温度、载体气体的性质、定向流动速度均影响沉积层中结晶金属的形貌、粒度与性质。

9.4.3　气相化合沉积法

也可利用两种或多种气体物质间发生化学反应,直接沉积钨或钼的化合物,控制沉积条件及设备结构可以制取金属粉末或涂层。表 9-36 为沉积碳化物和硼化物的条件。

表 9-36　W 或 Mo 的碳化物、硼化物沉积条件

沉　积　物	前　驱　体	沉积温度/℃	气　　氛
WC	WCl_6+CH_4 等	1000～1500	H_2
Mo_2C	$MoCl_5+CH_4$ 等	1200～1400	H_2
WB	WCl_6+BCl_3	800～1200	H_2
MoB	$MoCl_5+BCl_3$	1400～1600	

9.5　一维及二维氧化钨纳米材料

纳米研究热潮给氧化钨的应用注入了新的活力,纳米氧化钨由于比表面大以及电子的维度制约而表现出独特的光电特性,如纳米氧化钨的光致变色能力是普通氧化钨的十倍以上，光催化能力成倍的增长。

目前，纳米氧化钨粉体和薄膜已实现工业化生产，但直到1999年后对低维的氧化钨纳米材料的制备、性能和应用的研究才取得重要进展。

氧化钨晶须及纳米线的报道始见于1950年的水热法，但是直到1999年才有新的制备方法的报道[58,59]，目前关于其制备方法与应用的研究已成为一维纳米材料中的一个热点。

它们的主要制备方法有：气相沉积法[59~64]、模板合成法[65~67]、介孔层状结构卷曲法[68~69]、有机溶液合成法[70]、水热氧化法[71]等等。

9.5.1 氧化钨纳米线的制备

9.5.1.1 气相沉积法

气相沉积法已发展成为制备一维纳米材料的一种重要方法。制备氧化钨纳米线的基本气相沉积过程大致有两种：一种是钨在高温下被氧气直接氧化，气态氧化钨沉积在一定的基底上形成氧化钨的纳米线/纳米带/纳米管；另一种则是钨在高温下被其他氧化物氧化后在氧化物表面上沉积为一维氧化钨纳米结构。由此可见，这种方法是依据V-S生长机制形成的，纳米线生长方向与晶体结构中的原子密排面紧密相关。

Yan Qiu Zhu等人[59]在Ar气氛的保护下，将石英片盖在通电加热到1600℃的钨箔上，由于W和SiO_2反应后生成WO_x($x=1\sim3$)并不断沉积在石英片上，30min后在石英片上得到了具有微米和纳米尺度的圣诞树结构的氧化钨。他们认为可能的反应式为：

$$W+xSiO_2 \longrightarrow WO_x+xSiO$$
$$W+SiO_2 \longrightarrow WO_x+SiO_{2-x}$$

而且发现具有圣诞树结构的氧化钨在丙酮中能被超声波震碎，成为纳米针和纳米粒子。

Gu Gang等人[60]利用气相沉积法将电化学蚀刻的钨尖放在700℃的炉中(Ar(标态)：300cm^3/min，O_2(标态)：2cm^3/min)加热10min，钨尖上得到了直径为10～20nm，平均长度为300nm的$W_{18}O_{49}$的纳米线。Li Yubao、Liu Jingguo、Liu Zong-wen[61~64]等用气相沉积法均成功地制取了不同的氧化钨纳米材料。

中南大学粉末冶金研究院贺跃辉、王世良等人采用不同粒度的钨粉为原料，在一定条件下通过气相沉积法大批量制备出不同形貌的氧化钨的一维、二维纳米材料。图9-52～图9-54分别为他们制得的氧化钨晶须，准二维板片状结构的氧化钨纳米材料及管状氧化钨纤维纳米材料。

他们还进一步制得了氧化钨锥纳米材料，见图9-55和图9-56，笔直的氧化钨锥长度超过50μm。

图 9-52　实心长直氧化钨晶须直径分布在100～300nm，长度超过 100μm

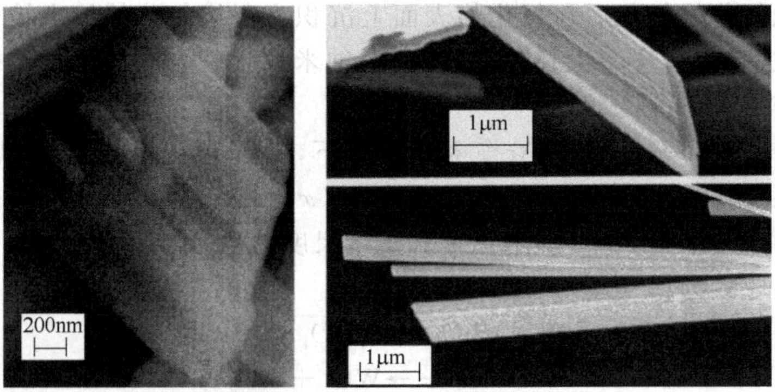

图 9-53　准二维纳米板片状结构的氧化钨

图 9-54　微管纤维(长度远超过 50μm)

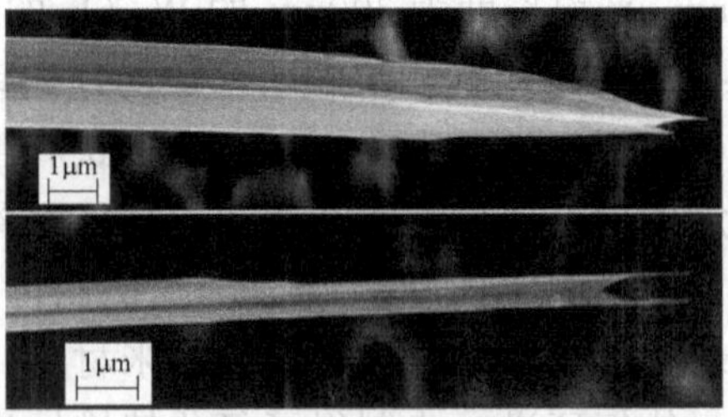

图 9-55　氧化钨多刃锥

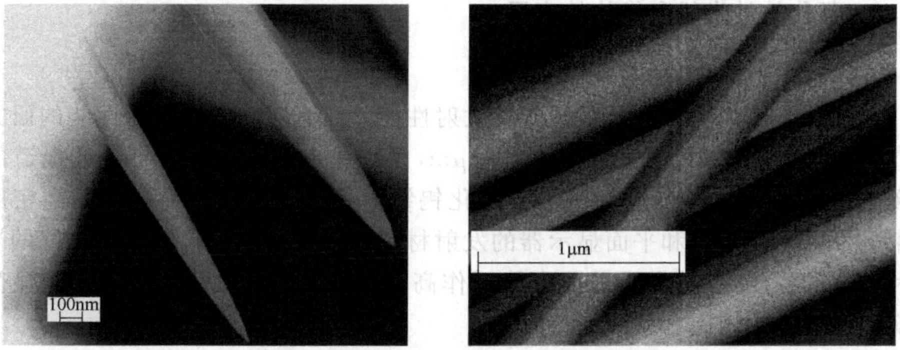

图 9-56 纳米氧化钨锥

由图 9-56 可见，锥形结构表面光滑，直径均匀减少，锥尖非常锋利。左图中出现两种典型的具有不同锥顶角锥形结构。大量分析显示第一种形状的锥更多。右图为锥中部，表面有棱的迹象，由此推断横截面极可能是不规则的多边形。

9.5.1.2 模板合成法

模板合成法为以纳米级多孔材料作生长环境的制备纳米线方法，它具有方法简单，制备出的纳米线直径均匀、可控等特点，现已成为制备一维纳米材料的最普通方法之一。按采用模板的不同，模板法又可分为阳极氧化铝模板法、多孔硅模板法、碳纳米管模板[66,67]等方法。例如：Brinda B. Lakshmi 等人[65]在氧化铝的膜孔中用溶胶-凝胶沉积方法成功合成了直径为 200nm，长度达 50μm 的 WO_3 纳米线。

9.5.1.3 介孔层状结构卷曲法

在适当的条件下，具有层状结构的单质或化合物可能通过层的收缩、折叠或卷曲而形成卷状物，继而形成纳米管或纳米线[68,69]。Li Yadong 等人[69]通过控制人工合成的具有介孔层状结构的前驱体 WO-L 的煅烧温度和保护气体 Ar 的流速，可制备出直径为 10～50nm，长径比大于 50 的 $W_{18}O_{49}$ 纳米线。

9.5.1.4 有机溶液合成法[70]

将有机或金属有机物和聚合物混合后通过热解可制备零维或一维纳米金属或金属氧化物胶体。尽管此法过程较复杂，但其具有反应温度低，产率高、易控制、产物均匀等特点，因此也是一种很好的批量制备一维纳米材料的方法。

9.5.1.5 水热氧化法

用水热氧化法制备 WO_x 纳米粒子或微米晶须的研究由来已久。其基本原理为：水蒸气与金属表面反应，在表面形成零维或一维纳米金属氧化物，典型反应式可表示为：

$$mM + nH_2O \longrightarrow M_mO_n + nH_2$$

9.5.2 氧化钨纳米线和锥体的应用

9.5.2.1 氧化钨纳米线的应用

氧化钨纳米线本身具有很好的场发射性能。已有对它的场发射性能的研究证明[62]，$WO_{2.72}$纳米线的接通场为2.6V/μm，阈场为6.2V/μm，这与最近报道的开口碳纳米管的参数非常一致。因此，氧化钨纳米线可用作场发射电器的高密度电子束场发射源的枪尖和平面显示器的发射材料。同时由于氧化钨具有良好的导电性和较高的强度，其纳米线可以直接用作高分辨率STM的针尖和高性能显微力学实验机的针尖压头。

氧化钨纳米线还是制备W纳米线和WS_2纳米管的结构前驱体。研究表明：W纳米线具有优异的场发射性能[72,73]；WS_2纳米管具有优异的润滑性能[74,75]。A. Rothschild等人[71]报道了用氧化钨纳米线和纳米棒作为结构前驱体，在高温下用$H_2/N_2/H_2S$混合气体对其硫化大批量高产率地制备出了WS_2纳米管。

另外，人们预计具有一维纳米结构的氧化钨膜在光电化学和电致变色器件方面可能具有巨大的潜在价值[61]。

9.5.2.2 氧化钨锥体(Tungsten Oxide Cones，以下简称TOCs)的应用前景

A 有望解决一维纳米材料应用的主要难题

氧化钨锥体(TOCs)独特的锥体结构可以解决一维纳米结构在一些实际应用中遇到的两大问题——径向强度低和组装困难。

例如，碳纳米管(CNTs)存在径向柔韧易弯的缺陷，实际应用中不可避免的径向机械振动和热振动部分制约了它作为场电子发射器件和扫描探针针尖方面的应用。另外，就目前的微加工技术而言，很难对单根CNT进行操作。

2003年，《Science》上报道了管状石墨锥(TGCs)的合成[78]，这种新的材料有望能解决上面的两大问题，从而引起世界性的轰动。而氧化钨锥体具有比石墨结构的CNTs或TGCs更高的径向强度，他们将在扫描探针显微学、纳米加工领域具有广泛应用前景。

B 制备管状WS_2锥(TTSCs)

1992年，《Nature》报道了用氧化钨纳米线作为结构前驱体制备WS_2纳米管[74]，目前可以制备出直径在微米级，长达数百微米的WS_2管。其硫化的化学方程式：

$$WO_{3-x}+(1-x)H_2+H_2S \longrightarrow WS_2+(3-x)H_2O$$

因此，用氧化钨锥合成与TGCs结构完全类似的TTSCs具有一定的可行性。他们独特的空心锥状结构将可能在化学和微生物学上得到广泛的应用。

C 用作场电子发射器

TOCs将成为世界上第一种可以大批量制备，且能用目前的微米加工技术直

接进行单个操作的实心锥体材料。同时,TOCs 经过硫化反应后,很可能制备出世界上继管状石墨锥以后的第二种管锥材料——管状 WS_2 锥。TOCs 的成功制备必将引起世人的广泛关注。

9.5.3 钨及碳化钨纳米线和锥体的制备

氧化钨纳米线和锥体等一维及二维纳米材料的制备成功将对钨及碳化钨纳米线和锥体的制备起到重大的推动作用。研究者发现,通过控制还原气氛,由 MoO_2 纳米线可以得到单晶 Mo 纳米线[75,76],这给氧化钼性质相类似的氧化钨纳米线和锥体的还原成钨单质相对应的一维及二维纳米材料提供了重要参考。另外,有人也从硅的氧化物中制备出了硅纳米线[79]。

另外,通过氧化钨或者金属钨的一维及二维纳米材料进行碳化合成纳米碳化钨纳米线及锥体倘若成功,将对于整个钨纳米材料应用行业产生革命性的影响,碳化钨纳米锥被认为是扫描探针显微镜的最理想的探针[80]。

参考文献

1 马图哈 K H. 非铁合金的结构与性能(《材料科学与技术丛书》第 8 卷). 丁道云等译. 北京:科学出版社,1999

2 有色金属提取冶金手册编委会. 稀有高熔点金属(上册). 北京:冶金工业出版社,1999

3 Erik Lassner et al. Tungsten Properties, Chemistry, Technology of the Element, Alloys, and Chemical Compounds, Kluwer Academic/Plenum Publishers. New York, Boston, Dordrecht, London, Moscow, 1999

4 稀有金属手册编委会. 稀有金属手册(下册). 北京:冶金工业出版社,1995

5 阙兴正. 酸洗钨粉等静压制工艺研究. 第七届全国钨钼学术交流论文集,廊坊,1995;(10):53

6 张文阁. 钼条真空烧结技术探讨. 中国钼业,1997;(2,3)

7 李静,高家诚,王勇. 掺杂提高钼丝再结晶温度的研究进展. 稀有金属与硬质合金,2003;(1)

8 潘叶金. 钼、钨及其合金. 中国钼业,2001;(2)

9 成均,刘心宇,张厚安. 加钴钼丝研究. 稀有金属与硬质合金,1995;(3)

10 易明. 粉末钼铼合金及其焊接工艺和性能. 中国钼业,1996;(4)

11 谭强. 钼-铼合金的制造及应用. 中国钼业,1998;(1)

12 徐志昌,张萍. 液-液掺杂新工艺及其机理. 第七届中国钨钼学术交流会论文集. 中国钨业,1995;(10)

13 程仕平,潘叶金. 掺杂钼丝的组织与性能. 中国钼业,1999;(4)

14 李庆奎. 添加微量元素对钼丝组织与性能的影响及其机理探讨. 中国钼业,1995;(5)

15 刘心宇,左铁镛. 掺杂钼丝中钾泡对其组织和性能的影响. 中南矿冶学院学报,1989;(6)

16 王慧芳. 掺杂钼板材在我国的发展与前景. 中国钼业,1997;(2,3)

17 T. Takebe, T. Akiyama, K. Shimatani. Properties of Doped Molybdenum sheet. R & HM, 1985;(4)

18 王金淑,周美玲,左铁镛等. La_2O_3 对 Mo 粉性能影响的研究. 稀有金属材料与工程,2002;(2)

19 王思清,魏光明,李淑霞. 稀土元素 La 对钼还原及制坯的影响. 中国钼业,1997;(2,3)

20 王思清,倪德忠,张楠. 高温钼坯生产工艺研究. 稀有金属材料与工程,1998;(4)

21 Wang Jinshu, Zhou Meiling, Nie Zuoren et al. Effect of La_2O_3 nanoparticles on properties of molybdenum powder. Transaction of Nonferrous Metals Society of China. 2001;(6)

22　Zhang J X, Zhou M L, Zuo T Y. The Mechanisms of Strengthening and Toughening of Rare Earth Molybdenum Alloy. Metallwerk Plansee, 1993; (1): 93
23　Zhang J X, Zhou M L, Zuo T Y. The Effect of Rare Earth Lanthanum on the Mechanical Properties of Molybdenum. Metallwerk Plansee, 1993; (1): 599
24　张久兴，周美玲，周文元等. 稀土钼合金力学和热发射性能的研究. 稀有金属，2002;(2)
25　李湘波，张久兴，周文元等. 热阴极用稀土钼丝材的组织和性能的研究. 中国钼业，2003;(4)
26　周美玲，李俊，左铁镛. 镧钼丝组织结构和性能的研究. 有色金属学报，1994;(2)
27　张久兴，姚草根，王金淑等. 掺杂复合稀土氧化物的钼的组织与性能. 稀土，1999;(5)
28　李淑霞，魏光明，王思清. 钼镧合金丝的组织及性能. 稀有金属材料与工程，1999;(3)
29　Zhang J X, Zhou M L, Liu D M et al. Effect of La_2O_3 on the Recrystallization of Molybdenum Wires. Acta Metallurgic Sinica. 1996; 9(2): 94～98
30　潘叶金，尹茜，陈中春. 掺 La_2O_3 钼丝的显微组织与强韧化. 中南工业大学学报，1995;(2)
31　Endo M. The Effect of Rare Earth Element on the Properties of Molybdenum Wires. Metallwerk Plansee, 1989; (1): 37
32　Zhou M L, Cheng Z C, Zhang J X et al. A Study on the Properties of Mo-La_2O_3. Metallwerk Plansee, 1993; (1): 607
33　Zhou M L, Li J, Zuo T Y et al. Microstructures and Properties of Molybdenum Wires Doped with La. Transactions of Nfsoc, 1994; (3): 57
34　张久兴，周美玲，左铁镛等. 稀土掺杂钼的强韧化与电子发射性能研究. 北京工业大学学报，1998;(3)
35　王金淑，李洪义，刘娟等. La_2O_3-Gd_2O_3-Mo 次级发射材料研究. 北京工业大学学报，2002;(4)
36　Zhou M L, Zhang J X, Cheng Z C et al. A Study on the Properties of Mo-La_2O_3 Thermionic Electron-Emission Material. High Temperature-High Pressure, 1994; (26): 145～149
37　聂祚仁，周美玲，王金淑等. Mo-La_2O_3 阴极丝的 AES 深度剖析. 稀有金属，1999;(2)
38　Wang Jinshu, Zhou Meiling, Nie Zuoren et al. Emission mechanism of Mo-Y_2O_3 cathode Transaction of Nonferrous Metals Society of China. 2000; (5)
39　Wang Jinshu, Liu Juan, Zhou Meiling et al. La_2O_3-Gd_2O_3-Mo secondary emission material. Transaction of Nonferrous Metals Society of China, 2003; (1)
40　王金淑，聂祚仁，周美玲等. La_2O_3-Mo 阴极材料中 La_2O_3 稳定性研究. 稀土，2000;(6)
41　王金淑，刘娟，周美玲等. La_2O_3，Y_2O_3-Mo 次级发射材料研究. 中国稀土学报，2003;(1)
42　王金淑，周美玲，左铁镛等. La_2O_3-Mo 阴极 La_2O_3 纳米粒子形成的研究. 北京工业大学学报，2001;(3)
43　王新刚，韩强，赵宝华. 稀土高温钼板室温塑韧性研究. 稀有金属，2003;(1)
44　姚草根，张久兴，周美玲等. 多元复合稀土钼材的研究. 中国钼业，1999;(4)
45　高家诚，王勇，李静等. 复合掺杂钼丝的组织和性能研究. 功能材料，2003;(5)
46　杨飒，周美玲，王金淑等. 放电等离子体烧结复合稀土钼阴极的次级发射性能及组织的研究. 稀有金属材料与工程，2003;(11)
47　莫似浩. 钨冶炼原理与工艺. 北京：轻工业出版社，1984
48　叶帷洪. 钨——资源、冶金、性质和应用. 罗英浩等译. 北京：冶金工业出版社，1983
49　Зеликманидр А Н. Вольфрам . М Металлургия, 1978
50　Johnson W A 等. 等离子体制取难熔金属(合金)细粉末. 稀有金属与硬质合金，1989;(3): 55
51　刘志春，王志法，李方等. 钨粉的等离子球化. 稀有金属与硬质合金，1999;(3): 7
52　Bewlay B P, Briaut C L. The formation and the role of potassium babbles in NS-Doped tungsten. Bartha L

et al ed. The chemistry of Non-sag tungsten:137

53 Prink E et al. The metallurgy of doped/non-sag tungsten. London:Elsevier,1989

54 Kosolev Yu M,Sorkin V A. Production and application of cvd tungsten. In:High Temperature and Wear Resistant Materials in a World of Changing Technology. Proc. 12th Ineren. Bildstein H et al ed. Plansee Seminar,May 8-12 1988. Vol 1,Re factory metals:247

55 张祥麟,王曾隽.应用无机化学.北京:高等教育出版社:1992:467

56 拉戈斯基 J J.现代无机化学,下册.孟祥胜等译.北京:高等教育出版社:1984:806

57 张青莲.无机化学丛书(第八卷).北京:科学出版社:1998:584

58 王世良,贺跃辉,汤义武等.一维氧化钨纳米材料的制备及应用.材料导报,2004;(18)(纳米与新材料专辑Ⅲ):98~101

59 Zhu Yan Qiu,Hu Weibing,Hsu Wen Kuang et al. Tungsten oxide tree-like structures. Chem. Phys. Lett. 1999:309,327~334

60 Gu Gang,Zheng Bo Han W Q et al. Tungsten Oxide Nanowires on Tungsten Substrates. Nano Lett. 2002;(2):849~851

61 Li Y B,Bando Y,Golberg D et al. WO_3 nanorods/nanobelts synthesized via physical vapor deposition process. Chem. Phys. Lett. ,2003;(367):214~218

62 Li Yubao,Yoshio Bando,Dmitri Golberg. Quasi-Aligned Single-Crystalline $W_{18}O_{49}$ Nanotubes and Nanowires. Adv. Mater. ,2003;(15):1294~1296

63 Liu Jingguo,Ye Zhao, Zhang Zhengjun. Low-temperature synthesis of large-scale arrays of aligned tungsten oxide nanorods. J. Phys:Condens. Matter. 2003;(15):L453~L461

64 Liu Zongwen,Bando Yoshio,Tang Chengchun. Synthesis of tungsten oxide nanowires. Chem. Phys. Lett. 2003;(372):179~182

65 Lakshmi Brinda B,Dorhout Peter K,Martin Charles R. Sol-Gel Template Synthesis of Semiconductor Nanostructures. Chem. Mater.,1997;9:857~862

66 Zhu Kake ,He Heyong,Xie Songhai et al. Crystalline WO_3 nanowires synthesized by templating method. Chem. Phys. Lett.,2003;377:317~321

67 Satishkumar B C,Govindaraj A,Manashi Natha et al. Synthesis of metal oxide nanorods using carbon nanotubes as templates. J. Mater. Chem.,2000;(10):2115~2119

68 Wang Junwei,Li Yadong. Rational Synthesis of Metal Nanotubes and nanowires from Lamellar Structures. Adv. Mater.,2003;(15):445~447

69 Li Xiao Lin,Liu Jun Feng,Li Ya Dong. Large-Scale Synthesis of Tungsten Oxide Nanowires with High Aspect Ratio. Inorg. Chem.,2003;(42):921~924

70 Kwangyeol Lee et al. Synthesis and Optical Properties of Colloidal Tungsten Oxide Nanorods. J. Am. Chem. Soc.,2003;(125):3408~3409

71 Rothschild A, Sloan J, Tenne R. Growth of WS_2 nanotubes phases. J. Am. Chem. Soc., 2000;(122):5169~5179

72 Yun-Hi Lee,Chang-Hoon Choi,Yoon-Taek Jang et al. Tungsten nanowires and their field emission properties. Appl. Phys. Lett.,2002;(81):745~747

73 Thong J T L,Oon C H et al. Field-emission induced growth of nanowires. Appl. Phys. Lett.,2002;(81):4823~4825

74 Tenne R et al. Polyhedral and cylindrical structures of tungsten disulphide. Nature, 1992;

(360):444～446

75 Zhu Y Q, Hsu W K, Terrones H et al. Morphology, structure and growth of WS_2 nanotubes. J. Mater. Chem., 2000; 10(11): 2570～2577

76 Michael P et al. Molybdenum nanowires by electro-deposition. Science, 2000; (290): 2120

77 Jiang Xian liang, Gitzhofer F, Boulos M I. Plasma spray forming of tungsten coating on copper electrodes. Trans. Noferrous Met. Soc. China., 2004; 14(5): 835

78 Zhang Guangyu, Jiang Xin, Wang Enge. Tubular Graphite Cones. Science, 2003; (300): 472～474

79 Wang N, Tang Y H, Zhang Y F et al. Si nanowires grown from silicon oxide. Chem. Phys. Lett., 1999; (299): 237～242

80 Takayuki Arie, Seiji Akita, Yoshikazu Nakayama. Growth of tungsten carbide nano-needle and its application as a scanning tunneling microscope tip. J. Phys. D: Appl. Phys., 1998; (31): L49～L51

10 钨、钼及其合金的深加工[5,11,12,15]

10.1 钨、钼及其合金的塑性加工原理[1~3]

10.1.1 概述

塑性加工又称压力加工，是金属或合金材料在外力作用下发生塑性变形，获得要求的形状、尺寸和性能的加工方法。

用粉末冶金方法生产的钨、钼及其合金坯条以及用电弧熔炼或电子束熔炼生产的钨、钼及其合金铸锭，只有通过塑性加工，在不破坏本身完整性的前提下，通过外形、组织及性能的改变，得到所需丝、板、带、棒、管等产品后，才能应用到各个工业部门中去。

塑性加工方法主要有轧制、挤压、拉伸、冲压、锻造、模锻（包括旋锻）等，供用的设备主要有轧机、挤压机、拉伸机、冲床、锻压机。

塑性加工与机加工（或称切削加工）不同，是一种无屑加工，因此，加工前后工件的质量不变。若加工前后工件的密度一样，则加工前后工件的体积相等，这是塑性加工的一个特点。对于熔炼所得的铸锭，变形前后的密度可视为是相同的，因此可以用“体积不变”的法则来计算工件的尺寸和变形量，而对于钨、钼及其合金烧结坯条，内部有烧结孔，所以其实际密度要通过若干次塑性变形后，才能达到理论密度。

塑性加工过程一般分为初次变形和二次变形，初次变形即开坯。

用于拉丝的钨、钼及其合金条，是用粉末冶金方法生产的，为细晶组织，不需要经过挤压和锻造开坯，可直接进行旋锻和孔型轧制。对于具有粗大晶粒结构的电弧熔炼和电子束熔炼铸锭而言，必须首先进行挤压或锻造开坯，使其承受三向压应力状态，避免晶界裂纹的产生，以便进一步加工。

10.1.2 钨、钼及其合金塑性加工的物理基础

10.1.2.1 钨、钼及其合金的脆性、韧性与断裂行为

材料的塑性是材料在断裂以前的变形程度，强度是材料抵抗变形与断裂的能力，韧性是材料从塑性变形到断裂全过程中吸收能量的能力。钨、钼及其合金往往是强度高，但塑性变形能力差，或几乎不能承受一般条件下的塑性变形，表现为韧性差、脆性明显。

A　塑-脆转变温度

材料的脆性、韧性行为是随温度而变化的，存在一个塑-脆转变温度范围（$DBTT$），即在此温度范围以上在高应力下能顺利进行塑性变形，表现出好的韧性，而在低于此温度范围的加工变形过程中，易产生不同形式的脆性断裂。不同的金属其塑-脆转变温度不同，钨一般在400℃左右，钼在室温附近。塑-脆转变温度高，是材料脆性的一个重要表征，影响 $DBTT$ 的因素也就是影响脆断的因素，凡促使材料变脆的因素均会使 $DBTT$ 增高，降低 $DBTT$ 的措施，就是克服脆性，增加韧性的措施。

影响材料塑-脆转变温度的因素主要有材料的纯度、晶粒度、变形程度、应力状态和合金元素。

B　低温（或室温）再结晶脆性

处于再结晶状态的工业钨、钼材在室温下表现出与工业纯的面心立方结构的铜、铝材完全不同的力学行为。经再结晶退火处理的铜、铝材形成等轴的再结晶晶粒组织，具有优良的室温加工塑性，可以在室温下任意加工成材，而钨、钼经过再结晶后，在室温下表现严重脆性，加工及使用过程中易产生各种形式的脆性破裂。

10.1.2.2　钨、钼及其合金塑性加工工艺基础

钨、钼及其合金的力学性能强烈地依赖于其结构（包括亚结构）状态，可以通过合理的工艺来控制显微结构，改善性能，特别是脆性。钨、钼及其合金加工过程中，温度（变形及热处理温度）及变形程度是对结构影响最重要的参数。

钨、钼及其合金加工过程必须经过三个温度阶段：热加工、温加工及冷加工。此三个阶段的划分是以变形过程中组织结构变化为基础建立起来的三种变形类型，主要特点归纳于表10-1。

表10-1　变形类型及特征

变形类型	变形温度 t	晶粒组织	位错亚结构	内　应　力
热加工	$t \geq t_r$	粗等轴或细等轴	低位错密度 $\rho < 10^6 \sim 10^8 cm^{-2}$	低或为零
温加工	$t^* < t < t_r$	条带或纤维	边界清晰的胞状位错结构	随变形程度增加而增加，然后趋于稳定
冷加工	即 $t_{DB} < t < t^*$ 或室温加工	细纤维	高位错密度 $\rho > 10^8 \sim 10^{10} cm^{-2}$ 以位错缠结的形变胞或杂乱的位错林存在	随着变形程度增加迅速单调增加

注：t 为加工温度；t_r 为再结晶温度；t^* 为由显微结构决定的特征温度；t_{DB} 为塑-脆转变温度。

热加工有两种：(1)高于再结晶温度加工，是以大压下量开坯为主的加工方式，

可以高温锻、轧、挤,获得致密的等轴粗晶组织,位错密度及内应力低;(2)接近或在再结晶温度加工,控制动态再结晶的热塑性变形,可使变形与回复、再结晶达到动态平衡,可以获得细晶组织,或高温回复状态的有明显亚晶的组织,以获得细的等轴晶。变形过程的强化与软化达到平衡,晶粒尺寸由温度、变形程度控制,热加工不可能形成位错胞状组织。

温加工是高于塑-脆转变温度低于再结晶温度的加工。对于钨、钼及其合金的加工,这是一个极其重要的加工温区,一般是中间加工工序,也可以是成品工序。通过该温区加工以获得最佳的形变亚结构组织,这种以位错墙为边界的位错胞,使钨、钼材,特别是钼具有高的强度和韧性。表10-1中特征变形温度 t^* 是温加工与冷加工的温区分界线,是以亚结构的特征作为区分的根据。

冷加工不是一般含义的室温加工,是在特征温度 t^* 以下塑-脆转变温度以上的加工温区。在 t^* 温区以下的冷加工,晶体点阵的派纳力明显增高,屈服应力也急剧增高,位错密度增大,随变形程度增加,位错以位错林杂乱分布,或形成位错缠结的形变胞,胞壁由杂乱交错的位错构成较厚的区域。冷加工过程必须配合去应力退火,以保证加工顺利进行。

10.1.2.3 塑性变形后钨、钼及其合金的热处理

在钨钼材料的加工中,当加工到一定程度后(即加工硬化到一定程度后),通过一定的中间退火,材料会变得软化而能继续加工变形,减少产生劈裂或断裂现象。这就是塑性变形后的金属进行热处理的一种方式。对塑性变形后的金属进行不同温度的热处理,其组织性能发生不同的变化。

A 消除应力退火

将加工硬化的金属在较低(低于再结晶温度)温度下加热,使其内应力基本消除,在加工过程中出现塑性提高,变形抗力降低,如钨的中间退火就属于这一类热处理,通常称为“消除应力退火”。

造成金属性能变化的原因,主要是由于变形金属内晶粒缺陷得到一定消除,晶粒畸变程度减轻,而表现出电阻下降,内应力明显降低。

在此阶段变形的晶粒还发生某些亚结构的变化,使变形中已形成的亚晶粒近于类似多边形的结构,这种现象称为“多边形化”,在一定程度上也减轻了晶粒的畸变程度。

众所周知,钨钼存在再结晶脆性,因此在拉伸过程中为了减少其加工硬化,消除部分内应力,以提高塑性,利于进一步加工,它们塑性变形后的热处理只能是“消除应力退火”。

B 再结晶退火

变形后的金属加热到一定温度后,在原来的变形组织中重新组成无畸变的新晶粒,性能也发生剧烈变化,而得到完全恢复,这个过程就称为“再结晶”。

再结晶过程一般认为是以形核和长大的方式进行,再结晶晶核在晶粒畸变能最大处首先生成,如钨钼的再结晶是由多边形化亚晶粒的长大形成的。

一定变形程度的金属,在一定退火时间内发生再结晶的临界温度称为起始再结晶温度。材料内所含杂质的成分、数量、微量元素的加入,加热的时间、速度、变形程度及原始晶粒度等因素均影响再结晶温度的变化。

对于纯钨钼而言,变形程度越大,再结晶温度越低。但对有添加剂(Si、Al、K)的钨钼材来说,再结晶温度比纯钨钼提高很多,这是由于附加添加剂的加入提高了其再结晶温度。并且对于掺杂钨,再结晶晶粒沿轴向方向长大并保持燕尾搭接组织,横向晶粒很难长大,使之具有良好的高温不下垂性能。

一般加热时间越长,加热速度越慢,再结晶温度就越低。退火前原始晶粒越细,再结晶温度也越低。

研究再结晶温度有很大的现实意义,在钨钼加工中,再结晶温度是制定退火工艺和加热温度的重要依据。

钨的开坯属于温加工,钨在B203工序(B203旋锻机上加工)的一次旋锻过程中,由于方坯的形状、组织性能的缺陷和坯条内的残余应力的影响,经过锻打后变圆的坯条内存在着变形程度的严重不均,晶粒破碎不均、畸变能增高,附加应力加大等缺陷,为了消除其组织的不均匀以及由此引起的性能不均匀,利于下一步的旋锻加工,必须采取再结晶退火。退火后的棒料晶粒度均匀,晶内畸变能消除,残余应力消失,塑性大大提高,可以进一步加工。

而钼由于再结晶温度比钨低,在开坯温度下,其加工基本属于热加工,因此钼就不需要进行旋锻过程中的再结晶退火。

10.1.3 钨、钼及其合金的塑性加工原理[6]

如前所述,对于钨、钼及其合金塑性加工,主要形式有棒材的旋锻和型轧,丝材和管材的拉伸,板材、带材和箔材的轧制等。

10.1.3.1 棒材旋锻原理

旋锻即旋转锻造,又称旋锤,它实质上是模锻的一种特殊形式,是使金属和合金棒料的直径减小和长度增加的一种锻造工艺。

旋锻是利用旋锻机主轴的转动而使两半组合旋锻模的位置处于不断往复变化的状态中,由于高频锻打(6800~12000次/min),沿坯料的径向形成径向压力的连续叠加。

旋锻按变形温度的不同可分为热旋锻、温旋锻和冷旋锻。钨的旋锻为温旋锻,钼的旋锻基本上是热旋锻。

A 旋锻的工作原理

旋锻过程是在旋锻机中进行,旋锻机机头示意图如图10-1和图10-2所示。

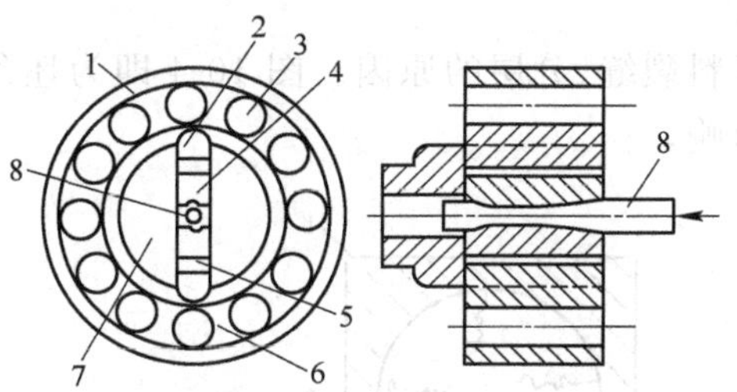

图 10-1 旋锻机机头示意图

1—外环；2—锤头；3—滚柱；4—旋锻模；5—模子垫片；6—滚柱圈；7—主轴；8—坯条

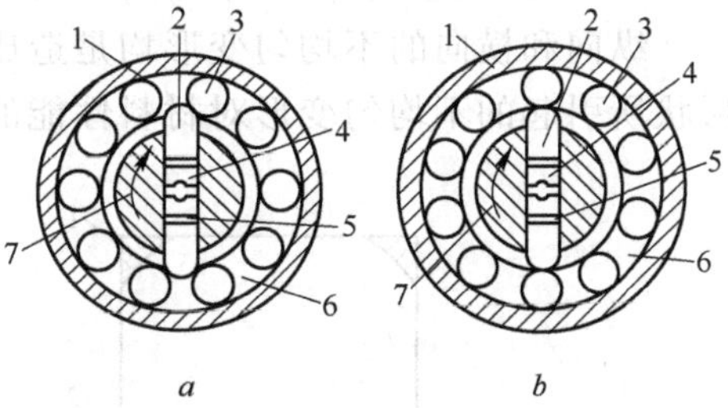

图 10-2 旋锻模的位置变化

a—旋锻模张开位置；*b*—旋锻模压缩位置

1—外环；2—锤头；3—滚柱；4—旋锻模；5—模子垫片；6—滚柱圈；7—主轴

坯条或棒料从加热炉中取出迅速送入旋锻机的旋锻模 4 中，它是使坯条或棒料产生塑性变形的工具。锤头 2 用于支撑旋锻模 4，锤头 2 和旋锻模 4 都嵌在主轴 7 的滑槽中，并随主轴 7 一起高速旋转，锤头 2 和旋转模 4 在离心力作用下向外甩出，锤头 2 与滚柱 3 接触时有两种位置（见图 10-2*a*，*b*）。当机头旋转到图 10-2*a* 位置时，锤头 2 位于两个滚柱 3 之间，旋转模张开的距离为最大，即坯条送进位置往前移动，坯条横断面最大尺寸不能超过旋锻模张开的最大距离。当机头旋转到图 10-2*b* 位置时，锤头 2 与滚柱 3 成一条直线，这时，滚柱 3 压在锤头 2 的圆弧端头上，锤头 2 受到滚柱 3 的挤压向中心运动，两块旋锻模 4 作用在坯条或棒料上，对其进行锻打，产生压缩变形。此时，两块旋转模之间的距离为最小，旋锻力最大。锤头 2 与滚柱接触一次，对坯条或棒料就锻打一次。

B 旋锻时坯条的变形过程

旋锻时坯条的主应变图为两向压缩一向延伸变形，如图 10-3 所示。

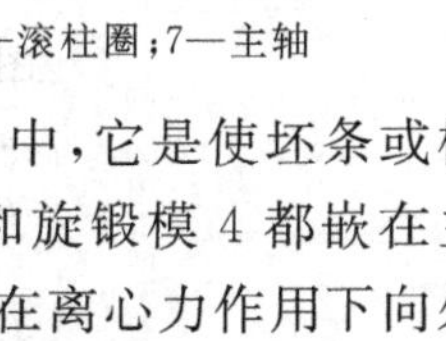

图 10-3 旋锻时的主应变图

在旋锻过程中，坯条沿轴向产生延伸变形。为了保证旋锻均匀变形，尽量保持进料速度均匀，从而获得稳定的旋锻过程。在实际生产中，发现由于坯条进料速度不一致，即金属沿纵向的流动体积是变化的，表现出沿长度方向材料直径、断面形状不一致，发生所谓的不稳定的旋锻过程。当操作不当或设备、锤头、锤模发生异常现象时往往造成不稳定旋锻过程，它是造成材料质量问题的主要原因之一。

旋锻时，坯条在纵向和横向都表现出较强烈的不均匀变形，主要表现在：

(1) 纵向的弯曲变形；

(2) 断面的不均匀变形。

由于方坯形状的影响，四角变形量大，中部变形量小。由于道次压缩率和摩擦力的影响造成表层和中心变形的不均匀。

纵向和横向的不均匀变形均是造成杆料裂缝、分层的原因。图 10-4 即为坯条形状所引起的不均匀变形对材料性能的影响。

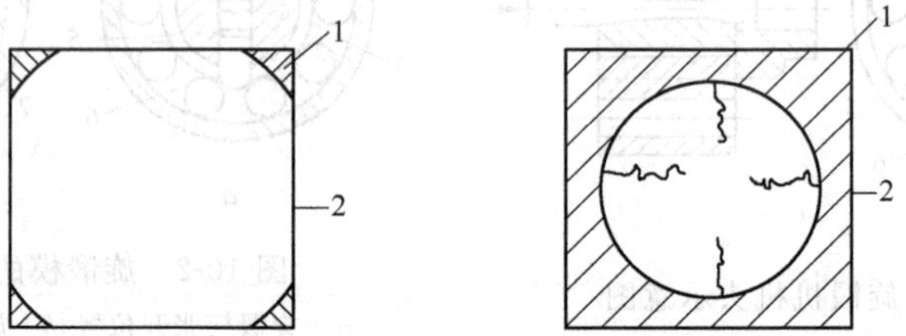

图 10-4　坯条形状导致的不均匀变形所引起的横裂

a—旋锻开始：1—角首先变形；2—边不变形或变形很小；

b—旋锻中间：1—角变形大，产生压应力；2—边部变形小，产生拉应力，易造成裂缝

为了尽量减少旋锻时的不均匀变形及其恶果，可采用以下措施：

(1) 合理选择坯条形状；

(2) 合理制定加工工艺，即选择合理的道次压缩率、加工温度及送料速度；

(3) 纵向送料速度的均匀性；

(4) 锤模设计合理，包括锤模的椭圆度，锤模入口的圆锥角，定径带的长度和粗糙度以及必须配对加工，使两对模块形状尽量一致。

C　旋锻时杆(坯)所受的应力状态及旋锻力的变化

材料在旋锻过程中，由于杆(坯)受锻模传给的压缩力的作用，其横断面上产生 σ_2 和 σ_3 压缩应力。同时在摩擦力的作用下，使其在纵轴方向产生 σ_1 压缩应力。这样坯料在旋锻过程中处于三向压缩应力状态。但由于 $\sigma_1 \neq \sigma_2$，所以这种三向压缩应力状态又称为不均匀的压缩应力状态，如图 10-5 所示。

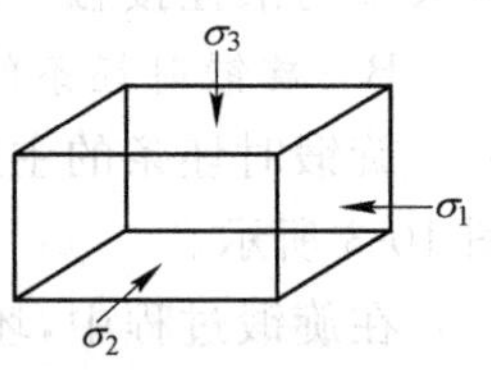

图 10-5　旋锻时的变形力学图

方坯经烧结后存在许多细小孔隙，密度低，塑性和加工性能差，若在拉应力作用下只会使缺陷更加暴露和发展，加工难以进行，所以方坯必须先经过三向压缩应力状态的旋锻加工，而后才能进行拉伸。这也是钨钼坯条首先要经过旋锻加工的原因所在。

在旋锻时，旋锻力会不断发生变化，影响其变化的因素主要有：

(1) 旋锻模的位置。见图 10-2，旋锻模处于 *a* 位置时，两锤模的间距最大，坯料不与锤模接触，旋锻力为零。当旋锻模从最大间距(即最高位置)向最低位置移动时，坯料由开始与旋锻模接触到完全接触，旋锻力也逐渐增加到最大。这种压缩

力为脉冲式非连续的交变力，它比连续式的压缩力可使塑性提高 2.5～3 倍。

（2）旋锻模的材料对旋锻力的影响。目前制作旋锻模的常用材料有两种，一种是高速钢，另一种是硬质合金。高速钢的摩擦系数大于硬质合金，因此高速钢模旋锻的摩擦力大于硬质合金模的摩擦力，所以旋锻力前者大于后者。

（3）旋锻模的形状。旋锻模的入口应有一定的圆锥角（见图 10-6），以 α 表示。压缩比一定时，α 越大，摩擦力越小，旋锻力也就越小。但 α 过大不利于材料的咬入，同时不均匀变形加剧，易使表面破坏。

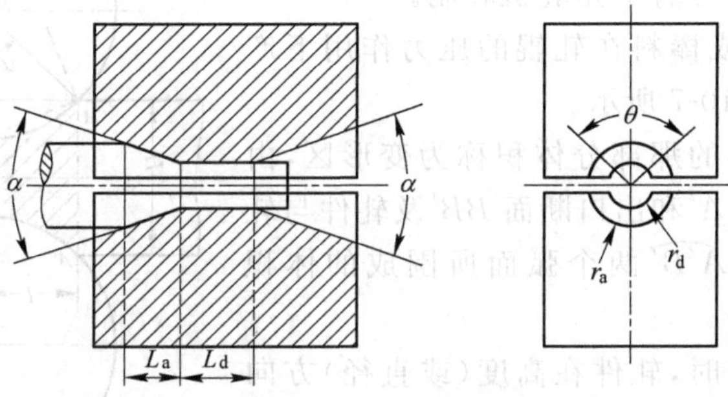

图 10-6 旋锻模结构

旋锻模的工作角又称为包角 θ，表示坯料与旋锻模内表面间的实际接触角。其大小改变材料的应力状态和变形特征，改变旋锻力的大小以及引起杆材表面质量的变化。θ 越小，摩擦力越小，旋锻力降低。但 θ 越小，材料所受压缩应力的强度减弱，中心部位的拉应力强度增大，造成材料劈裂。并且拉应力大到一定值，引起杆材在横断面方向的旋流，从而发生扭转变形。但 θ 过大，摩擦力增加，使旋锻力增大。因此要选择合理的 θ，一般为 120°。

（4）坯条的化学成分、牌号、组织和性能特别是强度指标也决定旋锻力的大小。

（5）变形条件对旋锻力的影响。旋锻时坯（杆）的温度越高，所需旋锻力愈低，此时金属的变形抗力较低。道次压缩比越大，所需旋锻力也越大。送料速度愈快，单位时间内变形体积增加，所需的旋锻力也需加大。

（6）使摩擦力增大的因素，都会影响旋锻力的增大。

10.1.3.2 棒材型轧原理[7,9,10]

坯条旋锻成棒材然后拉伸成丝材的工艺是 20 世纪初研究成功并用于生产上的，虽然旋锻加工具有设备简单和操作简单等优点，但由于旋锻加工使棒材容易产生不均匀变形，处于不均匀的应力状态和变形状态，导致半成品和成品的表面和内部出现缺陷，生产率低、噪音大、劳动强度大；另外，在高温下暴露的时间较长，金属氧化较快且损失大，道次变形率小，容易使材料产生分层和劈裂。

型轧是将坯条或棒料在带有刻槽的旋转轧辊中通过，并在轧辊的压力作用下，使坯条或棒料断面逐渐减小和长度延伸，从而获得符合质量技术要求的产品的方法。应用型轧对坯条进行开坯，由于产品质量好，金属烧损少，生产率高，机械化程度高，近些年得到了迅速发展。

A　型轧的工作原理

目前常用的钨钼条轧制方法有：两辊孔型轧制、四辊轧制、行星轧制和三辊 Y 型轧机轧制等，其中应用较多的是三辊 Y 型轧机轧制。

轧制时，坯条或棒料在轧辊的压力作用下产生塑性变形，如图 10-7 所示。

产生塑性变形的那部分体积称为变形区，由轧件的入口断面 AA'和出口断面 BB'及轧件与轧辊接触的$\widehat{AB}$和辊$\widehat{A'B'}$两个弧面所围成的体积组成。

进行孔型轧制时，轧件在高度（或直径）方向的压下量与轧辊直径成正比，并随咬入角的增大而显著增加；如果当轧辊直径增大和压下量减小时，咬入角也随之减小，则有利于建立轧制过程。

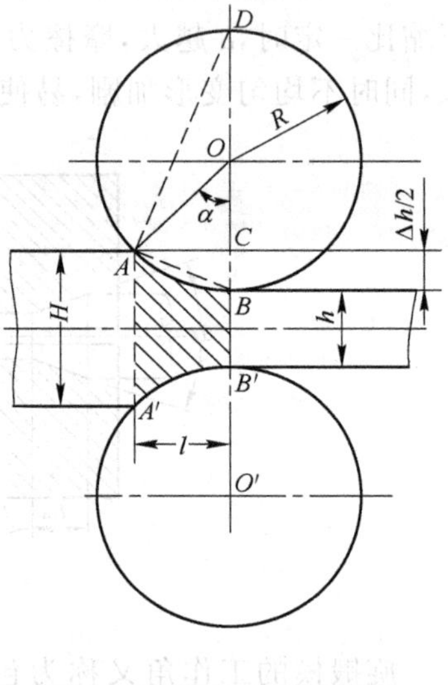

图 10-7　轧制时的变形区

就三辊 Y 型轧机而言，由于轧机每个机架上的 3 个轧辊轴向互成 120°夹角，孔型由 3 个互成 120°夹角的轧辊辊面围成，在轧制过程中轧辊从 3 个对称方向压缩轧件，下一道轧辊翻转 180°，从另外 3 个方向对轧件进行压缩变形（见图 10-8*a*）。在整个多机架的三辊轧制过程中，轧件受到的压应力较大，对提高金属塑性极为有利。Y 型三辊轧机根据辊面形状把孔型分为弧三角孔型和平三角孔型（见图10-8），其中弧三角孔型尤其适合钨钼材的开坯轧制。

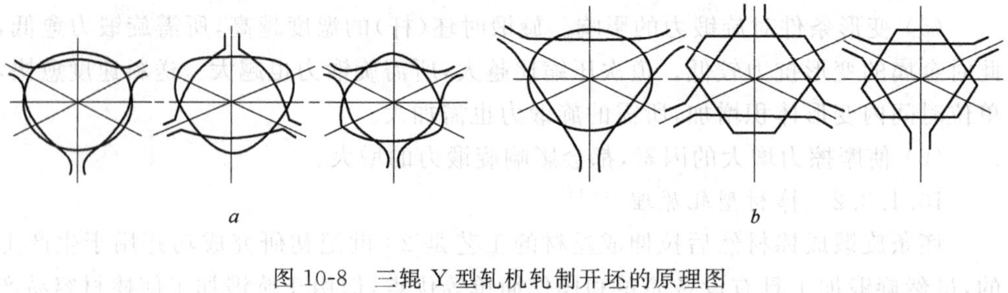

图 10-8　三辊 Y 型轧机轧制开坯的原理图

a—弧三角孔型连轧；*b*—平三角孔型连轧

与二辊孔型轧制相比，三辊 Y 型轧机孔型的宽展余量大，轧制时轧件不易产生耳子和压折，由于轧辊孔型三面包围轧件，变形均匀，劈头显著减少，同时由于轧辊孔槽的磨损，沿轧辊弧面的各点线速度差值小，能够减轻孔槽的磨损，提高轧材质量。

B　双/三/四向压缩轧制型材

对于不同形状的坯料，采用不同的型材轧制方式，其变形率也不同。图 10-9 示出了圆形、三角形和方形等三种坯料在孔型轧辊中的轧制情况。

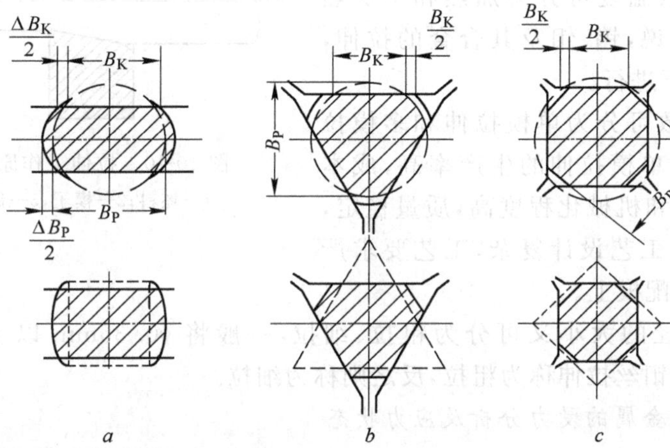

图 10-9　不同坯料在孔型轧辊中轧制的示意图

a—圆形；*b*—三角形；*c*—方形

这些坯料的一次单孔型轧制时的变形率为：

$$K_\phi = \left(\frac{S_0}{S_1} - 1\right) \Big/ \left(\frac{S_1^0}{S_h} - 1\right)$$

式中，K_ϕ 为孔型轧制的变形率；S_0 和 S_1 为轧件在型轧前后的横截面积，mm^2；S_1^0 和 S_h 为轧件在孔型中轧制时无物料横向流动情况下轧制前后的横截面积，mm^2。

一般来说，对于圆形坯料的型轧，在变形程度相同的情况下，四向压缩过程中的变形率比三向压缩过程高，比双向压缩过程几乎高一倍；四向压缩过程中的压缩率最高，三向压缩次之，双向压缩最低；四向压缩过程的伸长率、轧制力和轧辊扭矩最低，三向压缩较高，双向压缩最高。

对于多边形坯料的型轧，其变形率要高于圆形坯料，且各自的变形率随压缩率增大而增大，从生产率、最低能耗、轧辊磨损和产品质量等方面比较，最有效的系统是四向压缩轧制系统。

10.1.3.3　丝材拉伸原理

经过旋锻或型轧的棒料（ϕ2.0～3.0mm），还需进行拉伸才能获得各种规格的丝材。

拉伸是被加工金属在拉力作用下，通过一模具产生断面减缩和长度增加的塑性变形过程。与旋锻和型轧相比，丝材的尺寸精度高，表面质量好，组织和性能良好。同时，还具有工艺、设备、操作简单，生产率较高等优点。

A　拉伸的工作原理

拉伸过程比较简单，是在拉伸模中进行的，其工作原理见图 10-10。

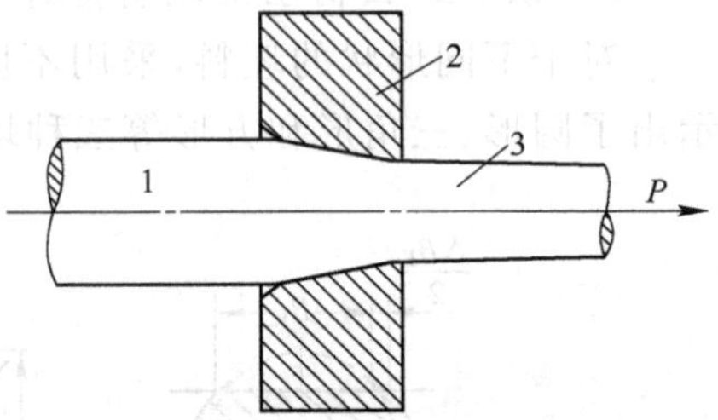

图 10-10　拉伸工作原理图

1—坯料；2—模子；3—制品

拉伸加工按温度可分为加热和不加热的加工，一般来说，钨、钼及其合金的拉伸，是在加热温度下进行。

拉伸按模数可分为单模拉伸和多模拉伸，多模拉伸比单模拉伸的生产率高，成本低，自动化程度和机械化程度高，质量稳定，均匀性好，但其工艺设计复杂，工艺要求严格，尤其表现在配模上。

拉伸按丝径的大小又可分为粗拉、细拉，一般将 $\phi0.35$mm 以上的钨丝和 $\phi0.4$mm以上的钼丝拉伸称为粗拉，反之则称为细拉。

B　拉伸时金属的受力分析及应力状态

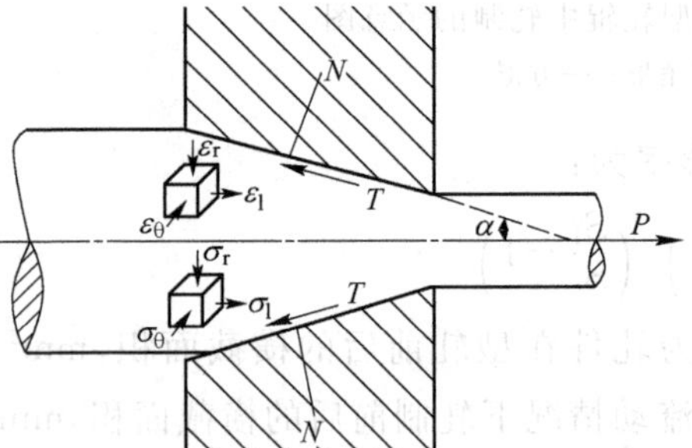

图 10-11　拉伸时变形区内的变形力学图

拉伸时，变形区中的金属所受的外力有：拉伸力 P、模壁给予的正压力 N 和摩擦力 T，如图 10-11 所示。

拉伸力 P 作用在被拉丝材的前端，它在变形区引起主拉应力 σ_1。

正压力与摩擦力作用在丝材表面上，它们是由于丝材在拉伸力作用下，通过模孔时，模壁阻碍金属运动形成的。正压力的方向垂直于模壁，摩擦力的方向平行于模壁且与金属的运动方向相反。

金属在拉伸力、正压力和摩擦力的作用下，变形区的金属基本上处于两向压（σ_r、σ_θ）和一向拉（σ_1）的应力状态。由于被拉金属是圆形丝材，应力呈轴对称应力状态，即 $\sigma_r \approx \sigma_\theta$，变形区中金属所处的变形状态为两向压缩（$\varepsilon_r$、$\varepsilon_\theta$）和一向拉伸（$\varepsilon_1$）。

C　拉伸时金属的变形及流动特点

金属在变形区中，在拉应力作用下，产生轴向延伸变形 ε_1，并在径向和周向压应力作用下产生断面压缩变形 ε_r 和 ε_θ。

为了观察金属在变形区中的流动情况，将试样沿子午面纵向剖分成两半，取其一半，在剖面上均匀刻画出正方网格，根据网格的变化来确定其流动，如图 10-12 所示。变形区中，沿横断面上流动的特点是：在中心层，横断面上的坐标网格拉伸后由拉伸前的直线变成弧线形，并且向拉伸方向弯曲。弯曲程度由变形的入口区到出口区逐渐增加，到中心层曲率最大，说明中心层金属质点的轴向流动速度比边缘层快。

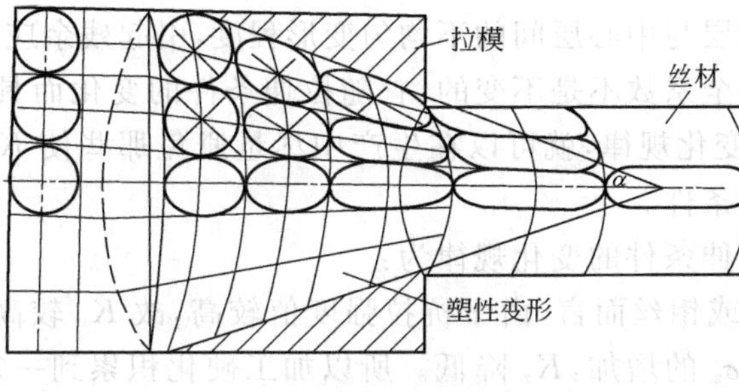

图 10-12 拉伸时金属的流动特性

在表面层由于产生的剪切变形与延伸变形方向相反，使表面层质点流动速度比中心层慢，有外层金属向变形区入口方向倒流现象。

D 实现稳定安全拉伸的条件

为了顺利地实现拉伸过程，必须使所施加的拉伸力达到一定的数值才能满足塑性条件，即 $\sigma_1+\sigma_r=\sigma_{sM}$（其中 σ_{sM} 为任意点 M 的屈服强度）。

在一定的拉伸设备条件下，如果坯料的加工硬化程度较高，因 σ_{sM} 显著增大，则拉不动。这时应及时将坯料进行软化退火，以便在不增大拉伸力的条件下顺利实现拉伸过程。

在拉伸过程中，防止产生缩丝或断丝的基本条件是，使拉伸应力 σ_z 小于被拉金属在拉模出口端的屈服强度 σ_{s2} 或抗拉强度 σ_{b2}，即：

$$\sigma_{b2}>\sigma_{s2}>\sigma_z$$

或

$$\sigma_{b2}/\sigma_z=K_z>1$$

式中 K_z——安全系数。

在拉伸过程中，如果 $\sigma_z>\sigma_{s2}$，则丝材从模孔中被拉出来以后，又将产生第二次塑性变形，使丝径再一次变细，从而引起丝径粗细不均匀。当 $\sigma_z>\sigma_{b2}$ 时，则将引起断丝。故保证稳定和安全拉伸条件应该是 $K_z>1$。

安全系数 K_z 既是用来表示拉伸过程的可靠程度，同时在生产实践中，又是将它作为衡量拉模质量和润滑质量的标准。因为，在其他条件相同时，若拉模和润滑质量好，则所需要的拉伸力小，相应会使安全系数 K_z 值增大，因而拉伸过程的可靠程度提高。

在拉伸过程中，一般取 $K_z=1.40\sim2.00$，即相当于 $\sigma_z=(0.7\sim0.5)\sigma_{b2}$。

当 $K_z<1.40$ 时，说明拉伸应力较高或金属的抗拉强度较低，因而 K_z 值减小，

反映拉伸过程不稳定或欠安全，易引起缩丝或断丝。

当 $K_z > 2.00$ 时，说明拉伸应力较小或金属的抗拉强度较高，即金属的加工硬化较显著，因此 K_z 值增大。同时，这种情况还反映所选用的道次压缩率太小，没有充分利用金属的塑性变形，从而使生产率降低。此外，在采用过大的安全系数时还会加剧金属表面层与中心层间的不均匀变形程度，引起残余应力增加。

拉伸过程中安全系数不是不变的，它随拉伸条件的变化而具有一定的变化规律。掌握了 K_z 的变化规律，就可以在生产中尽量避免那些使 K_z 下降的因素，为稳定安全拉伸创造条件。

安全系数随拉伸条件的变化规律为：

(1) 对于钨丝或钼丝而言，由于抗拉强度值较高，故 K_z 较高。但当加工硬化程度加大时，由于 σ_z 的增加，K_z 降低。所以加工硬化积累到一定程度，容易产生缩丝（经拉伸后丝材的直径比所用拉模的孔径要小）和断丝。

(2) 丝材表面缺陷多时（如毛刺、沟槽、不平、氧化等），由于摩擦力增加，使 σ_z 增大，K_z 降低。所以一般丝材表面不好时，拉丝容易断裂。

(3) 丝材断面形状若不圆，不圆程度越大，拉伸力增大，故 K_z 也下降。

(4) 拉模的形状应合理，表面状态好（如稳定丝材直径的定径带为镜面抛光）。否则由于摩擦力的增加，使拉伸力增加，K_z 下降。拉模材料也影响 K_z 的变化，由于金刚石模所需的拉伸力比硬质合金模的小，故 K_z 较大。

(5) 拉伸时的速度、温度、变形程度应尽量合理，否则由于它们的变化而引起 K_z 的变化，一般来说，温度升高时，拉伸应力降低，但同时金属的抗拉强度也减少，若前者降低快于后者，则 K_z 增大，反之，K_z 下降。

高速拉伸时，由于热效应作用，抗拉强度明显降低，将使 K_z 下降，造成断丝。但是如果速度太慢，尤其在高温下拉丝，丝材氧化严重破坏了石墨乳的润滑作用，拉伸力明显增大，则 K_z 也下降，形成不安全拉伸。

压缩比太大，也容易产生不安全拉伸。因为 ε 过大，拉伸应力明显提高，金属塑性下降，使 K_z 明显降低。

(6) 一切破坏润滑条件，使摩擦力增大的拉伸过程，均会发生 K_z 下降，造成不安全拉伸。

(7) 反拉力也会对 K_z 产生一定的影响，当反拉力处于某一值时，对拉伸形变最为有利。反拉力太小或没有反拉力的拉伸，变形过程中，摩擦力将增大，这与反拉力太大，一样均会造成 σ_z 增大，从而使 K_z 降低。

10.1.3.4 板、带、箔材的轧制原理

工业上，对于钨、钼及其合金板、带、箔材的生产，一般是将坯料放入一对旋转的平辊中进行轧制而得到，与型轧一样均属轧制过程，因而有许多共性的规律，其轧制原理与型轧也基本相同。

平辊轧制与型轧相比，变形相对要均匀些（见图 10-13），其原因在于轧件和孔型不同，而造成沿轧件宽度上的绝对压下量和相对压下量不均，因而其各点的自然延伸也不同，轧件和孔型的形状差别越大，不均匀变形程度越严重。

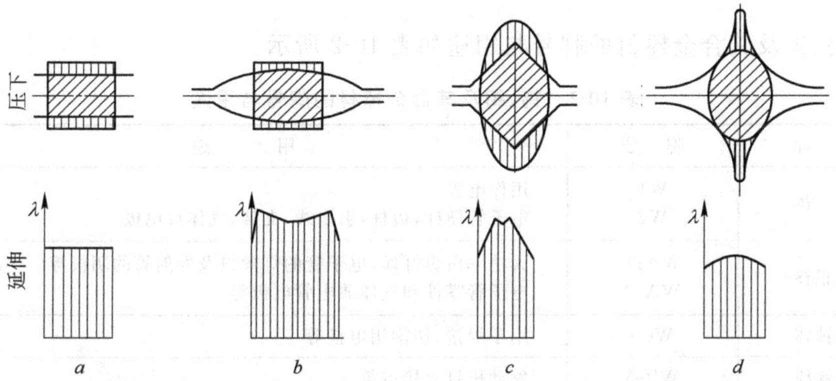

图 10-13 轧件在孔型中的压下、延伸图

a—平辊轧制；*b*—方轧件进椭圆孔型；*c*—椭圆轧件进方孔型；*d*—菱形轧件进方孔型

此外，平辊轧制时，通常为自由宽展，而在型轧时，由于孔型形状和不均匀变形，可能出现自由宽展、强迫宽展与限制宽展三种情况。

平辊轧制时，金属的横向流动阻力只是轧件和轧辊间的摩擦力，而在孔型轧制时，大部分孔型都有限制宽展的作用，如图 10-14 所示。

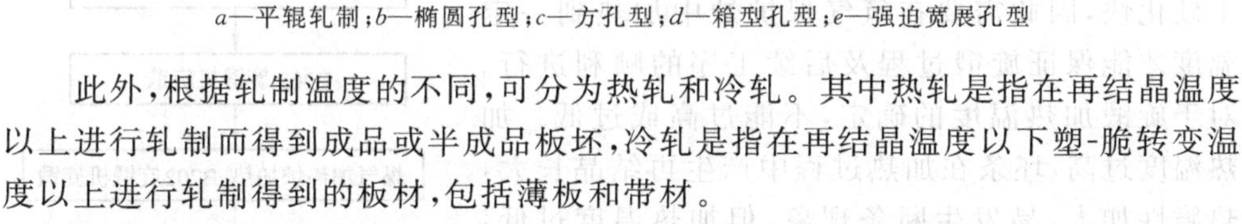

图 10-14 孔型形状对宽展的影响

a—平辊轧制；*b*—椭圆孔型；*c*—方孔型；*d*—箱型孔型；*e*—强迫宽展孔型

此外，根据轧制温度的不同，可分为热轧和冷轧。其中热轧是指在再结晶温度以上进行轧制而得到成品或半成品板坯，冷轧是指在再结晶温度以下塑-脆转变温度以上进行轧制得到的板材，包括薄板和带材。

通过粉末冶金方法得到的钨、钼及其合金，只有经过进一步的塑性变形，才能得到棒、丝、板、带、箔等深加工产品。

10.2 钨、钼及其合金棒材的生产[1,2,4]

钨、钼及其合金棒材分为两大类，一类是用作成品的棒材，另一类是供拉伸线材用的半成品粗杆坯，其加工方式有旋锻加工和孔型轧制两种，其中以旋锻加工最为普遍，目前国内外大多数企业采用此方式进行加工。

10.2.1　钨、钼及其合金棒材的分类与牌号

钨、钼及其合金棒材的牌号与用途如表 10-2 所示。

表 10-2　钨、钼及其合金棒材的牌号与用途

名　称	牌　号	用　　途
钨　棒	W1 W2	用作电极 电子管栅杆，边杆，引出线，支架，气体灯电极
钨铝棒	WA11 WA12	大功率白炽灯丝，电子管的灯丝以及发射管的阴极等 电子管零件和气体放电管电极等
钨铈棒	WCe	用于焊接、切割用电极等
钨铼棒	WRe5	发动机打火接点等
钼　棒	Mo1 Mo2	电真空零件，气体管与灯泡电极等 电子管的引出线，支杆、边杆等零件
钼钨合金棒	MoW20 MoW50	电子管灯及零件 电子管灯及零件

10.2.2　钨、钼及其合金棒材旋锻加工的工艺流程

烧结的钨、钼及其合金条旋锻成棒材的工艺称为旋锻工艺，其工艺流程见图 10-15。

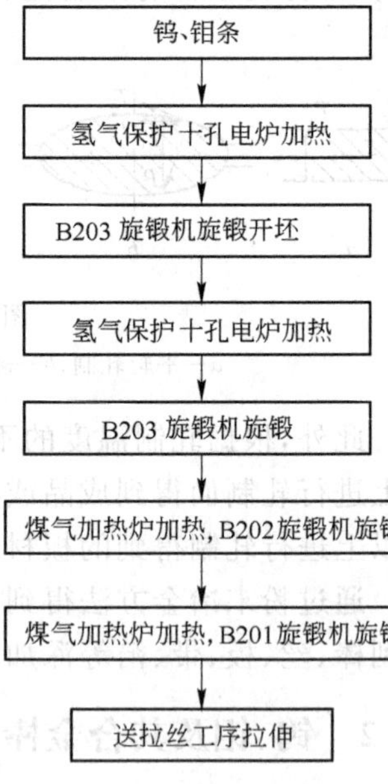

图 10-15　钨、钼条旋锻工艺流程

10.2.3　旋锻加工的工艺参数

10.2.3.1　*旋锻加热温度*

由于钨、钼及其合金的塑-脆转变温度较高，加工硬化快，因此需要在氢气保护炉中加热到一定温度才能保证旋锻过程及后续工序的顺利进行。对于旋锻加热温度的确定，不能过高或过低。加热温度过高，坯条在加热过程中产生再结晶长大，热脆性加大，易发生断条现象，但加热温度过低，又会因加工硬化速率加快，下工序无法进行，易产生纵劈裂。

对于钨、钼及其合金的粉末冶金坯条，晶粒细小、密度较低、存在大量局部应力集中，在加热时，应考虑到消除应力集中，提高塑性。钨的开坯温度在再结晶

温度以上，低于其晶粒长大的温度。一般纯钼的再结晶温度约为 700～1100℃，开坯温度比其再结晶温度高 300℃ 左右。钨、钼及其合金的开坯温度见表 10-3。

表 10-3 钨、钼及其合金的开坯温度

名 称	牌 号	规格/mm×mm×mm	加热温度/℃	加热时间/min
纯 钨	W1, W2	10×10×350	1400～1550	20～25
钨 铝	WAl	10×10×350	1450～1550	20～25
钨 铼	WRe	10×10×350	1550～1650	20～25
钨 铈	WCe	10×10×350	1500～1600	20～25
纯 钼	Mo1, Mo2	14×14×500	1400～1500	20～25
钼钨合金	MoW20	10×10×350	1500～1600	20～25
	MoW50	10×10×350	1500～1600	20～25

钨、钼及其合金开坯后，其余均为旋锻过程的加热，加热温度随直径的减小相应降低，原则上不低于坯料的开始再结晶温度，旋锻成品时，加热温度不低于其回复温度。加热时间不宜过长（一般不超过 3min），否则会引起局部晶粒长大，产生不均匀的再结晶组织，导致塑性降低，加热时间也随直径的减小而缩短。

10.2.3.2 *旋锻加工率和送料速度*

钨、钼及其合金坯条，在进行旋锻加工时，必须考虑到其加工率和送料速度。旋锻加工率又涉及总加工率和道次加工率，总加工率根据坯条和最终丝材的直径确定，保证旋锻终了时棒材具有一定的强度，且从拉伸开始到拉伸终了其总加工率达80%～90%，以获得良好的〈110〉拉伸织构，降低塑-脆转变温度，满足高温性能的要求。

开坯时，考虑到坯条密度小，塑性低，道次加工率应小些，在方坯归圆前一般在7%以下，归圆后则可相应增大，使坯条晶粒较均匀地得到破碎，有利于尽早在棒材中建立比较均匀的纤维组织。道次加工率的选择，不宜过大，也不宜过小，当其过大时，超过金属的塑性允许范围，会导致棒材断裂的增加，同时，也不宜过小，否则会使表里变形极不均匀，棒材内部引起附加应力，有可能导致棒材中产生劈裂与分层。

对于旋锻时的送料速度，不宜过快或过慢，要保证匀速送料，过快或不匀时会引起不均匀变形（直径不均匀，下一道次加工率时大时小），过慢时，棒材降温显著，使材料塑性和生产率降低。因此，要合理地安排旋锻加工率和送料速度。钨、钼及其合金的旋锻加工工艺规范如表 10-4 所示。

表 10-4 钨、钼及其合金旋锻加工规范

名 称	道次加工率/%		
	归圆之前	归圆之后	退火或再结晶后
钨及钨合金	1～5	9～16	12～18
钼及钼合金	1～7	14～16	12～18
送料速度/m·min^{-1}	4～5	2～3	2～3

10.2.3.3　旋锻棒料的退火

在旋锻加工过程中，除钼及钼合金外，钨及钨合金变形到一定程度都需进行中间退火（再结晶均匀化退火），使其内部组织为均匀的再结晶组织，消除应力的不均匀分布，改善棒材的加工性能。

再结晶退火后要求断面结晶均匀，其晶粒数第一次控制在1200～1600个/mm^2，第二次控制在400～800个/mm^2。退火温度一般在1700～2000℃，退火时间根据设备、坯料、温度而定，时间太长会使晶粒进一步长大，造成加工困难，易引起劈裂；时间太短，会使结晶不完全或不均匀，使加工难以进行。

再结晶退火的方法主要有三种：一是垂熔炉退火，适用于短料，退火温度高，所需时间短，有利于获得均匀组织；二是高频炉退火，适用于长钨棒退火，工效高，退火均匀性好；三是钨（钼）丝烧结炉退火，设备简单，一次多根，效率高，但长度受限制，加热时间长，质量不易控制。

钨及钨合金一般退火的工艺规范如表10-5所示

表10-5　钨及钨合金退火工艺规范

牌　号	垂熔炉退火电流/A		烧结炉退火温度/℃
	φ10.0mm	φ9.4mm	φ8.8mm
W,WAl	2300～2500	2100～2300	1750±50
WCe	2600～2800	2400～2600	—
WRe	—	1500～1700	—
保温时间/min	4～5	4～5	90～120

10.2.4　旋锻棒料的质量

对于旋锻棒料，其技术要求规定化学成分、直径、长度应符合标准，表面无裂纹，只能有轻微的锤痕，内部无分层、劈裂。

旋锻棒料常见的主要缺陷有劈裂、脆断、横裂、螺旋竹节、再结晶不均匀等，产生的原因及防止措施如表10-6所示。

表10-6　旋锻棒常见的主要缺陷、产生原因及防止措施

缺　陷	产生原因	防止措施
尺寸和形状不合格	1. 旋锻温度过高、过低或不均匀； 2. 旋锻模和垫片磨损； 3. 加工率过大或跳模； 4. 包角θ过小和锤模旋转不畅	1. 严格控制旋锻温度； 2. 常换旋锻模和垫片； 3. 调整加工率，严格执行操作规程
表面裂纹	1. 旋锻温度过高和时间过长； 2. 坯条表面吸水或渗水； 3. 坯条表层密度不够	1. 适当降低旋锻温度和时间； 2. 坯条重熔或采取其他办法处理

续表 10-6

缺　陷	产 生 原 因	防 止 措 施
毛　刺	1. 表面裂纹引起； 2. 坯条的掉边掉角，棒料的沟痕、锤痕等	1. 坯条完整； 2. 合理调整旋锻机
纵　裂	1. 温度过低； 2. 夹料时，速度慢引起温度降低； 3. 旋锻加工率过大； 4. 设备运转不正常或模孔圆弧半径过大	1. 适当提高旋锻温度； 2. 夹料时，速度要快； 3. 第一根料旋锻时，配好加工率； 4. 操作前试车，检查设备和工模具
断　料	1. 旋锻温度过低； 2. 操作不当或加工率过大； 3. 坯条密度不够或不均匀	1. 适当提高旋锻温度； 2. 提高操作技术，避免加工率过大； 3. 坯条重熔或报废
分　层	1. 道次加工率过大； 2. 旋锻温度过低； 3. 坯条本身有分层现象	1. 减小道次加工率； 2. 适当提高旋锻温度； 3. 坯条有分层，应报废
端头劈裂	1. 退火时，夹头过长； 2. 端头加热温度过低； 3. 坯条本身有缺陷	1. 退火时，防止夹头过长； 2. 端头加热透后才能加工； 3. 坯条端头有缺陷应切除
再结晶不均匀或"夹硬芯"	1. 道次加工率不均匀； 2. 退火前坯条总加工率不够； 3. 退火时，再结晶不均匀； 4. 坯条本身晶粒不均匀	1. 调整道次加工率； 2. 总加工率不够不能退火； 3. 再结晶不均匀的棒材应重新处理； 4. 提高退火温度或延长保温时间
螺旋竹节	1. 加工率过大； 2. 进料速度太快	1. 减小道次加工率； 2. 放慢进料速度

使用的旋锻机型号和主要性能如表 10-7 所示，旋锻机加热炉的主要性能如表 10-8 所示。

表 10-7　常用旋锻机的型号及主要性能

旋锻机新型号		C7117	C7110	C714
旋锻机旧型号		B203	B202	B201
锻辊数目/个		12	12	10
主轴转数/$r \cdot min^{-1}$		570	950	1200
加工直径范围/mm		20～6	9.5～4.1	4.1～2.25
进料方式及速度/$m \cdot min^{-1}$		手工或自动	2.5	2.5
加热炉类型		电加热炉	气加热炉	气加热炉
外形尺寸(长×宽×高)/mm×mm×mm		950×735×1300	1368×1165×1270	1220×1210×1210
主电动机	功率/kW 转速/$r \cdot min^{-1}$	2.2 1500	1.5 1430	1.1 1410
煤　气	压力/Pa 消耗量/$m^3 \cdot h^{-1}$	(氢气保护加热) 0.5～0.7	1.23×10^{-2} 15	1.23×10^{-2} 8.3

续表 10-7

空　气	压力/Pa	—	$(7.8\sim9.8)\times10^{-2}$	$(7.8\sim9.8)\times10^{-2}$
	消耗量/$m^3\cdot h^{-1}$	—	42	23
冷却水	压力/Pa		$(14.7\sim19.6)\times10^{4}$	$(14.7\sim19.6)\times10^{4}$
	消耗量/$m^3\cdot h^{-1}$	—	1.5	0.5

表 10-8　旋锻机加热炉的主要性能

炉　子　名　称		十　孔　炉	单　孔　炉
外形尺寸/mm		880×660×700	700×280×300
炉管	材质	氧化铝	氧化铝
	形状	椭圆形	圆形
	规格/mm	900×135×100	ϕ80/60×760
	孔径/mm	23	—
炉丝材料		钼丝	钼丝
炉温/℃	最高温度	1600	1500
	工作温度	1450	1400
调压器/kV·A		15	15
H_2 流量/$m^3\cdot h^{-1}$		0.5～0.9	0.5～0.9

10.3　钨、钼及其合金丝材的生产[1,2,4,14,17]

经孔型轧制和旋锻开坯的钨、钼及其合金棒材，进一步旋锻至 3mm 左右的棒材后，通过拉伸，可以得到各种直径规格的粗丝和细丝产品。

10.3.1　钨、钼及其合金丝材的分类及牌号

钨、钼及其合金丝材的牌号、用途如表 10-9 所示。

表 10-9　钨、钼及其合金丝材的牌号及用途

名　称	牌　号		用　　途
钨　丝	W1		制造电子管栅极边杆，引出线及其他零件
	W2		制造电极等
钨铝丝	WAl1	L	制造高色温灯泡，耐冲击特殊灯泡的螺旋或双螺旋灯丝及其他零件等
		M	制造发射管阴极和有较高要求的电子管折叠式灯丝栅极及其他零件等
	WAl2	L	制造电子管和白炽灯泡的螺旋式灯丝及其他零件等
		M	制造电子管折叠式灯丝，栅丝，阴极及其他零件等
钨铼丝	WRe3，WRe5，WRe20，WRe25		制作高温热电偶

续表 10-9

名　称	牌　号	用　　途
钼　丝	Mo1　δ	用于电子管栅极螺旋丝，碾压带及其他要求有较高伸长率的电真空零件 用于电子管热零件，白炽灯泡的挂钩，绕钨丝螺旋线的芯线及其他零件
	Mo2	用于发射管的栅极边杆，支杆，引出线及其他零件，电火花切割丝
钼合金丝	MoW20 MoW50	用于电子管灯丝和高温热电偶

注：WAl1 可以代替 WAl2，L 表示钨丝须进行绕螺旋和抗拉强度试验，M 表示钨丝须进行弯折和抗拉强度试验，以检查脆性；δ 表示该类钼丝退火后须有伸长率的要求。

10.3.2　拉伸的工艺流程

旋锻或轧制所得的钨、钼及其合金条棒材拉伸成丝材的工艺称为拉伸工艺，其工艺流程见图 10-16。

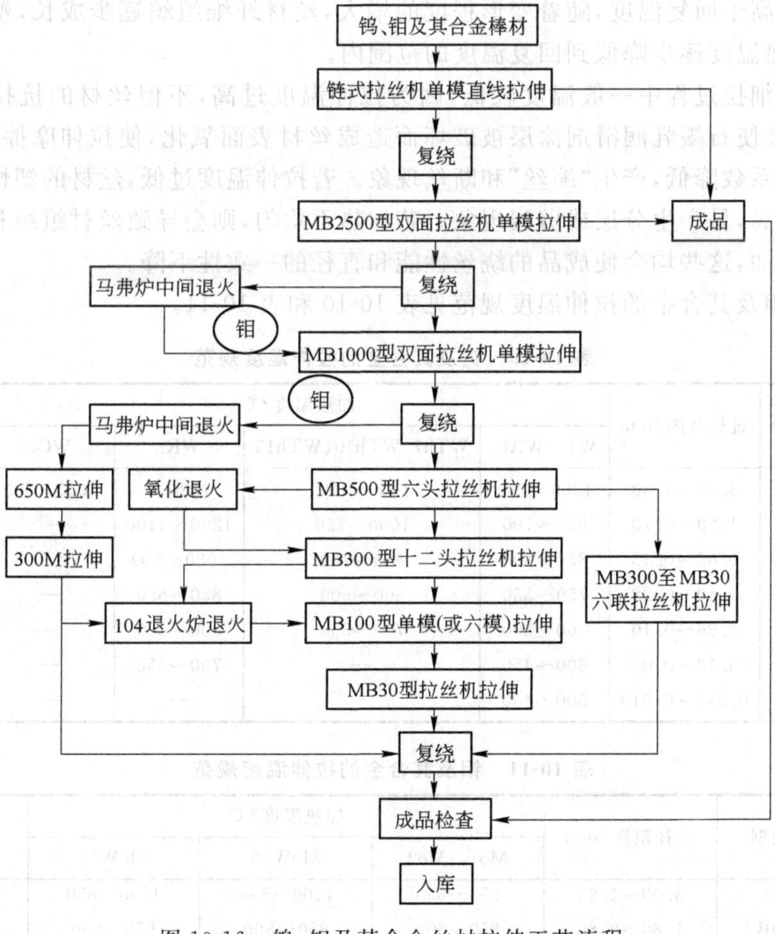

图 10-16　钨、钼及其合金丝材拉伸工艺流程

10.3.3　拉伸的工艺参数

10.3.3.1　拉伸加热温度

钨、钼及其合金在室温或较低温度下的塑性较低，而变形抗力较高，因此，在拉伸时需加热到一定温度才能使加工过程顺利进行。

钨、钼及其合金拉伸大多采用煤气加热，其加热温度的确定，除满足丝材具有足够的塑性和避免分层或劈裂外，还须适应拉伸加工的特殊要求。在拉伸条件下，丝材从模孔中出来后要承受一定的拉伸应力，为此，丝材加热后就必须保持一定的抗拉强度，才能避免断丝。随加热温度的升高，丝材的拉伸应力降低，但其抗拉强度的下降更显著，不均匀性增加。这些都会使成品的绕丝性能和直径的一致性下降。

旋锻结束后的钨、钼及其合金棒材，在开始拉伸时，为了获得足够的塑性，加热温度应稍高于回复温度，随着变形程度的增大，丝材纤维组织逐步成长，塑性逐步提高，加热温度逐步降低到回复温度的范围内。

丝材细拉过程中一般温度较低，因为拉伸温度过高，不但丝材的抗拉强度降低，而且会使石墨乳润滑剂涂层被破坏而造成丝材表面氧化，使拉伸摩擦力增大，拉伸安全系数降低，产生“缩丝”和断丝现象。若拉伸温度过低，丝材的塑性差和变形抗力较高，易产生分层或劈裂现象。若加热不均匀，则会导致丝材组织和性能不均匀性增加，这些均会使成品的绕丝性能和直径的一致性下降。

钨、钼及其合金的拉伸温度规范见表10-10和表10-11。

表10-10　钨及其合金的拉伸温度规范

拉伸机类型	直径范围/mm	加热温度/℃				备　注
		W1　WAl1	WTh7、WTh10、WTh15	WRe	WCe	
链式	3.00～1.30	1200～750	1250～800	1280～	1000～800	料　温
MB2500B	1.20～0.70	950～700	1000～750	1200～1100	—	料　温
MB1000B	0.65～0.43	850～600	850～700	1000～900	—	料　温
MB500B	0.40～0.28	750～550	800～600	850～650	—	炉　温
MB300B	0.26～0.10	700～500	750～550	800～600	—	炉　温
MB100B	0.10～0.04	600～450	—	700～550	—	炉　温
MB30B	0.038～0.010	500～400	—	—	—	炉　温

表10-11　钼及其合金的拉伸温度规范

拉伸机类型	直径范围/mm	加热温度/℃			备　注
		Mo1　Mo2	MoW20	MoW50	
链式	3.00～1.90	850～650	1200～850	1200～850	料　温
MB2500B	1.80～0.80	850～600	950～800	950～800	料　温

续表 10-11

拉伸机类型	直径范围/mm	加热温度/℃			备注
		Mo1 Mo2	MoW20	MoW50	
MB1000B	0.72～0.46	650～550	850～700	850～700	料温
MB500B	0.43～0.30	650～500	750～550	750～550	料温
MB650M	0.43～0.30	650～500	750～550	750～550	料温
MB300M	0.28～0.10	600～450	700～500	700～500	炉温
MB100B	0.12～0.07	500～400	—	—	炉温

10.3.3.2 拉伸润滑

在拉伸过程中，不可避免要发生拉丝模与丝材间的摩擦力，这种摩擦力在极少数情况下有利于加工过程，在大多数情况下，摩擦力是一种有害的力，因此，必须设法减少其影响，其主要措施就是采用良好的润滑剂。

钨、钼及其合金拉伸时主要以石墨乳作为润滑剂，这种润滑剂不仅在拉伸变形过程中起润滑作用，而且在加热或热拉过程中起保护丝材表面不被氧化的作用。石墨乳的选择应要求摩擦系数小，附着力强，能牢固、均匀地附着在被拉丝材表面。

目前，在拉伸生产中大多采用胶体石墨乳，常用的胶体石墨乳牌号和性能见表10-12，拉伸各阶段对石墨乳的要求不相同，见表10-13。

表 10-12 石墨乳的技术条件

牌号	粒度/μm	干燥剩余物/%	残余灰分/%	含石墨量/%	沉降度/%	批重/kg
S-0	1～2	≤20	≤1.5	≥17.5	≤7.5/8h	500
S-1	3.7	≤25	≤2	≥21.0	≤7.5/8h	500

表 10-13 钨、钼及其合金拉伸时对石墨乳牌号和密度的要求

拉伸机型号	直径范围/mm	石墨乳密度范围/g·cm^{-3}	石墨乳牌号
链式	3.00～1.30	1.130～1.140	
MB2500B	1.20～0.70	1.100～1.080	S-1
MB1000B	0.65～0.43	1.080～1.045	
MB500B	0.40～0.28	1.040～1.045	
MB300BM	0.26～0.10	1.030～1.032	
MB650M	0.65～0.30	1.040～1.045	S-0
MB100B	0.10～0.04	1.026～1.028	
MB30B	0.038～0.01	1.026～1.028	

10.3.3.3 拉伸加工率和拉伸速度

经旋锻后的钨、钼及其合金棒材，已具备足够的塑性和强度，可采用大的道次加工率进行粗拉伸。开始拉伸的道次加工率可达40%，其变形均匀性好，有利于丝材纤维组织的形成、成长和完善，得到均匀排列的〈110〉织构。同时，根据钨、钼及其合金丝拉伸时加工硬化速率较快的特点，粗拉的道次加工率分配，应按每一道次顺次减少的规律分配。

对于钨、钼及其合金的细拉而言，合理道次加工率的选择应首先保证在拉伸过程中不缩丝和不断丝、丝径一致、表面质量光滑黑亮、不出现曲丝（丝材有一种波曲不平或扭折不直）和大的曲环直径等。当道次加工率过小时，丝材表面粗糙和颜色不一致，易出现曲丝且丝的曲环直径小，如不及时进行消除应力退火而继续拉伸，将会发生断丝；当道次加工率过大时，丝材加工硬化速率快，丝材与模壁的摩擦力大，使拉伸力增加，当拉伸应力大于丝材的强度时，则会发生缩丝，甚至断丝现象。

钨、钼及其合金的道次加工率分配一般规范如表 10-14 所示。

表 10-14　钨、钼及其合金的道次加工率分配规范

名　称	直径范围/mm				
	8.0～3.5	3.00～0.80	0.75～0.55	0.50～0.20	0.20 以下
	道次加工率/%				
钨及钨合金	—	24～15	17～14	17～9	17～6
钼及钼合金	—	23～16	19～15	17～9	17～8

钨、钼及其合金的粗丝采用较大的道次加工率拉伸时，其变形速度将增加，因而变形热效应也增高，必须对拉丝模采取散热措施，才能使丝材进、出模孔的温差符合预定范围，拉伸速度不宜过快。细拉时，一般采用较小的道次加工率，并随丝径减小，道次加工率也相应减小，因而拉伸速度也可逐步增加。

10.3.3.4　拉伸丝材的退火

丝材退火的目的主要是消除加工硬化、提高丝材继续拉伸的加工塑性和达到所要求的成品性能，退火工艺是否合理直接影响到成品的质量。

一般对于转入拉伸时棒材的直径越大，或采用大的道次加工率拉伸时，由于加工硬化率较高，因而中间退火点应增多，但为了不降低生产效率，在加工过程的中间退火不应超过三次。采用大的道次加工率拉伸，并适当增加中间退火点，将使拉伸状态的丝材抗拉强度提高，有利于减小拉伸的断丝次数。

钨、钼及其合金丝经高温退火后，如果发生再结晶和晶粒长大，即使在室温下也显示脆性，因此，退火时，应防止再结晶和晶粒长大。

钨、钼及其合金丝的退火工艺规范如表 10-15 所示。

表 10-15　钨、钼及其合金丝的退火规范

牌　号	退火直径/mm	退火温度/℃	退火拉伸速度/m · min^{-1}	退火保温时间/min
Mo1，Mo2	0.80	920～980	—	25～30
	0.65	1000±50	—	25～35
	0.46	1000±50	—	25

续表 10-15

牌　号	退火直径/mm	退火温度/℃	退火拉伸速度/m · min^{-1}	退火保温时间/min
WAl,WTh	0.305～0.25	1250±50	14～24	—
WAl	0.130～0.079	1400～1300	32～40	—
	0.04～0.035	1000～900	40～50	—

10.3.3.5　钨、钼及其合金丝材质量及主要设备

经旋锻后的钨、钼及其合金棒材，在拉伸力的作用下，通过截面积逐渐减小的拉丝模孔，使丝材产生塑性变形而获得一定尺寸的丝材。为了实现这些目的，需采用各种类型和型号的拉伸机、复绕机、退火炉等。拉伸机型号和性能如表 10-16 所示，退火炉和丝材复绕机主要性能见表 10-17 和表 10-18。

表 10-16　钨、钼及其合金丝材拉伸机型号及主要性能

拉伸机型号	拉伸直径范围/mm	最高炉温/℃	炉子温区长度/mm	主电机功率/kW	拉伸速度/m · min^{-1} Ⅰ	拉伸速度/m · min^{-1} Ⅱ	煤气 压力/MPa	煤气 流量/m^3 · h^{-1}	拉伸机子头数/个	生产能力/kg ·(台 · 时)$^{-1}$
链式	4.00～1.20	1300	1200	2.8	7.5～9.5	14～16	(7.8～9.8)×10^{-2}	70	2	5.8
MB2500B	1.90～0.70	1200	620	1.0	9～12	13～16	9.49×10^{-4}	25	2	0.9
MB1000B	0.70～0.43	1000	540	1.0	12～13	15	9.49×10^{-4}	12.4	2	0.41
MB650M	0.65～0.28	850	300	1.0	30～35		9.49×10^{-4}	6.2	六模连拉	
		炉管					电炉功率/V · A			
MB500B	0.5～0.26	1000	390	0.25	10～24		1000		12	
MB300B	0.28～0.10	1000	320	0.25	24～45		1000		24	
MB300M	0.26～0.12	1000	200	0.25	24～45		1000		12	
MB100B	0.12～0.04	1000	330	0.25	55～100		1000		六模连拉	
MB30B	0.04～0.015	800	170	0.25	30～100		1000		30	

表 10-17　钨、钼及其合金丝退火炉主要性能

项　目 \ 型　号		马蹄形退火炉	ZFL012	ZFL013 TM385 型	ZFL013 L6515Ⅱ-2 型	ZFL095 M244 型
退火丝直径/mm		0.8,0.43,0.46,0.65	0.28～0.18	0.18～0.104	0.104～0.079	0.04～0.011
退火炉最高温度/℃		1450	1050	1500	1500	1650±50
功率/kW		15	7.0	5.0	7.0	3.0
H_2	压力/Pa	1.7×10^4	1.7×10^4	1.7×10^4	1.7×10^4	1.7×10^4
	消耗/m^3 · h^{-1}	0.6～0.9	0.8～1.0	0.3～0.4	0.3～0.4	0.3～0.4
丝材运动速度/m · min^{-1}			24	25～40	40	10～30
炉管材质		氧化铝	—	钼片	钼片	钼片
煤气压力/Pa		—	1.6×10^5	—	—	—

表 10-18 丝材复绕机型号及主要性能

项目 \ 型号	粗丝复绕机 J8802 型	中丝复绕机 J8805 型	复绕机 M117 型	精密复绕机 ZPR03200TS 型
复绕机直径/mm	W:0.4～1.25 Mo:0.4～2.0	0.5～0.3	0.3～0.04	0.1～0.01
丝材运动速度/m·min^{-1}	34～68	55	107～230	80～100
生产率/m·(台·h)$^{-1}$	2040～4080	3770	6430～13830	4800～6000
主电机功率/kW	0.27(或 0.6)	0.25	0.25	0.1/0.08

钨、钼及其合金丝材的常见缺陷、产生原因及防止措施见表 10-19。

表 10-19 钨、钼及其合金丝材的常见缺陷、产生原因及防止措施

缺陷	产生原因	防止措施
脆断	退火或拉伸温度过高	适当降低温度
劈裂或硬脆	拉伸温度过低，道次加工率过大	适当提高温度，减少道次加工率
拉伸时断丝	1. 拉伸温度过高； 2. 道次加工率过大； 3. 划伤； 4. 模子孔型不好； 5. 石墨乳润滑不好	1. 适当降低拉伸温度； 2. 适当减小道次加工率； 3. 避免划伤； 4. 选择孔型好的模子； 5. 换上质量好的石墨乳
划伤	1. 模子缺陷； 2. 润滑剂脱落	1. 加强模子检查； 2. 换上质量好的石墨乳
毛刺	旋锻棒表面有潜伏的横裂纹、叠折、较深的锤痕	1. 旋锻时温度不能过高，防止模子夹料、啃料； 2. 加强旋锻棒料的检查
表面氧化	石墨乳脱落	1. 选择好的石墨乳； 2. 防止拉伸时开风过大
螺旋竹节	1. 矫直模进出口未倒棱角； 2. 矫直时，两矫直模模间距太小； 3. 矫直模孔离矫直中心线太远	矫直时，必须将模子间距、中心距调好，通过试矫合格后才能大批生产

10.4 钨、钼及其合金板、带、箔材的生产[4,13,16,18]

钨、钼及其合金板、带、箔主要是通过将板坯进行轧制而生产出来的，其中板坯的供应有两种，一种是粉末冶金烧结板坯，另一种是真空熔炼制取的铸锭经挤压、锻造、轧制而得到的板坯。粉末冶金法制备板坯成本低，目前国内外一般均采用此类板坯供板、带、箔生产。

钨、钼及其合金板材一般指热轧板材、带材和箔材指冷轧板材。

10.4.1 钨、钼及其合金板、带、箔材的品种与规格

目前所生产的钨、钼及其合金板、带、箔材的品种与规格如表 10-20 所示。

表 10-20 钨、钼及其合金板、带、箔材的品种与规格

名 称	品 种	规范范围/mm			交货状态
		厚度范围	宽度范围	长度范围	
钨	板 材	3.0～10	50～300	100～500	R
		0.2～3.0	30～200	50～500	R
		0.1～0.2	30～150	50～500	Y、m
	箔 材	0.0075～0.09	20～60	—	Y
钼及钼合金	板 材	0.8～4.0	45～400	300～600	R
		0.1～1.0	45～900	100～3000	Y、m
	带 材	0.1～0.5	180～230	1000～4000	Y、m
	箔 材	0.01～0.09	30～200	>500	Y

注：R 为热轧态；Y 为冷轧态；m 为消除应力状态。

10.4.2 钨、钼及其合金板、带、箔材生产的工艺流程

钨、钼及其合金板、带、箔材生产的工艺流程如表 10-21 所示。

表 10-21 钨、钼及其合金板、带、箔材生产的工艺流程

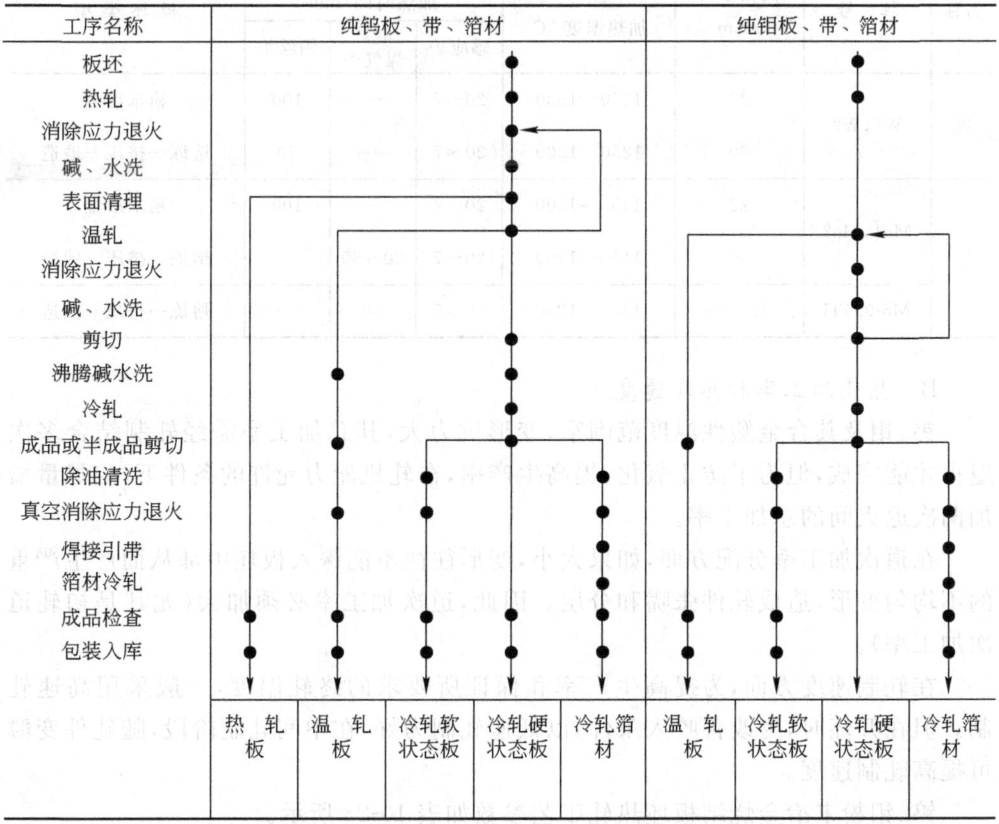

10.4.3　钨、钼及其合金的轧制工艺

10.4.3.1　热轧的工艺参数

A　热轧加热温度

钨、钼及其合金具有高的熔点，高的变形抗力以及粉末冶金板坯多孔的等轴晶粒结构，易导致低温脆断，因此其轧制开坯必须加热到高温下进行。

钨板在1200℃以前，塑性无明显变化，当温度超过1400℃时，塑性才明显提高，温度在1600℃时板材伸长率几乎为1400℃时的一倍，变形抗力仅为1400℃时的一半，热轧的开坯温度为1550～1600℃。钼板加热温度低于1100℃时，塑性无明显变化，超过1300℃时塑性明显提高，其热轧开坯的温度为1450～1500℃。

钨、钼及其合金板坯的开坯温度规范如表10-22所示。

表10-22　钨、钼及其合金板坯的开坯温度规范

名称	牌　号	板坯厚度/mm	加热制度				板坯类型
			加热温度/℃	加热时间/min			
				感应炉	电炉煤气炉	钼丝炉	
钨	W1，W2	22	1550～1600	20～7	—	100	粉末冶金
		20	1250～1300	20～7	—	60	熔炼—挤压—锻造
钼	Mo1，Mo2	22	1450～1500	20～7	—	100	粉末冶金
		30	1150～1200	20～7	20～30	—	熔炼—挤压—锻造
	Mo-0.5Ti	22～25	1200～1220	20～7	30	—	熔炼—挤压—锻造

B　热轧加工率和热轧速度

钨、钼及其合金塑性温度范围窄，变形抗力大，其总加工率需经轧制结合多次退火才能完成，但为了防止氧化，提高生产率，在轧机能力允许的条件下，应尽量增加两次退火间的总加工率。

在道次加工率分配方面，如果太小，变形往往不能深入板坯中部从而产生严重的不均匀变形，造成轧件张嘴和分层。因此，道次加工率必须加大（尤其是初轧道次加工率）。

在轧制速度方面，为提高生产率和保证所要求的终轧温度，一般采用高速轧制。但在开坯时，为改善咬入条件，以低速轧制为好，在中间轧制阶段，随轧件变薄可提高轧制速度。

钨、钼粉末冶金烧结板坯热轧工艺参数如表10-23所示。

表 10-23 钨、钼粉末冶金烧结板坯热轧工艺参数

名称	设备类型	轧后板坯规格（厚×宽×长）/mm×mm×mm	加热制度			压下制度			
			加热次数	加热温度/℃	加热时间/min	轧制道次	道次最大加工率/%	平均道次加工率/%	总加工率/%
钨	氢气钼丝炉；二辊可逆轧机	8.0×180×L	1	1550	50	1	27.1	22.0	64
			2	1450	15	1	21.8		
			3	1400	10	1	20.0		
			4	1400	10	1	20.0		
钼	氢气钼丝炉；ϕ420mm×380mm 二辊可逆轧机	8.5×180×L	1	1500～1450	50	3	30	28.6	61

C 热轧板材常见缺陷及消除方法

钨、钼及其合金热轧板材常见缺陷、产生原因及消除方法见表 10-24。

表 10-24 钨、钼及其合金热轧板材常见缺陷、产生原因及消除方法

缺陷	产生原因	消除方法
轧件头部张嘴开裂	第一道次加工率小于 25%	第一道次加工率大于 25%
表面裂纹	1. 表面氧化皮与吸气层未除净； 2. 板坯厚度不均，造成严重的不均匀变形； 3. 表面降温太快，塑性降低； 4. 加热温度不均匀，表面温度太低； 5. 道次加工率分配不均匀，忽大忽小	1. 严格控制表面质量； 2. 板坯形状规整，尺寸均匀； 3. 采用预热辊，防止轧件表面降温过快； 4. 加热均匀； 5. 合理分配道次加工率
麻坑麻点	1. 加热温度过高或时间过长； 2. 氧化皮脱落被压入表面	1. 严格控制加热温度和时间； 2. 控制好终轧温度，防止氧化皮脱落
表面压坑	1. 轧件边部毛刺被压入轧件表面； 2. 炉内耐火物落在表面轧制时压入； 3. 板表面存在异物被压入	1. 及时清除轧件飞边和毛刺； 2. 及时清除轧件表面异物； 3. 轧辊及时更换
划伤	导板、辊道、导尺、轧辊有黏结物或毛刺	轧制时注意检查表面，及时清除黏结物
裂边	1. 板坯温度不均匀，边部温度低； 2. 辊型配置不当，喂料时倾斜； 3. 道次加工率过大	1. 加热温度要均匀，操作速度快； 2. 调整好辊型，喂料时要正； 3. 控制好道次加工率
翘曲	1. 辊型配置不当，上下辊直径尺寸不一致； 2. 板坯表面温差过大，道次加工率过大	1. 调整好辊型，上下辊直径要一致； 2. 板坯温度要均匀，分配好道次加工率
舌头	轧辊凸度过大，道次加工率小	更换轧辊，道次加工率不能太小

续表 10-24

缺 陷	产 生 原 因	消 除 方 法
轧 斜	1. 喂料偏斜，压下调整不一致； 2. 板坯尺寸不均，形状不规整	1. 喂料要正，两边压下要一致； 2. 板坯要规整，尺寸一致
镰刀弯	1. 喂料偏斜，压下调整不一致； 2. 板坯宽度方向厚度不均匀； 3. 轧辊曲线磨的不正，最大值偏离中心	1. 喂料要正，两边压下要一致； 2. 板坯厚度要一致； 3. 及时检查好轧辊曲线
厚度超差	操作不慎，压下指示失调	细心操作，及时检查压下指针
厚度不均	1. 喂料偏斜，压下调整不一致； 2. 辊型不当； 3. 板坯温度不均匀，厚度不一致	1. 喂料要正，两边压下要一致； 2. 调整好辊型； 3. 加热温度要均匀，板坯尺寸要均匀
性能不合格	1. 加热温度过高； 2. 总加工率太小； 3. 终轧温度控制不好	1. 严格控制加热温度； 2. 正确选择总加工率； 3. 控制好终轧温度

10.4.3.2 温轧的工艺参数

A 温轧加热温度

钨、钼及其合金具有塑-脆转变这一特点，经高温热轧后的板材，其塑-脆转变温度远高于室温，室温下加工呈现明显的脆性，不能承受有效的冷加工，就必须进行温加工(低于再结晶温度)和消除应力退火。

目前生产中的加热温度是随加工率的增加而逐渐降低的，表 10-25 列出了钨、钼及其合金温轧加热规范。

表 10-25 钨、钼及其合金温轧加热规范

名称	牌 号	板坯规格		加热制度		炉内气氛
		轧前厚度/mm	轧后厚度/mm	加热温度/℃	加热时间/min	
钨	W	8.0	3.0	1200～1000	20～10	还原性
		3.0	1.0	900～800	10	
		1.0	0.5	700～600	10	
		0.5	0.2	500～200	—	
钼及钼合金	Mo	8.5	1.0～0.8	1200～400	10～3	还原性
		2.5	0.5	600～500	—	
	Mo-0.5Ti	2.5	0.6	700～500	—	

B 温轧加工率

温轧总加工率的提高将降低钨、钼及其合金塑-脆转变温度，是改善低温脆性的重要因素，因此总加工率越大，塑-脆转变温度越低。

温轧时，由于轧制温度较低，变形抗力大并有一定的加工硬化作用，因此，当轧件轧制到一定厚度时，必须进行中间退火。钨板温轧时，两次退火间的总加工率小，需经多次加热轧制才能完成，而钼及合金板温轧时，塑性好，两次退火间的总加工率较大，经一次加热轧制即可完成。

在确定两次退火间的总加工率时，既要考虑轧机能力，又要考虑对板材质量的影响。过大的加工率会使轧制道次增多，表面加工硬化严重，造成不均匀程度增加。生产中，两次退火间的总加工率一般控制在 50%～70%。

对于道次加工率的分配，主要应考虑到轧机能力，应随轧制温度降低，遵守由大到小的原则。温轧时板材常见的缺陷基本与热轧相同。

目前，钨、钼及其合金板材温轧工艺参数如表 10-26 所示。

表 10-26 钨、钼及其合金板材温轧工艺参数

合金牌号	工序名称	加热次数	加热制度		轧件厚度		轧制道次	压下制度			累计总加工率/%
			加热温度/℃	加热时间/min	轧前厚度/mm	轧后厚度/mm		最大道次加工率/%	平均道次加工率/%	两次退火间总加工率/%	
W	温轧	6	1200～1000	10～20	8.0	3.0	6	17.5	15.2	62.5	97
	退火	—	—	—	—	—	—	—	—	—	
	温轧	6	900～800	10	3.0	1.0	6	20	18.7	66.8	
	退火	—	—	—	—	—	—	—	—	—	
	温轧	6	700～600	10～15	1.0	0.5	6	12	10.7	50	
	退火	—	—	—	—	—	—	—	—	—	
	温轧	8～10	<800	—	0.5	0.25	多道次	<10	—	50	
Mo	温轧	2	1300～900	10	8.5	2.8	6	27	16.7	67	90
	退火	—	—	—	—	—	—	—	—	—	
	温轧	2	900～700	—	2.8	0.8	6	25	18.8	71.5	
Mo-0.5Ti	温轧	1	760～700	—	2.5	1.1	—	—	—	56	76
	退火	—	—	—	—	—	—	—	—	—	
	温轧	1	500	—	1.1	0.6	—	—	—	45.4	

10.4.3.3 冷轧的工艺参数

冷轧板材由于产品表面质量要求比较高，加工硬化现象严重，因此，对于总加工率和道次加工率的选择就尤为重要，是需重点考虑的工艺参数。

A 总加工率

冷轧时，考虑到加工硬化作用，必须进行中间退火，其总加工率主要分为中间冷轧总加工率和成品冷轧总加工率两种，其中前者为两次退火间的总加工率，后者为满足成品技术要求的总加工率。

对于钨、钼及其合金板材的冷轧，一方面变形抗力很大，另一方面产品规格较小，可以充分利用金属塑性和轧机能力，两次退火间的总加工率可达 50%以上。如宽度大于 600mm 的钼及钼合金板材冷轧时，由 1mm 轧制成 0.3mm 时，易产生分层或折叠等现象，成品率较低，因此中间冷轧总加工率控制在 15%～60%范围内。

B 道次加工率

目前，限制道次加工率的主要因素是轧机能力，在轧机能力允许的条件下，一般应尽量增大道次加工率，且随加工硬化程度的增加，道次加工率逐渐减小。

对于钨、钼及其合金板材的道次加工率的分配，遵守由大到小的原则，这主要是由于开始冷轧时，板材经预热使得变形抗力较小而有利于轧制，同时采用较大的道次加工率可减轻不均匀变形程度，随轧件不断变薄，加工硬化也不断增加，其道次加工率相应减小，控制在 2%～10%。

C 张力

采用块式轧制时，受轧机生产能力的限制，轧制道次一般很多，生产小于 0.5mm 的薄板比较困难，必须用带张力的多辊轧机进行带式方法生产。

张力是生产带材的必要条件，能保证轧件平稳咬入，显著降低轧制压力，提高总加工率和道次加工率，控制板厚，消除带、箔材轧制过程中产生的浪形、压折等缺陷。在轧制过程中与轧制力的变化、辊型的变化以及轧制速度相配合，当轧制力升高时，张力应增大，当轧件变薄时，张力应减小。

钨、钼及其合金板材冷轧工艺参数如表 10-27 所示。

表 10-27 钨、钼及其合金板材冷轧工艺参数

合金牌号	板坯规格/mm		轧制厚度/mm	中间冷轧总加工率/%	成品厚度/mm	成品冷轧总加工率/%	道次加工率/%	备注
	厚度	宽度						
W1,W2	0.60～0.65	<50	0.27	<60	0.27	<60	<10	板坯预热 100～150℃
	0.20～0.25	<200	0.1～0.15	50～60	0.1	<60	<10	板坯预热 100～200℃
Mo1,Mo2	0.8～1.0	<200	<0.5	50～60	0.1	<60	<10	
Mo-0.5Ti	0.6～2.0	>600	0.33～1.0	≤50	0.3～0.5	40～50	<10	板坯预热 300～400℃

D 冷轧板、带、箔材的缺陷及消除方法

冷轧中常见的产品缺陷和产生的原因、消除办法如表 10-28 所示。

表 10-28 冷轧中常见的产品缺陷和产生的原因、消除办法

缺 陷	产 生 原 因	消 除 办 法
表面裂纹	1. 来料表面裂纹未清除干净,冷轧时扩展; 2. 表面脆性吸气层未清除,轧制时表层与内层金属变形不一致,表面被拉裂; 3. 道次加工率小,道次太多,表面硬化太快,轧制时开裂; 4. 道次加工率分配不均匀,忽大忽小	1. 严格控制表面质量; 2. 合理分配道次加工率; 3. 消除引起不均匀变形的原因,保证板坯退火温度均匀,增强轧制
金属压入物	轧件边部毛刺及尾部掉渣被压入产品表面	及时清理板坯边部毛刺、裂边、裂头和异物
非金属压入物	1. 环境卫生差,粉尘异物落在轧件表面; 2. 经碱、酸洗后表面清洗不干净	及时清除轧件表面黏结物
划 伤	1. 导板、辊道、导尺、轧辊有黏结物或毛刺; 2. 操作不细心,使之相互碰撞划伤表面	1. 轧制时注意检查表面,及时清除黏结物; 2. 操作要细心,不要乱拉乱撞
裂 边	1. 来料裂边未清除,轧制时发生扩展; 2. 冷轧加工率过大,边部被拉裂; 3. 辊型配置不当; 4. 退火不均匀	1. 来料前裂边要清除; 2. 调整压下规程; 3. 配置好轧辊曲线; 4. 改进退火工艺
压 折	1. 轧辊曲线配置不当,喂料偏斜; 2. 道次加工率分配不当; 3. 板坯退火不均匀; 4. 润滑条件不好,张力不稳定; 5. 板坯厚度偏差大	1. 调整辊型或更换轧辊,喂料要正; 2. 调整好道次加工率; 3. 改进退火工艺; 4. 加强润滑,调整好张力; 5. 保证板坯质量
表面起皮	1. 道次加工率小,轧制道次过多; 2. 粉末烧结板坯密度偏低	1. 调整压下规程; 2. 保证板坯质量
分 层	1. 粉末烧结板坯密度不均匀; 2. 热轧的不均匀变形致使产生分层并带入冷轧; 3. 中间退火不均匀; 4. 第一道加工率小于 25%	1. 保证板坯质量; 2. 控制热轧工艺; 3. 改进退火工艺
厚度超差	1. 量尺寸不精确,误差过大; 2. 压下指示失调	细心操作,及时检查压下指针
浪形、瓢曲、轧斜	1. 喂料偏斜,压下调整不一致; 2. 道次加工率分配不均匀; 3. 轧辊曲线配置不当或辊型调整不好; 4. 润滑条件差,张力不均匀; 5. 来料厚度不均匀; 6. 中间退火不均匀	1. 喂料要正,两边压下要一致; 2. 改进压下规程; 3. 及时检查好轧辊曲线; 4. 改善润滑条件,调整好张力; 5. 板坯厚度要一致; 6. 改进退火工艺
性能不合格	1. 来料化学成分不合格或性能不均; 2. 冷轧成品总加工率选择不当; 3. 板料退火不均匀	1. 来料必须满足标准; 2. 正确选择成品总加工率; 3. 改进退火工艺

10.4.3.4 钨、钼及其合金板、带、箔材生产的主要设备及性能[8]

钨、钼及其合金板、带、箔材的生产主要是通过轧机轧制并结合中间退火工艺来实现的，轧机的能力由大到小，形成系列产品。目前我国通常使用的加热炉型号和主要性能如表 10-29 所示，轧机的主要性能如表 10-30、表 10-31 和表 10-32 所示。

表 10-29 钨、钼及其合金板材加热炉的技术性能

炉 型	技 术 性 能						
	工作温度/℃	加热方式和元件	炉膛尺寸/mm×mm×mm	测温工具	加热均匀性	加热速度	功率/kW
卧式感应炉	1700	感应加热器	78×370×1600	光学高温计	差	快	250
立式感应炉	≤1400	感应加热器	170×760×1300	热电偶	差	快	1450
氢气钼丝炉	1600	钼丝	180×230×1000	光学高温计	好	较慢	25～65

表 10-30 钨、钼及其合金板材热轧机的技术性能

轧机类型	轧辊主要尺寸/mm×mm	轧辊最大开口度/mm	轧制速度/m·min⁻¹	总轧制力/N	主电机功率/kW	主电机转数/r·min⁻¹
二辊可逆轧机	φ420×380	30	高速：0～230 低速：0～150	150×10^4	220	0/400/1200
四辊可逆轧机	φ150/420×380	30	高速：0～230 低速：0～150	150×10^4	220	0/400/1200
四辊可逆轧机	φ600/1350×1200	200	高速：0～180 低速：0～90	2000×10^4	2800	0/50/100
二辊可逆轧机	φ500×864	75	0～90	500×10^4	630	—
二辊不可逆轧机	φ760×1200	—	90	1200×10^4	1000	490
四辊可逆轧机	φ700/1350×2350	150	90～260	2000×10^4	2050	—
四辊可逆轧机	φ320/500×450	60	0～321	300×10^4	800	—
四辊可逆轧机	φ300/500×500	—	—	350×10^4	800	—

表 10-31 钨、钼及其合金板材温轧机的技术性能

轧机类型	轧辊主要尺寸/mm×mm	轧制速度/m·min⁻¹	总轧制力/N	主电机功率/kW	适用轧制板厚/min
二辊可逆轧机	φ420×380	高速：0～230 低速：0～150	150×10^4	220	8.0→3.0
二辊可逆轧机	φ500×864	0～90	500×10^4	500	4.0→1.1

续表 10-31

轧机类型	轧辊主要尺寸/mm×mm	轧制速度/m·min^{-1}	总轧制力/N	主电机功率/kW	适用轧制板厚/min
四辊可逆轧机	φ150/420×380		200×10^4	220	3.0→1.0
	φ110/420×380	高速:0～230	200×10^4	220	1.0→0.2
	φ165/480×760	低速:0～150	420×10^4		2.5→0.6
	φ(120～190)/450×500		300×10^4		2.5→0.6
	φ125/430×350				2.5→0.7

表 10-32 钨、钼及其合金板材冷轧机的技术性能

轧机类型	轧辊主要尺寸/mm×mm	轧制速度/m·min^{-1}	总轧制力/N	主电机功率/kW	适用轧制成品厚度/min
2/4 重轧机	φ420×380 75 φ170/420×380 150	高速:0～230 低速:0～150	150×10^4 200×10^4	220	0.05
二辊不可逆轧机	φ340×350	36～42	140×10^4	115	软(金属)0.5;硬 0.8
	φ170×200	无级调速	14×10^4	13.5	0.1～0.5
四辊可逆轧机	φ425/1050×1400	0～180	1200×10^4	1100	4.0～0.5
	φ(250～450)/1450×1200	0～300	2500×10^4	1500×2	5.0～0.35
	φ300/760×1400	0～75	1200×10^4	680	3.5～0.4
	φ450/1150×1200		1500×10^4		5.0～0.5
	φ400/1300×1200	0～180	1800×10^4	2000×2	4.0～0.5
	φ165/480×760	0～60	420×10^4	160	1.5～0.3
	φ(120～190)/450×550	0～120	300×10^4	160×2	3.0～0.1
	φ250/750×800	0～180	400×10^4		1.5～0.2
二十辊轧机	工作辊:φ6.5×150 φ8.5×150 φ12×150	0～50 无级调速	6	9	0.005
	工作辊: φ(22～27)×380	0～100～180	80	120	0.03

参 考 文 献

1　白淑文,张胜华．钨钼丝加工原理．北京:轻工业出版社,1983:260～353

2　印协世．钨丝生产原理、工艺及其性能．北京:冶金工业出版社,1998:289～401

3　马图哈 K H. 材料科学与技术丛书(第 8 卷):非铁合金的结构与性能. 丁道云等译．北京:科学出版社,1999:518～560

4　稀有金属手册编委会．稀有金属手册(下册). 北京:冶金工业出版社,1995:477～701

5　钟培全. 钼与钼合金的应用及其加工方法. 中国钼业,2000;24(5):15～16

6　薛康营. 轧制-拉伸与旋锻-拉伸加工工艺的对比分析研究. 中国钼业,2000;24(3):38～41

7　钟桂松,刘家荣,石力开. 钨钼条开坯用三辊 Y 型轧机的轧制孔型设计. 锻压技术,1994,5:36～42

8　李玉峰. 钨钼棒材轧机调研的综述. 中国钼业,2001;25(4):32～33

9　郭顺兴. 三辊 Y 型连轧机在钨钼轧制开坯中的应用. 中国钼业,2001;25(6):34～38

10　郭顺兴,惠保卫. 改进三辊连轧技术,提高钨钼线杆质量. 中国钼业,2003;27(2):42～46

11　胡忠武. 难熔金属合金的加工技术及其新应用. 稀有金属快报,2003;3:23～24

12　胡仕清,肖松涛. 钨深加工制品的研制与开发. 中国钨业,1999;14(5～6):206～209

13　杨明杰,魏忠梅,刘建章. 钨板材加工的进展. 中国钨业,1999;14(5～6):195～197

14　李应泉,张清,邓朝权. 退火温度对掺杂 W-Re 丝组织和性能的影响. 稀有金属材料与工程,1997;26(6):36～40

15　罗维云,姜仁辉. 对引进日本东芝公司钨材加工工艺的改进. 上海有色金属,1997;18(3):119～125

16　王慧芳. 掺杂钼板材在我国的发展与前景. 中国钼业,1997;21(2～3):95～98

17　程仕平,潘叶金. 掺杂钼丝的组织与性能. 中国钼业,1999;23(4):10～12

18　徐晋湘,王凌芝,刘文锋. 电光源用钼窄带的研制. 稀有金属,1996;20(6):433～437

11 钨和钼的二次资源回收

11.1 钨的二次资源的回收

由钨的主要消费领域(见第12章)可以明显看出钨的深加工行业,主要是碳化钨硬质合金,钨合金;金属钨制品是钨废料的主要来源。发达国家冶炼过程中各种浸出渣及净化渣的含钨量已降至最低,故他们所称的钨废料主要指这些深加工领域生产过程中直接产生的废料及使用报废的这些制品。而我国矿石浸出残渣及净化渣中还含有较多的钨,故也成为了一种二次钨资源。

深加工行业生产产生的废料及使用后报废的深加工制品的主要优点是其含钨量不但比钨矿石高,而且比选矿厂的精矿品位还要高,一般含钨量从40%到95%不等。

由于各种钨制品的加工工艺及性能不同,它们利用钨废料的比例也有很大差别,以美国为例,硬质合金工业利用的二次资源量占其总原料量的25%～35%,而高速钢工业二次资源利用率达到60%～70%。钨丝、电极、电触头、化工等行业利用的二次资源比例却很低[44]。

11.1.1 从钨浸出渣回收钨

钨浸出渣的化学成分和相组成与钨精矿的原始成分和处理方法有关。在采用碱性化合物分解钨精矿时。浸出渣的主要成分是铁和锰的各种氧化物,并有钽、铌和钪富集于其中[1,2]。由于钨浸出渣中许多有价元素的含量较矿石中相应元素的含量高出1～2个数量级(例如1.5%～5% WO_3,0.2%～0.5% Ta_2O_5,0.5%～1% Nb_2O_5,0.005%～0.01% Sc_2O_3,10%～25%Fe,15%～30%Mn),所以处理钨渣的目的往往不仅仅是为了回收钨,而是为了回收其中的Ta、Nb、Sc。我国是钨精矿的消费大国,估计年产钨渣在2万t左右[3]。在不少钨冶炼厂,已积存了数以万吨计的浸出渣。

11.1.1.1 *以回收钽、铌、钪为主要目标的回收工艺*

俄罗斯某厂苏打烧结法钨浸出渣的化学成分如表11-1所示。

表11-1 俄罗斯某厂苏打烧结法钨浸出渣的化学成分

含量/%											氧化物总量
WO_3	Fe_2O_3	Mn_3O_4	Nb_2O_5	Ta_2O_5	SiO_2	CaO	Al_2O_3	TiO_2	SnO_2	Na_2O	
4.95	24.14	34.52	1.02	0.35	12.97	5.4	5.04	0.82	0.36	6.74	96.32

节里克曼等人[1]运用X光分析、穆斯堡尔光谱并结合化学分析数据，确定了上述钨浸出渣的物相组成。钨浸出渣中的钨主要以二次白钨形式存在，部分以未分解的钨矿和未洗净的钨酸钠形式存在。钽和铌最可能的存在形式为偏钽酸钠和偏铌酸钠。铁以各种不同的氧化物形式存在，如FeO、Fe_2O_3、$CaFeO_3$等。X光分析证明，钨浸出渣中大部分的铁和锰以一氧化物(Fe,Mn)O形式存在，部分锰以Mn_3O_4形式存在，较少部分锰以MnO_2形式存在。硅在钨浸出渣中以$CaFeSiO_4$、$CaO\cdot Al_2O_3\cdot 2SiO_2$和$Mn_3Al_2(SiO_4)_2$形式存在，未发现游离态的$SiO_2$。钙除以$CaWO_4$和$CaFeO_3$形式存在外，还很可能以铝酸盐($Ca_3Al_2O_6$、$CaAl_2O_4$、$CaAl_{12}O_{19}$)、铝硅酸盐($CaO\cdot Al_2O_3\cdot 2SiO_2$、$3CaO\cdot SiO_2\cdot 3Al_2O_3$)和硅酸盐($CaFeSiO_4$)形式存在。

节里克曼等对用盐酸和硫酸浸出钨渣作了对比。渣的浸出率以锰进入溶液的数量来进行评论。表11-2列出了在不同温度下浸出上述钨浸出渣时锰的浸出率。

表11-2　在不同温度下浸出钨渣时锰的浸出率

浸出温度/℃	锰的浸出率/%	
	10% HCl	10% H_2SO_4
25	78.18	66.26
40	82.18	71.42
60	86.26	78.73
80	88.20	81.75

注：浸出渣质量为2g，浸出时间为2min，搅拌速率为600r/min。

从表11-2中不难看出，锰的浸出率在采用盐酸时最好，提高温度对浸出十分有利。

浸出试验还证明，在用盐酸浸出时，钽和铌实际上完全保留在浸出渣中，而钪进入溶液。

值得注意的是，在用盐酸浸出时，全部二氧化硅留在浸出渣中。而在用硫酸浸出时，大部分二氧化硅进入浸出液，同时浸出渣很难过滤，而且约有21%的钨进入溶液。因此，钨渣中的钨必须在酸处理之前进行提取。

用苏打高压浸出钨渣的试验表明，钨的浸出率为95%。钽、铌、钪、铁、锰实际上完全留在浸出渣中。

根据以上试验，节里克曼等提出了用盐酸方案处理钨渣的原则流程(见图11-1)。

按照上述流程，约93%～94%的钨进入苏打溶液；约98%～99%的铁、锰和约86%～89%的钪进入盐酸溶液，96%～100%的钽和铌进入含$\sum(Ta,Nb)_2O_5$ 4%～6%的富集渣中。为了得到较富的钽铌精矿，采用碱液处理法或硫酸盐-过氧化物法处理含钽铌的富集渣。碱液处理法得到含$\sum(Ta,Nb)_2O_5$ 14%～17%的钽

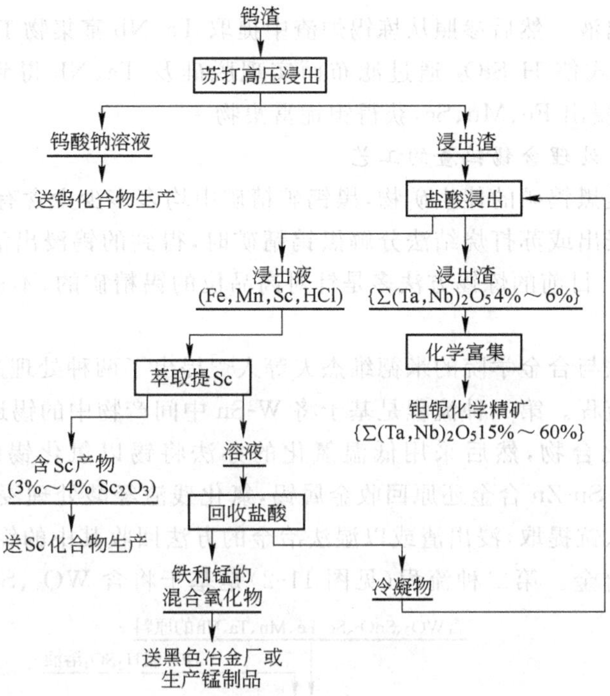

图 11-1 盐酸方案处理钨渣的原则流程

铌精矿，而硫酸盐-过氧化物法可得到含$\sum(Ta,Nb)_2O_5$ 40%～60%的钽铌精矿。钽铌进入钽铌精矿的回收率为70%～80%。

为了从含铁、锰、钪的盐酸溶液中提取钪，可采用有机溶剂萃取法，得到含3%～4%Sc_2O_3的富集物。该富集物可进一步用已知方法制备纯的氧化钪。

戴艳阳等人[4]为了从钨渣中富集钽铌矿，也对钨渣的综合利用进行了研究，所用钨渣及得到的钽铌富集物成分分别列入表11-3和表11-4。

表 11-3 钨渣的成分分析(%)

Fe	Mn	CaO	Ta_2O_5	Nb_2O_5	MgO	WO_3	Sc_2O_3
26.74	16.58	2.4	0.15	0.46	4.6	3.0	0.03

表 11-4 钽铌富集物的成分(%)

试验号	Ta_2O_5	Nb_2O_5	$Ta_2O_5+Nb_2O_5$	钽铌回收率
1	4.07	11.78	15.85	79.2
2	4.01	11.79	15.80	78.6
3	4.10	12.06	16.04	80.6
平均	4.06	11.89	15.89	79.46

其工艺特征为用苏打烧结法处理钨渣，通过水浸使 P、As 及部分 Si 以钠盐形式进入含钨浸出液。然后参照从炼锡炉渣中提取 Ta、Nb 富集物工艺，用稀盐酸热浸、快速过滤方式使 H_2SiO_3 通过滤布而实现脱硅及 Ta、Nb 得到初步富集的目的，再通过浓酸浸出 Fe、Mn、Sc，获得钽铌富集物。

11.1.1.2　处理含锡钨渣的工艺

由于锡石是黑钨矿的伴生矿物，黑钨矿精矿中均多多少少含有一定数量的锡。在用苏打高压浸出或苏打烧结法分解黑钨精矿时，得到的钨浸出渣有时锡含量可高达 10%以上。目前的炼锡方法多是针对高品位的锡精矿的，不适宜从钨渣中回收锡。

莫斯科钢铁与合金学院的米德维杰夫等人[5]提出了两种处理高锡钨渣或含锡低度钨原料的流程。第一种流程是基于将 W-Sn 中间产物中的锡还原为金属锡和含锡的金属间化合物，然后采用低温氯化的办法将锡以氯化锡的形式回收，粗 $SnCl_4$ 精制后用 Sn-Zn 合金还原回收金属锡，氯化残渣经酸处理浸出锰、铁、钪后，浸出液送锰、铁、钪提取，浸出渣或以湿法冶金的方法回收其中的铌、钽、钨，或在电弧炉中冶炼铁合金。第二种流程（见图 11-2）是基于将含 WO_3、SnO_2、锰、铁、钪、

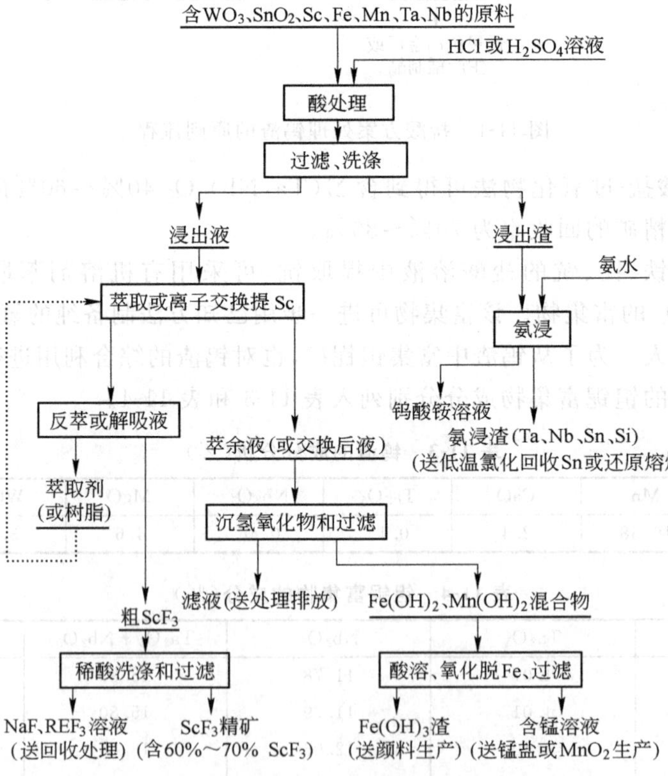

图 11-2　处理含 WO_3、SnO_2 原料的综合流程

铌、钽的原料首先用酸处理得到含锰、铁、钪的水溶液，浸出渣经氨浸得到钨酸铵溶液和含铌、钽、锡、硅的氨浸渣。含锰、铁、钪的水溶液用萃取法回收钪，再从萃余液中回收锰盐或 MnO_2。钨酸铵溶液送仲钨酸铵生产，而氨浸渣可按图 11-2 流程进行处理，或进行还原熔炼先回收锡，再回收铌、钽。

11.1.1.3 以环保治理为主要目标的综合回收工艺

我国的黑钨矿大部分均伴生有铀、钍矿物，在碱法提钨工艺中 U、Th 均富集于渣中，这种放射性超标之浸出渣长期露天堆存对环境构成极大威胁，因此在 20 世纪 70 年代末、80 年代初，湖南冶金研究所在株洲硬质合金厂的配合下，对处理这种放射性钨渣进行了长期、细致的研究工作[6,7]，开发了一条思路新颖的工艺流程，在每批处理钨渣 200kg 规模完成了扩大试验。其原则工艺流程示于图 11-3 和图 11-4。

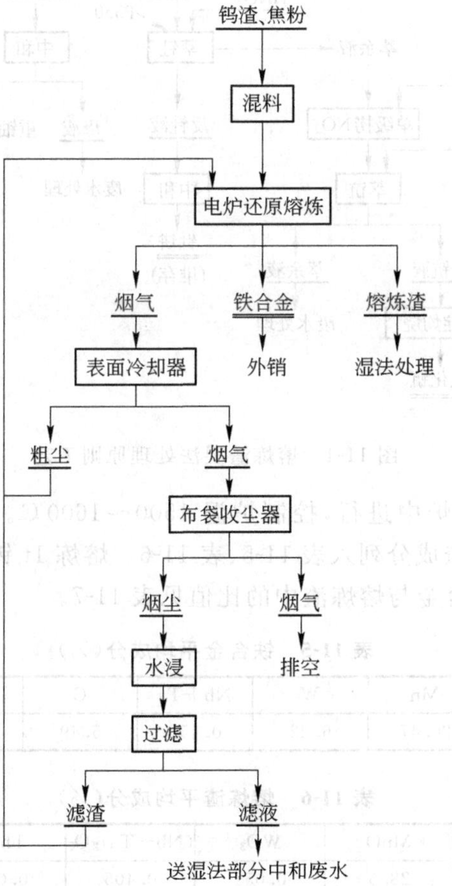

图 11-3 还原熔炼法处理钨渣原则工艺

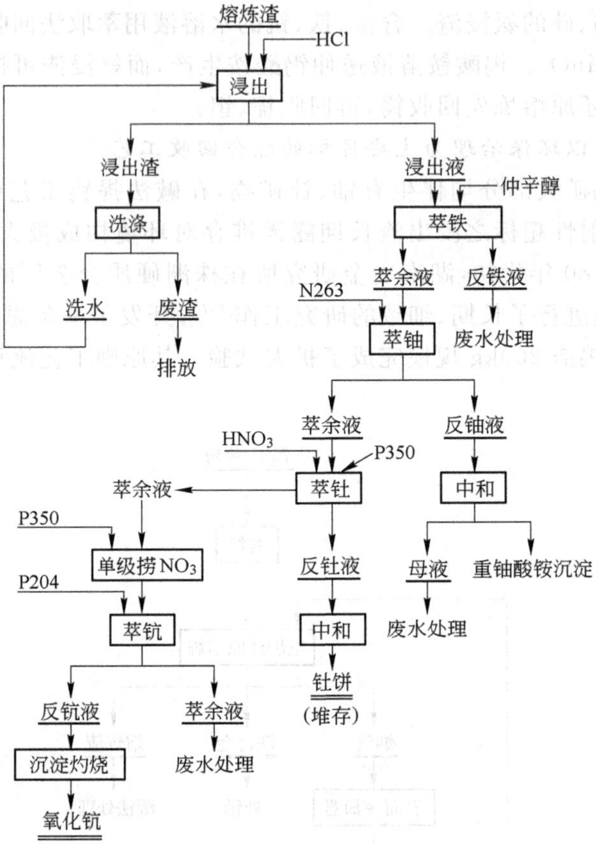

图 11-4　熔炼渣湿法处理原则工艺

熔炼在单相电弧炉中进行，控制炉温 1500～1600℃。炉料熔化后保温反应 2h，得到的合金及炉渣成分列入表 11-5、表 11-6。熔炼 1t 钨渣生产 0.45～0.5t 钨铁合金，主要元素在合金与熔炼渣中的比值见表 11-7。

表 11-5　铁合金平均成分(%)

元　素	Fe	Mn	W	Nb+Ta	C	Th	U	Sc
含　量	64.06	20.47	6.22	0.452	5.49	微　量	微　量	微　量

表 11-6　熔炼渣平均成分(%)

元　素	FeO	MnO	WO_3	$(Nb+Ta)_2O_5$	ThO_2	U	Sc_2O_3
含　量	2.12	28.6	0.051	0.405	0.096	0.109	0.077
元　素	SiO_2	CaO	MgO	Al_2O_3	Na_2O	C	
含　量	18.50	15.90	2.42	18.41	3.60	0.158	

表 11-7 主要元素在合金与熔炼渣中的比值

元 素	Fe	W	Ta+Nb	Mn
比 值	82∶1	85.8∶1	9.23∶1	2.65∶1

放射性检测表明：合金、收尘后排放之尾气的放射性符合安全标准。放射性物质集中在烟尘与熔炼渣中，烟尘返回闭路，熔炼渣重仅占钨渣重 1/4，有利于集中处理。经酸溶—萃取法处理，制取了重铀酸铵一级品及大于 93%的氧化钪，钍以固体富集物产出。由于当时中间铁合金售价低，氧化钪无市场，钍饼需深埋，故未能投入工业应用。如果中间铁合金进一步炼成特种钢，氧化钪提炼成纯产品，按现行环保政策去衡量，这一工艺经过改进完善是有工业应用价值的。

11.1.1.4 仅仅以回收钨为目标的工艺

针对一些冶炼厂浸出工序条件控制不当，浸出渣含钨有时高达 7%左右的情况，肖连生等人已在两家工厂实现了从钨渣回收钨的生产，集中处理从各厂收购的含 4% WO_3 以上的钨渣。采用苏打烧结法对配料进行调整得到的烧结块用水浸后以离子交换工艺进行处理，生产 APT。

钨渣苏打烧结时，苏打用量通常为理论用量的 4～6 倍。烧结设备在处理量小时可采用反射炉，处理量大时采用回转窑。ϕ1800mm×26000mm 的回转窑日处理渣量为 32～40t。当钨渣含 5%WO_3 时，水浸渣中 WO_3 含量小于 0.8%。

由于钨渣含杂质较高，故在离子交换工艺中增加了氯化钠溶液洗杂作业，对含钼高的原料采用了第 3 章介绍的密实移动床——流化床除钼技术。

由于钨渣从各地收购，故浸出渣成分复杂。其他有价成分暂未回收处理。

11.1.2 从净化钨酸盐溶液的磷砷渣中回收钨

钨冶炼过程每生产 1 t 钨氧化物半成品，排出净化渣量 90～100kg(以干渣计)，此种渣称为一次磷、砷渣，含钨较高，其成分见表 11-8。现行生产工艺采用 NaOH 煮洗的方法将夹带的钨回收，产生的渣称二次磷、砷渣，其成分见表 11-9。

表 11-8 一次磷砷渣(干基)成分(%)

WO_3	SiO_2	As	P	MgO	Sn	Al_2O_3
12.0～16.0	0.70～8.0	0.3～2.0	0.37～6.0	31.0～42.0	0.01～0.30	0.01～3.0

表 11-9 二次磷砷渣(干基)成分(%)

WO_3	SiO_2	As	P	MgO	Sn	Al_2O_3
3.0～8.0	0.70～8.0	0.3～1.8	0.3～8.0	33.0～45.0	—	—

中南大学稀冶教研室在20世纪70年代就研究了用酸溶—萃取法从一次磷砷渣中回收钨及萃余液的沉砷处理方法。80年代在株洲硬质合金厂的支持下[8~10]，对二次磷砷渣的处理进行了系统的研究，开发的工艺流程见图11-5。

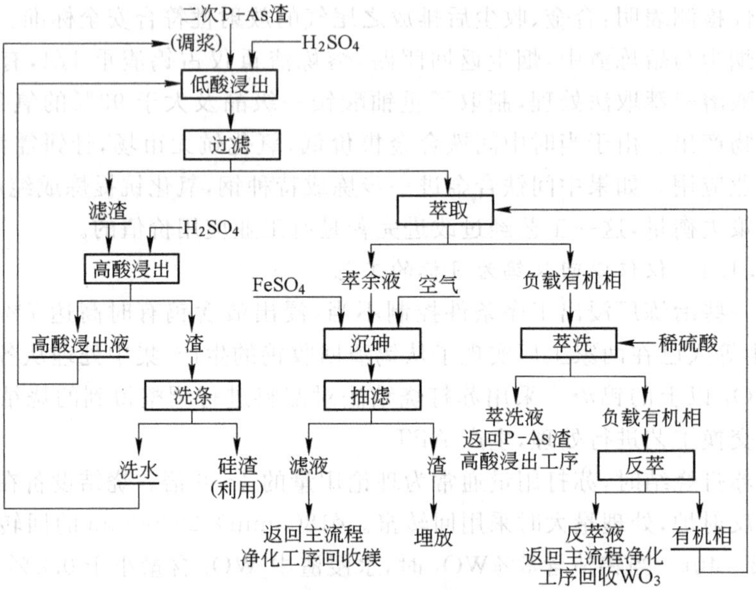

图11-5　二次磷砷渣回收有价金属工艺流程

工艺特点为：用硫酸两段酸浸，最终酸浸渣含 WO_3 0.45%，含砷0.017%，含镁0.055%；pH为2的低酸浸出液用N235——仲辛醇有机相单级萃取，钨可定量回收，Na_2CO_3 反萃之，反萃液中的砷钨比值在 $(0.8\sim1.5)\times10^{-2}$ 范围，pH约为8~9；含砷的萃余液用晶形铁盐法沉砷，除砷滤液砷含量小于2mg/L，含大量 $MgSO_4$，返回主流程净化工序，铁砷渣不溶于水和微酸性溶液，可安全堆放。全流程除固体排渣口外全部闭路，无废水、废气等二次污染产生。在此基础上又进一步研究了一次磷砷渣直接酸溶——萃取工艺，省去了原工艺的碱煮作业[11]。此项成果由株洲硬质合金厂于1990年投入生产使用，运转正常，钨回收率90%，镁回收率82%，除砷率99%，以每年处理350t干渣计，可回收钨氧化物15t，硫酸镁600t。砷铁渣体积不到磷砷渣体积的9%，故每年可节省建渣库费6万余元，并相应减少运渣费用(1991年价)。

11.1.3　废钨材及含钨废合金的回收利用

钨的二次资源中，如不计浸出残渣及净化渣中可回收的钨，则直接来自深加工过程的废料大约占1/3，而使用后报废的零部件占2/3。具体而言这些废钨料大致分为如下三类：

(1) 钨材加工制造过程产生的废品：丝、线圈、粉末、烧结或预烧结锭。

(2) 钨合金或合金产品制造过程的副产物或废品：如成分为 Cu-W、Fe-W、Ni-W、Ag-W 的粉末、车削、锭及块料。

(3) 硬材料及钻探工具制造过程的副产物或废品：如成分为 WC-Co、WC-Ta(Nb)、WC-TiC-Co 的粉末，大小不等的刀具、钻头、拉丝模、耐磨材料。

如果按照这些废料的外形及沾污程度，则可将它们分为纯的块状料、纯的渣和污染的渣三类。

实际回收工作可根据这三类物料的性质作合理安排。

回收利用这些废料的基本技术路线有两条：

(1) 保持金属、合金或碳化钨的组成不变，而直接重新利用的工艺路线。

(2) 将钨转变成粗 Na_2WO_4 而生产 APT 的工艺路线。

围绕这两条技术路线，开发了一系列处理各类废钨材及含钨废合金的方法[43]，重点介绍如下。

11.1.3.1 破碎法

此法适于按第一条技术路线处理回收废硬质合金，但不太适合处理高钴合金，因为这类合金强度高，不易破碎。此法破碎方法简单，不改变硬质合金废料的基本组成，无需进行钨钴分离。根据破碎的方法分为手工破碎法与机械破碎法两类。

A 手工破碎法

国内一些中小硬质合金厂采用此法，对于牌号明确的合金如顶锤，用手工破碎到一定细度后，再进入湿磨机研磨，以获得同成分的混合料，并用它生产合金。但是人工破碎容易引起脏化，在钢制球磨机中研磨容易引起含铁杂质的混入。另外由于不易控制碳平衡，合金结构和性能容易波动。

B 机械破碎法

机械破碎法的工艺流程见图 11-6，此法既适合于同成分合金的回收，也适合不同成分合金的回收[12]。国外一般不用此法回收的料来配制质量要求高的合金，仅用于生产木工工具类硬质合金。有的还将 1.6～5mm 的废合金粒和钢水一起浇铸成供建筑行业用的地面磨盘。最近，俄罗斯学者推出了一种利用简单机械破碎法回收硬质合金的工艺（生产流程见图 11-7）。这一回收硬质合金的工艺基于利用一种新型的强力破碎机——锥形惯性破碎机[13,14]。以处理合成人造金刚石报废的 YG6 硬质合金为例，先将废顶锤在锥形惯性破碎机进行破碎。破碎得到的粗粉在 No. 016 和 No. 005 号筛子上过筛，分离出 50～160μm 部分，用作生产硬质合金的原料。按化学分析这部分粗粉含铁的平均量为 1.8%。粉末粒度愈小，铁含量愈高。回收合金粉的细磨在实验室用的内衬有耐磨橡胶的震动球磨机中进行。使用硬质合金球，湿磨介质用酒精，同时在磨料时加入 2%的钴粉。

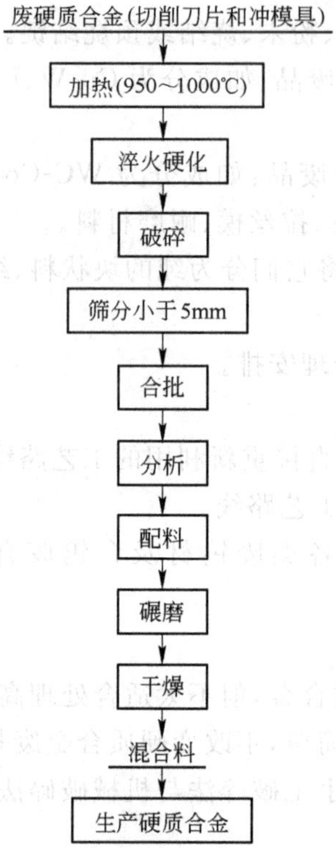

图 11-6　机械破碎法生产再生硬质合金工艺

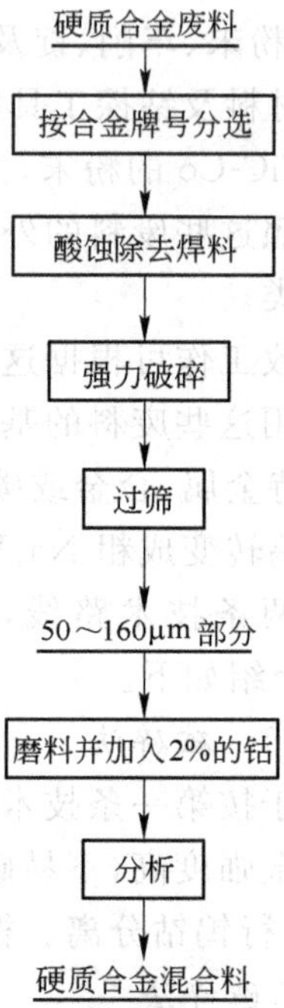

图 11-7　机械破碎法回收硬质合金废料的生产流程

在振动球磨机中经 60h 的湿磨后，WC-Co 混合料的平均粒度不大于 1μm。增加球磨时间并不会使细度进一步增加。实际上经 20h 的球磨后，就可获得 WC-Co 烧结料的最小平均粒度(3.0～3.5μm)。

新加入的 2%钴粉是为了在液相烧结过程中能顺利完成硬质合金结构的形成和致密化。烧结后最终的硬质合金成分大约相当于 YG8 合金。硬质合金试样的制备采用传统的生产工艺。烧结在真空电炉中于 1400～1460℃下进行。对烧结试样按俄罗斯的国家标准进行了收缩率、密度、抗弯强度和金相结构试验。试验结果表明，将 YG6 硬质合金废料的破碎粗粉细磨至 3～4μm，并在 1430℃下进行烧结，是再生 YG6 硬质合金废料的最佳条件。

实验还表明，在锥形惯性破碎机中破碎时增加的杂质铁含量，对烧结样品的强度性能并没有影响。无论是否用 50%的盐酸对破碎筛分得到的粗粉进行处理，产品的强度实际上并无差别。

对蚀刻的金相样品的显微镜观察表明，在最佳磨粉条件和烧结条件下得到的硬质合金，具有均匀的细颗粒结构，无聚集现象，黏结相分布均匀，孔隙率低。因而预示用此方法回收的合金应具有相当于标准 YG8 硬质合金的高机械强度性能。

11.1.3.2　冷流法[15]

冷流法回收硬质合金废料的生产流程见图 11-8。这一方法也是一种机械破碎法。它采用高速的空气气流来加速硬质合金废料颗粒，使之以足够的能量与靶子碰撞而破碎。废料颗粒的速度约为声速的两倍。空气从喷嘴中喷出因膨胀而冷却，从而防止物料氧化。经筛分或空气分级后，粗料返回冷流破碎。

11.1.3.3　锌熔法[16]

锌熔法基于以下原理：在液态锌或锌蒸气的作用下，硬质合金废料黏结相中的钴能与锌形成 Zn-Co 金属间化合物。这一反应导致黏结相的体积膨胀，使硬质合金废料整体膨胀。在真空蒸馏除去锌之后，被处理料变脆并易于破碎。回收得到的碳化物/金属海绵状物含锌少于 $50\times10^{-3}\%$。真空蒸馏冷凝的锌可反复使用。

锌熔法回收硬质合金废料的生产流程见图 11-9。首先将经净化、分类和破碎后的硬质合金废料在 900～1050℃的温度下和 Ar/N_2 气氛中，与熔融的锌反应数小时，直至全部合金废料小块被浸透为止。然后在 6～13Pa 的真空中于 1000～

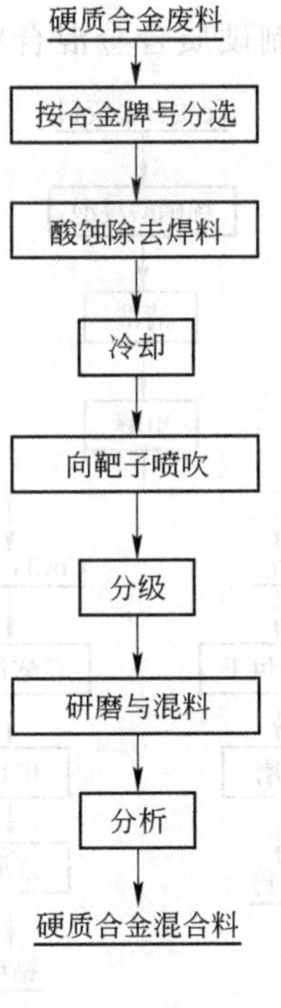

图 11-8　冷流法回收硬质合金废料的生产流程

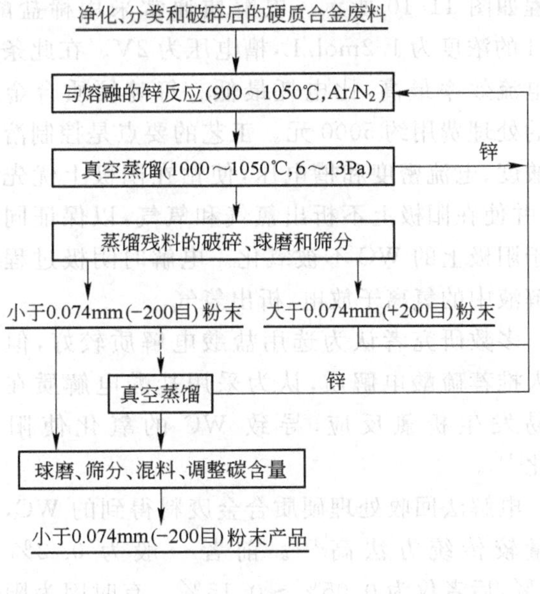

图 11-9　锌熔法回收硬质合金废料的生产流程

1050℃的温度下将锌蒸馏除去。蒸锌过程也需要数小时。冷却后的物料经破碎、研磨和筛分。筛上物返回作锌熔处理。得到的回收料，除在破碎和研磨过程中增铁约 0.1%和缺碳 0.12%～0.15%外，在化学成分上与原始物料几乎相同。

过程的能耗为 4kW·h/kg，这与通常生产 WC 的能耗 12kW·h/kg 相比，是十分节能的。与非直接回收法相比，锌熔法的成本对 WC-Co 合金而言要低 20%～30%，对 WC-TiC-Ta(Nb)C-Co 合金而言要低 30%～35%。

锌熔法也是一种基于第一种技术路线的回收方法。

也可将锌熔法与冷流法联合使用。合金废料在浸锌后用冷流法破碎，然后再进行蒸锌。

11.1.3.4 电解法

电解法分为酸性电解质电溶法及碱性电解质电溶法两类。

A 酸性电解质电溶法

这是一种处理废硬质合金的方法，比较适宜处理含钴 8%以上的废合金。它以盐酸为电解质，废合金块料置于钛网阳极框中，通过控制电解液酸度、槽电压、电流密度等工艺参数，选择性地使硬质合金废料中黏结相的钴溶解，而使得骨架相碳化钨松散，解体成粉状，从而达到碳化钨与钴的一步分离[17]。含钴溶液经净化后可进一步加工成钴粉，而碳化钨粉经细磨后可重新返回配制硬质合金混合料。

酸性电解质电溶法回收外理硬质合金废料的流程如图 11-10 所示。电解质通常采用稀盐酸，HCl 的浓度为 1.2mol/L，槽电压为 2V。在此条件下电流效率最高，比电耗最低。每吨硬质合金废料的处理费用约 5000 元。工艺的要点是控制溶液的酸度、电流密度和槽电压，使钴在阳极上优先溶解，并使在阳极上不析出氯气和氧气，以保证同时位于阳极上的 WC 不被氧化。电解时阴极过程为电解液中的氢离子放电，析出氢气。

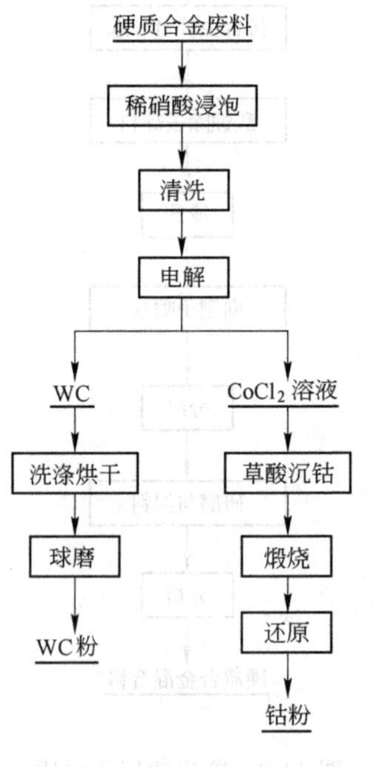

图 11-10 酸性电解质电熔法回收处理硬质合金废料的流程

多数研究者认为选用盐酸电解质较好，但也有人推荐硫酸电解质，认为采用盐酸电解质在阳极易发生析氯反应，导致 WC 的氧化使阳极钝化[18]。

电解法回收处理硬质合金废料得到的 WC，氧含量较传统方法高[19]。前者一般为 0.2%～0.5%，后者仅为 0.05%～0.15%。有时因为阳极温度过高，回收的 WC 氧含量更高，影响合金的碳平衡。为了制取稳定结构的硬质合金，不得不采取还原的方法降低其氧含量。此外，当硬质合金中含有 Ni、Fe 和 Cr 成分时，含钴溶液的净化要采用萃取法，造成工艺复杂，设备和回收成本增加。

回收的 WC 也可进一步高温氧化后用 NaOH 浸出使钨转变成 Na_2WO_4 用以制取 APT。

B 碱性电解质电溶法[20]

这是基于第二条技术路线提出的处理方法，可以处理各种含钨废料。该法采用 NaOH 为电解质。关键是必须采用具有旋转阳极的电解槽。在电极旋转时，阳极框内的金属块不断翻动，从而使在电解时形成的阳极泥及氧化皮从金属块表面剥落，工作阳极的表面处于一个不断更新的状态。因此最高电流密度与能耗取决于阳极旋转速度及废料类型。

图 11-11 及图 11-12 分别为处理不同含钨物料的两种电槽的简单构造图。而表 11-10 为应用图 11-12 所示形式电槽处理某些钨废料的电解能耗与槽电压数据。

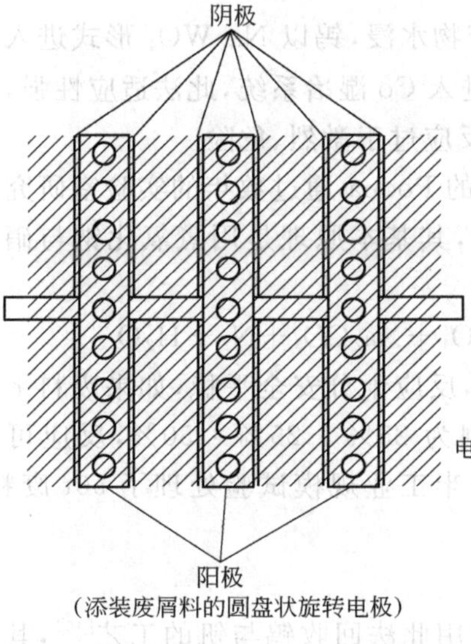

图 11-11 处理硬质合金、含铁金属块料、钨合金的电槽

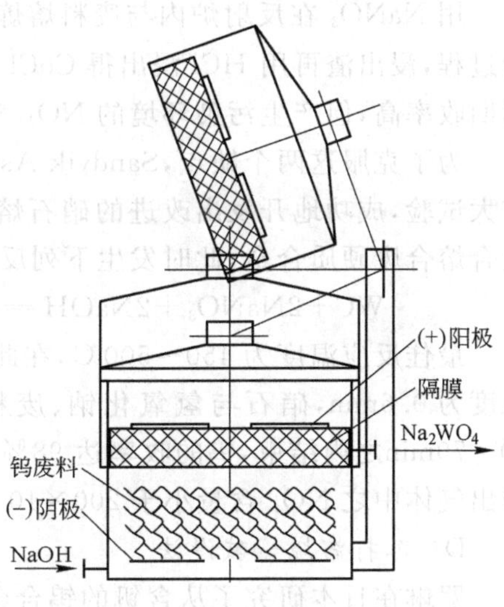

图 11-12 处理线圈、钨丝、烧结棒的电解槽

表 11-10 不同类型钨废料的电解能耗与槽电压

废料类型	$E/W \cdot h \cdot g^{-1}$	$V/g \cdot A^{-1} \cdot h^{-1}$
钨棒、板	3.1	1.12
W-Cu 棒、板	6.0	0.86
低铁含量金属块	3.8	0.81
高铁含量金属块	4.3	0.83

11.1.3.5　氧化法

这类方法均是基于第二条技术路线，即将废料中的钨转变为氧化钨或钨酸钠的方法。

A　空气氧化法

实质是在箱式电炉或反射炉内于550～600℃下通氧气强化废料的氧化过程，氧化料先后用NaOH及HCl处理，分别得到Na_2WO_4溶液及$CoCl_2$溶液，各自进入湿冶系统处理。

B　芒硝熔合法

在1000℃以上高温下用Na_2SO_4与含钨废料进行熔炼，钨氧化转变成Na_2WO_4，水浸后进入湿冶系统，反应产生的SO_2与Ca、Ni、Fe等形成硫化物，浸出渣用盐酸处理可得到$CoCl_2$溶液，但实际上由于生成难溶于酸的硫化物，熔合产物尚需进一步氧化焙烧。此法能处理不同成分的废合金及废钨制品，但SO_2气体的排放对环境会造成污染。

C　改进的硝石熔合法

用$NaNO_3$在反射炉内与废料熔炼，熔合产物水浸，钨以Na_2WO_4形式进入湿冶过程，浸出渣再用HCl浸出得$CoCl_2$溶液，进入Co湿冶系统，此法适应性强，金属回收率高，但产生污染环境的NO_2气体，且反应过于激烈、危险。

为了克服这两个缺点，Sandvik Asia Ltd. 的Poona通过数年的实验室研究及扩大试验，成功地开发出改进的硝石熔合法[44]，其基本原理是用氢氧化钠与硝石混合熔合废硬质合金，此时发生下列反应：

$$WC+2NaNO_3+2NaOH \longrightarrow Na_2WO_4+Na_2CO_3+N_2+H_2O$$

最佳反应温度为450～500℃，在此范围内，反应十分安全平稳，如果废料平均粒度为0.6mm，硝石与氢氧化钠、废料的比例为25%：25%：50%，反应可在60～70min之内结束，钨的收率达98%～99%，半工业规模试验处理了50t废料，排出气体中之NO_x含量小于$200\times10^{-4}\%$。

D　苏打焙烧—碱浸法

罗琳在日本研究了从含钒的钨合金废料中用此法回收钨与钒的工艺[46]，其原则流程如图11-13所示。

对于原始合金的成分及由这种合金制取粗Na_2WO_4溶液的详细过程并未披露，粗钨酸钠溶液的成分列入表11-11，显然硅与铝是主要应除去之杂质。从这种溶液中回收钨、钒的过程分为三阶段。

表11-11　粗Na_2WO_4溶液的组成(g/L)

WO_3	V	SiO_2	Al_2O_3	Mo	Cr	Co	Fe	Pd	Au	Pb	P_2O_5
94.97	0.1756	5.78	0.0525	<0.0001	0.0089	0.0069	<0.0001	0.0023	0.0071	0.0480	0.0362

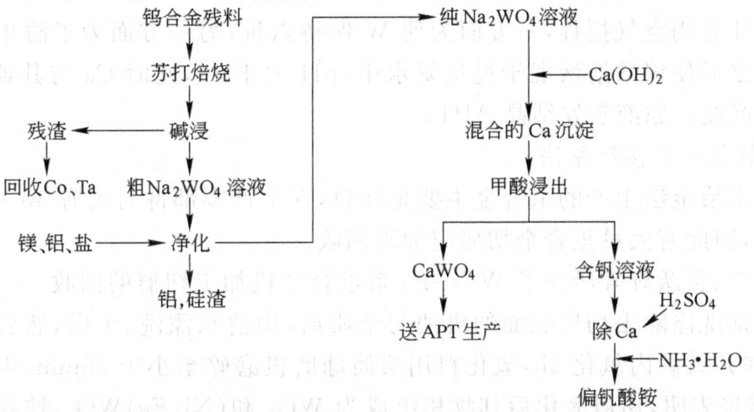

图 11-13 处理含钒钨合金废料的原则工艺

第一阶段:用盐酸调整溶液 pH 至 11,加热至 80℃,按 1kg WO_3 添加 0.1kg $Al_2(SO_4)_3 \cdot 18/H_2O$ 和 0.05kg $MgSO_4 \cdot 7H_2O$,用 Na_2CO_3 控制 pH 为 9.0~9.5 搅拌 0.5~1h。

由于硅很高,需要两次沉硅。硅大概以 $Na_2O \cdot Al_2O_3 \cdot 2SiO_2$ 及 $MgO \cdot Na_2O \cdot SiO_2$ 沉淀形式除去。同时有部分磷、砷以 $MgHPO_4$ 及 $MgHAsO_4$ 形式除去,尽管铵镁盐除磷、砷效果更好,但会造成 80%的钒损失。之后用 $Ca(OH)_2$ 沉钨,而 V、Si、Al、P、Co、Mo、Pb 与 W 同时沉淀,仅有 6%的 Cr 沉淀,因而可除去钠及大部分铬。

第二阶段——回收钒:基于 $CaO \cdot nV_2O_5$ 及 Cr 的钙盐能溶于饱和了 CO_2 的碳酸溶液或甲酸溶液中,研究者详细研究了甲酸选择浸钒的条件,结果表明,最佳条件为控制甲酸加入量使溶液 pH 约为 6,温度 25℃,液固比为 3,反应时间为 0.5h,提高温度、降低 pH、增加液固比、延长反应时间均可提高钒的回收率,但同时也增大钨损。浸出液用 H_2SO_4 酸化至 pH2.0~2.5 以沉淀 $CaSO_4$,过滤之后,添加 NH_4OH 回调 pH 至 6~8,蒸发使溶液体积减小 1/3,在空气中只有五价钒稳定,故偏钒酸铵沉淀析出。沉淀母液补加甲酸用于下一个作业周期,钒的最终回收率为 86.96%,详见表 11-12。

表 11-12 钒的回收率

作业阶段	钒浓度/$g \cdot L^{-1}$	钒收率/%
浸出液	0.175	100.00
钙沉淀	<0.0001	>99.99
甲酸浸出	1.18	90.23
硫酸沉钙	1.38	90.14
氨水沉钒	0.18	86.96

第三阶段——回收钨：甲酸浸出残留物用盐酸在80°C浸出，仅控制pH约为4，此时需注意用空气搅拌，一方面为使W保持六价，另一方面为了防止钨酸盐重新沉淀。之后使钨酸溶液混于过量氨水中，pH大于11，此时Ca与其他杂质（Si、P、As、F）沉淀。滤液蒸发结晶APT。

E　氧化—直接还原法

用粉末冶金法生产的重合金主要是坯料，在生产零部件时尚有30%～50%的加工余量，因此有大量重合金切屑应加以回收。

陈立宝、贺跃辉等研究了W-Ni-Fe系重合金机加工切屑的回收[45]。用5%的酸与碱分别洗涤除去切屑表面的机油与杂质后，用清水漂洗、干燥，然后将粉末混合均匀，在井式炉内氧化2h，氧化料用滚筒球磨机磨碎至小于75mm，再用氢气还原2h。结果表明，切屑氧化后其物相组成为WO_3和(Ni，Fe)WO_4，铁和钨不会形成难还原的氧化物；还原粉末的物相组成为W、Ni、Fe，且铁和镍形成固溶体，均匀分布于钨晶间；在800℃时还原能得到高质量的再生重合金粉末，粒度约为1μm，粉末形状规则。温度高于900℃后，还原料中的含氧量可降至0.25%以下，符合国家标准要求，但还原粉末长大，表面变为不规则，重合金切屑和还原粉末的化学成分对比见表11-13，粉末粒度分析结果见图11-14。

表11-13　切屑与还原粉末成分对比

材　料	质量分数/%				
	W	Ni	Fe	Co	Mn
切　屑	93.422	4.040	2.310	0.200	0.028
还原粉	93.071	4.110	2.520	0.270	0.029

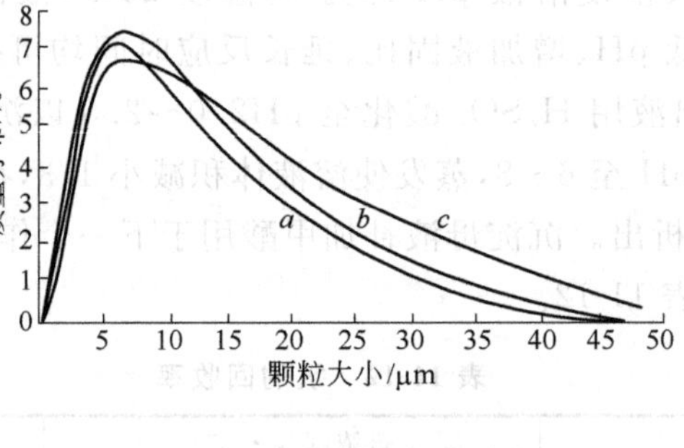

图11-14　还原粉的粒度分析

a—850℃×2h；b—900℃×2h；c—950℃×2h

显然这种粉可以直接返回生产重合金。

11.1.3.6　小结

废粉材和含钨废合金是主要的二次钨资源，因此回收这些资源的方法很多，生产上应根据废料的外形、质量及返回用于生产的产品的性能要求确定利用废钨料的路线，一般而言，处理工序越多，则处理成本越高，经济效益越低，而用化学法处理成APT再回用是经济效益最低的方案。表11-14为这种废料的利用方案[44]。

表 11-14 废钨材及合金回收利用方案对比①

项目	返回料再利用生产产品					
	高级合金	铸造WC	工具钢	Menstruum② WC	钨铁	化学处理
废料						
纯块料	1	2	3	4	5	6
纯渣料			1	2	3	4
污染渣料			1		2	3
处理成本	低→高					
经济效益	高→低					

① 1表示最优方案，依此类推。

② 直接用精矿与 Fe_3O_4、Al、CaC_2 配料，用热还原反应生成WC，含大约0.2%Fe，其结晶颗粒粗，且无内部亚边界，此法可用部分回收料代替精矿。

因此，在可能情况下，最好采用最简单的酸、碱、水洗的方法处理，必要时辅以物理选别方法分类后，直接回用。

11.1.4 含钨废催化剂中回收钨

废催化剂中的钨主要以氧化钨、硫化钨等形式存在，主要回收方法有焙烧-氨浸法、苏打烧结法和焙烧-苏打浸出法等工艺。

11.1.4.1 焙烧—氨浸法制取钨酸[21]

我国某厂以废丙烯氧化制取丙烯酸二段催化剂和石油加氢催化剂RN-1、3581为原料生产钨酸采用了此工艺路线。

焙烧过程在反射炉中分为两步进行。第一步主要是为了除去废催化剂中的水、有机物和积炭等，温度控制在600～650℃，焙烧时间为8h左右；第二阶段为氧化阶段，目的为将废催化剂中的 WS_2 氧化为三氧化钨。

$$WS_2 + 3.5O_2 = WO_3 + 2SO_2$$

温度为700～750℃，焙烧时间在8h左右，直到硫化钨全部被氧化为三氧化钨。

焙烧料冷却后粉碎至－60目（小于0.246mm），再用18.5%～20%的氨水浸出，浸出温度为78～90℃，直到其中的 WO_3 全部溶解为止，这一过程大约需要6～

8h。浸出液在 56～65℃下保温 10h 以上，使其中的硅、磷、砷、铁、氟等杂质沉淀下来，再进行过滤，得到的钨酸铵滤出液浓度约为 32%～33.4%。

滤出液蒸发浓缩至原来体积的 52%～58%，再用 50%浓硝酸中和至 pH 值为 6.2(用盐酸中和时，终点 pH 值控制在 7.0～7.8)，温度降到 10～15℃，保温 4h，钨将以仲钨酸铵结晶析出。结晶母液用硫化除钼后适量返回蒸发工序，以回收其中的钨。

将仲钨酸铵加入 50%的硝酸中，加热至沸腾，搅拌 30min 左右，使仲钨酸铵完全转化为钨酸，虹吸上清液，沉淀再用 2%～3%的硝酸和无离子水分别洗涤 5～6 次和 1～2 次，以彻底洗掉钨酸中的 NH_4NO_3。湿钨酸在回转窑中于 100～110℃条件下干燥，即可得到产品钨酸，产品成分为：WO_3 92.6%，Mo 含量不大于 0.01%，氯化残渣不大于 0.03%，Fe 不大于 0.01%，Al 不大于 0.01%，Si 不大于 0.03%。

11.1.4.2　苏打烧结法制取 APT

陈绍衣等人[22]经过实验研究，提出了用苏打烧结法从废催化剂中回收钨制取 APT 工艺方法。原料为炼油厂提供的以氧化铝为载体的废镍催化剂，该工艺的特点是：

(1) 废催化剂高温焙烧。废催化剂在 800～850℃下焙烧数小时，然后球磨，产物成分为：67.01%Al_2O_3，23.70%WO_3，2.0%Ni，1.86%SiO_2，0.041%Mo。

(2) 苏打烧结与水浸。焙烧料经球磨至 200 目(0.074mm)，与苏打混合或用饱和的苏打溶液浸润烘干，然后进行高温烧结，烧结产品再用热水浸出。苏打用量为理论量的 1.5 倍，钨与大部分铝留在渣中。

(3) 浸出液净化。浸出液中钨的浓度约为 130～180g/L，其中含有铝、硅、磷等杂质，采用两段净化法，用中和法除去铝硅(pH＝8～9)，再加入氯化镁溶液沉淀磷和砷。

其余步骤同经典工艺。

该方法总回收率达到 92%以上，产品 APT 质量除钼含量为国标二级外，其他成分均达到国标一级产品纯度要求。

文献[23]介绍了一种从废催化剂中回收制取偏钨酸的方法，该法工艺为废催化剂→焙烧→碳酸钠浸出→溶剂萃取→有机酸沉淀→偏钨酸。其中，废催化剂在 500～600℃焙烧 2～3h 再用 110g/L 的 Na_2CO_3 溶液浸出；浸出液在碱性条件下用季铵盐 7402 萃取分离，负载有机相用 NH_4Cl＋NH_4OH＋辅助剂溶液反萃；反萃液加入有机酸沉钨。该法钨的回收率可达到 90%，无需除硅工序，只需一级萃取，但主要缺点是季铵盐 7402 的萃取容量太小，且循环使用槽型很复杂。

11.2 钼的二次资源的回收

钼的二次资源主要有含钼废酸废水、废催化剂、废钼基合金、金属钼加工废料等。现在，在世界范围内，从二次资源中回收的钼逐年上升，已占到钼总产量的5%以上，特别是西方一些国家，钼的二次资源回收在钼冶金工业中已经占到相当大的比重。据报道，美国回收利用的钼量估计为钼供应量的30%[24]。下面介绍一些从二次资源中回收钼的主要方法和工艺。

11.2.1 从含钼废液中回收钼

11.2.1.1 从含钼废酸中回收钼[25]

现代工业中经常会产生一些含钼的废酸溶液，如白炽灯泡厂和电子管生产过程中会产生一些钼含量在40～70g/L、酸性极强（3mol/L硝酸和6mol/L硫酸的混合酸）的酸性废液，钼在这些溶液中以 MoO_2^{2+} 形态存在。

A 氨沉法

对于钼含量较高的酸性废水，氨沉法是一种比较成熟的回收这部分钼的工艺方法，工艺流程见图11-15。其原理为在搪瓷反应罐中向稀释了的废液加入浓氨水或通氨至pH值到1.5～3的范围内，在70～80℃进行搅拌10～20h后冷却结晶，在沉淀中得到以 $2NH_3 \cdot 4MoO_3 \cdot H_2O$ 为主的混合物，用去离子水洗涤沉淀，洗涤液返回稀释高浓度的酸性废水。滤液中残留的 MoO_3 约为0.2g/L，钼的回收率大于99%，滤液中的硝酸和硫酸再以硝酸铵和硫酸铵的形态回收。

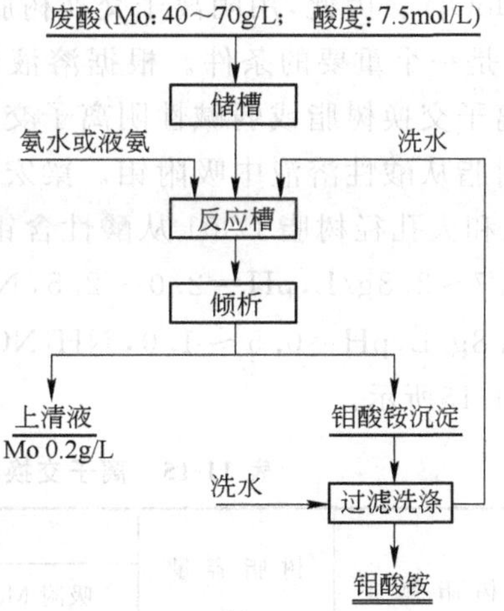

图11-15 氨沉法回收废酸中的钼工艺流程示意

B 三氧化钼沉淀法

该方法的基本原理基于 MoO_3 在浓硫酸中的溶解度随着酸浓度的升高而降低，对于含钼和硫酸较高的废酸或酸性废水进行长时间的加热蒸发，溶液中的酸逐渐浓缩，钼将以氧化钼的形式沉淀析出，处理过的废酸经补酸后返回使用，沉淀物经洗涤后煅烧即可得到较纯的产品 MoO_3。由于废酸一直处于沸腾状态，温度可达120℃以上，所以采用逆流法回收蒸气中的酸是非常必要的，同时为防止沉淀物黏结在反应釜内壁上，必须加强搅拌。该法最大的缺点在于能耗较高，对设备材质要求很苛刻。

C　中和法

用石灰水、苛性钠或苏打作为中和剂将废酸液中和接近 pH＝2，加氨水保持 pH 值在 2 左右，钼将以氧化钼的形态沉淀析出。

11.2.1.2　含钼酸性废水中钼的回收

在采用预先酸洗焙砂生产钼酸铵及氧化钼的工厂，也会产生一些含钼酸性废水，如我国金堆城钼业公司的两家钼酸铵生产厂每年排放大约 40000m^3 的含钼在 0.8～1.5g/L 的酸性废水（pH＝0.5～1.5，NH_4NO_3 含量约在 180～220g/L）。而株洲硬质合金厂排放的酸沉母液中含钼高达 4～5g/L，每年因此流失的钼（以钼酸铵计）在 7t 以上。因此，回收酸性废水中钼在经济上是有意义的。从含钼酸性废水中回收钼的方法主要有中和沉淀法[26]、离子交换树脂吸附法、萃取法和活性炭吸附法，下面介绍离子交换法和萃取法回收酸性废水中的钼基本原理及工艺。

(1) 离子交换法回收酸性废水中的钼。在 pH 值 2～4 的范围内，钼主要以聚阴离子形态存在，如 $Mo_7O_{24}^{6-}$ 和 $Mo_8O_{26}^{4-}$，随着 pH 值的降低，将出现钼阳离子 MoO_2^{2+}。因此，用阴离子交换树脂回收富集溶液中的钼时，控制溶液 pH 值大于 2 是一个重要的条件。根据溶液性质和产品方案的不同，可分别采用强碱性阴离子交换树脂或弱碱性阴离子交换树脂。最常用的方法是用强碱性阴离子交换树脂从酸性溶液中吸附钼。梁宏[27]等人曾进行过强碱性阴离子交换树脂 201×7 和大孔径树脂 D301 从酸性含钼废液中回收钼的研究，原料液为酸沉母液（Mo 1.7～2.8g/L，pH＝2.0～2.5，NH_4NO_3 180～240g/L）和酸洗废水（Mo 0.6～1.8g/L，pH＝0.5～1.0，NH_4NO_3 120～180g/L），树脂的工作交换容量如表 11-15所示。

表 11-15　离子交换树脂从含钼酸性废液中回收钼的性能

树脂牌号	树脂容量/mL	酸洗废水		酸沉母液	
		吸附 Mo 量/g	交换容量/$mol \cdot mL^{-1}$	吸附 Mo 量/g	交换容量/$mol \cdot mL^{-1}$
201×7	346	3.2	0.096	4.6	0.138
D301	346	11.1	0.334	18.3	0.551

用 D301 树脂回收酸沉母液及酸洗废水中钼，可采用三根 ϕ300mm×4000mm 的交换柱、双柱串联、单柱分段解吸的流程。交换流出液含钼小于 0.1g/L。用 NaOH 或 NH_4OH 溶液作为解吸剂，解吸液经净化即可制得纯钼酸铵或钼酸钠产品，钼回收率大于 95%以上。解吸液成分见表 11-16。

表 11-16 不同解吸剂解吸液成分

解吸剂	解吸液成分/g·L^{-1}			
	Mo	Cu	Si	W
NaOH	97	0.026	0.016	0.054
	113	0.013	0.009	0.042
NH_4OH	104	0.031	0.007	0.006
	118	0.023	0.003	0.057

前苏联某厂[28]用羟基型阴离子交换树脂回收酸性废液中的钼，取得了良好的效果。废液成分为：0.3～1.0g/L Mo，10～45g/L H_2SO_4，28～30g/L HCl，0.7～1.3g/L $HClO_3$，0.003g/L SiO_2，pH=3，1g干树脂对钼的吸附容量达400mg，吸附率为98%～99%，负载树脂用氨水解吸得钼含量为60～65g/L的钼酸铵溶液。

(2) 萃取法回收酸性溶液中的钼。我国某厂[29]采用叔胺萃取回收酸沉母液中的钼，酸沉母液含钼5～6g/L，pH值=2.0～2.5，有机相为20%N235+10%仲辛醇+煤油，采用两级并流萃取，两相接触时间为1.5min，钼萃取率大于95%，萃余液含钼小于0.4g/L。用20%NH_4OH溶液进行反萃5～6min，相比1/1，反萃液含钼大于100g/L。

11.2.2 从含钼废催化剂中回收钼[30,42]

11.2.2.1 概述

西方发达国家从20世纪50年代起就开始注意废催化剂的回收利用，至70年代废催化剂的回收利用已经成为有关国家经济领域的一个重要方面，其基本特点可归纳为如下几点：

(1) 建立起较完善的法律、法规体系，从环保的角度，明确废催化剂为环境污染物，禁止随意倾倒与掩埋，从而促进了废催化剂处理技术的进步与相关产业的形成。

(2) 建立了专门的机构协调，管理废催化剂的处理管理工作，如日本的废催化剂回收协会，美国的废催化剂废弃服务部。

(3) 废催化剂处理回收形成了一个产业，相应地诞生了一批实力雄厚的大公司，如美国的Amax Metal公司，联合催化剂公司，德国的Degussa公司，法国的欧洲催化剂公司(Eurecat)以及国际催化剂回收公司(CRI)与Amlon Metal Inc./Euromet等跨国公司集团。

(4) 废催化剂回收已取得了巨大的经济效益，有效地节省了有色金属资源，如美国Amax Metal年处理加氢脱硫催化剂16000t，每年可回收钼1360t、钒130t及14500t三水氧化铝。

钼系催化剂无论从其种类还是钼的用量方面都比钨系催化剂规模大，废钼催化剂的利用比废钨催化剂的利用地位更为重要。例如我国仅炼油催化剂一项每年就消耗钼金属量 900t。我国氮肥工业利用 Co-Mo 变换催化剂，每年催化剂需用量 2000t，西欧炼油工业用加氢精制催化剂年耗量达 1500t，日本每年报废的脱硫用含钼催化剂约 3000t。故发达国家将废钼催化剂列为第四种钼资源。

11.2.2.2　废钼催化剂种类及成分

含钼催化剂主要应用于石油化学工业中的醇脱水或脱氢反应，烯烃的水合或氧化反应，各种分解、聚合、氯化、异构化及加氢脱硫。在氮肥工业中主要用于氨的合成。

钼系催化剂主要以固体形式应用于各种石化过程，而钼的杂多酸盐氧化催化剂则以液相形式应用。固相催化剂的载体主要是 Al_2O_3，也有以硅胶为载体的磷钼酸铋催化剂。载体上除了有氧化钼外，还可能有氧化钴、氧化镍、氧化铁、氧化铜、氧化钒、氧化钨、氧化铋中的一种或多种。表 11-17 为几类钼系废催化剂的组成。

表 11-17　废钼催化剂成分

催化剂	Mo	Fe_2O_3	NiO	Co	V_2O_5	Al_2O_3	Cu	Si	P	C+S	其他
钼铁系	5	48				15	1			30	1
钼镍系	18.5		4.0			52.5		4.7	2		18
钼钴系	8.14		3.2(Ni)	1.94		24.3				25.37	37.02
钼钒系	1～10		1～12		1～15					2～12	1～40

11.2.2.3　处理废钼催化剂的技术路线分析

根据以上的介绍，可知废钼催化剂一般含硫并吸附有一些碳氢化合物，除了钼之外，有些金属成分是制造催化剂的添加物，而有些是在催化过程中沉积在其上的。作为催化剂的骨架如为 η-Al_2O_3，则是既可溶于酸又可溶于碱的两性物质；如为 α-Al_2O_3，则为难溶于酸碱的物质。

因此废催化剂处理回收工艺一般包括下列作业或技术。

(1) 焙烧。其目的是除去油类物质，积炭及硫，以减轻后续作业的负担。焙烧方法分为氧化焙烧、加碱氧化焙烧、加盐氧化焙烧。

1) 氧化焙烧。氧化焙烧有低温氧化焙烧及高温氧化焙烧之分，前者之温度一般为 200～500℃，主要任务是烧掉石油及其他碳氢化合物，并使某些杂质硫化物也同时烧掉，而高温氧化焙烧温度在 550℃以上，除了上述目的之外，更重要的是使 MoS_2 彻底转化为 MoO_3，还有采用更高的温度制度，其目的是使 η-Al_2O_3，变为 α-Al_2O_3，以减少浸出时铝的溶出。

2) 加碱氧化焙烧。一般是加 Na_2CO_3，大部分情况是将固体 Na_2CO_3 与催化剂混匀，在高温炉中保持氧气气氛下烧结，使硫化钼直接转变为Na_2MoO_4。为了保证碱混匀，有一种做法是使用一定浓度的Na_2CO_3溶液，例如饱和Na_2CO_3溶液预先浸渍催化剂，使Na_2CO_3分子渗透进催化剂骨架内部，然后再进行高温氧化焙烧。

3）加盐氧化焙烧。在配以Na_2SO_4或NaCl的情况下进行氧化焙烧，这种情况多半是为了使氧化钒转变为钒酸钠。

（2）破碎。固体催化剂一般有规则的形状，为了改善提取过程的动力学条件，有时需有一个破碎作业。最终粒度视工艺要求而定，破碎工序可放在焙烧前也可放在焙烧后，视催化剂含油、含水分量而定。

（3）浸出。浸出工序几乎是所有提取工艺都必须包括的关键工序，旨在使待回收物质进入浸出液。浸出剂可以是H_2O、NaOH或Na_2CO_3、NH_4OH与铵盐溶液、硫酸。加碱焙烧产物用水直接浸出，而碱浸、氨浸均使Mo、V变成钼酸盐或钒酸盐进入溶液，而其他有价金属如Ni、Co留在渣中再用酸提取。用硫酸直接浸出焙烧产物时，Mo、V、Ni等均进入溶液，再进行分离。

某些废催化剂含石油、积炭与硫均较少，可以不经过焙烧直接进行浸出。大部分情况均是通过氧化焙烧后再进行浸出。

（4）浸出液的净化及纯化合物的析出。这一步骤与处理其他含钼物料的工艺几乎没有什么区别，其特征是在每一种工艺中几乎都要考虑铝的分离，析出铝一般用水解法或者使它以铝钒形式沉淀析出。

（5）氯化法处理废催化剂。用氯气氯化使Mo、V的氯化物挥发冷凝回收，氯化残渣为高沸点的Co、Ni氯化物，将其水解，从水浸液中提取Co、Ni。

（6）直接还原熔炼钼铁。对单一的Mo-Fe系催化剂，应用此法简单易行，预焙烧除C、S后熔炼Mo-Fe，此时Al_2O_3完全进入渣相，也可与钼精矿及氧化铁混合熔炼。

11.2.2.4 处理废钼催化剂的工艺实例

由于废催化剂的成分、种类差别太大，处理工艺千差万别，本书仅略举数例介绍。

A 氧化—碱浸法处理Mo-Co催化剂

其工艺流程如图11-16所示。

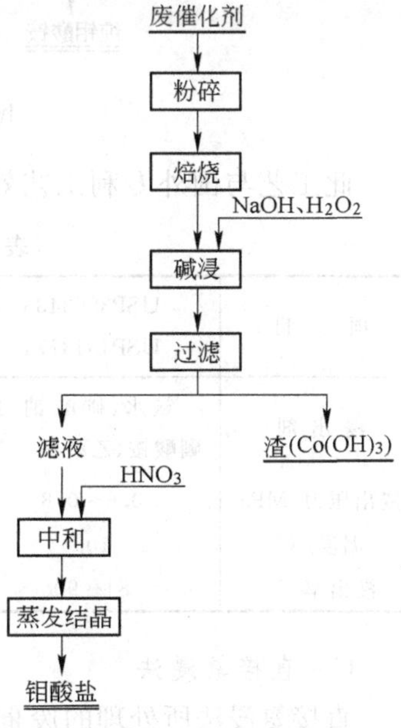

图11-16 氧化—碱浸法回收Mo、Co工艺

废催化剂粉碎过20目（0.833mm），于550℃焙烧4h，105℃下碱浸。加H_2O_2使二价钴氧化为三价，以减少含钼滤液中之钴损。此工艺已在我

国邯郸建立了 3000t/a 的生产装置。

B　焙烧—氨浸法处理 Mo-Co 催化剂

工艺流程如图 11-17 所示。

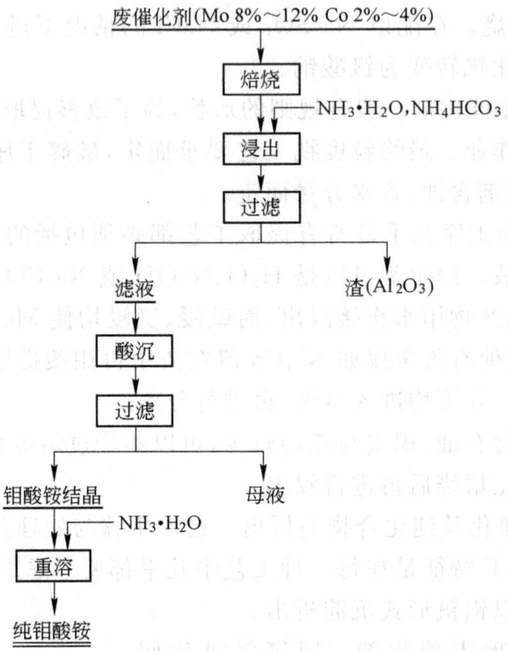

图 11-17　焙烧—氨浸法工艺

此工艺与国外专利工艺效果对比情况见表 11-18。

表 11-18　不同浸出剂效果对比

项　　目	USP3563433 USP4343774	昭 49-8491	原西德公开专利 2556247	本　　法
浸出剂	氨水、碳酸钠、四硼酸铵、乙酸铵	氨水、铵盐	NaCl 高温熔融后水浸	$NH_3 \cdot H_2O$ NH_4HCO_3
浸出压力/MPa	0.6～0.8	常　压	常　压	常　压
温度/℃	100	120	70～80	70～80
浸出率/%	84～90	90～95	92～96	91～93

C　直接氨浸法

直接氨浸法所处理的废催化剂为表 11-17 的钼镍系催化剂，氨水浓度 4mol/L，反应温度为 65～70℃，$L:T=4:1$，MoO_3 回收率为 88%，产品质量达一级品要求。工艺流程见图 11-18。

D 苏打焙烧—活性炭吸附法

工艺流程见图 11-19。

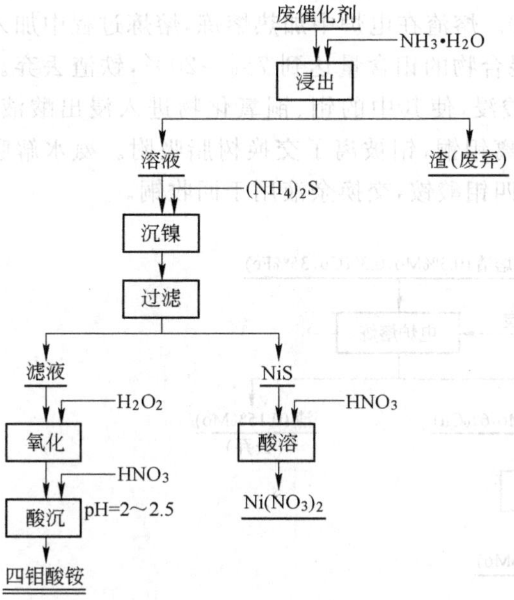

图 11-18 直接氨浸法工艺流程

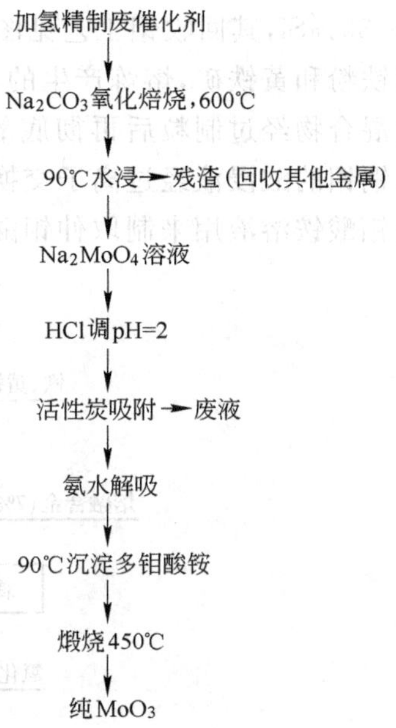

图 11-19 废钼催化剂生产纯 MoO_3 原则流程

所用废催化剂及高纯 MoO_3 产品成分见表 11-19。

表 11-19 废催化剂与高纯 MoO_3 产品成分(%)

组 分	MoO_3	Fe_2O_3	CO_3O_4	NiO	ZnO	Al_2O_3	SiO_2	Na_2O	MgO	SO_3	CaO	H_2O
废催化剂	21.0	1.88	1.52	0.85	0.81	60.4	4.67	0.32	1.94	5.06	0.47	1.08
高纯 MoO_3	99.904	0.0005	0.001	0.0002	0.008	0.005	0.03	—	—	—	—	—

在最佳焙烧条件温度 600℃，苏打用量为催化剂量的 12%，烧结 0.5h 钼的提取率达 92%，水浸液如直接制取多钼酸铵，所得 MoO_3 纯度为 92.4%，含有大量杂质，而将溶液 pH 调至 2，再经活性炭吸附后，解吸液再制备多钼酸铵煅烧得到的 MoO_3 成分见表 11-19。

11.2.3 从其他金属的冶炼及加工过程中回收钼

由于钼在其他金属矿中存在的形态及主金属的提取工艺不同，钼的回收工艺随之而变化。本节仅举几个例子说明从其他金属冶炼过程及加工过程回收钼的情况。

11.2.3.1　火法炼铜过程中钼的回收

在铜的火法冶炼过程中，辉铜矿中的钼进入到熔炼渣中。西方国家约一半的钼从铜冶炼过程中回收，国外某铜冶炼厂熔炼渣成分为：0.3%Mo，0.3%Cu，35%Fe，35%Si，其回收钼工艺见图 11-20。熔渣在电炉中加热熔炼，熔炼过程中加入少量铁粉和黄铁矿，熔炼产生的含钼混合物的钼含量达到 7%～20%，铁渣丢弃。含钼混合物经过制粒后再彻底氧化、酸浸，使其中的钼、铜氧化物进入浸出酸液中。含铜钼的酸浸液经过离子交换法分离钼铜，钼被离子交换树脂吸附。氨水解吸得到钼酸铵溶液用来制取仲钼酸铵或四钼酸铵，交换余液用于回收铜。

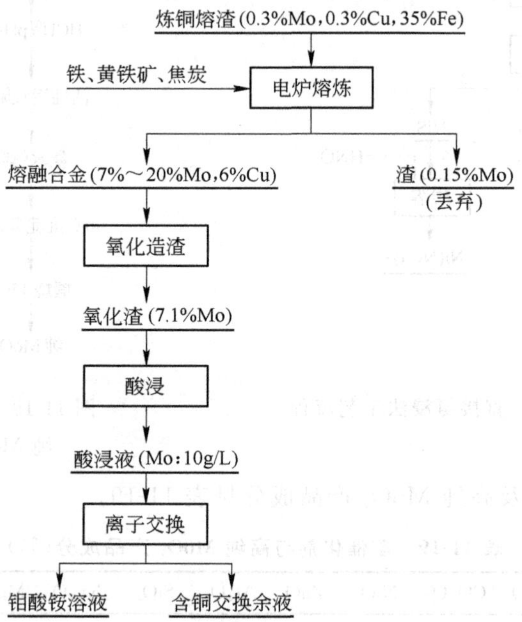

图 11-20　熔炼法回收炼铜渣中的钼工艺流程示意图

11.2.3.2　含钼铀矿提铀过程回收钼

在含钼的铀矿高压碱浸过程中，矿物在 150～200℃、(1.86±0.14)MPa 下进行高压氧化碱浸(Na_2CO_3)。78%的钼和 90%以上的铀、铼进入到浸出液中，浸出液先用烷基磷酸双酯萃取铀，再用胺类萃取剂萃取回收钼铼。

11.2.3.3　灯泡工业绕钨丝线圈的钼芯线的回收

细钨丝是绕成螺旋卷形式用作白炽灯的发热体。绕丝机将很细的钨丝在一根作芯线的钼丝上将钨丝绕成螺旋形。传统的工艺是用硫酸与硝酸混合液选择性溶解钼芯线。这一工艺有很多缺点，如操作不安全、排出有毒的氮氧化合物气体，废液处理很复杂且成本高。

匈牙利的科学家发明了一种新的溶解钼芯线并回收钼的方法，方法之实质是用铁盐作催化剂，用双氧水快速溶解钼芯线，而钨不与双氧水作用，过程的反应式如下：

$$Mo + 4H_2O_2 = H_2MoO_5 + 3H_2O$$

之后再蒸发溶液，过氧钼化合物在加热条件下按下式分解为三氧化钼：

$$H_2MoO_5 \longrightarrow MoO_3 + H_2O + 1/2O_2$$

液固分离后，催化剂大部分在滤液中返回使用。滤饼成分（以干基计）为：

MoO_3：70%～80%　　Fe_2O_3：3%～10%

H_2O：10%～20%　　杂质：W，0.1%～1%

过程的典型能量及物质消耗如表11-20所示。

表11-20 溶解钼芯线的经济数据

项目		钼溶解及线圈淋洗	回收工序
电能	冷却	5.5kW·h	
	其他作业	0.5kW·h	0.5kW·h
蒸汽(3kg)		—	25～35kg
压缩空气(6kg)		<3m³	0.5m³
冷却水		1m³	1m³
H_2O_2(35%)		10～14L	—
$Fe_2(SO_4)_3\cdot 6H_2O$(Fe22%)		0.3kg	—
其他组分		<0.1kg	—
去离子水		15L	①

① 回收25L纯水，其中15L回用于线圈淋洗。

1980～1984年间匈牙利用此工艺及装备进行了数亿线圈的工业试验，并将此专利卖给瑞典，于1992年2月在瑞典Lumalampan AB. Luma Metal投入工业生产[31]。

11.2.4 金属钼废料的回收

11.2.4.1 含钼合金废料[32]

含钼合金废料主要包括超合金、不锈钢、高速钢、硬质合金和钼铼合金等废料，这部分含钼废料的回收方法包括熔融锌处理法、氧化蒸馏法和氧化—浸出法等工艺。

锌溶法处理含钼硬质合金废料工艺为：将金属锌、含钼硬质合金废料和碳按一定的比例混合，加热至800～1000℃生成新的锌合金，再用酸分解锌合金，这时合金中的锌、镍、钴进入溶液分别进行回收，而钨钼留在酸分解渣中。酸分解渣蒸馏挥发残余锌后焙烧蒸馏钼，使钨钼分离并加以回收。该法钼、钨、钴的回收率分别为96.2%、98.4%和97%。

钼铼合金的回收采用氧化蒸馏法，即在1000℃下对合金废料氧化焙烧，合金中的钼铼将分别以MoO_3和Re_2O_7的形态进入气相，经冷凝回收后再在350～400℃下进行二次蒸馏，Re_2O_7进入气相从而达到钼铼分离。

以上的含钼合金废料也可以用氧化焙烧—浸出法进行回收，即先将废料破碎，高温氧化焙烧，使其中的金属全部转化为金属氧化物，再用酸或碱溶液选择性浸出并分别回收。

11.2.4.2　金属钼加工废料

制灯、电子、电炉(丝)、玻璃等行业经常会产出一些含金属钼的加工废料，这部分含钼废料的回收可用氧化升华法和酸溶法回收。酸溶法即用硝酸(混合酸)浸出回收钼废料，其工艺如下：用8mol/L硝酸＋0.5mol/L硫酸的混合酸在不锈钢容器中进行浸出数小时，液固比为(5～6)∶1，浸出温度控制在55℃以下，浸出液含钼约200g/L，钼的浸出率99%以上。浸出液用25%的氨水调节至pH值到1～3，溶液中93%的钼将以钼酸铵形态结晶析出，该钼酸铵经过500℃煅烧即可得到纯度为99.9%的三氧化钼产品。

垂熔钼条的两端切头，实际上是纯度高的多孔钼块。类似于这样的金属钼废料，可通过硫化法将其转化为二硫化钼，生产优质的固体润滑剂。

11.3　高速钢磨屑及铁鳞中钨、钼等有价元素的再生回收

11.3.1　概述

高速工具钢磨屑是刀具及工具在车、铣、磨制、切割与修磨各加工过程中的产物，其总量占刀具及工具总量的5%～15%。而高速钢铁鳞是高速工具钢钢材生产过程中其本身经高温(1150℃以上)锻打及轧制而脱落的“氧化铁皮”，其总量占高速钢材的5%～10%。这类磨屑及铁鳞含合金元素高，以含钨、钼、铬及钒高速钢磨屑及铁鳞为例，其合金成分为3.5%～18.5%钨、2.7%～5.5%钼、3.75%～4.25%铬及0.75%～1.75%钒。

随着高速钢产量的不断提高，高速钢工具的磨屑及高速钢铁鳞的量也不断增加。据中国特钢协会高速钢专业组2003年统计，2003年全国高速钢钢材达5.4万t，即使不计进口的高速工具钢，产出的高速钢磨屑及铁鳞的量也分别在5500t和3000t以上，因此具有很高的再生利用价值。

显然，回收这类废料的理想途径是熔炼成中间合金并返回冶炼工序再配料生产合金工具钢。但铁鳞的主要成分是氧化物，而粒度大约为80～120目(0.074～0.175mm)的磨屑也极易锈蚀，含有相当量的氧化物，且含有在机加工时作为冷却介质的磷酸盐及亚硝酸盐，加上收集过程混入的大量尘土，故必须经过恰当的物理、化学过程处理才能熔铸成中间合金。

根据磨屑及铁鳞的成分，其处理回收方法一般为先预处理清洗磨屑及铁鳞的杂质再用金属还原剂还原，即金属热还原法。实现金属热还原的手段，可以分为不外加热及电加热两种方式。

11.3.2 高速钢磨屑及铁鳞的金属热还原法原理

磨屑及铁鳞中的金属氧化物被金属还原剂还原的反应如下式所示：

$$MeO + RM \longrightarrow Me + RMO + Q$$

式中 MeO——高速钢磨屑或铁鳞原料中金属氧化物；

RM——金属还原剂；

Me——RMO 还原产出的金属；

RMO——还原剂的氧化物即炉渣；

Q——还原反应放出的热量。

上式的吉布斯自由焓 $\Delta G^{\ominus}$ 如为负则反应能自动进行，或者说 RMO 越稳定，MeO 越易离解，则反应越易进行。还原作业需在一定温度条件下进行。钼、铁、钨、钒及铬的氧化物为金属硅还原的吉布斯自由焓与温度的关系如图 11-21 所示。

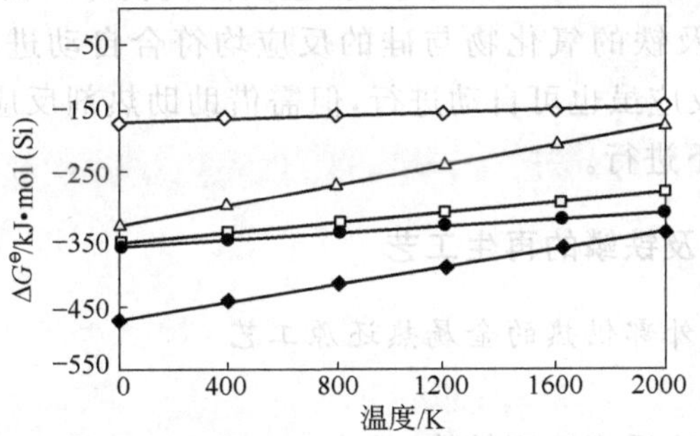

图 11-21 硅还原氧化物反应的自由焓图

显然，MoO_3、WO_3 比 V_2O_5 及 Cr_2O_3 容易还原。尽管升高温度 $\Delta G^{\ominus}$ 的绝对值变小，即反应的 K_p 会变小，但一般其数值仍大大超过 10^3，对还原率影响不大。

还原反应放出大量的热使温度升高，因而使产出的金属、被还原金属氧化物及生成的渣熔化，有利于合金形成熔化及与渣层分离。但也使过程反应复杂化。实际上一些高熔点金属在反应温度下不可能熔化，但由于生成合金，其熔点降低。以硅做还原剂的情况为例，有下列反应：

$$1/2Fe_3O_4 + Si = 3/2Fe + SiO_2 \qquad \Delta H^{\ominus}_{298} = -346.25kJ/mol(Si)$$

$$2/3Fe_2O_3+Si = 4/3Fe+SiO_2 \quad \Delta H^{\ominus}_{298}=-357.97kJ/mol(Si)$$
$$2FeO+Si = 2Fe+SiO_2 \quad \Delta H^{\ominus}_{298}=-375.56kJ/mol(Si)$$
$$2/3WO_3+Si = 2/3W+SiO_2 \quad \Delta H^{\ominus}_{298}=-341.22kJ/mol(Si)$$
$$2/3MoO_3+Si = 2/3Mo+SiO_2 \quad \Delta H^{\ominus}_{298}=-407.37kJ/mol(Si)$$
$$2/5V_2O_5+Si = 4/5V+SiO_2 \quad \Delta H^{\ominus}_{298}=-282.60kJ/mol(Si)$$
$$2/3Cr_2O_3+Si = 4/3Cr+SiO_2 \quad \Delta H^{\ominus}_{298}=-152.14kJ/mol(Si)$$

氧化铁的存在对形成含铁合金是至关重要的，在有些过程中，如铁量不够还有意添加一部分铁。含铁合金的形成除了降低产物的熔点外，还使还原出的金属活度降低，有利于还原反应的进行。除此之外，在配料时有时还添加助热剂如硝石，此时发生下列反应：

$$NaNO_3+Si = 1/2Na_2SiO_3+1/2SiO_2+1/2NO+1/4N_2$$
$$\Delta H^{\ominus}_{298}=-723.69kJ/mol(Si)$$

添加助热剂的目的在于可增加释放的反应热，有利于升高温度。另一方面使还原剂生成的氧化物进一步变成复杂化合物，有利于还原反应进行到底。

根据谢穆楚施尼的研究结论：如果金属热反应焓值等于或小于−302kJ/mol（还原剂），反应自动进行，且金属收得率高，渣铁分离良好。由上述反应热力学数据可知，WO_3、MoO_3及铁的氧化物与硅的反应均符合自动进行的条件要求。而Cr_2O_3、V_2O_5与硅的反应虽也可自动进行，但需借助助热剂反应（$NaNO_3+Si$的反应）在较高温的条件下进行。

11.3.3 高速钢磨屑及铁鳞的再生工艺

11.3.3.1 无需外部供热的金属热还原工艺

A 工艺过程

由于金属热还原法反应速度较快，整个冶炼回收工艺往往在几分钟内就可以完成，反应过程难以控制，因此必须经过严格的化学计算和热量计算。如果化学计算不精确，极易出现不合格的产品；若热量计算不准，往往出现渣铁分离不好甚至不分离的现象。把按计算配制的原料混合均匀装入还原炉内，在混合料的上部放入少许由金属镁屑组成的点火剂并引燃，反应将自动进行。反应完毕后冷却一定时间，放出炉内渣，进一步冷却到常温，吊起上炉体，取出合金锭，然后破碎并精整，取样化验后入库。图 11-22 为

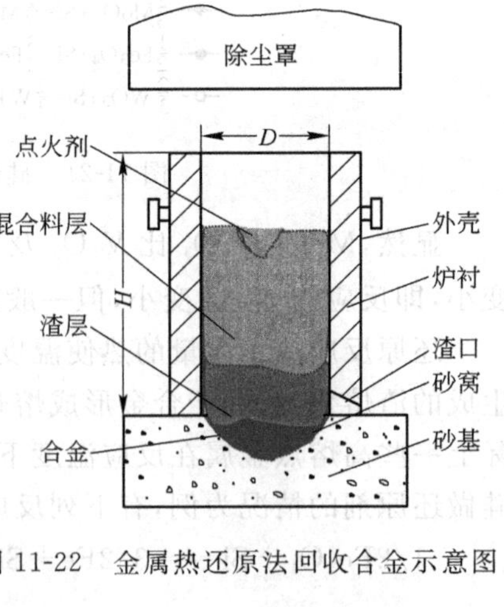

图 11-22 金属热还原法回收合金示意图

金属热还原法冶炼炉示意图。冶炼回收炉由上、下两部分组成，上部由 6～10mm 厚的钢板焊成的外壳及由水玻璃砂打结成的炉衬组成；下部由 10mm 厚的钢板焊成的外套及由盛放回收难熔合金液的砂窝构成，炉径与炉高比一般为 0.7～0.9。金属热还原法再生回收工艺示意图见图 11-23。

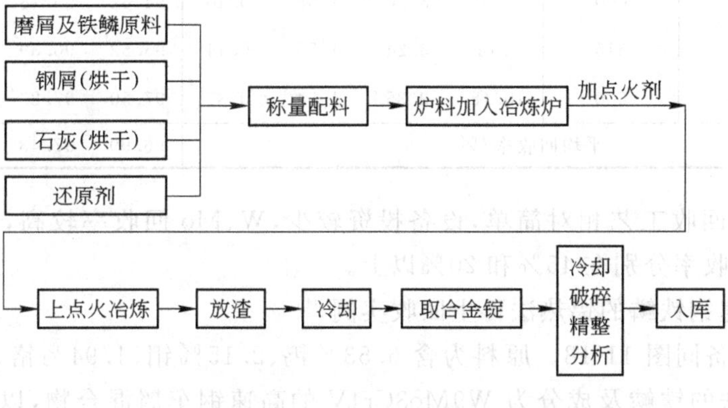

图 11-23 金属热还原法冶炼回收工艺路线图

B 应用实例

a 高速钢磨屑的硅热法再生回收实例[33]

主要设备为冶炼熔炉。炉壳直径为 1720mm，炉壳高度为 1800mm，炉膛直径为 1500mm。

试验原料为 W9Mo3Cr4V 磨屑，其化学成分为 30.68%FeO、40.20%Fe_3O_4、8.00%Fe_2O_3、8.26%WO_3、3.23%MoO_3、2.74%Cr_2O_3 及 1.83%V_2O_5；采用了 Si 含量大于 97%的工业硅为还原剂，另外还加入了熔剂石灰及硝石助热剂。

回收结果：采用 W9Mo3Cr4V 磨屑为原料，工业硅作还原剂，通过硅热还原法冶炼回收的部分再生合金的化学成分及合金回收率见表 11-21。

表 11-21 再生合金的化学成分及合金回收率

编号	磨屑投入质量/kg	磨屑产出质量/kg	合金元素含量/%				回收率/%			
			W	Mo	Cr	V	η_W	η_{Mo}	η_{Cr}	η_V
1	960	621	9.72	3.20	1.69	0.7	96.36	96.13	58.31	23.23
2	960	627	9.58	3.2	1.60	0.38	95.88	99.48	55.74	24.19
3	960	642	9.53	3.14	1.74	0.40	97.67	97.52	62.07	24.19
4	960	615	9.90	3.31	1.72	0.31	97.19	98.91	58.77	19.36
5	960	639	9.72	3.20	1.64	0.32	99.14	98.91	56.23	20.77
6	960	636	9.66	3.05	1.54	0.29	98.07	96.91	58.42	18.73

续表 11-21

编 号	磨屑投入质量/kg	磨屑产出质量/kg	合金元素含量/%				回收率/%			
			W	Mo	Cr	V	η_W	η_{Mo}	η_{Cr}	η_V
7	960	600	10.00	3.30	1.75	0.36	98.65	97.52	58.34	21.93
8	960	600	9.90	3.30	1.59	0.40	94.82	95.78	53.01	24.38
9	960	615	9.74	3.24	1.75	0.44	95.62	96.39	59.80	27.48
10	960	600	10.18	3.35	1.54	0.37	97.50	97.23	51.34	22.54
平均回收率/%							96.99	97.43	57.00	22.87

该冶炼回收工艺相对简单，设备投资较少，W、Mo 回收率较高，均在 95%以上，Cr、V 回收率分别在 45%和 20%以上。

b 高速钢铁鳞的铝热法再生回收实例[34]

所用设备同图 11-18。原料为含 6.53%钨、2.15%钼、1.94%铬、1.03%钒及 61.30%总铁的铁鳞及成分为 W9Mo3Cr4V 的高速钢车屑混合物，以 0～2mm 的品位大约 97%的工业铝粉为还原剂。配料中添加了石灰，作用在于生成铝酸钙盐造渣。铁鳞还原放出大量的热使未氧化的车屑同时熔化，所得合金锭中合金成分见表 11-22。

表 11-22 合金锭的合金元素化学成分(%)

编 号	W	Mo	Cr	V
1	9.63	3.03	4.21	1.54
2	9.19	2.48	4.04	1.46
3	9.84	2.79	4.02	1.39
4	10.84	2.82	3.69	1.26
5	9.06	2.86	3.79	1.33
6	9.54	2.88	3.58	1.27
7	9.05	2.78	3.67	1.34

采用金属铝作还原剂勿需添加硝石补充热量，但生产成本远高于用工业硅作还原剂的情况。

无论是用硅作还原剂还是用铝作还原剂冶炼的再生合金化学成分都比较稳定，合金成分波动小，特别是碳含量一般都低于 0.2%，对冶炼高速钢及其他合金工具钢非常有利。

C 冶炼工艺参数的控制

影响金属热还原过程技术指标的因素较多，文献[32]中指出主要取决于以下工艺参数。

(1) 单位炉料热效应。为保证炉料组分间充分还原和完全熔化，使合金液和渣液得到良好的分离，必须有足够的单位热效应。单位炉料热效应值在2250～2450kJ/kg范围为佳。

(2) 还原剂配入量影响。当还原剂加入量不断增加时，合金产品中硅含量呈增加趋势。生产实践证明，在以工业硅为还原剂时，硅的配入量为理论配入量的99%～102%时为最佳。

(3) 石灰加入量影响。由于CaO与SiO_2或者Al_2O_3结合造渣，从而有利于反应向合金生成方向进行；同时也改善了渣的黏度和流动性，使合金元素及铁的还原程度增加。实验和生产实践证明，合适的石灰配入量为高速钢铁鳞或磨屑投入量的5%～8%。

11.3.3.2 电加热金属热还原工艺

A 工艺过程特点

一般采用有衬电渣炉，它结合了电渣重熔炉的优点，即利用电流通过特别配制的液态熔渣时产生的电阻热将熔渣自身加热到2000℃，通过还原剂还原高速钢磨屑中的氧化物，达到除去P、S杂质及再生回收高速钢磨屑中合金的效果，而无须添加硝石作为助热剂。

有衬电渣炉中高速钢磨屑或铁鳞通过高温渣池进入熔池。一般来讲，由于高速钢磨屑或铁鳞密度小，还原剂及造渣熔剂重量较轻，它们在炉中先浮在渣池表面上被预热，而后缓慢地通过渣池经充分加热、反应后以金属液滴的形式进入熔池中，实际上大部分磨屑或铁鳞通过渣池时已全部还原熔化，因而不仅热效率高，而且磨屑或铁鳞在还原熔化及反应过程中得到了一定程度的渣洗作用，所得的再生合金液也较纯，这也是有衬电渣炉区别于其他冶炼方法去除杂质的原因。由于渣的保护作用，被还原出的合金元素不易被二次氧化，因而具有合金回收率高的优点，图11-24为有衬电渣炉原理示意图。

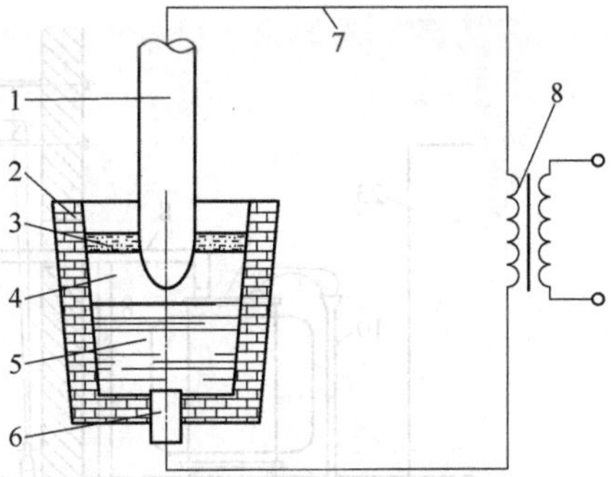

图11-24 单相单极电渣炉原理图

1—上电极；2—耐火炉衬；3—磨屑混料；4—渣池；5—钢液；6—下电极；7—电缆；8—变压器

整个冶炼回收工艺包括两个主要过程：

(1) 造渣期。造渣期是将不导电的固态渣(如Al_2O_3、CaO及CaF_2)变成导电的液态渣的过程，该阶段是建立稳定电渣过程的关键。

采用单相电极电渣炉造渣时，将适当粒度的钢屑放入两电极之间，然后将石墨电极下送，使端头压紧钢屑。上部覆盖粉状渣料，并在钢屑周围堆起粉状渣料。通电后瞬间短路，钢屑在大电流的作用下快速熔化，两极之间的气体电离而形成电弧。在电弧热的作用下，将覆盖其上及其周围的粉状熔渣熔化后立即将电弧熄灭转变成电渣过程。这一过程需 2～3min。然后逐渐加入每炉次所需的熔渣直至熔化完毕，准备冶炼。

(2) 正常的冶炼过程。稳定的冶炼回收过程是一个看不到电弧，没有飞溅的平稳过程。石墨电极端头插入渣层中，渣面上冒出轻微的白烟。非正常的冶炼回收过程会出现炉渣的飞溅现象也称爆渣现象。这是电渣熔炼过程最常见的问题，严重时回收冶炼过程将无法进行。

电渣炉冶炼过程温度过高时，炉衬侵蚀快、寿命短，特别是对具有导电炉底的单相单极电渣炉熔炼，还存在炉底电极因温度过高被熔化或温度过低炉底“增厚”的问题。前者在炉底电极被熔化过深的情况下易造成漏钢事故。后者不仅使本炉合金液温度低，同时也会给下一炉冶炼造成困难。

B　电热还原法工艺再生合金应用实例[35]

图 11-25 为单相单极电渣炉组装示意图。

成分为 W9Mo3Cr4V 及 W6Mo5Cr4V2 的高速钢磨屑混合料，经预处理后的化学成分为 6.52％钨、3.29％钼、3.37％铬、1.31％钒、3.33％FeO、0.058％硫、

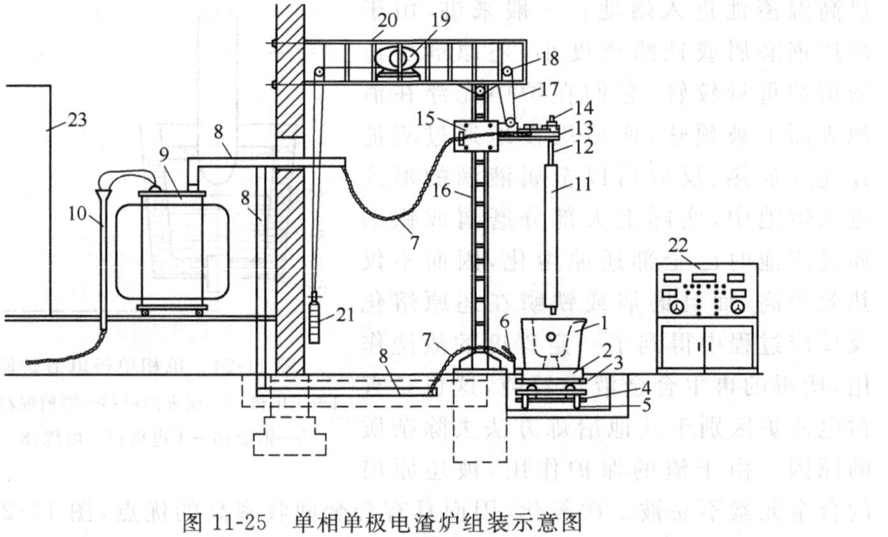

图 11-25　单相单极电渣炉组装示意图

1—炉体；2—底水箱；3—小台车；4—炉体大台车；5—轨道；6—防渣护板；7—软电缆；8—导电铜排；9—炉用变压器；10—高压电缆；11—石墨电极；12—电极接头；13—电极卡头；14—电极卡具；15—电极升降台车；16—炉柱；17—钢丝绳；18—滑轮；19—卷筒与减速机；20—安全栏；21—平衡锤；22—配电操作台；23—高压开关柜

0.030%磷。以粒度为1～10mm的金属铝作还原剂。渣料由石灰、萤石、铝氧粉(Al_2O_3)及镁砂(MgO)配制而成。得到的再生合金化学成分及回收率见表11-23。

表 11-23 高速钢磨屑再生合金的化学成分及回收率指标

磨屑投入质量/kg	磨屑产出质量/kg	合金元素含量/%				回收率/%			
		W	Mo	Cr	V	η_W	η_{Mo}	η_{Cr}	η_V
300	240	7.91	3.98	3.82	1.51	97.05	96.78	90.68	92.21
300	241	7.85	3.92	3.90	1.53	97.72	95.72	92.96	95.27
300	238	8.05	4.00	3.79	1.48	97.94	96.45	89.22	91.01
300	240	7.92	3.95	3.85	1.49	97.17	96.04	91.39	91.95
300	241	7.81	3.89	3.80	1.50	96.22	94.98	90.58	91.98
300	236	8.11	4.10	4.00	1.50	97.73	98.00	93.37	90.07
300	238	8.01	3.99	3.81	1.49	97.46	96.21	88.94	90.23
300	242	7.85	3.75	3.91	1.51	97.12	96.84	93.59	92.98
平均回收率/%						97.30	96.37	91.34	91.96

显而易见,采用电渣炉回收冶炼的高速钢再生合金,各种成分是稳定的,能够满足作为高速钢原料的使用要求。

11.3.4 高速钢磨屑及铁鳞的预处理

要使合金工具钢磨屑及铁鳞再生并得到合格的再生合金产品,必须在冶炼前进行去杂预处理。

11.3.4.1 高速钢磨屑的预处理

高速钢磨屑,除含有油污,磷、硫杂质外,还含有砂轮刚玉砂。通常情况下,高速钢磨屑的磷含量约为0.036%,硫含量大于0.1%,比高速工具钢要求磷不大于0.030%、硫不大于0.030%超出许多。因此进炉前,必须经除油、去锈和除杂等工序处理,即首先要对磨屑进行精选[35~37]。

文献[34]介绍了一种典型的高速钢磨屑再生的预处理工艺,其具体做法是把高速钢磨屑放入盛有清水的容池内浸泡并同时进行搅拌,并多次加水洗掉泥土;若高速钢磨屑锈蚀,则需再用10%的盐酸溶液多次浸泡并搅拌,并用清水冲洗,直至水清亮为止。无论高速钢磨屑是否锈蚀,均须用高温水(或通入蒸汽)中加入碱(5%NaOH+10%$NaNO_3$)重复多次清洗,同时搅拌直至无絮状物且水清亮为止,此法不仅去除了油污和锈蚀,而且还去掉了部分磷、硫杂质。对处理好的磨屑脱水后,置于烘干炉内进行烘烤,烘烤温度为115～125℃。最后把结块的磨屑用对辊破碎机破碎，然后进行磁选，选出精磨屑。试验结果表明，精磨屑的产出率为70%左右，而精磨屑中还含2%～4%的刚玉砂，精磨屑磷含量一般小于0.031%，而硫含量在0.065%左右。

11.3.4.2 高速钢铁鳞的预处理

高速钢铁鳞来自于锻造工序及轧钢工序，铁鳞中往往含有加热炉中的炉灰和煤渣及设备上的油污，杂质磷、硫含量很高，因此需要进行除杂处理。高速钢铁鳞除杂工艺见图11-26。

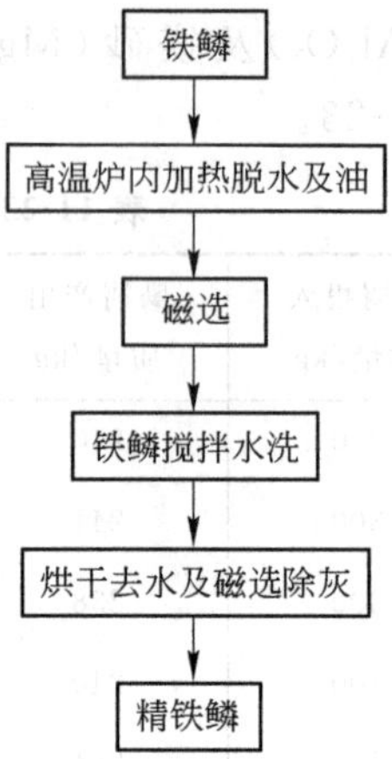

图11-26 铁鳞去杂预处理工艺

11.3.5 高速钢磨屑及铁鳞其他回收技术简介

11.3.5.1 粉末冶金回收高速钢磨屑工艺[36～39]

由于高速工具钢磨屑料细小，适于加工制成金属粉末。磨屑去除油污及水分，经干燥处理，进行分选，经氢气还原去除表面氧化物，制成金属粉，再经压制、烧结、锻造、成形等工序制造粉末冶金制品。

11.3.5.2 真空炉回收高速工具钢磨屑技术[40]

该技术采用有机溶剂浸泡高速工具钢磨屑进行脱脂，初选，去除部分杂质，经离心机去除磨屑中的水和油，然后进行二次精选及离心过滤分离。经两段式焙烧炉进行烘干处理，采用真空炉冶炼。该工艺熔炼的结果见表11-24。

表11-24 真空炉熔炼结果(%)

合金元素	W	Mo	Cr	V
熔炼前含量	5.50	4.50	3.80	1.70
熔炼后含量	5.10	3.90	2.00	0.60
回收率	92.7	86.7	52.6	35.3

11.3.5.3 中频炉回收高速钢磨屑技术[41]

该回收技术首先经过对合金工具钢磨屑分选，选出纯度在90%以上的精磨屑料加入中频炉并进行熔炼，炉衬材料为中性石墨坩埚炉衬，利用炉内炉料和石墨坩埚的感应发热将磨屑熔化，熔炼时间为30min，将磨屑炼制成合金工具钢锭，返回特殊钢厂冶炼合金工具钢。钨、钼合金元素的收率大于85%，合金工具钢锭中(W+Mo)大于10%，熔炼过程中的金属收率大于50%。

11.3.5.4 电弧炉冶炼回收高速钢磨屑技术[42]

该发明技术将高速钢磨屑、合金工具钢磨屑、轴承钢磨屑与氧化铁、石墨按比例投入三相交流电弧炉内，经过造渣和还原后将各种铁合金元素补齐，再经过脱氧处理后，补入硅、钒两种元素，最终铸出钢锭。该回收技术生产周期短，电耗低，极大地降低了产品的生产成本。

参 考 文 献

1 Зеликман А Н и др. Цветные металлы，1993；(7)：44

2 Зеликман А Н и др. Цветные металлы，1992；(5)：51

3 罗教生等. 钨渣的综合利用研究. 江西冶金，1998；18(6)：31

4 戴艳阳，钟海云等. 钨渣中有色金属综合回收工艺. 中南工业大学学报，2003；34(1)：36

5 Каршунов Б Г，Медведев А С. Цветные металлы，1993；(7)：47

6 湖南冶金研究所，株洲硬质合金厂. 钨渣综合利用扩大试验报告，1982

7 国家环境保护局. 有色金属工业固体废物治理. 北京：中国环境科学出版社，1992：356

8 张启修，黄芍英，周良益. 杂多酸萃取法回收 WO_3 的研究. 中南矿业学院学报(钨专辑)，1994；(24)：70

9 黄芍英，张启修，周良益. 晶形铁盐法除砷研究. 中南矿业学院学报(钨专辑)，1994；(24)：74

10 黄芍英，张启修，周良益. 从二次磷砷渣中回收有价元素的扩大试验. 中南矿业学院学报(钨专辑)，1994；(24)：81

11 黄芍英，龚柏凡，张启修. 用酸法工艺直接处理磷砷渣的研究. 中南矿业学院学报(钨专辑)，1994；(24)：86

12 余振辉. 废硬质合金回收方法的进展. 见：第二次全国废硬质合金回收经验交流会论文集. 颜兴国等编. 济南，1996：1

13 Гиршов В Л，Тисенко В Н. Приборостроение в экологии и безопасности человек，Сб. тр. Конф. -СПб.，Изд-во ЦНИИ РТК，1998. Стр：151

14 Орданьян С С，Скворцова И В. Пантелеев И Б. Свойства твёрдых сплавов на основе регенерированного сплава ВК6，Цветные Металлы，2001；(1)：94

15 Walraedt J. In：Proc. 7th Int. Plansee Seminar，1971，4(2)：1 Metallwork Plansee，Reute，Austria

16 Lassner Erik，Schubert Wolf-Dieter，Tungsten——Properties，Chemistry，Technology of the Element，Alloys，and Chemical Compounds，Kluwer Academic/Plenum Publisher，New York，1999：380

17 储志强. 选择性电解法处理废硬质合金的研究. 湖南冶金，1997；(2)：4

18 段冬平. 电溶法处理废硬质合金回收金属钴和碳化钨. 益阳师专学报，1998；15(5)：43

19 余振辉. 废硬质合金回收方法改进. 硬质合金，1997；(1)：53

20 Vadasdi K. Effluent-Free Manufacture of Ammonium Paratungstate(APT) by Recycling the Byproducts In L. Bartha et1. The Chemistry of Non-Sag tungsten Oxford. UK：Elsevier Science Ltd. 1995：45

21 秦玉楠. 利用含钨废催化剂生产钨酸工艺实践. 中国钼业，2003；27(2)：29

22 陈绍衣等. 中南矿冶学报(钨专辑)，1994；(24)：92

23 孟宪红等. 再谈废催化剂中金属的回收. 化工环保，1998；18(5)：277

24 杨敏孩. 美国近年来钼工业发展简况. 中国钼业，2004；28(2)：10

25 Gupta C K. Extactive metallurgy of molybdenum. CRE Press. Inc. 1992

26 徐劼，肖连生，张启修等. 钼酸铵生产中工业废水的综合治理(I). 稀有金属与硬质合金，2002；30(4)：6

27 梁宏，卢基爵. 离子交换法从含钼酸性溶液中回收钼. 中国钼业，1999；23(3)

28 《有色金属提取冶金手册》编辑委员会. 稀有高熔点金属(上). 北京：冶金工业出版社，1999

29 李循勋，文星照. 用萃取法从酸沉母液中回收钼. 中国钼业，1995；19(6)

30 孙锦宜 刘惠青. 废催化剂回收利用. 北京：化学工业出版社，2001

31　匈牙利科学院技术物理研究所.金属室,技术报告“Environment Preserving molybdenum dissolving”,1994
32　俞集良.工业废料回收钼.中国钼业,1992;4(41)
33　夏文堂.硅热法冶炼高速钢磨屑再生合金原料.特殊钢,2002;23(2):53
34　夏文堂.从铁鳞及废钢屑中回收难熔金属.中国物资再生,1995;(3):12
35　夏文堂.高速钢磨屑再生合金基料及工艺的研究:[硕士论文].秦皇岛:燕山大学,2003:5,22～23,35
36　王燕等.高速钢磨屑的分选试验研究与生产实践.矿产综合利用,1999;(2):46
37　曹志群,龚文勇等.高合金钢磨屑电选试验研究.矿冶研究,2001;(2):47
38　Hong Fua, Michael A. Matthewsa, Langdon S. Warnerb Recycling steel from grinding swarf. Waste Management, 1998;(18):321
39　俄罗斯国防部材料研究总院交换资料.1994
40　王长生,张铁军,王铁等.高速钢磨屑的熔炼.中国物资再生,1996;(4):4
41　澹凡忠.高速钢磨屑回收及综合利用研究.潍坊高等专科学校学报,1999;(2):31
42　Kar B B, Datta P, Misra V N. Spent Catalyst, Secondary Source for Molybdenum Recovery, Hydrometallargy 72.(2004).87
43　陈立宝,贺跃辉,黄伯云等.钨合金废料的资源再生利用技术.粉末冶金技术,2003;21(3):169
44　Bhosale S N, Mookherjee S, Pardeshi R M. Current Practices in Tungsten Extraction and Recovery, High Temperature Materials and Processes. 1990;9(2～4):147
45　陈立宝,贺跃辉,许兆寿等.氧化-还原法再生利用重合金废屑的研究.粉末冶金技术,2003;21(4):232
46　Lin Luo, Liu Kejun, Atsushi Shibayama et al. Recovery of Tungsten and Vanadium from Tungsten Alloy Scrap. Hydrometallurgy 72.(2004)1～8

12 钨钼经济

12.1 钨经济[1~3]

中国是世界钨资源大国，同时也是钨产品的生产大国、出口大国和消费大国。中国钨业在世界上占有重要地位，中国钨市场形势对全球钨市场走势有着重要影响。

12.1.1 1998～2004年国际市场APT价格走势

在2001年前，中国没有对钨出口进行严格的管理。供和需之间没有达到和谐平衡，钨市场价格总是涨涨跌跌。2004年，随着需求的增加，以及国内钨行业的大整合，国际和国内钨价格开始上涨。目前APT出口价格高达90美元/吨度。

表12-1 1998～2004年国际市场APT价格走势(美元/吨度)

年　份	1998	1999	2000	2001	2002	2003	2004①
价　格	54.87	51.09	59.89	89.09	53.73	62.31	83.34

① 为估计值。

12.1.2 贸易情况

12.1.2.1 中国主要钨产品出口

为了保护资源，从2000年开始中国不再出口钨精矿，反而每年从国外进口1000多吨钨精矿。2003年进口钨精矿1303t。2004年钨精矿供应紧张，价格上涨，今年进口达2927t(见表12-2)。

表12-2 中国钨精矿进出口情况(实物吨)

年　份	1996	1997	1998	1999	2000	2001	2002	2003	2004
进口量	2693	2564	1474	1950	563	791	1853	1303	2927
出口量	140	751	190	80	—	—	—	—	—

中国政府鼓励发展钨深加工产品。近年来虽然我国仲钨酸铵出口量呈现下降趋势，但在全球仲钨酸铵贸易量中所占比例仍然很大，估计占全球出口量的50%以上。2003年中国仲钨酸铵的出口量为8548t(见表12-3)。

表 12-3 中国钨冶炼产品进出口情况(t)

年 份	1996	1997	1998	1999	2000	2001	2002	2003
出 口:								
仲钨酸铵	12425	14596	12675	10507	9145	6850	6078	8548
氧化钨	3288	4609	8967	9348	9145	7918	3890	3691
钨 粉	1039	740	1159	1411	1779	2988	1121	1506
碳化钨粉	—	1902	1189	1221	1706	2018	1793	2560
进 口:								
仲钨酸铵	—	—	—	—	—	—	—	12
氧化钨	37	5	16	1	—	18	1	0
钨 粉	27	1	11	50	34	19	54	77
碳化钨粉	—	—	10	10	5	21	42	15

从 2001 年起,中国对钨品的出口和出口供货实行资格认证管理。2004 年钨及钨制品国有贸易出口企业名单共 13 家,分别是:五矿有色金属股份有限公司、中国中化集团公司(仅限钨酸)、厦门钨业股份有限公司、福建金鑫钨业有限公司、株洲硬质合金进出口公司、湖南省中南锑钨工业贸易有限公司、自贡硬质合金进出口有限责任公司、四川省五金矿产进出口公司、江西稀有稀土金属钨业集团公司、南昌硬质合金有限责任公司、江西五矿国际贸易有限责任公司、廊坊市钨钼材料厂和潮州翔鹭钨业有限公司。

2004 年钨及钨制品出口供货企业名单共 16 家,分别是:衡阳市南东有色金属有限公司、株洲硬质合金厂、湖南省衡东县有色选冶厂、江西稀有稀土金属钨业集团公司、赣州市赣南钨业有限公司、赣州钨钴有限责任公司、武宁县有色金属加工厂、南昌硬质合金有限责任公司、厦门钨业股份有限公司、福建金鑫钨业有限公司、自贡硬质合金有限责任公司、廊坊(火炬)华鹰钨钼工业有限公司、潮州翔鹭钨业有限公司、惠州金菱有色金属冶炼厂、上海市有色金属总公司钨钼材料厂和文登市钨制品厂。

从 12-4 表也可以看出,中国钨铁出口呈现了逐年增加的态势,2003 年中国钨铁出口量达到 6383t,几乎是 1996 年的 10 倍。从 2005 年 1 月 1 日起,钨铁 13%出口退税被取消,出口商的积极性将受到打击,出口量的增长速度肯定要放慢,钨铁价格还将上涨。

表 12-4 1996~2003 年中国钨铁进口量和出口量(t)

年 份	1996	1997	1998	1999	2000	2001	2002	2003
进 口 量	0.3	73	2.2	1.9	6.1	16	11.4	6.3
出 口 量	656	2020	3334	4106	5109	6023	5031	6383

12.1.2.2 国外钨产品进出口

近十年日本烧结合金产量几乎都在增加，2000 年产量最高，为 4550t。但 2001 年由于 IT 泡沫的破灭，致使烧结硬质合金产量下降。估计 2003 年日本硬质合金产量为 4027t。90 年代初，日本硬质合金用的碳化钨粉主要由国内供应，但是由于资源和成本的问题，国内碳化钨粉的产量多年徘徊不前，碳化钨粉的进口量急剧增加，2001 年碳化钨粉的进口量仍保持在高水平上，这表明日本国内碳化钨粉的生产量已被进口的产品所取代。2002 年和 2003 年两年，仅从中国进口的碳化钨粉就分别达到 679t 和 923t。估计 2003 年日本的钨粉年需求量约 3782t，碳化钨年需求量约 4027t。

表 12-5 1993～2003 年日本钨品进口量与消费总量[3](t(金属钨))

年　份	1993	1994	1995	1996	1997	1998	1999	2000	2001	2002	2003
钨粉进口量	140	550	610	500	495	250	260	850	700	700	700
碳化钨粉进口量	420	420	600	600	700	760	710	1410	1550	1600	1700
日本钨的消费总量	5500	6500	7600	7000	7800	6600	6450	7850	6700	5450	6400

注：表中 2003 年数据为安泰科估计数。

1999～2000 年日本由于受泡沫经济的影响，钨的年消费量已增加到 7850t，2001 年 IT 泡沫的破灭，钨消费量一下子下降到 6700t。日本钨供应渠道近几年也发生了很大的变化，精矿和钨酸盐的进口比例已从 1998 年的 14％和 44％分别下降到 5％和 29％，与此同时，氧化钨、钨粉和碳化钨粉的进口比例同期从 3％和 14％分别上升到 24％和 22％。

1999～2004 年美国各类钨材的进口量见表 12-6。

表 12-6 1999～2004 年美国各类钨材的进口量(吨钨含量)

年　份	1999	2000	2001	2003	2004 年 1～4 月	2004
矿石和精矿	2452	2052	2180	4690	783	2349
氧化钨	1787	1855	1580			
APT	1625	1868	2379	2640	542	1626
混合的钨酸盐	704	58	99			
钨铁	689	470	347	377	61	183
金属钨粉	333	615	995	1090	469	1407
碳化钨	807	995	937	1370	642	1926
准备压制的粉末	667	747	701			
其他				1020	392	1176
合计	9066	8660	9220	11200	2890	8670

从1999～2003年这4年美国各类钨产量的进口量分析，1999～2003年美国钨品的总进口量增加了23.5%，各种含钨材料的进口情况有很大变化：

(1) 2001年美国进口钨矿石和精矿2180t钨，而1999年为2452t，同比减少了11.1%；2003年钨矿石和精矿进口量为4690t，是2001年的2倍多。

(2) 对于APT，从1990～2003年进口量呈现稳步增加趋势。2003年APT进口量为2640t，而1999年为1625t，同比增加62.5%。

从1999～2003年，氧化钨进口量在2000年最大为1855t，而2003年没有进口。

美国进口钨产品中，比例变化最大的是金属钨粉。1999～2003年间金属钨粉的进口量增加了227%。这可能是最近启动的许多绿色弹药和与国际有关的项目对钨粉需求量增加所致。

预计2004年美国进口的矿石和精矿2349t，进口APT1626t，进口钨粉和碳化钨粉分别为1407t和1926t，进口的吨钨金属量为8670t。2004年美国进口的吨钨金属量比2003年有所下降。

12.1.3　钨消费

12.1.3.1　世界钨消费

根据第16届国际钨协年会的资料，估计2003年全球钨需求量约4.59万t，但是不难发现，在国际钨协的统计中，从1993～2003年这11年间，中国的钨需求量几乎一直为1万t，我们认为这与国内近几年来经济高速发展的形势不相吻合。经过初步的处理，我们认为从1996年到2003年，中国钨消费量已从1996年的8580t增加到2003年的16068t，年均递增12.47%。因此在其他国家和地区钨需求量不变的前提下，2003年全球钨需求量已达到5.6万t，较前一年增长了22.76%，详见图12-1及12-2。1996～2003年全球钨需求增速为9.28%。

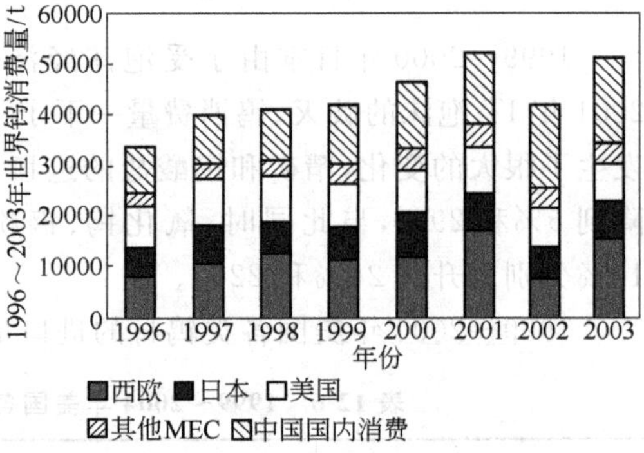

图12-1　1996～2003年世界钨消费量(t)

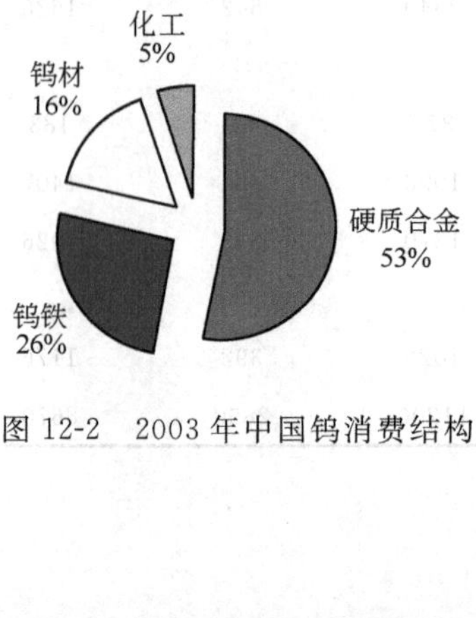

图12-2　2003年中国钨消费结构

12.1.3.2　中国钨消费结构

1998～2003年中国硬质合金工业年平均消耗原钨6150t。2003年硬质合金消耗钨8410t。

1998～2003年中国钨铁工业年平均消耗原钨4040t。2003年中国钨铁消耗原钨4213t。

2000～2003 年，中国商品粗钨丝和钨杆的年平均产量为 1060t。另外钨合金电极等新材料的国内用量为 440t 左右，再加上高比重钨合金的钨用量约 700t，中国钨加工材的用钨量为 2640t。

化工及其他产品中的用钨量达到 800t 左右。

经过对钨的几个主要消费领域的分析，目前我国钨的消费结构为硬质合金 53%，钨铁 26%，钨材 16%，化工 5%。

12.1.3.3 国外钨消费结构

美国传统的钨需求趋势随总的经济状况而变化。钨的消费主要在重工业部分。各最终用途钨消费比例为：烧结硬质合金 66%，轧制产品 16%，超耐热合金 5%，照明 4%，钢 4%，化学工业 3%，其他 2%。

表 12-7 美国钨的各种用途占消费量的比例[3]（%）

最终用途	烧结硬质合金	轧制产品	超耐热合金	照明	炼钢	化学工业	其他
比例/%	66	16	5	4	4	3	2

烧结硬质合金工业仍是钨的最大消费行业，2001 年该行业钨消费量约占钨总消费量的 66%，支持这一最大钨终端用户市场的是汽车工业、航空航天、电子、采矿、石油和天然气勘探、建(构)造、大型设备制造业和一般制造业。

日本多数钨用于烧结硬质合金行业，2001 年约占 53%。特种钢和钨制品分别占 12%和 7%，详见表 12-8。

表 12-8 2001 年日本钨的消费结构

行　业	占总消费量的比例/%	行　业	占总消费量的比例/%
烧结硬质合金	53	制　品	7
特 种 钢	12	其　他	28

12.1.4 钨品产量

12.1.4.1 国内钨品产量

中国钨资源的储量占到世界钨资源总量的三分之一以上，是目前世界上最大的钨采选生产国。自 1949 年以来，中国先后建设了 150 多座钨矿山，其中国有大中型钨矿山有 31 座，近十年来中国钨精矿的产量一直居于世界第一，约占全球产量的 60%以上。1996～2003 年中国钨精矿产量见表 12-9。

表 12-9 1996～2003 年中国钨精矿产量[1]（折 65% WO_3 含量，t）

年　份	1996	1997	1998	1999	2000	2001	2002	2003
全 国 合 计	51684	48642	46287	39160	45477	52121	67206	67326

根据中国有色金属工业协会的统计，近几年中国钨精矿产量稳步增加。

2001～2003年钨精矿产量(WO_3 含量,下同)保持在大约 68000t 水平。而 1984 年中国钨精矿的产量尚不到 3.9 万 t(WO_3 含量,下同)。产量的增加并没有打压钨价,从 2002 年下半年开始,钨价格开始回升。从主要生产地区来看,2003 年江西、湖南、广东、广西、云南 5 个省区的产量累计占到全国生产总量的 97%。

表 12-10 1996～2003 年中国仲钨酸铵产量[1](t)

年份	1996	1997	1998	1999	2000	2001	2002	2003
用作商品数量统计	5099	6264	4478	4971	4538	5498	4936	5737

90 年代中期开始,APT 冶炼企业的发展出现了重大变化,一些经济效益差、工艺落后、质量差、规模小的企业纷纷倒闭、破产或被兼并;工艺先进、质量好、劳动生产率高、经济效益好的企业不断发展壮大。我国 APT 生产能力超过 3000t 的冶炼企业已有 16 家,其中 8000t 以上的有株洲硬质合金集团有限公司、厦门钨业股份有限公司和自贡硬质合金有限责任公司 3 家。近年来,我国黑钨资源大省江西省 APT 冶炼厂的发展引人注目,短短几年,APT 冶炼企业已发展到 12 家,生产能力达到 3.2 万 t,还有 1 万 t 生产能力正在筹建中。全国正常生产的 APT 冶炼企业约三十余家,生产能力 10 万 t,江西占了 1/3。一些拥有钨资源的企业纷纷建起了钨冶炼厂,如江西稀有稀土金属钨业集团、崇义章源钨制品有限公司、崇义金龙钨业有限公司等。

根据中国钨业协会硬质合金分会的统计资料分析,1996～2000 年,中国用于商品的钨冶炼产品产量平均每年以近 9.3%的幅度递增;2000～2003 年,这部分钨冶炼产品的平均增长速度为 19.94%。2003 年用于商品钨冶炼产品产量为 24710t。

1996～2003 年中国钨铁产量见表 12-11。

表 12-11 1996～2003 年中国钨铁产量[1](t)

年份	1996	1997	1998	1999	2000	2001	2002	2003
全国合计	6163	7102	6359	9430	10900	11800	12000	12000

12.1.4.2 世界钨品产量

2000 年日本金属钨粉的产量达到峰值的 4450t。2001 年由于 IT 泡沫的破灭,金属钨粉的产量急剧下降,日本 80%的金属钨粉用于生产烧结硬质合金。估计 2003 年日本金属钨粉产量为 3082t。

表 12-12 1993～2003 年日本主要钨品产量[3](t(金属钨))

年份	1993	1994	1995	1996	1997	1998	1999	2000	2001	2002	2003
金属钨粉产量	2800	3250	3500	3600	4150	3500	3650	4450	3100	3007	3082
其中用于硬质合金生产	2400	2700	2800	2750	3200	2800	2900	3450	2400	2406	2466
日本硬质合金产量	2850	3100	3500	3400	4000	3600	3750	4550	4050	3929	4027
其中采用日本自产碳化钨粉	2440	3100	2950	2850	3350	2900	3100	3150	2500	2500	2500

注:表中 2003 年数据为安泰科估计数。

1998 年美国钨粉和碳化钨粉产量为 9630t，2002 年最高为 12000t。

表 12-13 1998～2003 年美国钨粉和碳化钨粉产量(t)

年 份	1998	1999	2000	2001	2002	2003
产 量	9630	8500	9780	9520	12000	9030

注：数据源于 USGS。

12.2 钼经济[4,5]

12.2.1 国际市场钼价格走势

国际钼市场价格经历了 1997～2001 年的低迷，自 2002 年末就开始反弹，2004 年欧洲、日本和美国市场年平均价格分别达到 13.77 美元/磅、14.33 美元/磅和 13.3 美元/磅❶。特别是 2004 年钼价格一路飙升，快速上涨，并超过了 1979 年以来的高点。

供应紧张、需求旺盛刺激了钼市场：

(1) 2004 年世界钼消费量增至 16.81 万 t 钼，而 2001 年仅为 11.4 万 t 钼。钼消费增加是价格高涨的真正动力。

(2) 捷克、匈牙利、波兰和波罗的海三国在 2004 年 5 月 1 日正式加入欧盟。由于欧盟对中国的钼铁和俄罗斯金属硅征收高额反倾销税，欧盟的扩大无疑将使出口东欧和波罗的海的这两种原料受到影响。2002 年 1 月 1 日起，欧盟对中国出口钼铁征收 22.5%的反倾销税。通过鹿特丹仓库，中国出口相当多的钼铁到东欧和波罗的海三国，其中一部分流入到欧盟市场。据中国海关统计，2003 年中国出口荷兰钼铁 9928t，占钼铁出口量(32941t)的 30.1%。还不清楚中国钼铁是如何流入东欧国家的，但是东欧国家从中国进口钼铁自 2004 年 5 月起受到影响。随着欧盟的扩大，中国可能更倾向于在亚洲市场销售钼铁。这将加剧欧洲市场的紧张程度。

(3) 2004 年末，中国财政部、税务总局宣布取消钼铁出口退税，把钼铁出口退税率从 13%降低至零。世界钼供应的 1/3 来自中国，中国取消出口退税也导致了钼铁出口价格大幅上涨。

(4) 加拿大 Endako 露天矿北墙在 2004 年 4 月初发生坍塌，影响生产一个多月。Endako 钼年产能 1600 万磅，实际每年生产钼 1400～1500 万磅。这导致了钼价格在 2004 年 4 月中旬达到 1995 年来的最高点。1979 年 Endako 矿也曾发生事故，导致了 1979 年钼价格飙升，涨至 2004 年之前的最高点。

---

❶ 1lb(磅)＝0.45kg。

(5) 2004 年 4 月末，坐落在 Glossop 的英国钼铁公司被监管。该公司因为美元疲软而蒙受损失，收取美元而成本以英镑计算。英国钼铁公司停止 3000 t/a 的生产，使欧洲钼供应更加紧张。

表 12-14 全球三个主要市场钼历年价格[5]

年　份	欧　洲	日　本	美　国
1997	4.33	4.38	4.5
1998	3.51	3.48	3.62
1999	2.73	2.76	2.79
2000	2.6	2.61	2.71
2001	2.43	2.46	2.44
2002	3.86	3.86	3.85
2003	5.42	5.39	5.41
2004	13.77	14.33	13.3
平均价	4.83	4.91	4.83

12.2.2 贸易情况

12.2.2.1 中国主要钼产品进出口

中国不仅是钼资源大国和生产大国，而且也是钼出口大国。近年来中国钼产品进出口贸易呈现不断增长的趋势。据中国海关总署统计，2003 年中国钼产品对外贸易进出口总额为 57620 万美元，比 2002 年增长 40.1%。其中进口额为 5196.24 万美元，同比下降 8.85%；出口额为 35921.37 万美元，同比增长 37.1%；钼产品进出口贸易顺差为 30725.13 万美元，同比增长 49.88%。其中 2003 年 1～10 月，中国钼产品进出口总额为 44272.2 万美元，比 2002 年同期增长 26.67%。其中进口额为 4299.3 万美元，同比增长 0.67%；出口额为 39972.9 万美元，同比增长 30.29%；钼产品进出口贸易顺差为 35673.6 万美元，同比增长 35.08%。

已焙烧钼矿砂和钼铁是钼出口创汇的主要产品，2002 年这两类产品的创汇额为 31080 万美元，占钼总出口创汇额的 86.5%。在进口的钼产品中，耗汇较多的产品有其他钼矿砂及其精矿、已焙烧钼矿砂及其精矿、钼条杆和钼丝，2002 年这四类产品的进口额为 4709.5 万美元，占钼总进口额的 90.6%。

表 12-15 1998～2004 年中国钼产品进口量(t)

年　份	1998	1999	2000	2001	2002	2003	2004
已焙烧钼矿砂及精矿	1218	814	2424	1629	3078	4344	6214.8
钼酸铵	0.3	1	1	1	5	42	96
钼铁	11	108	52	35	63	80	64.8
钼粉	365	44	13	32	27	9	30

表 12-16 1998～2004 年中国钼产品出口量(t)

年 份	1998	1999	2000	2001	2002	2003	2004
已焙烧钼矿砂及精矿	4567	9260	14013	22582	34405	34990	29600.4
钼酸铵	795	1367	2806	2827	1758	3067	1333.2
钼铁	31739	38535	44370	37545	29609	32960	38300.4
钼粉	73	33	60	59	62	98	398.4

12.2.2.2 国外主要钼产品进出口

美国的钼储量居世界第一，从 1998～2004 年美国钼产品出口表可以看出，2004 年美国出口钼精矿 42577t，年平均出口量为 30910t 钼。美国的钼铁出口量却很小，1998 年仅为 920t 钼，2004 年才达到 2496t 钼。而 2004 年中国钼铁出口量就达到 38300t。钼铁是高能耗，环境污染严重的工业，美国对环境控制比较严格，因此大量钼精矿出口到发展中国家，加工后再进口。

表 12-17 美国钼产品出口量[2](t(钼))

年 份	1998	1999	2000	2001	2002	2003	2004
钼精矿	42348	28143	23855	28625	19747	31075	42577.71
钼 铁	920	1110	948	856	906	1313	2496

智利也是钼储量丰富的国家，主要是铜副产钼。近年来，随着铜产量的扩大，钼产量也随之上升。从 1998～2003 年，智利铜产量年均增长率为 7.41%，而钼精矿出口年均增长率也高达 30.19%。

2004 年智利铜矿产量为 527.23 万 t 铜，而 2001 年仅为 473.9 万 t。由于钼焙砂钼含量高，智利钼焙砂出口量要高于钼精矿。1998～2004 年智利年出口钼精矿 12206t，出口钼焙砂 39332t。

表 12-18 智利铜矿产量[2](万 t(铜))

年 份	1998	1999	2000	2001	2002	2003	2004	年均增长率
产 量	368.69	442.16	460.2	473.9	458.06	490.42	527.23	7.41%

表 12-19 智利钼产品进出口情况[2](吨实物量)

年 份	1998	1999	2000	2001	2002	2003	2004	年均增长率
出口:钼精矿	6635	3281	10299	16758	11509	12144	24813	30.19%
焙烧钼精矿	36684	41440	43215	41257	39409	34391	38926.5	1.19%
钼铁	3156	2892	2032	2370	2808	4535	4726.5	8.41%
进口:钼精矿	11255	8585	31647	9915	8304	13730	20419.5	12.65%

12.2.2.3　我国和其他国家钼品进出口比较

近年来我国钼深加工工业发展较快，据不完全统计，年生产能力已达 3000t 以上，每年生产的钼制品从数量上讲不仅能满足国内需求且有相当数量出口，因此不宜再扩大生产能力，而关键在于按国际先进标准组织生产，不断提高产品质量，努力开发新产品，提高经济效益和国际竞争力。

从我国钼产品的进出口情况看，虽然钼出口创汇额很大，但出口产品中工业氧化钼、钼铁等低附加值的初级产品占很大比例，出口产品结构不够合理。进口产品中除了钼精矿原料外，还进口一部分钼金属产品，这说明我国钼加工企业还需加大科研投入，提高产品质量，研制出高性能的钼金属产品以满足国内用户的需要。另外，据业内人士反映，我国钼产品出口秩序比较混乱，多头出口、互相压价的现象时有发生，这严重损害了行业的整体利益。钼是不可再生的重要战略资源，应该处理好经济利益与可持续发展的关系、整体利益与局部利益的关系，统一规划，综合管理，以保证钼工业健康稳定发展。

中国进口产品中，主要是钼精矿和氧化钼，而主要出口产品中，除以上产品外，还有钼铁、钼酸盐等冶炼产品。值得注意的是，尽管中国是一个产钼大国，但仍进口大量的钼精矿，主要原因是西方对环保要求非常严格，而钼冶炼对环境影响较大（主要是二氧化硫），因此大量钼精矿涌入中国，经焙烧冶炼成氧化钼或钼铁再出口。

12.2.3　钼的消费

1998～2004 年间，世界钼消费量平均年增长率为 9.1%，到 2004 年世界钼的消费量达到 16.81 万 t。

表 12-20　世界钼消费量[5]（万 t）

年　份	1998	1999	2000	2001	2002	2003	2004
消费总量	11.38	10.96	11.74	11.404	15.06	15.49	16.81
美　国	3.028	2.842	2.928	2.502	3.202	3.307	3.466
欧　洲	4.803	4.767	5.221	5.089	5.321	5.543	5.879
日　本	2.075	1.834	2.034	2.067	2.046	2.059	2.227

世界钼消费结构为：用于钢铁工业 75%以上，其中不锈钢、优质钢等优质钢材占 34%，合金钢占 29%，其他钢产品占 12%；用于汽车、石化工业的催化剂、润滑剂 15%；用于其他工业部门的占 10%。

按地区和国家划分，欧洲是世界上钼消费量最多的地区，2004 年其消费量占全球消费总量的 35%，主要消费在不锈钢、特钢和催化剂工业；美国消费占全球 20%；日本占 13%；中国占 9%。

根据目前对世界经济发展趋势的预测，在今后10年时间内，世界对钼的需求增速大约在3%，其中，用于汽车和石化工业的钼化工和催化剂产品将异常活跃，其钼消费量增速将高于钢铁工业。在世界钼消费量中，中国消费增速较快，主要原因是国内经济快速增长拉动对钼的需求。特别是钢铁工业为调整产品结构，增加优质钢材的产量和汽车、石化工业对钼化工产品需求的增长。预计，市场需求量增长率将达到4%～5%。

12.2.4 钼产量

12.2.4.1 世界钼矿产量

美国、中国、智利三个国家的钼资源占世界钼资源的75%以上，具体情况参见表2-4。

据《世界有色金属统计》，1998～2004年世界钼平均产量为13.42万t，应该说世界钼产量保持了稳定增长的态势（见表12-21）。

表12-21 世界钼矿产量[2]（万t（钼））

年份	1998	1999	2000	2001	2002	2003	2004
总产量	13.88	12.98	13.48	13.47	13.41	12.75	13.97
美国	5.49	4.24	4.11	3.76	3.23	2.99	3.75
智利	1.74	2.73	3.36	3.35	2.95	3.33	4.13
中国	2.96	2.97	2.88	2.82	3.91	3.04	2.85

由于1997～2001年世界钼市场低迷，钼矿产量下降，2003年世界钼矿产量只有12.75万t，低于1998～2004年平均水平。

近两年钼价格持续上涨，进入2004年更是一路飙升，世界钼矿产量增长速度加快。2004年美国钼矿产量为3.75万t，较2003年增长25.42%；智利2004年钼矿产量较2003年增长24.02%。估计2004年世界产钼13.97万t，同比增加9.57%。

12.2.4.2 中国钼产量

1998～2004年，中国钼精矿平均产量为65338t，保持稳定（见表12-22）。2003年钼酸铵产量达到11288t，由于钼精矿价格翻了将近4倍，2004年钼酸铵产量大幅减少。钼深加工产品，钼粉、钼条和钼丝等产量在2004年也大幅减少。

表12-22 1998～2004年中国钼品产量[4]（t）

年份	1998	1999	2000	2001	2002	2003	2004
钼精矿（45%Mo）	66743	66132	63933	63153	65066	67858	64478
钼酸铵	1154	1902	1413	1924	8072	11288	8000
钼条	288	562	668	597	1215	1800	900
钼粉	99	253	157	456	590	1200	600

参考文献

1 中国钨工业年鉴(2004),2004:308～325

2 世界金属统计,2004:37,99

3 Willem Visser. 独联体钨的生产和消费;Kei Tokumoto. 日本钨的供应与消费趋势;Michaael Payne. 美国钨市场 . In:第 9 届国际钨工业年会论文,2003

4 中国有色金属工业协会 . 中国钼发展战略研究(2003)

5 英国商品研究所 . 镍铬钼报告(2004)

冶金工业出版社部分图书推荐

书名	定价(元)
预焙槽炼铝(第3版)	89.00
稀有金属冶金与材料工程丛书	
锆铪冶金	48.00
锆铪及其化合物应用	36.00
稀有金属冶金学	34.80
第四届国际稀土学术会议论文集(英文版)	150.00
2004年材料科学与工程新进展(上、下)	260.00
材料的结构	49.00
金刚石薄膜沉积制备工艺与应用	20.00
金属凝固过程中的晶体生长与控制	25.00
有色金属冶金动力学及新工艺(英文版)	28.00
有色冶金炉窑仿真与优化	32.50
固体电解质和化学传感器	54.00
有色金属材料的真空冶金	42.00
有色金属提取冶金手册:铜镍	65.00
轻金属冶金学	39.80
21世纪中国有色金属工业可持续发展战略	48.00
中国稀土科技进展	149.80
有色冶金工厂设计基础	24.00
有色冶金分析手册	149.00
重金属冶金分析	39.80
轻金属冶金分析	22.00
贵金属分析	19.00
有色冶金炉设计手册	165.00
陶瓷基复合材料导论(第2版)	23.00
陶瓷-金属复合材料	25.00